U. STILLE
Messen und Rechnen in der Physik

MESSEN UND RECHNEN IN DER PHYSIK

GRUNDLAGEN DER GRÖSSENEINFÜHRUNG UND EINHEITENFESTLEGUNG

VON

DR. PHIL. HABIL. ULRICH STILLE

Leitender Direktor und Professor
bei der Physikalisch-Technischen Bundesanstalt

und

apl. Professor der Physik
an der Technischen Hochschule Braunschweig

2., verbesserte und ergänzte Auflage

Mit 6 Abbildungen, 55 Tabellen und 35 Tafeln

SPRINGER FACHMEDIEN WIESBADEN GMBH

ISBN 978-3-322-97920-9   ISBN 978-3-322-98458-6 (eBook)
DOI 10.1007/978-3-322-98458-6

VORWORT ZUR ERSTEN AUFLAGE

Zahlenmäßige Ergebnisse von Messungen und theoretischen Berechnungen dienen der Aufstellung, Prüfung oder Anwendung physikalischer Gesetzmäßigkeiten. Hierzu müssen die Naturgesetze in einer Form dargestellt werden, die quantitative Vergleiche von Meßwerten und Rechenresultaten gestattet. Man bedient sich der formelmäßigen Beschreibung durch Gleichungen, in denen die Buchstabensymbole entweder, in allgemeiner „maßunabhängiger" Darstellung der Zusamenhänge, physikalische *Größen* oder, für den Einzelfall zahlenmäßiger Resultate aus Messung und Rechnung, *Zahlenwerte* repräsentieren. Die physikalischen Gleichungen hängen als Größengleichungen von den für die beschreibenden Größen getroffenen Definitionen und als Zahlenwertgleichungen *darüber hinaus* von den für die Messung oder Berechnung der Zahlenwerte zugrunde gelegten Einheiten ab.

Größeneinführung und Einheitenfestlegung bestimmen die Darstellung von physikalischen Zusammenhängen sowie die Auswertung experimentell oder theoretisch gewonnener Daten. Für die Entscheidung über die jeweils für Größe oder Einheit zu wählende Definition ist nicht die Fragestellung „richtig oder falsch", sondern die Alternative „zweckmäßig oder unzweckmäßig" bestimmend: Größeneinführung und Einheitenfestlegung unterliegen weitgehend der Konvention. Man könnte unbefangen vermuten, daß über die Grundlagen der qualitativen und quantitativen Behandlung von Physik und Technik längst Einvernehmen erzielt sei, d. h. daß sich für die beschreibenden Größen und die zur Messung benutzten Einheiten allgemein anerkannte und angewandte Definitionen oder Festsetzungen herausgebildet haben. Ein Blick in die Praxis sowie in die Hand- oder Lehrbücher, Zeitschriften und sonstigen Publikationen zeigt, daß solche Vermutungen sich nicht bestätigen: Größeneinführung und Einheitenfestlegung und damit die Darstellung der Ergebnisse oder Zusammenhänge physikalischen Messens und Rechnens weisen eine oft weit divergierende Verschiedenheit auf. Verständlich wird diese Sachlage, wenn man daran denkt, daß hier nur Vereinbarungen nach Zweckmäßigkeit, d. h. nach Gesichtspunkten möglich sind, die sowohl für die Größen als auch für die Einheiten je nach dem Entwicklungsstand des darzustellenden physikalischen Teilgebietes, nach den zugehörigen Meßmethoden, nach der Einstellung der einzelnen Autoren zur Begriffsbildung und in vieler anderer Hinsicht sehr unterschiedlich sein können.

Einige Hinweise mögen die Situation beleuchten. Schon das so häufig benutzte Wort „Dimension" wird in verschiedener Bedeutung angewandt (siehe S. 19 ff.). Ebener und räumlicher Winkel werden zwar überwiegend als dimensionsloses Verhältnis zweier Längen oder Flächen, d. h. als *abgeleitete* Größen definiert; in einigen Fällen zieht man es jedoch vor, ebenen und räumlichen Winkel als unabhängige Grundgrößenarten einzuführen und zu messen (siehe S. 39 ff., 73 ff., 270 ff.). Träge und schwere Masse betrachten zahlreiche Physiker als zwei verschiedene Erscheinungsformen *der* Masse, andere als Größen verschiedener Art für Beschleunigungsmechanik und Gravitation im Sinne zweier unabhängiger physikalischer Teilgebiete (siehe S. 39). In der Wärmelehre tritt die Unterscheidung zwischen zwei Temperaturgrößen, der thermodynamischen und der empirischen Temperatur, und den ihnen zugeordneten Temperaturskalen immer deutlicher hervor (siehe S. 93 ff.). Das Gebiet, über dessen Darstellung die Auffassungen am weitesten auseinandergehen, ist die Elektrodynamik; allerdings geht der Streit der Meinungen häufig dann um Einheiten, wenn es sich im Grunde um Fragen der Begriffsbildung und Größeneinführung handelt (siehe S. 160 ff.). Auch über die zweckmäßigste Art der Berücksichtigung der physiologisch bedingten Elemente in Akustik und optischer Strahlungslehre, d. h. die Behandlung von Phonometrie und Photometrie (siehe S. 238 ff.), ist die Diskussion noch nicht abgeschlossen.

Ähnliches gilt für eine andere Seite des Gesamtthemas, die Einheiten. Während der Physiker unter der astronomischen Einheit landläufig die große Halbachse der Erdbahn, also eine Länge im physikalischen Sinne versteht, definiert der Astronom die astronomische Einheit als ein relatives Entfernungsmaß, das sich auf eine *hypothetische* Planetenbahn bezieht (siehe S. 84 ff.). Der Name „Kilogramm" bedeutet für den einen Teil seiner Benutzer die Einheit einer Masse, für den anderen die Einheit einer Kraft (siehe S. 66 ff.). Mit dem gleichen Wort „Mol" wird einmal eine für jede chemisch einheitliche Substanz spezifische Massengröße, zum anderen einer bestimmten Anzahl gleicher Individuen proportionale Grundeinheit einer neuen, Stoffmenge genannten Grundgröße, bezeichnet (siehe S. 117 ff.). Der Name Oersted dient als Bezeichnung für verschiedene Einheiten der „magnetischen Feldstärke", die sich nach Betrag und Dimension unterscheiden (siehe S. 228 ff.). Tausendstelmasseneinheit oder Zentimeter^{-1} werden gleichzeitig als Energiemaße und Massen- bzw. Wellenzahleinheit benutzt (siehe S. 310 ff.).

Als Folge solcher Tatsachen treten immer wieder Mißverständnisse auf, aus denen sich ausgedehnte Debatten entwickeln; es erscheinen Publikationen, in denen die Diskussionspartner von diametralen Voraussetzungen oder Gesichtspunkten ausgehen und dann Gefahr laufen, aneinander vorbeizureden. Die Naturgesetze sind sicher von der Form ihrer Darstellung unabhängig, welche sich nach Zweckmäßigkeitserwägungen richtet und sich mit fortschreitendem Erkennen der gesetzmäßigen Zusammenhänge ändert. Daher ist in erster Linie eine Klarstellung der *begrifflichen* Hintergründe verschiedener Darstellungsformen und ihrer wechselseitigen Beziehungen erforderlich; dies gilt für die Größeneinführung und für die Einheitenfestlegung, wobei der ersteren die weitaus größere Bedeutung zukommt. So lassen sich unterschiedliche Arten der Beschreibung ohne Zwang ineinander überführen und die beim praktischen Umgang mit Ergebnissen der Messung oder Rechnung entstehenden Mißverständnisse und Schwierigkeiten aus dem Wege räumen.

Hier scheint eine Lücke im bisherigen Schrifttum zu bestehen, um deren Schließung sich das vorliegende Buch bemüht. Das Thema berührt sämtliche Gebiete der Physik und erstreckt sich, zeitlich gesehen, über mehr als ein Jahrhundert in der Entwicklung der Darstellung physikalischer Gesetzmäßigkeiten und in der Behandlung der beim Messen und Rechnen gewonnenen Resultate. Außer der experimentellen und theoretischen Physik werden ebenso die Bereiche ihrer praktischen Anwendung betroffen, so daß der behandelte Fragenkomplex in die naturwissenschaftlichen Nachbargebiete und die gesamte Technik bis ins tägliche Leben ausstrahlt. So mußte eine auf das Ziel des Buches ausgerichtete Auswahl des Stoffes getroffen werden. Seine Gliederung folgt in großen Zügen der Einteilung der Physik in ihre verschiedenen Teilgebiete. Um für bestimmte Probleme die gegenseitigen Beziehungen unterschiedlicher Auffassungen oder Beschreibungsarten auch quantitativ formulieren zu können, muß die Darstellung an verschiedenen Stellen von der sonst meist üblichen Form abweichen und eigene Wege gehen.

Die Quantenmechanik nimmt eine Sonderstellung ein: In ihr spielt der Wahrscheinlichkeitsbegriff eine dominierende Rolle. Dieser Tatsache trägt auch die beherrschende Stellung der im Sinne der größenmäßigen Auffassung dimensionslosen Wellenfunktion Rechnung; in der wellenmechanischen Behandlung physikalischer Probleme läßt sich die Wahrscheinlichkeit, unter vorgegebenen Voraussetzungen bestimmte Werte physikalischer Größen der Atom- oder Kernphysik zu messen, berechnen. Während letztere sich in den Gesamtbereich der physikalischen Größen einfügen lassen, liegt die dimensionslose Wellenfunktion als wesentliches Darstellungselement der Quantenmechanik außerhalb der hier zu behandelnden Interessensphäre.

Im einleitenden Buchteil werden die allgemeinen Grundlagen der Größeneinführung und Einheitenfestlegung entwickelt. Ausgehend von den physikalischen Gesetzmäßigkeiten und den sie darstellenden Gleichungen, behandeln die folgenden vier Buchteile von der begrifflichen Seite her die Definitions- und Verknüpfungsbeziehungen der beschreibenden Größen und von der quantitativen

Seite her die zu ihrer Messung benutzten Einheiten oder Konstanten; bei der Darstellung von Mechanik und Wärmelehre finden nicht nur metrische Einheiten sondern auch die der angelsächsischen Einheitensysteme Berücksichtigung. Empfehlungen und Festsetzungen internationaler Gremien werden weitgehend im Originaltext wiedergegeben, um dem Leser in die an oft nur schwer zugänglichen Stellen veröffentlichten Vereinbarungen einen unmittelbaren Einblick zu geben und ihm nach Möglichkeit das Aufsuchen der zitierten Literatur zu ersparen. Der sechste Buchteil beschäftigt sich mit allgemein wichtigen Konstanten, Standard-Größen und Skalenäquivalenten und gibt die physikalischen Unterlagen für ihre derzeit vertretbaren Werte. Im letzten Buchteil sind in Tafelform die für Größeneinführung und Einheitenfestlegung wichtigen Definitionsgleichungen, Verknüpfungsrelationen und Umrechnungsbeziehungen zusammengestellt worden.

Zur besseren Hervorhebung werden Dimensionssymbole durch steile magere Futura dargestellt. In Übereinstimmung mit Empfehlungen der Internationalen Union für reine und angewandte Physik und der Internationalen Elektrotechnischen Kommission werden Vektoren durch schräge halbfette Antiqualettern wiedergegeben. Das Schrifttum zu dem behandelten Problemkreis ist sehr umfangreich und besonders in den letzten Jahren stark angeschwollen. Es konnte daher nicht das Ziel des Buches sein, eine vollständige Sammlung der einschlägigen Arbeiten und Verlautbarungen vorzulegen. Das Literaturverzeichnis am Schluß des Bandes berücksichtigt im allgemeinen Veröffentlichungen, die bis etwa Mitte des Jahres 1954 erschienen sind; Beschlüsse internationaler Organisationen konnten herangezogen werden, soweit sie bis Ende 1954 gefaßt wurden. Im Text werden die einzelnen Publikationen nach einem kombinierten Buchstaben-Zahlen-Schlüssel kursiv in eckigen Klammern zitiert. Die Angabe von laufendem Buchteil und Abschnitt im Kolumnentitel jeder Seite soll dem leichteren Auffinden von gesuchten Textstellen dienen. Die Formeln sind für jeden Buchteil mit steilen Ziffern in runden Klammern durchnumeriert worden; das zum Hinweis auf Formeln benutzte Schema wird auf S. 35 erläutert.

Das Zusammentragen des Materials sowie seine Bearbeitung und Zusammenstellung wurden durch die freundliche Hilfe zahlreicher in- und ausländischer Kollegen oft erleichtert. Briefwechsel und persönliche Diskussionen haben mir wertvolle Anregungen und Hinweise gegeben oder zur Klärung offener Fragen, insbesondere aus schon weiter zurückliegenden Zeiten, beigetragen und mich zur weiteren Bearbeitung des umfangreichen und weitläufigen Stoffes ermuntert; einige Herren hatten sich liebenswürdigerweise für eine kritische Durchsicht von Manuskriptteilen und das Lesen von Korrekturen zur Verfügung gestellt. Die Zahl derer, die mich bei meiner Arbeit unterstützten, ist so groß, daß ich ihre Namen nicht einzeln aufführen kann. Ihnen allen gilt mein besonderer Dank. Dem Leser wäre ich für Anregungen und kritische Hinweise dankbar.

Braunschweig, April 1955

U. Stille

VORWORT ZUR ZWEITEN AUFLAGE

Da eine Anzahl von Fragen, die seit langem in der internationalen Diskussion stehen, auch bis heute nicht bereinigt werden konnte, mußten in die vorliegende 2. Auflage, außer den allgemeinen Grundlagen, auch Abschnitte speziellen Inhaltes der 1. Auflage nach Ausmerzung von Druckfehlern und Überarbeitung des Textes übernommen werden.

Soweit auf den Gebieten der Begriffsbildung, der Größeneinführung und der Einheitenfestlegung seit Erscheinen der 1. Auflage (1955) befriedigende Lösungen oder zumindest Teillösungen für damals offene Fragen gefunden wurden, sind diese berücksichtigt worden. Darüber hinaus wurden in dieser Auflage zahlreiche neue Probleme behandelt, die mit dem Fortschreiten der physikalischen Erkenntnis und der Weiterentwicklung der Experimentiertechnik aufgetreten sind.

Um den in sich geschlossenen Text in den sechs Buchteilen der ersten Auflage nicht aufzubrechen, werden die in den letzten fünf Jahren erzielten Ergebnisse und neu hinzugekommene Fragen in der vorliegenden Auflage in 12 Einzelabschnitten behandelt, die zu dem neuen Siebenten Teil „Ergänzungen" zusammengefaßt wurden. Darunter befinden sich: Abschnitte über Themen, die für längere Zeit als abgeschlossen gelten können, wie beispielsweise das Internationale Einheitensystem, die Wellenlängendefinition des Meters, die Neudefinition der Internationalen Tafelkalorie oder die vereinheitlichte relative Atommassenskala; weiter Abschnitte über Fragen, die noch lebhaft diskutiert werden, wie beispielsweise das Problem der Verhältnisgrößen und -einheiten, die Zeitintervalleinheit Sekunde, die gegenseitige Anpassung der Temperaturskalen und ihre Konsequenzen oder der Fragenkomplex Teilchenmenge und Mol; schließlich Abschnitte mit allgemeinen oder historischen Bemerkungen, wie beispielsweise zu der Größe Masse, zu der sogenannten technischen Krafteinheit oder zu den Druckeinheiten Bar und Torr. Wechselseitige Verweisungen zwischen dem neuen und den übrigen sechs Textteilen sowie im Sachregister sollen ein schnelles Auffinden neuer Problemstellungen und deren Zusammenhang mit früheren Entwicklungen erleichtern.

In die Textteile sind, fast durchweg im Originalwortlaut, alle wichtigen Beschlüsse und Empfehlungen internationaler Gremien aus den letzten fünf Jahren aufgenommen worden, insbesondere aus dem Bereich der Meterkonvention einschließlich der 11. Generalkonferenz für Maß und Gewicht (1960) sowie der Kommissionen und Generalversammlungen (1955 bis 1960) der Internationalen Union für reine und angewandte Physik, der Internationalen Union für reine und angewandte Chemie, der Internationalen Elektrotechnischen Kommission und der Internationalen Normenorganisation. Der Tafelteil wurde, vor allem hinsichtlich der numerischen Werte, dem derzeitigen Stande angepaßt; gleiches gilt für das Verzeichnis der benutzten Einheitenzeichen. Das Sachregister ist wesentlich erweitert worden. Das Literaturverzeichnis berücksichtigt in der für die Zweckbestimmung des Buches getroffenen Auswahl im allgemeinen Veröffentlichungen, die bis etwa Ende des Jahres 1960 erschienen sind.

Mein besonderer Dank gilt allen, die mir freundlicherweise zur ersten Auflage mündlich oder schriftlich Druckfehler sowie Änderungs- und Ergänzungswünsche mitgeteilt haben und damit die Bearbeitung der vorliegenden Auflage wesentlich unterstützten. Dem Leser wäre ich für weitere Anregungen und kritische Hinweise dankbar.

Braunschweig, Mai 1961

U. Stille

INHALTSVERZEICHNIS

Sechster Teil: Werte für Konstanten

Siebenter Teil: Ergänzungen

ERSTER TEIL: EINFÜHRUNG UND BEGRIFFSBESTIMMUNG

1. Einleitung und Stoffabgrenzung

Wenn wir uns mit den verschiedenen in Physik und Technik zur Beschreibung der beobachteten Gesetzmäßigkeiten benutzten Größen näher beschäftigen wollen, wird es nützlich sein, vorab die hierfür allgemein wichtigen Begriffe und Regeln in der später verwendeten Form zu definieren und zu erläutern.

Zweifellos gibt es bereits eine größere Zahl von Einzeldarstellungen und zusammenfassenden Berichten über Probleme der Dimensionslehre und Fragen der Einheiten und Einheitensysteme — sowohl von der begründenden, analytischen Seite aus, wie vom Standpunkt der Anwendung auf die Bedürfnisse der Praxis. Fast jedes Lehrbuch widmet ihnen wegen ihrer allgemeinen Bedeutung für die Erforschung und Beschreibung der Naturgesetze einen Abschnitt. Trotz oder vielleicht auch gerade wegen des so weit gespannten Kreises von Berührungspunkten mit allen Gebieten der exakten Naturwissenschaften weichen in den verschiedenen Darstellungen die Auffassungen und Bezeichnungen sowie die Benutzung der verschiedenen Definitionen und Wortprägungen oft sehr voneinander ab. Wir tun daher gut daran, uns erst einmal über das zur Verfügung stehende Rüstzeug einen Überblick zu verschaffen, unsere Auffassung zu den zur Diskussion stehenden Fragen zu kennzeichnen und die für die Behandlung des Stoffes erforderlichen Begriffsbestimmungen, Definitionen und Darstellungsmethoden zu präzisieren.

Dieser Verpflichtung wollen wir uns nicht durch eine einfache Aneinanderreihung und Begründung der einzelnen Definitionen entledigen. Vielmehr können die begrifflichen Abstraktionen aus der experimentellen Messung und gleichungsmäßigen Darstellung der physikalischen Erscheinungen wohl am ehesten dem Verständnis nähergebracht werden, wenn wir im Rahmen eines kurzen Überblicks über die Forschungsmethodik der Physik und die einzelnen Stadien der Entwicklung eines physikalischen Gebietes die hier interessierenden Begriffe, wie Größen, Größengleichungen, Dimensionen, Zahlenwerte, Zahlenwertgleichungen, Einheiten, Einheitengleichungen usw. einführen und erläutern. So werden wir auf die ungezwungenste Weise dem inneren Zusammenhang zwischen all diesen oft benutzten Bezeichnungen auf die Spur kommen und in ihnen eine zweckentsprechende Formulierung für die Zusammenfassung der begrifflichen Darstellung unserer naturwissenschaftlichen Erkenntnisse in der Sprache der Mathematik erkennen.

Wir haben uns die Aufgabe gestellt, die formel- und zahlenmäßigen Unterlagen für den in Physik und Technik praktisch erforderlichen Umgang mit Größen, gemessenen Zahlenwerten und Konstanten in gesetzmäßigen Beziehungen zusammenzustellen. In Hinblick auf das Arbeitsziel muß uns besonders an einer verständnismäßigen Heranführung an die hierbei erforderlichen und gebräuchlichen Begriffe gelegen sein. Parallel läuft ihre ins einzelne gehende axiomatische Begründung im erkenntnistheoretischen Sinne. Wenn nicht der Umfang der Darlegungen zu weit anwachsen soll, können wir diese Seite hier nur soweit berühren, wie sie für den gesamten zu bewältigenden Stoff von grundsätzlicher Bedeutung ist. Beginnen wir also mit einer Betrachtung über die Entwicklung der Ergebnisse und ihrer Darstellung, wie sie beim Eindringen in ein zuvor unerforschtes Teilgebiet der Physik normalerweise verläuft.

2. Physikalische Messungen, Einheiten, Zahlenwerte, Zahlenwertgleichungen

Die Auffindung und Untersuchung grundlegender Gesetzmäßigkeiten auf einem Gebiet physikalischen Neulandes und die Aufstellung einer beschreibenden Formel ist von jeher an das genial angelegte und folgerichtig durchgeführte Experiment als wichtigstes Mittel der Naturerkenntnis geknüpft gewesen.

Das Experiment versucht, zunächst qualitativ festzustellen, von welchen Parametern eine physikalische Erscheinung abhängt. Sind solche Beziehungen zwischen den Begriffen, die man zur einfachen Erfassung und Beschreibung des betrachteten Phänomens sich gebildet hatte, aufgefunden worden, folgt sofort die quantitative Untersuchung der beobachteten Proportionalitäten durch *Messung* des zahlenmäßigen Zusammenhanges zwischen den beteiligten Parametern. Eine Messung besteht grundsätzlich darin, die experimentell erfaßbaren Äußerungen des untersuchten Vorganges oder Zustandes nach geeigneten und vorgegebenen Meßverfahren mit gleichartigen und zahlenwertmäßig bekannten oder definierten Äußerungen des physikalischen Geschehens zu vergleichen. Die letzteren sind die für die Messung zugrunde gelegten *Einheiten*. Die durch den messenden Vergleich der untersuchten Mengen mit den festgelegten Mengen gleicher Art bestimmten Verhältniszahlen sind die *Zahlenwerte* (auch *Maßzahlen* genannt) der Größen, bezogen auf oder gemessen in den verabredeten Einheiten.

Die formelmäßige Beschreibung der gefundenen Ergebnisse bildet zunächst nur ein stenographisches Hilfsmittel, das durch die Kürze und Präzision der mathematischen Ausdrucksweise die gegenseitige Verständigung wesentlich erleichtert. Die mathematische Formulierung eines experimentell erschlossenen Gesetzes trägt in ihren Einzelheiten wesentlich den Stempel der benutzten experimentellen Methode. Sie hängt im allgemeinen von der Art des angewandten Meßverfahrens ab, da sie eine Beziehung zwischen den durch Messung gefundenen Werten darstellt. Die durch Versuche ermittelten Zahlenwerte sind ihrem Betrage nach einerseits von dem durch sie dargestellten Naturgesetz, andererseits von den jeweils benutzten Einheiten abhängig.

Beschreibt man dann die experimentellen Beobachtungen durch Einführung von allgemeinen Formelzeichen an Stelle der jeweils im Einzelfall durch Messung in bestimmten Einheiten gewonnenen Zahlenwerte, so stehen in der Formel die Symbole für *Zahlenwerte*, bezogen auf die im Meßverfahren benutzten Einheiten; die Beziehung kann in diesem Anfangsstadium der Entwicklung nur als eine *Gleichung zwischen Zahlenwerten* oder als eine *Zahlenwertgleichung* nach heutigem Sprachgebrauch angesehen werden.

Bei einer weiteren und vertieften Erforschung des neuen Teilgebietes der Physik werden allgemeine und übergeordnete Zusammenhänge klarer zutage treten, deren zusammenfassende Behandlung und mathematische Entwicklung zu einem geschlossenen, das Gesamtgebiet einheitlich beschreibenden „*Gleichungensystem*" im wesentlichen der Theorie vorbehalten bleibt. Man gewinnt so einen weiten Überblick über den Inhalt und die Darstellung der neuen Erkenntnisse, wobei bis zur endgültigen Abrundung des Gesamtbildes Experiment und Theorie sich gegenseitig befruchtend fortwirken. In diesem Zusammenspiel tritt die Theorie oft durch mathematisch oder gedanklich erschlossene Beziehungen richtungweisend für die Ansatzpunkte weiterer experimenteller Forschung auf den Plan.

3. Physikalische Größen und Größenarten, Grundgrößenarten, abgeleitete Größenarten, Größengleichungen

Wenn eine solche höhere Warte für das betreffende physikalische Gebiet erreicht ist, können die Formelzeichen, die ursprünglich für gemessene Zahlenwerte in den einzelnen Beziehungen standen, im gesamten Gleichungensystem mit der Klärung der verwendeten physikalischen Begriffe die allgemeine Bedeutung von *physikalischen Größenarten* gewinnen.

Die Bezeichnung „Größenart" soll nur den *qualitativen Wesensinhalt* des durch sie repräsentierten physikalischen Begriffs erfassen *[F 12]*. Für den rein qualitativen Ausdruck des physikalischen Begriffs wird auch das Wort „Qualität" benutzt *[H 3]*. Im Gegensatz zu der Qualität oder der Größenart soll die Bezeichnung *Größe* auch noch eine *quantitative Ausdehnung* enthalten. Ein einfaches Beispiel möge den Unterschied beleuchten: Der allgemeine Name „Länge" ohne weitere Angabe, um welche spezielle Länge es sich handeln soll, kennzeichnet eine *Größenart*; dagegen sind der „Erdbahnradius", die „Gitterkonstante des Kalkspatkristalls", die „Wellenlänge der roten Cadmiumlinie" usw. *Größen* im Sinne dieser Nomenklatur, die sämtlich zur „Größenart Länge" gehören.

Die physikalischen Größenarten und speziellen Größen stellen eine treffende Definition der verschiedenen zur Beschreibung der Gesetzmäßigkeiten eingeführten Begriffe dar. Sie sind begrifflich und formelmäßig durch die einzelnen Gleichungen miteinander verknüpft und werden durch diese festgelegt. Man kann sie vermittels der Gleichungen auf andere, schon definierte zurückführen. Die definitionsmäßige Rückführung ist selbstverständlich nur soweit möglich, wie sich zwischen den Größen noch voneinander unabhängige Beziehungen als Gesetzmäßigkeiten angeben lassen. Die Erfahrung zeigt, daß deren Anzahl stets kleiner ist als die der in ihnen zur Beschreibung des physikalischen Gebiets eingeführten und benutzten Größenarten. So bleibt im gesamten Gleichungensystem bei der Rückführung der Größenarten zum Schluß eine gewisse Anzahl von Größenarten übrig, die einer a priori-Definition bedürfen; denn nach den Grundregeln der Algebra ist ein Gleichungensystem nur dann eindeutig nach den Unbekannten auflösbar, wenn die Anzahl der Gleichungen mit der der Unbekannten übereinstimmt.

Haben wir beispielsweise ein Gebiet der Physik durch k voneinander unabhängige Gleichungen mit n $(n > k)$ Größenarten dargestellt, so bleiben $(n - k)$ Größenarten unbestimmt.

Die aus den beobachteten oder erschlossenen Gesetzmäßigkeiten direkt nicht mehr definierten $(n - k)$ Größenarten nennt man *Grundgrößenarten*. Ihre Zahl ist in den einzelnen Gebieten der Physik verschieden und ergibt sich als ein charakteristisches Merkmal für die Art der Auffassung und Beschreibung eines jeden physikalischen Teilgebietes.

Das Wort „Grundgrößenart" wird gelegentlich auch noch in anderem Sinne verwendet. Bei erkenntnistheoretischen Betrachtungen, die wesentlich auf ontologische oder philosophische Fragestellungen gerichtet sind und sich dabei vornehmlich der Denkkategorien und Formulierungen dieser Disziplin bedienen, will man als Grundgrößenarten solche kennzeichnen, die von der Natur selbst vorgegeben sein sollen und die von dem die Natur erforschenden Menschen nur erkannt, erfaßt und benannt zu werden brauchen — im Gegensatz zu den übrigen Größenarten der Physik, die durch Definition erst geschaffen und aus den „natürlichen" Grundgrößenarten abgeleitet werden. Beispielsweise wird die Länge als Grundgrößenart in diesem mehr philosophischen Sinn genannt, den wir *nicht* mit dem Wort „Grundgrößenart" verbinden.

Für Grundgrößenart in der hier gemeinten Bedeutung benutzt *Fleischmann [F 12]* die Bezeichnung „Ausgangsgrößenart". *Reeb [R 4]* unterscheidet zwischen „Ausgangsgrößenart" und „axiomatischer Größenart"; er versteht unter einer axiomatischen Größenart eine solche, „deren begrifflicher Inhalt durch eine Erklärung so beschrieben werden kann, daß ohne Bezugnahme auf eine andere Größenart ein quantitativer Vergleich einzelner Größen dieser Art hergeleitet werden kann". Auch die axiomatischen Größenarten werden Grundgrößenarten genannt *[P 28]*. Da wir Verwechslungen mit den philosophisch interpretierten Grundgrößenarten oder den axiomatischen Größenarten in unseren Größengleichungen nicht zu befürchten brauchen, werden wir im folgenden bei dem bislang allgemein üblichen Namen „Grundgrößenart" für eine Ausgangsgrößenart bleiben.

Ganz allgemein läßt sich Folgendes feststellen. Wenn man ein neues physikalisches Gebiet erschließt, das nach seinen Erscheinungen und Gegebenheiten eine neue, aus den zuvor behandelten Gebieten nicht bekannte oder erklärbare physikalische Qualität enthält, muß man nach einem die neue Qualität erfassenden Meßverfahren suchen und — was vom Standpunkt der allgemeinen Formulierung und Darstellung der neuen Gesetzmäßigkeiten aus gesehen äquivalent ist — über solch ein neues Grundmeßverfahren eine entsprechende neue Grundgrößenart einführen. So hat sich prinzipiell in der Physik, ausgehend von der reinen Geometrie, über die Kinematik und die Dynamik (welche drei Teile man heute unter dem Namen Mechanik zusammenzufassen pflegt), über die Thermodynamik, die Elektrizität und den Magnetismus die Zahl der Grundgrößenarten und Grundmeßverfahren auf 6 erhöht, wozu unter Einschluß der subjektiv wertenden Photometrie eine 7. Grundgrößenart tritt. Läßt sich der Wesensinhalt eines dieser Gebiete physikalisch in den Rahmen der charakteristischen Qualitäten eines anderen Gebietes einfügen, so ist die charakteristische Grundgrößenart des betreffenden Gebietes direkt auf die Größenarten des anderen Gebietes definitionsmäßig zurückzuführen; d. h. die Zahl der Grundgrößenarten reduziert sich um eins.

Von der Möglichkeit der Verminderung der Zahl der Grundgrößenarten macht man bewußt oder unbewußt in der Elektrodynamik Gebrauch. Da sich nach allgemeiner Auffassung in der Makrophysik alle magnetischen Erscheinungen durch elektrische Vorgänge erklären oder sich auf solche zurückführen lassen, hat man weitgehend den Gedanken einer selbständigen magnetischen Qualität aufgegeben oder gar nicht erst gefaßt, was einer Eliminierung der obengenannten magnetischen Grundgrößenart entspricht — die Gesetzmäßigkeiten der Elektrodynamik werden unter Einschluß der Mechanik heute gewöhnlich durch Größengleichungen mit 4 Grundgrößenarten dargestellt. Im vorigen Jahrhundert bediente man sich in einer mechanistischen oder fernwirkungstheoretischen Auffassung und Behandlung der Elektrizität und des Magnetismus sogar einer Beschreibung mit nur 3 Grundgrößenarten. Neuerdings mehren sich wieder die Stimmen, die aus sachlichen oder formalen Gründen für die Einführung und Verwendung einer unabhängigen magnetischen Qualität eintreten, wodurch die Zahl der Grundgrößenarten für Mechanik und Elektrodynamik sich wieder auf 5 erhöhen würde. Auf diese Fragen werden wir im vierten Buchteil näher eingehen. Für die Behandlung der Thermodynamik werden jetzt ähnliche Umstellungen propagiert. Von einigen Seiten wird vorgeschlagen, die Wärmelehre nur vom molekularkinetischen Standpunkt aus zu betrachten und somit ganz auf die Mechanik zurückzuführen, wobei eine selbständige thermische Qualität (die Temperatur) als Grundgrößenart eliminiert werden würde. Hierauf wird im dritten Buchteil zurückzukommen sein.

Eine grundsätzliche Frage ist die, ob es möglich ist, durch ganz allgemeine Betrachtungen zu einer bündigen Aussage über die für die verschiedenen Gebiete der Physik und damit auch die gesamte Physik erforderliche Anzahl von Grundgrößenarten zu gelangen. Das Problem ist im Laufe der Zeit immer wieder erörtert worden. Wir können hier nicht die verschiedenen Überlegungen im einzelnen diskutieren, zumal sich dabei herausstellt, daß konkrete Angaben über die Anzahl der Grundgrößenarten immer wesentlich durch die Voraussetzungen bedingt sind, die den jeweiligen Betrachtungen zugrunde gelegt werden.

Fues [F 27] hat aus einer kritischen Behandlung systematischer Dimensionsbetrachtungen (Abschnitt 7) eine Regel darüber aufgestellt, bis zu welcher Höchstzahl neue Grundgrößenarten wirksam eingeführt werden können. Die Regel lautet: Man schreibe für das zur Diskussion stehende Problem die gültigen Grundgleichungen nebst Randbedingungen an, die einen mathematisch vollständigen Ausdruck des physikalischen Gedankens enthalten. Sodann ist einmal die Zahl n der durch das Gleichungensystem verknüpften Größenarten und zum anderen die Zahl k der unabhängigen Dimensionsbindungen zwischen ihnen abzuzählen; bei der Abzählung der Dimensionsbindungen soll besonders darauf geachtet werden, daß eine Gleichung mit mehr als 2 (z. B. m) Posten wegen des Postulats der dimensionsrichtigen Gleichungenschreibung mehr als 1 (also $m - 1$) Dimensionsbedingungen enthält, daß nicht durch abkürzende Zusammenfassung von Größenarten grundsätzlich vorhandene Dimensionsbeziehungen verschleiert werden und daß homogene Gleichungen und abhängige Beziehungen nicht mitgezählt werden dürfen. Die Differenz $n - k$ liefert dann die Höchstzahl der für das betreffende Problem wirksamen Grundgrößenarten.

Das von *Fues* zunächst für beliebige physikalische Probleme angegebene Abzählungsverfahren werden wir später auf zusammengefaßte Problemkreise, d. h. auf die einzelnen Teile der Physik anwenden, wie wir es bereits zu Beginn dieses Abschnittes allgemein formuliert hatten. Aus dem gerade Gesagten geht deutlich hervor, daß das Verfahren wesentlich auf den vorzugebenden Grundgleichungen (z. B. Bewegungsgleichungen in der Mechanik, Feldgleichungen in der Elektrodynamik, Hauptsätze in der Thermodynamik) fußt, deren Aufstellung wiederum von der jeweiligen Auffassung und Darstellung des betreffenden Gebietes, d. h. von der Einführung und Definition der beschreibenden physikalischen Größenarten abhängt.

In jüngster Zeit hat *Fleischmann [F12; F13; F14; F16; F17]* einen interessanten Beitrag zu der Frage der Festlegung und Auswahl von Grundgrößenarten geliefert. Er geht von den Größenarten aus und untersucht die begrifflichen Zusammenhänge zwischen ihnen. Seinen Betrachtungen legt er die Darstellung der Mechanik zugrunde, wie sie üblicherweise in der Physik vorgenommen wird. *Fleischmann* stellte fest, daß die Größenarten der Mechanik als Elemente einer Gruppe aufzufassen sind, die folgenden vier Axiomen genügt:

1) Die Verknüpfungsrelation der Gruppe ist die Multiplikation; d. h. aus zwei Elementen A und B entsteht durch multiplikative Verknüpfung eine neues Element $C = A \cdot B$, das ebenfalls der Gruppe angehört.

2) Die Elemente der Gruppe sind assoziativ; d. h. für drei beliebige Elemente A, B, C der Gruppe gilt stets das Assoziationsgesetz $(A \cdot B) C = A (B \cdot C)$.

3) Die Gruppe enthält ein Einheitselement (1); d. h. die für die Gruppe charakteristische Verknüpfung der Multiplikation des Elementes (1) mit einem beliebigen Element A der Gruppe läßt das Element A ungeändert: $A \cdot (1) = (1) \cdot A = A$.

4) Die Gruppe enthält zu jedem Element A ein inverses Element A^*, so daß außer der Multiplikation auch die Division eine für die Gruppe erlaubte Verknüpfungsrelation darstellt; d. h. es gilt zwischen einem beliebigen Element A der Gruppe und seinem inversen Element A^* die Relation $A \cdot A^* = A^* \cdot A = (1)$.

Diese vier Axiome definieren die Gruppe nach den Regeln der Gruppentheorie. Außer den gerade genannten vier Axiomen erfüllen die Elemente der Gruppe noch die folgenden beiden Bedingungen:

5) Die Gruppe ist kommutativ; d. h. es gilt für zwei Elemente A, B der Gruppe das kommutative Gesetz $A \cdot B = B \cdot A$.

6) Die Gruppe ist nicht zyklisch; d. h. wenn n eine beliebige natürliche Zahl ist, wird für ein beliebiges Element A der Gruppe seine n-te Potenz niemals gleich dem Einheitselement: $A^n \neq (1)$.

Durch die Definitionen 1) bis 4) und die zusätzlichen Bedingungen 5) und 6) wird gerade eine „reine unendliche Abelsche Gruppe" gekennzeichnet. *Fleischmann* stellte fest, daß die gewöhnlichen Größenarten der Mechanik den sechs Voraussetzungen genügen, also selbst eine reine unendliche Abelsche Gruppe bilden. Diese Erkenntnis war der Ausgangspunkt für seine weiteren Betrachtungen.

Fleischmann leitet den Aufbau der mechanischen Größenarten aus den Aufbauregeln für eine reine unendliche Abelsche Gruppe ab. Sie besagen, daß man aus den unendlich vielen Elementen einer solchen Gruppe eine endliche Anzahl von n Elementen so auswählen kann, daß sich aus ihnen sämtliche Elemente der Gruppe durch die Gruppenverknüpfung, im vorliegenden Fall also durch

Multiplikation oder Division, ableiten lassen. Ist n die Mindestzahl, bei der das möglich ist, so heißen die n Elemente in der Gruppentheorie „Basiselemente" und bilden ein „Basissystem" der Gruppe, von denen die Gruppe unendlich viele gleichberechtigte enthält.

Die Basissysteme müssen gruppentheoretisch folgender Bedingung genügen. Wir nehmen an, das System B_i der Elemente B_1, B_2, ... B_n sei ein für die Gruppe bekanntes Basissystem, und fragen, wann ein zweites beliebiges System B_j' von Gruppenelementen B_1', B_2', ... B_n' auch ein Basissystem der Gruppe bildet. Hierzu stellen wir zunächst die n neuen Elemente B_j' als Potenzprodukte der als bekannt vorausgesetzten n Basiselemente B_i in der Form $B_j' = \prod_{i=1}^{n} B_i^{c_{ji}}$ dar. Nach den Regeln der Gruppentheorie ist für die hier vorgegebene reine unendliche Abelsche Gruppe das System B_j' dann und nur dann ein Basissystem der Gruppe, wenn die Determinante Det $|c_{ji}|$ der Exponenten der Potenzproduktdarstellung für die B_j' gleich $+1$ oder gleich -1 wird.

Ein beliebiges Element A der Gruppe der Größenarten läßt sich in dem Bezugssystem B_i als ein Potenzprodukt $A = \prod_{i=1}^{n} B_i^{c_i}$ ausdrücken. Das Potenzprodukt $\prod_{i=1}^{n} B_i^{c_i}$ nennt *Fleischmann* die „Dimension" der Größenart A und die Basiselemente der Gruppe der Größenarten die Bezugsgrößenarten. Diese Definition des Dimensionsbegriffes ist mit der im Abschnitt 7 gegebenen äquivalent, wenn man in dem eingangs erläuterten und bevorzugten Sprachgebrauch die Basiselemente als Grundgrößenarten bezeichnet. Es sei hier gleich angemerkt, daß wir im Gegensatz zu den Fleischmannschen Gruppenaxiomen vorher von den Grundgrößenarten nur gefordert hatten, daß sie voneinander unabhängig sind; diese Forderung wird mathematisch durch die Bedingung ausgedrückt, daß die im vorigen Absatz genannte Determinante von null verschieden sein muß. Das Einheitselement (1) stellt in der reinen unendlichen Abelschen Gruppe der Größenarten die „dimensionslose" Größenart (Abschnitt 7) dar.

Seinen gruppentheoretischen Kalkül oder Mechanismus wendet *Fleischmann* allgemein zur Untersuchung der Beziehungen zwischen den physikalischen Größenarten an. Als Richtschnur für die Entwicklung eines Gesamtsystems der physikalischen Größenarten stellt er das folgende Postulat voran: Die Gesamtheit der physikalischen Größenarten soll so eingeführt und definiert werden, daß sie eine reine unendliche Abelsche Gruppe im Sinne der Gruppentheorie bilden. Es ist selbstverständlich, daß diese Bedingung, die *Fleischmann* der Darstellung der physikalischen Gesetzmäßigkeiten auferlegt, nur eine von verschiedenen möglichen Voraussetzungen zur physikalischen Beschreibung der Natur ist. Da hier nicht die Natur selbst, sondern lediglich der sie auf Grund von Beobachtungen beschreibende menschliche Geist sich äußert, unterliegt die Auswahl zwischen den verschiedenen Möglichkeiten zur physikalischen Darstellung und damit zwischen den verschiedenen vorgegebenen Spielregeln oder Axiomen im wesentlichen einer Entscheidung nach der Ökonomie und Zweckmäßigkeit des jeweils zu erzielenden Erfolges. Für die von *Fleischmann* postulierte Bedingung spricht die Tatsache, daß sie sich im Bereich der Mechanik bewährt und allgemein eingeführt hat, da tatsächlich die mechanischen Größenarten in ihrer bislang stets benutzten Definition eine solche reine unendliche Abelsche Gruppe bilden.

Die Anzahl der Basiselemente der Abelschen Größenartengruppe stellt *Fleischmann*, wie auch sonst üblich, durch Abzählen der eingeführten Größenarten und der zwischen ihnen aufgestellten unabhängigen Gleichungen fest. Sie ergibt sich für die Mechanik, d. h. nach *Fleischmann* für die Zusammenfassung von Geometrie, Kinematik und Beschleunigungsmechanik, zu 3. In der Art, wie *Fleischmann* die elektrischen und magnetischen Größenarten einführt, erhöht sich unter Einschluß der Elektrodynamik die Anzahl der Basiselemente oder Ausgangsgrößenarten auf 5, zu denen bei Hinzunahme der Thermodynamik und der Gravitation als selbständige Teilgebiete nach der Fleischmannschen Auffassung und Darstellung noch je eine weitere hinzukommt.

Diese Art der Behandlung können wir hier nicht in allen Einzelheiten schildern, sondern müssen uns darauf beschränken, noch kurz zwei wichtige Konsequenzen zu erwähnen, die sich aus dem Postulat von *Fleischmann* ergeben. Die eine betrifft die Zahl der Basiselemente der reinen unendlichen Abelschen Gruppe der Größenarten und die andere die Beschränkung in ihrer willkürlichen Auswahl.

Die *Anzahl* der Basiselemente oder (in unserer Ausdrucksweise) Grundgrößenarten ist grundsätzlich von den Regeln der Gruppentheorie unabhängig. Sie wird durch die Einführung der Elemente der reinen unendlichen Abelschen Gruppe, d. h. durch die Definition der Größenarten bedingt. Dabei unterliegt zwar die Einführung der Elemente den obengenannten Axiomen der Gruppe; jedoch wird ihre Definition durch die physikalische Auffassung von den durch sie darzustellenden Gesetzmäßigkeiten bestimmt. Die nach dem ersten Gruppenaxiom durch Multiplikation vorzunehmende Verknüpfung neuer physikalischer Größenarten mit bereits eingeführten oder definierten hängt wesentlich von der physikalischen Interpretation der jeweils gewonnenen Beobachtungsresultate ab. So erweisen sich beispielsweise in der Elektrodynamik die Einführung und Verknüpfung der Größenarten als entscheidend abhängig von der Beantwortung der Frage, ob man den Magnetismus als eine Erscheinung sui generis ansieht oder ihn definitionsmäßig an elektrische Vorgänge anschließen will; hierzu ein Beispiel: Soll die „magnetische Spannung", die in der Umgebung eines stromdurchflossenen Leiters vorhanden ist, als *eigene Größenart* oder als *identisch mit der Stromstärke* des den Leiter durchfließenden Stromes, sozusagen als magnetischer Doppelname für die elektrische Stromstärke, definiert werden? Die Zahl der Basiselemente der Gruppe der Größenarten, d. h. die Zahl der Grundgrößenarten, bestimmt sich auch hier eindeutig erst nach dem Anschreiben des gesamten Systems der beschreibenden Größenarten und der zwischen ihnen bestehenden unabhängigen Verknüpfungsrelationen. In diesem Punkt führt also die Fleischmannsche Darstellung nicht über die von uns bereits getroffenen Feststellungen hinaus.

    Anders liegt es bei der zweiten Frage, *welche* Elemente oder Größenarten man aus einer Gruppe als Basiselemente oder Grundgrößenarten auswählen darf, wenn ihre Anzahl festgestellt ist. Wegen der Vorgabe des ersten Axioms für die Gruppe müssen sich sämtliche Größenarten der Gruppe rein multiplikativ nach dem Schema $A = B \cdot C$ aus bereits definierten Größenarten ableiten lassen; d. h. jede Größenart muß als ein Potenzprodukt $\prod\limits_{i=1}^{n} B_i^{c_i}$ der Basiselemente oder Grundgrößenarten B_i darstellbar sein, wobei die Exponenten c_i in Hinblick auf das erste Axiom notwendigerweise *ganze* Zahlen sein sollen. Dieses Axiom schließt also von vornherein alle Systeme B_j' als Bezugssysteme aus, auf die bezogen in den Potenzprodukten $\prod\limits_{j=1}^{n} B_j'^{c_j'}$ für die einzelnen Größenarten gebrochene Exponenten auftreten — eine Konsequenz, die übrigens gerade durch die obengenannte Determinantenbedingung $\mathrm{Det}\,|c_{ji}| = \pm 1$ ausgedrückt wird. Beispielsweise erhält die Determinante bei Auftreten halbzahliger Exponenten in den Potenzprodukten $\prod\limits_{j=1}^{n} B_j'^{c_j'}$ den Wert ± 2. Diese Tatsache ist für die Behandlung der verschiedenen in der Elektrodynamik üblichen Größensysteme von Bedeutung (Kapitel 4, II).

    Der hier als Beispiel betrachtete Sonderfall des Auftretens halbzahliger Exponenten in den Potenzprodukten $\prod\limits_{j=1}^{n} B_j'^{c_j'}$ läßt sich auch noch anders ausdrücken: Die Exponenten c_j' werden dann halbzahlig, wenn eines der Basiselemente B_j' willkürlich als die Wurzel aus einem anderen dieser Basiselemente eingeführt wird, z. B. $B_4' = \sqrt{B_2'}$. Eine solche Operation soll aber nach den die reine unendliche Abelsche Gruppe definierenden Axiomen als verboten vorausgesetzt sein. Falls nämlich B_2' ein Element der Gruppe ist — und das muß es als Basiselement sein —, so kann $B_4' = \sqrt{B_2'}$ kein Element der Gruppe und damit auch kein Basiselement sein, da nach den Axiomen 1) und 4) nur Multiplikation und Division für die Gruppe erlaubte Verknüpfungen darstellen, nicht aber das Radizieren[1]). Wir wollen noch auf eine besondere Eigenschaft solcher Systeme B_j' hinweisen, die den gerade genannten Axiomen der reinen unendlichen Abelschen Gruppe nicht genügen. Dazu gehen wir von einem System B_1', B_2', B_3', $B_4' = \sqrt{B_2'}$ aus und schreiben die 1., 2., 3., 4., ... m. Potenzen des Systems hin

$$B_1', \quad B_2', \quad B_3', \quad B_4' = B_2'^{1/2}$$
$$B_1'^2, \quad B_2'^2, \quad B_3'^2, \quad B_4'^2 = B_2'$$
$$B_1'^3, \quad B_2'^3, \quad B_3'^3, \quad B_4'^3 = B_2'^{3/2}$$
$$B_1'^4, \quad B_2'^4, \quad B_3'^4, \quad B_4'^4 = B_2'^2$$
$$\cdots\cdots\cdots\cdots\cdots\cdots$$
$$\cdots\cdots\cdots\cdots\cdots\cdots$$
$$B_1'^m, \quad B_2'^m, \quad B_3'^m, \quad B_4'^m = B_2'^{m/2}. \cdot$$

---

[1]) Es sei hier angemerkt, daß *Landolt [L 4]* schon vor einer Reihe von Jahren einen anderen gruppentheoretischen Kalkül für die Gruppe der physikalischen Größen aufgestellt hat (siehe Abschnitt 6). Die von *Landolt* betrachtete Gruppe ist wohl auch eine Abelsche Gruppe — und zwar eine kommutative Abelsche Gruppe —, läßt aber ausdrücklich gebrochene Exponenten in der multiplikativen Verknüpfung zu; d. h. die Radizierung ist eine zwischen den Elementen der Landoltschen Gruppe der physikalischen Größen erlaubte „qualitative" Verknüpfung.

Man sieht sofort, daß dieses Pseudosystem mit 4 „Basiselementen" sich in allen geradzahligen Potenzen auf ein Basissystem mit 3 Basiselementen bei multiplikativer Verknüpfung im Sinne der reinen unendlichen Abelschen Gruppe zurückführen läßt, während die ungeradzahligen Potenzen nicht sämtlich Elemente *einer* solchen Abelschen Gruppe sein können.

Fleischmann fordert die Unterwerfung unter die Axiome und Regeln einer reinen unendlichen Abelschen Gruppe nicht nur für die physikalischen Größenarten, sondern auch für die Größen und Einheiten als Vergleichsgrößen gleicher Art. Durch die letzte Forderung werden unter den Einheitensystemen (Abschnitt 4) automatisch die abgestimmten oder kohärenten Systeme (Abschnitt 5) als für die zu einer reinen unendlichen Abelschen Gruppe gehörenden Größen passende Einheitensysteme herausgestellt.

Wenn man das Fleischmannsche Postulat der reinen unendlichen Abelschen Gruppe für die Größenarten und Größen anerkennt, bleibt die Zahl der zu wählenden Grundgrößenarten nach wie vor von der Auffassung und Darstellung der physikalischen Gesetzmäßigkeiten abhängig. Darüber hinaus ergeben sich aber in der Auswahl und Zusammenstellung eines Basissystems einer bestimmten Anzahl von Basiselementen oder Grundgrößenarten genau definierte Beschränkungen; d. h. es sind entsprechend auch unter den verschiedenen denkbaren Dimensionssystemen (Abschnitt 7) mit gleicher Anzahl von Grunddimensionen nicht mehr alle gleichberechtigt oder erlaubt. Wir werden an verschiedenen Beispielen sehen, daß und wie im Laufe der Zeit, besonders in der Elektrodynamik, eine Reihe von Dimensionssystemen entwickelt wurde, die zu den im Sinne der Fleischmannschen Auffassung unerlaubten gehören. Da wir auf der anderen Seite eine wesentliche Aufgabe des Buches in der gegenseitigen Verknüpfung der bisher in der Physik üblichen Darstellungsarten und Gleichungenschreibungen sehen, werden wir dann bewußt die Axiome einer reinen unendlichen Abelschen Gruppe zurückstellen, um die Brücke zwischen den verschiedenen praktisch benutzten Behandlungsarten schlagen zu können. Das Postulat der reinen unendlichen Abelschen Gruppe ist für die Einführung der physikalischen Größenarten zwar sehr zweckmäßig, aber nicht naturnotwendig. Es bleibt abzuwarten, ob es sich in Zukunft bei der Beschreibung der physikalischen Gesetzmäßigkeiten durchsetzen wird.

Auch die strikte Befolgung der von *Fleischmann* aufgestellten Axiome und die ausschließliche Benutzung von Verknüpfungen der Form $C = B \cdot A$ führen noch nicht zu einer vollständigen Eindeutigkeit der so definierten Größenarten. Beispielsweise gehören Arbeit $A = $ Kraft $F \times$ Weg s und Drehmoment $T = $ Kraft $F \times$ Hebelarm r zur gleichen Größenart im bisher festgelegten Sinn. Trotzdem unterscheiden sich Arbeit und Drehmoment: Arbeit A ist ein Skalar, nämlich das skalare oder innere Produkt $F \cdot s$, Drehmoment T ist ein Vektor, nämlich das vektorielle oder äußere Produkt[1] $r \times F$. Erst die zusätzliche Angabe ihres „Richtungscharakters" (Skalar, Vektor, Tensor usw.) kann die eindeutige Abgrenzung von Arbeit und Drehmoment ergeben. So würde man zu „Richtungsgrößenarten" gelangen, die durch Größenart *und* Richtungscharakter bestimmt sind. In Hinblick auf den Dimensionsbegriff und die Dimensionsprodukte (Abschnitt 7), die als Ausdruck der Größenarten-Verknüpfungen dienen, sehen wir vom Richtungscharakter ab und beschränken uns auf den artmäßigen Bedeutungsgehalt der „Größenart".

Kürzlich hat *Flaschner [F10]* eine ontologische Begründung für die von ihm vorgeschlagenen „Maßbegriffe" veröffentlicht, die er als Produkte der 4 Faktoren Maßzahl, Dimension, Bedeutung, Einheitstensor einführt und die „sich auf den ontischen Sachverhalt selbst beziehen" sollen. *Flaschner* wendet sich gegen Zahlenrechnen und Größenlehre, die beide im Positivismus wurzelten und daher den physikalischen Symbolen keinen begrifflichen Inhalt geben könnten. Das Produkt „Maßzahl" × „Dimension", das *Flaschner* auch „Größe" nennt, soll als Beitrag des Meßverfahrens die Quantität des erfaßten Sachverhaltes repräsentieren, die „Bedeutung" soll dem Maßbegriff Inhalt geben und der „Einheitstensor" den geometrischen Charakter und die Richtung des Sachverhalts berücksichtigen. *Flaschner* geht von „vorphysikalischen Begriffen" Raum, Zeit, Kraft, Menge aus und schreibt die Gesetze der Mechanik und Elektrodynamik als „Naturgesetze von ontologischem Rang" mit Erfahrungskonstanten, die „Struktoren des Seienden" darstellen. Die detaillierte Aufteilung der Größenart in Dimension und Bedeutung erscheint für die Ziele des Buches weder notwendig noch zweckmäßig. Wir werden daher den Flaschnerschen Maßbegriff, der hauptsächlich aus erkenntnistheoretischen Überlegungen geprägt wurde, im folgenden nicht benutzen.

Die Grundgrößenarten können als solche direkt nicht mehr definiert werden; ihr begrifflicher Inhalt oder ihre „Erklärung" ergibt sich aus dem gesamten über sie vorliegenden und ihre Einführung nahelegenden Erfahrungsmaterial. Man kann aber bestimmte Vereinbarungen über den quantitativen Vergleich ihrer einzelnen Werte treffen. Diese Verfügungen erfolgen durch die Vorgabe eines Meß-

---

[1] In der exakten Ausdrucksweise der Tensoralgebra ist das Vektorprodukt und somit das Drehmoment ein schiefsymmetrischer Tensor zweiter Stufe, den man jedoch im (mathematisch) dreidimensionalen Koordinatenraum als Vektor behandeln kann.

verfahrens — in diesem Fall also eines *Grundmeßverfahrens* — und (für eine quantitative Auswertung) der zu benutzenden Einheit für den durch die Grundgrößenart repräsentierten physikalischen Begriff. In der Festlegung der Meßverfahren (und der Einheiten zur quantitativen Behandlung) für die Grundgrößenarten, in deren Verabredung man prinzipiell freie Hand hat, liegt die zur eindeutigen Auflösung des gesamten Gleichungensystems erforderliche a priori-Vorgabe. Selbstverständlich wird man nach Gesichtspunkten begrifflicher und meßtechnischer Zweckmäßigkeit die Grundgrößenarten auswählen und die Einheiten festsetzen.

Für alle übrigen Größenarten sind die einzelnen Gleichungen des gesamten Gleichungensystems Definitionsgleichungen, über die sich die Größenarten aus den Grundgrößenarten ableiten lassen *[P 57]*; sie heißen *abgeleitete Größenarten.*

Unter der Bezeichnung „Definitionsgleichungen" werden üblicherweise zwei Arten von Beziehungen zusammengefaßt *[W 7]*: einmal die direkten Definitionsgleichungen (Beispiel: Definition der Geschwindigkeit aus dem von einem gleichförmig bewegten Körper während einer bestimmten Zeit zurückgelegten Weg), zum anderen die empirischen Ansätze oder Proportionalitäten, die eine Beziehung zwischen bereits definierten Größenarten ausdrücken sollen und daher zwangsläufig einen „Proportionalitätsfaktor" enthalten und ihn als neue physikalische Größenart definieren (Beispiel: Definition der Gravitationskonstanten durch das Newtonsche Massenanziehungsgesetz mit den als schon anderweitig definiert zu betrachtenden Größenarten Länge, Masse, Zeit). Wir werden die erste Art „Definitionsgleichung einer Größenart" und die zweite „Erfahrungsansatz mit Proportionalitätsfaktor" nennen. Die Definitionsgleichungen können in ihrer äußeren Form noch, sofern das für ein physikalisches Gebiet historisch bedingt ist, von der jeweiligen Auffassung und Art der Größeneinführung (d. h. von der Zahl der zugrunde liegenden Grundgrößenarten) abhängig sein. Die mathematische Formulierung kann jedoch stets so erfolgen, daß das entstehende Gleichungensystem mit den in bestimmter Weise definierten Größenarten einfach und zwanglos ohne physikalisch überflüssige Faktoren oder Zahlenwerte die physikalischen Gesetze wiedergibt. Eine streng gültige Regel, ob und wann ein Faktor physikalisch bedingt ist oder nicht, läßt sich nicht allgemein aufstellen. Tatsache ist immerhin, daß fast ohne Ausnahme die systematische Erforschung eines physikalischen Zweiges von selbst zu einer logisch einwandfreien und in der betreffenden Größendefinition zweckmäßigen Darstellungsform geführt hat.

Sind die Gleichungen, so wie wir es für unsere Gleichungensysteme vorausgesetzt und angegeben haben, in zweckdienlicher Form mit einer bestimmten Anzahl von Grundgrößenarten aufgestellt und als Definitionsgleichungen für die abgeleiteten Größenarten aus den Grundgrößenarten abgefaßt worden, so pflegen wir sie heute allgemein als *Größengleichungen* zu bezeichnen (siehe hierzu auch Abschnitt 6).

Eine physikalische Größe ist nicht ein physikalisches Objekt, Zustand oder Vorgang selbst oder mit ihnen zu identifizieren — sie beschreibt nur *Beschaffenheiten* oder *Eigenschaften* solcher Objekte, Zustände oder Vorgänge *[F 5; W 19]*. Außerdem soll sie eine Aussage über die Quantität von Beschaffenheiten oder Eigenschaften enthalten, die zahlenmäßig durch Vergleich mit gleichartigen Beschaffenheiten oder Eigenschaften gewonnen wird. Es ist also im Begriff der „physikalischen Größe" die Möglichkeit ihrer „Meßbarkeit" notwendig eingeschlossen.

Im allgemeinen werden Größen als meßbar angesehen, wenn man die Gleichheit und Additivität zweier Größen gleicher Art feststellen kann *[C 3]*. Die zweite Bedingung ist bei zahlreichen Größen nicht uneingeschränkt erfüllt *[N 17]*: Wenn man zwei Größen gleicher Art addiert, ergibt die formal gebildete Summe nicht immer eine dritte Größe gleicher Art, der ohne weiteres ein physikalischer Sinn zuzuordnen ist. Beispiele sind die Größen Zeit (als Zeitpunkt), Temperatur (als Temperaturpunkt), Frequenz (verschiedener periodischer Vorgänge), Dichte (verschiedener Substanzen), spezifische Wärmekapazität (verschiedener Substanzen). Die Schwierigkeiten entfallen jedoch, wenn man die Bedingung der strengen Additivität durch die Forderung ersetzt, daß sich zumindest Differenzen zweier Größen gleicher Art in gleiche Teile teilen lassen *[J 1]*.

4. Systeme von Einheiten, Grundeinheiten, abgeleitete Einheiten

Die soeben von uns Größengleichungen genannten Definitionsgleichungen für die abgeleiteten Größenarten umfassen in mathematischer Formelsprache gleichzeitig ein Meßverfahren für die einzelnen abgeleiteten Größenarten. Da ein Meßverfahren, wie wir schon sahen, nur dann zu eindeutigen Werten führen kann, wenn wir für die zu messende Größe eine bestimmte Vergleichsgröße gleicher Art als Einheit verabreden, muß jedes Meßverfahren zugleich die Angabe zumindesten der Art der zu benutzenden

Einheiten in sich enthalten. Wir können diesen Sachverhalt auch durch die Feststellung beschreiben, daß über die Größengleichungen als Definitionsgleichungen für die abgeleiteten Größenarten stets die Art der für sie beim Meßverfahren zu benutzenden Einheiten festgelegt ist. Diese Einheiten müssen also mit den Einheiten der Grundgrößenarten genau in dem gleichen Zusammenhang stehen und aus ihnen herzuleiten sein, wie die abgeleiteten Größenarten aus den Grundgrößenarten.

Man kann demnach parallel zu dem System der physikalischen Größenarten über die Größengleichungen als Definitionsgleichungen auch ein *System von Einheiten* aufbauen. Die für die Grundgrößenarten durch die erforderlichen a priori-Verfügungen definierten Einheiten nennt man *Grundeinheiten*, die aus diesen für die abgeleiteten Größenarten entwickelten *abgeleitete Einheiten*. Besonders wichtig ist für ein Einheitensystem[1]) die *Anzahl der Grundeinheiten*, die gleich der der Grundgrößenarten im zugehörigen Größensystem sein muß.

Mit dem Wort „Grundeinheit" wird ähnlich wie mit dem Wort „Grundgrößenart" (Abschnitt 3) gelegentlich noch ein anderer Sinn verbunden. Man denkt dabei an Einheiten, die durch einen „natürlichen" Etalon oder eine ausgezeichnete physikalische Situation repräsentiert werden, also hinsichtlich ihrer Realisierbarkeit und Reproduzierbarkeit gegenüber anderen Einheiten besonders hervorstechende Merkmale aufweisen. Wenn in der bisher üblichen Bedeutung des Wortes Grundeinheit lediglich eine Ausgangseinheit zum Aufbau eines Einheitensystems gemeint ist, bedient man sich neuerdings auch der Bezeichnung „Basiseinheit", um sie eindeitig von allen denkbaren Nebenbedeutungen frei zu halten. Ein Beispiel ist die Résolution 6 der 10. Generalkonferenz für Maß und Gewicht (Abschnitt 2, 3d). Ohne Mißverständnisse befürchten zu müssen, können wir im folgenden an dem bislang allgemein benutzten Namen „Grundeinheit" für eine Basiseinheit festhalten.

Bei diesen Überlegungen und Folgerungen müssen wir noch einen wichtigen Punkt näher betrachten. Das Größengleichungensystem bestimmt über die implizit in ihm enthaltenen und von Definitionsgleichung zu Definitionsgleichung weiter greifenden Meßverfahren bei der Herleitung der abgeleiteten Einheiten aus den Grundeinheiten zunächst nur ihre Art und ihren artgemäßen Zusammenhang mit der Art der Grundeinheiten. Dagegen bleiben ohne zusätzliche Festsetzungen ihre *Beträge*[2]) noch offen. Man kann selbstverständlich prinzipiell bei der experimentellen Untersuchung einer durch eine solche Gleichung dargestellten Gesetzmäßigkeit Einheiten beliebigen Betrages wählen, solange nur die Art der Einheiten mit der der in ihnen zu messenden Größen übereinstimmt. Wechselt man für eine bestimmte Größe den Betrag der Einheit, so ändert sich der in ihr gemessene Zahlenwert als Verhältnis zwischen der betrachteten Größe und der Einheit als Vergleichsgröße. Dieser Sachverhalt führt zu der Konsequenz, daß die für ein und denselben physikalischen Vorgang durch Messung in verschiedenen Einheiten bestimmten Zahlenwerte einer Größe verschieden sind. Setzt man die Zahlenwerte, die für die einzelnen, bei dem betrachteten Versuch beteiligten Größen in jeweils verschiedenen Einheiten gemessen wurden, zu Zahlenwertgleichungen entsprechend dem zugrunde liegenden physikalischen Gesetz zusammen, so beschreiben sie zwar alle den gleichen Versuch eindeutig und richtig, sehen aber formal ganz verschieden aus. Es ist das eine jener Tatsachen aus dem Problemkreis der Einheiten, die in der Praxis immer wieder Anlaß zu vielen Schwierigkeiten, Mißverständnissen und Irrtümern geben. Sie läßt sich auch durch keinerlei Umschreibungen wegdiskutieren. Wenn man sich also nicht auf eine bestimmte Einheit für jede Größe einigt — und eine solche für alle verbindliche Vereinbarung scheint bei der in den verschiedenen Benutzerkreisen sehr unterschiedlichen und an sich auch verständlichen Vorliebe für verschiedene Einheitenbeträge kaum möglich und vielleicht auch nicht erstrebenswert zu sein —, wird jede Gesetzmäßigkeit je nach den zugrunde gelegten Einheiten durch verschiedene Zahlenwertgleichungen repräsentiert.

5. Größe = Zahlenwert × Einheit, Einheitengleichungen, kohärente Einheitensysteme, Etalon-Einheiten

Erfahrungsgemäß macht der richtige Umgang mit auf verschiedene Einheiten bezogenen Zahlenwertgleichungen, vor allem die richtige Umrechnung von einer Zahlenwertgleichung auf eine andere, beim praktischen Rechnen Schwierigkeiten.

Nach unseren bisherigen Betrachtungen dürfen wir mit Recht erwarten, daß die bereits erwähnten Größengleichungen, die als ein geschlossenes Gleichungensystem ein physikalisches Gebiet eindeutig und widerspruchsfrei darstellen sollen, in solchen Schwierigkeiten als Richtschnur für die

---

[1]) An Stelle von „Einheitensystem" ist auch die Bezeichnung „Maßsystem" üblich. Wir vermeiden das Wort „Maßsystem", da es doppeldeutig benutzt wird: einmal im Sinne von Größensystem, zum anderen als Synonym für Einheitensystem.

[2]) Siehe Fußnote [1]) auf S. 11.

praktische Anwendung dienen können. Wir brauchen uns nur noch formal eine Trennung der jeder Größendefinition innewohnenden mengen- und artmäßigen Elemente vorgenommen zu denken.

Eine solche Aufspaltung des physikalischen Größenbegriffes war der Vorstellung oder dem physikalischen Gefühl, zumindest im Unterbewußtsein des Experimentators, sicher schon seit langer Zeit eigen. *Maxwell* leitet seinen bekannten Treatise on Electricity and Magnetism *[M 6]* mit dem Begriff der physikalischen Größe ein, die er als Ausdruck zweier Faktoren, nämlich des numerischen Wertes und des Namens der konkreten Einheit einführt. *Maxwells* Treatise enthält im Art. 2 die Idee der Größengleichung; im Art. 6 gibt *Maxwell* ganz klare Anweisungen für die Art der Benutzung verschiedener Einheiten für eine Größe. *Wallot [W 5; W 6; W 20]* hat etwa 50 Jahre später dieser Auffassung für das Verständnis der Gleichungentechnik und für die Nutzbarmachung beim zahlenmäßigen Rechnen in der Praxis zu neuem Leben und weitreichender Bedeutung verholfen.

Die physikalischen Größen werden in dieser Art der Betrachtung als formelmäßig präzisierter Ausdruck physikalischer Begriffe für den jeweiligen Einzelfall angesehen. Sie kennzeichnen qualitativ die Art des physikalischen Begriffes und machen gleichzeitig eine quantitative Aussage über die im Einzelfall vorliegende Menge dieser Art. Die Mengenangabe wird durch den Zahlenwert repräsentiert, den man durch messenden Vergleich der beobachteten Menge mit einer gleichartigen Vergleichsmenge gewinnt. Die Vergleichsmenge ist durch die bei der Messung benutzte Einheit definiert, die damit gleichzeitig die Mengenart charakterisiert. Eine physikalische Größe verkörpert also eine Quantitäts- und eine Qualitätsaussage; sie kann als Produkt aus Zahlenwert und Einheit betrachtet werden. Formelmäßig wollen wir die Darstellung einer Größe a als Produkt aus ihrem Zahlenwert $\{a\}$ und der zu seiner Messung benutzten Einheit $[a]$ durch die allgemeine Beziehung

$$a = \{a\} \cdot [a] \tag{1}$$

beschreiben.

In der englischen Sprache ist in Anlehnung an *Maxwell [M 6]* für die als Produkt aus Zahlenwert und Einheit darstellbare Größe vielfach die Bezeichnung „expression of a quantity" üblich. In dieser Nomenklatur wird dann mit „quantity" der in der physikalischen Welt zugeordnete Begriff bezeichnet, der in Gleichungen durch verschiedene expressions of the quantity repräsentiert sein kann, die unterschiedliche Dimensionsprodukte (Abschnitt 7) besitzen können. Beispiel: Zu der quantity „magnetische Feldstärke" gehören in verschiedenen Beschreibungen der Elektrodynamik unterschiedliche expressions of the quantity, wie $H_m, {}_nH, {}_rH$ (siehe Abschnitte 4, II, 1 b und 2, sowie 4, III, 4). Der Begriffsinhalt der „quantity" in dieser Auffassung wird auch durch das Wort „entity" zum Ausdruck gebracht (Abschnitt 4, I, 6) und ist in seiner Anwendung auf Einheiten mit den sogenannten „Étalon-Einheiten" (Abschnitte 4, I, 6 und 4, III, 4) verknüpft.

Neben der formalen Aufspaltbarkeit der physikalischen Größe in die beiden Faktoren Zahlenwert und Einheit postuliert *Wallot* als weitere These der Größengleichungenlehre die Forderung, bei der Aufstellung von Gleichungen, die als Größengleichungen angesehen werden sollen, jegliche willkürlichen Einheitenbeziehungen zu unterlassen, durch welche die Gleichungen ihren allgemeinen Charakter verlieren und zu einem speziellen Satz von Zahlenwertgleichungen herabsinken. Eine Gleichung, die in dem gerade gekennzeichneten Sinne als Größengleichung angesprochen werden kann, bietet den großen Vorteil, als eine maßunabhängige Darstellung einer physikalischen Gesetzmäßigkeit aufgefaßt werden zu dürfen. D. h. sie stellt das betrachtete Gesetz durch einen allgemeinen Zusammenhang zwischen physikalischen Größenarten oder Größen in einer Form dar, die völlig unabhängig von einer etwaigen späteren Aufspaltung der Größen in die beiden Faktoren Zahlenwert und Einheit ist. Eine solche Aufspaltung wird erst bei Durchführung und Auswertung irgendeiner speziellen Messung erforderlich. Dabei ist es grundsätzlich auch ganz gleichgültig, welche Einheitenbeträge man für die Messung der einzelnen Größen zugrunde legt; das Produkt aus Einheit und dem in ihr gemessenen Zahlenwert ergibt in jedem Falle dieselbe beobachtete physikalische Größe. Kennzeichnen wir die verschiedenen für eine Größe a benutzten Einheiten und die in ihnen jeweils gemessenen Zahlenwerte durch Anfügen der allgemeinen Indizes x, y, z, . . . an die Klammersymbole, so können wir dem gerade geschilderten Tatbestand formelmäßig in der Form

$$a = \{a\}_{\mathrm{x}} \cdot [a]_{\mathrm{x}} = \{a\}_{\mathrm{y}} \cdot [a]_{\mathrm{y}} = \{a\}_{\mathrm{z}} \cdot [a]_{\mathrm{z}} = \cdots \tag{1a}$$

Ausdruck verleihen.

Wegen der Vorzüge, welche die praktische Anwendung der Beziehungen so vereinfachen, pflegt man heute im allgemeinen die physikalischen Gesetzmäßigkeiten durch Gleichungen darzustellen, die als Größengleichungen aufgefaßt werden können.

Die Wahl der Einheitenbeträge[1]), deren Art durch die zugehörigen zu messenden Größen eindeutig festgelegt ist, bleibt bei dem Verfahren völlig dem Geschmack des einzelnen Benutzers überlassen. Er wird also zu einer Größengleichung, die den allgemeinen Ausdruck eines physikalischen Gesetzes darstellt, so viele verschiedene Zahlenwertgleichungen finden, wie er für die einzelnen in der Größengleichung enthaltenen Größen verschiedene Einheiten wählt.

Unter den verschiedenen Einheiten gibt es jeweils Sätze, bei deren Benutzung die entsprechende Zahlenwertgleichung formal mit der Größengleichung übereinstimmt. Diese Einheiten müssen in der formalen Auffassung als Quotienten aus Größe und Zahlenwert in einem besonders einfachen, und zwar in dem gleichen artmäßigen Zusammenhang untereinander stehen, den die betrachtete Größengleichung für die zugehörigen Größenarten ausdrückt; die Einheiten müssen, wie man sich auszudrücken pflegt, „wohlpassend" sein. Diese Folgerung gilt für jede Größengleichung und somit auch für jedes System von Größengleichungen, das die Gesetzmäßigkeiten eines ganzen physikalischen Gebietes mathematisch formuliert. Wir kommen damit auf die Systeme von Einheiten zurück, auf die wir schon bei unseren allgemeinen Betrachtungen über die Methoden der physikalischen Forschung gestoßen waren und die uns unter dem Gesichtspunkt der Größengleichungenlehre in einem neuen Licht erscheinen werden.

Sie stellen unter der Vielzahl der für die einzelnen Größen, die zur Beschreibung eines Teilgebietes der Physik benutzt werden, möglichen Einheiten offensichtlich eine besondere Klasse dar. Sie zeichnen sich vor den übrigen Einheiten dadurch aus, daß sie aus wenigen Grundeinheiten, deren Anzahl mit der der Grundgrößenarten übereinstimmt, abzuleiten sind. Es erhebt sich somit die Frage, wie die Beziehungen, durch welche die Ableitung erfolgt und die man *Einheitengleichungen* nennt, lauten.

Größengleichungen können außer den Formelzeichen für die in ihnen auftretenden Größenarten oder Größen noch unbenannte Zahlen wie $1/2$, π usw. enthalten, die beispielsweise von einer Integration herrühren. Sofern man unter den Formelzeichen Zahlenwerte versteht, sind die Gleichungen, die soeben als Größengleichungen angesprochen wurden, als Zahlenwertgleichungen anzusehen. Etwa auftretende unbenannte Zahlen kennzeichnen wir mit *Wallot [W 29]* im Fall der Größengleichungen durch Z und im Fall der Zahlenwertgleichungen durch z. Größengleichungen und Zahlenwertgleichungen können formal übereinstimmen; dann sind Z und z gleich.

Wallot [W 28] weist in diesem Zusammenhange ausdrücklich auf folgenden Sachverhalt hin. Man kann formal in einer Größengleichung alle vorkommenden Größen A_i nach dem Schema der Gleichung (1) als Produkte aus Zahlenwert $\{A_i\}$ und Einheit $[A_i]$ schreiben, dann alle Zahlenwerte in den aus der Größengleichung sich ergebenden Potenzen $\{A_i\}^{\alpha_i}$ und analog alle Einheiten in den gleichen Potenzen $[A_i]^{\alpha_i}$ sammeln und formal die Größengleichung in eine „Einheitengleichung" und eine „Zahlenwertgleichung" aufspalten.

Ein solches Verfahren führt allerdings nicht ohne weiteres zum gewünschten Ziel. Einmal bleibt die Frage offen, in welchem Verhältnis eine unbenannte Zahl Z in der Größengleichung zur Zahl z in der „Zahlenwertgleichung" steht, wenn diese eine Zahlenwertgleichung im eigentlichen Sinne sein soll, nämlich eine Gleichung, in der alle Formelzeichen Zahlenwerte bedeuten. Zum anderen will man in der Wahl der Einheitenbeträge freie Hand behalten. Beim „Aufspalten" der Größengleichung in eine „Einheitengleichung" und eine „Zahlenwertgleichung" kann man grundsätzlich in jeder dieser beiden Gleichungen noch einen beliebigen Zahlenfaktor — von *Wallot* mit ζ bezeichnet — hinzufügen. Die einzige Bedingung, der die Faktoren ζ unterliegen, ist die, daß sich die beiden Faktoren ζ bei einem „Zusammenfügen" von „Einheitengleichung" und „Zahlenwertgleichung" zur Größengleichung wieder zur Zahl Eins ergänzen.

Als einfaches Beispiel wählen wir eine Größengleichung, welche die Größe B als Potenzprodukt von n Größen A_i ausdrückt,

$$B = Z \prod_{i=1}^{n} A_i^{\alpha_i}. \tag{2}$$

Sie ist nach der Beziehung (1a) in der Form

$$\{B\} \cdot [B] = Z \prod_{i=1}^{n} \{A_i\}^{\alpha_i} \cdot \prod_{i=1}^{n} [A_i]^{\alpha_i} \tag{2a}$$

---

[1]) Mit „Einheitenbetrag" ist nicht der Zahlenwert der Einheit gemeint, der gleich eins ist. Analog dem Betrag einer Vektorgröße, der den positiven Wert des Vektors ohne Beachtung seiner Richtung angibt, kennzeichnet der Betrag einer Einheit nur die quantitative Ausdehnung der Einheit als Vergleichsgröße, ohne etwas über ihre Art auszusagen.

zu schreiben. Aus der Darstellung (2a) wollen wir eine *allgemeine Einheitengleichung* mit dem Zahlenfaktor ζ und eine *Zahlenwertgleichung* mit der unbenannten Zahl z gewinnen. Das kann eindeutig durch Aufspaltung von (2a) in die *allgemeine Einheitengleichung*

$$[B] = \zeta \prod_{i=1}^{n} [A_i]^{\alpha_i} \tag{3}$$

und in die Gleichung

$$\{B\} = \frac{Z}{\zeta} \prod_{i=1}^{n} \{A_i\}^{\alpha_i} \tag{4}$$

geschehen. Zur Größengleichung (2) ergibt sich dann die *Zahlenwertgleichung*

$$b = \frac{Z}{\zeta} \prod_{i=1}^{n} a_i^{\alpha_i} = z \prod_{i=1}^{n} a_i^{\alpha_i}, \tag{5}$$

wenn wir zur äußeren Unterscheidung als Formelzeichen kleine Buchstaben benutzen. Aus Gleichung (5) folgt die von *Wallot* „Verknüpfungsbeziehung" genannte Relation

$$Z = z \cdot \zeta, \tag{6}$$

die den Zusammenhang zwischen Größengleichung, allgemeiner Einheitengleichung und Zahlenwertgleichung beherrscht.

 Jetzt wollen wir annehmen, die Größe B gehöre in ein Gebiet der Physik, zu dessen Beschreibung wir die n Grundgrößenarten A_i ausgewählt haben. Dann gibt die Größengleichung (2) die Verknüpfung zwischen B und den Grundgrößenarten wieder, und wir können die n Einheiten $[A_i]$ als für das betrachtete Gebiet der Physik vereinbarte Grundeinheiten ansehen. Je nach Wahl von ζ erhalten wir über die allgemeine Einheitengleichung (3) für die Größe B abgeleitete Einheiten $[B]$ verschiedenen Betrages[1]) und nach der „Verknüpfungsbeziehung" (6) verschiedene Zahlen z in den zugehörigen Zahlenwertgleichungen.

 Durch eine mehr oder minder systematische Wahl der Zahlenfaktoren ζ gewinnt man die verschiedenen zu einer Grundeinheitenkombination gehörenden Systeme von Einheiten. Wichtig ist der Spezialfall, daß alle Zahlenfaktoren ζ gleich eins gesetzt werden. Man erhält so zu einem Satz einmal fest verabredeter Grundeinheiten *das* System von abgeleiteten Einheiten, für das wir schon oben die Bezeichnung „wohlpassend zum System der Größengleichungen" angegeben hatten. Man spricht bei solchen Einheitensystemen von „eins zu eins-Beziehungen" zwischen den Einheiten und nennt sie *kohärent*[2]). Nur bezogen auf kohärente Einheiten ist das System der zugehörigen Zahlenwertgleichungen mit dem der Größengleichungen formal identisch: $z = Z$. Die Einheiten sind untereinander, auf die Grundeinheiten und das Gleichungensystem abgestimmt. Dieses System wird daher auch das zu den Grundeinheiten gehörige „*abgestimmte* oder *kohärente Einheitensystem*" genannt. Demnach unterscheiden wir bei einer bestimmten Festlegung der Grundeinheiten unter den möglichen, aus den Grundeinheiten abzuleitenden Systemen *das* abgestimmte Einheitensystem von den übrigen nicht-abgestimmten Einheitensystemen. In der Elektrodynamik werden wir Beispielen für das Nebeneinanderbestehen von abgestimmten oder kohärenten und nicht-abgestimmten oder nicht-kohärenten Einheitensystemen begegnen (Abschnitte 4, I, 2 B und 5; 4, III, 1 b, 1 d, 4).

 Die Grundlagen der Einheitensysteme haben wir ziemlich ausführlich behandelt, und zwar aus zwei Gründen: Einmal werden die zugehörigen Definitionen und Bezeichnungen unterschiedlich gehandhabt und angewendet; zum anderen besitzen die abgestimmten oder kohärenten Einheitensysteme eine besondere Bedeutung, sowohl für die dimensionsanalytische Herleitung von Einheitensystemen als auch für die sichere Auswertung von Meßergebnissen beim praktischen Rechnen.

 Bei den *Systemeinheiten* handelt es sich, abgesehen von den das System aufbauenden Grundeinheiten, um aus diesen abgeleitete Einheiten, speziell im Fall kohärenter Systemeinheiten um reine Potenzprodukte aus den Grundeinheiten. Die Potenzprodukte werden unter Berücksichtigung des Größenkalküls nach den gerade genannten formalen Regeln gebildet. Die Behandlung von Einheiten als Systemeinheiten findet jedoch nicht ungeteilte Zustimmung. Ihnen wird der Begriff des Etalons gegenübergestellt, der allerdings von seinen Benutzern bislang unterschiedlich definiert oder interpretiert wird. Wesentlich ist, daß man in dieser Auffassung die Einheit als ein Symbol für den Fall „Zahlenwert = 1" betrachtet, der physikalisch zu einem „Einheitszustand" führt und durch einen

---

[1]) Siehe Fußnote [1]) auf S. 11.
[2]) **Das Wort** „coherent" tritt in diesem Sinne schon im Report der British Association for the Advancement of Science vom Jahre 1863 auf *[B 84]*.

„Etalon" realisiert wird. Ein Beispiel aus der Elektrodynamik (Abschnitt 4, III, 4) möge den Sachverhalt erläutern: Ein Solenoid mit 1000 Windungen je Meter Spulenlänge sei von einem elektrischen Strom der Stärke 1 Milliampere durchflossen. Dann wird das in dem Solenoid erzeugte Magnetfeld als physikalischer Einheitszustand betrachtet und „1 Ampere/Meter" genannt — unabhängig davon, welche physikalische Größe „magnetische Feldstärke" man zur Beschreibung des Magnetfeldes benutzen will; bezogen auf die Einheit Ampere/Meter, wird der physikalischen Situation lediglich eine Zahlenwertgleichung der Form $\{H\} = N\,\{I\}/\{l\}$ zugeordnet. Hier rückt also der Größenkalkül in den Hintergrund, die Darstellung fußt in erster Linie auf Zahlenwerten und Zahlenwertgleichungen. Einheiten in dieser Auffassung können wir — im Gegensatz zu den Systemeinheiten — vielleicht *Etalon-Einheiten* nennen, wobei wir uns darüber klar sind, daß der Name nicht etwa den Etalon selbst bezeichnet, sondern als Symbol für den zugehörigen Einheitszustand dient.

Im Folgenden bevorzugen wir eine größenmäßige Gesamtdarstellung. Daher werden wir im allgemeinen Einheiten im Sinne von speziell gewählten und vereinbarten Größen einer Größenart oder als aus Grundeinheiten abgeleitete Einheiten ansehen und benutzen. Nur in Sonderfällen (z. B. Abschnitt 4, III, 4) gehen wir auf die Beschreibung mit Etalon-Einheiten ein.

An dieser Stelle sei noch die Bemerkung angeknüpft, daß trotz der besonders konsequenten Klarheit und der einfachen Handhabung des Einheitenproblems, welche die Benutzung von kohärenten Einheitensystemen bietet, die allgemeine Entwicklung in der Einheitenwahl offensichtlich nicht einer ausschließlichen Festlegung auf abgestimmte Systemeinheiten zusteuert. Vielmehr streben Physik und Technik oft von ihnen weg und bevorzugen für Spezialgebiete *systemfreie* oder *systemfremde Einheiten.* Es liegt das daran, daß die kohärenten Einheiten eines Einheitensystems, z. B. eines mechanischen oder elektrischen, ihrer Definition oder ihrem Betrage nach nicht für alle Einzel- und Sonderfälle geeignet sein müssen. So kann sich für jedes Teilgebiet bei seiner praktischen Erforschung und Anwendung ganz von selbst ein Satz von Einheiten herausbilden, der sich beim dauernden Umgang mit dem betreffenden Problemkreis als besonders zweckmäßig erweist. Der Einheitensatz kann und wird zum Teil Einheiten aus einem kohärenten Einheitensystem enthalten, neben ihnen aber auch beliebige Vielfache von Systemeinheiten sowie Einheiten, die direkt in keines der allgemein üblichen Einheitensysteme passen und als systemfreie Einheiten eigens für ein bestimmtes Teilgebiet definiert worden sind. Als Beispiele seien die unterschiedlichen Druck- oder Energieeinheiten in den verschiedenen Gebieten der Physik und Technik erwähnt. Wenn wir trotz dieser Tendenz in der Einheitenentwicklung bei unseren allgemeinen Betrachtungen und weiteren Ableitungen die Einheitensysteme etwas in den Vordergrund rücken, so geschieht das nicht zuletzt aus Gründen didaktischer Zweckmäßigkeit. Die Einheitensysteme bilden für eine allgemeine Behandlung des Dimensions- und Einheitenproblems einen besonders einfachen Ausgangspunkt und eine ebenso klare wie zielsichere Richtschnur und können deshalb als beschreibendes Grundprinzip dienen.

Im übrigen macht sich in jüngster Zeit international das Bestreben bemerkbar, die Vielzahl der verschiedenen benutzten Einheiten möglichst einzuschränken und die Verwendung weniger Einheitensysteme zu empfehlen, so des MKS-Systems (Abschnitt 2, 3a) für die Mechanik, des Systems der seit 1948 international vereinbarten absoluten elektrischen Einheiten (Abschnitt 4, III, 2b) für die Elektrodynamik, des durch den Temperaturgrad (Abschnitt 3, 5) erweiterten MKS-Systems für die Thermodynamik und des auf der Candela oder dem Stilb aufgebauten photometrischen Systems (Abschnitt 5, II, 2d) für die Photometrie. Dementsprechend hat die 9. Generalkonferenz für Maß und Gewicht *[C 127]* auf Vorschlag der Internationalen Union für reine und angewandte Physik (IUPAP) 1948 in ihrer Résolution 6 beschlossen, ein internationales praktisches Einheitensystem zu schaffen, das von allen Mitgliedstaaten der Meterkonvention angenommen werden könnte. Hierzu wurde das Internationale Komitee für Maß und Gewicht beauftragt, auf Grund eines bereits vorliegenden französischen Entwurfs die Meinung der maßgebenden wissenschaftlichen, technischen und den Unterricht tragenden Kreise aus allen Ländern einzuholen und der Generalkonferenz eingehende Empfehlungen zur Aufstellung eines solchen internationalen Systems vorzulegen (Abschnitt 2, 3d).

6. Beispiele für die Begründung und Anwendung von Größengleichungen

Unter dem Gesichtspunkt einer idealen Zusammenfassung von Messung und formelmäßiger Darstellung haben wir die Entwicklung eines physikalischen Gebietes von den ersten experimentellen Entdeckungen an bis zur mathematischen Formulierung eines abgeschlossenen Gleichungensystems verfolgt. Wir sind so auf Vorstellungen und Begriffe gestoßen, die man heute unter den Stichwörtern Größengleichungen und Einheitensysteme zusammenfaßt. Dabei fragten wir nicht nach einer axiomatisch unangreifbaren Begründung der Definitionen und Methoden. Uns kam es wesentlich auf das Aufzeigen von Auffassungen und Verfahren an, die sich konsequenterweise aus der naturwissenschaftlichen Methode ergeben und die für die rechnerische Auswertung und den praktischen Umgang mit Meßergebnissen zweckmäßig sind.

Die Auffassung der physikalischen Gleichungen als Größengleichungen ist heute wohl schon so weit Allgemeingut von Physik und Technik geworden, daß eine besondere Begründung dieses Verfahrens beinahe überflüssig erscheinen könnte. Man hat seine besonderen Vorzüge als maßunabhängige, d. h. von jeder speziellen Einheitenwahl losgelöste, Darstellung und Behandlung der physikalischen Gesetzmäßigkeiten in großem Ausmaße kennen und schätzen gelernt. Für das Umgehen mit physikalischen „Größen" in „Größengleichungen" entwickelt sich bereits ein ähnliches, in steter Erfahrung sich festigendes, instinktsicheres Gefühl, wie es für die Anwendung der primitiven Rechenoperationen auf die mathematischen Zahlen in der Algebra seit langem vorhanden ist. Gerade deshalb erscheint es notwendig, auf einige grundsätzliche Fragen und Zusammenhänge hinzuweisen, die vielleicht schon durch den täglichen Gebrauch der Größengleichungen in unserem Unterbewußtsein verschwunden sind.

Vorweg soll eine begriffliche Klarstellung nachgeholt werden, die den Sinn betrifft, den man mit der Wortbildung „Größengleichung" verbindet. Im Abschnitt 5 haben wir das große Verdienst hervorgehoben, das sich *Wallot* durch die klare Herausstellung der Bedeutung der Größengleichungen in seiner Größengleichungenlehre erworben hat. Neben zahlreichen Einzelpublikationen sind hier vor allem die zusammenfassenden Darstellungen in *Wallots* grundsätzlichen Aufsätzen *[W5; W6]* aus dem Jahre 1922, sein Beitrag im Handbuch der Physik *[W 7]* vom Jahre 1926 und sein 1953 erschienenes Buch *[W18]* zu nennen. In neueren Veröffentlichungen *[W 13; W 15]* stellt *Wallot* als wesentlichen Satz für seine Größengleichungen die Beziehung „Physikalische Größe gleich Zahlenwert mal Einheit" an die Spitze und gibt für Größengleichungen die Definition: „Eine Größengleichung ist eine Gleichung, in der die Formelzeichen physikalische Größen im Sinne der Gleichung Zahlenwert = Größe/Einheit bedeuten sollen." Offensichtlich hat *Wallot* in seinen früheren Darstellungen, z. B. in seinem bekannten Handbuchartikel *[W 7]*, seinen Größengleichungen noch weitere Bedingungen auferlegt. Die hier zur Diskussion zu stellende ist die, daß für jedes Teilgebiet der Physik nur *ein* Größengleichungensatz mit *einer ganz bestimmten Zahl* von Grundgrößenarten aufzustellen ist. Diese Zahl beträgt nach *Wallot* für die Mechanik 3, für die Thermodynamik (unter Einschluß der Mechanik) 4, für die Elektrodynamik (unter Einschluß der Mechanik) gleichfalls 4 — d. h. zur Aufstellung der Größengleichungensätze für Mechanik, Thermodynamik und Elektrodynamik sind nach *Wallots* Feststellung außer 3 mechanischen Grundgrößenarten (z. B. Länge, Masse, Zeit) noch je eine und nur eine thermische (Temperatur) und elektrische (z. B. elektrische Ladung) erforderlich. An dieser Form der Größengleichungen will *Wallot* festhalten *[W 27]* — Gleichungen mit einer anderen Zahl von Grundgrößenarten sind in Wallotscher Nomenklatur *[W 8]* offensichtlich keine Größengleichungen.

An dieser Stelle gehen die Auffassungen allerdings auseinander. Die von *Wallot* postulierten Grundgrößenzahlen für die einzelnen Teilgebiete der Physik entsprechen zwar durchaus der heute üblichen Art der Betrachtung und Behandlung dieser Gebiete. Demgegenüber wird jedoch die Meinung vertreten *[D48; E8; P60; S56]*, daß die grundsätzliche Postulierung dieses *einen* Gleichungensatzes als Größengleichungen eine Beschränkung in der Auslegung oder Definition des Begriffes „Größengleichung" darstellt. Bei einem Wechsel der grundsätzlichen Auffassung und Darstellung eines physikalischen Gebietes, wie er z. B. in der Elektrodynamik in der zweiten Hälfte des vorigen Jahrhunderts erfolgt ist und heute bereits wieder in der Elektrodynamik und in der Thermodynamik zur Diskussion gestellt wird, können sich sehr wohl die Definitionen der beschreibenden Größenarten und damit auch die Anzahl der Grundmeßverfahren und Grundgrößenarten ändern. Es ist zunächst kein stichhaltiger Grund zu erkennen, warum nicht die eine wie die andere Art der Auffassung und Darstellung jeweils zu einem Größengleichungensystem führen sollen, unterschieden durch die Anzahl der resultierenden Grundgrößenarten entsprechend dem jeweiligen Erkenntnisstande auf dem betreffenden Gebiet. Das gilt sicher so lange, bis etwa aus allgemeinen Betrachtungen heraus *die* für die gesamte Physik erforderliche Anzahl von Grundgrößenarten *eindeutig* und *endgültig* abgeleitet und erwiesen ist, worauf wir schon im Abschnitt 3 ausdrücklich hingewiesen haben. Die Wallotsche *[W 9; W 21]* Deduktion seiner Grundgrößenzahl entspricht jedenfalls unserer Meinung nach nicht dieser Bedingung.

Grundsätzlich kann man zur Darstellung physikalischer Zusammenhänge so viele Größenarten einführen, wie man für zweckmäßig hält — vorausgesetzt, daß für sie klare Definitionen gegeben werden. Welche Größenarten im Einzelfall bevorzugt benutzt werden, wird dem Wandel in Auffassung und Erkenntnisstand unterworfen sein und von den Gesichtspunkten abhängen, die der einzelne der

Entscheidung „zweckmäßig oder unzweckmäßig" zugrunde legt. Jedoch gehören *alle* definierten Größenarten zu dem *Gesamtsystem der physikalischen Größenarten*. Es steht dann jedem frei, sich die ihm für die Beschreibung eines physikalischen Gebietes zweckmäßig erscheinenden Größenarten herauszusuchen; durch eine solche Auswahl trifft er gleichzeitig eine Entscheidung über die Anzahl der Grundgrößenarten, d. h. über das physikalische Größensystem, in dem er das Teilgebiet darstellt.

Um nicht neue Bezeichnungen einführen zu müssen, werden wir auch von Größengleichungen sprechen (z. B. im vierten Buchteil), wenn die ihnen zugrunde liegende physikalische Auffassung, Größendefinition und damit Grundgrößenzahl nicht mit den von *Wallot* für das gleiche Gebiet geforderten übereinstimmen. Unsere Darstellung wird sich dann allerdings formal nicht mehr mit der Wallotschen decken, was wir zur Vermeidung von Mißverständnissen auch an den betreffenden Stellen ausdrücklich noch einmal anmerken wollen. Erfreulicherweise bleiben aber alle Anwendungen und Folgerungen der Wallotschen Größengleichungenlehre *innerhalb eines* Größengleichungensystems erhalten — lediglich bei der Gegenüberstellung *verschiedener* Größengleichungensysteme wirkt sich die Verschiedenheit der beiden Auffassungen in einigen Punkten aus, auf die wir im einzelnen zu sprechen kommen werden.

Die Größengleichungenlehre hat seit ihrer Herausstellung durch *Wallot* zu zahlreichen Erörterungen über ihre strenge Begründung und Anwendung im Einzelfall geführt.

Zunächst waren sich wohl alle Autoren darin einig, daß mathematische Operationen, wie Multiplizieren, Dividieren, Potenzieren, Radizieren, Logarithmieren usw., in ihrer Anwendung von Haus aus auf unbenannte Zahlen beschränkt bleiben, da sie nur für diese definiert wurden und begründet sind.

Dießelhorst [D 38; D 39; D 40] sieht die Größengleichungen als Gleichungen an, in denen lediglich für die in ihnen enthaltenen Formelzeichen noch keine Zahlenwerte eingesetzt worden sind, die also noch keine auf bestimmte Einheiten bezogenen Zahlenwerte enthalten. Er erblickt in dieser Darstellungsweise die sehr verallgemeinernde Möglichkeit, für die einzelnen Größen noch ganz beliebige Einheiten — und natürlich das jeweils zugehörige Meßverfahren — verabreden oder festlegen zu können, faßt die Gleichungen aber in diesem Sinne als Zahlenwertgleichungen auf.

Speziell wandte er sich dort gegen die von *Wallot* postulierte Aufspaltbarkeit der Größen in einen quantitativen Faktor (Zahlenwert) und einen qualitativen Faktor (Einheit) mit dem Hinweis, daß der qualitative Faktor keineswegs eine Zusammenfassung der qualitativen Eigenschaften der Größe unter völliger Abtrennung ihres quantitativen Charakters sei. Die Einheit stelle nichts anderes dar, als eine willkürlich herausgegriffene Größe derselben Art, die selbstverständlich auch den Mengenbegriff enthalte.

Die Auffassung der Gleichungen als Größengleichungen macht den Benutzer von einer bestimmten Einheitenwahl in den allgemeinen Gleichungen frei; sie gibt ihm stattdessen die Möglichkeit, nachträglich jede beliebige Einheitenkombination oder jedes passende Einheitensystem zugrunde zu legen und die entsprechenden Zahlenwerte für die Größen einzusetzen. In dieser Betrachtungsweise stehen in den Größengleichungen die Formelzeichen für allgemeine Zahlenwerte als Verhältnisse der betrachteten Größen zu irgendwelchen, noch beliebig festzulegenden Vergleichsgrößen derselben Art, d. h. den zu verabredenden Einheiten. *Dießelhorst* kennzeichnet an anderer Stelle *[D 41]* seine Auffassung von den physikalischen Größen durch den Satz: „Die physikalischen Formeln drücken Beziehungen zwischen Größen aus und stellen Gleichungen zwischen Maßzahlen dar."

Wallot wollte dagegen seine Größengleichungen als kurze mathematische Ausdrücke für gewisse Proportionalitäten aufgefaßt wissen, solange in ihnen nur Potenzprodukte vorkommen. Er folgerte aus den Größengleichungen seine allgemeine Einheitengleichungen. Als Proportionalitäten zwischen den Einheiten der in der zugehörigen Größengleichung vorkommenden Größen enthalten sie (als Proportionalitätsfaktoren) noch allgemeine Zahlenfaktoren ζ, über deren Wert bei der speziellen Wahl der Einheiten frei verfügt werden kann. Insbesondere führt die Festsetzung $\zeta = 1$ zu den von uns als abgestimmte oder kohärente Einheitensysteme bezeichneten Systemen. Die besonderen Einheitengleichungen mit $\zeta = 1$ sieht *Dießelhorst* als doppelte Bezeichnung derselben Einheit an und nennt sie Doppelnamen für die abgeleiteten Einheiten.

Vielleicht ist der Hinweis angebracht, daß Argumente in analytischen Funktionen der Mathematik unbenannte Zahlen sind. Solche Argumente können also in der Darstellung physikalischer Gesetzmäßigkeiten nur dimensionslose Größen oder Verhältnisse von Größen gleicher Dimension repräsentieren (Abschnitt 7). Entwicklungen in Potenzreihen $\sum a_i x^i$ sind für physikalische Größen x nur sinnvoll, wenn die Variable x dimensionslos ist oder die Koeffizienten a_i Größen mit Dimensionsprodukten darstellen, die zu denen der Potenzen x^i reziprok sind.

Einige Besonderheiten treten auf, wenn man Gleichungen in Betracht zieht, in denen auch Logarithmen auftreten. So lange der Logarithmand eine unbenannte Zahl oder ein *dimensionsloses* (Abschnitt 7) Potenzprodukt mehrerer Größen ist, bleibt die Situation ungeändert, da das Logarithmieren von dimensionslosen Zahlen eine mathematisch korrekte Rechenoperation darstellt. Dasselbe gilt auch für die Umkehrung des Logarithmierens, die Erhebung in die entsprechende Potenz der Logarithmenbasis e oder 10; hier wird die Gleichungenschreibweise durchweg so gehandhabt, daß die als Exponenten auftretenden Größen dimensionslose Zahlen sind.

Dagegen werden logarithmische Gleichungen, die als Lösungen von Differentialgleichungen auftreten, vielfach nicht in der soeben gekennzeichneten Form geschrieben. Vielmehr ist es in vielen Fällen, vor allem in der Thermodynamik, üblich, die auftretenden Integrationskonstanten aus dem logarithmischen Glied herauszuziehen und den Logarithmus der Integrationskonstanten als neue „Größe" mit eigener Bezeichnung und eigenem Formelzeichen einzuführen. Als Beispiel betrachten wir die Integration der Clausius-Clapeyronschen Differentialgleichung für den Dampfdruck über einer dampfförmigen und kondensierten Phase,

$$\frac{dp}{dT} = \frac{1}{T} \cdot \frac{l}{v_{gas} - v_{kond}}, \qquad (7)$$

worin p und T Druck und Temperatur, v_{gas} und v_{kond} die spezifischen Volumina im dampfförmigen und kondensierten Aggregatzustand und l die spezifische latente Wärme (spezifische Verdampfungs- oder Sublimationswärme) der betrachteten Substanz bedeuten.

Eine Integration der Clausius-Clapeyronschen Gleichung ist unter Anwendung des zweiten Hauptsatzes der Thermodynamik und unter Einschluß der atomistischen Betrachtungsweise der kinetischen Theorie und der Quantentheorie für die spezifische Wärme von festen Körpern durchführbar. Die Lösung für den einfachsten Fall der Betrachtung einatomiger Substanzen schreiben wir hier als Gleichung für die spezifische Entropie s eines eintomigen Gases hin

$$s = R_i \left[\ln \left(\frac{T^{5/2}}{p}\, m^{3/2}\, g_d\, \frac{(2\,\pi)^{3/2}\, k^{5/2}}{h^3} \right) + \frac{5}{2} \right]. \qquad (8)$$

(m: Masse eines der betrachteten Atome; g_d: ihr statistisches Gewicht im Dampfraum; k: Boltzmannsche Entropiekonstante; h: Plancksches Wirkungsquantum; R_i: spezifische Gaskonstante.)

In dieser Form ist die Gleichung als Größengleichung anzusehen, falls s und R_i (Abschnitt 3, 9) dimensionsgleich sind und das Potenzprodukt des Logarithmanden im ganzen eine dimensionslose Größe darstellt. Allerdings wird die Entropie-Formel in dieser Gleichungenschreibweise praktisch nicht benutzt, da man die im Logarithmanden enthaltenen Größen gern nach Zustandsvariabeln (p und T), von der betrachteten Substanz abhängigen Materialwerten (m, g_d) und universellen Zahlenwerten und Konstanten ($2\,\pi$, k, h, R_i) unterteilt und aufgliedert, etwa in der Form

$$s = \frac{5}{2}\, R_i \ln T - R_i \ln p + R_i \ln [g_d\, (A)^{3/2}] + R_i \ln \left| \left(\frac{2\,\pi}{N_L}\right)^{3/2} \frac{(e\,k)^{5/2}}{h^3} \right| \qquad (9)$$

$$= \frac{5}{2}\, R_i \ln T - R_i \ln p + s^0.$$

[(A): Atomgewicht der einatomigen Substanz; N_L: spezifische Molekülzahl; e: Basis der natürlichen Logarithmen.]

Die Entropieformel (9) ist selbstverständlich nur noch als eine Zahlenwertgleichung zu betrachten und zu behandeln, da unter den Logarithmen in dieser aufgelösten Schreibweise dimensionsbehaftete Größen stehen geblieben sind. Der Zahlenwert der Entropiekonstanten s^0 hängt außer von den für s gewählten auch noch von den für T und p benutzten Einheiten ab; dabei ist das Potenzprodukt $(A)^{3/2}\, k^{5/2} / (N_L^{3/2}\, h^3)$ in der gleichen Einheit zu messen, wie $p/T^{5/2}$. Gibt man alle Größen in CGS-Einheiten an, so lautet die entsprechende Zahlenwertgleichung

$$s = \frac{5}{2}\, R_i \ln \{T\}_{\circ \mathrm{K}} - R_i \ln \{p\}_{\mathrm{dyn/cm^2}} + R_i \ln [g_d\, (A)^{3/2}] + \frac{3}{2}\, R_i \ln \left| \frac{2\,\pi\, e^{5/3}}{L\, \{h\}^2_{\mathrm{erg \cdot s}}} \{k\}^{5/3}_{\mathrm{erg/grd}} \right| \qquad (9\,\mathrm{a})$$

(L: Loschmidtsche Zahl).

Die Entropiekonstante s^0 stellt die spezifische Entropie eines einatomigen Gases in dem durch die Zahlenwerte $\{p\}_{dyn/cm^2} = 1$ und $\{T\}_{°K} = 1$ gekennzeichneten Zustand dar; ihr von der Natur des betrachteten Gases unabhängiger Anteil ist eine universelle Konstante und wird unter Bezug auf die Molzahl $l = 1$ (Abschnitt 3, 9) im allgemeinen als Sackur-Tetrodesche Entropiekonstante s_l^0 für einatomige Gase bezeichnet

$$s_l^0 = \frac{3}{2} R_0' \ln \left[\frac{2 \pi e^{5/3}}{L \{h\}_{erg}^2} \{k\}_{erg/grad}^{5/3} \cdot \right] \tag{10}$$

Wenn man die Entropieformel, um sie als Größengleichung behandeln zu können, in der zuerst erwähnten Gleichungsform (8) schreibt, geht die gerade genannte Aufteilung in Entropiekonstante s^0 und in Glieder, die nur von den Zustandsvariabeln abhängen, verloren; die Entropiekonstante s^0 des betrachteten einatomigen Gases und die universelle Sackur-Tetrodesche Entropiekonstante s_l^0 würden explizit überhaupt nicht mehr in Erscheinung treten. Selbstverständlich wird man auf die Definition und Benutzung dieser thermodynamisch wichtigen Größen nicht verzichten wollen und daher die *Zahlenwert*darstellung der Gleichung (9a) in Kauf nehmen.

Die hier für in physikalischen Gleichungen auftretende logarithmische Glieder vorgebrachten Überlegungen und Einschränkungen gelten auch in sinngemäßer Übertragung für eine Reihe anderer Rechenoperationen, beispielsweise für die Potenzierung, d. h. die Umkehrung des Logarithmierens oder die Entwicklung von transzendenten Funktionen nach ihrem Argument. In diesen Fällen müssen Exponent oder Argument stets unbenannte Zahlen sein, um die mathematischen Operationen zu gestatten. Exponent und Argument dürfen nur dimensionslose physikalische Größenkombinationen enthalten und können nicht etwa aus irgendwelchen Gründen in mehrere und dann dimensionsbehaftete Faktoren aufgespalten werden, mit denen nacheinander die mathematische Operation vorgenommen wird.

Greifen wir z. B. den für die Entladung eines aufgeladenen Kondensators der Kapazität C über einen Widerstand R charakteristischen Faktor $e^{-t/RC}$ heraus. Interessieren wir uns speziell für die Berechnung hoher Widerstände aus der Messung der Entladungszeit t, so könnte für die Auswertung der Meßergebnisse die Schreibweise

$$e^{-\frac{t}{RC}} = \left(e^{-\frac{1}{C}} \right)^{\frac{t}{R}} = A^{\frac{t}{R}} = A^{\{t\}[t]/\{R\}[R]} \tag{11}$$

zweckmäßig erscheinen. Das Formelzeichen $A = e^{-1/C}$ für die „Apparatekonstante" der Meßanordnung repräsentiert lediglich einen *Zahlenwert*, der bei der durch die Anordnung fest vorgegebenen Kapazität C noch von den für t und R gewählten Einheiten $[t]$ und $[R]$ abhängt.

Soweit die Beispiele zu den rechnerischen Methoden der Größengleichungenlehre. *Wallot* wollte die Grundregeln seiner Größengleichungenlehre folgerichtig angewendet wissen und betrachtete zunächst das ganze Verfahren als eine Art von „Symbolik", die man zwar nicht zu „verstehen" brauchte, die aber jederzeit zu greifbaren Schlüssen führt *[W 11]*.

Fischer [F 5] wies in Zusammenhang mit den über dieses Thema immer wieder erwachsenden Diskussionen auf eine seiner Ansicht nach viel zu wenig beachtete Abhandlung „Zählen und Messen, erkenntnistheoretisch betrachtet" von *H. v. Helmholtz [H 46]* hin. *Helmholtz* bezeichnet als Einheit einer Zählung „solche Objekte, die in irgendeiner bestimmten Beziehung gleich sind und gezählt werden. Die Anzahl der Einheiten bezeichnen wir als benannte Zahl, die besondere Art der Einheiten, die sie zusammenfaßt, die Benennung der Zahl". *Fischer* betrachtet auf Grund der Helmholtzschen Definition den „Wert einer physikalischen Größe" in einer Gleichung als eine benannte Zahl und die Messung der Größe als das physikalische Verfahren, die benannte Zahl zu finden: „Die vollständige Kennzeichnung des Wertes einer Größe, sofern wir sie durch eine benannte Zahl ausdrücken, besteht daher in der Angabe sowohl der Anzahl der Einheiten, wie der Einheit selbst, nach dem Schema: Zahl $\times$ Einheit = benannte Zahl = Wert der (physikalischen) Größe." Durch die Festsetzung, daß physikalische Größen in Gleichungen durch ihren „Wert", d. h. durch benannte Zahlen *verkörpert* werden, glaubt *Fischer* die „symbolische" Auffassung der Gleichungen vermieden zu haben.

Vor einiger Zeit hat sich *Landolt [L 4]* mit dem Problem des Operierens mit Größen von der mathematisch-algebraischen Seite her auseinandergesetzt. *Landolt* stellt einen Größenkalkül auf, den er aus der Gruppen- und Körpertheorie mathematisch begründet. Nach diesem Kalkül soll es erlaubt sein, mit Formelzeichen, die als Symbole für Größen, Zahlenwerte oder Einheiten stehen, in gleicher Weise innerhalb der sechs mathematischen Grundoperationen des Addierens, Subtrahierens, Multiplizierens,

Dividierens, Potenzierens und Radizierens wie mit allgemeinen Zahlenzeichen zu operieren, während ein solches Verfahren im Falle des Logarithmierens nur in Sonderfällen zulässig sein soll. Der Landoltsche Größenkalkül würde also die bislang überwiegend vertretene Beschränkung der mathematischen Grundrechengesetze auf reine Zahlen aufheben und der Wallotschen Größenbehandlung ihren symbolhaften Charakter nehmen. Analoges gilt für den von *Fleischmann [F12]* aufgestellten Kalkül der Gruppe der physikalischen Größenarten als einer reinen unendlichen Abelschen Gruppe, die wir bereits im Abschnitt 3 behandelt haben.

Ob wir nun mit *Wallot* die Formelzeichen symbolisch als „Größen" = Zahlenwert × Einheit auffassen oder mit *Fischer* die „Werte" = benannte Zahlen als Verkörperungen der physikalischen Größen in Gleichungen ansehen, in jedem Falle gelangen wir zu einer maßunabhängigen Auffassung der Gleichungen als Größengleichungen, sofern diese nur nach den hierfür bestehenden Vorschriften aufgebaut sind. Das Verfahren der Aufstellung von Größengleichungen, das in der Mechanik bewußt oder unbewußt von jeher geübt wurde und heute in Physik und Technik immer weitere Anwendung findet, gestattet uns, die physikalischen Gesetzmäßigkeiten in einer allgemeinen Form zu beschreiben, die von einer späteren, aus diesen oder jenen Gründen speziell bedingten Einheitenwahl völlig unabhängig ist. Daß es sich dabei, worauf besonders *Dießelhorst* hinwies, im streng mathematisch-algebraischen Sinne um eine Übertragung von Rechenoperationen auf Elemente handelt, für die sie ursprünglich weder definiert noch bestimmt waren und für deren Einbeziehung erst nachträglich ein eigener Kalkül entwickelt wird, wollen wir durchaus vor Augen behalten. Andererseits kann und soll uns diese Tatsache nicht davon abhalten, von der Auffassung der Gleichungen als Größengleichungen im zulässigen Ausmaße praktisch Gebrauch zu machen.

Als Abschluß des Abschnittes vermerken wir noch eine Definition der Größengleichungenlehre. Gelegentlich erweist es sich als zweckmäßig, vor allem bei Einheitenentwicklungen, mit einer besonderen Art von Gleichungen zu operieren, die den Namen *zugeschnittene Größengleichungen* erhalten haben. Zugeschnittene Größengleichung nennt *Wallot [D 14; W 10; W 13]* die auf eine bestimmte Einheitenwahl zugeschnittene Größengleichung, die man durch gliedweise Division der Größengleichung durch die entsprechende Einheitengleichung erhält, d. h. indem man in der Größengleichung an Stelle jeder einzelnen Größe explizit und ausgeschrieben den Quotienten Größe/Einheit einsetzt, aber nicht etwa die bereits durchdividierte Abkürzung dieses Quotienten, genannt Zahlenwert.

Ein einfaches Beispiel möge den Sachverhalt erläutern. Gegeben sei die Größengleichung

$$a = b \cdot c. \tag{12}$$

Dann lautet die auf die speziellen Einheiten $[a]_x$, $[b]_y$, $[c]_z$ zugeschnittene Größengleichung

$$\frac{a}{[a]_x} = \frac{b}{[b]_y} \cdot \frac{c}{[c]_z}, \tag{12a}$$

während die zugehörige „durchdividierte" Zahlenwertgleichung zu schreiben ist als

$$\{a\}_x = \{b\}_y \cdot \{c\}_z. \tag{12b}$$

Wir können demnach die zugeschnittenen Größengleichungen auch als eine besonders geschriebene Art von Zahlenwertgleichungen auffassen, in der die Definition des Zahlenwertes als Quotient aus Größe und Einheit noch jeweils in ihrer ursprünglichen Form explizit auftritt.

7. Dimensionssysteme, Grunddimensionen, Dimensionsprodukte

Für die Entwicklung von Systemeinheiten, insbesondere von kohärenten Systemeinheiten, ist folgender Weg charakteristisch: Man drückt die betrachteten Einheiten als Potenzprodukte allgemeiner Einheiten zunächst offen gelassenen Betrages für Größenarten aus, die als Grundgrößenarten zur Festlegung der zugehörigen Grundeinheiten angesehen werden; die betragsmäßige Verabredung wird erst ganz zum Schluß getroffen.

Im Prinzip wird damit ein Verfahren gekennzeichnet, das für die Darstellung aufeinander abgestimmter Systemeinheiten innerhalb eines abgeschlossenen physikalischen Gebietes allgemein üblich ist und durch die Wortprägungen *Dimension* oder *Benennung* gekennzeichnet wird. Da diese Ausdrücke in der Literatur leider zur Bezeichnung unterschiedlicher Begriffe gebraucht werden, müssen wir zuerst sagen, was wir unter ihnen verstehen wollen.

Der Dimensionsbegriff diente zunächst einer allgemeinen und von der speziellen Wahl der Grundeinheitenbeträge unabhängigen, gegenseitigen Zuordnung der Einheiten von abgeleiteten Größenarten untereinander. Nehmen wir als Beispiel die allgemeine Kraftgleichung

$$F = m\,\boldsymbol{a} = m\,\frac{d^2 s}{d t^2},\tag{13}$$

oder, skalar geschrieben,

$$F = m\,a = m\,\frac{d^2 s}{d t^2}.\tag{13 a}$$

Diese Größengleichung drückt den Zusammenhang zwischen Kraft und Masse über die Beschleunigung als zweiten zeitlichen Differentialquotienten des Weges nach der Zeit aus. Wir fragen nach einer für die Messung der Kraft geeigneten Einheit, und zwar nach einer Einheit, die in ein System von aufeinander abgestimmten mechanischen Einheiten, d. h. in ein kohärentes mechanisches Einheitensystem paßt.

Wollen wir zu einer eindeutigen und quantitativen Beschreibung der mechanischen Gesetzmäßigkeiten durch unser System von mechanischen Größengleichungen kommen, so müssen wir, wie wir bereits feststellten, für 3 Grundgrößenarten Meßverfahren und Einheit, d. h. 3 Grundeinheiten vorgeben. Wir wählen hier als Grundgrößenarten Länge l, Masse m und Zeit t und bezeichnen dem üblichen Schreibgebrauch folgend die zugehörigen Grundeinheiten allgemein mit $[l]$, $[m]$ und $[t]$. Dabei lassen wir eine Verabredung über die Beträge[1] dieser Grundeinheiten zunächst noch offen.

Dann können wir einen allgemeinen Ausdruck für die aus diesen Grundeinheiten abgeleitete Einheit der Kraft angeben. Die Größengleichung (13a) enthält implizit *nach* Festlegung der Grundgrößenarten und Grundeinheiten als Definitionsgleichung für die Kraft eine Vorschrift über Meßverfahren und Einheit der Kraft; sie muß sich aus den Grundeinheiten in der gleichen Weise ergeben, wie die Größenart Kraft selbst aus den Grundgrößenarten abgeleitet wird. Wenn wir die abgeleitete Einheit der Kraft von zunächst gleichfalls offen gelassenem Betrage entsprechend durch $[F]$ kennzeichnen, so können wir für sie schreiben

$$[F] = [m]\,\frac{[l]}{[t]^2}.\tag{14}$$

Hiermit haben wir bereits den Ausdruck gewonnen, für den *Helmholtz* die Bezeichnung *Benennung* geprägt hat. Die Benennung einer Größenart gibt die Beziehung ihrer Einheit zu den jeweils betrachteten oder verabredeten Grundeinheiten an.

An Stelle des Wortes Benennung wird im heutigen Sprachgebrauch meist der Ausdruck *Dimension* benutzt, etwa in der Form: die Kraft hat die Dimension Masse mal Länge, dividiert durch Zeit ins Quadrat. Dabei ist diese Aussage nicht an die Vorstellung oder Verabredung gebunden, daß Masse, Länge und Zeit als Grundgrößenarten für das mechanische Größengleichungensystem betrachtet werden; sie drückt vielmehr ganz allgemein aus, in welcher Einheit die Kraft zu messen ist, wenn beliebige Einheiten für die Masse, die Länge und die Zeit vorgegeben sind, umfaßt also in allgemeinster Form die Einheitenbestimmung für die Beziehung (13a) als Größengleichung in der Auffassung der Größen als Produkte aus Zahlenwert und Einheit. Für den Spezialfall, daß man gerade die Größenarten Länge, Masse, Zeit als mechanische Grundgrößenarten auswählt und entsprechend $[l]$, $[m]$, $[t]$ als zugehörige Grundeinheiten offen gelassenen Betrages für ein mechanisches Einheitensystem betrachtet, wird die Definition der Dimension der Kraft identisch mit der von *Helmholtz* eingeführten Benennung der Kraft. Ob man die allgemeine Definition des Dimensionsbegriffes in bezug auf die Grundgrößenarten oder die Grundeinheiten offen gelassenen Betrages formuliert, ist nach dem gerade Gesagten praktisch gleichwertig. Man versteht unter der Dimension einer Größenart die als Potenzprodukt der Grundgrößenarten (oder der Grundeinheiten offen gelassenen Betrages) ausgedrückte allgemeine Beziehung der Größenart (oder der abgeleiteten Einheit der Größenart) zu den Grundgrößenarten (oder den Grundeinheiten offen gelassenen Betrages). Dabei wird je nach persönlicher Auffassung von den einzelnen Autoren das Hauptgewicht mehr auf die Beziehung der Größenart zu den gewählten Grundgrößenarten oder der Einheit der Größenart zu denv orgegebenen Grundeinheiten gelegt [siehe z. B. *A 1*; *B 38*; *B 41*; *B 42*; *B 62*; *B 81*; *H 71*; *L 16*; *M 26*; *M 27*; *M 28*; *M 29*; *W 6*; *W 7*].

Von dieser heute meist mit dem Wort Dimension einer Größe verbundenen Vorstellung unterscheidet sich in ihrer formalen Bedeutung die Einführung und Interpretation, die *Fourier* [*D 2*] dem Dimensionsbegriff gab. In seinen Dimensionsformeln sind die entsprechenden Buchstaben nicht

---

[1]) Siehe Fußnote [1]) auf S. 11.

2*

als Formelzeichen für allgemeine Grundeinheiten offen gelassenen Betrages aufzufassen, sondern stehen dort für *Zahlen*, die angeben, um wieviel sich die abgeleitete Einheit ihrem Betrage nach bei einem Wechsel der Beträge der Grundeinheiten ändert. Formelmäßig kennzeichnet man diese Art der Dimensionsauffassung durch zusammengefaßte Dimensionsausdrücke, für das von uns schon angeführte Beispiel der Kraft:

$$\mathrm{d}\,[F] = [lmt^{-2}]. \tag{15}$$

Das vor die eckige Klammer gesetzte „d" soll besonders darauf hinweisen, daß es sich nicht um eine Einheit, sondern um einen Fourierschen Dimensionsausdruck der Kraft in der Beziehung (15) handelt. Sie sagt folgendes aus: Wird die Grundeinheit der Länge durch ihren l-fachen, die der Masse durch ihren m-fachen und die der Zeit durch ihren t-fachen Betrag ersetzt, so ändert sich die abgeleitete Einheit der Kraft um den Zahlenfaktor lmt^{-2}.

Vielfach bezeichnet man auch die Exponenten α_i der Fourierschen Dimensionsausdrücke als „Dimensionen der abgeleiteten Größe bezüglich der Grundgrößen im gewählten Maßsystem" *[z. B. G18]* — im Beispiel der Relation (15) also die Exponenten 1, 1, — 2 des Ausdrucks $[l^{\alpha_1} m^{\alpha_1} t^{\alpha_1}]$. Auf weitere gelegentlich zu findende Abarten in der Auffassung oder im Sprachgebrauch des Wortes Dimension wollen wir hier nicht eingehen.

Ihrem inneren Gehalt und äußeren Zweck nach sind die Definitionen des landläufigen Dimensionsbegriffes, der Helmholtzschen Benennung und der Fourierschen Dimension einander ähnlich. Sie dienen einer möglichst allgemeinen und vereinfachten Behandlung der abgeleiteten Größenarten oder Einheiten. Will man sie im einzelnen auseinanderhalten, so empfiehlt sich eine unterschiedliche Bezeichnung, wie sie beispielsweise *Fischer [F 5]* vorschlägt und durchführt.

Grundsätzlich wäre es ohne Belang, wie wir die Beziehungen (14) und (15) lesen, ob

a) Dimension der Kraft = Länge mal Masse, dividiert durch Zeit ins Quadrat (landläufiger Sprachgebrauch für die Dimension der Kraft), oder

b) abgeleitete Einheit der Kraft = Grundeinheit der Länge mal Grundeinheit der Masse, dividiert durch Grundeinheit der Zeit ins Quadrat (Helmholtzsche Benennung der Kraft), oder

c) die abgeleitete Einheit der Kraft ändert sich um den Faktor lmt^{-2}, wenn sich die Grundeinheit der Länge um den Faktor l, die der Masse um den Faktor m und die der Zeit um den Faktor t ändert (Fouriersche Dimension der Kraft).

Unter den in den Dimensionsausdrücken stehenden Buchstaben könnten wir uns also sowohl die Größenarten nach dem landläufigen Dimensionsbegriff als auch die Grundeinheiten offen gelassenen Betrages der Helmholtzschen Benennung oder die Zahlen der Fourierschen Dimension vorstellen. Wir entscheiden uns für eine Definition der „Dimension" *[L7]*, die der oben unter a) genannten nahe kommt.

Sie beruht auf den Verknüpfungen der Form $B = A_1 \cdot A_2$ oder allgemeiner $B = A_1^{\alpha_1} \cdot A_2^{\alpha_2} \cdots A_n^{\alpha_n}$ (Abschnitte 3 und 5) und der zugehörigen Darstellung der abgeleiteten Größenarten als Potenzprodukte der Grundgrößenarten:

Das Dimensionsprodukt (der Dimensionsausdruck oder kurz die Dimension) einer Größenart oder Größe ist der Ausdruck ihrer Verknüpfung mit den für die Beschreibung der physikalischen Gesetzmäßigkeiten gewählten Grunddimensionen, d. h. die Darstellung der betreffenden Größenarten oder Größen als Potenzprodukt aus den Grundgrößenarten.

Bei der Herleitung der Dimensionsprodukte gehen wir folgendermaßen vor. Zunächst müssen wir verabreden, welche Größenarten wir als Grundgrößenarten ansehen wollen. Zu jedem Satz von Grundgrößenarten A_i gehört also ein Satz von *Grunddimensionen*, die wir durch ein besonderes Typenalphabet, und zwar durch magere Futuratypen A_i bezeichnen — beispielsweise gehören zu den Grundgrößenarten Länge l, Masse m, Zeit t die Grunddimensionen L, M, T. Die den Grundgrößenarten entsprechende Zusammenstellung von Grunddimensionen nennen wir ein *Dimensionssystem* — in unserem Beispiel ist dem Grundgrößensystem Länge, Masse, Zeit das Dimensionssystem LMT zuzuordnen. Die Angabe des Dimensionsproduktes einer Größenart oder Größe wird erst eindeutig, wenn man hinzufügt, auf welches Dimensionssystem sich das Dimensionsprodukt beziehen soll.

Wie im Abschnitt 5 nehmen wir an, daß eine Größe B zu einem Gebiet der Physik gehört, zu dessen Beschreibung wir die n Grundgrößenarten A_i ausgewählt haben. Weiter setzen wir voraus, daß die Größengleichung

$$B = Z \prod_{i=1}^{n} A_i^{\alpha_i} \tag{2}$$

die Verknüpfung zwischen B und den Grundgrößenarten wiedergibt, wobei die Exponenten α_i alle positiven und negativen Zahlen einschließlich der Null annehmen können. Bei der Aufstellung von Dimensionsprodukten lassen wir alle in den Größengleichungen auftretenden Zahlenfaktoren, wie beispielsweise $^1/_2$ oder 4π, und speziellen mathematischen Operationssymbole (z. B. Differential- und Integralzeichen) sowie den Tensor- oder Richtungscharakter der Größenarten außer Betracht, in der Größengleichung (2) also die unbenannte Zahl Z. Im Dimensionssystem $A_1 A_2 \ldots A_n$ lautet dann das Dimensionsprodukt der Größe B

$$\mathrm{Dim}\,[B] = \prod_{i=1}^{n} \mathsf{A}_i^{\alpha_i}. \tag{2'}$$

Für unser Beispiel der Kraft folgt aus der Größengleichung (13) als Dimensionsprodukt im Dimensionssystem LMT der Ausdruck

$$\mathrm{Dim}\,[F] = \mathsf{LMT}^{-2}. \tag{2,14a'}$$

Sind im Dimensionsprodukt $\mathrm{Dim}\,[Y]$ für eine Größe Y *alle* Exponenten $\alpha_i = 0$, so nennt man die Größe oder Größenart Y *dimensionslos*:

$$\mathrm{Dim}\,[Y] = \prod_{i=1}^{n} \mathsf{A}_i^{0} = 1. \tag{2''}$$

Man spricht hier häufig von der „Dimension Null" *[B 106]*: Beispielsweise läßt sich das Dimensionsprodukt für das Verhältnis zweier Längen l_1/l_2 in der Form L/L oder L^0 darstellen. Unbenannte Zahlenfaktoren sind in allen Dimensionssystemen dimensionslos und gehen in die Dimensionsprodukte mit dem Faktor 1 ein. Das gleiche gilt für solche physikalische Größen oder Koeffizienten, die als Quotienten zweier gleichartiger Größen mit dem Dimensionsprodukt $\mathsf{X}/\mathsf{X} = \mathsf{X}^0 = 1$ definiert sind, z. B. für den analytisch eingeführten Winkel (Abschnitte 2, 2 und 5a) und alle „relativen" physikalischen Größen wie relative Dichte (Dichtezahl), relative Dielektrizitätskonstante, relative Permeabilität, Brechzahl usw.

In der Zuordnung von Dimensionssystemen und kohärenten Einheitensystemen zu einer bestimmten Auswahl von Grundgrößenarten besteht ein wichtiger Unterschied. Während zu jedem Grundgrößenartensystem $A_1 A_2 \ldots A_n$ nur *ein* Dimensionssystem $\mathsf{A}_1 \mathsf{A}_2 \ldots \mathsf{A}_n$ gehört, umfaßt das Dimensionssystem $\mathsf{A}_1 \mathsf{A}_2 \ldots \mathsf{A}_n$ beliebig verschiedene kohärente Einheitensysteme, nämlich so viele, wie man zu den Grundgrößenarten A_i oder Grunddimensionen A_i betragsmäßig verschiedene Grundeinheiten $[A_i]$ verabreden kann oder will.

Die abgeleiteten Einheiten $[X]$ für die abgeleiteten Größenarten X in den verschiedenen kohärenten Einheitensystemen gewinnen wir formal dadurch, daß wir in den Dimensionsprodukten die Symbole A_i der Grunddimensionen durch die Symbole $[A_i]$ für die Beträge der jeweils verabredeten Grundeinheiten ersetzen:

$$\mathrm{Dim}\,[B] = \prod_{i=1}^{n} \mathsf{A}_i^{\alpha_i} \;(2') \quad \text{geht für} \quad \mathsf{A}_i \rightarrow [A_i] \quad \text{über in} \quad [B] = \prod_{i=1}^{n} [A_i]^{\alpha_i}. \tag{3'}$$

Nach diesem Verfahren werden auch die kohärenten Einheitensysteme aus dem hier als Beispiel angeführten Dimensionssystem LMT im Abschnitt 2, 3a entwickelt.

Verschiedene System-Einheiten für eine Größenart werden wir im folgenden durch Anfügen eines das System kennzeichnenden Index an der eckigen Einheitenklammer unterscheiden — beispielsweise bedeuten $[F]_{\mathrm{CGS}}$ und $[F]_{\mathrm{MKS}}$ die CGS- und MKS-Einheit der Kraft (Abschnitt 2, 3a).

Die Dimensionssysteme sind von den praktisch benutzten Einheiten oder Einheitensystemen an sich völlig unabhängig. So sind auch die Gesichtspunkte der theoretischen Dimensionsanalytik, die zur Aufstellung der verschiedenen Dimensionssysteme geführt haben und noch führen, teilweise gänzlich verschieden von den Überlegungen und experimentellen Tatsachen, welche die Einführung der verschiedenen praktisch benutzten Einheitensysteme mit Grundeinheiten von festgelegtem und reproduzierbarem Betrage ergeben. Dem eigentlichen Ziel des Buches entsprechend, wollen wir uns nicht zu weit in Randgebiete verlieren und die formale Dimensionsanalytik gar nicht berühren. Wir werden daher weder auf das für sie grundlegende $\prod$-Theorem oder den Satz von den dimensionslosen Potenzprodukten *[B 97; E 3; R 5; V 1; W 7]* eingehen, noch auf neuere spezielle Darstellungsarten der Dimensionsausdrücke durch „idon"-Vektoren *[M 28; M 29]* oder eine logarithmische Formulierung der Potenzprodukte *[T 12]*. Vielmehr wählen wir in den verschiedenen Teilgebieten der Physik die im einzelnen von uns zu betrachtenden Dimensionssysteme gleich in Hinblick auf ihre Nutzbarmachung für die Größeneinführung, sowie früher viel benutzte, heute gebräuchliche oder zukünftig vielleicht bedeutsame Einheitensysteme aus.

8. Physikalische Einheiten und arithmetische Zählungseinheiten

An dieser Stelle müssen wir noch eine grundsätzliche Bemerkung zum Einheitenbegriff einschalten. Wenn wir von einer Einheit einer physikalischen Größe sprachen, so verstanden wir darunter eine zwar willkürlich wählbare, aber für den praktischen Gebrauch fest definierte oder verabredete Vergleichsgröße derselben Art, die wir durch ein bestimmtes Einheitensymbol kennzeichneten. So ist beispielsweise für die physikalische Größe Fallbeschleunigung vom Dimensionsprodukt LT^{-2} eine Einheit die fest verabredete Vergleichsgröße gleicher Art 1 Gal $= 1$ cm s^{-2}.

In welchen Einheiten sind nun *dimensionslose* Größen zu messen? Vergleichsgrößen zu dimensionslosen Größen können nur unbenannte Zahlen sein. Wenn man also für dimensionslose Größen an dem Wort der Vergleichs*einheit* festhalten will, so kann man bei ihnen darunter nur eine *arithmetische Zählungseinheit* verstehen. Als solche kommt in erster Linie die Einheit „Eins" unserer normalen Zahlenreihe in Betracht.

In der Praxis entwickelte sich das Bedürfnis oder das Bestreben, die Zahlenwerte verschiedener dimensionsloser Größen, die man in der gleichen normalen Zählungseinheit Eins gemessen oder, anders gesagt, gezählt hat, voneinander abzuheben. Man fügt daher vielfach an solche Zahlenwerte irgendeine zusätzliche Bezeichnung an, welche die einzelnen Zahlen als Werte dieser oder jener dimensionslosen Größe hervorhebt. So versieht man beispielsweise Zahlenwerte von Winkeln (definiert als Verhältnis Kreisbogen/Kreisradius; Abschnitt 2, 5a) mit dem Zusatz „Radiant" oder in der Akustik Zahlenwerte von Lautstärken (Abschnitt 5, I, 2a) mit dem Zusatz „Phon" oder in der Photometrie Zahlenwerte für die Empfindlichkeitszahl von Negativmaterial (Abschnitt 5, II, 4c) mit dem Zusatz „°DIN". Alle diese Zusätze stellen lediglich eine besondere Umschreibung der Zählungseinheit Eins dar; arithmetisch ausgedrückt, bestehen für sie die Identitäten

$$\text{Radiant} \equiv 1 \tag{2, 87}$$
$$\text{Phon} \equiv 1 \tag{5, 8a'}$$
$$\text{°DIN} \equiv 1. \tag{5, 107}$$

Die Anfügung der Zusätze ist vom Standpunkt der Zahlenlehre wie der allgemeinen Einheiten-Begriffsbestimmungen aus gesehen keineswegs erforderlich.

Neben der Zählungseinheit Eins ist noch eine ganze Reihe anderer Zählungseinheiten üblich oder festgelegt: einmal allgemeine Zählungseinheiten als ganzzahlige (im Sinne der normalen Zahlenreihe) Vielfache der Zahleneinheit 1, wie Dutzend, Mandel, Schock, Gros usw., die den Identitäten

$$\text{Dutzend} \equiv 12 \tag{16}$$
$$\text{Mandel} \equiv 15 \tag{17}$$
$$\text{Schock} \equiv 60 \tag{18}$$
$$\text{Gros} \equiv 144 \tag{19}$$

entsprechen; zum anderen gebrochene oder eventuell auch irrationale Vielfache der Zahleneinheit 1, beispielsweise Prozent und Promille oder die verschiedenen „Winkeleinheiten" Rechter, Altgrad und Gon. Diese Einheitenbezeichnungen stellen Abkürzungen oder Umschreibungen für Zahlen als Zählungseinheiten entsprechend den Identitäten (hinsichtlich der Winkeleinheiten siehe auch Abschnitt 2, 2)

$$\text{Prozent} \equiv {}^{1}\!/_{100} \tag{20}$$
$$\text{Promille} \equiv {}^{1}\!/_{1000} \tag{21}$$
$$\text{Rechter} \equiv \pi/2 \tag{2, 88}$$
$$\text{Altgrad} \equiv \pi/180 \tag{2, 89}$$
$$\text{Gon} \equiv \pi/200 \tag{2, 90}$$

dar. Die von der Einheit Eins verschiedenen Zählungseinheiten sind bei Angabe von in ihnen gemessenen Zahlenwerten der betreffenden dimensionslosen Größen stets mit aufzuführen. Nach unserer allgemeinen Regel Größe = Zahlenwert $\times$ Einheit ergibt auch bei dimensionslosen Größen erst das Produkt aus Zahlenwert und Zählungseinheit — als Zählungseinheitenzeichen oder als Zahl geschrieben — einen eindeutigen Wert, falls der zweite Faktor (die Zählungseinheit) von 1 verschieden ist.

Wenn wir von diesen „arithmetischen Zählungseinheiten" für dimensionslose Größen bei Gefahr von Mißverständnissen die Einheiten für dimensionsbehaftete physikalische Größen abheben wollen, so werden wir die letzteren zweckmäßigerweise kurz als „physikalische Einheiten" bezeichnen.

Es sei noch darauf hingewiesen, daß die Einheiten für die verschiedenen Größenarten nicht etwa von der Größendefinition unabhängig werden können. Wir definieren die einzelnen Größenarten zur Charakterisierung und zahlenmäßigen Untersuchung und Darstellung von physikalischen Zuständen, Erscheinungen und allgemeinen Begriffen. Das betrachtete Phänomen haben wir selbstverständlich als von der gerade gewählten Art seiner Beschreibung und damit von der speziellen Definition der bei unserer Darstellung benutzten Größenarten unabhängig anzusehen. Die im Einzelfall getroffene oder zu treffende Auswahl der Größendefinitionen wird wesentlich durch Zweckmäßigkeitserwägungen bedingt. Dabei ist es oft möglich und üblich, ein und denselben in der Natur gegebenen physikalischen Tatbestand auf mehrfache Weise zu beschreiben und durch Gesetzmäßigkeiten zwischen verschieden definierten Größenarten darzustellen. Bei Einführung einer neuen Größenart oder Änderung der Definition für eine Größe kann und wird auch im allgemeinen sich die für sie passende Einheit ändern. Hierbei wird oft übersehen, daß bei einer solchen Einheitenänderung nicht der Wechsel der Einheit, sondern die Neueinführung oder Umdefinierung der Größenart das Primäre sind.

Beispielen werden wir u. a. in der Elektrizitätslehre begegnen und dort auch im einzelnen diskutieren (Kapitel 4, II und III).

Eine *direkte* Einheiten*umrechnung* ist selbstverständlich nur zwischen zwei Einheiten für *dieselbe* und *gleicherweise definierte* Größenart möglich. Diese Forderung ergibt sich als zwangsläufige Folgerung aus den im vorigen Abschnitt behandelten Dimensionsfestlegungen: Nur Größen gleichen Dimensionsproduktes, bezogen auf ein bestimmtes Dimensionssystem, sind Größen gleicher Art und lassen sich somit in Einheiten gleicher Art messen. Zwischen Einheiten, in denen wohlpassend Größen verschiedener Art gemessen werden, kann keinesfalls ein „Gleichheits"-Zeichen auftreten — allenfalls können sie durch ein „entspricht"-Zeichen ≙ verknüpft werden. Auf diese Tatsache ist schon mehrfach hingewiesen worden *[P55; P61; S19; S53; S56]*. Hier stoßen wir auf einen der bereits im Abschnitt 6 erwähnten Punkte, bei denen die Verschiedenheit unserer allgemeinen Auffassung über Größengleichungensysteme von der Konzeption *Wallots* sich auswirkt; im vierten Buchteil werden wir auf diesen Punkt im einzelnen zurückkommen.

Solche Gesichtspunkte haben auch für die Klasse der arithmetischen Zählungseinheiten Gültigkeit und müssen bei der Betrachtung dimensionsloser Größen beachtet werden. Der Zahlenwert hängt hier als tatsächlicher Wert einer dimensionslosen Größe nur von der *Definition der Größe* ab. Wechselt man die Größendefinition, so ändert sich automatisch der Wert der Größe mit, obwohl sie die gleiche physikalische Erscheinung begrifflich und zahlenmäßig wiedergibt. Als Beispiele sei auf die Schallpegeldifferenz (Abschnitt 5, I, 1), die Lautstärke (Abschnitt 5, I, 2a) und die Intervallmaße (Abschnitt 5, I, 3) verwiesen.

Die Schreibweise von Zahlen, Einheiten und den zu ihrer Abkürzung benutzten Zeichen wurde bislang in den einzelnen Ländern sehr uneinheitlich gehandhabt. Die Internationale Union für reine und angewandte Physik (IUPAP) hatte sich daher auf ihrer Amsterdamer Tagung im Juli 1948 eingehend mit der Frage beschäftigt und unter anderem eine ausführliche Liste über Einheitensymbole aufgestellt, die sie auch dem Internationalen Komitee für Maß und Gewicht zusandte. Das Internationale Komitee *[C65]* legte einen Auszug aus dieser Liste mit den Einheiten, die im Bereich der Meterkonvention interessieren, der 9. Generalkonferenz für Maß und Gewicht zur Bestätigung vor. Diese strich aus dem Auszug noch die Atmosphäre (Abschnitt 2, 6), da über ihr Symbol grundsätzliche Meinungsverschiedenheiten bestanden, und nahm die übrigen Vorschläge des Internationalen Komitees in der Résolution 7 *[C 128]* an, die wir hier im Wortlaut wiedergeben:

« *Résolution 7*

Principes

Les symboles des unités sont exprimés en caractères romains, en général minuscules; toutefois, si les symboles sont dérivés de noms propres, les caractères romains majuscules sont utilisés. Ces symboles ne sont pas suivis d'un point.

Dans les nombres, la virgule (usage français) ou le point (usage britannique) sont utilisés seulement pour séparer la partie entière des nombres de leur partie décimale. Pour faciliter la lecture, les nombres peuvent être partagés en tranches de trois chiffres; ces tranches ne sont jamais séparées par des points, ni par des virgules.

Unités	Symboles	Unités	Symboles
.mètre	m	ampère	A
.mètre carré	m²	volt	V
.mètre cube	m³	watt	W
.micron	μ	ohm	Ω
.litre	l	coulomb	C
.gramme	g	farad	F
.tonne	t	henry	H
seconde	s	hertz	Hz
erg	erg	poise	P
dyne	dyn	newton	N
degré Celsius	°C	.candela (« bougie nouv.»)	cd
.degré absolu	°K	lux	lx
calorie	cal	lumen	lm
bar	bar	stilb	sb
heure	h		

Remarques

I. Les symboles dont les unités sont précédées d'un point sont ceux qui avaient déjà été antérieurement adoptés par une décision du Comité international.

II. L'unité de volume stère, employée dans le mesurage des bois, aura pour symbole «st» et non plus «s», qui lui avait été précédemment affecté par le Comité international.

III. S'il s'agit, non d'une température, mais d'un intervalle ou d'une différence de température, le mot «degré» doit être écrit en toutes lettres ou par l'abréviation «deg».»

In den weiteren Buchteilen werden wir dem Beschluß der Generalkonferenz folgen.

Zum Schluß des Abschnittes müssen wir noch auf einen in der Technik weit verbreiteten Brauch eingehen, nämlich die Benutzung von „Einheiten" wie „atü", „Normkubikmeter (Nm³)", „Normliter" (Nl), „Blindwatt" (bW) oder „voltampère réactif" (var), „Volt-effektiv" (V_{eff}) usw. Allen diesen „Einheiten" ist eins gemeinsam: Man versucht, durch diese Wortbildungen einen Tatbestand in den *Einheiten* zum Ausdruck zu bringen, der zur Definition oder Bezeichnung der *Größen* gehört.

Beim „atü" handelt es sich um die unterschiedliche Definition der beiden Größen Druck p und *Über*druck (definiert als Druck minus eine technische Atmosphäre) $p_ü = p - 1$ at. Die Einheit „atü" existiert überhaupt nicht (Abschnitt 2, 6).

„Nm³" und „Nl" dienen zur Kennzeichnung von Volumenangaben, sofern sich die Substanz im physikalischen Normzustand (Abschnitt 3, 9) befindet, werden also zur Kennzeichnung eines Volumens als *Norm*volumens benutzt. Selbstverständlich gilt 1 „Nm³" ≡ 1 m³ und 1 „Nl" ≡ 1 l.

Das „bW" oder „var" soll zur Kennzeichnung von Blindleistungen in der Elektrotechnik dienen. Die Frage, wie das „Blindwatt" im Gegensatz zum Watt definiert sei, wird wohl kein Elektrotechniker eindeutig beantworten können. Selbstverständlich gehört auch die Blindleistung, ebenso wie die Scheinleistung, zur Größenart Leistung im Sinne der allgemeinen physikalischen Definition „Leistung gleich zeitliche Energieänderung" und ist demnach in den gleichen Einheiten zu messen wie die Wirkleistung und Scheinleistung. Der Vorsatz „Blind" gehört also nicht an die allen Leistungen gemeinsame Einheit Watt, sondern in die spezielle Bezeichnung *Blind*leistung, die zur Unterscheidung der Blindleistung von anderen Leistungsgrößen dient (Abschnitt 4, III, 2d).

Das gleiche gilt für das „V_{eff}". Gemeint ist hier der Wert der speziell definierten Größe „*effektive* Spannung" U_{eff}, gemessen in der allgemeinen Spannungseinheit Volt. Ebensowenig, wie ein besonders definiertes „bW" bekannt ist, gibt es etwa ein selbständiges „V_{eff}", das nicht genau wie das Volt selbst an das Normal-Element angeschlossen würde (Abschnitt 4, III, 2d).

Die Beispiele lassen sich beliebig häufen. So spricht man vielfach von „Bahnkilometern", „Luftkilometern" oder „Straßenkilometern", die sämtlich überhaupt nicht definiert sind; über diese „Einheiten" will man die *Größen* Entfernung längs einer Bahnlinie, Entfernung in der Luftlinie oder Entfernung längs einer Straße zum Ausdruck bringen.

9. Umrechnungsfaktoren

Für das Rechnen mit Größen-, Einheiten- und Zahlenwertgleichungen ist eine wichtige Voraussetzung, daß die Verhältniszahlen zwischen den Beträgen[1]) verschiedener, für eine Größe benutzter Einheiten bekannt sind. Vielleicht noch größeres Interesse besitzt in der Praxis, die meist in Zahlenwerten rechnet, die Kenntnis der Verhältniszahlen zwischen den Zahlenwerten einer Größe, gemessen in verschiedenen Einheiten. Diese zahlenmäßigen Relationen drücken wir durch Angabe von charakteristischen Faktoren, den *Umrechnungsfaktoren*, aus. Von ihnen haben wir zwei Arten zu unterscheiden: Umrechnungsfaktoren zwischen Einheiten und Umrechnungsfaktoren zwischen Zahlenwerten.

Haben wir eine Größe a in zwei verschiedenen Einheiten, beispielsweise in ihren Einheiten, bezogen auf zwei verschiedene Einheitensysteme, die wir allgemein durch die Indizes x und y unterscheiden wollen, gemessen, so besteht zwischen den zugehörigen Zahlenwerten $\{a\}_x$, $\{a\}_y$ und Einheiten $[a]_x$, $[a]_y$ der Zusammenhang

$$a = \{a\}_x \cdot [a]_x = \{a\}_y \cdot [a]_y \tag{1a}$$

oder

$$\frac{\{a\}_x}{\{a\}_y} = \frac{[a]_y}{[a]_x}. \tag{1b}$$

Die Zahlenwerte für eine Größe stehen somit im umgekehrten Verhältnis der zugehörigen Einheiten. Kennen wir die zahlenmäßige Beziehung, die zwischen den betrachteten Einheiten besteht, so können wir ohne weiteres die entsprechenden Zahlenverhältnisse angeben. Die Proportionalitätsfaktoren zwischen den Beträgen zweier Einheiten und zwischen den zugehörigen Zahlenwerten einer Größe sind die gesuchten Umrechnungsfaktoren. Wir bezeichnen sie allgemein mit g_a und f_a.

Der Umrechnungsfaktor ${}_x g_a^y$ gibt an, mit welcher Zahl wir die für die Größe a benutzte Einheit $[a]_x$ multiplizieren müssen, um für dieselbe Größe a die gewünschte Einheit $[a]_y$ zu erhalten. ${}_x g_a^y$ ist formelmäßig definiert durch die Beziehung

$$[a]_y = {}_x g_a^y \cdot [a]_x. \tag{22}$$

Analog erhalten wir aus dem Zahlenwert $\{a\}_x$ der Größe a, gemessen in der Einheit $[a]_x$, durch Multiplikation mit dem Umrechnungsfaktor ${}_x f_a^y$ den Zahlenwert $\{a\}_y$ der gleichen Größe a, gemessen in der Einheit $[a]_y$, entsprechend der Definitionsgleichung für die Umrechnungsfaktoren für Zahlenwerte

$$\{a\}_y = {}_x f_a^y \cdot \{a\}_x. \tag{23}$$

Offensichtlich sind die beiden Umrechnungsfaktoren ${}_x g_a^y$ und ${}_x f_a^y$ zueinander reziprok

$$ {}_x f_a^y \cdot {}_x g_a^y = 1. \tag{24}$$

Bei der Behandlung der verschiedenen physikalischen Gebiete werden wir die einzelnen Einheiten betragsmäßig angeben, wodurch gleichzeitig die zahlenmäßigen Verhältnisse, d. h. die Umrechnungsfaktoren g_a zwischen den verschiedenen Einheiten einer Größenart festgelegt sind. Die entsprechenden Umrechnungsfaktoren f_a zwischen den zugehörigen Zahlenwerten ergeben sich gemäß Beziehung (24) als die reziproken Werte der Umrechnungsfaktoren g_a. Da für den praktischen Gebrauch in erster Linie die Beziehungen zwischen den verschiedenen Zahlenwerten einer Größe, gemessen in verschiedenen Einheiten, Bedeutung besitzen, werden wir uns bei der tafelmäßigen Zusammenstellung von Umrechnungsfaktoren im allgemeinen auf Tafeln für die Umrechnungsfaktoren f_a zwischen Zahlenwerten beschränken. Über die Beziehung (24) können dann etwa gewünschte Umrechnungsfaktoren g_a zwischen Einheiten leicht gefunden werden.

Ein besonderes Problem tritt überall dort auf, wo Zahlenwerte für zwei *verschiedene* Größen a und a' ineinander umgerechnet werden sollen.

Solange a und a' dimensionsgleich sind — Beispiel der „magnetischen Feldstärke": rational und nicht-rational eingeführte Größen ${}_r H$ und ${}_n H$ (Abschnitt 4, I, 4) —, hat man besonders darauf zu achten, ob für a und a' dieselbe Einheit verwendet wurde oder nicht (Abschnitt 4, I, 5). Sind dagegen a und a' Größen verschiedenen Dimensionsproduktes — Beispiel der „elektrischen Ladung": elektrostatische „Dreier"-Größe Q_s und „Vierer"-Größe Q (Abschnitte 4, II, 1a und 2) —, sind auch die Einheiten $[a]$ und $[a']$ dimensionsverschieden. Es läßt sich also keine Einheiten*gleichung* mehr an-

---

[1]) Siehe Fußnote [1]) auf S. 11.

geben, die $[a]$ und $[a']$ lediglich durch eine *unbenannte Zahl* verbindet — allenfalls können $[a]$ und $[a']$ über das im vorigen Abschnitt genannte „entspricht"-Zeichen $\triangleq$ in Beziehung gesetzt werden.

Dagegen ist zwischen den Zahlenwerten $\{a\}$ und $\{a'\}$ immer die Aufstellung einer Gleichung

$$\{a'\} = {}_{\{a\}}f^{\{a'\}} \cdot \{a\} \tag{25}$$

und die Angabe des Umrechnungsfaktors ${}_{\{a\}}f^{\{a'\}}$ möglich. Zur Berechnung von ${}_{\{a\}}f^{\{a'\}}$ bedient man sich zweckmäßigerweise der zugeschnittenen Größengleichungen (Abschnitt 6), wie wir an speziellen Beispielen aus der Elektrodynamik (Abschnitt 4, III, 4) sehen werden.

In den Fällen $a \neq a'$ sind jedenfalls die Umrechnungsfaktoren f_a zwischen Zahlenwerten den Umrechnungsfaktoren g_a zwischen Einheiten vorzuziehen.

Ein Formmuster für die Umrechnung von Zahlenwerten einer beliebigen Größe a ineinander enthält die Tabelle 1. Es sind der Übersichtlichkeit halber in diesem Tafelmuster nur die Felder zur gegenseitigen Umrechnung der Zahlenwerte $\{a\}_x$ und $\{a\}_y$ der Größe a, gemessen in den Einheiten $[a]_x$ und $[a]_y$, ausgefüllt worden. Die verschiedenen Einheiten, in denen gemessen solche Zahlenwerte $\{a\}_i$ für die Tafelgröße a in der betreffenden Tafel berücksichtigt sind, werden durch die für sie jeweils charakteristischen Klammerindizes gekennzeichnet. Sie werden dann in *gleicher* Reihenfolge einmal in der ersten Spalte von oben nach unten, zum anderen in der ersten Reihe von links nach rechts eingetragen: Spalte der „gegebenen Zahlenwerte" und Reihe der „gesuchten Zahlenwerte". Die Felder des von

Tabelle 1. *Allgemeines Muster einer Tafel zur wechselseitigen Umrechnung der Zahlenwerte einer Größe a*

Benutzungsbeispiel. Gegeben: $a = \{a\}_x \cdot [a]_x$;   Tafelbenutzung: $x = \{a\}_y = {}_xf_a^y \cdot \{a\}_x$

           Gesucht: $a = x \cdot [a]_y$;   Ergebnis: $a = {}_xf_a^y \{a\}_x \cdot [a]_y$

Gegebener Zahlenwert \ Gesuchter Zahlenwert			$\{a\}_x$	$\{a\}_y$		
	1					
		1				
$\{a\}_x$			1	${}_xf_a^y$		
$\{a\}_y$			${}_yf_a^x$	1		
					1	
						1

der ersten Spalte und obersten Reihe eingegrenzten Feldergevierts enthalten die entsprechenden Umrechnungsfaktoren f_a für die Zahlenwerte der Tafelgröße a gemäß unserer Definitionsbeziehung

$$\{a\}_y = {}_xf_a^y \cdot \{a\}_x. \tag{23}$$

Den Faktor ${}_xf_a^y$ findet man in der Tafel folgendermaßen auf: ${}_xf_a^y$ ist in dasjenige Tafelfeld eingetragen worden, in dem sich die Reihe, *vor der links* das Symbol des gegebenen Zahlenwertes $\{a\}_x$ — x: *linker unterer* Index von ${}_xf_a^y$ — steht, mit der Spalte kreuzt, *über* der der gesuchte Zahlenwert $\{a\}_y$ — y: *rechter oberer* Index von ${}_xf_a^y$ — als Spaltensymbol verzeichnet ist. Entsprechend ist der zu der inversen Umrechnung

$$\{a\}_x = {}_yf_a^x \cdot \{a\}_y \tag{26}$$

erforderliche Umrechnungsfaktor ${}_yf_a^x$ an der Kreuzung der Reihe für den gegebenen Zahlenwert $\{a\}_y$ und der Spalte für den gesuchten Zahlenwert $\{a\}_x$ eingetragen worden. Die beiden Umrechnungsfaktoren sind zueinander reziprok

$$_xf_a^y \cdot {}_yf_a^x = 1 \tag{27}$$

und stehen spiegelbildlich zu der Tafeldiagonalen von links oben nach rechts unten, die das Symmetrieelement der Umrechnungstafeln darstellt. Die Diagonale enthält in allen Feldern entsprechend der Anlage der Tafel den Zahlenwert 1, da in ihr die Umrechnungsfaktoren der einzelnen Zahlenwerte in sich selbst, z. B.

$$\{a\}_\mathrm{y} = {}_\mathrm{y}f_a^\mathrm{y} \cdot \{a\}_\mathrm{y} = 1 \cdot \{a\}_\mathrm{y} \tag{23a}$$

$$\{a\}_\mathrm{x} = {}_\mathrm{x}f_a^\mathrm{x} \cdot \{a\}_\mathrm{x} = 1 \cdot \{a\}_\mathrm{x}, \tag{26a}$$

auftreten.

In jeder Tafel ist unter der Tafelüberschrift noch ein praktisches Beispiel für die Ablesung eines Umrechnungsfaktors angeführt und zahlenmäßig durchgeführt worden.

10. Angabe von Zahlenwerten

Bei Zahlenangaben ist in Physik und Technik die Anzahl der für den einzelnen Zahlenwert mitgeteilten Stellen oder Ziffern eine wichtige Frage. So hat es beispielsweise weder physikalischen Sinn noch praktischen Zweck, einen aus verschiedenen Daten bestimmten oder berechneten Wert mit 7 oder 9 Ziffern anzugeben, wenn die 5. Ziffer schon infolge unvermeidlicher Unzulänglichkeiten irgendwelcher in die Bestimmung eingehender Messungen unsicher ist. Die letzten 2 oder 4 Ziffern sind im allgemeinen ein theoretisch wie praktisch wertloser Ballast und verführen nur den mit der betreffenden Größe nicht näher Vertrauten zu einer unerwünschten Überschätzung der jeweils erreichten Meßgenauigkeit. Dieses einfache Beispiel zeigt, daß wir der ziffernmäßigen Angabe von Zahlenwerten besondere Aufmerksamkeit zuwenden müssen.

In die von uns aufzuführenden Umrechnungsfaktoren und sonstigen Zahlenwerte gehen einmal zahlenmäßig eindeutig *definierte* Werte, wie abstrakte mathematische Zahlen (z. B. die Zahl π), Zehnerpotenzen, Skalenmaße (z. B. die Normfallbeschleunigung g_n) usw. ein; zum anderen enthalten sie erst experimentell *zu bestimmende* Werte, wie Naturkonstanten (z. B. die Vakuumlichtgeschwindigkeit c_0), physikalische Eigenschaften von Standardsubstanzen [z. B. die maximale Wasserdichte $\varrho_m(\mathrm{H_2O})$], nicht mehr durch Vereinbarung festzusetzende Skalenmaße (z. B. den Smytheschen Faktor k_A) usw.

Die definierten Werte sind entweder als mathematische Zahlen beliebig genau bekannt oder mit einer bestimmten Anzahl von Stellen zahlenmäßig festgelegt, fügen sich also der Präzisionsmathematik ein — die zu bestimmenden Werte sind je nach dem Grade der erreichten experimentellen Präzision mehr oder minder genau anzugeben und gehören somit in den Bereich der Approximationsmathematik; bei ihnen ist die Anzahl der durch Messung gesicherten Ziffern durchweg kleiner als die definitionsmäßig festgelegte Stellenzahl für die ersteren, durch Definition gegebenen Werte.

Als Kriterium der jeweils erzielten Meßgenauigkeit dient die Fehlerangabe für den gemessenen Wert. Hier werden zwei grundsätzlich verschiedene Arten der Fehlerbezeichnung benutzt: einmal die Fehlergrenze oder Unsicherheitsgrenze (U.-Gr.) und zum anderen der wahrscheinliche oder mittlere Fehler.

Da wir den „wahren Wert" einer Größe nicht kennen, können wir auch den „wahren Fehler", d. h. die Abweichung eines gemessenen Wertes der Größe von ihrem wahren Wert, nicht angeben. Unsere Fehlerangaben sind somit nur als eine kritische Äußerung über die erreichte Genauigkeit der jeweils benutzten experimentellen Untersuchungsmethode nebst Auswertverfahren anzusehen, soweit das bei gewissenhafter Prüfung und Bestimmung aller erkennbaren Unzulänglichkeiten möglich ist. Dieser Forderung entspringt direkt die Fehlerkennzeichnung für einen gemessenen Wert durch Angabe seiner Unsicherheitsgrenze. Sie stellt demnach das vom Experimentator bestimmte oder aus dem Experiment kritisch abgeschätzte Maß der bei der Anlage, Durchführung und Auswertung der gesamten Messungen möglichen Unsicherheiten dar und enthält im allgemeinen konstante, systematische und zufällige Anteile. Die übliche Schreibweise ist dabei folgende: Sei der aus Messungen folgende und in der Einheit $[A]$ bestimmte Zahlenwert der gemessenen Größe A mit $\{A\}$ bezeichnet und seine auf Grund der Fehlerdiskussion mögliche Abweichung nach einer Seite mit $\{a\}$, so wird das Endresultat im allgemeinen in der Form

$$A = \{A \pm a\} \cdot [A] \tag{28}$$

geschrieben, so daß $2\{a\}$ als doppelte Unsicherheitsgrenze die zugestandene Spanne der Unsicherheit bedeutet. Ist die zu messende Größe A als ein Potenzprodukt mehrerer Größen, z. B. in der Form

$$A = B^x \cdot C^y \cdot D^z \tag{29a}$$

gegeben, so ergibt sich bei Benutzung aufeinander abgestimmter Einheiten $[A]$, $[B]$, $[C]$ und $[D]$ der Zahlenwert $\{A\}$ als Endresultat aus den einzelnen gemessenen Zahlenwerten $\{B\}$, $\{C\}$ und $\{D\}$ zu

$$\{A\} = \{B\}^x \cdot \{C\}^y \cdot \{D\}^z. \tag{29b}$$

Die gesuchte Unsicherheitsgrenze $\pm \{a\}$ des Endresultates wäre mit den bestimmten Unsicherheitsgrenzen $\pm \{b\}$, $\pm \{c\}$, $\pm \{d\}$ nach der Beziehung

$$\{A \pm a\} = \{B \pm b\}^x \cdot \{C \pm c\}^y \cdot \{D \pm d\}^z \tag{30}$$

zu ermitteln. Hierzu führt man zweckmäßigerweise die relativen Unsicherheitsgrenzen, d. h. die Unsicherheitsgrenzen bezogen auf den Zahlenwert 1, durch die Definitionen

$$\Delta A = \frac{\{a\}}{\{A\}} \qquad \Delta B = \frac{\{b\}}{\{B\}} \qquad \Delta C = \frac{\{c\}}{\{C\}} \qquad \Delta D = \frac{\{d\}}{\{D\}} \tag{31}$$

ein, wodurch die Beziehung (30) unter Abspaltung der Gleichung (29b) die Form

$$1 \pm \Delta A = (1 \pm \Delta B)^x \cdot (1 \pm \Delta C)^y \cdot (1 \pm \Delta D)^z \tag{32}$$

annimmt. Normalerweise sind die relativen Fehler oder Unsicherheiten gegen eins kleine Werte, so daß über eine Logarithmierung der Beziehung (32)

$$\ln (1 \pm \Delta A) = |x| \cdot \ln (1 \pm \Delta B) + |y| \cdot \ln (1 \pm \Delta C) + |z| \cdot \ln (1 \pm \Delta D) \tag{33}$$

mit im allgemeinen ausreichender Näherung sich die relative Unsicherheitsgrenze des Endresultates zu

$$\Delta A = |x| \cdot \Delta B + |y| \cdot \Delta C + |z| \cdot \Delta D \tag{34}$$

und die Unsicherheitsgrenze selbst zu

$$\pm \{a\} = \pm \{A\} \cdot \Delta A = \pm \{A\} (|x| \cdot \Delta B + |y| \cdot \Delta C + |z| \cdot \Delta D) \tag{35}$$

ergeben. Diese Art der *Summen*bildung aus den einzelnen relativen Unsicherheitsgrenzen entsprechend den Potenzen, mit denen die zugehörigen Meßgrößen in die Auswertbeziehung (29b) für das Endresultat $\{A\}$ eingehen, ist charakteristisch für die Auffassung der Fehler- oder Unsicherheitsgrenze als mögliche Unsicherheitsspanne, wie sie auf Grund einer eingehenden kritischen Durchmusterung des gesamten Meßverfahrens zugestanden werden muß. Bei der Umformung der Gleichung (33) zur vereinfachten Beziehung (34) wurde daher überall von dem Doppelvorzeichen nur das positive Vorzeichen übernommen, um auch den ungünstigsten Fall mit in den Bereich der Unsicherheitsgrenze als Unsicherheitsspanne einzubeziehen.

Ganz anders stellt sich die Kennzeichnung der Fehler durch Angabe des wahrscheinlichen oder mittleren Fehlers dar. Der wahrscheinliche Fehler ist ein Element der Gaußschen Fehlertheorie und somit von Haus aus zunächst auf die Behandlung *zufälliger* Fehler beschränkt. Er gibt seiner mathematischen Definition nach für eine große Anzahl in gleicher Weise bestimmter Meßpunkte, deren Abweichungen vom statistischen Mittelwert eine Gaußsche Fehlerverteilung aufweisen, ein Maß für die Breite dieser Fehlerverteilungskurve. Den nach geeigneten Methoden der Ausgleichsrechnung gebildeten Mittelwert der Meßpunkte wollen wir seinem Zahlenwert nach hier mit $\{R\}$ bezeichnen, den wahrscheinlichen Fehler dieses Zahlenwertes mit $\{r\}$, das Ergebnis der Messungen zur Bestimmung der Größe R, bezogen auf die Einheit $[R]$, als

$$R = \{R \pm r\} \cdot [R] \tag{36}$$

schreiben. Dann wird nach der Gaußschen Fehlertheorie den beiden Möglicheiten, daß der wahre Wert der gesuchten Größe R innerhalb oder außerhalb der Spanne $2\{r\}$ um den angegebenen Mittelwert $\{R\}$ liegt, gleiche Wahrscheinlichkeit zuerkannt.

Der mittlere Fehler $\{m\}$ basiert auch auf der Gaußschen Fehlerfunktion und unterscheidet sich nur um einen konstanten Zahlenfaktor vom wahrscheinlichen Fehler $\{r\}$

$$\{m\} = 1{,}4826 \cdot \{r\}. \tag{37}$$

Während der wahre Wert einer Größe nach der Gaußschen Fehlertheorie mit einer Wahrscheinlichkeit von 50 % in den Bereich $2\{r\}$ des doppelten wahrscheinlichen Fehlers um den gemessenen Mittelwert $\{R\}$ fallen soll, liegt er mit einer Wahrscheinlichkeit von 68,3 % innerhalb der Spanne $2\{m\}$ des doppelten mittleren Fehlers um den Mittelwert $\{R\}$.

Für Fehlerangaben, bei denen es sich nur um die Charakterisierung einer statistisch verteilten Streuung zahlreicher, unter gleichen Bedingungen erhaltener Meßpunkte handelt, ist der wahrscheinliche oder mittlere Fehler zweifellos das gegebene Maß. In solchen Fällen ist auch die Anwendung der Ausgleichsrechnung, z. B. die Methode der kleinsten Quadrate, die auf der Gaußschen Fehlertheorie beruht, sehr zweckmäßig zur Ermittlung des wahrscheinlichen Mittelwertes und seines wahrscheinlichen Fehlers.

Wenn dagegen ein Meßresultat nicht nur mit zufälligen, sondern auch mit konstanten oder systematischen Fehlern behaftet ist oder sein kann, bleiben die Angabe eines wahrscheinlichen Fehlers und der Rückgriff auf die mathematischen Mittel der Ausgleichsrechnung zweifelhaft — auch selbst dann noch, wenn zu dem statistisch ermittelten zufälligen Anteil bewußt ein guter Zuschlag für konstante oder systematische Fehleranteile gegeben wird. Ein zahlenmäßiges Zusammenfallen der wahrscheinlichen Fehler vor und nach der Ausgleichung (auch „äußerer" und „innerer" wahrscheinlicher Fehler genannt) ist für die Abwesenheit oder vollkommene Erfassung konstanter und systematischer Fehler kein so eindeutiges Kriterium, wie es gelegentlich von den Anhängern des wahrscheinlichen Fehlers hingestellt wird.

Auch die Erfahrung auf dem Gebiete der Präzisionsbestimmungen von Atomkonstanten hat in verschiedenen Fällen klar gezeigt, daß neuere, mit verbesserten Methoden durchgeführte Untersuchungen zu Werten führen, die von einem früher für die gleiche Konstante bestimmten Werte um ein Vielfaches des für diesen angegebenen wahrscheinlichen Fehlers abweichen. Sie liegen teilweise so weit außerhalb einer früher angegebenen Spanne 2 $\{r\}$, wie man es auf Grund des wahrscheinlichen Fehlers nach den Gesetzen der Gaußschen Fehlertheorie mit einer Chance von höchstens 1 : 10⁵ hätte erwarten können [B 25; B 50].

Zahlenmäßig sind die nach den Methoden der Ausgleichsrechnung ermittelten wahrscheinlichen Fehler fast durchweg viel kleiner als die vom Experimentator auf Grund einer kritischen Fehlerdiskussion seiner Versuchsanordnung bestimmten Unsicherheitsgrenzen. Die Erfahrung hat aber oft gelehrt, daß die kleinen Fehlerangaben der wahrscheinlichen Fehler den experimentell bedingten Gegebenheiten nicht gerecht werden und zu einer Überschätzung der bereits erreichten Präzision der Untersuchungsmethoden und der Kenntnis wichtiger physikalischer Werte führen.

Gegen die Benutzung der Unsicherheitsgrenze wird von anderer Seite eine Reihe von Bedenken geäußert [B 13; B 36; B 37; B 40; B 43; B 44; B 45; B 46; B 66; B 67; D 7; D 57; K 46]. Einmal soll zwischen der Unsicherheitsgrenze und dem wahrscheinlichen Fehler nur ein quantitativer Unterschied bestehen, in dem Sinne, daß man bei Angabe der Unsicherheitsgrenze eine Chance von vielleicht 1 : 100 oder auch 1 : 1000 habe, daß der wahre Wert aus der Unsicherheitsgrenze 2 $\{a\}$ herausfällt, während diese Chance beim wahrscheinlichen Fehler 2 $\{r\}$ gerade 1 : 1 sei. Diese Auffassung von der Unsicherheitsgrenze entspricht jedoch nicht ihrer Definition. Die Unsicherheitsgrenze ist als ein kritisches physikalisches Urteil über die experimentellen Möglichkeiten der verwendeten Untersuchungsmethode zu betrachten und enthält keine zahlenmäßige Aussage über irgendeine mathematische Wahrscheinlichkeit, mit der der gemessene Zahlenwert dem wahren Wert der gesuchten Größe gleich ist.

Sodann wird darauf hingewiesen, daß die Anwendung der Methode der kleinsten Quadrate mit der Berechnung von wahrscheinlichen Fehlern ein „objektives" Fehlerkriterium liefere, die Gaußsche Fehlerrechnung also sozusagen als mathematisch-objektive Fehlerbestimmung der Benutzung der Unsicherheitsgrenze als physikalisch-subjektiver Fehlerabschätzung gegenüber gestellt. *Objektiv* ist jedoch der wahrscheinliche Fehler, der für das Endresultat einer experimentellen Untersuchung angegeben wird, auch nur so weit, wie zu seiner zahlenmäßigen Festlegung die *mathematischen* Rechenoperationen, z. B. die Methode der kleinsten Quadrate, angewendet wurden. Dagegen sind die Ausgangswerte für das Rechenverfahren, nämlich die wahrscheinlichen Fehler der Einzelmessungen, genau so viel oder wenig objektiv wie die Unsicherheitsgrenzen. In den wahrscheinlichen Fehler für einen einzelnen Meßwert gehen außer der zufälligen Streuung alle bei der betreffenden Messung auftretenden *systematischen* oder *konstanten* Unsicherheiten genau so ein, wie in die Unsicherheitsgrenze. Und dabei müssen die einzelnen Unsicherheiten genau so vom Experimentator selbst bestimmt oder abgeschätzt werden, wie es bei einer Fehlerdiskussion zur Angabe der Unsicherheitsgrenzen erforderlich ist. Es zeigt sich also, daß auch die Angabe eines wahrscheinlichen Fehlers für das Endresultat einer experimentellen Untersuchung von der kritischen Prüfung der Meßmethodik durch den einzelnen Experimentator abhängig ist, da das rein formale „objektive" Rechenverfahren von dem in diesem Zusammenhang als „subjektiv" zu bezeichnenden wahrscheinlichen Fehler der Einzelmessung seinen Ausgang nimmt. Lediglich bei Messungen, die nur zufällige Streuungen zeigen — und für solche war ja auch ursprünglich die Gaußsche Fehlertheorie aufgestellt worden — oder bei denen der Autor seine

Fehlerdiskussion ausdrücklich auf die statistischen Schwankungen beschränkt, kann die Angabe eines wahrscheinlichen Fehlers ihres in dem gerade umrissenen Sinne subjektiven Charakters entkleidet werden. Derartige Einschränkungen in der Fehlerdiskussion werden aber den experimentellen Tatsachen nicht immer gerecht.

Weiter wird betont, daß die konsequente Verleugnung der Gaußschen Fehlertheorie das Verbot der Bildung des arithmetischen Mittelwertes aus mehreren Messungen einschließt. Nun wird einmal bei Benutzung der physikalischen Unsicherheitsgrenzen die Gaußsche Fehlertheorie nicht verleugnet, sondern lediglich auf den ihr nach ihrem mathematischen Fundament zukommenden Bereich beschränkt. Zum anderen dürfte die mathematische Existenz eines Extremalwertes der Gaußschen Fehlertheorie keinen Physiker daran hindern, entsprechend den physikalisch bestimmten Unsicherheitsgrenzen, also auf Grund einer kritischen Beurteilung seiner experimentellen Möglichkeiten, den experimentell gewonnenen Zahlenwerten Gewichte zuzuschreiben und unter Berücksichtigung dieser physikalischen Gewichte ein physikalisch plausibles Mittel aus verschiedenen experimentellen Ergebnissen zu bilden; vielleicht sollte man die in der Mathematik offensichtlich genau festgelegte Wortprägung „arithmetischer Mittelwert" dann durch eine andere Bezeichnung ersetzen.

Ferner findet man die Ansicht vertreten, daß bei Ausschluß bewußter Fälschung und Betrachtung einer Gesamtheit von Apparaturen und Beobachtern alle Fehler zufälliger Art sind und damit der Voraussetzung der statistischen Fehlertheorie entsprechen. Auch diese These wird beim Experimentalphysiker nicht ungeteilte Zustimmung finden. Vielleicht kann man das Wort „zufällig" in Zusammenhang mit der Fehlertheorie mathematisch so definieren. Physikalisch, und speziell im Bereich der messenden Experimentalphysik, hat aber dieses Wort eigentlich eine andere Bedeutung.

Betrachten wir als erstes Beispiel eine Theodolitenmessung. Wenn wir mit einem Instrument ausreichender Präzision eine bestimmte feste Marke anvisieren und unter den gleichen, als zweckentsprechend erkannten Beobachtungsbedingungen vielleicht 200 Ablesungen mit einem hinreichend gut gearbeiteten Nonius gemacht haben, so ist es physikalisch durchaus denkbar und im allgemeinen wohl auch der Fall, daß solche Messungen praktisch frei von systematischen oder konstanten Fehlern sind. Die einzelnen Beobachtungen werden also nur eine auch im physikalischen Sinne zufällige Streuung um einen Mittelwert aufweisen, die sich mathematisch durch eine Gaußsche Fehlerkurve mit zufriedenstellender Näherung beschreiben läßt. Bei der Fehlerangabe für das gesamte Endergebnis der 200 Beobachtungen werden demnach die aus dem Meßverfahren abzuschätzenden systematischen oder konstanten Fehlermöglichkeiten sehr klein bleiben und praktisch gegenüber den zufälligen Fehleranteilen aus der Streuung der Meßpunkte zu vernachlässigen sein, so daß die Gaußsche Fehlertheorie hier mit ausreichender Näherung physikalisch plausible Fehlerergebnisse liefert.

Als zweites Beispiel erwähnen wir die experimentelle Ermittlung einer der allgemeinen Konstanten, etwa die e/m_e-Bestimmung. Für die spezifische Elektronenladung *[S 47; S 52]* liegen etwa 16 Präzisionsbestimmungen nach 8 verschiedenen Methoden vor. Dabei ist jeder der 16 e/m_e-Werte mit zufälligen, konstanten oder systematischen Fehlern behaftet, deren Größe und Verhältnis von den experimentellen Bedingungen bei den Untersuchungsmethoden der einzelnen Autoren abhängen. Für das Ergebnis jeder der 16 Untersuchungen ist der statistisch bedingte Fehleranteil aus der Streuung der zugehörigen Einzelmessungen feststellbar. Jedoch muß es physikalisch bedenklich erscheinen, die 16 Resultate, die von verschiedenen Autoren nach unterschiedlichen Meßmethoden gewonnen wurden, als eine einheitliche Gesamtheit von Meßpunkten zu werten, deren Fehler rein zufällig verteilt sein sollen. Einmal lieferte von den 8 Untersuchungsmethoden nur *eine* direkt einen e/m_e-Wert, während die übrigen 7 Größen maßen, aus denen erst unter Hinzunahme anderer Konstanten ein Wert für die spezifische Elektronenladung zu berechnen war. Sodann könnte jedes der 16 Ergebnisse für sich eine gute Gaußsche Streukurve, d. h. einen wohl definierten zufälligen Fehleranteil aufweisen — trotzdem ist es möglich und sogar tatsächlich der Fall, daß die 16 e/m_e-Werte außerhalb der Halbwertsbreiten ihrer statistischen Fehlerkurven voneinander abweichen. Zu den zufälligen Fehlern treten noch jeweils die konstanten oder systematischen Fehleranteile, die in mathematisch zunächst unkontrollierbarer Weise das Meßergebnis fälschen und von Meßmethode zu Meßmethode qualitativ und quantitativ verschieden sind. Solche Fehleranteile können ihrer Art und Größe nach nur aus den physikalischen Gegebenheiten des Experiments bestimmt oder abgeschätzt werden. Soweit sie bei einer mathematischen Behandlung des Fehlerproblems nach der Gaußschen Fehlertheorie überhaupt berücksichtigt werden, geschieht das nur pauschal durch gewisse Zuschläge zu den statistisch ermittelten Streuanteilen des wahrscheinlichen Fehlers. Jedenfalls ist unseres Erachtens in diesen und ähnlichen Fällen die mathematische Voraussetzung, daß es sich um rein zufällig verteilte Fehler handele, physikalisch bedenklich *[S 45]*.

Schließlich wird oft betont, daß die Anwendung der Gaußschen Fehlertheorie und die mathematisch mit ihr verknüpfte Ausgleichsrechnung zu sogenannten „besten Werten" für wichtige Größen und Konstanten führe oder allein die Möglichkeit biete, Diskrepanzen, die sich zwischen der Erfahrung und einer Theorie erster Näherung einstellen, festzustellen und aufzuklären; ohne den Gebrauch der Gaußschen Fehlertheorie würde die Auffindung solcher Diskrepanzen um Jahrzehnte hinausgeschoben oder vielleicht überhaupt unmöglich gemacht. Hierzu weisen wir zunächst darauf hin, daß die Fehlerangabe als physikalische Unsicherheitsgrenze von Haus aus nicht als Unterlage für eine Nachprüfung allgemeiner oder spezieller physikalischer Gesetzmäßigkeiten, sondern als Kriterium der mit einer bestimmten Meßanordnung erzielbaren Meßgenauigkeit beabsichtigt ist und gemacht wird. Wenn man dabei an die experimentelle Kontrolle der Theorie denkt, so können selbstverständlich zunächst jeweils nur solche Gesetzmäßigkeiten in Betracht gezogen werden, die direkt oder indirekt die betreffende Untersuchungsmethode beherrschen. In unserem gerade angeführten Beispiel der e/m_e-Bestimmungen sind das bei den 8 verschiedenen Methoden auch entsprechend viele unterschiedliche Gesetzmäßigkeiten. Sodann kann eine Nachprüfung der Theorie eben nur innerhalb der Genauigkeit vorgenommen werden, die jeweils durch die Unsicherheitsgrenze als experimentalphysikalische Angabe der bei der betreffenden Untersuchung als möglich erkannten Unsicherheiten festgelegt wird. Es wäre oft wünschenswert, eine theoretische Beziehung genauer durch das Experiment nachzuprüfen, um das Vorhandensein oder die Abwesenheit auch kleinerer Diskrepanzen eindeutig festzustellen. Jedoch ist vom Standpunkt der experimentell arbeitenden Physik eine solche Aussage zunächst immer nur in den Grenzen der als möglich zugestandenen Unsicherheiten im Experiment vertretbar.

Wie die Erfahrung gezeigt hat, birgt die Heranziehung von mathematisch formulierten besten Werten und ihrer meist sehr kleinen wahrscheinlichen Fehler zur Entscheidung über die Gültigkeit eines allgemeinen Gesetzes beträchtliche Gefahren in sich. Auf diese Weise wurde beispielsweise die Existenz zweier verschiedener e/m_e-Werte, nämlich des „Ablenkungswertes" für freie und des „spektroskopischen Wertes" für gebundene Elektronen postuliert; ebenso glaubte man, zwischen zwei verschiedenen e-Werten unterscheiden zu können, dem Wert der Elektronenladung, wie sie durch die Bestimmungen nach der Öltröpfchenmethode erfaßt wird, und dem entsprechenden Wert aus der Absolutmessung von Röntgenwellenlängen. In beiden Fällen wurden zur Erklärung dieser Doppelerscheinungen theoretische Hypothesen eingeführt, die den Faktor 136/137 enthalten. Die aus der Messung der kurzwelligen Grenze im Röntgenkontinuum früher abgeleiteten „tiefen" h/e-Werte, die innerhalb ihrer kleinen wahrscheinlichen Fehler mit der Rydberg-Formel nicht verträglich waren, gaben Anlaß, die allgemeine Gültigkeit der Rydberg-Formel oder der lichtelektrischen Gleichung in Zweifel zu ziehen und an diesen Gesetzmäßigkeiten hypothetische Abänderungen vorzunehmen. Ähnliche Versuche wurden an der Gitterbeugungsformel, dem Braggschen Reflexionsgesetz usw. vorgenommen. Später stellte sich bei fortschreitender Experimentiertechnik heraus, daß ein experimentell bedingter systematischer Fehler, der vielleicht vorher auch noch nicht erkennbar war, die Meßergebnisse gefälscht hatte, wodurch sich die vorher bestehenden Diskrepanzen aufklärten und auflösten. Die Möglichkeit, aus dem physikalischen Experiment näheren Aufschluß über festgestellte Unstimmigkeiten zu erhalten, war seinerzeit vielfach in den Hintergrund der Betrachtungen gestellt worden. Statt dessen kam die Überzeugung auf, man könne unter Zugrundelegung der wahrscheinlichen Fehler mit rein mathematischen Methoden über die experimentellen Beobachtungsergebnisse hinausgehende beste Werte berechnen und über die Richtigkeit grundlegender Gesetzmäßigkeiten entscheiden.

Die kurzen Hinweise zeigen, daß das Problem der Fehlerbestimmung und Fehlerangabe durchaus nicht so einfach gelagert ist, wie man zunächst annehmen möchte. Es stehen sich hier zwei Wünsche gegenüber, von denen jeder für sich und vom Standpunkt seiner Vertreter gute Berechtigung besitzt. Von mathematischer Seite wird die Bestimmung objektiver Zahlenwerte und die Benutzung eines mathematisch einwandfreien und mathematisch begründeten Rechenverfahrens gefordert, nach dessen Anwendung man die mathematische Berechtigung zu weiteren Rückschlüssen auf die Gültigkeit allgemeiner physikalischer Gesetzmäßigkeiten habe. Nach Auffassung des Experimentators können und sollen die Fehlerangaben unter Einschluß der konstanten und systematischen Fehler einen Einblick in die Möglichkeiten der verwendeten experimentellen Methode vermitteln und die Spanne an Unsicherheit andeuten, die den gemessenen Werten vom Beobachter selbst auf Grund einer kritischen Untersuchung und Beurteilung seiner Meßanordnung zugestanden werden kann und muß. Die beiden Forderungen lassen sich nicht uneingeschränkt miteinander vereinen, zumal die Frage nach der „Zufälligkeit" der einzelnen Fehler, die für die Anwendung der mathematischen Methoden der Gaußschen Fehlertheorie eine Rolle spielt, in die Diskussion eingeht. Hier werden zur gegenseitigen Verständigung gewisse Kompromisse auf beiden Seiten unvermeidlich sein und bleiben.

Auf einer anderen Ebene liegen Bemühungen, aus den gesamten auf einem größeren Gebiet vorliegenden Meßergebnissen für die einzelnen Größen Werte zu ermitteln, die mit den gemessenen Daten und den zwischen den Größen bestehenden Relationen am besten verträglich sind, und durch eine Rückkontrolle festzustellen, wie weit die so ermittelten Werte noch von einer „idealen" Konsistenz untereinander und mit den zugrunde gelegten physikalischen Gesetzmäßigkeiten entfernt sind. In dieser Richtung haben sich beispielsweise die kritischen Untersuchungen über die Werte der atomaren Konstanten von *DuMond* und *Cohen [D 54; D 55]*, die umfangreiche Ausgleichsrechnungen nach der Methode der kleinsten Quadrate unter Einbeziehung der auftretenden Korrelationskoeffizienten angestellt haben, als fruchtbar erwiesen.

Physikalische Gesetze an Hand von einzelnen Meßresultaten auf ihre Gültigkeit zu prüfen, gehört nicht zu den allgemeinen Aufgaben oder Sonderzielen des Buches; vielmehr kommt es hier bei Zahlenangaben auf die Zahlenwerte selbst und ein Urteil über den Grad der jeweils erreichten experimentellen Zuverlässigkeit an. Aus diesem Grunde werden wir die Fehlerangaben im allgemeinen als physikalische Unsicherheitsgrenzen machen und uns damit auf den Standpunkt des kritischen und in seinen Zahlenangaben vorsichtigen Experimentators stellen *[siehe z. B. D 51; K 18; M 20; S 45]*.

Für jeden experimentell gewonnenen oder aus gemessenen Werten zusammengesetzten Zahlenwert ist also die zugehörige Unsicherheitsgrenze festzulegen. Die Anzahl der für den einzelnen Zahlenwert anzugebenden Stellen hängt wesentlich von der Höhe seiner Unsicherheitsgrenze ab. Im übrigen wenden wir die international üblichen Regeln für das Runden und die Angabe von Zahlen an, wie sie beispielsweise in der deutschen Norm DIN 1333 *[D 20]* niedergelegt sind.

Um nach Möglichkeit Zweifel über die Genauigkeit eines experimentell bestimmten Zahlenwertes auszuschließen, wird im allgemeinen die Unsicherheitsgrenze mit dem Zahlenwert angegeben oder seine relative Unsicherheit genannt. Wird beides fortgelassen, soll die Zahlenwertangabe folgendermaßen geschrieben und gelesen werden:

A. Die vorletzte angegebene Stelle liegt außerhalb der benutzten Fehlerspanne; nur die letzte mitgeteilte Ziffer ist unsicher.

B. Ist die Unsicherheit eines Zahlenwertes gleich oder kleiner als 0,5 Einheiten der letzten angegebenen Stelle, so wird die Ziffer dieser Stelle mit normaler Type gedruckt.

$$\textit{Beispiel:} \qquad R_0 = (8,3169_8 \pm 0,0004) \text{ J/(°K mol)} \qquad\qquad (6, 170)$$

$$\text{ohne U.-Gr.:} \qquad = 8,317 \text{ J(°K mol)}.$$

C. Ist die Unsicherheit eines Zahlenwertes kleiner als 1 Einheit, aber größer als 0,5 Einheiten der letzten angegebenen Stelle, so wird die Ziffer dieser Stelle in Indexstellung gedruckt.

$$\textit{Beispiel:} \qquad k = (1,38041 \pm 0,00007) \cdot 10^{-23} \text{ J/°K} \qquad\qquad (6, 172)$$

$$\text{ohne U.-Gr.:} \qquad = 1,380_4 \cdot 10^{-23} \text{ J/°K}$$

Bei der Angabe von gemessenen Zahlenwerten beschränken wir uns auf eine den Unsicherheitsgrenzen entsprechende Stellenzahl. Dabei wird in vielen Fällen ein Runden des Zahlenwertes erforderlich, das wir nach folgenden Regeln vornehmen, ohne auf ihre Begründung einzugehen:

a) Steht in der zu rundenden Stelle eine 0, 1, 2, 3 oder 4, so bleibt die in der vorhergehenden Stelle stehende Ziffer unverändert (Abrundung).

$$\textit{Beispiele:} \qquad\quad 2,12 \;\approx 2,1$$
$$6,343 \;\approx 6,34 \;\approx 6,3$$
$$8,2734 \approx 8,273 \approx 8,27.$$

b) Steht in der zu rundenden Stelle eine 9, 8, 7 oder 6, so wird die in der vorhergehenden Stelle stehende Ziffer um 1 erhöht (Aufrundung).

$$\textit{Beispiele:} \qquad\quad 2,17 \;\approx 2,2$$
$$6,369 \;\approx 6,37 \;\approx 6,4$$
$$8,2758 \approx 8,276 \approx 8,28.$$

c) Steht in der zu rundenden Stelle eine 5, der in irgendeiner weiteren Stelle eine von 0 verschiedene Ziffer folgt, so wird die in der der 5 vorausgehenden Stelle stehende Ziffer um 1 erhöht.

Beispiele:
$$3,14159 \approx 3,142$$
$$4,35001 \approx 4,4.$$

d) Steht in der zu rundenden Stelle eine 5, die selbst das Ergebnis einer Rundung und deren Ursprung bekannt ist, so wird das Runden der die 5 enthaltenden Stelle nach den Regeln a) oder b) vorgenommen; d. h. die vorhergehende Stelle wird ab- oder aufgerundet, wenn die 5 auf- oder abgerundet war.

Beispiele:
$$6,315 \text{ aus } 6,3149: \quad 6,315 \approx 6,31$$
$$4,185 \text{ aus } 4,1852: \quad 4,185 \approx 4,19.$$

e) Steht in der zu rundenden Stelle eine „genaue" 5, d. h. eine 5, der nur Nullen folgen, so bleibt die in der vorhergehenden Stelle stehende Ziffer ungeändert, wenn sie gerade ist, und wird um 1 erhöht, wenn sie ungerade ist. Eine 5 unbekannter Herkunft wird wie eine „genaue" 5 behandelt.

Beispiele:
$$\frac{1}{16} = 0,0625 \approx 0,062$$
$$\frac{15}{4} = 3,75 \quad \approx 3,8.$$

In manchen Fällen ist es zweckmäßig, das Ergebnis der Rundung zu kennzeichnen. Wir beschränken uns mit Rücksicht auf die Regeln c) bis e) darauf, eine *auf*gerundete 5 durch *Unter*streichen (5) hervorzuheben.

Beispiele:
$$6,3149 \approx 6,31\underline{5}$$
$$4,1852 \approx 4,185.$$

Zahlen oder Zahlenwerte, die *nicht* mit Unsicherheiten behaftet sind, kennzeichnen wir folgendermaßen:

α) Ist eine „genau" bekannte Zahl ein endlicher Dezimalbruch und wird mit so vielen Stellen angegeben, daß auf die letzte angegebene Ziffer nur noch Nullen folgen, so wird die letzte Ziffer *halbfett* gedruckt.

Beispiele:
$$\frac{1}{16} = 0,062\mathbf{5}$$
$$\frac{15}{4} = 3,7\mathbf{5}$$
$$g_n = 9,80665 \text{ m/s}^2 \tag{6, 70}$$
$$1,00019 \text{ kWh} = 860 \text{ kcal}_{\text{IT}} \tag{3, 26/6, 91}$$

β) Ist die „genau" bekannte Zahl ein unendlicher Dezimalbruch, so werden hinter die letzte angegehene, *nicht*-gerundete Ziffer drei Punkte gesetzt.

Beispiel:
$$\pi = 3,1415926536\ldots = 3,141592\ \ldots = 3,141\ldots$$

gerundet:
$$\pi \approx 3,141592654 \quad \approx 3,141593 \quad \approx 3,142.$$

Gelegentlich empfiehlt es sich, bei einem mit seiner Unsicherheitsgrenze mitgeteilten Zahlenwert, der für weitere Rechnungen wichtig ist, mehr Ziffern anzugeben, als der Unsicherheitsgrenze entspricht, vor allem dann, wenn eine 5 bei etwa später zu erwartender Rundung ins Spiel kommt [Regeln c) bis e)]. In einem solchen Fall werden Ziffern, die in Stellen stehen, die hinter der letzten in der Unsicherheitsgrenze angegebenen Stelle liegen, in Indexstellung gedruckt.

$$\text{Beispiel:} \qquad \mu_p = (1{,}7724_5 \pm 0{,}0006) \cdot 10^{-32} \text{ Wb m} \qquad (4, 352)$$

$$\text{ohne U.-Gr.:} \qquad \mu_p = 1{,}77_2 \cdot 10^{-32} \text{ Wb m}$$

11. Zusammenstellung einiger Begriffe, Definitionen und Bezeichnungen

Als Abschluß des ersten Buchteils fassen wir in einer kurzen Übersicht die wichtigsten allgemeinen Begriffe, Definitionen und Bezeichnungen zusammen, deren wir uns bei der Behandlung des Stoffes bedienen werden.

1. Eine *physikalische Größe* macht qualitative und quantitative Aussagen über eine meßbare Äußerung des physikalischen Zustandes oder Geschehens.
   Will man nur den qualitativen Wesensinhalt eines physikalischen Begriffes erfassen und zum Ausdruck bringen, benutzt man die *Größenart* — zu jeder physikalischen Größenart gehören beliebig viele Größen gleicher Art, aber verschiedener quantitativer Größenausdehnung.

2. *Größengleichungen* stellen Beziehungen zwischen physikalischen Größen dar und sind der maßunabhängige Ausdruck einer formelmäßigen Beschreibung der physikalischen Gesetzmäßigkeiten. In der maßunabhängigen Auffassung der Größengleichungen werden die Größen als *formal* aufspaltbare Produkte aus Zahlenwert und Einheit angesehen.

3. Die zur Messung einer Größe benutzten (physikalischen) *Einheiten* sind Vergleichsgrößen von derselben Art wie die zu messende Größe und von verabredetem oder festgelegtem, reproduzierbarem Betrag. *Einheitengleichungen* stellen Beziehungen zwischen Einheiten dar.

4. Der *Zahlenwert* einer Größe, bezogen auf eine bestimmte Einheit, ist das durch messenden Vergleich mit dieser gewonnene zahlenmäßige Ergebnis, das angibt, wie oft die Einheit als definierte Vergleichsgröße in der zu messenden Größe enthalten ist.
   Die Werte dimensionsloser Größen sind unbenannte Zahlenwerte und werden in *arithmetischen Zählungseinheiten* gemessen oder abgezählt.

   Zahlenwertgleichungen sind als Beziehungen zwischen gemessenen oder zu messenden Zahlenwerten in ihrer zahlenmäßigen Formulierung von den für die entsprechenden Größen jeweils benutzten Einheiten abhängig.

5. Jedes System von Größengleichungen, das die Gesetzmäßigkeiten eines physikalischen Gebietes beschreibt, enthält einige durch das Gleichungensystem nicht mehr definierte Größenarten, die *Grundgrößenarten* des Größengleichungensystems. Ihre Zahl hängt von dem betrachteten Gebiet und der jeweiligen Art seiner Beschreibung ab. Die nach Vorgabe der Grundgrößenarten durch das System der Größengleichungen definierten und auf sie zurückführbaren übrigen Größenarten sind die aus den Grundgrößenarten *abgeleiteten Größenarten*.

6. Die zur eindeutigen und zahlenmäßigen Auflösung des Größengleichungensystems für die Grundgrößenarten erforderliche a priori-Vorgabe erfolgt durch Festlegung der Grundmeßverfahren und freie Verfügung über die Beträge ihrer Einheiten, die *Grundeinheiten* heißen. Für die abgeleiteten Größenarten lassen sich Einheiten aus den Grundeinheiten als *abgeleitete Einheiten* in der gleichen Weise herleiten, die auch die Definition der abgeleiteten Größenarten durch die Grundgrößenarten über die Größengleichungen bestimmt.

7. Eine Zusammenstellung von Einheiten für die Größenarten und Größen eines physikalischen Gebietes, die sich aus Grundeinheiten und abgeleiteten Einheiten zusammensetzt, heißt ein *Einheitensystem*. Sind die Einheiten des Systems aufeinander, auf die Grundeinheiten und auf das zugehörige Größengleichungensystem abgestimmt, so bilden sie ein *abgestimmtes* oder *kohärentes Einheitensystem*.

8. Die *Dimension einer Größe* im landläufigen Sprachgebrauch ist die aus den Größengleichungen als Definitionsgleichungen für die Größen folgende und als Potenzprodukt der Grundgrößenarten ausgedrückte allgemeine Beziehung der Größe zu den Grundgrößenarten. Die *Benennung einer Größe* in Helmholtzscher Definition gibt die Beziehung ihrer Einheit zu den jeweils betrachteten Grundeinheiten an.

Die Aufstellung von *Dimensionssystemen* und Entwicklung von *Dimensionsprodukten* für die physikalischen Größen dient einer allgemeinen und vereinfachten Herleitung der abgeleiteten Größenarten und der verschiedenen zu Einheitensystemen gehörenden Einheiten der Größenarten. Zu jeder Grundgrößenkombination gehört *ein* Dimensionssystem. Jedes Dimensionssystem umfaßt so viele kohärente Einheitensysteme, als sich verschiedene Beträge[1]) für die zugehörigen Grundeinheiten verabreden lassen.

9. Die Benutzung beliebiger *systemfreier Einheiten* und die rechnerische Auswertung der in ihnen gemessenen Zahlenwerte erfolgt über die Größengleichungen, wobei man jede Größe als ein Produkt aus Zahlenwert und Einheit zu behandeln hat.

10. Die *Umrechnungsfaktoren g_a für Einheiten* sind die Proportionalitätsfaktoren zwischen den verschiedenen Einheiten einer Größe a, die *Umrechnungsfaktoren f_a für Zahlenwerte* die Proportionalitätsfaktoren zwischen den in diesen Einheiten gemessenen zugehörigen Zahlenwerten.

11. Wir verabreden folgende Bezeichnung.

Zahlenwert einer Größe a: $\{a\}$.

Einheit einer Größe a: $[a]$.

Kennzeichnung des Einheitensystems, dem eventuell die Einheit angehört, sowie des zugehörigen, in dieser Einheit gemessenen Zahlenwertes: durch Indizierung an der Klammer, z. B. $[a]_x$, $[a]_y$ und $\{a\}_x$, $\{a\}_y$.

$$\text{Größe} = \text{Zahlenwert} \times \text{Einheit}: \quad a = \{a\}_x \cdot [a]_x = \{a\}_y \cdot [a]_y = \cdots \tag{1a}$$

$$\text{Zugeschnittene Größengleichung:} \quad \frac{a}{[a]_x} = \frac{b}{[b]_y} \cdot \frac{c}{[c]_z}. \tag{12a}$$

$$\text{Umrechnungsfaktoren für Einheiten:} \quad [a]_y = {}_x g_a^y \cdot [a]_x. \tag{22}$$

$$\text{Umrechnungsfaktoren für Zahlenwerte:} \quad \{a\}_y = {}_x f_a^y \cdot \{a\}_x. \tag{23}$$

Grunddimensionen für die als Grundgrößenarten betrachteten Größenarten $l, m, n, \ldots$: $\mathsf{L, M, N, \ldots}$

Dimensionsprodukt der Größe a im Dimensionssystem $\mathsf{LMN} \ldots$: $\mathrm{Dim}\,[a] = \mathsf{L}^\alpha \mathsf{M}^\beta \mathsf{N}^\gamma \ldots$ (2'*)

Kohärentes Einheitensystem zu der Grundgrößenkombination $l, m, n, \ldots$, bei dem für die Grundeinheiten als Beträge

$$\mathsf{L} = \lambda$$
$$\mathsf{M} = \mu$$
$$\mathsf{N} = \nu$$

festgelegt sind: $[a]_x = [a]_{\lambda\mu\nu} \ldots = \lambda^\alpha \mu^\beta \nu^\gamma \ldots$ (3'*)

12. Die in den Buchteilen **1** bis **6** auftretenden Formeln werden innerhalb jedes einzelnen Buchteiles fortlaufend durchnumeriert. Hinweise auf die verschiedenen Formeln erfolgen im *gleichen* Buchteil einfach unter Angabe der zugehörigen Formelnummer, in *anderen* Buchteilen unter Vorsetzen der halbfett gedruckten Nummer desjenigen Buchteiles, in dem die entsprechenden Formeln entwickelt und angegeben wurden.

Beispiel: Auf die im vierten Buchteil abgeleitete Gleichung (189) wird im gleichen Teil **4** stets als Beziehung (189) hingewiesen, in den übrigen Teilen des Buches als Beziehung (4, 189). Entsprechendes gilt für das Zitieren von einzelnen Abschnitten des Buches.

Dezimale Vielfache oder Teile von ihrem Betrage nach festgelegten Einheiten werden üblicherweise durch abkürzende Vorsatzsilben bezeichnet *[C 66; D 12]*. Die Vorsätze und ihre Zeichen enthält die Tabelle 2.

---

[1]) Siehe Fußnote [1]) auf S. 11.

Tabelle 2. Vorsatzsilben und Zeichen für dezimale Vielfache und Teile von Einheiten [1])

Vorsatzsilbe	Zeichen	für Zehnerpotenz	Vorsatzsilbe	Zeichen	für Zehnerpotenz
Tera-	T	10^{12}	Dezi-	d	10^{-1}
Giga-	G	10^{9}	Zenti-	c	10^{-2}
Mega-	M	10^{6}	Milli-	m	10^{-3}
Kilo-	k	10^{3}	Mikro-	μ	10^{-6}
Hekto-	h	10^{2}	Nano-	n	10^{-9}
Deka-	da [2])	10^{1}	Piko-	p	10^{-12}

Beispiel: 1 pF = 1 Pikofarad = 10^{-12} Farad.

Die Angabe von Zahlenwerten erfolgt ziffernmäßig mit einer Stellenzahl, die durch die den einzelnen Werten anhaftenden Unsicherheiten bedingt wird. Zur zahlenmäßigen Kennzeichnung von experimentell begründeten Fehlermöglichkeiten wird die Unsicherheitsgrenze (U.-Gr.) benutzt. Wo Runden und besondere Hervorhebungen erforderlich sind, werden die international üblichen Regeln für das Runden und die Angabe von Zahlen (z. B. DIN 1333) befolgt.

---

[1]) In Frankreich werden für die Zehnerpotenzen 10^{4} und 10^{-4} die Vorsatzsilben myria- = ma und dimi- = dm benutzt *[A 14]*.

[2]) In der Mehrzahl der Länder ist das bereits 1879 vom Internationalen Komitee für Maß und Gewicht festgelegte *[C 29]* und später wiederholt bestätigte *[z. B. C 38]* Symbol „da" üblich, früher in Großbritannien und heute noch in Österreich *[O 3]* das Symbol „dk", das leicht mit „Dezikilo-" gleich 10^{2} verwechselt werden kann, in Deutschland bislang meist das Symbol „D".

ZWEITER TEIL: MECHANIK

Wenn wir im Bereich der Mechanik die Darstellung der einzelnen Gesetzmäßigkeiten und die Art der Größeneinführung durchmustern, stoßen wir auf besonders einfache und übersichtliche Verhältnisse.

Die Beziehungen zwischen den mechanischen Größenarten sind von jeher mathematisch in einer Form niedergelegt worden, die wir ohne weiteres heute als einen Satz von Größengleichungen ansprechen können. Der Normierungsunterschied zwischen einer „rationalen" und einer „nicht-rationalen" Definition der Größenarten oder Schreibweise der Gleichungen, der in die Beschreibung der Elektrodynamik so viele Schwierigkeiten und Mißverständnisse hineingetragen hat, war und ist in der Mechanik unbekannt. Das Newtonsche Massenanziehungsgesetz ist und wird nach diesem Sprachgebrauch „nicht-rational" geschrieben; ebenso ist der Winkel als Verhältnis Kreisbogen zu Kreishalbmesser „nicht-rational" definiert (Kapitel 4, I). So braucht man hier nicht rationale und nicht-rationale Größengleichungen auseinanderzuhalten. Weiter sind die experimentelle Erforschung und die analytische Formulierung der mechanischen Beziehungen von vornherein so angelegt worden, daß sich ihre Beschreibung einheitlich durch ein System von Größengleichungen geben läßt, in dem eine feste und nicht wieder geänderte Anzahl von Grundgrößenarten enthalten ist. Somit entfallen für die Mechanik auch alle jene Komplikationen, die sich in der Elektrodynamik durch die historisch bedingten und auch heute noch gleichzeitig nebeneinander benutzten Darstellungsweisen auf der Basis von 3, 4 oder 5 Grundgrößenarten einstellen. Die Auswirkungen der wesentlich anderen Sachlage in der Behandlung des elektromagnetischen Feldes auf die Schreibweise und Auffassung der Gleichungen, wie auf die Festlegung und Benutzung der Einheiten werden wir im einzelnen im vierten Teil kennen lernen.

Unter diesen Umständen gestaltet sich die Anwendung der von uns im ersten Buchteil entwickelten allgemeinen Gesichtspunkte und Richtlinien auf die mechanischen Größenarten und Einheiten sehr einfach.

1. Größenarten, Größengleichungen und Grundgrößenarten in der Mechanik

Die unter der Bezeichnung Mechanik zusammengefaßten physikalischen Erscheinungen pflegen wir durch Einführung geeigneter Begriffe, durch Definition der diese repräsentierenden Größenarten, sowie durch Auffindung und mathematische Formulierung der Beziehungen zwischen ihnen zu beschreiben. Das ist die allen Gebieten der Physik gemeinsame Art der Darstellung. Für den Bereich der Mechanik wollen wir die eingeführten physikalischen Größenarten die *mechanischen Größenarten* und die Beziehungen zwischen ihnen die *mechanischen Gleichungen* nennen.

Aus der großen Zahl der mechanischen Gleichungen stellen wir uns eine kleine Auswahl zusammen, die wir so treffen, daß durch sie die wichtigsten mechanischen Größenarten in möglichst einfacher Weise verknüpft werden. Dabei lassen wir alle nicht physikalisch bedingten Faktoren und Koeffizienten fort und achten darauf, daß die einzelnen Gleichungen voneinander unabhängig sind; d. h. wir tragen dafür Sorge, daß die durch eine Gleichung ausgedrückte Gesetzmäßigkeit nicht noch in einer anderen direkt oder indirekt enthalten ist. Mit einem solchen Satz von Gleichungen wird im allgemeinen durch jede weitere Gleichung eine weitere mechanische Größenart definiert werden. Oder anders ausgedrückt: Wir können durch diese Gleichungen die einzelnen mechanischen Größen auf einige wenige zurückführen, zu deren weiterer Rückführung dann allerdings keine unabhängigen Gleichungen mehr zur Verfügung stehen. Durch Abzählung der k voneinander unabhängigen Gleichungen und der n in ihnen enthaltenen mechanischen Größenarten gewinnen wir die $(n - k)$ Grundgrößenarten der Mechanik. Unter Vorgabe von a priori-Definitionen für diese $(n - k)$ Grundgrößenarten können wir dann eindeutig die restlichen k mechanischen Größenarten über die k mechanischen Gleichungen als Definitionsgleichungen ableiten.

In der Tafel 1 haben wir in der 1. und 2. Spalte Bezeichnung und Formelzeichen für eine Reihe häufig benutzter mechanischer Größenarten aufgeführt. In der 3. Spalte ist jeweils eine einfache Beziehung, welche die betreffende Größenart enthält und als mechanische Größengleichung aufgefaßt werden kann, eingetragen worden. Wir wollen nun die eben beschriebene Abzählung zur Festlegung der Anzahl der mechanischen Grundgrößenarten vornehmen. Dabei beachten wir, daß für die mechanischen Größenarten Länge und Zeit keine Definitionsgleichungen angegeben sind und daß der grundsätzliche Zusammenhang zwischen Kraft und Masse zweimal, nämlich bei m und F auftritt.

In der Tafel 1 sind demnach 39 mechanische Größenarten und 36 Gleichungen zwischen ihnen aufgeführt; weitere voneinander unabhängige Beziehungen zwischen diesen mechanischen Größenarten lassen sich nicht mehr aufstellen. Es ergibt sich also, daß die Gleichungen als ein System von mechanischen Größengleichungen für

$$n - k = 39 - 36 = 3$$

mechanische Grundgrößenarten angesehen werden können. Zu der gleichen Zahl von Grundgrößenarten gelangt man immer wieder, ganz unabhängig davon, für welche mechanischen Größenarten man alle und nur die für sie bestehenden, voneinander unabhängigen Relationen aufschreibt.

2. Dimensionssysteme der Mechanik

Die Frage, welche drei unter den mechanischen Größenarten als Grundgrößenarten im Sinne des Abschnitts 1 anzusehen sind, ist nicht durch physikalische oder mathematische Argumente zu entscheiden; vielmehr bleibt diese Auswahl dem freien Willen des Betrachters überlassen. Man wird hier selbstverständlich nach Gesichtspunkten der Zweckmäßigkeit handeln.

In der Geometrie lassen sich alle Größen letztlich auf eine Art von Größen zurückführen: auf Längen und ihre Messung. Die Kinematik stellt eine geometrische Abstraktion der Bewegungen dar, ohne sich irgendwie um ihre physikalische Realisierung zu kümmern. Sie ist also ein notwendiges Zwischenglied in der Kette von der rein geometrischen zur mechanisch-dynamischen Betrachtung der Natur und unterscheidet sich von der Geometrie wesentlich dadurch, daß sie zeitlich sich ändernde geometrische Konfigurationen messend verfolgt und behandelt. Als neues Element treten daher in der Kinematik neben der Größenart „Länge" und Längenbestimmungen die Größenart „Zeit" und entsprechend die Zeitmessung auf. Geschwindigkeit, Beschleunigung und ähnliche kinematische Größenarten lassen sich immer auf Länge und Zeit zurückführen; wir können in diesen beiden Größenarten die Grundgrößenarten der Kinematik erblicken. Gehen wir zur Statik oder Dynamik über, d. h. betreten wir spezifisch mechanisches Gebiet, so kommen wir ohne Einführung der Begriffe Masse und Kraft nicht mehr aus.

Wenn wir die Erfahrungen der Geometrie und Kinematik als Vorstufe oder Teile der Mechanik in angemessener Weise in unser mechanisches Formel- und Größensystem mit einbezogen wissen wollen, wird es zweckmäßig sein, für zwei der in der Mechanik erforderlichen Grundgrößenarten die beiden Grundgrößenarten der Kinematik, Länge und Zeit, zu übernehmen. So pflegt man auch im allgemeinen vorzugehen.

Die Auswahl der dritten Grundgrößenart hat von jeher lange Diskussionen ausgelöst, auf die aber in Hinblick auf das Ziel des Buches einzeln nicht eingegangen zu werden braucht. Es handelt sich bei solchen Überlegungen um die Frage, ob die Kraft F oder die Masse m der „eigentliche" oder „natürliche" physikalische Grundbegriff sei, sowie um die Ausdeutung des zweiten Newtonschen Axioms über die Verknüpfung von Bewegungsgröße oder Impuls $G = m\,v$ und Kraft F

$$\dot{G} = F. \tag{1}$$

Die Mehrzahl der Autoren ist sich wohl darüber einig, daß die Beziehung (1) zumindest eine Definition der Masse oder der Kraft enthält, je nachdem man Kraft oder Masse als dynamischen Grundbegriff wertet und als dritte Grundgrößenart der Mechanik einführt. Wir können hier nur auf wenige Beispiele hinweisen: Während *Kirchhoff [K 17]*, *Hertz [H 52]*, *Carnap [C 4]* und *Hoffmann [H 61]* sich für die Masse als Grundgrößenart entscheiden, ziehen *Planck [P 46]*, *Schaefer [S 1]*, *Sommerfeld [S 35]* und *Wallot [W 46]* die Kraft als dynamischen Grundbegriff vor. Ob und gegebenenfalls welche physikalischen, experimentell prüfbaren Aussagen außer der Definition von Kraft oder Masse als abgeleiteter Größenart das zweite Newtonsche Axiom noch enthält, brauchen wir bei der Behandlung der Frage nach den Grundgrößenarten der Mechanik nicht näher zu untersuchen *[M 2]*.

Die im vorigen Absatz angedeuteten Betrachtungen legen es nahe, Masse oder Kraft als dritte Grundgrößenart zu wählen; dann erhält man die beiden Kombinationen Länge, Masse, Zeit und Länge, Kraft, Zeit, die auch die Grundlage für die mechanischen Einheitensysteme bilden.

Gelegentlich wird heute wieder vorgeschlagen, Beschleunigungsmechanik und *Gravitation* als zwei unabhängige Teilgebiete der Physik mit je einer selbständigen physikalischen Qualität (siehe Abschnitt 1, 3) zu betrachten und entsprechend für die Gravitation eine eigene Grundgrößenart (z. B. die Gravitationsfeldstärke g oder die „Gravitationsladung" m_s) einzuführen *[F 12; F 13; F 14]*. Ohne auf den Fragenkomplex im einzelnen eingehen zu müssen, können wir folgendes hierzu feststellen.

Für die nicht-relativistische Newtonsche Mechanik ist strenge Proportionalität zwischen „träger" und „schwerer" Masse innerhalb der erreichten Meßgenauigkeit sichergestellt worden; zu dem Ergebnis führten die Präzisionsmessungen von *Eötvös* und Mitarbeitern *[E 11; E 12; E 13; P 5]* mit einer relativen Unsicherheit von höchstens $\pm\ 5 \cdot 10^{-8}$. Dieser Sachverhalt läßt es in Zusammenhang mit den oben zur Auswahl der dritten mechanischen Grundgrößenart gemachten Ausführungen zweckmäßig erscheinen, den Proportionalitätsfaktor zwischen „träger" und „schwerer" Masse dimensionslos gleich eins zu setzen, d. h. „träge" und „schwere" Masse als ein und dieselbe Größenart „Masse" einzuführen. In der speziellen Relativitätstheorie (Relativität bei gleichmäßiger Translation) gilt grundsätzlich das gleiche Verhältnis zwischen Bewegungsgesetz („träge" Masse) und Gravitation („schwere" Masse) wie in der nicht-relativistischen Mechanik. Dagegen sind in der allgemeinen Relativitätstheorie (Relativität bei beliebigen Bewegungen) entsprechend dem Einsteinschen Äquivalenzprinzip die Trägheitserscheinungen mit den Gravitationserscheinungen für wesensgleich zu erachten; es ist also im Rahmen der allgemeinen Relativitätstheorie bei keinem physikalischen Vorgang zwischen der Wirkung einer Gravitationsfeldstärke in einem ruhenden System und derjenigen einer Trägheitsbewegung von einem geeignet beschleunigten System zu unterscheiden. Somit verliert dort die Frage nach der Gleichheit zwischen „träger" und „schwerer" Masse ihren eigentlichen Sinn.

Wir machen daher hier keinen Unterschied zwischen „träger" und „schwerer" Masse und bedienen uns nur der Größenart „Masse" schlechthin, entweder als Grundgrößenart eingeführt oder als abgeleitete Größenart definiert.

Auch über die Definition und Dimension der Größenarten „*Winkel*" gehen die Meinungen auseinander. In der Planimetrie kommt man mit dem vorzeichenlosen *Öffnungs*winkel aus. In der Physik ist der *Dreh*winkel, der die Verdrehung einer Anfangsrichtung in eine Endrichtung beschreibt, von besonderer Bedeutung *[siehe z. B. L 5; L 6]*.

Der *ebene Winkel* zwischen zwei sich in einem Punkt O treffenden Halbgeraden wird durch zwei verschieden definierte Größen beschrieben *[siehe z. B. I 25]*.

Einmal definiert man als ebenen Winkel α das „Gebiet", das in einer Ebene durch die beiden Halbgeraden ausgeschnitten wird, und bezeichnet die so eingeführte Größe α gelegentlich als „geometrischen" ebenen Winkel. Er ist als Grundgrößenart anzusehen und zu messen *[siehe z. B. H 5; M 29]*.

Das vom Punkt O ausgehende Gebiet zwischen den beiden Halbgeraden erstreckt sich ins Unendliche; d. h. jeder „geometrische" ebene Winkel charakterisiert ein unendliches Gebiet. Durch Vergleich mit einem fest vorgegebenen oder vereinbarten „geometrischen" ebenen Winkel, der naturgemäß auch wieder einem unendlichen Gebiet zugeordnet ist, kann jedoch eine Vergleichung oder Messung von „geometrischen" ebenen Winkeln erfolgen: Das Verhältnis des zu messenden „geometrischen" ebenen Winkels zum als Einheit dienenden Vergleichswinkel entspricht einem Quotienten der Form ∞/∞, der einen endlichen Wert hat.

Als Einheit des „geometrischen" ebenen Winkels dient beispielsweise der Rechte (⌐). Er repräsentiert das Gebiet in einer Ebene zwischen zwei Halbgeraden, wenn diese aus der Ebene den vierten Teil des Gesamtgebiets ausschneiden oder, wie man es geometrisch auch ausdrückt, aufeinander senkrecht stehen. Eine andere Einheit ist der Radiant (rad). Er repräsentiert das Gebiet zwischen zwei Halbgeraden, die so zueinander liegen, daß sie aus einem Kreis, der in der Ebene der Halbgeraden um den Punkt O mit beliebigem Radius geschlagen wird, einen Kreisbogen von der Länge des Kreisradius ausschneiden.

Dem „geometrischen" ebenen Winkel ist als Grundgrößenart eine Grunddimension α zuzuordnen. Als Grundeinheit des „geometrischen" ebenen Winkels kann man den Radiant oder den Rechten wählen.

In einer anderen Definitionsart wird der ebene Winkel φ als abgeleitete Größenart eingeführt. Man definiert φ als den Quotienten zweier Längen, und zwar in „nicht-rationaler" Form (Abschnitt 4, I, 1) als das Verhältnis der Länge s des Kreisbogens, den die beiden Halbgeraden aus einem Kreis, der in ihrer Ebene um den Punkt O mit beliebigem Radius r geschlagen wird, ausschneiden, zum Kreisradius r

$$\varphi = s/r. \tag{2a}$$

Die so eingeführte Größe φ ist dimensionslos [L 7] und wird gelegentlich „analytischer" ebener Winkel genannt. Einheiten des „analytischen" ebenen Winkels sind, wie der „analytische" ebene Winkel selbst, unbenannte Zahlen, im einfachsten Fall die arithmetische Zählungseinheit Eins.

Ein Vergleich der Definition der Einheit rad für den „geometrischen" ebenen Winkel α mit der Einführungsbeziehung für den „analytischen" ebenen Winkel φ führt zu der Zahlenwertgleichung

$$\{\alpha\}_{\mathrm{rad}} = \frac{\alpha}{\mathrm{rad}} = \frac{s}{r} = \varphi. \tag{2}$$

Der „analytische" ebene Winkel φ stimmt also mit dem Zahlenwert des zugehörigen „geometrischen" ebenen Winkels α, gemessen in rad, überein; auf der anderen Seite läßt sich das Grundmeßverfahren für den „geometrischen" ebenen Winkel α durch die Größengleichung

$$\alpha = s/r \,\mathrm{rad} \tag{2b}$$

beschreiben.

Wir werden im folgenden nur vom „analytischen" ebenen Winkel Gebrauch machen und dabei, einer weit verbreiteten Gepflogenheit in der Physik folgend, Werten dieser dimensionslosen Größe als auf sie hinweisendes Sonderzeichen das Symbol „rad" zufügen, das dann eine besondere, den (analytischen) *Winkel*-Wert hervorhebende Umschreibung der arithmetischen Zählungseinheit Eins darstellt. Der Rechte und seine Untereinheiten (Abschnitt 5a) werden ebenso wie der Radiant auch als „Einheiten" des „analytischen" ebenen Winkels benutzt. In diesem Fall ist das Symbol ∟ als ein Sonderzeichen für die Zählungseinheit $\pi/2$ zu betrachten.

Es wird häufig noch auf eine andere Besonderheit des ebenen Winkels in seiner Definition als dimensionslose Größenart hingewiesen. Beispielsweise stellt auch der „Maßstab" einer Landkarte ein dimensionsloses Verhältnis zweier Längen dar, unterscheidet sich jedoch vom „ebenen Winkel" in ähnlicher Weise wie etwa die Größenart „Arbeit" von der mit ihr dimensionsgleich eingeführten Größenart „Drehmoment": Während Maßstab und Arbeit skalare Größen sind, stellen ebener Winkel und Drehmoment schiefsymmetrische Tensoren zweiter Stufe dar. Wir haben eingangs (Abschnitt 1, 3) ausdrücklich betont, daß wir auf den „Richtungscharakter" der Größenarten keine Rücksicht nehmen, sondern uns auf den Dimensionsbegriff im landläufigen Sinne beschränken wollen (Abschnitt 1, 7). Somit brauchen wir auch dem tensoriellen Charakter des ebenen Winkels oder Drehwinkels nicht besonders Rechnung zu tragen.

Den für den ebenen Winkel angestellten Betrachtungen analoge Überlegungen gelten für den *räumlichen Winkel*. Auch hier stehen sich zwei Auffassungen und Darstellungsarten zur Beschreibung der Öffnung eines beliebigen Halbkegels gegenüber.

Einmal definiert man als „geometrischen" räumlichen Winkel das „Gebiet", das der Halbkegel aus dem Raum ausschneidet, und gelangt so zu einer weiteren neuen Grundgrößenart, der die Grunddimension Ω zuzuordnen ist. Als Grundeinheit des „geometrischen" räumlichen Winkels dient im allgemeinen der Steradiant (sr). Er repräsentiert das Gebiet im Raum eines Halbkegels, der aus der Oberfläche einer Kugel von beliebigem Radius, deren Mittelpunkt mit der Halbkegelspitze zusammenfällt, ein Flächenstück von der Größe eines Quadrates mit dem Kugelradius als Seitenlänge ausschneidet.

Zum anderen wird als „analytischer" räumlicher Winkel eine dimensionslose Größe Ω eingeführt, definiert als Quotient zweier Flächen, und zwar in „nicht-rationaler" Form (Abschnitt 4, I, 1) als das Verhältnis der Fläche, die der Halbkegel aus der Oberfläche einer Kugel vom Radius r um die Halbkegelspitze ausschneidet, zur Fläche r^2. Als Sonderzeichen werden wir den Werten des „analytischen" räumlichen Winkels das Symbol „sr" hinzufügen, das dann eine besondere, den (analytischen) *Raumwinkel*-Wert hervorhebende Umschreibung der arithmetischen Zählungseinheit Eins darstellt.

Kürzlich hat *Reeb [R 4]* die Frage der Dimension des Winkels erneut aufgegriffen und seine Auffassung der von anderen Autoren gegenübergestellt. *Reeb* kommt bei seiner Diskussion zu dem Ergebnis, daß man generell den Winkel als Grundgrößenart einführen und behandeln solle.

Trotz dieser und anderer für eine Grunddimension des Winkels sprechenden Argumente werden wir im allgemeinen „ebenen Winkel" und „räumlichen Winkel" als dimensionslose abgeleitete Größenarten in ihrer „analytischen" Definition und „nicht-rationalen" Einführung benutzen und auch von ihrer speziellen Einstufung als Richtungsgrößenarten im Sinne der Tensorlehre absehen. Lediglich in der Photometrie (Teil 5, Kapitel II) machen wir vom „geometrischen" räumlichen Winkel Gebrauch und beziehen in die Dimensionsbetrachtungen bei den physikalischen Strahlungsgrößenarten und den physiologisch bewerteten lichttechnischen Größenarten für den Raumwinkel eine unabhängige Dimension mit ein (Abschnitt 5, II, 2e).

Als dritte Grundgrößenart werden in der Mechanik verschiedene Größenarten betrachtet. Wie schon oben ausgeführt wurde, kann man einmal die Masse oder die Kraft wählen; dann erhält man die beiden Kombinationen Länge, Masse, Zeit und Länge, Kraft, Zeit, die auch die Grundlage für die kohärenten mechanischen Einheitensysteme bilden. Auf der anderen Seite führt noch die Wahl von Energie (oder Energiedichte) oder Wirkung zu Dimensionssystemen, die besonders im Hinblick auf die gegenseitigen Beziehungen zwischen Mechanik und Elektrodynamik ein gewisses Interesse besitzen.

Wir wollen mit L, T, M, F, W, H Grunddimensionen im Sinne des Abschnitts 1, 7 bezeichnen, die den verschiedenen, für die Wahl als mechanische Grundgrößenarten in Betracht zu ziehenden Größenarten Länge, Zeit, Masse, Kraft, Energie, Wirkung zuzuordnen sind. Zu den vier im vorigen Absatz genannten Zusammenstellungen für Grundgrößenarten der Mechanik gehören die vier Dimensionssysteme LMT, LFT, LWT und LHT, in denen wir der Reihe nach die Dimensionsprodukte für die 39 von uns betrachteten mechanischen Größenarten aufstellen wollen.

Die Entwicklung der Dimensionsprodukte erfolgt nach unserer allgemeinen Vorschrift für die Herleitung von Dimensionsausdrücken. Wir erhalten unter Vorgabe der 3 Grunddimensionen für die jeweils als Grundgrößenarten gewählten 3 mechanischen Größenarten die Dimensionsprodukte der übrigen abgeleiteten mechanischen Größenarten formal auf demselben Wege und aus denselben Gleichungen, die als Größengleichungen die abgeleiteten Größenarten aus den Grundgrößenarten definieren.

In unseren Gleichungen kommen als dimensionslose Faktoren und Größenarten der aus einer Integration stammende Zahlenfaktor 1/2, der Winkel φ und die Poisson-Zahl μ, φ und μ definiert über Verhältnisse von Längen, vor; sie gehen in die Dimensionsprodukte nur mit dem Zahlenfaktor 1 ein. Länge, Masse und Zeit sind im Dimensionssystem LMT Grundgrößenarten, besitzen also der Reihe nach die Dimension L, M, T. Die Dimensionsprodukte für die noch übrigen abgeleiteten 34 Größenarten gewinnen wir durch Auflösung der Dimensionsgleichungen nach dem jeweils gesuchten Dimensionsprodukt. Die Dimensionsgleichungen stimmen formal mit den Definitionsgleichungen für die Größenarten überein. Es ist lediglich das Formelzeichen X der Größenart durch das zugehörige Dimensionssymbol X zu ersetzen und dabei die Dimensionslosigkeit von Zahlenfaktoren und relativen Größenarten zu beachten.

Die Entwicklung der Dimensionsprodukte für die mechanischen Größenarten im Dimensionssystem LMT gestaltet sich also z. B. folgendermaßen:

$$\mathrm{Dim}\,[1/2] = 1 \qquad (3) \qquad\qquad \mathrm{Dim}\,[l] = \mathsf{L} \qquad (5)$$

$$\mathrm{Dim}\,[\varphi] = 1 \qquad (4\,\mathrm{a}) \qquad\qquad \mathrm{Dim}\,[m] = \mathsf{M} \qquad (6)$$

$$\mathrm{Dim}\,[\mu] = 1 \qquad (4\,\mathrm{b}) \qquad\qquad \mathrm{Dim}\,[t] = \mathsf{T} \qquad (7)$$

Den Größengleichungen[1])

$$A = l^2 \qquad (8) \qquad\qquad V = l^3 \qquad (9)$$

entsprechen die Dimensionsgleichungen

$$\mathrm{Dim}\,[A] = \mathrm{Dim}\,[l^2] = \mathsf{L}^2 \qquad (8\,\mathrm{a})$$

$$\mathrm{Dim}\,[V] = \mathrm{Dim}\,[l^3] = \mathsf{L}^3 \qquad (9\,\mathrm{a})$$

Die Größengleichungen

$$v = \frac{d\,s}{d\,t} \qquad (10) \qquad\qquad a = \frac{d\,v}{d\,t} \qquad (11)$$

---

[1]) Da wir bei der Bildung von Dimensionsprodukten grundsätzlich vom „Richtungscharakter" der Größenarten absehen, schreiben wir hier alle Gleichungen in skalarer Form.

sind als Dimensionsgleichungen

$$\mathrm{Dim}\,[v] = \frac{\mathrm{Dim}\,[s]}{\mathrm{Dim}\,[t]} = \mathsf{LT^{-1}} \tag{10a}$$

$$\mathrm{Dim}\,[a] = \frac{\mathrm{Dim}\,[v]}{\mathrm{Dim}\,[t]} = \mathsf{LT^{-2}} \tag{11}$$

zu schreiben. Für Dichte ϱ und spezifisches Volumen v_m findet man über die Beziehungen

$$\varrho = \frac{dm}{dV} \tag{12} \qquad\qquad v_m = \frac{1}{\varrho} \tag{13}$$

die Dimensionsprodukte

$$\mathrm{Dim}\,[\varrho] = \frac{\mathrm{Dim}\,[m]}{\mathrm{Dim}\,[V]} = \mathsf{L^{-3}M} \tag{12a}$$

$$\mathrm{Dim}\,[v_m] = \frac{1}{\mathrm{Dim}\,[\varrho]} = \mathsf{L^3M^{-1}}. \tag{13a}$$

Die Größengleichungen

$$F = ma \tag{14} \qquad\qquad \gamma = \frac{dG}{dV} = \frac{d\,(mg)}{dV} \tag{15}$$

führen zu den Dimensionsgleichungen und Dimensionen für Kraft und Wichte *[D 13]*

$$\mathrm{Dim}\,[F] = \mathrm{Dim}\,[m] \cdot \mathrm{Dim}\,[a] = \mathsf{LMT^{-2}} \tag{14a}$$

$$\mathrm{Dim}\,[\gamma] = \frac{\mathrm{Dim}\,[ma]}{\mathrm{Dim}\,[V]} = \mathsf{L^{-2}MT^{-2}}. \tag{15a}$$

So fortfahrend erhalten wir sämtliche gewünschten Dimensionsprodukte. Sie sind für die von uns berücksichtigten mechanischen Größenarten in die Spalte 4 der Tafel 1 eingetragen worden.

Die Dimensionsprodukte der mechanischen Größenarten im Dimensionssystem LFT können wir auf ganz entsprechende Weise entwickeln. Die Beziehung (14) zwischen Kraft und Masse, die diese Grundgrößenarten verknüpft, gestattet uns jedoch einen formal noch einfacheren Weg. Die zugehörige Dimensionsgleichung (14a) lautet für die beiden Systeme LMT und LFT in den abkürzenden Dimensionssymbolen geschrieben

$$\mathsf{F} = \mathsf{M} \cdot \mathsf{LT^{-2}} = \mathsf{LMT^{-2}} \tag{14a'}$$

oder

$$\mathsf{M} = \mathsf{L^{-1}FT^2}. \tag{16}$$

Führen wir die Beziehung (16) in die Dimensionsprodukte des ersten Dimensionssystems LMT ein, so erhalten wir sofort die entsprechenden Dimensionsausdrücke im Dimensionssystem LFT.

Ganz analoge Überlegungen führen zu den Dimensionsausdrücken in den beiden anderen mechanischen Dimensionssystemen LWT und LHT. Als Dimensionsprodukte für Energie und Wirkung im Dimensionssystem LMT entnehmen wir der Spalte 4 der Tafel 1

$$\mathrm{Dim}\,[W] = \mathsf{W} = \mathsf{L^2MT^{-2}} \tag{17}$$

$$\mathrm{Dim}\,[H] = \mathsf{H} = \mathsf{L^2MT^{-1}}. \tag{18}$$

Einsetzen der Dimensionsbeziehungen

$$\mathsf{M} = \mathsf{L^{-2}WT^2} \tag{17'}$$

$$\mathsf{M} = \mathsf{L^{-2}HT} \tag{18'}$$

in die Dimensionsprodukte des Dimensionssystems LMT führt zu den entsprechenden Dimensionsausdrücken in den Dimensionssystemen LWT und LHT.

Die Dimensionsprodukte der mechanischen Größenarten in den Dimensionssystemen LFT, LWT, LHT sind in den Spalten 5, 6, 7 der Tafel 1 zusammengefaßt worden. Dabei werden in allen Dimensionssystemen die Grunddimensionen durch Ausrücken nach rechts hervorgehoben.

3. Einheitensysteme der Mechanik

Man unterscheidet zwei Arten mechanischer Einheitensysteme, die physikalischen Einheitensysteme der Mechanik, die sich auf den Grundgrößenarten Länge, Masse, Zeit aufbauen, und die technischen Einheitensysteme der Mechanik, die zu der Kombination der Grundgrößenarten Länge, Kraft, Zeit gehören.

a) Physikalische Einheitensysteme der Mechanik. Sie sind aus dem Dimensionssystem LMT zu entwickeln. Ihre Einheiten ergeben sich zwangsläufig als abgeleitete Einheiten von kohärenten Einheitensystemen, wenn man in den Dimensionsprodukten $L^\alpha M^\beta T^\gamma$ der zugehörigen mechanischen Größenarten für die Grunddimensionen bestimmte Größen oder Einheiten verabredet. Hierfür sind folgende Arten der Festsetzung üblich

aα) cm-g-s-System oder CGS-System (Zentimeter-Gramm-Sekunde-System):

$$L = \mathrm{cm}$$
$$M = \mathrm{g} \tag{19a}$$
$$T = \mathrm{s}$$

aβ) m-kg-s-System oder MKS-System (Meter-Kilogramm-Sekunde-System):

$$L = \mathrm{m}$$
$$M = \mathrm{kg} \tag{19b}$$
$$T = \mathrm{s}$$

aγ) m-t-s-System oder MTS-System (Meter-Tonne-Sekunde-System):

$$L = \mathrm{m}$$
$$M = \mathrm{t} \tag{19c}$$
$$T = \mathrm{s.}$$

Das MTS-System mit der Masseneinheit Tonne (t) wird praktisch nur in Frankreich benutzt, wo es im Jahre 1919 als für Handel und Industrie verbindlich durch das Gesetz vom 2. 4. 1919 *[F 23]* eingeführt und 1948 durch das Gesetz vom 14.1.1948 *[F 24]* bestätigt wurde. Die Grundeinheiten der physikalischen Einheitensysteme unterscheiden sich nur um Zehnerpotenzen

$$1\,\mathrm{m} = 10^2\,\mathrm{cm}\ ^{1)} \tag{20a}$$
$$1\,\mathrm{kg} = 10^3\,\mathrm{g}\ ^{2)} \tag{21a}$$
$$1\,\mathrm{t} = 10^6\,\mathrm{g.} \tag{21b}$$

---

[1]) Der 10^6. Teil des Meters, das Mikrometer (μm), wurde bislang meist als „Mikron" oder „My" mit dem Symbol „μ" bezeichnet:

$$1\,\mu = 10^{-6}\,\mathrm{m} = 1\,\mu\mathrm{m.} \tag{20b}$$

Offensichtlich läuft aber die zukünftige internationale Entwicklung darauf hinaus, die Sondernamen „Mikron" und „My" und das Zeichen „μ", das allgemein als Zeichen für die dezimale Vorsatzsilbe „Mikro-" $= 10^{-6}$ festgelegt ist, zugunsten der eigentlichen, direkt vom Meter hergeleiteten Bezeichnung Mikrometer $= \mu$m verschwinden zu lassen.

[2]) Der 10^9. Teil des Kilogramms wird — vor allem in der Chemie — als „Gamma" bezeichnet:

$$1\,\gamma = 10^{-9}\,\mathrm{kg} = 10^{-6}\,\mathrm{g.} \tag{21c}$$

Im Handel mit Diamanten, Perlen und Edelsteinen ist das „Karat" als Masseneinheit üblich. Wegen der vielen in den einzelnen Ländern bestehenden individuellen Karat-Einheiten hat die 4. Generalkonferenz für Maß und Gewicht 1907 ein metrisches Karat empfohlen *[C 108]*, für das allerdings bislang kein international angenommenes Symbol besteht:

$$1\ \text{metrisches Karat} = 1\,\mathrm{k} = 200\,\mathrm{mg.} \tag{21d}$$

Das Wort Karat dient außerdem in einer 24-stufigen Skala zur Kennzeichnung des Goldgehaltes einer Legierung: 1-karätiges Gold bezeichnet eine Legierung, die zu $^1/_{24}$ aus Gold besteht; reines oder Feingold besitzt also 24 Karat.

International vereinbart und gesetzlich festgelegt sind für die Beträge der Grundeinheiten als Normale [C 100; C 106; C 111]

$$1\text{ m} = \text{Strichabstand auf dem Internationalen Meterprototyp bei } 0\ ^\circ\text{C} \tag{20}$$

$$1\text{ kg} = \text{Masse des Internationalen Kilogrammprototyps[1]} \tag{21}$$

$$1\text{ s} = \frac{1}{86\,400} \text{ des mittleren Sonnentages.} \tag{22}$$

Die Sekunde ist über genaue Koinzidenzbeobachtungen der täglichen Erddrehung und der jährlichen Bewegung der Erde im Sonnensystem zu ermitteln und zu reproduzieren (Abschnitt 8).

Die Unvollkommenheiten der Erde als Zeitnormal sind im wesentlichen folgende [H 17]: Einmal verursacht die Gezeitenreibung eine langsam, aber ständig zunehmende Verzögerung der Umdrehungsgeschwindigkeit der Erde; weiter treten unregelmäßige und nicht vorausbestimmbare Schwankungen in der Erdrotation auf, die wahrscheinlich entweder durch kleine Kontraktionen und Expansionen des gesamten Erdkörpers oder durch geringfügige Verlagerungen innerer Erdschichten hervorgerufen werden; außerdem bedingen jahreszeitliche Substanz-Bewegungen von einem Teil der Erdoberfläche zu einem anderen ziemlich regelmäßige jahreszeitliche Schwankungen in der Umdrehungsperiode. Die Meßergebnisse der letzten 275 Jahre können unter der Annahme konstanter Gezeitenreibung-Effekte während dieser Zeit befriedigend gedeutet werden; dagegen ist es schwierig, die Resultate mit weiter zurückliegenden Beobachtungen in Einklang zu bringen, ohne eine gewisse Abnahme in der Verlangsamung der Erdrotation anzunehmen.

Zum Zwecke einer genauen gesetzlichen Festlegung der mittleren Sonnensekunde bedarf es noch einer präzisen Definition des „mittleren Sonnentages". Mit Rücksicht auf die Arbeiten an dem Entwurf für ein internationales Einheitensystem (Abschnitt 3d) hat daher das Bureau National. Scientifique et Permanent des Poids et Mesures de France [C 135] die Internationale Astronomische Union (IAU) gebeten, Empfehlungen für eine solche Definition auszuarbeiten.

Im Jahre 1950 wurde diese Frage auf einem Internationalen Kolloquium über die Fundamentalkonstanten der Astronomie in Paris eingehend behandelt. Die Delegierten von 6 Staaten nahmen als Ergebnis ihrer Diskussionen folgende Entschließung an [C 23], die der IAU 1952 bei ihrer Tagung in Rom als Empfehlung vorgelegt und dort angenommen wurde [I 11]:

"6. It is recommended that, in all cases where the mean solar second is unsatisfactory as a unit of time by reason of its variability, the unit adopted should be the sidereal year at 1900.0; that the time reckoned in these units be designated 'Ephemeris Time'; that the change of mean solar time to ephemeris time be accomplished by the following correction:

$$\varDelta t = + 24^s\!.349 + 72^s\!.3165\ T + 29^s\!.949\ T^2 + 1.821\ B,$$

where T is reckoned in Julian centuries from 1900 January 0 Greenwich Mean Noon and B has the meaning given by Spencer Jones in *Monthly Notices* R. A. S. Vol. **99**, 541, 1939, and that the above formula defines also the second.

No change is contemplated or recommended in the measure of Universal Time, nor in its definition."

Die „Ephemeridenzeit" kommt nach unserer heutigen Kenntnis der Inertialzeit im Sinne eines Newtonschen Interialsystems am nächsten: das Ephemeridenzeitmaß paßt sich den Gleichungen der Himmelsmechanik am besten an. Die in der IAU-Resolution 6 von 1952 festgelegte Abweichung $\varDelta t$ von der mittleren Sonnenzeit, d. h. der aus der Erdrotation abgeleiteten Beobachtungszeit, resultiert aus der von *Sir Harold S. Jones* gefundenen Korrektion $\varDelta L_\odot$ der mittleren Sonnenlänge (Längenkoordinate im System der Ekliptik). Wird ein Zeitpunkt in Ephemeridenzeit angegeben, so ist die zugehörige mittlere Sonnenlänge durch den aus den Newcombschen Tafeln erhaltenen Wert gegeben. Die B-Werte in der Definitionsgleichung für $\varDelta t$ stellen Fluktuationen der mittleren Mondlänge dar und sind aus Mondbeobachtungen immer erst *nachträglich* zu ermitteln — insofern verbietet sich die Einführung der Ephemeridenzeit als Zeitmaß zur Angabe von Beobachtungszeiten von selbst [G 19].

---

[1]) Gegen den Namen „Kilogramm" wird oft eingewendet, daß man das Internationale Massenprototyp und die Grundeinheit der Masse des MKS-Systems eigentlich durch ein Wort *ohne* dezimale Vorsatzsilbe bezeichnen sollte. Die Commissione Italiana di Metrologia (CIM) hat als neuen Namen für das Kilogramm die Bezeichnung „bes" mit dem Symbol „b" vorgeschlagen

$$\text{bes} = \text{b} = \text{kg} \tag{21'}$$

und in neuen italienischen Normen (UNI — CIM 0001 und 0005 vom Oktober 1953) bereits festgelegt. Das Wort „bes" stammt aus dem lateinischen und bedeutet „binae partes assis", d. h. $^2/_3$ der alten römischen Masseneinheit „as" oder „libra" [P 66].

Als Resolution 3 wurde 1950 in Paris auf der Internationalen Konferenz über astronomische Fundamentalkonstanten folgender Grundsatz angenommen und von der IAU 1952 in Rom bestätigt: *[I 11]*.

"3. The Conference recommends that no change be introduced in the current tables of the Sun, Mercury and Venus, or in the national Ephemerides of these bodies."

Danach ist in dem aus den Newcombschen Tafeln folgenden Ausdruck für die *tropische* Sonnenlänge

$$L_\odot = 280°\ 40'\ 56{,}37'' + 129\ 602\ 768{,}13'' \cdot t + 1{,}089'' \cdot t^2$$

der Koeffizient $129\ 602\ 768{,}13''$ des in t linearen Gliedes als nicht mehr revidierbare Konstante anzusehen (t Anzahl der julianischen Jahrhunderte zu je 36 525 Tagen, gezählt ab 1900,0, d. h. hier ab 1. 1. 1900 12 Uhr Weltzeit; siehe Abschnitt 8). Somit ergibt sich für die Dauer des *tropischen* Jahres a_{tr} (Abschnitt 8) zur Zeit 1900,0 über eine Differentiation der gerade genannten Beziehung für die tropische Sonnenlänge $L_\odot$ der Wert

$$a_{tr}\,(1900{,}0) = 36\ 525 \cdot 360° \cdot \left(\frac{dt}{dL_\odot}\right)_{t\,=\,0} \text{Tage}$$
$$= 365{,}242\ 198\ 781\ 730\ldots\ \text{d}$$
$$= 31\ 556\ 925{,}974\ 741\ldots\ \text{s}.$$

Das siderische Jahr a_{sid} (Abschnitt 8), das in der IAU-Resolution 6 von 1952 als Zeiteinheit angenommen wurde, ändert sich zwar mit der Zeit praktisch nicht merkbar. *Danjon* wies jedoch darauf hin, daß in die Berechnung der Dauer des *siderischen* Jahres aus der oben angeführten Fundamentalbeziehung für die *tropische* Sonnenlänge $L_\odot$ die Daten der allgemeinen Präzession (Abschnitt 8) eingehen, die der Beobachtung entnommen werden müssen und der ständigen Revision unterliegen. Aus solchen und weiteren Gründen erscheint das *tropische* Jahr a_{tr} als eine wesentlich geeignetere Zeitbasis. Die Ableitung der Formel für Δt in der IAU-Resolution 6 von 1952 läßt darauf schließen, daß dort auch nicht das siderische sondern das tropische Jahr als Zeiteinheit beabsichtigt war. Nachdem inzwischen *Sir Harold S. Jones* und *Clemence* diesen Überlegungen zugestimmt haben, ist damit zu rechnen, daß die IAU die Resolution 6 von 1952 ändern und berichtigen wird. Man darf somit als Definition der internationalen Zeiteinheit Sekunde für die Zukunft eine Relation der Form

$$1\,\text{s} = \frac{1}{31\ 556\ 925{,}975}\ a_{tr}\,(1900{,}0) \tag{22a}$$

erwarten.

Bei dieser Situation hat die 10. Generalkonferenz für Maß und Gewicht 1954 noch keine endgültige Definition der Sekunde angenommen, jedoch in ihrer Résolution 5 hierfür dem Internationalen Komitee für Maß und Gewicht Vollmacht erteilt *[C 136]*:

«*Résolution 5*

La Dixième Conférence Générale des Poids et Mesures
reconnaissant la nécessité et l'urgence de donner plus de précision à la définition de l'unité fondamentale de temps,
considérant que l'aboutissement de l'étude de cette question est imminent,
donne au Comité International des Poids et Mesures le pouvoir de décider sur ce point.»

Meter und Kilogramm sind Schöpfungen der Französischen Revolution und wurden in ihrer ursprünglichen Definition aus geometrischen oder physikalischen Eigenschaften der Erde und des Wassers hergeleitet *[M 30; S 57; T 1]*; sie stellten also im Sinne der damaligen Auffassung *Natur*-Maße dar. Das Meter wurde vom Französischen Nationalkonvent am 7. 4. 1795 als der vierzigmillionste Teil des durch die Pariser Sternwarte gehenden Erdmeridians gesetzlich festgelegt, das Gramm als die Masse von 1 cm³ reinen Wassers bei der Temperatur des schmelzenden Eises (d. h. bei 0 °C). Die Gradmessung führten *Delambre* und *Méchain* in mehrjähriger mühsamer Arbeit auf dem Meridian zwischen Dünkirchen und Barcelona über etwa 9,5° Breitenunterschied mit der „toise", der damaligen gesetzlichen Längeneinheit in Frankreich (siehe Abschnitt 7b), aus. Die vom Nationalkonvent eingesetzte Kommission für Maß und Gewicht ersetzte später in der Gramm-Definition den Eisschmelzpunkt durch die Temperatur der maximalen Wasserdichte (d. h. etwa 4 °C; siehe Abschnitt 6, I, 1a). Entsprechend den beiden vom Französischen Nationalkonvent durch Gesetz genehmigten Definitionen für Meter und Gramm stellte *Fortin* je eine *Verkörperung* aus Platin, und zwar aus in der Schweißhitze gehämmertem Platinschwamm, für die beiden neuen Einheiten her. Dabei wurde die *Längen*-Einheit durch ein Urmeter, die *Massen*-Einheit aber nicht durch ein Grammstück, sondern durch ein Urkilogramm, also die tausendfache Masse des ursprünglich definierten Gramms (bezogen auf 4 °C), nachgebildet. Das Urmeter war ein Stab von 25,3 mm $\times$ 4 mm Querschnitt, dessen Enden bei 0 °C gerade den Abstand 1 m haben sollten, das Urkilogramm ein Zylinder, dessen Höhe und Durchmesser gleich groß (39 mm) gemacht wurden. Das Platinendmaß wurde als „mètre vrai et définitif" erklärt. Am 22. 1. 1799 wurden die beiden Verkörperungen im französischen Staatsarchiv niedergelegt, woher sie ihre Namen „mètre des archives" und „kilogramme des archives" erhalten haben. Am 10. 12. 1799 ließ der Conseil des Anciens Meter und Kilogramm in ihren ursprünglichen Definitionen, verkörpert durch die Fortinschen Platinnormale, gesetzlich zu und stiftete zur Erinnerung an das für das Maß- und Gewichtswesen bedeutende Ereignis eine Medaille, die auf einer Seite die Inschrift „A tous les temps, à tous les peuples" trägt.

Die neuen „metrischen" Einheiten setzten sich nur langsam in der Welt durch. In ihrem Ursprungsland Frankreich wurden sie als alleinige gesetzliche Einheiten für Länge und Masse erst vom 1. 1. 1840 ab durch das Gesetz vom 4. 7. 1837 *[F 22]* eingeführt. Der Norddeutsche Bund nahm das metrische System durch Gesetz vom 17. 8. 1868 *[N 18]* an, das Deutsche Reich unter Ausdehnung der Maß- und Gewichtsordnung des Norddeutschen Bundes auf das gesamte Reichsgebiet durch die Reichsgesetze vom 16. 4. 1871 *[D 29]* und vom 26. 11. 1871 *[D 30]* mit Wirkung vom 1. 1. 1872.

Am 20. 5. 1875 wurde in Paris von 17 Staaten die Meterkonvention (Convention du Mètre) unterzeichnet, ein metrologisches Vertragswerk, das auf deutsche Anregung hin ins Leben gerufen wurde und die allgemeine Einführung und Vervollkommnung des metrischen Systems zum Ziel hat. Die wesentlichen Organe der Meterkonvention sind folgende:

1) Die Generalkonferenz für Maß und Gewicht *(Conférence Générale des Poids et Mesures)* als Vollversammlung der bevollmächtigten Vertreter der Signatarstaaten der Meterkonvention, in der jeder Mitgliedstaat einen stimmberechtigenden Sitz hat und die alle 6 Jahre in Paris unter dem Vorsitz des Präsidenten der Pariser Akademie der Wissenschaften zusammentreten soll. Beschlüsse der Generalkonferenz, die selbstverständlich nicht in die souveränen Rechte der Signatarstaaten eingreifen kann, stellen zwar nur *Empfehlungen* für die Gesetzgebung der einzelnen Mitgliedstaaten dar, sind jedoch von diesen Staaten im allgemeinen als *verbindlich* anzusehen, wenn die Meterkonvention überhaupt einen Sinn haben und behalten soll.

2) Das Internationale Komitee für Maß und Gewicht *(Comité International des Poids et Mesures)*, das die wissenschaftliche und technische Arbeit innerhalb der Meterkonvention trägt und leitet und alle 2 Jahre im Internationalen Bureau zusammentreten soll. Das Internationale Komitee setzt sich aus 18 Experten der Metrologie und Physik aus aller Welt zusammen, die als persönliche Mitglieder in das Komitee gewählt werden und sämtlich verschiedener Nationalität sein müssen. Beschlüsse des Internationalen Komitees bedürfen einer vorherigen Autorisierung oder nachträglichen Sanktionierung seitens der Generalkonferenz, um im Bereich der Meterkonvention wirksam zu werden.

3) Das Internationale Bureau für Maß und Gewicht *(Bureau International des Poids et Mesures)* in Sèvres bei Paris als wissenschaftliches Institut der Meterkonvention, das unter der ausschließlichen Leitung und Aufsicht des Internationalen Komitees arbeitet und von den Mitgliedstaaten der Meterkonvention finanziell unterhalten wird.

4) Die vier beratenden Fachausschüsse des Internationalen Komitees für Fragen auf den Gebieten der Elektrizität, der Photometrie, der Thermometrie und Kalorimetrie und der Meterdefinition: *Comité Consultatif d'Electricité* (1927 begründet), *Comité Consultatif de Photométrie* (1935 begründet), *Comité Consultatif de Thermométrie et Calorimétrie* (1937 begründet), *Comité Consultatif pour la Définition du Mètre* (1952 begründet). Sie stehen auf ihren Spezialgebieten dem Internationalen Komitee beratend zur Seite und werden nach Bedarf zusammengerufen. In diese vier Fachausschüsse entsenden die Staatsinstitute Canadas (National Research Council, Ottawa, NRC), Deutschlands (Physikalisch-Technische Bundesanstalt, Braunschweig und Berlin, PTB, gemeinsam mit dem Deutschen Amt für Maß und Gewicht, Berlin, DAMG), Frankreichs (Conservatoire National des Arts et Métiers, Paris, CAM), Großbritanniens (National Physical Laboratory, Teddington, NPL), Japans (Central Inspection Institute of Weights and Measures, Tokio, CII), der Sowjetunion (Institut de Métrologie, Leningrad, IM) und der Vereinigten Staaten von Amerika (National Bureau of Standards, Washington, NBS) je einen Vertreter; außer diesen Delegierten der großen Staatsinstitute zählt jeder Fachausschuß den Direktor des Internationalen Bureaus und einige Fachspezialisten, die vom Internationalen Komitee auf 6 Jahre gewählt werden, zu seinen stimmberechtigten Mitgliedern. Im Comité Consultatif de Thermométrie et Calorimétrie ist darüber hinaus noch das Kamerlingh Onnes Laboratorium in Leiden (Niederlande) vertreten, im Comité Consultatif pour la Définition du Mètre die Commissione Italiana di Metrologia (CIM), die Association Inter-

nationale de Géodésie, die Union Astronomique Internationale und die Union Internationale de Physique Pure et Appliquée *[C 86]*. Die Beschlüsse der vier Fachausschüsse dienen als Empfehlungen für die Beschlußfassung des Internationalen Komitees. Die Präsidenten der Comités Consultatifs werden vom Internationalen Komitee aus der Reihe seiner Mitglieder gewählt.

Die Meterkonvention stellte die Definitionen für Meter und Kilogramm auf eine andere physikalische Basis, als sie den ursprünglichen Einheiten der Französischen Revolution zugrunde lag. Einmal hatte sich gezeigt, daß Werkstoff und Konstruktion des mètre des archives nicht den gesteigerten Anforderungen an Präzision und Konstanz eines Urnormals genügten. Zum anderen stellte sich heraus, daß das von *Fortin* hergestellte Platin-Gewichtstück nicht ganz genau der über Meter und Wasserdichte von der Französischen Nationalversammlung festgelegten Definition des Gramms oder Kilogramms entsprach (siehe Abschnitt 6, I, 3 b). Weiter erhoben sich berechtigte Zweifel darüber, ob man mit der ursprünglichen Festlegung des Meters über den Erdquadranten ein wirklich unveränderliches Naturmaß geschaffen habe. Hinzu kamen Schwierigkeiten, die einer Überwachung der Richtigkeit und Konstanz des Platinstabes durch Wiedernachmessung auf dem Erdmeridian im Wege stehen[1]). Man stellte daher unter Ausnutzung der gewonnenen Erfahrungen und neuer Erkenntnisse aus einer Legierung von 90 Teilen Platin und 10 Teilen Iridium nach anderen Konstruktionsgrundsätzen eine Reihe unter sich gleicher neuer Meterstäbe (Strichmaße vom x-förmigen Querschnitt 20 mm $\times$ 20 mm) und Kilogrammzylinder her, welche die durch das mètre des archives und das kilogramme des archives verkörperten ursprünglichen Einheiten möglichst genau wiedergeben sollten. Unter diesen neuen Meter- und Kilogrammverkörperungen wählte die erste Generalkonferenz für Maß und Gewicht *[C 99]* am 26. 9. 1889 je eine aus und erklärte sie als die Internationalen Prototype für Meter und Kilogramm. Sie werden im Internationalen Bureau für Maß und Gewicht aufbewahrt, tragen die Kennzeichen A 6 und B 6 bzw. K III und sind im Bericht der zur Hinterlegung der Internationalen Prototype eingesetzten Kommission mit den gotischen Buchstaben 𝔐 und 𝔎 bezeichnet *[C 101]*. Von den übrigen Kopien verteilte die Generalkonferenz durch Auslosung an die Mitgliedstaaten der Meterkonvention je ein Exemplar als Meter- und Kilogrammprototyp. Das Deutsche Reich erhielt das Meterprototyp Nr. 18 und das Kilogrammprototyp Nr. 22.

Meter- und Kilogrammprototyp der Meterkonvention stellen nicht nur eine *Verkörperung* der metrischen Einheiten, sondern gleichzeitig auch ihre *Definition* dar. Meter und Kilogramm sind also heute von ihrer ursprünglichen definierenden Verknüpfung mit Eigenschaften der Erdoberfläche und des Wassers losgelöst und werden allein durch den Strichabstand auf dem Platiniridiumstab bei 0 °C und durch die Masse des Platiniridium-Zylinders der Meterkonvention gegeben. Die den einzelnen Mitgliedstaaten der Meterkonvention — es sind das heute 35 Staaten — überantworteten Prototype werden von den einzelnen Staatsinstituten für Maß und Gewicht aufbewahrt und dienen bei ihnen als Grundlage der metrischen Einheiten für ihre gesetzliche Festlegung und den allgemeinen Verkehr.

Der Fortschritt in der physikalischen Forschung und in der Feinmeßtechnik hat in den letzten Jahrzehnten die Entwicklung der metrischen Längeneinheit in eine neue Richtung gelenkt. Wenn auch die den Meterabstand auf den Platiniridiumstäben begrenzenden Strichmarken[2]) mit seinerzeit höchstmöglicher Feinheit und Gleichmäßigkeit eingraviert worden waren, so ist doch ein Vergleich zweier solcher Meterprototype oder der Anschluß eines Gebrauchsnormals an das Prototyp mit einer gewissen Unsicherheit behaftet, die mit den derzeitigen meßtechnischen Mitteln bislang nicht unter 0,2 µm, d. h. den fünfmillionsten Teil des Meters, herabzudrücken war. Dagegen kann man den Vergleich von Lichtwellenlängen in einem präzise ausgeführten Interferenzversuch um mindestens den Faktor zehn genauer durchführen. Weiter ist nach unserer heutigen Kenntnis die Wellenlänge einer von einem ungestörten Atom ausgestrahlten und im Vakuum wandernden Lichtwelle eine von sonstigen äußeren Bedingungen unabhängige Größe, die demnach als ein unveränderliches Naturmaß für die Länge benutzt werden könnte. So kam der Gedanke auf, die metrische Längeneinheit in Wellenlängen einer geeigneten Lichtwelle, und zwar einer möglichst gut definierten Atomlinie, auszumessen und die körperliche Meterdefinition des Platinstabes, dessen zeitliche Unveränderlichkeit wegen etwa

---

[1]) Das ursprüngliche Meter, das durch das mètre des archives verkörpert wird, stimmt mit dem vierzigmillionsten Teil der Länge des durch Paris gehenden Erdmeridians nicht genau überein. Die Größe der Abweichung ist aus den in der Tabelle 5 (Abschnitt 7) angegebenen Daten abzuschätzen: Das mètre des archives ist gegenüber der Länge, die 1795 als Definition des Meters festgelegt worden war, relativ um rund $2 \cdot 10^{-4}$ zu klein ausgefallen.

[2]) Rechts und links von jedem der beiden Striche, welche die Länge des Meters bestimmen, sind parallel zu ihnen Begleitstriche eingraviert, deren Abstand vom definierenden Mittelstrich bislang 500 µm betrug. Die beiden Gruppen von je 3 Strichen werden senkrecht von zwei parallelen Strichen gekreuzt, die im gegenseitigen Abstand von etwa 120 µm eingeritzt sind. Die Strichbilder befinden sich in der neutralen Ebene des Prototyps.

möglicher Rekristallisationsvorgänge in seinem metallischen Gefüge auch nicht mit Sicherheit zu gewährleisten ist, durch eine als unveränderlich anzusehende Meter-Festlegung in Gestalt einer Wellenlängendefinition zu ersetzen.

Die ersten Versuche wurden mit der sogenannten „roten Cadmiumlinie" ausgeführt (siehe Abschnitt 6, I, 2a). Die Ergebnisse waren so vielversprechend, daß bereits im Jahre 1927 die 7. Generalkonferenz für Maß und Gewicht [C 112] sich zustimmend zur Wellenlängendarstellung des Meters äußerte und die Benutzung des schon 1907 von der Internationalen Union für Sonnenforschung [I 27] angenommenen Zahlenwertes (siehe Abschnitt 6, I, 3c) für die rote Cadmiumlinie empfahl. Spätere, vor allem in der Physikalisch-Technischen Reichsanstalt durchgeführte Untersuchungen zeigten jedoch, daß die rote Cadmiumlinie für eine Wellenlängendefinition des Meters noch gewisse Mängel aufweist und daß Linien, die von geeigneten „Monobaren" oder Isotopen, d. h. von Atomen einheitlicher Masse aus einer bestimmten Atomsorte, ausgestrahlt werden, wesentlich günstigere Voraussetzungen für das gesteckte Ziel mitbringen. Hierfür war eine wichtige Vorbedingung, daß man lernte, die verschiedenen Isotope einer Atomsorte zu trennen und in ausreichender Menge abzuscheiden. Man bedient sich hierbei der Methoden der Thermodiffusion oder der Kernumwandlung. Weiter spielen das Atomgewicht der Atomsorte und die Höhe des Dampfdrucks bei tiefen Temperaturen wegen ihres Einflusses auf die Linienbreite eine wichtige Rolle. Um den störenden Einfluß der Hyperfeinstruktur auszuschalten, benutzt man Linien von Isotopen gerader Massenzahl mit dem Kernspin null. In der Physikalisch-Technischen Reichsanstalt (PTR) wurden hauptsächlich Linien der Kryptonisotope ^{84}Kr und ^{86}Kr genauer untersucht. Diese Arbeiten werden in der Physikalisch-Technischen Bundesanstalt (PTB) intensiv fortgesetzt und seit 1954 auf Linien des Xenonisotops ^{136}X ausgedehnt. Im National Bureau of Standards (NBS) und im National Physical Laboratory (NPL) beschäftigt man sich eingehend mit den Linien des Quecksilberisotops ^{198}Hg, während neuerdings im Institut de Métrologie (IM) in Leningrad die rote Linie des Cadmiumisotops ^{114}Cd studiert wird. Welche der Isotopenlinien einmal als Definitionslinie für das Meter und damit als neues Prototyp für die Längeneinheit gewählt werden wird, hängt von dem Ausfall weiterer Untersuchungen ab, zu deren Durchführung die 9. Generalkonferenz für Maß und Gewicht [C 118] 1948 in einer Entschließung die großen Staatsinstitute der Welt aufforderte. Es ist anzunehmen, daß man die Vakuumwellenlänge λ_0 einer Isotopenlinie festlegen wird; oder genauer ausgedrückt: die Neudefinition des Meters wird wahrscheinlich auf einer Wellenzahl $\sigma = 1/\lambda_0$ beruhen. Sie entspricht der Energiedifferenz der Elektronenterme, zwischen denen ein Übergang des Isotops unter Ausstrahlung der Spektrallinie mit der Vakuumwellenlänge λ_0 stattfindet [C 24; H 23]. 1954 hielt die 10. Generalkonferenz für Maß und Gewicht die Zeit noch nicht für reif, eine endgültige Neudefinition des Meter zu beschließen, und forderte in ihrer Résolution 1 zur weiteren experimentellen Arbeit auf [C 136]:

«*Résolution 1*

La Dixième Conférence Générale des Poids et Mesures, ayant pris connaissance de l'état d'avancement des travaux que la Neuvième Conférence Générale avait recommandés dans sa Résolution 1 dans le but d'établir éventuellement une nouvelle définition du mètre fondée sur la longueur d'onde d'une radiation lumineuse,

    appréciant l'importance des résultats acquis grâce aux recherches des grands Laboratoires, des savants spectrocopistes et du Bureau International,

    reconnissant que, malgré les importants progrès réalisés, les recherches sur les radiations monochromatiques doivent être complétées,

    renouvelle en conséquence aux grands Laboratoires et au Bureau International son invitation à poursuivre aussi activement que possible leurs études sur les radiations monochromatiques, en vue de permettre à la Onzième Conférence Générale de prendre une résolution définitive,

    et décide de ne pas encore changer la définition du mètre.»

Nach einem Bericht von *Sir Charles Darwin* [C 10], der die Auffassung des NPL wiedergibt, ist beim Vergleich mit der internationalen Zeiteinheit s eine relative Genauigkeit von $\pm 1 \cdot 10^{-8}$ und beim Vergleich mit der internationalen Masseneinheit kg eine solche von $\pm 2 \cdot 10^{-9}$ erreichbar; diese hohe Vergleichsgenauigkeit wurde nach einer Mitteilung von *Gould* [G 21] durch die Neukonstruktion einer geeigneten Waage im NPL ermöglicht. Die beim Vergleich mit dem Meterprototyp erzielbare relative Genauigkeit wird von *Sir Charles* mit $\pm 2 \cdot 10^{-7}$ angegeben, die relative Genauigkeit in der Realisierung der Längeneinheit durch eine Lichtwellenlänge mit $\pm 2 \cdot 10^{-8}$ und die relative Genauigkeit für den Vergleich von speziell entwickelten Endmaßen über Lichtwellenlängen mit $\pm 1 \cdot 10^{-8}$. Wir schätzen die relative Unsicherheitsgrenze für die zahlenmäßige Beziehung zwischen der Wellenlänge der roten Cadmiumlinie in Normalluft und der internationalen Längeneinheit m zu $\pm 5 \cdot 10^{-7}$ ab (Abschnitt 6, I, 2a).

Die Einheiten des CGS- und des MKS-Systems sind in den vier Umrechnungstafeln 2 bis 5 für die Zahlenwerte mechanischer Größen aufgeführt worden. Für einige oft benutzte CGS- und MKS-Einheiten sind zusammenfassende Abkürzungen im Gebrauch. Es werden als solche Kurzbezeichnungen im CGS-System für die Einheit der Größe

(Fall-) Beschleunigung das	Gal (Gallilei)	: $1\,\text{Gal} = 1\,\text{cm s}^{-2}$	(23)
Kraft	das Dyn	: $1\,\text{dyn} = 1\,\text{cm g s}^{-2}$	(24)
Energie	das Erg	: $1\,\text{erg} = 1\,\text{cm}^2\,\text{g s}^{-2}$	(25)
Dynam. Viskosität	das Poise	: $1\,\text{P} = 1\,\text{cm}^{-1}\,\text{g s}^{-1}$ [1])	(26)
Kinem. Viskosität	das Stokes	: $1\,\text{St} = 1\,\text{cm}^2\,\text{s}^{-1}$,	(27)

im MKS-System für die Einheit der Größe

Kraft	das Newton	: $1\,\text{N} = 1\,\text{m kg s}^{-2}$	(28)
Energie	das (absolute) Joule	: $1\,\text{J} = 1\,\text{m}^2\,\text{kg s}^{-2}$	(29 a)
Leistung	das (absolute) Watt	: $1\,\text{W} = 1\,\text{m}^2\,\text{kg s}^{-3}$	(29 b)

und im MTS-System für die Einheit der Größe

Kraft	das sthène	: $1\,\text{sn} = 1\,\text{m t s}^{-2}$	(30)
Druck	das pièze	: $1\,\text{pz} = 1\,\text{m}^{-1}\,\text{t s}^{-2}$	(31)

benutzt. Die Bezeichnung „Newton" wurde 1938 von der Internationalen Elektrotechnischen Kommission (IEC) in Torquay für die Krafteinheit im Giorgischen elektrischen m-kg-s-Ω-System (MKSΩ-System) festgelegt *[I 19]* und im Jahre 1948 auch von der Internationalen Union für reine und angewandte Physik (IUPAP) angenommen und von der 9. Generalkonferenz für Maß und Gewicht *[C 128]* sanktioniert (Abschnitt 1, 8). An Stelle des neu eingeführten Namens „Newton" wurde für die MKS-Krafteinheit weitgehend die Bezeichnung „Großdyn" (Dyn)[2]) benutzt, während die MKS-Energieeinheit „Großerg" (Erg) genannt wurde.

Für das m³, vor allem als Raummaß in der Holzwirtschaft, ist im angelsächsischen Sprachgebiet die Bezeichnung stere (s; in Frankreich stère, schon in Loi relative aux poids et mesures im III. Jahr der Republik *[F 20]* enthalten) üblich:

$$1\,\text{s (stere oder stère)} = 1\,\text{m}^3. \tag{32}$$

Bei der 9. Generalkonferenz für Maß und Gewicht wurde eingehend über die Fortschritte berichtet *[P 14]*, welche die Ausbreitung der metrischen Einheiten, die bislang in 52 Staaten — teilweise allerdings nur fakultativ — angenommen worden sind, seit der 8. Generalkonferenz vom Jahre 1933 gemacht hat. Dabei zeigte sich, daß auch in den Ländern, die bisher das Zollsystem bevorzugen, der Gedanke des metrischen Systems sehr gefördert wird und weiter an Boden gewinnt *[P 17; M 30a]*.

Damit kommen wir zu einem weiteren physikalischen Einheitensystem der Mechanik. In den englisch sprechenden Ländern wird neben den metrischen CGS- und MKS-Systemen noch ein physikalisches Einheitensystem benutzt, dessen Einheiten nicht zu den metrischen Einheiten passen und nicht in dezimale Untereinheiten geteilt sind. Als Grundeinheiten für Länge, Masse und Zeit dienen dort im allgemeinen das foot (ft), das pound (lb) und die s. Wir erhalten die einzelnen abgeleiteten Einheiten durch Ersetzen in den Dimensionsausdrücken für das

a δ) ft-lb-s-System (foot-pound-second-system):

$$\begin{aligned} \text{L} &= \text{ft} \\ \text{M} &= \text{lb} \\ \text{T} &= \text{s.} \end{aligned} \tag{19 d}$$

Die angelsächsische Längeneinheit wird gesetzlich durch das yard (yd) dargestellt. Soweit man in Physik und Technik kohärente Einheiten eines angelsächsischen Einheitensystems benutzt, ist es allerdings üblich, als Grundeinheit der Länge eines kohärenten Systems das ft, den dritten Teil des yd, zu wählen.

---

[1]) Als Kurzbezeichnung der Einheit cm g^{-1} s für die Beweglichkeit (Fluidität) ist „rhe" vorgeschlagen worden

$$1\,\text{rhe} = 1\,\text{P}^{-1} = 1\,\text{cm g}^{-1}\,\text{s}. \tag{26 a}$$

[2]) Das Großdyn wird unter der Bezeichnung „Dezimegadyn" (dMdyn) schon von *Lehmann [F 26]* als mechanische Krafteinheit des MKS-Systems eingeführt und benutzt.

Die angelsächsischen Einheitensysteme stehen heute nicht nur in Großbritannien, dem Commonwealth und den USA, sondern auch in den „metrischen" Staaten im Blickpunkt des allgemeinen Interesses. Die in den letzten Jahrzehnten erzielten technischen Fortschritte, die durch die modernen Nachrichten- und Verkehrsmittel praktisch bedeutungslos gewordenen Entfernungen von Erdteil zu Erdteil, die in allen Ländern fortschreitende Industrialisierung sowie die sich dementsprechend ausweitenden internationalen Wirtschaftsverflechtungen und Handelsbeziehungen rufen überall lebhafte Diskussionen über das derzeitige Nebeneinanderbestehen metrischer und angelsächsischer Einheiten und über das Für und Wider des allgemeinen Übergangs zum dezimalen metrischen System hervor.

Die in dieser Debatte erörterten Argumente können nur richtig eingeschätzt werden, wenn man zunächst von der historischen Entwicklung und den derzeitigen Gegebenheiten der angelsächsischen Einheitensysteme ausgeht. Im folgenden sollen daher die wichtigsten Tatsachen aus dem komplizierten, dem Fernerstehenden verwirrend erscheinenden Gebiet der in Großbritannien und den Vereinigten Staaten von Nordamerika entwickelten Einheiten zusammengestellt werden.

b) Angelsächsische Einheiten für Länge, Fläche, Volumen, Masse. Im Vereinigten Königreich werden yd und lb ebenso, wie es heute bei den internationalen metrischen Einheiten m und kg der Fall ist, durch Verkörperungen definiert: Imperial Standard Yard und Imperial Standard Pound.

bα) Yard in England und USA

Die beiden alten yard-Normale Heinrichs VII. (1496) und Elisabeth's I. (1588) werden im Science Museum, South Kensington, aufbewahrt; beide sind Endmaß-Stäbe, die mit dem derzeitigen yard auf etwa $\pm 9 \cdot 10^{-4}$ bzw. $\pm 3 \cdot 10^{-4}$ seiner Länge übereinstimmen [B 6a; B 53]. Durch Weights and Measures Act 1824 [G 28], section I, wurde an Stelle des Endmaß-Normals aus der Zeit Elisabeth's I. das erste Strichmaß, oder, genauer gesagt, „Punktmaß", als gesetzliche Verkörperung des yard erklärt: das sogenannte „Bird Yard", auf dem die Längeneinheit als der Abstand zwischen zwei Punkten auf in den Stab eingelassenen Goldplättchen definiert war. Im gleichen Gesetz ist auch die Kennzeichnung „Imperial" für die Standards von Länge und Masse legalisiert worden. Das 1758 hergestellte „Bird Yard" befand sich seit 1760 in der Obhut des Clerk of the House of Commons [G 26] und ging 1834, 10 Jahre nach seiner Legalisierung, beim Brand des Parlamentsgebäudes verloren. Nach section III of the Act for ascertaining and establishing Uniformity of Weights and Measures 1824 [G 29] hätte in diesem Fall die yard-Einheit über die Länge eines Pendels realisiert werden sollen, das in London eine Schwingungsdauer von 1 Sekunde hat; wörtlich heißt es im Gesetz von 1824:

"... the said Yard, hereby declared to be the Imperial Standard Yard, when compared with a pendulum vibrating Seconds of Mean Time, in the Latitude of London, in a Vacuum at the Level of the Sea, is in the Proportion of Thirty-six Inches to Thirty-nine Inches and One Thousand three hundred and ninety-three ten-tousandth Parts of an Inch."

An Stelle der vorgesehenen Nachbildung über ein Pendel entschied sich in Anbetracht der praktischen Schwierigkeiten die zur Wiederherstellung des yard-Normals eingesetzte Kommission, über noch vorhandene und an das „Bird Yard" angeschlossene Subnormale ein neues Normal in Gestalt eines Strichmaßes zu schaffen: das noch heute gesetzliche Imperial Standard Yard. So hat im Laufe der Jahrhunderte die Definition der britischen Längeneinheit ihren Weg vom verkörperten Endmaß über ein verkörpertes Punktmaß und ein theoretisch festgelegtes „natürliches" Maß zum verkörperten Strichmaß genommen.

Das Imperial Standard Yard wurde 1845 aus einer Reihe gleicher Stäbe ausgewählt, die im gleichen Jahr aus „Baily's metal", einer Bronzelegierung aus 16 Teilen Kupfer, $2^1/_2$ Teilen Zinn und 1 Teil Zink, gegossen worden waren. Diese yard-Stäbe sind 38 inches lang — 1 yard enthält 36 inches — und haben einen Querschnitt von 1 square inch. 1 inch von jedem Ende entfernt befindet sich eine runde Vertiefung von 0,5 inch Durchmesser und 0,5 inch Tiefe. In ihren Boden ist in Höhe der neutralen Ebene des Stabes ein poliertes Goldplättchen von $1/_{10}$ inch Durchmesser eingelassen, in das (in Abständen von je $1/_{100}$ inch) drei Striche senkrecht und zwei Striche parallel zur Stablänge eingraviert sind. Der Abstand zwischen den beiden Punkten des Imperial Standard Yard, die auf den mittleren senkrechten Strichmarken in der Mitte zwischen den beiden horizontalen Linien liegen, definiert „at the temperature of sixty-two degrees of Fahrenheit's thermometer"[1] für das Vereinigte Königreich die

---

[1] Mangels einer gesetzlichen Definition der Fahrenheit-Skala werden in England die „62° auf Fahrenheits Thermometer" für die Realisierung des imperial yard und des imperial gallon, sowie für andere Zwecke im Einheiten- und Eichwesen als 62 °F (siehe Abschnitt 3, 5b), d. h. als 16,667 °C angenommen.

Länge des imperial yard (imp. yd.). Das Imperial Standard Yard wird im Standards Department of the Board of Trade aufbewahrt. Als Vorsichtsmaßnahme gegenüber einem möglichen erneuten Verlust des Normals schreiben section V of the Weights and Measures Standards Act 1855 [G 31] und section 5 und Schedule 1, Part II of the Weights and Measures Act 1878 die Aufbewahrung von 4 Kopien des Imperial Standard Yard (No. 1) vor; diese sogenannten „Parliamentary Copies" sind und befinden sich: P. C. No. 2 in der Royal Mint, P. C. No. 3 in der Royal Society of London, P. C. No. 4 eingemauert im New Palace of Westminster, P. C. No. 5 im Royal Observatory in Greenwich. Durch section II of the Weights and Measures Standards Act 1855 erlangte das Imperial Standard Yard gesetzlichen Charakter. Seine ins einzelne gehende Definition erfolgte in Schedule 1, Part I, of the Weights and Measures Act 1878, der auch in section 5, paragraph 2, die Anfertigung einer fünften Kopie für den Board of Trade verlangt. Sie wurde 1886 ebenfalls aus „Baily's metal" angefertigt und als P. C. No. VI im gleichen Jahr durch Order in Council of the 3rd day of August 1886 legalisiert. Weiter bestimmt das Gesetz von 1878 in section 35, daß die Parliamentary Copies mit Ausnahme des im Parlamentsgebäude eingemauerten Normals P. C. No. 4 alle 10 Jahre untereinander und alle 20 Jahre mit dem Imperial Standard Yard verglichen werden müssen.

Vergleichsmessungen werden seit 1931 im Auftrage des Standard Department of the Board of Trade gemäß einer mit dem Department of Scientific and Industrial Research (DSIR) getroffenen Vereinbarung[1]) im National Physical Laboratory (NPL) in Teddington durchgeführt, wobei jeweils Strichmaß-Normale des NPL in die Vergleichungen mit einbezogen werden.

Ursprünglich wurde das Imperial Standard Yard auf 8 Rollen gelagert, die so angeordnet waren, daß sich auf sie das Gewicht des Normals gleichmäßig verteilte. Auf diese Weise sollten Durchbiegungen des Stabes auf ein Minimum beschränkt werden, ohne die Möglichkeit der Ausdehnung oder Zusammenziehung bei Temperaturschwankungen einzuschränken. Heute ruhen bei den Vergleichungen die yard-Stäbe nur auf 2 Rollen, die sich im Abstand der Airy-Punkte für die Länge der yard-Normale befinden. Die Strichmarken auf dem Imperial Standard Yard und seinen Kopien sind wesentlich unvollkommener ausgefallen als auf den Meterprototypen und bedingen bei Vergleichsmessungen zwischen yard-Stäben eine relative Unsicherheit von etwa $\pm\, 5 \cdot 10^{-7}$.

Die in den Jahren 1852, 1876, 1892, 1902, 1912, 1922, 1932 und 1947 durchgeführten Messungen haben ergeben, daß die ursprünglichen Kopien P. C. No. 2, P. C. No. 3 und P. C. No. 5 (P. C. No. 4 nahm an den Vergleichungen nicht teil) mit dem Imperial Standard Yard (No. 1) relativ zueinander in guter Übereinstimmung geblieben sind: Die Abweichungen der Längen dieser 4 Stäbe von ihrem Mittel haben sich über lange Zeiträume praktisch nicht verändert. Dagegen zeigte die später hergestellte Kopie P. C. No. VI relativ zum Imperial Standard Yard eine Schrumpfung von etwa 10^{-6} seiner Länge in 30 Jahren.

Im Jahre 1895 sind in Zusammenarbeit von Standards Department of the Board of Trade und Bureau International des Poids et Mesures (BIPM) yard und Meter in Sèvres verglichen worden. Weiter wurde in die drei letzten yard-Normal-Vergleichungen die Messung des Verhältnisses yard zu Meter mit einbezogen unter Benutzung des Nickel Reference Standard „Ni 184" des NPL, in das außer den yard-Strichmarken noch zwei Meter-Intervalle eingraviert sind. Die Ergebnisse sind in der Tabelle 3 zusammengestellt worden. Sie zeigen einen zeitlichen Gang des Verhältnisses yd/m, der auf Grund der Resultate mit den Strichnormalen des NPL „Ni 184" und „P. I. 1897", das dem „Ni 184" ähnlich aus Platin-Iridium hergestellt wurde, eindeutig einem Schrumpfen der yard-Stäbe zugeordnet werden muß. Das Imperial Standard Yard ist danach während der Beobachtungszeit nach einer praktisch linearen Funktion kürzer geworden, und zwar um etwa 10^{-6} seiner Länge in 30 Jahren.

Tabelle 3. Vergleichsmessungen zwischen yard und Meter

Institut	Jahr	Imperial Standard Yard in m	imp. inch in mm	Meter in imp. inch
BIPM *[B 26; B 55]*	1894/95	0,9143992	25,399978	39,370113
NPL *[S 20]*	1922	0,9143984	25,399956	39,370147
NPL *[S 21]*	1932	0,9143982	25,399950	39,370156
NPL *[B 58]*	1947	0,9143975	25,399931	39,370186

---

[1]) E. 47426 vom 5. Mai 1931.

4*

Im Gegensatz zum Vereinigten Königreich wird das yard in den *Vereinigten Staaten von Nordamerika* nicht durch ein verkörpertes Normal, sondern durch einen festen Verhältniswert zur metrischen Längeneinheit definiert.

Am 29. Mai 1830 faßte der Senat der USA eine Entschließung, nach der der Secretary of the Treasury Vergleichsmessungen zwischen den einzelnen Normalen, die im Maß- und Gewichtswesen von den principal customhouses in den USA benutzt wurden, veranlassen und über die Ergebnisse dem Senat berichten sollte. Dieser Beschluß löste eine Kette von Ereignissen aus, die schließlich zur Entwicklung eines einheitlichen Systems von Normalen in den Vereinigten Staaten führten.

Der Secretary of the Treasury beauftragte den Superintendent of the United States Coast (and Geodetic) Survey mit der Durchführung des Senatsbeschlusses vom 29. Mai 1830. Es wurde dann ein 82 inches langes Messing-Normal, das der Superintendent im Jahre 1813 von London nach den Vereinigten Staaten überführt hatte, als definierende Verkörperung der Längeneinheit ausgewählt. Das von Troughton in London hergestellte Standard Yard zu 36 inches sollte durch den Abstand des 63. vom 27. inch-Strich auf diesem Stab definiert sein und bei 62 °F mit dem damaligen englischen yard übereinstimmen. Es war vorgesehen, Subnormale dieses Standard Yard in genügender Zahl für die custom-houses der USA anzufertigen. Die entsprechende „Binny-resolution" vom Jahre 1835 wurde jedoch in ihrer von *Binny* vorgesehenen Form vom Congress nicht angenommen.

Ein Gesetz vom 28. Juli 1866 *[V 4]* legte in den USA das *metrische System als gesetzliches System für Maß und Gewicht* fest. In einem Anhang (Section 205. Authorized tables) sind die legalen Äquivalente für die metrischen Einheiten in den vorher in den USA üblichen Maßen und Gewichten zusammengestellt worden; danach gilt gesetzlich die Relation

$$1 \text{ Meter} = 39{,}37 \text{ U. S. inches.} \tag{33}$$

Nach der sogenannten „Mendenhall Order" vom 5. April 1893 *[V 6]*, die vom damaligen Superintendent of Standard Weights and Measures ausgearbeitet und vom Secretary of the Treasury gebilligt worden war, sind für die Vereinigten Staaten von Nordamerika internationales Meter- und Kilogrammprototyp als Grundnormale zu betrachten und die in den USA üblichen Einheiten yd und lb von diesen in Übereinstimmung mit den Festsetzungen des Gesetzes vom Jahre 1866 abzuleiten. Dementsprechend wird dort für das United States yard die mit (33) übereinstimmende Definitionsgleichung

$$1 \text{ U. S. yard} = \frac{3600}{3937} \text{ Meter}$$

$$= 0{,}914\,401\,829 \text{ Meter} \tag{34}$$

angegeben.

In England und in den USA ist die historische Entwicklung des Maß- und Gewichtswesens in sehr verschiedener Weise abgelaufen. Aus dieser Tatsache resultieren u. a. die unterschiedlichen yard-Einheiten in den beiden angelsächsischen Ländern. In Großbritannien liegen die Verhältnisse eindeutig klar: Gesetzlich festgelegt ist das yard, definiert durch ein verkörpertes Normal, das Imperial Standard Yard; in tatsächlichem Gebrauch stehen in England das yard und die von ihm abgeleiteten Längeneinheiten des britischen Zollsystems. Dagegen wird in den Vereinigten Staaten das yard als primäre Einheit der Länge nicht durch ein verkörpertes yard-Normal, sondern durch den gesetzlich festgelegten Umrechnungsfaktor (34) zum Meter gegeben, während nicht etwa die metrischen Längeneinheiten, sondern die des (aus diesem yard abgeleiteten) amerikanischen Zollsystems die allgemein gebräuchlichen Verkehrseinheiten sind. Diese Tatsache faßte 1937 *Briggs*, der damalige Direktor des National Bureau of Standards (NBS), vor der 27. National Conference of Weights and Measures in der Feststellung *[P 16]* zusammen: „ . . . So haben wir in unserem Lande folgende anomale Situation: ein gesetzlich festgelegtes metrisches System für Maß und Gewicht, das nicht im laufenden Gebrauch ist, und ein auf Herkommen gegründetes System für Maß und Gewicht, das formell niemals legalisiert wurde."

Für das *Vereinigte Königreich* setzte zunächst Schedule 3 of the Weights and Measures Act 1878 (section 18) das Äquivalent des Meters zu

$$1 \text{ Meter} = 1 \text{ yard } 3{,}3708 \text{ inches} = 39{,}3708 \text{ inches} \tag{35}$$

fest. Auf Grund der im BIPM 1895 durchgeführten Vergleichsmessungen ist die Festlegung (35) durch Order in Council of the 19th day of May, 1898 *[G 35]* ersetzt worden. Sie wurde gemäß paragraph 2 of section 2 of the Weights and Measures (Metric System) Act 1897 *[G 34]* erlassen und legt in der Tafel „Equivalents of Metric Weights and Measures in Terms of Imperial Weights and Measures for Use in Trade" die Relation

$$1 \text{ Meter} = 39{,}370\,113 \text{ imp. inches} \qquad (36a)$$

fest, während in der folgenden Tafel „Equivalents of Imperial and Metric Weights and Measures" die Beziehung

$$1 \text{ inch} = 25{,}400 \text{ Millimeter} \qquad (37)$$

aufgeführt wird. (37) ist nicht als eine vorweggenommene gesetzliche Sanktionierung der 1930 von der British Standards Institution (BSI) für industrielle Zwecke genormten Relation (39b) anzusehen und steht auch nicht in Widerspruch zu (36a). Vielmehr stellt (37) lediglich die zu (36a) inverse, auf fünf Dezimalstellen gerundete Relation dar; sie lautet mit 8 Dezimalstellen nach dem Vergleichsergebnis von *Benoît* und *Chaney* aus dem Jahre 1895 (siehe Tabelle 3)

$$1 \text{ imp. inch} = 25{,}399\,978 \text{ Millimeter.} \qquad (36b)$$

Im Vereinigten Königreich gibt die Gleichung (36a) heute noch die *legale Umrechnungsbeziehung* zwischen metrischen und imperial-Längeneinheiten *für den Handel*; sie wurde auch nicht auf Grund der Resultate der neueren Meter-yard-Vergleichungen geändert.

Dagegen wird *für alle wissenschaftlichen Untersuchungen*, die höchste Präzision erfordern, und für die Kalibrierung von Präzisions-Endmaßen, -Lehren usw. vom NPL die 1922 von *Sears*, *Johnson* und *Jolly* (siehe Tabelle 3) bestimmte Relation

$$1 \text{ Meter} \quad = 39{,}370\,147 \text{ imp. inches} \qquad (38a)$$

oder

$$1 \text{ imp. inch} = 25{,}399\,956 \text{ Millimeter} \qquad (38b)$$

benutzt.

Als dritte Umrechnungsbeziehung ist die von der British Standards Institution 1930 im Rahmen der Normung *für industrielle Zwecke* angenommene Relation *[B 88]*

$$1 \text{ inch} = 25{,}4 \quad \text{ Millimeter} \qquad (39b)$$

oder

$$1 \text{ yard} = 0{,}914\,4 \text{ Meter} \qquad (39a)$$

zu nennen.

Bei der Umrechnung von britischen auf metrische Längeneinheiten oder umgekehrt hat man also je nach dem Anwendungsbereich eine der drei Gleichungen (36), (38), (39) zu benutzen.

Von *Sears* und *Barrell [S 22]*, sowie von *Kösters* und *Sears [K 31]* sind Untersuchungen zur Ausmessung von yard und Meter in Vakuumwellenlängen $\lambda_{0_{Cd}}$ der roten Cadmiumlinie durchgeführt worden. Aus diesen Bestimmungen wird im NPL *[B 4]* für das Verhältnis von yd zu m die Beziehung

$$1 \text{ Meter} \quad = 39{,}370\,138 \text{ imp. inches} \qquad (40a)$$

oder

$$1 \text{ imp. inch} = 25{,}399\,962 \text{ Millimeter} \qquad (40b)$$

abgeleitet.

Für die *Vereinigten Staaten von Nordamerika* ergibt sich aus dem Gesetz von 1866 und der Mendenhall Order von 1893 die *gesetzliche* Umrechnungsbeziehung

$$1 \text{ Meter} \quad = 39{,}370\,000 \text{ U. S. inches.} \qquad (41a)$$

oder

$$1 \text{ U. S. inch} = 25{,}400\,051 \text{ Millimeter} \qquad (41b)$$

Ihr ist die von der American Standards Association (ASA) 1933 im Rahmen der Normung *für industrielle Zwecke* angenommene Relation *[A 4]*

$$1 \text{ inch} = 25{,}4 \quad \text{ Millimeter} \qquad (39b')$$

oder

$$1 \text{ yard} = 0{,}914\,4 \text{ Meter} \qquad (39a')$$

gegenüberzustellen.

Ähnlich den Verhältnissen in Großbritannien ist auch in den USA bei der wechselseitigen Umrechnung zwischen metrischen und angelsächsischen Längeneinheiten auf den Anwendungsbereich zu achten. Nur im Normwesen sind für industrielle Zwecke englisches und amerikanisches yard als gleich anzusehen, während sich das imp. yard des Vereinigten Königreichs von dem U. S. yard, das in den Vereinigten Staaten gesetzlich nur eine über die Beziehung (34) aus dem Meter abgeleitete Einheit darstellt, um $3 \cdot 10^{-6}$ seiner Länge unterscheidet.

bβ) Pound in England und USA

Als erstes Imperial Standard Pound wurde durch section IV of the Weights and Measures Act 1824 *[G 30]* das bereits im Jahre 1758 aus Messing hergestellte und vom Clerk of the House of Commons aufbewahrte Troy Pound zu 5760 grains gesetzlich festgelegt. Das Troy Pound hatte die Form eines zylindrischen Körpers mit einem abgerundeten Knopf; die Gesamthöhe des Normals betrug 2,576 inches, die Durchmesser des zylindrischen Teils und des Knopfes 1,445 inches und 1,012 inches *[M 19]*. Dieses „original and genuine Standard Measure of Weight" fiel auch 1834 dem Brand des Parlamentsgebäudes zum Opfer. Die zur Wiederherstellung der Imperial Standards eingesetzte Kommission wählte statt des troy pound, wie es in section V of the Weights and Measures Act 1824 über ein cubic inch Wasser unter festgesetzten Bedingungen vorgesehen war, als neues Normal das seinerzeit bereits bekannte avoirdupois pound zu 7000 grains. Das Imperial Standard Avoirdupois Pound und seine ersten 4 Kopien wurden 1844 aus Platin gegossen. Sie haben die Gestalt eines Zylinders von 1,35 inches Höhe und 1,15 inches Durchmesser mit sorgfältig abgerundeten Kanten; 0,34 inch unterhalb des oberen Randes befindet sich eine Auskehlung, in die eine Elfenbeingabel bei der Benutzung des Normals eingreifen kann. Das Gewicht dieses Platinzylinders im Vakuum definiert für das Vereinigte Königreich das imperial pound (imp. lb.). Das Imperial Standard Pound wird im Standards Department of the Board of Trade aufbewahrt. Als Vorsichtsmaßnahme gegenüber einem möglichen erneuten Verlust des Normals schreiben section V of the Weights and Measures Standards Act 1855 *[G 32]* und Schedule 1, Part II of the Weights and Measures Act 1878 *[G 33]* die Aufbewahrung von 4 Kopien des Imperial Standard Pound (P. S.) vor; diese „Parliamentary Copies" sind und befinden sich: P. C. No. 1 in der Royal Mint, P. C. No. 2 in der Royal Society of London, P. C. No. 3 im Royal Observatory in Greenwich, P. C. No. 4 eingemauert im New Palace of Westminster. Durch section III of the Weights and Measures Standards Act 1855 erlangte das Imperial Standard Pound gesetzlichen Charakter. Seine ins einzelne gehende Definition erfolgte in Schedule 1, Part I, of the Weights and Measures Act 1878, der auch in section 5, paragraph 2 die Anfertigung einer fünften Kopie für den Board of Trade verlangt. Sie wurde 1879 aus Platin-Iridium hergestellt und als P. C. No. 5 durch Order in Council of the 3rd day of August 1886 legalisiert. Weiter bestimmt das Gesetz von 1878 in section 35, daß die Parliamentary Copies mit Ausnahme des im Parlamentsgebäude eingemauerten Normals P. C. No. 4 alle 10 Jahre untereinander und alle 20 Jahre mit dem Imperial Standard Pound verglichen werden müssen.

Vergleichsmessungen wurden seit 1931 analog denen für das Imperial Standard Yard im NPL durchgeführt, wobei jeweils „principal NPL standards of mass" in die Vergleichungen mit einbezogen werden.

Das Imperial Standard Pound schneidet hinsichtlich Material und Art der Herstellung bei einem Vergleich mit dem Internationalen Kilogrammprototyp ungünstig ab.

Die in den Jahren 1846, 1876, 1882, 1892, 1894, 1902, 1912, 1922, 1933 und 1947 durchgeführten Messungen, sowie die in der Tabelle 4 zusammengestellten Ergebnisse der Vergleichungen zwischen Kilogramm und Imperial Standard Pound führen zu dem Schluß, daß letzteres in der Zeit von 1846 bis 1883 um $50 \cdot 10^{-8}$ und zwischen 1883 und 1933 um weitere $20 \cdot 10^{-8}$ seines Wertes abgenommen, sich jedoch seitdem nicht merklich geändert hat.

Tabelle 4. Vergleichsmessungen zwischen pound und Kilogramm

Institut	Jahr	Imperial Standard Pound in kg	Kilogramm in imp. lb.
BIPM *[B 91]*	1883	0,453 592 43	2,204 622 330
Originalbericht *[B 54]*	1883	0,453 592 427 7	2,204 622 341
NPL *[B 56]*	1922	0,453 592 343	2,204 622 753
NPL *[B 57]*	1933	0,453 592 338	2,204 622 777

Das troy pound ist in Großbritannien nicht mehr legal; dagegen ist eine Reihe von nicht-dezimalen Teilen des troy pound noch im Handel mit Edelmetallen und Edelsteinen zugelassen (siehe Abschnitt 3 bζ).

Durch Weights and Measures Act 1878 ist das imperial pound nicht als eine Massen- sondern als eine *Gewichts*-Einheit festgesetzt worden. Das ist eine vom wissenschaftlichen Standpunkt unbefriedigende Definition, da das Gesetz zwar durch die Festlegung des Vakuum-Gewichts die Frage der Auftriebskorrektur klärt, dagegen keine Angaben über die Fallbeschleunigung macht, bei der das Normal im Vakuum die Gewichtseinheit besitzen soll. Infolgedessen wird heute trotz der anderslautenden gesetzlichen Bestimmung das Imperial Standard Pound im Bereich der Wissenschaft, insbesondere vom NPL, als Massen-Normal angesehen und behandelt.

Im Gegensatz zum Vereinigten Königreich wird das pound in den *Vereinigten Staaten von Nordamerika* nicht durch ein verkörpertes Normal, sondern durch einen festen Verhältniswert zur metrischen Masseneinheit definiert.

Im Jahre 1828 wurde in den USA durch Mint Act *[V 5]* das 1827 aus London beschaffte und bei der Münze in Philadelphia aufbewahrte Messingnormal des troy pound — eine von Captain *Kater* verglichene Kopie des oben genannten britischen Troy Pound aus dem Jahre 1758 — als legales Normal für alle Münzen erklärt. Das troy pound (lb t), für das später ein verkörpertes Normal im NBS hinterlegt wurde, ist bis heute gesetzliche Einheit für die Bestimmung der Münzen in den Vereinigten Staaten (siehe Abschnitt 3 b ζ).

Dagegen wurde zur Durchführung des schon im Abschnitt 3 b α genannten Senatsbeschlusses vom 29. 5. 1830 an Stelle des troy pound das avoirdupois pound zu 7 000 grains — definiert als 7 000/5 760 pounds troy — ausgewählt und als Definition der Masseneinheit vorgesehen. Das Gesetz von 1866 erklärte dann das metrische System als das legale System für Maß und Gewicht in den USA. Der Anhang (Section 205. Authorized tables) zu diesem Gesetz enthält als gesetzliches Äquivalent für das Kilogramm die Relation

$$\text{Gewicht von 1 l Wasser bei maximaler Dichte} = \text{Gewicht von 2,2046 avoirdupois pounds.} \quad (42)$$

Die Mendenhall Order vom Jahre 1893 legte unter der Bezeichnung „Fundamental Standards of Length and *Mass*" das internationale Kilogrammprototyp als Grundnormal der *Masse* fest und gab für das avoirdupois pound der USA die mit (42) übereinstimmende Definitionsgleichung

$$1 \text{ pound avoirdupois} = \frac{1}{2,2046} \text{ Kilogramm} \quad (42')$$

an. Im Gegensatz zum Vereinigten Königreich ist also in den Vereinigten Staaten das pound als eine *Massen*-Einheit festgesetzt worden.

In England und in den USA existieren infolge der verschiedenen historischen Entwicklung des Maß- und Gewichtswesens analog der Situation beim yard auch unterschiedliche pound-Einheiten.

Für das *Vereinigte Königreich* setzte zunächst Schedule 3 of the Weights and Measures Act 1878 (section 18) das Äquivalent des Kilogramms zu

$$1 \text{ Kilogramm} = 2 \text{ pounds } 3 \text{ ounces } 4,3830 \text{ drams} = 15432,3487 \text{ grains}$$
$$= 2,20462127 \text{ pounds} \quad (43)$$

fest[1]). In der Tafel „Equivalents of Metric Weights and Measures in Terms of Imperial Weights and Measures for Use in Trade" der Order in Council of the 19th day of May, 1898, ist auf Grund der im BIPM 1883 durchgeführten Vergleichsmessungen (siehe Tabelle 4) die Relation

$$1 \text{ Kilogramm} = \quad 2,2046223 \text{ imp. pounds} \quad (44a)$$

$$= 15432,3564 \quad \text{imp. grains} \quad (44a')$$

festgelegt worden, in der folgenden Tafel „Equivalents of Imperial and Metric Weights and Measures" die Beziehung

$$1 \text{ imp. pound} = 0,45359243 \text{ Kilogramm.} \quad (44b)$$

Im Vereinigten Königreich gibt die Gleichung (44 b) heute noch die *legale Umrechnungsbeziehung* zwischen Kilogramm und imperial pound *für den Handel*; sie wurde auch nicht auf Grund der Resultate der neueren Kilogramm-pound-Vergleichungen geändert.

---

[1]) Schedule 2 zum gleichen Gesetz enthält (gemäß section 8 und 64) eine Tabelle „Coin Weights", in der die Massen der Gold-, Silber- und Bronzemünzen des Vereinigten Königreichs in imp. grains und Gramm festgesetzt worden sind — und zwar die Zahlenwerte im metrischen Maß auf Grund der gleichfalls 1878 festgelegten Relation (43). Da nach der heute noch gültigen Äquivalentbeziehung (44 b) der Order in Council vom 19. 5. 1898 das gesetzliche Imperial Standard Pound eine um etwa $5 \cdot 10^{-7}$ kleinere Masse hat, als sie für das imp. pound vom Jahre 1878 angenommen wurde, sind die englischen Münzen relativ um $5 \cdot 10^{-7}$ leichter als es den 1878 in den metrischen Spalten der Tafel „Coin Weights" angegebenen Zahlenwerten entspricht.

Dagegen wird *für alle wissenschaftlichen Untersuchungen*, die höchste Präzision erfordern, vom NPL die 1933 ermittelte Relation

$$1 \text{ Kilogramm} = 2{,}204\,622\,777 \text{ imp. pounds} \tag{45a}$$

oder

$$1 \text{ imp. pound} = 0{,}453\,592\,338 \text{ Kilogramm} \tag{45b}$$

benutzt.

Für die *Vereinigten Staaten von Nordamerika* ergibt sich das Verhältnis zwischen United States pound und Kilogramm aus dem Gesetz von 1866 und der Mendenhall Order von 1893. Das NBS, dem die Aufbewahrung, Aufrechterhaltung und Weiterentwicklung der Normale obliegen *[V 8]*, erkennt als definierende Gleichung die Beziehung

$$1 \text{ U. S. pound} = 0{,}453\,592\,427\,7 \text{ Kilogramm} \tag{46b}$$

oder

$$1 \text{ Kilogramm} = 2{,}204\,622\,341 \quad \text{U. S. pounds} \tag{46a}$$

an, die das Original-Meßergebnis der Vergleichung von Imperial Standard Pound und Kilogramm aus dem Jahre 1883 (siehe Tabelle 4) darstellt. Das über die Gleichung (46b) aus dem Kilogramm abgeleitete U. S. pound der Vereinigten Staaten unterscheidet sich von dem imp. pound des Vereinigten Königreichs um $5 \cdot 10^{-9}$ seiner Masse, d. h. praktisch überhaupt nicht; dagegen ist das U. S. pound um etwa $2 \cdot 10^{-7}$ seiner Masse größer als das in Großbritannien für wissenschaftliche Zwecke nach (45b) angenommene pound.

bγ) Gallon und Bushel in England und USA

Neben den als Kuben von Längenmaßen definierten Raum-Einheiten sind auch in den angelsächsischen Ländern Hohlmaße üblich, deren Definition auf dem Volumen einer bestimmten Wassermasse unter festgelegten Bedingungen beruht.

Im *Vereinigten Königsreich* ist das imperial gallon als Hohlmaß für flüssige und feste Substanzen in Weights and Measures Act 1878 (section 15) festgesetzt als das Volumen, das destilliertes Wasser vom Gewicht von 10 imp. pounds einnimmt, und zwar "weighed in air against brass weights, with the water and the air at the temperature of sixty-two degrees of Fahrenheit's thermometer [1]), and with the barometer at thirty inches".

Diese Definition des imp. gallon, die auf dem *Gewicht* von Wasser *in Luft* beruht, gibt die Bedingungen, unter denen das Wasser gewogen werden soll, nicht vollständig an. Zur praktischen Realisierung folgt das NPL dem Vorgehen des Standards Department of the Board of Trade: Es wird luftfreies destilliertes Wasser verwendet und bei 62 °F gegen Messinggewichtsstücke der Dichte 8,136 g/ml (umgerechnet 8,143 g/ml bei 32 °F oder 0 °C) in Luft gewogen, deren Dichte zu 0,001 217 g/ml angenommen wird. Unter Berücksichtigung des Auftriebs und der von *Thiesen, Scheel* und *Dießelhorst [T 6]* oder von *Tilton* und *Taylor [T 15]* ermittelten Werte der Wasserdichte nimmt das NPL *[N 13]* die Relation [2])

$$1 \text{ imp. gallon} = 4{,}545\,96 \text{ Liter} \tag{47}$$

an. Schedule „Equivalents of Imperial and Metric Weights and Measures" der Order in Council of the 19th day of May, 1898, enthält die Äquivalentbeziehung

$$1 \text{ imp. gallon} = 4{,}545\,963\,1 \text{ Liter.} \tag{49}$$

Mit der Umrechnungsgleichung

$$1 \text{ l} = 1{,}000\,028 \text{ dm}^3 \tag{6,74a}$$

und dem Verhältnis zwischen Kubikmeter und imperial cubic inch aus (36b) folgt

$$1 \text{ imp. gallon} = 277{,}420 \text{ imp. cubic inches.} \tag{50}$$

---

[1]) Siehe Fußnote [1]) auf Seite 50.

[2]) Das *Imperial Standard Gallon* vom Jahre 1824, ein aus Messing nach den Vorschriften von Weights and Measures Act 1824 *[G 27]* unter Georg IV. hergestelltes Normal, dessen Höhe und Durchmesser gleich sind, wurde durch Schedule 2 of the Weights and Measures Act 1878 als Board of Trade Standard für das imp. gallon erklärt. Schedule 3, Part I, des gleichen Gesetzes enthält als Äquivalentbeziehung

$$1 \text{ Liter} = 1{,}760\,77 \text{ pints} = 0{,}220\,096 \text{ gallons.} \tag{48}$$

In den *Vereinigten Staaten von Nordamerika* wurde das United States gallon ursprünglich von dem alten englischen „Queen Ann wine gallon" abgeleitet. Heute wird es durch die Gleichung

$$1 \text{ U. S. gallon} = 231 \text{ U. S. cubic inches} \tag{51}$$

definiert und ist in seiner Anwendung auf Flüssigkeiten beschränkt. Das U. S. gallon ist um rund 20 % seines Betrages kleiner als das imp. gallon[1]).

Für feste Substanzen wird in den USA als Hohlmaß das United States bushel — das sogenannte „stricken bushel" oder „struck bushel" — benutzt, das sich ursprünglich von dem alten englischen „Winchester bushel" herleitete und heute durch die Gleichung

$$1 \text{ U. S. bushel} = 2150{,}42 \text{ U. S. cubic inches} \tag{52}$$

definiert ist[2]). Die Relationen (51) und (52) wurden bereits 1832 vom Superintendent of the United States Coast (and Geodetic) Survey (siehe Abschnitt 3 bα) vorgeschlagen *[J 10]*.

Im *Vereinigten Königreich* ist dagegen das bushel im Weights and Measures Act 1878 (section 15) als ein ganzzahliges Vielfaches des imp. gallon festgelegt worden

$$1 \text{ imp. bushel} = 8 \text{ imp. gallons,} \tag{53}$$

und wie das imp. gallon selbst als Hohlmaß für flüssige *und* feste Substanzen zugelassen. Hieraus folgt

$$1 \text{ imp. bushel} = 2219{,}36 \quad \text{imp. cubic inches} \tag{54a}$$
$$= 36{,}3677 \text{ Liter.} \tag{54b}$$

b δ) Angelsächsische Längeneinheiten

Die Vielfachen und Teile des yard werden nicht dezimal gebildet Die wichtigsten angelsächsischen Längeneinheiten, ihre Relationen zum yard (yd) und ihre Abkürzungen oder Symbole[3]) sind:

Vereinigtes Königreich			*Vereinigte Staaten von Nordamerika*		
(imp. yard, abgk. yd.)		Symbol	(U. S. yard, abgk. yd)		Symbol
$\frac{1}{36}$ yard $= 1$ inch		in.	$\frac{1}{36000}$ yard $= 1$ mil		
$\frac{1}{3}$ yard $= 1$ foot		ft.	$\frac{1}{2592}$ yard $= 1$ point (printers)		
2 yards $= 1$ †fathom*			$\frac{1}{1440}$ yard $= 1$ line (button)		
$\frac{11}{2}$ yards $= 1$ †pole**			$\frac{1}{36}$ yard $= 1$ inch		in.
			$\frac{1}{9}$ yard $= 1$ hand		
			$\frac{22}{100}$ yard $= 1$ link		li
			$\frac{1}{4}$ yard $= 1$ span		

†) Sollen bei einer Neuregelung angelsächsischer Einheiten verschwinden (siehe Abschnitt 3 b ϑ).
*) fathom ist nicht in Weights and Measures Act 1878 definiert worden, sondern wird lediglich in den Tafeln von Order in Council of the 19th day of May, 1898, erwähnt.
**) Auch rod oder perch genannt.

---

[1]) Außer dem gallon und den von diesem direkt abgeleiteten Hohlmaßen für Flüssigkeiten wird in den USA speziell für Petroleum, Erdöl, Benzin u. ä. noch ein petroleum-barrel benutzt, das durch die Relation

$$1 \text{ U.S. barrel (petroleum)} = 42 \text{ U. S. gallons} = 9702 \text{ U. S. cubic inches} \tag{51a}$$

definiert ist.

[2]) Zum U. S. gallon ergibt sich die Beziehung

$$\frac{1 \text{ U. S. bushel}}{1 \text{ U. S. gallon}} = 9{,}30918,$$

die allerdings ohne Bedeutung bleibt, da in den USA bushel und gallon *nicht* für die Ausmessung des von der *gleichen* Substanz eingenommenen Raumes benutzt werden dürfen.

[3]) Siehe „The Weights and Measures Regulations 1907" *[G 36]* und „Units of Weights and Measures (U. S. Customary and Metric) Definitions and Tables of Equivalents" *[N 5]*. Im englischen Sprachraum bezeichnet das Wort „symbol" eigentlich nur Formelzeichen für Größen; Einheitenzeichen werden „abbreviations", neuerdings „symbolic abbreviations" genannt.

22 yards = 1 chain

220 yards = 1 furlong

1760 yards = 1 mile

		Symbol
$\frac{1}{3}$ yard	= 1 foot	ft
2 yards	= 1 fathom	fath
$\frac{11}{2}$ yards	= 1 rod	rd
22 yards	= 1 chain	ch
220 yards	= 1 furlong	fur.
1760 yards	= 1 statute mile	mi

bε) Angelsächsische Flächen- und Raum-Einheiten

Die vom yard direkt abgeleiteten Flächen- und Raumeinheiten sind das square yard und das cubic yard. Als nicht-dezimale Teile und Vielfache werden benutzt:

Vereinigtes Königreich

(imp. square yard)

$\frac{1}{1296}$ square yard = 1 square inch

$\frac{1}{9}$ square yard = 1 square foot

$\frac{121}{4}$ square yards = 1 † square perch*

1210 square yards = 1 rood

4840 square yards = 1 acre

3097600 square yards = 1 square mile

†) Soll bei einer Neuregelung angelsächsischer Einheiten verschwinden (siehe Abschnitt 3bϑ).
*) Auch square pole oder square rod genannt.

Vereinigte Staaten von Nordamerika

(U. S. square yard, abgk. sq yd) Symbol

$\frac{1}{1296}$ square yard = 1 square inch sq in.

$\frac{484}{10000}$ square yard = 1 square link sq li

$\frac{1}{9}$ square yard = 1 square foot sq ft

$\frac{121}{4}$ square yards = 1 square rod sq rd

484 square yards = 1 square chain sq ch

4840 square yards = 1 acre

3097600 square yards = 1 square mile sq mi

$\frac{\pi}{4000000}$ square inch = 1 circular mil

$\frac{\pi}{4}$ square inch = 1 circular inch**

**) Das circular inch ist definiert als die Fläche eines Kreises vom Durchmesser 1 in.

Vereinigtes Königreich

(imp. cubic yard)

$\frac{1}{46656}$ cubic yard = 1 cubic inch

$\frac{1}{27}$ cubic yard = 1 cubic foot

Vereinigte Staaten von Nordamerika

(U. S. cubic yard, abgk. cu yd) Symbol

$\frac{1}{46656}$ cubic yard = 1 cubic inch cu in.

$\frac{1}{324}$ cubic yard = 1 board foot fbm

$\frac{1}{27}$ cubic yard = 1 cubic foot cu ft

$\frac{128}{27}$ cubic yards = 1 cord cd

bζ) Angelsächsische Massen- und Gewichtseinheiten

Die Unterteilung des in England als Gewichts- und in den USA als Masseneinheit festgelegten pound (lb) ist ziemlich verwickelt, insbesondere deshalb, weil eigentlich drei solcher Systeme nebeneinander bestehen: für Edelmetalle und Edelsteine das troy-system, für Drogen das apothecaries-system, für alle übrigen Fälle das avoirdupois-system.

Vereinigtes Königreich		*Vereinigte Staaten von Nordamerika*	
(imp. pound, abgk. lb.)		(U. S. pound, abgk. lb oder lb avdp)	

avoirdupois-system:

	Symbol		Symbol
$\frac{1}{7000}$ pound = 1 grain	gr.	$\frac{1}{7000}$ pound = 1 grain	grain
$\frac{1}{256}$ pound = 1 dram	dr.	$\frac{1}{256}$ pound = 1 (avoirdupois) dram	dr avdp
$\frac{1}{16}$ pound = 1 ounce	oz.	$\frac{1}{16}$ pound = 1 (avoirdupois) ounce	oz avdp
14 pounds = 1 stone		100 pounds = 1 short hundredweight	sh cwt
28 pounds = 1 quarter		112 pounds = 1 long hundredweight	l cwt
100 pounds = 1 cental		2000 pounds = 1 short ton	sh tn
112 pounds = 1 hundredweight	cwt.	2240 pounds = 1 long ton	l tn
2240 pounds = 1 ton			

troy-system:

	Symbol		Symbol
$\frac{24}{7000}$ pound = 1 †pennyweight		$\frac{24}{7000}$ pound = 1 pennyweight	dwt
$\frac{480}{7000}$ pound = 1 †troy ounce	oz. tr.	$\frac{480}{7000}$ pound = 1 troy ounce	oz t
		$\frac{5760}{7000}$ pound = 1 troy pound	lb t

apothecaries-system[1]):

	Symbol		Symbol
$\frac{20}{7000}$ pound = 1 †scruple		$\frac{20}{7000}$ pound = 1 apothecaries'scruple	s ap
$\frac{60}{7000}$ pound = 1 †drachm		$\frac{60}{7000}$ pound = 1 apothecaries'dram	dr ap
$\frac{480}{7000}$ pound = 1 †apothecaries'ounce oz. Apoth.		$\frac{480}{7000}$ pound = 1 apothecaries'ounce	oz ap;
†)Sollen bei einer Neuregelung angelsächsischer Einheiten verschwinden (siehe Abschnitt 3b ϑ).		$\frac{5760}{7000}$ pound = 1 apothecaries'pound	lb ap

[1]) Für das Vereinigte Königreich festgelegt durch Order in Council of the 14th day of August, 1879.

bη) Angelsächsische Hohlmaße

In England leiten sich alle Hohlmaße von dem imp. gallon ab, auch die für den Gebrauch in Apotheken. In den USA gibt es zwei Hohlmaß-Systeme: Für Flüssigkeiten und für Apothekengebrauch werden die Hohlmaße aus dem U. S. gallon hergeleitet, für Trockensubstanzen aus dem U. S. bushel.

Vereinigtes Königreich

Vereinigte Staaten von Nordamerika für Flüssigkeiten und Apothekengebrauch:

(imp. gallon)		Symbol	(U. S. gallon, abgk. gal)		Symbol
$\frac{1}{76800}$ gallon	$= 1$ †minim[1])	min.	$\frac{1}{61440}$ gallon $= 1$ minim		min
$\frac{1}{3840}$ gallon	$= 1$ †fluid scruple[1])		$\frac{1}{1024}$ gallon $= 1$ fluid dram		fl dr
$\frac{1}{1280}$ gallon	$= 1$ †fluid drachm[1])	fl. dr.	$\frac{1}{128}$ gallon $= 1$ fluid ounce[2])		fl oz
$\frac{1}{160}$ gallon	$= 1$ fluid ounce[1])	fl. oz.	$\frac{1}{32}$ gallon $= 1$ gill		gi
$\frac{1}{32}$ gallon	$= 1$ gill		$\frac{1}{8}$ gallon $= 1$ liquid pint		liq pt
$\frac{1}{8}$ gallon	$= 1$ pint		$\frac{1}{4}$ gallon $= 1$ liquid quart		liq qt
$\frac{1}{4}$ gallon	$= 1$ quart				

$\frac{1}{4}$ gallon $= 1$ quart

2 gallons $= 1$ †peck

8 gallons $= 1$ †bushel

64 gallons $= 1$ †quarter

288 gallons $= 1$ †chaldron

[1]) Sollen bei einer Neuregelung angelsächsischer Einheiten verschwinden (siehe Abschnitt 3 d ϑ).

für Trockensubstanzen:

(U. S. bushel, abgk. bu)		Symbol
$\frac{1}{64}$ bushel	$= 1$ dry pint	dry pt
$\frac{1}{32}$ bushel	$= 1$ dry quart	dry qt
$\frac{1}{4}$ bushel	$= 1$ peck	pk
$\frac{105}{32}$ bushels	$= 1$ dry barrel[3])	bbl

bϑ) Zukünftige Entwicklung der angelsächsischen Einheiten

Hier sind zwei verschiedene Fragenkomplexe zu unterscheiden: einmal die Angleichung der im Vereinigten Königreich und in den Vereinigten Staaten von Nordamerika benutzten Einheiten aneinander, zum anderen das Nebeneinanderbestehen von metrischem und angelsächsischem System.

---

[1]) Diese mit dem apothecaries-system [siehe Fußnote [1]) auf S. 59] festgelegten Hohlmaße sind gestuft wie die Untereinheiten des apothecaries-systems:

1 minim : 1 fluid scruple : 1 fluid drachm : 1 fluid ounce

$\qquad\qquad = 1$ grain : 1 scruple : 1 drachm : 1 apothecaries'ounce.

Ihrem Absolutbetrag nach sind diese Hohlmaße an das imp. gallon, d. h. über die Wasserdichte an das avoirdupois-system angeschlossen: 1 fluid ounce wurde definiert als Volumen von 1 avoirdpois ounce $= \frac{1}{16}$ imp. pound Wasser unter den für die Definition des imp. gallon geltenden Bedingungen. — Fluid scruple ist nicht in Weights and Measures Act 1878 definiert worden, sondern wird lediglich in den Tafeln von Order in Council of the 19th day of May, 1898, erwähnt.

[2]) $\dfrac{\text{U. S. fluid ounce}}{\text{imp. fluid ounce}} = \dfrac{160}{128}\,\dfrac{\text{U. S. gallon}}{\text{imp. gallon}} = 1{,}25 \cdot 0{,}83268 = 1{,}04085\underline{\ }.$ $\qquad\qquad(55)$

[3]) Die exakte Definition für das dry barrel lautet

$$1 \text{ dry barrel} = 7056 \text{ U. S. cubic inches,} \qquad\qquad (56)$$

während $\frac{105}{32}$ bushels nach der Relation (52) einen etwas größeren Raum, nämlich 7056,0656 U. S. cubic inches einnehmen. — Für Früchte usw. sind noch verschiedene andere „barrel" in den USA definiert *[V 9]*.

Mit dem ersten Punkt hat sich die British Commonwealth Scientific Official Conference im Jahre 1946 eingehend beschäftigt *[G 37]*. Die Empire-Konferenz empfahl, sobald als möglich die Unterschiede zwischen Imperial und United States Yard und Pound zu beseitigen und das neue gemeinsame yard und pound durch zahlenmäßig festgelegte Relationen zu Meter und Kilogramm zu definieren. In den Empfehlungen der Royal Society Empire Scientific Conference 1946 heißt es *[G 38]*:

"1. (a) It is considered highly desirable that early steps should be taken to eliminate the slight difference in the values of the Yard and Pound at present in use in the Commonwealth and in the United States of America.

(b) It is recommended that discussions should be pursued with the appropriate authorities in the U. S. A. with a view to reaching mutual agreement on this question (as a basis of recommendations to Commonwealth Authorities) and that the Director of the National Physical Laboratory, Teddington, should act in this matter on behalf of National Laboratories in the Commonwealth.

The Conference suggests: —

(i) that the reformed units should be precisely related to the corresponding metric units;

(ii) that the tentative values for conversion factors should be as follows: —

$$1 \text{ yard} = 0.9144 \text{ metre, or}$$
$$1 \text{ inch} = 25.4 \text{ mm exactly.}$$
$$1 \text{ lb} = 0.45359237 \text{ kg or}$$
$$0.4535928 \text{ kg.}"$$

Die Verwirklichung dieses Vorschlages würde auch die derzeit stetig fortschreitende Abnahme des Verhältnisses Imperial Standard Yard zu Meter gegenstandslos machen und wird daher im Bericht *[B 59]* über die letzten Vergleichungen der Yard- und Pound-Standards der Jahre 1947 und 1948 als dringend erforderlich bezeichnet.

Das Projekt ist inzwischen von den zuständigen Institutionen Großbritanniens, der Dominien und der USA eingehend diskutiert worden, hat allerdings noch keine endgültige Lösung gefunden (siehe S. 64). Zur Rechtswirksamkeit würde es selbstverständlich der Annahme durch die gesetzgebenden Körperschaften der beteiligten Staaten bedürfen. Solche Akte der Legalisierung könnten vielleicht erfolgen, nachdem die Generalkonferenz für Maß und Gewicht eine Wellenlängendefinition des Meters beschlossen hat (Abschnitt 7, 4). In den ersten Stadien der Erörterung hatte von den beiden Werten, welche die Royal Empire Scientific Conference 1946 für die Neufestsetzung des lb vorschlug, zunächst der zweite die größere Chance. Danach wären als gesetzliche Definitionsbeziehungen für ein neues in Großbritannien und den USA gemeinsam zu benutzendes yard und pound die Relationen

$$1 \text{ yard} = 0,9144 \quad \text{Meter} \tag{57}$$
$$1 \text{ pound} = 0,4535923 \text{ Kilogramm} \tag{58}$$

in Frage gekommen. Aus (57) ergibt sich die von den Normen-Organisationen bereits anerkannte Beziehung

$$1 \text{ inch} = 25,4 \text{ Millimeter.} \tag{39 b}$$

Der in (58) stehende Zahlenwert ist durch 7 teilbar, so daß für das grain, den 7000. Teil des pound, die gleichfalls exakte Relation

$$1 \text{ grain} = 0,0647989 \text{ Gramm} \tag{59}$$

folgen würde.

Die andere, immer wieder diskutierte Frage ist das Nebeneinanderbestehen von metrischen Einheiten und Einheiten des britischen oder amerikanischen Zoll- oder Pfundsystems. Zweifellos ist und bleibt ein System von in der Praxis einheitlich benutzten Einheiten das angestrebte Ziel aller Bemühungen auf dem Gebiete des internationalen Einheitenwesens. Ebenso beherrscht die Metrologen in allen Ländern die Überzeugung, daß dieses einheitliche System nicht das nationale yd-lb-s-System der angelsächsischen Staaten mit seinen nicht-dezimal geteilten Untereinheiten sein kann und wird, sondern das der Meterkonvention zugrunde liegende metrische System mit dezimaler Unterteilung. Jedoch dürfen die praktischen Schwierigkeiten, die sich der Realisierung eines solchen Ziels entgegenstellen, nicht übersehen werden.

Zwar wird in England und in den Vereinigten Staaten von seiten der Wissenschaft und Metrologie (NPL, Decimal Association; NBS, Metric Association usw.), wie auch seitens der den Unterricht tragenden Kreise und technischer und industrieller Gruppen (National Union of Teachers, British Empire Scientific Conference, Federation of the Chambers of Commerce of the British Empire, J. Lyons

& Co; American Association for the Advancement of Sciences, Ford Company usw.) die Umstellung der Gebrauchseinheiten auf das metrische System gefordert und unterstützt *[P15]*. Beispielsweise heißt es in den Empfehlungen der Royal Society Empire Scientific Conference 1946 *[G 39]*:

"2. The Conference advocated the adoption of the metric system in all fields of science. Examples of subjects in which an improvement in this respect is desirable are aeronautical and pharmaceutical science.

3. If textbooks and scientific data or memoirs are expressed in systems other than metric, conversion factors or the metric equivalent should be included.

4. The Dominions and India should participate in the organization of the Convention du Metre."

Auf der anderen Seite wehrt sich die Industrie, die hohen Kosten aufzubringen, die ein Übergang vom Zoll- und Pfund- zum metrischen System in der Fabrikation erfordern würde, zumal neben den auf das metrische System ausgerichteten Neuinvestierungen während einer langen Übergangszeit ein großer Teil des Maschinenparks, der Werkslehren, der Prüf- und Meßgeräte und sonstiger Einrichtungen nach dem Zollsystem noch beibehalten werden müßte, um den Ergänzungs- und Reparaturanforderungen für im Zollsystem gefertigte und gelieferte Maschinen, Geräte und Waren gerecht werden zu können.

Das Nebeneinanderbestehen von metrischem und Zoll- oder Pfundsystem wirkt sich nicht nur direkt in den internationalen Wirtschafts- und Handelsbeziehungen aus, sondern macht sich indirekt in vielleicht noch viel schwerer wiegendem Maße über die die industrielle Fertigung in allen Ländern beherrschenden Normen bemerkbar. Es stehen sich heute in der nationalen und internationalen Normung auch metrisches und Zoll- oder Pfundsystem gegenüber. Während in den Ländern, die das metrische System als allein gültiges Einheitensystem gesetzlich eingeführt haben, die Normen im wesentlichen metrische Maßangaben enthalten und nur für Spezialfälle Umrechnungen zum Zollsystem vorsehen, ist umgekehrt im britischen Empire und in den Vereinigten Staaten von Nordamerika die Normung im allgemeinen auf das Zoll- und Pfundsystem abgestellt. Als Beispiele greifen wir die auf dem inch aufgebauten Normen des American Petroleum Institute heraus, das sogenannte API-System *[A 3]*, das für alle Leitungs-, Pump-, Futter- und Bohrgestängerohre und sonstigen Zubehörteile der Erdölbohrtechnik international verbindlich ist, oder das erst am 18. 11. 1948 zwischen den zuständigen Behörden und Körperschaften Großbritanniens, Kanadas und der Vereinigten Staaten von Nordamerika getroffene Abkommen über die Vereinheitlichung der Normen für Schraubengewinde im Zollsystem, die sogenannten Unified Screw Thread Standards *[N 9]*.

Ende des Jahres 1948 wurde vom President of the Board of Trade ein Komitee eingesetzt mit der Aufgabe

"to review the existing Weights and Measures legislation and other legislation containing provisions affecting Weights and Measures and the administration thereof, and to make recommendations for bringing these into line with present day requirements."

Dieses Komitee hat nach umfangreichen Erhebungen seine Auffassungen in einem Bericht vom 13. 12. 1950 niedergelegt, der vom President of the Board of Trade an das Parlament weitergeleitet wurde *[B 60]*.

Die Situation, in der sich Großbritannien und andere Länder, die das imperial system von Einheiten benutzen, befinden, charakterisierte das Komitee durch folgende Feststellung *[B 61]*:

"The real problem facing Great Britain and these countries, therefore, is not whether to adhere *either* to the imperial *or* to the metric system, but whether to maintain within their boundaries two legal systems of measurement or to establish world-wide uniformity by changing over completely to the metric system and abolishing the imperial."

Bei Abwägen aller für die eine oder die andere Entscheidung sprechenden Argumente kam das Komitee einstimmig zu der Überzeugung, daß im weitesten Sinne und im Interesse einer globalen Gleichmäßigkeit auf dem Gebiete von Maß und Gewicht das metrische System das „bessere" von beiden Einheitensystemen sei. Das Komitee empfahl der britischen Regierung, unverzüglich alle Schritte einzuleiten, um während einer bestimmten Zeitspanne die Benutzung des imperial system in Großbritannien zu unterbinden und allein das metrische System für alle Zwecke des Handels zu legalisieren.

Allerdings machte das Komitee hierbei zwei wesentliche Einschränkungen: Einmal soll eine solche Umstellung nur gemeinsam mit dem Commonwealth und den USA erfolgen; zum anderen wird der Übergang zum dezimalen metrischen System nur dann für sinnvoll gehalten, wenn gleichzeitig im Geld- und Münzwesen die dezimale Unterteilung eingeführt wird.

In Hinblick auf die bei einer Umstellung zu erwartenden Unbequemlichkeiten und Schwierigkeiten vertrat das Komitee die Auffassung, daß ein solcher Wechsel im Einheitensystem ohne größeren

Schaden in einem Zeitraum unter 20 Jahren nicht zu bewerkstelligen sei, wobei man schritt- oder spartenweise vorgehen müsse.

Unabhängig von der endgültigen Entscheidung, die das britische Parlament für oder gegen den Einheitenwechsel zu treffen hätte, erschien dem Komitee eine Reihe von Änderungen in der Definition der Grundeinheiten des imperial system, die Aussonderung von Einheiten geringerer Bedeutung aus dem imperial system und gegebenenfalls der Aufbau eines einzigen solchen Einheitensystems erforderlich. Das Komitee schlug vor, die hierzu von ihm ausgearbeiteten Empfehlungen unverzüglich zu legalisieren.

Dabei war das Komitee der Meinung, daß auf die Dauer nicht zwei unabhängig voneinander definierte Einheitensysteme nebeneinander bestehen können und daß durch Gesetz nur ein Satz von unabhängigen Grundeinheiten festgelegt werden darf, während der andere ausschließlich durch feste zahlenmäßige Beziehungen zum ersten zu definieren sei. Als definierende Verknüpfungen wurden die 1946 von der Royal Society Empire Scientific Conference vorgeschlagenen Relationen genannt; nach der 1959 von 6 angelsächsischen Staatsinstituten für ihren Geschäftsbereich getroffenen Vereinbarung (Abschnitt 7, 2) würden, wenn überhaupt, wohl (7, 19) und (7, 20) als Definitionsgleichungen in Betracht kommen (siehe S. 339).

Für eine Neudefinition des gallon, die gleichfalls für notwendig erachtet wurde, gab das Komitee noch keine endgültigen Empfehlungen; diese und andere Fragen sollen von einer noch zu gründenden „permanent Commission on Units and Standards of Measurement" bearbeitet werden. Auch hier findet zunächst ein Meinungsaustausch mit den zuständigen Gremien der USA statt. Man diskutiert darüber, das gallon durch eine feste zahlenmäßige Beziehung zum dm^3 zu definieren und das neue gallon im Vereinigten Königreich und in den Vereinigten Staaten von Amerika so festzulegen, daß sich zwischen ihnen eine einfache Relation ergibt, für die der Quotient

$$\frac{\text{U. K. gal}}{\text{U. S. gal}} = \frac{6}{5}$$

in Erwägung gezogen wurde.

Schließlich wurden in dem Bericht des vom President of the Board of Trade eingesetzten Komitees vom 13. 12. 1950 als in Zukunft allein noch gesetzlich zuzulassende angelsächsische Einheiten und als Einheitenzeichen folgende vorgeschlagen:

Längeneinheiten

1 mile		= 1760 yards
1 furlong		= 220 yards
1 chain		= 22 yards
1 yard	= 1 yd.	= **0,9144 Meter**
1 foot	= 1 ft.	= 1/3 yard
1 inch	= 1 in.	= 1/36 yard

Flächeneinheiten

1 square mile		= 3 097 600 square yards
1 acre		= 4840 square yards
1 rood		= 1210 square yards
1 square yard		= **0,9144² Quadratmeter**
1 square foot	= 1 sq. ft.	= 1/9 square yard
1 square inch		= 1/1 296 square yard

Raumeinheiten

1 cubic yard	= 1 cu. yd.	= **0,9144³ Kubikmeter**
1 cubic foot	= 1 cu. ft.	= 1/27 cubic yard
1 cubic inch	= 1 cu. in.	= 1/46 656 cubic yard

Masseneinheiten

1 ton		= 2 240 pounds
1 hundredweight	= 1 cwt.	= 112 pounds
1 cental	= 1 ctl.	= 100 pounds
1 quarter	= 1 qr.	= 28 pounds
1 stone		= 14 pounds
1 pound	= 1 lb.	**= 0,453 592 3(7) Kilogramm**
1 ounce	= 1 oz.	= 1/16 pound
1 dram	= 1 dr.	= 1/256 pound
1 grain	= 1 gn.	= 1/7 000 pound

Hohlmaße

1 gallon	= 1 gal.	**neu zu definieren**
1 quart	= 1 qt.	= 1/4 gallon
1 pint	= 1 pt.	= 1/8 gallon
1 gill		= 1/32 gallon
1 fluid ounce	= 1 fl. oz.	= 1/160 gallon

Die wichtigsten angelsächsischen Längen-, Flächen-, Raum-, Masseneinheiten und Hohlmaße sind für die verschiedenen Definitionen von yard, pound, gallon und bushel mit ihren metrischen Äquivalenten in den Tafeln 6 bis 8 zusammengestellt worden.

Inzwischen erfolgte im englischen Unterhaus an den President of the Board of Trade eine Anfrage, ob er bereits zu einer Entscheidung im Sinne des Berichtes gekommen sei, den das zur Prüfung der Gesetzgebung auf dem Gebiete des Maß- und Gewichtswesens eingesetzte Komitee am 13. 12. 1950 vorgelegt hatte. Die Antwort wurde vom President of the Board of Trade 1952 in Form einer Written Answer to Questions erteilt *[G 41]*:

"Yes. I have given very careful consideration to the Report, and I find myself in very general agreement with the decisions reached by my predecessor, the right hon. and learned Member for St. Helens, (Sir *H. Shawcross*), which he announced in this House on 10th May last year. Action has already been started on those recommendations which do not involve legislation. With a view to the embodiment in legislation of a considerable number of the recommendations which are designed to remove anomalies and confusion and bring the law into accord with modern conditions, I am arranging final consultations with the trading, local authority and other interests concerned.

On certain other major recommendations suggesting more fundamental changes, such as those relating to wholesale transactions and the responsibility for administration, decision must await the results of further consultations which I am starting. Her Majesty's Government are not prepared to proceed with the recommendation for the eventual abandonment of the Imperial for the metric system of weights and measures. Consultation with countries of the Commonwealth has, however, shown widespread support for the suggestion that a firm and legally defined relationship between the Imperial pound and yard and the international metre and kilogramme should be established. On account of the wide variety of the recommendations and extensive nature of the consultations, the legislation will not be introduced for some time."

Hiernach ist nicht anzunehmen, daß das Vereinigte Königreich in absehbarer Zeit zum metrischen System als gesetzlichem Einheitensystem übergehen wird. Offensichtlich ist für die nähere Zukunft nur beabsichtigt, das British Imperial System zu vervollkommnen und zu vereinfachen, die angelsächsischen Systeme im Vereinigten Königreich und in den Vereinigten Staaten von Amerika aneinander anzugleichen und bei dieser Gelegenheit die Grundeinheiten der Länge und Masse durch feste zahlenmäßige Beziehungen zum Meter und Kilogramm zu definieren. Als Ergebnis der bislang geführten Verhandlungen haben sich lediglich für yard und pound die beiden Relationen (7, 19) und (7, 20) herauskristallisiert, deren Anwendungsbereich allerdings bisher noch beschränkt ist (Abschnitt 7, 2).

c) Technische Einheitensysteme der Mechanik. Sie leiten sich aus dem Dimensionssystem LFT her (Tafel 1). Die einzelnen Einheiten der technischen Einheitensysteme erhält man aus den

Dimensionsprodukten des Dimensionssystems LFT nach Festlegung bestimmter Größen oder Einheiten für die Grunddimensionen L, F, T. Hierfür sind verschiedene Tripel verabredet worden

α) cm-p-s-System β) m-kp-s-System

$$L = \text{cm} \qquad\qquad\qquad\qquad L = \text{m}$$
$$F = \text{p} \qquad (60\,\text{a}) \qquad\qquad F = \text{kp} \qquad (60\,\text{b})$$
$$T = \text{s}. \qquad\qquad\qquad\qquad T = \text{s}.$$

Entsprechende Grundeinheiten unterscheiden sich in beiden technischen Einheitensystemen nur um Zehnerpotenzen

$$1\,\text{m} = 10^2\,\text{cm}$$
$$1\,\text{kp} = 10^3\,\text{p}.$$

Längen- und Zeiteinheiten stimmen in korrespondierenden physikalischen und technischen Einheitensystemen überein. Die Krafteinheit soll jeweils durch das Normgewicht der Masseneinheit im entsprechenden physikalischen Einheitensystem definiert werden. Da das Gewicht einer Masse als Produkt aus Masse und Fallbeschleunigung noch vom jeweiligen Wert der Fallbeschleunigung abhängt, wäre eine solche Definition ohne eine Zahlenangabe für die Fallbeschleunigung g, deren Wert vom Beobachtungsort abhängt, unvollständig. Als Bezugswert ist im Jahre 1901 der sogenannte Normwert der Fallbeschleunigung

$$g_n = 980{,}665\,\text{cm s}^{-2} = 9{,}806\,65\,\text{m s}^{-2} \qquad (6,\,70)$$

festgelegt worden (Abschnitt 6, I, 3a). Die Krafteinheit in einem technischen Einheitensystem wird also durch das Normgewicht der Masseneinheit aus dem entsprechenden physikalischen Einheitensystem, d. h. durch das Gewicht bei Benutzung des Normwertes für die Fallbeschleunigung, dargestellt.

In der Technik werden noch je eine Einheit für die Leistung und die Arbeit häufig benutzt, die als Vielfache der entsprechenden Einheiten des technischen m-kp-s-Systems definiert sind: die Pferdestärke (PS) und die Pferdestärkenstunde (PSh). Für sie gelten die Einheitenbeziehungen

$$\text{Leistungseinheit:} \quad 1\,\text{PS} = 75\,\text{m kp s}^{-1} \qquad\qquad (61)$$
$$\text{Arbeitseinheit:} \quad 1\,\text{PSh} = 2{,}7 \cdot 10^5\,\text{m kp}^1). \qquad\qquad (62)$$

In Frankreich ist als technische Leistungseinheit neben der cheval vapeur (ch oder cv) genannten PS das poncelet (p) üblich

$$1\,\text{poncelet} = 10^2\,\text{m kp/s}. \qquad\qquad (63)$$

Weiter wurde dort außer der ch = PS noch eine Leistungseinheit cheval vapeur électrique ($\text{ch}_{\text{él}}$) definiert

$$1\,\text{ch}_{\text{él}} = 736\,\text{W}_{\text{int}} = 75{,}065\,\text{m kp/s}, \qquad\qquad (61\,\text{a})$$

zu der die Arbeitseinheit cheval-heure électrique ($\text{ch}_{\text{él}}\text{h}$)

$$1\,\text{ch}_{\text{él}}\text{h} = 736 \cdot 3{,}6 \cdot 10^3\,\text{J}_{\text{int}} = 2{,}649\,60 \cdot 10^6\,\text{J}_{\text{int}}$$
$$= 2{,}702\,35 \cdot 10^5\,\text{m kp} \qquad\qquad (62\,\text{a})$$

gehört.

In der englischen Literatur (Abschnitt 3d) treten die Gewichtseinheiten grain-force (Gr), pound-force (Lb) und (long) ton-force (Ton), die durch Multiplikation mit der Normfallbeschleunigung g_n aus den entsprechenden Masseneinheiten hervorgehen, als technische Krafteinheiten auf[2]. Für sie gelten mit den Einheitengleichungen (58) und (59) folgende Relationen zu den metrischen Einheiten

$$1\,\text{Gr} = 64{,}7989\,\text{mp} = 63{,}546\,01\,\text{dyn} \qquad\qquad (64)$$
$$1\,\text{Lb} = 453{,}5923\,\text{p} = 4{,}448\,221\,\text{N}^3) \qquad\qquad (65)$$
$$1\,\text{Ton} = 2240\,\text{Lb} = 1016{,}0468\,\text{kp} = 9964{,}015\,\text{N}. \qquad\qquad (66)$$

---

[1]) In Frankreich cheval-heure (ch h) genannt:
$$1\,\text{ch h} = 1\,\text{PSh} = 2{,}7 \cdot 10^5\,\text{m kp}. \qquad\qquad (62')$$

[2]) In den USA werden diese Krafteinheiten meist als grain weight, pound weight und long ton weight bezeichnet.

[3]) Von dem auf g_n bezogenen Lb ist die physikalische Krafteinheit des ft-lb-s-Systems zu unterscheiden, die poundal (pdl) genannt wird und die Kraft darstellt, die der Masse 1 lb die Beschleunigung 1 ft/s^2 erteilt:
$$1\,\text{pdl} = 1\,\text{lb ft/s}^2 = 0{,}138\,2550\,\text{N} = 1{,}409\,808 \cdot 10^{-2}\,\text{kp}. \qquad\qquad (67)$$

Als Leistungs- und Arbeitseinheiten werden in England für die Technik weitgehend das horse-power (h. p., früher HP) und das horse-power hour (h. p. hr) benutzt, die zu den entsprechenden metrischen Einheiten PS und PSh in den Verhältnissen

$$1 \text{ h. p.} = 550 \text{ ft Lb/s} \qquad = 76{,}04022 \text{ m kp/s} \qquad = 1{,}01387 \text{ PS} \tag{68}$$

$$1 \text{ h. p. hr} = 550 \cdot 3{,}6 \cdot 10^3 \text{ ft Lb} \quad = 2{,}737448 \cdot 10^5 \text{ m kp} = 1{,}013870 \text{ PSh} \tag{69}$$

stehen.

Wir merken hier noch eine zweite, heute weniger übliche, sogenannte elektrische Definition für das (electrical) horse-power (electr. h. p.) und das (electrical) horse-power hour (electr. h. p. hr) an, die dem französischen $ch_{él}$ und $ch_{él}h$ entsprechen,

$$1 \text{ electr. h. p.} \quad = 746 \text{ W} = 76{,}07083 \text{ m kp/s} \tag{61 b}$$

$$1 \text{ electr. h. p. hr} = 746 \cdot 3{,}6 \cdot 10^3 \text{ J} = 2{,}685600 \cdot 10^6 \text{ J}$$

$$= 2{,}738550 \cdot 10^5 \text{ m kp.} \tag{62 b}$$

Früher wurden fast durchweg die Symbole g und kg für die entsprechenden Masseneinheiten im physikalischen und Krafteinheiten im technischen Einheitensystem benutzt. Diese Gepflogenheit ist auch heute noch weit verbreitet und rührt daher, daß schon Ende des vorigen Jahrhunderts Physiker und Ingenieure etwas verschiedenes unter ,,Kilogramm'' verstehen zu müssen glaubten — die einen die Masse des Internationalen Prototyps, die anderen sein Gewicht. Man versuchte, Verwechslungen durch die Empfehlung zu vermeiden, daß g und kg einmal für die physikalischen Masseneinheiten als g-Masse und kg-Masse, zum anderen für die technischen Krafteinheiten als g-Kraft und kg-Kraft gelesen werden sollten. Mit besonderen Indices wurden vielfach die Krafteinheiten durch g^{*} oder g_p bzw. kg^{*} oder kg_p, die entsprechenden Masseneinheiten durch $g^{\dagger}$ oder g_m bzw. $kg^{\dagger}$ oder kg_m hervorgehoben.

Über dieses Thema ist auch in den letzten Jahren wieder lebhaft diskutiert worden *[H 9; S 54; W 16; W 17]*. *Wallot [W 16]* empfiehlt als allgemeinen ,,neutralen'' Namen für beide Einheiten das ,,Kilogramm = kg'' und, falls man scharf zu unterscheiden wünscht, die Bezeichnungen ,,Massenkilogramm = kg_m'' und ,,Gewichtskilogramm = kg_p'', an deren Stelle er später *[W 30]* die Zeichen ,,kg_i'' (Kilogramm-,,inert'') und ,,kg_f'' (Kilogramm-,,force'') benutzt. Der wissenschaftliche Beirat des Vereins Deutscher Ingenieure *[V 3]* schloß sich der Auffassung von *Wallot* an; in seiner Entschließung vom 5. 9. 1949 heißt es:

,,Der Wissenschaftliche Beirat ist der Ansicht, daß die Bezeichnung Kilogramm für die technische Einheit des Gewichts und der Kraft mit Rücksicht auf ihre allgemeine Verbreitung in Technik und Wirtschaft beibehalten werden muß. Da das Zeichen kg aber auch eine Masseneinheit bedeuten kann, empfiehlt er für den Fall, daß eine Unterscheidung unerläßlich ist, der Masseneinheit den Index i (inert), der Gewichts- und Krafteinheit den Index p (pond) zu geben. Es würden dann bedeuten: kg_i das Massenkilogramm, kg_p das Kraftkilogramm.''

Der Zustand, für ihrer Art nach verschiedene Einheiten gleiche Symbole zu gebrauchen, erscheint weiten Kreisen in Physik und Technik sehr revisionsbedürftig. Obwohl von vielen Seiten auf eine radikale Behebung dieser Quelle dauernder Mißverständnisse gedrängt wird, ist bislang nur eine vorläufige und noch nicht allgemein anerkannte Lösung gefunden worden. Die frühere Physikalisch-Technische Reichsanstalt (PTR) hat die bereits genannten Bezeichnungen ,,Pond'' (p) und ,,Kilopond'' (kp) für die Krafteinheiten im technischen Einheitensystem geprägt und 1939 zunächst für ihren eigenen Geschäftsbereich als verbindlich eingeführt *[P 37]*. Für die übrigen Benutzer dieser Einheitensysteme bildet die interne Festsetzung der PTR lediglich eine Empfehlung, die jedoch in immer steigendem Maße in Physik und Technik aufgenommen wird und sich besonders im physikalischen Unterricht an den höheren Schulen und Hochschulen ausgezeichnet bewährt hat. Eine endgültige gesetzliche Sanktionierung und internationale Vereinbarung über diesen Punkt wäre das erstrebenswerte Ziel, um diesen immer wieder zur Diskussion drängenden Einheiten-Streitfall zu einer eindeutigen und endgültigen Klärung zu bringen. Dabei spielt die spezielle Art der Namensgebung eine ganz untergeordnete Rolle — wichtig bleibt nur, daß verschiedenartige Einheiten auch unterschiedlich benannt werden (siehe auch Abschnitt 3d).

d) Internationale Entwicklung der mechanischen Einheitensysteme (Zeiteinheit; technische Krafteinheit). Auf die von der 11. Generalkonferenz für Maß und Gewicht zu erwartende Ersetzung des Internationalen Meterprototyps durch ein Wellenlängennormal als Definition der metrischen Längeneinheit wurde bereits im Abschnitt 3a hingewiesen. Eine Änderung an der Definition der metrischen Masseneinheit wird derzeit wohl von keiner Seite erwogen. Dagegen ist es nicht ausgeschlossen, daß vielleicht noch einmal die internationale Zeiteinheit in ihrer Definition umgestellt wird.

Den Ausgangspunkt für solche Überlegungen bildet die Tatsache, daß die Rotationsgeschwindigkeit der Erde, die heute das Natur-Normal der Sekunde verkörpert, fortlaufend abnimmt. Der Betrag dieser Winkelgeschwindigkeitsänderung ist zwar außerordentlich klein und bislang experimentell ebensowenig genau bestimmt, wie man ihre physikalischen Ursachen im einzelnen kennt, als deren eine sicher die Flutreibung im System Erde—Mond—Sonne in Betracht kommt (Abschnitt 3 a). Genau wie bei der Festlegung der Längeneinheit hat man sich auch für die Zeiteinheit nach einem natürlichen Maß umgesehen, das nach unserer heutigen physikalischen Kenntnis und Auffassung von äußeren Einflüssen unabhängig und konstant ist. Als ein solches unveränderliches Naturmaß sind die Eigenfrequenzen der Moleküle und Atome zu betrachten. Von diesem Gedanken ausgehend hat im National Bureau of Standards eine Entwicklung begonnen *[N 10]*, die unter dem Namen „Atomuhr" bereits ein von zahlreichen wissenschaftlichen und technischen Institutionen der USA und verschiedener anderer Staaten getragenes Programm zu werden scheint. Im Prinzip nutzt man die scharf ausgeprägten Resonanz- oder Absorptionseigenschaften eines Gases (d. h. einer großen Zahl unter sich gleicher „Resonanz-Normalmoleküle") gegenüber elektromagnetischen Wellen von einer vom Molekül absorbierbaren Eigenfrequenz (im Gebiet etwa einiger 10^3 bis 10^4 MHz) in einem Resonanz-Hohlleiter aus, um einen Schwingquarz zu steuern oder nachzuführen und ihn auf eine ganz bestimmte Frequenz zu zwingen, die z. B. in einem rationalen Verhältnis zur Eigenfrequenz der absorbierenden Moleküle steht. Ein anderes, beispielsweise im National Physical Laboratory in Angriff genommenes Verfahren beruht auf einer Anwendung der Rabischen Methode der magnetischen Resonanz *[K 14; R 1]*, d. h. auf einer Resonanzabsorption elektromagnetischer Wellen durch Atome eines Atomstrahls, die beim Durchlaufen von Magnetfeldern einen Zeeman-Effekt ihrer Hyperfeinstrukturniveaus erlitten haben und im Feld der elektromagnetischen Welle von einem Hyperfeinstrukturterm in einen anderen übergehen. Entsprechend der heute weit vorangeschrittenen Entwicklung auf den Gebieten der Quarzsender und Quarzuhren, sowie der Hohlleitertechnik und Molekularstrahlanordnungen stehen für die praktische Realisierung einer Atomuhr bereits viele Möglichkeiten offen. Dabei wird die Genauigkeit, mit der die Atomuhr ihre Frequenz einhält, wesentlich durch die Breite der Absorptionslinie der Gasmoleküle im Hohlleiter bedingt. Die Atomuhr befindet sich derzeit noch in den ersten Stadien einer allerdings viel versprechenden Entwicklung, die zweifellos auch an weiteren Stellen aufgegriffen werden wird; daher ist die Frage, ob und inwieweit sich der Bau von Atomuhren auf die Kontrolle der Rotationsgeschwindigkeit der Erde — unseres bisherigen Zeitnormals — und eventuell auch auf die Aufstellung einer neuen Definition für unsere Zeiteinheit Sekunde auswirken wird, im Augenblick noch nicht eindeutig zu beantworten *[G 20; L 25; L 26; L 27; N 10; S 12; T 17]*. In diesem Zusammenhang sind auch die periodischen Schwankungen in der Frequenz der Erdrotation zu erwähnen, die bei der Auswertung des Ganges der PTR-Quarzuhren gegenüber der astronomisch aus der Erdrotation bestimmten Zeit erstmalig von *Scheibe* und *Adelsberger [S 9]* gefunden wurden. Der Effekt, für den inzwischen umfangreiches experimentelles Material vorliegt *[F 4; S 9; S 10; S 11; S 71; S 72; S 73; S 74; U 1]*, die vollständige theoretische Deutung allerdings noch aussteht, blieb bei der Aufstellung der die Sekunde über die „Ephemeriden-Zeit" festlegenden Gleichung durch die IAU im Jahre 1952 (Abschnitt 3 a) unberücksichtigt.

Zu dem Anwendungsbereich der verschiedenen hier aufgezählten mechanischen Einheitensysteme läßt sich allgemein noch folgendes sagen. Das CGS-System entstammt der ersten Hälfte des vorigen Jahrhunderts und erfreut sich nach wie vor einer großen Beliebtheit in der reinen Physik, speziell der Atom- und Kernphysik. Die CGS-Einheiten wurden und werden vielfach „absolute" Einheiten genannt. Hinter dem Beiwort „absolut" verbergen sich allerdings keine tieferen physikalischen Hintergründe, etwa in Zusammenhang mit der Relativitätstheorie, die zur Zeit der Prägung der Bezeichnung „absolute Einheiten" noch gar nicht bekannt war; „absolut" wird hier nur als Gegensatz zu „relativ" benutzt. In der Annahme, daß ein mechanisches Einheitensystem, das auf den verabredeten Grundeinheiten für Länge, Masse, Zeit basiert, von Ort und Zeit und irgendwelchen sonstigen zusätzlichen Festsetzungen unabhängig sei, hat man ein solches System ein „absolutes" genannt. Die British Association for the Advancement of Science (BAAS), die in der zweiten Hälfte des vorigen Jahrhunderts die Einheitenfestlegungen maßgebend beeinflußte, hat auf ihrer Tagung in Newcastle *[C 44]* im Jahre 1863 eindeutig festgestellt, daß man unter „absoluten" Einheiten solche zu verstehen habe, die sich kohärent aus den drei Grundeinheiten m, g, s ableiten. Wir werden im vierten Buchteil auf die Bedeutung des Wortes „absolut" in Zusammenhang mit den elektrischen Einheiten noch zurückkommen (Abschnitt 4, III, 1).

Seit etwa einem Jahrzehnt tritt das MKS-System immer mehr in den Vordergrund. Das liegt einmal daran, daß die Technik schon von jeher m und kg dem cm und g vorgezogen hat, zum anderen an der in diesem Zusammenhang wesentlichen Tatsache, daß das MKS-System — im Gegensatz zum CGS-System — mit dem seit dem 1. 1. 1948 international eingeführten System der absoluten elektrischen Einheiten zusammen ein geschlossenes abgestimmtes Einheitensystem für Mechanik und Elektrodynamik bildet. Dieses System wurde daher bereits im Jahre 1935 von der Internationalen Elektrotechnischen Kommission *[I 17]* in ihrer Vollversammlung in Scheveningen einstimmig zur internationalen Benutzung angenommen. Im Jahre 1948 entschied sich auch die Internationale Union für reine und angewandte Physik (IUPAP), ohne allerdings zu empfehlen, daß das CGS-System von den Physikern ganz aufgegeben werden sollte, für das MKS-System und stellte *[C 125]* beim Internationalen Komitee für Maß und Gewicht den Antrag, es möge für die internationalen Beziehungen ein System praktischer, international verbindlicher Einheiten annehmen, für das die IUPAP als Grundeinheiten m, kg, s und eine noch später festzusetzende elektrische Einheit und als Krafteinheit das N vorschlug. Der Antrag der IUPAP führte zur Annahme der Résolution 6 durch die 9. Generalkonferenz für Maß und Gewicht *[C 127]*:

« Résolution 6.

La Conférence générale,

Considérant que le Comité International des Poids et Mesures a été saisi d'une demande de l'Union Internationale de Physique le sollicitant d'adopter pour les relations internationales un système pratique international d'unités, recommandant le système M. K. S. et une unité électrique du système pratique absolu, tout en ne recommandant pas que le système C. G. S. soit abandonné par les physiciens,

Considérant qu'elle-même a reçu du Gouvernement français une demande analogue, accompagnée d'un projet destiné à servir de base de discussion pour l'établissement d'une réglementation complète des unités de mesure,

Charge le Comité international

d'ouvrir à cet effet une enquête officielle sur l'opinion des milieux scientifiques, techniques et pédagogiques de tous les pays (en offrant effectivement comme base le document français) et de la pousser activement;

de centraliser les réponses;

et d'émettre des recommandations concernant l'établissement d'un même système pratique d'unités de mesure, susceptible d'être adopté dans tous les pays signataires de la Convention du Mètre. »

Damit rückt einmal die Aufstellung eines Gesamtentwurfes für ein internationales Einheitensystem, das von allen Mitgliedsstaaten der Meterkonvention angenommen werden könnte, in nähere Aussicht. Zum anderen ist aber der Entwicklung durch die offizielle Versendung des französischen Entwurfs *[C 132]* als Diskussionsgrundlage bereits in gewissem Ausmaß eine bestimmte Linie vorgezeichnet worden.

Der französische Entwurf gliedert sich in drei Teile: im Teil I werden Grundeinheiten für die sechs als Grundgrößenarten anzusehenden Größenarten Länge, Masse, Zeit, elektrische Stromstärke, Temperatur und Lichtstärke definiert (Meter, Kilogramm, mittlere Sonnensekunde, Ampere, Grad Celsius und Candela); der Teil II enthält eine Zusammenstellung der für die wichtigsten physikalischen Größenarten aus sechs Grundeinheiten abzuleitenden Einheiten, während im Teil III besondere, in den verschiedenen Ländern weitgehend für einzelne Größen übliche Einheiten aufgeführt werden sollen, die nicht kohärent aus dem Satz der sechs Grundeinheiten abzuleiten sind. Die Einheiten des als international verbindlich gedachten II. Teils bauen sich also — abgesehen von °C und cd — wesentlich auf dem MKS-System oder dem durch das A erweiterten MKSA-System auf. Für den elektrischen Teil der Einheiten wird der Entwurf heute vielleicht schon weniger umstritten sein als für die mechanischen Einheiten, speziell die Krafteinheiten. Das ist der Grund, weshalb wir auf die Résolution 6 der 9. Generalkonferenz gerade bei der Behandlung der *mechanischen* Einheiten eingehen.

Als abgestimmte Krafteinheit sieht der französische Entwurf in seinem Teil II folgerichtig die MKS-Einheit N vor. Die technische Krafteinheit, die *nicht* in das MKS-System paßt, tritt daher lediglich im Teil III und dort übrigens auch ohne eine feste Namensbezeichnung auf. Hierzu heißt es in dem dem Entwurf beigefügten Bericht des Bureau national Scientific et Permanent des Poids et Mesures de France *[C133]* zur Frage der technischen Krafteinheit oder eines technischen Einheitensystems der Mechanik unter Ziffer 2. 3° *[C 134]*:

« Il convient d'éliminer tout système comportant une unité fondamentale de force ou de poids. S'il paraît utile *d'autoriser* pour la mécanique pratique l'usage d'une unité de poids, un nom spécial devra être donné à cette unité, ne rappelant, ni par son expression, ni par son symbole, le nom d'une unité métrique de masse. »

Damit ist zu den Fragen der Benennung und der Benutzung der technischen Krafteinheit, die in Deutschland in den letzten Jahren wieder lebhaft diskutiert wurden *[H 9; S 54; W 16; W 17]*, vom Bureau national de France eindeutig Stellung genommen worden: Die internationale Krafteinheit (im Teil II) ist die physikalische MKS-Einheit N, daneben *kann* (z. B. im Teil III) eine technische Krafteinheit nur zugelassen werden, wenn sie einen Namen erhält, der weder durch seine Wortbildung noch durch sein Formelzeichen an die metrische Masseneinheit erinnert.

Die französische Auffassung scheint auch in anderen Ländern geteilt zu werden. In Schweden haben die Königl. Akademie der Wissenschaften, die Akademie für Ingenieurwissenschaften, die Technischen Hochschulen Göteborg und Stockholm, die Königl. Unterrichtsverwaltung, die Königl. Verwaltung für die Berufsausbildung, die Staatl. Materialprüfungsanstalt, der Schwedische Technologenverband und die Königl. Münz- und Eichbehörde in einer gemeinsamen Entschließung vom 18. 6. 1945 unter Herausstellung des MKS-Systems als primäre Krafteinheit das N erklärt, für die technische Krafteinheit, falls sie benutzt werden soll, den Namen Kilopond angenommen und das der Masseneinheit vorbehaltene Wort Kilogramm zur Bezeichnung einer Kraft ausdrücklich verboten. Das Internationale Komitee für Maß und Gewicht *[C 55]* hat in seiner 1946 ausgearbeiteten Zusammenstellung von Definitionen für mechanische Einheiten nur die physikalische Krafteinheit N des MKS-Systems aufgeführt und eine Entscheidung über die technische Krafteinheit abgelehnt *[C 51]*.

In Belgien und Holland wird die Kilopondfrage gleichfalls eingehend diskutiert. Man stößt sich dort an dem *Namen* Kilopond, der mit dem niederländischen Wort „pond" für Pfund übereinstimmt. In Belgien wird die technische Krafteinheit derzeit kilogramme-force oder kilogram-kracht (Symbol: kg') genannt. In Frankreich bezeichnete das kilogramm-force bislang nicht das Normgewicht $g_n \cdot$ kg, sondern das lokale Gewicht $g \cdot$ kg des Kilogramms. Um in Zukunft zwischen beiden Größen präziser unterscheiden zu können, werden in Frankreich neuerdings die Bezeichnungen kilogramme-force mit der Abkürzung kgf für das Normgewicht $g_n \cdot$ kg und kilogramme-poids für das lokale Gewicht $g \cdot$ kg vorgeschlagen. In Italien will man sich für die Krafteinheiten auf das N und seine Teile und Vielfachen beschränken.

In der von der 9. Generalkonferenz für Maß und Gewicht durch die Résolution 7 (Abschnitt 1, 7) 1948 angenommenen Liste der Einheitensymbole ist nur das N, nicht aber die technische Krafteinheit aufgeführt worden. Das österreichische Bundesgesetz vom 5. Juli 1950 über das Maß- und Eichwesen *[O 2]* enthält entsprechend dem auch dort zugrunde gelegten MKS-System als Krafteinheit das N; daneben wird für die technische Krafteinheit die Bezeichnung Kilopond genannt. Das schweizerische Bundesgesetz vom 1. April 1949 *[S 18]* betreffend die Änderung des Bundesgesetzes über Maß und Gewicht sieht als Krafteinheit nur die physikalische MKS-Einheit N vor.

Auch in England erblickt man in der Nichtunterscheidung zwischen physikalischer Masseneinheit und technischer Krafteinheit den Anlaß zu ständigen Mißverständnissen. Das National Physical Laboratory stellt in einem Sonderheft *[N 12]* fest:

"... it seems an unnecessary source of confusion to use lb or kg for both a mass and for the gravitational force on that mass."

Als vorläufige Lösung für das englische ft-lb-s-System sieht das NPL entsprechend einem Vorschlag von *Stroud* vor *[N 12; C 11]*, die Formelzeichen für die Gewichtseinheiten mit großen Anfangsbuchstaben zu schreiben, also z. B. das pound (mass) mit lb und das pound-force mit Lb abzukürzen. Analog soll die metrische technische Krafteinheit $g_n \cdot$ kg als Kg abgekürzt werden, eine Bezeichnung, die im Bereich der Meterkonvention wegen der bestehenden Festsetzungen für dezimale Vorsatzsilben (k = 10^3) auf erhebliche Schwierigkeiten stoßen dürfte. Gegen den *Namen* Kilopond werden im Hinblick auf das englische Wort „pound" auch in Großbritannien Bedenken erhoben. Normgewicht und lokales Gewicht von pound und Kilogramm sollen, ähnlich wie in Frankreich, durch die Worte pound-force und kilogramme-force bzw. pound-weight und kilogramme-weight auseinandergehalten werden (Abschnitt 3 c).

In Deutschland, wo das Wort „Kilopond" geprägt wurde, konnte bislang eine eindeutige Einigung zwischen Physik und Technik über die Frage des Namens für die technische Krafteinheit noch nicht erreicht werden, da die Anforderungen dieser beiden Gruppen sehr unterschiedlich sind: Der Physiker braucht und benutzt die technische Krafteinheit praktisch ebensowenig wie die Größenart Wichte und mißt im physikalischen Einheitensystem — für ihn ist das Kilopond eine sprachliche Kürzung der langatmigen Einheitenbezeichnung „9,806 65 Newton"; der Ingenieur bevorzugt dagegen das technische Einheitensystem und kann im allgemeinen auf die Verwendung der Größenarten Masse und

Dichte verzichten. Der für die technische Masseneinheit[1]) m^{-1} kp s^2 vorgeschlagene Name *[P 66]* „Kilohyl" (khyl) hat sich daher bislang auch noch nicht einbürgern können, da praktisch kein Bedürfnis für seine Benutzung vorliegt; seit einigen Jahren wird die Bezeichnung „techma" propagiert. In Hinblick auf die Arbeiten an der Aufstellung eines internationalen praktischen Einheitensystems ist jedoch festzustellen, daß es im Interesse der Technik sehr wünschenswert wäre, wenigstens die zum technischen Einheitensystem gehörigen Kraft- und Druckeinheiten Kilopond und technische Atmosphäre (at = 10^4 kp/m²; Abschnitt 6) für die weitere Zukunft zu erhalten.

Wenn der *Name* Kilopond, der sich bereits in mehreren Ländern eingebürgert und bewährt hat, wegen der sprachlichen Ähnlichkeit mit „pound" und „pond" nicht international annehmbar erscheint, sollte man versuchen, sich auf einen anderen, besser befriedigenden und prägnanten Namen und ein Symbol für die technische Krafteinheit zu einigen, das die derzeit vorhandenen Bezeichnungen — kp, Kg, kgf, kg' usw. — ablösen könnte.

1954 hat die 10. Generalkonferenz für Maß und Gewicht zur Aufstellung eines internationalen praktischen Einheitensystems einen wichtigen Schritt getan. In der Résolution 6 wurden 6 Einheiten als „Basiseinheiten" (Abschnitt 1, 4) festgelegt *[C 136]*:

«*Résolution 6*

La Dixième Conférence Générale, en exécution du voeu exprimé dans sa Résolution 6 par la Neuvième Conférence Générale concernant l'établissement d'un système pratique de mesure pour les relations internationales,

décide d'adopter comme unités de base de ce système à établir les unités suivantes:

longueur .... mètre
masse .... kilogramme
temps .... seconde
intensité du courant électrique .... ampère
température thermodynamique .... degré Kelvin
intensité lumineuse .... candela.»

Mit Ausnahme der thermischen Basiseinheit, für die entsprechend der Résolution 3 (Abschnitt 3, 5a) der Grad Kelvin als Einheit der thermodynamischen Temperatur gewählt wurde, hat die 10. Generalkonferenz den Vorschlag des französischen Diskussionsentwurfs von 1948 übernommen. Die abgeleiteten Einheiten des m-kg-s-A-°K-cd-Systems und die zu ihm nicht-kohärenten Einheiten wurden auf der Generalkonferenz nicht diskutiert. Ihre Bearbeitung bleibt weiter Aufgabe des Internationalen Komitees für Maß und Gewicht.

Für das internationale praktische Einheitensystem mit den 6 oben genannten Basis- oder Grundeinheiten ist bislang noch kein Name festgelegt worden; wir bezeichnen es provisorisch als MKSAKC-System.

4. Umrechnungsfaktoren in der Mechanik

Wir haben noch im einzelnen die Frage, in welchen Verhältnissen die Einheiten für eine Größenart in den verschiedenen mechanischen Einheitensystemen und die in diesen gemessenen Zahlenwerte zueinander stehen, zu beantworten, d. h. Zahlenwerte für die Umrechnungsfaktoren g_a oder f_a anzugeben.

Grundsätzlich ist es gleichgültig, welche der beiden Arten von Umrechnungsfaktoren wir ableiten. Das größere Bedürfnis liegt zweifellos für die Kenntnis der Umrechnungsfaktoren f_a zwischen den Zahlenwerten vor. Beim praktischen Rechnen, d. h. für die zahlenmäßige Beurteilung und Behandlung eines bestimmten Problems, interessiert es im allgemeinen, einen gegebenen oder gemessenen Zahlenwert für eine Größe, bezogen auf die Einheit eines bestimmten Einheitensystems, mit Zahlenwerten zu vergleichen, die für eine Größe gleicher Art, aber unterschiedlichen Wertes in der Einheit irgendeines anderen Einheitensystems gemessen oder in der Literatur angegeben wurden. Aus diesem Grunde wollen wir für die von uns betrachteten mechanischen Größen und die vier genannten mechanischen

---

[1]) Man vermeide Abkürzungen wie TME — das Zeichen TME ist bereits für die „Tausendstel-Masseneinheit", eine „energetische" Einheit der Kernphysik, vergeben (Abschnitt 6, I, 4e).
In England wird die technische Masseneinheit m^{-1} kp s^2 auch „slug metric" genannt, während man die technische Masseneinheit $g \cdot$ lb s²/ft im englischen Einheitensystem als „slug" bezeichnet *[H 24]*:

$$1 \text{ slug metric} \equiv 1 \text{ m}^{-1} \text{ kp s}^2 = 9{,}806\,65 \text{ kg}, \tag{70}$$

$$1 \text{ slug} = \frac{980{,}665}{30{,}48} \text{ lb} = 32{,}174\,05 \text{ lb} = 14{,}593\,90 \text{ kg} = 1{,}488\,164 \text{ m}^{-1} \text{ kp s}^{-2}. \tag{71}$$

Einheitensysteme die Umrechnungsfaktoren f_a zur Umrechnung der in den verschiedenen Einheiten gemessenen Zahlenwerte entwickeln und tafelmäßig zusammenstellen. Wünscht jemand aus besonderen Gründen an Stelle eines solchen Umrechnungsfaktors f_a den Umrechnungsfaktor g_a zwischen den zugehörigen Einheiten zu kennen, so gewinnt er ihn entsprechend der allgemeinen Beziehung

$$g_a = \frac{1}{f_a} \qquad\qquad (1, 24')$$

als den reziproken Wert des den Umrechnungstafeln entnommenen Umrechnungsfaktors f_a.

Die Umrechnungsfaktoren f_a geben an, mit welchem Zahlenfaktor wir den Zahlenwert einer Größe a, gemessen z. B. im Einheitensystem x, zu multiplizieren haben, um den Zahlenwert der gleichen Größe, gemessen in einem anderen Einheitensystem y zu erhalten. Der Umrechnungsfaktor $_xf_a^y$ wird definiert durch die Zahlenwertgleichung

$$\{a\}_y = {_xf_a^y} \cdot \{a\}_x \qquad\qquad (1, 23)$$

und ergibt sich zu

$$_xf_a^y = \frac{\{a\}_y}{\{a\}_x} = \frac{[a]_x}{[a]_y} = \frac{1}{_xg_a^y} \, . \qquad\qquad (72)$$

Die Einheiten für eine Größe können sich jeweils in den beiden physikalischen oder in den beiden technischen Einheitensystemen nur um Zehnerpotenzen unterscheiden, wie ein Blick auf die Definitionen der Grundeinheiten dieser Einheitensysteme lehrt. Diese einfachen Einheitenbeziehungen gelten für alle mechanischen Größen.

Betrachten wir das Verhältnis der Einheit aus einem der beiden physikalischen Einheitensysteme zu der entsprechenden Einheit aus einem der beiden technischen Einheitensysteme, so bleibt dieser Satz nur für die rein geometrischen und kinematischen Größen erhalten, in deren Dimensionsprodukten die Grunddimensionen für Masse oder Kraft nicht auftreten. Anders liegen hier allerdings die Verhältnisse für die mechanischen Größen, die in ihren Dimensionsausdrücken M oder F mit von null verschiedener Potenz enthalten. Die physikalischen Krafteinheiten und Masseneinheiten unterscheiden sich nämlich von den technischen Krafteinheiten und Masseneinheiten außer um eventuelle Zehnerpotenzen noch um den Zahlenwert der Normfallbeschleunigung.

So war die physikalische CGS-Krafteinheit 1 dyn als die Kraft definiert, die der Masse 1 g die Beschleunigung 1 cm s^{-2} erteilt, dagegen die technische Krafteinheit 1 p als die Kraft, die der gleichen Masse 1g die Beschleunigung $g_n = 980{,}665$ cm s^{-2} verleiht. Analog beschleunigt eine Kraft der physikalischen MKS-Einheit 1 N eine Masse von 1 kg mit 1 m s^{-2}, dagegen eine Kraft der technischen Einheit 1 kp die gleiche Masse von 1 kg mit $g_n = 9{,}80665$ m s^{-2}. Es bestehen also zwischen den Beträgen der genannten Krafteinheiten folgende Verhältnisse

$$[F]_\mathrm{p} = \{g_n\}_\mathrm{CGS} \cdot [F]_\mathrm{CGS} \qquad\qquad (73)$$

oder

$$1\,\mathrm{p} = 980{,}665\ \mathrm{dyn} = 980{,}665\ \mathrm{cm\ g\ s^{-2}}, \qquad\qquad (73')$$

$$[F]_\mathrm{kp} = \{g_n\}_\mathrm{MKS} \cdot [F]_\mathrm{MKS} \qquad\qquad (74)$$

oder

$$1\,\mathrm{kp} = 9{,}80665\ \mathrm{N} = 9{,}80665\ \mathrm{m\ kg\ s^{-2}}, \qquad\qquad (74')$$

wenn wir durch die Indizes CGS, MKS, p, kp das CGS-, MKS-, cm-p-s-, m-kp-s-System kennzeichnen.

In gleicher Weise verhalten sich die Beträge für entsprechende Masseneinheiten. Der Normwert g_n der Fallbeschleunigung verknüpft die Masse m eines Körpers mit der Normgewicht G_n genannten speziellen Kraft entsprechend der allgemeinen Kraft-Masse-Beziehung (14)

$$g_n = \frac{G_n}{m} \, . \qquad\qquad (75)$$

g_n wurde zu $980{,}665$ cm s^{-2} $= 9{,}80665$ m s^{-2} festgelegt. Ihre Einheit und ihr Zahlenwert sind nur von der benutzten Längen- und Zeiteinheit, dagegen nicht von der Massen- oder Krafteinheit abhängig, sind also jeweils im CGS- und cm-p-s-System oder im MKS- und m-kp-s-System gleich. Folglich müssen auch die Einheiten und Zahlenwerte des Quotienten G_n/m in denselben Einheitensystemen übereinstimmen; d. h. die Einheiten der Masse in physikalischen und technischen Einheitensystemen mit gleicher Längeneinheit verhalten sich genau so wie die entsprechenden Einheiten der Kraft

$$[m]_\mathrm{p} = \{g_n\}_\mathrm{CGS} \cdot [m]_\mathrm{CGS} \tag{76}$$

oder

$$1\ \mathrm{cm^{-1}\,p\,s^2} = 980{,}665\ \mathrm{g}, \tag{76'}$$

$$[m]_\mathrm{kp} = \{g_n\}_\mathrm{MKS} \cdot [m]_\mathrm{MKS} \tag{77}$$

oder

$$1\ \mathrm{m^{-1}\,kp\,s^2} = 9{,}806\,65\ \mathrm{kg}. \tag{77'}$$

Diese Einheitengleichungen erhält man selbstverständlich auch, wenn man die Einheitenbeziehungen (73') und (74') für die technischen Krafteinheiten nach den technischen Masseneinheiten auflöst.

Damit haben wir alle Unterlagen für die Angabe der Umrechnungsfaktoren g_a oder f_a für die mechanischen Größen geschaffen. Sie enthalten

1) Zehnerpotenzen wegen der Unterschiede $\mathrm{cm} \div \mathrm{m}$, $\mathrm{g} \div \mathrm{kg}$, $\mathrm{p} \div \mathrm{kp}$,

2) den Zahlenwert $\{g_n\}_\mathrm{CGS}$ wegen der Unterschiede $[m]_\mathrm{CGS} \div [m]_\mathrm{p}$, $[F]_\mathrm{CGS} \div [F]_\mathrm{p}$ oder den Zahlenwert $\{g_n\}_\mathrm{MKS}$ wegen der Unterschiede $[m]_\mathrm{MKS} \div [m]_\mathrm{kp}$, $[F]_\mathrm{MKS} \div [F]_\mathrm{kp}$. Dabei kann man den zwischen $\{g_n\}_\mathrm{CGS}$ und $\{g_n\}_\mathrm{MKS}$ auftretenden Faktor 10^2 in die unter 1) genannten Zehnerpotenzen mit einbeziehen.

Als Beispiel berechnen wir die Umrechnungsfaktoren f_w für die Energiedichte w. Die Dimensionsprodukte der Energiedichte w lauten in den beiden hier interessierenden Dimensionssystemen LMT und LFT

$$\mathrm{Dim}\,[w]_\mathsf{LMT} = \mathsf{L^{-1}MT^{-2}} \qquad (78) \qquad\qquad \mathrm{Dim}\,[w]_\mathsf{LFT} = \mathsf{L^{-2}K}. \tag{79}$$

Folglich gehören zu w in den physikalischen und technischen Einheitensystemen entsprechend den Beziehungen (19) und (60) die Einheiten

$$[w]_\mathrm{CGS} = \mathrm{cm^{-1}\,g\,s^{-2}} \qquad (78\,\mathrm{a}) \qquad\qquad [w]_\mathrm{p} = \mathrm{cm^{-2}\,p} \tag{79a}$$

$$[w]_\mathrm{MKS} = \mathrm{m^{-1}\,kg\,s^{-2}} \qquad (78\,\mathrm{b}) \qquad\qquad [w]_\mathrm{kp} = \mathrm{m^{-2}\,kp}. \tag{79b}$$

Wir erhalten also unter Benutzung der verschiedenen Einheitengleichungen zunächst folgende Einheitenverhältnisse:

$$_\mathrm{CGS}g_w^\mathrm{MKS} = \frac{[w]_\mathrm{MKS}}{[w]_\mathrm{CGS}} = \frac{\mathrm{m^{-1}\,kg\,s^{-2}}}{\mathrm{cm^{-1}\,g\,s^{-2}}} = 10^{-2} \cdot 10^3 \cdot 1 = 10 \tag{80}$$

$$_\mathrm{p}g_w^\mathrm{kp} = \frac{[w]_\mathrm{kp}}{[w]_\mathrm{p}} = \frac{\mathrm{m^{-2}\,kp}}{\mathrm{cm^{-2}\,p}} = 10^{-4} \cdot 10^3 = 10^{-1} \tag{81}$$

$$_\mathrm{p}g_w^\mathrm{CGS} = \frac{[w]_\mathrm{CGS}}{[w]_\mathrm{p}} = \frac{\mathrm{cm^{-1}\,g\,s^{-2}}}{\mathrm{cm^{-2}\,p}} = \frac{\mathrm{cm^{-1}\,g\,s^{-2}}}{\mathrm{cm^{-2}\{g_n\}_{CGS}\,cm\,g\,s^{-2}}} = 1{,}019\,716 \cdot 10^{-3} \tag{82}$$

$$_\mathrm{kp}g_w^\mathrm{MKS} = \frac{[w]_\mathrm{MKS}}{[w]_\mathrm{kp}} = \frac{\mathrm{m^{-1}\,kg\,s^{-2}}}{\mathrm{m^{-2}\,kp}} = \frac{\mathrm{m^{-1}\,kg\,s^{-2}}}{\mathrm{m^{-2}\{g_n\}_{MKS}\,m\,kg\,s^{-2}}} = 1{,}019\,716 \cdot 10^{-1} \tag{83}$$

$$_\mathrm{p}g_w^\mathrm{MKS} = \frac{[w]_\mathrm{MKS}}{[w]_\mathrm{p}} = \frac{\mathrm{m^{-1}\,kg\,s^{-2}}}{\mathrm{cm^{-2}\,p}} = \frac{10^{-2}\,\mathrm{cm^{-1}}\,10^{-3}\,\mathrm{g\,s^{-2}}}{\mathrm{cm^{-2}\{g_n\}_{CGS}\,cm\,g\,s^{-2}}} = 1{,}019\,716 \cdot 10^{-2} \tag{84}$$

$$_\mathrm{kp}g_w^\mathrm{CGS} = \frac{[w]_\mathrm{CGS}}{[w]_\mathrm{kp}} = \frac{\mathrm{cm^{-1}\,g\,s^{-2}}}{\mathrm{m^{-2}\,kp}} = \frac{10^2\,\mathrm{m^{-1}}\,10^{-3}\,\mathrm{kg\,s^{-2}}}{\mathrm{m^{-2}\{g_n\}_{MKS}\,m\,kg\,s^{-2}}} = 1{,}019\,716 \cdot 10^{-2}\ \text{usw.} \tag{85}$$

Die Umrechnungsfaktoren $_\mathrm{x}f_w^\mathrm{y}$ für die entsprechenden Zahlenwerte gewinnen wir nach unserer allgemeinen Vorschrift als reziproke Werte der Umrechnungsfaktoren $_\mathrm{x}g_w^\mathrm{y}$

$$_\mathrm{CGS}f_w^\mathrm{MKS} = \frac{\{w\}_\mathrm{MKS}}{\{w\}_\mathrm{CGS}} = 10^{-1} \tag{80'}$$

$$_\mathrm{p}f_w^\mathrm{kp} = \frac{\{w\}_\mathrm{kp}}{\{w\}_\mathrm{p}} = 10 \tag{81'}$$

$$_\mathrm{p}f_w^\mathrm{CGS} = \frac{\{w\}_\mathrm{CGS}}{\{w\}_\mathrm{p}} = 980{,}665 \tag{82'}$$

$$_\mathrm{kp}f_w^\mathrm{MKS} = \frac{\{w\}_\mathrm{MKS}}{\{w\}_\mathrm{kp}} = 9{,}806\,65 \tag{83'}$$

$$_\mathrm{p}f_w^\mathrm{MKS} = \frac{\{w\}_\mathrm{MKS}}{\{w\}_\mathrm{p}} = 98{,}0665 \tag{84'}$$

$$_\mathrm{kp}f_w^\mathrm{CGS} = \frac{\{w\}_\mathrm{CGS}}{\{w\}_\mathrm{kp}} = 98{,}0665\ \text{usw.} \tag{85'}$$

Dieses ausführlich dargestellte Beispiel wird das allgemeine Berechnungsverfahren der mechanischen Umrechnungsfaktoren hinreichend erläutern. In gleicher Weise haben wir die Umrechnungsfaktoren f_a zwischen den Zahlenwerten auch für die übrigen von uns betrachteten mechanischen Größen entwickelt und in den Tafeln 2 bis 5 niedergelegt. Da das MTS-System praktisch nur für Frankreich Bedeutung besitzt und seine Einheiten sich nur um Zehnerpotenzen von den entsprechenden des MKS-Systems wegen der um den Faktor 10^3 größeren Masseneinheit unterscheiden, brauchen wir bei der Aufstellung der Umrechnungsfaktoren das MTS-System nicht besonders zu berücksichtigen.

Die Umrechnungstafeln wurden nach folgenden Gesichtspunkten aufgestellt. Dimensionslose Größen, wie der Winkel φ und die Poissonsche Elastizitätszahl μ, haben unabhängig vom jeweils für die übrigen Größen benutzten Einheitensystem immer denselben Zahlenwert und brauchen daher nicht in den Umrechnungstafeln aufgeführt zu werden. Das gleiche gilt für alle mechanischen Größen, deren Dimensionsprodukte nur eine Potenz der Grunddimension T enthalten, da als Zeiteinheit in allen Einheitensystemen einheitlich die s benutzt wird; es sind das die Winkelgeschwindigkeit $\vec{\omega}$ und die Winkelbeschleunigung $\dot{\vec{\omega}}$. Die Frequenz f, die auch zu dieser Klasse von Größen gehört, haben wir mit Rücksicht auf die heute in allen mechanischen Einheitensystemen benutzten Bezeichnungen „Hertz" (Hz) oder „cycle per second" (c/s) für ihre Einheit s^{-1}

$$1 \, \mathrm{Hz} \equiv 1 \, \mathrm{s}^{-1} \equiv 1 \, \mathrm{c/s} \tag{86}$$

in die Umrechnungstafeln mit aufgenommen.

Weiter ergab sich mit Rücksicht auf die in der Praxis vorkommenden Fälle die Notwendigkeit, für die Zahlenwerte der einzelnen mechanischen Größen die Umrechnungsfaktoren f_a von jedem mechanischen Einheitensystem in jedes andere anzugeben. Wir sind dieser Forderung in der Weise nachgekommen, daß vier verschiedene Umrechnungstafeln nach einem einheitlichen, aus den Tafelköpfen ersichtlichen Schema, das gleichzeitig die Benutzungsvorschrift enthält, aufgestellt wurden. Jede dieser Tafeln ist auf eines der vier mechanischen Einheitensysteme zugeschnitten und gibt die Umrechnungsfaktoren an, mit denen die Zahlenwerte der Größen, gemessen in den drei anderen mechanischen Einheitensystemen, multipliziert werden müssen, um den entsprechenden Zahlenwert in diesem bestimmten Einheitensystem zu erhalten. Die Grundeinheiten der Einheitensysteme sind durch Fettdruck hervorgehoben[1]).

5. Winkeleinheiten und Umrechnungsfaktoren $_x f_\varphi^y$ und $_x f_\Omega^y$

Für die beiden Größenarten ebener Winkel und räumlicher Winkel ist eine ganze Reihe von Einheiten in Benutzung, die nicht unmittelbar in die mechanischen Einheitensysteme gehören und daher hier gesondert behandelt werden sollen.

a) Ebener Winkel φ. Wir wollen die nicht-rationale analytische Einführung des Winkels (Abschnitt 2) zugrunde legen. In ihr ist der ebene Winkel φ als das Verhältnis Kreisbogenlänge zu Kreisradius, also als dimensionslose Größenart definiert. Dementsprechend kommen dem Winkel keine dimensionsbehafteten physikalischen Einheiten, sondern lediglich dimensionslose arithmetische Zählungseinheiten zu. Als Zählungseinheiten zur Messung von Winkeln dienen neben der Einheit Eins der normalen Zahlenreihe die Zahlen $\pi/2$, $\pi/180$ und $\pi/200$.

Man benutzt für diese Winkeleinheiten besondere Namen, die zur Hervorhebung der jeweils in ihnen gemessenen Winkelwerte dienen sollen und durch die Identitäten

$$\text{Radiant[2])} \qquad \text{(rad)} \equiv 1 \tag{87}$$
$$\text{Rechter} \qquad \text{(∟)} \equiv \pi/2 \tag{88}$$
$$\text{Altgrad[3])} \qquad \text{(°)} \equiv \pi/180 \tag{89}$$
$$\text{Neugrad oder Gon[4])} \quad \text{(g)} \equiv \pi/200 \tag{90}$$

---

[1]) Ein Vorläufer der Tafel 3 ist bereits vor einiger Zeit erschienen *[S 48]*.
[2]) Im englischen und französischen Sprachgebiet radian genannt.
[3]) Im englischen Sprachgebiet degree, im französischen degré (d) genannt.
[4]) Im englischen und französischen Sprachgebiet grade (gr) genannt. Für den Neugrad wurde 1949 von Herrn Dr. *H. Bock* die Bezeichnung „Gon" vorgeschlagen.

bestimmt werden. Bei Winkelangaben ist also, falls in der normalen Zählungseinheit Eins gezählt wird, die Anfügung der Bezeichnung rad an den betreffenden Zahlenwert ein mathematisch nicht notwendiger Hinweis auf die Zählungseinheit. Winkelangaben in einer der anderen drei Zählungseinheiten werden erst durch den entsprechenden Zählungseinheitenzusatz eindeutig, da diese Einheitennamen nur besondere Bezeichnungen der entsprechenden Zahlen $\pi/2$, $\pi/180$, $\pi/200$ darstellen, die als Faktoren in den betrachteten Winkelwert eingehen.

1 „Rechter" ist gleich dem im täglichen Leben meist benutzten „rechten Winkel", d. h. gleich dem vierten Teil des „ganzen Winkels", den ein Radiusvektor bei einmaligem Umlauf an einem Kreise beschreibt. Bezogen auf den Rechten gelten entsprechend den Identitäten (87) bis (90) für die Winkelzählungseinheiten folgende Umrechnungsbeziehungen *[D 17]*

$$1° \; = \frac{1}{90} \; \llcorner \tag{91}$$

$$1^g \; = 10^{-2} \llcorner \tag{92}$$

$$1 \text{ rad} = 2/\pi \; \llcorner . \tag{93}$$

Zur Bezeichnung des „ganzen" ebenen Winkels 2π rad als besonderer Winkeleinheit sucht man derzeit nach einem geeigneten Namen; bislang wurde für die englische Sprache „revolution" und für die französische Sprache „tour" vorgeschlagen, so daß mit den Abkürzungen „rev." und „tr." zu schreiben wäre

$$\text{rev.} = \text{tr.} = 2\pi \text{ rad}^1). \tag{87a}$$

Im deutschen Sprachraum hat die Bezeichnung „Umdrehung (U)" einen anderen Sinn. Durch die Aussage, ein gleichmäßig rotierender Körper laufe beispielsweise mit 1000 U/min um, wird nur der phänomenologische Vorgang eines sich drehenden Läufers gekennzeichnet, dem eine Winkelgeschwindigkeit von $2\pi \cdot 1000$ rad/min zugeordnet werden kann. Es ist aber *nicht* etwa die Drehzahl $n = 1000$ U/min *gleich* der Winkelgeschwindigkeit $\dot{\varphi} = 2\pi \cdot 1000$ rad/min, vielmehr gilt zwischen n und $\dot{\varphi}$ die Größengleichung

$$n = 2\pi \, \dot{\varphi}. \tag{87b}$$

U stellt lediglich ein auf den Wert einer Drehzahl hinweisendes Symbol dar, ist also bei der Drehzahl — genau wie rad für den ebenen Winkel — eine Umschreibung der arithmetischen Zählungseinheit Eins

$$U \equiv 1. \tag{87c}$$

Selbstverständlich darf nicht U gleich rad gesetzt werden, denn die beiden Hinweissymbole kennzeichnen Werte der *verschiedenen* Größen n und $\dot{\varphi}$.

Die Unterteilung der Winkeleinheiten wird unterschiedlich gehandhabt, sowohl nach dem sexagesimalen System als auch neuerdings in steigendem Maße nach dem dezimalen System.

Der Altgrad wird im allgemeinen sexagesimal in Minuten (′) und Sekunden (″) geteilt

$$1° = 60' = 60 \cdot 60''; \tag{94}$$

allerdings führt sich heute bereits auch eine dezimale Unterteilung, d. h. die Darstellung als Dezimalbruch ein. Der Neugrad oder Gon wird als dezimaler Teil des Rechten stets dezimal in Neuminuten (^{c}) und Neusekunden (^{cc}) geteilt

$$1^g = 10^{2\,c} = 10^2 \cdot 10^{2\,cc}, \tag{95}$$

wobei man mit dem neuen Namen „Gon" für ^{g} die Neuminute als „Zentigon" (^{cg}) und die Neusekunde als „10^{-1} Milligon" (10^{-1} ^{mg}) schreiben kann.

Der Radiant und der Rechte werden ohne weitere Benennungen dezimal unterteilt. Bei Verwechslungsmöglichkeiten mit dem Temperaturgrad, Zeitminuten und Zeitsekunden werden die Winkeleinheiten durch die Vorsatzsilbe Bogen- (Bogengrad, Bogenminute, Bogensekunde) abgehoben.

Zur bequemen Umrechnung der in verschiedenen Einheiten angegebenen Winkelwerte geben wir in der Tabelle a der Tafel 9 Umrechnungsfaktoren ${}_x f_\varphi^y$ für die Zahlenwerte eines Winkels φ an. In der ersten Spalte und in der obersten Reihe sind die Symbole $\{\varphi\}_i$ für die Winkelzahlenwerte, ge-

---

^{1}) **Auf die gleichzeitige Benutzung des Wortes „tour" im Sinne von Windung in der Einheitenbezeichnung** „ampère-tour" sei hier nur hingewiesen (Abschnitt 4, III, 2b).

messen oder gezählt in den einzelnen Winkeleinheiten $[i]$, jeweils in gleicher Reihenfolge eingetragen; in dem Tafelraum neben der ersten Spalte und unter der ersten Reihe stehen die Umrechnungsfaktoren für die Zahlenwerte, die entsprechend der allgemeinen Zahlenwertbeziehung

$$\{\varphi\}_y = {_x}f_\varphi^y \cdot \{\varphi\}_x \tag{96}$$

tabuliert sind.

Bei einer Umrechnung einer Winkelangabe in sexagesimal geteiltem Altgrad auf den entsprechenden Zahlenwert in einer anderen Winkeleinheit hat man die ′ und ″ zunächst auf Dezimale von ° umzurechnen.

b) Räumlicher Winkel Ω. Auch für den räumlichen Winkel gehen wir von der nicht-rationalen analytischen Einführung aus (Abschnitt 2). In ihr kann der räumliche Winkel Ω als das Verhältnis der von ihm aus einer Kugel ausgeschnittenen Fläche zum Quadrat des Kugelradius, also als dimensionslose Größenart definiert werden. Der Zusammenhang zwischen ebenem Winkel φ und räumlichem Winkel Ω wird über den Kegel vermittelt, der Ω begrenzt und mit seiner Spitze im Kugelmittelpunkt liegend das Flächenstück F aus der Kugel vom Radius r ausschneidet. Bezeichnen wir den Öffnungswinkel dieses Kegels mit 2φ, so gilt die Beziehung

$$\Omega\,(\varphi) = \frac{F}{r^2} = 2\,\pi\,(1 - \cos\varphi), \tag{97}$$

deren Reihenentwicklung für kleine Winkel φ ($\varphi \ll 1$ rad) in erster Näherung

$$\Omega\,(\varphi \ll 1\ \text{rad}) = \pi\varphi^2 \tag{97a}$$

ergibt, während für den „ganzen" räumlichen Winkel[1]), d. h. für den räumlichen Winkel um einen Punkt,

$$\Omega\,(\varphi = \pi) = 4\,\pi \tag{97b}$$

folgt.

Der räumliche Winkel wird in Steradiant[2]) (sr) gemessen; die beim ebenen Winkel durch rad hervorgehobene normale Zählungseinheit Eins wird also bei Zahlenangaben für den räumlichen Winkel mit sr bezeichnet

$$\text{Steradiant (sr)} = 1. \tag{98}$$

Zur Bezeichnung des „ganzen" räumlichen Winkels 4π sr als besonderer Winkeleinheit wird der Name „spat" mit dem Symbol „sp" vorgeschlagen

$$\text{sp} = 4\,\pi\ \text{sr}. \tag{98a}$$

Bei diesem Vorschlag ist aber wohl nicht daran gedacht, in Beziehungen, die etwa aus kugelsymmetrischen oder ähnlichen Integrationen her einen „Kugel"-Faktor 4π enthalten, diesen generell durch das Symbol „sp" zu ersetzen[3]).

Entsprechend dem Altgrad und Neugrad für den ebenen Winkel sind beim räumlichen Winkel die arithmetischen Zählungseinheiten Quadrat-Altgrad $[(°)^2$ oder $\Box°]$ und Quadrat-Neugrad $[(^g)^2]$ in Gebrauch, die durch die Identitäten

$$\text{Quadrat-Altgrad[4]) } [\Box° = (°)^2] = (\pi/180)^2, \tag{99}$$

$$\text{Quadrat-Neugrad oder Quadrat-Gon[5]) } [(^g)^2] = (\pi/200)^2 \tag{100}$$

definiert werden.

---

[1]) Im englischen Sprachgebiet gelegentlich sphere genannt.

[2]) Im englischen Sprachgebiet steradian, im französischen stéradian genannt. — Neben dem vom Internationalen Komitee für Maß und Gewicht *[C 80]* festgelegten Symbol „sr" wird in Deutschland und Italien vielfach das dort schon früher übliche Zeichen „str" weiter benutzt; gelegentlich findet man auch die Abkürzung „sterad".

[3]) Eine derartige Schreibweise könnte leicht zu Mißverständnissen führen. Würde man beispielsweise bei der von manchen Autoren gern benutzten „nicht-rationalen" Einheit (Abschnitt 4, III, 4) der magnetischen Feldstärke Ampere je 4π Meter oder Ampere-Windung je 4π Meter $[A/(4\pi\ m)]$, die im französischen Sprachraum meist als ampère-tour par 4π mètre $[At/(4\pi\ m)]$ bezeichnet wird, an Stelle des „Rationalisierungsfaktors" 4π das Symbol „sp" einsetzen, so ergäbe sich bei formaler Anwendung des Vorschlages (87a) für „tour" und unter Berücksichtigung der Definition (87) für das Hinweissymbol „rad" der sicher nicht richtige Ausdruck A/2 m für die „nicht-rationale" Feldstärkeeinheit.

[4]) Im englischen Sprachgebiet square degree, im französischen degré carré genannt.

[5]) Im englischen Sprachgebiet square grade, im französischen grade carré genannt.

Tabelle b der Tafel 9, die der Tabelle a für den ebenen Winkel entspricht, gibt die Umrechnungsfaktoren $_x f^y_\Omega$ für die Zahlenwerte eines räumlichen Winkels Ω wieder.

Wir müssen noch ein Wort zu der für die Umrechnungsfaktoren $_x f^y_\varphi$ in der Umrechnungstafel benutzten Ziffernzahl sagen. Die verschiedenen Winkeleinheiten sind als Einheiten einer dimensionalen Größe rein arithmetisch definierte Zählungseinheiten, die im Fall des Winkels auch keiner zusätzlichen experimentellen Bestimmungen mehr bedürfen. Entsprechend sind die Umrechnungsfaktoren $_x f^y_\varphi$ grundsätzlich auf beliebig viele Stellen definiert. Die Anzahl der angegebenen Ziffern haben wir einheitlich für alle $_x f^y_\varphi$ gewählt und so bemessen, daß ein in der größten vorkommenden Einheit angegebener Winkelwert noch sicher in der kleinsten benutzten Untereinheit anzugeben ist und umgekehrt. Die größte Einheit ist der $\llcorner$, die kleinste Untereinheit die ^{cc}; der Umrechnungsfaktor zwischen beiden beträgt 10^6. Dementsprechend geben wir alle Umrechnungsfaktoren mit 7 Ziffern an.

6. Mechanische Druckeinheiten und Umrechnungsfaktoren $_x f^y_p$

Neben den auf die mechanischen Einheitensysteme abgestimmten Einheiten ist in der Praxis noch eine Reihe von Druckeinheiten im Gebrauch, die mit besonderen Namen belegt worden sind, und zwar Einheiten, die sich entweder nur um Zehnerpotenzen von den Systemeinheiten unterscheiden oder auch auf außerhalb der Einheitensysteme liegenden Definitionen beruhen [D 15].

Zu der ersten Gattung gehören die technische Atmosphäre (at), das Bar (bar), das Millibar (mbar) und das Mikrobar (µbar), die folgendermaßen definiert sind

$$1 \text{ at } = 1 \text{ kp/cm}^2 \qquad = 10^4 \text{ kp/m}^2, \tag{101}$$

$$1 \text{ bar } = 10^6 \text{ dyn/cm}^2 = 10^6 \text{ cm}^{-1} \text{ g s}^{-2} \text{ }^1), \tag{102a}$$

$$1 \text{ mbar } = 10^3 \text{ dyn/cm}^2 = 10^3 \text{ cm}^{-1} \text{ g s}^{-2}, \tag{102b}$$

$$1 \text{ µbar } = 1 \text{ dyn/cm}^2 \qquad = 1 \text{ cm}^{-1} \text{ g s}^{-2}. \tag{102c}$$

Das mbar ist heute die Standardeinheit der Meteorologie (Abschnitt 6, I, 3a), das µbar wird als Druckeinheit bei akustischen Messungen benutzt und stellt nur eine andere Bezeichnung der CGS-Einheit für den Druck dar, die in Frankreich auch barye genannt wird.

Zu der zweiten Gruppe sind das Millimeter Wassersäule (mm W. S. oder mmH_2O), das Millimeter Quecksilbersäule[2]) (mmHg) und das Torr, sowie nicht-dezimale Vielfache dieser Einheit, wie die physikalische Atmosphäre (atm) zu rechnen.

Das mm W. S. ist definiert als das Normgewicht eines Wasservolumens von 1 mm Höhe und 1 cm² Querschnitt bei maximaler Dichte, die das Wasser bei ungefähr 4 °C und einer physik. Normal-Atmosphäre (1 atm) erreicht[3]). In diese Definition gehen also der Normwert g_n der Fallbeschleunigung und die maximale Dichte des Wassers ϱ_m (H_2O) ein, d. h. die Werte

$$g_n = 980{,}665 \text{ cm s}^{-2}, \tag{6, 70}$$

$$\varrho_m \text{ (H}_2\text{O)} = 0{,}999\,972 \text{ g/cm}^3. \tag{6, 2'/74a}$$

Diese vor allem in der Technik benutzte Druckeinheit wird entsprechend der allgemeinen Größengleichung

$$p = \frac{F}{A} = \frac{ma}{A} = \frac{V}{A} \varrho a \tag{103}$$

---

[1]) **Das Bar** wird gelegentlich auch als „absolute Atmosphäre" in Gegenüberstellung zur physikalischen Atmosphäre atm und zur technischen Atmosphäre at bezeichnet. Es wird oft — vor allem in der Akustik und Meteorologie — durch das Symbol „b" bezeichnet.

[2]) **Die Bezeichnung mm Hg** tritt heute bereits mehr und mehr hinter der Druckbezeichnung Torr zurück, da mm Hg dimensionsmäßig eine Länge darstellt und eigentlich als Maß der „Druckhöhe", d. h. der Höhe der den Druck erzeugenden Flüssigkeitssäule vorbehalten bleiben sollte. Ähnliches gilt für die in der Technik übliche „Druck"-Einheit mm W. S., die auch eine Druckhöhe darstellt.

[3]) **Neuerdings** wird vorgeschlagen, die Definition (104) für das mm W. S. zugunsten seines 1,000028-fachen Wertes mit der einfacheren Beziehung

$$1 \text{ mmH}_2\text{O} = 1 \text{ kp/m}^2 \tag{104a}$$

aufzugeben.

speziell durch den Druck repräsentiert, den man erhält, wenn man für a und ϱ die gerade angegebenen Normwerte g_n und ϱ_m (H_2O) und für das Verhältnis V/A die Länge 1 mm einsetzt. Es gilt also

$$1 \text{ mm W.S.} = 1 \cdot 0{,}999\,972 \cdot 9{,}806\,65 \, \frac{\text{mm g m}}{\text{cm}^3 \text{ s}^2}$$

$$= 0{,}999\,972 \cdot 9{,}806\,65 \, \frac{10^{-3} \text{ m } 10^{-3} \text{ kg m}}{10^{-6} \text{ m}^3 \text{ s}^2}$$

$$= 0{,}999\,972 \cdot 9{,}806\,65 \text{ N/m}^2 = 0{,}999\,972 \text{ kp/m}^2. \tag{104}$$

Durch einen Beschluß der 7. Generalkonferenz für Maß und Gewicht *[C115]* vom 4.10.1927 wurde die physikalische Normal-Atmosphäre [atm[1])] als Normdruck bei der Festlegung der Internationalen Temperaturskala von 1927 definiert durch den Druck, den eine Quecksilbersäule von 760 mm Höhe bei einer Dichte des Quecksilbers von 13,5951 g/cm³ an einem Ort der Normfallbeschleunigung $g_n = 980{,}665$ cm/s² ausübt

$$1 \text{ atm}_{1927} = 76 \cdot 13{,}5951 \cdot 980{,}665 \text{ cm}^{-1} \text{ g s}^{-2}$$
$$= 1{,}013\,250\,144\,354 \cdot 10^6 \text{ dyn/cm}^2 \approx 1{,}013\,250 \cdot 10^6 \text{ dyn/cm}^2. \tag{105}$$

Der 760. Teil der durch (105) definierten atm$_{1927}$ wird heute noch in der Meteorologie bei Barometerskalen als Druckeinheit verwendet (Abschnitt 6, I, 3a) und Millimeter Quecksilbersäule (mmHg) oder, präziser ausgedrückt, „millimetre of mercury under standard conditions" und „conventional barometric millimetre of mercury" genannt (siehe auch Abschnitt 6, I, 3a)

$$1 \text{ mmHg} = 0{,}1 \cdot 13{,}5951 \cdot 980{,}665 \text{ cm}^{-1} \text{ g s}^{-2}$$
$$= 1{,}333\,223\,874\,15 \cdot 10^3 \text{ dyn/cm}^2 = 13{,}5951 \text{ kp/m}^2$$
$$= 1{,}000\,000\,14 \text{ Torr}. \tag{106}$$

Das Internationale Komitee für Maß und Gewicht *[C 64]* hat im Rahmen der von ihm aufgestellten Internationalen Temperaturskala von 1948 die physikalische Normal-Atmosphäre, um weiteren Mißverständnissen vorzubeugen, direkt durch die Relation

$$1 \text{ atm} = 1013\,250 \text{ dyn/cm}^2 \tag{105'}$$

definiert. Diese Festsetzung wurde mit der Internationalen Temperaturskala von 1948 von der 9. Generalkonferenz für Maß und Gewicht *[C 124]* in der Sitzung vom 19.10.1948 bestätigt[2]).

1954 stellte die 10. Generalkonferenz für Maß und Gewicht klar, daß die im Rahmen der Internationalen Temperaturskala von 1948 festgelegte physikalische Normal-Atmosphäre in ihrer Anwendung nicht auf die Temperaturskala beschränkt ist, sondern in allen Fällen der Metrologie benutzt werden soll, wo die Angabe eines Normdruckes erforderlich wird. In der Résolution 4 wird die Definition (105') der atm nochmals bestätigt *[C 136]*:

«Résolution 4

La Dixième Conférence Générale des Poids et Mesures, ayant constaté que la définition de l'atmosphère normale donnée par la Neuvième Conférence Générale des Poids et Mesures dans la définition de l'Echelle Internationale de Température a laissé penser à quelques physiciens que la validité de cette définition de l'atmosphère normale était limitée aux besoins de la thermométrie de précision,

déclare qu'elle adopte, pour tous les usages, la définition:

1 atmosphère normale = 1 013 250 dynes par centimètre carré,

c'est-à-dire: 101 325 newtons par mètre carré.»

Der 760. Teil der physikalischen Normal-Atmosphäre (105') heißt 1 Torr (Torr):

$$1 \text{ Torr} = \frac{1}{760} \text{ atm}$$
$$= 1{,}333\,223\,68 \cdot 10^3 \text{ dyn/cm}^2 = 13{,}595\,098\,1 \text{ kp/m}^2. \tag{106'}$$

---

1) Die physikalische Atmosphäre wurde in Deutschland bislang durch das Symbol Atm abgekürzt *[D 15; D 21]*. Nach der bereits in Abschnitt 1, 8 genannten Resolution 7 der 9. Generalkonferenz für Maß und Gewicht *[C 128]* sollen jedoch die Einheitenzeichen für alle Einheiten, mit Ausnahme der von einem Eigennamen abgeleiteten, mit *kleinen* Anfangsbuchstaben beginnen; dementsprechend ist der physikalischen Atmosphäre das Symbol atm zuzuordnen *[D 16]*.

2) Bei der auch heute noch nicht beendeten Diskussion über die beiden Definitionen (105) und (105') dreht es sich wesentlich darum, ob man die bei der Messung des Druckes mit Flüssigkeitsbarometern — im allgemeinen Quecksilberbarometern — auftretenden Schwierigkeiten und erforderlichen Korrektionen in die *Definition* oder in die *Realisierung* der Druckeinheit einfügen will — das erstere geschieht bei der Relation (105), das zweite bei der Relation (105').

Gelegentlich wird an Stelle der physikalischen Normal-Atmosphäre die auf den Wert g_{45} der Fallbeschleunigung unter 45° geogr. Breite bezogene atm_{45} benutzt. Mit dem Wert[1]

$$g_{45} = 980{,}616 \text{ cm s}^{-2} = 9{,}80616 \text{ m s}^{-2} \tag{6, 71}$$

folgt analog (105)

$$1 \text{ atm}_{45} = 76 \cdot 13{,}5951 \cdot 980{,}616 \text{ cm}^{-1} \text{ g s}^{-2} = 1{,}013200 \cdot 10^6 \text{ dyn/cm}^2$$
$$= 759{,}962 \text{ Torr} = 0{,}999950 \text{ atm}_n. \tag{105a}$$

Bei Verwechslungsmöglichkeiten kann die auf g_n bezogene physikalische Normal-Atmosphäre durch den Index n hervorgehoben werden

$$1 \text{ atm}_n = 1{,}013250 \cdot 10^6 \text{ dyn/cm}^2$$
$$= 760 \text{ Torr} = 1{,}000050 \text{ atm}_{45}. \tag{105'}$$

In England wird neben der internationalen physikalischen Atmosphäre gelegentlich noch die British atmosphere (br. atm.) benutzt, für die an Stelle von 76 cm für die Höhe der Quecksilbersäule 30 in. festgelegt sind. Mit der Umrechnungsbeziehung (57) ergibt sich

$$1 \text{ br. atm.} = 30 \cdot 2{,}54 \cdot 13{,}5951 \cdot 980{,}665 \text{ cm}^{-1} \text{ g s}^{-2} = 30 \text{ inHg}$$
$$= 1{,}015917 \cdot 10^6 \text{ dyn/cm}^2 = 762{,}000 \text{ Torr} = 1{,}002632 \text{ atm}_n, \tag{107}$$

$$1 \text{ br. atm}_{45} = 30 \cdot 2{,}54 \cdot 13{,}5951 \cdot 980{,}616 \text{ cm}^{-1} \text{ g s}^{-2} = 1{,}015866 \cdot 10^6 \text{ dyn/cm}^2$$
$$= 761{,}962 \text{ Torr} = 1{,}002632 \text{ atm}_{45}. \tag{107a}$$

Vielfach wird auch heute noch trotz der 1927 und 1948 getroffenen internationalen Vereinbarungen eine andere Definition der physikalischen Atmosphäre zugrunde gelegt, die sich zahlenwertmäßig nur sehr wenig, dagegen in der grundsätzlichen Art der Festlegung von der atm unterscheidet. Nach dieser Definition ist die Atmosphäre gegeben als Druck, den eine Quecksilbersäule von **760** mm Höhe im physikalischen Normzustand, d. h. bei $\theta_0 = 0\ °C$ und $p_0 = 1$ atm (3, 94) an einem Ort der Normfallbeschleunigung $g_n = 980{,}665$ cm s^{-2} (6, 70) ausübt[2]. Es wird hier also die bei der atm_{1927} zahlenwertmäßig festgelegte Quecksilberdichte durch die als Stoffeigenschaft jeweils experimentell zu ermittelnde Normdichte ϱ_n (Hg) ersetzt, für die sich als derzeitiger Wert aus den vorliegenden Präzisionsbestimmungen (Abschnitt 6, I, 1a)

$$\varrho_n \text{ (Hg)} = (13{,}5950_\underline{5} \pm 0{,}0001) \text{ cm}^{-3} \text{ g} \tag{6, 7}$$

ergibt. Die auf diesen Dichtewert bezogene Atmosphäre wollen wir durch atm′ kennzeichnen und erhalten

$$1 \text{ atm}' = 76 \cdot 13{,}5950_5 \cdot 980{,}665 \text{ cm}^{-1} \text{ g s}^{-2} = (1{,}01324_6 \pm 0{,}00001) \cdot 10^6 \text{ dyn/cm}^2$$
$$= (0{,}99999_6 \pm 0{,}00001) \text{ atm}_n \tag{108}$$

$$1 \text{ atm}'_{45} = 76 \cdot 13{,}5950_5 \cdot 980{,}616 \text{ cm}^{-1} \text{ g s}^{-2} = (1{,}01319_6 \pm 0{,}00001) \cdot 10^6 \text{ dyn/cm}^2$$
$$= (0{,}99994_6 \pm 0{,}00001) \text{ atm}_n. \tag{108a}$$

Es ist daher bei Benutzung von in Atmosphären angegebenen Druckwerten für hohe Präzisionsanforderungen auf die zugrunde gelegte Definition (105′), (105) oder (108) zu achten. Bei Druckangaben üblicher Genauigkeit spielt der Unterschied zwischen atm und atm′ (relative Differenz $\approx 4 \cdot 10^{-6}$) keine Rolle[3].

Eine weitere in den englisch sprechenden Ländern viel benutzte Druckeinheit ist das pound-force per square inch (Lb/sq. in.), das aus dem englischen ft-lb-s- oder einem entsprechenden technischen ft-Lb-s-System abgeleitet ist. Als Umrechnungsbeziehung erhalten wir mit (57), (65) und (105′)

$$1 \text{ Lb/sq. in.} = 70{,}30695 \text{ p/cm}^2 \quad = 6{,}894756 \cdot 10^4 \text{ dyn/cm}^2$$
$$= 7{,}030695 \cdot 10^{-2} \text{ at} \quad = 6{,}804595 \cdot 10^{-2} \text{ atm}_n$$
$$= 51{,}71492 \text{ Torr}. \tag{109}$$

---

[1] **980,616 Gal** wurde neuerdings wieder vom Präsidenten der IUGG, Herrn *W. D. Lambert*, als bester Wert für die Fallbeschleunigung in 45° geogr. Breite und Meeresniveau empfohlen *[C 84]*.

[2] Diese Definition der physikalischen Atmosphäre schließt an ältere Festlegungen der 3. und 5. Generalkonferenz *[C 107; C 110]* an, wonach die Atmosphäre durch den Druck einer Quecksilbersäule von **760** mm Höhe bei 0 °C und **45°** geogr. Breite gegeben sein sollte. Seinerzeit wurde für g_{45} der heutige Normwert $g_n = \mathbf{9{,}80665}$ m/s^2 (siehe Abschnitt 6, I, 3a) und für $\varrho_{0\,°C}$ (Hg) der Wert 13,59593 g/cm^3 benutzt.

[3] In den Empfehlungen zur Internationalen Temperaturskala von 1948 *[C 77; C 130]* wird, soweit es sich nicht um Messungen höchster Präzision handelt, zugelassen, die die atm′ definierende Normdichte ϱ_n (Hg) gleich dem 1927 von der 7. Generalkonferenz für die Definition der atm festgelegten Wert **13,5951** g/cm^3 zu setzen.

Hinsichtlich weiterer in Großbritannien und den Vereinigten Staaten von Nordamerika gebräuchlicher, aus dem ft-Lb-s-System abgeleiteter Druck- und Krafteinheiten, sowie ihrer zahlenmäßigen Beziehungen zu den metrischen Einheiten sei auf die Abschnitte über Einheitensysteme und Einheiten in den einschlägigen Taschenbüchern und Tafelwerken [z. B. *S 66*] verwiesen.

Erwähnen wollen wir hier noch kurz, daß die Kalibrierung von Quecksilberbarometern in verschiedenen Längeneinheiten für die Quecksilberhöhe bislang leider unterschiedlich gehandhabt wurde: Barometerskalen mit einer metrischen Einteilung in „mmHg" wurden bei 0 °C, der Definitionstemperatur des Internationalen Meterprototyps, geteilt, während Barometerskalen mit englischer Einteilung in „inHg" im allgemeinen bei 62 Grad des „Fahrenheit-Thermometers" (16,67 °C), bei welcher Temperatur das Imperial Standard Yard definitionsgemäß die Länge von 1 yd besitzt, richtige Werte abzulesen gestatten. Beide Arten von Barometern können so kalibriert sein, daß eine Umrechnung auf metrische Druckeinheiten (z. B. auf mbar) über den Normwert g_n der Fallbeschleunigung zu erfolgen hat. Für rein meteorologische Zwecke wurde für die Quecksilberhöhe eine mbar-Skala bislang oft so geteilt, daß für den zu messenden Druck richtige Zahlenwerte in mbar abgelesen werden, wenn sich das Barometer an einem Ort der meteorologischen Standard-Fallbeschleunigung $g_{45\,met}$ (6, 72) oder der Fallbeschleunigung g_{45} (6, 71) auf einer Temperatur von 12 °C oder 285 °A (Abschnitt 3, 5 b) befindet.

Derzeit ist das Nebeneinanderbestehen der Norm- oder Standard-Werte g_n (6, 70) und $g_{45\,met}$ (6, 72) oder g_{45} (6, 71) bei der Justierung von Barometern noch üblich, was beim Vergleich von entsprechenden Zahlenwerten der Fallbeschleunigung beachtet werden muß. Nach der 1953 von der World Meteorological Organization (WMO) angenommenen Vereinbarung über Barometerskalen (Abschnitt 6, I, 3a) soll zukünftig auch in der Meteorologie als Bezugswert der Fallbeschleunigung nur noch g_n (6, 70) benutzt werden.

Hinsichtlich der Genauigkeit, mit der die Druckeinheit realisiert werden kann, gibt *Gould [G 22]* in relativem Maß $\pm 1 \cdot 10^{-5}$ für die Bestimmung des Druckes mit dem Primary Standard Barometer, dem Normal-Barometer des NPL, an.

In der Technik hat sich die Gepflogenheit eingeschlichen, von den „Einheiten" „atü" oder „ata" zu reden, anstatt die *Größen* „Überdruck" oder „Unterdruck" einzuführen und zu verwenden, die selbstverständlich alle in der gleichen Einheit at zu messen sind (Abschnitt 1, 8).

Eine einfache Umrechnung der in den verschiedenen Druckeinheiten gemessenen Zahlenwerte ineinander gestattet die Tafel **10**, welche die Umrechnungsfaktoren ${}_x f_p^y$ für die Zahlenwerte eines Druckes p enthält. Sie ist nach dem allgemeinen Schema unserer Umrechnungstafeln angelegt und zu benutzen und basiert auf der Zahlenwertgleichung

$$\{p\}_y = {}_x f_p^y \cdot \{p\}_x \tag{110}$$

für die Zahlenwerte eines Druckes p. Aufgenommen wurden in ihr, gekennzeichnet durch die Zahlenwertsymbole, $\{p\}_{\mu bar}$, $\{p\}_{mbar}$, $\{p\}_{bar}$, $\{p\}_{Torr}$, $\{p\}_{atm}$, $\{p\}_{at}$, $\{p\}_{mm\,W.\,S.}$, $\{p\}_{kp/m^2}$, $\{p\}_{Ton/sq.\,ft.}$, $\{p\}_{Lb/sq.\,in.}$; dabei können $\{p\}_{\mu bar} = \{p\}_{dyn/cm^2} = \{p\}_{CGS}$ und $\{p\}_{kp/m^2}$ als Anschlußwerte an die Zahlenwerte, gemessen in einer der Druckeinheiten der mechanischen Einheitensysteme, dienen, deren Umrechnungsfaktoren in den Tafeln 2 bis 5 enthalten sind. Eine weitere Umrechnungstafel für Druckzahlenwerte werden wir in der Wärmelehre zusammenstellen (Abschnitt 3, 6; Tafel **16**).

7. Knoten und Meile; „legales" Meter

a) Knoten und Meile. Die Geschichte der „*Seemeile*" ist eng mit derjenigen der Seefahrt, insbesondere der Entwicklung der mathematischen Geographie und der Nautik verknüpft. Hinsichtlich historischer Einzelheiten sei auf zusammenfassende Darstellungen von *Wagner [W 2]* verwiesen.

Im Laufe der Zeit haben sich bei den seefahrenden Nationen verschiedene Längen als „Seemeilen" eingebürgert, die sich in zwei Gruppen einordnen lassen, und zwar

in die Gruppe der *kleinen Seemeilen*:

Seemeilen zu rund 1230 m, 1500 m und 1850 m;

und in die Gruppe der *großen Seemeilen*:

spanische legua maritima als der 17,5. Teil der Erdgradlänge, französische lieue marine und englische sea-league als der 20. Teil der Erdgradlänge, holländische duytsche Myle und deutsche Seemeile als der 15. Teil der Erdgradlänge [1]).

---

[1]) Bezogen teilweise auf einen Meridiankreis, teilweise auf den Äquatorkreis und teilweise auf einen Breitenkreis.

Größe der Seemeile und Länge des Erdgrades hängen auf das engste zusammen und werden in der Seefahrt durch das *Log* verknüpft. Die Logleine wird durch besondere Kennzeichen (z. B. Knoten) in gleich lange Teile — Knotenlängen oder kurz Knoten genannt — eingeteilt und verbindet die auf dem Meer zurückgelegte Wegstrecke mit der für sie benötigten Zeit, wobei der einfache Zusammenhang zwischen der geographischen Gradeinteilung auf der Erdkugel und den aus der Erddrehung abgeleiteten Zeiteinheiten ($15° \triangleq 1\,h$; $15' \triangleq 1\,min$; $15'' \triangleq 1\,s$) die Einführung des Log besonders nahe legte: So viele Knoten dem Seemann während des Ablaufes der Halbminuten-Sanduhr durch die Hand laufen, so viele Streckeneinheiten oder Seemeilen legt das Schiff in einer Stunde zurück. Solange man keine genaue Kenntnis von der Größe der Erde hatte, wurde die Zahl der Seemeilen, die auf die Länge eines Erdgrades gehen, mehr oder minder willkürlich angenommen. Hierin liegt einer der Gründe für die so unterschiedlichen Größen der verschiedenen Seemeilen des Mittelalters und der beginnenden Neuzeit. So sagt beispielsweise *Wilson* in seinem 1715 erschienenen Navigationslehrbuch *[W 49]*:

"It is an undeniable Truth, and apparent to all Mens Reason, that one Knot upon the Log-line should be the 120th Part of a Mile; because Half a Minute is the 120th Part of an Hour, but the Difficulty arises from the different Opinions, as to how many Feet, Yards etc. there is in one Degree of a Great Circle upon the Earth."

Da man in früheren Zeiten die Erde für kleiner hielt, als ihrer tatsächlichen Größe entspricht, nahm die Länge der Seemeile in dem Maße zu, wie man erkannte, daß die Erde größer sei. Dabei sollten 60 Seemeilen der Länge eines Erdgrades entsprechen.

Der Erkenntnis, daß die Erde keine Kugel, sondern ein abgeplattetes Sphäroid ist, folgte eine neue Definition der Seemeile, die von *Bouguer [B 72]* 1753 als Länge der „mittleren Meridianminute" eingeführt wurde. *Bouguer* nahm als „mittleren Meridiangrad" den Meridiangrad bei 45° geographischer Breite an *[B 73]*.

Der Einführung der Seemeile als „mittlerer Meridianminute" oder „mittlerer Breitenminute" legt man heute theoretisch den Meridianquadranten $Q_\oplus^{Me}$ (Abschnitt 6, II, 1c) zugrunde und definiert

$$1 \text{ Seemeile} = \frac{Q_\oplus^{Me}}{90 \cdot 60}. \tag{111}$$

Die nach (111) mit verschiedenen Werten für $Q_\oplus^{Me}$ resultierenden Werte für die Seemeile sind in der Tabelle 5 zusammengestellt worden.

Tabelle 5. Werte für die Seemeile als „mittlere Meridianminute"

Autor	Jahr	$Q_\oplus^{Me}$ in km	1 Seemeile =
Bessel [B 35]	1841	10000,989[1])	1852,035 m
Hayford [H 25]	1909	10002,307	1852,279 m
IUGG [I 44]	1924	10002,288	1852,276 m
Berroth [B 34]	1943	10002,290 ± 0,079	1852,276 ± 0,014 m

An Stelle des Meridiankreises ist für Berechnungen auf dem abgeplatteten Erdsphäroid auch der Äquatorkreis benutzt worden, und zwar zur Bestimmung der deutschen Meile — einer Meile aus der Gruppe der großen Seemeilen —, die ursprünglich als der 15. Teil des Erdgrades eingeführt worden war. Aus dieser Meile hat sich die *„geographische Meile"* entwickelt, die man heute theoretisch über den Äquatorquadrant $Q_\oplus^{Ae}$ (Abschnitt 6, II, 1c) definiert

$$1 \text{ geographische Meile} = \frac{Q_\oplus^{Ae}}{90 \cdot 15} = 4\,\frac{Q_\oplus^{Ae}}{Q_\oplus^{Me}} \text{ Seemeilen}. \tag{112}$$

Die nach (112) mit verschiedenen Werten für $Q_\oplus^{Ae}$ resultierenden Werte für die geographische Meile sind in der Tabelle 6 zusammengestellt worden.

---

[1]) Gewöhnlich wird der in „legalen" Metern gemessene Zahlenwert 10000,856 angegeben.

Tabelle 6. Werte für die „geographische Meile"

Autor	Jahr	Q_{δ}^{Ae} in km	1 geographische Meile =
Bessel [B 35]	1841	10017,726	7420,538 m = 4 · 1855,134 m
Hayford [H 25]	1909	10019,148	7421,591 m = 4 · 1855,398 m
IUGG [I 44]	1924	10019,148	7421,591 m = 4 · 1855,398 m
Berroth [B 34]	1943	10019,133 ± 0,079	7421,580 ± 0,059 m = 4 (1855,395 ± 0,015) m
Jeffreys [J 5]	1948	10018,694 ± 0,182	7421,255 ± 0,135 m = 4 (1855,314 ± 0,034) m

Weiter wurde die Seemeile als Länge der Bogenminute eines größten Kreises einer Kugel vom mittleren Radius (Abschnitt **6, II, 1c**)

$$R_{\delta} = \frac{2\,a_{\delta} + b_{\delta}}{3} \qquad (6, 135)$$

aus der Beziehung

$$1 \text{ mittlere Minutenmeile} = \frac{\pi}{180 \cdot 60}\,\overline{R}_{\delta} \qquad (113)$$

bestimmt. Die nach (113) mit verschiedenen Werten für $\overline{R}_{\delta}$ resultierenden Werte für die Minutenmeile auf einer Kugel vom mittleren Radius sind in der Tabelle 7 zusammengestellt worden.

Tabelle 7. Werte für die „mittlere Minutenmeile"

Autor	Jahr	$\overline{R}_{\delta}$ in km	1 mittlere Minutenmeile =
Bessel [B 35]	1841	6370,376	1853,067 m
Hayford [H 25]	1909	6371,228	1853,315 m
IUGG [I 44]	1924	6371,229	1853,315 m
Berroth [B 34]	1943	6371,227 ± 0,051	1853,315 ± 0,015 m
Jeffreys [J 5]	1948	6370,943 ± 0,116	1853,232 ± 0,034 m

Um in der Seefahrt zu einem international anerkannten Wert für die Seemeile zu gelangen, stimmte die Internationale Hydrographische Konferenz in Monaco im April 1928 dem Vorschlag, die Definition

$$1 \text{ Internationale Seemeile} = 1852 \text{ m} \qquad (114)$$

einzuführen, zu *[I 24]*. Dieser Wert, der etwa die „mittlere Meridianmeile" auf dem Besselschen Erdsphäroid darstellt, wurde in der Folgezeit u. a. von Dänemark, Deutschland, Frankreich, Griechenland, Japan, Norwegen, Schweden angenommen, während das Vereinigte Königreich und die Vereinigten Staaten an ihrer „nautical mile" (n mile) festhielten.

Die nautical mile wurde als Länge der Bogenminute auf einer Kugel vom mittleren Radius eingeführt, wobei die benutzten Formeln und Basiswerte schwankten. In England geht die Definition von der Geschwindigkeitseinheit

$$\text{Knoten} = \frac{\text{Seemeile}}{\text{Stunde}} \qquad (115)$$

aus und benutzt für den Knoten den admiralty knot von 1882 zu 6080 imp. feet. Mit (38) ergibt sich somit

$$1 \text{ imp. nautical mile} = 6080 \text{ imp. feet} = 1853,181 \text{ m.} \qquad (116)$$

In den USA hatte man ältere Festlegungen, nach denen sich mit früheren Umrechnungsfaktoren die nautical mile zu 1853,248 m ergab, übernommen und definierte mit (41)

$$1 \text{ U. S. nautical mile} = 1853,248 \text{ m} = 6080,198 \text{ U. S. feet.} \qquad (117)$$

Nach Verhandlungen zwischen dem Secretary of Commerce und dem Secretary of Defense über die Annahme der Internationalen Seemeile in den USA gab das National Bureau of Standards 1954 bekannt, daß ab 1. 7. 1954 die Internationale Seemeile die bisherige U. S. nautical mile ablöst *[N 11]*:

"Adoption of International Nautical Mile

I. Purpose
To adopt the International Nautical Mile for use as a standard value within the Department of Commerce.

II. Implementation
After the effective date of this directive, the International Nautical Mile [1852 metres, 6076.10333 feet [1])], shall be used within the Department of Commerce as the standard length of the nautical mile.

III. Effective date
This directive is effective 1 July 1954."

Die entsprechenden Umrechnungsbeziehungen für die Geschwindigkeitseinheit Knoten[2]) lauten

$$1 \text{ Internationaler Knoten} = 1 \text{ Internationale Seemeile je Stunde} = 0,514444 \text{ m/s} \tag{118}$$

$$1 \text{ imp. knot} = 1 \text{ imp. nautical mile per hour} = 0,514772 \text{ m/s} \tag{119}$$

$$1 \text{ U. S. knot} = 1 \text{ U. S. nautical mile per hour} = 0,514791 \text{ m/s.} \tag{120}$$

b) „Legales" Meter. Das „legale" Meter ist die Längeneinheit der alten preußischen Landesvermessung und ein Nachkömmling der toise des alten französischen Einheitensystems *[C 102; J 12]*. Zu Beginn des 17. Jahrhunderts wurde in Frankreich die gesetzliche Längeneinheit durch eine eiserne Schiene wiedergegeben, die am Fuß der Treppe zum Grand Châtelet in Paris eingelassen war und zwei Vorsprünge im Abstand einer toise besaß. 1668 erneuerte man diese Darstellung der toise, die den Namen Toise du Châtelet erhielt und später das Urbild für alle neueren Längeneinheiten wurde.

Für die geplante Expedition zur Gradmessung in Peru wurden 1735 von *Langlois* unter der Leitung von *Godin* nach dem rohen Châtelet-Normal zwei toise-Stäbe aus Eisen hergestellt — die „Toise du Pérou" und die „Toise du Nord", letztere so benannt, weil sie in den Jahren 1736 und 1737 einer Polarexpedition mitgegeben wurde. Beide Normale sind als Endmaßstäbe besonderer Form ausgebildet, die Toise du Pérou außerdem gleichzeitig als Punktmaßstab. Letztere kehrte 1748 mit der Expedition aus Peru nach Paris zurück und wurde durch einen Erlaß Ludwigs XV. vom 16. 5. 1766 an Stelle der Toise du Châtelet als gesetzliche Längeneinheit eingeführt

$$1 \text{ toise} = 6 \text{ pieds parisiens} = 72 \text{ pouces parisiens} = 864 \text{ lignes parisiennes.} \tag{121}$$

Auf Grund der Gradmessung von *Delambre* und *Méchain* (siehe Abschnitt 3a), nach der sich die neu einzuführende metrische Längeneinheit zu 443,296 lignes parisiennes ergab, wurde beschlossen, daß die Länge des „mètre vrai et définitif" bei seiner Normaltemperatur von 0 °C gleich dem (443,296/864)-fachen der Länge der Toise du Pérou bei 13 °R oder 16,25 °C, der Normaltemperatur der toise, sein sollte *[F 21; M 10]*; d. h. die seinerzeit festgelegte Umrechnungsbeziehung zwischen toise und Meter lautet[3])

$$1 \text{ toise} = \frac{864}{443,296} \text{ Meter} = 1,949036_3 \text{ Meter.} \tag{122}$$

Die 2. Generalkonferenz für Maß und Gewicht *[C 103]* nahm in ihrer Sitzung vom 10. 9. 1895 auf Grund eines von *Benoît* erstatteten Berichtes als „rapport légal" zwischen den beiden Einheiten den Wert

$$\frac{\text{toise}}{\text{Meter}} = 1,949037 \tag{122a}$$

an.

Im 19. Jahrhundert wurden einige Kopien der Toise du Pérou für die preußische Landestriangulation angeschafft. Die bekanntesten sind: die „Toise de Bessel" oder „Pendel-Toise", die, 1823 von

---

[1]) feet = U. S. feet (Abschnitt 3 bα).
[2]) Für die Angabe von Windgeschwindigkeiten bei Wettermeldungen nach dem internationalen Wetterschlüssel der World Meteorological Organization (WMO), ebenso für die Angabe von Waagerechtfluggeschwindigkeiten und Windgeschwindigkeiten nach der Einheitentafel der International Civil Aviation Organization (ICAO) wird derzeit international als Knoten der imp. knot (119) benutzt.
[3]) Das Internationale Bureau für Maß und Gewicht gibt in einem Zertifikat vom 21. 3. 1888 über die Toise du Pérou *[C 30]* als Abweichungen vom Sollwert der Länge an: − 39 μm beim Punktmaß und + 53 μm beim Endmaß.

Fortin angefertigt, im gleichen Jahr von *Arago* und *Zahrtmann* mit der Toise du Pérou verglichen und von *Bessel* im Königsberger Observatorium bei seinen Pendelmessungen benutzt wurde; weiter die von *Baumann* 1852 in Berlin für das Königlich Preußische Geodätische Institut hergestellten Kopien Nrn. 9 und 10, die für den Längenanschluß bei der preußischen Landesaufnahme dienten.

Die Maß- und Gewichtsordnung vom 16. Mai 1816 *[N 18]* legte in Preußen als Längeneinheit das rheinische Fuß gleich 139,13 Pariser Linien fest, der durch einen Strichmaßstab aus Eisen von 3 Fuß Länge bei 16,25 °C verkörpert wurde. Dieses Normal war wenig befriedigend. Eingehende Untersuchungen von *Bessel* führten zur Entwicklung eines neuen Etalons, der auf der Besselschen Toise basierte. Er wurde als Endmaßstab aus Eisen ausgebildet, hatte bei 16,25 °C eine Länge, die um „0,00063 Linien kürzer als drei Preußische Fuße" war, und ist durch Gesetz vom 10. März 1839 *[P 69]* als preußisches Urmaß erklärt worden.

Nach dem Übergang zum metrischen System und dem Beitritt Deutschlands zur Meterkonvention wurden auch die Längen der preußischen Landesaufnahme in metrischen Einheiten angegeben. Dabei bediente man sich zur Umrechnung der in der Bekanntmachung vom 13. Mai 1869 über Verhältniszahlen *[P 70]* festgelegten und in Deutschland allgemein üblichen Beziehung (122), welche die in Fuß oder Linien gemessenen Längen in „legalen" Metern auszudrücken gestattete.

Spätere Vergleichsmessungen, die an der Besselschen Toise, den preußischen Toise-Stäben Nrn. 9 und 10 und anderen Toise-Normalen vorgenommen wurden, zeigten, daß diese Kopien nicht genau mit ihrem Vorbild, der Toise du Pérou, übereinstimmten, für welche die Relation (122) aufgestellt worden war *[A 16; C 31; C 32; D 9]*. Beispielsweise nennt *Benoît* in seinem Bericht *[C 104]* als Meßergebnis die Beziehungen

$$\text{Toise de Bessel} = 1949{,}061 \text{ mm} \qquad (123\,\text{a})$$

$$\text{Toise n}^\circ 9 \quad\;\; = 1949{,}067 \text{ mm} \qquad (123\,\text{b})$$

und bemerkt, daß die Toise de Bessel um etwa 26 μ länger ist, als bei ihrer Herstellung angenommen wurde — d. h. in relativem Maß um etwa $13{,}3 \cdot 10^{-6}$. Um den gleichen Betrag ist dann auch das „legale" Meter relativ größer als die Länge des Internationalen Meterprototyps. Das tatsächliche Verhältnis zwischen „legalem" Meter und m hängt nicht nur von der Länge der Besselschen Toise, sondern von dem Mittelwert der verschiedenen in der preußischen Landesvermessung benutzten Toise-Kopien ab. Nach Untersuchungen von *Helmert [H 39]* und Verlautbarungen der Königlichen Preußischen Landesaufnahme *[J 13]* gilt die Relation

$$1 \text{ „legales" Meter} = 1{,}0000136 \text{ m}. \qquad (124)$$

Es wäre wünschenswert, wenn man in der Geodäsie die gegenüber dem gesetzlich festgelegten Meter des Internationalen Prototyps mißverständlichen Bezeichnungen „legales" Meter und „gesetzliches" Meter aufgeben und statt ihrer einen klareren Namen, wie beispielsweise „Meter der alten preußischen Landesvermessung", benutzen würde.

8. Entfernungs- und Zeiteinheiten in Astronomie und Astrophysik

In der Astrophysik hat sich als Entfernungsmaß weitgehend das Lichtjahr[1]) eingebürgert. Das Lichtjahr (light year, abgekürzt l. y., oder année de lumière, abgekürzt a. l.) ist als diejenige Entfernung definiert, die das Licht im leeren Raum in einem Jahr, und zwar in einem tropischen Jahr a_{tr} (22 a'), zurücklegt

$$1 \text{ Lichtjahr} = c_0 \cdot 1\, a_{tr}. \qquad (125)$$

Mit dem Wert

$$c_0 = (299\,792 \pm 3) \text{ km/s} \qquad (6,\,177)$$

für die Vakuumlichtgeschwindigkeit und der Beziehung

$$1\,a_{tr} = 3{,}155693 \cdot 10^7 \text{ s} \qquad (22\,\text{a}')$$

erhalten wir die Umrechnungsbeziehung

$$1 \text{ Lichtjahr} = (9{,}46051 \pm 0{,}00009) \cdot 10^{12} \text{ km}. \qquad (125')$$

---

[1]) Gelegentlich als Lj. oder lj abgekürzt.

Das Lichtjahr wird auch in der Astronomie als eine Größe von der Art einer Länge angesehen, dort aber weniger benutzt. Für astronomische Berechnungen bevorzugt man *Relativ*angaben für Entfernungen, deren Bestimmung zumindest im Sonnensystem über das dritte Keplersche Gesetz mit großer Präzision erfolgen kann. Dabei bezieht man die großen Halbachsen der Planeten auf eine bestimmte willkürlich gewählte „Entfernung", die Astronomische Einheit (astr. Einh.), astronomical unit (A. U.) oder unité astronomique (u. a.) genannt wird. Die astr. Einh. wird in der Astronomie als *Relativ*größe und *nicht als Länge* angesehen, da ihre Bestimmung lediglich die Messung von Winkeln und Zeiten erfordert, Längenmessungen jedoch weder direkt noch indirekt eingehen. „Entfernung" im astronomischen Sinn ist also keine Größe von der Größenart Länge, sondern nur ein hinweisender Ausdruck für ein relatives Entfernungsmaß. Als Definition der astr. Einh. findet man beispielsweise die Formulierung *[B 103]*:

«L'unité astronomique est le rayon de l'orbite circulaire que décrirait autour du Soleil une planète de masse négligeable, soustraite à toute perturbation, et dont la révolution sidérale serait, en jours moyens:

$$P_0 = 365{,}256\ 898\ 326\ 3 \text{ jours moyens.}» \tag{126}$$

D. h. ein Planet befindet sich in der „Entfernung" einer astr. Einh. von der Sonne, wenn er sie unter den genannten Bedingungen mit der gleichförmigen Winkelgeschwindigkeit von

$$\frac{360°}{P_0} = 0{,}985\ 607\ 668\ 601\ 425° \text{ je mittleren Tag} \tag{127}$$

umkreist (Internationale Astronomische Union, 1938).

Der so definierten astr. Einh. als relativem Entfernungsmaß entspricht im üblichen physikalischen Sprachgebrauch eine Länge, und zwar der Radius R_0 des in der Definition beschriebenen Kreises. R_0 gehört zu einer *hypothetischen* Planetenbahn und ist weder mit der großen Halbachse der Erdbahn, noch mit dem mittleren Abstand zwischen Sonne ($\odot$) und Erde (δ), die um etwa $2{,}3 \cdot 10^{-7}$ und $1{,}4 \cdot 10^{-4}$ größer als R_0 sind, identisch. Im Sinne der oben zitierten astronomischen Definition ist die astr. Einh. eine fiktive und relative Rechengröße, der im Sonnensystem *kein konkreter* Abstand entspricht und die nicht als physikalischer Etalon betrachtet werden soll.

Der Wert des hypothetischen Kreisbahnradius R_0 ist in den in der Physik gewohnten Längeneinheiten nicht ohne weiteres anzugeben. An seiner Stelle wird meist die von ihm nur sehr wenig verschiedene große Halbachse a der Erdbahn bestimmt und benutzt. Der Abstand a ergibt sich aus der täglichen Sonnenparallaxe $\pi_\odot$, als welche der Winkel bezeichnet wird, unter dem der äquatoriale Radius oder die große Halbachse a_δ der Erde aus der Entfernung a erscheint, nach der Beziehung

$$a = \frac{a_\delta}{\sin \pi_\odot} \cong \frac{a_\delta}{\pi_\odot} . \tag{128}$$

Wie z. B. eine von *Russell [R 42]* angegebene Zusammenstellung der $\pi_\odot$-Bestimmungen nach den verschiedenen angewendeten Methoden zeigt, führt die Beobachtung des kleinen Planeten Eros ($\boxed{433}$) in Erdnähe zu den genauesten Werten für die Sonnenparallaxe. Aus dem im Jahre 1901 bei einem Abstand zwischen Eros und Erde von etwa $4{,}8 \cdot 10^7$ km gewonnenen Beobachtungsmaterial wurde ein Wert von $\pi_\odot = 8{,}799 \pm 0{,}001''$ für die Sonnenparallaxe abgeleitet. Am 30. Januar 1931 befand sich der Planet Eros der Erde noch wesentlich näher (Abstand $\boxed{433}$ — δ etwa $2{,}6 \cdot 10^7$ km). Die Auswertung der 1931 unter günstigeren Bedingungen gewonnenen Meßresultate ergab *[H 15; H 16]*

$$\pi_\odot = (8{,}790 \pm 0{,}001)''. \tag{129 b}$$

Küssner [K 44] weist darauf hin, daß *Newcomb [N 15]* bereits im Jahre 1895 den Wert $8{,}790''$ für die Sonnenparallaxe als Mittelwert aus den seinerzeit vorliegenden Meßergebnissen empfohlen hat.

Auf einer internationalen Konferenz in Paris wurde 1896

$$\pi_\odot = 8{,}80'' \tag{129 a}$$

als Normwert für die Sonnenparallaxe vereinbart und in der Pariser Konferenz von 1911 bestätigt. Dieser Zahlenwert wird seit 1900 in allen astronomischen und nautischen Jahrbüchern für die Sonnenparallaxe benutzt. *Sir Harold Spencer Jones [H 18]* kommt bei einer Diskussion des Systems der astronomischen Konstanten zu dem Ergebnis, daß derzeit eine international zu vereinbarende Änderung des Wertes (129a) nicht wünschenswert sei. Einmal müßte beim Wechsel im Zahlenwert der Sonnenparallaxe auch die Aberrationskonstante angepaßt werden. Zum anderen seien die Vorteile der Kontinuität in den Werten der astronomischen Konstanten nicht zu übersehen — zu einer Änderung dieses Systems solle man sich nicht eher entschließen, als bis sicher sei, daß die neuen Werte zumindest für den Zeitraum eines Jahrhunderts angenommen werden könnten. Zu ähnlichen Schlußfolgerungen gelangt *Dick [D 36; D 37]* bei einer Diskussion des für den Planetoiden Eros vorliegenden Beobachtungsmaterials.

Für den äquatorialen Radius der Erde stehen mehrere Werte zur Diskussion. In einem zusammenfassenden Bericht über die Erdkonstanten gibt *Berroth [B 34[* als vertretbaren Mittelwert aus verschiedenen Beobachtungen

$$a_\delta = (6378{,}378 \pm 0{,}050) \text{ km} \tag{6, 140b}$$

an, während *Jeffreys [J 5]*

$$a_\delta = (6378{,}099 \pm 0{,}116) \text{ km} \tag{6, 140c}$$

ableitet. Die International Union of Geodesy and Geophysics (IUGG) legte auf ihrer Madrider Tagung *[I 44]* im Jahre 1924 als Bezugsfläche für das Erdsphäroid das Hayfordsche Rotationsellipsoid fest; entsprechend ist für den äquatorialen Erdradius

$$a_\delta = 6378{,}388 \text{ km} \tag{6, 140a}$$

als Normwert zu benutzen.

Die Auswertung der Gleichung (128) kann also auf zweierlei verschiedene Weise erfolgen, wie der Tabelle 8 zu entnehmen ist. Somit erhalten wir für die astr. Einh. auch zwei verschiedene Anschlußwerte an die internationale metrische Längenskala, und zwar je nach Benutzung der Bezugswerte

$$\text{für die Normwerte: 1 astr. Einh. } \triangleq 1{,}4950 \cdot 10^8 \text{ km} \tag{130a}$$

$$\text{für die Meßwerte: 1 astr. Einh. } \triangleq (1{,}4967 \pm 0{,}0002) \cdot 10^8 \text{ km.} \tag{130b, c}$$

Tabelle 8. Werte für die große Halbachse a der Erdbahn ($\triangleq$ astronomische Einheit)

Bezugswerte	$\pi_\odot$ in ''	a_δ in km	a in 10^8 km
Internationale Normwerte	8,80	6378,388	1,49504
Beobachtungswerte (*Berroth*) ...	8,790 ± 0,001	6378,378 ± 0,050	1,49674 ± 0,00018
Beobachtungswerte (*Jeffreys*) ...	8,790 ± 0,001	6378,099 ± 0,116	1,49668 ± 0,00019

Die eine „entspricht"-Relation beruht auf den für die Sonnenparallaxe und den äquatorialen Erdradius vereinbarten Normwerten, die andere ergibt sich aus den heute als vertretbar anzusehenden Meßergebnissen für $\pi_\odot$ und a_δ. Die hier angeführten Fehlerangaben sind entsprechend dem allgemeinen Brauch in der Astronomie als mittlere Fehler gemacht worden.

Der 10^6-fache Betrag der astr. Einh. wird als Siriometer bezeichnet und ergibt sich je nach den Bezugswerten zu

$$\text{1 Siriometer} \equiv 10^6 \text{ astr. Einh. } \triangleq 1{,}4950 \cdot 10^{14} \text{ km} \tag{131a}$$

$$\triangleq (1{,}4967 \pm 0{,}0002) \cdot 10^{14} \text{ km.} \tag{131b, c}$$

Als astronomisches Maß zur Angabe von Entfernungen im Bereich der Fixsterne dienen neben dem Siriometer das Parsec (pc), auch Sternweite, Astron, Makron und Metron genannt, und die Siriusweite. Das pc schließt an die jährliche Sternparallaxe p an; sie ist als der Winkel definiert, unter dem die astronomische Einheit von dem betreffenden Fixstern aus erscheint

$$\sin p = \frac{\text{astr. Einh.}}{d} \cong p, \tag{132}$$

wenn wir mit d die „Entfernung" (im astronomischen Sinne einer Relativgröße) zwischen Sonne und Fixstern bezeichnen.

Das pc ist definiert als die „Entfernung", in der sich ein Fixstern der Sternparallaxe $p = 1''$ von der Sonne befindet

$$1 \text{ pc} \equiv \frac{\text{astr. Einh.}}{\sin 1''} \cong \frac{60 \cdot 60 \cdot 180}{\pi} \text{ astr. Einh.} \tag{133}$$

$$= 206\,264{,}8 \text{ astr. Einh.} \,\triangleq\, 3{,}0837 \cdot 10^{13} \text{ km} \tag{133a}$$

bzw. $$\triangleq (3{,}0872 \pm 0{,}0004) \cdot 10^{13} \text{ km} \tag{133b}$$

$$\triangleq (3{,}0871 \pm 0{,}0004) \cdot 10^{13} \text{ km.} \tag{133c}$$

Die „Entfernung" von 5 pc wird als Siriusweite bezeichnet und gleichfalls als astronomisches Entfernungsmaß benutzt. Die Siriusweite ist also gleich der „Entfernung" Sonne—Fixstern bei einer Sternparallaxe von $p = 0{,}2''$

$$1 \text{ Siriusweite} \equiv \frac{\text{astr. Einh.}}{\sin 0{,}2''} \cong \frac{60 \cdot 60 \cdot 180}{0{,}2 \cdot \pi} \text{ astr. Einh.} \tag{134}$$

$$= 5 \text{ pc} = 1\,031\,324 \text{ astr. Einh.} \,\triangleq\, 1{,}5419 \cdot 10^{14} \text{ km} \tag{134a}$$

bzw. $$\triangleq (1{,}5436 \pm 0{,}0002) \cdot 10^{14} \text{ km.} \tag{134b, c}$$

Die Tafel 12 enthält die gegenseitigen Umrechnungsfaktoren für die Zahlenwerte von Längen, gemessen in verschiedenen Längeneinheiten der Astronomie und Astrophysik: dabei wird für die astr. Einh. an Stelle der dimensionslosen „Entfernung" der Astronomie der Abstand a (128) benutzt. Da die Benutzung einmal der Normwerte und zum anderen der Meßwerte als Bezugswerte für die Sonnenparallaxe $\pi_\odot$ und den äquatorialen Erdradius a_δ zu unterschiedlichen Umrechnungsbeziehungen für die astr. Einh. führt, haben wir auch die Tafel 12 doppelt angelegt; die Umrechnungsfaktoren der Tafel 12a beziehen sich auf die Normwerte (129a) und (6, 140a), während die Umrechnungsfaktoren in den Tafeln 12b aus den derzeitig als vertretbar anzusehenden Beobachtungswerten (129b) und (6, 140b) resultieren.

Einheiten für die Zeitmessung werden in der Astronomie aus der Erdrotation abgeleitet, die nur relativ zu einer außerhalb der Erde in der Himmelssphäre befindlichen Beobachtungsmarke bestimmt und gemessen werden kann. Als solche Zeitmarke dient im bürgerlichen Leben ausschließlich die Sonne; für astronomische Zwecke werden außerdem der Fixsternhimmel und speziell der Widderpunkt als Zeitmarke gewählt. Die auf der Beobachtung der Erdrotation gegenüber der Sonnenstellung beruhende Zeit heißt *Sonnenzeit*; Benutzung des Widderpunktes als Zeitmarke führt zur *Sternzeit*.

Die Elliptizität der Erdbahn und die Schiefe der Ekliptik[1]) bewirken eine Bewegung der „wahren Sonne" in Rektaszension (Himmelsäquator-Koordinate), die mit ungleichförmiger Geschwindigkeit erfolgt und daher als Grundlage einer gleichförmigen Zeitmessung wenig geeignet erscheint. Die *wahre Sonnenzeit* wird durch den Zeitwinkel (Stundenkreis-Koordinate) der wahren Sonne für den Beobachtungsort gegeben. Zu einem sich gleichförmig ändernden Zeitwinkel gelangt man, wenn man sich die wahre Sonne durch eine „mittlere Sonne" ersetzt denkt. Der mittleren Sonne wird als Definitions- und Berechnungsgrundlage die Bedingung auferlegt, daß sie ihre scheinbare Bahn am Himmel während eines Jahres mit hinsichtlich ihrer Rektaszension gleichförmiger Geschwindigkeit durchläuft und sich dabei von der wahren Sonne möglichst wenig entfernt. Der Zeitwinkel dieser gedachten mittleren Sonne gibt dann die *mittlere Sonnenzeit* an. Die Rektaszension der mittleren Sonne wird nach *Newcomb* auf den jedesmaligen mittleren Widderpunkt bezogen, dessen säkulare Bewegung nur sehr geringfügige Veränderungen aufweist, so daß die mittlere Sonnenzeit ein konstantes Zeitmaß von praktisch ausreichender Genauigkeit darstellen sollte (siehe Abschnitt 3a).

Der wahre Widderpunkt (γ), auch Frühlingspunkt oder aufsteigender Knoten der Ekliptik auf dem Äquator genannt, ist definiert als der Schnittpunkt des wahren Äquators mit der mittleren Ekliptik. Sein Stundenwinkel gibt die *Sternzeit*, die in ihren Schwankungen die kurz- und langperiodischen Nutationsbewegungen der Erdachse widerspiegelt. Eine Elimination der Nutationsglieder bei der Berechnung der Sternzeit, d. h. die Festlegung eines mittleren Widderpunktes, führt zur Definition einer mittleren Sternzeit.

---

[1]) Infolge der allgemeinen Präzisionsbewegung (siehe S. 87) erfährt die Schiefe der Ekliptik eine langsame Abnahme, der sich oszillierende Schwankungen um eine *mittlere* Richtung mit einer Periode von etwa 18,6 Jahren überlagern, die durch die Nutation der Erdachse (siehe oben) hervorgerufen werden. Nichtbeachtung der periodischen Richtungsänderungen führt zur *mittleren* Schiefe der Ekliptik. Sie betrug am 1. 1. 1954 $23° 26' 42{,}97''$ und verringert sich durch die planetarische Präzession in einem Jahrhundert um etwa $46{,}84''$ *[J 16]*.

Infolge der Bahnbewegung der Erde um die Sonne fällt die Zeitdauer einer Erdumdrehung, welche die Zeiteinheit eines Tages definiert, verschieden lang aus, wenn man einmal die mittlere Sonne und zum anderen den Widderpunkt als Zeitmarke benutzt. Die Sonne wandert scheinbar ostwärts entlang der Ekliptik, einer geschlossenen Bahn, die sie gerade in einem Jahr einmal durchläuft. So muß der Sonnentag länger währen als der Sterntag. Die Differenz zwischen diesen beiden Zeitrechnungen beträgt nach einmaligem Umlauf der Erde um die Sonne oder Durchlauf der Sonne durch die Ekliptik gerade einen Tag in der Skala der Sonnenzeit.

Der Sterntag wird demnach durch die Zeitspanne gegeben, die zwischen zwei aufeinanderfolgenden Durchgängen des Widderpunktes durch den Meridian des Beobachters vergeht, während der Sonnentag durch die Meridiandurchgänge der Sonne bestimmt wird.

Der Tag (d) wird in 24 Stunden (h) zu 60 Minuten (min) mit je 60 Sekunden (s) eingeteilt

$$1 \text{ d} = 24 \text{ h} = 1440 \text{ min} = 86\,400 \text{ s}. \tag{135}$$

Zur Angabe von *Zeitpunkten* bedient man sich für Stunde, Minute und Sekunde der hochgestellten Abkürzungen ^{h}, ^{m} und ^{s}; Beispiel: 11 Uhr 59 Minuten 59 Sekunden = $11^h\,59^m\,59^s$ [1]).

Die Dauer des Bahnumlaufes der Erde um die Sonne definiert die Zeiteinheit des Jahres (a). Für die Festlegung eines Umlaufs der Erde um die Sonne oder des scheinbaren Durchlaufs der Sonne durch die Ekliptik sind in der Astronomie drei verschiedene Bezugssysteme üblich, die zu drei verschiedenen Jahresdefinitionen führen. Das *siderische Jahr* (a_{sid}) bezieht sich auf das Fixsternsystem und wird durch die Zeit gegeben, während der die Sonne auf ihrer scheinbaren Himmelsbahn von einem betrachteten Stern (mit verschwindender Eigenbewegung) wieder bis zu ihm zurückgekehrt ist. Die Zeit, die von einem Durchgang der Sonne durch den (mittleren) Widderpunkt bis zur nächsten Passage des (mittleren) Frühlingspunktes verstreicht, definiert das *tropische Jahr* (a_{tr}). Dabei bezieht sich das tropische Jahr auf die Zunahme der mittleren Länge (Ekliptik-Koordinate) der *wahren* Sonne ohne periodische Störungen um 360°. Das tropische Jahr unterscheidet sich nur ganz geringfügig von dem *annus fictus* oder dem *astronomischen oder Besselschen Jahr*, in dem die Rektaszension der fingierten *mittleren Sonne* um 360° zunimmt. Infolge der von *Hipparch* entdeckten allgemeinen Präzessionsbewegung rückt der Widderpunkt jährlich um etwa 50,3'' (50,2564'' für 1900,0) nach Westen vor, so daß das tropische oder astronomische Jahr etwas kürzer als das siderische ist. Das *anomalistische Jahr* (a_{anom}) wird durch die Elliptizität der Erdbahn um die Sonne bestimmt und stellt die Zeitspanne zwischen zwei aufeinanderfolgenden Periheldurchgängen dar. Da die Apsidenlinie der Erdbahn eine ostwärtige Präzession von jährlich etwa 11,5'' vollführt, ist das anomalistische Jahr länger als das siderische Jahr.

Neben diesen drei durch den astronomischen Bezugspunkt unterschiedenen Jahren sind noch die auf der Entwicklung der Kalender beruhenden Unterscheidungen in der Jahresfestlegung zu nennen. Das *julianische Jahr* (a_{jul}) ist die Jahreseinheit des Julianischen Kalenders, der nach den Vorschlägen von *Sosigenes* durch *Julius Caesar* im Jahre 45 v. d. Z. eingeführt wurde und bis zum Jahre 1581 in Benutzung blieb.

Das julianische Jahr umfaßt $365^1/_4$ Tage, die im vierjährigen Rhythmus — und zwar 3 Jahre mit 365 und 1 Schaltjahr mit 366 Tagen — eingeordnet werden; die Schaltjahre haben durch vier teilbare Jahreszahlen, der zusätzliche Schalttag ist der 29. Februar. Da das tropische Jahr um etwa 11 Minuten kürzer als das julianische ist, verschiebt sich der Jahresanfang des julianischen Jahres jedes Jahr um etwa 11 Minuten gegenüber dem aus den tatsächlichen Bewegungen der Erde abgeleiteten tropischen Jahr. Beispielsweise wurde das Frühjahrs-Äquinoktium, das im 4. Jahrhundert auf den 21. März julianischer Jahresrechnung fiel, 400 Jahre später am 24. März beobachtet.

Um diese Differenz zu korrigieren, führte Pabst *Gregor XIII.* nach den Beschlüssen des Tridentiner Konzils mit der Bulle vom 24. 2. 1582 eine Kalenderreform durch, die von *Luigi Lilio* entworfen worden war. 1582 wurden 10 Tage aus dem Kalender gestrichen: Donnerstag, dem 4. Oktober 1582, folgte als Freitag unmittelbar der 15. Oktober 1582 [2]). Um für die Zukunft den Kalender mit der Dauer des tropischen Jahres in Einklang zu halten, wurde weiterhin festgelegt, von den Jahren, deren Jahres-

---

[1]) In der Astronomie werden Tag, Stunde, Minute und Sekunde im allgemeinen auch bei Mitteilungen von *Zeitdauern* durch die hochgestellten Abkürzungen ^{d}, ^{h}, ^{m} und ^{s} bezeichnet, die dann meist über das die dezimalen Teile abgrenzende Komma gesetzt werden; Beispiel: Dauer des tropischen Jahres = $365^d\,5^h\,48^m\,45^s{,}975$.

[2]) In Frankreich wurde die gregorianische Kalenderform 1582 unter Einsparung des 10. bis 19. Dezember einschließlich durchgeführt, in Großbritannien erst 1752, so daß dort bereits 11 Tage, der 3. bis 13. September einschließlich, gestrichen werden mußten.

zahlen ganze Vielfache von 100 sind, nur jedes vierte als Schaltjahr beizubehalten, und zwar die Jahre 1600, 2000, 2400, 2800, 3200 usw. Die Jahreseinheit des Gregorianischen Kalenders ist das *gregorianische* oder *bürgerliche Jahr* (a_{greg}). Es umfaßt also im Mittel $[(365{,}25 \cdot 400) - 3]/400$ Tage $= 365{,}242\,5$ d, stimmt mit dem tropischen Jahr sehr nahe überein und bildet seit 1583 die Grundlage der bürgerlichen Zeitrechnung.

Die Dauer des siderischen Jahres a_{sid} ändert sich mit der Zeit kaum merklich. Das tropische Jahr a_{tr} nimmt mit der Zeit etwas ab, und zwar um $0{,}530\,3$ s je Jahrhundert, während das anomalistische Jahr a_{anom} um etwa $0{,}27$ s je Jahrhundert wächst.

Für den Zeitpunkt 1900,0, d. h. am 1. Januar 1900 12 Uhr mittags Weltzeit, betrug die Dauer des siderischen, tropischen und anomalistischen Jahres *[B 105]*:

$$1\,a_{sid} \;\; = 365{,}265\,360 \quad \text{mittl. Sonnentage} = 365\text{d}\;6\text{h}\;9\,\text{min}\;9{,}54\,\text{s}$$
$$= 3{,}155\,815\,0 \cdot 10^7 \text{ s} \tag{136}$$

$$1\,a_{tr} \;\; = 365{,}242\,198\,78 \;\text{mittl. Sonnentage} = 365\text{d}\;5\text{h}\;48\,\text{min}\;45{,}975\,\text{s}$$
$$= 3{,}155\,692\,597\,5 \cdot 10^7 \text{ s} \tag{22a'}$$

$$1\,a_{anom} = 365{,}259\,641 \quad \text{mittl. Sonnentage} = 365\text{d}\;6\text{h}\;13\,\text{min}\;53{,}0\,\text{s}$$
$$= 3{,}155\,843\,3 \cdot 10^7 \text{ s} \tag{137}$$

Das zeitlich unveränderliche julianische und mittlere gregorianische Jahr haben die Dauer

$$1\,a_{jul} \;\; = 365{,}25 \quad\quad \text{mittl. Sonnentage} = 365\text{ d}\;6\text{ h}$$
$$= 3{,}155\,76 \cdot 10^7 \text{ s} \tag{138}$$

$$1\,a_{greg} = 365{,}242\,5 \quad \text{mittl. Sonnentage} = 365\text{ d}\;5\text{ h}\;49\text{ min}\;12\text{ s}$$
$$= 3{,}155\,695\,2 \cdot 10^7 \text{ s.} \tag{139}$$

Die Beziehung (22a') ermöglicht uns gleichzeitig die wechselseitige Umrechnung von Sternzeit und mittlerer Sonnenzeit. Aus der Definition der Stern- und Sonnenzeit folgt die Gleichung

$$1 \text{ Sternzeiteinh.} = \frac{1\,a_{tr}}{1\,a_{tr} + 1\,d_{m\odot}} \quad \text{mittl. Sonnenzeiteinh.} \tag{140}$$

Für die Umrechnung von Sterntag d_* und mittlerem Sonnentag $d_{m\odot}$ $\quad$ d gilt also

$$1\,d_* = \frac{365{,}2422}{366{,}2422}\,d_{m\odot} = 0{,}997\,269\,57\,d_{m\odot} \quad\quad = 0{,}997\,269\,57\text{ d}$$
$$= 23\text{h}_{m\odot}\;56\,\text{min}_{m\odot}\;4{,}09\,\text{s}_{m\odot} = 23\text{h}\;56\,\text{min}\;4{,}09\,\text{s} \tag{141a}$$

$$1\text{d} = 1\,d_{m\odot} = \frac{366{,}2422}{365{,}2422}\,d_* \;\; = 1{,}002\,737\,91\,d_*$$
$$= 24\text{h}_*\;3\,\text{min}_*\;56{,}56\,\text{s}_*. \tag{141b}$$

Wir können diese Beziehungen auch für die Maßzahlen $\{t\}_s$ und $\{t\}_{s_*}$ einer beliebigen Zeitgröße t in der Form

$$\{t\}_s \;\; = 0{,}997\,269\,57 \cdot \{t\}_{s_*} = \{t\}_{s_*} - 0{,}002\,730\,43 \cdot \{t\}_{s_*} \tag{142a}$$

$$\{t\}_{s_*} = 1{,}002\,737\,91 \cdot \{t\}_s = \{t\}_s + 0{,}002\,737\,91 \cdot \{t\}_s \tag{142b}$$

schreiben. Die nicht-indizierten Einheitensymbole werden üblicherweise für die Zeiteinheiten in mittlerer Sonnenzeit benutzt, entsprechend der Definition (22) für die international vereinbarte Sekunde.

Für das bürgerliche Leben ist heute das gregorianische Jahr maßgebend, für die astronomische Jahresrechnung bilden das tropische oder das astronomische Jahr die Grundlage. Der Beginn des astronomischen Jahres fällt nach *Bessel* mit dem Zeitpunkt zusammen, in dem die Rektaszension der mittleren Sonne, vermindert um die Abberationskonstante von $20{,}47''$, gerade $280°$ oder, im Zeitmaß, 18 h 40 min beträgt. Die Differenz im Jahresbeginn des astronomischen und bürgerlichen Jahres ist äußerst gering. Zum wechselseitigen Bezug dieser beiden Jahresanfänge dient der *dies reductus*; er bezeichnet den Erdmeridian für die Kulmination der mittleren Sonne beim Beginn des *annus fictus* *[A 17]*.

Seit 1925,0 wird in der bürgerlichen und astronomischen Skala der mittleren Sonnenzeit die Zählung eines Tages um Mitternacht begonnen. Die Tageszählung der Sternzeit fängt jeweils mit dem Durchgang des wahren Widderpunktes durch den Meridian des Beobachtungspunktes an.

Sonnenzeit und Sternzeit sind zunächst ihrer Definition nach an den Meridian des Beobachtungsortes gebunden und somit als *Ortszeiten* zu werten. Für eine allgemeine Zeitfestlegung muß man sich auf einen bestimmten Erdmeridian als Bezugsmeridian einigen. Als solcher wurde für astronomische Beobachtungen der Meridian von Greenwich bestimmt, auf dessen Ortszeit als mittlerer Sonnenzeit der Astronomie jede andere Ortszeit über den Unterschied in der geographischen Länge umgerechnet werden kann. Für die auf den Meridian von Greenwich bezogene mittlere Sonnenzeit sind von der Internationalen Astronomischen Union (IAU) die Bezeichnungen *Weltzeit* (WZ), *Universal Time* (UT) und *Temps Universel* (TU) festgelegt worden *[I 7; I 9]*.

Als *gesetzliche Zeit* sind in den einzelnen Ländern der Erde verschiedene Ortszeiten festgelegt. In großräumigen Staaten ändert sich die gesetzliche Zeit von Gebiet zu Gebiet; Einzelheiten können den astronomischen und nautischen Jahrbüchern, beispielsweise dem Annuaire du Bureau des Longitudes *[B 104]*, entnommen werden. Von häufiger benutzten gesetzlichen Zeiten seien genannt: in *Europa* Westeuropäische Zeit ($\pm$ 0 h), Mitteleuropäische Zeit (+ 1 h) und Osteuropäische Zeit (+ 2 h), in *Afrika* Zeit der Kanarischen Inseln (— 1 h), Westeuropäische, Mitteleuropäische und Osteuropäische Zeit, in *Asien* Zeit von Aden (+ 3 h), Indische Zeit (+ 5 h 30 min) und Zeit von Indochina (+ 8 h), in *Australien* und *Ozeanien* Südaustralische Zeit (+ 9 h 30 min), Neuseeländische Zeit (+ 12 h), Zeit der Fidschiinseln (+ 12 h) und Zeit der Samoainseln (— 11 h), in der *Antarktis* Zeit von Adelaide (+ 9 h), in *Nordamerika* Alaska Standard Time (— 10 h), Pacific Standard Time (— 8 h), Mountain Standard Time (— 7 h), Central Standard Time (— 6 h), Eastern Standard Time (— 5 h), Atlantic oder Intercolonial Standard Time (— 4 h) und Zeit von Saint-John (— 3 h 30 min), in *Südamerika* Zeit von Venezuela (— 4 h 30 min), Zeit von Paramaribo (— 3 h 30 min), Ostbrasilianische Zeit (— 3 h) und Südatlantische Zeit (— 2 h); in Klammern sind die Korrektionen gegenüber der Weltzeit, d. h. die Unterschiede gesetzliche Zeit minus Weltzeit, angegeben.

Die Differenz mittlere Sonnenzeit minus wahre Sonnenzeit oder Rektaszension der wahren Sonne minus Rektaszension der mittleren Sonne heißt *Zeitgleichung* und ist in allen astronomischen und nautischen Jahrbüchern tabelliert.

Für astronomische Berechnungen über lange Zeiträume ist eine durchlaufende Zählung nach mittleren Sonnentagen zweckmäßig und üblich. Hierfür wurde von *Scaliger* im Jahre 1629 die „julianische Periode" von $28 \cdot 15 \cdot 19 = 7980$ Jahren vorgeschlagen. Sie mißt die Zeit in *julianischen Tagen*, d. h. in der Anzahl mittlerer Sonnentage, die seit Beginn der julianischen Periode am 1. Januar des Jahres 4713 v. d. Z. 12 h Weltzeit verstrichen sind. Dabei hat man sich international geeinigt, den julianischen Tag jeweils im mittleren Greenwicher Mittag beginnen zu lassen, auch nachdem 1925,0 der Beginn des astronomischen Tages auf Mitternacht verlegt worden ist. Beispielsweise erhält man für den 1. 1. 1955 12 h W. Z., ausgedrückt als Anzahl der Tage der julianischen Periode unter Berücksichtigung der 13 Tage Korrektur zwischen gregorianischem und julianischem Kalender (10 Tage im Jahre 1582 und je 1 Tag in den Jahren 1700, 1800 und 1900), den Zahlenwert 2 435 109.

Auf die fortlaufende Abnahme der Rotationsgeschwindigkeit unserer Erde haben wir schon bei der Diskussion der weiteren Entwicklung der internationalen Zeiteinheit im Abschnitt 3 d hingewiesen.

DRITTER TEIL: WÄRME UND STRAHLUNG

Auf dem Gebiete der Wärme und Wärmestrahlung liegen die Verhältnisse hinsichtlich Größen und Einheiten nicht mehr ganz so einfach wie in der Mechanik. Wir pflegen zwar auch unsere thermodynamischen Beziehungen in einer solchen Form zu schreiben, daß sie als Größengleichungen aufgefaßt werden können. Dementsprechend gibt es auch Einheitensysteme, die auf das Größengleichungensystem der Wärmelehre zugeschnitten sind. Jedoch werden in der Praxis des Messens und Rechnens nicht für alle thermodynamischen Größenarten die abgeleiteten Einheiten dieser Systeme benutzt. Vielmehr ist es in weitgehendem Maße üblich, beispielsweise für den Druck und eine Reihe energetischer Größen, neben den abgestimmten Einheiten des für die übrigen Größenarten verwendeten Einheitensystems auch systemfremde Einheiten zu gebrauchen. Die bei zusätzlichem Einschluß dieser Einheiten gültigen Zahlenwertgleichungen weichen formal von den Größengleichungen ab. Sie enthalten wegen der verschiedenen Einheiten noch Zahlenfaktoren (Ausgleichsfaktoren), welche die Benutzung unterschiedlicher Einheiten für Größen gleicher Art oder Dimension in ein und derselben Gleichung berücksichtigen.

1. Größenarten, Größengleichungen und Grundgrößenarten in der Wärmelehre und Strahlungslehre

Zunächst wollen wir die wichtigsten Größenarten, die zur Beschreibung der Gesetzmäßigkeiten in der Wärme- und Strahlungslehre geeignet und gebräuchlich sind, zusammenstellen. Außer Größenarten, die uns schon in der Mechanik begegnet sind, treten hier zusätzlich die charakteristischen Wärme- und Strahlungsgrößenarten auf. In den Tafeln 11 und 13 haben wir derartige Größenarten zusammengestellt. In der ersten Spalte ist ihre Bezeichnung und in der zweiten Spalte ihr Formelzeichen eingetragen. Die dritte Spalte enthält eine Auswahl der Gleichungen aus Wärme- und Strahlungslehre, welche die von uns aufgeführten Größenarten in einfacher Weise verknüpfen. Man findet im allgemeinen in jeder Reihe eine Beziehung, die als Definitionsgleichung für die Größenart der betreffenden Reihe angesehen werden kann und soll. Die Auswahl der Beziehungen wurde so getroffen, daß die einzelnen Gleichungen voneinander unabhängig sind, also jede Gleichung im Sinne des Größenkalküls als eine vollwertige Definitionsgleichung für eine Größenart betrachtet werden kann. Über diese Gleichungen können wir die in den Tafeln aufgeführten Größenarten auf einige wenige Größenarten zurückführen, für deren weitere Ableitung dann keine unabhängigen Definitionsgleichungen mehr zur Verfügung stehen und die somit als Grundgrößenarten unseres Größengleichungensystems anzusehen sind.

Betrachten wir als erstes die in der Wärmelehre benutzten Größenarten der Tafel 11. Unter Einschluß der bei der Arbeit und der universellen Gaskonstanten als Beispiele angeführten verschiedenen Arten von spezifischen Größen haben wir $n = 50$ Größenarten in der Tafel für die Wärmelehre aufgenommen. Die Spalte 3 enthält hierzu 47 Beziehungen, von denen aber nur $k = 46$ als voneinander unabhängige Definitionsgleichungen für die 50 Größenarten aufgefaßt werden können, da die allgemeine Relation zwischen Kraft und Masse auch hier wieder zweimal (in der Reihe für die Kraft und die Masse) aufgeführt wurde. Es ergibt sich also für die Anzahl der Grundgrößenarten, die zur eindeutigen Auflösung unseres Größengleichungensystems vorgegeben werden müssen, die Zahl

$$n - k = 50 - 46 = 4. \tag{1}$$

Demnach haben wir für die Beschreibung der Wärmelehre vier Grundgrößenarten auszuwählen. Da die Thermodynamik eine große Zahl der schon aus der Mechanik her bekannten Vorstellungen und Gesetzmäßigkeiten mit enthält und benutzt, ist es offensichtlich zweckmäßig, von den vier zu verabredenden Grundgrößenarten drei durch mechanische Grundgrößenarten und die vierte durch eine spezifisch thermodynamische Größenart festzulegen. Als solche ist die Temperatur besonders geeignet, da sie nicht, wie z. B. die Wärmemenge, mit irgendeiner rein mechanischen Größenart dimensionsgleich wird — jedenfalls nicht in der Art der Auffassung und Formulierung der thermodynamischen Gesetzmäßigkeiten, wie sie durch unser Größengleichungensystem dargestellt ist.

Wir wollen in diesem Zusammenhang darauf hinweisen, daß man häufig versucht, auf Grund der Anschauungen und Erkenntnisse der molekularkinetischen Theorie, die Darstellung der Gesetzmäßigkeiten in der Wärmelehre auf rein mechanische Basis zu stellen, und die Größenart Temperatur als molekulare Bewegungsenergie, also als abgeleitete Größenart definiert, wodurch sich die Zahl der Grundgrößenarten von vier auf drei reduzieren würde *[B 62; B 63; E 1; H 4; K 1; O 1]*. Es entspricht dieses Vorgehen zwar durchaus der mechanisch-atomistischen Betrachtungsweise des physikalischen Geschehens. Andererseits gibt es die für die thermodynamischen Vorstellungen so charakteristischen Züge einer phänomenologischen Kontinuumstheorie auf und hat sich bislang als allgemeine Behandlungsart der Wärmelehre viel zu wenig durchgesetzt, um etwa hier die Aufgabe der Temperatur als selbständige und geradezu charakteristische Wärmegrößenart zu rechtfertigen. Die molekularkinetische Auffassung ist eine notwendige und bedeutsame Seite der Beschreibung des durch die Wärmelehre umrissenen physikalischen Zustandes oder Geschehens, die jedoch zur Abrundung des Gesamtbildes der kontinuumstheoretischen Thermodynamik als Ergänzung bedarf.

Außerdem ist die Reduzierung der Anzahl der Grundgrößenarten von vier auf drei nur eine scheinbare *[S 58]*. Die Temperatur wird in der Molekularkinetik als Translationsenergie einer bestimmten Anzahl von Atomen oder Molekülen, also als Quotient Energie/„Stoffmenge" eingeführt (Abschnitt 8). Die molekularkinetische Temperaturdefinition ersetzt somit nur die Grundgrößenart Temperatur durch eine neue Grundgrößenart Stoffmenge. Dieser Tatbestand tritt deshalb nicht direkt in Erscheinung, weil die Stoffmenge proportional der *Anzahl* der mitwirkenden Atome oder Moleküle eingeführt wird, im Sinne unserer Ausführungen in Abschnitt 1, 7 also auch als eine „dimensionslose" Größenart betrachtet werden kann. Die kinetische Theorie kann lediglich Aussagen über das mittlere Verhalten einer großen Zahl von Molekülen machen, nicht aber über den Zustand eines einzigen Moleküls. Es entbehrt also im Rahmen der kinetischen Auffassung auch eines vernünftigen physikalischen Sinns, von der „Temperatur" *eines* herausgegriffenen Moleküls zu sprechen oder diese als seine Energie einzuführen.

Nunmehr wollen wir die Tafel **13** unter den gleichen Gesichtspunkten diskutieren. Unter Einschluß der verschiedenen Konstanten finden wir in ihr 27 Größenarten der Strahlungslehre aufgeführt. Die Spalte 3 enthält 24 Definitionsbeziehungen; Gleichungen fehlen für die Wellenlängen, Ausbreitungsgeschwindigkeiten und die Temperatur — zwei mechanische und die soeben für die Wärmelehre als charakteristisch bezeichnete Grundgröße. Weiter tritt in den Definitionsgleichungen für das Wirkungsquantum und die räumliche Strahlungsdichte die Energie U, in der Definitionsgleichung für die spezifische Molekülzahl die Masse m auf — zwei Größenarten, die wir nicht mit eigenen Reihen in die Strahlungsgrößentafel aufgenommen hatten, zwischen denen aber nach den Gesetzen der Mechanik oder dem Einsteinschen Äquivalenzprinzip noch eine Relation besteht. Wir entnehmen also der Tafel **13**: $k = 24 + 1 = 25$ voneinander unabhängige Definitionsgleichungen für unsere $n = 27 + 2 = 29$ Größenarten der Strahlungslehre. Demnach passen die Größengleichungen der Strahlungslehre vollkommen in das Größengleichungensystem der Wärmelehre mit vier Grundgrößenarten hinein. Wir werden also für die Beschreibung der Strahlungsgesetzmäßigkeiten auch vier Grundgrößenarten vorgeben, beispielsweise wieder drei mechanische Grundgrößenarten und als vierte charakteristische die Temperatur.

2. Dimensionssysteme der Wärmelehre und Strahlungslehre

Nachdem wir uns über die Anzahl der Grundgrößenarten klar geworden sind, wollen wir die Dimensionsprodukte für die Größenarten der Wärme- und Strahlungslehre entwickeln.

Als Dimensionssysteme kommen offensichtlich Vierersysteme in Frage. Entsprechend den Ergebnissen des vorigen Abschnittes wählen wir als Grundgrößenarten drei mechanische Größenarten und die Temperatur. Als mechanische Grunddimensionentripel berücksichtigen wir von den in der Mechanik behandelten lediglich die beiden Länge, Masse, Zeit und Länge, Kraft, Zeit, da nur die zugehörigen Dimensionssysteme $\mathsf{LMT\Theta}$ und $\mathsf{LFT\Theta}$ als Grundlage zur Aufstellung von Einheitensystemen dienen, deren Einheiten auch praktisch benutzt werden.

Die Herleitung der einzelnen Dimensionsprodukte erfolgt wieder nach den im einleitenden Buchteil aufgestellten allgemeinen Regeln. Die Dimensionsprodukte der rein mechanischen Größenarten können aus dem zweiten Buchteil ohne weiteres übernommen werden. Für die eigentlichen thermodynamischen und Strahlungsgrößenarten ergeben sich die Dimensionsprodukte aus denen der mechanischen Größenarten unter Berücksichtigung der Temperatur über die in der Spalte 3 stehenden einfachen Definitionsgleichungen für diese Größenarten. In die Spalten 4 und 5 haben wir die Dimensionsprodukte in den beiden Dimensionssystemen $\mathsf{LMT\Theta}$ und $\mathsf{LFT\Theta}$ für die einzelnen Größenarten der Tafeln **11** und **13** eingetragen. Die Grunddimensionen (der jeweils als Grundgrößenarten betrachteten Größenarten) sind durch Ausrücken nach rechts hervorgehoben worden.

Dabei haben wir die Dimensionsfelder der Tafel **11** für die spezifischen Größenarten (Abschnitt 9) offen lassen müssen, da zunächst aus der allgemeinen Definitionsgleichung für eine spezifische Größenart noch nicht die Art der Bezugsgröße (z. B. Masse, Gewicht, Volumen) hervorgeht. Lediglich bei der spezifischen Arbeit a und der universellen (spezifischen) Gaskonstanten R_0 (Abschnitt 9) wird von vornherein zwischen verschiedenen Arten der spezifischen Definition ($a_m, a_{G_n}, a_{V_n}, a_l$ bzw. R_0, R_0', R_0'') unterschieden, so daß in diesen Fällen die Dimensionsprodukte eindeutig anzugeben sind. Allgemein werden wir die spezifischen Größenarten der Wärmelehre wegen ihrer besonderen Eigenart und Wichtigkeit für die Beschreibung der Thermodynamik in einem eigenen Abschnitt 8 behandeln.

Die physikalischen Strahlungsgrößenarten sind außer in der Thermodynamik auch für die Photometrie (siehe Kapitel 5, II) von Bedeutung. Wie werden dort für sie die in der Lichttechnik üblichen Bezeichnungen und Formelzeichen benutzen. In den Gesetzmäßigkeiten der Photometrie tritt die Temperatur T im allgemeinen nicht explizit auf. Stattdessen spielt dort der räumliche Winkel Ω eine besondere Rolle (Abschnitt 5, 2e). Die Tafel **30** enthält die Dimensionsprodukte von physikalischen Strahlungsgrößenarten in dem für die Zwecke der Lichttechnik zweckmäßigen Dimensionssystem $\mathsf{LWT\Omega}$.

3. Einheitensysteme für die Wärmelehre und Strahlungslehre

Als auf die Größengleichungen der Wärme- und Strahlungslehre abgestimmte Einheitensysteme haben wir entsprechend den vier für das Größengleichungensystem vorgegebenen Grundgrößenarten Systeme mit vier Grundeinheiten zu benutzen. Nach unseren bisherigen Feststellungen bieten sich hier von selbst die mechanischen Einheitensysteme, erweitert mit einer Grundeinheit für die Temperatur, an. Als Einheit für die Temperaturmessung wird der Grad Kelvin (°K, bei Temperaturdifferenzen grd; Abschnitte 5a und 5d) benutzt. Wir ersetzen also im Dimensionssystem $\mathsf{LMT\Omega}$

$$
\begin{aligned}
\mathsf{L} &= \mathrm{cm} \\
\mathsf{M} &= \mathrm{g} \\
\mathsf{T} &= \mathrm{s} \\
\Theta &= {}^\circ\mathrm{K} \ \text{oder} \ \mathrm{grd}
\end{aligned}
\qquad (2\,\mathrm{a})
\qquad\qquad
\begin{aligned}
\mathsf{L} &= \mathrm{m} \\
\mathsf{M} &= \mathrm{kg} \\
\mathsf{T} &= \mathrm{s} \\
\Theta &= {}^\circ\mathrm{K} \ \text{oder} \ \mathrm{grd,}
\end{aligned}
\qquad (2\,\mathrm{b})
$$

um zu den Einheiten des cm-g-s-°K- und des m-kg-s-°K-Systems zu gelangen, und im Dimensionssystem $\mathsf{LFT\Theta}$

$$
\begin{aligned}
\mathsf{L} &= \mathrm{cm} \\
\mathsf{F} &= \mathrm{p} \\
\mathsf{T} &= \mathrm{s} \\
\Theta &= {}^\circ\mathrm{K} \ \text{oder} \ \mathrm{grd}
\end{aligned}
\qquad (3\,\mathrm{a})
\qquad\qquad
\begin{aligned}
\mathsf{L} &= \mathrm{m} \\
\mathsf{F} &= \mathrm{kp} \\
\mathsf{T} &= \mathrm{s} \\
\Theta &= {}^\circ\mathrm{K} \ \text{oder} \ \mathrm{grd,}
\end{aligned}
\qquad (3\,\mathrm{b})
$$

und erhalten die Einheiten des cm-p-s-°K- und des m-kp-s-°K-Systems. Die spezifischen Größenarten wurden in der Einheitentafel **11** wegen ihrer allgemein nicht eindeutigen Definition fortgelassen; als Beispiele haben wir lediglich die verschiedenen Definitionen der spezifischen Arbeit ($a_m, a_{G_n}, a_{V_n}, a_l$) und der universellen Gaskonstanten (R_0, R_0', R_0'') aufgenommen. Die speziellen Wärmekapazitäten C_p und C_v, deren Einheiten stets mit der der allgemeinen Wärmekapazität C identisch sind, konnten ebenso unberücksichtigt bleiben wie ihr dimensionsloses Verhältnis $\varkappa = C_p/C_v$.

Dementsprechend berücksichtigen wir folgende vier Einheitensysteme für die Messung der Größen der Wärme- und Strahlungslehre:

a) erweitertes CGS-System mit den vier Grundeinheiten cm, g, s, °K oder grd,

b) erweitertes MKS-System mit den vier Grundeinheiten m, kg, s, °K oder grd,

c) erweitertes cm-p-s-System mit den vier Grundeinheiten cm, p, s, °K oder grd,

d) erweitertes m-kp-s-System mit den vier Grundeinheiten m, kp, s, °K oder grd.

In den Tafeln **14** und **15** sind die Einheiten von Wärme- und Strahlungsgrößenarten in den genannten vier Einheitensystemen zusammengefaßt worden. Nach unserer allgemeinen Regel erhält man die Einheiten durch Einsetzen von jeweils verabredeten Grundeinheiten in die zugehörigen Dimensionsprodukte.

Die Einheiten cm, m, g, kg, p, kp hatten wir bereits bei der Einführung der mechanischen Einheitensysteme (Abschnitte 2, 3a und 3c) definiert. Zur Festlegung der Temperatureinheit °K müssen wir etwas weiter ausholen.

4. Temperaturdefinitionen

Das Problem der verschiedenen Temperaturskalen ist durch die Empfehlungen des Comité Consultatif de Thermométrie (Abschnitt 2, 3a) und die Entscheidungen der Generalkonferenz für Maß und Gewicht zu einem gewissen Abschluß gekommen. Die Ergebnisse lassen sich auf mehrfache Weise veranschaulichen. Wir beginnen mit einer größenmäßigen Darstellung des Fragenkomplexes, die von unterschiedlich definierten Temperaturgrößen ausgeht.

a) Thermodynamische Temperatur. Die thermodynamische Temperatur T ist eine begrifflich aus den Prinzipien der Thermodynamik (beispielsweise aus dem zweiten Hauptsatz der Thermodynamik und der Existenz des „absoluten Nullpunkts" in der Thermodynamik) definierte Größenart. Dabei ist es gleichgültig, ob man zur Einführung von T einen Carnot-Prozeß, beispielsweise den Wirkungsgrad η einer Carnot-Maschine (Q aufgenommene Wärmemenge, A geleistete Arbeit, $T_2 > T_1$)

$$\eta = \frac{dA}{dQ} = \frac{T_2 - T_1}{T_2}, \tag{4}$$

oder das Verhalten idealer Gase, z. B. ihre Zustandsgleichung (p Druck, v spezifisches Volumen, R_0 universelle Gaskonstante)

$$pv = R_0\, T \tag{5}$$

heranzieht.

Bezeichnen Q_1 und Q_2 die in einem reversibel geführten Carnot-Prozeß, dem wichtigsten Idealprozeß der Thermodynamik, bei den thermodynamischen Temperaturen T_1 und T_2 an die Wärmespeicher 1 und 2 abgegebenen oder aus ihnen aufgenommenen Wärmemengen, so gilt die Relation

$$\frac{Q_1}{Q_2} = \frac{T_1}{T_2}, \tag{4a}$$

die den einfachsten Ausgangspunkt zur Einführung der Grundgrößenart thermodynamische Temperatur bildet.

b) Empirische Temperatur. Die Temperaturabhängigkeit physikalischer Eigenschaften der Stoffe — wie beispielsweise Zustandsänderungen (Ausdehnung, Druckerhöhung, Umwandlung usw.) von Festkörpern, Flüssigkeiten und Gasen; Änderung des elektrischen Widerstandes von Metallen; thermoelektrische Spannung zwischen verschiedenen Metallen; Strahlung eines schwarzen Körpers — läßt sich grundsätzlich als Funktion der thermodynamischen Temperatur T darstellen, wobei es im Augenblick nicht darauf ankommt, ob der funktionale Zusammenhang in jedem Einzelfall mathematisch explizit angegeben werden kann oder nicht. Umgekehrt benutzt man vielfach das Wärmeverhalten von Substanzen, um aus Zustandsänderungen in möglichst einfacher Weise ein Maß für die zugehörige „Temperatur"-Änderung abzuleiten — im einfachsten Fall aus der Ausdehnung eines Flüssigkeitsfadens wie bei den Flüssigkeitsthermometern von *Fahrenheit, Réaumur* oder *Celsius*. Indem man dann den in die Beschreibung solcher Zustandsänderungen eingehenden Konstanten willkürliche Werte (mit Einschluß der Null) zuordnet oder, anders ausgedrückt, das Temperaturverhalten durch eine gegenüber der *vollständigen thermodynamischen Funktion $f(T)$* vereinfachte Gleichung darstellt, führt man *neue* Temperaturgrößen ein, die wir hier durch die Symbole t oder θ kennzeichnen wollen.

Beispielsweise wird (in der Internationalen Temperaturskala; Abschnitt 5c) der Bereich zwischen Wasser- und Antimonerstarrungspunkt durch Messung des Verhältnisses R/R_0 eines Platindrahtes interpoliert (R und R_0 elektrischer Widerstand des Platins bei t und t_0); hierzu sind die Meßwerte nach der Formel

$$\frac{R}{R_0} = 1 + At + Bt^2 = f(t) \tag{6}$$

auszuwerten, wobei die Konstanten A und B empirisch durch Messung von R/R_0 am Wasser- und Schwefelsiedepunkt bestimmt, also physikalischen Eigenschaften vorgegebener Substanzen entnommen werden. Durch Gleichung (6) und entsprechende Relationen für andere Temperaturbereiche wird die neue Temperaturgröße t *definiert*; ihre Einführung erfolgt abschnittsweise durch verschiedene empirische Meßverfahren.

Grundsätzlich werden sogar durch den thermischen Verlauf verschiedener Materialeigenschaften oder Zustandsänderungen und ihre Ausnutzung zur Temperaturfestlegung unterschiedliche empirische Temperaturgrößen definiert. Beispielsweise führt zwischen dem Eisschmelzpunkt und dem Wassersiedepunkt die lineare Interpolation der Wärmeausdehnung des Flüssigkeitsfadens in einem Glasthermometer zu einer Temperaturgröße θ, deren Verlauf in diesem Bereich nicht mit demjenigen der aus dem Widerstandsverhältnis R/R_0 des Platins nach der quadratischen Funktion (6) abgeleiteten Temperatur t übereinstimmt.

Im folgenden werden θ und t als *empirische* oder *internationale Temperatur* bezeichnet. Sie brauchen nicht mit den thermodynamischen Temperaturgrößen T oder ϑ (Abschnitt 4 c) identisch zu sein und sind es im allgemeinen auch nicht.

c) Beziehung der empirischen zur thermodynamischen Temperatur. Für den Augenblick sehen wir von den Unterschieden zwischen den verschiedenen empirischen Temperaturgrößen t und θ ab und betrachten die bereits in der Gleichung (6) auftretende Größe t als Repräsentanten der empirischen Temperatur. Daß und inwiefern t und T grundsätzlich verschieden definierte Größen sind, läßt sich für jeden Temperaturbereich (oder Definitionsbereich) der empirischen Temperaturgröße t einzeln zeigen; als Beispiel sei hier der „Fundamentalbereich" $t_0 \leqq t \leqq t_D$ zwischen Eisschmelzpunkt t_0 und Wassersiedepunkt t_D (Abschnitt 5) herausgegriffen *[S 65]*.

Zunächst ist die Darstellung des Widerstandsverhältnisses R/R_0 von Metallen in Abhängigkeit von der thermodynamischen Temperatur nachzutragen. Die dimensionslose Größe R/R_0 ist auf den elektrischen Widerstand des Metalles beim Eisschmelzpunkt bezogen, dessen thermodynamische Temperatur im allgemeinen mit T_0 bezeichnet wird. Zweckmäßigerweise bedienen wir uns daher einer häufig eingeführten und benutzten thermodynamischen Größe ϑ, die als der Unterschied der thermodynamischen Temperatur T eines beliebigen Temperaturpunktes gegenüber der thermodynamischen Temperatur T_0 definiert ist

$$\vartheta = T - T_0. \tag{7}$$

Als Funktion der thermodynamischen Größe ϑ läßt sich R/R_0 beispielsweise in der Form

$$\frac{R}{R_0} = f^*(\vartheta) \tag{8}$$

schreiben.

Man hat keine theoretischen Argumente dafür, daß der (thermodynamische) Temperaturverlauf des elektrischen Widerstandes mehrwertiger Metalle sich in einem endlichen Temperaturbereich durch eine rationale Funktion streng darstellen läßt[1]). Vielmehr ist $f^*(\vartheta)$ schon für das idealisierte Blochsche Modell transzendent und damit von $f(t)$ funktionsmäßig verschieden.

Zur Gegenüberstellung der beiden durch die Gleichungen (6) und (8) ausgedrückten Funktionen kann man (8) als

$$\frac{R}{R_0} = f^*(\vartheta) = 1 + A\vartheta + B\vartheta^2 + g^*(\vartheta) = f(\vartheta) + g^*(\vartheta) \tag{8'}$$

schreiben, wobei $f(\vartheta)$ eine rationale quadratische und $g^*(\vartheta)$ wieder eine transzendente Funktion ist. Der Vergleich von (6) und (8') ergibt

$$f(t) = f(\vartheta) + g^*(\vartheta). \tag{9}$$

In Worten: Da $f(t)$ und $f^*(\vartheta)$ die *gleiche* meßbare physikalische Größe R/R_0 darstellen, sind die beiden Temperatur-Größen t und ϑ *grundsätzlich verschieden.*

---

[1]) Siehe z. B. *[S 31]*.

Dieser Sachverhalt soll noch durch ein Diagramm erläutert werden. In der Abbildung 1 ist über ϑ zwischen 0 °C und 100 °C das Widerstandsverhältnis R/R_0, d. h. die transzendente Funktion $f^*(\vartheta)$ mit einem zur Veranschaulichung übertrieben angenommenen Kurvenverlauf aufgetragen worden (ausgezogene Kurve); da es hier nur auf das Grundsätzliche des Problems ankommt, bleibt eine explizite mathematische Darstellung von $f^*(\vartheta)$ ohne Interesse. Weiter ist in das gleiche Koordinatensystem die rationale quadratische Interpolationsformel $f(t) = 1 + A t + B t^2$ eingetragen worden [gestrichelte Kurve[1])].

Wie wir bei der Besprechung der einzelnen Temperaturskalen (Abschnitt 5) sehen werden, sind die für die thermodynamischen Größen T oder ϑ und für die empirische Größe t benutzten Skalen nicht durch Festlegungen gegeben, die per definitionem bestimmte Werte von T oder ϑ mit bestimmten Werten von t eindeutig verknüpfen. Die in der Abbildung 1 erscheinenden Schnittpunkte sind also ganz willkürlich angenommen; ihre Existenz und Lage werden nach dem vorliegenden experimentellen Material dem tatsächlichen Verhalten etwa ebenso entsprechen, wie der hier oberhalb der $f(t)$-Kurve angenommene[2]) Verlauf der $f^*(\vartheta)$-Kurve.

Die Zuordnung einer t-Achse zu der ϑ-Achse oder, anders ausgedrückt, eine Verknüpfung der beiden Größen t und ϑ kann über die meßbaren Werte der Größe R/R_0 erfolgen, zu denen gemäß (6) und (8) jeweils ein Wert für ϑ und ein Wert für t gehören, wie es in der Abbildung 1 für den Fall $\vartheta_1 = 50$ °C(therm.) angedeutet worden ist (Abschnitt 5 a).

Man erkennt, daß man bei Interpolation aus den gemessenen R/R_0-Werten nach der Auswertfunktion (6) zu einer Temperaturgröße t gelangt, die im betrachteten Temperaturbereich in einer anderen Weise fortschreitet als die thermodynamischen Temperaturgrößen ϑ oder $T = \vartheta + T_0$. Nur in dem *einen* Fall, daß die gestrichelte und die ausgezogene Kurve zusammenfallen, würden t und ϑ im ganzen Bereich gleich werden — gerade dieser Fall ist aber nach unserer physikalischen Kenntnis *grundsätzlich nicht möglich*. Diese *prinzipielle Aussage* wird selbstverständlich nicht im geringsten durch die Möglichkeit beeinträchtigt, daß die beiden Kurven der Abbildung 1 sich sehr nahe kommen können, so daß vielleicht zwischen ihnen innerhalb der heute erreichten praktischen Meß- und theoretischen Rechnungsgenauigkeiten nicht zu unterscheiden ist: Man sagt daher auch, daß die Größe t innerhalb der experimentellen Meßgenauigkeit die Größe ϑ beliebig genau annähert.

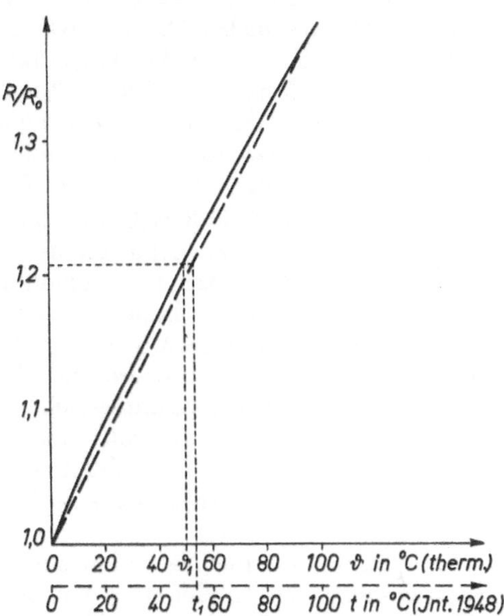

Abbildung 1.
Schematische Darstellung des Widerstandsverhältnisses R/R_0 des Platins als Funktion der beiden Temperaturgrößen ϑ und t
——— transzendente Funktion $f^*(\vartheta)$
– – – rationale Funktion $f(t)$

5. Temperaturskalen

a) Thermodynamische Temperaturskalen. Es sind verschiedene thermodynamische Temperaturskalen möglich und üblich. Wir beginnen mit der auf *Lord Kelvin* zurückgehenden, die bislang bevorzugt benutzt wurde.

Die thermodynamische Temperatur (*Thomson* [Lord *Kelvin*], 1848) bestimmt sich aus dem Verhältnis der in Carnotschen Kreisprozessen umgesetzten Wärmemengen, läßt sich also entsprechend den Aussagen des 1. Hauptsatzes der Thermodynamik stets auf Messungen mechanischer Energie zurückführen. Der Maßstab der thermodynamischen Temperaturskala ist zunächst noch willkürlich, da über die beobachteten Wärmemengen*verhältnisse* (4a) auch nur Temperatur*verhältnisse* ermittelt werden.

---

[1]) Hier wurde hinsichtlich der Zahlenwerte angenommen, daß ϑ in der thermodynamischen Celsius-Skala (Abschnitt 5 a), d. h. in °C (therm.), und t in der Internationalen Temperaturskala von 1948 (Abschnitt 5 c), d. h. in °C (Int. 1948), gemessen wird.

[2]) Siehe z. B. *[S 14]*.

Die Willkür in der Skalierung wurde durch die Festsetzung beseitigt, daß die Differenz zwischen der Temperatur des bei $p_0 = 1$ atm siedenden Wassers (Dampfpunkt) und des bei $p_0 = 1$ atm schmelzenden Eises (Eispunkt) gleich einer bestimmten Anzahl von Einheiten der Temperaturskala sein soll. Der Temperaturunterschied zwischen Dampfpunkt und Eispunkt wird *Fundamentalabstand* genannt und in der bisher üblichen Kelvin-Skala in 100 Skalenteile oder Temperaturgrade geteilt. Der Nullpunkt wird durch den Wirkungsgrad eines Carnotschen Kreisprozesses über den 2. Hauptsatz der Thermodynamik festgelegt: Den Nullpunkt hat ein Wärmebehälter dann erreicht, wenn eine Carnot-Maschine zwischen ihm und einem höher temperierten Wärmebehälter mit dem Wirkungsgrad 1 läuft. Diese Temperaturskala wurde auch die Skala der „absoluten Temperatur" genannt, ihr Nullpunkt heißt *absoluter Nullpunkt* (*Dalton*, 1802; *[D 1]*).

Die gleiche Skala läßt sich über die Zustandsgleichung (5) der vollkommenen oder idealen Gase festlegen. Ihre Definition beruht dann auf Volumenmessungen bei festgehaltenem Druck oder Druckmessungen bei festgehaltenem Volumen einer Menge idealen Gases und der Auswertung dieser Meßergebnisse über das ideale Gasgesetz. Hierdurch werden isobare Volumen- oder isochore Druck*verhältnisse* gemessen und somit wieder nur Temperatur*verhältnisse* bestimmt. Den Skalenmaßstab legte man bislang in der gleichen Weise wie bei der obengenannten Kelvin-Skala fest, nämlich durch die Festsetzung, daß der Temperaturunterschied zwischen Dampfpunkt und Eispunkt 100 Einheiten der idealen Gastemperaturskala betragen soll; entsprechend erhält man wieder die Skalierung nach *Kelvin*. Der Nullpunkt der Skala wird nach der Definition über das ideale Gasgesetz erreicht, wenn die in einem bestimmten Volumen eingeschlossene Menge eines vollkommenen Gases auf die Wände den Druck null ausübt.

Die praktisch in der Natur nur zur Verfügung stehenden realen Gase weichen in ihrem Zustandsverhalten mehr oder minder stark von dem idealen Gasgesetz ab. Die Abweichungen sind einmal um so geringer, je weiter man sich vom Siedepunkt des betreffenden Gases entfernt, zum anderen, je geringer der Druck des Gases ist. Weiter zeigt sich, daß die Abweichungen bei Edelgasen und den Molekülgasen mit zwei gleichen Atomen wie H_2, N_2, O_2 wesentlich kleiner als bei komplizierter aufgebauten Gasen und Dämpfen sind. Man wird also mit einem Gasthermometer mit um so größerer Genauigkeit arbeiten, je mehr man hinsichtlich der Gasart und der bei der Messung vorliegenden Gasdichte die soeben skizzierten Erfahrungen berücksichtigt. Im allgemeinen werden praktisch Heliumthermometer benutzt. Für Präzisionsmessungen, z. B. für die zahlenmäßige Festlegung des Eispunktes in der thermodynamischen Temperaturskala, muß man durch experimentelle Ermittlung der tatsächlich vorhandenen Abweichungen des Zustandes des zur Messung benutzten realen Gases vom idealen den gemessenen Wert auf den des der thermodynamischen Skala theoretisch zugrunde liegenden vollkommenen Gases reduzieren (Reduktionsfaktor $1 - \varkappa_0\, p_0$ im Abschnitt 6, I, 1c).

Ein wesentliches physikalisches Kennzeichen der Kelvin-Skala ist die Festlegung ihres Nullpunktes über den 2. Hauptsatz der Thermodynamik: die Kelvin-Skala beginnt am absoluten Nullpunkt, einem thermodynamisch ausgezeichneten Temperaturpunkt.

Wählt man anstatt der Festlegung des Temperatur*abstandes* zwischen zwei Fundamentalpunkten, wie es ursprünglich Lord *Kelvin* in Anlehnung an die empirische Celsius-Skala (Abschnitt 5b) tat, die Zuordnung eines bestimmten Zahlenwertes zu *einem* Fundamentalpunkt als Grundlage des Skalenmaßes, so gelangt man zu einer zweiten Temperaturskala für die thermodynamische Temperatur T. Im Prinzip wurde sie schon 1704 von *Amontons* und später von *Lambert* vorgeschlagen und vor 15 Jahren von *Giauque [G 6]* wieder aufgegriffen.

Die Kelvinsche Art der Skalierung stellt die ursprüngliche Festlegung der thermodynamischen Temperaturskala dar. Da ihr als definierender Temperaturabstand der Fundamentalabstand zwischen Dampfpunkt und Eispunkt gleich 100 Grad zugrunde liegt, wurde diese thermodynamische Skala als „fundamentale" *[C 76]* oder als „centesimale" thermodynamische Temperaturskala *[C 61; C 121]* bezeichnet. Auf Anregung der 9. Generalkonferenz für Maß und Gewicht *[C 123]* ersetzte 1948 das Internationale Komitee für Maß und Gewicht *[C 67]* mit nachträglicher Billigung durch die Generalkonferenz *[C 127]* das Wort „centesimal" durch „Celsius"; bei der generellen Verwendung des Wortes „Celsius" im Bereich der thermodynamischen Temperaturskalen erscheint jedoch einige Vorsicht geboten *[S 65]*.

Der von *Giauque* 1939 erneut gemachte Vorschlag für die Festlegung des Skalenmaßes in der thermodynamischen Temperaturskala beruhte wesentlich auf den experimentellen Ergebnissen, die *Moser [M 31]* in langjährigen Untersuchungen in der Physikalisch-Technischen Reichsanstalt über die Darstellung und Reproduzierbarkeit des Wassertripelpunktes gewonnen hatte. Es zeigte sich, daß dieser innerhalb etwa $1 \cdot 10^{-4}$ Grad reproduzierbar und über mehrere Stunden konstant zu halten ist.

Nach *Mosers* sorgfältigen und ausgedehnten Messungen liegt der Wassertripelpunkt $0,0098$ Grad über dem Eispunkt, der sich wegen der jeweils mehr oder minder vollkommen erreichten Luftsättigung des Schmelzwassers in seiner Fixierung als um etwa $2 \ldots 3 \cdot 10^{-3}$ Grad unsicher erwies. Auf Vorschlag des Comité Consultatif de Thermométrie et Calorimétrie *[C 72]* nahm das Internationale Komitee für Maß und Gewicht *[C 60]* 1948 einmal den Wassertripelpunkt T_{tr} als Definitionsgrundlage für den Eispunkt T_0 mit der Relation

$$T_0 = T_{tr} - 0{,}0100 \text{ grd} \tag{10}$$

an und stimmte außerdem grundsätzlich einer thermodynamischen Temperaturskala im Giauqueschen Sinne mit dem Wassertripelpunkt als dem *einzigen* das Skalenmaß definierenden Fundamentalpunkt zu. Diese zweite Art der thermodynamischen Skala wurde damals provisorisch „absolute" thermodynamische Temperaturskala genannt.

Eine Einigung über die endgültige Festsetzung eines Zahlenwertes für den Wassertripelpunkt, der zahlenmäßig lediglich durch die Relation (10) mit dem Eispunkt verknüpft wurde, konnte im Internationalen Komitee für Maß und Gewicht *[C 62]* 1948 noch nicht erreicht werden, da hierfür weitere gasthermometrische Bestimmungen am Eispunkt erforderlich erschienen (siehe Abschnitt **6**, II, 2a). Im Teil III des Textes über die Internationale Temperaturskala von 1948 *[C 131]* wurde unverbindlich der Wert $T_0 = 273{,}15\ ^\circ\text{K}$ empfohlen.

Die vom Internationalen Komitee getroffenen Vereinbarungen wurden von der 9. Generalkonferenz für Maß und Gewicht in den Paragraphen 1 und 2 der Résolution 3 *[C 69; C 121]* bestätigt:

«*Résolution 3.*

1. En l'état actuel de la technique, le point triple de l'eau est susceptible de constituer un repère thermométrique avec une précision plus élevée que le point de fusion de la glace.

En conséquence, le Comité Consultatif estime que le zéro de l'échelle thermodynamique Celsius doit être défini comme étant la température inférieure de $0{,}0100$ degré à celle du point triple de l'eau pure.

2. Le Comité Consultatif admet le principe d'une échelle thermodynamique absolue ne comportant qu'un seul point fixe fondamental, constitué actuellement par le point triple de l'eau pure, dont la température absolue sera fixée ultérieurement.

L'introduction de cette nouvelle échelle n'affecte en rien l'usage de l'Echelle Internationale, qui reste l'échelle pratique recommandée.»

In den folgenden Jahren wurden erneut Messungen der thermodynamischen Temperatur T_0 des Eispunktes mit dem Gasthermometer durchgeführt und die Gesamtheit des vorliegenden experimentellen Materials von allen beteiligten Instituten gemeinsam eingehend diskutiert. Die Ergebnisse dienten dem Comité Consultatif de Thermométrie als Grundlage weiterer Erörterungen, die 1954 zu der Proposition 1 an das Internationale Komitee für Maß und Gewicht führten. In ihr wird vorgeschlagen, dem Tripelpunkt T_{tr} des Wassers in der neu zu definierenden thermodynamischen Temperaturskala den Zahlenwert 273,16 zuzuordnen *[C 91]*:

«*Proposition 1.*

Le Comité Consultatif de Thermométrie recommande que l'on définisse désormais l'échelle thermodynamique au moyen d'*un point fixe fondamental*, le point triple de l'eau.

Après avoir considéré soigneusement tous les résultats numériques obtenus jusqu'ici, le Comité Consultatif de Thermométrie estime que la valeur la meilleure pour la température du point triple de l'eau est $273{,}16\ ^\circ\text{K}$ dans l'échelle thermodynamique utilisée jusqu'à maintenant.

En conséquence, il recommande que l'on attribue par définition à la température du point triple de l'eau, dans l'échelle thermodynamique à un point fixe fondamental, la valeur numérique $273{,}16\ ^\circ\text{K}$ exactement.»

Im gleichen Jahre legte die 10. Generalkonferenz für Maß und Gewicht auf Vorschlag des Internationalen Komitees in ihrer Résolution 3 die thermodynamische Temperaturskala endgültig fest *[C 136]*:

«*Résolution 3.*

La Dixième Conférence Générale des Poids et Mesures décide de définir l'échelle *thermodynamique* de température au moyen du point triple de l'eau comme point fixe fondamental, en lui attribuant la température $273{,}16\ ^\circ\text{K}$, exactement.»

Der Beschluß der Generalkonferenz stellt im Zusammenhang mit ihrer Résolution 6 (Abschnitt 2, 3d) eine Neudefinition des Grad Kelvin ($^\circ\text{K}$) als Grundeinheit der thermodynamischen Temperatur T dar. Durch die Neudefinition erhält die 1948 festgelegte Gleichung (10) eine neue Bedeutung. Da durch die Festsetzung $T_{tr} = 273{,}16\ ^\circ\mathrm{K}$ die thermodynamische Kelvin-Skala eindeutig bestimmt ist, kann nur durch Messungen festgestellt werden, ob die in der Relation (10) auftretende thermodynamische Temperatur T_0 mit der Temperatur des Eispunktes als physikalischer Realität übereinstimmt oder nicht. Oder mit anderen Worten: durch (10) wird im Rahmen der Résolution 3 von 1954 ein *„fiktiver"* Eispunkt T_0^* *definiert*. Die experimentell zu ermittelnde Differenz $T_0 - T_0^*$ ist jedoch nach den heute vorliegenden Meßergebnissen sehr gering und wird wenige 10^{-4} Grad nicht übersteigen.

Die ursprüngliche centesimale Kelvin-Skala und die 1954 von der 10. Generalkonferenz für Maß und Gewicht angenommene thermodynamische Kelvin-Skala[1]) sind nicht etwa per definitionem gleich. So kann man nur durch Messung feststellen, ob beispielsweise die Differenz $T_D - T_0$ auch in der neuen thermodynamischen Kelvin-Skala den Zahlenwert 100 hat oder ob T_{tr} in der ursprünglichen centesimalen Kelvin-Skala den genauen Zahlenwert 273,16 besitzt.

Eine andere Einheit der thermodynamischen Temperatur T ist der Grad Rankine [$^\circ$Rank oder $^\circ$R[2])]. Der $^\circ$R verhält sich zum $^\circ$K wie der $^\circ$F zum $^\circ$C (Abschnitt 5b) und wird vor allem im angelsächsischen Sprachraum benutzt. Er ist durch die Relation

$$1\ ^\circ\mathrm{R} = \frac{5}{9}\ ^\circ\mathrm{K} \tag{11}$$

definiert.

In der Einleitung zum Text über die Internationale Temperaturskala von 1948 *[C 129]* wird bereits von einer „échelle thermodynamique Celsius, dans laquelle la température est égale à $T - T_0$" gesprochen. Damals wurde die échelle thermodynamique Celsius noch centesimal festgelegt. 1954 hat das Comité Consultatif de Thermométrie analog seinen Empfehlungen für die thermodynamische Kelvin-Skala eine thermodynamische Celsius-Skala eingeführt, deren Skalenmaß mit dem der thermodynamischen Kelvin-Skala übereinstimmt, deren Nullpunkt jedoch vom absoluten Nullpunkt der Thermodynamik um 273,15 Grad, d. h. auf den „fiktiven" Eispunkt T_0^* der thermodynamischen Kelvin-Skala verschoben worden ist. Die thermodynamische Celsius-Skala wäre im Sinne der im Abschnitt 4a genannten Temperaturgrößen zu interpretieren als eine Temperaturskala, in der die in Gleichung (7) eingeführte thermodynamische Größe $\vartheta = T - T_0$ oder, präziser ausgedrückt, die Größe $\vartheta^* = T - T_0^*$ gemessen wird. Wir können die thermodynamische Celsius-Skala aber auch als eine spezielle thermodynamische Temperaturskala ansehen, in der Temperaturdifferenzen der thermodynamischen Temperatur T gegen den „fiktiven" Eispunkt T_0^* angegeben werden.

Bezeichnen wir den Zahlenwert einer thermodynamischen Temperatur T, gemessen in $^\circ$K, mit T_K und den entsprechenden Zahlenwert, gemessen in thermodynamischen Grad Celsius oder, abgekürzt, in $^\circ$C(therm.), mit t_th, so läßt sich die thermodynamische Celsius-Skala durch die Zahlenwertgleichung

$$t_\mathrm{th} = T_\mathrm{K} - 273{,}15 \tag{12}$$

definieren.

In den angelsächsischen Ländern gibt man die thermodynamische Temperatur T statt in $^\circ$K häufig in $^\circ$R an. In Analogie zur thermodynamischen Celsius-Skala wird eine thermodynamische Fahrenheit-Skala eingeführt, deren Skalenmaß mit dem der Rankine-Skala übereinstimmt; ihr Nullpunkt liegt allerdings nicht bei $0\ ^\circ$C(therm.), sondern bei $-32\ ^\circ$C(therm.)[3]). Bezeichnet T_R den Zahlenwert einer thermodynamischen Temperatur T, gemessen in $^\circ$R, und t_thF den entsprechenden Zahlenwert, gemessen in thermodynamischen Grad Fahrenheit oder, abgekürzt, in $^\circ$F(therm.), so läßt sich die thermodynamische Fahrenheit-Skala durch die Zahlenwertgleichung

$$t_\mathrm{thF} = T_\mathrm{R} - 459{,}67 = \frac{9}{5}\, t_\mathrm{th} + 32 \tag{13}$$

definieren, wobei die genaue Zahl 459,67 sich als Differenz $\dfrac{9}{5} \cdot 273{,}15 - 32$ ergibt.

---

[1]) Erfreulicherweise wurde bei der Namensgebung dieser Skala das bei Einheiten leicht mißverständliche Beiwort „absolut" vermieden (Abschnitte 4, III, 1a und 2b).

[2]) Die British Standards Institution benutzt das Symbol $^\circ$R für den Grad Rankine *[B 90]*.

[3]) Theoretisch könnte man hier analog der thermodynamischen Größe ϑ eine neue Größe $\vartheta' = T - T_0'$ einführen, wo T_0' die (fiktive) thermodynamische Temperatur des Nullpunkts der thermodynamischen Fahrenheit-Skala bedeutet.

Präzisionsmessungen der Temperatur des physikalischen Eispunktes T_0 in der thermodynamischen Temperaturskala, und zwar in der ursprünglichen centesimalen Kelvin-Skala, führen nach dem derzeitigen Stande der Meßtechnik (Abschnitt 6, II, 2a) zu einem Mittelwert von

$$T_0 = 273,15 \pm 0,01 \text{ °K} \qquad\qquad (6, 151\,a)$$

$$= 491,67 \pm 0,02 \text{ °R.} \qquad\qquad (6, 151\,b)$$

b) Empirische Temperaturskalen. Von der thermodynamischen Temperaturskala, hergeleitet über die Gesetzmäßigkeiten für einen Carnotschen Kreisprozeß oder die Zustandsgleichung für ideale Gase, sind die *empirischen Temperaturskalen* zu unterscheiden. Ursprünglich wurden sie auf die Wärmeausdehnung zurückgeführt, insbesondere die thermische Ausdehnung eines Flüssigkeitsfadens in einem Glasthermometer. Dabei bedient man sich gewisser für einen Stoff ausgezeichneter Zustandspunkte, die *Fixpunkte* heißen. Bei ihrer Definition wird einmal der Temperaturunterschied zweier Fixpunkte zugrunde gelegt. Zweitens wird noch einem der beiden Fixpunkte — und damit über die gerade genannte Skaleneinteilung ihrer Temperaturdifferenz auch dem zweiten Fixpunkt— ein bestimmter Zahlenwert zugeordnet, wodurch der Nullpunkt der betreffenden empirischen Temperaturskala festgelegt ist. In Gebrauch sind noch oder waren die Celsius-Skala (°C), die Fahrenheit-Skala (°F) und die Réaumur-Skala (°R).

Fahrenheit (1714) benutzte zunächst Weingeist als Thermometerflüssigkeit und ging später zu Quecksilber über. Beim Weingeistthermometer wählte er als Fixpunkte eine Kältemischung aus Salmiak und Eis, deren Temperatur er mit 0° bezifferte, und die normale Körpertemperatur des Menschen, die er mit 100° bezeichnete. In einer durch das Quecksilberthermometer realisierten Skala legte er den Schmelzpunkt des Eises und den Siedepunkt des Wassers als Fixpunkte fest, denen er, um mit seiner ursprünglichen Weingeistskala in Übereinstimmung zu bleiben, die Werte + 32° und + 212° zuordnete. Der Fundamentalabstand der Fahrenheit-Skala beträgt also 180 Grad. Über den historischen Werdegang der Fahrenheit-Skala und ihren Zusammenhang mit einer von *Roemer* benutzten Skalierung berichtet *Dorsey [D 50].*

Réaumur (1730) benutzte ein Thermometer mit einer Füllung von Alkohol-Wasser-Gemisch; bei der Festlegung seiner Skala ging er von der Temperaturerhöhung aus, die eine Ausdehnung seiner Thermometerflüssigkeit um 1⁰/₀₀ ihres Volumens bewirkte und die er gleich 1° setzte, und ordnete hierzu passend dem von ihm gleichfalls als Fixpunkt gewählten Eisschmelzpunkt und Wassersiedepunkt die Werte 0° und 80° zu. Die Réaumur-Skala hat demnach einen Fundamentalabstand von 80 Grad.

Celsius ging wieder zum Quecksilberthermometer über und legte eine Skala dadurch fest, daß er den Wassersiedepunkt mit 0°, den Eisschmelzpunkt mit 100° bezeichnete (1742); später kehrte *Strömer* die Bezifferung der Celsius-Skala um, mit den Fixpunktwerten 0° für den Eisschmelzpunkt und 100° für den Wassersiedepunkt. Der Fundamentalabstand der Celsius-Skala beträgt also 100 Grad: *centesimale Skala.*

Die empirische Temperatur, die mit den drei genannten Skalen gemessen wird, wollen wir einheitlich mit θ bezeichnen (siehe Abschnitt 4b). Die Definitionsfestsetzung für die drei empirischen Skalen, die an den Eispunkt (θ_0) und Dampfpunkt (θ_D) angeschlossen werden, stellen wir in der Tabelle 9 zusammen.

Tabelle 9. Festsetzungen zur Definition der empirischen Temperaturskalen

Empirische Temperaturskala nach	Einheitensymbol	Gradeinheit der Skala	Zahlenwert der Skala am	
			Eispunkt θ_0	Dampfpunkt θ_D
Celsius	°C	$\dfrac{\theta_D - \theta_0}{100}$	0	+ 100
Fahrenheit	°F	$\dfrac{\theta_D - \theta_0}{180}$	+ 32	+ 212
Réaumur	°R	$\dfrac{\theta_D - \theta_0}{80}$	0	+ 80

Die empirischen Temperaturskalen werden oft interpretiert als Skalen, in denen Temperaturdifferenzen gegen willkürlich als Skalennullpunkt festgelegte Temperaturpunkte gemessen werden; man spricht daher auch von empirischer Celsius-Temperatur, empirischer Fahrenheit-Temperatur und empirischer Réaumur-Temperatur.

Der mit Rücksicht auf die englische Literatur wichtige Zusammenhang zwischen den empirischen Celsius- und Fahrenheit-Skalen drückt sich durch das Verhältnis 9 : 5 zwischen dem °C und dem °F als Einheiten zur Angabe von Temperaturdifferenzen und die Umrechnungsrelation zwischen den Zahlenwerten θ_C und θ_F der empirischen Celsius- und Fahrenheit-Temperatur in °C und in °F

$$\theta_C = \frac{5}{9} \, (\theta_F - 32) \tag{14}$$

aus.

Es sei hier noch angemerkt, daß die Fahrenheit-Skala ursprünglich durch *Fahrenheits* Quecksilber-Glasthermometer realisiert und bestimmt war. Allerdings existiert in England, dem Ursprungsland dieser Temperaturskala, keine gesetzliche Bestimmung, die exakt angibt, wie diese Temperatur in „Fahrenheits Skala" definiert ist *[C 10]*. Es ist heute im allgemeinen in England üblich, den Eispunkt mit 32 °F und den Dampfpunkt mit 212 °F zu beziffern und diesen Fixpunktabstand gleichmäßig in 180 Teile zu teilen.

Die durch die Beziehung (14) mit der empirischen Celsius-Skala verknüpfte empirische Fahrenheit-Skala ist allerdings nicht eindeutig identisch mit der ursprünglichen Temperaturskala des „Fahrenheit-Thermometers", die über Weights and Measures Acts bei einer Reihe von Definitionen für britische Einheiten auftritt (siehe Abschnitt 2, 3 b).

In der empirischen Réaumur-Skala ist der Grad um den Faktor 1,25 größer als in der empirischen Celsius-Skala. Der Nullpunkt der Gradzählung ist in der empirischen Celsius- und in der Réaumur-Skala auf den Eispunkt gelegt worden, in der empirischen Fahrenheit-Skala liegt er um 32/1,8 Grad, bezogen auf das Gradmaß der Celsius-Skala, unter dem Eispunkt. Dementsprechend weisen alle drei empirischen Temperaturskalen auch negative Zahlenwerte auf.

In der englischen Meteorologie ist eine eigene Temperaturskala (°A) üblich, welche die centesimale Teilung der Kelvin- und Celsius-Skalen, d. h. mit diesen gleichen Fundamentalabstand, besitzt, deren Nullpunkt jedoch durch die Festsetzung

$$T_0 = 273,00 \pm 0,00 \, °A \tag{15}$$

für den Eispunkt bestimmt wird *[G 22]*.

Die der empirischen Celsius- und Fahrenheit-Skala — θ_C in °C und θ_F in °F — entsprechende thermodynamische Celsius- und Fahrenheit-Skala — t_{th} in °C(therm.) und $t_{th\,F}$ in °F(therm.) — werden in Abschnitt 5a behandelt, die der empirischen Celsius-Skala — θ_C in °C — entsprechende internationale Temperaturskala von 1948 — t_C oder t in °C(Int. 1948) — in Abschnitt 5c.

c) Internationale und gesetzliche Temperaturskalen. Die thermodynamischen Temperatur-skalen sind in ihrer Definition über die Hauptsätze der Thermodynamik von allen zufälligen Eigenschaften eines Stoffes unabhängig. Dargestellt über die Zustandsgleichung vollkommener Gase hängen sie theoretisch gleichfalls nicht von irgendwelchen speziellen Stoffkonstanten ab; ihre Realisierung wird aber praktisch durch die stets vorhandenen Abweichungen der realen Gase vom idealen Zustand durch stoffliche Eigenschaften beeinflußt. Die Abweichungen sind unter geeigneten Bedingungen sehr gering und können durch zusätzliche Messungen weitestgehend eliminiert werden (Abschnitt 6, I, 1 c). Für die Temperaturbestimmung sind allerdings in der Praxis weder die Ermittlung von Wärmemengen bei einem Carnotschen Kreisprozeß noch die exakte Handhabung eines Gasthermo-meters in allen Fällen und Temperaturgebieten möglich oder geeignet.

Man bedient sich für praktische Temperaturmessungen der eigens hierfür geschaffenen *Internationalen Temperaturskala*. Die in ihr gemessene empirische Temperatur bezeichnen wir mit t. Die Internationale Temperaturskala wurde erstmalig im Jahre 1927 von der 7. Generalkonferenz für Maß und Gewicht angenommen *[C 114]* und stellt in ihren Festlegungen und Anweisungen eine möglichst genaue *zahlenwertmäßige* Angleichung an die Temperaturskala des vollkommenen Gases, also an die thermodynamische Temperaturskala — und zwar die thermodynamische Celsius-Skala (Abschnitt 5a) — dar. Für die Internationale Temperaturskala wurden von verschiedenen Staatsinstituten sechs Fixpunkte (Schmelz- oder Erstarrungs- und Siedepunkte geeigneter Stoffe) durch Präzisionsmessungen mit der seinerzeit erreichbaren Genauigkeit bestimmt und die Ergebnisse der verschiedenen Institute untereinander abgeglichen. Zur interpolierenden Temperaturbestimmung zwischen diesen zahlenmäßig festgelegten Fixpunkten sind auf Grund eingehender experimenteller Untersuchungen genaue Vorschriften über die Art der jeweils zu benutzenden Temperaturmeßgeräte (Widerstandsthermometer, Thermoelemente, Pyrometer) und die Art der Auswertung der mit diesen Geräten gewonnenen Meßdaten vereinbart worden.

Die zahlenmäßigen Festlegungen der ersten Internationalen Temperaturskala von 1927 sind inzwischen teilweise durch die Aufstellung einer zweiten Internationalen Temperaturskala überholt worden. Neuere Ergebnisse und Erfahrungen in der Präzisionsmeßtechnik und die Aufklärung verschiedener Unstimmigkeiten veranlaßten das Internationale Komitee und das Comité Consultatif de Thermométrie (Abschnitt 2, 3a), die Internationale Temperaturskala von 1927 einer eingehenden Prüfung zu unterziehen und sie den neuen experimentellen Resultaten anzupassen. Die vom Comité Consultatif de Thermométrie et Calorimétrie *[C 73]* aufgestellte „*Internationale Temperaturskala von 1948*" wurde vom Internationalen Komitee *[C 63]* mit geringfügigen Änderungen angenommen und von der 9. Generalkonferenz für Maß und Gewicht *[C 123]* bestätigt; ihr Temperaturgrad heißt „°C(Int. 1948)".

Im gleichen Maße, wie die empirische Temperatur t die thermodynamische Größe ϑ annähert (Abschnitt 4c), stellt die Internationale Temperaturskala innerhalb der jeweiligen Meßgenauigkeit eine hinreichende Näherung oder praktische Realisierung der thermodynamischen Celsius-Skala dar. Bei präzisen Angaben von Temperaturpunkten ist jedoch zwischen Werten in °C(therm.) und in °C(Int. 1948) zu unterscheiden, wobei die letzteren den ersten sehr nahe kommen und bei einer später vielleicht möglichen weiteren Verfeinerung der Internationalen Temperaturskala [°C(Int....)] immer näher und näher rücken.

Die Internationale Temperaturskala von 1948 beruht auf den gleichen Grundsätzen wie die von 1927. Sie ist eine centesimale Skala, d. h. Eispunkt und Dampfpunkt wurden als Fundamentalpunkte mit $t_0 = 0$ °C(Int. 1948) bzw. $t_D = 100$ °C(Int. 1948) festgesetzt. Im übrigen wird sie und damit die in ihr gemessene empirische Temperaturgröße t abschnittsweise durch drei Temperaturmeßverfahren — mit Widerstandsthermometer, Thermoelement, Pyrometer — definiert. Zur eindeutigen Auswertung dieser drei Temperaturmeßverfahren ist neben der Angabe der Auswertformeln die Festlegung von vier weiteren Fixpunkten (Sauerstoffpunkt t_{O_2}, Schwefelpunkt t_S, Silberpunkt t_{A_g}, Goldpunkt t_{A_u}), eines Zahlenwertes für die zweite Strahlungskonstante c_2 (Abschnitt 6, II, 4) sowie die Vereinbarung einer Reihe weiterer Einzelheiten erforderlich. Die wesentlichen Unterschiede zwischen der Skala von 1948 und der Skala von 1927 sind folgende: Für t_{A_g} und c_2 sind neue Zahlenwerte vereinbart worden; im Pyrometerbereich wurde zur Auswertung der Meßergebnisse an Stelle des früher benutzten Wienschen das Plancksche Strahlungsgesetz angenommen; die Grenze zwischen den Bereichen für Widerstandsthermometer und Thermoelement ist vom Aluminiumpunkt t_{Al} (≈ 660 °C) zum Antimonpunkt t_{Sb} (≈ 630 °C) verschoben worden; die neue Skala endet nach unten beim Sauerstoffpunkt und bleibt nach oben unbeschränkt; ferner wurden die Bedingungen für den Reinheitsgrad der Fixpunktsubstanzen und Thermometermaterialien geändert.

In dem von der 9. Generalkonferenz gebilligten Text *[C 129]* der Internationalen Temperaturskala von 1948 folgen auf einen einleitenden I. Teil die definierenden Festlegungen im Teil II, den wir in deutscher Übersetzung wiedergeben[1]).

Definition der Internationalen Temperaturskala von 1948

1. In der Internationalen Temperaturskala von 1948 werden die Temperaturen mit „°C" oder „°C(Int. 1948)" bezeichnet und durch das Formelzeichen t dargestellt[2]).

2. Die Skala beruht einerseits auf einer Anzahl fester und stets wieder herstellbarer Gleichgewichtstemperaturen (Fixpunkte), denen bestimmte Zahlenwerte zugeordnet werden, andererseits auf genau festgelegten Formeln, welche die Beziehung zwischen der Temperatur und den Anzeigen von Meßinstrumenten, die bei diesen Fixpunkten kalibriert werden, herstellen.

3. Die Fixpunkte und die ihnen zugeordneten Zahlenwerte sind in der folgenden Tabelle zusammengestellt. Die Werte bestimmen die Gleichgewichtstemperatur stets bei dem Druck der physik. Normal-Atmosphäre, d. h. per definitionem bei 1013250 dyn/cm². Die letzte Dezimale, die für die Zahlenwerte der primären Fixpunkte angegeben ist, kennzeichnet nur den Grad der Reproduzierbarkeit des betreffenden Fixpunktes.

---

[1]) In der hier aus der Originalveröffentlichung übernommenen Schreibweise sind die angeführten Gleichungen im allgemeinen nur als Zahlenwertgleichungen anzusehen. Wenn der in °C(Int. 1948) gemessene Zahlenwert der Temperaturgröße t eindeutig von der Größe t unterschieden werden soll, benutzt man zur Kennzeichnung des Zahlenwertes zweckmäßigerweise einen Index, beispielsweise $t_C : t = t_C$ °C(Int. 1948) — siehe hierzu Gleichung (18).

[2]) Das Formelzeichen T bleibt der thermodynamischen Temperatur, die in der thermodynamischen Kelvin-Skala (Abschnitt 5a) mit der Einheit Grad Kelvin (°K) gemessen wird, vorbehalten.

Fundamentalpunkte und primäre Fixpunkte beim Normdruck von 1013250 dyn/cm²

Temperatur
[°C(Int. 1948)]

a) Gleichgewichtstemperatur zwischen flüssigem Sauerstoff und seinem Dampf (Sauerstoffpunkt) .... — 182,970

b) Gleichgewichtstemperatur zwischen Eis und luftgesättigtem Wasser (Eispunkt) *(Fundamentalpunkt)* 0

c) Gleichgewichtstemperatur zwischen flüssigem Wasser und seinem Dampf (Dampfpunkt) *(Fundamentalpunkt)* 100

d) Gleichgewichtstemperatur zwischen flüssigem Schwefel und seinem Dampf (Schwefelpunkt) 444,600

e) Gleichgewichtstemperatur zwischen festem und flüssigem Silber (Silberpunkt) 960,8

f) Gleichgewichtstemperatur zwischen festem und flüssigem Gold (Goldpunkt) 1 063,0

4. Nach den Methoden für die Interpolation gliedert sich die Temperaturskala in vier Teile.

a) Zwischen 0 °C (Int. 1948) und dem Antimonerstarrungspunkt wird die Temperatur t mit Hilfe der Beziehung

$$R_t = R_0 (1 + A t + B t^2) \tag{6a}$$

abgeleitet. R_t bedeutet den Widerstand eines Platindrahtes bei der Temperatur t zwischen den Verzweigungspunkten, welche die Verbindungsstellen der Strom- und Spannungszuführungen an einem Platin-Widerstandsthermometer bilden. Die Konstante R_0 ist der Widerstand bei 0 °C(Int. 1948), die Konstanten A und B sind aus den beim Dampf- und Schwefelpunkt für R_0 gemessenen Werten zu ermitteln. Das Platin eines normalen Platin-Widerstandsthermometers muß ausgeglüht und so rein sein, daß das Verhältnis R_{100}/R_0 größer als 1,3910 ist.

b) Zwischen Sauerstoffpunkt und 0 °C(Int. 1948) wird die Temperatur t mit Hilfe der Beziehung

$$R_t = R_0 \left[1 + A t + B t^2 + C (t - 100) t^3 \right] \tag{6b}$$

abgeleitet, in der R_t, R_0, A und B in der unter a) angegebenen Weise zu ermitteln sind, während die Konstante C aus dem beim Sauerstoffpunkt für R_t gemessenen Wert zu bestimmen ist.

c) Zwischen Antimonerstarrungspunkt und Goldpunkt wird die Temperatur t mit Hilfe der Beziehung

$$E = a + b t + c t^2 \tag{16}$$

abgeleitet. E bedeutet die thermoelektrische Spannung eines normalen Thermoelementes mit Schenkeln aus Platin und Platinrhodium, dessen eine Lötstelle sich auf der Temperatur 0 °C(Int. 1948) und dessen andere sich auf der Temperatur t befindet. Die Konstanten a, b, c sind aus den beim Antimonerstarrungs-, Silber- und Goldpunkt für E gemessenen Werten zu ermitteln. Das benutzte Antimon muß so beschaffen sein, daß seine mit einem normalen Platin-Widerstandsthermometer bestimmte Erstarrungstemperatur nicht unter 630,3 °C(Int. 1948) liegt. Das Thermoelement kann auch durch direkten Vergleich mit einem normalen Widerstandsthermometer in einem auf gleichförmiger Temperatur gehaltenen, allseitig geschlossenen Raum bei einer Temperatur zwischen 630,3 und 630,7 °C(Int. 1948) kalibriert werden.

Der Platindraht des normalen Thermoelements muß ausgeglüht und so rein sein, daß das Verhältnis R_{100}/R_0 größer als 1,3910 ist. Der Platinrhodiumdraht soll 90 Gewichtsteile Platin und 10 Gewichtsteile Rhodium enthalten. Das fertige Thermoelement muß beim Antimonerstarrungspunkt [630,5 °C(Int. 1948)], beim Silber- und Goldpunkt thermoelektrische Spannungen aufweisen, die folgenden Bedingungen genügen

$$E_{Au} = [10300 \pm 50] \, \mu\mathrm{V}$$
$$E_{Au} - E_{Ag} = [1185 + 0{,}158 \, (E_{Au} - 10310) \pm 3] \, \mu\mathrm{V}$$
$$E_{Au} - E_{Sb} = [4776 + 0{,}631 \, (E_{Sb} - 10310) \pm 5] \, \mu\mathrm{V}.$$

d) Oberhalb des Goldpunktes wird die Temperatur t mit Hilfe der Beziehung

$$\frac{J_t}{J_{Au}} = \frac{e^{\frac{c_2}{\lambda \, (t_{Au} + T_0)}} - 1}{e^{\frac{c_2}{\lambda \, (t + T_0)}} - 1} \tag{17}$$

abgeleitet. J_t und J_{Au} bedeuten die Strahlungsenergien, die ein schwarzer Körper in der Wellenlänge λ je Fläche, Zeit und Wellenlängenintervall bei der Temperatur t und beim Goldpunkt aussendet.

c_2 ist der als 1,438 festgesetzte Zahlenwert der Konstanten c_2, gemessen in cm grd.

T_0 ist der Zahlenwert der Temperatur des Eisschmelzpunktes in °K.

λ ist der Zahlenwert einer Wellenlänge des sichtbaren Spektralgebietes in cm.

e ist die Basis der natürlichen Logarithmen.

Im Teil III werden noch einzelne Empfehlungen für die Darstellung der Internationalen Temperaturskala gegeben, und zwar für Aufbau und Beschaffenheit des normalen Platin-Widerstandsthermometers und des normalen Thermoelements, für die Bestimmung des Druckes der physik. Normal-Atmosphäre, für die Herstellung und die erforderlichen Korrekturen bei der Realisierung der sechs primären Fixpunkte und des Antimonerstarrungspunktes. Dabei wird für die Realisierung des Nullpunktes der Internationalen Temperaturskala bei Messungen höchster Präzision die Benutzung des Wassertripelpunktes und der Beziehung (10) empfohlen. Für die thermodynamische Temperatur T_0 des Eispunktes sehen die Empfehlungen den Wert 273,15 °K vor; die endgültige Festlegung von T_0 erfolgte erst 1954 durch die 10. Generalkonferenz für Maß und Gewicht (Abschnitt 5a).

Der IV. Teil enthält zusätzliche Angaben über weitere Formeln für den Zusammenhang zwischen Temperatur und Widerstand R_t des Platin-Widerstandsthermometers, über die Beziehungen zwischen der Internationalen Temperaturskala von 1948 und der thermodynamischen Celsius-Skala (Abschnitt 5a), sowie eine Liste von sekundären Fixpunkten, die für manche Zwecke nützlich sind und die wir daher hier übernehmen. Die für die Fixpunkte angegebenen Temperaturen beziehen sich auf den Druck der physik. Normal-Atmosphäre, mit Ausnahme der Tripelpunkte für Wasser und Benzoesäure. Die für den Zusammenhang zwischen Temperatur und Druck mitgeteilten Formeln sind in ihrer Anwendbarkeit auf den Bereich 680 Torr $\leqq p \leqq$ 780 Torr beschränkt.

Sekundäre Fixpunkte beim Druck der physikalischen Normal-Atmosphäre
(mit Ausnahme der Tripelpunkte)

Temperatur
[°C (Int. 1948)]

Sublimationspunkt der Kohlensäure .... −78,5

$$t_p = -78,5 + 12,12 \left(\frac{p}{p_0} - 1 \right) - 6,4 \left(\frac{p}{p_0} - 1 \right)^2$$

Erstarrungspunkt des Quecksilbers .... −38,87
Tripelpunkt des Wassers 0,0100
Umwandlungspunkt des Dekahydrates des Natriumsulfates 32,38
Tripelpunkt der Benzoesäure 122,36
Siedepunkt des Naphthalins 218,0

$$t_p = 218,0 + 44,4 \left(\frac{p}{p_0} - 1 \right) - 19 \left(\frac{p}{p_0} - 1 \right)^2$$

Erstarrungspunkt des Zinns 231,9
Siedepunkt des Benzoephenons 305,9

$$t_p = 305,9 + 48,8 \left(\frac{p}{p_0} - 1 \right) - 21 \left(\frac{p}{p_0} - 1 \right)^2$$

Erstarrungspunkt des Cadmiums 320,9
Erstarrungspunkt des Bleis 327,3
Siedepunkt des Quecksilbers 356,58

$$t_p = 356,58 + 55,552 \left(\frac{p}{p_0} - 1 \right) - 23,03 \left(\frac{p}{p_0} - 1 \right)^2 + 14,0 \left(\frac{p}{p_0} - 1 \right)^3$$

Erstarrungspunkt des Zinks 419,5
Erstarrungspunkt des Antimons 630,5
Erstarrungspunkt des Aluminiums 660,1
Erstarrungspunkt des Kupfers in reduzierender Atmosphäre 1083
Erstarrungspunkt des Nickels 1453
Erstarrungspunkt des Kobalts 1492
Erstarrungspunkt des Palladiums 1552
Erstarrungspunkt des Platins 1769
Erstarrungspunkt des Rhodiums 1960
Erstarrungspunkt des Iridiums 2443
Erstarrungspunkt des Wolframs 3380

Zur Veranschaulichung der Genauigkeit in der Realisierung einzelner Fixpunkte der Internationalen Temperaturskala in der thermodynamischen Celsius-Skala sowie der Reproduzierbarkeit dieser Punkte geben wir in der Tabelle 10 die vor einiger Zeit hierüber von *Hall [H 6]* aus dem National Physical Laboratory veröffentlichten Daten wieder.

Tabelle 10. Genauigkeit der Realisierung und der Reproduzierbarkeit einiger Temperaturpunkte (nach *Hall*)

Temperatur in °C	Genauigkeit der Realisierung in der thermodynamischen Celsius-Skala in °C	Reproduzierbarkeit in °C	Meßmethode
− 182,97	± 0,02	± 0,02	Widerstandsthermometer
0	± 0,00 per definitionen	± 0,0003	,,
100	± 0,00 per definitionen	± 0,003	,,
444,6	± 0,1	± 0,005	,,
1 063	± 1	± 0,05	,,
		± 0,1	Thermoelement
		± 0,2	opt. Pyrometer
2 000	± 6	± 2	,, ,,

Die Internationale Temperaturskala gleicht nur mit der Annäherung oder Genauigkeit der thermodynamischen Celsius-Skala, wie zur Zeit ihrer Festlegung die Fixpunkte und sonstigen Bestimmungsstücke zahlenmäßig an die Gastemperatur als Repräsentanten der thermodynamischen Temperatur angeschlossen waren. Später beobachtete Abweichungen der festgesetzten Zahlenwerte von den wahren Werten der sie darstellenden Temperaturpunkte oder Größen ändern nichts an der Festlegung der Internationalen Temperaturskala, sind vielmehr als Feststellung von Differenzen zwischen der theoretisch definierten thermodynamischen Celsius-Skala und der in der Praxis benutzten Internationalen Temperaturskala zu werten.

Neuere im Massachusetts Institute of Technology (MIT) durchgeführte Untersuchungen ergaben zwischen 200 °C und dem Schwefelpunkt Abweichungen zwischen thermodynamischer und Internationaler Skala, welche die von der Physikalisch-Technischen Reichsanstalt früher für den Bereich zwischen Eis- und Schwefelpunkt festgestellte obere Grenze von 0,05 Grad erheblich überschreiten. Die Messungen wurden durch Vergleich von zwei Stickstoff-Gasthermometern mit Platin-Widerstandsthermometern bei 0 °C, 20 °C, 50 °C, 75 °C, 100 °C, 150 °C, 250 °C, 350 °C, am Quecksilbersiedepunkt, bei 400 °C und am Schwefelpunkt ausgeführt; ihre Ergebnisse lassen sich durch die Zahlenwertgleichung [t_{th} thermodynamische Temperatur in °C(therm.); t_C empirische internationale Temperatur in °C(Int. 1948)]

$$t_{th} - t_C = \frac{t_C}{100}\left(\frac{t_C}{100} - 1\right)(0,0421\,7 - 74,81 \cdot 10^{-6}\,t_C) \quad {}^1) \tag{18}$$

darstellen. Der Schwefelpunkt wurde in der thermodynamischen Skala 444,74 Grad über dem Eispunkt T_0 beobachtet, wobei die beiden Gasthermometer gegeneinander noch Differenzen von etwa 0,05 Grad zeigten.

Meßreihen der Physikalisch-Technischen Reichsanstalt und des Kältelaboratoriums in Leyden ergaben übereinstimmend, daß zwischen Eis- und Sauerstoffpunkt die Abweichungen der Internationalen von der thermodynamischen Skala kleiner als 0,05 Grad bleiben.

Einige experimentelle Ergebnisse deuten darauf hin, daß unterhalb des Sauerstoffpunktes die Temperaturwerte t in der Internationalen Skala von 1927 höher liegen als die Werte t_{th} in der thermodynamischen Skala und gegenüber diesen mit abnehmender Temperatur systematisch zunehmen. Aus diesem Grunde wurde die Internationale Temperaturskala von 1948 nur bis herab zum Sauerstoffpunkt definiert. Im Gebiet tieferer Temperaturen müssen weitere Untersuchungen durchgeführt werden.

Für den Temperaturbereich zwischen Antimonerstarrungs- und Goldpunkt liegen bislang wenig experimentelle Daten über Abweichungen der Internationalen von der thermodynamischen Temperaturskala vor. Der Wert 1063 °C(Int. 1927) aus der Internationalen Skala von 1927 wurde für den Goldpunkt in der Internationalen Skala von 1948 beibehalten, obwohl hiergegen Bedenken geäußert worden waren [C 75]. Die Mehrheit des Comité Consultatif de Thermométrie vertrat den Standpunkt, daß bis zum Vorliegen neuer und besserer experimenteller Ergebnisse an dem Temperaturwert für diesen wichtigen primären Fixpunkt nichts geändert werden solle. Eine gasthermometrische Neubestimmung des Goldpunktes erscheint heute vor allem in Zusammenhang mit der Diskrepanz (Abschnitt 6, II, 4) zwischen dem aus Strahlungsmessungen folgenden und dem aus Atomkonstanten abgeleiteten Wert für c_2 sehr wünschenswert [M 32; M 33]. Die Erhöhung des Fixpunktwertes t_{A_g} von 960,5 °C(Int. 1927) auf 960,8 °C(Int. 1948) liegt zwar noch innerhalb der Genauigkeitsspanne, mit welcher der Silberpunkt in der thermodynamischen Skala zu realisieren ist (Tabelle 10), bewirkt

---

^{1}) Den Verlauf der Funktion $\Delta t = t_{th} - t_C$ hat *Schmidt [S 14]* nach den Messungen verschiedener Laboratorien zwischen Sauerstoff- und Schwefelpunkt graphisch dargestellt.

aber bereits den bislang vermißten kontinuierlichen Anschluß der Thermoelement-Anzeigen an die des Widerstandsthermometers beim Antimonerstarrungspunkt sowie an die pyrometrischen Meßwerte beim Goldpunkt mit $c_2 = 1{,}438$ cm grd.

Im Pyrometerbereich oberhalb des Goldpunktes liegen die Differenzen zwischen den internationalen Temperaturwerten t und den thermodynamischen Temperaturwerten ϑ innerhalb der durch die Unsicherheitsgrenzen von c_2, t_{Au} und T_0, die in die Plancksche Auswertformel eingehen, bedingten Genauigkeitsspanne.

Um einen Überblick über die Unterschiede zu vermitteln, die sich für die Berechnung von Temperaturen oberhalb des Goldpunktes mit verschiedenen Skalen ergeben, stellen wir in der Tabelle 11 für den Bereich von 1063 bis 5000 °C(Int. 1948) folgende drei Arten von Temperaturwerten einander gegenüber:

α) t in °C(Int. 1948), d. h. die Temperaturwerte nach der Internationalen Temperaturskala von 1948;

β) t_W in °C, d. h. die entsprechenden Temperaturwerte, die sich bei Anwendung der Wienschen Auswertformel

$$\frac{J_t}{J_{Au}} = e^{\frac{c_2}{\lambda}\left(\frac{1}{t_{Au}+T_0} - \frac{1}{t+T_0}\right)} \tag{17a}$$

mit den Daten der Internationalen Temperaturskala von 1948 ($c_2 = 1{,}438$ in cm grd; $T_0 = 273{,}15$ in °K für t_{W_1} und $T_0 = 273{,}16$ in °K für t_{W_2}) ergeben;

γ) t_{1927} in °C(Int. 1927), d. h. die entsprechenden Temperaturwerte der Internationalen Temperaturskala von 1927 (Wiensche Auswertformel; $c_2 = 1{,}432$ in cm grd; $T_0 = 273$ in °K).

Tabelle 11. Gegenüberstellung von Temperaturwerten oberhalb des Goldpunktes in verschiedenen Skalen

t in °C(Int. 1948)	t_{W_1} in °C	t_{W_2} in °C	t_{1927} in °C(Int. 1927)
1 063,0	1 063,0	1 063,0	1 063,0
1 500,0	1 500,0	1 500,0	1 502,3
2 000,0	2 000,0	2 000,0	2 006,4
2 500,0	2 500,1	2 500,1	2 512,1
3 000,0	3 000,6	3 000,6	3 019,8
3 500,0	3 501,7	3 501,8	3 529,8
4 000,0	4 004,6	4 004,7	4 043,0
4 500,0	4 510,0	4 510,1	—
5 000,0	5 019,0	5 019,1	—

1954 hat sich das Comité Consultatif de Thermométrie erneut mit der Internationalen Temperaturskala beschäftigt, die Skala von 1948 jedoch nicht geändert. Insbesondere wurde an Eispunkt und Dampfpunkt als Fundamentalpunkten der centesimalen Skala festgehalten und diese nicht per definitionem auf den Wassertripelpunkt bezogen, der lediglich eine für die experimentelle Realisierung des Eispunktes *empfohlene* physikalische Realität bleibt. Somit ergibt sich der Tatbestand, daß für keinen einzigen Temperaturpunkt zwischen den Zahlenwerten in der thermodynamischen und internationalen Celsius-Skala[1]) eine definitionsmäßig festgelegte Beziehung besteht. Die Temperaturgröße t der Internationalen Temperaturskala wird kurz „internationale Temperatur" genannt.

Als „internationales" Analogon zur „thermodynamischen" Kelvin-Skala hat das Comité Consultatif de Thermométrie als weitere Temperaturskala noch die internationale Kelvin-Skala mit dem internationalen Grad Kelvin von 1948, abgekürzt °K(Int. 1948), eingeführt. In ihr erhält man Zahlenwerte T_{int} für Temperaturen, die nach den Vorschriften der Internationalen Temperaturskala von 1948 gemessen sind, ihrem Werte nach aber mit den Zahlenwerten möglichst genau übereinstimmen sollen, die man für die entsprechende thermodynamische Temperatur T in der thermodynamischen Kelvin-Skala (Abschnitt 5a) erhält. Die internationale Kelvin-Skala ist durch die Zahlenwertgleichung

$$T_{\text{int}} = t_{\text{C}} + 273{,}15 \tag{19}$$

---

[1]) Der Name „internationale" Celsius-Skala als Gegensatz zu „thermodynamische" Celsius-Skala kennzeichnet nur den Unterschied zwischen den im Hintergrund der beiden Skalen stehenden Größen empirische Temperatur und thermodynamische Temperatur und darf nicht zu dem Trugschluß verleiten, daß die thermodynamische Celsius-Skala einer internationalen Annahme entbehre.

definiert. Ihr kann man unter Einführung der „internationalen Kelvin-Temperatur" Θ die zu Gleichung (7) analoge Relation

$$t = \Theta - \Theta_0 \tag{19a}$$

zuordnen, in der t in °C(Int. 1948) und Θ in °K(Int. 1948) gemessen werden und Θ_0 per definitionem gleich 273,15 °K(Int. 1948) ist.

Der Zusammenhang der Werte T_{int} °K(Int. 1948) und T_{K} °K für einen Temperaturpunkt ist genau so nur experimentell zu bestimmen wie das Verhältnis zwischen t_{C} °C(Int. 1948) und t_{th} °C(therm.). Insbesondere könnten nur Versuche darüber entscheiden, ob dem absoluten Nullpunkt der Thermodynamik in der internationalen Kelvin-Skala der Wert 0 °K(Int. 1948) zukommt: 0 °K (Int. 1948) ist zunächst nur ein „fiktiver" absoluter Nullpunkt. Die Fragestellung ist allerdings im Augenblick noch verfrüht, da die Internationale Temperaturskala von 1948 nach tiefen Temperaturen sich vorläufig lediglich bis zum Siedepunkt des Sauerstoffs bei $t_{\mathrm{O_2}} = -182{,}970$ °C(Int. 1948) oder $\Theta_{\mathrm{O_2}} = 90{,}180$ °K(Int. 1948) erstreckt.

Internationale Kelvin- und Celsius-Skalen — internationale Kelvin-Temperatur Θ oder T_{int} in °K(Int. 1948) und internationale (Celsius-) Temperatur t oder t_{C} in °C(Int. 1948) — sind als meßtechnische Näherungen der thermodynamischen Kelvin- und Celsius-Skalen — thermodynamische (Kelvin-) Temperatur T oder T_{K} in °K und thermodynamische Celsius-Temperatur ϑ oder t_{th} in °C(therm.); Abschnitt 5a — aufzufassen, von denen sie sich nur um Beträge unterscheiden, die nahe den derzeitigen Meßunsicherheiten liegen und für praktische Anwendungen im allgemeinen vernachlässigbar sind. Ähnliches gilt für das Verhältnis zwischen empirischer (θ_{F} in °F; Abschnitt 5b) und thermodynamischer [t_{thF} in °F(therm.); Abschnitt 5a] Fahrenheit-Skala, also zwischen empirischer und thermodynamischer Fahrenheit-Temperatur.

Die derzeitige Gesamtsituation auf dem Gebiete der Temperaturskalen läßt sich folgendermaßen charakterisieren: Für die üblichen Erfordernisse der praktischen Temperaturbestimmung spielen die Unterschiede zwischen den verschiedenen Skalen keine Rolle; bei höchsten Präzisionsansprüchen der Meßtechnik können die beiden exakt aufeinander bezogenen internationalen Skalen mit dem °C(Int. 1948) und dem °K(Int. 1948) benutzt werden; für die allgemeine und theoretische Thermodynamik, die sich der thermodynamischen Temperatur T bedient, stehen die beiden ebenfalls definitionsmäßig verknüpften thermodynamischen Skalen mit dem °K und dem °C(therm.) zur Verfügung.

In Anlehnung an eine Zusammenfassung des Comité Consultatif de Thermométrie et Calorimétrie geben wir noch folgendes Schema der Celsius- und Kelvin-Skalen wieder:

Internationale Skalen

Temperatur...............	internationale Temperatur		internationale Kelvin-Temperatur
Zahlenwert-Symbol	t_{C} oder t	$\longrightarrow$	$T_{\mathrm{int}} = t_{\mathrm{C}} + 273{,}15$
Grad-Bezeichnung..........	internationaler Grad Celsius von 1948		internationaler Grad Kelvin
Grad-Abkürzung	°C(Int. 1948)		°K(Int. 1948)

Thermodynamische Skalen

Temperatur...............	thermodynamische Celsius-Temperatur		thermodynamische Temperatur
Zahlenwert-Symbol.........	$t_{\mathrm{th}} = T_{\mathrm{K}} - 273{,}15$	$\longleftarrow$	T_{K} oder T
Grad-Bezeichnung	thermodynamischer Grad Celsius		Grad Kelvin
Grad-Abkürzung	°C(therm.)		°K

Es veranschaulicht den Zusammenhang und die Definitionsreihenfolge innerhalb der internationalen und innerhalb der thermodynamischen Skalen. Die Doppellinie in der Mitte trennt den oberen Teil der Darstellung vom unteren ab, zwischen denen keine definitionsmäßige Verknüpfung in algebraischer oder analytischer Form angebbar ist. Die in einer Spalte untereinanderstehenden Temperaturen und Skalen beziehen sich auf den gleichen oder, präziser ausgedrückt, nahezu gleichen Nullpunkt der Zählung: die „Celsius"-Skalen auf den physikalischen oder einen fiktiven Eispunkt, die „Kelvin"-Skalen auf einen fiktiven oder den physikalischen absoluten Nullpunkt der Thermodynamik.

Zur Angabe von Temperaturdifferenzen und Temperaturintervallen hat die 9. Generalkonferenz für Maß und Gewicht die Bezeichnung „degré" mit der Abkürzung „deg" zugelassen (Abschnitt 1, 8);

im deutschen Sprachgebiet wird in Übersetzung „Grad" mit der Abkürzung „grd" benutzt. Damit ist im Rahmen der Meterkonvention nur Grad Kelvin oder Grad Celsius gemeint; zur Angabe von Temperaturdifferenzen sind die Symbole °K und °C gleichbedeutend. Sollen Temperaturdifferenzen in °R oder °F angegeben werden, so stehen hierfür wahlweise die Abkürzungen „degR" und „degF" zur Verfügung.

In der Tabelle 12 fassen wir die Zahlenwerte für Eispunkt T_0 und Dampfpunkt T_D in den verschiedenen Temperaturskalen zusammen. Für die empirischen und internationalen Skalen sind Eispunkt und Dampfpunkt Fundamentalpunkte, ihre Zahlenwerte sind also per definitionem genaue Zahlen. In den thermodynamischen Skalen sind dem fiktiven Eispunkt T_0^* genaue Zahlenwerte zugeordnet, dagegen die für den Dampfpunkt angegebenen Werte mit der grundsätzlichen, allerdings sehr kleinen Unsicherheit behaftet, die zwischen thermodynamischen und internationalen Skalen besteht.

Tabelle 12.   Temperatur des Eispunktes und des Dampfpunktes

Temperaturskala nach	Temperaturgrad	Temperatur des Eispunktes	Temperatur des Dampfpunktes
a) thermodynamische Skalen:		*fiktiver Eispunkt:*	
Kelvin	°K	273,15 °K	373,15 °K
Rankine	°R	491,67 °R	671,67 °R
Celsius	°C(therm.)	0 °C(therm.)	100 °C(therm.)
Fahrenheit	°F(therm.)	32 °F(therm.)	212 °F(therm.)
b) empirische Skalen:		*physikalischer Eispunkt:*	
Celsius	°C	0 °C	100 °C
Fahrenheit	°F	32 °F	212 °F
Réaumur	°R	0 °R	80 °R
c) internationale Skalen:		*physikalischer Eispunkt:*	
Kelvin	°K(Int. 1948)	273,15 °K(Int. 1948)	373,15 °K(Int. 1948)
Celsius	°C(Int. 1948)	0 °C(Int. 1948)	100 °C(Int. 1948)

In Deutschland wurde 1924 durch Reichsgesetz *[D 33]* als *gesetzliche Temperaturskale* die thermodynamische Skala eingeführt, deren Realisierung durch bestimmte Interpolationsverfahren über eine Anzahl von Fixpunkten erfolgen soll. Darstellung und Bekanntmachung dieser gesetzlichen Skale obliegen der Physikalisch-Technischen Reichsanstalt. Diese hatte im Jahre 1928 *[D 34]* in Übereinstimmung mit den Beschlüssen der 7. Generalkonferenz für Maß und Gewicht *[C 113]* als die gesetzliche Temperaturskale definierende Daten die der Internationalen Temperaturskala von 1927 festgelegt. Im Jahre 1950 wurden von der Physikalisch-Technischen Anstalt, der heutigen Physikalisch-Technischen Bundesanstalt und dem Deutschen Amt für Maß und Gewicht die Definitionsbestimmungen der Internationalen Temperaturskala von 1948 der Darstellung der gesetzlichen Temperaturskale in Deutschland zugrunde gelegt *[D 27; P 30]*.

6. In der Wärmelehre gebräuchliche Arbeits- und Energieeinheiten

Zur Messung der Wärmemenge, also einer mit der Energie oder Arbeit dimensionsgleichen Größe, benutzten Physik und Technik bislang weitgehend als besondere kalorische Energieeinheiten die verschiedenen „Wärmeeinheiten" oder „Kalorien"[1].

Die 15°-Kalorie ($\text{cal}_{15°}$), die früher meist einfach Gramm-Kalorie[2] genannt wurde, ist definiert als diejenige Wärmemenge, die erforderlich ist, um 1 g Wasser bei normalem Atmosphärendruck von 14,5 °C auf 15,5 °C zu erwärmen. Entsprechend ist die 15°-Kilokalorie ($\text{kcal}_{15°}$) die 10^3-fache Wärmemenge, die unter den gleichen Bedingungen 1 kg Wasser um 1 grd erwärmt. Die $\text{cal}_{15°}$ und $\text{kcal}_{15°}$

---

[1] Das Wort Kalorie ist wahrscheinlich 1852 von *Favre* und *Silbermann [F 2]* zuerst geprägt worden.

[2] Einheitenzeichen: cal. Um zwischen den verschiedenen Kalorien unterscheiden zu können, werden im folgenden indizierte Symbole benutzt, für die 15°-Kalorie: $\text{cal}_{15°}$.

werden also wesentlich bestimmt durch die spezifische Wärmekapazität $c_{p_0}^{15\,°\mathrm{C}}(\mathrm{H_2O})$ des Wassers bei der Temperatur $\theta = 15\ °\mathrm{C}$ und dem Druck $p_0 = 1\ \mathrm{atm}$[1]).

In Anlehnung an das MTS-System (2, 19c) ist in Frankreich noch eine kalorische Energieeinheit in Gebrauch, die sich auf die zur Temperaturerhöhung um 1 deg einer Wassermasse von 1 t zugeführte Wärmemenge bezieht und als thermie (th) bezeichnet wird,

$$1\ \mathrm{th} = 10^3\ \mathrm{kcal}_{15°} = 10^6\ \mathrm{cal}_{15°}; \tag{20}$$

ihr tausendster Teil wird frigorie (fr) genannt,

$$1\ \mathrm{fr} = 10^{-3}\ \mathrm{th} = 1\ \mathrm{kcal}_{15°}. \tag{20a}$$

Die mittlere Kalorie (cal) und mittlere Kilokalorie ($\overline{\mathrm{kcal}}$) sind nach einem Vorschlag von *Schuller* und *Wartha [S 17]* definiert als der hundertste Teil derjenigen Wärmemenge, die 1 g bzw. 1 kg Wasser unter normalem Atmosphärendruck p_0 von 0 °C auf 100 °C erwärmt, stellen also eine Mittelung über die spezifische Wärmekapazität $c_{p_0}^{\theta}(\mathrm{H_2O})$ des Wassers zwischen $\theta_0 = 0\ °\mathrm{C}$ und $\theta_D = 100\ °\mathrm{C}$ dar[2]). Formelmäßig ist ihr Verhältnis zur 15°-Kalorie zu schreiben als

$$\frac{\mathrm{cal}}{\mathrm{cal}_{15°}} = \frac{\mathrm{kcal}}{\mathrm{kcal}_{15°}} = \frac{\displaystyle\int\limits_{\theta_0}^{\theta_D} c_{p_0}^{\theta}(\mathrm{H_2O})\ \mathrm{d}\theta}{(\theta_D - \theta_0)\cdot c_{p_0}^{15\,°\mathrm{C}}(\mathrm{H_2O})}\ . \tag{21}$$

Die Beziehungen der 15°-Kalorie und der mittleren Kalorie zu den mechanischen Energieeinheiten müssen experimentell ermittelt werden. Die Resultate solcher Untersuchungen und die vom Internationalen Komitee für Maß und Gewicht *[C 83]* 1950 angenommenen Werte sind im Abschnitt 6, 1, 1 b zusammengestellt.

Der Ableitung der Gleichung (21) liegt die allgemein übliche Voraussetzung zugrunde, daß die 15°-Kalorie durch die spezifische Wasserwärme bei 15 °C bestimmt wird. Das bedeutet, wie ein Vergleich mit der oben gegebenen Definition der $\mathrm{cal}_{15°}$ zeigt, daß man $c_{p_0}^{15\,°\mathrm{C}}(\mathrm{H_2O})$ als identisch mit dem Quotienten aus dem Integral über $c_{p_0}^{\theta}(\mathrm{H_2O})$ von $\theta_1 = 14{,}5\ °\mathrm{C}$ bis $\theta_2 = 15{,}5\ °\mathrm{C}$ und der Temperaturdifferenz $\Delta\theta = \theta_2 - \theta_1$ voraussetzt. Um die Größenordnung dieser Vernachlässigung abschätzen zu können, berechnen wir den Quotienten aus dem Integral über die spezifische Wärme und der Temperaturdifferenz. Für die Funktion $c_{p_0}^{\theta}(\mathrm{H_2O})$ benutzen wir die Formel (6, 10) von *Osborne*, *Stimson* und *Ginnings* *[O 8]*, die 1950 das Internationale Komitee für die Berechnung des Relativverlaufs der spezifischen Wasserwärme empfohlen hat (Abschnitt 6, 1, 1b). So ergibt sich

$$\frac{\displaystyle\int\limits_{\theta_2}^{\theta_1} c_{p_0}^{\theta}(\mathrm{H_2O})\ \mathrm{d}\theta}{\Delta\theta\cdot c_{p_0}^{15\,°\mathrm{C}}(\mathrm{H_2O})} = 1{,}000\,001. \tag{6,13b}$$

Die relative Abweichung um $1\cdot 10^{-6}$ ist gegenüber der relativen Unsicherheit von $1\cdot 10^{-4}$ bis $2\cdot 10^{-4}$ (siehe Tabelle 37), die dem vom Internationalen Komitee für $c_{p_0}^{15\,°\mathrm{C}}(\mathrm{H_2O})$ vorgesehenen Wert anhaftet, so gering, daß wir sie vernachlässigen und im folgenden überall mit dem Differentialquotienten $\frac{1}{m}\left(\frac{dQ}{d\theta}\right)_\theta = c_{p_0}^{\theta}(\mathrm{H_2O})$ rechnen dürfen.

Unter Benutzung der durch die Gleichungen (6, 11) und (6, 13a) gegebenen Daten folgen die Relationen

$$1\ \mathrm{cal}_{15°} = 4{,}1855\cdot 10^7\ \mathrm{erg} \qquad 1\ \mathrm{kcal}_{15°} = 4{,}1855\cdot 10^3\ \mathrm{J}$$
$$= 4{,}2680\cdot 10^4\ \mathrm{cm\ p}\ ^{3)} \qquad\quad = 4{,}2680\cdot 10^2\ \mathrm{m\ kp}\ ^{3)} \tag{22}$$

$$1\ \overline{\mathrm{cal}} = 4{,}1897\cdot 10^7\ \mathrm{erg} \qquad 1\ \overline{\mathrm{kcal}} = 4{,}1897\cdot 10^3\ \mathrm{J}$$
$$= 4{,}2723\cdot 10^4\ \mathrm{cm\ p}\ ^{3)} \qquad\quad = 4{,}2723\cdot 10^2\ \mathrm{m\ kp}\ ^{3)} \tag{23}$$

---

[1]) Die cal und kcal wurden früher auch als „kleine Kalorie" (cal) und „große Kalorie" (Cal) bezeichnet.

[2]) *Planck [P 44]* empfahl, die cal mit „K" zu bezeichnen.

[3]) Die Unsicherheit der in den Gleichungen (22) und (23) stehenden Zahlenwerte liegt zwischen $0{,}1^0/_{00}$ und $0{,}2^0/_{00}$ (siehe Tabelle 37 in Abschnitt 6, I, 1 b).

Als *mechanisches Wärmeäquivalent j* pflegt man das Verhältnis derjenigen (in mechanischen Einheiten zu messenden) mechanischen Arbeit oder Energie, die der kalorischen Wärmemengeneinheit gleich ist, zu dieser kalorischen Wärmemengeneinheit — also einen Quotienten zweier gleicher physikalischer Größen —

$$1 \equiv j = 4{,}1855 \cdot 10^7 \; \frac{\mathrm{erg}}{\mathrm{cal}_{15^\circ}} = 4{,}2680 \cdot 10^4 \; \frac{\mathrm{cm\,p}}{\mathrm{cal}_{15^\circ}} \quad {}^{1)}$$

$$= 4{,}1855 \cdot 10^3 \; \frac{\mathrm{J}}{\mathrm{kcal}_{15^\circ}} = 4{,}2680 \cdot 10^2 \; \frac{\mathrm{m\,kp}}{\mathrm{kcal}_{15^\circ}} \quad {}^{1)} \tag{24}$$

zu definieren. Der reziproke Wert $1/j$ lautet

$$1 \equiv \frac{1}{j} = \frac{1\,\mathrm{cal}_{15^\circ}}{4{,}1855 \cdot 10^7\,\mathrm{erg}} = 2{,}389_{20} \cdot 10^{-8} \; \frac{\mathrm{cal}_{15^\circ}}{\mathrm{erg}} = 2{,}343_{01} \cdot 10^{-5} \; \frac{\mathrm{cal}_{15^\circ}}{\mathrm{cm\,p}} \quad {}^{1)}$$

$$= 2{,}389_{20} \cdot 10^{-4} \; \frac{\mathrm{kcal}_{15^\circ}}{\mathrm{J}} = 2{,}343_{01} \cdot 10^{-3} \; \frac{\mathrm{kcal}_{15^\circ}}{\mathrm{m\,kp}} \quad {}^{1)} \tag{24'}$$

Bis zur Einführung der neuen „absoluten" elektrischen Einheiten im Jahre 1948 wurde noch ein *elektrisches Wärmeäquivalent j'* als das Verhältnis derjenigen (in elektrischen Einheiten zu messenden) elektrischen Arbeit oder Energie, die der kalorischen Wärmemengeneinheit gleich ist, zu dieser kalorischen Wärmemengeneinheit — also wieder ein Quotient zweier gleicher physikalischer Größen —

$$1 \equiv j' = 4{,}1847 \; \frac{\mathrm{J_{int}}}{\mathrm{cal}_{15^\circ}} = 4{,}1847 \cdot 10^3 \; \frac{\mathrm{J_{int}}}{\mathrm{kcal}_{15^\circ}} \quad {}^{1)} \tag{24a}$$

definiert (Abschnitt 4, III, 2). Der reziproke Wert $1/j'$ lautet

$$1 \equiv \frac{1}{j'} = \frac{1\,\mathrm{cal}_{15^\circ}}{4{,}1847\,\mathrm{J_{int}}} = 2{,}389_{65} \cdot 10^{-1} \; \frac{\mathrm{cal}_{15^\circ}}{\mathrm{J_{int}}} \quad {}^{1)}$$

$$= 2{,}389_{65} \cdot 10^{-4} \; \frac{\mathrm{kcal}_{15^\circ}}{\mathrm{J_{int}}} \quad {}^{1)} \tag{24a'}$$

In der Literatur werden vielfach auch die *Zahlenwerte* $\{j\}$ und $\{j'\}$ als mechanisches und elektrisches Wärmeäquivalent bezeichnet. Statt j und j' können wir ferner schreiben

$$1\,\mathrm{kWh} = 3{,}6 \cdot 10^6\,\mathrm{J} \quad = 860{,}1_1\,\mathrm{kcal}_{15^\circ} \;\; {}^{1)} \tag{25}$$

$$1\,\mathrm{kW_{int}h} = 3{,}6 \cdot 10^6\,\mathrm{J_{int}} = 860{,}2_8\,\mathrm{kcal}_{15^\circ} \;\; {}^{1)} \tag{25a}$$

Das Wärmeäquivalent spielte im vorigen Jahrhundert eine große Rolle als quantitative Unterlage für den Satz von der Erhaltung der Energie *[H 45]*. Es wurde zuerst von *Mayer [M 9]* 1842 aus der Differenz der spezifischen Wärmekapazitäten eines Gases bei konstantem Druck und bei konstantem Volumen zahlenwertmäßig berechnet. Die erste experimentelle Bestimmung des Wärmeäquivalents führte *Joule [J14]* 1843 über die Bewegung eines elektrischen Leiters im Magnetfeld durch.

Heute wird das Wärmeäquivalent im wesentlichen nur als allgemeiner Ausdruck für die Angabe von Umrechnungsbeziehungen zwischen mechanischen oder elektrischen gegenüber kalorischen Energieeinheiten gewertet *[S 51]*. Diese Auffassung hat sich in den letzten Jahren noch durch den international vereinbarten Verzicht auf die an die spezifische Wärmekapazität des Wassers gebundenen kalorischen Energieeinheiten und ihre Ersetzung durch das absolute Joule verstärkt.

Entsprechende Vorschläge wurden bereits 1939 vom Comité Consultatif de Thermométrie et Calorimétrie des Internationalen Komitees für Maß und Gewicht *[C 50]*, 1947 von der Kommission für physico-chemische Daten der Internationalen Union für reine und angewandte Chemie (IUPAC; *[C 71; I 3]*) und 1948 von der Kommission für Symbole, Einheiten und Nomenklatur der Internationalen Union für reine und angewandte Physik (IUPAP; *[C 70]*) vorgelegt und gegenseitig ausgetauscht. Im Mai 1948 nahm das Comité Consultatif de Thermométrie et Calorimétrie *[C 74]* einen abgeänderten, die drei bereits vorliegenden Fassungen ausgleichenden Text an und empfahl ihn dem Internationalen Komitee zur Beschlußfassung. Gegen diesen Text erhob die IUPAP *[C 58]* Einspruch. Das Internationale Komitee schloß sich den von der IUPAP geäußerten Bedenken an

---

[1]) Die Unsicherheit der in den Gleichungen (24), (24′) (24 a), (24 a′) (25) und (25 a) stehenden Zahlenwerte liegt zwischen 0,1⁰/₀₀ und 0,2 ⁰/₀₀ (siehe Tabelle 37 in Abschnitt 6, I, 1 b).

und legte der 9. Generalkonferenz für Maß und Gewicht einen den Wünschen der IUPAP entsprechenden Wortlaut zur Bestätigung vor *[C 122]*. Die Generalkonferenz änderte den neuen Text nochmals ab und nahm endgültig für die Neuregelung der Wärmemengeneinheit folgende Fassung im Paragraphen 3 der Résolution 3 *[C 69; C 126]* an:

« Résolution 3.

3. *Résolution.* — L'unité de quantité de chaleur est le » joule «.

Remarque. — Il est demandé que les résultats d'expériences calorimétriques soient autant que possible exprimés en joules.

Si les expériences ont été faites par comparaison avec un échauffement d'eau (et que, pour une raison quelconque, on ne puisse éviter l'usage de la calorie), tous les renseignements nécessaires pour la conversion en joules doivent être fournis.

Il est laissé aux soins du Comité international, après avis du Comité consultatif de Thermométrie et Calorimétrie, d'établir une table qui présentera les valeurs les plus précises que l'on peut tirer des expériences faites sur la chaleur spécifique de l'eau, en joules par degré.» [1])

Durch diesen Beschluß erhält der in der praktischen Meßtechnik schon seit geraumer Zeit immer weiter sich durchsetzende Brauch, energetische Messungen bei thermodynamischen oder wärmetechnischen Problemen nach elektrischen Methoden durchzuführen und dementsprechend die Meßergebnisse in elektrischen Einheiten anzugeben, nachträglich auch seine formale Sanktionierung durch die Organe der Meterkonvention. Die Wasser-Kalorie wird somit der Vergangenheit zugewiesen, und das Wärmeäquivalent behält, von besonderen Fällen abgesehen, im wesentlichen nur noch historische Bedeutung. Dagegen bleiben auch in Zukunft die Werte für $c_{p_0}^\theta$ (H_2O) überall dort, wo Wasser als Kalorimetersubstanz dient, praktisch wichtig für die Auswertung von Meßergebnissen.

Es darf hierbei allerdings nicht übersehen werden, daß die „Kalorie" in weiten Kreisen seit langem ein feststehender Begriff geworden ist. Es muß also damit gerechnet werden, daß das Wort „Kalorie" nur allmählich aus dem allgemeinen Sprachschatz verschwinden wird. Besonders sträubt sich zunächst die Technik *[V 3]*, diese bei ihr seit langem eingeführte und in der Wärmetechnik vorwiegend benutzte Wärmemengeneinheit aufzugeben. Das derzeitige Streben der Technik nach Weiterbenutzung einer Kalorie braucht jedoch durchaus nicht mit den gerade genannten internationalen Beschlüssen in Widerspruch zu geraten. Denn für die Bedürfnisse der Technik ist es meist unerheblich, ob sie sich einer Wasser-Kalorie oder einer direkt an elektrische oder mechanische Energieeinheiten angeschlossenen Kalorie bedient. Als solche stehen für eine angemessene Übergangszeit in erster Linie die Internationale Tafel-Kalorie und die thermochemische Kalorie zur Verfügung, die in ihrer Definition den heutigen elektrischen Meßverfahren der Technik auch weit mehr angepaßt sind als die 15°-Kalorie.

Um von den Bestimmungen des elektrischen Wärmeäquivalents unabhängig zu werden, hatte die 1. Internationale Dampftafel-Konferenz 1929 in London *[D 5; V 2]* auf Vorschlag von *Jakob* eine Kalorie direkt durch einen Zahlenwert in elektrischen Energieeinheiten definiert. Da die Kalorie den Internationalen Dampftafeln zugrunde liegt, heißt sie die Internationale Tafel-Kalorie (cal$_{IT}$) und ihr 10^3-facher Wert die Internationale Tafel-Kilokalorie (kcal$_{IT}$); sie ist festgelegt durch die Definitionsgleichung

$$1\ \mathrm{kW_{int}h} = 860\ \mathrm{kcal_{IT}} = 8{,}6 \cdot 10^5\ \mathrm{cal_{IT}}. \tag{26}$$

Für die angelsächsischen Länder wurde eine entsprechende Wärmemengeneinheit eingeführt, die Steam Table British Thermal Unit (BTU$_{ST}$), die durch die Relation

$$1\ \frac{\mathrm{cal_{IT}}}{\mathrm{g}} = 1{,}8\ \frac{\mathrm{BTU_{ST}}}{\mathrm{lb}} \tag{27}$$

definiert ist und sich mit (2, 58) zu

$$1\ \mathrm{BTU_{ST}} = 251{,}996\ \mathrm{cal_{IT}} \tag{27a}$$

ergibt.

Neben der vor allem in der technischen Thermodynamik des Wasserdampfes benutzten Internationalen Tafel-Kalorie wurde in den Vereinigten Staaten von Nordamerika von *Rossini [M 34; R 27; R 28; R 29; W 1]* noch ein weiteres kalorisches Energiemaß durch direkten Anschluß an die elektrische Energieeinheit festgelegt, nämlich die Rossini- oder thermochemische Kalorie (cal$_{thermochem}$) und als ihr 10^3-facher Wert die Rossini- oder thermochemische Kilokalorie (kcal$_{thermochem}$). Diese Kalorie wurde nicht auf die „mittleren internationalen" elektrischen Einheiten von 1935 (Abschnitt 4, III, 2a),

---

[1]) Dimensionsmäßig korrekt müßte der letzte Nachsatz lauten: « ... en joules par gramme et degré.»

sondern ausdrücklich auf die internationalen elektrischen Einheiten des National Bureau of Standards (NBS) in Washington bezogen durch die Festsetzung

$$1 \ \text{cal}_{\text{thermochem}} = 4{,}1833 \ \text{J}_{\text{int}}(\text{NBS}). \tag{28}$$

Die $\text{cal}_{\text{thermochem}}$ findet man vorzugsweise in amerikanischen Arbeiten, vor allem bei der Behandlung thermochemischer Gleichgewichte.

Schließlich tritt in der Literatur noch eine Kalorie auf, die durch die Vorgabe eines Zahlenwertes für die wichtige thermodynamische Größe der universellen (spezifischen) Gaskonstanten des idealen Gases R_0 (Abschnitt 9) bestimmt ist und als cal* oder kcal* bezeichnet wird, entsprechend der Definitionsgleichung

$$R_0 = 1{,}9860 \ \text{cal}^* \ \text{grd}^{-1} \ \text{mol}_{\text{Ch}}^{-1}. \tag{29}$$

Eine in den englisch sprechenden Ländern in der Technik vorzugsweise benutzte Wärmemengeneinheit ist die British Thermal Unit (BTU, B.Th.U., B.th.u.)[1]. Sie ist festgelegt als die Wärmemenge, die 1 lb Wasser um 1 degF erwärmt. Die Bezugswerte für Druck und Temperatur werden dabei unterschiedlich angegeben und gehandhabt *[B 87; C 10; C 12; G 25; P 68]*. Nach der Definition der British Standards Institution in British Standard 205 (1926, 1936 und 1943) und 350 (1944 und 1952) sind als Druck $p_0 = 1$ atm und als Temperaturpunkte oder -intervalle festgesetzt und üblich: die Temperatur der maximalen Wasserdichte, die hier zu 4 °C oder 39,2 °F angenommen wird, die Wassererwärmung von 60 °F auf 61 °F und der 180. Teil der Wassererwärmung von 32 °F auf 212 °F. Dementsprechend gehen in die Definitionen der verschiedenen British Thermal Units die spezifischen Wasser-Wärmekapazitäten bei $\theta = 39{,}2$ °F oder 4 °C und bei $\theta = 60{,}5$ °F oder 15,83 °C, sowie das Integral $I\,(\theta)$ der spezifischen Wasser-Wärmekapazität über den Fundamentalabstand $\theta_D - \theta_0$ ein. Die einzelnen British Thermal Units sind im Verhältnis zur $\text{kcal}_{15°}$ folgendermaßen definiert

$$39{,}2 \text{ °F. British Thermal Unit} = \frac{c_{p_0}^{4\,°\text{C}}(\text{H}_2\text{O})}{c_{p_0}^{15\,°\text{C}}(\text{H}_2\text{O})} \cdot \frac{\text{lb}}{\text{kg}} \cdot \frac{°\text{F}}{°\text{C}} \ \text{kcal}_{15°} = \text{BTU}_{39°} \tag{31}$$

$$60{,}5 \text{ °F. British Thermal Unit} = \frac{c_{p_0}^{15,83\,°\text{C}}(\text{H}_2\text{O})}{c_{p_0}^{15\,°\text{C}}(\text{H}_2\text{O})} \cdot \frac{\text{lb}}{\text{kg}} \cdot \frac{°\text{F}}{°\text{C}} \ \text{kcal}_{15°} = \text{BTU}_{60°} \tag{32}$$

Mean 32 to 212 °F. British Thermal Unit $= \text{BTU}_{\text{mean}}$

$$= \frac{\displaystyle\int_{\theta_0}^{\theta_D} c_{p_0}^{\theta}(\text{H}_2\text{O})\,\mathrm{d}\theta}{(\theta_D - \theta_0) \cdot c_{p_0}^{15\,°\text{C}}(\text{H}_2\text{O})} \cdot \frac{\text{lb}}{\text{kg}} \cdot \frac{°\text{F}}{°\text{C}} \ \text{kcal}_{15°}$$

$$= \frac{I\,(\theta)}{(\theta_D - \theta_0) \cdot c_{p_0}^{15\,°\text{C}}(\text{H}_2\text{O})} \cdot \frac{\text{lb}}{\text{kg}} \cdot \frac{°\text{F}}{°\text{C}} \ \text{kcal}_{10°}. \tag{33}$$

Um die verschiedenen Relationen zwischen den einzelnen kalorischen Wärmemengeneinheiten zahlenmäßig angeben zu können, brauchen wir nur den relativen Verlauf der spezifischen Wärmekapazität $c_{p_0}^{\theta}(\text{H}_2\text{O})$ des Wassers als Funktion der Temperatur θ zwischen 0 °C und 100 °C mit hinreichender Genauigkeit zu kennen, wobei es zunächst auf die Absolutbeträge gar nicht ankommt. Wir bedienen uns hierzu der Ergebnisse aus den letzten Präzisionsuntersuchungen des NBS (Abschnitt 6,I,1b); bei den Einzelwerten $c_{p_0}^{\theta}(\text{H}_2\text{O})$ ist es heute in England üblich *[B 89; G 25]*, nicht die von *Osborne, Stimson* und *Ginnings [O 8]* aufgestellte Formel (6, 10), sondern die über diese Gleichung von *de Haas [H 1]* angegebenen und vom Internationalen Komitee für Maß und Gewicht *[C 81]* 1950 angenommenen Werte der Tabelle 38 zu benutzen. Die für den vorliegenden Fall interessierenden Daten entnehmen wir der 4. Spalte der Tabelle 39

$$\frac{c_{p_0}^{4\,°\text{C}}(\text{H}_2\text{O})}{c_{p_0}^{15\,°\text{C}}(\text{H}_2\text{O})} = 1{,}00453_9 \pm 0{,}00002 \quad (34\,\text{a}) \quad \text{und} \quad \frac{c_{p_0}^{15,83\,°\text{C}}(\text{H}_2\text{O})}{c_{p_0}^{15\,°\text{C}}(\text{H}_2\text{O})} = 0{,}99982_1 \pm 0{,}00002 \quad (35\,\text{a})$$

---

[1] Der 10^5-fache Betrag der BTU wird auch — beispielsweise bei der Berechnung von Kolbenmaschinen — als therm bezeichnet

$$1 \ \text{therm} = 10^5 \ \text{BTU}. \tag{30}$$

sowie der integrierten Gleichung (6,12) als

$$\frac{I(\theta)}{(\theta_D - \theta_0) \cdot c_{p_0}^{15\,°C}(H_2O)} = 1{,}001\,00_6 \pm 0{,}00002. \tag{6,13a}$$

Mit den bereits genannten Einheitenverhältnissen

$$\frac{lb}{kg} = 0{,}453\,592\,3 \qquad (2,58) \qquad \text{und} \qquad \frac{°F}{°C} = \frac{5}{9} \tag{14a}$$

erhält man aus (34a), (35a) und (6,13a) die Relationen

$$\frac{BTU_{39°}}{kcal_{15°}} = 0{,}253\,14_0 \;\;^{1)} \qquad (34) \qquad \text{und} \qquad \frac{BTU_{60°}}{kcal_{15°}} = 0{,}251\,95_1 \;\;^{1)} \tag{35}$$

sowie

$$\frac{BTU_{mean}}{kcal_{15°}} = 0{,}252\,24_9 \;\;^{1)} \tag{36}$$

Solange allgemein die „internationalen" elektrischen Einheiten Verwendung fanden, hing die $cal_{thermochem}$ von dem zeitlich variablen Verhältnis der im NBS aufbewahrten und realisierten elektrischen Einheiten zu den entsprechenden „mittleren internationalen" Einheiten (Abschnitt 4, III, 2) oder zu den „absoluten" elektrischen Einheiten ab, insbesondere vom Verhältnis

$$\frac{J_{int}(NBS)}{J} = pq^2\,(NBS). \tag{37}$$

Mit dem 1. 1. 1949 hat das NBS die von ihm beglaubigten elektrischen Einheiten vom System der früheren „internationalen" auf das der ab 1. 1. 1948 international vereinbarten „absoluten" Einheiten umgestellt und in einer Tafel die Relationen zwischen den vom NBS vor dem 1. 1. 1949 angenommenen zu den „absoluten" elektrischen Einheiten bekanntgegeben [S 29]. Danach ist für den hier interessierenden Faktor pq^2 (NBS) der Wert

$$pq^2\,(NBS) = 1{,}000165 \tag{37'}$$

einzusetzen. So ergibt sich aus (28) und (29) die Relation

$$\frac{cal_{thermochem}}{cal_{15°}} = \frac{4{,}183\,3\,J_{int}(NBS)}{4{,}185\,5\,J} = \frac{4{,}183\,3}{4{,}185\,5} \cdot 1{,}000\,165 = 0{,}999\,6_4 \;\;^{2)} \tag{28a}$$

Mit (37') würde aus der Definition (28) die Beziehung

$$1\; cal_{thermochem} = 4{,}193\,99\;J \tag{28'}$$

folgen. Stattdessen benutzt das NBS seit 1948 den auf vier Ziffern gerundeten Wert [B 78a] und schließt die thermochemische Kalorie an die „absoluten" elektrischen Einheiten durch die neue Definitionsgleichung

$$1\; cal_{thermochem} = 4{,}184\;J \tag{28''}$$

an.

Die cal* ist definitionsgemäß an die universelle Gaskonstante R_0 geknüpft, für die im Abschnitt 6, II, 2c der Wert

$$R_0 = (8{,}314\,6_6 \pm 0{,}000\,7)\;J\;grd^{-1}\;mol_{Ch}^{-1} \tag{6, 156b}$$

abgeleitet wird. Damit folgt aus (29) die Relation

$$\frac{cal^*}{cal_{15°}} = \frac{8{,}314\,6_6\,J}{1{,}986\,0\,cal_{15°}} = \frac{4{,}186\,6_4}{4{,}185\,5} = 1{,}000\,2_7 \;\;^{2)} \tag{29a}$$

---

[1]) Die Zahlenwerte (34), (35) und (36) haben eine relative Unsicherheitsgrenze von etwa $\pm 2 \cdot 10^{-5}$ (Abschnitt 6, I, 1b).
[2]) Die Zahlenwerte (28a) und (29a) sind mit der Unsicherheitsgrenze von $0{,}1^0/_{00}$ bis $0{,}2^0/_{00}$ für die $cal_{15°}$ behaftet [siehe Fußnote [3]) auf S. 108].

Umrechnungsfaktoren für die $\mathrm{cal_{IT}}$ und die $\mathrm{BTU_{ST}}$ erhält man aus ihren Definitionsgleichungen (26) und (27) unter Berücksichtigung des aus den Festlegungen des Internationalen Komitees für Maß und Gewicht *[C 54]* folgenden Einheitenverhältnisses (Abschnitt 4, III, 2 b)

$$\frac{J_{\mathrm{int}}}{J} = 1{,}000\,19 \quad {}^{1)}. \tag{6, 91}$$

Mit dieser Beziehung ergeben sich die Relationen

$$1\ \mathrm{cal_{IT}} = \frac{3{,}6 \cdot 10^3}{860}\ J_{\mathrm{int}} = 4{,}186\,0\underline{5}\ J_{\mathrm{int}} = (4{,}186\,84 \pm 0{,}000\,04)\ J \tag{26'}$$

oder

$$\frac{\mathrm{cal_{IT}}}{\mathrm{cal_{15^\circ}}} = 1{,}000\,3_2 \quad {}^{2)} \tag{26 a}$$

sowie

$$1\ \mathrm{BTU_{ST}} = 251{,}996\ \mathrm{cal_{IT}} = (1\,055{,}07 \pm 0{,}01)\ J \tag{27 a'}$$

oder

$$\frac{\mathrm{BTU_{ST}}}{\mathrm{kcal_{15^\circ}}} = 0{,}252\,07_6 \quad {}^{2)}. \tag{27 a''}$$

In Großbritannien wird neuerdings der letzte Zahlenfaktor in der Relation (26') analog zu der Beziehung (6, 11) für die $\mathrm{cal_{15^\circ}}$ auf 4 Ziffern hinter dem Komma gerundet. Man will dort nach einer Empfehlung der British Standards Institution *[B 89]* die verschiedenen Kalorien ($\mathrm{cal_{4^\circ}}$, $\mathrm{cal_{15^\circ}}$, $\overline{\mathrm{cal}}$, $\mathrm{cal_{thermochem}}$, $\mathrm{cal_{IT}}$, cal*) und British Thermal Units ($\mathrm{BTU_{39^\circ}}$, $\mathrm{BTU_{60^\circ}}$, $\mathrm{BTU_{mean}}$, $\mathrm{BTU_{ST}}$) in Zukunft ganz vermeiden und statt ihrer nur *eine* calorie (cal) und *eine* British Thermal Unit (B.th.u.) benutzen, die durch die Gleichungen

$$1\ \mathrm{calorie} = 4{,}1868\ J = 1{,}163 \cdot 10^{-6}\ \mathrm{kWh} \tag{38}$$

$$1\ \frac{\mathrm{B.\,th.\,u.}}{\mathrm{lb\ ^\circ F}} = 4{,}1868\ \frac{J}{\mathrm{g\ ^\circ C}} \tag{39}$$

definiert werden, aus denen wiederum die Relationen

$$\frac{\mathrm{calorie}}{\mathrm{cal_{15^\circ}}} = 1{,}000\,3_1 \quad {}^{2)} \tag{38 a}$$

$$\frac{\mathrm{B.\,th.\,u.}}{\mathrm{kcal_{15^\circ}}} = 0{,}252\,07_4 \quad {}^{2)} \tag{39 a}$$

folgen.

Neben der BTU wurde im englischen Sprachraum noch eine auf den centesimalen Celsius-Grad bezogene und an die spezifische Wärmekapazität des Wassers angeschlossene Wärmemengeneinheit benutzt, die Centigrade Thermal Unit (CTU) oder Centigrade Heat Unit (CHU). Auch hier wählte man den Bezugswert für die Temperatur wieder unterschiedlich: es ist sowohl das Temperaturintervall von $14{,}5\,^\circ\mathrm{C}$ bis $15{,}5\,^\circ\mathrm{C}$ entsprechend der $\mathrm{cal_{15^\circ}}$, als auch der Fundamentalabstand von $0\,^\circ\mathrm{C}$ bis $100\,^\circ\mathrm{C}$ in Analogie zur $\overline{\mathrm{cal}}$ üblich. Wir können also mit der Beziehung (2, 58) eine $\mathrm{CTU_{15^\circ}}$ und eine $\mathrm{CHU_{mean}}$ in der Form

$$\frac{\mathrm{CTU_{15^\circ}}}{\mathrm{kcal_{15^\circ}}} = \frac{\mathrm{CHU_{mean}}}{\overline{\mathrm{kcal}}} = \frac{\mathrm{lb}}{\mathrm{kg}} = 0{,}453\,592\,3 \tag{40}$$

definieren und zahlenwertmäßig an die $\mathrm{kcal_{15^\circ}}$ und die $\overline{\mathrm{kcal}}$ anschließen. Für die $\mathrm{CHU_{mean}}$ gilt mit den Beziehungen (14a) und (6, 13a) die einfache Verknüpfungsrelation zur $\mathrm{BTU_{mean}}$ oder zur $\mathrm{kcal_{15^\circ}}$

$$\frac{\mathrm{CHU_{mean}}}{\mathrm{BTU_{mean}}} = \frac{^\circ\mathrm{C}}{^\circ\mathrm{F}} = 1{,}8 = 3{,}964\,3_3\ \frac{\mathrm{CHU_{mean}}}{\mathrm{kcal_{15^\circ}}} \, {}^{3)} \tag{41}$$

---

[1]) Die Unsicherheit des Zahlenwertes (6, 91) liegt zwischen $\pm\,1 \cdot 10^{-5}$ und $\pm\,2 \cdot 10^{-5}$ (siehe Abschnitte 4, III, 2 b und 6, I, 3 e).

[2]) Die Zahlenwerte (26 a), (27 a''), (38 a) und (39 a) sind mit der Unsicherheitsgrenze von $0{,}1\,^0/_{00}$ bis $0{,}2^0/_{00}$ für die $\mathrm{cal_{15^\circ}}$ behaftet [siehe Fußnote [3]) auf S. 108].

[3]) Der Zahlenwert in (41) hat eine relative Unsicherheitsgrenze von etwa $\pm\,2 \cdot 10^{-5}$ (Abschnitt 6, I, 1 b).

Mißt man **Wärmemengen** in kalorischen Einheiten, so ergibt sich als entsprechende Einheit für die Entropie die Kalorie je Grad. **Für diese viel benutzte kalorische Entropieeinheit** ist teilweise der abkürzende Name Clausius (Cl) üblich. Wir hätten nach dem bereits Gesagten folgende Entropieeinheiten zu unterscheiden

$$1\ \mathrm{Cl}_{15^\circ} = 1\ \mathrm{cal}_{15^\circ}/{}^\circ\mathrm{K} \qquad\qquad 1\ \mathrm{kCl}_{15^\circ} = 1\ \mathrm{kcal}_{15^\circ}/{}^\circ\mathrm{K}$$

$$1\ \mathrm{Cl}\ \ = 1\ \overline{\mathrm{cal}}/{}^\circ\mathrm{K} \qquad\qquad 1\ \mathrm{kCl}\ \ = 1\ \overline{\mathrm{kcal}}/{}^\circ\mathrm{K}$$

$$1\ \mathrm{Cl}_{\mathrm{IT}} = 1\ \mathrm{cal}_{\mathrm{IT}}/{}^\circ\mathrm{K} \qquad (42\,a) \qquad\qquad 1\ \mathrm{kCl}_{\mathrm{IT}} = 1\ \mathrm{kcal}_{\mathrm{IT}}/{}^\circ\mathrm{K} \qquad (42\,b)$$

$$1\ \mathrm{Cl}_{\mathrm{thermochem}} \doteq 1\ \mathrm{cal}_{\mathrm{thermochem}}/{}^\circ\mathrm{K} \qquad\qquad 1\ \mathrm{kCl}_{\mathrm{thermochem}} = 1\ \mathrm{kcal}_{\mathrm{thermochem}}$$

$$1\ \mathrm{Cl}^* \ \ = 1\ \mathrm{cal}^*/{}^\circ\mathrm{K} \qquad\qquad 1\ \mathrm{kCl}^* \ \ = 1\ \mathrm{kcal}^*/{}^\circ\mathrm{K}.$$

Zur Angabe von Energie- oder Arbeitswerten werden in der Wärme- und Strahlungslehre neben den genannten kalorischen Einheiten die mechanischen Energie- oder Arbeitseinheiten benutzt.

Die wichtigsten, im Buchteil Mechanik bereits definierten mechanischen Energieeinheiten sind: erg, J, cm p, m kp, PSh. Weiter ist bei der thermodynamischen Behandlung der Gase entsprechend der Zustandsgleichung der idealen Gase

$$pV = RT \tag{43}$$

die Arbeitseinheit Literatmosphäre (latm) üblich. Die latm ist, wie der Name schon sagt, als das Produkt aus der Druckeinheit atm und der Volumeneinheit l, d. h. als die Arbeit definiert, die z. B. erforderlich ist, um das Volumen eines Gases beim Druck von 1 atm um 1 l zu verändern. Die latm [1]) wird vor allem in der physikalischen Chemie benutzt.

Bis zu der 1948 erfolgten Umstellung der elektrischen Einheiten (Abschnitt 4, III, 2) war auch in der Wärmelehre als Energie- oder Arbeitseinheit das internationale Joule ($\mathrm{J}_{\mathrm{int}}$) in Gebrauch. Nach Einführung der „absoluten" elektrischen Einheiten wird an seiner Stelle das absolute Joule (J) benutzt, das gleichzeitig die Energieeinheit des mechanischen MKS-Systems darstellt und 1948 auch als Wärmemengeneinheit international vereinbart wurde.

Wir haben die wesentlichsten Einheiten, die zur Angabe von Energie- oder Arbeitswerten in der Wärme- und Strahlungslehre üblich sind, zusammengestellt und müssen jetzt noch die Frage beantworten, wie man zweckmäßigerweise in der Praxis mit den in verschiedenen Einheiten für verschiedene energetische Größen angegebenen Zahlenwerten umgeht.

Ein Blick auf die kleine Auswahl thermodynamischer Beziehungen, die wir als kurze Definitionsgleichungen in Spalte 3 der Tafel **11** angeführt haben, zeigt, daß in den Beziehungen gleichzeitig Größen gleicher Dimensionen, aber unterschiedlicher Definition oder Bedeutung wie Wärmemenge, Arbeit, Energie usw. auftreten. Selbstverständlich könnte man für jede der Beziehungen eine Reihe verschiedener Einheitenzusammenstellungen zur Messung der in ihr vorkommenden energetischen Größen verabreden und durch Zufügen der jeweils geeigneten Ausgleichsfaktoren eine entsprechende Anzahl von Zahlenwertgleichungen zu dieser einen Beziehung als Größengleichung festlegen. Unsere Einheitenzusammenstellung zeigt bereits, daß die Zahl der möglichen Permutationen und damit die Anzahl der unterschiedlichen Zahlenwertgleichungen für eine Größengleichung sehr hoch ist. Es kann also keineswegs lohnend oder für den praktischen Gebrauch übersichtlich erscheinen, solche Zusammenstellungen von verschiedenen Zahlenwertgleichungen für die einzelnen thermodynamischen Größengleichungen vorzunehmen. Zweckmäßigerweise geht man hier den anderen Weg der Anpassung der Einheiten oder der vorgegebenen oder gemessenen Zahlenwerte an die direkte Benutzung der Größenwertgleichungen, wie es der Auffassung der in ihnen vorkommenden Größen als Produkte aus Zahlenwert und Einheit entspricht.

Diesem Zweck dient Tafel **16**, der man die Verhältnisse der in verschiedenen Einheiten gemessenen Zahlenwerte zueinander entnehmen kann. Die Tafel enthält die Umrechnungsfaktoren $_{\mathrm{x}}f_A^{\mathrm{y}}$ zwischen den in verschiedenen Einheiten gemessenen Zahlenwerten für energetische Größen (A, U, Q usw.) entsprechend der Definitionsgleichung

$$\{A\}_{\mathrm{y}} = {}_{\mathrm{x}}f_A^{\mathrm{y}} \cdot \{A\}_{\mathrm{x}} \tag{44}$$

Folgende Einheiten wurden in der Tafel **16** berücksichtigt

    mechanische Einheiten: erg, J, m kp, PSh, latm

    kalorische Einheiten: $\mathrm{kcal}_{\mathrm{IT}}$, B.th.u., $\mathrm{cal}_{\mathrm{thermochem}}$, cal_{15°, $\mathrm{BTU}_{\mathrm{mean}}$

    elektrische Einheiten: kWh, $\mathrm{J}_{\mathrm{int}}$.

---

[1]) Neben der physikalischen Literatmosphäre (latm) wird auch die technische Literatmosphäre (lat) verwendet

$$1\ \mathrm{lat} = 10{,}000\,28\ \mathrm{m\ kp} = 98{,}069\,2\ \mathrm{J} = 0{,}967\,841\ \mathrm{latm} \qquad (\mathbf{2},\,101\,\mathrm{a})$$

Zur näheren Erläuterung betrachten wir noch ein praktisches Beispiel. Für einen reversiblen Prozeß sei die Erhöhung des Wärmeinhaltes $\triangle Q$ und die vom System geleistete Arbeit $- \triangle A$ zu

$$\triangle Q = 50{,}000 \ \mathrm{kcal_{IT}} \tag{45}$$

$$- \triangle A = 25{,}000 \ \mathrm{m \ kp} \tag{46}$$

gemessen; wir fragen nach der Änderung $\triangle U$ der inneren Energie des Systems, deren Wert wir in J angeben sollen oder wollen. Der Zusammenhang zwischen diesen drei Größen wird durch den 1. Hauptsatz in der Form

$$\triangle U = \triangle Q + \triangle A \tag{47}$$

als Größengleichung gegeben. Werden die drei hier auftretenden energetischen Größen sämtlich in der gleichen Energie- oder Arbeitseinheit $[A]_{\mathrm{X}}$ gemessen, so ist die Zahlenwertgleichung mit der Größengleichung formal identisch:

$$\{\triangle U\}_{\mathrm{X}} = \{\triangle Q\}_{\mathrm{X}} + \{\triangle A\}_{\mathrm{X}}. \tag{48}$$

Wenn wir für die vorliegende Aufgabe als gemeinsame Einheit das J verabreden, können wir schreiben

$$\{\triangle U\}_{\mathrm{J}} = \{\triangle Q\}_{\mathrm{J}} + \{\triangle A\}_{\mathrm{J}} = {}_{\mathrm{kcal_{IT}}}f_A^{\mathrm{J}} \cdot \{\triangle Q\}_{\mathrm{kcal_{IT}}} + {}_{\mathrm{m \ kp}}f_A^{\mathrm{J}} \cdot \{\triangle A\}_{\mathrm{m \ kp}} \tag{48a}$$

Der Tafel **13** entnehmen wir die Umrechnungsfaktoren

$$_{\mathrm{kcal_{IT}}}f_A^{\mathrm{J}} = 4{,}186\,84 \cdot 10^3 \ \ ^1) \tag{49}$$

$$_{\mathrm{m \ kp}}f_A^{\mathrm{J}} = 9{,}806\,65 \tag{50}$$

und erhalten zahlenmäßig

$$\{\triangle U\}_{\mathrm{J}} = 4{,}186\,84 \cdot 50{,}000 - 9{,}806\,65 \cdot 25{,}000 = -35{,}82 \tag{48a'}$$

Somit ergibt sich die gesuchte Energieänderung zu

$$\triangle U = -35{,}82 \ \mathrm{J} \tag{51}$$

7. In der Wärmelehre gebräuchliche Druckeinheiten

Im zweiten Buchteil haben wir bereits die mechanischen Druckeinheiten in einem eigenen Abschnitt (2, 6) behandelt. Zu ihnen treten hier noch einige kalorische Druckeinheiten. Wegen der Dimensionsgleichheit von Energiedichte und Druck ist es bei thermodynamischen Prozessen, an denen Gase beteiligt sind, oft vorteilhaft, den Druck durch Energie und Volumen auszudrücken. In solchen Fällen benutzt man in der Wärmetechnik für Druckangaben zweckmäßigerweise Einheiten der Energiedichte, wobei für die Energie mechanische, kalorische und elektrische Einheiten üblich sind oder waren.

Die Umrechnungsfaktoren zwischen Zahlenwerten für den Druck, gemessen in den in der Wärmelehre interessierenden Druckeinheiten, fassen wir in der Tafel **17** zusammen. Sie stellt eine Ergänzung der Druckumrechnungstafel **10** dar und ist nach demselben Schema angelegt worden, entsprechend der Definition des Umrechnungsfaktors

$$\{p\}_{\mathrm{y}} = {}_{\mathrm{x}}f_p^{\mathrm{y}} \cdot \{p\}_{\mathrm{x}}. \tag{2, 110}$$

Als Druckeinheiten werden hier berücksichtigt

mechanische Einheiten: $\mathrm{dyn/cm^2} = \mathrm{erg/cm^3}$, $\mathrm{N/m^2} = \mathrm{J/m^3}$, $\mathrm{p/cm^2} = \mathrm{cm \ p/cm^3}$, $\mathrm{kp/m^2} = \mathrm{m \ kp/m^3}$, at, atm, Torr;

kalorische Einheiten: $\mathrm{kcal_{IT}/m^3}$, $\mathrm{BTU_{ST}/cu. \ in}$, $\mathrm{CHU_{mean}/cu. \ ft}$, $\mathrm{cal_{15^\circ}/cm^3}$;

elektrische Einheiten: $\mathrm{J_{int}/cm^3}$ (seit 1948 nicht mehr gebräuchlich).

Die Benutzung der Tafel **17** demonstrieren wir wieder an einem Beispiel. Ein Gasbehälter von 10,000 l Volumen ist mit Luft von 10,000 at Druck gefüllt und durch ein mit Sperrhahn versehenes Rohr mit einem zweiten evakuierten Behälter (Restdruck: 10^{-1} Torr) von 50,000 l Rauminhalt verbunden. Nach Öffnen des Ventils soll die Luft vom Behälter 1 zum Behälter 2 isotherm überströmen. Wir fragen nach dem Druck p in atm, der sich nach Druckausgleich in beiden Behältern einstellt, und nach der Arbeit $- A$ in $\mathrm{kcal_{IT}}$, die bei dem reversibel und isotherm

---

^{1}) Die relative Unsicherheit des Zahlenwertes (49) liegt zwischen $\pm 1 \cdot 10^{-5}$ und $\pm 2 \cdot 10^{-5}$ [siehe Fußnote ^{1}) auf S. 113].

8*

geführten Ausgleich vom System geleistet werden kann. Der Druck p bestimmt sich nach dem Gasgesetz (43) aus der Beziehung

$$R_1 T + R_2 T = p_1 V_1 + p_2 V_2 = p\,(V_1 + V_2) \tag{52}$$

zu

$$p = \frac{p_1 V_1 + p_2 V_2}{V_1 + V_2}, \tag{52'}$$

die bei der Entspannung in V_1 und der Kompression in V_2 erzielbare Arbeit nach dem Gesetz der isothermen Kompression ($\Delta U = 0$)

$$- \Delta A = \Delta Q = p\,\Delta V \tag{53}$$

zu

$$- A = p_1 V_1 \cdot \ln \frac{p_1}{p} - p_2 V_2 \cdot \ln \frac{p}{p_2} \cdot \tag{54}$$

Werden alle Volumina in der gleichen Volumeneinheit und alle Drucke in der gleichen Druckeinheit, z. B. in dieser Aufgabe zweckmäßigerweise in l und atm gemessen, so lautet die zur Größengleichung (52') gehörige Zahlenwertgleichung

$$\{p\}_{\text{atm}} = \frac{\{p_1\}_{\text{atm}} \cdot \{V_1\}_{\text{l}} + \{p_2\}_{\text{atm}} \cdot \{V_2\}_{\text{l}}}{\{V_1\}_{\text{l}} + \{V_2\}_{\text{l}}} \tag{55}$$

$$= \frac{{}_{\text{at}}f_p^{\text{atm}} \cdot \{p_1\}_{\text{at}} \cdot \{V_1\}_{\text{l}} + {}_{\text{Torr}}f_p^{\text{atm}} \cdot \{p_1\}_{\text{Torr}} \cdot \{V_2\}_{\text{l}}}{\{V_1\}_{\text{l}} + \{V_2\}_{\text{l}}} \cdot \tag{55''}$$

Aus der Tafel 17 lesen wir die Umrechnungsfaktoren ab

$${}_{\text{at}}f_p^{\text{atm}} = 0{,}967\,841 \tag{56}$$

$${}_{\text{Torr}}f_p^{\text{atm}} = 1{,}315\,789 \cdot 10^{-3} \tag{57}$$

und erhalten zahlenmäßig

$$\{p\}_{\text{atm}} = \frac{0{,}967\,841 \cdot 10{,}000 \cdot 10{,}000 + 1{,}315\,789 \cdot 10^{-3} \cdot 10^{-1} \cdot 50{,}000}{10{,}000 + 50{,}000}$$

$$= 1{,}613\,18, \tag{55''}$$

also

$$p = 1{,}613\,18 \text{ atm.} \tag{55'''}$$

Entsprechend haben wir die zu der Größengleichung (54) und den gerade benutzten Druck- und Volumeneinheiten gehörige Zahlenwertgleichung zu schreiben

$$\{- A\}_{\text{latm}} = \{p_1\}_{\text{atm}} \cdot \{V_1\}_{\text{l}} \cdot \ln \frac{\{p_1\}_{\text{atm}}}{\{p\}_{\text{atm}}} - \{p_2\}_{\text{atm}} \cdot \{V_2\}_{\text{l}} \ln \frac{\{p\}_{\text{atm}}}{\{p_2\}_{\text{atm}}} \tag{58}$$

oder

$${}_{\text{kcal}_{\text{IT}}}f_A^{\text{latm}} \{- A\}_{\text{kcal}_{\text{IT}}} = {}_{\text{at}}f_p^{\text{atm}} \{p_1\}_{\text{at}} \{V_1\}_{\text{l}} \cdot \ln \frac{{}_{\text{at}}f_p^{\text{atm}}\{p_1\}_{\text{at}}}{\{p\}_{\text{atm}}} - {}_{\text{Torr}}f_p^{\text{atm}} \{p_2\}_{\text{Torr}} \{V_2\}_{\text{l}} \cdot \ln \frac{\{p\}_{\text{atm}}}{{}_{\text{Torr}}f_p^{\text{atm}} \{p_2\}_{\text{Torr}}} \tag{58'}$$

Mit denselben Zahlenwerten folgt unter Benutzung des der Tabelle 16 entnommenen Umrechnungsfaktors

$${}_{\text{kcal}_{\text{IT}}}f_A^{\text{latm}} = 4{,}131\,97 \cdot 10 \ ^{1)} \tag{59}$$

$$\{- A\}_{\text{kcal}_{\text{IT}}} = \frac{1}{41{,}3197}\left[0{,}967\,841 \cdot 10{,}000 \cdot 10{,}000 \cdot \ln \frac{0{,}967\,841 \cdot 10{,}000}{1{,}613\,18}\right.$$

$$\left. - 1{,}315\,789 \cdot 10^{-3} \cdot 10^{-1} \cdot 50{,}000 \cdot \ln \frac{1{,}613\,18}{1{,}315\,789 \cdot 10^{-3} \cdot 10^{-1}}\right] = 4{,}195\,2, \tag{58''}$$

also

$$- A = 4{,}195\,2 \text{ kcal}_{\text{IT}} \ ^{1)}. \tag{58'''}$$

---

[1]) Den Zahlenwerten in (59) und (58''') haftet eine relative Unsicherheit von $\pm 1 \cdot 10^{-5}$ bis $\pm 2 \cdot 10^{-5}$ an [siehe Fußnote [1]) auf S. 113].

8. Mit den Bezeichnungen „Mol" und „Äquivalent" verbundene Begriffe und Einheiten

Die Einführung des Molbegriffes in der Beschreibung naturwissenschaftlicher Gesetzmäßigkeiten entsprang der Absicht, dem auf *Avogadro* und *Dalton* zurückgehenden Gesetz der multiplen Proportionen, das für die Anzahl und das Verhalten der bei einer Reaktion beteiligten Moleküle charakteristisch ist, einen besonders sinnfälligen und einfachen Ausdruck zu verleihen. Die Definition des „Mol" ist grundsätzlich in zweierlei verschiedener Art erfolgt.

Einmal versteht man darunter entsprechend der Ostwaldschen Kontinuums-Auffassung eine chemische Massen-Größe, die für jede Molekülsorte ihren eigenen individuellen Betrag besitzt. Das mol und das kmol $= 10^3$ mol werden auch Gramm-Molekulargewicht (g-mol) und Kilogramm-Molekulargewicht (kg-mol) genannt. Ihr Betrag ist so bemessen, daß bei chemischen Reaktionen gerade jeweils 1 mol oder ganzzahlige Vielfache eines mol der einzelnen Partner miteinander reagieren. Somit müssen die für die einzelnen Molekülsorten individuellen chemischen Massen-Größen zueinander in denselben Verhältnissen stehen, die bei chemischen Umsetzungen der betreffenden Molekülsorten beobachtet werden. Beispielsweise erfolgt eine quantitative Umsetzung von atomarem Chlor und Natrium zu molekularem Natriumchlorid nach folgenden Massenverhältnissen

$$22{,}991 \text{ g Natrium} + 35{,}457 \text{ g Chlor} \rightarrow 58{,}448 \text{ g Natriumchlorid.} \tag{60}$$

Die Reaktion pflegt man in der chemischen Formelsprache kurz in der Form

$$\text{Na} + \text{Cl} \rightarrow \text{NaCl} \tag{61}$$

zu schreiben und versteht dann unter den Symbolen Na, Cl und NaCl jeweils 1 mol oder 1 kmol der betreffenden Atom- oder Molekülsorte. Es ist

$$
\begin{array}{lll}
\text{für atomares Natrium:} & 1 \text{ mol } = 22{,}991 \text{ g} & \text{Natrium} \\
 & 1 \text{ kmol} = 22{,}991 \text{ kg} & \text{Natrium;} \\[4pt]
\text{für atomares Chlor:} & 1 \text{ mol } = 35{,}457 \text{ g} & \text{Chlor} \\
 & 1 \text{ kmol} = 35{,}457 \text{ kg} & \text{Chlor;} \\[4pt]
\text{für molekulares Natriumchlorid:} & 1 \text{ mol } = 58{,}448 \text{ g} & \text{Natriumchlorid} \\
 & 1 \text{ kmol} = 58{,}448 \text{ kg} & \text{Natriumchlorid.}
\end{array}
\tag{62}
$$

Die Zahlenwerte in g oder kg, welche die Massen von 1 mol oder 1 kmol der bei einer chemischen Reaktion beteiligten Atom- oder Molekülarten angeben und experimentell ermittelt werden müssen, stellen die Umrechnungsfaktoren von der allgemeinen physikalischen Masseneinheit g oder kg in die für jede Atom- oder Molekülsorte individuelle chemische Massen-Größe mol oder kmol dar und heißen Molekulargewichte. Wir bezeichnen sie mit (M) und können dementsprechend allgemein schreiben

$$1 \text{ mol} = (M) \text{ g} \tag{63a}$$

$$1 \text{ kmol} = (M) \text{ kg.} \tag{63b}$$

Für unser Beispiel der Natriumchloridbildung ergeben sich die Zahlenwerte

$$
\begin{aligned}
(M_{\text{Na}}) &= 22{,}991 \\
(M_{\text{Cl}}) &= 35{,}457 \\
(M_{\text{NaCl}}) &= 58{,}448.
\end{aligned}
\tag{64}
$$

mol und kmol sind Massen-Größen, deren Wert sich von einer chemisch homogenen Substanz zur anderen ändert. Sie werden definiert, um die Gesetzmäßigkeiten des *atomaren Geschehens*, wie es sich in chemischen Reaktionen widerspiegelt, in *formal* einfacher Weise im Rahmen einer für die *kontinuumstheoretische Makrophysik* zweckmäßigen Darstellung behandeln und rechnerisch erfassen zu können, ohne neue, der Atomistik Rechnung tragende Begriffe oder Grundgrößenarten, wie beispielsweise die „Stoffmenge" (Abschnitt 1), einzuführen. Anstatt die einzelnen Atome oder Moleküle als Individuen zu zählen, geht man von ihrer Eigenschaft aus, Masse zu besitzen, und zwar eine Masse, die für die Art des betreffenden Atoms oder Moleküls charakteristisch ist. Eine dem atomistischen Aufbau und Verhalten der Materie entsprechende Abzählung der einzelnen, unter sich gleichen Individuen ersetzt man in der kontinuumstheoretischen Beschreibung der Vorgänge und Zustände chemisch homogener Substanzen durch die Einführung spezieller Massen-Größen, die individuell für jede Substanz so definiert sind, daß sie gleich viele Moleküle enthalten.

Obwohl die Massen-Größen unter sich nicht gleich sind, sondern je nach der chemischen Substanz verschiedene Massen darstellen — die Massen je eines mol Natrium, (atomares) Chlor oder Natriumchlorid stehen im Verhältnis 22,991 : 35,457 : 58,448 —, spricht man einfach von „einem mol" und nennt es eine „individuelle chemische Massen-Einheit". Hierdurch soll zum Ausdruck gebracht werden, daß das mol keine Einheit im eigentlichen Sinne, sondern eine für jede chemisch homogene Substanz individuelle Massen-Größe darstellt.

Gegen Definition und Benutzung der Massen-Größen mol und kmol wird vielfach eingewendet, daß bei dem atomaren Geschehen die *Masse* der Atome oder Moleküle gar keine Rolle spiele, sondern nur die Tatsache ihres individuellen Vorhandenseins oder ihre *Anzahl*. Infolgedessen werde die Ersetzung einer Mengeneinheit oder allgemeinen physikalischen Masseneinheit durch die Massen-Größen mol und kmol dem physikalisch gegebenen Sachverhalt nicht gerecht. Dieser Einwand ist vom Standpunkt der Atomistik aus berechtigt. Ihm wird entgegengehalten, daß man die Darstellung mit mol oder kmol von Seiten der kontinuumstheoretischen Makrophysik für zweckmäßig hält, da man ohne Einführung eines neuen Grundbegriffes wie „Stoffmenge" auszukommen wünscht, deren Definition, abgesehen vom Zustandsverhalten idealer Gase, im allgemeinen nur für chemisch homogene Substanzen sinnvoll erscheint.

In der zweiten, heute vor allem in der Physikalischen Chemie sehr verbreiteten Auffassung sieht man das „Mol" als einen rein zahlenmäßigen Mengenbegriff der Chemie an, und zwar als die *Anzahl* der Atome oder Moleküle, die in einem mol der Atom- oder Molekülsorte enthalten sind. Ihre Anzahl ist eine von der Art der einzelnen Moleküle unabhängige universelle Konstante, die man die *Loschmidtsche [P51; P52; W12; W42]* oder Avogadrosche *Zahl L* nennt[1]); sie ergibt sich aus den Resultaten von Präzisionsmessungen (Abschnitt 6, II, 4) zu

$$L = (6{,}0237 \pm 0{,}0015) \cdot 10^{23}. \qquad\qquad (6,\,178'\,\mathrm{a})$$

Die Tatsache, daß L eine Naturkonstante darstellt, ist folgerichtig unmittelbar mit den Ergebnissen und Auffassungen über chemische Reaktionen verknüpft und könnte die Berechtigung geben, den Zahlenwert von L als arithmetische Zählungseinheit einer chemischen *Mengen*zählung einzuführen.

Wenn man Mengen chemischer Substanzen, d. h. die in einer betrachteten Menge enthaltene Anzahl $\overline{N}$ von Molekülen, in dieser Mengeneinheit zählt, pflegt man allerdings im allgemeinen nicht die in einer „arithmetischen Zählungseinheit" $6{,}0237 \cdot 10^{23}$ gezählten Zahlenwerte der Moleküle und diese „Zählungseinheit" selbst anzugeben. Vielmehr leitet man aus $\overline{N}$ eine neue Mengengröße so ab, daß sie wieder in der Zählungseinheit Eins der normalen Zahlenreihe gezählt wird. Wir werden die spezielle Mengengröße, die sich auf je L Moleküle bezieht, mit l bezeichnen und die *Molzahl* der betrachteten Substanzmenge nennen. Der Name hat bereits in der Literatur Eingang gefunden, vermeidet Verwechslungen mit der chemischen Massen-Größe mol und entspricht der Art der Namensgebung für spezifische Größen der Wärmelehre, bezogen auf die Anzahl von Molekülen (Abschnitt 9). Die Molzahl l wird als chemische Mengengröße gegeben durch die Beziehung

$$l = \frac{\overline{N}}{L}. \qquad\qquad (65\,\mathrm{a})$$

Sie ist eine dimensionslose Größe und wird in der allgemeinen arithmetischen Zählungseinheit Eins gemessen. Wie wir als individuelle chemische Massen-„Einheit" mol und kmol unterschieden haben, führen wir auch neben der Molzahl l ihren 10^3-fachen Betrag, die *Kilomolzahl* l_k, ein

$$l_k = \frac{\overline{N}}{L_k}. \qquad\qquad (65\,\mathrm{b})$$

Die Kilomolzahl gibt an, wie oft in einer Substanzmenge

$$L_k = (6{,}0237 \pm 0{,}0015) \cdot 10^{26} \qquad\qquad (6,\,178''\,\mathrm{a})$$

Moleküle enthalten sind.

Da L und L_k als Zählungseinheiten benutzt werden könnten, wird gegen l und l_k eingewendet, daß ihre Definitionen (65a) und (65b) eine *Einheit* enthalten, was dem Grundsatz widerspricht, bei Einführung von *Größen*

---

[1]) Im folgenden wird L nur als Loschmidtsche Zahl bezeichnet. Der heute im Ausland weitgehend für L übliche Name *Avogadrosche Zahl* war ursprünglich für die Anzahl der in einem Kubikzentimeter im physikalischen Normzustand (94) enthaltenen idealen Gasmoleküle geprägt worden, für die sich aus (6, 178'a) und (6, 154b)

$$\frac{L}{\{v_0'\}_{\mathrm{cm}^3}} = (2{,}687\,4 \pm 0{,}000\,8) \cdot 10^{19}$$

ergibt.

in den Definitionsgleichungen Einheiten zu vermeiden. Bei den Größen Molzahl und Kilomolzahl liegen insofern besondere Verhältnisse vor, als es sich einmal um zwei *dimensionslose* Größen und zum anderen um Größen handelt, die der *Abzählbarkeit* der Atome und Moleküle Rechnung tragen sollen. Wenn man die zweite Auffassung des Mol-Begriffs präziser formulieren will, beispielsweise durch Einführung der weiter unten angegebenen Grundgrößenart „Stoffmenge", so können l und l_k auch als Zahlenwerte der Stoffmenge, gemessen in den zugehörigen Stoffmengeneinheiten, angesehen werden. Wir wollen jedoch im folgenden aus den verschiedenen genannten Gründen auf die direkte Einführung und Anwendung der Stoffmenge verzichten und es auch im nächsten Abschnitt bei der Benutzung der Molzahl oder Kilomolzahl als Bezugsgröße spezifischer Größenarten belassen.

Umgekehrt können wir rückwärts die Loschmidtsche Zahl L oder L_k durch die Relation

$$L \equiv \frac{\text{Zahl der Moleküle eines Körpers}}{\text{Molzahl des Körpers}} = \frac{\overline{N}}{l} \tag{66a}$$

$$L_k \equiv \frac{\text{Zahl der Moleküle eines Körpers}}{\text{Kilomolzahl des Körpers}} = \frac{\overline{N}}{l_k} \tag{66b}$$

darstellen.

In der zuerst genannten Auffassung vom Mol-Begriff definiert man die *spezifische Molekülzahl* N_L als

$$N_L \equiv \frac{\text{Zahl der Moleküle eines Körpers}}{\text{Masse des Körpers}} = \frac{\overline{N}}{m} . \tag{67}$$

N_L ist als Reziprokwert der Masse des einzelnen Moleküls eine für die Molekülsorte spezifische Größe und hat einen für jede Molekülsorte charakteristischen Wert, der beispielsweise in kg^{-1} angegeben werden kann. Legt man jedoch die individuelle chemische Massen-„Einheit" mol oder kmol zugrunde, so wird der *Zahlenwert* der spezifischen Molekülzahl von der Art der betrachteten Moleküle unabhängig, und es ergibt sich

$$N_L = 6{,}0237 \cdot 10^{23}\,\text{mol}^{-1} = 6{,}0237 \cdot 10^{26}\,\text{kmol}^{-1} \tag{6, 178a}$$

$$= \frac{6{,}0237 \cdot 10^{23}}{(M)}\,\text{g}^{-1} = \frac{6{,}0237 \cdot 10^{26}}{(M)}\,\text{kg}^{-1} . \tag{67a}$$

N_L tritt somit in zweierlei Form auf: einmal allgemein als reziproke Masse des einzelnen Atoms oder Moleküls, d. h. als eine für verschiedene Atom- oder Molekülsorten wirklich *spezifische Größe*; zum anderen im speziellen Fall, bezogen auf die individuelle chemische Massen-„Einheit", in der gemessen die Massen aller Atome und Moleküle den gleichen Zahlenwert besitzen, mit einem *universellen Zahlenwert*. In der zweiten Form wird N_L als „Naturkonstante" von der Dimension einer reziproken Masse auch „Loschmidtsche Konstante" genannt — zum Unterschied von der dimensionslosen universellen Loschmidtschen *Zahl L* oder L_k. Auch die „Loschmidtsche Konstante" ist mit ihrem universellen Zahlenwert noch eine spezifische Größe (Abschnitt 9): Bei ihr ist allerdings nicht der Zahlenwert $6{,}0237 \cdot 10^{23}$, sondern die individuelle chemische Massen-„Einheit" mol für die einzelne Substanz spezifisch (siehe auch Abschnitt 7, 11).

Der Zusammenhang zwischen N_L und L wäre demnach zahlenwertmäßig folgendermaßen zu präzisieren

$$L = \{N_L\}_{\text{mol}^{-1}} \tag{68a} \qquad\qquad L_k = \{N_L\}_{\text{kmol}^{-1}} \tag{68b}$$

oder größenmäßig als Gleichung für einen Körper der Masse m und der Molzahl l oder Kilomolzahl l_k

$$\frac{L}{N_L} = \frac{m}{l} \tag{69a} \qquad\qquad \frac{L_k}{N_L} = \frac{m}{l_k} . \tag{69b}$$

An Stelle des hier benutzten Begriffes Molzahl wird vielfach die Grundgrößenart „Stoffmenge" (Abschnitt 1) [siehe z. B. W 43] eingeführt und als Einheit der Stoffmenge diejenige Stoffmenge festgelegt, die so viele Individuen (Atome oder Moleküle) wie (A_0) g atomarer Sauerstoff Atome enthält. Die Stoffmengeneinheit nennt man, bezogen auf atomare Substanzen, „Grammatom" und, bezogen auf aus Molekülen zusammengesetzte Substanzen, „Grammmolekül" oder „Mol". Bei der Darstellung chemischer Reaktionen und für die einzelnen Elemente oder Moleküle spezifischer Eigenschaften kann in physikalisch sinnvoller Weise die Stoffmenge nur auf chemisch homogene Substanzen angewendet werden.

Als Hilfs- oder Nebengrößen definiert man noch die „Grammatommasse" und „Molmasse" als Quotienten

$$\text{Grammatommasse} = \frac{\text{Masse}}{\text{Stoffmenge}}\ \text{atomarer Substanzen}$$

$$\text{Molmasse} = \frac{\text{Masse}}{\text{Stoffmenge}}\ \text{molekularer Substanzen}$$

und mißt sie in den Einheiten g/„Grammatom" und g/„Mol". In dieser Art der Darstellung erweisen sich das Atomgewicht (A) und das Molekulargewicht (M) als die Zahlenwerte der Grammatommasse, gemessen in g/„Grammatom", und der Molmasse, gemessen in g/„Mol". Grammatommasse und Molmasse sind mit den in der ersten Auffassung des Mol-Begriffs üblichen Massen-Größen mol (63a) und g-atom (70a) identisch.

Die Stoffmengeneinheiten „Grammatom" und „Mol" werden häufig durch die Symbole mol und g-atom bezeichnet, die bereits für die individuelle chemische Massen-„Einheit" eingeführt sind und benutzt werden. Hier sollte, um Mißverständnissen und Verwechslungen vorzubeugen, durch internationale Vereinbarung verschiedener Namen und Symbole Abhilfe geschaffen werden.

Über die Zweckmäßigkeit oder Unzweckmäßigkeit der beiden verschiedenen Auffassungen ist in letzter Zeit wieder viel in der Literatur diskutiert worden *[L 10; L 11; P 54; P 58; W 45]*. Wir erblicken unsere Aufgabe hier nicht in einer wertenden Stellungnahme oder Entscheidung für eine dieser beiden gebräuchlichen Formen. Vielmehr ist unser Ziel, die beiden verschiedenen Definitionen gegeneinander abzuheben und zwischen ihnen für den Benutzer beider Arten des Molbegriffs in der Praxis die Brücke zu schlagen. Weitere Möglichkeiten, die neuerdings für das Mol zur Diskussion stehen, werden in Abschnitt 7, 11 behandelt. Die größengleichungen- und zahlenwertmäßige Verknüpfung zwischen auf die individuelle chemische Massen-„Einheit" oder die Zählungseinheit bezogenen Werten ist besonders für die verschieden definierten und benutzten spezifischen Größenarten der Wärmelehre wichtig. Zuvor müssen wir noch einige Begriffe und „Einheiten", die allgemeine Bedeutung besitzen, erwähnen.

Zunächst haben wir nachzutragen, daß die individuelle chemische Massen-„Einheit" als Maß einatomiger Substanzen, also der Elemente selbst, noch durch einen besonderen Namen hervorgehoben wird, das sogenannte Gramm-Atomgewicht (g-atom) und Kilogramm-Atomgewicht (kg-atom). Der Umrechnungsfaktor zwischen diesen chemischen Massen-„Einheiten" und den allgemeinen physikalischen Einheiten g oder kg heißt Atomgewicht (A). Formelmäßig lautet der Zusammenhang

$$1 \text{ g-atom} = (A) \text{ g} \tag{70a}$$

$$1 \text{ kg-atom} = (A) \text{ kg}. \tag{70b}$$

In dem von uns gewählten Beispiel wäre also zu schreiben

$$(M_{Na}) = (A_{Na}) = 22,991$$
$$(M_{Cl}) = (A_{Cl}) = 35,457, \tag{64a}$$

aber z. B. nur

$$(M_{NaCl}) = 58,448$$
$$(M_{Cl_2}) = 70,914.$$

Ferner hat die Bedeutung des elektrochemischen Äquivalentgesetzes für die Behandlung der elektrolytischen Leitung und Massenabscheidung konsequenterweise dazu geführt, Massen-Größen festzulegen, die den von *Faraday* entdeckten Gesetzmäßigkeiten der Elektrolyse Rechnung tragen, nämlich das Gramm-Äquivalentgewicht, Äquivalent oder Val (val) und das Kilogramm-Äquivalentgewicht, Kiloäquivalent oder Kiloval (kval).

Val und Kiloval hängen mit den individuellen Massen-„Einheiten" mol und kmol über die Wertigkeit z der betrachteten Ionensorte entsprechend den Aussagen der Faradayschen Gesetze zusammen und sind definiert als

$$1 \text{ val} = \frac{1}{z} \text{ mol} = \frac{(M)}{z} \text{ g} \tag{71a}$$

$$1 \text{ kval} = \frac{1}{z} \text{ kmol} = \frac{(M)}{z} \text{ kg}. \tag{71b}$$

Diese „Einheiten" werden vor allem in der Physikalischen Chemie und Elektrochemie sowie bei stöchiometrischen Berechnungen in der analytischen Chemie benutzt. Die Quotienten $(M)/z$ für Molekülionen oder $(A)/z$ für Atomionen nennt man *Äquivalentgewichte*.

Gegen Definition und Benutzung der Massen-Größen Val und Kiloval werden die gleichen Einwendungen erhoben, die schon oben bei der Behandlung von Mol und Kilomol genannt wurden: Entscheidend für das atomistische Verhalten von Ionen sei im allgemeinen nicht ihre Masse, sondern ihre Anzahl oder ihre spezifische Ladung als *spezifische* Größe, so daß die Ersetzung einer Mengeneinheit oder allgemeinen physikalischen Masseneinheit durch die individuellen Größen Val oder Kiloval keine den physikalischen Gegebenheiten adäquate Behandlung des Problems darstelle. Die diesen vom Standpunkt der Atomistik aus berechtigten Bedenken von Seiten der kontinuumstheoretischen Beschreibung entgegengehaltenen Argumente sind den bereits für Mol und Kilomol angeführten analog.

In Analogie zur Molzahl l und Kilomolzahl l_k sind in der Chemie die *Äquivalentzahl* ae und *Kilo-Äquivalentzahl* ae_k als charakteristische Mengengrößen durch die Definitionen

$$ae = z \cdot l \qquad (72\,\mathrm{a}) \qquad\qquad ae_k = z \cdot l_k \qquad (72\,\mathrm{b})$$

eingeführt worden. Die Äquivalentzahl einer Ionensorte in einem Elektrolyten ist die mit der Wertigkeit z multiplizierte Molzahl der betreffenden Ionensorte. ae und ae_k sind gleichfalls dimensionslose Größen, gemessen in der Zählungseinheit Eins.

An Stelle des hier benutzten Begriffes Äquivalentzahl werden vielfach auch aus der Grundgrößenart „Stoffmenge" (Abschnitt 1) und der Wertigkeit z der Ionensorte abgeleitete Größen eingeführt [siehe z. B. *W 44*]. Der Stoffmenge bei elektrisch neutralen Stoffen entspricht bei ionisierten Substanzen die „äquivalente Ionenmenge" mit der Definition

äquivalente Ionenmenge = Stoffmenge × Wertigkeit ionisierter Substanzen.

Als Einheit der äquivalenten Ionenmenge wird diejenige Ionenmenge festgelegt, die $(A_\mathrm{H})/z_\mathrm{H}$ g $= (A_\mathrm{H})$ g Wasserstoff-Atomionen bindet oder ersetzt; man nennt sie „Grammäquivalent"

$$\text{„Grammäquivalent"} = \frac{\text{„Grammatom"}}{\text{Wertigkeit}} \text{ bei ionisierten atomaren Substanzen}$$

$$= \frac{\text{„Mol"}}{\text{Wertigkeit}} \text{ bei ionisierten molekularen Substanzen.}$$

Bei der Darstellung chemischer Prozesse und für die einzelne Ionensorte spezifischer Eigenschaften kann in physikalisch sinnvoller Weise die äquivalente Ionenmenge nur auf chemisch homogene Ionen unter sich gleicher Wertigkeit angewendet werden.

Als Hilfs- oder Nebengröße definiert man noch die „Äquivalentmasse" als den Quotienten

$$\text{Äquivalentmasse} = \frac{\text{Masse}}{\text{äquivalente Ionenmenge}}$$

$$= \frac{\text{Masse}}{\text{Stoffmenge} \times \text{Wertigkeit}}$$

und mißt sie in der Einheit g/„Grammäquivalent". In dieser Art der Darstellung erweist sich das Äquivalentgewicht als der Zahlenwert der Äquivalentmasse, gemessen in g/„Grammäquivalent"; es ist wie in (71) gleich dem Quotienten Atom- oder Molekulargewicht/Wertigkeit der Ionensorte. Die Äquivalentmasse ist mit der in der ersten Auffassung des Äquivalent-Begriffs üblichen Massen-Größe val (71a) identisch.

Die Einheit der äquivalenten Ionenmenge „Grammäquivalent" wird vielfach durch das Symbol val bezeichnet, das bereits für die individuelle elektrochemische Massen-„Einheit" eingeführt ist und benutzt wird. Hier sollte, um Mißverständn sen und Verwechslungen vorzubeugen, durch internationale Vereinbarung verschiedener Namen und Symbole Abhilfe geschaffen werden. Val als Synonym für Mol wird in Abschnitt 7, 11 behandelt.

Die Loschmidtsche Zahl L oder L_k und die spezifische Molekülzahl N_L sind für die Betrachtung der chemischen Reaktionen nach der Avogadroschen Hypothese und den Gesetzen der multiplen Proportionen unter Benutzung der beiden verschiedenen Molbegriffe charakteristisch. Ebenso gibt es eine universelle Konstante, die als Ausdruck für die Behandlung der elektrolytischen Erscheinungen in der Elektrochemie nach den Faradayschen Gesetzen mit dem Äquivalentbegriff anzusehen ist.

Jedes z-wertige Ion trägt die Ladung

$$q = z \cdot e, \qquad (73)$$

wobei e das elektrische Elementarquantum ist. Präzisionsbestimmungen dieses mit der Elektronenladung identischen Ladungsbetrages führen zu dem Wert

$$e = (1{,}602\,03 \pm 0{,}000\,06) \cdot 10^{-19}\ \mathrm{C} \qquad (6,\,180)$$

Die mit den N Ionen einer betrachteten Ionensorte in einem Elektrolyten verknüpfte Ladung Q beträgt somit

$$Q = \overline{N} \cdot q = \overline{N} \cdot ze. \qquad (74)$$

Die von der Äquivalentzahl $ae = 1$ der Ionensorte transportierte Ladung F hängt von der betreffenden Ionensorte überhaupt nicht mehr ab und läßt sich formelmäßig unter Benutzung von (72a) und (65a), sowie betragsmäßig nach Abschnitt 6, II, 4 darstellen als

$$F = (Q)_{ae=1} = \frac{\overline{N}}{ae} \cdot ze = \frac{L}{z} \cdot ze = (9{,}6497 \pm 0{,}0007) \cdot 10^4\ \mathrm{C}. \qquad (6,\,179'\mathrm{a})$$

Man pflegt den für das elektrochemische Äquivalentgesetz charakteristischen universellen Ladungsbetrag F die *Faradaysche Ladung*[1]) zu nennen. Bezogen auf die Kiloäquivalentzahl $ae_k = 1$ erhalten wir die Ladungsgröße

$$F_k = (Q)_{ae_k=1} = \frac{\overline{N}}{ae_k} \cdot ze = \frac{L_k}{z} \cdot ze = (9,6497 \pm 0,0007) \cdot 10^7 \text{ C}. \qquad (6,179''\text{a})$$

Hier haben wir der Betrachtung die elektrochemischen Mengengrößen Äquivalentzahl und Kilo-Äquivalentzahl als atomistischen Ausdruck des Äquivalent-Begriffes zugrunde gelegt. Auf der anderen Seite können wir die individuelle elektrochemische Massen-„Einheit" val oder kval als die für die kontinuumstheoretische Behandlung der Elektrochemie charakteristische Größe ansehen. Zunächst interessieren wir uns für die von der Masse m einer beliebigen z-wertigen Ionensorte transportierte Ladung Q. Spezifisch für die Ionensorte ist das Verhältnis Q/m, das man daher *spezifische Ionenladung F'* nennt. Die Größe Q/m hat für jede Ionensorte einen bestimmten, durch Wertigkeit und Masse des Ions bedingten Wert, der beispielsweise in C/kg angegeben werden kann. Legt man jedoch die individuelle elektrochemische Massen-„Einheit" val oder kval zugrunde, so wird der *Zahlenwert* der spezifischen Ionenladung von der Art der betrachteten Ionen unabhängig, und es ergibt sich

$$F' = \qquad 9,6497 \cdot 10^4 \text{ C val}^{-1} = \qquad 9,6497 \cdot 10^7 \text{ C kval}^{-1} \qquad (6, 179\text{a})$$

$$= \quad z \cdot 9,6497 \cdot 10^4 \text{ C mol}^{-1} = \quad z \cdot 9,6497 \cdot 10^7 \text{ C kmol}^{-1} \qquad (6, 179\text{a}')$$

$$= (M)^{-1} \cdot z \cdot 9,6497 \cdot 10^4 \text{ C g}^{-1} \quad = (M)^{-1} \cdot z \cdot 9,6497 \cdot 10^7 \text{ C kg}^{-1}. \qquad (76\text{a})$$

F' tritt somit, analog N_L in zweierlei Form auf: einmal allgemein als Verhältnis Ladung/Masse der einzelnen Ionen, d. h. als eine für die verschiedenen Ionensorten wirklich *spezifische Größe*; zum anderen im speziellen Fall, bezogen auf die individuelle elektrochemische Massen-„Einheit", in der gemessen der Quotient Q/m aller Ionen den gleichen Zahlenwert erhält, mit einem *universellen Zahlenwert*. In der zweiten Form wird F' als „Naturkonstante" von der Dimension Ladung durch Masse auch „*Faradaysche Konstante*" genannt — zum Unterschiede von der dimensionsverschiedenen universellen Faradayschen *Ladung F* oder F_k. Auch die „Faradaysche Konstante" ist mit ihrem universellen Zahlenwert noch eine spezifische Größe (Abschnitt 9): Bei ihr ist allerdings nicht der Ladungswert $9,6497 \cdot 10^4$ C, sondern die individuelle elektrochemische Massen-„Einheit" val für die einzelne ionisierte Substanz spezifisch (siehe auch Abschnitt 7, 11).

Allgemein wären die Definitionen für die betrachtete Menge z-wertiger Ionen folgendermaßen zu formulieren:

$$\text{Faradaysche Ladung } F \quad \equiv \frac{\text{Ladung der } z\text{-wertigen Ionen}}{\text{Äquivalentzahl der Ionensorte}} \quad = \frac{Q}{ae} \qquad (75\,\text{a})$$

$$\text{Faradaysche Ladung } F_k \quad \equiv \frac{\text{Ladung der } z\text{-wertigen Ionen}}{\text{Kiloäquivalentzahl der Ionensorte}} \quad = \frac{Q}{ae_k} \qquad (75\,\text{b})$$

$$\text{Spezifische Ionenladung } F' \equiv \frac{\text{Ladung der } z\text{-wertigen Ionen}}{\text{Masse der Ionensorte}} \quad = \frac{Q}{m} \qquad (76)$$

F oder F_k und F' sind demnach zahlenwertmäßig durch die Zahlenwertgleichungen

$$\{F\}_\text{C} = \{F'\}_\text{C/val} \qquad (77\,\text{a}) \qquad\qquad \{F_k\}_\text{C} = \{F'\}_\text{C/kval} \qquad (77\,\text{b})$$

und größenmäßig durch die Gleichungen

$$\frac{F}{F'} = \frac{m}{ae} = \frac{m}{z \cdot l} = \frac{L}{z \cdot N_L} \qquad (78\,\text{a}) \qquad\qquad \frac{F_k}{F'} = \frac{m}{ae_k} = \frac{m}{z \cdot l_k} = \frac{L_k}{z \cdot N_L} \qquad (78\,\text{b})$$

verknüpft.

Somit sind die Definitionen (72a) und (72b) für die Äquivalentzahl und Kiloäquivalentzahl auch folgendermaßen zu schreiben

$$ae = z\,\frac{\overline{N} \cdot e}{F} \qquad (72'\text{a}) \qquad\qquad ae_k = z\,\frac{\overline{N} \cdot e}{F_k} \cdot \qquad (72'\text{b})$$

---

[1]) Gelegentlich auch als Faradaysche *Konstante* bezeichnet; diesen Namen wollen wir den in C/val oder C/kval gemessenen Werten von F' vorbehalten.

Zum Schluß dieses Abschnittes müssen wir noch das Nebeneinanderbestehen zweier verschiedener *Atomgewichtsskalen* ausdrücklich erwähnen. Die Gesetze der multiplen Proportionen legen, wie auch der Name sagt, nur die Verhältnisse der miteinander reagierenden Atom- oder Molekülsorten fest. Es bleibt also ein willkürlich wählbarer Maßstabsfaktor für die experimentell bestimmten Atom- oder Molekulargewichte offen: Die Verhältniszahlen gewinnen erst durch die Festlegung eines Zahlenwertes für das Atom- oder Molekulargewicht einer chemisch einheitlichen Substanz den Charakter einer eindeutig definierten Atom- oder Molekulargewichtsskala. Ursprünglich sollte die Festlegung des Skalenmaßes über den atomaren Wasserstoff als leichtestes Element erfolgen, für dessen Atomgewicht man den Zahlenwert 1 verabredete. Man hat sich indessen später auf den atomaren Sauerstoff als Definitionsgrundlage der Atomgewichtsskalen geeinigt.

Die Entwicklung der Isotopenforschung brachte es im Laufe der Zeit mit sich, daß man heute zwischen zwei verschiedenen Atomgewichtsskalen unterscheiden muß, einmal der physikalischen Atomgewichtsskala, die auf das Vorkommen der verschiedenen Isotope zugeschnitten ist und einen Zahlenwert für das Atomgewicht (Isotopengewicht) des häufigsten Sauerstoffisotops ^{16}O der Massenzahl 16 festlegt, und zum anderen der chemischen Atomgewichtsskala, in der man, von der dem Chemiker meist nur zugänglichen Isotopenmischung ausgehend, dem in der Natur im Mittel vorkommenden Sauerstoffisotopengemisch $\overline{O}$ einen Zahlenwert zugeordnet hat. Die Definitionen der beiden Skalen lauten

Molekulargewicht in der physikalischen Atomgewichtsskala: $(M)_{Ph}$, Skalenmaßstab bestimmt durch die Festsetzung

$$(A_{^{16}O})_{Ph} = 16; \tag{79}$$

Molekulargewicht in der chemischen Atomgewichtsskala: $(M)_{Ch}$, Skalenmaßstab bestimmt durch die Festsetzung

$$(A_{\overline{O}})_{C_h} = 16. \tag{80}$$

Präzisionsbestimmungen des Atomgewichtes für das Sauerstoffisotopengewicht in der physikalischen Atomgewichtsskala [Abschnitt 6, I, 1d: $(A_{\overline{O}})_{Ph} = 16{,}00447 \pm 0{,}00005$] ergaben für den Umrechnungsfaktor k_A zwischen beiden Skalen den Wert

$$k_A = \frac{(A)_{Ph}}{(A)_{Ch}} = \frac{(M)_{Ph}}{(M)_{Ch}} = 1{,}000279 \pm 0{,}000003. \tag{6, 80}$$

k_A wird in der Literatur häufig *Smythescher Faktor* genannt.

Die Trennung in physikalische und chemische Atomgewichtsskala wirkt sich selbstverständlich auf die über die Molekulargewichte abgeleiteten individuellen chemischen und elektrochemischen Massen-„Einheiten" aus, von denen wir zwei Sätze zu unterscheiden haben

$$1 \, mol_{Ph} = (M)_{Ph} \, g \qquad\qquad\qquad 1 \, mol_{Ch} = (M)_{Ch} \, g \, ^{1)}$$

$$1 \, kmol_{Ph} = (M)_{Ph} \, kg \qquad\qquad 1 \, kmol_{Ch} = (M)_{Ch} \, kg$$

$$1 \, val_{Ph} = \frac{(M)_{Ph}}{z} \, g \qquad (81\,a) \qquad 1 \, val_{Ch} = \frac{(M)_{Ch}}{z} \, g \, ^{1)} \qquad (81\,b)$$

$$1 \, kval_{Ph} = \frac{(M)_{Ph}}{z} \, kg \qquad\qquad 1 \, kval_{Ch} = \frac{(M)_{Ch}}{z} \, kg.$$

Das gleiche gilt auch für die chemischen und elektrochemischen Mengengrößen oder Zählungseinheiten

$$l_{Ph} = \frac{\overline{N}}{L_{Ph}} \qquad\qquad\qquad l_{Ch} = \frac{\overline{N}}{L_{Ch}}$$

$$l_{kPh} = \frac{\overline{N}}{L_{kPh}} \qquad (82\,a) \qquad l_{kCh} = \frac{\overline{N}}{L_{kCh}} \qquad (82\,b)$$

$$ae_{Ph} = z \frac{\overline{N} \cdot e}{F_{Ph}} \qquad\qquad ae_{Ch} = z \frac{\overline{N} \cdot e}{F_{Ch}}$$

$$ae_{kPh} = z \frac{\overline{N} \cdot e}{F_{kPh}} \qquad\qquad ae_{kCh} = z \frac{\overline{N} \cdot e}{F_{kCh}}$$

$^{1)}$ Zur Schreibweise g-mol$_{ch}$ und g-val$_{ch}$ siehe S. 370.

Zu den in die Definition des mol eingehenden Atom- oder Molekulargewichten muß noch folgendes gesagt werden. In der chemischen Atomgewichtsskala kann es sich immer nur um eine Isotopenmischung handeln, wie sie gerade in der Natur im Mittel vorkommt. D. h. durch das mol_{Ch} wird bei atomaren Substanzen stets lediglich das Element gekennzeichnet, also die Masse von Individuen gleicher Ordnungs- oder Kernladungszahl. Im Unterschied hierzu bietet die physikalische Atomgewichtsskala die Möglichkeit, auch zwischen verschiedenen Isotopen desselben Elements zu unterscheiden, also Individuen gleicher Kernladungszahl *und* gleicher Massenzahl auszusortieren.

Während es sich beispielsweise bei einem mol_{Ch} „atomarer Sauerstoff" immer nur um 16 g atomaren Sauerstoffs in seiner natürlichen Isotopenmischung handelt, kann ein mol_{Ph} „atomarer Sauerstoff" verschiedene Bedeutungen haben: 1 mol_{Ph} des Isotops ^{16}O, 1 mol_{Ph} des Isotops ^{17}O, 1 mol_{Ph} des Isotops ^{18}O oder auch 1 mol_{Ph} der mittleren Mischung dieser Isotope. Wenn wir die Atomgewichte der Isotope als *Isotopengewichte* (I) bezeichnen, können wir den Sachverhalt auch so ausdrücken: Bei der Angabe „1 mol_{Ph} atomarer Sauerstoff" müssen wir noch zusätzlich sagen, ob darunter $(I_{^{16}O})_{Ph}$ g, $(I_{^{17}O})_{Ph}$ g, $(I_{^{18}O})_{Ph}$ g oder $(A_{\ddot{O}})_{Ph}$ g verstanden werden soll.

Diese Unterscheidung ist bei der zweiten Auffassung vom Mol-Begriff im Sinne der „Stoffmenge" ebenfalls von Bedeutung. Bei der Angabe von Stoffmengen, d. h. von Anzahlen *gleicher* Individuen, wird es in vielen Fällen notwendig oder zweckmäßig sein, ihr „Gleichsein" nicht auf die Ordnungszahl im periodischen System zu beschränken, sondern in die Merkmale für „gleiche" Individuen die Massenzahl mit einzubeziehen. D. h. die unten durch die Beziehungen (84a) definierten Zählungseinheiten würden im Sinne der atomistischen Darstellung häufig nicht auf Atome, sondern auf Isotope zu beziehen sein. Analoges gilt auch für die über die Relationen (85a) eingeführten Ladungsgrößen.

Nach der Definition (67) wird durch N_L^{-1} die Masse *eines* Moleküls einer beliebigen homogenen Substanz gegeben — in manchen Fällen eines bestimmten Isotops. In der Atom- und Kernphysik dient als Masseneinheit vielfach die Masse eines hypothetischen Atoms vom Atomgewicht eins. Analog zu den beiden Atomgewichtsskalen unterscheidet man auch zwei Masseneinheiten: die (physikalische) „Masseneinheit" oder ME als Masse eines Atoms vom Atomgewicht $(A_1)_{Ph} = 1$ und das „Dalton" als Masse eines Atoms vom Atomgewicht $(A_1)_{Ch} = 1$. Die Umrechnungsfaktoren dieser Masseneinheiten zum Kilogramm ergeben sich gemäß (63) als Reziprokwerte der beiden in Abschnitt 6, II, 4 genannten Werte (6, 178a) und (6, 178b)

$$1 \text{ ME} = (1{,}6596_6 \pm 0{,}0004) \cdot 10^{-27} \text{ kg} \tag{83a}$$

$$1 \text{ Dalton} = (1{,}6601_2 \pm 0{,}0004) \cdot 10^{-27} \text{ kg.} \tag{83b}$$

Die Massen der in der Natur vorkommenden Atome oder Isotope erhält man durch Multiplikation des Dalton oder der ME mit dem jeweiligen Atom- oder Isotopengewicht.

Mit den Einheiten ME und Dalton könnte man die durch (66a) oder (66b) eingeführte Loschmidtsche Zahl L oder L_k auch als Verhältnis zweier Masseneinheiten definieren

$$L_{Ph} = \frac{\text{g}}{\text{ME}} \qquad\qquad L_{Ch} = \frac{\text{g}}{\text{Dalton}}$$
$$L_{kPh} = \frac{\text{kg}}{\text{ME}} \qquad (84a) \qquad L_{kCh} = \frac{\text{kg}}{\text{Dalton}} \cdot \qquad (84b)$$

Analog ergeben sich für die Faradaysche Ladung F oder F_k an Stelle von (75a) und (75b) mit der Elementarladung e die Definitionsmöglichkeiten

$$F_{Ph} = e \cdot \frac{\text{g}}{\text{ME}} = e \cdot L_{Ph} \qquad\qquad F_{Ch} = e \cdot \frac{\text{g}}{\text{Dalton}} = e \cdot L_{Ch}$$
$$F_{kPh} = e \cdot \frac{\text{kg}}{\text{ME}} = e \cdot L_{kPh} \qquad (85a) \qquad F_{kCh} = e \cdot \frac{\text{kg}}{\text{Dalton}} = e \cdot L_{kCh} \cdot \qquad (85b)$$

Die Einführung von physikalischen Größen über Einheiten wird jedoch, wie schon oben bei der Behandlung von Molzahl und Kilomolzahl bemerkt wurde, vom Standpunkt der Größengleichungenlehre aus als bedenklich angesehen.

Die in den Einheiten mol oder val für N_L und F' oben angegebenen Zahlenwerte wurden stillschweigend auf die chemische Atomgewichtsskala bezogen, ebenso die Werte für L und F. Als Illustration zu den verschiedenen mit dem Mol- und Äquivalentbegriff verknüpften Größen und Einheiten stellen wir in der Tafel 18 die derzeit aus den experimentellen Untersuchungen folgenden Werte (Abschnitt 6, II, 4) für die Konstanten dieses Gebietes zusammen.

9. Spezifische Größenarten der Wärmelehre

In der Wärmelehre ist es weitgehend üblich, bei der Untersuchung und Beschreibung des thermodynamischen Zustandes und Verhaltens eines beliebig vorgegebenen Systems nicht die für das System als Ganzes definierten Größen zu benutzen, sondern Größen, die zwar die gleichen Eigenschaften erfassen, jedoch auf einen gewissen Teil der im System vorhandenen Körper oder Substanzen bezogen sind. Derartige Größenarten nennt man in der Physik im allgemeinen *spezifische Größenarten*.

Spezifisch heißt: „quod facit speciem", also nicht die zufällig betrachtete Substanzmenge, sondern den *Stoff kennzeichnend*. Spezifische Größen sollen demnach Materialkonstanten sein. Hierzu bildet man das Verhältnis der allgemeinen Größe zu einer von Fall zu Fall zweckmäßig ausgewählten Bezugsgröße, die selbst eine einheitliche Größe (z. B. Masse des Körpers, Volumen der Substanz) oder auch eine zusammengesetzte Größe (z. B. Länge/Querschnitt eines Drahtes, Zahl der Moleküle in der Substanz/Zahl der Moleküle im Mol) sein kann, und erhält so spezifische Größenarten (spezifische Ladung, Dichte, spezifischer elektrischer Widerstand, Molmasse).

Da sehr häufig die Masse als Bezugsgröße zu spezifischen Größenarten führt, sehen manche Autoren nur auf Massen bezogene Größen als spezifische Größenarten an. Andererseits zeigt sich neuerdings gelegentlich die Tendenz, grundsätzlich jede Größenart, die als Quotient zweier Größenarten definiert ist, als spezifische Größenart zu bezeichnen, auch dann, wenn durch sie keineswegs eine Stoffeigenschaft beschrieben wird (z. B. elektrische Stromdichte = spezifische Stromstärke). Der im vorhergehenden Absatz genannte Definitionsgrundsatz, an dem im folgenden festgehalten werden soll, wurde und wird jedenfalls oft durchbrochen. Als allgemein anerkannte und benutzte Ausnahme von dieser Regel gilt die spezifische Wärmekapazität oder spezifische Wärme, die stets auf die Masse bezogen wird.

In der Wärmelehre werden je nach der betrachteten Größenart, sowie der Art der vorgegebenen Substanzen und der Beschreibung ihres Zustandes oder Verhaltens verschiedene spezifische Größenarten definiert. Ihre gegenseitigen Beziehungen wollen wir hier in geschlossener Form behandeln und zu diesem Zweck unter X irgendeine allgemeine thermodynamische Größenart, wie Energie, Arbeit, Entropie, Wärmemenge, Enthalpie usw., verstehen. Die zu ihr üblicherweise definierten spezifischen Größenarten bezeichnen wir mit x und unterscheiden sie ihrer Art nach durch einen angefügten Index i: x_i. Der Index i soll also auf die spezielle Art der für die spezifische Größenart x_i gewählten oder verabredeten Bezugsgröße hinweisen.

α) Beziehen wir die allgemeine Größenart X auf die *Masse*, so haben wir für die so gebildete spezifische Größenart zu schreiben

$$x_m = \frac{X}{m}. \tag{86}$$

Dabei ist m die Masse des betrachteten Körpers, über dessen Zustand oder Verhalten die allgemeine Größenart X etwas aussagt. Der Dimensionsausdruck der spezifischen Größenart x_m ergibt sich zu

$$\mathrm{Dim}\,[x_m] = \frac{\mathrm{Dim}\,[X]}{\mathrm{Dim}\,[m]} = \frac{\mathrm{Dim}\,[X]}{\mathrm{M}}, \tag{87}$$

die Einheit für x_m zu

$$[x_m] = \frac{[X]}{[m]}. \tag{88}$$

Die Einheit $[x_m]$ hängt außer von der für X gewählten Einheit noch von der speziellen Wahl der Bezugsmasseneinheit ab. Als solche kommen praktisch die allgemeinen physikalischen Masseneinheiten g und kg oder die individuellen chemischen Massen-„Einheiten" mol und kmol in Frage. Wenn wir die jeweils verabredete Bezugseinheit durch entsprechende Indizierung an der Klammer andeuten, können wir für den Zusammenhang der verschiedenen Zahlenwerte schreiben

$$\{x_m\}_\mathrm{g} = 10^{-3} \cdot \{x_m\}_\mathrm{kg} = (M)^{-1} \cdot \{x_m\}_\mathrm{mol} = (M)^{-1} \cdot 10^{-3} \cdot \{x_m\}_\mathrm{kmol}. \tag{89}$$

β) In der technischen Wärmelehre wird meist an Stelle der Masse m das *Normgewicht* G_n der betrachteten Substanz als Bezugsgröße benutzt. Die zugehörige spezifische Größenart x_{G_n} ist somit definiert als

$$x_{G_n} = \frac{X}{G_n}. \tag{90}$$

Ihr Dimensionsausdruck ist

$$\mathrm{Dim}\,[x_{G_n}] = \frac{\mathrm{Dim}\,[X]}{\mathrm{Dim}\,[G_n]} = \frac{\mathrm{Dim}\,[X]}{\mathsf{F}}\,. \tag{91}$$

Für ihre Einheit folgt

$$\lceil x_{G_n}\rceil = \frac{[X]}{[F]}\,. \tag{92}$$

Als Bezugseinheit dienen in den technischen Einheitensystemen p oder kp. Die zugehörigen Zahlenwerte sind durch die Beziehung

$$\{x_{G_n}\}_{\mathrm{p}} = 10^{-3} \cdot \{x_{G_n}\}_{\mathrm{kp}} \tag{93}$$

miteinander verknüpft.

γ) Bei der Behandlung der Gase pflegt man gern, besonders in der physikalischen Chemie und in der Technik, die beschreibenden Größenarten als spezifische Größenarten auf ein *Volumen* zu beziehen. Das Volumen ist eine Zustandsgröße des Gases und hängt für eine bestimmte in Betracht gezogene Gasmenge noch von Druck und Temperatur des betreffenden Gases ab. Den gesetzmäßigen Zusammenhang beschreibt die Zustandsgleichung. Die formale Division einer allgemeinen Größenart X durch das jeweilige Gasvolumen V liefert also keine Größenart, die als für das betreffende Gas „spezifisch" anzusprechen ist.

Zur Definition einer von Druck und Temperatur unabhängigen, auf ein Volumen bezogenen spezifischen Größenart x_V muß man demnach ein seinem Zustand nach genau verabredetes Volumen wählen, als welches das Normvolumen der betreffenden Gasmenge geeignet erscheint.

Im allgemeinen unterscheiden wir zwei verschiedene, durch bestimmte Druck- und Temperaturangaben charakterisierte Normzustände; sie sind gekennzeichnet als

physikalischer Normzustand, durch die Festsetzung

$$\boldsymbol{\theta} = \boldsymbol{\theta_0} = 0\,°\mathrm{C} \quad \text{und} \quad p = p_0 = 1\,\mathrm{atm}, \tag{94}$$

technischer Normzustand, durch die Festsetzung

$$\theta = 20\,°\mathrm{C} \quad \text{und} \quad p = 1\,\mathrm{at}. \tag{95}$$

Neben diesen beiden Normzuständen sind oder waren noch gebräuchlich

in der Akustik die Festsetzung

$$\theta = 20\,°\mathrm{C} \quad \text{und} \quad p = p_0 = 1\,\mathrm{atm}, \tag{94a}$$

in der Industrie die Festsetzung

$$\theta = 15\,°\mathrm{C} \quad \text{und} \quad p = 1\,\mathrm{at}. \tag{95a}$$

Für die Definition des Normvolumens hat man sich speziell auf den physikalischen Normzustand geeinigt: Das Normvolumen V_n eines Körpers oder einer Substanz ist das Volumen, das der betreffende Körper oder die betrachtete Substanz im physikalischen Normzustand, d. h. bei 0 °C und 1 atm einnehmen würde.

Nunmehr können wir die spezifische Größenart x_{V_n} eindeutig festlegen

$$x_{V_n} = \frac{X}{V_n}\,. \tag{96}$$

Dimensionsausdruck und Einheit ergeben sich zu

$$\mathrm{Dim}\,[x_{V_n}] = \frac{\mathrm{Dim}\,[X]}{\mathrm{Dim}\,[V_n]} = \frac{\mathrm{Dim}\,[X]}{\mathsf{L}^3}\,, \tag{97}$$

$$[x_{V_n}] = \frac{[X]}{[V]}\,. \tag{98}$$

Als Einheiten des Normvolumens werden meistens die Einheiten cm³, dm³, m³ oder l benutzt.

Um anzudeuten, daß es sich um Volumeneinheiten des *Norm*volumens handeln soll, werden die Einheiten dann vielfach als ,,Normkubikzentimeter" (Ncm³) oder ,,Normkubikmeter" (Nm³) und ,,Normliter" (Nl) bezeichnet. Dabei handelt es sich um eine jener vor allem in der Technik üblichen Gepflogenheiten, auf die wir bereits allgemein im Abschnitt 1, 8 eingegangen sind. Anstatt die *Größe* ,,Normvolumen" V_n eindeutig zu kennzeichnen und zu verwenden, prägt man eine neue *Einheiten*-Bezeichnung, durch die man den Unterschied zwischen den beiden *Größen* ,,Volumen" und ,,Norm-volumen" zum Ausdruck bringen will. Natürlich sind cm³ und Ncm³, m³ und Nm³, l und Nl jeweils identisch. Wir werden daher im folgenden von diesen Einheitensymbolen Ncm³, Nm³ und Nl genau so wenig Gebrauch machen wie etwa von ,,atü", ,,bW" usw.

Die Zahlenwerte von x_{V_n} in den Bezugseinheiten cm³, m³ und l hängen folgendermaßen zusammen (Abschnitt **6**, I, 3 b)

$$\{x_{V_n}\}_{cm^3} = 10^{-6} \cdot \{x_{V_n}\}_{m^3} = 0{,}999\,972 \cdot 10^{-3} \cdot \{x_{V_n}\}_l. \tag{99}$$

δ) Eine weitere Art von spezifischen Größenarten berücksichtigt direkt die atomistische Natur der Materie. Die allgemeinen Größenarten werden nicht auf eine bestimmte makroskopische Massen-, Gewichts- oder Volumeinheit des betrachteten Körpers bezogen, sondern auf eine bestimmte Anzahl von Molekülen der betreffenden Substanz; die Bezugsgröße ist in diesem Fall eine dimensionslose Mengeneinheit. Man könnte als Mengeneinheit das einzelne Molekül und somit als *Zählungseinheit* die Zahl eins zugrunde legen. Da die makroskopisch-physikalischen Merkmale und Erscheinungen der phänomenologischen Thermodynamik in atomistischer Auffassung aber nur statistischen Mittel-werten über eine *große* Anzahl von einzelnen Molekülen äquivalent sind, mußte es physikalisch sinn-voll erscheinen, von vornherein eine entsprechend große Molekülzahl, beispielsweise L oder L_k Moleküle, als Mengeneinheit einzuführen.

Dabei war es zweckmäßig, an Stelle der neuen Zählungseinheit L oder L_k für die allgemeine Größen-art X eine neue Größenart x_l so zu definieren, daß die Zählungseinheit Eins Bezugseinheit für x_l wird. Das erreicht man durch Definition der spezifischen Größenarten

$$x_l = \frac{X}{l} \tag{100a} \qquad\qquad x_{l_k} = \frac{X}{l_k}, \tag{100b}$$

wobei l und l_k die Molzahl und die Kilomolzahl

$$l = \frac{\overline{N}}{L} \tag{65a} \qquad\qquad l_k = \frac{N}{L_k} \tag{65b}$$

bedeuten. Die spezifischen Größenarten x_l werden durch Vorsetzen der Silbe **M o l**- auch in der Bezeich-nung von der allgemeinen Größenart X abgehoben, wie beispielsweise Molmasse m_l, Molvolumen v_l, Molwärme c_l usw. Ist die Substanz atomarer Natur, so kennzeichnet man das durch den Vorsatz *Atom*-: z. B. Atomvolumen, Atomwärme usw. eines Elementes.

Die Definitionen x_l werden auch als *Nebendefinitionen* zu den allgemeinen Größenarten X bezeichnet *[P 53]*. Zu dieser Auffassung führt die Tatsache, daß X und x_l dimensionsgleich sind. Insofern stellen also die Größenarten x_l eine besondere Gruppe unter den spezifischen Größenarten der Wärmelehre dar. Sie erfreuen sich jedoch in der Chemie und besonders in der physikalischen Chemie weiter Verbreitung und Benutzung.

Nehmen wir als Beispiel eine Menge von $\overline{N}$ Molekülen einer chemisch einheitlichen Substanz, die mit der Masse M ein Volumen V ausfüllen. Wir können dann die betrachtete Substanz durch die Größenarten X oder die spezifischen Größenarten x_l

$$\text{der Masse } m \qquad \text{oder} \qquad \text{der Molmasse} \qquad m_l = \frac{M}{l} = M\,\frac{L}{\overline{N}}\,,$$

$$\text{des Volumens } V \qquad \text{oder} \qquad \text{des Molvolumens} \qquad v_l = \frac{V}{l} = V\,\frac{L}{\overline{N}}$$

beschreiben.

Zwischen den Größenarten, auf welche die spezifischen Größenarten bezogen werden, besteht der Zusammenhang

$$m = \frac{G_n}{g_n} = \varrho \cdot V = \varrho_n \cdot V_n = l\,\frac{m}{l} = l\,\frac{L}{N_L} = l_L\,\frac{m}{l_k} = l_k\,\frac{L_k}{N_L}\,. \tag{101}$$

Mit ϱ_n haben wir die *Normdichte* einer Substanz, d. h. die Dichte bezeichnet, welche die Substanz im physikalischen Normzustand (94) besitzt; weiter haben wir von den Gleichungen (69a) und (69b) zwischen den Konstanten des Molbegriffs Gebrauch gemacht. Dann folgen aus den Definitionsgleichungen (86), (90), (96), (100a) und (100b) für die spezifischen Größenarten x die Relationen

$$x_m = g_n \cdot x_{G_n} = \frac{1}{\varrho_n}\, x_{V_n} = \frac{N_L}{L}\, x_l = \frac{N_L}{L_k}\, x_{l_k} \tag{102}$$

$$x_{G_n} = \frac{1}{g_n}\, x_m = \frac{1}{g_n \cdot \varrho_n}\, x_{V_n} = \frac{N_L}{L \cdot g_n}\, x_l = \frac{N_L}{L_k \cdot g_n}\, x_{l_k} \tag{103}$$

$$x_{V_n} = \varrho_n \cdot x_m = g_n \cdot \varrho_n \cdot x_{G_n} = \frac{N_L \cdot \varrho_n}{L}\, x_l = \frac{N_L \cdot \varrho_n}{L_k}\, x_{l_k} \tag{104}$$

$$x_l = \frac{L}{N_L}\, x_m = \frac{L \cdot g_n}{N_L}\, x_{G_n} = \frac{L}{N_L \cdot \varrho_n}\, x_{V_n} = \frac{L}{L_k}\, x_{l_k} \tag{105}$$

$$x_{l_k} = \frac{L_k}{N_L}\, x_m = \frac{L_k \cdot g_n}{N_L}\, x_{G_n} = \frac{L_k}{N_L \cdot \varrho_n}\, x_{V_n} = \frac{L_k}{L}\, x_l \tag{106}$$

Die zu einer Größenart X definierten spezifischen Größenarten x_i sind also über die als charakteristische Eigenschaft jeder Substanz anzusprechende Normdichte ϱ_n und die zahlenwertmäßig verabredeten oder experimentell bestimmbaren Konstanten g_n und L/N_L verknüpft; ihre Werte stellen wir noch einmal zusammen

$$g_n = 980{,}665 \text{ cm s}^{-2} = 9{,}80665 \text{ m s}^{-2} \tag{6, 70}$$

$$\frac{L}{N_L} = 1 \text{ mol} = (M)\, \text{g} \tag{107a}$$

$$\frac{L_k}{N_L} = 1 \text{ kmol} = (M)\, \text{kg.} \tag{107b}$$

Dabei bedeutet (M) wieder das Molekulargewicht der betreffenden Substanz.

Betrachten wir jetzt die verschiedenen Zahlenwerte der einzelnen spezifischen Größenarten x_i. Beispielsweise können wir nach dem Zusammenhang der Zahlenwerte fragen, deren zugehörige Größen durch die Beziehung (102) verknüpft sind. Wir machen dabei von den allgemeinen Vorschriften für das Rechnen mit Größen als Produkten aus Zahlenwert und Einheit Gebrauch und benutzen die schon in früheren Abschnitten gegebenen Einheitenbeziehungen.

Die Verknüpfung zwischen x_m und x_{G_n} schreiben wir unter Beachtung der Definitionsgleichungen (86) und (90) allgemein als

$$\{x_m\}\frac{[X]}{[m]} = g_n \cdot \{x_{G_n}\}\frac{[X]}{[G_n]} \tag{108}$$

oder

$$\{x_m\} = g_n \frac{[m]}{[G_n]}\, \{x_{G_n}\}. \tag{108'}$$

Die speziellen Zahlenwertgleichungen hängen von der Wahl der Einheiten $[m]$ und $[G_n]$ ab. Greifen wir z. B. das Paar $[m] = \text{g}$ und $[G_n] = \text{p}$ heraus. Definitionsgemäß ist

$$1 \text{ p} = \{g_n\}_{\text{CGS}} \text{ dyn} = \{g_n\}_{\text{CGS}} \text{ cm g s}^{-2} = \{g_n\}_{\text{CGS}} [g_n]_{\text{CGS}}\, \text{g} = g_n\, \text{g.} \tag{2, 73'}$$

Folglich lautet die zugehörige spezielle Zahlenwertgleichung

$$\{x_m\}_{\text{g}} = g_n \frac{\text{g}}{\text{p}}\, \{x_{G_n}\}_{\text{p}} = \{x_{G_n}\}_{\text{p}}. \tag{109a}$$

Sodann betrachten wir noch das Einheitenpaar $[m] = \text{kmol}$ und $[G_n] = \text{kp}$, für die wir nach unseren früheren Definitionen schreiben können

$$1 \text{ kmol} = (M)\, \text{kg} \tag{63b}$$

$$1 \text{ kp} = \{g_n\}_{\text{MKS}} \text{ N} = \{g_n\}_{\text{MKS}} \text{ m kg s}^{-2} = \{g_n\}_{\text{MKS}} [g_n]_{\text{MKS}}\, \text{kg} = g_n\, \text{kg.} \tag{2, 74'}$$

Es ergibt sich somit die Umrechnungsbeziehung

$$\{x_m\}_{\text{kmol}} = g_n \frac{\text{kmol}}{\text{kp}}\, \{x_{G_n}\}_{\text{kp}} = (M) \cdot \{x_{G_n}\}_{\text{kp}}, \tag{109b}$$

wobei kmol und (M) auf die gleiche Atomgewichtsskala zu beziehen sind.

Mit Berücksichtigung der Definitionsgleichungen (86) und (96) für x_m und x_{V_n} ergibt sich zwischen ihnen der allgemeine Zusammenhang

$$\{x_m\}\frac{[X]}{[m]} = \frac{1}{\varrho_n}\{x_{V_n}\}\frac{[X]}{[V_n]} \tag{110}$$

oder

$$\{x_m\} = \frac{1}{\{\varrho_n\}}\cdot\frac{[m]}{[\varrho_n]\cdot[V_n]}\{x_{V_n}\}\,. \tag{110'}$$

Als Einheitentripel wählen wir zunächst

$$[m] = 1\,\text{g}$$
$$[V_n] = 1\,\text{cm}^3 \tag{111a}$$
$$[\varrho_n] = 1\,\text{cm}^{-3}\,\text{g}$$

und erhalten die Zahlenwertbeziehung

$$\{x_m\}_\text{g} = \frac{1}{\{\varrho_n\}_\text{g/cm}^3}\cdot\frac{\text{g}}{\text{cm}^{-3}\,\text{g}\,\text{cm}^3}\{x_{V_n}\}_\text{cm}^3 = \frac{1}{\{\varrho_n\}_\text{g/cm}^3}\{x_{V_n}\}_\text{cm}^3\,. \tag{112a}$$

Benutzt man als Einheiten

$$[m] = 1\,\text{kg} = 10^3\,\text{g}$$
$$[V_n] = 1\,\text{l} = 1{,}000\,028\cdot10^3\,\text{cm}^3 \tag{111b}$$
$$[\varrho_n] = 1\,\text{cm}^{-3}\,\text{g,}$$

so folgt für die zugehörigen Zahlenwerte

$$\{x_m\}_\text{kg} = \frac{1}{\{\varrho_n\}_\text{g/cm}^3}\cdot\frac{10^3\,\text{g}}{\text{cm}^{-3}\,\text{g}\cdot1{,}000\,028\cdot10^3\,\text{cm}^3}\{x_{V_n}\}_\text{l}$$

$$= \frac{0{,}999\,972}{\{\varrho_n\}_\text{g/cm}^3}\{x_{V_n}\}_\text{l} = \frac{1}{\{\varrho_n\}_\text{kg/l}}\{x_{V_n}\}_\text{l}\,. \tag{112}$$

Schließlich behandeln wir noch die Verknüpfung zwischen x_m und x_l, die wir unter Benutzung von (86), (100a) und (69a) in die Form bringen

$$\{x\}_m\frac{[X]}{[m]} = \frac{\{N_L\}[N_L]}{L}\{x_l\}[X] \tag{113}$$

oder

$$\{x_m\} = \frac{\{N_L\}}{L}[m][N_L]\{x_l\} = \frac{\{N_L\}_{[m]^{-1}}}{L}\{x_l\}\,. \tag{113a}$$

Analog erhält man durch Verbindung von (86), (100b) und (69b)

$$\{x_m\} = \frac{\{N_L\}}{L_k}[m][N_L]\{x_{l_k}\} = \frac{\{N_L\}_{[m]^{-1}}}{L_k}\{x_{l_k}\}\,. \tag{113b}$$

Falls wir, was dem Sinn der Relation (101) entspricht, m und N_L stets auf die gleiche Masseneinheit beziehen, wird das Einheitenprodukt $[m]\,[N_L]$ natürlich gleich eins; wir deuten diesen Tatbestand durch den Einheitenindex $[m]^{-1}$ an der Zahlenwertklammer $\{N_L\}$ an.

Ist $\{x_m\}$ auf die Masseneinheit g bezogen, so folgt mit (68a) und (63a) aus (113a) als Umrechnungsbeziehung

$$\{x_m\}_\text{g} = \frac{1}{(M)}\{x_l\}. \tag{114a}$$

Wählen wir als Masseneinheit das kmol, so erhalten wir z. B. entsprechend (68b) aus (113b)

$$\{x_m\}_\text{kmol} = \{x_{l_k}\}. \tag{114b}$$

Zur bequemen Umrechnung der verschiedenen Zahlenwerte $\{x_i\}$ ineinander benutzt man die Tafel 19. In sie sind nach unserem allgemeinen Schema für die Umrechnungsfaktoren von Zahlenwerten (Tabelle 1) die einzelnen Umrechnungsfaktoren eingetragen worden. Sie entsprechen der Umrechnungsbeziehung

$$\{x_k\}_{[k]} = {}_i{}_{[i]}f^{k\,[k]}\cdot\{x_i\}_{[i]}\,. \tag{115}$$

Dabei haben wir sowohl die von uns behandelten verschiedenen Definitionsarten (x_m, x_{G_n}, x_{V_n}, x_l oder x_{l_k}) als auch die jeweils für die verschiedenen Bezugsgrößenarten (m, G_n, V_n, l oder l_k) benutzten physikalischen Einheiten und arithmetischen Zählungseinheiten berücksichtigt, und zwar

für die Bezugsgrößenart m: die Einheiten g, kg, mol, kmol,
für die Bezugsgrößenart G_n: die Einheiten p, kp,
für die Bezugsgrößenart V_n: die Einheiten cm³, m³, l,
für die Bezugsgrößenart l die Zählungseinheit Eins,
für die Bezugsgrößenart l_k: die Zählungseinheit Eins.

Die Tafel **19** umfaßt somit die gegenseitigen Umrechnungsfaktoren zwischen den elf Zahlenwerten

$$\{x_m\}_g, \ \{x_m\}_{kg}, \ \{x_m\}_{mol}, \ \{x_m\}_{kmol}, \ \{x_{G_n}\}_p, \ \{x_{G_n}\}_{kp}, \ \{x_{V_n}\}_{cm^3}, \ \{x_{V_n}\}_{m^3}, \ \{x_{V_n}\}_l, \ \{x_l\}, \ \{x_{l_k}\}.$$

Zur Erläuterung der Tafelbenutzung rechnen wir ein kurzes Beispiel durch. Bei einem Arbeitsprozeß mit molekularem Sauerstoff habe sich die spezifische Entropie s_m um $\triangle s_m = 5,0000$ kcal$_{IT}$ grd^{-1} kmol^{-1} geändert; wir fragen nach dem äquivalenten Betrag der Änderung $\triangle s_{V_n}$ der spezifischen Entropie, bezogen auf das Normvolumen des Sauerstoffgases und gemessen in Cl$_{15°}$ l^{-1}.

Zunächst haben wir die energetischen Einheiten der zu den spezifischen Größen s_m und s_{V_n} gehörigen allgemeinen Größe Entropie S aufeinander abzustimmen; d.h. wir müssen die spezifische Entropiedifferenz $\triangle s_m$, die zahlenmäßig in kcal$_{IT}$ grd^{-1} kmol^{-1} gegeben ist, auf die entsprechende Einheit Cl$_{15°}$ kmol^{-1} = cal$_{15°}$ grd^{-1} kmol^{-1} umrechnen, da die gesuchte spezifische Entropiedifferenz $\triangle s_{V_n}$ zahlenwertmäßig in Cl$_{15°}$ l^{-1} = cal$_{15°}$ grd^{-1} l^{-1} verlangt wird. Die Umrechnung erfolgt nach der Zahlenwertgleichung

$$\{\triangle s_m\}_{cal_{15°} grd^{-1} kmol^{-1}} = {}_{kcal_{IT}}f_A^{cal_{15°}} \{\triangle s_m\}_{kcal_{IT} grd^{-1} kmol^{-1}} \tag{116}$$

Der Tafel **16** entnehmen wir für den Umrechnungsfaktor

$$_{kcal_{IT}}f_A^{cal_{15°}} = 1,0003_2 \cdot 10^{3 \ 1)}, \tag{117}$$

erhalten also

$$\{\triangle s_m\}_{cal_{15°} grd^{-1} kmol^{-1}} = 1,0003_2 \cdot 10^3 \cdot 5,0000 = 5,0016 \cdot 10^3 \tag{116'}$$

oder

$$\triangle s_m = 5,0016 \cdot 10^3 \cdot cal_{15°} grd^{-1} kmol^{-1 \ 1)}. \tag{118}$$

Den zweiten Teil der Umrechnung nehmen wir über die Tafel **19** vor. Als Zahlenwertgleichung zwischen den Zahlenwerten der beiden verschieden definierten Größen $\triangle s_m$ und $\triangle s_{V_n}$ haben wir zu schreiben

$$\{\triangle s_{V_n}\}_{cal_{15°} grd^{-1} l^{-1}} = {}_{m[kmol]}f^{V_n[l]} \{\triangle s_m\}_{cal_{15°} grd^{-1} kmol^{-1}} \cdot \tag{119}$$

Für diesen Umrechnungsfaktor lesen wir aus der Tafel **19** ab

$$_{m[kmol]}f^{V_n[l]} = \frac{1,000028}{(M)} \{\varrho_n\}_{g/cm^3} = \{\varrho_n\}_{kmol/l} \cdot \tag{120}$$

Die Normdichte des idealen Gases (Abschnitt **6**, I, 1c und II, 2b) beträgt

$$\varrho_n \text{ (ideales Gas)} = \varrho_0 = \frac{1}{v_0} = (4,4615_2 + 0,0002) \cdot 10^{-2} \text{ kmol}_{Ch} \text{ l}^{-1}. \tag{121}$$

Mit derselben Näherung, in der molekularer Sauerstoff im physikalischen Normzustand als ideales Gas betrachtet werden kann, haben wir in diesem Zahlenwert bereits den gesuchten Umrechnungsfaktor vor uns.

Wollen wir noch die Abweichung des realen Sauerstoffgases vom vollkommenen Gaszustand berücksichtigen, so haben wir als Normdichte des realen Gases den Wert

$$\varrho_n(O_2) = \varrho_n \text{ (ideales Gas)} \cdot \left(1 - \varkappa_0(O_2) \cdot p_0\right) \tag{122}$$

zu benutzen, wobei $\varkappa_0(O_2)$ den Reduktionsfaktor des realen Sauerstoffgases auf idealen Gaszustand im physikalischen Normzustand ($\theta_0 = 0\ °C$, $p_0 = 1$ atm) bedeutet. Für diesen Reduktionsfaktor ergeben die Messungen (Abschnitt **6**, I, 1c)

$$\varkappa_0(O_2) = -(9,53_5 \pm 0,09) \cdot 10^{-4} \text{ atm}^{-1}, \tag{123}$$

so daß wir für die Sauerstoffnormdichte, bezogen auf die chemische Atomgewichtsskala, erhalten

$$\varrho_n(O_2) = 1,000954 \cdot 4,4615 \cdot 10^{-2} \text{ kmol}_{Ch} \text{ l}^{-1}$$
$$= 4,4658 \cdot 10^{-2} \text{ kmol}_{Ch} \text{ l}^{-1}, \tag{124}$$

und für den Umrechnungsfaktor

$$_{m[kmol_{Ch}]}f_{O_2}^{V_n[l]} = \{\varrho_n(O_2)\}_{kmol_{Ch}/l} = (4,4568 \pm 0,0002) \cdot 10^{-2}. \tag{120a}$$

Die gesuchte spezifische Entropieänderung ergibt sich dann über die Zahlenwertgleichung

$$\{\triangle s_{V_n}\}_{cal_{15°} grd^{-1} kmol_{Ch}^{-1}} = 4,4658 \cdot 10^{-2} \cdot 5,0016 \cdot 10^3$$
$$= 2,2336 \cdot 10^2 \tag{119'}$$

zu

$$\triangle s_{V_n} = 2,2336 \cdot 10^2 \text{ Cl}_{15°} \text{ l}^{-1 \ 1)}. \tag{125}$$

---

[1]) Die Zahlenwerte in (117), (118) und (125) sind um $0,1^0/_{00}$ bis $0,2^0/_{00}$ unsicher [siehe Fußnote [3]) auf S. 108].

Die Aufteilung der soeben vorgenommenen Zahlenwertumrechnungen in zwei Schritte ist für die Umrechnungen bei spezifischen Größenarten der Wärmelehre charakteristisch. Zunächst berücksichtigt man etwa gewünschte Unterschiede in den Einheiten der nicht-spezifischen allgemeinen Größenart X — in unserem Beispiel den Übergang in der Entropieeinheit von $\mathrm{kcal_{IT}\,grd^{-1}}$ zu $\mathrm{Cl_{15°}}$; dann ist an dem so gewonnenen Zahlenwert die Umrechnung hinsichtlich der verschiedenen Bezugsgrößen für die spezifische Größenart vorzunehmen in unserem Beispiel von der Bezugsgröße Masse, gemessen in kmol, zu der Bezugsgröße Normvolumen, gemessen in l.

Zum Schluß wollen wir noch die Gaskonstante als Beispiel spezifischer Größenarten in der Wärmelehre etwas näher betrachten. In der allgemeinen Formulierung des idealen Gasgesetzes

$$pV = RT \tag{43}$$

ist R keine spezifische Größenart im hier definierten Sinne, sondern die Expansionsarbeit/Temperaturänderung, die eine gegebene Gasmenge vom Volumen V bei Erwärmung um 1 grd unter Konstanthaltung des Druckes p erfährt. Das Dimensionsprodukt im Dimensionssystem $\mathsf{LMT\Theta}$ lautet

$$\mathrm{Dim}\,[R] = \mathsf{L^2 M T^{-2}\Theta^{-1}}. \tag{126}$$

Beziehen wir unsere Betrachtungen nicht auf das gesamte im Volumen V eingeschlossene Gas, sondern nur auf eine bestimmte, im einzelnen noch festzusetzende Teileinheit des Gases, die wir durch Einführung des spezifischen Volumens v_i kennzeichnen, so lautet das Gasgesetz für diese Gasmenge

$$p v_i = R_i T. \tag{127}$$

R_i ist eine spezifische Größenart, und zwar eine spezifische Arbeit/Temperatur.

Analog den vier verschiedenen, bereits besprochenen Möglichkeiten der Definition spezifischer Größenarten müssen wir auch vier verschieden definierte spezifische Gaskonstanten unterscheiden:

α) spezifische Gaskonstante, bezogen auf die *Masse* der Gasmenge,

$$R_m = \frac{R}{m}, \tag{128}$$

entsprechend der Definitionsgleichung

$$p v_m = R_m T \tag{129}$$

mit dem Dimensionsprodukt

$$\mathrm{Dim}\,[R_m] = \mathsf{L^2 T^{-2}\Theta^{-1}} \tag{130}$$

im Dimensionssystem $\mathsf{LMT\Theta}$ und den Einheiten g, kg, mol, kmol für die Masse als Bezugsgröße;

β) spezifische Gaskonstante, bezogen auf das *Normgewicht* der Gasmenge,

$$R_{G_n} = \frac{R}{G_n}, \tag{131}$$

entsprechend der Definitionsgleichung

$$p v_{G_n} = R_{G_n} T \tag{132}$$

mit dem Dimensionsprodukt

$$\mathrm{Dim}\,[R_{G_n}] = \mathsf{L\Theta^{-1}} \tag{133}$$

im Dimensionssystem $\mathsf{LMT\Theta}$ und den Einheiten p oder kp für das Normgewicht als Bezugsgröße;

γ) spezifische Gaskonstante bezogen auf das *Normvolumen* der Gasmenge,

$$R_{V_n} = \frac{R}{V_n}, \tag{134}$$

entsprechend der Definitionsgleichung

$$p\,\frac{V}{V_n} = R_{V_n} T \tag{135}$$

mit dem Dimensionsprodukt

$$\mathrm{Dim}\,[R_{V_n}] = \mathsf{L^{-1} M T^{-2}\Theta^{-1}} \tag{136}$$

im Dimensionssystem $\mathsf{LMT\Theta}$ und den Einheiten cm³, m³, l für das Normvolumen als Bezugsgröße;

δ) spezifische Gaskonstante, bezogen auf die *Molzahl l* oder die *Kilomolzahl l_k* der Gasmenge,

$$R_l = \frac{R}{l} \tag{137a} \qquad\qquad R_{l_k} = \frac{R}{l_k}, \tag{137b}$$

entsprechend den Definitionsgleichungen

$$pv_l = R_l T \qquad\qquad (138\,\mathrm{a}) \qquad\qquad\qquad pv_{l_k} = R_{l_k} T \qquad\qquad (138\,\mathrm{b})$$

mit dem Dimensionsprodukt

$$\mathrm{Dim}\,[R_l] = \mathrm{Dim}\,[R_{l_k}] = \mathrm{Dim}\,[R] = \mathsf{L}^2\mathsf{M}\mathsf{T}^{-2}\Theta^{-1} \qquad\qquad (139)$$

im Dimensionssystem $\mathsf{LMT\Theta}$. Zu beachten bleibt hier wieder die Tatsache, daß R_l, R_{l_k} und R dimensionsgleich sind und sich nur auf verschiedene Anzahlen von in Betracht gezogenen Gasmolekülen beziehen: R auf sämtliche $\overline{N}$ im Volumen V eingeschlossenen Gasmoleküle, R_l auf L Gasmoleküle und R_{l_k} auf L_k Gasmoleküle. In der für „Molgrößen" x_l üblichen Namensgebung wären R_l und R_{l_k} als „Molgaskonstante" und „Kilomolgaskonstante" des betrachteten Gases zu bezeichnen.

Als Verknüpfungsgleichung zwischen den einzelnen spezifischen Gaskonstanten haben wir nach ihren Definitionsgleichungen zu schreiben

$$R_m = \frac{G_n}{m} R_{G_n} = \frac{V_n}{m} R_{V_n} = \frac{l}{m} R_l = \frac{l_k}{m} R_{l_k} \qquad\qquad (140)$$

$$= g_n R_{G_n} = \frac{1}{\varrho_n} R_{V_n} = \frac{N_L}{L} R_l = \frac{N_L}{L_k} R_{l_k}. \qquad\qquad (140')$$

Für ein ideales Gas ist es grundsätzlich gleichgültig, für welches Wertetripel (p, v_i, T) man die Gaskonstante bestimmt oder berechnet, da sie von den Zustandsgrößen unabhängig ist. Am einfachsten errechnet sie sich aus den Daten (p_0, v_{in}, T_0) des physikalischen Normzustandes. Diesen Sachverhalt formulieren wir gleichungsmäßig durch

$$R_i(\text{ideales Gas}) = \frac{pv_i}{T} = \frac{p_0\, v_i(\text{ideales Gas})_n}{T_0}. \qquad\qquad (141)$$

Für reale Gase ist dagegen R noch eine Funktion der Zustandsvariablen selbst, welche die Abweichung der realen Gase vom idealen Gaszustand zum Ausdruck bringt. Hier müssen wir uns also auf einen bestimmten Zustand einigen, für den wir jeweils die spezifischen Gaskonstanten der realen Gase angeben. Als solchen wählt man zweckmäßigerweise den physikalischen Normzustand und definiert

$$R_i(\text{reales Gas}) = \frac{p_0\, v_i(\text{reales Gas})_n}{T_0}. \qquad\qquad (142)$$

v_{in} bedeutet somit das Normvolumen der jeweils betrachteten Teileinheit der gesamten Gasmenge vom Gesamtnormvolumen V_n. Speziell für unser Beispiel des realen Sauerstoffgases folgt

$$R_i(\mathrm{O_2}) = \frac{p_0\, v_i(\mathrm{O_2})_n}{T_0}, \qquad\qquad (143)$$

wobei wir mit $v_i(\mathrm{O_2})_n$ das spezifische Normvolumen vom molekularen Sauerstoff bezeichnen. Unter Benutzung des Zahlenwertes $(M_{\mathrm{O_2}})_{Ch} = 32{,}000\,000$ für das Molekulargewicht des Sauerstoffs berechnen wir nun die vier verschieden definierten spezifischen Gaskonstanten $R_m(\mathrm{O_2})$, $R_{G_n}(\mathrm{O_2})$, $R_{V_n}(\mathrm{O_2})$ und $R_l(\mathrm{O_2})$.

α) Zur Berechnung von $R_m(\mathrm{O_2})$ haben wir

$$v_{in} \rightarrow \frac{V_n}{m} = v_m(\mathrm{O_2})_n \qquad\qquad (144)$$

zu setzen. Für ein ideales Gas beträgt das spezifische Normvolumen (Abschnitt 6, II, 2 b)

$$v_m(\text{ideales Gas})_n = v_0 = (2{,}241\,4_5 \pm 0{,}000\,1)\cdot 10^4\ \mathrm{cm^3/mol_{Ch}} = \frac{2{,}241\,4_5 \cdot 10^4}{(M)_{Ch}}\ \mathrm{cm^3/g}. \qquad (6,\,152\,\mathrm{b})$$

Für molekularen Sauerstoff folgt aus den Messungen [Abschnitt 6, I, 1 c; (6, 22 a) und (6, 28 b)]

$$v_m(\mathrm{O_2})_n = \frac{1}{\varrho_n(\mathrm{O_2})} = \frac{1}{1{,}429\,01 \cdot 10^{-3}}\ \mathrm{cm^3/g} = 6{,}997\,8_6 \cdot 10^2\ \mathrm{cm^3/g}$$

$$= \frac{(M_{\mathrm{O_2}})_{Ch}}{1{,}429\,01 \cdot 10^{-3}}\ \mathrm{cm^3/mol_{Ch}} = 2{,}239\,3_2 \cdot 10^4\ \mathrm{cm^3/mol_{Ch}} \qquad\qquad (145)$$

Das Normvolumen des realen Sauerstoffgases ist um den experimentell bestimmten Faktor $1 - \varkappa_0(\mathrm{O_2})\cdot p_0 = 1{,}000\,954 \pm 0{,}000\,009$ kleiner als das des idealen Gases, was bereits aus den Beziehungen (121) bis (124) hervorging.

---

[1]) Die Zahlenwerte in der Gleichung (145) haben eine relative Unsicherheit von $+ 5 \cdot 10^{-5}$.

Für die spezifische Gaskonstante des Sauerstoffs, bezogen auf die Masse des realen Gases, ergibt sich also unter Beachtung von (2, 105′) und (6, 151 a; relative Unsicherheit etwa $\pm\, 4 \cdot 10^{-5}$)

$$R_m\,(O_2) = \frac{1{,}013\,250 \cdot 10^6 \cdot 6{,}997\,8_6 \cdot 10^2}{273{,}15} \; \text{erg grd}^{-1}\,\text{g}^{-1}$$

$$= 2{,}595\,8_6 \cdot 10^6 \; \text{erg/grd}^{-1}\,\text{g}^{-1} = 2{,}595\,8_6 \cdot 10^2 \; \text{J grd}^{-1}\,\text{kg}^{-1} \tag{146}$$

$$= \frac{1{,}013\,250 \cdot 10^6 \cdot 2{,}239\,3_2 \cdot 10^4}{273{,}15} \; \text{erg grd}^{-1}\,\text{mol}_{Ch}^{-1}$$

$$= 8{,}306\,7_4 \cdot 10^7 \; \text{erg grd}^{-1}\,\text{mol}_{Ch}^{-1}$$

$$= (8{,}306\,7 \cdot \pm\, 0{,}000\,7) \cdot 10^3 \; \text{J/grd}^{-1}\,\text{kmol}_{Ch}^{-1}. \tag{146′}$$

Für ein ideales Gas wird

$$R_m\,(\text{ideales Gas}) = \frac{p_0\,v_m\,(\text{ideales Gas})_n}{T_0} = \frac{p_0\,v_0}{T_0} \tag{147}$$

$$= \frac{1{,}013\,250 \cdot 10^6 \cdot 2{,}241\,4_5 \cdot 10^4}{273{,}15} \; \text{erg grd}^{-1}\,\text{mol}_{Ch}^{-1}$$

$$= 8{,}314\,6_6 \cdot 10^7 \; \text{erg grd}^{-1}\,\text{mol}_{Ch}^{-1}$$

$$= (8{,}314\,7 \pm 0{,}000\,7) \cdot 10^3 \; \text{J grd}^{-1}\,\text{kmol}_{Ch}^{-1}. \tag{6, 156 b}$$

β) Bezogen auf das Normgewicht schreiben wir

$$v_{in} \to \frac{V_n}{G_n} = v_{G_n}(O_2)_n = \frac{1}{g_n}\,v_m(O_2)_n \tag{148}$$

und erhalten für die zugehörige spezifische Gaskonstante des realen Sauerstoffgases

$$R_{G_n}(O_2) = \frac{1}{g_n}\,2{,}595\,8_6 \cdot 10^6 \; \text{erg grd}^{-1}\,\text{g}^{-1} = 2{,}595\,8_6 \cdot 10^6 \; \text{erg grd}^{-1}\,\text{p}^{-1}\ ^{1)}$$

$$= (2{,}595\,9 \pm 0{,}000\,1) \cdot 10^2 \; \text{Jgrd}^{-1}\,\text{kp}^{-1} \tag{149}$$

$$= \frac{2{,}595\,8_6 \cdot 10^6}{980{,}665} \; \text{cm/grd} \qquad = 2{,}647\,0_4 \cdot 10^3 \; \text{cm/grd}$$

$$= (2{,}647\,0 \pm 0{,}000\,1) \cdot 10 \; \text{m/grd}. \tag{149′}$$

γ) Wählen wir das Normvolumen des Gesamtgases als Bezugsgröße, so wird

$$v_{in} \to \frac{V_n}{V_n} = 1, \tag{150}$$

also

$$R_{V_n}(O_2) = \frac{p_0}{T_0} = \frac{1{,}013\,250 \cdot 10^6}{273{,}15} \; \text{dyn cm}^{-2}\,\text{grd}^{-1}$$

$$= 3{,}709\,5_0 \cdot 10^3 \; \text{erg cm}^{-3}\,\text{grd}^{-1} = 3{,}709\,5_0 \cdot 10^2 \; \text{J m}^{-3}\,\text{grd}^{-1} \tag{151}$$

$$= 3{,}660\,9_9 \cdot 10^{-3} \; \text{atm/grd}.$$

Wir sehen, daß dieser Wert der spezifischen Gaskonstanten völlig unabhängig von der betrachteten Gasart ist; wir wollen ihn durch

$$R_{V_n} = R_0'' = (3{,}661\,0 \pm 0{,}000\,1) \cdot 10^{-3} \; \text{atm/grd} \tag{151′}$$

bezeichnen.

δ) Mit der Molzahl l als Bezugsgröße wird

$$v_{in} \to \frac{V_n}{l} = v_l\,(O_2)_n = \frac{m}{l}\,v_m\,(O_2)_n = \frac{L}{N_L}\,v_m\,(O_2)_n. \tag{152}$$

Für das reale Sauerstoffgas haben wir mit (145) zu schreiben

$$v_{l\,Ch}\,(O_2)_n = 2{,}239\,3_2 \cdot 10^4 \; \text{cm}^3 \tag{153}$$

und erhalten

$$R_{l\,Ch}\,(O_2) = \frac{1{,}013\,250 \cdot 10^6 \cdot 2{,}239\,3_2 \cdot 10^4}{273{,}15} \; \text{erg/grd} = 8{,}306\,7_4 \cdot 10^7 \; \text{erg/grd}$$

$$= (8{,}306\,7 \pm 0{,}000\,7) \; \text{J/grd}. \tag{154}$$

---

[1]) Hier liegt übrigens ein typisches Beispiel dafür vor, daß man nur mit großer Vorsicht das Einheitenzeichen p durch g im Sinne von „Gramm-Kraft" ersetzen darf (Abschnitt **2**, 3 c) — täte man es in diesem Fall, so wäre sofort die Gefahr gegeben, daß erg grd^{-1} „g"$^{-1}$ in cm^2 s^{-2} grd^{-1} gekürzt würde.

Für das vollkommene Gas folgt

$$v_{lCh}(\text{ideales Gas})_n = v'_{0Ch} = \frac{L}{N_L}\, v_0 = (2{,}241\,4_5 \pm 0{,}000\,1)\cdot 10^4\ \text{cm}^3 \qquad\qquad (6{,}154\,\text{b})$$

und

$$R_{lCh}(\text{ideales Gas}) = R'_{0Ch} = \frac{p_0\, v'_{0Ch}}{T_0} = \frac{1{,}013\,250\cdot 10^6 \cdot 2{,}241\,4_5 \cdot 10^4}{273{,}15}\ \text{erg/grd} \qquad (155)$$

$$= 8{,}314\,6_6 \cdot 10^7\ \text{erg/grd} = (8{,}314\,7 \pm 0{,}000\,7)\ \text{J/grd}. \qquad\qquad (6{,}162\,\text{b})$$

v_l und R_l sind wieder „Molgrößen": Molvolumen und Molgaskonstante des betrachteten Gases. In dieser Bezeichnungsweise nennt man speziell die Größen v'_0 und R'_0 das Molnormvolumen idealer Gase und die Molgaskonstante idealer Gase.

Die beiden Größen $R_l(\text{ideales Gas}) = R'_0$ (155) und $R_{V_n} = R''_0$ (151') sind bereits in einer Weise definiert worden, die auf den wesentlichen Inhalt des idealen Gasgesetzes Rücksicht nimmt: Entsprechend der Avogadroschen Hypothese ist R'_0 auf eine stets gleiche, festgelegte Zahl von idealen Gasmolekülen bezogen; bei R''_0 dient als Bezugsgröße das Normvolumen, das bei fest vorgegebenen Werten für Druck und Temperatur gerade die Abhängigkeit von der Natur des einzelnen Gases enthält. Infolgedessen resultiert bei Vorgabe einer bestimmten (dimensionsmäßig passenden) Einheit für R'_0 oder R''_0 ein von der Gasart unabhängiger universeller Zahlenwert, der lediglich durch die benutzte Einheit bedingt wird.

Bei der Größe $R_m(\text{ideales Gas})$ ist das nur der Fall, wenn man sie in einer Einheit mißt, die als Masseneinheit die individuelle chemische Massen-„Einheit" mol oder kmol (63) enthält; es tritt also $R_m(\text{ideales Gas})$ genau wie N_L und F' in zweierlei Form auf: einmal allgemein als *spezifische Größe*, zum anderen im speziellen Fall der Benutzung des mol oder kmol als Massen-„Einheit" mit einem *universellen Zahlenwert*. In der zweiten Form wollen wir $R_m(\text{ideales Gas})$ als R_0 bezeichnen. Die dimensionsmäßig noch verschieden definierten Größen R_0, R'_0 und R''_0 werden auch „*universelle Gaskonstante*" genannt. Während R_0 zum Größen-Bereich der phänomenologischen oder kontinuumstheoretischen Behandlung der Gasgesetze gehört, stellt R'_0 die entsprechende charakteristische Größe der atomistischen Beschreibung, d. h. der zweiten Auffassung vom Mol-Begriff (Abschnitt 8) dar; R'_0 ist wohl der direkteste Ausdruck des Avogadroschen Gesetzes: Bei gleichem Druck und gleicher Temperatur enthalten gleiche Volumina gleich viele ideale Gasmoleküle.

Für den Druck, den ideale Gasmoleküle auf die Gefäßwände ausüben, für die freie Weglänge, mit der sie sich im Gasraum bewegen, und für andere Größen zur Behandlung des Verhaltens idealer Gase ist die Natur des Gases, und zwar die Masse des einzelnen Moleküls wesentlich. Dagegen sind ideale Gasmoleküle bei vorgegebener Temperatur hinsichtlich ihrer translatorischen Energie und somit auch ihres Beitrages zur universellen Gaskonstanten nicht unterscheidbar. Infolgedessen bedarf die Grundgrößenart „Stoffmenge" (Abschnitt 8) in ihrer Definition zur Beschreibung der in das ideale Gasgesetz eingehenden Konstanten auch keiner Beschränkung auf „chemisch homogene Substanzen", wie es beispielsweise bei der Darstellung chemischer Reaktionen notwendig ist.

Wir haben in der Tafel **20** Werte der universellen Gaskonstanten in verschiedener Definition als spezifische Größe (R_0, R'_0, R''_0) und gemessen in verschiedenen Energieeinheiten und verschiedenen Einheiten der Bezugsgrößenarten (m, l, V_n) zusammengestellt.

Die Boltzmannsche Entropiekonstante k (Abschnitte 6, II, 2 c und 4) kann durch die Gleichung

$$k = \frac{R_0}{N_L} = \frac{R'_0}{L} = \frac{R''_0\, v'_0}{L} \qquad\qquad (156)$$

definiert werden. Oft wird sie deshalb als spezifische Gaskonstante, bezogen auf *ein* ideales Gasmolekül bezeichnet. Wir wollen uns aber vor Augen halten, daß diese Formulierung nur einen rein formalen Charakter besitzen kann. Thermodynamische Größen und Konstanten, wie z. B. die Gaskonstante, sind als Ausdruck einer phänomenologischen Theorie auch nur kontinuumstheoretisch zu definieren und zu verstehen.

Die Boltzmannsche Konstante k ist ihrem Wesen nach eine molekulare Konstante. Halb-kontinuumstheoretische, halb-atomistische Definitionen, die den phänomenologischen Begriff der Gaskonstanten mit dem atomistischen Begriff des *einzelnen* Moleküls in unmittelbare Verbindung bringen, wie beispielsweise „Gaskonstante, bezogen auf *ein* ideales Gasmolekül" oder „isobare Expansionsarbeit bei Erwärmung um 1 grd je *einzelnes* Gasmolekül", können leicht mißverstanden werden. Zumindest sollte man bei einer gewollten Übertragung atomistischer Begriffe in die Kontinuumstheorie das statistisch-mittlere Verhalten betonen und anfügen „je einzelnes Gasmolekül mittleren kinetischen Verhaltens".

Die Boltzmannsche Entropiekonstante tritt als atomistische Konstante in der Relation für die statistisch definierte Entropie S auf, und zwar als Proportionalitätsfaktor zum Logarithmus der thermodynamischen Wahrscheinlichkeit W_{therm}. Die Definitionsgleichung

$$S = - k \cdot \ln W_{therm} \tag{157}$$

trägt auch tatsächlich alle Züge einer Beziehung aus der atomistischen Theorie. Man kann diesem Sachverhalt vielleicht durch die Feststellung Ausdruck verleihen, daß R_0 die für die kontinuums-theoretische Thermodynamik, k die für die atomistische kinetische Theorie charakteristische „Gas-konstante" darstellt.

Die spezifische Gaskonstante idealer Gase R_i(ideales Gas), die durch die Gleichung (141) allgemein definiert wird, ist als spezifische Größe noch von der gewählten Bezugsgröße (Masse, Normgewicht, Normvolumen, Molzahl) abhängig. Unter bestimmten Bedingungen und bei Wahl geeigneter „Ein-heiten" kann man für R_i einen universellen Zahlenwert erhalten. Von solchen Randbedingungen ist die Boltzmannsche Entropiekonstante k unabhängig. Sie ist somit als *die* universelle Konstante anzu-sprechen, die für das energetisch-kinetische Verhalten der Materie in atomistischer Auffassung charak-teristisch ist. Wer die spezifischen Größenarten der Thermodynamik nicht schätzt, insbesondere der an die individuellen Massen-Größen mol oder kmol geknüpften, speziellen Einführung von R_0 und den Begriffen „Stoffmenge" und „Molzahl" ablehnend gegenübersteht, wird die „universellen Zahlen-werte" der spezifischen Gaskonstanten R_i in dieser Form nicht benutzen wollen — dagegen behält auch für ihn die Boltzmannsche Entropiekonstante k ihre Bedeutung als allgemeine Naturkonstante.

VIERTER TEIL: ELEKTRIZITÄT UND MAGNETISMUS

Die Beschreibung der physikalischen Gesetze in der Elektrodynamik ist gegenüber derjenigen in anderen Teilgebieten der Physik durch die große Vielzahl von Darstellungsarten, Gleichungenschreibweisen, Größeneinführungen und Einheitenfestlegungen ausgezeichnet. Hier spiegelt sich die historische Entwicklung in der grundsätzlichen Auffassung von Elektrizität und Magnetismus wider. Zu einer Deutung der oft unstetig erscheinenden Linie in der formalen Beschreibung führt die Untersuchung des parallel laufenden Wandels in der zugrunde gelegten Begriffsbildung

Die Zusammenhänge zwischen den verschieden definierten Größenarten der Elektrodynamik werden von zwei voneinander unabhängigen Problemstellungen beherrscht: einerseits der *geometrischen* Antithese *rationale oder nicht-rationale Größeneinführung* und andererseits der *physikalisch* bedingten Entscheidung, ob man, kurz gesagt, die Gesetzmäßigkeiten der Elektrodynamik *mit 3, 4 oder 5 Grundgrößenarten* darstellen will. Im Lichte der Größeneinführung ist die zweite Definitionsunterscheidung äquivalent der Fragestellung, ob man Elektrizität und Magnetismus keine physikalische Qualität sui generis zuordnen und beide Gebiete definitionsmäßig an die Mechanik anschließen will (3 Grundgrößenarten), ob man den Magnetismus als eine aus elektrischen Elementen ableitbare Teilerscheinung der Elektrizität und diese als selbständiges physikalisches Gebiet ansieht (4 Grundgrößenarten) oder ob man Elektrizität und Magnetismus neben der Mechanik je eine unabhängige physikalische Qualität einräumen soll (5 Grundgrößenarten). Die Behandlung der beiden Definitionsantithesen bildet den Inhalt der Kapitel I und II.

Eine Nutzanwendung solcher Betrachtungen ist die Einordnung der verschiedenen Einheiten und Einheitensysteme für Elektrizität und Magnetismus. Die Gesamtdarstellung der physikalischen Gesetze wird primär durch die Definition der Größenarten bestimmt. Mit ihnen sind als spezielle Größen gleicher Art von vereinbartem Betrag[1]) die Einheiten verknüpft; sie erscheinen als die sekundären Elemente in der physikalischen Beschreibung der Natur, da ihre Art durch die der zu messenden Größen vorgegeben ist und nur eine Freiheit in der zweckmäßigen Wahl der Beträge übrigbleibt. Mit der Darstellung der historischen Entwicklung der elektrischen und magnetischen Einheiten und der Behandlung der Zusammenhänge zwischen ihnen beschäftigt sich das Kapitel III.

Kapitel I

Rationale und nicht-rationale Größendefinition und das Rationalisierungsproblem

1. Die Alternative rational ÷ nicht-rational in allgemeiner Formulierung

Die Alternative rational ÷ nicht-rational betrifft eine geometrisch bedingte Eigenschaft der Gleichungen und Größen. Man nennt Gleichungen *rational* geschrieben oder Größen *rational* definiert, wenn mit den in ihnen in Gleichungenform dargestellten physikalischen Gesetzmäßigkeiten eine etwa vorhandene geometrische Symmetrie des behandelten Problems explizit zum Ausdruck kommt, wenn also beispielsweise bei Vorliegen von Zylinder- oder Kugelsymmetrie ein die Zahl π enthaltender Faktor auftritt, dagegen bei linearen und homogenen Anordnungen π in den beschreibenden Gleichungen nicht erscheint. Im entgegengesetzten Fall nennt man die Gleichungenschreibung oder die Definition der Größen *nicht-rational*.

Die Antithese rational ÷ nicht-rational ist ein allgemeines geometrisches Unterscheidungsmerkmal für die Definition physikalischer Größen und nicht etwa auf die Größenarten der Elektrodynamik

---

[1]) Siehe Fußnote [1]) auf S. 11.

beschränkt. Sie hat sich nur auf diesem Gebiet nach außen hervorstechend dadurch besonders bemerkbar gemacht, daß man im Laufe der Entwicklung in der Darstellung der Gesetzmäßigkeiten des elektromagnetischen Feldes von der nicht-rationalen zur rationalen Größendefinition übergegangen ist. Wir wollen hier den Unterschied rational ÷ nicht-rational in der Größendefinition möglichst allgemein formulieren, wozu man zweckmäßigerweise von den Eigenschaften und der Darstellung eines beliebigen Quellenfeldes ausgeht *[S 55]*.

Beginnen wir mit einem kugelsymmetrischen Beispiel als einfachstem Fall für den Zusammenhang zwischen Quelle und Feld. Eine kugelförmige Quelle M vom Radius R, die gleichmäßig mit Quellen der räumlichen Dichte m erfüllt ist, erzeuge ein kugelsymmetrisches Feld, das durch einen Feldvektor A zu beschreiben ist; der Betrag A des Vektors ist auf einer Kugelfläche konstant und der Vektor selbst radial gerichtet. Dann besteht eine einfache Beziehung zwischen dem Fluß Ψ des Vektors A, d. h. seinem Hüllflächenintegral

$$\Psi = \oint A \cdot dS \ {}^1), \tag{1}$$

und der Menge M der Quelle. Um in der physikalischen Definition des Vektorfeldes A noch Freiheit zu haben und den Fluß Ψ der Menge M dimensionsmäßig anpassen zu können, führen wir eine allgemeine skalare Größe a ein. Sofern a eine von eins verschiedene Größe ist, enthält sie eine für das betreffende Feld charakteristische Konstante (z. B. Gravitationskonstante, elektrische oder magnetische Feldkonstante, elektromagnetische Verkettung). Den Zusammenhang zwischen erzeugtem Fluß und erzeugender Menge können wir allgemein in der Form

$$a\Psi = \alpha M \tag{2}$$

schreiben. α ist ein geometrisch bedingter *dimensionsloser* Zahlenfaktor, durch den wir die Unterscheidung rational ÷ nicht-rational beschreiben, und soll nur die beiden Werte 1 oder 4π annehmen. Die Alternative rational ÷ nicht-rational ist dann für das Quellenfeld entsprechend den beiden Möglichkeiten zu formulieren

$$\text{rational:} \qquad a\Psi = \oint a A \cdot dS = 1 \cdot M, \tag{3r}$$

$$\text{nicht-rational:} \quad a\Psi = \oint a A \cdot dS = 4\pi \cdot M. \tag{3n}$$

Man kann die Relationen (3) auch folgendermaßen interpretieren: Bei rationaler Schreibung und Definition gehen von der erzeugenden Menge eins 1, bei nicht-rationaler 4π Flußröhren oder Flußdichtelinien „allseitig in den Raum" aus; oder: Bei rationaler Definition werden erzeugende Menge M und von dieser ausgehender Fluß $a\Psi$ einander gleichgesetzt, während nicht-rational der Fluß $a\Psi$ als das Produkt aus erzeugender Menge M und dem Raumwinkel $\int d\Omega$ definiert wird, den der Fluß von der Menge aus gesehen erfüllt^2).

Wenn wir die zugehörigen differentiellen Darstellungen bei räumlicher Quellenverteilung der räumlichen Dichte m oder bei mit Quellen belegten Sprungflächen der Flächendichte $\vec{\mu}$ einbeziehen, können wir die rationale und nicht-rationale Formulierung für ein Quellenfeld zusammenfassen in den Beziehungen

$$\frac{1}{\alpha} \oint a A \cdot dS = M, \tag{4a}$$

$$\frac{1}{\alpha} \operatorname{div} a A \ \ = m, \tag{4b}$$

$$\frac{1}{\alpha} \operatorname{Div} a A \ \ = \vec{\mu} \tag{4c}$$

mit $\qquad\qquad\qquad \alpha = 1: \ \ \text{rationale Definition,} \tag{5r}$

$\qquad\qquad\qquad\quad \alpha = 4\pi: \ \text{nicht-rationale Definition.} \tag{5n}$

Den geometrischen Zahlenfaktor α wollen wir als *Zuordnungskoeffizient* bezeichnen.

---

^{1}) In den Abschnitten I, 1 und 2 bezeichnen wir, um Verwechslungen mit anderen Größen zu vermeiden, das Flächenelement nicht mit dA, sondern mit dS.

^{2}) In einer neueren Veröffentlichung übt *Budeanu [B 101]* an der rationalen Definition grundsätzliche Kritik und stellt die Behauptung auf, daß nur die nicht-rationale Definition eine *physikalische* Berechtigung besäße, während die rationale „den Ausdruck einer physikalischen Größe (räumlicher Winkel) durch Einführung eines parasitären Zahlenfaktors 4π unterdrücke" und „uns ziemlich weit weg und gleichzeitig außerhalb von jeder physikalischen Betrachtung leite". Die von *Budeanu* vorgebrachten Argumente können allerdings seine Verweisung der rationalen Definition aus dem Bereich der Physik nicht rechtfertigen.

Läßt sich im besonderen eine Quelle M in mehrere Anteile zerlegen, beispielsweise nach dem Schema

$$M_a = M_b + M_c \qquad \text{(6a)} \qquad \text{oder} \qquad \vec{\mu}_a = \vec{\mu}_b + \vec{\mu}_c, \qquad \text{(6c)}$$

mit denen jeweils der Fluß eines Vektorfeldes A, B oder C verknüpft werden kann, so lauten die zu (4) analogen Gleichungen mit den skalaren Größen b, c und den zugehörigen Zuordnungskoeffizienten α, β, γ

$$\frac{1}{\alpha} \oint A \cdot dS = M_a, \qquad \text{(7a)} \qquad\qquad \frac{1}{\alpha} \operatorname{Div} A = \vec{\mu}_a, \qquad \text{(7a}')$$

$$\frac{1}{\beta} \oint b B \cdot dS = M_b, \qquad \text{(7b)} \qquad \text{oder} \qquad \frac{1}{\beta} \operatorname{Div} b B = \vec{\mu}_b, \qquad \text{(7b}')$$

$$\frac{1}{\gamma} \oint c C \cdot dS = M_c, \qquad \text{(7c)} \qquad\qquad \frac{1}{\gamma} \operatorname{Div} c C = \vec{\mu}_c, \qquad \text{(7c}')$$

mit

$$\frac{1}{\alpha} A = \frac{b}{\beta} B + \frac{c}{\gamma} C. \qquad (8)$$

Wenn wir auf die beiden geometrisch bedingten Möglichkeiten der rationalen und nicht-rationalen Gleichungenschreibung und Größendefinition in allgemeiner Form Rücksicht nehmen wollen, haben wir also in die grundsätzlichen physikalischen Beziehungen für ein Quellenfeld und die aus ihnen folgenden Gleichungen an Stelle eines Vektors A jeweils die Größe A/α einzuführen und erhalten gemäß den Verfügungen (5) mit $\alpha = 1$ die rationale, mit $\alpha = 4\pi$ die nicht-rationale Größendefinition und Darstellung.

Als Spezialfall behandeln wir die Rückführung eines wirbelfreien Vektorfeldes auf ein skalares Potentialfeld. Das durch die Gleichungen (4) beschriebene Vektorfeld A soll wirbelfrei sein, d. h. sich durch ein skalares Potential φ darstellen lassen

$$\operatorname{rot} A = 0, \qquad (9a)$$

$$A = -\operatorname{grad} \varphi. \qquad (9b)$$

Falls die skalare Größe a unabhängig von den Raumkoordinaten und A ist, ergibt sich aus (4b) und (9b) die Poissonsche Differentialgleichung

$$\Delta \varphi = -\frac{\alpha\, m}{a}. \qquad (10)$$

Ihre Lösung für den Fall einer „Punktquelle" M lautet für $r > R$

$$\varphi = \frac{\alpha\, M}{4\pi a r}, \qquad (11)$$

Setzen wir $\alpha = 1$, so erhalten wir die rationale Darstellung

$$\varphi = \frac{M}{4\pi a r}, \qquad \text{(11r)}$$

während sich mit $\alpha = 4\pi$ die nicht-rationale Darstellung

$$\varphi = \frac{M}{a r} \qquad \text{(11n)}$$

ergibt. Aus der rationalen Gleichung (11r) ist direkt die hier vorhandene Kugelsymmetrie an dem im Nenner stehenden Faktor 4π abzulesen.

Als weiteres Beispiel betrachten wir einen Fall, bei dem ein Vektor A_1 zur Beschreibung zweier physikalisch verschieden bedingter Zustände oder Vorgänge dienen kann, von denen der eine durch ein Quellenfeld, der andere durch ein Wirbelfeld darzustellen ist (z. B. A_1 = magnetische Feldstärke, einmal als Quellenfeld einer der elektrisch-magnetischen 5-Grundgrößenarten-Auffassung der Elektrodynamik (Abschnitt II, 3) entsprechenden magnetischen Menge, zum anderen als Wirbelfeld eines elektrischen Stromes). Um der für jedes Quellenfeld charakteristischen geometrischen Alternative rational ÷ nicht-rational gerecht werden zu können, führen wir wieder einen Zuordnungskoeffizienten α_1 ein und setzen überall in den beschreibenden Gleichungen A_1/α_1 an Stelle von A_1.

Mit dem Vektor A_1 als Repräsentanten eines Wirbelfeldes soll eine Strömung der Stromstärke I verknüpft sein. Dabei sei die Strömung I in jedem Querschnitt durch ein Integral

$$\int A_2 \cdot dS = I \tag{12}$$

über den quellenfreien Stromdichtevektor A_2 darstellbar. Der allgemeine physikalische Zusammenhang zwischen Strömung oder Durchflutung und Wirbel ist unter Einführung einer beliebigen skalaren Größe a_1' (Proportionalitätsfaktor zur evtl. erforderlichen Richtigstellung der Dimensionen) mit dem Zuordnungskoeffizienten α_1 als Linienintegral über eine geschlossene Kurve s

$$\frac{1}{\alpha_1} \oint a_1' A_1 \cdot ds = I \tag{13a}$$

oder in der differentiellen Form

$$\frac{1}{\alpha_1} \operatorname{rot} a_1' A_1 = A_2 \tag{13b}$$

zu schreiben. Mit den beiden nach den Beziehungen (5) für α_1 zur Verfügung stehenden Werten 1 und 4π lautet die Gleichung (13a)

$$\text{rational:} \qquad \oint a_1' A_1 \cdot ds = 1 \cdot I, \tag{14r}$$

$$\text{nicht-rational:} \quad \oint a_1' A_1 \cdot ds = 4\pi \cdot I. \tag{14n}$$

In manchen Fällen verschwindet die Divergenz der Stromdichte A_2 nicht mehr; der Vektor A_2 wird erst durch Zufügen der zeitlichen Änderung (des partiellen zeitlichen Differentialquotienten) eines weiteren Vektors A_3 zu einem quellenfreien Strömungsfeld ergänzt, wobei A_3 selbst wieder Quellen besitzt (z. B. $\dot{A}_3 =$ elektrische Verschiebungsstromdichte in nichtstationären Feldern, falls A_2 die elektrische Stromdichte darstellt). Dann ist zur Berichtigung evtl. vorhandener Dimensionsunterschiede und der Alternative rational $\div$ nicht-rational beim Vektorfeld A_3 statt des Vektors $\dot{A}_3$ die Größe $a_3 \dot{A}_3 / \alpha_3$ einzuführen. Die zu den Gleichungen (13) analogen Beziehungen lauten für diesen Fall

$$\frac{1}{\alpha_1} \oint a_1' A_1 \cdot ds = \int A_2 \cdot dS + \frac{d}{dt} \int \frac{a_3}{\alpha_3} A_3 \cdot dS, \tag{15a}$$

$$\frac{1}{\alpha_1} \operatorname{rot} a_1' A_1 = A_2 + \frac{a_3}{\alpha_3} \dot{A}_3. \tag{15b}$$

Auf der anderen Seite soll der Vektor A_1 ein Quellenfeld kennzeichnen, das zusammen mit einem weiteren Quellenfeld A_4 sich zu einem Gesamtfeld A_5 nach der Relation

$$\frac{A_5}{\alpha_5} = \frac{a_1}{\alpha_1} A_1 + \frac{a_4}{\alpha_4} A_4 \tag{16a}$$

ergänzt (z. B. $A_4 =$ Magnetisierung, $A_5 =$ magnetische Induktion). Diese Seite des Problems haben wir bereits durch die Gleichungen (6) bis (8) dargestellt. Wir wollen hier annehmen, daß sich die Quellen der beiden Felder $a_1 A_1 / \alpha_1$ und $a_4 A_4 / \alpha_4$ gegenseitig aufheben (in der Formulierung der Gleichung (6c): $\vec{\mu}_b + \vec{\mu}_c = 0$), so daß wir das Vektorfeld A_5 als quellenfrei voraussetzen dürfen (entsprechend $\vec{\mu}_a = 0$, d. h. in unserem magnetischen Beispiel: keine wahren magnetischen Ladungen).

Das Quellenfeld A_1 soll mit dem in den Gleichungen (13) auftretenden Wirbelfeld A_1 in Zusammenhang gebracht und an dieses angepaßt werden. Hierzu haben wir beispielsweise nur anzunehmen, daß das Feld $a_4 A_4$ im betrachteten Feldraum verschwindet oder in die Vektorgröße $a_1 A_1$ einbezogen werden kann (in unserem magnetischen Beispiel: keine permanenten Magnete im Feldraum) und daß das Feld A_1 selbst als Wirbelfeld durch eine Strömung der Stromdichte A_2 entsprechend Gleichung (13b) hervorgebracht wird. Dann ist das Vektorfeld A_1 der Gleichungen (13) mit dem quellenfreien Feld A_5 durch die Beziehung

$$\frac{A_5}{\alpha_5} = \frac{a_1}{\alpha_1} A_1 \tag{16b}$$

mit der Randbedingung

$$\operatorname{div} A_5 = 0 \tag{17}$$

verknüpft; d. h. wir können A_5 auf ein Vektorpotential A_6 zurückführen

$$A_5 = \operatorname{rot} A_6. \tag{18}$$

A_6 wird ein eindeutiges Vektorpotential des quellenfreien Feldes A_5, wenn man es selbst als quellenfrei ansetzt

$$\operatorname{div} A_6 = 0. \tag{19}$$

Falls die skalaren Größen a_1' und a_1 unabhängig von den Raumkoordinaten und den beiden Vektoren A_1 und A_5 sind, läßt sich aus den Gleichungen (13 b) und (16 b) bis (19) eine der Poissonschen Gleichung analoge Differentialgleichung für das Vektorpotential aufstellen

$$\Delta A_6 = - \frac{\alpha_5 a_1}{a_1'} A_2. \tag{20}$$

Ihre Lösung lautet für den Fall einer Strömung I in einer geschlossenen linearen Bahn (Linienelement ds)

$$A_6 = \frac{\alpha_5 a_1 I}{4 \pi a_1'} \oint \frac{ds}{r}. \tag{21}$$

Unter Berücksichtigung der Gleichungen (18) und (16 b) folgt für den Vektor A_1 (r^0: Einheitsvektor des Fahrstrahls vom Stromelement $I ds$ zum Aufpunkt)

$$A_1 = \frac{\alpha_1 I}{a_1} \oint \frac{ds \times r^0}{4 \pi r^2}, \tag{22}$$

also mit $\alpha_1 = 1$ die rationale Darstellung

$$A_1 = \frac{I}{a_1} \oint \frac{ds \times r^0}{4 \pi r^2}, \tag{22r}$$

welche die (vom Stromelement aus gesehen) vorhandene Symmetrie explizit zum Ausdruck bringt, und mit $\alpha_1 = 4 \pi$ die nicht-rationale Darstellung

$$A_1 = \frac{I}{a_1} \oint \frac{ds \times r^0}{r^2} \tag{22n}$$

2. Übergänge rational ⇌ nicht-rational

Ebenso wie die Formulierung einer rationalen oder nicht-rationalen Behandlung physikalischer Probleme läßt sich die wechselseitige Überführung von rationalen und nicht-rationalen Darstellungen ineinander allgemein angeben. Wichtig ist hierbei die Tatsache, daß die Alternative rational ÷ nicht-rational nur geometrischer Natur ist und somit keine dimensionsmäßigen Unterschiede zwischen der rationalen und der nicht-rationalen Definition einer Größenart schafft. Es ist grundsätzlich zwischen zwei Methoden zu unterscheiden, und zwar in der Weise, ob man bei einem Übergang rational ⇌ nicht-rational die Definition der *Größen* oder die Festlegung der *Einheiten* wechseln will.

A) Methode der Variation der Größen. Der erste Weg führt über einen Wechsel in der Größendefinition zum Ziel — d. h. man legt einen Satz rational definierter Größen und einen Satz nicht-rational definierter Größen fest, zwischen denen jeweils ein rational und ein nicht-rational geschriebenes Gleichungssystem besteht. Dabei sind die auf die rationalen und nicht-rationalen Größen abgestimmten Einheiten die gleichen; die rationalen und nicht-rationalen Zahlenwerte verhalten sich wie die rationalen und nicht-rationalen Größen zueinander.

---

[1]) Der Koeffizient α_1 kann auch hier wieder wie im Fall des reinen Quellenfeldes bei den Gleichungen (3) durch eine geometrische Raumwinkelbetrachtung interpretiert werden (Abschnitt 6).

[2]) In der 5-Grundgrößenarten-Darstellung der Elektrodynamik (Abschnitt II, 3) würden die hier benutzten allgemeinen Formelzeichen A_1, A_2, A_3, A_4, A_5, A_6, a_1, a_1', a_3, a_4 folgenden Größen zuzuordnen sein: A_1 der magnetischen Feldstärke H_*, A_2 der elektrischen Stromdichte G, A_3 der elektrischen Verschiebung D, A_4 der magnetischen Polarisation J_*, A_5 der magnetischen Induktion B_*, A_6 dem magnetischen Vektorpotential A_*, a_1 der absoluten Permeabilität $\mu_* = \mu_{*r} \cdot \mu_{*0}$, a_1' der elektromagnetischen Verkettung γ, $a_3 = a_4 = 1$; α_1, α_3, α_4 und α_5 entsprechen den Zuordnungskoeffizienten χ, ν_e, λ und ν_m des Abschnittes 4.

Wir wollen durch $_r a$, $_r A$, $_r M$ die rational definierten Größen und durch $_n a$, $_n A$, $_n M$ die nicht-rational definierten Größen hervorheben[1]). Die zu den Gleichungen (3) analogen Relationen lauten dann

$$_r a \oint {}_r A \,.\, dS = {}_r M \qquad \text{(Größengleichung)} \qquad (23\,\mathrm{r})$$

$$_n a \oint {}_n A \,.\, dS = 4\,\pi\,{}_n M \qquad \text{(Größengleichung)} \qquad (23\,\mathrm{n})$$

und können als Größengleichungen angesehen werden. Da rational und nicht-rational definierte Größe jeweils gleiche Dimension haben und der Unterschied rational $\div$ nicht-rational durch die entsprechende Einführung der Größen bereits in den zugehörigen Größengleichungen (23 r) und (23 n) explizit zum Ausdruck kommt, sind die auf die Größengleichungen abgestimmten Einheiten für beide Fälle identisch

$$[_n a] = [_r a], \qquad\qquad (24)$$

$$[_n A] = [_r A], \qquad\qquad (25)$$

$$[_n M] = [_r M]. \qquad\qquad (26)$$

Die definitionsmäßige Zuordnung der rationalen und nicht-rationalen Größen, d. h. die Unterbringung des allgemeinen Zuordnungskoeffizienten α in der Größendefinition kann auf mannigfache Weise erfolgen. Von praktischer Bedeutung sind folgende beiden Arten:

α) Die Alternative rational $\div$ nicht-rational wird in die Definition der *skalaren Größe a* einbezogen, während die Definitionen für Quellenmenge M und Quellenfeld A hiervon unberührt bleiben

$$_n a = 4\,\pi\,{}_r a \qquad (27\alpha) \qquad\qquad _n A = {}_r A \qquad (28\alpha) \qquad\qquad _n M = {}_r M. \qquad (29\alpha)$$

Die zu diesen Größenbeziehungen gehörigen Zahlenwertbeziehungen stimmen mit jenen formal überein

$$\{_n a\} = 4\,\pi\,\{_r a\} \qquad (27\alpha') \qquad \{_n A\} = \{_r A\} \qquad (28\alpha') \qquad \{_n M\} = \{_r M\}. \qquad (29\alpha')$$

β) Man legt die Definition der skalaren Größe invariant gegenüber Rationalisierung fest und verteilt die Definitionsalternative rational $\div$ nicht-rational zu gleichen Teilen, d. h. jeweils mit dem Faktor $\sqrt{\alpha}$, auf *Flußdichte A* und *Menge M*,

$$_n a = {}_r a \qquad (27\beta) \qquad _n A = \sqrt{4\,\pi}\,{}_r A \qquad (28\beta) \qquad _n M = \frac{_r M}{\sqrt{4\,\pi}}. \qquad (29\beta)$$

Die entsprechenden Zahlenwertbeziehungen lauten

$$\{_n a\} = \{_r a\} \qquad (27\beta') \qquad \{_n A\} = \sqrt{4\,\pi}\,\{_r A\} \qquad (28\beta') \qquad \{_n M\} = \frac{\{_r M\}}{\sqrt{4\,\pi}}. \qquad (29\beta')$$

In beiden Fällen gelangt man unter Benutzung der Verknüpfungsrelationen (27) bis (29) zwischen nicht-rationalen und rationalen Größen direkt von der Gleichung (23 n) zu der Gleichung (23 r) und umgekehrt.

B) Methode der Variation der Einheiten. Der zweite Weg geht von einer fest vorgegebenen und beim Wechsel rational $\rightleftharpoons$ nicht-rational unverändert belassenen Größendefinition aus und paßt beim Übergang von einer rationalen zu einer nicht-rationalen Gleichungenschreibung oder umgekehrt die Einheiten an. Analog zu der Unterscheidung bei der Behandlung der Methode der Variation der Größen wollen wir zwei Gruppen von Möglichkeiten betrachten.

α) Die Anpassung der Einheiten erfolgt über die *Einheit für die skalare Größe a*. In dieser ersten Gruppe gibt es noch zwei Möglichkeiten des Anpassungsverfahrens.

$\alpha\alpha'$) Man legt die *rationale* Größendefinition zugrunde. Die rationalen Größen $_r a$, $_r A$, $_r M$ sind durch die Gleichung

$$_r a \oint {}_r A \,.\, dS = {}_r M \qquad \text{(Größengleichung)} \qquad (23\,\mathrm{r})$$

verknüpft. Auf die „rationale" Größengleichung (23 r) seien die rationalen Einheiten $[_r a] = [_r a]_\mathrm{r}$, $[_r A] = [_r A]_\mathrm{r}$, $[_r M] = [_r M]_\mathrm{r}$ der Gleichungen (24) bis (26) abgestimmt. Für die rationalen Größen $_r a$, $_r A$, $_r M$ können wir neue, nicht-rationale Einheiten (Klammer-Index $_{\mathrm{n}*}$) vereinbaren

$$[_r a]_{\mathrm{n}*} = \frac{[_r a]_\mathrm{r}}{4\,\pi} \qquad (30*\mathrm{a}) \qquad [_r A]_{\mathrm{n}*} = [_r A]_\mathrm{r} \qquad (31*\mathrm{a}) \qquad [_r M]_{\mathrm{n}*} = [_r M]_\mathrm{r}. \qquad (32*\mathrm{a})$$

---

[1]) Die Indizierung $_r X$ und $_n X$ stimmt mit einer Empfehlung der SUN-Commission der IUPAP aus dem Jahre 1954 überein (Abschnitt 6; *[I 36 a]*).

Zwischen den in den nicht-rationalen Einheiten $[_ra]_{n*}$, $[_rA]_{n*}$, $[_rM]_{n*}$ gemessenen nicht-rationalen Zahlenwerten $\{_ra\}_{n*}$, $\{_rA\}_{n*}$, $\{_rM\}_{n*}$ der rationalen Größen $_ra$, $_rA$, $_rM$ besteht die Beziehung

$$\{_ra\}_{n*} \oint \{_rA\}_{n*} \cdot d\{S\} = 4\,\pi\,\{_rM\}_{n*} \qquad \text{(Zahlenwertgleichung)}, \qquad (33^*)$$

die als „nicht-rationale" Zahlenwertgleichung durch den vorgenommenen Einheitenwechsel aus der „rationalen" Größengleichung (23r) hervorgegangen ist. Die den Einheitenrelationen (30*a) bis (32*a) entsprechenden Zahlenwertbeziehungen gewinnt man nach dem allgemeinen Schema

$$x = \{x\}_r \cdot [x]_r = \{x\}_{n*} \cdot [x]_{n*} \qquad (34^*)$$

als inverse Relationen

$$\{_ra\}_{n*} = 4\,\pi\,\{_ra\}_r \quad (30^*\text{b}) \qquad\qquad \{_rA\}_{n*} = \{_rA\}_r \quad (31^*\text{b}) \qquad\qquad \{_rM\}_{n*} = \{_rM\}_r. \quad (32^*\text{b})$$

$\alpha\alpha''$) Geht man umgekehrt von der *nicht-rationalen* Größendefinition aus, so kehren sich die Verhältnisse gerade um. Zwischen den nicht-rationalen Größen $_na$, $_nA$, $_nM$ besteht die Beziehung

$$_na \oint {}_nA \cdot dS = 4\,\pi\,{}_nM \qquad \text{(Größengleichung)}. \qquad (23\text{n})$$

Auf die „nicht-rationale" Größengleichung (23n) seien die nicht-rationalen Einheiten $[_na] = [_na]_n$, $[_nA] = [_nA]_n$, $[_nM] = [_nM]_n$ der Gleichungen (24) bis (26) abgestimmt. Wir vereinbaren zu den nicht-rationalen Größen $_na$, $_nA$, $_nM$ neue, rationale Einheiten (Klammer-Index $_{r*}$)

$$[_na]_{r*} = 4\,\pi\,[_na]_n \quad (35^*\text{a}) \qquad\qquad [_nA]_{r*} = [_nA]_n \quad (36^*\text{a}) \qquad\qquad [_nM]_{r*} = [_nM]_n. \quad (37^*\text{a})$$

Die in ihnen gemessenen rationalen Zahlenwerte $\{_na\}_{r*}$, $\{_nA\}_{r*}$, $\{_nM\}_{r*}$ der nicht-rationalen Größen $_na$, $_nA$, $_nM$ genügen der Beziehung

$$\{_na\}_{r*} \oint \{_nA\}_{r*} \cdot d\{S\} = \{_nM\}_{r*} \qquad \text{(Zahlenwertgleichung)}, \qquad (38^*)$$

die als „rationale" Zahlenwertgleichung der „nicht-rationalen" Größengleichung (23n) an die Seite zu stellen ist. Zwischen den rationalen und nicht-rationalen Zahlenwerten bestehen die Relationen

$$\{_na\}_{r*} = \frac{\{_na\}_n}{4\,\pi} \quad (35^*\text{b}) \qquad\qquad \{_nA\}_{r*} = \{_nA\}_n \quad (36^*\text{b}) \qquad\qquad \{_nM\}_{r*} = \{_nM\}_n. \quad (37^*\text{b})$$

β) Die Anpassung der Einheiten erfolgt über die *Einheiten von Flußdichte A und Menge M*. In dieser zweiten Gruppe gibt es wieder zwei Möglichkeiten des Anpassungsverfahrens.

$\beta\beta'$) Man legt die *rationale* Größendefinition zugrunde. Die rationalen Größen $_ra$, $_rA$, $_rM$ sind durch die Gleichung

$$_ra \oint {}_rA \cdot dS = {}_rM \qquad \text{(Größengleichung)} \qquad (23\text{r})$$

verknüpft. Auf die „rationale" Größengleichung (23r) seien die rationalen Einheiten $[_ra] = [_ra]_r$, $[_rA] = [_rA]_r$, $[_rM] = [_rM]_r$ der Gleichungen (24) bis (26) abgestimmt. Für die rationalen Größen $_ra$, $_rA$, $_rM$ können wir neue, nicht-rationale Einheiten (Klammer-Index $_n$) vereinbaren

$$[_ra]_n = [_ra]_r \quad (30\text{a}) \qquad\qquad [_rA]_n = \frac{[_rA]_r}{\sqrt{4\,\pi}} \quad (31\text{a}) \qquad\qquad [_rM]_n = \sqrt{4\,\pi\,[_rM]_r}. \quad (32\text{a})$$

Zwischen den in den nicht-rationalen Einheiten $[_ra]_n$, $[_rA]_n$, $[_rM]_n$ gemessenen nicht-rationalen Zahlenwerten $\{_ra\}_n$, $\{_rA\}_n$, $\{_rM\}_n$ der rationalen Größen $_ra$, $_rA$, $_rM$ besteht die Beziehung

$$\{_ra\}_n \oint \{_rA\}_n \cdot d\{S\} = 4\pi\,\{_rM\}_n \qquad \text{(Zahlenwertgleichung)}, \qquad (33)$$

die als „nicht-rationale" Zahlenwertgleichung durch den vorgenommenen Einheitenwechsel aus der „rationalen" Größengleichung (23r) hervorgegangen ist. Die mit den Einheitenrelationen (30a) bis (32a) folgenden Zahlenwertbeziehungen gewinnt man nach dem allgemeinen Schema

$$x = \{x\}_r \cdot [x]_r = \{x\}_n \cdot [x]_n \qquad (34)$$

als inverse Relationen

$$\{_ra\}_n = \{_ra\}_r \quad (30\text{b}) \qquad\qquad \{_rA\}_n = \sqrt{4\,\pi}\,\{_rA\}_r \quad (31\text{b}) \qquad\qquad \{_rM\}_n = \frac{\{_rM\}_r}{\sqrt{4\,\pi}}. \quad (32\text{b})$$

$\beta\beta''$) Geht man umgekehrt von der *nicht-rationalen* Größendefinition aus, so kehren sich die Verhältnisse gerade um. Zwischen den nicht-rationalen Größen $_na$, $_nA$, $_nM$ besteht die Beziehung

$$_na \oint {}_nA \cdot dS = 4\pi\,{}_nM \qquad \text{(Größengleichung)}. \qquad (23\text{n})$$

Auf die „nicht-rationale" Größengleichung (23n) seien die nicht-rationalen Einheiten $[_n a] = \lfloor_n a\rfloor_n$, $[_n A] = [_n A]_n$, $[_n M] = [_n M]_n$ der Gleichungen (24) bis (26) abgestimmt. Wir vereinbaren zu den nicht-rationalen Größen $_n a$, $_n A$, $_n M$ neue, rationale Einheiten (Klammer-Index $_r$)

$$[_n a]_r = [_n a]_n \qquad (35\,\text{a}) \qquad\qquad [_n A]_r = \sqrt{4\,\pi}\,[_n A]_n \qquad (36\,\text{a}) \qquad\qquad [_n M]_r = \frac{[_n M]_n}{\sqrt{4\,\pi}} . \qquad (37\,\text{a})$$

Die in ihnen gemessenen rationalen Zahlenwerte $\{_n a\}_r$, $\{_n A\}_r$, $\{_n M\}_r$ der nicht-rationalen Größen $_n a$, $_n A$, $_n M$ genügen der Beziehung

$$\{_n a\}_r \oint \{_n A\}_r \cdot d\{S\} = \{_n M\}_r \quad \text{(Zahlenwertgleichung)}, \qquad (38)$$

die als „rationale" Zahlenwertgleichung der „nicht-rationalen" Größengleichung (23n) an die Seite zu stellen ist. Zwischen den rationalen und nicht-rationalen Zahlenwerten bestehen die Relationen

$$\{_n a\}_r = \{_n a\}_n \qquad (35\,\text{b}) \qquad\qquad \{_n A\}_r = \frac{\{_n A\}_n}{\sqrt{4\,\pi}} \qquad (36\,\text{b}) \qquad\qquad \{_n M\}_r = \sqrt{4\,\pi}\,\{_n M\}_n. \qquad (37\,\text{b})$$

Für die Beurteilung der verschiedenen unter $A)$ und $B)$ aufgezeigten Möglichkeiten des Überganges rational ⇌ nicht-rational sind folgende Tatsachen von Bedeutung. Die „rationalen" Zahlenwertgleichungen (38*) und (38) stimmen formal mit der „rationalen" Größengleichung (23r) überein, ebenso die „nicht-rationalen" Zahlenwertgleichungen (33*) und (33) mit der „nicht-rationalen" Größengleichung (23n). Wir können beispielsweise eine rationale Beziehung der Form

$$a \oint A \cdot dS = M \qquad (39)$$

einmal entsprechend Relation (23r) als „rationale" Größen- (oder Zahlenwert-)gleichung zwischen den rationalen Größen $_r a$, $_r A$, $_r M$, gemessen in den auf diese *abgestimmten* rationalen Einheiten $[_r a]_r$, $[_r A]_r$, $[_r M]_r$, ansehen und zum anderen entsprechend Relation (38*) oder (38) als „rationale" Zahlenwertgleichung zwischen den nicht-rationalen Größen $_n a$, $_n A$, $_n M$, gemessen in den auf diese *nicht* mehr *abgestimmten* rationalen Einheiten $[_n a]_{r*}$, $[_n A]_{r*}$, $[_n M]_{r*}$ oder $[_n a]_r$, $[_n A]_r$, $[_n M]_r$, betrachten. Eine analoge Überlegung gilt für die „nicht-rationale" Beziehung

$$a \oint A \cdot dS = 4\,\pi M. \qquad (40)$$

Diese Aussage ist auch gleichungenmäßig einfach zu formulieren. Hierzu tragen wir die gerade eingeführte Doppelindizierung in den Relationen zwischen den auf die Größengleichungen (23) abgestimmten Einheiten nach

$$[_n a]_n = [_r a]_r \qquad (24') \qquad\qquad [_n A]_n = [_r A]_r \qquad (25') \qquad\qquad [_n M]_n = [_r M]_r \qquad (26')$$

und greifen als Beispiel die Größe M heraus. Aus den Beziehungen (26') und (29β) folgt mit der Relation (32a) die Zahlenwertgleichung

$$\frac{_n M}{[_n M]_n} = \{_n M\}_n = \{_r M\}_n = \frac{_r M}{[_r M]_n} , \qquad (41)$$

und mit der Relation (37a) die Zahlenwertgleichung

$$\frac{_r M}{[_r M]_r} = \{_r M\}_r = \{_n M\}_r = \frac{_n M}{[_n M]_r} . \qquad (42)$$

Zusammen mit den Beziehungen (29β'), (32b) und (37b) erhalten wir die allgemeine Umrechnungsrelation zwischen rationalen und nicht-rationalen Zahlenwerten der Größe M

$$\frac{\{_r M\}}{\{_n M\}} = \frac{\{_r M\}_r}{\{_r M\}_n} = \frac{\{_n M\}_r}{\{_n M\}_n} = \sqrt{4\,\pi}. \qquad (43)$$

Die Gleichungen (41) bis (43) sagen folgendes aus: Nach den hier in Vergleich gesetzten Methoden $A\beta$, $B\beta'$ und $B\beta''$, die sämtlich die skalare Größe a bei der Rationalisierung invariant lassen, resultiert stets das gleiche Umrechnungsverhältnis (43) zwischen rationalem und nicht-rationalem *Zahlenwert* für die von der Rationalisierung betroffene Größe M; entsprechendes läßt sich mit den Beziehungen (28β'), (31b) und (36b) für die Größe A zeigen. Nun stellen aber gerade die Zahlenwerte als Verhältnisse zwischen der zu messenden Größe und der als Einheit bezeichneten Vergleichsgröße gleicher Art die eigentlichen Ergebnisse jeglicher physikalischen Messung dar. Folglich ist experimentell über die „Richtigkeit" oder „Unrichtigkeit" dieser drei Verfahren nicht zu entscheiden — sie sind nur als verschiedene, jedoch vollkommen gleichwertige Arten der formalen *Beschreibung* für den Übergang rational $\rightleftharpoons$ nicht-rational nach dem durch den Buchstaben β (Invarianz der skalaren Größe a gegenüber Rationalisierung) gekennzeichneten Grundsatz zu werten; ihre jeweilige Anwendung ist lediglich eine Frage der Zweckmäßigkeit für den betrachteten Einzelfall.

Ein von (43) abweichendes Ergebnis liefert die Methode $A\alpha$, welche die Rationalisierung in der Form vornimmt, daß nicht die skalare Größe a, sondern Flußdichte A und Menge M invariant bleiben. Nach dem Verfahren $A\alpha$ ergibt sich für das Verhältnis des rationalen zum nicht-rationalen Zahlenwert für die Größen A und M aus den Gleichungen $(28\alpha')$ und $(29\alpha')$ der von der Gleichung (43) abweichende Wert 1.

Als weiteres Beispiel vergleichen wir die Zahlenwerte der skalaren Größe a nach den Methoden $A\alpha$, $B\alpha\alpha'$ und $B\alpha\alpha''$, die sämtlich Flußdichte A und Menge M bei der Rationalisierung konstant lassen. Aus den Beziehungen $(24')$ und (27α) folgt mit der Relation $(30*\mathrm{a})$ die Zahlenwertgleichung

$$\frac{_{n}a}{[_{n}a]_{\mathrm{n}}} = \{_{n}a\}_{\mathrm{n}} = \{_{r}a\}_{\mathrm{n}*} = \frac{_{r}a}{[_{r}a]_{\mathrm{n}*}} , \tag{41*}$$

und mit der Relation $(35*\mathrm{a})$ die Zahlenwertgleichung

$$\frac{_{r}a}{[_{r}a]_{\mathrm{r}}} = \{_{r}a\}_{\mathrm{r}} = \{_{n}a\}_{\mathrm{r}*} = \frac{_{n}a}{[_{n}a]_{\mathrm{r}*}} . \tag{42*}$$

Mit den Beziehungen $(27\alpha')$, $(30*\mathrm{b})$ und $(35*\mathrm{b})$ erhalten wir die allgemeine Umrechnungsrelation zwischen rationalen und nicht-rationalen Zahlenwerten der Größe a

$$\frac{\{_{n}a\}}{\{_{r}a\}} = \frac{\{_{r}a\}_{\mathrm{n}*}}{\{_{r}a\}_{\mathrm{r}}} = \frac{\{_{n}a\}_{\mathrm{n}}}{\{_{n}a\}_{\mathrm{r}*}} = 4\,\pi. \tag{43*}$$

Die Methoden $A\alpha$, $B\alpha\alpha'$ und $B\alpha\alpha''$, bei denen Flußdichte A und Menge M invariant gegenüber Rationalisierung bleiben, führen stets zu dem gleichen Umrechnungsverhältnis (43*) zwischen rationalem und nicht-rationalem *Zahlenwert* für die von der Rationalisierung betroffene Größe a. Demnach ist allgemein wieder zu folgern: Experimentell ist über die „Richtigkeit" oder „Unrichtigkeit" dieser drei Verfahren nicht zu entscheiden — sie sind nur als verschiedene, jedoch vollkommen gleichwertige Arten der formalen *Beschreibung* für den Übergang rational $\rightleftharpoons$ nicht-rational nach dem durch den Buchstaben α (Invarianz von Flußdichte A und Menge M gegenüber der Rationalisierung) gekennzeichneten Grundsatz zu werten; ihre jeweilige Anwendung ist lediglich eine Frage der Zweckmäßigkeit für den betrachteten Einzelfall.

Ein von (43*) abweichendes Ergebnis liefert die Methode $A\beta$, welche die Rationalisierung in der Form vornimmt, daß nicht Flußdichte A und Menge M, sondern die skalare Größe a invariant bleibt. Nach dem Verfahren $A\beta$ ergibt sich für das Verhältnis des rationalen zum nicht-rationalen Zahlenwert für die skalare Größe a aus Gleichung $(27\beta')$ der von der Gleichung (43*) abweichende Wert 1.

Abschließend wollen wir noch anmerken, daß man die hier behandelten Möglichkeiten $A\alpha$, $A\beta$, $B\alpha\alpha'$, $B\alpha\alpha''$, $B\beta\beta'$, $B\beta\beta''$ für den Übergang rational $\rightleftharpoons$ nicht-rational nach zwei verschiedenen Gesichtspunkten auf- oder einteilen kann: einmal nach der Verfahrensart — Methode der Variation der Größen oder der der Einheiten entsprechend Buchstabe A oder B —, zum anderen nach der Größenart, die oder deren Einheit bei der Rationalisierung invariant bleiben soll — Invarianz von A und M oder a entsprechend Buchstabe α oder β. Bei der Darstellung dieses allgemeinen Abschnittes haben wir den ersten Gesichtspunkt in den Vordergrund gestellt. Bei der Anwendung auf die Elektrodynamik werden wir im Abschnitt 5 auch dem zweiten Gesichtspunkt Rechnung tragen (Rationalisierung nach *Giorgi* oder *Lorentz*).

3. Die Gravitation als Beispiel einer nicht-rationalen Größeneinführung

Ehe wir die in den beiden voraufgegangenen Abschnitten formulierten Gedankengänge über das Problem der Rationalisierung auf das eigentliche Thema des Buchteils anwenden, wollen wir sie noch an einem Beispiel aus der Mechanik erläutern. Hierfür wählen wir das Gravitationsgesetz, das formal als Vorbild für die Aufstellung des elektrischen und des magnetischen Punktkraftgesetzes diente.

Das Newtonsche Massenanziehungsgesetz wird noch heute allgemein in der Form

$$F = G \, \frac{M_1 M_2}{r^2} \, r^0 \tag{44}$$

geschrieben, wobei G die Gravitationskonstante und r^0 den Einheitsvektor für den Abstand der Masse M_2 von der Masse M_1 bedeuten. Wenn wir die rechte Seite der Gleichung (44) als Produkt aus der Beschleunigung g, welche die Masse M_2 im Gravitationsfeld der Masse M_1 erfährt, und der Masse M_2 auffassen, so ist die Gravitationsbeschleunigung g als

$$g = G \, \frac{M_1}{r^2} \, r^0 \tag{45}$$

anzusetzen. Der Zusammenhang zwischen der Masse M_1 und dem von ihr erzeugten Gravitationsfluß Γ, d. h. dem Hüllflächenintegral über den Vektor g, lautet somit

$$\frac{1}{G} \, \Gamma = \frac{1}{G} \oint g \cdot dA = 4 \pi M_1. \tag{46}$$

Der Vergleich mit Beziehung (4a) zeigt, daß hier in der definierenden Verknüpfungsrelation zwischen dem Quellenfeld g und der Quelle M_1 als skalare Größe a der Reziprokwert der Gravitationskonstanten auftritt und der Zuordnungskoeffizient α den Wert 4π besitzt. Oder mit anderen Worten ausgedrückt: Wir bedienen uns in der Mechanik bei der Beschreibung der Gravitation einer *nicht-rationalen* Definitions- und Gleichungenschreibweise.

4. Rationale und nicht-rationale Definition der elektrischen und magnetischen Größenarten

Bei der Darstellung der Gesetzmäßigkeiten des elektrischen und magnetischen Feldes liegen die Verhältnisse nicht so einfach. Während zur Behandlung der Gravitation ein einziger Vektor, nämlich die Beschleunigung g ausreicht, pflegt man im Falle des materieerfüllten elektrischen und magnetischen Feldes jeweils drei Vektoren einzuführen: Flußdichten D und B, Feldstärken E und H, Polarisationen P und J [1]). Diese Art der Beschreibung entspricht der früher didaktisch gern benutzten Unterscheidung zwischen wahren, freien und scheinbaren (oder induzierten) Ladungen, denen z. B. durch Beziehungen nach dem Schema der Gleichungen (6c) und (7c′) die Flußdichten, Feldstärken und Polarisationen zugeordnet werden [2]).

Von den physikalischen Definitionsfestsetzungen solcher Beziehungen bleiben die geometrischen Verfügungen hinsichtlich der hier interessierenden Alternative rational ÷ nicht-rational unberührt. Jeder der 6 Vektoren kann willkürlich und unabhängig von den anderen 5 Vektoren rational oder nicht-rational eingeführt und mit den zugehörigen Quellen verknüpft werden *[S 55]*.

Demzufolge hat man 6 Zuordnungskoeffizienten α_i festzulegen, deren jeder gemäß den Verfügungen (5) den Wert 1 oder 4π annehmen kann. Wir verfahren nach dem Schema der Tabelle 13. Da jedem der 6 Koeffizienten $\chi_e, \nu_e, \lambda_e, \chi_m, \nu_m, \lambda_m$ (Fall I) ein „rationaler" und ein „nicht-rationaler Zahlenwert" gegeben werden kann, bestehen grundsätzlich $2^6 = 64$ Möglichkeiten einer rationalen oder nicht-rationalen Größendefinition und Gleichungenschreibweise für die Gesetzmäßigkeiten des elektromagnetischen Feldes. Erfreulicherweise ist nicht von allen 64 Möglichkeiten Gebrauch gemacht worden. Man hat für die Feldstärken und Polarisationen im elektrischen und magnetischen Feld im

---

[1]) Die magnetische Polarisation J wird hier als eine Größe von der Art einer magnetischen Induktion benutzt, d. h. das mechanische Drehmoment T, das im Vakuum auf einen Magneten vom magnetischen Moment m_H in einem magnetischen Feld der Feldstärke H ausgeübt wird, ist als

$$T = m_H \times H \tag{275a}$$

zu schreiben. Der Unterschied der magnetischen Polarisation J gegenüber der von *Mie* und *Sommerfeld* bevorzugten Magnetisierung M als einer Größe von der Art einer magnetischen Feldstärke, d. h. verknüpft mit der Gleichung

$$T = m_B \times B_0 \tag{275b}$$

für das mechanische Drehmoment, ist für das hier behandelte Problem der Rationalisierung ohne Belang (Abschnitt II, 4).

[2]) Die Auffassung, daß es keine wahre magnetische Ladung gibt, äußert sich dann darin, daß in den den Gleichungen (6c) und (7c′) entsprechenden Beziehungen $\vec{\mu_a} = 0$ ist, d. h. daß sich freie und induzierte magnetische Ladungsdichte die Waage halten.

Tabelle 13. Zuordnungskoeffizienten für das elektrische und das magnetische Feld

Feldvektoren		E	D	P	H	B	J
Zuordnungskoeffizient	Fall I	χ_e	ν_e	λ_e	χ_m	ν_m	λ_m
	Fall II	χ	ν_e	λ	χ	ν_m	λ

allgemeinen gleichmäßig rational oder nicht-rational verfügt, dagegen die Festlegung für die Fluß-
dichten heterogen gehandhabt. Wir können daher $\chi_e = \chi_m = \chi$ und $\lambda_e = \lambda_m = \lambda$ setzen, müssen jedoch
zwischen ν_e und ν_m unterscheiden. Somit kommen wir für die praktisch wichtigen Darstellungsarten der
Elektrodynamik mit den 4 Zuordnungskoeffizienten χ, ν_e, ν_m, λ (Fall II der Tabelle 13) aus, womit sich
die Zahl der Möglichkeiten zunächst auf $2^4 = 16$ reduziert.

Der Zusammenhang zwischen den das materieerfüllte elektrische oder magnetische Feld beschreibenden Vektoren ist analog Gleichung (8) zu schreiben. Wir wollen hier die allgemeinste Darstellung
der Elektrodynamik mit 5 Grundgrößenarten (Abschnitt II, 3) [1] benutzen, bei der die Feldkonstanten ε_0 und μ_0 und die elektromagnetische Verkettung γ explizit in den Gleichungen auftreten.
Dann haben wir, wenn wir in der Gleichung (8) für A die Flußdichten, für B die Feldstärken und für C
die Polarisation einführen, die skalare Größe b gleich der elektrischen Feldkonstanten ε_0 oder der
magnetischen Feldkonstanten μ_0 und $c = 1$ zu setzen [2] und erhalten

$$\frac{D}{\nu_e} = \varepsilon_0 \frac{E}{\chi} + \frac{P}{\lambda} \qquad (47) \qquad\qquad \frac{B}{\nu_m} = \mu_0 \frac{H}{\chi} + \frac{J}{\lambda}. \qquad (48)$$

In der 5-Grundgrößenarten-Darstellung ist die skalare Größe a_1', die in den das Durchflutungsgesetz
charakterisierenden Gleichungen (13) auftritt, gleich γ zu setzen; es lautet dann

$$\gamma \oint H \cdot ds = \chi I, \qquad (49)$$

während die Maxwellschen Gleichungen nach dem Schema der Beziehungen (15) und (16) mit ihren
Randbedingungen (σ: elektrische Leitfähigkeit; ε_r: relative Dielektrizitätskonstante; μ_r: relative
Permeabilität) gemäß den Gleichungen (4)

$$\gamma \oint \frac{H \cdot ds}{\chi} = \int G \cdot dA + \frac{d}{dt} \int \frac{D \cdot dA}{\nu_e} = \int \sigma E \cdot dA + \varepsilon_0 \frac{d}{dt} \int \frac{\varepsilon_r}{\chi} E \cdot dA \qquad (50)$$

$$\gamma \oint \frac{E \cdot ds}{\chi} = -\frac{d}{dt} \int \frac{E \cdot dA}{\nu_m} = -\mu_0 \frac{d}{dt} \int \frac{\mu_r}{\chi} H \cdot dA \qquad (51)$$

$$\oint \frac{D \cdot dA}{\nu_e} = \Sigma Q \qquad (52)$$

$$\oint \frac{B \cdot dA}{\nu_m} = 0 \qquad (53)$$

zu schreiben sind. Wir fügen noch die Relationen zwischen den beschreibenden Feldvektoren im materieerfüllten Feld, die Gleichungen für Energiedichte w und Energieströmung (Poynting-Vektor) S, die
allgemeinen Kraftgleichungen und Punktkraftgesetze, wobei p die magnetische Polstärke gemäß der
Gleichung

$$m_H = p \Delta s \; [3] \qquad (282)$$

---

[1] Die *physikalisch* verschiedenen Beschreibungsarten mit 3, 4 oder 5 Grundgrößenarten, auf die im Kapitel II
eingegangen wird, sind gegenüber der hier zur Diskussion stehenden *geometrischen* Alternative rational ÷ nicht-
rational vollkommen gleichwertig. Bei einem Übergang von dem hier zugrunde gelegten 5-Grundgrößenarten-
zu einem 4- oder 3-Grundgrößenarten-System sind entsprechende Verfügungen über die Größen ε_0, μ_0 und γ zu
treffen (Abschnitt II, 5b). Eine besondere Indizierung (Abschnitt II, 3 : X_*) der „Fünfer"-Größenarten ist
im Kapitel I nicht erforderlich.

[2] In der hier benutzten Definition werden die Feldstärken mit den Vakuumflußdichten über die Feldkonstanten
verknüpft ($D_0 = \varepsilon_0 E$ und $B_0 = \mu_0 H$), die Polarisationen dagegen als Differenzen zwischen der Flußdichte in
der Materie und der Vakuumflußdichte eingeführt ($P = D - D_0$ und $J = B - B_0$).

[3] Bei beliebiger Verkleinerung des Abstandsvektors Δs soll m_H stets einen endlichen Wert behalten.

bedeutet, sowie die Differentialgleichungen und je eine spezielle Lösung für das skalare Potential φ und das vektorielle Potential A [entsprechend den Gleichungen (10) und (11), (20) und (21)] an

$$\frac{D}{v_e} = \varepsilon_r \varepsilon_0 \frac{E}{\chi} = \varepsilon_0 \frac{E}{\chi} + \frac{P}{\lambda} \qquad (54)$$

$$\frac{B}{v_m} = \mu_r \mu_0 \frac{H}{\chi} = \mu_0 \frac{H}{\chi} + \frac{J}{\lambda} \qquad (55)$$

$$w_e = \frac{1}{2} \frac{E \cdot D}{v_e} r^0 \qquad (56)$$

$$w_m = \frac{1}{2} \frac{H \cdot B}{v_m} \qquad (57)$$

$$S = \frac{\gamma}{\chi} (E \times H) \qquad (58)$$

$$F_e = \frac{\chi Q_1 \cdot Q_2}{4 \pi \varepsilon_r \varepsilon_0 r^2} r^0 = Q E \qquad (59)$$

$$F_m = \frac{\chi p_1 \cdot p_2}{4 \pi \mu_r \mu_0 r^2} r^0 = p H \qquad (60)$$

$$d F_{em} = \frac{\chi}{\gamma} I \left(\frac{ds \times B}{v_m} \right) = \frac{\chi p \cdot I (ds \times r^0)}{4 \pi \gamma r^2} \qquad (61)$$

$$\Delta \varphi = - \chi \frac{\eta}{\varepsilon_r \varepsilon_0} \quad {}^1) \qquad (62)$$

$$\Delta A = - \frac{v_m}{\gamma} \mu_r \mu_0 G \quad {}^1) \qquad (63)$$

$$\varphi = \frac{\chi Q}{4 \pi \varepsilon_r \varepsilon_0 r} \quad {}^1) \qquad (62\,\mathrm{a})$$

$$A = \frac{v_m \mu_r \mu_0 I}{4 \pi \gamma} \oint \frac{ds}{r} \quad {}^1). \qquad (63\,\mathrm{a})$$

Von den 16 Fällen, welche die Gleichungen hinsichtlich der Alternative rational ÷ nicht-rational umfassen, sind 4 von besonderer Bedeutung. Wir stellen sie in der Tabelle 14 zusammen. Die beiden ersten werden, da bei ihnen ein Teil der Zuordnungskoeffizienten $= 1$, ein anderer $= 4\pi$ zu setzen ist, als *teil-rational* bezeichnet.

Tabelle 14. Werte für die Zuordnungskoeffizienten χ, v_e, v_m und λ

	χ	v_e	v_m	λ
Teil-rational (nach *Maxwell*)	4π	1	4π	1
Teil-rational (nach *Gauß*)	4π	4π	4π	1
Nicht-rational (nach *Schaefer*)	4π	4π	4π	4π
Rational	1	1	1	1

Die erste Art der Definition und Gleichungenschreibweise, wie sie *Maxwell* in seinem Treatise on Electricity and Magnetism *[M 5]* benutzt, spielte eine wichtige Rolle für die Entwicklung der elektrischen Einheitensysteme *[S 53]*, die sich aus den zu den Maxwellschen Größen und Gleichungen passenden elektromagnetischen Einheiten herleiten. Die zweite Art, die *Gauß* zugeschrieben wird, erfreut sich in der theoretischen Physik großer Beliebtheit. Die dritte Art, die *Cl. Schaefer* in seiner Einführung in die theoretische Physik *[S 2]* verwendet, ist die einzige konsequent nicht-rationale. Die vierte, rationale Art hat sich heute weitgehend durchgesetzt.

Die Gleichungen (51) bis (63) können nach den Ausführungen des Abschnittes 2 in zweierlei Weise interpretiert werden: Entweder faßt man die Zuordnungskoeffizienten als Teil der Größendefinition auf (Methode A: Variation der Größen). Dann erhält man verschiedene Gleichungensysteme zwischen rational, teil- oder nicht-rational definierten Größen, wenn man die in den einzelnen Reihen der Tabelle 14 angegebenen Zahlenwerte für χ, v_e, v_m, λ einsetzt; dabei gehören zu den rationalen, teil- oder nicht-rationalen Größen die gleichen kohärenten Einheiten. Zum anderen kann man die Zuordnungskoeffizienten als Einheiten-erzeugende Konstanten ansehen, also unter den in den Gleichungen stehenden Formelzeichen einen in ganz bestimmter Art, beispielsweise rational definierten Größensatz verstehen (Methode B: Methode der Variation der Einheiten). Für diese Größen sind die Gleichungen Größengleichungen mit den Zahlenwerten der vierten (rationalen) Reihe der Tabelle 14, während Einsetzen der in den ersten drei Reihen für χ, v_e, v_m und λ stehenden Werte zu teil- oder nicht-rationalen Zahlenwertgleichungen führt; die zugehörigen teil- oder nicht-rationalen Einheiten unterscheiden sich von den auf das rationale Größengleichungensystem abgestimmten um Potenzen des Faktors 4π und bilden nicht mehr kohärente Einheitensysteme.

---

^{1}) Daß in den Gleichungen (62) und (62a) des elektrischen Feldes der Koeffizient χ, in den Gleichungen (63) und (63a) des magnetischen Feldes v_m auftritt, liegt daran, daß das skalare elektrische Potential φ über die Beziehung $E = -$ grad φ von der elektrischen *Feldstärke*, dagegen das vektorielle magnetische Potential A über die Beziehung $A =$ rot B von der magnetischen *Flußdichte* abgeleitet wird. Aus dem gleichen Grunde steht die Dielektrizitätskonstante in (62) und (62a) im Nenner, die Permeabilität in (63a) im Zähler. — In (50) bis (53) bedeutet dA das Flächenelement.

5. Kennzeichnung der verschiedenen Rationalisierungsverfahren in der Elektrodynamik

Der Übergang von der nicht-rationalen zur rationalen oder umgekehrt von der rationalen zur nicht-rationalen Darstellung der Gesetzmäßigkeiten in der Elektrodynamik ist im Laufe der Zeit auf sehr vielfältige Weise vorgenommen oder vorgeschlagen worden. Infolgedessen entstehen heute über das „Rationalisierungsproblem" häufig Meinungsverschiedenheiten, die ihren Grund einfach darin haben, daß zwei Diskussionspartner von zwei verschiedenen Arten des rational $\rightleftharpoons$ nicht-rational sprechen und daher aneinander vorbeireden.

Die verschiedenen Möglichkeiten für solche Übergänge lassen sich grundsätzlich nach zwei Gesichtspunkten einteilen und einordnen [S 59]:

1. nach der *Verfahrensart*, d. h. danach, ob die Rationalisierung oder ihre Umkehrung in die *Größe*definition oder in eine besondere *Einheiten*festsetzung gelegt wird, und

2. nach der *Größe*, die selbst oder deren Einheit bei der Rationalisierung oder ihrer Umkehrung invariant bleibt.

Für die unter 1. genannte Alternative wurden im Abschnitt 2 bereits die Bezeichnungen „Methode der Variation der Größen" und „Methode der Variation der Einheiten" eingeführt und im weiteren durch die Buchstaben A und B unterschieden.

Hinsichtlich des Unterscheidungsmerkmals 2. zeigen die Größenarten der Elektrodynamik unterschiedliche Invarianzeigenschaften gegenüber Rationalisierung. Wie bereits *Wallot [W 15]* festgestellt hat, lassen sich in dieser Beziehung die elektrischen und magnetischen Größenarten in drei Gruppen unterteilen. Wenn man eine Größenart aus einer dieser Gruppen als gegen Rationalisierung invariant vorgibt, so weisen die Größenarten derselben Gruppe die gleiche Invarianz auf, während in den beiden anderen Gruppen rationale und nicht-rationale (oder teil-rationale) Einführung der Größenarten sich unterscheiden. Die Einordnung hängt allerdings noch von den für die Zuordnungskoeffizienten ν_e und λ im „nicht-rationalen" Fall gewählten Zahlenwerten ab. Wir geben für die in erster Linie interessierende „teil-rationale Darstellung nach *Gauß*" (Tabelle 14: $\nu_e = 4\pi$, $\lambda = 1$; $\chi = \nu_m = 4\pi$) die Gruppeneinteilung einiger elektrischer und magnetischer Größenarten wieder (Bedeutung der Formelzeichen siehe Tabelle 18):

Gruppe (1): $U, I, G, E, P, p, Q, \eta, C, R, \varrho, \sigma \ (= 1/\varrho), B, \Phi, M, m_B, m, L$

Gruppe (2): $D, \Psi, \chi, V, H, J, m_H, p, \varkappa, N$

Gruppe (3): $\varepsilon, \mu, \Lambda, \Gamma$.

Diese in der Ausdrucksweise der Methode der Variation der Größen getroffene Feststellung läßt sich analog auch in der Sprache der Methode der Variation der Einheiten formulieren. Wählt man eine Größenart (oder Einheit) aus der Gruppe (1) als Invariante gegen Rationalisierung, so sind rationale und nicht-rationale Größen (oder Einheiten) der beiden anderen Gruppen nur durch Faktoren $(4\pi)^{+1}$ verknüpft, bei Auswahl aus der Gruppe (2) durch Faktoren $(4\pi)^{+1}$ oder $(4\pi)^{+2}$, bei Auswahl aus der Gruppe (3) dagegen durch Faktoren $(4\pi)^{\pm\frac{1}{2}}$ oder $(4\pi)^{+1}$ *[B 65; W 26]*. Im Abschnitt 2 haben wir schon den Fall der Gruppe (1) unter dem Buchstaben α ($A\alpha$ oder $B\alpha$: Quellenmenge, d. h. elektrische Ladung oder deren Einheit invariant gegen Rationalisierung), den Fall der Gruppe (3) unter dem Buchstaben β ($A\beta$ oder $B\beta$: skalare Größe unter dem Hüllenintegral, d. h. Feldkonstante oder deren Einheit invariant gegen Rationalisierung) grundsätzlich behandelt. Auf den Fall der Gruppe (2), auf den kürzlich wieder *de Boer [B 65]* hinwies, brauchen wir hier nicht einzugehen, da diese Art der Rationalisierung bislang keine praktische Bedeutung erlangt hat.

Durch eine konsequente Einordnung der verschiedenen bei der Rationalisierung eingeschlagenen Verfahren nach den beiden oben aufgestellten Gesichtspunkten ist es möglich, sie eindeutig zu kennzeichnen und zu unterscheiden, so daß in Zukunft aneinander vorbeilaufende Debatten vermieden werden könnten.

Heute interessieren im wesentlichen 4 Übergangsarten: einmal das Verfahren nach *Heaviside* und *Lorentz*, die nach der Methode B der Variation der Einheiten vorgingen und (in einer heute viel benutzten Ausdrucksweise) die *Einheiten* der Feldkonstanten ε_0 und μ_0 invariant ließen; zweitens die größenmäßige Abwandlung des Heaviside-Lorentzschen Verfahrens, bei der die von *Heaviside* und *Lorentz* benutzte Methode B der Variation der Einheiten durch die Methode A der Variation der Größen ersetzt wird; drittens das Verfahren nach *Giorgi*, das sich der Methode A der Variation der Größen bedient und die *Größen* elektrische Ladung und magnetischer Fluß invariant läßt; viertens ein in internationalen Diskussionen der letzten Zeit wiederholt vorgeschlagener Übergang, der sich der Methode B der Variation der Einheiten bedient und die *Einheiten* für elektrische Ladung und magnetischen Fluß invariant läßt.

In der Tabelle 15 sind die 4 Übergangsarten nach den beiden obengenannten Gesichtspunkten schematisch gekennzeichnet worden. Sie sollen im folgenden durch kurze Beispiele erläutert und ihre Konsequenzen für eine Anzahl elektrischer und magnetischer Größen formuliert und in den Tabellen 16 und 17 zusammengestellt werden.

Tabelle 15. Kennzeichnung von Übergängen rational $\rightleftharpoons$ nicht-rational

Rationalisierungs-Verfahren	Kennzeichnende Kriterien	
	Alternative 1, d. h. Variation der	Unterscheidungsmerkmal 2, d. h. Invarianz der Größe oder Einheit von
Verfahren nach *Heaviside* und *Lorentz*	B Einheiten	β Feldkonstanten
Größenmäßige Abwandlung des Heaviside-Lorentz-Verfahrens	A Größen	β Feldkonstanten
Verfahren nach *Giorgi*	A Größen	α Ladung, Fluß
Einheitenmäßige Abwandlung des Giorgi-Verfahrens	B Einheiten	α Ladung, Fluß

a) Verfahren nach Heaviside und Lorentz. Das Verfahren wurde ursprünglich von *Heaviside* *[H 27; H 29]* für die Rationalisierung der von ihm bereits auf der Grundlage eines „Vierer"-Größensystems, d. h. eines Systems mit vier Grundbegriffen oder Grundgrößenarten (Abschnitt II, 2), geschriebenen Gleichungen der Elektrodynamik angewandt und später von *Lorentz [L 22]* für den gleichen Zweck in der Schreibweise eines „Dreier"-Größensystems, d. h. eines Systems mit 3 Grundbegriffen oder Grundgrößenarten (Abschnitt II, 1), benutzt. Da die Heavisidesche Rationalisierungsart heute für das „Vierer"-System keine praktische Bedeutung mehr hat, dagegen die im folgenden Abschnitt behandelte Abwandlung des Verfahrens für den geschlossenen Übergang zwischen rationalem oder nicht-rationalem „Vierer"- und „Dreier"-System wichtig ist, soll das Verfahren hier an einem Beispiel aus dem Lorentzschen „Dreier"-System erläutert werden.

In der Größendefinition der „Dreier"-Systeme, speziell ihrer symmetrischen Einführung (Abschnitt II, 1c), wird der Zusammenhang zwischen der von einer „Punktladung" Q_g im Vakuum ausgehenden elektrischen Feldstärke $\boldsymbol{E}_g$ und Q_g in der Form

$$\oint \boldsymbol{E}_g \cdot d\boldsymbol{A} = 4\pi Q_g \tag{64}$$

dargestellt. Die Gleichung hat die Form der „nicht-rationalen" Relation (3n), wenn man in letzterer die skalare Größe a gleich eins setzt, was dem Sachverhalt entspricht, daß im Größensystem der symmetrischen „Dreier"-Größen ($\boldsymbol{E}_g$, Q_g usw.) die elektrische Feldkonstante ε_0 nicht existent ist oder, wie man häufig kurz sagt, „den Wert 1 hat" (Abschnitte II, 2 und 5b). $\boldsymbol{E}_g$ und Q_g sind also *nicht-rational definierte Größen*. Um die folgenden Überlegungen zu vereinfachen, wird der spezielle Fall betrachtet, daß das $\oint$ über eine Kugelfläche $A = 4\pi r^2$ mit Q_g als Mittelpunkt erstreckt ist. Dann ist (64) in skalarer Form ($E_g = |\boldsymbol{E}_g|$) zu schreiben

$$E_g \cdot A = 4\pi Q_g. \tag{64a}$$

$[E_g]$, $[A]$ und $[Q_g]$ seien zu den durch (64a) verknüpften Größen passende Einheiten eines kohärenten Einheitensystems, beispielsweise des CGS-Systems (Abschnitt III, 1a),

$$[E_g] = \text{cm}^{-\frac{1}{2}}\,\text{g}^{\frac{1}{2}}\,\text{s}^{-1} \tag{65}$$

$$[A] = \text{cm}^2 \tag{66}$$

$$[Q_g] = \text{cm}^{\frac{3}{2}}\,\text{g}^{\frac{1}{2}}\,\text{s}^{-1}. \tag{67}$$

Zwischen ihnen besteht die Einheitengleichung

$$[E_g] \cdot [A] = [Q_g]. \tag{68}$$

Mit den in ihnen gemessenen Zahlenwerten $\{E_g\}$, $\{A\}$ und $\{Q_g\}$ läßt sich die nicht-rationale Größengleichung (64 a) nach dem Axiom „Größe gleich Zahlenwert mal Einheit" in die Form

$$\{E_g\}\,[E_g] \cdot \{A\}\,[A] = 4\pi\,\{Q_g\}\,[Q_g] \tag{64 a'}$$

bringen und aus dieser über Division durch die Einheitengleichung (68) die „*nicht-rationale*" *Zahlenwert*gleichung

$$\{E_g\} \cdot \{A\} = 4\pi\,\{Q_g\} \tag{69}$$

abspalten.

Lorentz „rationalisierte" die nicht-rationale Gleichung (69) nach der Methode B der Variation der Einheiten; d. h. er hielt an der nicht-rationalen Definition der Größen E_g und Q_g fest und legte für sie neue „rationalisierte" oder „rationale" Einheiten so fest, daß der Faktor 4π in der Gleichung (69) zum Verschwinden kommt. Da in dem von ihm benutzten Größensystem die elektrische Feldkonstante ε_0 selbst nicht enthalten und somit auch keine Einheit für ε_0 definiert oder erforderlich war, konnte *Lorentz* nicht die „Einheit von ε_0" rationalisieren, sondern mußte die Rationalisierung an den Einheiten von E_g oder Q_g vornehmen. Diesen Sachverhalt drückt man heute vielfach in nicht gerade korrekter Weise durch die Feststellung aus, daß die „Einheit der Feldkonstanten bei der Rationalisierung invariant" geblieben sei: Fall β des Unterscheidungsmerkmals (Verfahren $B\beta$ in Reihe 1 der Tabelle 15).

Flächen bleiben vom Rationalisierungsproblem überhaupt unberührt. Bei der Festlegung der „rationalen" Einheiten verteilte *Lorentz* den Faktor 4π multiplikativ zu gleichen Teilen auf Feldstärke- und Ladungseinheit (Index $_{\mathrm{r}}$)

$$[E_g]_{\mathrm{r}} = [E_g] \cdot \sqrt{4\pi} = (4\pi)^{\frac{1}{2}}\ \mathrm{cm}^{-\frac{1}{2}}\,\mathrm{g}^{\frac{1}{2}}\,\mathrm{s}^{-1}, \tag{70}$$

$$[Q_g]_{\mathrm{r}} = [Q_g]/\sqrt{4\pi} = (4\pi)^{-\frac{1}{2}}\ \mathrm{cm}^{\frac{3}{2}}\,\mathrm{g}^{\frac{1}{2}}\,\mathrm{s}^{-1}. \tag{71}$$

$[E_g]_{\mathrm{r}}$ und $[Q_g]_{\mathrm{r}}$ sind nicht mehr aufeinander und nicht mehr auf das CGS-System abgestimmt. Vielmehr gilt an Stelle der Einheitengleichung (68) zwischen den kohärenten CGS-Einheiten hier die Relation

$$[E_g]_{\mathrm{r}} \cdot [A] = 4\pi\,[Q_g]_{\mathrm{r}}. \tag{72}$$

Mit den in ihnen gemessenen Zahlenwerten $\{E_g\}_{\mathrm{r}}$, $\{A\}$ und $\{Q_g\}_{\mathrm{r}}$ ist die nicht-rationale Größengleichung (64 a) in die Form

$$\{E_g\}_{\mathrm{r}}\,[E_g]_{\mathrm{r}} \cdot \{A\}\,[A] = 4\pi\,\{Q_g\}_{\mathrm{r}}\,[Q_g]_{\mathrm{r}} \tag{64 a''}$$

zu bringen; Division von (64 a'') durch die „rationale" Einheitengleichung (72) führt zu der zugehörigen „*rationalen*" *Zahlenwert*gleichung

$$\{E_g\}_{\mathrm{r}} \cdot \{A\} = \{Q_g\}_{\mathrm{r}}. \tag{73}$$

In dieser Form hat *Lorentz* das von ihm in der Enzyklopädie der mathematischen Wissenschaften benutzte und nach ihm benannte (nicht-kohärente) System der rationalen symmetrischen CGS-Einheiten entwickelt. Für eine Reihe von elektrischen und magnetischen Größen sind die zugehörigen Einheitenfestlegungen in die Spalte 2 der Tabelle 16 eingetragen worden.

Heaviside hatte sich des gleichen Rationalisierungsverfahrens wie *Lorentz* bedient, es jedoch auf das von ihm benutzte „Vierer"-System angewandt, das die Feldkonstanten ε_0 und μ_0 als physikalische Größen enthält. In Bezug auf die Heavisideschen rationalen Systeme ist also die Feststellung, daß die Einheiten von ε_0 und μ_0 bei der Rationalisierung invariant bleiben, sachlich gerechtfertigt; daher wurden in die Spalte 2 der Tabelle 16 für ε und μ die Heavisideschen Einheitenrelationen mit aufgenommen.

b) Größenmäßige Abwandlung des Lorentzschen Verfahrens. Heute würde man vom Standpunkt der Größen und Größengleichungen diese Rationalisierung lieber über eine Variation der Größen vornehmen, also nach der Methode A der Alternative 1. Das entsprechende Verfahren $A\beta$ (Reihe 2 der Tabelle 15) läuft folgendermaßen ab.

Da bei Variation der Größen rationale und nicht-rationale Größen nebeneinander auftreten, müssen in den folgenden acht Gleichungen die Formelzeichen X_g der von der Rationalisierung betroffenen Größenarten indiziert werden: $_{r}X_g$ und $_{n}X_g$.

Zu den nicht-rationalen Größen $_nE_g$ und $_nQ_g$ werden rationale Größen $_rE_g$ und $_rQ_g$ definiert, und zwar bezüglich des Unterscheidungsmerkmals 2 nach der gleichen Art β, in der *Lorentz* die rationalen Einheiten (70) und (71) eingeführt hat, d. h. unter multiplikativer Aufteilung des Faktors 4π auf $_nE_g$ und $_nQ_g$

$$_rE_g = {}_nE_g/\sqrt{4\pi}, \tag{74}$$

$$_rQ_g = {}_nQ_g \cdot \sqrt{4\pi}. \tag{75}$$

Ersetzt man in der nicht-rationalen Größengleichung (64a) die nicht-rationalen Größen $_nE_g$ und $_nQ_g$ durch die in (74) und (75) definierten rationalen Größen E_g und Q_g, so resultiert die „*rationale*" *Größ*engleichung

$$_rE_g \cdot A = {}_rQ_g. \tag{76}$$

Auf diesen Größensatz abgestimmte Einheiten $[_rE_g]$, $[A]$ und $[_rQ_g]$ müssen der Einheitengleichung

$$[_rE_g] \cdot [A] = [_rQ_g] \tag{77}$$

genügen und sind, wie bereits in Abschnitt 2 gezeigt wurde, mit den Einheiten $[_nE_g]$, $[A]$ und $[_nQ_g]$ der Gleichungen (65) bis (67) *identisch*

$$[_rE_g] = [_nE_g] = \mathrm{cm}^{-\frac{1}{2}}\, \mathrm{g}^{\frac{1}{2}}\, \mathrm{s}^{-1} \tag{65'}$$

$$[A] = \mathrm{cm}^2 \tag{66'}$$

$$[_rQ_g] = [_nQ_g] = \mathrm{cm}^{\frac{3}{2}}\, \mathrm{g}^{\frac{1}{2}}\, \mathrm{s}^{-1}. \tag{67'}$$

Die zugehörige „*rationale*" *Zahlenwert*gleichung, die man über Division von (13) durch (14) erhält, lautet

$$\{_rE_g\} \cdot \{A\} = \{_rQ_g\} \tag{78}$$

und stimmt *formal* mit der Gleichung (73) überein.

Die Verknüpfungsrelationen zwischen rationalen und nicht-rationalen Größen, die dem als $A\beta$ in der Reihe 2 der Tabelle 15 gekennzeichneten Übergang nicht-rational → rational entsprechen, enthält die Spalte 3 der Tabelle 16.

c) Verfahren nach Giorgi. *Giorgi* bediente sich der auch von *Heaviside* benutzten Begriffsbildung mit 4 unabhängigen Grundbegriffen oder Grundgrößenarten, führte aber seine „Vierer-"Größen rational ein. Er stellte also den durch (64) beschriebenen physikalischen Zusammenhang in der Form

$$\oint \varepsilon_0 \boldsymbol{E} \,.\, d\boldsymbol{A} = Q \tag{79}$$

dar und den durch (64a) und (76) charakterisierten Spezialfall als

$$\varepsilon_0 \cdot E \cdot A = Q. \tag{80}$$

Im „Vierer"-System tritt die skalare Größe a aus der Gleichung (3r) hier in Gestalt der elektrischen Feldkonstanten ε_0 explizit in Erscheinung (Abschnitt II, 2). Ein auf diesen Größensatz abgestimmtes Einheitensystem ist das Giorgische System oder MKSA-System, das mit dem msVA-Einheitensystem identisch ist. In ihm lauten die entsprechenden Einheiten (Abschnitt III, 2b)

$$[\varepsilon_0] = \mathrm{As}/(\mathrm{Vm}) = \mathrm{F/m} \tag{81}$$

$$[E] = \mathrm{V/m} \tag{82}$$

$$[A] = \mathrm{m}^2 \tag{83}$$

$$[Q] = \mathrm{As} = \mathrm{C}, \tag{84}$$

zwischen denen die Einheitengleichung

$$[\varepsilon_0] \cdot [E] \cdot [A] = [Q] \tag{85}$$

besteht.

Ziel der Rationalisierung von *Giorgi* war es, mit einem Minimum von Änderungen eine Schreibweise seiner Formeln zu erhalten, die der nicht-rationalen Schreibweise des vorigen Jahrhunderts entsprach. *Giorgi* suchte daher nach einem möglichst einfachen Übergang rational → nicht-rational für das „Vierer"-System *[G 10; G 11]*. Hierzu werden für einzelne Größen neue, nicht-rationale

Tabelle 16.   *Größenverknüpfungen oder Einheitenfestlegungen bei verschiedenen Rationalisierungsverfahren*

Größenart[1]	„Rationale" Einheiten für nicht-rationale Größen nach *Heaviside* oder *Lorentz*	Verknüpfungsrelationen zwischen rational und nicht-rational definierten Größen — entsprechend *Lorentz*	nach *Giorgi*	„Nicht-rationale" Giorgische Einheiten für rationale Größen
ε	$[{}_n\varepsilon]_r = [{}_n\varepsilon]$	——	${}_n\varepsilon = {}_r\varepsilon \cdot 4\pi$	$[{}_r\varepsilon]_n = [{}_r\varepsilon]/4\pi$
U	$[{}_nU]_r = [{}_nU]\cdot\sqrt{4\pi}$	${}_rU = {}_nU/\sqrt{4\pi}$	${}_nU = {}_rU$	$[{}_rU]_n = [{}_rU]$
I	$[{}_nI]_r = [{}_nI]/\sqrt{4\pi}$	${}_rI = {}_nI\cdot\sqrt{4\pi}$	${}_nI = {}_rI$	$[{}_rI]_n = [{}_rI]$
G	$[{}_nG]_r = [{}_nG]/\sqrt{4\pi}$	${}_rG = {}_nG\cdot\sqrt{4\pi}$	${}_nG = {}_rG$	$[{}_rG]_n = [{}_rG]$
E	$[{}_nE]_r = [{}_nE]\cdot\sqrt{4\pi}$	${}_rE = {}_nE/\sqrt{4\pi}$	${}_nE = {}_rE$	$[{}_rE]_n = [{}_rE]$
D	$[{}_nD]_r = [{}_nD]\cdot v_e/\sqrt{4\pi}$	${}_rD = {}_nD\cdot\sqrt{4\pi}/v_e$	${}_nD = {}_rD\cdot v_e$	$[{}_rD]_n = [{}_rD]/v_e$
Ψ	$[{}_n\Psi]_r = [{}_n\Psi]\cdot v_e/\sqrt{4\pi}$	${}_r\Psi = {}_n\Psi\cdot\sqrt{4\pi}/v_e$	${}_n\Psi = {}_r\Psi\cdot v_e$	$[{}_r\Psi]_n = [{}_r\Psi]/v_e$
P	$[{}_nP]_r = [{}_nP]\cdot\lambda/\sqrt{4\pi}$	${}_rP = {}_nP\cdot\sqrt{4\pi}/\lambda$	${}_nP = {}_rP\cdot\lambda$	$[{}_rP]_n = [{}_rP]/\lambda$
p	$[{}_np]_r = [{}_np]/\sqrt{4\pi}$	${}_rp = {}_np\cdot\sqrt{4\pi}$	${}_np = {}_rp$	$[{}_rp]_n = [{}_rp]$
χ	——	${}_r\chi = {}_n\chi\cdot 4\pi$	${}_n\chi = {}_r\chi/4\pi$	——
Q	$[{}_nQ]_r = [{}_nQ]/\sqrt{4\pi}$	${}_rQ = {}_nQ\cdot\sqrt{4\pi}$	${}_nQ = {}_rQ$	$[{}_rQ]_n = [{}_rQ]$
η	$[{}_n\eta]_r = [{}_n\eta]/\sqrt{4\pi}$	${}_r\eta = {}_n\eta\cdot\sqrt{4\pi}$	${}_n\eta = {}_r\eta$	$[{}_r\eta]_n = [{}_r\eta]$
C	$[{}_nC]_r = [{}_nC]/4\pi$	${}_rC = {}_nC\cdot 4\pi$	${}_nC = {}_rC$	$[{}_rC]_n = [{}_rC]$
R	$[{}_nR]_r = [{}_nR]\cdot 4\pi$	${}_rR = {}_nR/4\pi$	${}_nR = {}_rR$	$[{}_rR]_n = [{}_rR]$
ϱ	$[{}_n\varrho]_r = [{}_n\varrho]\cdot 4\pi$	${}_r\varrho = {}_n\varrho/4\pi$	${}_n\varrho = {}_r\varrho$	$[{}_r\varrho]_n = [{}_r\varrho]$
σ	$[{}_n\sigma]_r = [{}_n\sigma]/4\pi$	${}_r\sigma = {}_n\sigma\cdot 4\pi$	${}_n\sigma = {}_r\sigma$	$[{}_r\sigma]_n = [{}_r\sigma]$
μ	$[{}_n\mu]_r = [{}_n\mu]$	——	${}_n\mu = {}_r\mu/4\pi$	$[{}_r\mu]_n = [{}_r\mu]\cdot 4\pi$
V	$[{}_nV]_r = [{}_nV]\cdot\sqrt{4\pi}$	${}_rV = {}_nV/\sqrt{4\pi}$	${}_nV = {}_rV\cdot 4\pi$	$[{}_rV]_n = [{}_rV]/4\pi$
H	$[{}_nH]_r = [{}_nH]\cdot\sqrt{4\pi}$	${}_rH = {}_nH/\sqrt{4\pi}$	${}_nH = {}_rH\cdot 4\pi$	$[{}_rH]_n = [{}_rH]/4\pi$
B	$[{}_nB]_r = [{}_nB]\cdot\sqrt{4\pi}$	${}_rB = {}_nB/\sqrt{4\pi}$	${}_nB = {}_rB$	$[{}_rB]_n = [{}_rB]$
Φ	$[{}_n\Phi]_r = [{}_n\Phi]\cdot\sqrt{4\pi}$	${}_r\Phi = {}_n\Phi/\sqrt{4\pi}$	${}_n\Phi = {}_r\Phi$	$[{}_r\Phi]_n = [{}_r\Phi]$
J	$[{}_nJ]_r = [{}_nJ]\cdot\lambda/\sqrt{4\pi}$	${}_rJ = {}_nJ\cdot\sqrt{4\pi}/\lambda$	${}_nJ = {}_rJ\cdot\lambda/4\pi$	$[{}_rJ]_n = [{}_rJ]\cdot 4\pi/\lambda$
m_H	$[{}_nm_H]_r = [{}_nm_H]/\sqrt{4\pi}$	${}_rm_H = {}_nm_H\cdot\sqrt{4\pi}$	${}_nm_H = {}_rm_H/4\pi$	$[{}_rm_H]_n = [{}_rm_H]\cdot 4\pi$
p	$[{}_np]_r = [{}_np]/\sqrt{4\pi}$	${}_rp = {}_np\cdot\sqrt{4\pi}$	${}_np = {}_rp/4\pi$	$[{}_rp]_n = [{}_rp]$
M	$[{}_nM]_r = [{}_nM]\cdot\lambda/\sqrt{4\pi}$	${}_rM = {}_nM\cdot\sqrt{4\pi}/\lambda$	${}_nM = {}_rM\cdot\lambda$	$[{}_rM]_n = [{}_rM]/\lambda$
m_B	$[{}_nm_B]_r = [{}_nm_B]/\sqrt{4\pi}$	${}_rm_B = {}_nm_B\cdot\sqrt{4\pi}$	${}_nm_B = {}_rm_B$	$[{}_rm_B]_n = [{}_rm_B]$
m	$[{}_nm]_r = [{}_nm]/\sqrt{4\pi}$	${}_rm = {}_nm\cdot\sqrt{4\pi}$	${}_nm = {}_rm$	$[{}_rm]_n = [{}_rm]$
$\varkappa$	——	${}_r\varkappa = {}_n\varkappa\cdot 4\pi$	${}_n\varkappa = {}_r\varkappa/4\pi$	——
N[2]	——	${}_rN = {}_nN/4\pi$	${}_nN = {}_rN\cdot 4\pi$	——
L	$[{}_nL]_r = [{}_nL]\cdot 4\pi$	${}_rL = {}_nL/4\pi$	${}_nL = {}_rL$	$[{}_rL]_n = [{}_rL]$

teil-rationale Darstellung nach *Gauß:* $v_e = 4\pi$; $\lambda = 1$

teil-rationale Darstellung nach *Maxwell:* $v_e = 1$; $\lambda = 1$

nicht-rationale Darstellung nach *Schaefer:* $v_e = 4\pi$; $\lambda = 4\pi$

[1] Wegen der Bedeutung der Formelzeichen siehe Tabelle 18, Spalte 5; rational gilt: $B = \mu_0 H + J = \mu_0(H+M)$; $m_H = \int J\,d\tau = p\Delta s$; $m_B = \int M\,d\tau = m\Delta s$ (Abschnitt II, 4). Da die Rationalisierung grundsätzlich von einer unterschiedlichen *begrifflichen* Einführung der Größenarten unabhängig ist, wird in der Tabelle 16 von der Indizierung der Größensymbole nach Dreier-, Vierer- und Fünfer-Größen (Kapitel II) abgesehen.

[2] N = Entmagnetisierungs- (Entelektrisierungs-)Faktor.

Definitionen aufgestellt; man bedient sich also der Methode A der Variation der Größen. Da in der von *Giorgi* benutzten „Vierer"-Darstellung die Feldkonstanten als physikalische Größen auftreten, konnte er auf ε_0 und μ_0 seine Art des Überganges zuschneiden und wählte elektrische Ladung oder magnetischen Fluß als Invariante der Rationalisierung (Fall $A\alpha$ in Reihe 3 der Tabelle 15). Wie aus einer systematischen Ableitung hervorgeht und hier nicht im einzelnen auseinandergesetzt werden soll, werden bei dieser Art des Überganges rational → nicht-rational in erster Linie die skalaren Größen a der Gleichungen (3), d. h. absolute Dielektrizitätskonstante ε und absolute Permeabilität μ, betroffen; außer ihnen sind es elektrische Verschiebung $\boldsymbol{D}$, magnetische Feldstärke $\boldsymbol{H}$, magnetische Polarisation $\boldsymbol{J}$ und die Suszeptibilitäten χ und $\varkappa$, sowie von diesen direkt abgeleitete Größen wie Wellenwiderstand Γ, elektrischer Fluß Ψ, magnetische Spannung V, magnetische Polstärke p, magnetischer Leitwert Λ usw.

Da bei Variation der Größen rationale und nicht-rationale Größen nebeneinander auftreten, müssen in den folgenden vier Gleichungen die Formelzeichen X der von der Rationalisierung betroffenen Größenarten indiziert werden: $_rX$ und $_nX$.

Von den in der Gleichung (80) vorkommenden Größenarten behalten bei der Giorgischen Rationalisierung E und Q ihre Definition bei ($_rE = {}_nE = E$ und $_rQ = {}_nQ = Q$), nicht dagegen die absolute Dielelektrizitätskonstante. Wir ersetzen die rationale Größe $_r\varepsilon_0$ nach der Verknüpfungsrelation

$$_n\varepsilon_0 = 4\pi\,_r\varepsilon_0 \tag{86}$$

durch die nicht-rationale Größe $_n\varepsilon_0$, wodurch die Gleichung (80) in die „*nicht-rationale*" *Größen*gleichung

$$_n\varepsilon_0 \cdot E \cdot A = 4\pi Q \tag{87}$$

übergeht. Dabei werden rational und nicht-rational definierte „Vierer"-Größen in den *gleichen* Einheiten gemessen, z. B. in denen des MKSA-Systems. Man gewinnt mit der Einheitengleichung (85) aus der rationalen Größengleichung (80) die „*rationale*" *Zahlenwert*gleichung

$$\{_r\varepsilon_0\} \cdot \{E\} \cdot \{A\} = \{Q\}, \tag{88}$$

und aus der nicht-rationalen Größengleichung (78) die „*nicht-rationale*" *Zahlenwert*gleichung

$$\{_n\varepsilon_0\} \cdot \{E\} \cdot \{A\} = 4\pi\,\{Q\}. \tag{89}$$

(88) entspricht der Gleichung (78) und (89) der Gleichung (69) aus dem „Dreier"-System.

In der Spalte 4 der Tabelle 16 sind die Verknüpfungsrelationen zwischen nicht-rational und rational eingeführten Größen entsprechend dem von *Giorgi* vorgeschlagenen Übergang rational → nicht-rational für die in der Tabelle 16 aufgenommenen elektrischen und magnetischen Größenarten zusammengestellt worden.

d) Einheitenmäßige Abwandlung des Giorgischen Verfahrens. In den Diskussionen, die dem zum 1. 1. 1948 international vereinbarten Wechsel in den elektrischen Einheiten vorausgingen, wurde auch das Problem der Rationalisierung erörtert. Die Internationale Elektrotechnische Kommission hatte 1935 auf ihren in Scheveningen und Brüssel abgehaltenen Sitzungen das Giorgische Einheitensystem mit 4 Grundeinheiten zur internationalen Benutzung angenommen und empfohlen *[I 17]*, dabei jedoch zunächst die Festlegung der 4. (elektrischen) Grundeinheit offen gelassen und beschlossen, vor einer solchen Entscheidung die Meinung der Commission for Symbols, Units and Nomenclature der Internationalen Union für reine und angewandte Physik, sowie des Internationalen Komitees für Maß und Gewicht oder des es in elektrischen Fragen beratenden Comité Consultatif d'Electricité einzuholen. Beide Gremien empfahlen, die absolute Permeabilität des Vakuums oder speziell die magnetische Feldkonstante μ_0 der Definition einer 4. Grundeinheit zugrunde zu legen *[C 41; C 42]*. Bei den Verhandlungen spielte auch die Alternative rational $\div$ nicht-rational eine Rolle. Da die Diskussionen wesentlich die magnetische Feldkonstante als Grundlage für die 4. Grundeinheit zum Thema hatten, wurde als Lösung der Rationalisierungsfrage die Unterscheidung zwischen einem „nicht-rationalisierten" und einem „rationalisierten" Einheiten-System vorgeschlagen; die beiden Systeme sollten so festgelegt werden, daß in ihnen gemessen die magnetische Feldkonstante die Zahlenwerte $1 \cdot 10^{-7}$ und $4\pi \cdot 10^{-7}$ erhält — d. h. nicht-rationale und rationale Einheit der absoluten Permeabilität sollten sich um den Faktor 4π unterscheiden.

Das Verfahren arbeitet also nach der Methode B der Variation der Einheiten. Es ist als eine Kombination der von *Heaviside* oder *Lorentz* und *Giorgi* eingeschlagenen Wege anzusprechen und nach den beiden an den Anfang der Betrachtungen gestellten Gesichtspunkten durch die Buchstaben $B\alpha$ zu kennzeichnen (Reihe 4 der Tabelle 15).

Der Übergang rational → nicht-rational stellt sich dann an dem bereits in den voraufgegangenen Abschnitten benutzten Beispiel folgendermaßen dar. An der *rationalen* Definition der Größen wird festgehalten und lediglich für $\varepsilon_0 = {}_r\varepsilon_0$[1]) eine „nicht-rationale" Einheit (Index $_n$)

$$[\varepsilon_0]_n = [\varepsilon_0]/4\pi = \frac{1}{4\pi}\ \mathrm{F/m} \tag{90}$$

eingeführt, so daß an die Stelle der Einheitengleichung (85) zwischen den kohärenten Einheiten des „rationalen" MKSA-Systems die Einheitenrelation

$$[\varepsilon_0]_n \cdot [E] \cdot [A] = \frac{1}{4\pi}\ [Q] \tag{91}$$

zwischen diesen nicht mehr aufeinander abgestimmten Einheiten tritt. Aus der Größengleichung (80), die mit dem in $[\varepsilon_0]_n$ gemessenen Zahlenwert $\{\varepsilon_0\}_n$ entsprechend dem Axiom „Größe gleich Zahlenwert mal Einheit" als

$$\{\varepsilon_0\}_n[\varepsilon_0]_n \cdot \{E\}\,[E] \cdot \{A\}\,[A] = \{Q\}\,[Q] \tag{80'}$$

zu schreiben ist, resultiert über Division durch die Einheitengleichung (91) die *„nicht-rationale"* *Zahlenwert*gleichung

$$\{\varepsilon_0\}_n \cdot \{E\} \cdot \{A\} = 4\pi\,\{Q\}, \tag{92}$$

die der Gleichung (73) aus dem „Dreier"-System mit umgekehrtem Übergangssinn entspricht.

Spalte 5 der Tabelle 16 enthält die zu diesem Übergang rational → nicht-rational gehörenden nicht-rationalen Einheitenfestlegungen für die in der Tabelle 16 aufgeführten elektrischen und magnetischen Größen.

Zu der Tabelle 16 sind zwei Bemerkungen zu machen. Die eine betrifft die Indizierung der Größen. Da die 4 verschiedenen Rationalisierungsverfahren grundsätzlich unabhängig davon sind, in welcher Richtung ein Übergang rational ⇌ nicht-rational vorgenommen und (mit Ausnahme der Feldkonstanten) ob dieser Übergang in einem „Dreier"-, einem „Vierer"- oder einem „Fünfer"-System durchgeführt werden soll, wurde auf den in den Abschnitten 5a und 5b benutzten Index $_g$ verzichtet. Um die Tabelle möglichst einfach halten zu können, ist auch der Unterschied hinsichtlich des Merkmals 2 (β nach *Heaviside* und *Lorentz*, α nach *Giorgi*) nicht durch besondere Indices zum Ausdruck gebracht worden. Für rational und nicht-rational werden einheitlich zur Indizierung der Größen die Präfixe $_r$ und $_n$, zur Indizierung der Einheiten die Suffixe $_r$ und $_n$ verwendet.

Sodann soll darauf hingewiesen werden, daß die Tabelle 16 allgemeiner gehalten ist als das in den Abschnitten 5a bis 5b skizzierte Beispiel. In der Tabelle wurde auf die verschiedenen benutzten und im Abschnitt 4 im einzelnen diskutierten nicht- oder teil-rationalen Behandlungsarten der Elektrodynamik Rücksicht genommen. Die für sie charakteristischen Zuordnungskoeffizienten ν_e und λ sind in der gleichen Bedeutung mit in die Tabelle 16 eingearbeitet worden, so daß an Hand dieser Tabelle nach den dort zusammengestellten 4 Arten jeder gewünschte Übergang von einer nicht- oder teil-rationalen Schreibweise zu einer rationalen oder umgekehrt vorgenommen werden kann. Von den beiden Zuordnungskoeffizienten ist für die Praxis ν_e der wichtigere, da er in der Literatur sehr unterschiedlich benutzt worden ist und wird: Während man bei Anwendung einer nicht-rationalen Schreibweise sich in England — wohl zufolge der von *Maxwell* überkommenen Tradition — bislang meist der teil-rationalen Formulierung mit $\nu_e = 1$ bedient hat, wurde und wird im übrigen Europa und in Amerika die *Gauß* zugeschriebene Schreibung mit $\nu_e = 4\pi$ bevorzugt.

6. Allgemeine Bemerkungen zum Rationalisierungsproblem der Elektrodynamik

Bei der systematischen Behandlung im Abschnitt 5 haben wir uns bewußt in zweierlei Weise beschränkt: einmal bei der Auswahl der in Einzelheiten dargestellten Rationalisierungsverfahren auf solche, die praktische Bedeutung besitzen oder gehabt haben; zum anderen hinsichtlich der Art der Verfahren insofern, als wir nur auf „System-Einheiten" und nicht auf „Etalon-Einheiten" Rücksicht genommen haben.

---

[1]) Da in den folgenden Gleichungen *nur* rationale Größen vorkommen, wird hier bei ihren Formelzeichen $_rX$ der Index $_r$ fortgelassen.

Unter „Einheiten" sollen hier insbesondere Einheiten aus Einheitensystemen, d. h. festgelegte Grundeinheiten oder aus diesen abgeleitete Einheiten, im abstrakten Sinne verstanden werden, dagegen nicht Symbole für „Einheits-Zustände", die durch Etalons dargestellt oder aufbewahrt werden können. Am Beispiel der magnetischen Feldstärke zeigte sich bei zahlreichen Diskussionen, daß manche Autoren unter „Millioersted" oder „Amperewindung je Meter" nicht die aus den Grundeinheiten des elektro-magnetischen CGS-Systems oder des Giorgischen MKSA-Systems abgeleiteten Einheiten verstehen, in denen grundsätzlich die rational und die nicht-rational definierte „magnetische Feldstärke" gemessen werden können (Abschnitt III, 4). Vielmehr werden die Worte „Millioersted" und „Amperewindung je Meter" häufig unabhängig von jeder speziellen Größendefinition als Namen für das in ganz bestimmten Leiteranordnungen — beispielsweise von einem elektrischen Strom der Stromstärke 1 Milliampere durchflossene, langgestreckte, einlagige Spulen von $1000/4\pi$ oder 1000 Windungen je Meter Spulenlänge und von einem elektrischen Strom der Stromstärke 1 Ampere durchflossene „Tangentenbussolen", d. h. zu einem Kreis zusammengebogene Drähte, vom Durchmesser $1/4\pi$ Meter oder 1 Meter — hervorgerufene Magnetfeld angesehen; sie gelten dann als Bezeichnungen oder Symbole für verschiedene Magnetfeld-Etalons, die im vorliegenden Fall auch (kleiner) „nicht-rationaler" und (großer) „rationaler" Etalon der magnetischen Feldstärke genannt werden. Zur Beschreibung der Rationalisierungsverfahren für solche Etalon-Einheiten (Abschnitte 1, 5, und 4, III, 4), zumindest unter Einschluß der Etalon-Auffassung, sind verschiedene Darstellungen vorgeschlagen worden, beispielsweise der entity-calculus von *Smith* oder das *König*sche Verfahren der $\mathfrak{J}$-Faktoren *[K 27]*, das von ihm inzwischen zu einem geschlossenen Kalkül ausgebaut wurde, der auch den entity-calculus einbeziehen kann.

Die Heaviside-Lorentzsche Art hatte als die von den Urhebern der rationalen Behandlung der Elektrodynamik angewandte Methode für die Vergangenheit Interesse — die rationalen Systeme von *Heaviside* und *Lorentz* sind in den vergangenen Jahrzehnten weitgehend in der Literatur benutzt worden. Heute ist sie vielleicht noch für diejenigen von Bedeutung, die dem Umgehen mit Größengleichungen das Rechnen mit Zahlenwertgleichungen vorziehen.

Inzwischen hat sich die Anerkennung der Vorzüge der Größengleichungen immer weiter durchgesetzt. Man stellt die Begriffe und die Größen als deren präzisierte Formulierungen in den Vordergrund und betrachtet folglich die Einheiten als sekundäre Elemente der physikalischen Begriffsbildung, die sich art- oder dimensionsmäßig nach den Größen zu richten haben. Dementsprechend werden Unterschiede in der Darstellung heute im allgemeinen auch in die Definition der Größen einbezogen und nicht in spezielle Einheitenfestlegungen verlegt. Der größenmäßigen Beschreibung und Behandlung der physikalischen Gesetzmäßigkeiten entspricht die Methode der Variation der Größen, der Fall A der Alternative 1. Für sie ist zunächst das Verfahren der Reihe 2, Tabelle 15 (Spalte 3 der Tabelle 16), das hinsichtlich des 2. Unterscheidungsmerkmals (β) der Lorentzschen Rationalisierung entspricht, ein Beispiel. Es hat auch heute noch besondere Bedeutung im Hinblick auf die größenmäßigen Zusammenhänge und die wechselseitige Überführung zwischen „Vierer"- und „Dreier"-System. Wie ein Vergleich der Tafel 24 mit der obigen Tabelle 16 zeigt, tritt in den Verknüpfungsrelationen zwischen verschiedenen Größensätzen der Rationalisierungsfaktor 4π stets in der (bis möglicherweise auf das Vorzeichen) gleichen Potenz auf wie die den Dimensionsunterschied „Dreier"- und „Vierer"-Größen kennzeichnende Feldkonstante ε_0 oder μ_0. Liegt also der praktisch häufig vorkommende Fall eines Übergangs rational $\rightleftharpoons$ nicht-rational vor, bei dem gleichzeitig ein Wechsel „Vierer"- $\rightleftharpoons$ „Dreier"-Größenarten vorgenommen werden soll, so ist das in der Reihe 2 der Tabelle 15 charakterisierte Verfahren das zweckmäßige.

Das zweite Beispiel für die Methode A der Variation der Größen ist das Verfahren nach *Giorgi* der Reihe 3 der Tabelle 15 (Spalte 4 der Tabelle 16). Es ist im Rahmen der heute vorherrschenden größenmäßigen Behandlung der Elektrodynamik das adäquate Verfahren, wenn es sich darum handelt, *innerhalb* des physikalischen Größensystems mit 4 Grundgrößenarten einen Übergang rational $\rightleftharpoons$ nicht-rational vorzunehmen. Daher wird es, soweit heute überhaupt noch der Wunsch nach einer nicht-rationalen Darstellung des „Vierer"-Systems besteht, als die zweckmäßigste Methode hierfür angesehen und empfohlen.

Der in der Reihe 4 der Tabelle 15 und durch die Spalte 5 der Tabelle 16 skizzierte Übergang rational $\rightleftharpoons$ nicht-rational, der in den letzten Jahren sehr lebhaft diskutiert wurde, besitzt zwei wesentliche Mängel. Einmal bedient er sich der Methode B der Variation der Einheiten und fällt somit aus dem heute immer mehr angestrebten Rahmen einer rein größenmäßigen Behandlung der physikalischen Gesetzmäßigkeiten heraus. Zum anderen werden durch dieses Verfahren für das rational eingeführte „Vierer"-Größensystem der Elektrodynamik *nebeneinander* jeweils *zwei* verschiedene Einheitensysteme festgelegt: ein auf das Größensystem und in sich abgestimmtes Einheiten-System, z. B. das zur internationalen Annahme empfohlene (sogenannte rationale) Giorgische System (MKSA- oder msVA-System), und zum anderen ein analoges „nicht-rationales" und nicht mehr kohärentes Einheitensystem.

Tabelle 17. „Rationale" und „nicht-rationale" Giorgische Einheiten für einige elektrische und magnetische Größenarten

Größenart	Formelzeichen	„rationale" Einheit	„nicht-rationale" Einheit
Absolute Dielektrizitätskonstante	$\varepsilon = {}_r\varepsilon$	F/m	$\dfrac{1}{4\,\pi}$ F/m
Elektrische Verschiebung	$D = {}_rD$	C/m²	$\dfrac{1}{4\,\pi}$ C/m²
Elektrischer Verschiebungsfluß	$\Psi = {}_r\Psi$	C	$\dfrac{1}{4\,\pi}$ C
Absolute Permeabilität	$\mu = {}_r\mu$	H/m	$4\,\pi$ H/m
Magnetische Spannung	$V = {}_rV$	A	$\dfrac{1}{4\,\pi}$ A
Magnetische Feldstärke	$H = {}_rH$	A/m	$\dfrac{1}{4\,\pi}$ A/m
Magnetische Polarisation	$J = {}_rJ$	Wb/m²	$4\,\pi$ Wb/m²
Magnetische Polstärke (Coulombsche)	$p = {}_rp$	Wb	$4\,\pi$ Wb
Magnetischer Leitwert	$\Lambda = {}_r\Lambda$	H	$4\,\pi$ H
Wellenwiderstand	$\Gamma = {}_r\Gamma$	Ω	$4\,\pi\ \Omega$

Die zweite Tatsache hat für die Praxis unangenehme Folgen. Es würden nämlich bei allgemeiner Einführung eines „rationalen" *und* eines „nicht-rationalen" Systems für eine ganze Reihe von Größenarten nebeneinander zwei Einheiten bestehen, die sich um den Faktor 4π unterscheiden. Einige dieser Größenarten sind mit den zugehörigen Einheiten im „rationalen" und „nicht-rationalen" System in der Tabelle 17 zusammengestellt worden; da hinsichtlich des Unterscheidungsmerkmals 2. heute überwiegend die Giorgische Art üblich ist, haben wir uns hier der Methode B α bedient. Vom Comité Consultatif d'Electricité und dem Internationalen Komitee für Maß und Gewicht *[C 41]* wurden das „rationalisierte" und das „nicht-rationalisierte System" bereits im Jahre 1935 diskutiert. Das Comité Consultatif d'Electricité legte Definitionen für die beiden Systeme in seinen Resolutionen 5a und 5b nieder *[C 43]*, die nach einigen redaktionellen Abänderungen vom Internationalen Komitee für Maß und Gewicht gebilligt wurden. Bei der Formulierung seiner 1946 gefaßten endgültigen Beschlüsse zum Wechsel in den elektrischen Einheiten hat allerdings das Internationale Komitee für Maß und Gewicht (Abschnitt III, 2b; *[C 54]*) das allgemeine Problem der Rationalisierung überhaupt nicht berührt, ebensowenig die spezielle Frage eines „rationalen" oder „nicht-rationalen" Einheitensystems. Der französische Diskussionsentwurf (Abschnitt 2, 3a; *[C 132]*) zu einem internationalen praktischen Einheitensystem sieht für die magnetischen Größenarten, soweit deren Einheiten in den Entwurf aufgenommen worden sind, jeweils eine „rationale" (,Sytème rationalisé') und eine „nicht-rationale" (,Sytème classique') MKSA-Einheit nebeneinander vor; der erläuternde Bericht zu diesem Entwurf weist allerdings auf den provisorischen Charakter gerade dieses Vorschlages hin.

Wenn man ein solches Nebeneinanderbestehen von rationalen und nicht-rationalen Einheiten für den praktischen Gebrauch akzeptieren wollte, müßte man zunächst eigene Namen für die sogenannten nicht-rationalen Giorgischen Einheiten festlegen, um sie von ihren rationalen Schwestern zu unterscheiden und abzuheben. Solange man am „Vierer"-System festhält, wären zumindest zwei neue Namen erforderlich, beispielsweise für $\dfrac{1}{4\,\pi}$ C oder $\dfrac{1}{4\,\pi}$ A und für 4πWb oder 4πVs; bei einem eventuellen Übergang zum „Fünfer"-System (Abschnitt III, 5) würde man noch weitere Namen benötigen, da in ihm Voltsekunde und Weber oder Ampere und Amperewindung nicht mehr dimensionsgleich wären.

Das ursprüngliche Verfahren nach *Heaviside* und *Lorentz* (Abschnitt 5a) besitzt heute eigentlich kein praktisches Interesse mehr. Die in letzter Zeit häufig diskutierte einheitenmäßige Abwandlung des auf *Giorgi* zurückgehenden Verfahrens (Abschnitt 5d) birgt in ihren Konsequenzen die Gefahr,

Anlaß zu unnötigen Verwirrungen und Mißverständnissen in der Praxis zu geben. Die größenmäßige Abwandlung des ursprünglichen Lorentzschen Verfahrens (Abschnitt 5 b) ist die geeignete Methode, wenn es sich speziell um grundsätzliche Betrachtungen handelt, die mit der wechselseitigen Verknüpfung physikalischer Größensysteme („Dreier"-, „Vierer"- oder „Fünfer"-System) zusammenhängen, beispielsweise die Verknüpfung rationaler „Vierer"-Größen mit in der Literatur auch heute noch benutzten nicht-rationalen „Dreier"-Größen. Für den praktischen Gebrauch in Elektrotechnik und Physik ist im Rahmen des heute vorherrschenden „Vierer"-Systems das Verfahren nach *Giorgi* (Abschnitt 5 c) das zweckmäßigste; für das „Fünfer"-System gilt hinsichtlich der Rationalisierung das gleiche wie für das „Vierer"-System.

Die Praxis strebt heute offensichtlich mit aller Energie das Ziel an, die nicht-rationale Darstellung so schnell wie möglich ganz zum Verschwinden zu bringen, womit sich das Rationalisierungsproblem für die Praxis von selbst erledigen würde. Anzeichen für eine solche Entwicklung sind der Beschluß des Institute of Radio Engineers *[I 3]* vom Jahre 1948, in Zukunft nur noch rational zu schreiben und rationale Giorgische Einheiten zu benutzen, sowie die innerhalb der Internationalen Elektrotechnischen Kommission (IEC) 1950 in Paris erneut aufgenommenen Verhandlungen, die zur Annahme der sogenannten „totalen Rationalisierung" durch das zuständige Technische Komitee 24 führten *[I 20]*. Unter totaler Rationalisierung wird folgendes verstanden: Als Gleichungenschreibweise wird die „rationale" benutzt; Größen- und Einheitendefinitionen sind dabei so aufeinander abgestimmt, daß die zugehörigen Zahlenwertgleichungen formal mit den rationalen Größengleichungen übereinstimmen, also auch „rational" geschrieben werden *[L 8; L 8a]*. Hinsichtlich des Unterscheidungsmerkmals 2. interessiert heute in der IEC und anderen internationalen Fachorganisationen nur noch der Fall der Gruppe (1), d. h. die von *Giorgi* benutzte und hier durch den Buchstaben α gekennzeichnete Art. Hinsichtlich des Unterscheidungsmerkmals 1. (Verfahrensart) wurde 1950 in Paris nichts entschieden; es handelt sich um die Frage, ob beim Übergang von der nicht-rationalen zur rationalen Darstellung der Elektrodynamik die Größen oder die Einheiten rationalisiert werden sollen, d. h. ob die Methode $A\alpha$ oder $B\alpha$ zugrunde zu legen ist. Hierüber wurde 1953 in Opatija und in Paris von Experten-Komitees des Technischen Komitees 24 der International Electrotechnical Commission (IEC) und der SUN-Commission (Symbols, Units, Nomenclature) der International Union of Pure and Applied Physics (IUPAP) beraten.

In London hat die SUN-Commission 1954 in Bestätigung ihrer Beschlüsse von 1948 und 1951 *[I 35]* als Rationalisierungs-Modus die Rationalisierung der Größen empfohlen. Um rational und nicht-rational eingeführte Größen unterscheiden zu können, nahm die SUN-Commission eine spezielle Indizierung der Größen-Symbole an: $_rX$ für rationale und $_nX$ für nicht-rationale Größen; bei ausschließlicher Benutzung nur einer der beiden Größensätze kann der Index fortgelassen werden *[I 36a]*.

Das Technische Komitee 24 der IEC hat 1954 bei seinen letzten Sitzungen in Philadelphia keine endgültige Entscheidung getroffen. Die zur Frage der Rationalisierung gefaßten Beschlüsse sind in einer Resolution enthalten und lauten *[I 23]*:

«Le Comité d'Etudes N⁰ 24 propose à la C. E. I. l'adoption des deux résolutions suivantes:

1⁰ — La rationalisation des équations du champ électromagnétique recommandée par la C. E. I. est caractérisée par les équations principales suivantes dont la forme reste la même, que l'on considère les symboles littéraux comme représentant les grandeurs physiques entrant en jeu, ou comme représentant leurs mesures.

$$\oint H \cdot ds = \Sigma I \qquad\qquad \oint\!\!\oint D \cdot dA = \Sigma Q$$

$$\Phi = \int\!\int B \cdot dA \qquad\qquad \Psi = \oint\!\!\oint D \cdot dA$$

$$B = \mu H \qquad\qquad D = \varepsilon E$$

Ces équations s'appliquent au cas où le milieu est isotrope. Le courant total (ΣI) comprend dans le cas général le courant de déplacement. La perméabilité du vide (μ_0) a pour valeur numérique $4\,\pi \cdot 10^{-7}$ lorsqu'on prend pour unité le henry par mètre. La permittivité du vide a pour valeur $1/(c^2\mu_0)$, soit approximativement en valeur numérique $8{,}85 \cdot 10^{-12}$ lorsqu'on prend pour unité le farad par mètre».

Für die Zukunft wird von der IEC die rationale Darstellung empfohlen. Die in der zitierten Resolution aufgeführten rationalen Gleichungen dürfen als Größen- oder als Zahlenwertgleichungen verstanden werden. Ob der Übergang rational $\rightleftharpoons$ nicht-rational über die Rationalisierung der Größen oder der Einheiten vorgenommen wird, bleibt dem einzelnen freigestellt. Es wird zwar darauf hingewiesen, daß bei der Größen-Rationalisierung der Faktor 4π in den Umrechnungsfaktoren einiger Größen auftritt —

eine der Resolution angefügte Umrechnungstabelle bezieht sich jedoch nur auf die Zahlenwerte von Größen. Auf den zweiten Teil (Résolution 4 von Philadelphia), der sich mit dem speziellen Problem des Oersted beschäftigt, gehen wir im Abschnitt III, 4 ein.

Die Entwicklung lief von der nicht-rationalen zur rationalen Darstellung. Zu der Zeit, als man sich anschickte, die elektrischen und magnetischen Erscheinungen systematisch zu erforschen, war man sich zwar vollkommen klar darüber, daß es sich hier um völlig neuartige Phänomene handelt. Andererseits mußten die ersten quantitativen Schritte in dieses physikalische Neuland mit den seinerzeit nur zur Verfügung stehenden mechanischen Meßmethoden getan werden und standen in ihrer formalen Beschreibung unter dem damals vorherrschenden mechanistischen Weltbild. Wie wir im Abschnitt 3 anmerkten, faßte *Newton* sein grundlegendes mechanisches Punktkraftgesetz nicht-rational. So wurden natürlicherweise auch die elektrischen und magnetischen Größenarten, deren Definition von analogen elektrischen und magnetischen Punktkraftgesetzen her erfolgte, nicht-rational eingeführt. *Heaviside* und *Lorentz* gingen dann Ende des vorigen Jahrhunderts zur rationalen Schreibweise über.

Daß bei der Lorentzschen Art der Rationalisierung der überwiegende Teil der elektrischen und magnetischen Größen oder der zu ihnen gehörigen Einheiten seine Definition ändert, können wir heute nur als eine unangenehme Tatsache feststellen. Es liegt das wesentlich daran, daß in der seinerzeit üblichen mechanistischen Beschreibung der Elektrodynamik, der ein mechanisches 3-Grundgrößenarten-System zugrunde liegt, die Feldkonstanten ε_0 und μ_0 und die elektromagnetische Verkettung γ nicht bekannt, d. h. die in den Gleichungen (10) und (11) auftretende skalare Größe a oder die Skalare a_1 und a_1' in den Gleichungen (16) und (21) im Vakuum gleich eins waren. Infolgedessen wurden diese Größen a, a_1 und a_1', also in unserer heutigen Auffassung die Feldkonstanten, zwangsläufig zu Invarianten gegenüber der Rationalisierung.

Zweifellos wäre bei unserer heutigen Kenntnis der Dinge der Giorgischen Art der Rationalisierung der Vorzug zu geben. Es darf dabei aber nicht übersehen werden, daß die Entwicklung, die gleichzeitig den Werdegang unserer Einheitensysteme bestimmte, nun einmal anders, und zwar über die von *Lorentz* vorgenommene Rationalisierung verlaufen ist. Der Giorgische Vorschlag stellt zwar heute den Idealfall dar; er kann aber nicht als Basis für den praktischen Anschluß unserer heutigen „rationalen" Einheiten an die ursprünglichen elektromagnetischen CGS-Einheiten dienen.

Über die Vielzahl anderer Darstellungen des Rationalisierungsproblems in der Elektrodynamik können wir hier nur wenige Bemerkungen anfügen. Die geometrische Alternative rational $\div$ nichtrational wird sehr häufig mit einer von ihr unabhängigen, physikalisch bedingten Alternative verknüpft, nämlich der unterschiedlichen Behandlung der Elektrodynamik mit 3 oder 4 Grundgrößenarten (Abschnitte II, 1 und 2), die sich z. B. in dem Nichterscheinen oder in dem expliziten Auftreten der Feldkonstanten im beschreibenden Gleichungssystem äußert. Die Verkopplung der beiden Alternativen ist nicht zuletzt durch die Tatsache entstanden, daß die Gleichungen mit 3 Grundgrößenarten meist nicht-rational geschrieben wurden, die 4-Grundgrößenarten-Auffassung dagegen durchweg rational formuliert wird; in ihr drücken sich die Gesetzmäßigkeiten für das elektromagnetische Feld rational in der Form der Gleichungen (51) bis (63) mit $\chi = \nu_e = \nu_m = \lambda = 1$ und $\gamma = 1$ (Abschnitt II, 5b) aus.

Den Übergang von diesem rationalen Gleichungssystem zu einer Schreibweise, die der Benutzung von mechanischen 3-Grundeinheiten-Systemen angepaßt ist, stellt man formal weitgehend durch die Verfügungen $\varepsilon_0 = 1$ oder $\mu_0 = 1$ für eine *rationale* Gleichungenschreibung und $\varepsilon_0 = 1/4\pi$ oder $\mu_0 = 1/4\pi$ für eine *nicht-rationale* Gleichungenschreibung dar *[C 21]*. Es wird also eine physikalische Größenverfügung über ε_0 und μ_0 mit der geometrischen Koeffizientenverfügung über χ zusammengefaßt. Dabei müssen dann zusätzliche Festsetzungen über eine rationale oder nicht-rationale Einführung der Vektoren **D** und **B**, d. h. in unserer Beschreibungsweise über die Zuordnungskoeffizienten ν_e und ν_m, gemacht werden, während die analoge Alternative hinsichtlich der Polarisationsvektoren (Koeffizient λ) dadurch unterdrückt wird, daß man die Unterscheidung nicht-rational $\div$ rational einfach auf die Schreibweisen der Reihen 1, 2 und 4 der Tabelle 14 beschränkt, für die λ den gleichen Wert 1 besitzt.

Wenn man als „nicht-rationale" Darstellung nur *eine* ganz bestimmte Schreibweise, z. B. die sogenannte Gaußsche der theoretischen Physik (Reihe 3 der Tabelle 14) zuläßt, kann man zur Behandlung der Alternative rational $\div$ nicht-rational außer der Eliminierung des Zuordnungskoeffizienten λ noch die drei restlichen Koeffizienten χ, ν_e, ν_m zu einem einzigen Koeffizienten ψ zusammenfassen, der entweder gleich 1 oder gleich 4π zu setzen ist. In dieser Art geht *Wallot* vor, der die Methode $B\alpha$ der Variation der Einheiten bevorzugt *[W 14; W 15; W 24]*.

Einen ganz anderen Weg beschreitet in einer interessanten Veröffentlichung *Hallén [H 8]*. Er behandelt dort u. a. ausführlich den Fall des magnetischen Feldes an Hand von Beziehungen, die der Gleichung (48) entsprechen. *Hallén* vertritt die Auffassung, daß die Rationalisierung *kein geometrisches* Problem, sondern eine Frage der *physikalischen* Größendefinition hinsichtlich ihrer Dimensionsverhältnisse sei. Er stellt hierbei die beiden Definitionsgleichungen für die magnetische Feldstärke[1])

$$B = H + \mu_0 \, M \tag{93}$$

$$B = \mu_0 \, (H + M) \tag{94}$$

mit
$$H = \mu_0 \, H \tag{95}$$

einander gegenüber. Die Beziehung (93) bezeichnet er als die „nicht-rationale Gleichung für elektromagnetische CGS-Einheiten", d. h. wohl als eine Relation in der Darstellung mit 3 Grundgrößenarten oder -einheiten. Unter Benutzung der Rationalisierung nach *Giorgi* (Methode $A\alpha$) setzt *Hallén* in rationaler Schreibweise μ_0, gemessen in elektromagnetischen Einheiten, gleich 4π und erhält mit Gleichung (93) die nicht-rationale Formulierung

$$B = H + 4\pi \, M, \tag{93a}$$

die der Gleichung (48) für die Zuordnungswerte nach Reihe 1 oder 2 der Tabelle 14 mit der formalen Verfügung (Abschnitt II, 5b) $\mu_0 = 1$ für die elektromagnetische Größendefinition oder Gleichungenschreibweise entspricht. Die Hallénsche Gleichung (94) ist mit der von *Mie* und *Sommerfeld* benutzten rationalen 4-Grundgrößenarten-Darstellung identisch, in der die Magnetisierung als eine Größe von der Art der magnetischen Feldstärke H eingeführt wird.

Hallén scheint bestechend einfach mit einem Schlage den ganzen Fragenkomplex der elektromagnetischen Gleichungenschreibung zu lösen. Seine Auffassung wäre auch vielleicht für einen heute etwa vorzunehmenden Neuaufbau rationaler und nicht-rationaler Gleichungensysteme zweckmäßig (sofern man auch seiner Einführung der Größe „Magnetisierung" zustimmen will, was hier jedoch nicht zur Debatte steht). Allerdings wird *Hallén* der vielgestaltigen tatsächlichen Entwicklung der Dinge nicht gerecht. Denn einmal bedient er sich des Giorgischen Idealvorschlages zur Rationalisierung, während die nun einmal durchgeführte Lorentzsche Rationalisierungsart nicht ohne zusätzliche Verfügungen in das Hallénsche Schema einzufügen ist. Zum anderen bleibt dieses wieder auf einen ganz bestimmten Spezialfall der teil-rationalen Behandlung beschränkt. Wenn man nur die 4 verschiedenen Darstellungsarten berücksichtigen will, die in unserer Beschreibung durch ihre Zuordnungskoeffizienten in der Tabelle 14 zusammengefaßt sind, so müßte die Hallénsche Behandlung auch noch hinsichtlich der Definition der Polarisationsvektoren (im magnetischen Fall analog Gleichung (95) entweder als J oder als M) erweitert werden, um beispielsweise die beiden verschiedenen Beschreibungen nach Reihe 3 und 4 der Tabelle 14 einzuschließen — eine solche doppeldeutige *physikalische* Definition der Polarisationsgrößen erscheint aber ziemlich gewagt.

Zur Rationalisierung in der Elektrodynamik liegt aus den letzten Jahren eine Reihe weiterer Vorschläge vor, von denen einige noch erwähnt seien. Für die Rationalisierung der Größen setzen sich u. a. *Brylinski* [B 96], *Darrieus* [D 3], *de Boer* und *Landolt* [B 65; L 8; L 9], *Häberli* [H 2] und *Perucca* [P 28] ein. Darüber hinaus wollen *Darrieus* [D 4] und *Perucca* [P 27] den Faktor 4π nicht als arithmetische Zahl, sondern als räumlichen Winkel interpretieren und führen, allerdings in verschiedener Weise, den Steradiant (Abschnitte 2, 2 und 5) in Einheitenbezeichnungen und -gleichungen ein [siehe auch I 2]. *Vermeulen* [V 11] empfiehlt, zur Behandlung der Rationalisierung sowohl für Größen als auch für Einheiten zwei unterschiedliche Multiplikationsoperatoren[2]) zu vereinbaren (z. B. für das Größen-Produkt magnetische Feldstärke H *mal* Länge L: einmal „$H \cdot l$" und zum anderen „$H \times L$" in der Bedeutung von $4\pi \, H \cdot L$; für das Einheiten-Produkt Oersted *mal* Zentimeter: einmal „oersted $\cdot$ cm" und zum anderen „oersted $\times$ cm" in der Bedeutung von 4π oersted $\cdot$ cm). *Cornelius* [C 141] neigt zur Einheiten-Rationalisierung, die von ihm auf Etalon-Einheiten (Abschnitte 1, 5 und 4, III, 4) angewendet wird; er definiert zwei Einheiten, die sich nur betragsmäßig um den Faktor 4π unterscheiden, durch zwei um den Faktor 4π verschiedene physikalische Einheits-Zustände (z. B. „m^2" als Fläche eines Quadrats der Seitenlänge 1 m und „Kugel-m^2" als Oberfläche einer Kugel vom Radius 1 m: 1 Kugel-m$^2 = 4\pi$ m^2).

---

[1]) Wegen des Magnetisierungsvektors M siehe Fußnote [1]) auf S. 145.
[2]) Mit dem Sinn, den man mit der Multiplikation und Division von „concrete quantities" verbinden kann oder will, beschäftigte sich *Lodge* vor nahezu 70 Jahren [L 19]; die von ihm behandelten concrete quantities, fundamental equations, numbers und numerical equations nennen wir heute physikalische Größen, Größengleichungen, Zahlenwerte und Zahlenwertgleichungen (Abschnitte 1, 2 und 3).

Es ist eingewendet worden, daß die hier vorgetragene Behandlung des Rationalisierungsproblems in der Elektrodynamik zu „umständlich" sei und daß man das Schema der Tabelle 14 nicht im Kopf behalten könne. Dem sei entgegengehalten, daß andere Schemata auch nicht ohne weiteres auf Auswendiglernen zugeschnitten sind und im allgemeinen tabelliert in Form von „Maßsystemschlüsseln" dargeboten werden. Wenn solche Schlüssel die 4 Schreibweisen der Tabelle 14, die bei einer Darstellung der Gesetzmäßigkeiten auf der Basis von 3 Grundgrößenarten nebeneinander benutzt werden, umfassen sollen, müssen sie direkt oder indirekt zwangsläufig die gleiche Zahl von Verfügungen enthalten wie die Tabelle 14. Unser Verfahren besitzt demgegenüber die Vorteile, daß es einmal aus einem allgemeinen, nicht auf die Elektrodynamik beschränkten geometrischen Prinzip abzuleiten ist, zum anderen die Alternative rational $\div$ nicht-rational von der von dieser grundsätzlich verschiedenen der Beschreibung mit 3-, 4- oder 5-Grundgrößenarten-Systemen klar abhebt, weiter sich je nach Belieben nach der Methode der Variation der Größen (A) wie der Einheiten (B) handhaben läßt, ferner sowohl auf die Lorentzsche (β) als auch die Giorgische Rationalisierungsart (α) anzuwenden ist und schließlich die wechselseitigen Übergänge zwischen allen praktisch benutzten Schreibweisen bei Zugrundelegung der tatsächlich durchgeführten Lorentzschen Rationalisierung entsprechend der Einheitenentwicklung des vorigen Jahrhunderts umfaßt.

Kapitel II

Die physikalischen Größenarten zur Darstellung der Elektrodynamik

Über die in der Elektrodynamik zweckmäßigerweise einzuführenden Größenarten und die hinter ihnen stehende Begriffsbildung gehen die Meinungen noch weit auseinander. Zur Charakterisierung der verschiedenen Auffassungen können wir uns an dieser Stelle auf wenige Beispiele beschränken.

Fleischmann [F 12; F 13; F 14; F 16] fordert begriffliche Eindeutigkeit, der es beispielsweise widersprechen würde, magnetische Spannung und elektrische Stromstärke oder magnetischen Induktionsfluß und elektrischen Spannungsstoß jeweils als Größen gleicher Art zu definieren. *Fleischmann* gelangt über die seinem physikalischen Größensystem zugrunde gelegten Axiome der freien Abelschen Gruppe (Abschnitt 1, 3) folgerichtig zu einer Größeneinführung, die für den Bereich der Elektrodynamik einschließlich der Mechanik auf 5 voneinander unabhängigen physikalischen Grundbegriffen beruht, also zu einem System mit 5 Grundgrößenarten oder, kurz gesagt, einem *„Fünfer"-System*.

Gegen das Fünfer-System, das eine magnetische Grundgrößenart, d. h. eine qualitas sui generis zur Darstellung des Magnetismus enthält, wird eingewendet, daß bislang kein Experiment bekannt sei, das zur Annahme eines unabhängigen magnetischen Grundbegriffes zwinge; vielmehr komme man mit der begrifflichen Rückführung aller magnetischen Erscheinungen auf elektrische Vorgänge sehr gut aus. Nach *Wallots* Meinung *[W 31]* wiegt die „philosophische Befriedigung" über das symmetrische Fünfer-System die Nachteile der „rechnerischen Umständlichkeit und Schwierigkeit" nicht auf. *Wallot* hält die Darstellung von Mechanik und Elektrodynamik auf der Basis von vier voneinander unabhängig eingeführten physikalischen Grundbegriffen oder Grundgrößenarten, d. h. ein *„Vierer"-System*, für zweckmäßiger.

Von anderen Seiten wird bestritten, daß die Einführung einer selbständigen elektrischen Grundqualität angebracht sei; den physikalischen Gegebenheiten entspräche es vielmehr, im Vakuum elektrisches und magnetisches Feld durch jeweils nur *einen* Vektor zu beschreiben und alle elektrischen und magnetischen Größenarten auf mechanische zurückzuführen, was zur Beschreibung von Mechanik und Elektrodynamik mit nur *drei* voneinander unabhängigen physikalischen Grundgrößenarten, d. h. zu *„Dreier"-Systemen* führt. *Kossel [K 40; K 41]* erblickt in dem bei dieser Größeneinführung in den Dimensionsprodukten auftretenden und von Vertretern der Vierer- oder Fünfer-Systeme immer wieder beanstandeten halbzahligen Exponenten das einfachste und knappste Zeichen für die Eigenart der Elektrizität, „daß der einzelne Probekörper ja erst, wenn er mit seinesgleichen zusammenwirkt, eine Größe der aus den Grundlagen gewohnten Art: eine Kraft, Arbeit oder Wirkung auftreten läßt". *Kossel* begründet eingehend, warum er sich heute für die Rückkehr zum *elektrostatischen* Dreier-System als Größensystem für die gesamte Elektrodynamik einsetzt.

Schaefer [S 2; S 3] teilt *Kossels* Auffassung über die grundsätzliche physikalische Bedeutung des Dreier-Systems, zieht aber für den Bereich der magnetischen Größenarten das *elektromagnetische* Dreier-System dem elektrostatischen vor und empfiehlt deren Mischung, das *symmetrische* Dreier-System als das geeignetste für die Behandlung von Elektrizität *und* Magnetismus. Als Vorzug des symmetrischen Dreier-Systems wird weiter die Tatsache gewertet, daß in ihm die für das Vierer- und Fünfer-System charakteristischen Feldkonstanten keinen Platz haben; Dielektrizitätskonstante und Permeabilität seien typische Kontinuumseigenschaften der Materie, an deren Stelle in der Atomistik ein komplizierter statistischer Sachverhalt trete; außerdem sei es bislang nicht gelungen, z. B. nach der Methode der klassischen Elektronentheorie oder der modernen Quantentheorie, eindeutige Ausdrücke für μ_0 und ε_0 abzuleiten. Ob sich an diesen Auffassungen zukünftig bei einer Erweiterung der Maxwellschen Feldtheorie, etwa durch Fortführung der nichtlinearen Theorie von *Born* und *Infeld [B 69]* oder der linearen Theorien von *Bopp [B 68]* und *Podolsky [P 47; P 48]* etwas ändern wird, kann man wohl im derzeitigen Stadium noch nicht übersehen; zur Entwicklung dieser Theorien, die eine endliche Selbstenergie der Punktladung liefern, werden jedenfalls *zwei* Feldvektoren für das elektrische Feld benötigt.

Daß die Darstellung der Elektrodynamik in der Form, wie sie *Maxwell* in seinem „Treatise on Electricity and Magnetism" durchgeführt hat, auch auf der Basis von 4 voneinander unabhängigen Grunddimensionen möglich ist, hat *Maxwell* selbst in Art. 623 ausgesprochen. Im voraufgehenden Art. 622 hat er in Form von Produkten oder Quotienten 15 Gleichungen zusammengestellt, die allerdings, wie er dort darlegt, nicht voneinander unabhängig sind. Um die Dimensionsprodukte der Einheiten von 12 Größen in einem vorgegebenen Dreier-System ableiten zu können, braucht *Maxwell* noch *eine* zusätzliche Gleichung. Wenn er statt ihrer die Einheit für elektrische Ladung oder magnetische Polstärke als von den drei Grundeinheiten des CGS-Systems unabhängig, d. h. als vierte Grundeinheit einführt, so kann er die übrigen abgeleiteten Einheiten ohne die zusätzliche Gleichung angeben.

In einer langen Diskussion mit *Clausius [C 17; C 18]* hat später *Helmholtz [H 47]* darauf hingewiesen, daß seiner Auffassung nach in den 15 von *Maxwell* angegebenen Gleichungen nicht eine, sondern *zwei* willkürliche Festsetzungen stecken, die voneinander unabhängige Größenarten zu abhängigen machen und die Zahl der für die Elektrodynamik einschließlich Mechanik eigentlich zu fordernden Unabhängigen von 5 auf 3 reduzieren. *Helmholtz* setzte sich, damals allerdings noch in der Sprache der Einheiten, für ein Fünfer-System ein.

Daß es sich bei den Anhängern der Dreier-Systeme nicht um eine Frage der äußeren Form, sondern um ein begriffliches Problem der physikalischen Auffassung handelt, spricht beispielsweise *Becker [B 17]* klar aus:

„Denn die ‚elektrotechnische' und die ‚physikalische' Auffassung der Maxwellschen Theorie ist nicht nur in der Bezeichnung, sondern auch in der Sache verschieden. Dabei schließt sich die technische Auffassung viel enger an die ursprüngliche Gestalt der Maxwell-Faradayschen Theorie an als die heutige Physik. Die Elektrotechnik sieht (auch im Vakuum) die Vektoren E und D als wesensverschiedene Größen an, welche in ähnlichem Verhältnis zueinander stehen wie Zug und Dehnung in der Elastizitätslehre. Von diesem Standpunkt aus muß es natürlich bedenklich erscheinen, wenn in einer Darstellung der Grundlagen der Proportionalitätsfaktor ε in der Relation $D = \varepsilon E$ für den leeren Raum gleich 1 gesetzt und dadurch künstlich den Größen D und E die gleiche Dimension erteilt wird. Demgegenüber hat die heutige Physik die mit der mechanischen Äthertheorie eng verbundene prinzipielle Unterscheidung zwischen D und E vollkommen fallengelassen. Für sie ist der elektromagnetische Zustand an einer Stelle des Vakuums vollständig beschrieben durch die Angabe *eines* elektrischen Vektors E und *eines* magnetischen Vektors B (oder H). Die im Gaußschen Maßsystem vorhandene numerische Übereinstimmung zwischen E und D (im Vakuum) ist für den Physiker nicht das Ergebnis einer willkürlichen Festsetzung, sondern der Ausdruck für die wirkliche Identität beider Größen. Ihm erscheint im Gegenteil die Einführung einer von eins verschiedenen Dielektrizitätskonstante und Permeabilität im Vakuum als ein rechnerischer Kunstgriff des Elektrotechnikers, mit dessen Hilfe dieser die Formeln in eine für seine praktischen Zwecke bequeme Gestalt bringt."

Aber auch den Benutzern des Vierer- oder Fünfer-Systems geht es nicht etwa um die Einheiten, sondern gleichfalls um die Begriffe *[S 61]*, wie beispielsweise *Pohl [P 56]*, auseinandersetzt:

„Bei allen Bemühungen, die Darstellung der Elektrik zweckmäßig und einfach zu gestalten, handelt es sich überhaupt nicht um eine Frage der *Einheiten*. Die Einheiten spielen eine ganz nebensächliche Rolle. Wesentlich ist die Frage, durch welche *Meßverfahren* man die Größen der Elektrik einführt und definiert: Soll man dabei *drei* oder *vier* Größen als Grundgrößen messen? ...

Der Übergang von der Kinematik zur Dynamik hat uns die *dritte* Größe gebracht, die als *Grundgröße* gemessen wird, nämlich die *Masse*.

Soll man nun diese Reihe beim Übergang zur Elektrik fortsetzen? Soll man eine *vierte* Größe, eine elektrische, als *Grundgröße* messen und dadurch die Eindeutigkeit der Dimensionsangaben erhalten? Oder soll man sämtliche elektrischen und magnetischen Größen aus *mechanischen* Größen ableiten, d. h. soll man die elektrischen und magnetischen Größen durch Meßverfahren festlegen, in denen ausschließlich *mechanische* Größen vorkommen?"

Als man die systematische Erforschung der Elektrizität und des Magnetismus in Angriff nahm, war man sich durchaus bewußt, daß mit diesen Erscheinungen ein völlig neuartiger Bereich der Physik erschlossen wurde. Die Formulierung der dieses Gebiet regelnden Gesetze erforderte die quantitative Festlegung der Proportionalitäten, die man zwischen den zur Beschreibung der beobachteten Vorgänge gebildeten Begriffen gefunden hatte. Hierfür standen damals jedoch lediglich mechanische Meßverfahren zur Verfügung, deren man sich auch bediente. Infolgedessen erhielten die Einführung und die Messung der beschreibenden Größenarten und das zwischen ihnen bestehende Gleichungensystem einen der mechanischen Behandlungsart ähnlichen Charakter: Die Gesamtheit der Meßverfahren ließ sich auf 3 Grundmeßverfahren zurückführen, entsprechend die Gesamtheit der Größenarten aus 3 Grundgrößenarten ableiten und abgestimmte Einheitensysteme aus 3 Grundeinheiten aufbauen.

In späteren Stadien der Entwicklung hatten sich neben den ursprünglichen mechanischen Meßverfahren, die wesentlich auf Längen-, Kraft- und Zeitmessungen beruhten, spezifisch elektrische Meßmethoden herausgebildet, welche die Festlegung spezifisch elektrischer Grundeinheiten, wie beispielsweise der des Widerstandes, der Stromstärke oder der Spannung, gestatteten. Weiter entwickelte sich die Meinung, daß man dem Wesensinhalt der Elektrodynamik und der Feldvorstellung durch Einführung einer vierten, spezifisch elektrischen Grundgrößenart (z. B. der elektrischen Ladung) und durch explizite Definition der Feldkonstanten ε_0 und μ_0 wesentlich besser gerecht werde. Diese Tatsachen führten zu einer Auffassung und Behandlung der Gesetzmäßigkeiten des elektromagnetischen Feldes, die in ihrer Darstellung von der früheren mechanistischen abwich. Sie fanden ihren Niederschlag in einer Form der Größendefinition und Gleichungenschreibweise, aus der ein Gleichungensystem mit 4 Grundgrößenarten resultierte. In dieser Art ihrer Einführung sind sämtliche die Elektrodynamik beschreibenden Größenarten aus 4 Grundgrößenarten abzuleiten, alle Meßverfahren auf 4 Grundmeßverfahren (beispielsweise die der Längen-, Zeit-, Widerstands- und Spannungsmessung) zurückzuführen und die passenden abgestimmten Einheitensysteme aus 4 Grundeinheiten aufzubauen.

In neuerer Zeit wurde wiederholt, wenn auch mit unterschiedlichen Argumenten, betont *[F 12; H 66; S 56; S 34; S 37]*, daß der Übergang zu einem System mit 5 Grundgrößenarten zweckmäßig sei. Dabei wird als fünfte Grundgrößenart eine magnetische Größenart, beispielsweise die magnetische Polstärke oder der magnetische Induktionsfluß, vorgeschlagen. In einer solchen Behandlung der Elektrodynamik wird die für das Vierer-System charakteristische, definitionsmäßige Rückführung der magnetischen Größenarten auf die elektrischen Größenarten wieder aufgehoben und beiden Größenarten unabhängig voneinander ein gleichberechtigter Platz eingeräumt.

Im Bereich der experimentellen und angewandten Physik wird ebenso wie in der theoretischen und praktischen Elektrotechnik heute die klassische Elektrodynamik fast ausschließlich auf der Basis von 4 Grundgrößenarten dargestellt. Die theoretische Physik und speziell die Atomphysik bevorzugen dagegen weitgehend eine Behandlung des elektromagnetischen Feldes in der gleichungenmäßigen Formulierung der Dreier-Systeme, wie sie bis zum Ausgang des vorigen Jahrhunderts noch allgemein üblich war. Während auf der einen Seite aus physikalisch-begrifflichen Gründen die Rückkehr zum Dreier-System gefordert wird, empfehlen andererseits einige Autoren aus Erwägungen ähnlicher Art den Übergang zum Fünfer-System. Das Nebeneinander verschiedener Gleichungenschreibweisen, Größendefinitionen und zugehöriger Einheitenfestlegungen erschwert in vielen Fällen die Übersicht und hat leider oft Anlaß zu Mißverständnissen gegeben. Wir wollen in den folgenden Abschnitten die physikalischen Zusammenhänge zwischen den verschiedenen Darstellungen vom Standpunkt der Größeneinführung und der Größengleichungen aus untersuchen, um den Zusammenhang und die gleichungenmäßige Verknüpfung zwischen den divergierenden Auffassungen darlegen zu können.

Um die Bedeutung der Symbole für die Größenarten nicht in jedem Einzelfall wiederholen zu müssen, stellen wir die Formelzeichen in der Tabelle 18 zusammen.

1. Die Dreier-Systeme und die Drei-Grundgrößenarten-Gleichungen

In der Darstellung der Dreier-Systeme werden die Gesetzmäßigkeiten des elektromagnetischen Feldes in einer mechanistischen Auffassung behandelt. Es werden nur 3 Größenarten als Grundgrößenarten gemessen und definiert. Den Ausgangspunkt der Definitionen in den Dreier-Systemen bilden die Punktkraftgesetze, durch die elektrische Ladung und magnetische Polstärke direkt an eine Längen-

*Tabelle 18. Formelzeichen für **elektrische** und **magnetische** Größenarten in den Dreier-, Vierer- und Fünfer-Systemen*

Größenart	Formelzeichen im				
	elektro-statischen	elektro-magnetischen	gemischten		
		Dreier-System		Vierer-System	Fünfer-System
Elektrische Spannung	U_s	U_m	$U_g = U_s$	U	$U_* = U$
Elektrisches Potential	φ_s	φ_m	$\varphi_g = \varphi_s$	φ	$\varphi_* = \varphi$
Elektrische Stromstärke	I_s	I_m	$I_g = I_s$	I	$I_* = I$
Elektrische Stromdichte	G_s	G_m	$G_g = G_s$	G	$G_* = G$
Elektrische Feldstärke	E_s	E_m	$E_g = E_s$	E	$E_* = E$
Elektrische Verschiebung	D_s	D_m	$D_g = D_s$	D	$D_* = D$
Elektrischer Verschiebungsfluß	Ψ_s	Ψ_m	$\Psi_g = \Psi_s$	Ψ	$\Psi_* = \Psi$
Elektrische Polarisation	P_s	P_m	$P_y = P_s$	P	$P_* = P$
Elektrisches Moment	p_s	p_m	$p_g = p_s$	p	$p_* = p$
Absolute Dielektrizitätskonstante	—	—	—	ε	$\varepsilon_* = \varepsilon$
Relative Dielektrizitätskonstante	ε_r	ε_r	ε_r	ε_r	ε_r
Elektrische Suszeptibilität	$\chi_s = {}_n\chi$	$\chi_m = {}_n\chi$	$\chi_g = {}_n\chi$	χ	$\chi_* = \chi$
Elektrische Ladung	Q_s	Q_m	$Q_g = Q_s$	Q	$Q_* = Q$
Elektrische Raumladungsdichte	η_s	η_m	$\eta_g = \eta_s$	η	$\eta_* = \eta$
Kapazität	C_s	C_m	$C_g = C_s$	C	$C_* = C$
Elektrischer Widerstand	R_s	R_m	$R_g = R_s$	R	$R_* = R$
Spezifischer elektrischer Widerstand	ϱ_s	ϱ_m	$\varrho_g = \varrho_s$	ϱ	$\varrho_* = \varrho$
Elektrische Leitfähigkeit	σ_s	σ_m	$\sigma_g = \sigma_s$	σ	$\sigma_* = \sigma$
(Elektrische) Induktivität	L_s	L_m	$^eL_g = L_s$	L	$^eL_* = L$
Elektrische Feldkonstante	—	—	—	ε_0	$\varepsilon_{0*} = \varepsilon_0$
Magnetische Spannung	V_s	V_m	$V_g = V_m$	V	V_*
Magnetische Feldstärke	H_s	H_m	$H_g = H_m$	H	H_*
Magnetische Induktion	B_s	B_m	$B_g = B_m$	B	B_*
Magnetisches Vektorpotential	A_s	A_m	$A_g = A_m$	A	A_*
Magnetischer Induktionsfluß	Φ_s	Φ_m	$\Phi_g = \Phi_m$	Φ	Φ_*
Magnetische Polarisation	J_s	J_m	$J_g = J_m$	J	J_*
(Coulombsches) magnetisches Moment	m_{H_s}	m_{H_m}	$m_{H_g} = m_{H_m}$	m_H	m_{H*}
(Coulombsche) magnetische Polstärke	p_s	p_m	$p_g = p_m$	p	p_*
Magnetisierung	M_s	M_m	$M_g = M_m$	M	M_*
(Ampèresches) magnetisches Moment	m_{B_s}	m_{B_m}	$m_{B_g} = m_{B_m}$	m_B	—
(Ampèresche) magnetische Polstärke	m_s	m_m	$m_g = m_m$	m	—
Absolute Permeabilität	—	—	—	μ	μ_*
Relative Permeabilität	μ_r	μ_r	μ_r	μ_r	μ_r
Magnetische Suszeptibilität	$\varkappa_s = {}_n\varkappa$	$\varkappa_m = {}_n\varkappa$	$\varkappa_g = {}_n\varkappa$	$\varkappa$	$\varkappa_* = \varkappa$
Magnetischer Leitwert	Λ_s	Λ_m	$\Lambda_g = \Lambda_m$	Λ	Λ_*
Magnetische Feldkonstante	—	—	—	μ_0	μ_{0*}
Elektromagnetische Verkettung	—	—	—	—	γ
(Elektromagnetische) Induktivität	L_s	L_m	$^mL_g = L_m$	L	$^mL_*$
Kraft			F		
Energie			W		
Energiedichte			w		
Leistung			P		
Poynting-Vektor			S		

und Kraftmessung angeschlossen werden. Für Dimensionsbetrachtungen werden in diesen Systemen meist Länge, Masse (oder Kraft oder Energiedichte) und Zeit als Grunddimensionen benutzt.

Man hat die Gesetzmäßigkeiten der Elektrizität und des Magnetismus einmal vom elektrischen Punktkraftgesetz her zunächst für ihren elektrischen Teil entwickelt und dann über das Durchflutungsgesetz auf das magnetische Feld ausgedehnt, zum anderen umgekehrt beim magnetischen Punktkraftgesetz beginnend den magnetischen Teil aufgebaut und über das Durchflutungsgesetz auf das elektrische Feld erweitert. Eine dritte Behandlungsweise geht für den elektrischen Teil vom elektrischen Punktkraftgesetz, für den magnetischen Teil vom magnetischen Punktkraftgesetz aus und verknüpft beide Teile durch das Durchflutungsgesetz. Diese drei verschiedenen Auffassungen und Definitionsarten wollen wir als die „elektrostatische", die „elektromagnetische" und die „symmetrische" (oder „gemischte") Behandlung kennzeichnen.

Allen drei Systemen gemeinsam ist die Eigenschaft, daß die Messung der einzelnen elektrischen und magnetischen Größenarten jeweils auf 3 Grundmeßverfahren zurückzuführen ist und die Formulierung der Gesetzmäßigkeiten jeweils durch ein Gleichungensystem mit 3 Grundgrößenarten erfolgt, auf die folgerichtig Einheitensysteme mit 3 Grundeinheiten abgestimmt sind. Sie unterscheiden sich jedoch, wie bereits im vorigen Absatz betont wurde, durch die Art, in der jeweils die Größenarten definiert werden und damit ihre Messung an die 3 mechanischen Grundmeßverfahren angeschlossen wird. Die einzelnen Begriffe der Elektrodynamik — wie Ladung, Strom, Spannung, Widerstand, Feldstärke, Polstärke, magnetische Induktion usw. — werden also in den 3 Dreier-Systemen im allgemeinen in verschiedener Weise als physikalische Größenarten definiert sein und somit in einem mechanischen Dimensionssystem mit 3 Grunddimensionen, z. B. dem LFT- oder LMT-System, verschiedene Dimensionsprodukte besitzen, je nachdem sie in elektrostatischer, elektromagnetischer oder symmetrischer Definitionsart eingeführt sind. Daher müssen wir, um auch in der formalen Darstellung die Unterschiede klar zum Ausdruck bringen zu können, die 3 Sorten von elektrischen und magnetischen Dreier-Größenarten durch eine entsprechende Indizierung der Formelzeichen hervorheben. Die hier benutzte Indizierung hat sich auch schon anderweitig eingeführt: Die elektrostatisch eingeführten elektrischen und magnetischen Größenarten kennzeichnen wir durch den Index $_s$, die elektromagnetisch eingeführten durch den Index $_m$ und die symmetrisch (oder gemischt) eingeführten durch den Index $_g$ am Formelzeichen.

    a) Elektrostatisches Dreier-System. Die elektrostatische Einführung der elektrischen und magnetischen Größenarten (X_s) geht von den zwischen zwei elektrisch aufgeladenen Körpern vorhandenen Kräften aus. Zwischen zwei „Punktladungen" (experimentell durch zwei kleine elektrisch aufgeladene Probekügelchen näherungsweise verwirklicht) beobachtet man je nach dem Vorzeichen der Ladung eine anziehende oder abstoßende Kraft F, die umgekehrt proportional dem Quadrat ihres Abstandes r und proportional den elektrischen „Aufladungen" der Probekügelchen gefunden wird. Man *definiert* daher eine Größenart „elektrische Ladung Q_s" durch die den experimentell ermittelten Proportionalitäten entsprechende (skalar geschriebene) Gleichung

$$F = \frac{Q_{s\,1} \cdot Q_{s\,2}}{r^2} \qquad (96)$$

für den Betrag F der Kraft. Das elektrische Punktkraftgesetz tritt uns in der Form der Beziehung (96) nicht als Erfahrungsansatz mit Proportionalitätsfaktor, sondern als Definitionsgleichung der Größenart Q_s entgegen. Mit der Gleichung (96) wird der allgemeine Begriff elektrische Ladung durch eine Größenart Q_s präzisiert, die über die beiden mechanischen Grundmeßverfahren der Längen- und Kraftbestimmung direkt auf diese beiden mechanischen Größenarten zurückgeführt ist. Im Dimensionssystem LFT besitzt die elektrostatische Größenart Q_s folglich das Dimensionsprodukt $\mathsf{L}\mathsf{F}^{1/2}$, im Dimensionssystem LMT nach (2, 14 a') das Dimensionsprodukt $\mathsf{L}^{3/2}\,\mathsf{M}^{1/2}\,\mathsf{T}^{-1}$.

Von der Einführung der Ladungsgröße Q_s aus lassen sich die elektrischen und magnetischen Größenarten in ihrer elektrostatischen Definition systematisch weiter entwickeln, was hier nur an einigen Beispielen erläutert zu werden braucht.

Die elektrische Feldstärke E_s wird definiert durch die allgemeine Kraftgleichung

$$F = Q_s E_s ; \qquad (97)$$

d. h. man ordnet der Beobachtungstatsache, daß auf eine elektrische Ladung (z. B. eines elektrisch geladenen Probekügelchens) an Raumstellen, die durch einen besonderen „elektrischen" Zustand ausgezeichnet sind, eine Kraft F in einer bestimmten Richtung wirkt, zur Beschreibung dieses elektrischen Raumzustandes eine in gleicher Richtung weisende vektorielle Größe $\boldsymbol{E_s}$ zu. Den besonderen Zustand des Raumes, der z. B. durch eine weitere elektrische Ladung hervorgebracht sein kann, pflegen wir in unserer heutigen Feldauffassung als „elektrisches Feld" zu bezeichnen. Bringen wir zur experimentellen Feststellung solcher Kraftbeziehungen beispielsweise die Ladung Q_{s1} in das von der Ladung Q_{s2} hervorgerufene Feld und messen im Abstande r von Q_{s2} die auf Q_{s1} wirkende Kraft $\boldsymbol{F}$, so läßt sich der Betrag E_s der von Q_{s2} am Orte der Ladung Q_{s1} hervorgerufenen Feldstärke aus (96) und (97) zu

$$E_s = \frac{Q_{s2}}{r^2} \tag{98}$$

bestimmen. Als Potentialdifferenz $\varphi_{s1} - \varphi_{s2}$ zwischen zwei Punkten 1 und 2 im elektrischen Feld definiert man das Linienintegral

$$\varphi_{s1} - \varphi_{s2} = \int\limits_1^2 \boldsymbol{E_s} . d\boldsymbol{s}, \tag{99}$$

sofern der Wert dieses Integrals vom Wege unabhängig ist. Allgemein bezeichnet man ein solches Integral als elektrische Spannung $U_s\big|_1^2$ zwischen den beiden Punkten 1 und 2, kurz auch Spannung U_s genannt,

$$U_s\bigg|_1^2 = \int\limits_1^2 \boldsymbol{E_s} . d\boldsymbol{s} = U_s. \tag{100}$$

Die Bewegung von elektrischen Ladungen nennt man elektrische Strömung. Insbesondere interessiert die elektrische Strömung durch Leiter. Die elektrische Stromstärke I_s wird durch die Gleichung

$$\varDelta Q_s = \int\limits_{t_1}^{t_2} I_s \, d t \tag{101}$$

definiert; d. h. man setzt das Zeitintegral über die Stromstärke gleich der während der Zeit $\varDelta t = t_2 - t_1$ durch den Leiter geflossenen Ladung $\varDelta Q_s$ und führt somit die Messung der elektrostatisch definierten Stromstärke I_s über die Definitionsgleichungen (101) und (96) auf die drei mechanischen Grundmeßverfahren der Längen-, Kraft- und Zeitbestimmung zurück.

Bislang haben wir stillschweigend vorausgesetzt, daß die elektrischen Kraftwirkungen zwischen den beiden Ladungen Q_{s1} und Q_{s2} im Vakuum erfolgen und gemessen werden. Erfüllt man den Feldraum mit einer dielektrischen Materie, so sinkt erfahrungsgemäß die Kraft (96) zwischen den beiden Ladungen auf einen gewissen Restwert ab, dessen Größe von den dielektrischen Eigenschaften des Mediums abhängt. Auf Grund solcher Meßergebnisse kann man dem Dielektrikum eine dimensionslose Materialkonstante ε_r, die relative Dielektrizitätskonstante, zuordnen und schreibt das elektrische Punktkraftgesetz im dielektrischen Medium in der (skalaren) Form

$$F = \frac{Q_{s1} \cdot Q_{s2}}{\varepsilon_r \, r^2}. \tag{96a}$$

Die Integration der Feldstärke $\boldsymbol{E_s}$, die kugelsymmetrisch von einer Punktladung Q_s ausgeht, führt im Vakuum nach Gleichung (98) zu der Beziehung

$$\oint \boldsymbol{E_s} . d\boldsymbol{A} = 4\pi Q_s \tag{102}$$

und in einem dielektrischen Medium über die Gleichungen (96a) und (97) zu der Beziehung

$$\oint \varepsilon_r \boldsymbol{E_s} . d\boldsymbol{A} = 4\pi Q_s. \tag{102a}$$

Das Produkt $\varepsilon_r \boldsymbol{E_s}$ stellt eine für das Dielektrikum wichtige Größe dar, die den Namen elektrische Verschiebung (früher auch dielektrische Verschiebungsdichte) $\boldsymbol{D_s}$ erhalten hat

$$\boldsymbol{D_s} = \varepsilon_r \boldsymbol{E_s} \tag{103}$$

$$\oint \boldsymbol{D_s} . d\boldsymbol{A} = 4\pi Q_s. \tag{102a'}$$

Selbstverständlich kann man ε_r auch über die Beziehung (97) aus Kraftmessungen an einer Probeladung im „Längskanal" („$\boldsymbol{E_s}$-Messung") und „Querschlitz" („$\boldsymbol{D_s}$-Messung") eines homogenen Dielektrikums einführen.

Für die hier genannten, aus Q_s abgeleiteten Größen E_s, U_s, I_s und D_s sollen noch die Dimensionsprodukte angegeben werden, die sie zufolge ihrer Definitionsbeziehungen (97), (100), (101) und (103) in den Dimensionssystemen LFT und LMT erhalten: Zu E_s und D_s gehören die Dimensionsprodukte $L^{-1}F^{1/2}$ und $L^{1/2}M^{1/2}T^{-1}$, zu U_s die Dimensionsprodukte $F^{1/2}$ und $L^{1/2}M^{1/2}T^{-1}$, zu I_s die Dimensionsprodukte $LF^{1/2}T^{-1}$ und $L^{3/2}M^{1/2}T^{-2}$.

Als weitere Beispiele betrachten wir die Ausdehnung des elektrostatisch definierten Größensystems auf die magnetischen Größenarten. Die Beobachtung magnetischer Wirkungen (z.B. der Einstellung von Magnetnadeln) in der Umgebung von stromdurchflossenen Leitern, führte zur Aufstellung des Ampèreschen elektromagnetischen Verkettungsgesetzes oder Durchflutungsgesetzes. Man beschreibt den besonderen „magnetischen" Zustand des Raumes durch eine oder mehrere vektorielle Größenarten, z. B. analog zu der obengenannten elektrischen Feldstärke E_s durch die „magnetische Feldstärke H_s". Diesen besonderen magnetischen Raumzustand pflegen wir in unserer heutigen Feldauffassung als „magnetisches Feld" zu bezeichnen. In der Art der Einführung von H_s zeigt sich die für die elektrostatischen Größenarten charakteristische Eigenschaft, von dem Anschluß einer *elektrischen* Größenart an die mechanischen Grundmeßverfahren ihren Ausgang zu nehmen. Die magnetischen Größenarten werden daher in ihrer elektrostatischen Definition durch die Zurückführung von magnetischen auf elektrische Vorgänge eingeführt, z. B. aus den magnetischen Wirkungen in der Umgebung eines von einem elektrischen Strom der Stromstärke I_s durchflossenen Leiters. Die Messung der magnetischen Feldstärke H_s wird auf eine Stromstärke- und Längenmessung zurückgeführt und H_s durch die Gleichung

$$\oint H_s \cdot d\boldsymbol{s} = 4\,\pi\,I_s\,{}^1) \tag{104}$$

definiert. Das Durchflutungsgesetz tritt in der durch Beziehung (104) beschriebenen Form nicht als Erfahrungsansatz mit Proportionalitätsfaktor, sondern als Definitionsgleichung für die elektrostatisch eingeführte Größenart „magnetische Feldstärke H_s" auf.

Als magnetische Polstärke p_s führt man eine Größenart ein, welche die an dem einen Ende einer langen Magnetnadel vereinigt *gedachte* „magnetische Ladung" oder „magnetische Menge" charakterisieren soll. Man bringt den einen Pol der auf ihre Polstärke zu untersuchenden langen Magnetnadel in ein bekanntes magnetisches Feld der Feldstärke H_s, die entsprechend ihrer Definition und Meßvorschrift nach Gleichung (104) bestimmt wird, und mißt die Kraft, die auf den Magnetpol in diesem Felde wirkt (wobei der andere Pol der Magnetnadel so weit entfernt sein muß, daß an seinem Ort das Magnetfeld H_s einen vernachlässigbaren Betrag besitzt). Dann kann man die Polstärke p_s in elektrostatischer Definition durch die Gleichung

$$F = p_s H_s \tag{105}$$

einführen. Entsprechend leiten sich die übrigen magnetischen Größenarten ab.

Wir haben in der elektrostatischen Definition die magnetischen Größenarten auf elektrische zurückgeführt und diese wieder an mechanische Größenarten angeschlossen. In dieser Entwicklung werden die magnetischen Erscheinungen definitionsmäßig aus elektrischen abgeleitet und die Gesamtheit der elektrischen und magnetischen Gesetzmäßigkeiten auf mechanische Elemente und Meßmethoden zurückgeführt, d. h. in einer mechanistischen Auffassung oder Form dargestellt. Die hier genannten, über die elektrischen aus den mechanischen abgeleiteten magnetischen Größenarten H_s und p_s haben zufolge ihrer Definitionsbeziehungen (104) und (105) im Dimensionssystem LFT die Dimensionsprodukte $F^{1/2}T^{-1}$ und $F^{1/2}T$, im Dimensionssystem LMT die Dimensionsprodukte $L^{1/2}M^{1/2}T^{-2}$ und $L^{1/2}M^{1/2}$.

In elektrostatischer Größendefinition wollen wir noch das magnetische Punktkraftgesetz anschreiben, das die Kraftwirkungen zwischen zwei Magnetpolen (die anderen Pole der beiden langen Magnetnadeln seien weit genug entfernt, um keinen wesentlichen Einfluß auszuüben) beschreibt und dem elektrischen Punktkraftgesetz (96) entspricht. Da die in das magnetische Punktkraftgesetz eingehenden Größenarten F, r und p_s bereits definiert sind und der Ausdruck $p_{s1} \cdot p_{s2}/r^2$ ein um $L^{-2}T^2$ von dem für F gültigen abweichendes Dimensionsprodukt besitzt, muß im (skalar geschriebenen)

---

¹) Der Faktor $4\,\pi$ hat keine *physikalische* Bedeutung, sondern wurde hier nur eingeführt, um die mit Gleichung (96) begonnene nicht-rationale Größendefinition auch an dieser Stelle fortzuführen.

Punktkraftgesetz als Proportionalitätsfaktor noch ein Geschwindigkeitsquadrat auftreten, das wir mit c_0^2 bezeichnen

$$F = \frac{c_0^2\, p_{s1} \cdot p_{s2}}{r^2}. \tag{106}$$

Die Messung von r, F, p_{s1} und p_{s2} nach den für sie festgelegten mechanischen Grundmeßverfahren oder mit den sich aus der Definition für p_s ergebenden mechanischen Meßmethoden führt zur quantitativen Festlegung des hier auftretenden Proportionalitätsfaktors c_0^2; c_0 ergibt sich gleich der Ausbreitungsgeschwindigkeit elektromagnetischer Wellen im Vakuum oder Vakuumlichtgeschwindigkeit. Die Beziehung (106) ist im Rahmen der elektrostatischen Größeneinführung als ein Erfahrungsansatz zwischen den bereits definierten Größenarten F, r und p_s mit dem Proportionalitätsfaktor c_0 aufzufassen, für den (106) eine Definitionsgleichung darstellt[1]).

Der Aufstellung der Gleichung (106) liegt die stillschweigende Voraussetzung zugrunde, daß die Kraftwirkungen zwischen p_{s1} und p_{s2} im Vakuum erfolgen und betrachtet werden. Befinden sich die beiden Magnetpole in einem permeablen Medium, so sinkt bei der hier benutzten Definition (105) für die Polstärke erfahrungsgemäß die Kraft (106) auf einen bestimmten Bruchteil, dessen Größe von den permeablen Eigenschaften des Mediums abhängt. Auf Grund solcher Meßergebnisse kann man dem permeablen Medium eine dimensionslose Materialkonstante μ_r, die relative Permeabilität, zuordnen und schreibt das magnetische Punktkraftgesetz im permeablen Medium in der (skalaren) Form

$$F = \frac{c_0^2\, p_{s1} \cdot p_{s2}}{\mu_r\, r^2}. \tag{106a}$$

Analog der elektrischen Verschiebung im materieerfüllten elektrischen Feld wird auch für das materieerfüllte magnetische Feld wegen seiner permeablen Eigenschaften eine neue Größenart, die magnetische Induktion B_s, eingeführt, die zu H_s proportional ist. Nach Gleichungen (106a) und (105) erzeugt der Magnetpol der Polstärke p_{s2} im permeablen Medium am Orte des anderen Magnetpols der Polstärke p_{s1} eine magnetische Feldstärke vom Betrage

$$H_s = \frac{c_0^2\, p_{s2}}{\mu_r\, r^2}. \tag{107}$$

Die von p_{s2} am Orte des Magnetpols der Polstärke p_{s1} hervorgerufene magnetische Induktion soll definitionsgemäß den Betrag

$$B_s = \frac{p_{s2}}{r^2} \tag{108}$$

haben, so daß die Definitionsgleichung für B_s analog zu der Relation (103) für D_s in der Form

$$B_s = \frac{\mu_r}{c_0^2}\, H_s \tag{109}$$

---

[1]) *Clausius [C 17; C 18]* hat eine von der allgemein und auch hier benutzten abweichende Einführung der magnetischen Polstärke in elektrostatischer Art vorgeschlagen, bediente sich dabei allerdings der Ausdrucksweise in Einheiten- und Zahlenwertgleichungen. Die Clausiussche elektrostatische Größenart „Magnetismusmenge" oder „magnetische Polstärke", die er mit m_s bezeichnet, hängt mit unserer Größenart p_s über die Relation

$$m_s = c_0^2\, p_s$$

zusammen, so daß das magnetische Punktkraftgesetz von *Clausius* „elektrostatisch" in der Form

$$F = \frac{m_{s1} \cdot m_{s2}}{c_0^2\, r^2}$$

geschrieben wurde. Der Clausiusschen Einführung lag die Formulierung des Ampèreschen Gedankens der Äquivalenz zwischen elektrischem Kreisstrom I_s, der eine Fläche A umfließt, und magnetischer Doppelschicht vom Moment $m_s\, \Delta s$ [siehe Fußnote [3]) auf S. 146] durch die Beziehung

$$I_s\, A = m_s\, \Delta s$$

zugrunde, die er als eine allgemein gültige, von der speziellen Einführung der Größenarten unabhängige Schreibweise dieses Zusammenhanges postulierte.

Die beiden Größenarten p_s und m_s verhalten sich begrifflich zueinander wie die beiden Größenarten p der Gleichungen (194), (277a) und m in (277b) des Vierer-Systems (siehe Abschnitte 2 und 4); p_s und p entsprechen der Coulombschen Einführung der Polstärke, m_s und m der Ampèreschen Definition des magnetischen Momentes.

zu schreiben ist. Während die beiden elektrischen Feldvektoren E_s und D_s dimensionsgleich sind, unterscheiden sich die beiden magnetischen Feldvektoren H_s und B_s dimensionsmäßig um das Quadrat einer Geschwindigkeit; B_s hat im Dimensionssystem LFT das Dimensionsprodukt $\mathsf{L}^{-2}\,\mathsf{F}^{1/2}\,\mathsf{T}$ und im Dimensionssystem LMT das Dimensionsprodukt $\mathsf{L}^{-3/2}\,\mathsf{M}^{1/2}$.

Analog ε_r und D_s können auch μ_r und B_s über die Beziehung (105) aus Kraftmessungen an einem Probepol im „Längskanal" („H_s-Messung") und im „Querschlitz" („B_s-Messung") eines homogenen permeablen Mediums eingeführt werden.

Die Beipiele zeigen den Aufbau des elektrostatischen Dreier-Systems zur mechanistischen Beschreibung der elektrischen und magnetischen Gesetzmäßigkeiten. Für eine bis ins einzelne gehende Ableitung der gesamten elektrostatischen Darstellung der Elektrodynamik ist hier kein Raum; wir stellen nur noch einige wichtige Gesetze in elektrostatischer Formulierung zusammen. Dabei wollen wir die im vorigen Kapitel behandelte Alternative rational ÷ nicht-rational für die Größendefinition gleich mit einbeziehen.

In der Terminologie des Kapitels 1 sind die hier aufgestellten elektrostatischen Gleichungen nicht-rational geschrieben und somit die oben eingeführten Größen Q_s, E_s, U_s, I_s, D_s, H_s, p_s, B_s als nicht-rational definiert anzusehen. Für die grundsätzlichen *physikalischen* Betrachtungen über das elektrostatische Dreier-System spielt die *geometrische* Alternative rational ÷ nicht-rational allerdings keine Rolle, wie schon wiederholt betont wurde. Für eine einheitliche Gesamtdarstellung der verschiedenen Beschreibungsarten in der Elektrodynamik ist es jedoch zweckmäßig, bei der Aufstellung der verschiedenen physikalischen Größenarten und Gleichungensysteme auch den verschiedenen Möglichkeiten einer rationalen oder nicht-rationalen Größendefinition Rechnung zu tragen. Dieses Ziel erreichen wir nach den Feststellungen im Kapitel I durch Einfügen der entsprechenden Zuordnungskoeffizienten χ, ν_e, ν_m und λ. Die Stellung der Zuordnungskoeffizienten im Gleichungssystem wurde bereits im Abschnitt I, 4 behandelt. Das den Gleichungen (50) bis (63) entsprechende elektrostatische Größengleichungensystem lautet dann

$$\oint \frac{H_s \cdot ds}{\chi} = \int G_s \cdot dA + \frac{d}{dt}\int \frac{D_s \cdot dA}{\nu_e} = \int \sigma_s E_s \cdot dA + \frac{d}{dt}\int \frac{\varepsilon_r}{\chi} E_s \cdot dA \tag{110}$$

$$\oint \frac{E_s \cdot ds}{\chi} = -\frac{d}{dt}\int \frac{B_s \cdot dA}{\nu_m} = -\frac{1}{c_0^2}\frac{d}{dt}\int \frac{\mu_r}{\chi} H_s \cdot dA \tag{111}$$

$$\oint \frac{D_s \cdot dA}{\nu_e} = \Sigma\, Q_s \tag{112}$$

$$\oint \frac{B_s \cdot dA}{\nu_m} = 0 \tag{113}$$

$$\frac{D_s}{\nu_e} = \varepsilon_r \frac{E_s}{\chi} = \frac{E_s}{\chi} + \frac{P_s}{\lambda} \tag{114}$$

$$\frac{B_s}{\nu_m} = \frac{1}{c_0^2}\mu_r \frac{H_s}{\chi} = \frac{1}{c_0^2}\frac{H_s}{\chi} + \frac{J_s}{\lambda} \tag{115}$$

$$w_e = \frac{1}{2}\frac{E_s \cdot D_s}{\nu_e} \tag{116}$$

$$w_m = \frac{1}{2}\frac{H_s \cdot B_s}{\nu_m} \tag{117}$$

$$S = \frac{1}{\chi}(E_s \times H_s) \tag{118}$$

$$F_e = \frac{\chi\, Q_{s1}\cdot Q_{s2}}{4\pi\,\varepsilon_r\, r^2}\, r^0 = Q_s E_s \tag{119}$$

$$F_m = c_0^2 \, \frac{\chi \, p_{s\,1} \cdot p_{s\,2}}{4 \, \pi \, \mu_r \, r^2} \, r^0 = p_s \, H_s \tag{120}$$

$$d\,F_{e\,m} = \chi \, I_s \left(\frac{d\,s \times B_s}{v_m} \right) = \frac{\chi \, p_s \cdot I_s \, (d\,s \times r^0)}{4 \, \pi \, r^2} \tag{121}$$

$$\Delta \, \varphi_s = - \, \chi \, \frac{\eta_s}{\varepsilon_r} \tag{122}$$

$$\Delta \, A_s = - \, \frac{v_m}{c_0^2} \, \mu_r \, G_s. \tag{123}$$

Die elektrostatischen Drei-Grundgrößenarten-Gleichungen lassen sich der jeweils gewünschten rationalen, teil-rationalen oder nicht-rationalen Schreibweise oder Größendefinition dadurch anpassen, daß man für χ, v_e, v_m und λ die zu dieser Definition gehörigen Werte der Tabelle 14 entnimmt und in das Gleichungensystem einsetzt. Im Bedarfsfall soll man auch äußerlich zwischen rational oder nicht-rational definierten Größen unterscheiden; das kann durch Doppelindizierung am Formelzeichen ($_r$ rational definiert; $_n$ nicht-rational definiert) geschehen. Beispielsweise lautet das elektrische Punktkraftgesetz zwischen den nicht-rational definierten Größen ($_nX_s$: $\chi = 4\,\pi$) $_nQ_{s1}$ und $_nQ_{s2}$

$$F_e = \frac{_nQ_{s\,1} \cdot \, _nQ_{s\,2}}{\varepsilon_r \, r^2} \, r^0, \tag{119n}$$

und zwischen den rational definierten Größen ($_rX_s$: $\chi = 1$) $_rQ_{s1}$ und $_rQ_{s2}$

$$F_e = \frac{_rQ_{s\,1} \cdot \, _rQ_{s\,2}}{4 \, \pi \, \varepsilon_r \, r^2} \, r^0. \tag{119r}$$

Durch eine einfache algebraische Überlegung können wir zeigen, daß die elektrostatischen Gleichungen (110) bis (123) ein Größengleichungensystem mit drei Grundgrößenarten bilden. Der Inhalt der phänomenologischen Elektrodynamik wird durch die beiden Maxwellschen Gleichungen (110) und (111) mit ihren Randbedingungen (112) und (113) zusammengefaßt. Bei der Aufzählung der durch diese Beziehungen verknüpften Größenarten ist folgendes zu beachten: Flächen und Längen dürfen nicht als voneinander unabhängige Größenarten betrachtet werden, da zwischen ihnen eine zusätzliche Relation besteht, z. B. in der Form $dA = ds_1 \times ds_2$; relative Dielektrizitätskonstante und Permeabilität sind dimensionslose Materialkonstanten, die bei den ganzen Feldraum erfüllenden isotropen Medien durch das Verhältnis der Flußdichte, gemessen in einem senkrecht zur Feldrichtung geschnittenen „Querschlitz", zur Flußdichte, gemessen in einem in Feldrichtung gebohrten „Längskanal", gegeben werden ($\varepsilon_r = D_{sQS}/D_{sLK}$; $\mu_r = B_{sQS}/B_{sLK}$) und somit auch nicht als unabhängige Größenarten zu werten sind. Wir schreiben die Grundgleichungen nebst Randbedingungen im elektrostatischen Dreier-System, und zwar in der ursprünglichen Maxwellschen (teil-rationalen) Schreibweise (Reihe 1 der Tabelle 14), hin und zählen entsprechend Abschnitt 1, 3 die in ihnen auftretenden unabhängigen Größenarten ab, wobei wir hinter jeder Gleichung nur in dieser neu auftretende unabhängige Größenarten aufführen

$$\oint H_s \cdot ds \; = 4\,\pi \int \sigma_s \, E_s \cdot dA + \frac{d}{d\,t} \int \varepsilon_r \, E_s \cdot dA \qquad\qquad s,\; t,\; E_s,\; H_s,\; \sigma_s$$

$$\oint E_s \cdot ds \; = - \, \frac{1}{c_0^2} \, \frac{d}{d\,t} \int \mu_r \, H_s \cdot dA \qquad\qquad\qquad\qquad c_0$$

$$\oint \varepsilon_r \, E_s \cdot dA = 4\,\pi \, \Sigma \, Q_s \qquad\qquad\qquad\qquad\qquad\qquad Q_s$$

$$\frac{1}{c_0^2} \oint \mu_r \, H_s \cdot dA = 0 \qquad\qquad\qquad\qquad\qquad\qquad\qquad -$$

4 Gleichungen   zwischen   7 Größenarten.

Zur eindeutigen Auflösung von vier Gleichungen zwischen sieben Größenarten sind drei zusätzliche Verfügungen erforderlich; d. h. das Gleichungensystem ist ein Größengleichungensystem mit drei Grundgrößenarten.

Wegen der Definitionen und Dimensionsausdrücke der Größenarten Induktivität und magnetischer Leitwert wird auf Abschnitt 5a verwiesen.

Um später die elektrostatisch definierten Dreier-Größen mit den entsprechenden Größendefinitionen in den beiden anderen Dreier-Systemen, im Vierer- und im Fünfer-System vergleichen und in Beziehung setzen zu können, stellen wir in der Tafel 21 in der Spalte 3 die Dimensionsprodukte einiger elektrostatisch definierter elektrischer und magnetischer Größenarten (Formelzeichen in Spalte 2), bezogen auf das Dimensionssystem LMT, zusammen. Die Dimensionsprodukte ergeben sich nach den im ersten Buchteil über Dimensionen allgemein aufgestellten Richtlinien aus den Definitionsgleichungen für die elektrostatisch definierten Größenarten, also beispielsweise aus dem Gleichungensystem (110) bis (123).

b) Elektromagnetisches Dreier-System. Die elektromagnetische Einführung der elektrischen und magnetischen Größenarten (X_m) nimmt ihren Ausgangspunkt bei den zwischen zwei Magnetpolen wirkenden Kräften, geht aber gerade den umgekehrten Weg wie die elektrostatische Definition der elektrischen und magnetischen Größenarten. Zwischen zwei „Magnetpolen" (experimentell durch je ein Ende zweier langer Magnetnadeln näherungsweise verwirklicht, wobei die Länge der Nadeln groß gegen den Abstand der beiden betrachteten Pole sein muß) beobachtet man je nach dem „Vorzeichen" der „magnetischen Ladungen" oder „magnetischen Mengen" eine anziehende oder abstoßende Kraft F, die umgekehrt proportional dem Quadrat ihres Abstandes r und proportional den in den Polen konzentriert *gedachten* „magnetischen Ladungen" gefunden wird. Man *definiert* daher eine Größenart „magnetische Polstärke p_m" durch die den experimentell ermittelten Proportionalitäten entsprechende (skalar geschriebene) Gleichung

$$F = \frac{p_{m1} \cdot p_{m2}}{r^2} \tag{124}$$

für den Betrag F der Kraft. Das magnetische Punktkraftgesetz tritt uns in der Form der Beziehung (124) nicht als Erfahrungsansatz mit Proportionalitätsfaktor, sondern als Definitionsgleichung der Größenart p_m entgegen.

Mit der Gleichung (124) wird der allgemeine Begriff „magnetische Ladung" oder „Polstärke" durch eine Größenart p_m präzisiert, die durch die beiden mechanischen Grundmeßverfahren der Längen- und Kraftbestimmung direkt auf diese beiden mechanischen Größenarten definitionsmäßig zurückgeführt ist. Im Dimensionssystem LFT besitzt die elektromagnetische Größenart p_m folglich das Dimensionsprodukt $LF^{1/2}$, im Dimensionssystem LMT nach $(2, 14\,a')$ das Dimensionsprodukt $L^{3/2} M^{1/2} T^{-1}$.

Von der Einführung der Polstärkegröße p_m aus lassen sich die magnetischen und elektrischen Größenarten in ihrer elektromagnetischen Definition systematisch entwickeln, was hier nur an einigen Beispielen erläutert zu werden braucht.

Analog der elektrischen Feldstärke E_s für den im vorigen Abschnitt behandelten elektrostatischen Fall wird hier die magnetische Feldstärke H_m durch die allgemeine Kraftgleichung

$$F = p_m H_m \tag{125}$$

definiert. H_m tritt als eine vektorielle Größenart auf, die den besonderen „magnetischen Zustand" des Raumes beschreibt, wie er z. B. durch einen weiteren Magnetpol an der Stelle des betrachteten Magnetpols der Polstärke p_m hervorgerufen wird und den wir in unserer heutigen Feldauffassung als „magnetisches Feld" zu bezeichnen pflegen. Bringen wir zur experimentellen Feststellung solcher Kraftwirkungen beispielsweise einen Magnetpol der Polstärke p_{m1} in das von dem Magnetpol der Polstärke p_{m2} hervorgerufene Feld und messen im Abstand r von p_{m2} die auf p_{m1} wirkende Kraft F, so läßt sich der Betrag H_m der von p_{m2} am Orte der Polstärke p_{m1} hervorgerufenen Feldstärke über (124) und (125) zu

$$H_m = \frac{p_{m2}}{r^2} \tag{126}$$

bestimmen.

Dabei haben wir stillschweigend vorausgesetzt, daß die magnetischen Kraftwirkungen zwischen den beiden Magnetpolen der Polstärken p_{m1} und p_{m2} im Vakuum erfolgen und gemessen werden. Erfüllt man den Feldraum mit einer permeablen Materie, so sinkt bei der hier benutzten Definition für die Polstärke erfahrungsgemäß die Kraft (124) zwischen den beiden Magnetpolen auf einen gewissen Bruchteil ab, dessen Größe von den permeablen Eigenschaften des Mediums abhängt. Auf Grund solcher Meßergebnisse kann man dem permeablen Medium eine dimensionslose Materialkonstante μ_r, die relative Permeabilität, zuordnen und schreibt das magnetische Punktkraftgesetz im permeablen Medium in der (skalaren) Form

$$F = \frac{p_{m\,1} \cdot p_{m\,2}}{\mu_r\, r^2}, \tag{124a}$$

wobei die für den Vakuumfall durch die Beziehung (126) angegebene Feldstärke im permeablen Medium den Wert

$$H_m = \frac{p_{m\,2}}{\mu_r r^2} \tag{126a}$$

erhält. Analog der im vorigen Abschnitt im materieerfüllten elektrischen Feld eingeführten elektrostatischen Größenart $\boldsymbol{D}_s$ definiert man hier im materieerfüllten magnetischen Feld das Produkt $\mu_r\,\boldsymbol{H}_m$ als eine neue, für das permeable Medium wichtige Größe: die elektromagnetisch definierte magnetische Induktion

$$\boldsymbol{B}_m = \mu_r\,\boldsymbol{H}_m. \tag{127}$$

μ_r und $\boldsymbol{B}_m$ hätte man auch über die Beziehung (125) aus Kraftmessungen an einem Probepol im „Längskanal" („H_m-Messung") und „Querschlitz" („B_m"-Messung) eines homogenen permeablen Mediums einführen können.

Die beiden aus p_m abgeleiteten Größenarten H_m und B_m erhalten auf Grund ihrer Definitionsbeziehungen (125) und (127) im Dimensionssystem LFT das Dimensionsprodukt $\mathsf{L}^{-1}\mathsf{F}^{1/2}$ und im Dimensionssystem LMT das Dimensionsprodukt $\mathsf{L}^{-1/2}\mathsf{M}^{1/2}\mathsf{T}^{-1}$. Alle weiteren magnetischen Größenarten lassen sich in ihrer elektromagnetischen Definition aus den bisher genannten systematisch ableiten. Wir gehen jedoch gleich zu der Ausdehnung des elektromagnetisch definierten Größensystems auf die elektrischen Größenarten über.

Die Verknüpfung zu ihnen wird aus der Betrachtung gewonnen, daß magnetische Kräfte auf Magnetpole nicht nur im Wirkungsbereich anderer Magnetpole, sondern auch in der Umgebung der von elektrischen Strömen durchflossenen Leiter auftreten. Diese Erfahrungstatsache, die zur Aufstellung des Durchflutungsgesetzes führte, bildet die Grundlage für den definitionsmäßigen Anschluß der elektrischen Größenarten an die elektromagnetisch eingeführten magnetischen Größenarten, beispielsweise durch die Beziehung

$$\oint \boldsymbol{H}_m \cdot d\boldsymbol{s} = 4\,\pi I_m\,{}^1), \tag{128}$$

die nicht als Erfahrungsansatz mit einem Proportionalitätsfaktor, sondern als Definitionsgleichung für die elektromagnetisch eingeführte Größenart „elektrische Stromstärke I_m" auftritt.

Die Definitionen für die elektromagnetisch eingeführten Größenarten elektrische Ladung Q_m, elektrische Feldstärke $\boldsymbol{E}_m$, elektrische Spannung U_m erhält man in Analogie zu den elektrostatischen Größendefinitionen aus dem vorigen Abschnitt über die Gleichungen

$$\varDelta Q_m = \int_{t_1}^{t_2} I_m\, dt \tag{129}$$

$$\boldsymbol{F} = Q_m\,\boldsymbol{E}_m \tag{130}$$

$$U_m = \int \boldsymbol{E}_m \cdot d\boldsymbol{s}. \tag{131}$$

In analoger Weise leiten sich die übrigen elektrischen Größenarten ab.

In der elektromagnetischen Definition haben wir die elektrischen Größenarten auf magnetische zurückgeführt und letztere wieder an mechanische Größenarten angeschlossen. In dieser Entwicklung werden die elektrischen Erscheinungen definitionsmäßig aus magnetischen abgeleitet und die Gesamtheit der magnetischen und elektrischen Gesetzmäßigkeiten auf mechanische Elemente und Meßmethoden zurückgeführt, d. h. in einer mechanistischen Auffassung oder Form dargestellt. Die hier genannten, über die magnetischen aus den mechanischen abgeleiteten elektrischen Größenarten I_m,

---

¹) Der Faktor $4\,\pi$ hat keine *physikalische* Bedeutung, sondern wurde hier nur eingeführt, um die mit Gleichung (124) begonnene nicht-rationale Größendefinition auch an dieser Stelle fortzuführen.

Q_m, E_m, U_m besitzen auf Grund ihrer Definitionsbeziehungen (128), (129), (130), (131) folgende Dimensionsprodukte: im Dimensionssystem LFT der Reihe nach $F^{1/2}$, $F^{1/2}T$, $F^{1/2}T^{-1}$, $LF^{1/2}T^{-1}$ und im Dimensionssystem LMT der Reihe nach $L^{1/2}M^{1/2}T^{-1}$, $L^{1/2}M^{1/2}$, $L^{1/2}M^{1/2}T^{-2}$, $L^{3/2}M^{1/2}T^{-2}$.

Auch in elektromagnetischer Größendefinition wollen wir das elektrische Punktkraftgesetz ausdrücken, das die Kraftwirkungen zwischen zwei elektrischen Ladungen beschreibt. Da die in das elektrische Punktkraftgesetz eingehenden Größenarten F, r und Q_m bereits definiert sind und der Ausdruck $Q_{m1} \cdot Q_{m2}/r^2$ ein um $L^{-2}T^2$ von dem für F gültigen abweichendes Dimensionsprodukt besitzt, muß im (skalar geschriebenen) Punktkraftgesetz als Proportionalitätsfaktor noch ein Geschwindigkeitsquadrat auftreten, das wir mit c_0^2 bezeichnen,

$$F = \frac{c_0^2 \, Q_{m1} \cdot Q_{m2}}{r^2} \tag{132}$$

Die Messung von r, F, Q_{m1} und Q_{m2} nach den für sie festgelegten Grundmeßverfahren oder mit den sich aus der Definition für Q_m ergebenden Meßmethoden führt zur quantitativen Festlegung des hier auftretenden Proportionalitätsfaktors c_0^2; c_0 ergibt sich gleich der Ausbreitungsgeschwindigkeit elektromagnetischer Wellen im Vakuum oder Vakuumlichtgeschwindigkeit. Die Gleichung (132) ist im Rahmen der elektromagnetischen Größeneinführung als ein Erfahrungsansatz zwischen den bereits definierten Größenarten F, r und Q_m mit dem Proportionalitätsfaktor c_0 aufzufassen, für den (132) eine Definitionsgleichung darstellt.

Der Aufstellung der Gleichung (132) liegt die stillschweigende Voraussetzung zugrunde, daß die Kraftwirkungen zwischen Q_{m1} und Q_{m2} im Vakuum erfolgen und betrachtet werden. Befinden sich die beiden Ladungen in einem dielektrischen Medium, so sinkt erfahrungsgemäß die Kraft (132) auf einen bestimmten Bruchteil ab, dessen Größe von den dielektrischen Eigenschaften des Mediums abhängt. Auf Grund solcher Meßergebnisse kann man dem Dielektrikum eine dimensionslose Materialkonstante ε_r, die relative Dielektrizitätskonstante, zuordnen und schreibt das elektrische Punktkraftgesetz im dielektrischen Medium in der (skalaren) Form

$$F = \frac{c_0^2 \, Q_{m1} \cdot Q_{m2}}{\varepsilon_r \cdot r^2}. \tag{132a}$$

Die Integration der Feldstärke E_m, die kugelsymmetrisch von einer Punktladung Q_m ausgeht, führt im Dielektrikum bei Verknüpfung der Gleichungen (132a) und (130) zu der Beziehung

$$\frac{1}{c_0^2} \oint \varepsilon_r \, E_m \cdot d\mathbf{A} = 4 \, \pi \, Q_m. \tag{133}$$

Der Ausdruck $\dfrac{\varepsilon_r}{c_0^2} \, E_m$ stellt eine für das Dielektrikum wichtige Größenart dar: die elektromagnetisch definierte elektrische Verschiebung

$$\mathbf{D}_m = \frac{\varepsilon_r}{c_0^2} \, \mathbf{E}_m, \tag{134}$$

die mit der Gleichung (133) in der Form

$$\oint \mathbf{D}_m \cdot d\mathbf{A} = 4 \, \pi \, Q_m \tag{133'}$$

zu schreiben ist. Während die beiden magnetischen Feldvektoren $\mathbf{H}_m$ und $\mathbf{B}_m$ dimensionsgleich sind, unterscheiden sich die beiden elektrischen Feldvektoren $\mathbf{E}_m$ und $\mathbf{D}_m$ dimensionsmäßig um das Quadrat einer Geschwindigkeit. $\mathbf{D}_m$ hat im Dimensionssystem LFT das Dimensionsprodukt $L^{-2}F^{1/2}T$ und im Dimensionssystem LMT das Dimensionsprodukt $L^{-3/2}M^{1/2}$.

Analog μ_r und $\mathbf{B}_m$ können auch ε_r und $\mathbf{D}_m$ über die Beziehung (130) aus Kraftmessungen an einer Probeladung im „Längskanal" („$\mathbf{E}_m$-Messung") und „Querschlitz" („$\mathbf{D}_m$-Messung") eines homogenen Dielektrikums eingeführt werden.

Aus den Beispielen geht der Aufbau des elektromagnetischen Dreier-Systems zur mechanistischen Beschreibung der elektrischen und magnetischen Gesetzmäßigkeiten hervor. Wir stellen einige wichtige Gesetze aus der Elektrodynamik in elektromagnetischer Formulierung zusammen und wollen dabei die im vorigen Kapitel behandelte Alternative rational $\div$ nicht-rational für die Größendefinition gleich mit einbeziehen. Das geschieht durch Einfügen der Zuordnungskoeffizienten χ, ν_e, ν_m und λ

auf die gleiche Art, wie es bereits im Kapitel 1 und speziell bei der Behandlung der elektrostatischen Größendefinition im vorigen Abschnitt dargestellt wurde, da die *geometrische* Alternative von der *physikalischen* Frage der verschiedenen Größeneinführung mit 3, 4 oder 5 Grundgrößenarten unabhängig ist. Das den Gleichungen (110) bis (123) entsprechende elektromagnetische Größengleichungssystem lautet dann

$$\oint \frac{\boldsymbol{H}_m \cdot d\boldsymbol{s}}{\chi} = \int \boldsymbol{G}_m \cdot d\boldsymbol{A} + \frac{d}{dt} \int \frac{\boldsymbol{D}_m \cdot d\boldsymbol{A}}{\nu_e} = \int \sigma_m \boldsymbol{E}_m \cdot d\boldsymbol{A} + \frac{1}{c_0^2} \frac{d}{dt} \int \varepsilon_r \boldsymbol{E}_m \cdot d\boldsymbol{A} \qquad (135)$$

$$\oint \frac{\boldsymbol{E}_m \cdot d\boldsymbol{s}}{\chi} = - \frac{d}{dt} \int \frac{\boldsymbol{B}_m \cdot d\boldsymbol{A}}{\nu_m} = - \frac{d}{dt} \int \frac{\mu_r}{\chi} \boldsymbol{H}_m \cdot d\boldsymbol{A} \qquad (136)$$

$$\oint \frac{\boldsymbol{D}_m \cdot d\boldsymbol{A}}{\nu_e} = \Sigma Q_m \qquad (137)$$

$$\oint \frac{\boldsymbol{B}_m \cdot d\boldsymbol{A}}{\nu_m} = 0 \qquad (138)$$

$$\frac{\boldsymbol{D}_m}{\nu_e} = \frac{1}{c_0^2} \varepsilon_r \frac{\boldsymbol{E}_m}{\chi} = \frac{1}{c_0^2} \frac{\boldsymbol{E}_m}{\chi} + \frac{\boldsymbol{P}_m}{\lambda} \qquad (139)$$

$$\frac{\boldsymbol{B}_m}{\nu_m} = \mu_r \frac{\boldsymbol{H}_m}{\chi} = \frac{\boldsymbol{H}_m}{\chi} + \frac{\boldsymbol{J}_m}{\lambda} \qquad (140)$$

$$w_e = \frac{1}{2} \frac{\boldsymbol{E}_m \cdot \boldsymbol{D}_m}{\nu_e} \qquad (141)$$

$$w_m = \frac{1}{2} \frac{\boldsymbol{H}_m \cdot \boldsymbol{B}_m}{\nu_m} \qquad (142)$$

$$\boldsymbol{S} = \frac{1}{\chi} (\boldsymbol{E}_m \times \boldsymbol{H}_m) \qquad (143)$$

$$\boldsymbol{F}_e = c_0^2 \frac{\chi Q_{m1} \cdot Q_{m2}}{4 \pi \varepsilon_r r^2} \boldsymbol{r}^0 = Q_m \boldsymbol{E}_m \qquad (144)$$

$$\boldsymbol{F}_m = \frac{\chi p_{m1} \cdot p_{m2}}{4 \pi \mu_r r^2} \boldsymbol{r}^0 = p_m \boldsymbol{H}_m \qquad (145)$$

$$d \boldsymbol{F}_{em} = \chi I_m \left(\frac{d\boldsymbol{s} \times \boldsymbol{B}_m}{\nu_m} \right) = \frac{\chi p_m \cdot I_m (d\boldsymbol{s} \times \boldsymbol{r}^0)}{4 \pi r^2} \qquad (146)$$

$$\Delta \varphi_m = - c_0^2 \chi \frac{\eta_m}{\varepsilon_r} \qquad (147)$$

$$\Delta \boldsymbol{A}_m = - \nu_m \mu_r \boldsymbol{G}_m. \qquad (148)$$

Für die den Zuordnungskoeffizienten zuzuordnenden Zahlenwerte gilt das im Abschnitt 1a Gesagte. Beispielsweise lautet das magnetische Punktkraftgesetz zwischen den nicht-rational definierten Größen $(_nX_m : \chi = 4\pi) \; _np_{m1}$ und $_np_{m2}$

$$\boldsymbol{F}_m = \frac{_np_{m1} \cdot {_np_{m2}}}{\mu_r \, r^2} \boldsymbol{r}^0 \qquad (145\,\mathrm{n})$$

und zwischen den rational definierten Größen $(_rX_m : \chi = 1) \; _rp_{m1}$ und $_rp_{m2}$

$$\boldsymbol{F}_m = \frac{_rp_{m1} \cdot {_rp_{m2}}}{4 \pi \mu_r \, r^2} \boldsymbol{r}^0. \qquad (145\,\mathrm{r})$$

Auch die algebraische Überlegung zur Verifizierung der Tatsache, daß die elektromagnetischen Gleichungen (135) bis (148) ein Größengleichungensystem mit drei Grundgrößenarten bilden, verläuft ganz analog der Überlegung für das elektrostatische Gleichungssystem (110) bis (123) im vorigen Abschnitt. Wir zählen die durch die Maxwellschen Grundgleichungen (135) und (136) und ihre Randbedingungen (137) und (138) verknüpften unabhängigen Größenarten ab und führen die Abzählung wieder am Beispiel der ursprünglichen Maxwellschen (teil-rationalen) Schreibweise (Reihe 1 der Tabelle 14) durch:

$$\oint \boldsymbol{H}_m \,.\, d\boldsymbol{s} \;= 4\,\pi \int \sigma_m \boldsymbol{E}_m \,.\, d\boldsymbol{A} + \frac{1}{c_0^2} \frac{d}{dt} \int \varepsilon_r \boldsymbol{E}_m \,.\, d\boldsymbol{A} \qquad \boldsymbol{s},\quad t,\quad \boldsymbol{E}_m,\quad \boldsymbol{H}_m,\quad \sigma_m,\quad c_0$$

$$\oint \boldsymbol{E}_m \,.\, d\boldsymbol{s} \;= -\frac{d}{dt} \int \mu_r \boldsymbol{H}_m \,.\, d\boldsymbol{A} \qquad\qquad —$$

$$\frac{1}{c_0^2} \oint \varepsilon_r \boldsymbol{E}_m \,.\, d\boldsymbol{A} = 4\,\pi\,\Sigma\,Q_m \qquad\qquad Q_m$$

$$\oint \mu_r \boldsymbol{H}_m \,.\, d\boldsymbol{A} = 0 \qquad\qquad —$$

4 Gleichungen   zwischen   7 Größenarten.

D. h. das Gleichungensystem ist ein Größengleichungensystem mit drei Grundgrößenarten.

Wegen der Definitionen und Dimensionen der Größenarten Induktivität und magnetischer Leitwert wird auf Abschnitt 5 a verwiesen.

Um später die elektromagnetisch definierten Dreier-Größen mit den entsprechenden Größendefinitionen in den beiden anderen Dreier-Systemen, im Vierer- und im Fünfer-System vergleichen und in Beziehung setzen zu können, stellen wir in der Tafel 21 in Spalte 5 die Dimensionsprodukte einiger elektromagnetisch definierter elektrischer und magnetischer Größenarten (Formelzeichen in Spalte 4), bezogen auf das Dimensionssystem LMT, zusammen. Die Dimensionsprodukte ergeben sich nach den im ersten Buchteil über Dimensionen allgemein aufgestellten Richtlinien aus den Definitionsgleichungen für die elektromagnetisch definierten Größenarten, also beispielsweise aus dem Gleichungensystem (135) bis (148).

c) Symmetrisches oder gemischtes Dreier-System. Bei einer vergleichenden Betrachtung des elektrostatischen Größengleichungensystems (110) bis (123) und des elektromagnetischen Größengleichungensystems (135) bis (148) fällt zweierlei auf. Einmal tritt bei ihnen die Größe c_0 nur in der zweiten Potenz auf. Zum anderen zeigen beide Gleichungensysteme in der Schreibweise analoger Gesetzmäßigkeiten des elektrischen und magnetischen Feldes eine Unsymmetrie hinsichtlich der Größe c_0^2. Beispielsweise erscheint im elektrostatischen Gleichungensystem c_0^2 bei der Materialgleichung (115), dem Punktkraftgesetz (120) und dem Potentialausdruck (123) des magnetischen Feldes, während umgekehrt bei dem elektromagnetischen Gleichungensystem c_0^2 in den entsprechenden Beziehungen (139), (144) und (147) des elektrischen Feldes steht. Das liegt daran, daß innerhalb der elektrostatischen und elektromagnetischen Größensätze korrespondierende Größenarten des elektrischen und magnetischen Feldes (z. B. Feldstärken, Flußdichten, Polarisationen) verschieden definiert sind und daher auch im Dimensionssystem LMT verschiedene Dimensionsprodukte aufweisen. In einer Form der Definition, die den einander analogen elektrischen und magnetischen Größenarten gleiche Dimensionsprodukte erteilt, sollten solche Unsymmetrien innerhalb der Größengleichungensysteme verschwinden.

Grundsätzlich bestehen mehrere Möglichkeiten für eine Symmetrisierung in den Definitionsbeziehungen.

Einmal könnte man die elektromagnetisch definierten elektrischen Größenarten und die elektrostatisch definierten magnetischen Größenarten zu einem Größensatz zusammenfassen. Dabei würden korrespondierende elektrische und magnetische Größenarten gleiche Dimensionsprodukte im Dimensionssystem LMT bekommen, wie eine Betrachtung der Spalten 3 und 5 der Tafel 21 zeigt; die zugehörigen Größengleichungen würden in ihren elektrischen und magnetischen Gliedern symmetrisch sein — allerdings in beiden Fällen den Faktor c_0^2 enthalten.

Eine andere Möglichkeit ist, die elektrischen Größenarten elektrostatisch und die magnetischen Größenarten elektromagnetisch zu definieren. Auch so erzielt man gleiche Dimensionsprodukte für korrespondierende elektrische und magnetische Größenarten und symmetrische elektrische und magnetische Größengleichungen — mit dem die Sachlage sehr vereinfachenden Unterschied, daß der Faktor c_0^2 aus den betreffenden Gleichungen verschwindet.

Wegen der Unsymmetrie in entsprechenden Gleichungen des elektrischen und magnetischen Feldes blieb die Darstellung der Elektrizität und des Magnetismus im elektrostatischen Dreier-System in ihrer praktischen Anwendung wesentlich auf die Behandlung des elektrischen Feldes beschränkt, im elektromagnetischen Dreier-System auf die des magnetischen Feldes. Zur durchgehenden Beschreibung des elektromagnetischen Feldes bedient man sich im allgemeinen der *Gauß* zugeschriebenen dritten Art von Dreier-Systemen, der sogenannten symmetrischen oder gemischten Gleichungenschreibung. Sie macht von der zweiten oben genannten Möglichkeit zur Symmetrisierung der elektrischen und magnetischen Größengleichungen Gebrauch und stellt eine geeignete Mischung der beiden bislang beschriebenen Dreier-Systeme insofern dar, als die im gemischten Dreier-Größensatz zusammengefaßten Größenarten in ihrem elektrischen Teil dem elektrostatisch eingeführten (X_s) und in ihrem magnetischen Teil dem elektromagnetisch eingeführten (X_m) Größensatz entnommen werden, wodurch eine vollkommene Symmetrisierung des zugehörigen Gleichungssystems erreicht wird.

Die symmetrisch definierten *elektrischen* Größenarten (X_g) werden von einer „elektrischen Ladung Q_g" her abgeleitet, die ihrerseits über die zwischen zwei elektrischen „Punktladungen" im Vakuum wirkenden Kräfte gemäß dem elektrischen Punktkraftgesetz (96) vermittels mechanistischer Grundmeßverfahren definitionsmäßig an mechanische Größenarten angeschlossen ist. Diese Art der Größeneinführung haben wir bereits bei der Entwicklung der elektrostatisch definierten elektrischen Größenarten im Abschnitt 1a im einzelnen behandelt. Die Definitionsbeziehungen für Ladung Q_g, Feldstärke E_g, Spannung U_g, Stromstärke I_g und Verschiebung D_g lauten demnach

$$F = \frac{Q_{g1} \cdot Q_{g2}}{r^2}\, r^0 \quad \text{(im Vakuum)} \tag{149}$$

$$F = Q_g\, E_g \tag{150}$$

$$U_g = \int E_g \cdot d\,s \tag{151}$$

$$\Delta Q_g = \int_{t_1}^{t_2} I_g\, d\,t \tag{152}$$

$$D_g = \varepsilon_r\, E_g, \tag{153}$$

d. h. es gelten die Identitäten

$$Q_g \equiv Q_s \tag{154}$$

$$E_g \equiv E_s \tag{155}$$

$$U_g \equiv U_s \tag{156}$$

$$I_g \equiv I_s \tag{157}$$

$$D_g \equiv D_s. \tag{158}$$

Die übrigen elektrischen Größenarten sind in analoger Weise abzuleiten.

Dagegen werden die symmetrisch definierten *magnetischen* Größenarten (X_g) von einer „magnetischen Polstärke p_g" her abgeleitet, die ihrerseits über die zwischen zwei „isolierten Magnetpolen" im Vakuum wirkenden Kräfte gemäß dem magnetischen Punktkraftgesetz (124) vermittels mechanischer Grundmeßverfahren definitionsmäßig an mechanische Größenarten angeschlossen ist. Diese Art der Größeneinführung haben wir bereits bei der Entwicklung der elektromagnetisch definierten magnetischen Größenarten im Abschnitt 1b im einzelnen behandelt. Die Definitionsbeziehungen für Polstärke p_g, Feldstärke H_g und Induktion B_g lauten demnach

$$F = \frac{p_{g1} \cdot p_{g2}}{r^2}\, r^0 \quad \text{(im Vakuum)} \tag{159}$$

$$F = p_g\, H_g \tag{160}$$

$$B_g = \mu_r\, H_g, \tag{161}$$

d. h. es gelten die Identitäten

$$p_g \equiv p_m \tag{162}$$

$$\boldsymbol{H}_g \equiv \boldsymbol{H}_m \tag{163}$$

$$\boldsymbol{B}_g \equiv \boldsymbol{B}_m. \tag{164}$$

Die übrigen magnetischen Größen sind in analoger Weise abzuleiten.

Damit liegen die Definitionen für den symmetrischen Größensatz fest. Wir können auch die Dimensionsprodukte dieser Größenarten im Dimensionssystem LMT ohne weiteres anschreiben; für den elektrischen Teil des symmetrischen Größensystems stimmen sie mit den entsprechenden aus dem elektrostatischen, für den magnetischen Teil mit denen des elektromagnetischen Größensatzes überein. In der Spalte 7 der Tafel 21 haben wir die Dimensionsprodukte für einige symmetrisch definierte elektrische und magnetische Größenarten (Formelzeichen in Spalte 6) zusammengestellt.

Allerdings müssen wir die Aufstellung des gesamten symmetrischen Größengleichungensystems noch etwas genauer untersuchen. Zunächst ist es nach dem bisher Gesagten einleuchtend, daß alle Gleichungen, die Gesetzmäßigkeiten lediglich zwischen *elektrischen* und mechanischen Größenarten darstellen, im symmetrischen Dreier-System formal mit den entsprechenden Gleichungen des *elektrostatischen* Dreier-Systems identisch sind. Weiter müssen die Gleichungen, die Beziehungen lediglich zwischen *magnetischen* und mechanischen Größenarten ausdrücken, im symmetrischen Dreier-System mit den entsprechenden Gleichungen des *elektromagnetischen* Dreier-Systems übereinstimmen. Wie steht es aber mit der Formulierung von Gesetzmäßigkeiten, die elektrische *und* magnetische Größenarten verknüpfen?

Zur Beantwortung der Frage haben wir zu beachten, daß im symmetrischen Dreier-System die elektrischen und magnetischen Größenarten *unabhängig voneinander* auf mechanische Größenarten zurückgeführt und definiert worden sind. Wir greifen als Beispiel die magnetischen Wirkungen in der Umgebung stromdurchflossener Leiter, also z. B. das Durchflutungsgesetz, in integraler Darstellung entsprechend den Gleichungen (104) und (128) heraus. Der Tafel 21 entnehmen wir, daß im Dimensionssystem LMT das Produkt $\boldsymbol{H}_g \cdot d\boldsymbol{s}$ das Dimensionsprodukt $L^{1/2} M^{1/2} T^{-1}$ und die Stromstärke I_g das Dimensionsprodukt $L^{3/2} M^{1/2} T^{-2}$ besitzen, $\boldsymbol{H}_g \cdot d\boldsymbol{s}$ und I_g sich also dimensionsmäßig um $L^{-1} T$ unterscheiden. Folglich muß in dem Gesetz, das die magnetische Randspannung $\oint \boldsymbol{H}_g \cdot d\boldsymbol{s}$ mit der elektrischen Stromstärke I_g verknüpft, außer eventuell einem *geometrisch* bedingten Zahlenfaktor 4π auch ein *physikalischer* Proportionalitätsfaktor von der Dimension einer Geschwindigkeit auftreten, den wir mit c_0 bezeichnen,

$$c_0 \oint \boldsymbol{H}_g \cdot d\boldsymbol{s} = 4\pi I_g \,{}^{1}). \tag{165}$$

Die Messung von $\boldsymbol{s}$, I_g und $\boldsymbol{H}_g$ nach den für sie festgelegten mechanischen Grundmeßverfahren oder mit den sich aus den Definitionen für I_g und $\boldsymbol{H}_g$ ergebenden mechanischen Meßmethoden führt zu der quantitativen Festlegung des hier auftretenden Proportionalitätsfaktors c_0; c_0 ergibt sich gleich der Ausbreitungsgeschwindigkeit elektromagnetischer Wellen im Vakuum oder Vakuumlichtgeschwindigkeit. Das Durchflutungsgesetz in der Formulierung (165) ist im Rahmen der symmetrischen Größeneinführung als ein Erfahrungsansatz zwischen den bereits definierten Größenarten $\boldsymbol{s}$, I_g und $\boldsymbol{H}_g$ mit dem Proportionalitätsfaktor c_0 aufzufassen, für den (165) eine Definitionsgleichung darstellt.

Eine eingehende Untersuchung zeigt, daß in allen Beziehungen des symmetrischen Dreier-Systems, die gleichzeitig elektrische und magnetische Größenarten enthalten, c_0 auftritt.

Jetzt können wir die hier wichtig erscheinenden Gesetzmäßigkeiten der Elektrodynamik als symmetrische Größengleichungen in einem Gleichungensystem zusammenstellen. Hinsichtlich der geometrischen Definitionsalternative rational ÷ nicht-rational und der Einfügung der Zuordnungskoeffizienten χ, ν_e, ν_m und λ gilt für die symmetrischen Größen wieder genau dasselbe, was wir schon zu diesem Punkt beim elektrostatischen und elektromagnetischen Dreier-System in den beiden vorauf-

---

${}^{1})$ **Der Faktor** 4π wurde hier wieder eingeführt, um die mit Gleichung (149) begonnene nicht-rationale Größendefinition auch an dieser Stelle fortzuführen.

gegangenen Abschnitten angemerkt haben. Das den Gleichungen (110) bis (123) oder (135) bis (148) entsprechende symmetrische Größengleichungensystem lautet dann

$$c_0 \oint \frac{\boldsymbol{H}_g \cdot d\boldsymbol{s}}{\chi} = \int \boldsymbol{G}_g \cdot d\boldsymbol{A} + \frac{d}{dt} \int \frac{\boldsymbol{D}_g \cdot d\boldsymbol{A}}{\nu_e} = \int \sigma_g \, \boldsymbol{E}_g \cdot d\boldsymbol{A} + \frac{d}{dt} \int \frac{\varepsilon_r}{\chi} \, \boldsymbol{E}_g \cdot d\boldsymbol{A} \tag{166}$$

$$c_0 \oint \frac{\boldsymbol{E}_g \cdot d\boldsymbol{s}}{\chi} = - \frac{d}{dt} \int \frac{\boldsymbol{B}_g \cdot d\boldsymbol{A}}{\nu_m} = - \frac{d}{dt} \int \frac{\mu_r}{\chi} \, \boldsymbol{H}_g \cdot d\boldsymbol{A} \tag{167}$$

$$\oint \frac{\boldsymbol{D}_g \cdot d\boldsymbol{A}}{\nu_e} = \Sigma \, Q_g \tag{168}$$

$$\oint \frac{\boldsymbol{B}_g \cdot d\boldsymbol{A}}{\nu_m} = 0 \tag{169}$$

$$\frac{\boldsymbol{D}_g}{\nu_e} = \varepsilon_r \frac{\boldsymbol{E}_g}{\chi} = \frac{\boldsymbol{E}_g}{\chi} + \frac{\boldsymbol{P}_g}{\lambda} \tag{170}$$

$$\frac{\boldsymbol{B}_g}{\nu_m} = \mu_r \frac{\boldsymbol{H}_g}{\chi} = \frac{\boldsymbol{H}_g}{\chi} + \frac{\boldsymbol{J}_g}{\lambda} \tag{171}$$

$$w_e = \frac{1}{2} \frac{\boldsymbol{E}_g \cdot \boldsymbol{D}_g}{\nu_e} \tag{172}$$

$$w_m = \frac{1}{2} \frac{\boldsymbol{H}_g \cdot \boldsymbol{B}_g}{\nu_m} \tag{173}$$

$$\boldsymbol{S} = \frac{c_0}{\chi} (\boldsymbol{E}_g \times \boldsymbol{H}_g) \tag{174}$$

$$\boldsymbol{F}_e = \frac{\chi \, Q_{1g} \cdot Q_{2g}}{4 \pi \, \varepsilon_r \, r^2} \, \boldsymbol{r}^0 = Q_g \, \boldsymbol{E}_g \tag{175}$$

$$\boldsymbol{F}_m = \frac{\chi \, p_{1g} \cdot p_{2g}}{4 \pi \, \mu_r \, r^2} \, \boldsymbol{r}^0 = p_g \, \boldsymbol{H}_g \tag{176}$$

$$d \boldsymbol{F}_{em} = \frac{\chi}{c_0} \, I_g \left(\frac{d\boldsymbol{s} \times \boldsymbol{B}_g}{\nu_m} \right) = \frac{\chi \, p_g \cdot I_g \, (d\boldsymbol{s} \times \boldsymbol{r}^0)}{4 \pi \, c_0 \, r^2} \tag{177}$$

$$\Delta \varphi_g = - \chi \, \frac{\eta_g}{\varepsilon_r} \tag{178}$$

$$\Delta \boldsymbol{A}_g = - \frac{\nu_m}{c_0} \, \mu_r \, \boldsymbol{G}_g. \tag{179}$$

Für die den Zuordnungskoeffizienten zuzuordnenden Zahlenwerte gilt wieder das im Abschnitt 1a Gesagte. Beispielsweise lautet das Durchflutungsgesetz zwischen den nicht-rational definierten Größen $(_nX_g : \chi = 4\pi) \; _n\boldsymbol{H}_g$ und $_nI_g$

$$c_0 \int {}_n\boldsymbol{H}_g \cdot d\boldsymbol{s} = 4 \pi \; {}_nI_g \tag{165n}$$

und zwischen den rational definierten Größen $(_rX_g : \chi = 1) \; _r\boldsymbol{H}_g$ und $_rI_g$

$$c_0 \int {}_r\boldsymbol{H}_g \cdot d\boldsymbol{s} = {}_rI_g. \tag{165r}$$

Den algebraischen Nachweis, daß die symmetrischen Gleichungen (166) bis (179) ein Größengleichungensystem mit drei Grundgrößenarten bilden, erbringen wir, wie im Fall des elektrostatischen oder des elektromagnetischen Dreier-Systems, durch Abzählen der durch die Maxwellschen Grundgleichungen (166) und (167) und ihre Randbedingungen (168) und (169) verknüpften unabhängigen Größenarten. Hierfür wählen wir wieder die für diese Gleichungen übereinstimmende teil- oder nicht-rationale Schreibung (Reihen 1 bis 3 der Tabelle 14):

$$c_0 \oint \boldsymbol{H}_g \,.\, d\boldsymbol{s} \;\; = 4\,\pi \int \sigma_g \boldsymbol{E}_g \,.\, d\boldsymbol{A} + \frac{d}{dt} \int \varepsilon_r \boldsymbol{E}_g \,.\, d\boldsymbol{A} \qquad \boldsymbol{s},\ t,\ \boldsymbol{E}_g,\ \boldsymbol{H}_g,\ \sigma_g,\ c_0$$

$$c_0 \oint \boldsymbol{E}_g \,.\, d\boldsymbol{s} \;\; = - \frac{d}{dt} \int \mu_r \boldsymbol{H}_g \,.\, d\boldsymbol{A} \qquad\qquad\qquad -$$

$$\oint \varepsilon_r \boldsymbol{E}_g \,.\, d\boldsymbol{A} = 4\,\pi\,\Sigma\,Q_g \qquad\qquad\qquad\qquad Q_g$$

$$\oint \mu_r \boldsymbol{H}_g \,.\, d\boldsymbol{A} = 0 \qquad\qquad\qquad\qquad\qquad -$$

4 Gleichungen   zwischen   7 Größenarten.

D. h. das Gleichungensystem ist ein Größengleichungensystem mit drei Grundgrößenarten[1]).

Wegen der Definitionen und Dimensionen der Größenarten Induktivität und magnetischer Leitwert wird auf Abschnitt 5 a verwiesen.

Wie eine Betrachtung des Gleichungensatzes (166) bis (179) zeigt, tritt die Größe c_0 explizit nur noch in der ersten Potenz in den Gleichungen auf. Ferner ist durch die Einführung des symmetrischen Dreier-Systems tatsächlich die gewünschte Symmetrierung der elektromagnetischen Gleichungen erreicht worden, um deretwillen wir die Mischung elektrischer und magnetischer Größenarten aus dem elektrostatischen und elektromagnetischen Dreier-System vorgenommen hatten. Entsprechend besitzen, bezogen auf ein mechanisches Dimensionssystem mit drei Grunddimensionen (z. B. das LMT-System), korrespondierende elektrische und magnetische Größenarten das gleiche Dimensionsprodukt; so sind beispielsweise alle sechs Feldvektoren $\boldsymbol{E}_g$, $\boldsymbol{D}_g$, $\boldsymbol{P}_g$, $\boldsymbol{H}_g$, $\boldsymbol{B}_g$, $\boldsymbol{J}_g$ dimensionsgleich, ebenso Q_g und p_g (bzw. $\boldsymbol{\Phi}_g$), φ_g und $\boldsymbol{A}_g$, U_g und $V_g = \int \boldsymbol{H}_g \,.\, d\boldsymbol{s}$ oder C_g und L_g. Wegen der hervorstechenden Symmetrieeigenschaften erfreut sich unter den Dreier-Systemen der symmetrische Größensatz besonderer Beliebtheit. Der Symmetrie dieses Dreier-Systems steht allerdings die häufig beklagte Tatsache gegenüber, daß seine Größenarten von der Forderung der Eindeutigkeit, d. h. hier der artmäßigen Unterscheidbarkeit, weit entfernt sind.

Aus dem Wunsch nach einer mechanistischen Behandlung der Elektrodynamik heraus nimmt man auch die gebrochenen Potenzen in den Dimensionsausdrücken ruhig (oder sogar als Vorzug) in Kauf. Die Frage, ob solche gebrochenen Exponenten überhaupt als physikalisch sinnvoll anzusehen sind, entfällt übrigens in dem Augenblick, wo man im mathematisch strengem Sinne alle Gleichungen nur als Beziehungen zwischen gemessenen Verhältniszahlen, nämlich den Quotienten aus den gesuchten Größen und den zu ihrer Messung benutzten Einheiten ansieht, worauf beispielsweise schon *Bridgman [B 80]* hingewiesen hat. Aber auch in der übertragenen Auffassung der Formelzeichen als physikalischer Größenarten oder Größen können, wie im ersten Buchteil auseinandergesetzt wurde, bei sinnvoller Anwendung keine ernstlichen Schwierigkeiten entstehen — es sei denn, daß man aus besonderen Gründen für die Definition der Größenarten Kalküle postuliert, die axiomatisch, d. h. als Voraussetzung, gebrochene Potenzen ausschließen. Die Fragestellung, ob man sich den „Quotienten" zweier Größen besser „vorstellen" kann als die „Wurzel" aus einer Größe, scheint jedenfalls nicht allein entscheidend zu sein.

Zum Schluß des Abschnittes 1 müssen wir noch darauf hinweisen, daß die hier behandelten Gleichungensysteme von *Wallot [W 22]* nicht als Größengleichungen angesehen werden. *Wallot* läßt für jedes Teilgebiet der Physik nur *ein* Größengleichungensystem mit *einer ganz bestimmten* Anzahl von Grundgrößenarten und einer ganz bestimmten Definition aller Größenarten zu (siehe Abschnitt 1, 6); für die Elektrodynamik unter Einschluß der Mechanik beträgt diese Zahl nach *Wallot* mindestens 4. Nach unserer Meinung ist bislang kein physikalisch stichhaltiger Grund einzusehen, der zu einer starren Festlegung auf eine bestimmte Grundgrößenzahl zwingt; vielmehr ist die Wahl der Art und Anzahl der Grundgrößenarten eine Frage der physikalischen Begriffsbildung, d. h. der Auffassung

---

[1]) Man hätte vom Standpunkt der Dimensionsanalytik (Abschnitte 1, 3 und 7) die Abzählung auch auf folgende Weise durchführen können. Die erste Grundgleichung verknüpft die Größenarten l, t, $\boldsymbol{E}_g$, $\boldsymbol{H}_g$, σ_g, c_0 auf zweifache Weise, da die drei Posten dieser Gleichung dimensionsgleich sein müssen, wenn die gesamte Beziehung dimensionsrichtig sein soll; die erste Grundgleichung zählt also doppelt beim Vergleich der Gleichungen und Größenarten. Dagegen darf die letzte Randbedingung nicht mitgezählt werden, da homogene Gleichungen keine neuen Dimensionsverknüpfungen schaffen können. Im ganzen gelangt man zu dem gleichen Resultat wie oben: In den beiden Grundgleichungen und ihren Randbedingungen werden 7 Größenarten durch 4 unabhängige Dimensionsbedingungen verknüpft.

und Beschreibung, wie sie sich nach dem jeweils erreichten Erkenntnisstand herausbildet und als zweckmäßig angesehen wird. Das Problem der „wirklich unabhängigen" Dimensionsformeln oder der „wahren" Dimensionen ist in den vergangenen Jahrzehnten oft genug und teilweise sehr temperamentvoll diskutiert worden [siehe z. B. *B 79*]. Auch heute wird die schon von *Bridgman* vertretene Ansicht von dem „relativen Charakter einer Dimensionsformel" oder dem „Prinzip der Relativität der Dimensionen" wohl noch von der Mehrzahl der Physiker geteilt [siehe z. B. *M 28; M 29*].

Nach unserer Meinung sind die verschiedenen rational oder nicht-rational eingeführten, zu ihrer Unterscheidung sogenannten „Dreier"-Größen, „Vierer"-Größen und „Fünfer"-Größen ohne Ausnahme als Größenarten oder Größen im Gesamtsystem der in der Physik möglichen und definierten Größenarten oder Größen enthalten. Der Benutzer wird sich im Einzelfall je nach dem von ihm als wesentlich erachteten Zweckmäßigkeitskriterium für die einen oder die anderen Größenarten entscheiden. Fest steht, daß die Definitionen der verschiedenen Größenarten nicht von der Natur, sondern von dem sie beschreibenden Forscher nach von ihm aufgestellten Axiomen getroffen worden sind und immer wieder getroffen werden. Diese Situation hindert nicht, daß bei einem bestimmten experimentellen und theoretischen Erkenntnisstand eine überwiegende Mehrheit unter den Physikern oder Ingenieuren bestimmte Axiome der Begriffsbildung und damit in bestimmter Weise definierte Größenarten bevorzugt — aus diesem Grunde müssen jedoch andere, vorher oder später besonders geschätzte Größensysteme nicht falsch sein.

Dafür, daß die Dreier-Systeme Größenarten enthalten, die *auch heute noch* als per definitionem aus 3 Grundgrößenarten abgeleitet und als in Einheiten aus 3-Grundeinheiten-Systemen zu messen betrachtet werden, hatten wir zu Beginn des Kapitels Beispiele erwähnt; weitere sind an anderer Stelle [*S 61*] angeführt worden. Die Zeit der Entstehung und nahezu ausschließlichen Benutzung der Dreier-Größen liegt jedoch *im vorigen Jahrhundert*. Zu jener Zeit sprach man zwar noch nicht von „Größengleichungen". Jedoch war der Größenbegriff voll entwickelt und bekannt, wie beispielsweise die ersten Artikel von *Maxwells* „Treatise on Electricity and Magnetism" zeigen [siehe auch z. B. *E 8; S 53*]. Auch war man sich darüber klar, daß zu messende Größe und zur Messung benutzte Einheit Größen gleicher Art sein müssen. Daß die absoluten elektrostatischen und elektromagnetischen CGS-Einheiten oder ihre nur um Zehnerpotenzen verschiedenen Vorgänger und Nachfolger von ihren Schöpfern im vorigen Jahrhundert als Einheiten eines auf 3 Grundeinheiten basierenden Einheitensystems eingeführt und benutzt wurden, steht ebenso außer Zweifel und geht aus zahlreichen Veröffentlichungen von *Gauß, Weber Maxwell* u. a. eindeutig hervor; hierauf kommen wir im Abschnitt III, 1a zurück. Weitere Einzelheiten zu dem begrifflichen Hintergrund der Dreier-Systeme sind in einem Memorandum enthalten, das *König* und *Stille* 1953 im Auftrage eines IEC-Komitees ausgearbeitet haben [*K 28*].

2. Vierer-Systeme und Vier-Grundgrößenarten-Gleichungen

In der Auffassung und Darstellung der Elektrodynamik auf der Basis von vier Grundgrößenarten wird auf die definitionsmäßige Rückführung der elektrischen und magnetischen Größenarten auf mechanische Größenarten bewußt verzichtet. Man betrachtet vielmehr die elektrischen Zustände und Vorgänge als Erscheinungen sui generis und ordnet der Elektrizität eine selbständige und von der Mechanik unabhängige physikalische Qualität zu; oder, anders ausgedrückt, man mißt und definiert eine elektrische Größenart als Grundgrößenart, und zwar über ein eigens für die elektrische Art der Größe angelegtes Grundmeßverfahren, das in seinem spezifisch elektrischen Wesen nicht aus den mechanischen Grundmeßverfahren abzuleiten ist.

Als solche elektrischen Grundmeßverfahren kommen heute verschiedene in Frage. Wir wählen hier aus Zweckmäßigkeitsgründen für unsere Darstellung als elektrische Grundgrößenart die elektrische Ladung, die beispielsweise durch den mit einem Ladungstransport im Elektrolyten verknüpften Massen- oder Ionentransport über ein Grundmeßverfahren nach Art der Voltameter eingeführt werden kann. Selbstverständlich ist die in einem solchen Grundmeßverfahren ausgenutzte Äußerung nur eine von vielen, die den gesamten Erfahrungsinhalt des Begriffs „elektrische Ladung" ausmachen und in die „Definition" der Grundgrößenart mit einbegriffen sind (Abschnitt 1, 3).

Anders steht es im Vierer-System mit dem Magnetismus und den magnetischen Größenarten. In der Darstellung der Elektrodynamik mit vier Grundgrößenarten ist für den Magnetismus als von der Mechanik und der Elektrizität unabhängiges Teilgebiet der Physik und demgemäß für eine selbständige magnetische Qualität kein Platz. In Übereinstimmung mit den Beobachtungstatsachen der phänomenologischen Makrophysik werden alle magnetischen Erscheinungen auf elektrische zurückgeführt.

Entscheidend für die Art der Darstellung eines physikalischen Gebietes ist, wie bereits allgemein im Abschnitt 1, 3 festgestellt wurde, nur die *Anzahl* der Grundgrößenarten. Welche unter den die Gesetzmäßigkeiten des betreffenden Gebietes beschreibenden Größenarten man als Grundgrößenarten auswählt, ist eine Frage der Zweckmäßigkeit oder der willkürlichen Vereinbarung.

Für die Entwicklung der elektrischen und magnetischen Größenarten geben wir hier Länge, Masse, Zeit und elektrische Ladung als Grundgrößenarten mit den zugehörigen Grundmeßverfahren der Längen-, Massen-, Zeit- und Ladungsbestimmung vor. Die Formelzeichen für die aus diesen vier Grundgrößenarten abgeleiteten elektrischen und magnetischen Größenarten wollen wir ohne Index schreiben (X), um sie von den in den Dreier-Systemen und im Fünfer-System definierten und indizierten (X_s, X_n, X_g, X_*) Größenarten abzuheben[1]).

Dabei müssen wir, soweit Kräfte und Kraftmessungen bei der Ableitung der einzelnen elektrischen und magnetischen Größenarten eine Rolle spielen, beachten, daß zwischen Kraft und Masse der aus der Mechanik her bekannte Zusammenhang (2, 14) besteht, den wir in der Ausdrucksweise der Dimensionssymbole kurz durch die Dimensionsgleichung

$$F = LMT^{-2} \tag{2, 14a'}$$

darstellen können. Die sukzessive Ableitung der elektrischen und magnetischen Größenarten aus unseren vier Grundgrößenarten brauchen wir im Rahmen des für unser Buch gestellten Zieles nur an einigen Beispielen zu erläutern.

Als Definitionsgleichung für die elektrische Feldstärke $\boldsymbol{E}$ dient die Beziehung

$$\boldsymbol{F} = Q\,\boldsymbol{E}. \tag{180}$$

Die Feldstärke wird hier, genau wie in den Dreier-Systemen, als eine vektorielle Größenart eingeführt, die den besonderen elektrischen Zustand des Raumes oder, kurz gesagt, das elektrische Feld darstellen und messen soll, und zwar als das Verhältnis der Kraft $\boldsymbol{F}$, die eine Ladung Q im Feld erfährt, zu dieser Ladung Q. Der wesentliche Unterschied gegenüber den Dreier-Systemen besteht darin, daß die in die Definitionsbeziehung (180) für $\boldsymbol{E}$ eingehende Ladung Q im Vierer-System als elektrische Grundgrößenart eingeführt und gemessen und nicht über mechanische Grundmeßverfahren an mechanische Grundgrößenarten angeschlossen wird.

Elektrische Spannung U und elektrische Stromstärke I lassen sich auf Feldstärke und Ladung durch die beiden Gleichungen

$$U = \int \boldsymbol{E} \, . \, d\boldsymbol{s} \tag{181}$$

$$\varDelta Q = \int\limits_{t_1}^{t_2} I \, dt \tag{182}$$

zurückführen.

Die erste Größenart zur Charakterisierung des elektrischen Feldes, die elektrische Feldstärke $\boldsymbol{E}$, wurde aus Kraftwirkungen auf Ladungen im elektrischen Feld abgeleitet. Aus der Beobachtungstatsache, daß alle statischen Felder durch Ladungen hervorgebracht werden, kann man eine zweite Größenart definieren, die das elektrische Feld direkt mit den erzeugenden Ladungen verknüpft. Die zweite elektrische Feldgrößenart bezeichnet man als elektrische Verschiebung $\boldsymbol{D}$ (häufig auch dielektrische Verschiebungsdichte genannt); sie wird über den von einer Ladung Q ausgehenden Hüllfluß

$$\oint \boldsymbol{D} \, . \, d\boldsymbol{A} = Q \tag{183}$$

eingeführt. Das Integral $\int \boldsymbol{D} \, . \, d\boldsymbol{A}$ bezeichnet man auch als elektrischen Verschiebungsfluß $\varPsi$. Wesentlich ist, daß die Definition (183) der Größenart $\boldsymbol{D}$ unabhängig davon erfolgt, ob der Feldraum von dielektrischer Materie erfüllt oder leer ist.

Da die beiden Größenarten $\boldsymbol{E}$ und $\boldsymbol{D}$ das gleiche elektrische Feld beschreiben, muß zwischen ihnen eine Proportionalitätsbeziehung bestehen. Wie eine einfache Dimensionsbetrachtung zeigt, kann der Proportionalitätsfaktor nicht dimensionslos sein: $\boldsymbol{E}$ hat im Dimensionssystem LMTQ das Dimensionsprodukt $FQ^{-1} = LMT^{-2}Q^{-1}$, $\boldsymbol{D}$ dagegen das Dimensionsprodukt $L^{-2}Q$. $\boldsymbol{D}$ und $\boldsymbol{E}$ unterscheiden sich also dimensionsmäßig um den Faktor $L^{-3}M^{-1}T^2Q^2$. Wir beschränken uns auf isotrope Medien und können dann die Proportionalität zwischen $\boldsymbol{D}$ und $\boldsymbol{E}$ in der Form

$$\boldsymbol{D} = \varepsilon \boldsymbol{E} \tag{184}$$

---

[1]) Zweckmäßigerweise hätten wir die Formelzeichen des *Fünfer*-Systems *ohne* Index schreiben sollen. Wenn wir hier diese Kennzeichnung für die Vierer-Größen übernehmen, so nur deshalb, um mit den für sie von der IEC und der IUPAP festgelegten Symbolen nicht unnötig in Konflikt zu geraten.

schreiben. Man bezeichnet die Größe ε, der im Dimensionssystem LMTQ das Dimensionsprodukt $\mathsf{L^{-3}M^{-1}T^2Q^2}$ zukommen muß, als absolute Dielektrizitätskonstante. Die Messung von $\boldsymbol{D}$ und $\boldsymbol{E}$ (oder von Q und U) im isotropen Dielektrikum ergibt, daß ε dort als Produkt

$$\varepsilon = \varepsilon_r\,\varepsilon_0 \tag{185}$$

dargestellt werden kann. Dabei ist die relative Dielektrizitätskonstante ε_r eine dimensionslose Material-konstante und mit der bereits von den Dreier-Systemen her bekannten Materialkonstanten ε_r identisch. ε_0 stellt die „absolute Dielektrizitätskonstante des Vakuums" mit der Dimension $\mathsf{L^{-3}M^{-1}T^2Q^2}$ im LMTQ-System dar; ε_0 ist eine Naturkonstante.

Hier sind wir auf eine Größe gestoßen, die im Rahmen der Dreier-Systeme unbekannt ist. Sie konnte dort deshalb nicht auftreten, weil in den Dreier-Systemen alle elektrischen Erscheinungen mit mechanischen Meßmethoden untersucht und die elektrischen Größenarten in ihrer Definition auf mechanische Größenarten zurückgeführt wurden. Durch das explizite Erscheinen der Größe ε_0 im Vierer-System dokumentiert sich sichtbar die Tatsache, daß in der Vier-Grundgrößenarten-Dar-stellung der Elektrodynamik die Elektrizität einen selbständigen und von der Mechanik unabhängigen Platz erhalten hat.

Bei den bisherigen Betrachtungen und Ableitungen haben wir vom Punktkraftgesetz, das den Ausgangspunkt in den Dreier-Systemen bildete, keinerlei Gebrauch gemacht. Die Punktkraftgesetze sind formal dem Newtonschen Massenanziehungsgesetz, einem reinen Fernwirkungsgesetz, nachgebaut worden. Für diese Art von Kraftgesetzen ist die Auffassung kennzeichnend, daß es sich bei den Kraft-wirkungen zwischen zwei Kraftzentren oder zwei (gravitierenden, elektrisierten, magnetisierten) Körpern um Fernwirkungen handelt, die an den beiden Körpern angreifen und trägheitslos den Raum zwischen ihnen überbrücken sollen, so daß die Beschaffenheit des Raumes für die Ausbreitung der Kraftwirkungen bedeutungslos bleibt. Ganz im Gegensatz zu dieser Vorstellung einer Fernwirkung geht man bei der Elektrodynamik von einem lokalisierten Feldbegriff aus, dem sich durch elektrische Erscheinungen und Vorgänge manifestierenden besonderen Zustand des Raumes, den wir „elektrisches Feld" nennen. In dieser Auffassung steht nicht der elektrisierte Körper, sondern das von ihm erzeugte Feld im Vordergrund; für die elektrischen Wirkungen ist ihre Ausbreitung durch den Feldraum ent-scheidend; das Feld und seine materielle Ausfüllung beeinflussen wesentlich alle elektrischen Vorgänge. Im Lichte dieser Vorstellung von dem Wesen und der Bedeutung des elektrischen Feldes erscheint die neue Größe ε_0 als charakteristischer Ausdruck der Feldauffassung; wir werden daher ε_0 forthin als „elektrische Feldkonstante" bezeichnen. Da sie experimentell aus Influenzversuchen im Vakuum (oder im Dielektrikum unter Reduktion auf den leeren Raum) bestimmt werden kann, ist auch der Name „Influenzkonstante" für ε_0 üblich. Die hier genannten elektrischen Größen $\boldsymbol{E}, U, I, \boldsymbol{D}, \varepsilon$ haben im Dimensionssystem LMTQ der Reihe nach die Dimensionsprodukte $\mathsf{LMT^{-2}Q^{-1}}$, $\mathsf{L^2MT^{-2}Q^{-1}}$, TQ, $\mathsf{L^{-2}Q}$, $\mathsf{L^{-3}M^{-1}T^2Q^2}$.

Wir wollen noch einige Bemerkungen zum Punktkraftgesetz anknüpfen. Die Kraftwirkungen zwischen zwei Punktladungen Q_1 und Q_2 sind natürlich auch im Vierer-System darstellbar. Zur Er-mittlung dieser Kraftbeziehung können wir verschiedene Wege einschlagen.

Zunächst gehen wir von der allgemeinen Kraftgleichung (180) aus und wenden sie auf den Fall einer Ladung Q_1 im Feld einer zweiten Ladung Q_2 an. Die von Q_2 am Orte von Q_1, d. h. im Abstand r, erzeugte Feldstärke $\boldsymbol{E}$ bestimmt sich aus (183) und (184) zu

$$\boldsymbol{E} = \frac{\boldsymbol{D}}{\varepsilon} = \frac{Q_2}{4\,\pi\,\varepsilon\,r^2}\,\boldsymbol{r}^0, \tag{186}$$

woraus für die wirkende Kraft

$$\boldsymbol{F} = Q_1\boldsymbol{E} = \frac{Q_1 \cdot Q_2}{4\,\pi\,\varepsilon\,r^2}\,\boldsymbol{r}^0 = \frac{Q_1 \cdot Q_2}{4\,\pi\,\varepsilon_r\,\varepsilon_0\,r^2}\,\boldsymbol{r}^0 \tag{187}$$

folgt. Im Vierer-System der Elektrodynamik ergibt sich das Punktkraftgesetz als ein Spezialfall des allgemeinen Kraftgesetzes (180).

Zum anderen stellen wir eine kurze Dimensionsbetrachtung an. Daß die Kraft proportional $Q_1 \cdot Q_2/r^2$ ist, können wir orientierenden Versuchen entnehmen. Der Ausdruck $Q_1 \cdot Q_2/r^2$ hat im Dimen-sionssystem LMTQ das Dimensionsprodukt $\mathsf{L^{-2}Q^2}$, weicht also dimensionsmäßig von der Kraft $\boldsymbol{F}$ mit dem Dimensionsprodukt $\mathsf{LMT^{-2}}$ um den Faktor $\mathsf{L^{-3}M^{-1}T^2Q^2}$ ab. In das elektrische Punktkraftgesetz des Vierer-Systems muß somit im Nenner noch ein Proportionalitätsfaktor des Dimensionsproduktes $\mathsf{L^{-3}M^{-1}T^2Q^2}$, d. h. von der Dimension der absoluten Dielektrizitätskonstante, eingehen. Mißt man die Kraft zwischen Q_1 und Q_2 einmal im Vakuum und einmal in einem Dielektrikum der relativen

Dielektrizitätskonstante ε_r, so ergibt sich, daß in der dielektrischen Materie die Kraft um den Faktor ε_r kleiner ist. Infolgedessen werden wir das Punktkraftgesetz (unter Beschränkung auf den Betrag der Kraft) in der Form

$$F = \frac{Q_1 \cdot Q_2}{4\,\pi\,\varepsilon_r\,\varepsilon_0\,r^2} = \frac{Q_1 \cdot Q_2}{4\,\pi\,\varepsilon\,r^2} \quad {}^{1)} \tag{187'}$$

ansetzen. Die quantitative Messung bestätigt, daß der zur Richtigstellung der Dimensionen im Nenner eingeführte Proportionalitätsfaktor ε_0 mit der durch (184) und (185) definierten elektrischen Feldkonstanten identisch ist. Das elektrische Punktkraftgesetz zwischen den Vierer-Größen enthält die für die Feldvorstellung charakteristische Konstante ε_0. Die Gleichung (187) ist im Rahmen des Vierer-Systems als ein Erfahrungsansatz zwischen den bereits definierten Größenarten F, r und Q mit dem Proportionalitätsfaktor $\varepsilon = \varepsilon_r\,\varepsilon_0$ aufzufassen, für den (187) eine Definitionsgleichung darstellt.

Bei der Gegenüberstellung der verschiedenen Darstellungsarten des elektrischen Punktkraftgesetzes ist noch auf folgenden Umstand aufmerksam zu machen. Die Einführung der elektrischen Ladung Q als Grundgrößenart enthält neben anderen diese Größenart charakterisierenden Eigenschaften auch die Voraussetzung, daß Q von anderen Größen unabhängig ist, beispielsweise, daß sich die auf einen isolierten Körper aufgebrachte Ladungsmenge nicht ändert, wenn er von einem Ort zum anderen bewegt oder unbestimmte Zeit sich selbst überlassen wird. Oder anders ausgedrückt: Die elektrische Ladung als Grundgrößenart ist per definitionem eine *Zustandsgröße*. *Döring [D 48]* wies auf diesen Sachverhalt hin, demzufolge der durch das Punktkraftgesetz in der Formulierung (187) eingeführte Proportionalitätsfaktor ε für das Vakuum sich als von der Zeit und von der Lage der Ladungen $Q_{1,2}$ unbeeinflußt erweist. Umgekehrt wird bei der Einführung der Ladungsgröße Q_s als abgeleiteter Größenart durch die Beziehung (96) nichts darüber vorausgesetzt, ob Q_s eine Zustandsgröße ist oder nicht — es werden lediglich Kraft- und Abstandsverhältnisse im Vakuum zur Definition herangezogen. Nach Einführung von Q_s über (96) kann man aus geeigneten Experimenten schließen, d. h. nachträglich der Erfahrung entnehmen, daß Q_s von der Zeit und der Lage des Probekörpers unabhängig, also im Vakuum eine Zustandsgröße ist.

Die Einführung der magnetischen Größenarten gestaltet sich ganz zwangsläufig. Die Definition der ersten magnetischen Größenart, d. h. die Rückführung der magnetischen auf elektrische Größenarten, erfolgt beispielsweise über den Zusammenhang zwischen dem einen Leiter durchfließenden elektrischen Strom und seiner magnetischen Randspannung. Man definiert die magnetische Feldstärke H dadurch, daß man die magnetische Randspannung

$$V = \oint \boldsymbol{H} . d\boldsymbol{s} \tag{188}$$

der elektrischen Stromstärke I, zu der sie sich experimentell als proportional erweist, gleichsetzt

$$\oint \boldsymbol{H} . d\boldsymbol{s} = I. \tag{189}$$

Mit der Größenart H ist der erste Feldvektor zur Darstellung und Messung des magnetischen Feldes eingeführt.

Das Durchflutungsgesetz stellt sich hier nicht wie im Abschnitt 1 c als Erfahrungsansatz mit Proportionalitätsfaktor, sondern wie in den Abschnitten 1 a und 1 b als Definition einer magnetischen Größenart dar. H kann nicht über ein der Beziehung (180) entsprechendes allgemeines Kraftgesetz für das magnetische Feld definiert werden, da im Vier-Grundgrößenarten-System eine unabhängige magnetische Qualität nicht existiert, vielmehr alle magnetischen Erscheinungen aus elektrischen Elementen abzuleiten sind. Dementsprechend wurde die magnetische Feldstärke über das Durchflutungsgesetz (189) direkt mit dem das magnetische Feld erzeugenden elektrischen Strom verknüpft.

In Analogie zur Behandlung des elektrischen Feldes definiert man auch für das magnetische Feld einen zweiten Feldvektor, die magnetische Induktion B (häufig auch magnetische Kraftflußdichte genannt). Zur Einführung dieser Größenart gelangt man über die Induktionserscheinungen in ganz ähnlicher Weise, wie die unter dem Kennwort Influenz zusammengefaßten Beobachtungstatsachen zur Festlegung des Feldvektors D führen. Die bei Induktionsversuchen beobachtete elektrische Randspannung $\oint \boldsymbol{E} . d\boldsymbol{s}$ oder induzierte Spannung U_{ind} ist nach den Meßergebnissen mit der zeitlichen Änderung einer magnetischen Flußgröße verknüpft. Die Flußgröße nennt man den magnetischen Induktionsfluß Φ und definiert sie durch die Beziehung

$$U_{ind} = \oint \boldsymbol{E} . d\boldsymbol{s} = -\frac{d\,\Phi}{d\,t}, \tag{190}$$

${}^{1})$ Der **Faktor 4 π** hat *keine physikalische* Bedeutung; er wurde im Nenner nur eingefügt, um die mit Gleichung (183) begonnene rationale Definition der Vierer-Größen auch an dieser Stelle fortzuführen.

die das Faradaysche Induktionsgesetz im Vierer-System formuliert, und über Φ analog der Gleichung (183) den Feldvektor $\boldsymbol{B}$ durch die Relation

$$\int \boldsymbol{B} \, . \, d\boldsymbol{A} = \Phi. \qquad (191)$$

Daß in der Definitionsgleichung für $\boldsymbol{B}$ nicht wie in der Beziehung (183) für $\boldsymbol{D}$ ein geschlossenes Hüllintegral, sondern ein Flächenintegral über eine nicht-geschlossene Fläche auftritt, kommt daher, daß es nach der hier zugrunde gelegten Auffassung keine selbständige, frei isolierbare magnetische Menge oder Ladung gibt, weshalb z. B. das Vektorfeld $\boldsymbol{B}$ quellenfrei sein muß. Auch die Definition (191) der Größe $\boldsymbol{B}$ ist genau wie die Definition (183) für $\boldsymbol{D}$ unabhängig von der materiellen Erfüllung des Feldraumes.

Da $\boldsymbol{H}$ und $\boldsymbol{B}$ denselben magnetischen Feldzustand beschreiben sollen, wird zwischen ihnen eine Proportionalität bestehen. Der Proportionalitätsfaktor kann nicht dimensionslos sein, da im Dimensionssystem LMTQ $\boldsymbol{H}$ das Dimensionsprodukt $L^{-1}QT^{-1}$ und $\boldsymbol{B}$ das Dimensionsprodukt $MT^{-1}Q^{-1}$ besitzt. $\boldsymbol{B}$ und $\boldsymbol{H}$ unterscheiden sich also dimensionsmäßig um LMQ^{-2}. Wir beschränken uns hier auf isotrope Medien und können dann die Proportionalität zwischen $\boldsymbol{B}$ und $\boldsymbol{H}$ in der Form

$$\boldsymbol{B} = \mu \, \boldsymbol{H} \qquad (192)$$

schreiben. Man bezeichnet die Größe μ, der im Dimensionssystem LMTQ das Dimensionsprodukt LMQ^{-2} zukommen muß, als absolute Permeabilität. Die Messung von $\boldsymbol{B}$ und $\boldsymbol{H}$ (oder von U_{ind} und I) in isotropen permeablen Medien ergibt, daß μ dort als Produkt

$$\mu = \mu_r \, \mu_0 \qquad (193)$$

dargestellt werden kann. Dabei ist die relative Permeabilität μ_r eine dimensionslose (bei ferromagnetischen Materialien noch von der Feldstärke abhängige) Materialkonstante und mit der bereits von den Dreier-Systemen her bekannten Materialkonstanten μ_r identisch. μ_0 stellt die „absolute Permeabilität des Vakuums“ mit dem Dimensionsprodukt LMQ^{-2} im LMTQ-System dar; μ_0 ist eine Naturkonstante.

Genau wie ε_0 tritt auch μ_0 im Rahmen der Dreier-Systeme nicht in Erscheinung. Der Grund hierfür ist der gleiche, den wir schon bei der Behandlung von ε_0 im einzelnen dargelegt haben. Die Dreier-Systeme schließen ihre Größenarten definitionsgemäß an die mechanischen Größenarten an und gehen dabei von einem Fernwirkungsgesetz aus. μ_0 ist dagegen eine für die Feldvorstellung charakteristische Größe; wir werden sie daher im folgenden als „magnetische Feldkonstante“ bezeichnen. Da sie experimentell aus Induktionsversuchen im Vakuum (oder in permeablen Medien unter Reduktion auf den leeren Raum) bestimmt werden kann, ist auch der Name „Induktionskonstante“ für μ_0 üblich.

Wir fügen noch einige Bemerkungen zum Punktkraftgesetz an. Ein allgemeines magnetisches Kraftgesetz, das dem elektrischen Kraftgesetz (180) entsprechen würde, haben wir bislang nicht aufgestellt oder aufstellen können, da im Vierer-System eine der elektrischen Ladung entsprechende magnetische Größenart sui generis keine Daseinsberechtigung hat. Vielmehr sind in diesem Rahmen auch die Kraftwirkungen wie alle anderen Gesetzmäßigkeiten auf elektrische Elemente zurückzuführen. Für eine Entwicklung der Kraftgesetze zwischen stromdurchflossenen Leitern oder der Kräfte, die auf einen stromdurchflossenen Leiter in einem Magnetfeld (z. B. dem Magnetfeld eines zweiten stromdurchflossenen Leiters) wirken, und eine Gesamtdarstellung der magnetischen Kraftwirkungen ist hier nicht der Ort; diese Aufgabe muß den allgemeinen Lehrbüchern der Elektrodynamik vorbehalten bleiben. Wir weisen nur darauf hin, daß man in dieser Auffassung auch das magnetische Feld permanenter Magnete auf elektrische Ursachen und Vorgänge zurückführt. So ordnet man beispielsweise einerseits einer stromdurchflossenen Spule ein äquivalentes magnetisches Moment m_B zu und führt andererseits für permanente Magnete eine Polstärke p ein, die formal gleich dem entsprechenden, aus einem Pol des Magneten austretenden magnetischen Induktionsfluß Φ gesetzt wird (Abschnitt 4). Das Flächenintegral über die Induktion ist nur über den Außenraum des Magnetstabendes zu erstrecken, wobei die Integrationsfläche von der Stabmitte des Magneten in den Außenraum ausgeht [S 33]. Im Dimensionssystem LMTQ hat somit die magnetische Polstärke p das gleiche Dimensionsprodukt wie der magnetische Induktionsflluß, nämlich $L^2 MT^{-1} Q^{-1}$.

Daß die Kraft zwischen zwei Magnetpolen proportional $p_1 \cdot p_2/r^2$ ist, können wir orientierenden Versuchen entnehmen. Für die Aufstellung des magnetischen Punktkraftgesetzes führt eine einfache

Dimensionsbetrachtung zum Ziel. Der Ausdruck $p_1 \cdot p_2/r^2$ hat im Dimensionssystem LMTQ das Dimensionsprodukt $\mathsf{L^2M^2T^{-2}Q^{-2}}$, weicht also dimensionsmäßig von der Kraft $\boldsymbol{F}$ mit dem Dimensionsprodukt $\mathsf{LMT^{-2}}$ um den Faktor $\mathsf{LMQ^{-2}}$ ab. In das magnetische Punktkraftgesetz des Vierer-Systems muß somit im Nenner noch ein Proportionalitätsfaktor des Dimensionsproduktes $\mathsf{LMQ^{-2}}$, d. h. von der Dimension der absoluten Permeabilität, eingehen. Mißt man die Kraft zwischen zwei Magnetpolen der Polstärken p_1 und p_2 einmal im Vakuum und einmal in einem permeablen Medium der relativen Permeabilität μ_r, so ergibt sich, daß bei der hier benutzten Definition für p in der permeablen Materie die Kraft um den Faktor μ_r kleiner ist. Infolgedessen werden wir das Punktkraftgesetz (unter Beschränkung auf den Betrag der Kraft) in der Form

$$ F = \frac{p_1 \cdot p_2}{4\,\pi\,\mu_r\mu_0\,r^2} = \frac{p_1 \cdot p_2}{4\,\pi\,\mu\,r^2} \;{}^{1)} \tag{194}$$

ansetzen. Die quantitative Messung bestätigt, daß der zur Richtigstellung der Dimensionen im Nenner eingeführte Proportionalitätsfaktor μ_0 mit der durch (192) und (193) definierten magnetischen Feldkonstanten identisch ist. Das magnetische Punktkraftgesetz zwischen den Vierer-Größen enthält die für die Feldvorstellung charakteristische Konstante μ_0. Die Gleichung (194) ist im Rahmen des Vierer-Systems als ein Erfahrungsansatz zwischen den bereits definierten Größenarten $\boldsymbol{F}$, $\boldsymbol{r}$ und p mit dem Proportionalitätsfaktor $\mu = \mu_r\,\mu_0$ aufzufassen, für den dann (194) eine Definitionsgleichung darstellt.

Als nächstes wollen wir auf die gegenseitige Beziehung der beiden hier eingeführten Feldkonstanten ε_0 und μ_0 eingehen. Für die Beurteilung der auf Vier-Grundgrößenarten-Basis definierten Größen halten wir uns vor Augen, daß im Vierer-System zwar eine unabhängige elektrische Qualität enthalten ist, dagegen alle magnetischen Größenarten aus den elektrischen abgeleitet werden. Dieser Grundsatz gilt selbstverständlich auch für die magnetische Feldkonstante μ_0. Wir müssen deshalb erwarten, daß die beiden als Vierer-Größen eingeführten Feldkonstanten ε_0 und μ_0 nicht voneinander unabhängig sind, sondern durch eine Relation verknüpft werden.

Zu ihrer Auffindung führt eine kurze Dimensionsbetrachtung. Im LMTQ-System hat ε_0 das Dimensionsprodukt $\mathsf{L^{-3}M^{-1}T^2Q^2}$, μ_0 das Dimensionsprodukt $\mathsf{LMQ^{-2}}$. $\varepsilon_0\,\mu_0$ erhält also das Dimensionsprodukt $\mathsf{L^{-2}T^2}$, d. h. die Dimension eines reziproken Geschwindigkeitsquadrats. In diesem Dimensionsausdruck treten die mechanische Grunddimension der Masse und, was für spätere Betrachtungen besonders wichtig sein wird, die elektrische Grunddimension der Ladung nicht mehr auf. Multiplikation des Produktes $\varepsilon_0\,\mu_0$ mit dem Quadrat einer Geschwindigkeit muß demnach zu einem dimensionslosen Zahlenwert führen. Für ihn wird bei geeigneter Wahl der Geschwindigkeit die Zahl eins resultieren; diese Geschwindigkeit bezeichnen wir mit c_0. Wir machen also für die vermutete Relation den einfachen Ansatz

$$ \varepsilon_0\,\mu_0\,c_0^2 = 1. \tag{195}$$

Ob dieser Ansatz die gesuchte Verknüpfung zwischen ε_0 und μ_0 darstellt oder nicht, kann nur seine physikalische Prüfung entscheiden.

Aus den für ε_0 und μ_0 gemessenen Werten ergibt sich mit Gleichung (195) für c_0 ein Wert, der mit der an stehenden elektromagnetischen Wellen aus dem Frequenzbereich der Nachrichtentechnik oder an Lichtwellen gemessenen Ausbreitungsgeschwindigkeit elektromagnetischer Wellen im Vakuum, der Vakuumlichtgeschwindigkeit, innerhalb der Meßfehler übereinstimmt. Weiter führt die theoretische Ableitung der Wellengleichung für die Ausbreitung elektromagnetischer Störungen in einem Nichtleiter der relativen Dielektrizitätskonstante ε_r und der relativen Permeabilität μ_r mit den Vierer-Größen für die Ausbreitungsgeschwindigkeit c dieser Störungen zu der Beziehung

$$ c = \frac{1}{\sqrt{\varepsilon_r\,\varepsilon_0 \cdot \mu_r\mu_0}}\,, \tag{195a}$$

die für den Fall des leeren Raumes ($\varepsilon_r = \mu_r = 1$) mit $c_{vak} = c_0$ in die von uns erschlossene Relation (195) übergeht. Somit haben wir uns von der Richtigkeit der Gleichung (195) im Rahmen des

---

${}^{1)}$ Der nur *geometrisch* bedingte Faktor 4π wurde eingeführt, um die mit Gleichung (183) begonnene rationale Definition der Vierer-Größen auch an dieser Stelle fortzuführen.

Vierer-Systems überzeugen können; die Beziehung wird sich im Abschnitt 5 als wichtig erweisen, wenn die Dreier-Systeme mit den Vierer- und Fünfer-Systemen größengleichungenmäßig verknüpft werden sollen.

Jetzt stellen wir das zwischen den Vierer-Größen bestehende Gleichungensystem zusammen. Praktisch werden die elektrischen und magnetischen Größenarten auf Vier-Grundgrößenarten-Basis zwar im allgemeinen in rationaler Definition benutzt. Der Vollständigkeit halber wollen wir jedoch auch die nicht-rationale Größeneinführung berücksichtigen, für die im Vierer-System nur die *Gauß* zugeschriebene (Reihe 2 der Tabelle 14), durch die Werte $\chi = \nu_e = \nu_m = 4\,\pi$ und $\lambda = 1$ gegebene in der Giorgischen Art der Rationalisierung (Abschnitt I, 5c) in Betracht kommt. In diesem Fall kommen wir mit einem Zuordnungskoeffizienten $\psi = \chi = \nu_e = \nu_m$ aus (Abschnitt I, 6). Das den Gleichungen (110) bis (123) oder (135) bis (148) oder (166) bis (179) entsprechende Größengleichungensystem mit 4 Grundgrößenarten lautet dann[1])

$$\oint \boldsymbol{H} . d\boldsymbol{s} = \psi \int \boldsymbol{G} . d\boldsymbol{A} + \frac{d}{dt} \int \boldsymbol{D} . d\boldsymbol{A} = \psi \int \sigma \boldsymbol{E} . d\boldsymbol{A} + \varepsilon_0 \frac{d}{dt} \int \varepsilon_r \boldsymbol{E} . d\boldsymbol{A} \tag{196}$$

$$\oint \boldsymbol{E} . d\boldsymbol{s} = - \frac{d}{dt} \int \boldsymbol{B} . d\boldsymbol{A} = - \mu_0 \frac{d}{dt} \int \mu_r \boldsymbol{H} . d\boldsymbol{A} \tag{197}$$

$$\oint \boldsymbol{D} . d\boldsymbol{A} = \psi \Sigma Q \tag{198}$$

$$\oint \boldsymbol{B} . d\boldsymbol{A} = 0 \tag{199}$$

$$\boldsymbol{D} = \varepsilon_r \varepsilon_0 \boldsymbol{E} = \varepsilon_0 \boldsymbol{E} + \psi \boldsymbol{P} \tag{200}$$

$$\boldsymbol{B} = \mu_r \mu_0 \boldsymbol{H} = \mu_0 \boldsymbol{H} + \psi \boldsymbol{J} \tag{201}$$

$$w_e = \frac{1}{\psi} \frac{\boldsymbol{E} . \boldsymbol{D}}{2} \tag{202}$$

$$w_m = \frac{1}{\psi} \frac{\boldsymbol{H} . \boldsymbol{B}}{2} \tag{203}$$

$$\boldsymbol{S} = \frac{1}{\psi} (\boldsymbol{E} \times \boldsymbol{H}) \tag{204}$$

$$\boldsymbol{F}_e = \frac{\psi Q_1 . Q_2}{4\,\pi\,\varepsilon_r\,\varepsilon_0\,r^2} \boldsymbol{r}^0 = Q \boldsymbol{E} \tag{205}$$

$$\boldsymbol{F}_m = \frac{\psi\,p_1 . p_2}{4\,\pi\mu_r\mu_0\,r^2} \boldsymbol{r}^0 = p \boldsymbol{H} \tag{206}$$

$$d\boldsymbol{F}_{em} = I\,(d\boldsymbol{s} \times \boldsymbol{B}) = \frac{\psi\,p . I\,(d\boldsymbol{s} \times \boldsymbol{r}^0)}{4\,\pi r^2} \tag{207}$$

$$\Delta \varphi = - \psi \frac{\eta}{\varepsilon_r \varepsilon_0} \tag{208}$$

$$\Delta \boldsymbol{A} = - \psi \mu_r \mu_0 \boldsymbol{G}. \tag{209}$$

Durch Abzählen der durch die Maxwellschen Grundgleichungen (196) und (197) und ihre Randbedingungen (198) und (199) verknüpften unabhängigen Größenarten weisen wir nochmals den Vier-

---

[1]) In (196) bis (199) bedeutet dA das Flächenelement, in (209) A das magnetische Vektorpotential.

Grundgrößenarten-Charakter der Gleichungen (196) bis (209) nach und bedienen uns dabei der rationalen Schreibung (Reihe 4 der Tabelle 14):

$$\oint \boldsymbol{H}.d\boldsymbol{s} = \int \sigma \boldsymbol{E}.dA + \frac{d}{dt}\int \varepsilon \boldsymbol{E}.dA \qquad\quad \boldsymbol{s},\ t,\ \boldsymbol{E},\ \boldsymbol{H},\ \sigma,\ \varepsilon$$

$$\oint \boldsymbol{E}.d\boldsymbol{s} = -\frac{d}{dt}\int \mu \boldsymbol{H}.dA \qquad\qquad\qquad \mu$$

$$\oint \varepsilon \boldsymbol{E}.dA = \Sigma Q \qquad\qquad\qquad\qquad\quad Q$$

$$\oint \mu \boldsymbol{H}.dA = 0 \qquad\qquad\qquad\qquad\qquad -$$

4 Gleichungen   zwischen   8 Größenarten.

D. h. das Gleichungensystem ist ein Größengleichungensystem mit 4 Grundgrößenarten.

Wegen der Definitionen und Dimensionen der Größenarten Induktivität und magnetischer Leitwert wird auf Abschnitt 5a verwiesen.

Schließlich wollen wir noch die Dimensionsprodukte für einige elektrische und magnetische Größenarten in ihrer Vierer-Definition angeben. Wir stellen sie in der Tafel 22 in verschiedenen Dimensionssystemen mit 4 Grunddimensionen zusammen. Die Spalte 3 enthält die Dimensionsprodukte, bezogen auf das von uns bisher ausschließlich benutzte Dimensionssystem LMTQ. In den Spalten 4 und 5 sind die entsprechenden Dimensionsprodukte in den Systemen LMTΦ und LTQΦ aufgeführt. Das Dimensionssystem LMTΦ wird uns für die Verknüpfung der Vierer- und Fünfer-Größen nützlich sein, das System LTQΦ wird von *Kalantaroff [K 5]* besonders empfohlen, da das Produkt aus elektrischer Ladung und magnetischem Fluß die Dimension der Wirkung hat: QΦ = H. Der Übergang vom System LMTQ zum System LMTΦ erfolgt gemäß dem oben für Φ festgestellten Dimensionsprodukt über die Dimensionsgleichung

$$Q = L^2 MT^{-1}\Phi^{-1}. \tag{210}$$

Die Kalantaroffschen Dimensionsprodukte im System LTQΦ erhält man aus den Dimensionsprodukten im System LMTQ, indem man in diesen — unter Auflösung der Dimensionsgleichung (210) nach M — die Grunddimension M durch den Dimensionsausdruck

$$M = L^{-2}TQ\Phi \tag{210'}$$

ersetzt. Für den Vergleich der Vierer-Größen mit den Dreier-Größen sind die beiden Dimensionssysteme LMTε und LMTμ von Bedeutung, in denen ε und μ Grunddimensionen für die absolute Dielektrizitätskonstante und die absolute Permeabilität bezeichnen. Zu den Dimensionsprodukten in den beiden Systemen gelangt man von den auf LMTQ bezogenen Dimensionsprodukten unter Benutzung der beiden Dimensionsgleichungen

$$Q = L^{3/2}M^{1/2}T^{-1}\varepsilon^{1/2} \tag{211}$$

und

$$Q = L^{1/2}M^{1/2}\mu^{-1/2}, \tag{212}$$

die sich aus den oben für ε und μ im System LMTQ abgeleiteten Dimensionsprodukten ergeben. Die Dimensionsprodukte von elektrischen und magnetischen Größenarten in den Systemen LMTε und LMTμ haben wir in die Spalten 6 und 7 der Tafel 22 eingetragen. Die Spalten 8 und 9 enthalten weiter die Dimensionsprodukte, bezogen auf die Dimensionssysteme LMTI, und LTUI, die für die Diskussion der elektrischen Einheitensysteme mit 4 Grundeinheiten (Abschnitt III, 2) wichtig sind. Die Dimensionsgleichungen zum Übergang vom LMTQ-System zu diesen beiden Systemen ergeben sich aus (182) und der Gleichsetzung einer mechanisch geleisteten Arbeit mit einer elektrischen Energie

$$\int \boldsymbol{F}.d\boldsymbol{s} = \int U I\, dt \tag{213}$$

über die Dimensionsbeziehungen

$$Q = TI \tag{214}$$

und

$$M = L^{-2}T^3 UI. \tag{215}$$

Die Dimensionsprodukte in dem häufig noch diskutierten Dimensionssystem LMTR erhält man über das Ohmsche Gesetz für den Widerstand R

$$R = \frac{U}{I} \tag{216}$$

vermittels der Dimensionsgleichung

$$Q = \mathsf{L M}^{1/2}\, \mathsf{T}^{-1/2}\, \mathsf{R}^{-1/2}. \tag{217}$$

In den Dimensionsprodukten des Systems LMTR treten also halbzahlige Exponenten auf.

Kürzlich hat *Löbl [L 20]* einen interessanten Vorschlag für eine Abänderung der bislang üblichen Darstellungen der Elektrodynamik im Rahmen eines Vierer-Systems gemacht. *Löbl* definiert einige elektrische und magnetische Größenarten in einer anderen Weise, als es bislang geschah. Von der Neudefinition werden betroffen: die Flußdichten (Verschiebung $\boldsymbol{D}$ und Induktion $\boldsymbol{B}$), die Polarisationen (elektrische Polarisation $\boldsymbol{P}$ und magnetische Polarisation $\boldsymbol{J}$), die Flüsse (Verschiebungsfluß Ψ und Induktionsfluß Φ) und aus diesen direkt abgeleitete Größenarten.

Als Folge der Neudefinitionen wechseln die Feldkonstanten ε_0 und μ_0 an neue Stellen des Gleichungensystems über. Während sie in dem üblicherweise benutzten Vierer-System Flußdichten und Feldstärken im Vakuum verbinden, treten sie in dem Löblschen Größensystem unter den neuen Formelzeichen c_e und c_m als dimensionsbehaftete Proportionalitätsfaktoren zwischen den Mengen-Größenarten (elektrische Ladung Q und magnetische Polstärke p) und den von diesen erzeugten „Flüssen" (X_L: Größenarten in Löblscher Definition)

$$Q = c_e\, \Psi_L \tag{218} \qquad\qquad\qquad p = c_m\, \Phi_L \tag{219}$$

auf; die Relationen zwischen „Flußdichten" und Feldstärken lauten

$$\boldsymbol{D}_L = \varepsilon_r\, \boldsymbol{E} \tag{220} \qquad\qquad\qquad \boldsymbol{B}_L = \mu_r\, \boldsymbol{H}. \tag{221}$$

Dabei behält der allgemeine Ausdruck für die Ausbreitungsgeschwindigkeit c elektromagnetischer Wellen, der aus der Wellengleichung folgt, seine Gestalt

$$c = \frac{1}{\sqrt{\varepsilon_r\, \varepsilon_0 \cdot \mu_r\, \mu_0}} = \frac{1}{\sqrt{\varepsilon_r\, c_e \cdot \mu_r\, c_m}} \tag{195 a$'$}$$

bei und lautet speziell für das Vakuum ($\varepsilon_r = \mu_r = 1;\ c = c_0$)

$$\varepsilon_0\, \mu_0\, c_0^2 = c_e\, c_m\, c_0^2 = 1. \tag{195$'$}$$

Als Vorzüge seiner neuen Darstellung der Elektrodynamik führt *Löbl* gegenüber der bislang in der Elektrotechnik allgemein üblichen im wesentlichen folgende an:

1. Feldstärke und Felddichte[1] sind jeweils im elektrischen und magnetischen Feld dimensionsgleich, im Vakuum werden $\boldsymbol{D}_L$ und $\boldsymbol{E}_L = \boldsymbol{E}$ sowie $\boldsymbol{B}_L$ und $\boldsymbol{H}_L = \boldsymbol{H}$ identisch. Hierdurch will *Löbl* einer Forderung, die seit langem von zahlreichen Physikern gestellt wurde, nachkommen.

2. Die Relationen zwischen den Feldvektoren $\boldsymbol{D}_L, \boldsymbol{E}_L = \boldsymbol{E}, \boldsymbol{P}_L$ des elektrischen Feldes sowie $\boldsymbol{B}_L, \boldsymbol{H}_L = \boldsymbol{H}, \boldsymbol{J}_L$ des magnetischen Feldes im materieerfüllten Raume erhalten die Gestalt

$$\boldsymbol{D}_L = \boldsymbol{E} + \boldsymbol{P}_L \tag{222} \qquad\qquad\qquad \boldsymbol{B}_L = \boldsymbol{H} + \boldsymbol{J}_L, \tag{223}$$

d. h. jedes der beiden Feldvektor-Tripel ist unter sich dimensionsgleich. In dieser Darstellung wird die Frage, ob die „Magnetisierung" als „B-Größe" oder als „H-Größe" zu definieren sei (Abschnitt 4), vermieden[2].

---

[1] Da die Flußdichten als Vierer-Größen von *Löbl* in einer von der bislang üblichen Art abweichenden Weise definiert werden, müßten für die Löblschen Flußdichten neue Namen und Formelzeichen geprägt werden; *Kneissler [K 24]* benutzt für die so definierten Flußdichten die Bezeichnung „Felddichten".

[2] Die Löblsche Größenart J_L ist mit der Magnetisierung M identisch.

Die Maxwellschen Gleichungen und ihre Randbedingungen lauten mit den Löblschen Vierer-Größen

$$\oint \boldsymbol{H}.d\boldsymbol{s} \;=\; \int \boldsymbol{G}.d\boldsymbol{A} + c_e \frac{d}{dt}\int \boldsymbol{D}_L.d\boldsymbol{A} \;=\; \Theta + c_e \frac{d\Psi_L}{dt} \tag{224}$$

$$\oint \boldsymbol{E}.d\boldsymbol{s} \;=\; -c_m \frac{d}{dt}\int \boldsymbol{B}_L.d\boldsymbol{A} \;=\; -c_m \frac{d\Phi_L}{dt} \tag{225}$$

$$c_e \oint \varepsilon_r \boldsymbol{E}.d\boldsymbol{A} = \Sigma Q \tag{226}$$

$$c_m \oint \mu_r \boldsymbol{H}.d\boldsymbol{A} = 0. \tag{227}$$

Das symmetrische Auftreten der Faktoren c_e und c_m in den ganz rechts stehenden Gliedern der Gleichungen (224) und (225) darf allerdings nicht zu der Meinung verleiten, c_e und c_m seien so etwas wie Verknüpfungskonstanten zwischen elektrischen und magnetischen Größenarten. Wenn man den Löblschen Gedanken auf die Definition von Fünfer-Größen (Abschnitt 3) überträgt, resultiert ein neues Fünfer-System, dessen Formulierung durch die Stellung der Konstanten c_e, c_m und γ in den Gleichungen die zugrunde liegende Auffassung unmißverständlich zum Ausdruck bringt. Auf Einzelheiten kann jedoch hier nicht eingegangen werden.

Schon vor längerer Zeit hatte *Emde [E 6]* eine andere Größeneinführung und Gleichungenschreibweise entwickelt, bei der im Vakuum die beiden elektrischen und die beiden magnetischen Feldvektoren unter sich gleich werden und die Feldkonstanten an andere Stellen des Gleichungensystems rücken, und zwar nach *Emdes* Auffassung an ihre wahren Entstehungsorte in der Poissonschen Gleichung und im Durchflutungsgesetz. Die Emdeschen Größenarten (X_E) elektrische Verschiebung $\boldsymbol{D}_E$ und magnetische Feldstärke $\boldsymbol{H}_E$ sind mit elektrischer Feldstärke $\boldsymbol{E}_E = \boldsymbol{E}$ und magnetischer Induktion $\boldsymbol{B}_E = \boldsymbol{B}$ durch die Relationen

$$\boldsymbol{D}_E = \varepsilon_r \boldsymbol{E} = \frac{\boldsymbol{D}}{\varepsilon_0} \tag{228} \qquad\qquad \boldsymbol{B} = \mu_r \boldsymbol{H}_E = \mu_r \mu_0 \boldsymbol{H} \tag{229}$$

verknüpft. Dementsprechend lauten die Maxwellschen Grundgleichungen und ihre Randbedingungen

$$\frac{1}{\mu_0}\oint \boldsymbol{H}_E.d\boldsymbol{s} \;=\; \int \boldsymbol{G}.d\boldsymbol{A} + \varepsilon_0 \frac{d}{dt}\int \boldsymbol{D}_E.d\boldsymbol{A} = \Theta + \varepsilon_0 \frac{d\Psi_E}{dt} \tag{230}$$

$$\oint \boldsymbol{E}.d\boldsymbol{s} \;=\; -\frac{d}{dt}\int \boldsymbol{B}.d\boldsymbol{A} \;=\; -\frac{d\Phi}{dt} \tag{231}$$

$$\varepsilon_0 \oint \varepsilon_r \boldsymbol{E}.d\boldsymbol{A} = \Sigma Q \tag{232}$$

$$\oint \mu_r \boldsymbol{H}_E.d\boldsymbol{A} = 0. \tag{233}$$

Emde nennt sie die „didaktische" Schreibweise der Größengleichungen. Bei den Emdeschen „didaktischen" Größenarten haben Feldstärken und Flußdichten gleiche Dimensionen, und zwar im elektrischen Fall die der Feldstärke, im magnetischen Fall die der Flußdichte.

3. Fünfer-System und Fünf-Grundgrößenarten-Gleichungen

Die Darstellung der Elektrodynamik durch ein Gleichungensystem mit fünf Grundgrößenarten geht von der Auffassung aus, daß man dem Magnetismus genau wie der Elektrizität eine selbständige physikalische Qualität zubilligen solle, löst also die definitionsmäßige Rückführung der magnetischen Erscheinungen auf elektrische auf und postuliert stattdessen eine unabhängige magnetische Grundgrößenart.

Formal sind die im Fünfer-System geschriebenen Gleichungen bereits in dem an der Jahrhundertwende erschienenen Cohnschen Lehrbuch „Das elektromagnetische Feld" *[C 20]* enthalten; allerdings wird das Problem dort noch nicht von der Seite der Größeneinführung oder der größengleichungenmäßigen Verknüpfung entsprechender Größenarten aus dem Dreier-, dem Vierer- und dem Fünfer-System behandelt. Die Fünfer-Darstellung hat sich in der Folgezeit für den praktischen Gebrauch noch nicht durchgesetzt; sie tauchte nur immer wieder bei der Diskussion des „Gaußschen Maßsystems" (Abschnitt III, 1 a) oder, wie wir es in der Formulierung der Größeneinführung ausdrücken wollen, bei der Behandlung des symmetrischen Dreier-Systems auf, das oft als ein verkapptes Fünfer-System bezeichnet wurde und wird.

In neuerer Zeit haben *Hund* *[H 66; H 68; H 70]* und *Sommerfeld* *[S 34; S 37]* die Frage des Fünfer-Systems wieder aufgegriffen. *Sommerfeld* behandelt zwar in seinem Lehrbuch in einem besonderen Paragraphen das Fünfer-System, bedient sich aber bei der Einführung der Größen und der allgemeinen Darstellung der makrophysikalischen Probleme in der Elektrodynamik unter Hinweis auf die Zweckmäßigkeit dieser Beschreibung des rational definierten Vierer-Systems. Dagegen schreibt *Hund* seine Gleichungen als „Gleichungen zwischen Größen" *[H 67]* im Fünfer-System, zunächst in einer nicht-rationalen Definition und in der zweiten Auflage in rationaler Größeneinführung *[H 69]*.

Die Frage, ob eine Darstellung der Elektrodynamik auf der Basis von fünf Grundgrößenarten aus physikalischen Gründen zweckmäßig ist, hängt wesentlich an dem Problem einer unabhängigen magnetischen Qualität sui generis. Bislang ist es experimentell nicht gelungen, eine der elektrischen Ladung entsprechende magnetische Ladung oder Menge zu isolieren. Vielmehr spricht das gesamte auf dem Gebiet der makrophysikalischen Elektrodynamik vorliegende experimentelle Material gegen die Existenz einer in der Natur frei vorkommenden magnetischen Menge oder gestattet zumindest die physikalische Deutung der Erfahrungstatsachen ohne Annahme einer solchen selbständigen magnetischen Qualität. Dementsprechend beginnt heute jede Darstellung des Magnetismus mit der Feststellung, daß es eine isolierbare magnetische Menge nicht gibt, und schließt die magnetischen Erscheinungen an elektrische Elemente an.

Dagegen haben einige andere Beobachtungen die Frage nach dem physikalischen Wesensinhalt des Magnetismus erneut aufgeworfen, so beispielsweise der Vergleich der gyromagnetischen Verhältnisse (Quotient magnetisches Moment/mechanischer Drehimpuls) einiger astronomischer Körper, aus dem *Blackett [B 52]* ein allgemein gültiges Naturgesetz über den Zusammenhang zwischen der Drehbewegung mechanischer Körper und ihrem Magnetfeld ableiten wollte, oder die Feststellung eines magnetischen Momentes für das Neutron, ein nach außen elektrisch neutrales Elementarteilchen. In dieser Hinsicht stellt den Extremfall das Neutrino dar, dem nach unserer Kenntnis der bei Kernumwandlungen und in der kosmischen Strahlung auftretenden Elementarprozesse ein von null verschiedener Spin und damit ein magnetisches Moment zugeordnet werden muß. Das Neutron besitzt eine endliche Lebensdauer gegenüber Zerfall in Proton und Elektron. Die Hypothese, daß die zahlreichen in der Höhenstrahlung und bei anderen Kernumwandlungen beobachteten Leptonen und Nukleonen als verschiedene Zustände sehr weniger wirklicher „Elementarteilchen" anzusehen sind, hat an Wahrscheinlichkeit gewonnen. Im Sinne dieser Auffassung wären Neutron, Proton und vielleicht einige weitere schwerere Teilchen der Höhenstrahlung als Anregungszustände *des* Nukleons zu deuten, die sich hinsichtlich Masse, Ladung, Spins und magnetischen Momentes unterscheiden können. Die experimentellen Unterlagen der Blackettschen Hypothese werden nach neueren Beobachtungen wieder in Frage gestellt *[z. B. G 42; G 43; K 15; P 67]*. Inzwischen versuchte *Brandmüller [B 77]*, die Blackettsche Beziehung in etwas abgewandelter Form unter Einbeziehung der Jordanschen Auffassung *[J 11]* von der mit dem Weltalter sich ändernden Gravitationskonstanten auch auf die Mesonen auszudehnen.

Ob solche und ähnliche Betrachtungen am Ende die Postulierung einer unabhängigen magnetischen Qualität nahelegen oder auf die Rückführung des Magnetismus auf mechanische und elektrische Elemente oder ein Kernfeld hinauslaufen oder die Einordnung des magnetischen Feldes in einen universellen physikalischen Feldbegriff, etwa im Sinne *Einsteins*, gestatten werden, ist heute noch nicht abzusehen. Ebenso bleibt abzuwarten, ob die von *Dirac [D 45]* geäußerte Vermutung sich bestätigen wird, daß die von ihm angenommenen magnetischen Elementarladungen bisher experimentell deshalb noch nicht isoliert werden konnten, weil die Energie (größenordnungsmäßig 10^8 bis 10^9 eV), mit der zwei solche Elementarladungen entgegengesetzten Vorzeichens zu magnetischen Dipolen zusammentreten, außerhalb der normalerweise in der Elektrodynamik auftretenden Energiebeträge liegt. Die Diskussion der Frage *[B 8a; C 22a]* ,ob man bei geeigneten Experimenten über Ionisierung, Bremsung (Erzeugung von Bremsstrahlung), Streuung, Umwandlung in Vernichtungsstrahlung oder Paarerzeugung durch die kosmische Strahlung in Materie die Diracsche magnetische Ladung wird erkennen und von der elektrischen Ladung unterscheiden können, hat bislang noch nicht zu erfolgversprechenden Ergebnissen geführt; bei größeren Geschwindigkeiten würden die Bahnspuren denen schwerer Kerntrümmer ähnlich sein und bei Geschwindigkeiten, die der Vakuumlichtgeschwindigkeit nahekommen, elektrischer und magnetischer Monopol sich sehr ähnlich verhalten. Die dynamische Theorie der magnetischen Monopole ist inzwischen weiter entwickelt worden *[z. B. S 24]*.

Sommerfeld [S 38] betonte, daß die von *Lorentz* ins Auge gefaßten „eventuellen späteren Fortschritte im Verständnis der Erscheinungen" *[L 23]* erst zu erwarten sind, wenn eine vollständige Theorie der Elementarteilchen vorliegt.

Der Gesamtsituation entspricht die Tatsache, daß es bislang kein spezifisch magnetisches Grundmeßverfahren von allgemein praktischer Bedeutung gibt. Ob sich ein solches aus einer der Methoden der magnetischen Resonanz, der Kernresonanz oder der Kerninduktion zur Bestimmung von Magnetfeldern — etwa mit dem magnetischen Moment als Grundgrößenart und dem magnetischen Moment des Protons oder eines geeigneten Vielfachen als Grundeinheit *[S 56; S 58]* — entwickeln und allgemein ausbauen lassen würde, soll vorläufig dahingestellt bleiben. Die Frage, ob eine Darstellung der Elektrodynamik mit fünf Grundgrößenarten auf Grund der physikalischen Erfahrungen in naher oder auch fernerer Zukunft als angemessen und zweckdienlich erachtet werden wird, müssen wir offenlassen und ihre Entscheidung der weiteren Entwicklung anheimstellen.

Neben diesem bereits an die Grundlagen der physikalischen Erkenntnis rührenden Gesichtspunkt stehen aber bei der Diskussion über die Zweckmäßigkeit der Aufstellung eines Fünfer-Systems auch andere Argumente zur Debatte. Einmal hält man es aus Gründen der formalen Logik für wünschenswert, neben den Dreier-Systemen, in denen Magnetismus und Elektrizität über die der Größeneinführung zugeordneten Meßverfahren auf die Mechanik zurückgeführt werden, und dem Vierer-System, das die magnetischen Erscheinungen definitionsmäßig an elektrische Elemente anschließt, auch eine Auffassung und Darstellung der Elektrodynamik zu betrachten, in der außer drei mechanischen Grundgrößenarten ein elektrischer *und* ein magnetischer Grundbegriff als unabhängige physikalische Qualitäten behandelt und als selbständige Grundgrößenarten gemessen werden. Hierbei spielt die Forderung der dimensionellen Eindeutigkeit in der Einführung der Größenarten eine große Rolle *[F 12]*. Zum anderen wird die Gegenüberstellung der Dreier-Systeme und des Vierer-Systems mit dem Fünfer-System in den Abschnitten 5a und 5b zeigen, daß das Fünfer-System eine Art der Beschreibung und der Größeneinführung darstellt, aus der das Vierer-System und die Dreier-Systeme mit ihren Größengleichungen sowohl durch charakteristische größenmäßige Verknüpfungsrelationen zwischen entsprechenden Größenarten als auch durch Formal-Verfügungen über einige Größen abgeleitet werden können; ganz analoge Spezialisierungen sind für die Auffassung der Gleichungen als Zahlenwertgleichungen möglich. Ebenso zwangsläufig lassen sich über die Verknüpfungsrelationen zwischen den Größenarten in ihren auf verschiedene Grundgrößenartenzahl bezogenen Definitionen die „entspricht"-Beziehungen zwischen den zugehörigen Einheiten aus Einheitensystemen mit verschiedener Grundeinheitenzahl entwickeln.

Diese Tatsachen rechtfertigen es, trotz der heute gegen die Zweckmäßigkeit und Einführung eines Fünfer-Systems erhobenen Einwände die Definitionen der elektrischen und magnetischen Größenarten unter Vorgabe von fünf Grundgrößenarten und das zwischen ihnen bestehende Fünf-Grundgrößenarten Gleichungssystem zu behandeln.

Wie wir schon wiederholt betont haben, ist für eine bestimmte größengleichungenmäßige Darstellung eines physikalischen Gebietes nur die *Anzahl* der unabhängigen Grundgrößenarten von Bedeutung; ihre spezielle Auswahl bleibt dagegen der freien Entscheidung nach Gesichtspunkten der Zweckmäßigkeit überlassen. Nach den oben zu der Frage eines magnetischen Grundmeßverfahrens gemachten Bemerkungen würde es naheliegen, eine den magnetischen Dipol beschreibende Größenart, beispielsweise das magnetische Moment, als Grundgrößenart zu messen und einzuführen. Wir wollen in unseren weiteren Betrachtungen jedoch in Hinblick auf das Ziel dieses Buchteiles anders vorgehen und eine magnetische Mengengröße, die wir magnetische Ladung oder, dem üblichen Sprachgebrauch folgend, magnetische Polstärke nennen, als magnetische Grundgrößenart benutzen, deren Grunddimension wir mit P (ohne Sternindex) bezeichnen. Hierdurch gelangen wir in der Darstellung zu einer formalen Analogie mit der von uns als elektrische Grundgrößenart eingeführten elektrischen Ladung. Dabei wäre in der im Abschnitt 2 gekennzeichneten Auffassung die Polstärke eines Magneten als der von dem Magnetpol in einer Richtung ausgehende Induktionsfluß anzusprechen oder auch direkt mit dem magnetischen Moment des Magneten oder eines magnetischen Dipols zu verknüpfen. Wenn man die Existenz einer wahren magnetischen Ladung annehmen will, so könnte man auch mit ihr einen magnetischen Induktionsfluß nach der durch die Gleichung (183) ausgedrückten elektrischen Analogie verbinden.

Als Grundgrößenarten für das Fünfer-System geben wir Länge, Masse, Zeit, elektrische Ladung und magnetische Polstärke vor und machen, falls Kräfte in die Definitionsbeziehungen eingehen, wieder von dem allgemeinen Zusammenhang zwischen Masse und Kraft Gebrauch, für den wir definitionsmäßig schon mehrfach die Dimensionsgleichung (2, 14a′) erwähnt haben. Weiter werden wir in unserer Beschreibung Induktionsfluß und Polstärke als Größen von gleicher Art oder Dimension an sehen. Die auf der Basis von fünf Grundgrößenarten definierten elektrischen und magnetischen Größenarten stellen wir durch Symbole mit Stern-Index (X_*) in den Größengleichungen dar.

Die Einführung der elektrischen Größenarten kann im Fünfer-System grundsätzlich genau so verlaufen wie im Vierer-System, da in beiden Systemen neben den drei mechanischen eine elektrische Grundgrößenart festgelegt ist. Wir können also die Definitionsgleichungen (180) bis (187) aus dem vorigen Abschnitt für die nicht-indizierten Fünfer-Größen übernehmen, d. h. wir erhalten die Identitäten für die

elektrische Ladung	$Q_* \equiv Q$	(234)
elektrische Feldstärke	$\boldsymbol{E}_* \equiv \boldsymbol{E}$	(235)
elektrische Spannung	$U_* \equiv U$	(236)
elektrische Stromstärke	$I_* \equiv I$	(237)
elektrische Verschiebung	$\boldsymbol{D}_* \equiv \boldsymbol{D}$	(238)
absolute Dielektrizitätskonstante	$\varepsilon_* \equiv \varepsilon$	(239)
elektrische Feldkonstante	$\varepsilon_{*0} \equiv \varepsilon_0 \quad$ usw.	(240)

Dagegen gestaltet sich die Einführung der magnetischen Größenarten im Fünfer-System anders als im Vierer-System. Im letzteren wurden die magnetischen Größenarten über die Gleichung (189) an die elektrischen Größenarten angeschlossen. Demgegenüber sind die magnetischen Größenarten in der Fünf-Grundgrößenarten-Darstellung von einer magnetischen Grundgrößenart abzuleiten, in unserer Darstellung von der magnetischen Polstärke p_* oder von dem magnetischen Induktionsfluß Φ_*, der von einem Magnetpol ausgeht und den wir als von gleicher Dimension wie die Polstärke p_* einführen wollen: Dim $[\Phi_*] = \mathsf{P}$.

In Analogie zu der Beziehung (180) für die elektrische Feldstärke könnte man im magnetischen Feld die magnetische Feldstärke $\boldsymbol{H}_*$ als eine das Feld beschreibende Vektorgröße durch die Definitionsgleichung

$$\boldsymbol{F} = p_* \, \boldsymbol{H}_* \tag{241}$$

einführen. Die Größenart $\boldsymbol{H}_*$ unterscheidet sich in ihrer Definition von der analogen Größenart $\boldsymbol{H}_g \equiv \boldsymbol{H}_m$ (125) in den Dreier-Systemen genau so, wie die elektrische Feldstärke $\boldsymbol{E}_* \equiv \boldsymbol{E}$ von den Dreier-Größen $\boldsymbol{E}_g \equiv \boldsymbol{E}_s$ (97). Die zur Definitionsbeziehung (180) für $\boldsymbol{E} \equiv \boldsymbol{E}_*$ gemachten Bemerkungen gelten also bei sinngemäßer Übertragung vom elektrischen auf den magnetischen Fall auch hier.

Die Definition (241) für $\boldsymbol{H}_*$ setzt allerdings die Existenz oder zumindest die Annahme einer isolierbaren magnetischen Ladung voraus. Da eine solche bislang experimentell nicht nachzuweisen war, beschränkt man sich heute bei der Einführung der magnetischen Feldstärke auf die Anordnung zweier magnetischer Ladungen gleichen Betrages, aber entgegengesetzten Vorzeichens in einem gewissen Abstand $\Delta \boldsymbol{s}$, d. h. auf einen magnetischen Dipol. Das Vorkommen magnetischer Dipole in der Natur wird durch das experimentelle Tatsachenmaterial sehr nahegelegt; wenigstens ist dieses mit der Vorstellung von der Existenz magnetischer Dipole zwanglos zu deuten. Die Frage nach der Ursache oder der Erzeugung magnetischer Dipole braucht nach dem eingangs Gesagten hier nicht noch einmal aufgeworfen zu werden. Als den Dipol kennzeichnende Größenart führt man sein magnetisches Moment $\boldsymbol{m}_*$ (siehe auch Abschnitt 4) ein, das mit den beiden ihn bildenden Ladungen oder Polstärken $\pm\, p_*$ durch die Beziehung

$$\boldsymbol{m}_* = p_* \, \Delta \boldsymbol{s}^1) \tag{242}$$

verknüpft ist. Aus der Beobachtungstatsache, daß ein magnetischer Dipol (makrophysikalisch beispielsweise eine Magnetnadel) in einem magnetischen Feld ein mechanisches Drehmoment $\boldsymbol{T}$ erfährt, definiert man als Maßgröße für das magnetische Feld die magnetische Feldstärke durch die Gleichung

$$\boldsymbol{T} = \boldsymbol{m}_* \times \boldsymbol{H}_*, \tag{243}$$

die hinsichtlich der Größeneinführung für $\boldsymbol{H}_*$ mit der Definitionsbeziehung (241) äquivalent ist. $\boldsymbol{H}_*$ besitzt im Dimensionssystem LMTQP das Dimensionsprodukt $\mathsf{LMT^{-2}P^{-1}}$.

Als magnetische Spannung $V_*\big|_1^2$ zwischen zwei Punkten 1 und 2 in einem magnetischen Feld wird das Integral

$$V_*\Big|_2^1 = \int\limits_1^2 \boldsymbol{H}_* \cdot d\boldsymbol{s} \tag{244}$$

---

1) Siehe Fußnote 3) auf S. 146.

definiert. Das magnetische Feld, d. h. die von permanenten Magneten erzeugte magnetische Feldstärke erweist sich außerhalb der Magnete erfahrungsgemäß als wirbelfrei. Somit gilt für einen geschlossenen Umlauf in der Umgebung permanenter Magnete die Beziehung

$$V_* = \oint \boldsymbol{H}_* \,.\, d\boldsymbol{s} = 0, \tag{245}$$

wobei V_* im Dimensionssystem LMTQP das Dimensionsprodukt $L^2MT^{-2}P^{-1}$ erhält.

Wir haben bisher nur vom magnetostatischen Feld permanenter Magnete gesprochen und dabei stillschweigend vorausgesetzt, daß sich in der Nähe des von uns betrachteten Feldraumes keine von elektrischen Strömen durchflossenen Leiter befinden, die wir nunmehr in die Betrachtung mit einbeziehen müssen. In der Umgebung stromdurchflossener Leiter beobachtet man gleichfalls magnetische Wirkungen. So finden wir beispielsweise die magnetische Umlauf- oder Randspannung, sofern der Integrationsweg zu dem Integral der Gleichung (245) einen vom Strom der Stromstärke $I_* \equiv I$ durchflossenen Leiter umschließt, als von null verschieden und ihren Wert proportional zu I. Wir werden daher das von der elektrischen Strömung hervorgerufene Feld und die magnetische Randspannung proportional der Stromstärke ansetzen. Wie ein Vergleich der Dimensionsprodukte für V_* und I ($L^2MT^{-2}P^{-1}$ und $T^{-1}Q$) in unserem Dimensionssystem LMTQP zeigt, ist der Proportionalitätsfaktor zwischen V_* und I nicht dimensionslos; er muß vielmehr eine Größenart des Dimensionsproduktes $L^{-2}M^{-1}TQP$ sein. Wir bezeichnen den Proportionalitätsfaktor mit γ und können die Relation zwischen der Stärke eines elektrischen Stromes und der mit ihm verketteten magnetischen Feldstärke oder magnetischen Randspannung, d. h. das Durchflutungsgesetz, in der Form

$$\gamma V_* = \gamma \oint \boldsymbol{H}_* \,.\, d\boldsymbol{s} = I \tag{246}$$

schreiben.

Die Gleichung (246) stellt als Erfahrungsansatz zwischen den bereits definierten Größenarten $\boldsymbol{s}$, I und $\boldsymbol{H}_*$ oder V_* eine Definitionsgleichung für die Größe γ und gleichzeitig die erste Verknüpfung zwischen elektrischen und magnetischen Größenarten dar. Sie zeigt den charakteristischen Unterschied zwischen den Größengleichungen für das Vierer- und das Fünfer-System. Die Beziehung (189), welche die Vierer-Größen $\boldsymbol{H}$ und I verknüpft, weist Gleichheit zwischen magnetischer Randspannung und elektrischer Stromstärke auf, weil im Vierer-System alle magnetischen Größenarten aus elektrischen abgeleitet werden. Im Fünfer-System tritt dagegen bei der Verknüpfung der unabhängig voneinander eingeführten elektrischen und magnetischen Größenarten die *dimensionsbehaftete* Größe γ auf, die sich als eine für das elektromagnetische Feld in der Fünfer-Auffassung charakteristische Konstante erweist. Wir werden daher γ im folgenden als „elektromagnetische Verkettung" bezeichnen; man könnte γ auch in Analogie zur elektrischen und magnetischen Feldkonstanten die „elektromagnetische Feldkonstante" nennen.

Jetzt kehren wir zu den übrigen magnetischen Größenarten zurück. Da wir die magnetischen Größenarten im Fünfer-System an eine unabhängige magnetische Grundgrößenart — in unserer Darstellung letztlich an das magnetische Moment, die magnetische Polstärke oder den magnetischen Induktionsfluß — anschließen, bleiben die Beziehungen, die wir im Vierer-System nur zwischen magnetischen Größenarten aufgestellt hatten, auch als Fünf-Grundgrößenarten-Gleichungen formal unverändert. Wir können somit die Gleichungen (191) bis (194) einfach mit indizierten Formelzeichen für die Fünfer-Größen übernehmen

$$\int \boldsymbol{B}_* \,.\, d\boldsymbol{A} = \Phi_* \tag{247}$$

$$\boldsymbol{B}_* = \mu_* \boldsymbol{H}_* \tag{248}$$

$$\mu_* = \mu_r \mu_{*0} \tag{249}$$

$$F = \frac{p_{*1} \cdot p_{*2}}{4\pi\mu_r\mu_{*0}r^2} = \frac{p_{*1} \cdot p_{*2}}{4\pi p_* r^2}. \tag{250}$$

Analog lauten im Dimensionssystem LMTQP die Dimensionsprodukte für die magnetische Induktion $\boldsymbol{B}_*$ und die absolute Permeabilität μ_* $L^{-2}P$ und $L^{-3}M^{-1}T^2P^2$.

Als weiteres Beispiel für die Verknüpfung zwischen elektrischen und magnetischen Größenarten behandeln wir das im Vierer-System durch die Gleichung (190) dargestellte Induktionsgesetz. Eine Dimensionsbetrachtung ergibt folgendes. Die induzierte Spannung besitzt im Dimensionssystem LMTQP das Dimensionsprodukt $L^2MT^{-2}Q^{-1}$. Folglich unterscheiden sich magnetischer „Schwund"

$- d\Phi_*/dt$ und induzierte Spannung $U_{*ind} = U_{ind}$ dimensionsmäßig um eine Größenart des Dimensionsproduktes $\mathsf{L}^{-2}\mathsf{M}^{-1}\mathsf{TQP}$, also gerade um die Dimension der elektromagnetischen Verkettung. Wie die ausführliche Ableitung zeigt, geht γ explizit in das Induktionsgesetz ein, das im Fünfer-System

$$\gamma U_{ind} = \gamma \oint \boldsymbol{E} \cdot d\boldsymbol{s} = - \frac{d\Phi_*}{dt} \tag{251}$$

lautet.

So fortfahrend, können wir der Reihe nach das ganze Größengleichungensystem zwischen den Fünfer-Größen entwickeln. Ehe wir die Gleichungen anschreiben, wollen wir noch den Zusammenhang zwischen den im Fünfer-System auftretenden Feldkonstanten klarstellen. Unter den Fünfer-Größen befinden sich, wie wir bereits gezeigt haben, drei Konstanten: die elektrische Feldkonstante ε_{*0}, die mit der entsprechenden Vierer-Größe ε_0 identisch ist, die magnetische Feldkonstante μ_{*0}, die dimensionsmäßig von der entsprechenden Vierer-Größe μ_0 verschieden ist, und die im Vierer-System überhaupt nicht auftretende elektromagnetische Verkettung γ. Im Vierer-System werden die Feldkonstanten ε_0 und μ_0 mit der Ausbreitungsgeschwindigkeit c_0 elektromagnetischer Wellen im Vakuum durch die Beziehung

$$\varepsilon_0 \, \mu_0 \, c_0^2 = 1 \tag{195}$$

verknüpft. Im Fünfer-System muß ein analoger Zusammenhang bestehen. Da ε_0 eine elektrische Größe und μ_{*0} eine magnetische Größe ist, erwarten wir nach unserer bisherigen Darstellung, daß die Verknüpfungskonstante γ in die Relation zwischen ε_0, μ_{*0} und c_0 eingeht. Im LMTQP-System besitzt ε_0 das Dimensionsprodukt $\mathsf{L}^{-3}\mathsf{M}^{-1}\mathsf{T}^2\mathsf{Q}^2$ und μ_{*0} das Dimensionsprodukt $\mathsf{L}^{-3}\mathsf{M}^{-2}\mathsf{T}^2\mathsf{P}^2$. $\varepsilon_0 \mu_{*0} c_0^2$ erhält folglich das Dimensionsprodukt $\mathsf{L}^{-4}\mathsf{M}^{-2}\mathsf{T}^2\mathsf{Q}^2\mathsf{P}^2$, d. h. gerade die Dimension von γ^2. Aus der Dimensionsbetrachtung schließen wir, daß die Verknüpfungsgleichung zwischen den drei Konstanten ε_0, μ_{*0}, γ und der Ausbreitungsgeschwindigkeit c_0

$$\varepsilon_0 \, \mu_{*0} \, c_0^2 = \gamma^2 \tag{252}$$

lautet. Die Beziehung erweist sich als richtig, wenn man über die Wellengleichung für die Ausbreitung elektromagnetischer Wellen in einem Nichtleiter der relativen Dielektrizitätskonstante ε_r und der relativen Permeabilität μ_r die Ausbreitungsgeschwindigkeit c von Störungen mit dem Fünfer-Größensatz ableitet. Es ergibt sich

$$c = \frac{\gamma}{\sqrt{\varepsilon_r \varepsilon_0 \cdot \mu_r \mu_{*0}}} \; ; \tag{252a}$$

für den Fall des leeren Raumes ($\varepsilon_r = \mu_r = 1$) geht (252a) mit $c_{vak} = c_0$ in die von uns oben angegebene Gleichung (252) über.

Im Vierer-System benutzt man häufig neben den drei durch die Gleichung (195) verknüpften Konstanten ε_0, μ_0 und c_0 den „Vakuumwellenwiderstand" Γ_0. Der Wellenwiderstand Γ wird definiert als das Verhältnis E/H der Amplituden der in einer ebenen elektromagnetischen Welle senkrecht zueinander schwingenden elektrischen und magnetischen Feldstärken. Falls sich die ebene Welle im leeren Raum ($\varepsilon_r = \mu_r = 1$) ausbreitet, geht Γ in seinen Vakuumwert

$$\Gamma_0 = \frac{E_0}{H_0} = \sqrt{\frac{\mu}{\varepsilon}} = \sqrt{\frac{\mu_0}{\varepsilon_0}} \tag{195b}$$

über. Γ hat im Vierer-System die Dimension eines elektrischen Widerstandes und tritt beispielsweise in den Formeln für den Strahlungswiderstand von Antennen als dimensionsbestimmender Faktor auf.

Im Fünfer-System kann eine dem Vakuumwellenwiderstand Γ_0 analoge Größe Γ_{*0} durch die Gleichung

$$\Gamma_{*0} = \frac{E_0}{H_{*0}} = \sqrt{\frac{\mu_*}{\varepsilon}} = \sqrt{\frac{\mu_{*0}}{\varepsilon_0}} = \gamma \, \Gamma_0 \tag{252b}$$

eingeführt werden. Γ_{*0} hat die Dimension magnetische Polstärke/elektrische Ladung oder magnetisches Dipolmoment/elektrisches Dipolmoment, gehört also zu den elektromagnetischen Verknüpfungsgrößenarten. Mit einem elektrischen Widerstand hat Γ_{*0} nichts zu tun [W 45a]; in die Antennenformeln geht auch im Fünfer-System nicht Γ_*, sondern $\Gamma_*/\gamma = \Gamma$ ein. Wenn man beispielsweise die zur Quantisierung der Bewegungsgleichungen für geladene Partikel und Partikel mit Magnetpolen von *Dirac [D 45]* eingeführten elektrischen und magnetischen Elementarpole (Abschnitte II, 3 und III, 3) im Fünfer-System darstellt, ergibt sich ihr Verhältnis proportional der Konstanten Γ_{*0}.

Wegen der Definitionen und Dimensionen der Größenarten Induktivität und magnetischer Leitwert wird auf Abschnitt 5a verwiesen.

Jetzt stellen wir das zwischen den Fünfer-Größen bestehende Gleichungensystem zusammen und fügen in die Gleichungen wie beim Vierer-System den Zuordnungskoeffizienten ψ ein. Da auch im Fünfer-System von nicht-rationalen Größeneinführungen nur die *Gauß* zugeschriebene (Reihe 2 der

Tabelle 14: $\chi = \nu_e = \nu_m = 4\pi$; $\lambda = 1$) in der Giorgischen Art der Rationalisierung (Abschnitt I, 5 c) in Betracht zu ziehen ist, kommen wir mit dem Koeffizienten $\psi = \chi = \nu_e = \nu_m$ aus (Abschnitt I, 6). So gelangt man zu dem Größengleichungensystem mit fünf Grundgrößenarten, das den Gleichungen (110) bis (123) oder (135) bis (148) oder (166) bis (179) oder (196) bis (209) entspricht und von uns bereits ohne Indizierung der Formelzeichen im Kapitel I vorweggenommen wurde [Gleichungen (50) bis (63) in Abschnitt I, 4].

$$\gamma \oint \boldsymbol{H}_* \, . \, d\boldsymbol{s} = \psi \int \boldsymbol{G} \, . \, d\boldsymbol{A} + \frac{d}{dt} \int \boldsymbol{D} \, . \, d\boldsymbol{A} = \psi \int \sigma \boldsymbol{E} \, . \, d\boldsymbol{A} + \varepsilon_0 \frac{d}{dt} \int \varepsilon_r \boldsymbol{E} \, . \, d\boldsymbol{A} \tag{253}$$

$$\gamma \oint \boldsymbol{E} \, . \, d\boldsymbol{s} \; = - \frac{d}{dt} \int \boldsymbol{B}_* \, . \, d\boldsymbol{A} = - \mu_{*0} \frac{d}{dt} \int \mu_r \boldsymbol{H}_* \, . \, d\boldsymbol{A} \tag{254}$$

$$\oint \boldsymbol{D} \, . \, d\boldsymbol{A} \; = \psi \Sigma Q \tag{255}$$

$$\oint \boldsymbol{B}_* \, . \, d\boldsymbol{A} = 0 \tag{256}$$

$$\boldsymbol{D} = \varepsilon_r \varepsilon_0 \boldsymbol{E} = \varepsilon_0 \boldsymbol{E} + \psi \boldsymbol{P}$$

$$\boldsymbol{B}_* = \mu_r \mu_{*0} \boldsymbol{H}_* = \mu_{*0} \boldsymbol{H}_* + \psi \boldsymbol{J}_* \tag{258}$$

$$w_e = \frac{1}{2} \frac{\boldsymbol{E} \, . \, \boldsymbol{D}}{\psi} \tag{259}$$

$$w_m = \frac{1}{2} \frac{\boldsymbol{H}_* \, . \, \boldsymbol{B}_*}{\psi} \tag{260}$$

$$\boldsymbol{S} = \frac{\gamma}{\psi} \, (\boldsymbol{E} \times \boldsymbol{H}_*) \tag{261}$$

$$\boldsymbol{F}_e = \frac{\psi Q_1 \cdot Q_2}{4 \pi \varepsilon \varepsilon_0 r^2} \, \boldsymbol{r}^0 = Q \boldsymbol{E} \tag{262}$$

$$\boldsymbol{F}_m = \frac{\psi p_{*1} \cdot p_{*2}}{4 \pi \mu_r \mu_{*0} r^2} \, \boldsymbol{r}^0 = p_* \boldsymbol{H}_* \tag{263}$$

$$d\boldsymbol{F}_{em} = \frac{I}{\gamma} \, (d\boldsymbol{s} \times \boldsymbol{B}_*) = \frac{\psi p_* \cdot I \, (d\boldsymbol{s} \times \boldsymbol{r}^0)}{4 \pi \gamma r^2} \tag{264}$$

$$\Delta \varphi = - \psi \frac{\eta}{\varepsilon \varepsilon_0} \tag{265}$$

$$\Delta \boldsymbol{A}_* = - \frac{\psi}{\gamma} \mu_r \mu_{*0} \boldsymbol{G}. \tag{266}$$

Durch Abzählen der durch die Maxwellschen Grundgleichungen (253) und (254) und ihre Randbedingungen (255) und (256) verknüpften unabhängigen Größenarten können wir den Fünf-Grundgrößenarten-Charakter der Gleichungen (253) bis (266) nachweisen. Wir bedienen uns dabei der rationalen Schreibung (Reihe 4 der Tabelle 14):

$$\gamma \oint \boldsymbol{H}_* \, . \, d\boldsymbol{s} \quad = \int \sigma \boldsymbol{E} . d\boldsymbol{A} + \frac{d}{dt} \int \varepsilon \boldsymbol{E} . d\boldsymbol{A} \qquad \boldsymbol{s}, \; t, \; \boldsymbol{E}, \; \boldsymbol{H}_*, \; \sigma, \; \varepsilon, \; \gamma$$

$$\gamma \oint \boldsymbol{E} . d\boldsymbol{s} \quad = - \frac{d}{dt} \int \mu_* \boldsymbol{H}_* . d\boldsymbol{A} \qquad \mu_*$$

$$\oint \varepsilon \boldsymbol{E} . d\boldsymbol{A} \quad = \Sigma Q \qquad Q$$

$$\oint \mu_* \boldsymbol{H}_* . d\boldsymbol{A} = 0 \qquad -$$

4 Gleichungen   zwischen   9 Größenarten.

D. h. das Gleichungensystem ist ein Größengleichungensystem mit fünf Grundgrößenarten.

Abschließend geben wir noch die Dimensionsprodukte für einige elektrische und magnetische Größenarten in ihrer Fünfer-Definition an. Wir stellen sie in der Tafel 23 zusammen. Die Spalte 3 enthält die Dimensionsprodukte, bezogen auf das bisher benutzte Dimensionssystem LMTQP. Ein Blick auf die Dimensionsprodukte zeigt, daß sie in drei Gruppen aufzuteilen sind: Die Dimensionsprodukte der elektrischen Größenarten einschließlich der elektrischen Feldkonstanten ε_0 enthalten nur die vier Grunddimensionen LMTQ, die der magnetischen Größenarten einschließlich der magnetischen Feldkonstanten μ_{*0} nur die vier Grunddimensionen LMTP, während die elektromagnetische Verkettung γ und die (elektromagnetische) Induktivität $^{m}L_{*}$ (Abschnitt 5a) Dimensionsprodukte besitzen, in denen die beiden Grunddimensionen $\mathsf{Q}\,und\,\mathsf{P}$ mit von null verschiedener Potenz vorkommen. Die Dimensionsprodukte sind ein getreues Abbild der grundsätzlichen Größendefinition im Fünfer-System: die elektrischen Größenarten werden an die elektrische Grundgrößenart angeschlossen, die magnetische Größenarten an die magnetische Grundgrößenart; lediglich die Verknüpfungsgrößen zwischen elektrischen und magnetischen Größenarten führen auf beide Grundgrößenarten zurück. Das Dimensionssystem LMTQP läßt sich daher symmetrisch hinsichtlich der elektrischen und magnetischen Größenarten in die beiden Vierer-Systeme LMTQ und LMTP aufspalten — nur die Verknüpfungsgrößen, wie elektromagnetische Verkettung und (elektromagnetische) Induktivität $^{m}L_{*}$, fügen sich dieser Aufteilung nicht.

Für die Verknüpfung der Fünfer-Größen mit den Dreier- und Vierer-Systemen werden uns die Dimensionsprodukte des Fünfer-Systems in den Dimensionssystemen $\mathsf{LMT}\epsilon\gamma$, $\mathsf{LMT}\mu_{*}\gamma$, $\mathsf{LMT}\epsilon\mu_{*}$ und $\mathsf{LMTQ}\gamma$ nützlich sein, die wir in die Spalten 4, 5, 6 und 7 der Tafel 23 eingetragen haben. Zu diesen Dimensionsprodukten gelangen wir von den Dimensionsprodukten im LMTQP-System über die Dimensionsgleichungen

$$Q = \mathsf{L}^{3/2}\mathsf{M}^{1/2}\mathsf{T}^{-1}\epsilon^{1/2} \tag{267}$$

$$P = \mathsf{L}^{1/2}\mathsf{M}^{1/2}\epsilon^{1/2}\gamma \tag{268}$$

oder

$$Q = \mathsf{L}^{1/2}\mathsf{M}^{1/2}\mu_{*}^{-1/2}\gamma \tag{269}$$

$$P = \mathsf{L}^{3/2}\mathsf{M}^{1/2}\mathsf{T}^{-1}\mu_{*}^{1/2} \tag{270}$$

oder

$$Q = \mathsf{L}^{3/2}\mathsf{M}^{1/2}\mathsf{T}^{-1}\epsilon^{1/2} \tag{271}$$

$$P = \mathsf{L}^{3/2}\mathsf{M}^{1/2}\mathsf{T}^{-1}\mu_{*}^{1/2} \tag{272}$$

oder

$$P = \mathsf{L}^{2}\mathsf{M}\mathsf{T}^{-1}\mathsf{Q}^{-1}\gamma, \tag{273}$$

die sich aus den Dimensionsprodukten für ε, μ_{*} und γ sowie der der Beziehung (252) entsprechenden Dimensionsgleichung

$$\gamma = \mathsf{L}\mathsf{T}^{-1}\epsilon^{1/2}\mu_{*}^{1/2} \tag{274}$$

ergeben. Das Dimensionssystem $\mathsf{LMT}\epsilon\mu_{*}$ spaltet genau wie das LMTQP-System in drei Gruppen auf: einmal die Dimensionen der elektrischen Größenarten, die als ein $\mathsf{LMT}\epsilon$-System zusammengefaßt werden können, zweitens die Dimensionen der magnetischen Größenarten, die einem $\mathsf{LMT}\mu_{*}$-System genügen, und drittens die Dimensionsprodukte für die Verknüpfungsgrößen, beispielsweise (274) für die elektromagnetische Verkettung γ, die zwar frei von der mechanischen Grunddimension M sind, dafür aber die elektrische Grunddimension ϵ und die magnetische Grunddimension μ_{*} enthalten. Wenn wir von den elektromagnetischen Verknüpfungsgrößen absehen, enthalten im System $\mathsf{LMT}\epsilon\gamma$ nur die Dimensionsprodukte der magnetischen Größenarten, im System $\mathsf{LMT}\mu_{*}\gamma$ nur die der elektrischen Größenarten die Grunddimension γ.

4. Magnetisches Moment und Magnetisierung

Eine gewisse Sonderstellung nehmen die Größenarten magnetisches Moment, Magnetisierung und magnetische Polstärke ein, für die nebeneinander zwei verschiedene Definitionsarten üblich sind.

In beiden Fällen wird das magnetische Moment m, beispielsweise eines Magneten, über das mechanische Drehmoment eingeführt, das auf den Magneten in einem äußeren Magnetfeld ausgeübt wird. Die beiden Auffassungen unterscheiden sich durch den magnetischen Feldvektor, der zur Charakterisierung des äußeren Magnetfeldes bei der Definition des magnetischen Momentes benutzt wird:

13*

magnetische Feldstärke oder magnetische Induktion. Über die Frage der zweckmäßigen Einführung des magnetischen Momentes, d. h. seine Definition als „B-Größe" oder als „H-Größe" ist auch in den letzten Jahren wieder in zahlreichen Arbeiten [z. B. *C 139; C 140; D 42; D 43; D 46; D 47; F 6; H 8; K 21; K 22; K 23; K 24; S 39; S 40*] diskutiert worden, auf die hier wegen aller Einzelheiten verwiesen werden muß. Die von den einzelnen Autoren vorgebrachten physikalischen Argumente haben bislang nicht zu einer eindeutigen und unangreifbaren Entscheidung zugunsten der einen oder der anderen Auffassung und Definition geführt. Vielleicht ist als Ergebnis der Diskussionen dem magnetischen Moment als „B-Größe" der Vorrang zu geben. Doch soll der zukünftigen Entwicklung nicht vorgegriffen und daher dem Ziel des Buches folgend eine Darstellung beider Definitionsarten, und zwar in rationalen Vierer-Größen, gegeben werden. Dabei sollen die beiden Größenarten „magnetisches Moment" als von der Permeabilität des den magnetisierten Körper umgebenden Mediums unabhängige Größenarten definiert werden, d. h. über das mechanische Drehmoment T, das der Körper im Vakuum erfährt und das bei Einbetten in ein Medium der relativen Permeabilität μ_r auf den μ_r-fachen Betrag anwächst.

Einmal wird das magnetische Moment mit der magnetischen Feldstärke H im Vakuum durch die Gleichung

$$T = m_H \times H \tag{275a}$$

definiert. Dient m_H zur Beschreibung des in einem magnetisierten Körper hervorgerufenen Magnetismus, so nennt man den Grenzwert ($\tau \to 0$; τ Volumen des Körpers) des Quotienten m_H/τ „magnetische Polarisation J". Der Vektor J wird über den Vektor m_H durch die Gleichung

$$m_H = \int J \, d\tau \tag{276a}$$

definiert. Die m_H in der Darstellung als magnetischem Dipol zuzuordnende Polstärke p wird über die Kraft F definiert, die ein Magnetpol dieser Polstärke in einem Magnetfeld der magnetischen Feldstärke H erfährt

$$F = p \, H. \tag{277a}$$

Die Relation zwischen den das materieerfüllte Feld beschreibenden Vektoren lautet

$$B = \mu_0 \, H + J. \tag{278a}$$

Zum andern wird das magnetische Moment mit der Leerinduktion $B_0 = \mu_0 \, H$ durch die Gleichung

$$T = m_B \times B_0 \tag{275b}$$

definiert. Dient m_B zur Beschreibung des in einem magnetisierten Körper hervorgerufenen Magnetismus, so nennt man den Grenzwert ($\tau \to 0$; τ Volumen des Körpers) des Quotienten m_B/τ „Magnetisierung M". Der Vektor M wird über den Vektor m_B durch die Gleichung

$$m_B = \int M \, d\tau \tag{276b}$$

definiert. Die m_B in der Darstellung als magnetischem Dipol zuzuordnende Polstärke m wird über die Kraft F definiert, die ein Magnetpol dieser Polstärke in einem äußeren Magnetfeld der Induktion B erfährt

$$F = m \, B. \tag{277b}$$

Die Relation zwischen den das materieerfüllte Feld beschreibenden Vektoren lautet

$$B = \mu_0 \, (H + M). \tag{278b}$$

Die hier genannten Größenarten sind durch die Beziehungen

$$m_H = \mu_0 \, m_B \tag{279a b}$$

$$J = \mu_0 \, M \tag{280}$$

$$p = \mu_0 \, \mu_r \, m \tag{281}$$

verknüpft, d. h. die Polstärkegrößenart m ist von der Permeabilität der Umgebung abhängig [*S 33*]. Hierdurch erreicht man die gewünschten Schreibweisen des magnetischen Punktkraftgesetzes

$$F_m = \frac{p_1 \cdot p_2}{4 \, \pi \, \mu \, r^2} = \frac{\mu \, m_1 \cdot m_2}{4 \, \pi \, r^2}, \tag{194'}$$

bei denen magnetische Feldkonstante μ_0 *und* relative Permeabilität μ_r entweder im Nenner oder im Zähler stehen. Dafür lautet die Dipol-Darstellung der magnetischen Momente

$$\boldsymbol{m}_H = p \, \varDelta \boldsymbol{s} \text{ [1]} \tag{282}$$

$$\boldsymbol{m}_B = \mu_r m \, \varDelta \boldsymbol{s}. \text{ [1]} \tag{283b}$$

Erst das Produkt $\mu_r m$ ist von der Umgebung des Magnetpols unabhängig.

Man hätte auch an Stelle von (275 b) über die Induktion $\boldsymbol{B} = \mu_r \, \mu_0 \, \boldsymbol{H}$ ein magnetisches Moment $\overline{\boldsymbol{m}_B}$ einführen können

$$\boldsymbol{T} = \overline{\boldsymbol{m}_B} \times \boldsymbol{B}, \tag{275c}$$

das dann allerdings von der umgebenden permeablen Materie abhängig und mit der Magnetisierung durch die Gleichung

$$\mu_r \, \overline{\boldsymbol{m}_B} = \int \boldsymbol{M} \, d\tau \tag{276c}$$

verbunden wäre. Die übrigen Verknüpfungsrelationen würden

$$\boldsymbol{m}_H = \mu_0 \, \mu_r \, \overline{\boldsymbol{m}_B} \tag{279ac}$$

$$\overline{\boldsymbol{m}_B} = m \, \varDelta \boldsymbol{s} \text{ [1]} \tag{283c}$$

lauten. Wenn man an der Beibehaltung der Gleichungen (278a) und (278b) festhalten will, ist in der Definitionsart (275c) die Verknüpfung (276c) eine unvermeidbare Folge, die allerdings beispielsweise mit der Definition, die in der zweiten Auflage des IEC-Wörterbuchs *[I 22]* unter Nr. 05—25—165 für die Magnetisierung gegeben wird, in Widerspruch steht.

Für das Fünfer-System sind die erforderlichen Definitionen und Beziehungen im Abschnitt 3 gegeben worden. Im elektromagnetischen und im symmetrischen Dreier-System ist die Problematik wesentlich einfacher, da dort die Größe μ_0 nicht existiert. Im elektrostatischen Dreier-System hat man sich für die hier behandelten Fragen bislang wenig interessiert.

Bislang hat sich für Namen und Symbole der verschiedenen Größenarten noch kein einheitlicher Brauch herausgebildet. $\boldsymbol{m}_H$ und $\boldsymbol{m}_B$ werden in der zweiten Auflage des IEC-Wörterbuchs unter Nrn. 05—25—150 und 05—25—155 als „Coulombsches magnetisches Moment" (moment magnétique coulombien d'un aimant) und „Ampèresches magnetisches Moment" (moment magnétique ampèrien d'un aimant) bezeichnet.

In der Praxis hat sich bisher keine einheitliche Tendenz für die eine oder die andere Auffassung herausgebildet. So bevorzugt beispielsweise der Elektromaschinenbau für die Berechnung der feld-erregenden „Amperewindungen" die Größenart $\boldsymbol{M}$, während die Magnetiker aus meßtechnischen Gründen die direkt meßbare Größenart $\boldsymbol{J}$ der für sie nur als Rechengröße fungierenden Größenart $\boldsymbol{M}$ vorziehen.

Weiter sei angemerkt, daß häufig darauf hingewiesen wird, daß sich $\boldsymbol{D}$ und $\boldsymbol{H}$ einerseits, $\boldsymbol{E}$ und $\boldsymbol{B}$ andererseits „entsprächen". Als Argumente werden angeführt: $\boldsymbol{D}$ und $\boldsymbol{H}$ seien „Quantitätsgrößen", $\boldsymbol{E}$ und $\boldsymbol{B}$ „Intensitätsgrößen" *[M 18; S 36]*; $\boldsymbol{E}$ und $\boldsymbol{D}$ seien „wirkliche" (polare) Vektoren, $\boldsymbol{B}$ und $\boldsymbol{H}$ dagegen „Drehgrößen" (d. h. axiale Vektoren oder genauer *schief*symmetrische Tensoren) und, da der Sinn einer Vektoroperation davon abhängt, ob sie auf polare oder axiale Vektoren ausgeübt wird, seien die Analogien $\boldsymbol{E}, \boldsymbol{B}$ einerseits und $\boldsymbol{D}, \boldsymbol{H}$ andererseits sinnvoll *[W 23]*; bei der relativistischen Darstellung der Elektrodynamik gehören in den Sechservektoren $\boldsymbol{B}$ und $\boldsymbol{E}$, sowie $\boldsymbol{H}$ und $\boldsymbol{D}$ zusammen — „Was die Relativitätstheorie zusammengefügt hat, soll der Mensch nicht trennen" *[S 39]*. Dieses spezielle Zusammenfügen der Relativitätstheorie liegt in der Art der Formulierung der relativistischen Elektrodynamik, insbesondere im Ansatz für den Spannungs-Energie-Tensor begründet. Übrigens hat *Fleischmann [F 11]* darauf hingewiesen, daß bei Darstellung der Sechservektoren im Fünfer-System diese in einen zusammenfallen, bei dem nicht $\boldsymbol{H}$ und $\boldsymbol{D}$ einerseits und $\boldsymbol{B}$ und $\boldsymbol{E}$ andererseits zusammenzuordnen sind, sondern $\boldsymbol{H}_*$ und $c_0 \boldsymbol{D}/\gamma$ einerseits und $c_0 \boldsymbol{B}_*/\gamma$ und $\boldsymbol{E}$ andererseits. Die Argumente für die Zuordnungen $\boldsymbol{E}, \boldsymbol{B}$ und $\boldsymbol{D}, \boldsymbol{H}$ haben zu dem Vorschlag geführt, die magnetischen Feldvektoren umzubenennen, und zwar $\boldsymbol{H}$ als „magnetische Erregung" und $\boldsymbol{B}$ als „magnetische Feld-stärke" zu bezeichnen; diese Namen konnten sich bislang in Literatur und Unterricht nicht durchsetzen. Ebenso werden die Zuordnungen $\boldsymbol{E}, \boldsymbol{B}$ und $\boldsymbol{D}, \boldsymbol{H}$ als Hinweise für die höhere Zweckmäßigkeit der Definitionen (275b oder c), (276b oder c) und (277b) für magnetisches Moment $\boldsymbol{m}_B$, Magnetisierung $\boldsymbol{M}$ und magnetische Polstärke m angeführt. Es ist allerdings umstritten, ob man derartigen durch die Art der Beschreibung bedingten „Entsprechungen" oder „Symmetrien" die Bedeutung physikalischer Aussagen über das Verhalten der Natur zubilligen soll.

---

[1] Siehe Fußnote [3] auf S. 146.

Da die Worte „magnetische Polarisation" und vor allem „Magnetisierung" in verschiedenem Sinn gebraucht werden und somit mehrdeutig geworden sind, hat man für die zuerst genannte Definitionsart eine neue Nomenklatur vorgeschlagen

$$B = \mu_0\, H + B_i = B_0 + B_i. \tag{284}$$

Man nennt den von der permeablen Materie herrührenden Anteil B_i „innere Induktion" (im englischen Schrifttum „intrinsic induction" *[z. B. A 6; H 28; H 63; N 14]*), den auch im Vakuum vorhandenen Teil $\mu_0\, H = B_0$ „Leerinduktion" und, falls man für die Summe eine besondere Bezeichnung braucht, B „Gesamtinduktion". Offensichtlich ist B_i mit dem oben durch J bezeichneten Vektor identisch. Zwischen den verschiedenen Feldvektoren des permeablen Mediums gilt die Beziehung

$$J = B_i = \mu_0\, M. \tag{280'}$$

1954 haben die Technischen Komitees 24 und 25 der International Electrotechnical Commission (IEC) für Polarisation und Magnetisierung folgende Bezeichnungen und Symbole angenommen[1])

„innere" Induktion oder magnetische Polarisation:

$$B_i = B - \mu_0\, H \qquad \text{(Ausweichzeichen } J\text{)} \tag{278a'}$$

Magnetisierung:

$$H_i = \frac{B}{\mu_0} - H \qquad \text{(Ausweichzeichen } M\text{)}. \tag{278b'}$$

5. Übergänge zwischen Dreier-, Vierer- und Fünfer-Größenarten

In den drei voraufgegangenen Abschnitten haben wir uns mit der Einführung und Definition der elektrischen und magnetischen Größenarten auf der Basis von 3, 4 und 5 Grundgrößenarten beschäftigt und dabei die definitionsmäßige Rückführung dieser Größenarten auf die jeweils vorgegebenen Grundgrößenarten in einzelnen Fällen sehr eingehend behandelt. Das geschah nicht etwa, um die Gesamtheit der Gesetzmäßigkeiten in der Elektrodynamik darzulegen, was ja die Aufgabe eines Lehrbuches über das elektromagnetische Feld wäre. Vielmehr haben wir, dem Ziel des Buches entsprechend, die grundsätzliche Frage der physikalisch verschiedenen Arten der Größeneinführung in der Elektrodynamik deshalb so ausführlich entwickelt, um eine Basis für das Verständnis der physikalischen Zusammenhänge der Dreier-, Vierer- und Fünfer-Systeme zu finden.

Die verschiedenen in den voraufgegangenen Abschnitten aufgeführten Größenarten haben in der Vergangenheit in sehr unterschiedlichem Ausmaß Verwendung gefunden. Trotzdem sind sie bei der systematischen Behandlung der verschiedenen Größensysteme in gleicher Weise berücksichtigt worden. Da wir in diesem Kapitel nur von der begrifflichen Seite des Problems sprechen, brauchen wir hier auch nicht auf die Frage einzugehen, in welchen Einheiten die einzelnen Größenarten hauptsächlich gemessen werden oder wurden — hierzu verweisen wir auf das Kapitel III.

Die im folgenden behandelten verschiedenen Methoden des Überganges von einem physikalischen Größen-System zum anderen sind nicht vollkommen äquivalent. Es sei schon hier darauf hingewiesen, daß der im Abschnitt 5a genannte Übergang durch größenmäßige Verknüpfungsrelationen in jeder beliebigen Richtung durchgeführt werden kann, d. h. davon unabhängig ist, ob man vom Fünfer-System, vom Vierer-System oder von einem der Dreier-Systeme ausgeht. Die in Abschnitt 5b genannten, auf bestimmten Formal-Verfügungen beruhenden Methoden sind dagegen nur in einer Richtung anwendbar, und zwar stets ausgehend vom Fünfer-System zum Vierer-System oder zu einem der Dreier-Systeme.

a) Aus den Größendefinitionen abgeleitete Verknüpfungsrelationen [S 56; S 67] Die verschiedenen Dreier-, Vierer- und Fünfer-Größen gehören als wohldefinierte Größenarten unbeschadet ihrer unterschiedlichen Dimensionen ohne Ausnahme zu *dem* Gesamtsystem der physikalischen Größenarten oder Größen. Die Feststellung ist unabhängig von der Frage, ob irgend jemand sie alle praktisch benutzen will oder nicht. Es ist nur zu verlangen, daß verschiedene Größen und Einheiten in unterschiedlicher Weise bezeichnet werden, zumindest durch Indizierung der Symbole, am besten auch durch verschiedene Namen. Für in bestimmter Art definierte Größen lassen sich selbstverständlich die zwischen ihnen bestehenden größenmäßigen Beziehungen in Form von Größengleichungen angeben.

---

[1]) Die SUN-Commission der IUPAP legt nur auf die Größenart Magnetisierung Wert, für die sie in ihrem Dokument „Symbols, Units and Nomenclature" das Formelzeichen M empfiehlt, während die magnetische Polarisation dort nur als $\mu_0 M$ erscheint *[I 35a]*.

Betrachten wir zunächst die Größenarten der verschiedenen Dreier-Systeme unter sich. Wie in Abschnitt 1 c festgestellt wurde, sind die elektrischen Größenarten des symmetrischen und elektrostatischen Dreier-Systems miteinander identisch, ebenso die magnetischen Größenarten des symmetrischen und elektromagnetischen Dreier-Systems. Somit brauchen wir nur noch die Zusammenhänge zwischen elektrostatischen und elektromagnetischen Dreier-Größen zu erläutern, wobei im Augenblick von der *geometrischen* Alternative der rationalen oder nicht-rationalen Größeneinführung abgesehen werden kann.

Als Beispiel wählen wir die Punktkraftgesetze, die bei gleichmäßiger Darstellung oder Größeneinführung in teil-rationaler Weise nach *Gauß* (Reihe 2 der Tabelle 14: $\chi = \nu_e = \nu_m = 4\pi$; $\lambda = 1$) folgendermaßen lauten

$$F_e = \frac{Q_{s1} \cdot Q_{s2}}{\varepsilon_r\, r^2} = \frac{c_0^2\, Q_{m1} \cdot Q_{m2}}{\varepsilon_r\, r^2}, \qquad (96\,\mathrm{a}/132\,\mathrm{a})$$

$$F_m = \frac{c_0^2\, p_{s1} \cdot p_{s2}}{\mu_r\, r^2} = \frac{p_{m1} \cdot p_{m2}}{\mu_r\, r^2}. \qquad (106\,\mathrm{a}/124\,\mathrm{a})$$

Aus ihnen folgt

$$Q_s = c_0\, Q_m = Q_g, \qquad (285)$$

$$p_s = \frac{p_m}{c_0} = \frac{p_g}{c_0}. \qquad (286)$$

Mit den allgemeinen Kraftgleichungen

$$\boldsymbol{F}_e = Q_s\, \boldsymbol{E}_s = Q_m\, \boldsymbol{E}_m, \qquad (97/130)$$

$$\boldsymbol{F}_m = p_s\, \boldsymbol{H}_s = p_m\, \boldsymbol{H}_m \qquad (105/125)$$

ergibt sich

$$\boldsymbol{E}_s = \frac{\boldsymbol{E}_m}{c_0} = \boldsymbol{E}_g, \qquad (287)$$

$$\boldsymbol{H}_s = c_0\, \boldsymbol{H}_m = c_0\, \boldsymbol{H}_g. \qquad (288)$$

Aus den Relationen zwischen den Feldvektoren im materieerfüllten Feld

$$\boldsymbol{D}_s = \varepsilon_r\, \boldsymbol{E}_s \qquad (103) \qquad\qquad \boldsymbol{D}_m = \frac{\varepsilon_r}{c_0^2}\, \boldsymbol{E}_m \qquad (134)$$

$$\boldsymbol{B}_s = \frac{\mu_r}{c_0^2}\, \boldsymbol{H}_s \qquad (109) \qquad\qquad \boldsymbol{B}_m = \mu_r\, \boldsymbol{H}_m \qquad (127)$$

erhält man mit (287) und (288)

$$\boldsymbol{D}_s = c_0\, \boldsymbol{D}_m = \boldsymbol{D}_g \qquad (289)$$

$$\boldsymbol{B}_s = \frac{\boldsymbol{B}_m}{c_0} = \frac{\boldsymbol{B}_g}{c_0}. \qquad (290)$$

So fortschreitend können wir die Verknüpfungsrelationen für sämtliche elektrostatische, elektromagnetische und symmetrische Dreier-Größen entwickeln; sie enthalten als Proportionalitätsfaktoren nur Potenzen der Vakuumlichtgeschwindigkeit c_0 und sind in der Tafel 24 zusammengestellt worden; unter den Formelzeichen der Tafel 24 haben wir entweder nur rational oder nur nicht-rational oder nur in gleicher Weise teil-rational eingeführte Größenarten zu verstehen.

Ganz analog stellt man die Verknüpfungen zwischen Dreier- und Vierer-Größen fest; hier ist die Relation (195) zwischen den Konstanten ε_0, μ_0 und c_0 zu beachten. Wir wollen die rational, teil-rational oder nicht-rational eingeführten Dreier-Größen mit den rational definierten Vierer-Größen in Beziehung setzen, haben also Größengleichungen aus den Dreier-Systemen für beliebiges χ, ν_e, ν_m und λ mit den entsprechenden Größengleichungen aus dem Vierer-System für $\chi = \nu_e = \nu_m = \lambda = 1$ zu vergleichen; dabei schreiben wir die Symbole für die rationalen Vierer-Größen dem allgemeinen Brauch folgend ohne Indices.

Aus den Kraftgesetzen und den Gleichungen zwischen den Feldvektoren

$$F_e = \frac{\chi Q_{s1} \cdot Q_{s2}}{4\pi\varepsilon_r r^2} = \frac{Q_1 \cdot Q_2}{4\pi\varepsilon_r \varepsilon_0 r^2} \tag{119/187}$$

$$F_m = \frac{\chi c_0^2 p_{s1} \cdot p_{s2}}{4\pi\mu_r r^2} = \frac{p_1 \cdot p_2}{4\pi\mu_r\mu_0 r^2} \tag{120/194}$$

$$\boldsymbol{F}_e = Q_s \boldsymbol{E}_s = Q\,\boldsymbol{E} \tag{97/205}$$

$$\boldsymbol{F}_m = p_s \boldsymbol{H}_s = p\,\boldsymbol{H} \tag{105/206}$$

$$\frac{\boldsymbol{D}_s}{v_e} = \varepsilon_r \frac{\boldsymbol{E}_s}{\chi} \tag{114} \qquad\qquad \boldsymbol{D} = \varepsilon_r\varepsilon_0\,\boldsymbol{E} \tag{184/185}$$

$$\frac{\boldsymbol{B}_s}{v_m} = \frac{\mu_r}{c_0^2} \frac{\boldsymbol{H}_s}{\chi} \tag{115} \qquad\qquad \boldsymbol{B} = \mu_r\mu_0\,\boldsymbol{H} \tag{192/193}$$

ergibt sich unter Berücksichtigung von (285) bis (290)

$$Q_s = \frac{Q}{\sqrt{\chi\varepsilon_0}} \tag{291a} \qquad\qquad Q_m = \frac{Q}{c_0\sqrt{\chi\varepsilon_0}} = Q\cdot\sqrt{\frac{\mu_0}{\chi}} \tag{291b}$$

$$p_s = \frac{p}{c_0\sqrt{\chi\mu_0}} = p\cdot\sqrt{\frac{\varepsilon_0}{\chi}} \tag{292a} \qquad\qquad p_m = p\cdot c_0\sqrt{\frac{\varepsilon_0}{\chi}} = \frac{p}{\sqrt{\chi\mu_0}} \tag{292b}$$

$$\boldsymbol{E}_s = \boldsymbol{E}\cdot\sqrt{\chi\varepsilon_0} \tag{293a} \qquad\qquad \boldsymbol{E}_m = \boldsymbol{E}\cdot c_0\sqrt{\chi\varepsilon_0} = \boldsymbol{E}\sqrt{\frac{\chi}{\mu_0}} \tag{293b}$$

$$\boldsymbol{H}_s = \boldsymbol{H}\cdot c_0\sqrt{\chi\mu_0} = \boldsymbol{H}\cdot\sqrt{\frac{\chi}{\varepsilon_0}} \tag{294a} \qquad\qquad \boldsymbol{H}_m = \boldsymbol{H}\cdot\frac{1}{c_0}\sqrt{\frac{\chi}{\varepsilon_0}} = \boldsymbol{H}\cdot\sqrt{\chi\mu_0} \tag{294b}$$

$$\boldsymbol{D}_s = \boldsymbol{D}\cdot\sqrt{\frac{v_e}{\chi\varepsilon_0}} \tag{295a} \qquad\qquad \boldsymbol{D}_m = \boldsymbol{D}\cdot v_e\sqrt{\frac{\mu_0}{\chi}} \tag{295b}$$

$$\boldsymbol{B}_s = \boldsymbol{B}\cdot v_m\sqrt{\frac{c_0}{\chi}} \tag{296a} \qquad\qquad \boldsymbol{B}_m = \boldsymbol{B}\cdot\frac{v_m}{\sqrt{\chi\mu_0}} \tag{296b}$$

In dieser Weise können die Verknüpfungsrelationen zwischen allen rationalen, teil-rationalen oder nicht-rationalen Dreier-Größen (X_s, X_m, X_g) und den rationalen Vierer-Größen (X) abgeleitet werden. Als Proportionalitätsfaktoren enthalten sie außer den Zuordnungskoeffizienten χ, v_e, v_m und λ (Abschnitt I, 4) nur Potenzen der Feldkonstanten; gegenüber den elektrostatischen Dreier-Größen treten die Faktoren $\varepsilon_0^{\pm 1/2}$ und $\varepsilon_0^{\pm 1}$, gegenüber den elektromagnetischen Dreier-Größen die Faktoren $\mu_0^{\pm 1/2}$ und $\mu_0^{\pm 1}$, gegenüber den symmetrischen Dreier-Größen bei elektrischen Größenarten die Faktoren $\varepsilon_0^{\pm 1/2}$ und $\varepsilon_0^{\pm 1}$ und bei magnetischen Größenarten die Faktoren $\mu_0^{\pm 1/2}$ und $\mu_0^{\pm 1}$ auf.

Für die elektrostatischen und elektromagnetischen Dreier-Größen hat *Brylinski [B 94; B 95]* die hier zusammengestellten Verknüpfungsrelationen behandelt, allerdings mit einem anderen Ziel. *Brylinski* benutzte die Verknüpfungsrelationen als *Definitions*gleichungen neuer Größenarten aus den Vierer-Größen; die beiden neuen Größensysteme nennt er „système néo-électrique" und „système néo-magnétique". Sie sind mit den Größenarten des elektrostatischen und elektromagnetischen Dreier-Systems identisch, die ohne Benutzung und Kenntnis der Verknüpfungsrelationen der Tafel 24 in den Abschnitten 1a und 1b — beispielsweise dem Report von 1863 der British Association for the Advancement of Science folgend — direkt eingeführt werden.

Für die symmetrischen Dreier-Größen hat *Emde [E 8]* die Verknüpfungsrelationen zu den Vierer-Größen angegeben. Er *definiert* die Größenarten des symmetrischen Dreier-Systems auch rückwärts über die Verknüpfungsrelationen aus den Vierer-Größen und behandelt die Größengleichungen zwischen den symmetrischen Dreier-Größen. In diesen Betrachtungen sieht *Emde* nebenbei auch eine „Rettung der System-Ehre der Gaußschen Einheiten", über die im Kapitel III zu sprechen sein wird.

In den Spalten 2 bis 5 der Tafel **24** *[S 68]* sind für einige elektrische und magnetische Größenarten die Verknüpfungsrelationen zusammengestellt worden. Beziehungen zu den in verschiedener Art rational, teil- oder nicht-rational eingeführten Dreier-Größen erhält man, wenn man für χ, ν_e, ν_m und λ die der Tabelle 14 für den gewünschten Einzelfall zu entnehmenden Werte einsetzt. Die Feldkonstanten ε_0 und μ_0 existieren nicht im Bereich der Dreier-Größen; wie in den Abschnitten I, 5a und I, 6 näher begründet wird, ergeben sich die größenmäßigen Beziehungen zwischen teil- oder nicht-rationalen Dreier-Größen und rationalen Vierer-Größen nach der im Abschnitt I, 5b und in der Spalte 3 der Tabelle 16 charakterisierten Methode $A\beta$ (Variation der Größen bei Invarianz der Feldkonstanten).

Für die Vierer-Größen wird heute nur noch *eine* „nicht-rationale" Größeneinführung diskutiert, und zwar die teil-rationale nach *Gauß* (Reihe 2 der Tabelle 14) mit den Werten $\chi = \nu_e = \nu_m = 4\pi = \psi$ und $\lambda = 1$ für die Zuordnungskoeffizienten. Wir können uns hier also auf einen Zuordnungskoeffizienten beschränken. Weiterhin interessiert für diesen Fall lediglich die Giorgische Art der Rationalisierung, d. h. in der größenmäßigen Darstellung die Methode $A\alpha$ (Variation der Größen bei Invarianz der elektrischen Ladung). Die zugehörigen Verknüpfungsrelationen enthält die Spalte 4 der Tabelle 16. Rationale und nicht-rationale Vierer-Größen werden durch die Symbole $_rX$ und $_nX$ unterschieden [siehe Fußnote [1]) auf S. 140]; $_nX$ bezieht sich dabei auf die teilrationale Einführung nach *Gauß*. In den allgemeinen Größenverknüpfungen der Tafel **24** können wir dann auch die nicht-rationalen Vierer-Größen einbeziehen, deren Beziehungen zu den rationalen Vierer-Größen in der Spalte 6 aufgenommen worden sind.

Schließlich müssen wir noch die Verknüpfungsrelationen zwischen Vierer- und Fünfer-Größen aufstellen. Die elektrischen Größenarten sind in beiden Systemen in gleicher Weise definiert. Für die magnetischen Größenarten ergibt sich folgendes. Aus dem Durchflutungsgesetz, dem Induktionsgesetz und den Relationen zwischen den Feldvektoren

$$\oint \boldsymbol{H} . d\boldsymbol{s} = I \qquad (189) \qquad\qquad \gamma \oint \boldsymbol{H}_* . d\boldsymbol{s} = I \qquad (246)$$

$$\oint \boldsymbol{E} . d\boldsymbol{s} = -\frac{d}{dt} \int \boldsymbol{B} . d\boldsymbol{A} \quad (190/191) \qquad \gamma \oint \boldsymbol{E} . d\boldsymbol{s} = -\frac{d}{dt} \int \boldsymbol{B}_* . d\boldsymbol{A} \quad (247/251)$$

$$\boldsymbol{B} = \mu_r \mu_0 \boldsymbol{H} \qquad (192/193) \qquad\qquad \boldsymbol{B}_* = \mu_r \mu_{*0} \boldsymbol{H}_* \qquad (248/249)$$

resultiert

$$\boldsymbol{H}_* = \frac{\boldsymbol{H}}{\gamma} \qquad\qquad\qquad (297)$$

$$\boldsymbol{B}_* = \gamma \boldsymbol{B} \qquad\qquad\qquad (298)$$

$$\mu_{*0} = \gamma^2 \mu_0. \qquad\qquad\qquad (299)$$

So fortfahrend sind alle Verknüpfungsrelationen abzuleiten, in denen nur Potenzen der elektromagnetischen Verkettung auftreten.

Eine gewisse Sonderstellung nimmt die „Induktivität" genannte Größenart ein. Sie bringt die Abhängigkeit eines durch elektrische Strömung hervorgerufenen magnetischen Induktionsflusses von der Geometrie der Leiteranordnung und den magnetischen Eigenschaften des das Feld erfüllenden Mediums zum Ausdruck. Sie wird entweder als Quotient Randintegral der induzierten Spannung/elektrische Stromstärke in der felderzeugenden Leiteranordnung oder als Quotient magnetischer Induktionsfluß/elektrische Stromstärke in der Leiteranordnung eingeführt. Bei der ersten Definition liegt der Schwerpunkt auf der bei einem Induktionsvorgang in der Anordnung auftretenden induzierten Spannung, bei der zweiten Definition steht der in der Anordnung bei einer bestimmten elektrischen Stromstärke zu erzielende Induktionsfluß im Vordergrund. Wir wollen die beiden Größeneinführungen durch die Indices ^{e} und ^{m} unterscheiden

$$^eL = \frac{\int U_{ind} \, dt}{I} \qquad (300\,\text{a}) \qquad\qquad\qquad ^mL = \frac{\Phi}{I}. \qquad (300\,\text{b})$$

Die dritte in diese Betrachtungen hineinspielende Größenart ist der magnetische Leitwert Λ, definiert als Quotient magnetischer Induktionsfluß/magnetische Randspannung, bei deren Einführung man unabhängig von der Entstehungsart eines Magnetfeldes die in ihm vorhandene oder zu speichernde Energie im Auge hat

$$\Lambda = \frac{\Phi}{V}. \qquad\qquad\qquad (300\,\text{c})$$

In der rationalen Größeneinführung des Vierer-Systems, in der magnetische Randspannung V einer Leiteranordnung und elektrische Stromstärke I identifiziert werden, sind die beiden zuerst genannten Größenarten ^eL und ^mL identisch und auch von der dritten dimensionsmäßig nicht zu unterscheiden, so daß man formal

$$^eL = {}^mL = L = \Lambda \tag{300}$$

schreiben kann.

In den Gleichungen (300) haben wir uns auf rational eingeführte Vierer-Größen beschränkt. Da in ^eL nur elektrische Größenarten stecken, ^mL sich dagegen auch auf den magnetischen Induktionsfluß bezieht und Λ nur magnetische Größenarten enthält, gehen in die nicht-rationale Definition der entsprechenden Vierer-Größen verschiedene Zuordnungskoeffizienten ein, mit denen die allgemeine, für rationale, teil- oder nicht-rational eingeführte Größenarten gültige Relation

$$\chi\, ^eL = v_m\, {}^mL = \frac{v_m}{\chi}\, \Lambda \tag{300'}$$

lautet. Im Vierer-System interessieren nur die rationale Größeneinführung mit $\chi = v_e = v_m = \lambda = 1$ sowie die nicht-rationale Größeneinführung mit $\chi = v_e = v_m = \psi = 4\pi$ und $\lambda = 1$. Damit geht für diesen Spezialfall (300') in die Form

$$\psi\, ^eL = \psi\, {}^mL = \Lambda \tag{300''}$$

über; d. h. auch in der im Vierer-System üblichen „nicht-rationalen" Größendefinition sind ^eL und ^mL gleich.

Im Fünfer-System sind dagegen die drei entsprechenden Größenarten $^eL_*$, $^mL_*$ und Λ_* eindeutig dimensionsverschieden:

$$^eL_* = \frac{\int U_{ind}\, dt}{I} \tag{301 a}$$

ist eine rein elektrische Größenart („elektrische" Induktivität),

$$^mL_* = \frac{\Phi_*}{I} \tag{301 b}$$

verknüpft eine magnetische mit einer elektrischen Größenart („elektromagnetische" Induktivität), und

$$\Lambda_* = \frac{\Phi_*}{V_*} \tag{301 c}$$

ist eine rein magnetische Größenart. Es ergeben sich die Verknüpfungsrelationen

$$^eL_* = {}^eL = L \tag{302}$$

$$^mL_* = \gamma\, {}^mL = \gamma L \tag{303}$$

$$\Lambda_* = \gamma^2\, \Lambda. \tag{304}$$

Maxwell [M 8] definierte den „Koeffizienten der Selbstinduktion eines Stromkreises" als das Verhältnis des elektrokinetischen Momentes eines Stromes zu seiner Stärke, wobei das elektrokinetische Moment eines Stromes als der Differentialquotient der elektrokinetischen Energie eines Leitersystems nach der betreffenden Stromstärke eingeführt wird. *Maxwell* sah also die Induktivität als eine *elektrische* Größe an; es entspricht das seiner Auffassung von der Energie eines durchflossenen Leitersystems, dessen lediglich von den Quadraten oder quadratischen Produkten der Stromstärken abhängigen „kinetischen" Teil er die elektrokinetische Energie des Systems nannte. Um die „dynamische" Bedeutung seiner Gleichungen hervorzuheben, bezeichnete *Maxwell* die Koeffizienten der Selbst- und Gegeninduktion auch als die *elektrischen* Trägheitsmomente der jeweiligen Strombahnen oder als die *elektrischen* Trägheitsprodukte zweier Strombahnen.

Zickner [Z 1] diskutierte kürzlich die Namen der Koeffizienten der Selbst- und Gegeninduktion und schlug aus sachlichen und sprachlichen Gründen folgende Benennungen vor: für die beschreibende physikalische Größenart „*Induktivität*", speziell „*Eigeninduktivität*" und „*Gegeninduktivität*"; für den die physikalische Erscheinung erregenden Apparat „*Spule*" und „*Spulenpaar*". Die Bezeichnungen für den analogen Fall im elektrischen Feld sollen lauten: „*Influenz*"; „*Kapazität*", insbesondere „*Eigenkapazität*" und „*Gegenkapazität*"; „*Kondensator*". Ähnliche Vorschläge wurden von *Moon* und *Spencer [M 25]* für mehrere Sprachen gemacht.

Im elektrostatischen und elektromagnetischen Dreier-System sind die den Vierer-Größen ^eL, ^mL und Λ entsprechenden Größenarten wie im Vierer-System unter sich gleich definiert. Im symmetrischen Dreier-System sollte man eine dem Fünfer-System analoge Definition erwarten — jedoch ist dort im allgemeinen eine andere Größeneinführung üblich, welche die eine symmetrische Induktivität ^eL_g in Anlehnung an *Maxwell* der elektrostatischen, die andere ^mL_g der elektromagnetischen gleich macht:

$$^eL_s = \frac{\int U_{s\,ind}\,dt}{I_s} \qquad (305\,\text{a}) \qquad\qquad ^eL_m = \frac{\int U_{m\,ind}\,dt}{I_m} \qquad (306\,\text{a})$$

$$^eL_g = \frac{\int U_{g\,ind}\,dt}{I_g} = \frac{1}{c_0}\,\frac{\Phi_g}{I_g} \qquad (307\,\text{a}$$

$$L_s = \frac{\Phi_s}{I_s} \quad (305\,\text{b}) \qquad ^mL_m = \frac{\Phi_m}{I_m} \quad (306\,\text{b}) \qquad ^mL_g = \frac{\Phi_m}{I_m} = c_0\,\frac{\Phi_g}{I_g} \quad (307\,\text{b})$$

$$\Lambda_s = \frac{\Phi_s}{V_s} \quad (305\,\text{c}) \qquad \Lambda_m = \frac{\Phi_m}{V_m} \quad (306\,\text{c}) \qquad \Lambda_g = \frac{\Phi_g}{V_g}\cdot \quad (307\,\text{c})$$

Berücksichtigt man noch die in den Dreier-Systemen üblichen rationalen, teil- oder nicht-rationalen Arten der Größeneinführung, so ergeben sich folgende Verknüpfungsrelationen

$$^eL_s = {}^eL_g = {}^mL_s = \frac{^mL_m}{c_0^2} = \chi\,\varepsilon_0\cdot {}^eL \tag{308}$$

$$^mL_m = {}^mL_g = {}^eL_m = c_0^2\cdot {}^eL_s = \frac{\nu_m}{\mu_0}\cdot {}^mL \tag{309}$$

$$c_0^2\,\Lambda_s = \Lambda_m = \Lambda_g = \frac{\nu_m}{\chi}\,\frac{1}{\mu_0}\,\Lambda. \tag{310}$$

In Lehrbüchern der Elektrodynamik, die sich der Dreier-Systeme bedienen, wird sowohl $^eL_s = {}^eL_g$ als auch $^mL_m = {}^mL_g$ benutzt; teilweise kommen in demselben Buch sogar beide Induktivitäten vor. Hierauf ist besonders zu achten, wenn man die Darstellung in einem Dreier-System in die Beschreibung des Vierer- oder Fünfer-Systems übersetzen will.

Die Tafel **24** der allgemeinen Größenverknüpfungen erstreckt sich auch auf das Fünfer-System. Um gleich die Fälle rational und nicht-rational eingeführter Fünfer-Größen zu erfassen, sind in die Spalte 7 die Verknüpfungsrelationen mit dem Zuordnungskoeffizienten ψ (Abschnitt I, 6) eingetragen worden; d. h. für $\psi = 1$ erhält man die rational definierten Fünfer-Größen $_rX_*$ und für $\psi = 4\pi$ die teil-rational nach *Gauß* ($\chi = \nu_e = \nu_m = 4\pi = \psi$; $\lambda = 1$) eingeführten Fünfer-Größen $_nX_*$.

Wie die Tafel **24** zeigt, sind wir beim wechselseitigen Übergang von einem Größen-System zu einem anderen nicht an ein bestimmtes Ausgangs-System oder an eine bestimmte Richtung gebunden — wir können über die größenmäßigen Verknüpfungsrelationen wechselseitig von jedem Größen-System zu jedem anderen Größen-System direkt überwechseln.

b) Formal-Verfügungen. Die in der Tafel **24** auftretenden Proportionalitätsfaktoren enthalten, abgesehen von den geometrischen Zuordnungsfaktoren, Potenzen der Feldkonstanten und der elektromagnetischen Verkettung. Ein Vergleich mit den Dimensionstafeln **22** und **23** für das Vierer-System und das Fünfer-System zeigt, daß die in die Tafel **24** für ε_0, μ_0 und γ bei den einzelnen Größenarten eingetragenen Exponenten sich in den Dimensionsprodukten bestimmter Dimensionssysteme der Tafeln **22** und **23** wiederfinden. Diese Tatsache ist kein Zufall, sondern ein Ausdruck für die den Dimensionsprodukten zugrunde liegende Größenverknüpfung *[S 3]*.

Beispielsweise ergibt sich aus dem Aufbau der Größeneinführung in den Dreier-Systemen und im Vierer-System folgendes. Die im Dimensionssystem LMTε (Spalte 6 der Tafel **22**) für die Vierer-Größen abzuleitenden Dimensionsprodukte enthalten die Grunddimension ε in der gleichen Potenz, in der die zu den elektrostatischen Dreier-Größen führenden Proportionalitätsfaktoren (Spalte 2 der Tafel **24**) die Feldkonstante ε_0 führen. Analoges gilt hinsichtlich der Grunddimension μ in den Dimensionsprodukten der Vierer-Größenarten im Dimensionssystem LMTμ (Spalte 7 der Tafel **22**) und der magnetischen Feldkonstanten μ_0 in den Proportionalitätsfaktoren (Spalte 3 der Tafel **24**) zu den elektromagnetischen Dreier-Größen. Weiter sind die Potenzen, in denen die Grunddimension γ in den Dimensionsprodukten der Fünfer-Größen im Dimensionssystem $\mathsf{LMTQ\gamma}$ (Spalte 7 der Tafel 23) vorkommt, reziprok zu den Potenzen, mit denen die elektromagnetische Verkettung γ in den Proportionalitätsfaktoren (Spalte 7 der Tafel 24) zu den Vierer-Größen auftritt[1]).

In dieser Weise lassen sich aus den Dimensionsprodukten der Dimensionssysteme $\mathsf{LMT\epsilon}$, $\mathsf{LMT\mu}$, $\mathsf{LMT\epsilon\gamma}$, $\mathsf{LMT\mu_*\gamma}$, $\mathsf{LMT\epsilon\mu_*}$ und $\mathsf{LMTQ\gamma}$ die gegenseitigen Proportionalitätsfaktoren zwischen Dreier-, Vierer- und Fünfer-Größen ablesen, wobei man die Verknüpfung

$$\mu_* = \gamma^2 \mu \tag{299a}$$

beachten muß.

Im Dreier-System kommen die Feldkonstanten und die elektromagnetische Verkettung per definitionem überhaupt nicht vor; dafür tritt in den Größengleichungen zwischen den Dreier-Größen die Vakuumlichtgeschwindigkeit c_0 auf. Das Vierer-System enthält die beiden Feldkonstanten ε_0 und μ_0, nicht dagegen die elektromagnetische Verkettung. Schließlich enthält das Fünfer-System die Feldkonstanten ε_0 und μ_{0*}, sowie die elektromagnetische Verkettung γ. Das unterschiedliche Auftreten der Feldkonstanten und der elektromagnetischen Verkettung ist für die Größendefinition in den verschiedenen Dreier-, Vierer- und Fünfer-Systemen charakteristisch.

Dieser Sachverhalt führt zu einem einfachen Schema von Formal-Verfügungen, um ein geeignet vorgegebenes allgemeines Gleichungensystem je nach Bedarf als Größengleichungen zwischen Dreier-, Vierer- oder Fünfer-Größen zu schreiben *[S 56]*. Das Rezept lautet: Man nehme das allgemeine System der Gleichungen (50) bis (63a), das mit dem zwischen den Fünfer-Größen bestehenden formal übereinstimmt, und trage in ihm für ε_0, μ_0 und γ die in einer der Reihen der Tabelle 19 aufgeführten Werte ein — dann erhält man Größengleichungen, in denen die Formelzeichen die Größenarten (Dreier-, Vierer- oder Fünfer-Größen) bedeuten, für welche die benutzte Reihe der Tabelle 19 aufgestellt ist. Die allgemeinen Symbole X der Gleichungen (50) bis (63a) darf und sollte man durch die speziellen Symbole (X_s, X_m, X_g, X oder X_*) für die gefundenen Größenarten ersetzen.

Tabelle 19. Formal-Darstellung der Feldkonstanten und der elektromagnetischen Verkettung in verschiedenen physikalischen Größensystemen

Definition der Größenarten	Formelzeichen	„Werte" der Größe		
		ε_0	μ_0	γ
Elektrostatisches Dreier-System	X_s	1	$1/c_0^2$	1
Elektromagnetisches Dreier-System	X_m	$1/c_0^2$	1	1
Symmetrisches Dreier-System	X_g	1	1	c_0
Vierer-System	X	ε_0	μ_0	1
Fünfer-System	X_*	ε_0	μ_{*0}	γ

Nachdem so über die physikalische Art der Größeneinführung verfügt worden ist, kann man im nächsten Schritt sich hinsichtlich der geometrischen Alternative rational $\div$ nicht-rational entscheiden. Die formale Anweisung ist folgende: Man trage in dem allgemeinen System der Gleichungen (50) bis (63a) für χ, ν_e, ν_m und λ die in einer der Reihen der Tabelle 14 aufgeführten Werte[2]) ein — dann erhält man Größengleichungen, in denen die Formelzeichen Größenarten in rationaler, teil- oder nicht-rationaler Größeneinführung bedeuten, für welche die benutzte Reihe der Tabelle 14 aufgestellt ist. Den rationalen oder nicht-rationalen Größencharakter darf und sollte man durch geeignete Indizierung kennzeichnen: beispielsweise nicht-rationale Größen durch den Index $_n$ ($_nX_s$, $_nX_m$, $_nX_g$, $_nX$, $_nX_*$) und rationale Größen durch den Index $_r$ ($_rX_s$, $_rX_m$, $_rX_g$, $_rX$, $_rX_*$).

Aus der ganzen Anlage der Formal-Verfügungen (Tabellen 14 und 19) im allgemeinen Gleichungensystem (50) bis (63a) folgt zwangsläufig, daß das Verfahren nur von einem Ausgangssystem aus in einer Richtung durchgeführt werden kann: lediglich vom Fünfer-System aus zum Vierer-System oder zu einem der Dreier-Systeme.

---

[1]) Das reziproke Verhalten kommt daher, daß das Dimensionssystem $\mathsf{LMTQ\gamma}$ in der Tafel **23** zu den Fünfer-Größen gehört, dagegen die Verknüpfungsrelationen in der Tafel **24** auf die rationalen Vierer-Größen zugeschnitten sind.

[2]) Im Vierer- und Fünfer-System interessiert außer der rationalen nur eine „nicht-rationale" Größeneinführung, die durch einen einzigen Zuordnungskoeffizienten ψ gekennzeichnet werden kann (Abschnitt I, 6). Sie ist mit der *Gauß* zugeschriebenen der Reihe 2 der Tabelle 14 ($\psi = \chi = \nu_e = \nu_m = 4\pi$; $\lambda = 1$) in der Giorgischen Art der Rationalisierung (Abschnitt I, 5c) identisch.

Es sollen noch zwei Methoden von Übergängen durch Formal-Verfügungen erwähnt werden, die *Fleischmann [F 12; F 13; F 14]* in den letzten Jahren angegeben hat.

Die erste stellt eine andere Formulierung des gerade behandelten Verfahrens dar. *Fleischmann* findet, daß außer den als Begriffsdefinitionen des Fünfer-Systems *notwendigen* Verknüpfungen bestimmte Zusatzforderungen in Gestalt von zusätzlichen Beziehungen für die Dimensionen von Länge L, Zeit T, Energie W, elektrische Ladung Q und magnetische Polstärke P aufgestellt werden können, bei deren *zusätzlicher* Annahme das Fünfer-System in das Vierer-System oder in eines der Dreier-Systeme übergeht. Die Zusatzforderungen für das Zusammenfallen von im Fünfer-System unabhängigen Dimensionen lauten, geschrieben im Dimensionssystem $LTWQP$,

für das Vierer-System:

$$W \cdot T = P \cdot Q \tag{311}$$

für das elektrostatische Dreier-System:

$$W \cdot L = Q \cdot Q \tag{312}$$

$$W \cdot T = Q \cdot P \tag{311}$$

für das elektromagnetische Dreier-System:

$$W \cdot L = P \cdot P \tag{313}$$

$$W \cdot T = P \cdot Q \tag{311}$$

für das symmetrische Dreier-System:

$$W \cdot L = Q \cdot Q \tag{312}$$

$$W \cdot L = P \cdot P \tag{313}$$

Das Dimensionssystem $LTWQP$ hängt mit dem von uns benutzten Dimensionssystem $LMTQP$ (Spalte 3 der Tafel **23**) über die Dimensionsgleichung

$$M = L^{-2} WT^2 \tag{314}$$

zusammen. Die von *Fleischmann* angegebenen Zusatzforderungen lauten im Dimensionssystem $LMTQP$

(311):	$L^2MT^{-1} = PQ$	oder	$\mathrm{Dim}\,[\gamma] = L^{-2}M^{-1}TQP = 1$	(311′)
(312):	$L^3MT^{-2} = Q^2$	oder	$\mathrm{Dim}\,[\varepsilon] = L^{-3}M^{-1}T^2Q^2 = 1$	(312′)
(313):	$L^3MT^{-2} = P^2$	oder	$\mathrm{Dim}\,[\mu_*] = L^{-3}M^{-1}T^2P^2 = 1$	(313′)

Nimmt man noch die Relation zwischen den Konstanten des elektromagnetischen Feldes

$$\varepsilon_0 \mu_{*0} c_0^2 = \gamma^2 \tag{252}$$

und die Verknüpfungsrelation

$$\mu_{*0} = \gamma^2 \mu_0 \tag{299}$$

hinzu, so sind die Fleischmannschen Zusatzforderungen in folgender Form darzustellen

für das Vierer-System:

$$\gamma = 1 \tag{311′}$$

$$\mu_{*0} = \mu_0 \tag{299}$$

$$\varepsilon_0 = \frac{1}{\mu_0 c_0^2} = \varepsilon_0 \tag{252/195}$$

für das elektrostatische Dreier-System:

$$\varepsilon_0 = 1 \tag{312′}$$

$$\gamma = 1 \tag{311′}$$

$$\mu_{*0} = \frac{1}{c_0^2} \tag{252}$$

für das elektromagnetische Dreier-System:

$$\mu_{*0} = 1 \tag{313'}$$

$$\gamma = 1 \tag{311'}$$

$$\varepsilon_0 = \frac{1}{c_0^2} \tag{252}$$

für das symmetrische Dreier-System:

$$\varepsilon_0 = 1 \tag{312'}$$

$$\mu_{*0} = 1 \tag{313'}$$

$$\gamma = c_0. \tag{252}$$

D. h. es kommen gerade die Formal-Verfügungen der Tabelle 19 heraus, so daß alle dort gezogenen Folgerungen auch hier gelten.

Das zweite Verfahren entspringt der Fleischmannschen Darstellung der Größenarten in einem n-dimensionalen Punktgitter *[F 14, F 17]*. Wird ein solches Punktgitter auf ein $(n-1)$-dimensionales „projiziert", so geht die von *Fleischmann* geforderte Eindeutigkeit der Dimensionsprodukte verloren: Die Projektion auf das $(n-1)$-dimensionale Punktgitter ist zwar eindeutig vorzunehmen, dagegen bleibt die Umkehrung der Projektion unendlich vieldeutig.

In diesem Bilde deutet *Fleischmann* die obengenannten Zusatzforderungen (311) bis (313) als verschiedene Projektionen, die in bestimmter Weise im fünfdimensionalen LTWQP-Punktgitter, dem ein LMTQP-Punktgitter äquivalent ist, auf jeweils ein vierdimensionales Punktgitter vorgenommen worden sind; zwei gleichzeitig oder nacheinander vorgenommene Projektionen führen dabei vom „eindeutigen" fünfdimensionalen Punktgitter zu „mehrdeutigen" dreidimensionalen Punktgittern. Die der Forderung (312) entsprechende Projektion stellt *Fleischmann* als Ausschnitt graphisch dar *[F 15]*.

Die Beschreibung über die Projektionen im fünfdimensionalen Punktgitter ist wegen der nicht eindeutig möglichen Umkehrung der Projektionen auch auf eine bestimmte Richtung der Operation oder des Überganges von einem zum anderen Größensystem beschränkt. Es sind nur Übergänge, ausgehend vom Fünfer-System, zum Vierer-System oder zu den Dreier-Systemen darstellbar.

Kapitel III
Einheiten und Einheitensysteme der Elektrodynamik

In den beiden voraufgegangenen Kapiteln wurden die verschiedenen für die Darstellung der Elektrodynamik wichtigen Größensysteme sowie die Definitionen der zugehörigen Größenarten eingehend erörtert. Damit sind die begrifflichen Voraussetzungen für die Behandlung der Einheiten auf dem Gebiet von Elektrizität und Magnetismus gegeben. Die elektrischen Einheitensysteme wollen wir in einzelne Gruppen zusammenfassen, und zwar nach der Zahl der unabhängig voneinander vorgegebenen Grundeinheiten. Bei der allgemeinen Entwicklung der Größensysteme der Elektrodynamik im Kapitel II hatten wir „Dreier"-, „Vierer"- und „Fünfer"-Systeme unterschieden; somit haben wir jetzt die zugehörigen Einheitensysteme mit drei, vier und fünf Grundeinheiten zu betrachten. Nach dem allgemeinen Verfahren zur Aufstellung von Einheitensystemen (Abschnitte 1, 4 und 7) soll auch hier ihre Ableitung und Diskussion von den den Größenarten zugeordneten Dimensionsprodukten ausgehen.

1. Einheitensysteme mit drei Grundeinheiten

Die elektrischen und magnetischen Größenarten der Dreier-Systeme werden in Einheiten gemessen, die aus drei Grundeinheiten abzuleiten sind. Dabei kann es sich um kohärente oder nicht-kohärente Einheiten handeln.

Als erster hat *Gauß [G 4]* in seiner grundlegenden Arbeit „Intensitas vis magneticae terrestris ad mensuram absolutam revocata" 1832 für die Behandlung des Magnetismus Einheiten eingeführt, die er aus den drei Grundeinheiten Millimeter, Milligramm und Sekunde ableitete und, wie wir heute sagen würden, auf (nicht-rationale) „elektromagnetische Dreier-Größen" (Abschnitt II, 1 b) anwandte — *Gauß* selbst rechnete im allgemeinen mit Zahlenwerten, die er durch Messung in kohärenten Einheiten erhielt, ohne explizit den zugehörigen Größenbegriff zu benutzen. Er definierte und betrachtete seine magnetischen Einheiten als Einheiten, die ein Einheitensystem mit drei Grundeinheiten bilden[1]).

Später wählte man andere Beträge für die Grundeinheiten der Länge, Masse und Zeit, beispielsweise Meter, Gramm und Sekunde. Kohärente Einheiten des m-g-s-Systems sind auf teil-rational eingeführte „elektrostatische und elektromagnetische Dreier-Größen" (Abschnitt II, 1 a und b) angewandt worden. Die m-g-s-Einheiten wurden insbesondere 1863 von dem Committee on Standards of Electrical Resistance, einem von der British Association for the Advancement of Science (BAAS) 1861 eingesetzten Komitee *[B 83]* benutzt und empfohlen *[B 84]*.

Dieses Komitee, dem *Wheatstone, Williamson, Varley, Thomson, Stewart, Siemens, Matthiesen, Maxwell, Miller, Joule, Jenkin, Esselbach* und *Sir Charles Bright* angehörten, und weitere analoge Komitees der BAAS haben die gesamte Entwicklung der elektrischen Einheiten in der zweiten Hälfte des vorigen Jahrhunderts maßgebend beeinflußt.

10 Jahre später wählte das gleichfalls von der BAAS berufene Committee for the Selection and Nomenclature of Dynamical and Electrical Units, dessen Mitglieder *Sir William Thomson, Foster, Maxwell, Stoney, Jenkin, Siemens, Bramwell* und *Everett* waren, an Stelle des Meters das Zentimeter als Grundeinheit der Länge und legte als gemeinsames Einheitensystem für Mechanik und Elektrodynamik das CGS-System mit den drei Grundeinheiten cm, g, s fest *[B 85]*[2]).

Einheitensysteme für Länge, Masse, Zeit — Millimeter, Milligramm, Sekunde oder Meter, Gramm, Sekunde oder Zentimeter, Gramm, Sekunde oder später Meter, Kilogramm, Sekunde — wurden „absolute" Einheitensysteme genannt, ein Name, der zu mancherlei Mißverständnissen geführt hat und den man daher heute vermeiden sollte. Die Bezeichnung „absolut" wurde von *Gauß* in seiner Abhandlung aus dem Jahre 1832 geprägt: „ad mensuram absolutam". Sie war ursprünglich als Gegensatz zu „relativ" gedacht. In der deutschen Übersetzung des lateinischen Originaltextes, die von *Dorn* gegeben wurde *[G 5]*, heißt es auf S. 5:

„Und doch wäre es für den Fortschritt der Naturwissenschaft ausserordentlich zu wünschen, dass diese höchst wichtige Frage vollständig erledigt werde, was sicherlich nicht geschehen kann, wenn nicht an Stelle jener rein vergleichenden Methode eine andere gesetzt wird, welche von den zufälligen Ungleichheiten der Nadeln unabhängig ist und die Intensität des Erdmagnetismus auf feststehende Einheiten und unabhängige Maasse zurückführt",

auf S. 13:

„Diese Kraft ist nicht nur an verschiedenen Orten der Erde verschieden, sondern auch an demselben Orte veränderlich, sowohl im Laufe der Jahrhunderte und Jahre, als auch im Laufe der Jahreszeiten und der Tagesstunden. Hinsichtlich der Richtung ist zwar diese Veränderlichkeit lange bekannt gewesen; aber hinsichtlich der Intensität hat sie bis jetzt nur im Laufe der Stunden eines Tages beobachtet werden können, da wir keine Hilfsmittel hatten, die sich für längere Zeiträume eigneten. Diesem Mangel wird in Zukunft die Zurückführung der Intensität auf absolutes Maass Abhilfe schaffen",

auf S. 9:

„Damit wir jedoch dieses Maass auf bestimmte Begriffe zurückführen können, müssen vor allem für drei Grössenarten die Einheiten festgesetzt werden, nämlich die Einheit der Entfernungen, die Einheit der wägbaren Massen und die Einheit der beschleunigenden Kräfte. Für die dritte kann die Schwerkraft an dem Beobachtungsorte angenommen werden: wenn aber dies nicht zusagt, so muss ausserdem die Einheit der Zeit hinzutreten, und für uns wird diejenige beschleunigende Kraft = 1 sein, welche in der Zeiteinheit eine Änderung der Geschwindigkeit des Körpers in der Richtung seiner Bewegung hervorbringt, die der Einheit gleichkommt",

und auf S. 26:

„Wenn wir für die Einheiten der Zeit, der Entfernung und der Masse die Secunde, das Millimeter und das Milligramm annehmen, ..."

In einer anderen Veröffentlichung aus dem gleichen Jahre *[G 3]* schreibt *Gauß* auf S. 301 (Sperrung vom Autor):

---

[1]) Es sei beispielsweise auf seine weiter unten auszugsweise zitierten Ausführungen verwiesen.
[2]) In den Festsetzungen der BAAS vom Jahre 1873 sind auch schon die Namen „dyne" und „erg" für die Kraft- und Energieeinheit des CGS-Systems sowie die dezimalen Vorsatzsilben „kilo-", „hecto-", „deca-", „centi-" und „milli-" enthalten.

„Die beschriebenen Apparate dienen ausser dem Hauptzweck noch zu einem andern, der, obgleich er mit jenem nicht in unmittelbarer Verbindung steht, hier doch mit einigen Worten erwähnt werden mag. Sie sind nemlich die schärfsten und bequemsten Galvanometer, sowohl für die stärksten als für die schwächsten Kräfte eines galvanischen Stroms, und es wird gar keine Schwierigkeiten haben, auch diese Messungen auf *absolute* Maasse zurückzuführen."

Es handelt sich hier um Einheitensysteme mit drei Grundeinheiten und um die Darstellung der Gesetze der Elektrizität und des Magnetismus durch Größenarten, die auf drei Grundgrößenarten basieren, also zu Dreier-Systemen gehören. Das geht beispielsweise auch aus den klassischen Arbeiten von *Weber* hervor. In seiner Abhandlung „Zur Galvanometrie" *[W 37]* heißt es auf S. 10, 12, 16 und 58 (Sperrungen vom Autor):

„Im Allgemeinen ersieht man hieraus, dass der Quotient irgend einer elektromotorischen Kraft dividirt durch irgend eine Stromintensität irgend einer Geschwindigkeit gleich ist, was durch den Satz ausgedrückt wird: *eine elektromotorische Kraft verhält sich zu einer Stromintensität wie eine Weglänge zu einer Zeit.*"

„Dieser *Widerstand* also, ... muß nach dem vorhergehenden Artikel einer gewissen *Geschwindigkeit* gleich sein."

„Aus der Möglichkeit wirklicher Darstellung derjenigen Geschwindigkeiten, welche den Widerständen von Leitungsdrähten gleich sind, wird zugleich die Möglichkeit erkannt, diese Geschwindigkeiten, und damit auch die ihnen gleichen Widerstände, zu *messen*. Diese Messungen heissen *die absoluten Widerstandsmessungen.*"

„Hiernach folgt der Widerstand der Kupfercopie von *Thomson*'s *Standard* . . . . für 0 Grad Temperatur = 40 293 000 Meter/Secunde."

Über die Verknüpfung von Meßverfahren und begrifflichen Definitionen schreibt *Weber [W 36]* auf S. 307 (Sperrung vom Autor):

„Es leuchtet aber von selbst ein, dass die Aufstellung solcher Maassbestimmungen mit der Aufstellung der *Gesetze,* denen die betreffenden Erscheinungen unterworfen sind, auf das innigste zusammenhängen, so, dass das eine von dem anderen nicht geschieden werden kann."

Auch der Bericht der British Association vom Jahre 1863 enthält die gleichen Auffassungen über „absolute" Einheiten und die Darstellung der Elektrodynamik durch die Größenarten der Dreier-Systeme *[B 84]*. Dort heißt es auf S. 111/114:

"The Committee, after mature consideration, are of opinion that the system of so-called absolute electrical units, based on purely mechanical measurements, is not only the best system yet proposed, but is the only one consistent with our present knowledge both of the relations existing between the various electrical phenomena and of the connexion between these and the fundamental measurements of time, space, and mass."

"The word 'absolute' in the present sence is used as opposed to the word 'relative', and by no means implies that the measurement is accurately made, or that the unit employed is of perfect construction; in other words, it does not mean that the measurements or units are absolutely correct, but only that the measurement, instead of being a simple comparison with an arbitrary quantity of the same kind as that measured, is made by reference to certain fundamental units of another kind treated as postulates."

"In true absolute measurement the unit of force is defined as the force capable of producing the unit velocity in the unit of mass when it has acted on it for the unit of time. Hence this force acting through the unit of space performs the absolute unit of work. In these two definitions, time, mass, and space are alone involved, and the units in which these are measured, *i. e.* the second, gramme, and metre, will alone, in what follows, be considered as fundamental units. Still simpler examples of absolute and non-absolute measurements may be taken from the standards of capacity. The gallon is an arbitrary or non-absolute unit. The cubic foot and the litre or cubic decimetre are absolute units. In fine, the word absolute is intended to convey the idea that the natural connexion between one kind of magnitude and another has been attended to, and that all the units form part of a coherent system. It appears probable that the name 'derived units' would more readily convey the required idea than the word 'absolute', or the name of mechanical units might have been adopted; but when a word has once been generally accepted, it is undesirable to introduce a new word to express the same idea. The object or use of the absolute system of units may be expressed by saying that it avoids useless coefficients in passing from one kind of measurement to another."

". . . . The four equations now given are sufficient to measure all electrical phenomena by reference to time, mass, and space only, or, in other words, to determine the four electrical units [1]) by reference to mechanical units . . . .",

---

[1]) Gemeint sind die auf S. 113 und 114 des Berichtes genannten Einheiten für Stromstärke C, Spannung E, Widerstand R und Ladung Q.

und auf S. 131/132 zur Begriffsbildung und den Dimensionsprodukten:

"The phenomena by which electricity is known to us are of a mechanical kind, and therefore they must be measured by mechanical units or standards. Our task is to explain how these units may be derived from the elementary ones; in other words, we shall endeavour to show how all electric phenomena may be measured in terms of time, mass, and space only, referring briefly in each case to a practical method of effecting the observation."

"Thus the value of a force is directly proportional to a length and a mass, but inversely proportional to the square of a time. This is expressed by saying that the *dimensions* of a force are LM/T²."

Der Bericht der British Association entwickelt dann die Definitionen der elektrischen und magnetischen Größenarten und ihrer Einheiten im „absoluten" m-g-s-System, und zwar zunächst in einer Form, die wir unter dem Namen „elektromagnetisches Dreier-System" (Abschnitt II, 1b) zusammengefaßt haben. Den Ausgangspunkt bildet das magnetische Punktkraftgesetz. Für die magnetische Polstärke wird auf S. 133 folgendes festgestellt:

"The strength of a pole is necessarily defined as proportional to the force it is capable of exerting on any other pole. Hence the force f exerted between two poles of the strength m and m_1 must be proportional to the product $m\,m_1$. The force, f, is also found to be inversely proportional to the square of the distance, D, separating the poles, and to depend on no other quantity; hence we have, unless an absurd and useless coefficient be introduced,

$$\langle 1 \rangle \qquad\qquad f = \frac{m\,m_1}{D^2}$$

From which equation it follows that the unit pole will be that which at unit distance repels another similar pole with unit force; f will be an attraction or a repulsion according as the poles are of opposite or the same kinds. The dimensions of the unit magnetic pole are $L^{3/2}M^{1/2}/T$."

Es folgt die magnetische Feldstärke auf der gleichen Seite:

"This direction at any point is the direction in which the force tends to move a free pole; and the intensity, H, of the field is necessarily defined as proportional to the force, f, with which it acts on a free pole; but this force, f, is also proportional to the strength, m, of the pole introduced into the field, and it depends on no other quantities; hence

$$\langle 2 \rangle \qquad\qquad f = mH,$$

and therefore the field of unit intensity will be that which acts with unit force on the unit pole.
The dimensions of H are $M^{1/2}/L^{1/2}T$."

Auf S. 134 wird das magnetische Moment eingeführt:

".... When the magnet is so placed that the line joining the poles is at right angles to the lines of force in the field, this tendency to turn or 'couple', G, is proportional to the intensity of the field, H, the strength of the poles, m, and the distance between them, l; or

$$\langle 3 \rangle \qquad\qquad G = mlH.$$

ml, or the product of the strength of the poles into the length between them, is called the magnetic moment of the magnet; and from equation $\langle 3 \rangle$ it follows that, in a field of unit intensity, the couple actually experienced by any magnet in the above position measures its moment. The dimensions of the unit of magnetic moment are evidently $L^{5/2}M^{1/2}/T$."

Die Definitionen werden dann auf elektrische Größenarten ausgedehnt, beginnend mit der elektrischen Stromstärke auf S. 139/140:

"In 1820, Oersted discovered the action of an electric current upon a magnet at a distance, and one method of measurement may be based on this action. Let us suppose the current to be in the circumference of a vertical circle, so that in the upper part it runs from left to right. Then a magnet suspended in the centre of the circle will turn with the end which points to the north away from the observer. This may be taken as the simplest case, as every part of the circuit is at the same distance from the magnet, and tends to turn it the same way. The force is proportional to the moment of the magnet, to the strength of the current as defined by § 15 [$C = Q/t$], to its length and inversely to the square of its distance from the magnet.
Let the moment of the magnet be ml, the strength of the current C, the radius of the circle k, the number of times the current passes round the circle n, the angle between the axis of the magnet and the plane of the circle θ, and the moment tending to turn the magnet G, then

$$\langle 8 \rangle \qquad\qquad G = mlC \cdot 2\pi n k\, \frac{1}{k^2} \cos\theta,$$

which will be unity if ml, C, k, and the length of the circuit be unity, and if $\theta = 0°$.

The unit of current founded on this relation, and called the electromagnetic unit, is therefore that current of which the unit of length placed along the circumference of a circle of unit radius produces a unit of magnetic force at the centre.

The usual way of measuring C, the strength of a current, is by making it describe a circle about a magnet, the plane of the circle being vertical and magnetic north and south. Thus, if H be the intensity of the horizontal component of terrestrial magnetism, and G the moment of this on the magnet, $G = mlH \sin\theta$, whence the strength of the current —

$\langle 9 \rangle$
$$C = \frac{k}{2\pi n}\, H \tan\theta,$$

where k is the radius of the circle, n the number of turns, H the intensity of the horizontal part of the earth's magnetic force as determined by the usual method, and θ the angle of deviation of the magnet suspended in the centre of the circle. As the strength of the current is proportional to the tangent of the angle θ, an instrument constructed on this plan is called a tangent galvanometer. The instrument called a sine galvanometer may also be used, provided the coil is circular. The equation is similar to that just given, substituting $\sin\theta$ for $\tan\theta$.

To find the dimensions of C, we must consider that what we observe is the force acting between a magnetic pole, m, and a current of given length, L, at a given distance, L_1, and that this force $= mCL/L_1^2$. Hence the dimensions of C, an electric current thus measured, are $L^{1/2}M^{1/2}/T$."

Auf S. 143/144 folgt die elektrische Ladung:

"The quantity in a given charge which can be continually reproduced under fixed conditions may be measured by allowing a succession of discharges to pass at regular and very short intervals through a galvanometer, so as to produce a permanent deflection. The value of a current producing this deflection can be ascertained, and the quotient of this value by the number of discharges taking place in the 'second', gives the value of each charge in electromagnetic measure.

To find the dimensions of Q, we simply observe that the unit of electricity is that which is transferred by the unit current in the unit of time. Multiplying the dimensions of C by T, we find the dimensions of Q are $L^{1/2}M^{1/2}$."

In einem weiteren Teil wendet sich der Bericht der British Association der Definition der Größenarten in ihrer elektrostatischen Einführung (Abschnitt II, 1 a) und den zugehörigen m-g-s-Einheiten zu. Während für die „elektromagnetischen" Größenarten große Buchstaben als Formelzeichen verwendet werden, benutzt der Bericht zum Unterschied kleine Buchstaben für die „elektrostatischen" Größenarten. Im elektrostatischen Dreier-System wird die elektrische Ladung über das elektrische Punktkraftgesetz auf S. 148/149 eingeführt:

"From these propositions it follows that, at a given distance, the force, f, with which two small electrified bodies repel one another is proportional to the product of the charges, q and q_1, upon them. But when the distance varies, this force, f, is inversely proportional to the square of the distance, d, between them; hence

$\langle 17 \rangle$
$$f = \frac{q\,q_1}{d^2}.$$

When q and q_1 are of dissimilar signs, f becomes negative, $i.\,e.$ there is an attraction, and not a repulsion. This equation is incompatible with the electromagnetic definitions given in Part III, and, if it be allowed to be fundamental, gives a new definition of the unit quantity of electricity, as that quantity which, if placed at unit distance from another equal quantity of the same kind, repels it with unit force."

Auf der gleichen Seite wird das Verhältnis zwischen der „elektrostatischen" Ladung q zur „elektromagnetischen" Ladung Q behandelt:

"Since the expression forming the second member of equation $\langle 17 \rangle$ represents a force the dimensions of which are LM/T^2, the dimensions of q are $L^{3/2}M^{1/2}/T$. The dimensions of the unit of electricity, Q, in the electromagnetic system are $L^{1/2}M^{1/2}$. Hence, since in passing from the one system to the other we must employ the ratio q/Q, this ratio will be of the dimensions L/T; that is to say, the ratio q/Q is a velocity. In the present treatise this velocity will be designated by the letter v.

.... A careful experimental investigation by MM. Weber and Kohlrausch† not only confirms the conclusion that the two kinds of measurement are consistent, but shows that the velocity $v = q/Q$ is 310,740,000 metres per second — a velocity not differing from the estimated velocity of light more than the different determinations of the latter quantity differ from each other. v must always be a constant, real velocity in nature, and should be measured in terms of the system of fundamental units adopted in electrical measurements."

---

† Abhandlungen der König. Sächsischen Ges. Bd. iii (1857) p. 260; or, Poggendorff's Annalen, Bd. 99. p. 10 (Aug. 1856).

Über die elektrische Stromstärke in „elektrostatischer" Einführung heißt es auf S. 149/150:

"In any coherent system, a current is measured by the quantity of electricity which passes in the unit of time; if both current and quantity are measured in electrostatic units, then

$$\langle 18 \rangle \qquad\qquad c = \frac{q}{t}.$$

The dimensions of c are therefore $L^{3/2}M^{1/2}/T^2$."

Die wichtigsten Verknüpfungsrelationen für die Größenarten und ihre Einheiten in „elektrostatischer" und „elektromagnetischer" Einführung werden auf S. 158/159 in einer Tafel der Dimensionsprodukte zusammengefaßt:

"Fundamental Units.

Length $= L$.   Time $= T$.   Mass $= M$.

Derived Mechanical Units.

$$\text{Work} = W = \frac{L^2\,M}{T^2}. \qquad \text{Force} = F = \frac{L\,M}{T^2}. \qquad \text{Velocity} = V = \frac{L}{T}.$$

Derived Magnetical Units.

Strength of the pole of a magnet .... $m = \quad L^{3/2}\,T^{-1}M^{1/2}$

Moment of a magnet .... $ml = \quad L^{5/2}\,T^{-1}M^{1/2}$

Intensity of magnetic field .... $H = L^{-1/2}\,T^{-1}M^{1/2}$

Electromagnetic System of Units.

Quantity of electricity... $Q = L^{1/2} \times \quad M^{1/2}$

Strength of electric currents .... $C = L^{1/2}\,T^{-1}M^{1/2}$

Electromotive force... $E = L^{3/2}\,T^{-2}M^{1/2}$

Resistance of conductor... $R = L \quad T^{-1}$

Electrostatic System of Units.

Quantity of electricity... $q = L^{3/2}\,T^{-1}M^{1/2}$

Strength of electric currents .... $c = L^{3/2}\,T^{-2}M^{1/2}$

Electromotive force .... $e = L^{1/2}\,T^{-1}M^{1/2}$

Resistance of conductor .... $r = L^{-1}T$

Let v be the ratio of the electrostatic to the electromagnetic unit of quantity; then $v = 310{,}740{,}000$ metres per second approximately, and we have

$$q = vQ \quad \Big| \quad c = vC \quad \Big| \quad e = \frac{1}{v}\,E \quad \Big| \quad r = \frac{1}{v^2}\,R."$$

Solche Betrachtungen gelten für alle Einheitensysteme mit drei Grundeinheiten, von denen wir als kohärentes System das CGS-System, das Quadrant-System und die praktischen absoluten elektrischen Einheiten sowie die nicht-kohärenten Systeme der rationalisierten Lorentzschen Einheiten und der ursprünglich technischen Einheiten behandeln wollen.

a) CGS-System. Die kohärenten Einheiten des CGS-Systems erhält man, wenn man formal in den Dimensionsprodukten der Dreier-Größen für die Grunddimensionen der Länge, Masse und Zeit

$$\begin{aligned} \mathsf{L} &= \text{cm} \\ \mathsf{M} &= \text{g} \\ \mathsf{T} &= \text{s} \end{aligned} \qquad\qquad (2,\ 19\,\text{a})$$

einsetzt.

Im Kapitel II haben wir drei Arten von Dreier-Größen unterschieden: das elektrostatische, das elektromagnetische und das symmetrische Dreier-System. Entsprechend faßt man die zugehörigen CGS-Einheiten in drei Untergruppen zusammen und spricht von „absoluten elektrostatischen CGS-Einheiten", „absoluten elektromagnetischen CGS-Einheiten" und „absoluten symmetrischen CGS-Einheiten"; die letzten werden auch die Gaußschen CGS-Einheiten oder das Gaußsche Einheitensystem *[H 47]* genannt.

Die elektrostatischen CGS-Einheiten, die zur Messung der elektrostatischen Dreier-Größen X_s (Abschnitt II, 1a) dienen, ergeben sich aus den Dimensionsprodukten der Spalte 3 der Tafel 21 durch Einsetzen der Beziehungen (2, 19a). Die elektromagnetischen CGS-Einheiten für die elektromagnetischen Dreier-Größen X_m (Abschnitt II, 1b) folgen analog aus den Dimensionsprodukten der Spalte 5 der Tafel 21, die Gaußschen CGS-Einheiten für die symmetrischen Dreier-Größen X_g (Abschnitt II, 1c) aus denen der Spalte 7 der Tafel 21.

Die elektrostatischen, elektromagnetischen und Gaußschen CGS-Einheiten sind in den Spalten 2, 4 und 8 der Tafel 25 für eine Reihe elektrostatischer (Spalte 1), elektromagnetischer (Spalte 3) und symmetrischer (Spalte 7) Dreier-Größen zusammengestellt worden. Die elektrostatischen CGS-Einheiten werden oft als esE (oder e. s. u. oder ESCGS), die elektromagnetischen CGS-Einheiten als emE (oder e. m. u. oder EMCGS) abgekürzt.

Einigen der elektromagnetischen CGS-Einheiten, also CGS-Einheiten zur Messung elektromagnetischer Dreier-Größen, sind entgegen ursprünglichen Beschlüssen des 1. und 4. Internationalen Elektrizitätskongresses (1881 in Paris und 1893 in Chicago) später besondere Namen gegeben worden, und zwar auf dem 5. Internationalen Elektrizitätskongreß (1900 in Paris) und von der Internationalen Elektrotechnischen Kommission (IEC) (1930 in Oslo und Stockholm *[I 15]*)

$$1\ \text{emE der magnet. Spannung } V_m \text{ heißt Gilbert:} \qquad 1\ \text{Gb} = 1\ \text{cm}^{1/2}\text{g}^{1/2}\text{s}^{-1} \qquad (314)$$

$$1\ \text{emE der magnet. Feldstärke } \boldsymbol{H}_m \text{ heißt Oersted}[1]\text{):} \qquad 1\ \text{Oe} = 1\ \text{cm}^{-1/2}\text{g}^{1/2}\text{s}^{-1} \qquad (315)$$

$$1\ \text{emE der magnet. Induktion } \boldsymbol{B}_m \text{ heißt Gauß}[2]\text{):} \qquad 1\ \text{Gs} = 1\ \text{cm}^{-1/2}\text{g}^{1/2}\text{s}^{-1} \qquad (316)$$

$$1\ \text{emE des magnet. Flusses } \varPhi_m \text{ heißt Maxwell:} \qquad 1\ \text{Mx} = 1\ \text{cm}^{3/2}\text{g}^{1/2}\text{s}^{-1}. \qquad (317)$$

Die Symbole Gb, Oe, Gs und Mx wurden von der IEC 1935 in Scheveningen festgelegt *[I 17]*[3]).

Die elektromagnetischen CGS-Einheiten erlangten für den weiteren Ausbau der elektrischen Einheitensysteme besondere Bedeutung. Aus ihnen wurden die sogenannten praktischen absoluten elektrischen Einheiten entwickelt. Die zunehmende Verbreitung der emE bewirkte, daß die Beschreibung der Elektrodynamik durch das elektromagnetische Dreier-System (Abschnitt II, 1b) weitgehend üblich wurde. Diese Entwicklung wird aus begrifflichen Erwägungen heraus heute oft bedauert [siehe z. B. *K 40; K 41*].

b) Nicht-kohärentes System der rationalen Lorentz-Einheiten. Im vorigen Jahrhundert bevorzugte man gegenüber der Anwendung von Größengleichungen die Benutzung von *Zahlenwert*gleichungen. Sie wurden vorwiegend in nicht- oder teil-rationaler Form (Abschnitt I, 4) geschrieben, wobei als Einheiten der elektrostatische, elektromagnetische oder symmetrische Teil des CGS-Systems zugrunde gelegt wurden. In der Sprache der Größengleichungen ausgedrückt, heißt das: Man maß die nicht- oder teil-rational eingeführten elektrostatischen $({}_nX_s)$, elektromagnetischen $({}_nX_m)$ oder symmetrischen $({}_nX_g)$ Dreier-Größen in den kohärenten Einheiten des CGS-Systems, so daß Zahlenwertgleichungen und Größengleichungen formal übereinstimmen können.

In den letzten Jahrzehnten des vorigen Jahrhunderts entwickelte sich die Tendenz zum Übergang von der nicht-rationalen zur rationalen Darstellung der Elektrodynamik und Schreibweise der Gleichungen. *Lorentz* löste das Problem nicht größengleichungenmäßig, d. h. durch Einführung rationaler Größenarten, sondern im Bereich der Zahlenwerte durch Vorgabe „rationalisierter" CGS-Einheiten, bei deren Benutzung sich rationale Zahlenwertgleichungen ergeben. Einzelheiten und Einordnung des Verfahrens in ein allgemeines Schema der verschiedenen Rationalisierungsmöglichkeiten haben wir im Abschnitt I, 5a behandelt.

Die Lorentzschen rationalen CGS-Einheiten unterscheiden sich von den normalen CGS-Einheiten um Potenzen des Faktors 4π; wegen der besonderen Eigenarten der Lorentzschen Methode treten dabei sehr häufig die Potenzen $+\frac{1}{2}$ oder $-\frac{1}{2}$ auf. Die Lorentzschen Einheiten bilden also nicht mehr ein kohärentes System; diese Feststellung ist unabhängig davon, ob man ihren elektrostatischen,

---

[1]) Wegen neuerer Definitionen des „Oersted" siehe Abschnitt 4.

[2]) Auf dem 5. Internationalen Elektrizitätskongreß war „Gauß" ursprünglich als Name der emE für die magnetische Feldstärke festgelegt worden. Infolge eines Mißverständnisses nahmen die amerikanischen Delegierten an, daß „Gauß" als Einheitenbezeichnung für die emE der Induktion vereinbart sei. Auf der IEC-Tagung in Stockholm und Oslo 1930 wurden die sich hieraus ergebenden Mehrdeutigkeiten in der Namengebung endgültig zugunsten der emE der Induktion aus dem Wege geräumt. 1933 wurde bei IEC-Sitzungen in Paris *[I 16]* über den merkwürdigen Sachverhalt diskutiert, daß man den unter sich *gleichen* emE der magnetischen Feldstärke und Induktion *verschiedene* Namen gegeben hat: das $\text{cm}^{-1/2}\text{g}^{1/2}\text{s}^{-1}$ heißt als emE der magnetischen Feldstärke „Oersted" und als emE der Induktion „Gauß".

[3]) Entgegen diesen Festsetzungen werden für Gauß und Maxwell oft die Einheitenzeichen „G" und „M" benutzt

elektromagnetischen oder symmetrischen Teil betrachtet. Von praktischer Bedeutung, auch bis in die heutige Zeit hinein, ist nur das symmetrische rationale Lorentzsche Einheitensystem, dessen Einheiten durch Multiplikation mit Faktoren $(4\pi)^x$ aus den Gaußschen Einheiten, d. h. dem „symmetrischen Teil" des CGS-Systems (Abschnitt 1 a) hervorgegangen sind. Anwendung der symmetrischen rationalen Lorentzschen Einheiten auf nicht- oder teil-rational eingeführte symmetrische Dreier-Größen führt zu den von *Lorentz* beabsichtigten rationalen Zahlenwertgleichungen.

Die Spalte 9 der Tafel **25** enthält für einige symmetrische Dreier-Größen rationale Lorentz-Einheiten, und zwar in der Darstellung von *Lorentz* für den Übergang von „nach *Gauß* teil-rationalen" Zahlenwertgleichungen zu rationalen Zahlenwertgleichungen oder, größenmäßig ausgedrückt, für „teil-rational nach *Gauß*" eingeführte symmetrische Dreier-Größen (Abschnitte I, 4 und II, 1c). Tabelle 14 zeigt, daß in diesem Fall für die Zuordnungskoeffizienten ν_e und λ, die bei der allgemeinen Darstellung der rationalen Lorentzschen Einheiten in Spalte 2 der Tabelle 16 auftreten, $\nu_e = 4\pi$ und $\lambda = 1$ zu setzen ist.

   c) Quadrant-System und praktische absolute elektrische Einheiten.   Diese kohärenten Einheiten wurden zur Messung der elektromagnetischen Dreier-Größen eingeführt. Die Beträge der emE für die beiden technisch so wichtigen elektrischen Größenarten der Spannung U_m und des Widerstandes R_m lagen in einer für die praktischen Bedürfnisse völlig falschen Größenordnung: Sie waren als Einheiten für die in der Technik normalerweise vorkommenden Werte dieser Größenarten viel zu klein. Auf der anderen Seite hatte man sich so an die Benutzung der nicht-rationalen elektromagnetischen Schreibweise, der Größenarten des elektromagnetischen Dreier-Systems und der zugehörigen emE gewöhnt, daß man sie ungern grundsätzlich aufgegeben hätte.

   Hier schlug *Maxwell* [siehe z. B. *M 7]* als Lösung sein sogenanntes Quadrant-System vor. Es ist ein Einheitensystem mit drei Grundeinheiten, also mit dem CGS-System dimensionsgleich. Seine kohärenten Einheiten erhält man, wenn man formal in den Dimensionsprodukten der elektromagnetischen Dreier-Größen X_m (Spalte 5 der Tafel 21) für die Grunddimensionen der Länge, Masse und Zeit

$$\mathsf{L} = 10^9 \text{ cm}$$
$$\mathsf{M} = 10^{-11} \text{ g} \qquad\qquad (318)$$
$$\mathsf{T} = 10^0 \text{ s}$$

einsetzt. Von der ersten Festsetzung her hat es auch seinen Namen bekommen: 10^9 cm entspricht nämlich ungefähr der Länge eines Erdquadranten (Abschnitt 2, 7a). Für einige elektromagnetische Dreier-Größen sind die zugehörigen Quadrant-Einheiten in die Spalte 5 der Tafel **25** eingetragen worden.

   Die Quadrant-Einheiten gaben zwar vernünftige Betragsgrößen für die Einheiten von Spannung U_m, Stromstärke I_m, Ladung Q_m, Widerstand R_m, Kapazität C_m, Energie W, Leistung P, jedoch in der Praxis ganz unbrauchbare Größenordnungen für die Einheiten der Verschiebung $\boldsymbol{D}_m$, Stromdichte $\boldsymbol{G}_m$, Raumladungsdichte ϱ_m, Energiedichte w und der Mehrzahl der magnetischen Größenarten. Sie haben daher auch keine praktische Bedeutung oder Anwendung als ganzes Einheitensystem finden können.

   Wegen des großen Interesses, das damals die praktische Elektrotechnik für zahlreiche Quadrant-Einheiten zeigte, wurden sie auf internationalen Kongressen mit Namen nach bedeutenden Wissenschaftlern belegt. Diese Namen tragen auch heute noch elektrische Einheiten (Abschnitt 2b), wobei man allerdings jetzt im allgemeinen nicht mehr an ihren Ursprung aus dem Maxwellschen Quadrant-System denkt.

   Die ersten fünf Namen der sogenannten „absoluten praktischen Einheiten" wurden auf dem 1. Internationalen Elektrizitätskongreß vom Jahre 1881 angenommen *[C 37]*: Ohm, Volt, Ampère[1]), Coulomb, Farad[2]). Im Bericht über die Sitzung vom 21. September 1881 heißt es auf S. 41/42:

«*M. Mascart* (France) donne lecture des résolutions prises par la Commission des Unités électriques et proposées à la première section:

1° On adoptera pour les mesures électriques les unités fondamentales: centimètre, masse du gramme, seconde (C.G.S.);

---

[1]) Im Laufe der Zeit haben *drei* verschiedene Stromstärkeeinheiten den Namen „Ampere" erhalten: (1) das Ampere von 1881 (Abschnitt 1c) als Dreier-Einheit und abgeleitete Einheit des Quadrant-Systems, im folgenden Ampère (mit accent grave!) genannt und Amp_3 abgekürzt; (2) das Silber-Ampere von 1908 (Abschnitt 2a) als Vierer-Einheit und Grundeinheit des m-s-V_{Int}-A_{Int}-Systems, im folgenden „internationales" Ampere genannt und A_{Int} abgekürzt; (3) das absolute Ampere von 1948 (Abschnitt 2b) als Vierer-Einheit und Grundeinheit des MKSA-Systems, im folgenden einfach Ampere (oder, falls zur Unterscheidung notwendig, „absolutes" Ampere) genannt und A abgekürzt.

[2]) Volt und Farad werden beispielsweise schon im Report der British Association for the Advancement of Scienc vom Jahre 1873 genannt *[B 85]*.

2° Les unités pratiques, l'*Ohm* et le *Volt*, conserveront leurs définitions actuelles: 10^9 pour l'ohm et 10^8 pour le volt;

3° L'unité de résistance (ohm) sera représentée par une colonne de mercure d'un millimètre carré de section à la température de zéro degré centigrade;

4° Une Commission internationale sera chargée de déterminer, par de nouvelles expériences, pour la pratique, la longueur de la colonne de mercure d'un millimètre carré de section à la température de zéro degré centigrade qui représentera la valeur de l'ohm.

A ces quatre premières résolutions ont été ajoutées les trois propositions suivantes:

5° On appelle *Ampère* le courant produit par un volt dans un ohm;

6° On appelle *Coulomb* la quantité d'électricité définie par la condition qu'un ampère donne un coulomb par seconde;

7° On appelle *Farad* la capacité définie par la condition qu'un coulomb dans un farad donne un volt.»

Im Anschluß machte *Sir William Thomson* einige grundsätzliche Ausführungen über den Sinn und die Bedeutung dieser Beschlüsse, denen wir folgenden Absatz über die begrifflichen Zusammenhänge entnehmen (S. 42/43):

«Dès le début de ces séances, il a été question des unités fondamentales employeés au commencement de ce siècle par la Commission française, et lorsque le Congrès a dû s'occuper d'établir, pour les quantités électriques, un system analogue au système métrique, il n'a cru pouvoir mieux faire que de conserver, pour unité de longueur, le centimètre; pour unité de masse, le gramme-masse; pour unité de temps, la seconde. De là dérivent, par des considérations qui ont été développées par MM. Gauss et Weber, et mises en application par ce dernier, un système absolu pour mesurer la résistance, la force électromotrice et l'intensité d'un courant, en unités fondées sur les unités fondamentales choisies. Mais ces unités ne seraient pas commodes pour la pratique, quelques-unes étant trop petites, quelques autres trop grandes, et c'est en multipliant, c'est en prenant pour mesure pratique de résistance qui est représentée dans le système absolu par une vitesse de 1,000 millions de centimètres par seconde, que l'on obtient l'ohm que la Commission propose au Congrès de maintenir; de même le volt correspond à 100 millions d'unités C.G.S. de force électromotrice.»

Weitere Namen für „absolute praktische elektrische Einheiten" — Joule, Watt, Henry — wurden auf dem 2. Internationalen Elektrizitätskongreß 1889 in Paris vereinbart (Spalte 5 der Tafel 25.

Die Namenliste dieser Einheiten als Teil des Quadrant-Systems (Q.E.) lautete also[1]:

$$\text{Q. E. des Widerstands } R_m: \quad \text{Ohm} \quad = (10^9\,\text{cm})^1\,(10^0\text{s})^{-1} \qquad\qquad = 10^9 \quad \text{emE} = 10^9 \quad \text{cm s}^{-1} \qquad (319)$$

$$\text{Q. E. der Spannung } U_m: \quad \text{Volt} \quad = (10^9\,\text{cm})^{3/2}(10^{-11}\,\text{g})^{1/2}(10^0\text{s})^{-2} = 10^8 \quad \text{emE} = 10^8 \quad \text{cm}^{3/2}\text{g}^{1/2}\text{s}^{-2} \quad (320)$$

$$\text{Q. E. der Stromstärke } I_m: \quad \text{Ampère} \quad = (10^9\,\text{cm})^{1/2}(10^{-11}\,\text{g})^{1/2}(10^0\text{s})^{-1} = 10^{-1}\,\text{emE} = 10^{-1}\,\text{cm}^{1/2}\text{g}^{1/2}\text{s}^{-1} (321)$$

$$\text{Q. E. der Ladung } Q_m: \quad \text{Coulomb} = (10^9\,\text{cm})^{1/2}(10^{-11}\,\text{g})^{1/2} \qquad\qquad = 10^{-1}\,\text{emE} = 10^{-1}\,\text{cm}^{1/2}\text{g}^{1/2} \quad (322)$$

$$\text{Q. E. der Kapazität } C_m: \quad \text{Farad} \quad = (10^9\,\text{cm})^{-1}(10^0\text{s})^2 \qquad\qquad = 10^{-9}\,\text{emE} = 10^{-9}\,\text{cm}^{-1}\,\text{s}^2 \quad (323)$$

$$\text{Q. E. der Energie } W: \quad \text{Joule} \quad = (10^9\,\text{cm})^2\,(10^{-11}\,\text{g})^1\,(10^0\text{s})^{-2} = 10^7 \quad \text{erg} = 10^7\,\text{cm}^2\text{g s}^{-2} \quad (324)$$

$$\text{Q. E. der Leistung } P: \quad \text{Watt} \quad = (10^9\,\text{cm})^2\,(10^{-11}\text{g})^1\,(10^0\text{s})^{-3} = 10^7 \quad \text{erg/s} = 10^7\,\text{cm}^2\text{g s}^{-3} \quad (325)$$

$$\text{Q. E. der Induktivität } L_m: \quad \text{Henry} \quad = (10^9\,\text{cm})^1 \qquad\qquad\qquad = 10^9 \quad \text{emE} = 10^9\,\text{cm} \quad (326)$$

Die Widerstandseinheit Ohm ist bereits im vorigen Jahrhundert durch verschiedene Drahtnormale verkörpert worden. Wir nennen hier nur die British Association Unit (B. A. U.), die von der British Association for the Advancement of Science (BAAS) entwickelt und vom Board of Trade 1865 eingeführt wurde. Die B. A. U., auch als „Ohmad" bezeichnet, bestand aus einer Anzahl Widerstandsbüchsen, bei denen Drähte aus verschiedenen Legierungen, hauptsächlich Platin-Silber, als Widerstandsmaterial dienten. Die Widerstände erwiesen sich im Gegensatz zu der ursprünglichen Erwartung als zeitlich ziemlich veränderlich und wurden später vom Quecksilber-Ohm und den Normalwiderständen aus Manganin abgelöst (Abschnitt 2a). Für die B. A. U. gilt die Relation

$$1\,\text{B.A.U.} = 1{,}988\,\text{Ohm.} \qquad (319\text{a})$$

d) Nicht-kohärentes System der ursprünglich technischen Einheiten. Sie verdanken ihre Entstehung, wie auch der Name sagt, einem rein technischen Bedürfnis, nämlich der Absicht, für

---

[1] 1882 hatte *Clausius [C 16]* für die Quadranteinheit der magnetischen Polstärke p_m den Namen „Weber" vorgeschlagen, der 1935 von der IEC für die MKSA-Einheit (336) der Polstärke p und des magnetischen Flusses Φ angenommen wurde (Abschnitt 2b). Zeitweilig wurde auch die emE der elektrischen Stromstärke I_m, die gleich 10 Ampère (321) ist, als „Weber" bezeichnet.

die einzelnen elektrischen und magnetischen Größenarten Einheiten von technisch brauchbarem Betrage[1]) zu schaffen. Hierzu wurden Quadrant-Einheiten und elektromagnetische CGS-Einheiten zu einem nicht mehr kohärenten Einheitensystem zusammengestellt.

Dabei sollte grundsätzlich die teil-rationale elektromagnetische Gleichungenschreibweise in Maxwellscher Form (Abschnitt I, 4) beibehalten werden. Man schrieb also die zu nicht-kohärenten ursprünglich technischen Einheiten gehörenden Zahlenwertgleichungen hinsichtlich der Stellung der Faktoren 4π genau so wie die Größengleichungen zwischen teil-rationalen elektromagnetischen Dreier-Größen $_nX_m$ — von diesen Größengleichungen unterscheiden sich die Zahlenwertgleichungen formal lediglich durch das zusätzliche Auftreten von Zehnerpotenzen, die von den betragsmäßigen Unterschieden zwischen den Grundeinheiten des Quadrant-Systems (318) und des CGS-Systems (2, 19a) herrühren.

Der Aufbau der ursprünglich technischen Einheiten erfolgte also aus geeignet gewählten Zehnerpotenzen der emE für die einzelnen Größenarten. An der Entwicklung dieses nicht-kohärenten Einheitensystems waren maßgeblich die British Association for the Advancement of Science, die Internationalen Elektrizitätskongresse und später die Internationale Elektrotechnische Kommission beteiligt.

Von den Maxwellschen Quadrant-Einheiten übernahm man die praktisch geeigneten Einheiten, wie beispielsweise die Einheiten für Widerstand R_m, Spannung U_m, Stromstärke I_m, Ladung Q_m, Kapazität C_m, Energie W, Leistung P, Induktivität L_m, d. h. die Einheiten der Relationen (319) bis (326). Die Einheiten der übrigen elektrischen Größenarten, die mit diesen nur durch Potenzprodukte von Länge und Zeit zusammenhängen, ergänzte man, indem man in diesen Potenzprodukten für die Einheit der Länge wieder das cm — nicht etwa 10^9 cm! — und für die Einheit der Zeit die s wählte. Als Einheiten für die magnetischen Größenarten behielt man — mit Ausnahme des Henry für die Induktivität L_m — die emE, also den „elektromagnetischen Teil" der CGS-Einheiten (Spalte 4 der Tafel 25) bei, zu denen auch die in den Relationen (314) bis (317) angegebenen Einheiten gehören.

Die nicht-kohärenten ursprünglich technischen Einheiten (utE) für einige elektromagnetische Dreier-Größen haben wir in die Spalte 6 der Tafel 25 eingetragen. Die zugehörigen Zahlenwertgleichungen lassen sich aus den Größengleichungen des Gleichungensystems (135) bis (148) für die teil-rationalen elektromagnetischen Dreier-Größen (Abschnitt II, 1b) unter Beachtung der Tabelle 14 aufstellen, wenn man die Zehnerpotenzen berücksichtigt, um die sich die utE (Spalte 6 der Tafel 25) von den emE (Spalte 4 der Tafel 25) unterscheiden.

2. Einheitensysteme mit vier Grundeinheiten

Ihre Entstehungsgeschichte beginnt bei den absoluten elektromagnetischen CGS-Einheiten oder emE (Abschnitt 1a), sowie deren dezimalen Teilen und Vielfachen, also den absoluten praktischen elektrischen Einheiten (Abschnitt 1c) oder den ursprünglich technischen Einheiten (Abschnitt 1d). Daß es sich bei den gerade genannten Einheiten um Einheitensysteme handelt, die eindeutig aus *drei* Grundeinheiten abgeleitet wurden und als *drei*dimensionale Systeme von internationalen Gremien angenommen worden waren, stand bis einschließlich der ersten Internationalen Elektrizitätskongresse außer Zweifel. Im Laufe der folgenden Jahrzehnte wurden jedoch auch andere Meinungen hierüber laut, zu denen zwei nebeneinanderlaufende Entwicklungen Anlaß gaben.

Einmal verschoben sich die begriffliche Behandlung und die Darstellung der Elektrodynamik insofern, als man es mit der Zeit mehr und mehr für zweckmäßig hielt, Elektrizität und Magnetismus als ein von der Mechanik unabhängiges Gebiet zu betrachten und zu beschreiben. Diese Erwägungen führten zu einem neuen physikalischen Größensystem, das in seiner Größendefinition durch die Vorgabe von *vier* Grundgrößenarten charakterisiert wird. Die Vierer-Größen haben wir im Kapitel II behandelt (Abschnitt II, 2).

Parallel ging eine Weiterentwicklung der elektrischen Einheiten, die von den Resolutionen 3 und 4 des 1. Internationalen Elektrizitätskongresses ihren Ausgang nahmen (Abschnitt 1c). Danach sollte für den praktischen Gebrauch die Widerstandseinheit Ohm, die in der Resolution 2 identisch 10^9 emE des Widerstandes, also als eine „Dreier"-Einheit definiert worden war, durch einen verkörperten Etalon nachgebildet werden. Diese Absicht führte schließlich in ihrer praktischen Durchführung zum Quecksilbernormal und Silbervoltameter, d. h. zu den Festsetzungen der Internationalen Konferenz für elektrische Einheiten und Normale in London vom Jahre 1908 (Abschnitt 2a). Dort wurden Quecksilber-Ohm und Silber-Ampere lediglich als verkörpernde Realisierungsvorschriften für die 1881

---

[1]) Siehe Fußnote [1]) auf S. 11.

definierten „absoluten praktischen elektrischen Einheiten" Ohm und Ampère international vereinbart. Sie gewannen aber mit der Zeit die Bedeutung unabhängiger elektrischer Grundeinheiten — und das um so mehr, je eindeutiger sich mit fortschreitender Meßtechnik herausstellte, daß ihre Beträge von denen ihrer theoretischen und von ihnen eigentlich zu verkörpernden Vorbilder aus dem Jahre 1881 abwichen.

Quecksilber-Ohm und Silber-Ampere von 1908 machten sich als „internationales" Ohm und „internationales" Ampere selbständig und lösten sich vom Ohm und Ampère von 1881, die zum Unterschied später als „absolutes" Ohm und „absolutes" Ampère bezeichnet wurden. Der Zusatz „absolut" weist auch hier noch eindeutig darauf hin, daß die „absoluten" Einheiten direkt aus drei Grundeinheiten ableitbar sein sollen (Abschnitt 1).

Diese ursprünglich sicher nicht beabsichtigte Entwicklung wurde wesentlich gefördert durch die oben skizzierten Veränderungen in der begrifflichen Auffassung und Darstellung der Elektrodynamik, die zur Aufstellung und Benutzung der Vier-Grundgrößenarten-Beschreibung führten. Dem größenmäßigen Vierer-System wurde ein Einheitensystem mit vier Grundeinheiten an die Seite gestellt. Bei seinen Benutzern hatten also bereits mehr oder minder unbemerkt die „absoluten praktischen elektrischen Einheiten" Ohm, Volt, Ampère usw. des 1. Internationalen Elektrizitätskongresses ihren ursprünglichen Charakter als „Dreier"-Einheiten in den von „Vierer"-Einheiten vertauscht.

a) System der „internationalen" elektrischen Einheiten. Es entwickelte sich aus den Festsetzungen der Internationalen Konferenz in London vom Jahre 1908, deren im Schedule B des Konferenz-Reports niedergelegte Beschlüsse lauten *[N 8]*:

"Schedule B
Resolutions

I. The Conference agrees that as heretofore the magnitudes of the fundamental electric units shall be determined on the electro-magnetic system of measurement with reference to the centimetre as the unit of length, the gramme as the unit of mass and the second as the unit of time.

These fundamental units are (1) the Ohm, the unit of electric resistance which has the value of 1,000,000,000 in terms of the centimetre and second; (2) the Ampere, the unit of electric current which has the value of one-tenth (0.1) in terms of the centimetre, gramme, and second; (3) the Volt, the unit of electromotive force which has the value 100,000,000 in terms of the centimetre, the gramme, and the second; (4) the Watt, the Unit of Power which has the value 10,000,000 in terms of the centimetre, the gramme, and the second.

II. As a system of units representing the above and sufficiently near to them to be adopted for the purpose of electrical measurements and as a basis for legislation, the Conference recommends the adoption of the International Ohm, the International Ampere, and the International Volt defined according to the following definitions:

III. The Ohm is the first Primary Unit.

IV. The International Ohm is defined as the resistance of a specified column of mercury.

V. The International Ohm is the resistance offered to an unvarying electric current by a column of mercury at the temperature of melting ice, 14.4521 grammes in mass, of a constant cross sectional area and of a length of 106.300 centimetres.

To determine the resistance of a column of mercury in terms of the International Ohm, the procedure to be followed shall be that set out in Specification I attached to these Resolutions.

VI. The Ampere is the second Primary Unit.

VII. The International Ampere is the unvarying electric current which, when passed through a solution of nitrate of silver in water, in accordance with Specification II attached to these Resolutions, deposits silver at the rate of 0.00111800 of a gramme per second.

VIII. The International Volt is the electrical pressure which, when steadily applied to a conductor whose resistance is one International Ohm, will produce a current of one International Ampere.

IX. The International Watt is the energy expended per second by an unvarying electric current of one International Ampere under an electric pressure of one International Volt."

Offensichtlich beabsichtigte die Londoner Konferenz, durch ihre Beschlüsse die Methoden zur praktischen Realisierung der durch den 1. Internationalen Elektrizitätskongreß definierten Einheiten Ohm und Ampère (Abschnitt 1c) durch internationale Vereinbarung einheitlich festzulegen. So wird in Schedule B beim „internationalen" Ohm und Ampere auch nicht von „fundamental units", sondern von „primary units" gesprochen. Alle Einzelheiten für Konstruktion und Betriebsbedingungen der Quecksilbersäule und des Silbervoltameters enthalten Specification I und II des Report von 1908.

Experimentelle Vergleiche zwischen den nach den Realisierungsvorschriften von 1908 hergestellten Etalons und den nach den theoretischen Definitionen von 1881 direkt reproduzierten Einheiten — nicht sehr glücklich „Absolutbestimmungen" der elektrischen Einheiten genannt — brachten immer klarer zutage, daß realisierende Verkörperung und Definition Abweichungen außerhalb der Meßunsicherheiten zeigen. Diese Tatsache führte dazu, daß man die verkörpernden Etalons als definierende Normale *unabhängiger* Einheiten, also *elektrischer Grundeinheiten* betrachtete und benutzte.

Für alle praktischen Bedürfnisse dienten an Stelle der Quecksilbersäule und des Silbervoltameters die einfacher aufzubewahrenden und zu handhabenden Normalwiderstände für das „internationale" Ohm (Ω_{int}) und Normalelemente für das „internationale" Volt (V_{int}), das über das Ohmsche Gesetz mit dem „internationalen" Ampere (A_{int}) verknüpft ist. Normalwiderstand und Normalelement wurden in allen Staatsinstituten als Subnormale der beiden elektrischen Grundeinheiten Ω_{int} und A_{int} (oder V_{int}) benutzt.

Die gesetzliche Einführung der „internationalen" elektrischen Einheiten wurde den einzelnen Staaten[1]) anheimgestellt; mit ihrer Herstellung und Überwachung betrauten die verschiedenen Länder ihre Staatsinstitute.

Im allgemeinen bedient man sich nicht des umständlich zu handhabenden Quecksilbernormals für das Ω_{int}, sondern einer Reihe von Normalwiderständen. Das sind Drahtwiderstände, die auf Grund eingehender Untersuchungen hergestellt und betragsmäßig in den einzelnen Staatsinstituten an das Quecksilbernormal angeschlossen wurden und deren Konstanz und jeweiliger Wert gegenüber dem Quecksilbernormal unter ständiger Kontrolle stand.

Für das A_{int} existiert leider keine so handgreifliche Einheitenverkörperung, wie sie die Draht-widerstandsnormale darstellen. Man hat daher für das V_{int} ein Subnormal in Gestalt des Weston-Normalelementes[2]) geschaffen. Aufbau und Handhabung des Westonelementes sind in Schedule C des Report der Londoner Konferenz von 1908 festgelegt worden. Seine eingeprägte Spannung $U^e(\text{N.E.})_{20°}$ ist auf Grund gemeinsamer Messungen eines hierzu eingesetzten Internationalen Technischen Komitees, unter Beteiligung verschiedener Staatsinstitute, in Washington im Jahre 1910 zu

$$U^e(\text{N.E.})_{20°} = 1{,}01830\ V_{int} \tag{327}$$

bei 20 °C festgelegt worden *[P 35; P 36]*. 1931 wurden in Berlin die silbervoltametrischen Bestimmungen der eingeprägten Spannung des Weston-Normalelementes von Vertretern des National Bureau of Standards, Washington, des National Physical Laboratory, Teddington, und der Physikalisch-Technischen Reichsanstalt, Berlin, mit dem gleichen Ergebnis wiederholt *[S 41]*.

Für die normalen Bedürfnisse des Einheitenanschlusses pflegte man die „internationalen" elektrischen Einheiten, also das Ω_{int} und A_{int} (oder V_{int}) durch Normalwiderstand und Normalelement zu realisieren. Von Zeit zu Zeit wurden in den einzelnen Staatsinstituten ihre Beziehungen zum Quecksilbernormal und zum Voltameter geprüft.

Bei den verschiedenen Kontroll- und Vergleichsmessungen zeigte sich, daß die in den Staatsinstituten durch Normalwiderstand und Normalelement aufbewahrten und von den einzelnen Staatsinstituten jeweils angenommenen Einheiten des Ω_{int} und V_{int} örtlich und zeitlich gegeneinander schwankten. Jedes Staatsinstitut und damit jedes der diese Institute unterhaltenden Länder führte also sein eigenes Ω_{int} und V_{int}, so daß in verschiedenen Staaten durchgeführte und auf die jeweiligen Einheiten der betreffenden Staatsinstitute bezogene Präzisionsmessungen nicht ohne weiteres vergleich-bar sind.

Um die Abweichungen der Ω_{int}- und V_{int}-Einheiten der einzelnen Staatsinstitute untereinander und zu verschiedenen Zeiten festlegen zu können, wurden im Bureau International des Poids et Mesures (BIPM) in Sèvres regelmäßig Vergleichsmessungen durchgeführt, zu denen die im Comité Consultatif d'Electricité vertretenen Staatsinstitute[3]) jeweils einen Satz ihrer Normalwiderstände und Normalelemente nach Sèvres sandten. Die Ergebnisse der Vergleichsmessungen wurden seit 1933 in den Procès-Verbaux des Internationalen Komitees für Maß und Gewicht veröffentlicht *[P 6; P 7; P 9; P 10; P 11; P 12; P 13; R 22; R 23; R 24; R 25; R 26]* In den vom BIPM heraus-gegebenen Zahlentafeln sind alle Messungen einheitlich auf das „mittlere internationale Ohm" [$(\Omega_M)_{int}$] und das „mittlere internationale Volt" [$(V_M)_{int}$] bezogen worden. Diese Einheiten stellten den jeweils vom BIPM gebildeten Mittelwert aus den Einheiten der sechs großen Staatsinstitute dar und waren gemeint, wenn bei Präzisionsangaben allgemein vom „mittleren internationalen

---

[1]) Z. B. in Deutschland: Gesetz vom 1. 6. 1898 betreffend die elektrischen Maßeinheiten *[D 31]* und Bestimmungen zur Ausführung des Gesetzes, betreffend die elektrischen Maßeinheiten, vom 6. 5. 1911 *[D 32]*.

[2]) Das Westonelement löste am 1. 1. 1911 das Clarkelement ab, das nach der Empfehlung des 4. Internationalen Elektrizitätskongresses (1893 in Chicago) neben Silbervoltameter und Quecksilbersäule in den USA als Spannungsnormal durch das Einheitengesetz vom 12. 7. 1894 *[V 7]* festgelegt worden war.

[3]) Bis 1952 PTR oder PTB und DAMG für Deutschland, LCE oder CAM für Frankreich, NPL für Großbritannien, LET oder CI I für Japan, IM für die Sowjetunion, NBS für die USA. Seit 1952 außerdem NRC für Canada (Abschnitt 2, 3a).

Ohm" und „mittleren internationalen Volt" gesprochen wurde. Man beachte, daß über die absolute Lage des $(\Omega_M)_{int}$ und $(V_M)_{int}$ nichts ausgesagt werden kann. Die Abweichungen der Ω_{int}-Einheiten oder der Widerstandsnormale der einzelnen Staatsinstitute vom jeweiligen mittleren internationalen Wert lagen in der Größenordnung von wenigen Millionsteln; die Differenzen für die Werte der eingeprägten Spannung der verschiedenen Normalelemente waren um etwa eine Zehnerpotenz größer.

Meßtechnisch wurde das A_{int} über Normalwiderstand und Normalelement mit einer Kompensator-Anordnung aus dem Ω_{int} und V_{int} dargestellt, da der direkte Anschluß an das Silbervoltameter für den allgemeinen Gebrauch zu umständlich ist. Bemerkenswert bleibt, daß trotz eingehender Untersuchungen der bei einer Voltameterbestimmung auftretenden oder möglichen Fehlerquellen die Ursache für die Differenz, die zwischen den Meßergebnissen mit dem Silber- und dem Jodvoltameter besteht, bis zum Zeitpunkt der Ablösung der „internationalen" elektrischen Einheiten durch die „absoluten" elektrischen Einheiten im Jahre 1948 nicht restlos aufgeklärt werden konnte *[S 47; S 52; S 64]*.

Als kohärentes Einheitensystem mit vier Grundeinheiten wurde aus zwei mechanischen Grundeinheiten (m und s) und zwei elektrischen Grundeinheiten (V_{int} und A_{int}) das m-s-V_{int}-A_{int}-System aufgebaut, das selbstverständlich auch als m-s-A_{int}-Ω_{int}-System oder m-s-V_{int}-Ω_{int}-System bezeichnet werden könnte. Seine Einheiten erhält man durch Einsetzen der Relationen

$$\begin{aligned} \mathsf{L} &= \mathrm{m} \\ \mathsf{T} &= \mathrm{s} \\ \mathsf{U} &= V_{int} \\ \mathsf{I} &= A_{int} \end{aligned} \qquad (328)$$

für die Grunddimensionen der Länge, Zeit, Spannung und Stromstärke in die Dimensionsprodukte der Spalte 9 der Tafel 22.

Neben dem m-s-V_{int}-A_{int}-System wurden, vor allem in der Elektrotechnik, vielfach die kohärenten Einheiten eines cm-s-V_{int}-A_{int}-Systems benutzt.

b) System der „absoluten" elektrischen Einheiten: Giorgi-System oder MKSA-System. Gegen die weitere Benutzung der elektrischen Einheiten in der international von der Londoner Konferenz festgelegten Art ihrer Verkörperung erhoben sich im Laufe der Jahre von verschiedenen Seiten Einwendungen. Die gegenüber den „internationalen" Einheiten von 1908 geäußerten Bedenken wurden sowohl vom Standpunkt einer allgemeinen physikalischen Behandlung der Einheitenfrage, als auch aus Gründen der praktischen Realisierung und des meßtechnischen Einheitenanschlusses vorgebracht.

Die grundsätzlichen Angriffe auf die „internationalen" elektrischen Einheiten richteten sich im wesentlichen gegen die Tatsache, daß ihre Energieeinheit, das internationale Joule (J_{int}), weder mit der mechanischen Energieeinheit Erg (erg) des CGS-Systems noch mit der mechanischen Energieeinheit Joule (J) des MKS-Systems betragsmäßig übereinstimmt oder durch einen einfachen und feststehenden Zahlenfaktor (z. B. Zehnerpotenz) mit den Energieeinheiten der physikalischen Einheitensysteme der Mechanik (Abschnitt 2, 3a) verknüpft ist. Das gleiche Argument wurde gegen die zahlenmäßig irrationalen Beziehungen der „internationalen" elektrischen zu den mechanischen Einheiten für die übrigen Größenarten erhoben. Mit anderen Worten: Es wurde als ein schwerwiegender und auf die Dauer nicht tragbarer Nachteil der „internationalen" elektrischen Einheiten empfunden, daß sie nicht auf die mechanischen Einheiten abgestimmt sind.

Hierzu tritt als weiterer grundsätzlicher Punkt die Auffassung, daß nach unserer heutigen Kenntnis und Darstellungsart der Elektrodynamik eine formelmäßige Beschreibung mit vier Grundgrößenarten zweckmäßig ist, von denen allerdings nur *eine* spezifisch elektrischer Natur zu sein brauche und sein solle, und daß dementsprechend auch nur *eine* elektrische Grundeinheit festzulegen sei. Es wurde daher die Forderung laut, die Einheitensysteme mit zwei mechanischen Einheiten (cm oder m und s) und zwei von diesen unabhängigen elektrischen Einheiten (Ω_{int} und A_{int} oder V_{int}) als Grundeinheiten durch Einheitensysteme mit drei mechanischen und nur einer elektrischen Grundeinheit zu ersetzen — also ein mechanisches Drei-Grundeinheiten-System durch Hinzufügen einer vierten elektrischen Grundeinheit zu erweitern.

Auf der anderen Seite wandte man sich auch gegen die meßtechnischen Festlegungen der beiden „internationalen" Normalien. Die Unhandlichkeit des Silbervoltameters hätte vermittels seiner Ersetzung durch das Normalelement, das ja praktisch sowieso neben dem Normalwiderstand für alle Anschluß- und Meßzwecke benutzt wurde, offiziell ausgeschaltet werden können. Aber selbst in diesem Falle wäre die zahlenmäßig unsichere Kluft zwischen den „internationalen" und den „absoluten" elektrischen Einheiten bestehen geblieben, welch letztere die idealen, d. h. ursprünglich angestrebten

Werte der „internationalen" Einheiten und gleichzeitig die mechanischen Einheiten in der Physik repräsentieren. Die Kenntnis der zahlenmäßigen Relationen zwischen diesen beiden für die gesamte Physik und Technik so bedeutsamen Einheitenarten ist dabei in ihrer Genauigkeit zeitbedingt.

Die definierenden Zahlenangaben für die Normalien, welche die „internationalen" Einheiten verkörpern, sind 1908 mit sechs Ziffern festgelegt worden. Eine elektrische Vergleichsmessung mittels Widerstand und Normalelement ist heute auf sechs Dezimale möglich, während der Anschluß der eingeprägten Spannung des Normalelementes an Silbervoltametern und Normalwiderstand etwa um eine Größenordnung weniger genau durchgeführt werden kann. Die zeitlichen und örtlichen Schwankungen in den Beträgen der Normalwiderstände lagen bei wenigen 10^{-6}, die entsprechenden Schwankungen für die Normalelemente bei einigen 10^{-5}. In den Präzisionsuntersuchungen der Anschlußmessungen zwischen „internationalen" und „absoluten" elektrischen Einheiten kämpfte die Experimentierkunst mit der fünften Dezimale.

Somit erhob sich die grundsätzliche Frage: Wie sollen bei weiterer Entwicklung der Meßtechnik die „internationalen" elektrischen Einheiten gegeben sein, die durch Normale definiert werden, deren stoffliche, durch die Materie bedingten Eigenschaften mit einer endlichen Stellenzahl zahlenmäßig festgelegt wurden?

Die Initiative zur Beseitigung der „internationalen" elektrischen Einheiten ging interessanterweise in Amerika von der Elektrotechnik aus. Ein Komitee des American Institute of Electrical Engineers (AIEE) setzte sich bereits im Jahre 1927 sehr lebhaft für die internationale Einführung der absoluten elektrischen Einheiten ein *[siehe z. B. N 6]*. Im darauffolgenden Jahr überreichte das Präsidium des AIEE dem NBS direkt und indirekt auch den übrigen Staatsinstituten eine Entschließung, welche die alsbaldige Durchführung der noch notwendigen Untersuchungen zur Einführung der „absoluten" elektrischen Einheiten unter Anschluß an die emE forderte:

"Whereas the legalization of the absolute ohm and ampere and the units derived from them (these units to be realized by the national standardizing laboratories) would avert the recurring proposals for revision of the values of the legalized units, and would establish the electrical units on a permanent legal basis: Therefore be it

Resolved, That the American Institute of Electrical Engineers hereby urges the Bureau of Standards and foreign national standardizing laboratories to undertake as soon as possible the additional researches necessary in order that the absolute ohm and absolute ampere based on the centimeter-gram-second electromagnetic system, with the absolute volt, watt, and other units derived from them, may be legalized in place of the international ohm and ampere and their derived units."

Das NBS rief, um die Meinung und Zustimmung der führenden amerikanischen Organisationen einzuholen, ein Advisory Committee ins Leben, in das die National Academy of Sciences, das American Institute of Electrical Engineers, die American Physical Society, die National Electric Light Association, die Association of Edison Illuminating Companies, die National Electrical Manufacturers' Association und die American Telephone and Telegraph Company ihre Vertreter entsandten. Das Advisory Committee gelangte noch im Juni 1928 einmütig zu einer Resolution, die forderte, daß die elektrischen Normale in Zukunft auf dem System der „absoluten" Einheiten basieren sollten.

Im Jahre 1927 hatten das Internationale Komitee (CIPM) und die 7. Generalkonferenz für Maß und Gewicht zur Prüfung und Beratung auf dem Gebiete der elektrischen Einheiten und Normale einen besonderen Ausschuß beratenden Charakters in Gestalt des Comité Consultatif d'Electricité (CCE) begründet (Abschnitt 2, 3a). Dem CCE legte das NBS die Vorschläge seines Advisory Committee vor. Das CIPM nahm auf Vorschlag des CCE bei seiner Sitzungsperiode vom Jahre 1929 folgenden Einführungsbeschluß für die „absoluten" elektrischen Einheiten an *[C 34]*:

«1° Considérant la grande importance qu'il y a à unifier les systèmes de mesures électriques sur une base dépourvue de tout caractère arbitraire, le système absolu, dérivé du système C. G. S., devra être substitué au système des unités internationales, pour toutes les déterminations scientifiques et industrielles.

2° Comme il n'est pas possible de fixer, dès maintenant, avec toute l'exactitude désirable et dont ils sont susceptibles, les rapports qui existent entre les unités absolues, dérivées du système C. G. S., et les unités internationales de courant, de force électromotrice et de résistance, telles qu'elles ont été définies par le Congrès international de Chicago de 1893 et la Conférence de Londres en 1908, la Commission émet le voeu que des recherches soient poursuivies dans ce but dans les laboratoires convenablement outillés, suivant un programme préalablement étudié en accord avec le Comité consultatif d'Electricité.»

Im Jahre 1933 beschloß die 8. Generalkonferenz für Maß und Gewicht *[C 116]*:

«Résolution 10. – Substitution des unités électriques absolues aux unités dites „internationales."
Conformément au premier voeu se rapportant aux unités électriques, émis par le Comité consultatif et approuvé par le Comité international des Poids et Mesures;

La Conférence sanctionne le principe de la substitution du Système absolu des unités électriques au Système international;

En considérant d'autre part qu'un certain nombre de laboratoires nationaux n'ont pas encore terminé les mesures nécessaires pour relier les unités internationales aux unités absolues;

Elle décide de reculer jusqu'à l'année 1935 la fixation provisoire du rapport entre chaque unité internationale et l'unité absolue correspondante;

Elle donne, dans ce but, au Comité international les pouvoirs nécessaires pour fixer, alors et sans attendre une autre Conférence, ces rapports, ainsi que la date d'adoption des nouvelles unités.»

Das CCE schlug vor *[C 25]*, die Ergebnisse der „Absolutbestimmungen" nur auf $\pm 1 \cdot 10^{-5}$ anzugeben, für praktische Präzisionsmessungen Widerstands- und Spannungsnormal mit auf $1 \cdot 10^{-6}$ festgelegten Zahlenwerten durch Mitglieder eines technischen Unterkomitees nach Vergleichsmessungen, ausgedrückt in „absoluten" Einheiten, festzusetzen und den Cadmium-Gehalt des Amalgams in den Normalelementen auf 10% festzulegen. Man hoffte, die Normale für die „absoluten" Einheiten, zumindest provisorisch, bis zum Jahre 1935 entwickeln zu können.

Da sich die Präzisionsuntersuchungen zur „absoluten" Ohm- und Ampere-Bestimmung, mit denen die einzelnen Staatsinstitute beauftragt wurden, bis zur Erzielung endgültiger Ergebnisse offensichtlich doch länger hinziehen würden, als ursprünglich erwartet wurde, setzte das CIPM bei seiner Sitzungsperiode im Jahre 1935 neue Termine fest *[C 40)]*, und zwar für den Abschluß der „Absolutbestimmungen" den Jahresschluß 1938, für die zahlenmäßige Festlegung der Normalien durch das CCE Februar 1939 und für die Einführung der neuen „absoluten" Einheiten in der Praxis den 1. 1. 1940. Auf den Sitzungen des CIPM und des CCE im Jahre 1937 und 1939 berichteten die einzelnen Staatsinstitute über ihre Meßergebnisse. Gleichzeitig konnte die internationale Einführung der „absoluten" Einheiten bereits in ihren Einzelheiten vorbereitet werden. Durch den folgenden Kriegsausbruch wurde jedoch die Realisierung der Beschlüsse des CIPM und der Generalkonferenz zunächst verhindert.

Parallel zu dieser von der amerikanischen Elektrotechnik angestoßenen Entwicklung lief die Arbeit der Internationalen Elektrotechnischen Kommission (IEC). Dort stellte sich gleichfalls das Streben nach einem elektrischen Einheitensystem mit vier Grundeinheiten heraus, von denen eine rein elektrischer Natur sein sollte. Der erste Vorschlag zu einem Einheitensystem mit vier Grundeinheiten für die Elektrodynamik stammt von *Giorgi [G 10; G 11; G 12; G 13; G 14]*. Er ging vom MKS-System der Mechanik (Abschnitt 2, 3 a) aus, fügte diesem als vierte Grundeinheit das „absolute" Ohm hinzu und setzte sich dafür ein, aus diesen vier Grundeinheiten ein elektrisches Einheitensystem wohlpassend zu den Größengleichungen der rationalen Vierer-Größen (Abschnitt II, 2) aufzubauen[1]). Nach vorbereitender Fühlungnahme mit der Internationalen Union für reine und angewandte Physik (IUPAP) fiel die Wahl der IEC im Jahre 1935 in Scheveningen *[I 17]* im Prinzip auf das Giorgische System — im gleichen Jahre also, für welches das CIPM die Vorlage der experimentellen Unterlagen für die Durchführung des beschlossenen Einheitenwechsels ursprünglich erwartete. Es wurde der Übergang vom mechanischen CGS- zum mechanischen MKS-System beschlossen und die Notwendigkeit der Einführung einer vierten Grundeinheit für die Elektrizität offiziell anerkannt. Ehe jedoch die IEC die vierte Grundeinheit festlegen wollte, holte sie hierzu die Gutachten des CCE *[C 26]* des CIPM und der SUN-Commission *[G 17]* der IUPAP ein. Die Gutachten lagen bei der letzten Vorkriegstagung der IEC 1938 in Torquay vor und empfahlen übereinstimmend als Verbindungsglied zwischen elektrischen und mechanischen Einheiten die absolute Permeabilität des Vakuums, d. h. die magnetische Feldkonstante mit dem Zahlenwert $\{\mu_0\} = 4\pi \cdot 10^{-7}$ im Giorgischen System.

Zu seiner ersten beschlußfähigen Nachkriegstagung trat das CIPM im Oktober 1946 zusammen *[C 53]*. Dort wurde gegen eine Stimme der Beschluß gefaßt, die 1929 beschlossene und 1933 bestätigte, wegen der Kriegsereignisse bislang noch ausgesetzte Einführung der „absoluten" elektrischen Einheiten den Mitgliedsstaaten der Meterkonvention nunmehr endgültig zum 1. 1. 1948 zu empfehlen *[C 54]*:

«Résolution 1.

Le Comité international des Poids et Mesures, réuni pour la première fois en séance officielle depuis 1937, adopte le principe des résolutions qui lui ont été soumises par le Comité consultatif d'Electricité de juin 1939. Pour adapter ces résolutions à la situation actuelle, telle qu'elle résulte des événements et des progrès scientifiques accomplis depuis 1939, il décide que:

1° La date d'entrée en vigueur des unités absolues devient le 1er janvier 1948.»

---

[1]) Später *[G 15; G 16]* trat *Giorgi* energisch für das Ω_{int} als vierte selbständige Grundeinheit und ein entsprechendes Draht-Ohmnormal als internationales Prototyp für die Widerstandseinheit ein. Hierin wurde er seinerzeit von *Campbell [C 1; C 2]*, *Emde [E 7]* und *Sommerfeld [S 32]* unterstützt.

1948 wurde der elektrische Einheitenwechsel von der 9. Generalkonferenz für Maß und Gewicht sanktioniert [C 119].

Damit war auf dem Gebiet der elektrischen Einheiten eine Entwicklung formal zum Abschluß gekommen, die über 20 Jahre zum Teil lebhafte Diskussionen in den verschiedenen Fachorganisationen hervorgerufen hatte. Es sei hier nochmals darauf hingewiesen, daß gerade die Fachvertretungen der Elektrotechnik den ersten Anstoß und die weiteren Impulse zu diesem Einheitenwechsel gegeben haben — auf amerikanischer Seite das AIEE, unterstützt von zahlreichen Organisationen der elektrotechnischen und beleuchtungstechnischen Industrie, und im europäischen Sektor die Nationalen Komitees der IEC. Die Fachorganisationen der Physik haben auf beiden Wegen, die schließlich grundsätzlich zum gleichen Ziel führten, beratend oder gutachtlich eingegriffen.

Als vierte elektrische Grundeinheit wird heute im allgemeinen formal das „absolute" Ampere betrachtet, das wir hier ohne den Zusatz „absolut" kurz „Ampere" (A) nennen[1]. Als Definition des A hat das Internationale Komitee für Maß und Gewicht 1946 in der Nr. 4 seiner Resolution 2 vorgeschlagen [C 56]:

«4° *Grandeurs théoriques des unités.* — B. *Définition des unités électriques.* Le Comité admet les propositions suivantes définissant la grandeur théorique des unités électriques:

IV. L'ampère (unité d'intensité de courant électrique). — L'*ampère* et l'intensité d'un courant constant qui maintenu dans deux conducteurs parallèles, rectilignes, de longueur infinie, de section circulaire négligeable et placés à une distance de 1 mètre l'un de l'autre dans le vide, produirait entre ces conducteurs une force égale à $2 \cdot 10^{-7}$ unité M. K. S. de force par mètre de longueur.»

Die in dieser theoretischen Definition auftretenden „Unendlichkeiten" sind physikalisch als Limes-Bedingungen anzusehen und mit Vorsicht zu behandeln — jedenfalls ist ein „Unendlichwerden" irgendwelcher Energieanteile, wie man es vielleicht aus der Formulierung folgern könnte, sicher nicht beabsichtigt gewesen. Weiter war auch nur die „elektrodynamische" Kraft, nicht etwa die im Gedankenexperiment gleichzeitig auftretende „elektrostatische" Kraft gemeint [G 1].

Als System der „absoluten" elektrischen Einheiten bezeichnet man die kohärenten Einheiten, die aus den vier Grundeinheiten m, kg, s, und A abzuleiten sind und die man durch Einsetzen der Relationen

$$\begin{aligned} \mathsf{L} &= \mathrm{m} \\ \mathsf{M} &= \mathrm{kg} \\ \mathsf{T} &= \mathrm{s} \\ \mathsf{I} &= \mathrm{A} \end{aligned} \qquad (329)$$

in die Dimensionsprodukte der Spalte 8 der **Tafel 22** erhält.

Dieses Einheitensystem erhielt in der IEC 1935 und 1950 den Namen Giorgi-System [I 17; I 18; I 20; I 21]. 1954 nahm das Technische Komitee 24 der IEC in der Résolution 1 außerdem die Bezeichnung MKSA-System an:

«*Résolution N⁰ 1*

Le Comité d'Etudes N⁰ 24 propose que la C. E. I. confirme ses décisions antérieures recommandant l'adoption de la dénomination „système Giorgi" pour le système d'unités reposant sur les quatres unités fondamentales suivantes: le mètre, le kilogramme, la seconde et l'ampère. Toutefois la désignation du „système M.K.S.A." est également admise.»

1948 und 1951 hat die IUPAP auf Vorschlag der SUN-Commission das MKSA-System anerkannt [I 33a; I 34]. In der International Organization for Standardization (ISO) legte 1952 und 1953 das zuständige Technische Komitee 12 das MKSA-System der Bearbeitung von Einheitentafeln zugrunde. Die vier Grundeinheiten des MKSA-Systems sind auch in den 1954 von der 10. Generalkonferenz für Maß und Gewicht angenommenen sechs Basiseinheiten eines internationalen praktischen Einheitensystems für den Gesamtbereich der Physik — Meter, Kilogramm, Sekunde, Ampere, Grad Kelvin, Candela — enthalten (Abschnitte 2, 3d und 4, III, 5; siehe auch [I 25]).

Vom MKS-System wurden die Einheitennamen Newton, Joule und Watt für die Kraft-, Energie- und Leistungseinheit

$$\text{Newton} = \mathrm{N} = \mathrm{m\ kg\ s^{-2}} \qquad (2, 28)$$

$$\text{Joule} \quad = \mathrm{J} = \mathrm{m^2\ kg\ s^{-2}} \qquad (2, 29\,a)$$

$$\text{Watt} \quad = \mathrm{W} = \mathrm{m^2\ kg\ s^{-3}} \qquad (2, 29\,b)$$

---

[1]) Siehe Fußnote [1]) auf S. 213.

übernommen. An die Stelle der Definitionen für Einheitennamen des Quadrant-Systems (Abschnitt 1 c) treten im MKSA-System die Namengebungen

$$\text{MKSA-Einheit des Widerstandes } R: \qquad \text{Ohm} = \Omega = \text{m}^2 \text{ kg s}^{-3} \text{ A}^{-2} = \frac{\text{W}}{\text{A}^2} \qquad (330)$$

$$\text{MKSA-Einheit der Spannung } U: \qquad \text{Volt} = \text{V} = \text{m}^2 \text{ kg s}^{-3} \text{ A}^{-1} = \frac{\text{W}}{\text{A}} \qquad (331)$$

$$\text{MKSA-Einheit der Ladung } Q: \qquad \text{Coulomb} = \text{C} = \text{s A} \qquad (332)$$

$$\text{MKSA-Einheit der Kapazität } C: \qquad \text{Farad} = \text{F} = \text{m}^{-2} \text{ kg}^{-1} \text{s}^4 \text{ A}^2 = \frac{\text{C}^2}{\text{J}} \qquad (333)$$

$$\text{MKSA-Einheit der Induktivität } L: \qquad \text{Henry} = \text{H} = \text{m}^2 \text{ kg s}^{-2} \text{ A}^{-2} = \frac{\text{J}}{\text{A}^2}, \qquad (334)$$

zu denen noch die 1935 von der IEC in Scheveningen neu vereinbarten Bezeichnungen *[I 17; I 18]* für die

$$\text{MKSA-Einheit des elektr. Leitwertes } G: \text{ Siemens } = \text{S} = \text{m}^{-2} \text{ kg}^{-1} \text{s}^3 \text{A}^2 = \frac{\text{A}^2}{\text{W}}\,^{[1]} \qquad (335)$$

$$\text{MKSA-Einheit des magnet. Flusses } \Phi: \qquad \text{Weber} = \text{Wb} = \text{m}^2 \text{ kg s}^{-2} \text{ A}^{-1} = \frac{\text{J}}{\text{A}}\,^{[2]} \qquad (336)$$

und der 1954 vom Technischen Komitee 24 der IEC in Philadelphia angenommene Name für die

$$\text{MKSA-Einheit der Induktion } \boldsymbol{B}: \qquad \text{Tesla} = \text{kg s}^{-2} \text{ A}^{-1} = \frac{\text{Wb}}{\text{m}^2}\,^{[3]} \qquad (336\,\text{a})$$

treten. Die MKSA-Einheit der magnetischen Spannung V ist das Ampere, das in diesem Fall häufig als „Amperewindung" („ampere-turn" und „ampère-tour") bezeichnet wird.

Zur Unterscheidung von den bis 1948 meist benutzten „internationalen elektrischen Einheiten" werden die MKSA- oder Giorgi-Einheiten vielfach auch heute noch „absolute" elektrische Einheiten genannt und ihre Symbole durch den Vorsatz oder Index „abs" hervorgehoben: A_{abs}, Ω_{abs}, V_{abs} usw. Der Hinweis „absolut" ist bei den Einheiten des Giorgi-Systems zumindest bedenklich. Bei Benutzung von MKSA-Einheiten kann die Kennzeichnung eines Meßergebnisses als Resultat einer „Messung in absoluten elektrischen Einheiten" allenfalls zum Ausdruck bringen, daß es sich nicht um eine „Relativmessung" gegenüber willkürlichen Einheiten handelt. Denn der im vorigen Jahrhundert vor allem von der British Association for the Advancement of Science dem Wort „absolut" zugeschriebene Sinn „Messung in kohärenten Einheiten eines Systems mit 3 metrischen Grundeinheiten für Länge, Masse und Zeit" (Abschnitt 1) ist auf ein Einheitensystem mit 4 Grundeinheiten begrifflich nicht mehr anwendbar. Man sollte daher die Bezeichnung „absolute elektrische Einheiten" mit dem MKSA-System besser nicht in Verbindung bringen.

Der vom Internationalen Komitee für Maß und Gewicht gegebenen theoretischen Definition des A ist im Vierer-System folgende Festsetzung äquivalent (Abschnitt 4): Das A wird dadurch definiert, daß bei seiner Benutzung zur Messung der magnetischen Feldkonstanten diese den Wert

$$\mu_0 = 4\,\pi \cdot 10^{-7} \frac{\text{N}}{\text{A}^2} \qquad (337)$$

erhält. Somit kann man sagen: Die Grundeinheiten des MKSA-Systems werden derzeit bestimmt durch das Internationale Meterprototyp, das Internationale Kilogrammprototyp, den mittleren Sonnentag und die magnetische Feldkonstante.

Von der primären Frage nach der grundsätzlichen Repräsentation der MKSA-Einheiten ist die sekundäre, meßtechnisch jedoch sehr wichtige Frage nach ihrer praktischen Realisierung oder Verkörperung zu unterscheiden. Die elektrischen Einheiten des Giorgi-Systems werden, genau wie früher die „internationalen" elektrischen Einheiten (Abschnitt 2a), durch Sätze von Normalwiderständen

---

[1]) Das Siemens, der Reziprokwert des Ohm, wird häufig — besonders in der angelsächsischen Literatur — mit „mho" bezeichnet und abgekürzt

$$1 \text{ mho} = 1\,\Omega^{-1} = 1 \text{ S.} \qquad (335\,\text{a})$$

[2]) Siehe Fußnote [1]) auf S. 214.

[3]) Ein Symbol für die Einheit Tesla wurde 1954 noch nicht vereinbart, vorgeschlagen ist „T".

und Normalelementen als Substandards praktisch realisiert und verkörpert. Die Nr. 6 der Resolution 2 des Internationalen Komitees für Maß und Gewicht aus dem Jahre 1946 lautet *[C 57]*:

«6° *Etalons matériels*. — Pour les comparaisons pratiques, les unités électriques sont représentées par des étalons matériels de l'ohm et du volt, auxquels on attribue des valeurs appropriées exprimées en unités absolues. Les étalons de l'ohm se présentent actuellement sous la forme de bobines de résistance, et ceux du volt sous la forme d'éléments voltaïques (éléments Weston par exemple).»

D. h. das Verfahren der Aufbewahrung und Vergleichung der mittleren elektrischen Einheiten Ω_M und V_M über die Normale der großen Staatsinstitute wird beibehalten — es haben sich lediglich die den Normalen zugeordneten Zahlenwerte entsprechend dem Übergang von „internationalen" $[(\Omega_M)_{int}$ und $(V_M)_{int}]$ zu „absoluten" $[\Omega_M$ und $V_M]$ elektrischen Einheiten geändert. Ihre Verknüpfungen drückt man im allgemeinen durch die beiden Gleichungen

$$1\ (\Omega_M)_{int} = p\ \Omega_M \tag{338}$$

$$1\ (V_M)_{int} = pq\ V_M \tag{339}$$

aus. Nach eingehender Diskussion des vorliegenden experimentellen Materials (Abschnitt **6**, I, 3e) entschied sich 1946 das Internationale Komitee in seiner Resolution 1 zu folgender Festsetzung *[C 54]*:

«2° Les relations de passage entre les unités internationales moyennes et les unités absolues sont:

$$1 \text{ ohm international moyen} = 1{,}00049 \text{ ohm absolu}, \tag{6, 81}$$

$$1 \text{ volt international moyen} = 1{,}00034 \text{ volt absolu}. \tag{6, 82}$$

Les précisions des deux relations ci-dessus permettront aux laboratoires et industries d'exprimer toutes les grandeurs électriques en fonction des unités nouvelles, sans introduire dans cette conversion une erreur dépassant 2 unités du dernier chiffre inscrit. Cette erreur est à peine supérieure à ce que l'on estime comme étant la précision atteinte dans les laboratoires nationaux pour leurs mesures absolues.»

Die Abweichungen der von den einzelnen Staatsinstituten aufbewahrten Ω-Einheiten und V-Einheiten werden weiter durch regelmäßige Vergleichungen im Internationalen Bureau in Sèvres festgestellt und veröffentlicht *[C 78; C 85; C 89; L 15]*. Dabei hat sich die Zahl der beteiligten Staatsinstitute erhöht — das National Resarch Council (NRC), Ottawa, ist als siebentes hinzugekommen *[C 88]*; außerdem soll an die Stelle der direkten arithmetischen eine gewichtete Mittelwertbildung zur Feststellung von Ω_M und V_M treten *[C 90]*.

Mit der vom Internationalen Komitee festgelegten Relation (339) ist die eingeprägte Spannung des Weston-Normalelementes durch die Gleichung

$$U^e\ (\text{N. E.})_{20°} = 1{,}018\,65\ V_M \tag{327a}$$

anzugeben. Ihre Temperaturabhängigkeit gehorcht der Beziehung (θ: Zahlenwert der Temperatur in °C)

$$U_t^e = U_{20°}^e - [40{,}6\ (\theta - 20) + 0{,}95\ (\theta - 20)^2 - 0{,}01\ (\theta - 20)^3]\ \mu V, \tag{340}$$

die schon auf der Londoner Konferenz 1908 festgelegt wurde (Abschnitt 2a).

An dem Vergleich der nationalen Ω- und V-Einheiten im Internationalen Bureau und der Bildung der Ω_M- und V_M-Werte soll auch in Zukunft festgehalten werden. Die beteiligten Staatsinstitute werden jedoch mit der Zeit außerdem dazu übergehen, ihre Widerstands- und Spannungsnormale laufend durch „Absolutbestimmungen" in den theoretisch definierten Einheiten auszumessen und zu kontrollieren, was derzeit nur im NBS und NPL geschieht.

Zur Ableitung und Kennzeichnung der MKSA-Einheiten sind viele Permutationen zwischen voneinander unabhängig betrachteten Einheiten als Grundeinheiten möglich. Beispielsweise können auch die Quadrupel m-kg-s-C, m-s-V-A, m-s-V-Ω oder m-kg-s-Ω als Grundeinheiten angesehen werden, wobei sich im letzten Fall allerdings gebrochene Exponenten für die abgeleiteten Einheiten ergeben (siehe Abschnitt 11, 2). Die als Potenzprodukte von m, kg, s, C oder m, s, V, A ausgedrückten MKSA-Einheiten erhält man durch Einsetzen der Relationen

$$
\begin{array}{llll}
\mathsf{L} = \mathrm{m} & & \mathsf{L} = \mathrm{m} & \\
\mathsf{M} = \mathrm{kg} & & \mathsf{T} = \mathrm{s} & \\
\mathsf{T} = \mathrm{s} & (329a) \qquad \text{oder} \qquad & \mathsf{U} = \mathrm{V} & (329b) \\
\mathsf{Q} = \mathrm{C} & & \mathsf{I} = \mathrm{A} &
\end{array}
$$

in die Dimensionsprodukte der Spalte 3 oder der Spalte 9 der Tafel 22.

c) Vierdimensionale „CGS"-Systeme (CGSF- und CGSB-System). Die elektrostatischen und elektromagnetischen CGS-Einheiten (Abschnitt 1 a) spielen in der Physik heute noch eine große Rolle. Um ihnen für den Bereich des Größensystems mit vier Grundgrößenarten entsprechende Einheitensysteme an die Seite stellen zu können, hat *de Boer [B 64; B 65]* das CGS-System durch Hinzufügen elektrischer Grundeinheiten geeigneten Betrages [1]) zu Einheitensystemen mit vier Grundeinheiten erweitert [2]).

Den esE entspricht das System mit den vier Grundeinheiten cm, g, s und Franklin (Fr)

$$1 \text{ Fr} = \frac{10}{\{c_0\}} \text{ C} = \frac{10}{\{c_0\}} \text{ As}^{3)}, \tag{341}$$

den emE das System mit den vier Grundeinheiten cm, g, s und Biot (Bi)

$$1 \text{ Bi} = 10 \text{ A}. \tag{342}$$

Die Einheiten des CGSe- oder CGSF-Systems erhält man durch Einsetzen von

$$\begin{aligned} \mathsf{L} &= \text{cm} \\ \mathsf{M} &= \text{g} \\ \mathsf{T} &= \text{s} \\ \mathsf{Q} &= \text{Fr} \end{aligned} \tag{343}$$

für die Grunddimensionen der Länge, Masse, Zeit und Ladung in die Dimensionsprodukte des Dimensionssystems LMTQ in der Spalte 3 der Tafel 22, die Einheiten des CGSm- oder CGSB-Systems durch Einsetzen von

$$\begin{aligned} \mathsf{L} &= \text{cm} \\ \mathsf{M} &= \text{g} \\ \mathsf{T} &= \text{s} \\ \mathsf{I} &= \text{Bi} \end{aligned} \tag{344}$$

für die Grunddimensionen der Länge, Masse, Zeit und Stromstärke in die Dimensionsprodukte des Dimensionssystems LMTI in der Spalte 8 der Tafel 22.

Den beiden *neuen* auf vier Grundeinheiten erweiterten „CGS"-Systemen billigt *de Boer* allerdings nicht mehr die Kennzeichnung „absolut" zu. Sie dienen im wesentlichen didaktischen Zwecken und sollen den Übergang von in CGS-Einheiten gemessenen Dreier-Größen auf in MKSA-Einheiten gemessene Vierer-Größen erleichtern. Zu diesem Zweck hat die SUN-Commission sie 1951 der IUPAP empfohlen *[I 34]*.

d) Sonderbezeichnungen für elektrische Einheiten. In der elektrotechnischen Praxis haben sich einige Einheitenbezeichnungen eingebürgert, auf die schon im Abschnitt 1, 8 hingewiesen wurde.

So wird bei der Angabe elektrischer Leistungen zwischen in VA, W und bW oder var angegebenen Werten unterschieden. Dabei handelt es sich um folgendes. Die *Größen* Scheinleistung S, Blindleistung Q und Wirkleistung P sind definiert als (φ: Phasenwinkel zwischen Spannung und Strom)

$$S = UI \tag{345}$$

$$Q = UI \cdot \sin \varphi \tag{346}$$

$$P = UI \cdot \cos \varphi. \tag{347}$$

Zwischen ihnen besteht die Beziehung

$$S^2 = Q^2 + P^2. \tag{348}$$

Alle drei Größen können beispielsweise in Watt gemessen werden. Um einem in der Form „Zahlenwert mal Einheit" genannten Leistungswert direkt ansehen zu können, ob es sich um eine Schein-, Blind- oder Wirkleistung handelt, pflegt man in der Elektrotechnik weitgehend S nur in „VA", Q nur in „var" und P nur in „W" anzugeben. Dabei ist var eine zur selbständigen Bezeichnung gewordene Abkürzung für „volt-ampère-réactif", im deutschen Sprachraum meist „Blindwatt" (bW) genannt.

---

[1]) Siehe Fußnote [1]) auf S. 11.
[2]) Die vierdimensionalen „CGS"-Systeme nennt *Landolt [L 7]* Neo-CGS-Systeme.
[3]) $\{c_0\}$ bedeutet den in der CGS-Einheit cm/s gemessenen Zahlenwert der Vakuumlichtgeschwindigkeit (**6**, 177).

Zur Erläuterung ein Beispiel: für $U = 200\,\text{V}$ und $I = 1\,\text{A}$ wird geschrieben

$$S = 200\,\text{VA} \tag{345'}$$

$$Q = 200 \cdot \sin \varphi \; \text{var} \tag{346'}$$

$$P = 200 \cdot \cos \varphi \; \text{W}. \tag{347'}$$

Die Verknüpfungsgleichung (348) lautet dann

$$40\,000\,(\text{VA})^2 = 40\,000 \cdot \sin^2 \varphi \; (\text{var})^2 + 40\,000 \cdot \cos^2 \varphi \; (\text{W})^2. \tag{348'}$$

Man sieht sofort, daß sie nur aufgeht, falls

$$\text{VA} = \text{var} = \text{W} \tag{349}$$

gilt.

Die Verwendung von VA, var und W als „Einheiten" der Größen S, Q und P hat für die Praxis sicher einen mnemotechnischen Wert — die verschiedenen Symbole sollen auf die Unterschiede der in ihnen gemessenen, dimensionsgleichen Größen hinweisen, die sämtlich zur Größenart „Leistung" gehören. Die Schreibweise der Beziehungen (345'), (346') und (347') ist aber nur dann zu sanktionieren, wenn ihre Benutzer die Richtigkeit der Gleichung (349) anerkennen und zugestehen, daß es sich hier um Sonderbezeichnungen für die gleiche Einheit handelt.

Ganz analog liegt der Fall beim „Volt-effektiv" (V_{eff}), das besonders in der Hochfrequenztechnik sehr beliebt ist. Solange man sich darüber klar ist, daß „V_{eff}" nur ein Sonderzeichen für V darstellt, das man als Hinweis auf in Volt gemessene Zahlenwerte der effektiven Spannung benutzt, mag das V_{eff} seine Annehmlichkeiten für den praktischen Gebrauch haben.

3. Einheitensysteme mit fünf Grundeinheiten

Bislang hat man expressis verbis eine magnetische Grundeinheit noch nicht vereinbart. Man bezieht zwar heute, besonders bei Anwendung der experimentellen Methoden der Kernresonanz oder Kerninduktion, viele magnetische Messungen auf das magnetische Moment μ_p des Protons. Doch sind diese Verfahren bislang als „Relativmessungen" gegenüber μ_p anzusehen. Wenn man die Resultate mit anderen experimentell bestimmten physikalischen Größen in Verbindung bringen will, so kann man sie beispielsweise über das von *Thomas, Driscoll* und *Hipple* *[S 64; T 8; T 9; T 10]* gemessene gyromagnetische Verhältnis γ_p des Protons an die MKSA-Einheiten anschließen. γ_p hängt mit μ_p über die Gleichung

$$\gamma_p = \frac{2\,\mu_p}{\hbar} = \mu_0 \, \frac{e}{m_p} \cdot \frac{\nu_{np}}{\nu_{cp}} \tag{350}$$

($h = 2\pi\hbar$ Plancksches Wirkungsquantum; e/m_p spezifische Ladung des Protons; ν_{np} und ν_{cp} Kernresonanzfrequenz und Zyklotronfrequenz des Protons) zusammen. *Thomas, Driscoll* und *Hipples* Präzisionsbestimmung ergab

$$\frac{\gamma_p}{\mu_0} = (2{,}675\,30_5 \pm 0{,}000\,06) \cdot 10^8 \; \text{C/kg}. \tag{351}$$

Mit (337), (350) und dem für h aus Atomkonstanten-Bestimmungen abzuleitenden Wert (6, 181) folgt

$$\mu_p = (1{,}7724_5 \pm 0{,}0006) \cdot 10^{-23} \; \text{Wb m}. \tag{352}$$

Man könnte daran denken, ein beliebiges Vielfaches von μ_p, etwa $x\,\mu_p$, als magnetische Grundeinheit zu wählen. Der Zahlenfaktor x wäre dann durch Konvention festzulegen. Falls die Theorie der Diracschen Monopole (Abschnitt II, 3) zu greifbaren Ergebnissen und experimentellen Bestätigungen führen sollte, wäre der Diracsche magnetische Elementarpol vielleicht als „natürliche" oder atomare magnetische Grundeinheit *[S 58]* geeignet, die über die Konstante $\Gamma_{*0} = \gamma \, \Gamma_0$ (252b) mit einer analogen atomaren elektrischen Grundeinheit verknüpft werden könnte. Bei solchen oder ähnlichen neuen Einheitenfestsetzungen ist jedoch nach den in der Vergangenheit gemachten Erfahrungen Vorsicht geboten.

Der Übergang vom Dreier-System zum Vierer-System und der entsprechende Wechsel von den emE über die „internationalen" elektrischen Einheiten zum MKSA-System hat eine Flut von Schwierigkeiten, Mißverständnissen und Irrtümern mit sich gebracht. Während die dahinter stehende Entwicklung der Größensysteme dem Praktiker weitgehend verborgen blieb oder gleichgültig war, ärgerte ihn um so mehr die Tatsache, daß die zugehörigen Zahlenwerte sich jedesmal änderten — und zwar nicht nur um Zehnerpotenzen, sondern auch um „krumme Faktoren" wie $4\,\pi$, p, pq usw.

Aus diesen Erfahrungen ergibt sich als Konsequenz zumindest folgende Forderung: Falls man jemals den begrifflichen Übergang vom Vierer-System zum Fünfer-System allgemein empfehlen will, ist das zugehörige Einheitensystem mit fünf Grundeinheiten durch Erweiterung aus dem MKSA-System so aufzubauen, daß beim Wechsel von einem zum anderen System alle Zahlenwerte erhalten bleiben.

Die Forderung wäre übrigens sehr einfach zu befriedigen. Die Fünfer-Größen (Abschnitt II, 3) unterscheiden sich von den Vierer-Größen nur um Potenzen der elektromagnetischen Verkettung γ. Wenn also die fünfte (magnetische) Grundeinheit so gewählt wird, daß mit ihr gemessen γ den Zahlenwert 1 erhält, ist die notwendige Bedingung bereits erfüllt. Quantitativ läßt sich die Situation am besten an einem konkreten Beispiel erläutern. Mit der Einheit für das magnetische Moment m_{H*} ist die Einheit für die Polstärke p_* oder den magnetischen Fluß Φ_* direkt über die Längeneinheit, beispielsweise das m, verknüpft

$$[m_{H*}] = [p_*] \cdot \mathrm{m} = [\Phi_*] \cdot \mathrm{m}. \tag{353}$$

An Stelle von $[m_{H*}]$ könnte also ebensogut $[\Phi_*]$ als fünfte (magnetische) Grundeinheit vorgegeben werden, für die wir hier einmal den Namen „Weber" benutzen wollen.

Im Vierer-System gilt per definitionen die Größengleichung

$$U_{ind} = -\frac{d\Phi}{dt}, \tag{190'}$$

der im MKSA-System die Einheitenrelation

$$[\Phi] = \mathrm{Wb} \equiv \mathrm{Vs} \tag{336'}$$

entspricht.

An die Stelle von (190') tritt im Fünfer-System die Größengleichung

$$\gamma U_{ind} = -\frac{d\Phi_*}{dt}, \tag{251'}$$

der in einem Einheitensystem mit fünf Grundeinheiten, beispielsweise m, s, kg, A und $[\Phi_*] = $ „Weber", die Einheitenrelation

$$[\Phi_*] = \text{„Weber"} = \gamma\,\mathrm{Vs} \neq \mathrm{Vs} \tag{354}$$

zuzuordnen ist.

Um die billigerweise von der Praxis an eine magnetische Grundeinheit zu stellenden Anforderungen zu erfüllen, wäre betragsmäßig die Einheit $[\Phi_*]$ so festzulegen, daß mit ihr gemessen sich für die elektromagnetische Verkettung

$$\gamma = 1\,\frac{[\Phi_*]}{\mathrm{Vs}} = 1\,\frac{\text{„Weber"}}{\mathrm{Vs}} \tag{355}$$

ergibt. Im Prinzip kann man eine solche Definition der fünften (magnetischen) Grundeinheit als Analogon zu der Festlegung (337) für die vierte (elektrische) Grundeinheit ansehen — mit dem für die praktische Anwendung wichtigen quantitativen Unterschied, daß der in der Relation (355) stehende Zahlenwert gerade eins ist.

Die Einheiten eines MKSA$[\Phi_*]$-Systems würde man dann erhalten, indem man in die Dimensionsprodukte des Dimensionssystems LMTQP der Spalte 3 der Tafel 23 für die Grunddimensionen der Länge, Masse, Zeit, Ladung und Polstärke (oder des magnetischen Induktionsflusses)

$$\begin{aligned} \mathsf{L} &= \mathrm{m} \\ \mathsf{M} &= \mathrm{kg} \\ \mathsf{T} &= \mathrm{s} \\ \mathsf{Q} &= \mathrm{C} \\ \mathsf{P} &= [\Phi_*] \end{aligned} \tag{356}$$

einsetzt. Vorläufig bleibt jedoch abzuwarten, ob man sich auf breiterer Basis entschließt, begrifflich vom Vierer-System zum Fünfer-System überzugehen, und sich damit die Notwendigkeit für eine internationale Vereinbarung über eine fünfte (magnetische) Grundeinheit ergibt.

4. Umrechnungsfaktoren

Da im Bereich der Elektrodynamik verschiedene Größensysteme und damit auch Einheitensysteme mit einer unterschiedlichen Anzahl von Grundeinheiten nebeneinander im Gebrauch stehen, ist in vielen Fällen die Angabe von Einheitenrelationen erschwert. Ersichtlich kann man beispielsweise Dreier- und Vierer-Einheiten nicht durch unbenannte Zahlenfaktoren verknüpfen. Die Sachlage wird am einfachsten durch ein Beispiel beleuchtet. Wir wählen die theoretische Ampere-Definition des Internationalen Komitees für Maß und Gewicht (Abschnitt 2b).

Den der Definition zugrunde gelegten physikalischen Vorgang oder Zustand wollen wir in zwei begrifflich verschiedenen Darstellungen beschreiben: einmal mit nicht-rational eingeführten elektromagnetischen Dreier-Größen X_m[1]) (Abschnitt II, 1b), zum anderen mit rational eingeführten Vierer-Größen $_rX$ (Abschnitt II, 2). Die in die Definition eingehenden physikalischen Gesetzmäßigkeiten lauten zwischen

$$Dreier\text{-}Größen\ X_m \qquad\qquad \text{und} \qquad\qquad Vierer\text{-}Größen\ {_rX}$$

$$d\boldsymbol{F} = I_m(d\boldsymbol{s} \times \boldsymbol{B}_m) \qquad (146) \qquad\qquad d\boldsymbol{F} = I(d\boldsymbol{s} \times \boldsymbol{B}) \qquad (207)$$

$$\boldsymbol{B}_m = \mu_r\,\boldsymbol{H}_m \qquad (127) \qquad\qquad \boldsymbol{B} = \mu_r\,{_r\mu_0}\,{_r\boldsymbol{H}} \qquad (192/193)$$

$$\oint \boldsymbol{H}_m\cdot d\boldsymbol{s} = 4\pi I_m \qquad (128) \qquad\qquad \oint {_r\boldsymbol{H}}\cdot d\boldsymbol{s} = I, \qquad (189)$$

aus denen im vorliegenden Fall (Vakuum: $\mu_r = 1$; $I\,d\boldsymbol{s} \perp \boldsymbol{B}$ und $d\boldsymbol{F} \perp I\,d\boldsymbol{s}$; d Leiterabstand; l Länge der betrachteten parallelen Leiterstücke) die skalaren Gleichungen

$$H_m = B_m = \frac{2\,I_m}{d} \qquad (357\,\text{a}) \qquad\qquad {_rH} = \frac{B}{_r\mu_0} = \frac{I}{2\,\pi\,d} \qquad (357\,\text{b})$$

$$F/l = 2\,I_m^2\,\frac{1}{d} \qquad (358\,\text{a}) \qquad\qquad F/l = \frac{_r\mu_0}{2\,\pi}\,I^2\,\frac{1}{d} \qquad (358\,\text{b})$$

folgen. Mit den in der Definition genannten Werten

$$d = 1\,\text{m} = 10^2\,\text{cm} \qquad\qquad (359')$$

$$l = 1\,\text{m} = 10^2\,\text{cm} \qquad\qquad (359'')$$

$$F = 2 \cdot 10^{-7}\,\text{N} = 2 \cdot 10^{-2}\,\text{dyn}, \qquad\qquad (359''')$$

bei denen die Stromstärke „1 Ampere"[2])

$$I_m = 1\,\text{Amp}_3 \qquad (360\,\text{a}) \qquad\qquad I = 1\,\text{A} \qquad (360\,\text{b})$$

betragen soll, ergibt sich aus (358a) und (358b) für die Einheiten „Amp$_3$" und „A"

$$1\,\text{Amp}_3 = 10^{-1}\,\sqrt{\text{dyn}} \qquad (361\,\text{a}) \qquad\qquad 1\,\text{A} = 10^{-1}\,\sqrt{\frac{4\pi}{_r\mu_0}\,\text{dyn}} \qquad (361\,\text{b})$$

$$= 10^{-1}\,\text{cm}^{1/2}\,\text{g}^{1/2}\,\text{s}^{-1} \qquad (362\,\text{a}) \qquad\qquad = 10^{-1}\,\text{cm}^{1/2}\,\text{g}^{1/2}\,\text{s}^{-1}\left(\frac{_r\mu_0}{4\pi}\right)^{-1/2} \qquad (362\,\text{b})$$

Zwischen Dreier- und Vierer-Einheit besteht demnach die Beziehung

$$1\,\text{Amp}_3 = \sqrt{\frac{_r\mu_0}{4\pi}}\,\text{A}. \qquad\qquad (363)$$

I_m und I sind durch die Verknüpfungsrelation (Tafel 24)

$$I_m = I\,\sqrt{\frac{_r\mu_0}{4\pi}} \qquad\qquad (364)$$

verbunden, so daß über die zugeschnittene Größengleichung

$$\frac{I_m}{\text{Amp}_3} = \frac{I\sqrt{_r\mu_0/4\pi}}{\sqrt{_r\mu_0/4\pi}\,\text{A}} = \frac{I}{\text{A}} \qquad\qquad (365)$$

---

[1]) Den Index $_n$ zur Kennzeichnung der nicht-rationalen elektromagnetischen Dreier-Größen lassen wir fort, da die rationalen elektromagnetischen Dreier-Größen hier nicht benutzt werden.
[2]) Siehe Fußnote [1]) auf S. 213.

die Zahlenwertgleichung

$$\{I_m\}_{\mathrm{Amp_3}} = \{I\}_{\mathrm{A}} \tag{366}$$

folgt. Das Meßergebnis, d. h. der gemessene *Zahlenwert* $\{I_m\}_{\mathrm{Amp_3}}$ oder $\{I\}_{\mathrm{A}}$ ist davon unabhängig, ob der physikalische Zustand und seine Messung durch Dreier-Größen und Dreier-Einheiten oder durch Vierer-Größen und Vierer-Einheiten beschrieben werden. Genau das sollte man erwarten. Zu dem gleichen Resultat wäre man übrigens auch gekommen, wenn man die Ampere-Definition über rational eingeführte elektromagnetische Dreier-Größen ($_rI_m$, $_rH_m$) oder über nicht-rational eingeführte Vierer-Größen (I, $_nH$) dargestellt hätte.

Ob das „Ampere" als Dreier- oder als Vierer-Einheit definiert werden soll, ist eine Angelegenheit der Konvention. Daß man nicht „experimentell" darüber entscheiden kann, ob eine elektrische Einheit eine „Dreier"- oder eine „Vierer"-Einheit „ist", bedarf keiner weiteren Erläuterung. *Gemessen* wird stets nur eine Verhältniszahl, und zwar das Verhältnis der gesuchten Größe zu der benutzten Einheit. Dabei ist es lediglich eine Frage der *Interpretation der gemessenen Zahlenwerte*, ob man das Meßergebnis, d. h. das gemessene Verhältnis Größe/Einheit,

als Quotient
$$\frac{\text{„Dreier"-Größe}}{\text{„Dreier"-Einheit}}$$

oder als Quotient
$$\frac{\text{„Vierer"-Größe}}{\text{„Vierer"-Einheit}}$$

ansehen will — eine Entscheidung über die „richtige" oder „falsche" Dimension der zu messenden Größe und der bei der Messung benutzten Einheit kann das Experiment hier nicht geben. Die Fragestellung „richtig" oder „falsch" geht im vorliegenden Fall überhaupt an den Gegebenheiten vorbei. Da es sich nicht um die Natur an sich, sondern um die *Beschreibung* eines Naturvorganges handelt, kann man nur hinsichtlich „zweckmäßig" oder „unzweckmäßig" entscheiden.

Einheit und zu messende Größe sollen dimensionsgleich eingeführt werden. In diesem Sinne ist das Ganze eine Frage des zugrunde gelegten Größensystems und nicht der zu wählenden Einheiten. Anhänger des Dreier-Systems werden das „Amp₃", Anhänger des Vierer-Systems das „A" bevorzugen. Beide Parteien sind tatsächlich vorhanden und vertreten ihre Auffassung — zwar mit unterschiedlichen Argumenten, jedoch mit Entschiedenheit.

Vielleicht hat deshalb das Internationale Komitee für Maß und Gewicht die oben zitierte, hinsichtlich des Größensystems völlig indifferente Ampere-Definition gewählt, die übrigens bei der Giorgischen Art der Rationalisierung (Abschnitt I, 5c) auch noch von der Antithese rational ÷ nicht-rational unberührt bleibt: der Definition genügen „Amp₃" und „A" in gleicher Weise. Eine Definition des Ampere über die magnetische Feldkonstante μ_0 nach Gleichung (337) hätte dagegen von vornherein das Vierer-System indirekt als Größensystem festgelegt, also allein das „A" definiert und das „Amp₃" ausgeschaltet.

Ein anderes, in internationalen Diskussionen immer wieder behandeltes Beispiel ist die „magnetische Feldstärke", insbesondere das Verhältnis zwischen „Oersted" und „Ampere/Meter".

Das Magnetfeld im Abstand r von einem stromdurchflossenen geraden Leiter wird mit nicht-rationalen elektromagnetischen Dreier-Größen X_m und rationalen Vierer-Größen $_rX$ durch die (skalaren) Gleichungen

$$H_m = \frac{2\,I_m}{r} \tag{357a'} \qquad \text{und} \qquad _rH = \frac{I}{2\,\pi\,r} \tag{357 b'}$$

beschrieben, wobei H_m und $_rH$ durch die Gleichung

$$H_m = {}_rH \sqrt{4\,\pi\,_r\mu_0} \tag{367}$$

verknüpft sind (Tafel 24). Wir wollen H_m in emE, d. h. in Oe $= \mathrm{cm}^{-1/2}\,\mathrm{g}^{1/2}\,\mathrm{s}^{-1}$ (315), und $_rH$ in MKSA-Einheiten, d. h. in A/m, messen. Zwischen ihnen besteht nach (315) und (362b) die Relation

$$1\ \mathrm{Oe} = 10\,\sqrt{\frac{_r\mu_0}{4\,\pi}\,\frac{\mathrm{A}}{\mathrm{cm}}} = 10^3\,\sqrt{\frac{_r\mu_0}{4\,\pi}\,\frac{\mathrm{A}}{\mathrm{m}}}\,. \tag{368}$$

Man erhält somit aus der zugeschnittenen Größengleichung

$$\frac{H_m}{\mathrm{Oe}} = \frac{_rH\,\sqrt{4\,\pi\,_r\mu_0}}{10^3\,\sqrt{_r\mu_0/4\,\pi\ \mathrm{A/m}}} = \frac{4\,\pi}{10^3}\,\frac{_rH}{\mathrm{A/m}} \tag{369}$$

zwischen den *Zahlenwerten* $\{H_m\}_{\mathrm{Oe}}$ und $\{_rH\}_{\mathrm{A/m}}$ die Beziehung

$$\{H_m\}_{\mathrm{Oe}} = \frac{4\,\pi}{10^3}\,\{_rH\}_{\mathrm{A/m}}.\tag{370}$$

Hält man an den genannten Definitionen für Oe und A fest, so gehört zu der Zahlenwertgleichung (370) keine Einheiten*gleichung* zwischen Oe und A/m, die den reziproken Zahlenfaktor $10^3/4\,\pi$ enthält — die Verknüpfung zwischen Oe und A/m wird bereits durch (368) gegeben. Man kann den Sachverhalt durch eine „entspricht"-Relation (Abschnitte 1, 8 und 9) zum Ausdruck bringen

$$H_m = 1\ \mathrm{Oe} \quad \triangleq \quad _rH = \frac{10^3}{4\,\pi}\ \frac{\mathrm{A}}{\mathrm{m}},\tag{371}$$

oder in Worten: Der Größe $H_m = 1$ Oe entspricht die (dimensionsverschiedene) Größe $_rH = (10^3/4\,\pi)$ A/m.

In der Elektrotechnik ist die Auffassung verbreitet, daß mit Empfehlung und Benutzung eines Größensystems mit vier Grundgrößenarten durch die IEC auch die absoluten elektrostatischen und elektromagnetischen CGS-Einheiten sozusagen automatisch „Vierer"-Einheiten geworden seien *[z. B. W 15]*. Das ist eine stillschweigende Voraussetzung, die allerdings bislang durch keinen Beschluß der IEC oder IUPAP eindeutig bestätigt wird.

Noch im Jahre 1934 hat auf Vorschlag der SUN-Commission die IUPAP auf ihrer IV. Generalversammlung in London folgende Beschlüsse gebilligt:

"1) Any system of units recommended must retain the eight internationally recognised practical units, viz. joule, watt, coulomb, ampere, ohm, volt, farad, henry (note: The following definitions of electrical units are implied: 1 volt = 10^8 c. g. s. units, 1 ampere = 10^{-1} c. g. s. units and 1 ohm = 10^9 c. g. s. units).

2) The c. g. s. system of units is suitable for the physicist.

3) The system of practical units, including the above eight quantities, is derived from this by multiplying the c. g. s. units by appropriate powers of 10."

Die 2. Auflage des Vocabulaire Electrotechnique International gibt in der Gruppe 05 (1954) für das elektromagnetische Einheitensystem und deren Polstärkeeinheit folgende Definitionen

«05-35-035: *Système électromagnétique:*
Un certain système d'unités pour les grandeurs électriques et magnétiques dans lequel la perméabilité du vide est prise sans dimension et égale à un.

05-35-040: *Unité de masse magnétique dans le système électromagnétique:*
Masse magnétique qui, concentrée dans le vide en un point situé à un centimètre d'une masse identique, la repousse avec une force de une dyne.»

Wir setzen die Betrachtung über das Magnetfeld eines stromdurchflossenen Leiters fort und dehnen sie auf das CGSB-System mit den vier Grundeinheiten cm, g, s, Bi (Abschnitt 2c) aus.

Die kohärente CGSB-Einheit für die magnetische Feldstärke ist das Bi/cm, das nach (342) und (362b) mit der MKSA-Einheit A/m durch die Beziehungen

$$1\ \mathrm{Bi/cm} = 10^3\,\mathrm{A/m} = \mathrm{cm}^{-1/2}\mathrm{g}^{1/2}\mathrm{s}^{-1}\left(\frac{_r\mu_0}{4\,\pi}\right)^{-1/2}\tag{372}$$

verknüpft ist. Mit nicht-rationalen $(_nX)$ und rationalen $(_rX)$ Vierer-Größen lauten die den Zustand beschreibenden Gesetze in skalarer Form

$$_nH = \frac{2\,I}{r} \qquad (357\,\mathrm{c}') \qquad\qquad \mathrm{und} \qquad\qquad _rH = \frac{I}{2\,\pi\,r},\qquad (357\,\mathrm{b}')$$

wobei zwischen $_nH$ und $_rH$ die Gleichung

$$_nH = 4\,\pi\,_rH\tag{373}$$

besteht (Tafel 24).

Mißt man $_nH$ in Bi/cm und $_rH$ in A/m, so folgt über die zugeschnittene Größengleichung

$$\frac{_nH}{\mathrm{Bi/cm}} = \frac{4\,\pi\,_rH}{10^3\,\mathrm{A/m}} = \frac{4\,\pi}{10^3}\ \frac{_rH}{\mathrm{A/m}}\tag{374}$$

zwischen den *Zahlenwerten* $\{_nH\}_{\text{Bi/cm}}$ und $\{_rH\}_{\text{A/m}}$ die Beziehung

$$\{_nH\}_{\text{Bi/cm}} = \frac{4\,\pi}{10^3}\,\{_rH\}_{\text{A/m}}\,, \tag{375}$$

die der Zahlenwertgleichung (370) vollkommen entspricht. Wenn wir hier einmal für den Augenblick das Bi/cm als „rationales Vierer-Oersted" mit der Abkürzung $(\text{Oe}_4)_\text{r}$ bezeichnen, können wir zwischen „rationalem Vierer-Oersted" und „Ampere/Meter" die Einheitengleichung

$$1\,(\text{Oe}_4)_\text{r} = 10^3\,\frac{\text{A}}{\text{m}} = 1\,\frac{\text{Bi}}{\text{cm}} \tag{376}$$

angeben.

Mißt man dagegen $_nH$ und $_rH$ in derselben Einheit, beispielsweise beide in A/m oder beide in Bi/cm $= (\text{Oe}_4)_\text{r}$, so folgen aus (373) die Zahlenwertgleichungen

$$\{_nH\}_{\text{A/m}} = 4\,\pi\,\{_rH\}_{\text{A/m}} \tag{377}$$

und

$$\{_nH\}_{(\text{Oe}_4)_\text{r}} = 4\,\pi\,\{_rH\}_{(\text{Oe}_4)_\text{r}}. \tag{378}$$

Das letzte Beispiel ist charakteristisch für den Fall, daß zwei dimensionsgleich, jedoch *betragsmäßig verschieden* definierte Größen in der *gleichen* Einheit gemessen werden.

Ein Gegenbeispiel ist der Fall, daß die nicht-rational eingeführte Dreier-Größe H_m einmal in emE und einmal in der entsprechenden Einheit des rationalen Lorentz-Systems (Abschnitt 1 b) gemessen werden soll

$$[H_m]_{\text{emE}} = \text{Oe} = \text{cm}^{-1/2}\text{g}^{1/2}\text{s}^{-1} \tag{315'}$$

$$[H_m]_{\text{Lor}} = \sqrt{4\,\pi}\;\text{cm}^{-1/2}\text{g}^{1/2}\text{s}^{-1} = \sqrt{4\,\pi}\,[H_m]_{\text{emE}}. \tag{379}$$

In diesem Fall erhält man die Zahlenwertgleichung

$$\{H_m\}_{\text{Oe}} = \sqrt{4\,\pi}\,\{H_m\}_{\text{Lor}}. \tag{380}$$

Manche Autoren *[z. B. W 25]* setzen analoge Verhältnisse auch für die Beziehung der Oersted zum Ampere/Meter voraus. D. h. sie bedienen sich ausschließlich nur *eines* physikalischen Größensystems, in dem es nur *eine* Art physikalischer Größendefinitionen geben soll — und zwar lediglich die *rational* eingeführten Vierer-Größen $_rX$. Bei Beschränkung auf die Größenarten $_rX$ wird das Magnetfeld um einen stromdurchflossenen Leiter nur durch *eine* (rationale) *Größengleichung* $(X = {}_rX)$

$$H = \frac{I}{2\,\pi r} \tag{357 b''}$$

beschrieben. Ihr werden *zwei Zahlenwertgleichungen* zugeordnet. eine rationale

$$\{H\}_\text{r} = \frac{\{I\}}{2\,\pi\,\{r\}}\,, \tag{381 r}$$

die formal mit *der* Größengleichung übereinstimmt, und eine nicht-rationale

$$\{H\}_\text{n} = \frac{2\,\{I\}}{\{r\}}\,, \tag{381 n}$$

zu der man nur gelangen kann, wenn man andere Einheiten als die bei (381 r) benutzten zugrunde legt. An Stelle der oben verwendeten Größengleichung (373) wird hier die *Einheiten*gleichung

$$[H]_\text{n} = \frac{1}{4\,\pi}\,[H]_\text{r} \tag{382}$$

postuliert, die mit den beiden Zahlenwertgleichungen (381 r) und (381 n) verträglich ist. Als „rationale" MKSA-Einheit wird das Ampere/Meter genommen

$$[H]_\text{r} = \frac{\text{A}}{\text{m}}\,, \tag{383 r}$$

so daß als „nicht-rationale" MKSA-Einheit der magnetischen Feldstärke

$$[H]_\mathrm{n} = \frac{1}{4\,\pi}\,\frac{\mathrm{A}}{\mathrm{m}}\,, \tag{383 n}$$

also ein „nicht-rationales Ampere/Meter" oder „$(\mathrm{A/m})_\mathrm{n}$" resultiert. Weitere Einzelheiten und Konsequenzen sind im Abschnitt I, 5 dargelegt worden.

Analog läßt sich eine zum CGSB-System nicht-kohärente Feldstärke-Einheit bilden, die „nicht-rationales Vierer-Oersted" genannt und als $(\mathrm{Oe_4})_\mathrm{n}$ bezeichnet werden soll

$$1\ (\mathrm{Oe_4})_\mathrm{n} = \frac{1}{4\,\pi}\,\frac{\mathrm{Bi}}{\mathrm{cm}} = \frac{10^3}{4\,\pi}\,\frac{\mathrm{A}}{\mathrm{m}}\,. \tag{384}$$

Das Biot/Zentimeter oder „rationale Vierer-Oersted" (376) ist die kohärente CGSB-Einheit der magnetischen Feldstärke. Auf der anderen Seite ist aber ebensowenig zu übersehen, daß in der Praxis weitgehend so gerechnet wird, als ob das $(\mathrm{Oe_4})_\mathrm{n}$ der Gleichung (384) *das* Oersted sei. Beide Einheiten sind durch die Beziehung

$$1\ (\mathrm{Oe_4})_\mathrm{n} = \frac{1}{4\,\pi}\ (\mathrm{Oe_4})_\mathrm{r} \tag{385}$$

verknüpft.

Die hinter den Beziehungen (376) und (384) stehenden beiden Auffassungen lassen sich in der hier bevorzugten Darstellung mit Größen folgendermaßen formulieren:

A) Die eine Darstellungsart „rationalisiert" die Größen (Abschnitt I, 2A). Sie kennt und benutzt *zwei* verschieden eingeführte Größen, aber nur *eine* Einheitendefinition:

$$\left.\begin{array}{c} _rH \\ _nH \end{array}\right\} \quad _nH = 4\,\pi\ _rH \tag{386 a} \qquad\qquad\qquad [_rH] = [_nH]. \tag{387 a}$$

Die Größengleichung (386a) lautet, aufgelöst in Produkte aus Zahlenwert und Einheit,

$$\{_nH\}\,[_nH] = 4\,\pi\,\{_rH\}\,[_rH], \tag{388 a}$$

geht mit (387a) in

$$\{_nH\}\,[_rH] = 4\,\pi\,\{_rH\}\,[_rH] \tag{389 a}$$

über und führt zu der *Zahlenwert*gleichung

$$\{_nH\} = 4\,\pi\,\{_rH\}. \tag{390 a}$$

B) Die andere Darstellungsart „rationalisiert" die Einheiten (Abschnitt I, 2B). Sie kennt und benutzt nur *eine* Größeneinführung, aber *zwei* verschieden definierte Einheiten:

$$H = H \tag{386 b} \qquad\qquad\qquad \left.\begin{array}{c} [H]_\mathrm{r} \\ [H]_\mathrm{n} \end{array}\right\}\ [H]_\mathrm{n} = \frac{[H]_\mathrm{r}}{4\,\pi}\,. \tag{387 b}$$

Die Identität (386b) läßt sich, aufgelöst in Produkte aus Zahlenwert und Einheit, in der Form

$$\{H\}_\mathrm{n}\,[H]_\mathrm{n} = \{H\}_\mathrm{r}\,[H]_\mathrm{r} \tag{388 b}$$

schreiben, geht mit (387b) in

$$\{H\}_\mathrm{n}\,\frac{[H]_\mathrm{r}}{4\,\pi} = \{H\}_\mathrm{r}\,[H]_\mathrm{r} \tag{389 b}$$

über und führt zu der *Zahlenwert*gleichung

$$\{H\}_\mathrm{n} = 4\,\pi\,\{H\}_\mathrm{r}. \tag{390 b}$$

Benutzer dieser Darstellungsart rechnen vielfach nur mit *Zahlenwerten* und legen auf die größenmäßige Behandlung keinen Wert.

Beiden Darstellungen ist die Form (390) der *Zahlenwert*gleichungen *gemeinsam*. Der gleiche Zahlenwert

$$\{_nH\} = \{H\}_\mathrm{n}, \tag{390}$$

d. h. das Ergebnis einer Messung, wird jedoch in verschiedener Weise interpretiert.

Die Auffassung A hält am Prinzip der *System*-Einheiten, die kohärent als Potenzprodukte aus den Grundeinheiten abzuleiten sind, fest. Die Auffassung B entspricht dem Wunsch, *Etalon*-Einheiten

(Abschnitte 1, 5 und 4, I, 6), d. h. unter Vorgabe der Bedingung „Zahlenwert = 1" Symbole für verschiedene „Einheits-Zustände" zu besitzen, die in der Sprache des Größenkalküls zu unterschiedlichen Zahlenwerten für dieselbe Größe führen. Wir wollen die Auffassung B noch in der ihr vielleicht besser gerecht werdenden Ausdrucksweise der Zahlenwerte beleuchten.

Als erstes Beispiel betrachten wir eine „Tangentenbussole", im einfachsten Fall einen zu einem Kreisring vom Radius r gebogenen stromdurchflossenen Leiter vernachlässigbaren Querschnitts. Die im Zentrum des Kreisrings herrschende und auf seiner Fläche senkrecht stehende magnetische Feldstärke soll durch die rationale Zahlenwertgleichung

$$\{_rH\} = \frac{\{I\}}{2\,\{r\}} \tag{391 r}$$

oder durch die nicht-rationale Zahlenwertgleichung

$$\{_nH\} = \frac{2\,\pi\,\{I\}}{\{r\}} \tag{391 n}$$

beschrieben werden. Als zweites Beispiel wählen wir den „geraden Leiter". Die magnetische Feldstärke im Abstande l von einem vom Strom der Stärke I durchflossenen, geraden, unendlich langen Leiter vernachlässigbaren Querschnitts werde durch die nicht-rationale Zahlenwertgleichung

$$\{_nH\} = \frac{2\,\{I\}}{\{l\}} \tag{392 n}$$

oder durch die rationale Zahlenwertgleichung

$$\{_rH\} = \frac{\{I\}}{2\,\pi\,\{l\}} \tag{392 r}$$

beschrieben.

Stromstärken und Längen sollen in den (unabhängig festgelegten) Einheiten A und m gemessen werden. Bei den beiden Anordnungen wird vorausgesetzt, daß Magnetfelder unter folgenden Bedingungen beobachtet werden

$$\begin{aligned}
\text{Tangentenbussole:} \quad & \{I\} = I/\text{A} = 1 \\
& \{r\} = r/\text{m} = \tfrac{1}{2}
\end{aligned} \tag{391 a}$$

$$\begin{aligned}
\text{gerader Leiter:} \quad & \{I\} = I/\text{A} = 1 \\
& \{l\} = l/\text{m} = 2.
\end{aligned} \tag{392 a}$$

Die erzeugten magnetischen Feldstärken lassen sich durch die Zahlenwerte

$$\text{im Fall der Tangentenbussole:} \quad \{_rH\} = 1 \tag{391 ra}$$

$$\{_nH\} = 4\,\pi, \tag{391 na}$$

$$\text{im Fall des geraden Leiters:} \quad \{_nH\} = 1 \tag{392 na}$$

$$\{_rH\} = \frac{1}{4\,\pi} \tag{392 ra}$$

charakterisieren. Aus den letzten vier Zahlenwertgleichungen ergibt sich, daß das in der Tangentenbussole („großer Etalon") erzeugte Magnetfeld als physikalischer Feldzustand $4\,\pi$-mal stärker ist als das um den geraden Leiter („kleiner Etalon") herrschende (Abschnitt I, 6).

Die beiden Relationen (391 ra) und (392 na) stellen für die magnetische Feldstärke zwei Fälle „Zahlenwert = 1" dar, sind also als „Einheits-Zustände" geeignet. Der „große Etalon" verwirklicht den Einheitszustand

$$\{_rH\} = 1 \tag{391 ra}$$

für die rationale Darstellung, der „kleine Etalon" den Einheits-Zustand

$$\{_nH\} = 1 \tag{392 na}$$

für die nicht-rationale Darstellung. Dem Einheits-Zustand der magnetischen Feldstärke ordnen wir nach *König* im rationalen Fall (großer Etalon) das Symbol „$(A/m)_r$" und im nicht-rationalen Fall (kleiner Etalon) das Symbol „$(A/m)_n$" zu. Es gilt zwischen den beiden Symbolen, die wir als Symbole für Etalon-Einheiten betrachten wollen, die Beziehung

$$(A/m)_r = 4\pi\,(A/m)_n \tag{393}$$

oder

$$(10^3\,A/m)_n = \frac{10^3}{4\pi}\,(A/m)_r. \tag{393'}$$

Bezeichnet man in dieser Auffassung $(10^3\,A/m)_n$ mit „Oersted" und $(A/m)_r$ mit „Ampere/Meter", so führt (393') direkt auf die praktisch benutzte Relation (397), die wir als eine Gleichung zwischen Symbolen für Etalon-Einheiten ansehen können. Ihnen kommt offensichtlich nicht derselbe Bedeutungsinhalt zu wie den in der Gleichung (376) auftretenden, aus Grundeinheiten kohärent abgeleiteten System-Einheiten. Geht man wieder zur größenmäßigen Darstellung zurück und beschränkt sich im Sinne der Rationalisierung der Einheiten auf *eine* Art der Größeneinführung, und zwar die rationalen Größen, so werden die Etalon-Einheiten $(A/m)_r$ und $(A/m)_n$ durch die zueinander nicht kohärenten Einheiten $[H]_r$ und $[H]_n$ der Gleichungen (383r) und (383n) wiedergegeben. Als Ergebnis der Betrachtungen bleibt das erfreuliche Faktum, daß Auffassung A und Auffassung B zu den *gleichen* Zahlenwertbeziehungen führen.

1954 hat das Technische Komitee 24 der IEC *[123]* im Rahmen einer Resolution „Oersted" und „Ampere/Meter" folgendermaßen definiert[1]):

«Le Comité d'Etudes N° 24 propose à la C.E.I. l'adoption des deux résolutions suivantes:

2° — Un courant de 10 ampères dans un conducteur formant un arc de cercle d'un centimètre de longueur et ayant un rayon de un centimètre produit pour sa part au centre du cercle un champ magnétique d'un oersted.

Un solénoïde allongé ayant un tour par mètre de longueur axiale parcouru par un courant d'un ampère produit en son centre un champ magnétique d'un ampère tour par mètre.

La contribution au champ magnétique dans le premier cas est égale à 1000/4π fois le champ magnétique du second cas.»

Die Definitionen beschreiben zwei verschiedene physikalische Feldzustände, die „Oersted" und „Ampere/Meter" genannt werden, ohne daß die *Größe* „magnetische Feldstärke" genau definiert oder gesagt wird, welche der verschiedenen Größen „magnetische Feldstärke" (H_m, $_nH$ oder $_rH$) in den beiden Fällen den Wert 1 Oersted und 1 Ampere/Meter haben soll. Durch die IEC-Resolution von 1954 werden also Etalon-Einheiten definiert, zu deren Interpretation in der Sprache des Größenkalküls verschiedene Möglichkeiten offenstehen.

Die Feldzustände in der „Biot-Savart"-Anordnung und der „unendlich langen" Spule seien als Situation 1 und 2 bezeichnet. Die geometrischen Daten, welche die beiden physikalischen Situationen bestimmen, sind im Gegensatz zu den Angaben über die Stärke der elektrischen Ströme größenmäßig eindeutig. Wird die Stromstärke durch die elektromagnetische Dreier-Größe I_m der Gleichung (128) beschrieben, so bedeutet „ampère" die 1881 von dem 1. Internationalen Elektrizitätskongreß definierte Dreier-Einheit $Amp_3 = 10^{-1}\,cm^{1/2}\,g^{1/2}\,s^{-1}$ (321); stellt man dagegen die Feldzustände mit Vierer-Größen, d. h. die Stromstärke durch die Größe I der Gleichung (189) dar, ist unter „ampère" die Vierer-Einheit A (337) zu verstehen[2]). Wenn Radius und Kreisbogenelement in der Biot-Savart-Anordnung mit r und Δs sowie Windungszahl/Länge der „unendlich langen" Spule mit N/l bezeichnet werden, sind die beiden Feldzustände durch folgende Bestimmungsstücke definiert (α Winkel zwischen dem Fahrstrahl vom Aufpunkt zum Bogenelement und der Normalen der Kreisfläche):

Situation 1	*Situation 2*
$\sin\alpha = 1$	$N/l = 10^{-2}\,cm^{-1} = 1\,m^{-1}$
$r = 1\,cm = 10^{-2}\,m$	$I_{m2} = 1\,Amp_3 = 10^{-1}\,cm^{1/2}\,g^{1/2}\,s^{-1}$
$\Delta s = 1\,cm = 10^{-2}\,m$	oder
$I_{m1} = 10\,Amp_3 = 1\,cm^{1/2}\,g^{1/2}\,s^{-1}$	$I_2 = 1\,A.$
oder	
$I_1 = 10\,A.$	

---

[1]) Erste Résolution siehe S. 157.
[2]) Siehe Fußnote [1]) auf S. 213.

Dann lassen sich die beiden physikalischen Situationen der Reihe nach durch folgende Werte der verschiedenen Größen „magnetische Feldstärke" darstellen

$\alpha)$ *mit der nicht-rationalen elektromagnetischen Dreier-Größe* H_m:

$$\Delta H_{m1} = \frac{I_{m1} \cdot \Delta s \cdot \sin\alpha}{r^2} \quad (394\,\alpha) \qquad\qquad H_{m2} = 4\pi \cdot \frac{N}{l} \cdot I_{m2} \quad\quad (395\,\alpha)$$

$$= \frac{1\,\mathrm{cm}^{1/2}\,\mathrm{g}^{1/2}\,\mathrm{s}^{-1} \cdot 1\,\mathrm{cm} \cdot 1}{1^2\,\mathrm{cm}^2} \qquad\qquad = 4\pi \cdot 10^{-2}\,\mathrm{cm}^{-1} \cdot 10^{-1}\,\mathrm{cm}^{1/2}\,\mathrm{g}^{1/2}\,\mathrm{s}^{-1}$$

$$= 1\,\mathrm{cm}^{-1/2}\,\mathrm{g}^{1/2}\,\mathrm{s}^{-1} \qquad\qquad = \frac{4\pi}{10^3}\,\mathrm{cm}^{-1/2}\,\mathrm{g}^{1/2}\,\mathrm{s}^{-1}$$

d. h.: $\quad \Delta H_{m1} = 1\,\mathrm{Oe} \qquad (315)$

$\beta)$ *mit der nicht-rationalen Vierer-Größe* $_nH$:

$$\Delta\,_nH_1 = \frac{I_1 \cdot \Delta s \cdot \sin\alpha}{r^2} \quad (394\,\beta) \qquad\qquad _nH_2 = 4\pi \cdot \frac{N}{l} \cdot I_2 \quad\quad (395\,\beta)$$

$$= \frac{10\,\mathrm{A} \cdot 10^{-2}\,\mathrm{m} \cdot 1}{10^{-4}\,\mathrm{m}^2} \qquad\qquad = 4\pi \cdot 1\,\mathrm{m}^{-1} \cdot 1\,\mathrm{A}$$

$$= 10^3\,\frac{\mathrm{A}}{\mathrm{m}} \qquad\qquad\qquad = 4\pi\,\frac{\mathrm{A}}{\mathrm{m}}$$

d. h. $\quad \Delta\,_nH_1 = 1\,(\mathrm{Oe_4})_\mathrm{r} \qquad (376)$

$\gamma)$ *mit der rationalen Vierer-Größe* $_rH$:

$$\Delta\,_rH_1 = \frac{I_1 \cdot \Delta s \cdot \sin\alpha}{4\pi r^2} \quad (394\,\gamma) \qquad\qquad _rH_2 = \frac{N}{l} \cdot I_2 \quad\quad\quad (395)$$

$$= \frac{10\,\mathrm{A} \cdot 10^{-2}\,\mathrm{m} \cdot 1}{4\pi \cdot 10^{-4}\,\mathrm{m}^2} \qquad\qquad = 1\,\mathrm{m}^{-1} \cdot 1\,\mathrm{A}$$

$$= \frac{10^3}{4\pi}\,\frac{\mathrm{A}}{\mathrm{m}} \qquad\qquad\qquad = 1\,\frac{\mathrm{A}}{\mathrm{m}}$$

d. h.: $\quad \Delta\,_rH_1 = 1\,(\mathrm{Oe_4})_\mathrm{n}. \qquad (384)$

Das Verhältnis der „Intensitäten" der beiden Feldstärken ist eine physikalische Gegebenheit und von ihrer speziellen Darstellung unabhängig. Es ergibt sich aus den gerade abgeleiteten Beziehungen stets zu $10^3/4\pi$, wie es die IEC-Resolution vorsieht:

$$\Delta H_{m1} = \frac{10^3}{4\pi}\,H_{m2} \qquad\qquad\qquad (396\,\alpha)$$

$$\Delta\,_nH_1 = \frac{10^3}{4\pi}\,_nH_2 \qquad\qquad\qquad (396\,\beta)$$

$$\Delta\,_rH_1 = \frac{10^3}{4\pi}\,_rH_2 \qquad\qquad\qquad (396\,\gamma)$$

Interpretiert man die IEC-Definitionen von 1954 über die nicht-rationale elektromagnetische Dreier-Größe H_m, so erhält man als „Oersted" die alte elektromagnetische CGS-Einheit $\mathrm{Oe} = \mathrm{cm}^{-1/2}\,\mathrm{g}^{1/2}\,\mathrm{s}^{-1}$ (315).

Legt man der größenmäßigen Darstellung der IEC-Definitionen von 1954 die nicht-rationale Vierer-Größe $_nH$ zugrunde, so wird das „Oersted" mit dem rationalen Vierer-Oersted $(\mathrm{Oe_4})_\mathrm{r} = \mathrm{Bi/cm}$ (372/376), also mit der kohärenten Einheit des CGSB-Systems, oder dem tausendfachen Betrag der MKSA-Einheit A/m identisch.

Beschreibt man die IEC-Definitionen von 1954 mit der rationalen Vierer-Größe $_rH$, so ergibt sich als „Oersted" das nicht-rationale Vierer-Oersted $(\mathrm{Oe_4})_\mathrm{n} = (10^3/4\pi)$ A/m (384), also eine *neue*, mit dem CGSB- und MKSA-System *nicht-kohärente* Vierer-Einheit.

Im Sinne der von der SUN-Commission angenommenen und empfohlenen Größen-Rationalisierung (Abschnitt I, 6) liefert die Oersted-Definition von 1954, je nachdem man Dreier- oder Vierer-System bevorzugt, die kohärente Feldstärke-Einheit des (elektromagnetischen) CGS-Systems oder des CGSB-Systems. Dagegen werden weite Kreise der Elektrotechnik die Oersted-Definition von 1954 allein über die rationalen Vierer-Größen interpretieren, um die in der Praxis eingebürgerte Relation

$$1 \text{ Oersted} = \frac{10^3}{4\,\pi} \text{ Ampere/Meter} \tag{397}$$

als gültige Einheiten*gleichung* für eine zum MKSA-System nicht-kohärente Feldstärke-Einheit schreiben zu können.

Das $(\text{Oe}_4)_\text{r}$ hat als kohärente CGSB-Einheit bereits eine eigene Bezeichnung: Bi/cm. Zur Vermeidung von neuen Mißverständnissen wäre es sicher zweckmäßig, zumindest für eine der beiden anderen Einheiten, das kohärente Oe oder das nicht-kohärente $(\text{Oe}_4)_\text{n}$, das Wort „Oersted" zu vermeiden und einen neuen Namen zu vereinbaren.

Auch wenn man sich auf Vierer-Größen beschränkt, was nach den vorliegenden Empfehlungen für die Zukunft zu erwarten ist, bleiben für das Oersted noch zwei Alternativen. Bei Rationalisierung der Größen (obiger Fall A) interpretiert man die IEC-Resolution von 1954 in der Form

$$„\text{Oersted}" = \Delta_n H_1 = 1 \,(\text{Oe}_4)_\text{r} = 1\,\frac{\text{Bi}}{\text{cm}} = 10^3\,\frac{\text{A}}{\text{m}}, \tag{376'}$$

in der man die rationale Größe $_r H$ *und* die nicht-rationale Größe $_n H = 4\pi\,_r H$ mißt. Bei Rationalisierung der Einheiten (obiger Fall B) legt man die IEC-Resolution von 1954 als Definition einer neuen, nicht-rationalen und nicht-kohärenten Einheit

$$„\text{Oersted}" = \Delta_r H_1 = 1 \,(\text{Oe}_4)_\text{n} = \frac{1}{4\pi}\,\frac{\text{Bi}}{\text{cm}} = \frac{10^3}{4\pi}\,\frac{\text{A}}{\text{m}} \tag{384'}$$

aus und mißt die rationale Größe $_r H$ einmal in Bi/cm oder A/m, zum anderen in $(1/4\pi)$ Bi/cm oder $(1/4\pi)$ A/m.

Das Nebeneinanderstehen beider Auffassungen ist mißlich, da unter „Oersted" die Anhänger der einen die Einheit der Gleichung (376'), die Anhänger der anderen die Einheit der Gleichung (384') verwenden. Es wäre wünschenswert, wenn über diese Frage eine Einigung auf internationaler Ebene erzielt würde, damit die Auseinandersetzungen über das „Oersted", die *Brezinšcak [B78]* nicht ohne Grund als „Oersteditis" bezeichnet hat, aufhören. Bis zur Bereinigung der Meinungsverschiedenheiten könnte man empfehlen, die Einheiten Gilbert, Oersted, Gauß und Maxwell zu vermeiden: alle vier werden hinsichtlich ihrer Dimensionen (abgeleitet aus drei oder vier Grundeinheiten) unterschiedlich eingeordnet und benutzt; beim Gilbert und Oersted treten noch die Schwierigkeiten der „Rationalisierung" hinzu, die wegen der umstrittenen Stellung des Faktors 4π für die Praxis besonders unangenehm sind. Um das Oersted in den Hintergrund treten zu lassen, hat die SUN-Commission 1954 empfohlen, in Tabellen, Tafeln und sonstigen Zusammenstellungen magnetische Daten in Form von Induktions- oder Leerinduktionswerten (Abschnitt II, 4) anzugeben, bei denen zumindest das 4π-Problem nicht auftritt *[I 36 a]*.

Die Gesamtsituation auf dem Gebiete der Elektrodynamik hinsichtlich der begrifflichen Darstellung und der benutzten Einheiten legt es nahe, von der Aufstellung von Umrechnungsbeziehungen zwischen den teilweise dimensionsverschiedenen Einheiten abzusehen. Wir wollen uns daher auf die Angabe von *Umrechnungsfaktoren zwischen Zahlenwerten* beschränken, was stets in eindeutiger und einfacher Weise möglich ist, da Zahlenwerte unbenannte Zahlen im mathematischen Sinne darstellen. Außerdem haben die oben angeführten Beispiele wohl hinreichend gezeigt, daß auch beim Wechsel des Größensystems den Zahlenwerten als den tatsächlichen Meßergebnissen ein realer und unveränderlicher physikalischer Sinn zukommt.

Die Methode der Entwicklung solcher Umrechnungsfaktoren zwischen Zahlenwerten, also zwischen beliebigen Verhältnissen Größe/Einheit, ist in den voraufgegangenen Beispielen schon mehrfach zutage getreten: sie basiert auf der Anwendung von zugeschnittenen Größengleichungen (Abschnitt 1, 6); sie erfordert daher einmal die Kenntnis der eingehenden Verknüpfungsrelationen zwischen verschiedenen Größenarten (Abschnitt II, 5) und zum anderen die Kenntnis der Definitionen der in Frage stehenden Einheiten (Abschnitte 1 bis 3).

In der Tafel **26** haben wir für einige elektrische und magnetische Größenarten die Umrechnungsfaktoren zwischen Zahlenwerten zusammengestellt[1]). Dabei werden berücksichtigt: nicht-rationale elektrostatische Dreier-Größen (Spalte 2) X_s, gemessen in esE (Spalte 3); nicht-rationale elektroma-

---

[1]) Ein Vorläufer der Tafel 26 ist bereits vor einiger Zeit erschienen *[S 49]*.

gnetische Dreier-Größen X_m (Spalte 4), gemessen in emE (Spalte 5) und gemessen in ursprünglich technischen Einheiten (Spalte 6); rationale Vierer-Größen (Spalten 7 und 10), gemessen im m-s-V_{int}-A_{int}-System (Spalten 8 und 9) und gemessen im MKSA-System (Spalte 11). Die nicht-rationalen symmetrischen Dreier-Größen X_ϱ, gemessen in Gaußschen Einheiten, sind in den Spalten 2 und 3 für X_s sowie 4 und 5 für X_m mit berücksichtigt worden. Als „nicht-rationale" Größeneinführung wurde durchweg die meist übliche teil-rationale „Gaußsche" (Reihe 2 der Tabelle 14) mit den Werten $\chi = \nu_e = \nu_m = 4\pi$ und $\lambda = 1$ für die Zuordungskoeffizienten zugrunde gelegt.

5. Die elektrischen Einheiten in der Gesetzgebung

Die Auffassungen über die zweckmäßigste Art der Beschreibung der Elektrodynamik — ob durch Zahlenwertgleichungen oder Größengleichungen, in Größensystemen von Dreier-Größen oder Vierer-Größen — spiegeln sich teilweise auch in dem derzeitigen Stand der Gesetzgebung der verschiedenen Länder wider. Nach dem von der 9. Generalkonferenz für Maß und Gewicht 1948 sanktionierten Übergang von den „internationalen" zu den „absoluten" elektrischen Einheiten (Abschnitt 2b) sollten letztere in allen der Meterkonvention angeschlossenen Staaten legalisiert sein.

In *Deutschland* ist nach wie vor das alte Reichsgesetz vom 1. 6. 1898 betreffend die elektrischen Maßeinheiten *[D 31]* in Kraft, in dem die „internationalen" Einheiten Ω_{int}, A_{int}, V_{int} als gesetzliche Einheiten festgelegt sind. Die äußeren Umstände der Nachkriegszeit haben bislang die Schaffung eines neuen Einheitengesetzes verhindert. PTB und DAMG beglaubigen jedoch seit 1950 Normalwiderstände, Normalelemente und andere elektrische Normale in „internationalen" *und* „absoluten" elektrischen Einheiten *[D 28; P 31; P 39]*.

In *Großbritannien* und den *USA* hält man in neu erlassenen Einheitengesetzen an der in früheren Gesetzen niedergelegten Konzeption fest, daß die seit 1948 international vereinbarten „absoluten" elektrischen Einheiten aus den drei Grundeinheiten des CGS-Systems abzuleiten, also mit den emE dimensionsgleich seien. The Weights and Measures (Electrical Standards) Order, 1949 *[G 40]* definiert in Schedule, Part I:

"Fundamental Units

The fundamental electrical units are the units agreed as such at an international conference on electrical units and standards held in London in October, 1908, (the magnitudes thereof being determined on the electromagnetic system of measurement, with reference to the centimetre as the unit of length, the gram as the unit of mass and the second as the unit of time) and comprising: —

   (a) the ohm, the unit of electrical resistance, the value thereof being one thousand million in terms of the centimetre and the second;

   (b) the ampere, the unit of electrical current, the value thereof being one tenth in terms of the centimetre, the gram and the second;

   (c) the volt, the unit of electromotive force, the value thereof being one hundert million in terms of the centimetre, the gram and the second."

In einer Verordnung vom 21. Juli 1950 *[V 10]* hat der 81. Kongreß die elektrischen Einheiten folgendermaßen definiert:

"That from and after the date this Act is approved, the legal units of electrical and photometric measurement in the United States of America shall be those defined and established as provided in the following sections.

SEC. 2. The unit of electrical resistance shall be the ohm, which is equal to one thousand million units of resistance of the centimeter-gram-second system of electromagnetic units.

SEC. 3. The unit of electric current shall be the ampere, which is one-tenth of the unit of current of the centimeter-gram-second system of electromagnetic units.

SEC. 4. The unit of electromotive force and of electric potential shall be the volt, which is the electromotive force that, steadily applied to a conductor whose resistance is one ohm, will produce a current of one ampere.

SEC. 5. The unit of electric quantity shall be the coulomb, which is the quantity of electricity transferred by a current of one ampere in one second.

SEC. 6. The unit of electrical capacitance shall be the farad, which is the capacitance of a capacitor that is charged to a potential of one volt by one coulomb of electricity.

SEC. 7. The unit of electrical inductance shall be the henry, which is the inductance in a circuit such that an electromotive force of one volt is induced in the circuit by variation of an inducing current at the rate of one ampere per second.

SEC. 8. The unit of power shall be the watt, which is equal to ten million units of power in the centimeter-gram-second system, and which is the power required to cause an unvarying current of one ampere to flow between points differing in potential by one volt.

SEC. 9. The units of energy shall be (a) the joule, which is equivalent to the energy supplied by a power of one watt operating for one second, and (b) the kilowatt-hour, which is equivalent to the energy supplied by a power of one thousand watts operating for one hour.''

Die Ausführungsverordnung vom 14. 1. 1948 *[F 24]* zum französischen Einheitengesetz vom 2. 4. 1919 *[F 23]* definiert die elektrischen Einheiten nach dem vom Internationalen Komitee für Maß und Gewicht 1946 empfohlenen Schema (Abschnitt 2b). Die Formulierung der in *Frankreich* gesetzlichen elektrischen Einheiten läßt es also offen, ob es sich um Dreier- oder Vierer-Einheiten handeln soll.

Das *östereichische* Bundesgesetz vom 5. 7. 1950 über das Maß- und Eichwesen (Maß- und Eichgesetz — MEG.; *[O 2]*) macht auch keinen Unterschied zwischen Grund- und abgeleiteten Einheiten und definiert daher im § 1 unter Nr. 14 bis 20 die elektrischen Einheiten Ampere, Coulomb, Volt, Ohm, Farad, Weber und Henry analog dem vom internationalen Komitee für Maß und Gewicht 1946 gegebenen indifferenten Empfehlungen (Abschnitt 2b).

Die Verordnung über elektrische und magnetische Einheiten, die am 1. 5. 1948 für die *Sowjetunion* in Kraft trat, unterscheidet zwischen Grundeinheiten und abgeleiteten Einheiten. Sie legt praktisch das MKSA-System fest und bedient sich dabei der für das Vierer-System charakteristischen Festsetzung (337) für die magnetische Feldkonstante μ_0. Das MKSA-System wird über die vier Grundeinheiten Meter, Kilogramm, Sekunde und „Magn" eingeführt. Das „Magn" ist als Einheit der absoluten Permeabilität definiert

$$1 \text{ Magn} = \frac{10^7}{4\,\pi}\mu_0 = 795\,774{,}7\,\mu_0. \tag{398}$$

Mit (337) gilt also

$$1 \text{ Magn} = \frac{\text{N}}{\text{A}^2} = \frac{\text{H}}{\text{m}}\cdot \tag{399}$$

1954 wurde in der Sowjetunion das Magn durch das Ampere als elektrische Grundeinheit ersetzt *[C 136]*.

Im *schweizerischen* Bundesgesetz vom 1. 4. 1949 betreffend die Abänderung des Bundesgesetzes über Maß und Gewicht *[S 18]* wird eine elektrische „Haupteinheit" (unité légale principale), und zwar das Ampere, eingeführt, aus der die übrigen elektrischen Einheiten unter Zuhilfenahme von Meter, Kilogramm und Sekunde abgeleitet werden; es heißt dort:

„Art. 1

Die Art. 9, 10, 11, 12, 13 und 14 des Bundesgesetzes vom 24. Juni 1909 über Maß und Gewicht werden aufgehoben und durch folgende Bestimmungen ersetzt:
......

Art. 13. Die gesetzliche Haupteinheit der elektrischen Stromstärke ist das Ampère (Symbol: A).

Das Ampère ist der Strom, der durch zwei in einem Abstand von einem Meter parallel zueinander im leeren Raum angeordnete geradlinige, unendlich lange Leiter von vernachlässigbarem kreisförmigen Querschnitt unveränderlich fliessend zwischen diesen Leitern eine Kraft von $2 \cdot 10^{-7}$ Newton je Meter Länge hervorrufen würde.

Art. 13bis. Die Einheiten weiterer elektrischer Größen werden von den drei gesetzlichen Haupteinheiten für Länge, Masse und Zeit und von derjenigen der Stromstärke abgeleitet."

Auch in der Schweiz ist also das MKSA-System als Einheitensystem mit vier Grundeinheiten gesetzlich verankert *[E 4]*.

1948 hat die 9. Generalkonferenz für Maß und Gewicht auf Anregung der IUPAP in der Résolution 6 *[C 127]* sich für die Aufstellung eines internationalen praktischen Einheitensystems (Abschnitt 2, 3d) entschieden. Es soll auf den Grundeinheiten des MKS-Systems und zusätzlich einer elektrischen Grundeinheit aufbauen. Als Diskussionsentwurf diente ein von der französischen Delegation der Generalkonferenz vorgelegtes Dokument *[C 132]*, das die sechs „unités principales" m, kg, s, A, °C und cd vorsieht. Das Gesamtprojekt, das zu einer einheitlichen Einheiten-Gesetzgebung bei allen Signatarstaaten der Meterkonvention führen soll, befindet sich im Stadium eingehender Prüfung und Diskussion bei den Mitgliedern der Meterkonvention und dem Internationalen Komitee für Maß und Gewicht *[C 187]*. Als erstes Ergebnis hat 1954 die 10. Generalkonferenz für Maß und Gewicht *[C 136]* sechs Einheiten als Basiseinheiten für ein internationales praktisches Einheitensystem in der Résolution 6 angenommen: m, kg, s, A, °K und cd (Abschnitt 2, 3d). Das Technische Komitee 12 der ISO übernahm in seinem letzten Vorschlag für eine allgemeine ISO-Empfehlung die Basiseinheiten der Meterkonvention *[I 25]*.

FÜNFTER TEIL:

AKUSTIK UND PHONOMETRIE — OPTISCHE STRAHLUNG UND PHOTOMETRIE

In diesem Buchteil fassen wir eine Reihe von Größenarten aus auf den ersten Blick sehr heterogen erscheinenden Gebieten zusammen. Die Akustik ist als Teil der Mechanik zu behandeln, die optische Strahlung aufs engste mit Elektrodynamik oder Thermodynamik verknüpft. Strahlung wird aber nicht nur nach physikalisch definierten und meßbaren Größen — beispielsweise nach ihrer physikalischen Leistung — bewertet, sondern auch nach ihrer Wirkung auf die menschlichen Sinnesorgane, in der Akustik und Optik also auf Ohr und Auge des Menschen. Die Teile der Akustik und der Optik, die in ihre Arbeitsmethoden den physikalischen Reiz und die Empfindung von Ohr und Auge mit ein beziehen, nennt man „Phonometrie" und „Photometrie" *[z. B. P 62; P 64]*. Sie haben einen wesentlichen Zug gemeinsam: In der Messung und Beurteilung der durch sie behandelten Vorgänge sind beide Wissenschaftszweige unmittelbar oder mittelbar auf die Funktion der menschlichen Sinnesorgane des Ohres und Auges mitangewiesen. Daher trägt in beiden Gebieten eine große Zahl von Größen einen physiologischen Charakter.

In der physikalischen Akustik und optischen Strahlungslehre werden die schon in vorhergehenden Buchteilen behandelten Größenarten der Mechanik, Elektrodynamik oder Thermodynamik benutzt.

Für praktische Messungen in der Phonometrie und Photometrie sind die von Ohr und Auge bewerteten Schall- und Lichtleistungen von entscheidender Bedeutung. Es gehen also in die Messungen stets die frequenzabhängige Ohr- oder Augenempfindlichkeit ein. Die zugehörigen Intensitätsgrößen, Lautstärke und Lichtstärke, werden bei der Messung physiologisch bewertet. Dieser Sachverhalt bleibt auch grundsätzlich erhalten, wenn man die individuellen Unterschiede in der Ohr- und Augenempfindlichkeit der einzelnen Beobachtungspersonen durch Festlegung von Normalempfindlichkeiten eines Standard-Beobachters auszumerzen sucht, wie es in der Phonometrie durch Einführung einer „objektiv" zu messenden Lautstärke und in der Photometrie durch die Benutzung der international vereinbarten relativen Augenempfindlichkeitsfunktionen V_λ und V'_λ in weitgehendem Maße geschieht.

Die spezifisch physiologischen Elemente in der Lautstärke- und Lichtstärkeeinheit lassen sich nicht mehr in den Rahmen rein physikalisch definierter Einheiten, wie z. B. der Einheitensysteme der Mechanik und Elektrodynamik, einordnen. Man kann daher die phonometrischen und photometrischen Einheiten nicht über die sonst üblichen Dimensionsbetrachtungen aus den Grundeinheiten rein physikalischer Einheitensysteme ableiten. Vielmehr müssen sie unter Berücksichtigung der physiologischen Einflüsse auf die Beurteilung und Bemessung der zugehörigen Größenarten der Phonometrie oder Photometrie erläutert und definiert werden.

Daher sehen wir zunächst davon ab, in irgendeinem, möglicherweise auch erweiterten, Dimensionssystem für die Größenarten der Phonometrie und der Photometrie Dimensionsausdrücke zu entwickeln. Statt dessen fassen wir die in Phonometrie und Photometrie wesentlichen Größenarten mit ihren Definitionsbeziehungen zusammen und behandeln die zugehörigen phonometrischen und photometrischen Einheiten nach ihrer Einführung und ihrem wechselseitigen Zusammenhang.

Zur Messung der rein physikalischen Größenarten in Akustik und optischer Strahlungslehre stehen die auch sonst gebräuchlichen physikalischen Einheiten zur Verfügung. Soweit erforderlich und der Definition der phonometrischen und photometrischen Einheiten nach möglich, geben wir die Umrechnungsfaktoren zwischen ihnen und den physikalischen Einheiten an.

Die phonometrischen Größenarten, wie Lautstärke, Lautheit und Tonhöhenempfindung, werden als logarithmische Verhältnisse zweier Größen gleicher Art definiert oder auf solche bezogen. Daher besteht bislang keine Notwendigkeit, in der Phonometrie eine eigene Grundgrößenart einzuführen. Dagegen hat sich für die Photometrie allmählich eine Darstellung herausgebildet, welche die physiologische Bewertung der optischen Strahlung nicht „dimensionslos" in die physikalischen Strahlungsgrößenarten einbezieht, sondern auf der Einführung einer photometrischen Grundgrößenart fußt. Hierdurch wird die Einordnung der photometrischen Größenarten in ein besonderes Dimensionssystem nahe gelegt, die allerdings erst nach der Behandlung der Größenarten und Einheiten in der Photometrie vorgenommen werden soll.

Kapitel I

Größenarten der Akustik und Phonometrie

1. Physikalisch-akustische Größenarten und ihre Einheiten

Eine Reihe von Größenarten der allgemeinen Akustik und Raumakustik einschließlich der phonometrischen Begriffe haben wir in der Tafel **27** zusammengefaßt. Spalte 1 enthält die Bezeichnung der Größenart, Spalte 2 das für sie übliche Formelzeichen und Spalte 3 eine kurze Definitionsbeziehung, soweit sie sich nicht auf Grund früherer Angaben in der Mechanik erübrigt (z. B. für Wellenlänge, Frequenz). Die akustischen Größenarten, die zur Kennzeichnung des Schallfeldes dienen, wie Schallausschlag, Schallschnelle, Schalldruck, sind dem üblichen Brauch folgend als harmonische Zeitfunktionen über das allgemeine Glied $e^{j\omega t}$ angesetzt worden. Die durch die kleinen Buchstaben a, v, p bezeichneten Größen stellen Momentanwerte dar, während die Betragssymbole $|a|$, $|v|$, $|p|$ die zugehörigen Maximalamplituden darstellen. Die Effektivwerte kennzeichnen wir durch Anfügen des Index $_{eff}$. p bedeutet hier, wie in der Akustik allgemein üblich, nicht den in der Mechanik durch das gleiche Symbol gekennzeichneten Gesamtdruck im Schallmedium, sondern die in der Schallwelle auftretende und dem statischen Druck im Schallmedium überlagerte Schallwechseldruckamplitude. Den Gesamtdruck p_{ges} im Schallmedium erhält man als Summe aus statischem oder atmosphärischem Druck p_a und Schalldruck p

$$p_{ges} = p_a + p. \tag{1}$$

Der Phasenwinkel φ zwischen Schallschnelle und Schalldruck wird durch das Verhältnis von Wellenlänge zum Abstand r der fortschreitenden Schallwellenfront vom Zentrum der Schallwelle bestimmt. Für ebene Schallwellen ($r = \infty$) verschwindet theoretisch diese Phasenverschiebung.

In einer fortschreitenden Schallwelle sind die zur Beschreibung des Schallfeldes dienenden Größen a, v, p usw. Funktionen von Ort und Zeit. Die Ortsabhängigkeit ist in den Definitionsbeziehungen der Tafel **27** nicht zum Ausdruck gebracht worden.

Beim zahlenmäßigen Rechnen ist für die durch den Faktor $e^{j\omega t}$ gekennzeichneten harmonischen Zeitfunktionen stets entweder der Imaginärteil oder der Realteil zu verwenden; im allgemeinen wird der Realteil benutzt. Die energetischen Größenarten Schalldichte, Schalleistung, Schallstärke sind als zeitliche Mittelwerte über die Periodendauer $2\pi/\omega$ definiert (ω: Kreisfrequenz).

In der Akustik sind für die CGS-Einheiten einiger Größenarten besondere Bezeichnungen üblich geworden

$$\text{Spez. Schallimpedanz: } \mathrm{cm^{-2}\,g\,s^{-1}} = \frac{\mu\mathrm{bar}}{\mathrm{cm/s}} = \mathrm{Rayl} \tag{2}$$

$$\text{Akustische Impedanz: } \mathrm{cm^{-4}\,g\,s^{-1}} = \frac{\mu\mathrm{bar}}{\mathrm{cm^3/s}} = \text{akustisches Ohm} \tag{3}$$

$$\text{Mechanische Impedanz: } \mathrm{g\,s^{-1}} = \frac{\mathrm{dyn}}{\mathrm{cm/s}} = \text{mechanisches Ohm.} \tag{4}$$

Bei der Definition der raumakustischen Größenart Schallabsorptionsvermögen A tritt eine Summe auf, falls die betrachteten Wandflächen mehrschichtig zusammengesetzt sind. Dabei beziehen sich die einzelnen Summenglieder $\alpha_\nu S_\nu$ auf die Stoffkoeffizienten α_ν und die geometrischen Abmessungen S_ν der ν-ten Schicht.

Die Schallpegeldifferenz ist über das Verhältnis der vor (E_1) und hinter (E_2) einer schalldämmenden Wand gemessenen Schalldichte definiert. Mit Rücksicht auf die annähernd logarithmische Empfindlichkeitsskala des menschlichen Ohres wurde nicht das Verhältnis E_1/E_2 selbst einer Definition zugrunde gelegt, sondern sein dekadischer Logarithmus. Die Größe

$$D' = \lg \frac{E_1}{E_2} \tag{5a}$$

ist als unbenannte Zahl dimensionslos. Man „mißt" sie in der arithmetischen Zählungseinheit Bel (B)[1]; d. h. man fügt an den Zahlenwert für den Logarithmus des gemessenen Schalldichteverhältnisses zur Kennzeichnung dieses Zahlenwertes als Schallpegeldifferenz das Symbol B an. Es beträgt also die Schallpegeldifferenz

$$D' = 1\,\text{B} \qquad \text{falls} \qquad D' = \lg \frac{E_1}{E_2} = 1, \tag{5a'}$$

mit der Identität

$$\text{Bel} \equiv 1. \tag{5a''}$$

Um bei den Zahlenangaben für die Schallpegeldifferenz möglichst Dezimalstellen hinter dem Komma zu erübrigen, erwies es sich in Anbetracht der in der Praxis beobachteten Größenordnung für die Werte der Schallpegeldifferenz als zweckmäßig, anstelle von D' eine 10mal größere Schallpegeldifferenz D zu definieren

$$D = 10 \cdot \lg \frac{E_1}{E_2}. \tag{5b}$$

D „mißt" man in Dezibel (dB); d. h. man kennzeichnet die Zahlenwerte der durch (5b) definierten dimensionslosen Schallpegeldifferenz D durch den Zusatz des Symbols dB. Man macht also für die Schallpegeldifferenz die Angabe *[M 4]*

$$D = 1\,\text{dB} \qquad \text{falls} \qquad D = 10 \cdot \lg \frac{E_1}{E_2} = 1, \tag{5b'}$$

mit der Identität

$$\text{Dezibel} \equiv 1. \tag{5b''}$$

In die Tafel 27 haben wir die Definition (5b) für die Schallpegeldifferenz aufgenommen.

Früher wurde entsprechend dem Dämpfungsmaß in der Fernmeldetechnik anstelle des B das Neper (Np)[1] benutzt. Auch diese Zählungseinheit ist wie das B und das dB nur ein hervorhebender Name, ein Hinweis für die Einheit Eins der normalen Zahlenreihe bei einer weiteren Definition D'' der Schallpegeldifferenz. Während sich D' und D aus dem dekadischen Logarithmus des Schalldichteverhältnisses herleiten, bezieht sich D'' auf den natürlichen Logarithmus des Schalldruckverhältnisses

$$D'' = \ln \left| \frac{p_1}{p_2} \right|. \tag{5c}$$

In dieser Definition ergibt sich als Dämpfungsgröße

$$D'' = 1\,\text{Np} \qquad \text{falls} \qquad D'' = \ln \frac{|p_1|}{p_2} = \frac{1}{2} \cdot \ln \frac{E_1}{E_2} = 1, \tag{5c'}$$

mit der Identität

$$\text{Neper} \equiv 1. \tag{5c''}$$

Die drei verschiedenen Definitionsarten (5a), (5b) und (5c) für Dämpfungsgrößen sind miteinander durch die Relation

$$D = 10 \cdot D' = 20 \cdot \lg e \cdot D''$$
$$= 8{,}6859 \cdot D'' \tag{6}$$

verknüpft.

Die Dämpfungsgrößen D und D' sind als dekadische Logarithmen von Verhältnissen von *Amplitudenquadraten* (Leistungen oder Energien) definiert, D'' dagegen als natürlicher Logarithmus von Verhältnissen von *Amplituden* (Druckamplituden in der Akustik, Spannungs- oder Stromstärkenamplituden in der Elektrotechnik). Heute werden die Dämpfungsgröße D und die Zählungseinheit Dezibel auch auf *Amplituden*-Verhältnisse bezogen. Beispielsweise ist es in der Phonometrie weitgehend üblich, die Lautstärke als 20fachen dekadischen Logarithmus eines Schalldruckverhältnisses einzuführen und zu benutzen (Abschnitt 2a), sowie die Lautstärkewerte, anstatt in Phon, in Dezibel anzugeben *[siehe z. B. auch A 5; A 7]*. Das führt zu einer von manchen Autoren *[z. B. H 7; H 20; H 64; H 65]* beklagten Mehrdeutigkeit der ursprünglichen Definitionen (5a) und (5b). Um die Doppeldeutigkeit im Gebrauch des Dezibel zu beseitigen, hat kürzlich *Green [G 24]* einen zweckmäßigen Vorschlag gemacht. *Green* empfiehlt, bei Ausdehnung der logarithmischen Skala auf den (10fachen)

---

[1] Bel und Neper wurden 1928 vom International Advisory Committee on Long Distance Telephony für Europa angenommen. Amerikanische Vorgänger waren das „mile of standard cable" *[siehe z. B. M 3]* und das von *Hartley [H 19]* vorgeschlagene und 1924 vom Bell System unter dem Namen „transmission unit" übernommene dekadisch-logarithmische Leistungsverhältnis.

dekadischen Logarithmus des Verhältnisses zweier Werte einer *beliebigen* Größe die Zählungseinheit „Dezilog" (dg) zu nennen und die Bezeichnung Dezibel nur ihrer ursprünglichen Definition (5b) vorzubehalten. Das American Standards Association *C 42* Subcommittee on Definitions of Communication Terms hat für die Aufnahme in die American Standard ASA *[C 42]* bereits eine Definition des Dezilog angenommen, die folgendermaßen lautet:

"*Decilog* (dg): The decilog is a division of the logarithmic scale used for measuring the logarithm of the ratio of two values of any quantity. Its value is such that the number of decilogs is equal to 10 times the logarithm to the base 10 of the ratio. One decilog therefore corresponds to a ratio of $10^{0,1}$ (i. e. 1.25892+).

Note: The decilog is intended to supplement, and not to supplant, the decibel."

Das Dezilog ist jetzt international zur Diskussion gestellt und zur Annahme vorgeschlagen worden.

Die in der Praxis viel gebrauchten Zusätze dB, B und Np sollen zur Bezeichnung der jeweils benutzten Definition für die dimensionslose Größe der Schallpegeldifferenz dienen und stellen nur eine Umschreibung der allgemeinen arithmetischen Zählungseinheit Eins dar (Abschnitt 1, 8). Es haben sich eben für die Schallpegeldifferenz im Laufe der Zeit drei verschiedene Größendefinitionen herausgebildet, die als dimensionslose Zahlen alle drei in der gleichen Zählungseinheit Eins gezählt werden. Diesen Tatbestand legt man in einer für die Bedürfnisse des praktischen Rechnens vielleicht zweckmäßigen, grundsätzlich aber nicht korrekten Erweiterung des Einheitenbegriffes vielfach so aus, als ob nicht drei verschiedene dimensionslose Dämpfungsgrößen D, D' und D'' in der gleichen Zählungseinheit Eins gezählt werden, sondern die Größe Schallpegeldifferenz in drei verschiedenen Einheiten dB, B und Np „gemessen" würde. In dieser Auffassung wird zwischen den „Einheiten" eine Umrechnungsbeziehung der Form

$$1\ \mathrm{Np} = 0{,}86859\ \mathrm{B} = 8{,}6859\ \mathrm{dB} \tag{7}$$

aufgestellt, die den Charakter der Zusätze Np, B und dB als Umschreibungen der Zählungseinheit Eins verschleiert.

Über die Abkürzungen für Dezibel und Neper herrscht bislang noch keine einheitliche Auffassung. Neben dB und Np werden in der Nachrichtentechnik, vor allem in Großbritannien und den Vereinigten Staaten von Nordamerika, die Zeichen db und N benutzt, während früher in Europa auch np üblich war. Man wehrt sich in diesen Kreisen sehr dagegen, zu den Symbolen dB und Np überzugehen: einmal will man eine bislang geübte Gepflogenheit nicht formalen Richtlinien opfern, die 1948 die 9. Generalkonferenz für Maß und Gewicht in der Résolution 7 über die Bildung von Einheitensymbolen aufgestellt hat (Abschnitt 1, 8); zum anderen wird eingewendet, daß auch beim gleichen Symbol N für Neper und Newton eine Verwechslung nicht zu befürchten sei; ebenso unterscheide sich das Zeichen b für Bel hinreichend vom Symbol bar für Bar, für das allerdings, besonders in der Akustik und Meteorologie, oft nur „b" benutzt wird (Abschnitt 2, 6) und das in den die Phonskala definierenden Gleichungen (10) vorkommt.

Die physikalische Akustik läßt sich in ihren Erscheinungen in eine mechanische Darstellung einordnen. Man könnte daher alle akustischen Größenarten in den abgeleiteten Einheiten eines der mechanischen Einheitensysteme messen. Indessen hat sich in der Praxis des akustischen Messens die Gewohnheit entwickelt, für die einzelnen Größenarten Einheiten zu benutzen, wie sie gerade ihrem Betrage nach jeweils geeignet und zweckmäßig erscheinen, ohne dabei auf irgendwelche Bindungen durch Einheitensysteme Rücksicht zu nehmen. Wir haben daher in die 4. Spalte der Tafel 27 die für die einzelnen Größen praktisch benutzten Einheiten eingetragen. Von der Aufstellung irgendwelcher Umrechnungstafeln für die Zahlenwerte akustischer Größen können wir hier Abstand nehmen, da die in Tafel 27 angegebenen Einheiten die im allgemeinen üblichen und die Umrechnungsbeziehungen dieser Einheiten zu anderen gleicher Art bereits in den Textteilen und Tafeln zur Mechanik und Elektrizität enthalten sind.

2. Phonometrische Größenarten und ihre Einheiten

Die Ergebnisse der Untersuchungen über den Zusammenhang zwischen subjektiver Lautstärkenempfindung, auch „Lautheit" genannt, und der als Leistungsdichte physikalisch definierten Schallstärke führten zur Begriffsbestimmung der physiologisch-akustisch definierten Größenart Lautstärke. Ihre Festlegung nimmt auf die Abhängigkeit der menschlichen Ohrempfindlichkeit von Frequenz und Schallstärke Rücksicht. Der nach dem Weber-Fechnerschen Gesetz zu erwartende logarithmische Zusammenhang zwischen Empfindung und Reiz, auf den sich beispielsweise schon die rein physikalische Definition der Schallpegeldifferenz in der Raumakustik und das zugeordnete „Dezibel-Maß" gründen, erwies sich nur als näherungsweise gültig: Gleiche Reize (physikalisch definiert und gemessen durch gleiche Schallstärken und Schalldrucke am Sender oder durch gleiche Bestrahlungsstärken am Empfänger) rufen bei verschiedenen Frequenzen sehr unterschiedliche Lautheitsempfindungen hervor. Diagramme zwischen Frequenz f und Schallstärke J oder Schalldruck p über den gesamten hörbaren Bereich (etwa 16 Hz $< f <$ 16000 Hz und 10^{-10} µW/cm² $< J < 10^3$ µW/cm²) bezeichnet man als Hörfläche. Die in die Hörfläche eingetragenen Kurven gleicher Lautstärke (d. h. gleicher Lautheitsempfindung) fußen auf den Resultaten von *Fletcher* und *Munson [F 19]*, die ausgedehnte Meßreihen an zahlreichen Beobachtungspersonen aufgenommen haben. Untersuchungen zur Verbesserung der Hörfläche im Gebiet tiefer und hoher Frequenzen sind noch im Fluß.

a) Die subjektiv gemessene Lautstärke. Um zu einer Definition und einem Meßverfahren für die physiologisch bedingte Lautheitsempfindung, die in nicht mehr einfach darstellbarer Weise von der Schallfrequenz abhängt, zu gelangen, einigte man sich, die Lautstärke eines Schalles als Maß der subjektiven Lautheitsempfindung durch Hörvergleich mit einem Normalschall festzulegen und festzustellen. Definition und Meßverfahren sind für Deutschland im Normblatt DIN 1318 „Einheit der Lautstärke" *[D 19]* niedergelegt worden.

Als Normalschall dient eine ebene fortschreitende Schallwelle der Frequenz $f_n = 10^3$ Hz von meßbar veränderlicher Schallstärke J' oder Schalldruck p'. Der Normalschalldruck p' wird so eingestellt, daß der Normalschall mit dem Schalldruck p' als gleich laut empfunden wird wie der zu untersuchende oder zu messende Schall. Die Art der *subjektiven* Beurteilung gleicher Lautheit durch eine größere Anzahl „normal" hörender Beobachter ist dabei genau festgelegt, ebenso die Messung des als gleichlaut empfundenen Normalschalldruckes. Der Normalschalldruck p' wird bei allen Lautstärkemessungen auf einen Bezugsschalldruck p_0 bezogen, dessen Größe etwa der Hörschwelle für den 10^3 Hz-Ton entspricht.

Als Lautstärke L wird auf Grund des in Annäherung gültigen Weber-Fechnerschen Gesetzes eine Größe mit logarithmischer Maßstabstufung definiert, und zwar der 20-fache dekadische Logarithmus des effektiven Schalldruckverhältnisses p'_{eff}/p_{0eff}

$$L = 20 \cdot \lg \frac{p'_{eff}}{p_{0eff}} = 10 \cdot \lg \frac{J'}{J_0} \cdot \tag{8}$$

Dabei hängt die Schallstärke J' des als gleichlaut empfundenen Normalschalls mit dem zugehörigen effektiven Schalldruck p'_{eff} und dem Schallkennwiderstand Z_0 über die Beziehung

$$J' = \frac{p'^2_{eff}}{Z_0} = \frac{p'^2_{eff}}{\varrho\,c} \tag{9}$$

zusammen.

Der Lautstärke L kommt als dimensionsloser Größe genau wie der Schallpegeldifferenz keine dimensionsbehaftete physikalische Einheit zu. Ihre Zahlenwerte werden als Lautstärkewerte durch den Zusatz „phon" gegenüber beliebigen anderen Zahlen hervorgehoben. Die arithmetische Zählungseinheit phon, die gleich der Einheit Eins der normalen Zahlenreihe ist, wird vor allem in der technisch-akustischen Literatur benutzt. Man bezeichnet eine Lautstärke als

$$L = 1 \text{ phon} \qquad \text{falls} \qquad L = 20 \cdot \lg \frac{p'_{eff}}{p_{0eff}} = 1, \tag{8a}$$

mit der Identität

$$\text{Phon} = 1. \tag{8a'}$$

Der hier eingehende Bezugsschalldruck p_{0eff} hat im Laufe der Zeit seinen Wert geändert. Früher war er in Deutschland festgelegt als

$$p_{0eff\,alt} = \sqrt{10 \cdot 10^{-4}}\ \text{µbar}. \tag{10a}$$

Auf Grund der Beschlüsse der ersten Tagung des zwischenstaatlichen Akustischen Ausschusses — Komitee 43, 3b der International Federation of Standardizing Associations (ISA) — zu Paris im Jahre 1937 wurde die Festsetzung (10a) abgeändert in

$$p_{0eff} = 2 \cdot 10^{-4}\ \text{µbar}. \tag{10b}$$

Man muß also in der Literatur darauf achten, auf welche Festlegung des Bezugsschalldruckes $p_{0_{eff}}$ sich die „phon"-Angaben für die Lautstärke beziehen. Zur Vermeidung von Irrtümern wurde teilweise eine ausdrückliche Kennzeichnung der alten Definition für die Lautstärke empfohlen:

$$L_{alt} = 20 \cdot \lg \frac{p'_{eff}}{\sqrt{10 \cdot 10^{-4}\,\mu\text{bar}}}, \tag{10a'}$$

Zahlenangaben mit dem Zusatz „alte phon"

gegenüber der heute allgemein gebräuchlichen Definition

$$L = 20 \cdot \lg \frac{p'_{eff}}{2 \cdot 10^{-4}\,\mu\text{bar}}, \tag{10b'}$$

Zahlenangaben mit dem Zusatz „phon".

Zahlenwertangaben für die Lautstärke nach der Definition (10a') oder (10b') unterscheiden sich um den konstanten Betrag

$$L - L_{alt} = 20 \cdot \lg \frac{\sqrt{10 \cdot 10^{-4}}}{2 \cdot 10^{-4}} = 3,9794. \tag{11}$$

Man findet daher in der Literatur vielfach die Bemerkung, daß die Zahlenwerte für L um etwa 4 „phon" höher liegen als die entsprechenden für L_{alt}.

Bei dem ganzen Definitions- und Meßverfahren bleibt der wahre Schalldruck p des zu untersuchenden Schalles außer Betracht und zunächst unbekannt. Es wird lediglich der effektive Normalschalldruck p'_{eff} des als gleichlaut empfundenen Normalschalles festgestellt und dann gemäß (10b') die Lautstärke L bestimmt. Kennt man die Frequenz des zu untersuchenden Tones oder die für die Lautheitsempfindung maßgebliche Frequenz des zu untersuchenden Geräusches, so kann man nachträglich aus den Kurven gleicher Lautstärke L in der Hörfläche den zugehörigen wahren Schalldruck p_{eff} des gemessenen Schalles ablesen. Man beachte jedoch hierbei, daß eine zweimalige Mittelung über die Ohrempfindlichkeit verschiedener normal hörender Beobachter eingeht — einmal bei der Aufstellung der Kurven gleicher Lautstärke durch *Fletcher* und *Munson* und zum anderen bei der Bestimmung des als gleichlaut empfundenen Normalschalldruckes p'_{eff}.

Die Bezugsschallstärke J_0 ergibt sich mit (10b) und (9) zu

$$J_0 = \frac{p_{0_{eff}}^2}{\varrho c} = \frac{4 \cdot 10^{-8}\,\mu\text{bar}^2}{\varrho c}. \tag{9a}$$

Lautstärkemessungen werden der Definition der Lautstärke entsprechend im allgemeinen in Luft durchgeführt. Die Schallgeschwindigkeit beträgt als Mittelwert aus den Meßergebnissen von *Sherratt* und Mitarbeitern *[K 7; S 25]*, *Kao [K 6]* und *Grabau [G 23]* in trockener Luft im physikalischen Normzustand ($p_0 = 1$ atm; $\theta_0 = 0$ °C)

$$c_{p_0}^{\theta_0} = 331,7\ \text{m/s}, \tag{12a}$$

im Normzustand der Akustik ($p_0 = 1$ atm; $\theta = 20$ °C; 3,94a)

$$c_{p_0}^{20\,°C} = 343,6\ \text{m/s}. \tag{12b}$$

Mit den Dichtewerten *[R 30]*

$$(\varrho)_{p_0}^{\theta_0} = 0,0012931\ \text{g/cm}^3 \tag{13a}$$

$$(\varrho)_{p_0}^{20\,°C} = 0,0012046\ \text{g/cm}^3 \tag{13b}$$

folgt dann für den Schallkennwiderstand der Luft $Z_0 = \varrho c$ gegenüber einer ebenen Schallwelle mit der Einheitenbezeichnung (2)

$$(\varrho\,c)_{p_0}^{\theta_0} = 42,89\ \text{Rayl} \tag{14a}$$

$$(\varrho\,c)_{p_0}^{20\,°C} = 41,39\ \text{Rayl}. \tag{14b}$$

Unter Annahme eines Wertes von $\varrho c = 40$ Rayl ergibt sich für die Bezugsschallstärke unter Beachtung von (9a)

$$J_0 = \frac{4 \cdot 10^{-8}\,\mu\text{bar}^2}{40\ \text{Rayl}} = \frac{4 \cdot 10^{-8}\ (\text{dyn/cm}^2)^2}{40\ \text{g/(s cm}^2)} = 10^{-9}\ \frac{\text{erg}}{\text{s cm}^2} = 10^{-10}\ \frac{\mu\text{W}}{\text{cm}^2}. \tag{9a'}$$

Der Vollständigkeit halber geben wir noch an, für welche Temperatur- und Druckwerte der Luft $\varrho\,c$ = 40 Rayl wird. Allgemein gilt

$$\varrho\,c = \sqrt{\varrho\,|p|\,\varkappa} = \sqrt{\frac{p^2\,\varkappa}{R_m\,T}} \tag{15}$$

oder

$$|p| = \varrho\,c\,\sqrt{\frac{R_m}{\varkappa}}\cdot\sqrt{T}. \tag{16}$$

Das Verhältnis der spezifischen Wärmen beträgt für Luft *[S 7; S 8]*

$$\varkappa = 1{,}403. \tag{17}$$

Die spezifische Gaskonstante (3,128) für Luft berechnen wir nach der Beziehung

$$R_m\,(\text{Luft}) = \frac{p\,v_m\,(\text{Luft})}{T} = \frac{p}{T\,\varrho(\text{Luft})} \tag{18}$$

am einfachsten aus den Daten der Luft im physikalischen Normzustand

$$p = p_0 = 1\ \text{atm} = 1{,}013\,250 \cdot 10^6\ \text{dyn/cm}^2 \tag{2,105'}$$

$$T = T_0^{*} = 273{,}15\ {}^\circ\text{K}(\text{Int. 1948}) \tag{6,151}$$

$$\varrho(\text{Luft})_{p_0}^{T_0^{*}} = 1{,}293\,1 \cdot 10^{-3}\ \text{g/cm}^3 \tag{13a}$$

zu

$$R_m\,(\text{Luft}) = \frac{p_0}{T_0^{*}\,\varrho(\text{Luft})_{p_0}^{T_0^{*}}} = 2{,}868\,7 \cdot 10^6\ \text{erg grd}^{-1}\,\text{g}^{-1} \tag{18a}$$

und somit

$$\sqrt{\frac{R_m}{\varkappa}} = 1{,}429\,9 \cdot 10^3\ \text{cm grd}^{-1/2}\text{s}^{-1}. \tag{19}$$

Alle Zustände der Luft, für die $\varrho\,c$ = 40 Rayl gilt, werden durch Wertepaare $(p,\ T)$ charakterisiert, die man folgendermaßen auffindet. Trägt man in einem Zustandsdiagramm der Luft p als Funktion von T auf, so liegen die gesuchten Zustände in dieser p, T-Fläche auf einer Kurve, die durch die Zahlenwertgleichung

$$\{p\}_{\text{Torr}} = 42{,}90 \cdot \sqrt{\{T\}_{{}^\circ\text{K (Int. 1948)}}} \tag{20}$$

zwischen dem Druck p, gemessen in Torr, und der Temperatur T der Luft, gemessen in °K(Int. 1948) [Abschnitt 3, 5 c], bestimmt wird. Als Beispiele führen wir die drei Zustände

$$p = 760{,}0\ \text{Torr} \qquad T = 40{,}7\ {}^\circ\text{C} \tag{20a}$$

$$p = 734{,}5\ \text{Torr} \qquad T = 20\ {}^\circ\text{C} \tag{20b}$$

$$p = 709{,}1\ \text{Torr} \qquad T = 0\ {}^\circ\text{C} \tag{20c}$$

an.

Der Schalldruck selbst wird in einem Schallfeld im allgemeinen durch Normal-Kondensatormikrophone gemessen, deren Anzeige in dyn/cm² über ein Thermophon oder Pistonphon oder über die Messung der Partikelgeschwindigkeit mit der Rayleigh-Scheibe zu bestimmen ist. Die nach den verschiedenen Methoden gewonnenen Resultate stimmen innerhalb weniger Prozent überein. Die Genauigkeit der Realisierung der Einheit des Schalldrucks über das Kondensatormikrophon wird von *Sir Charles Darwin [C 10]* nach Auffassung des NPL mit 1⁰/₀ angegeben.

Die Definition (8) für die Lautstärke und der Wert (10b) für den Bezugsschalldruck fanden beim ISA-Komitee 43, 3b 1937 in Paris *[I 37]* internationale Billigung zur Normalisierung der „Phonskala" und sind auch mit vereinbartem Meßverfahren in den verschiedenen Ländern durch besondere Festlegungen verankert worden *[z. B. A 8; B 86; D 19]*.

Für die Lautstärke L, die eine unbenannte Zahl ist und die Phonskala festlegt, hat *Pohl [P 63]* den Namen „Lautklasse" vorgeschlagen. Die Bezeichnung entspricht dem Wort „Größenklasse" für die in der Astronomie und Astrophysik übliche photometrische Stern-Größe m, die über die Definitionsgleichung (111) ganz analog der phonometrischen Größe L eingeführt wird (Abschnitt II, 6).

Die Lautstärke ist so festgelegt worden, daß die „Einheit" 1 phon etwa dem kleinsten noch wahrnehmbaren Lautstärkeunterschied entspricht. Man braucht daher praktisch niemals Dezimalstellen für die Lautstärkenwerte anzugeben. Die Abweichungen im Schallkennwiderstand vom Wert 40 Rayl infolge Luftdruck- und Lufttemperaturschwankungen sind in geschlossenen Räumen und in freier Luft am Erdboden im allgemeinen so gering, daß die entsprechenden Unterschiede in den Lautstärkewerten unter 1, d. h. unterhalb der Unterscheidungsgrenze bleiben. Man kann also in Anbetracht der praktisch erreichbaren Meßgenauigkeit bei Freifeldmessungen stets $\varrho\,c$ = 40 Rayl setzen und mit der Bezugsschallstärke (9a') von $J_0 = 10^{-10}\ \mu\text{W/cm}^2$ rechnen.

Die Grenzlautstärke, oberhalb derer ein Schall eine physiologische Schmerzempfindung beim Menschen auslöst, heißt Schmerzschwelle. Für sie wird im allgemeinen ein Lautstärkewert von 120 phon angegeben.

In der Tafel 28 geben wir eine einfache Umrechnungsskala von Lautstärkewerten L auf die zugehörigen Werte des als gleichlaut empfundenen Normalschalles, und zwar der Normalschallstärke J', des effektiven Normalschalldruckes p'_{eff}, der effektiven Normalschallschnelle $v'_{eff} = p'_{eff}/(\varrho\, c)$ und des effektiven Normalschallausschlages $a'_{eff} = v'_{eff}/\omega_n$ nach den Beziehungen (8) wieder; für den Schallkennwiderstand $\varrho\, c$ wurde überall der Wert von 40 Rayl zugrunde gelegt; für den Normalton

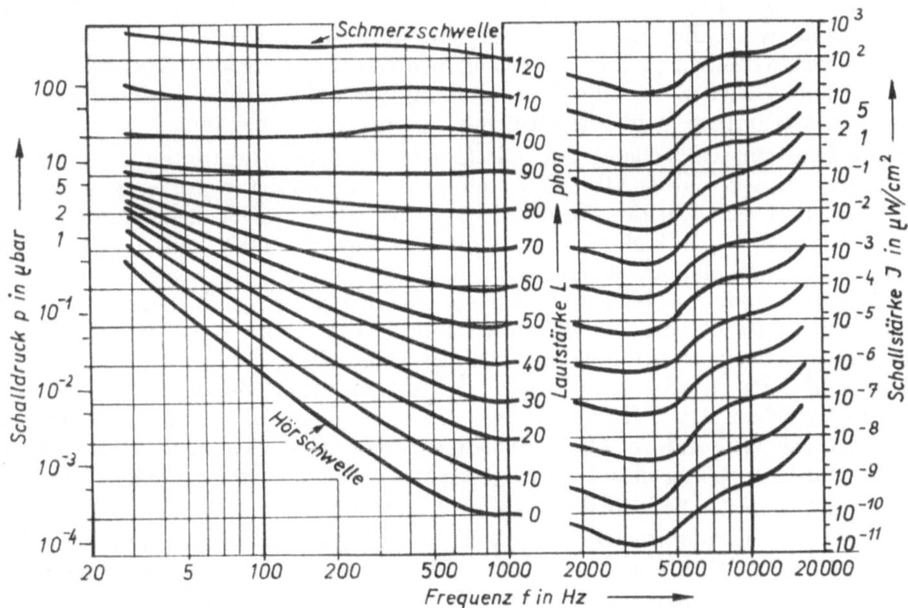

Abbildung 2. Hörfläche nach *Fletcher* und *Munson*.
(Entnommen aus AWF 801, Schalltechnische Grundbegriffe, Berlin 1941)

beträgt $\omega_n = 2\,\pi \cdot 10^3$ Hz. Die Abbildung 2 zeigt eine graphische Darstellung der akustischen Hörfläche nach *Fletcher* und *Munson* [F 19], welche die bei den einzelnen Frequenzen f tatsächlich vorhandenen Schallwerte über die Lautstärke L mit den zugehörigen Werten des als gleichlaut empfundenen Normalschalles ($f_n = 10^3$ Hz) verknüpft.

b) Die objektiv gemessene DIN-Lautstärke. Neben dem unter a) beschriebenen Meß- und Definitionsverfahren, das zu subjektiven Lautstärkebestimmungen führt, ist in Deutschland noch eine zweite Definition der Lautstärke festgelegt worden, die an Meßmethoden anschließt, wie sie in objektiv arbeitenden Meßgeräten zur Lautstärkebestimmung unter Ausschluß des menschlichen Ohres verwendet werden.

Die Entwicklung solcher Geräte, Lautstärkemesser genannt, entsprang dem Wunsche, einmal von den Zufälligkeiten der Ohrempfindlichkeit der einzelnen Beobachter im subjektiven Meßverfahren unabhängig zu werden und zum anderen ein möglichst handliches, einfach zu bedienendes und direkt anzeigendes Gerät mit einer für die normalerweise auftretenden Bedürfnisse ausreichenden Genauigkeit der akustischen Meßpraxis zur Verfügung zu stellen.

Das Normblatt DIN 5045 „Meßgerät für DIN-Lautstärken" [D 24] enthält die beim Bau von Lautstärkemessern einzuhaltenden Vorschriften und Bedingungen und berücksichtigt die auf der Osloer Tagung des Comité Consultatif International Téléphonique (CCIF) im Juni 1938 angenommenen Richtlinien für Raumgeräuschmesser [G 44]. Die den Vorschriften von DIN 5045 entsprechenden Lautstärkemesser heißen DIN-Lautstärkemesser, die mit ihnen gemessenen und somit durch sie definierten Lautstärken werden als DIN-Lautstärken bezeichnet.

Die DIN-Lautstärkemesser arbeiten mit einem praktisch richtungsunabhängigen Mikrophon als Schalldruckempfänger von möglichst geradlinigem Frequenzgang im Bereich 20 … 8000 Hz. Die im

Mikrophon erzeugten Wechselspannungen werden verstärkt, gleichgerichtet und auf ein Anzeigegerät gegeben, dessen Skala direkt Zahlenwerte für die DIN-Lautstärke angibt. Dabei werden die verschiedenen Komponenten eines Geräusches nach Leistung addiert; das Gerät registriert also Effektivwerte. In dem Verstärkerteil sind drei verschiedene umschaltbare Sätze von Netzwerken eingebaut, die in roher Annäherung die Abhängigkeit der menschlichen Ohrempfindlichkeit von Frequenz und Schallstärke nachahmen. Von diesen drei Gehörbewertungen gilt je eine für den Zahlenwertbereich der DIN-Lautstärke $0 \ldots 30$, $30 \ldots 60$ und $60 \ldots 130$. Die zugehörigen Bewertungskurven sind für den Frequenzbereich $30 \ldots 8000$ Hz nebst zulässigen Abweichungen in DIN 5045 festgelegt worden.

Da die Anzeige der DIN-Lautstärkemesser die subjektive Messung ersetzen soll, muß die DIN-Lautstärke L_{DIN} mit der subjektiven Lautstärke L dimensionsgleich, also auch eine dimensionslose Größe sein. Die Zahlenwerte der objektiven DIN-Lautstärke L_{DIN} werden zur besonderen Kennzeichnung mit dem gleichen Zusatz „phon" versehen, wie die der subjektiv bestimmten Lautstärke L, wobei das Wort „phon" wieder nur eine Umschreibung (8a') der Zählungseinheit Eins darstellt. Die Skala der Anzeigeinstrumente wird entsprechend „phon"-Skala genannt.

Die DIN-Lautstärkemesser sollen im Schallfeld einer ebenen fortschreitenden Welle, deren Schalldruck vor dem Einbringen der Geräte eingestellt wird, kalibriert werden. Dabei sollen die Abweichungen der Skalenwerte bei der Normalfrequenz 10^3 Hz von der Kalibrierung der PTB unter ± 1 dB bleiben. Ferner ist eine laufende Kontrolle der Skala des DIN-Lautstärkemessers durch eine beigegebene konstante Schallquelle vorgesehen.

Den DIN-Lautstärkemesser behandeln wir so ausführlich, da er bislang noch die Definitionsgrundlage für die in Deutschland eingeführte DIN-Lautstärke bildet. L_{DIN} wird also nicht, wie sonst im allgemeinen in der Physik üblich, über eine Definitionsbeziehung und ein zugehöriges Meßverfahren auf andere schon definierte physikalische Größenarten zurückgeführt, sondern direkt durch die Anzeige eines Meßgerätes festgelegt. Den DIN-Lautstärkemesser bezeichnen in seiner derzeitigen Konstruktion und Wirkungsweise viele Autoren als unbefriedigend und als für Geräuschmessungen wenig brauchbar. An der Weiterentwicklung des DIN-Lautstärkemessers und damit der Definitionsgrundlage für die Größe L_{DIN} wird an verschiedenen Stellen gearbeitet.

Bei der Messung der Lautstärke eines 10^3 Hz-Tones stimmen definitionsgemäß die durch DIN 1318 subjektiv definierte Lautstärke L mit der nach DIN 5045 über den DIN-Lautstärkemesser objektiv definierten DIN-Lautstärke L_{DIN} grundsätzlich überein; etwaige Abweichungen sind nur durch Unvollkommenheiten im festgesetzten Meßverfahren beim Normalton 10^3 Hz bedingt. Die prinzipielle Übereinstimmung zwischen den Größen — und demnach ihren Zahlenwerten — in der subjektiven und objektiven Definition bleibt aber auf diesen einen Fall des 10^3 Hz-Tones beschränkt.

Für alle anderen Frequenzen unterscheidet sich die subjektive Lautstärke L grundsätzlich von der objektiven DIN-Lautstärke L_{DIN} und somit eine durch subjektiven Hörvergleich normal hörender Beobachter gewonnene Zahlenangabe in „phon" von einer am objektiv, unter Ausschaltung des menschlichen Ohres arbeitenden Lautstärkemesser gemachten Ablesung in „phon". Das subjektive Verfahren vergleicht den Lautheitseindruck eines Tones oder eines Geräusches beliebiger Frequenzzusammensetzung mit demjenigen des Normaltones von 10^3 Hz unter subjektiver Bewertung der physiologisch bedingten Ohrempfindlichkeit eines normal hörenden Menschen. Das objektive Verfahren mißt Effektivschalldrucke der Töne und Geräusche unter Zwischenschaltung gewisser frequenzgängiger physikalischer Bewertungsglieder, wobei die Anzeige über eine Phon-Skala erfolgt, die nicht direkt an die natürliche, physiologisch gegebene oder bedingte Bewertung durch das menschliche Ohr angeschlossen wurde.

Es kommt bei der vergleichenden Gegenüberstellung der beiden Lautstärkegrößen L und L_{DIN} nicht auf die spezielle Arbeitsweise des Meßverfahrens, sondern auf die grundsätzlichen Festlegungen an, d. h. bei L auf die Definition (8) und bei L_{DIN} auf die Art des Anschlusses der Skala im DIN-Lautstärkemesser. Wenn auch die Anzeige L_{DIN} des DIN-Lautstärkemessers zahlenmäßig mit dem Meßergebnis L nach dem subjektiven Verfahren näherungsweise übereinstimmt, so ist doch der Unterschied zwischen den beiden Größen L und L_{DIN} nicht nur ein gradueller. Der Einbau der Netzwerke als physikalische Bewertungsmittel, die als eine rohe Näherung der physiologischen Ohrbewertung anzusehen sind, gibt zwar durchaus eine frequenzgängige, das menschliche Ohr nachahmende Bewertung der einfallenden Schalldrucke verschiedener Frequenz; jedoch ist die anzeigende Skala grundsätzlich nicht vorher bei der Kalibrierung mit der physikalischen oder physiologischen Bewertung in eine eindeutige Beziehung gebracht worden. Der Anschluß mit ebenen Schallwellen des 10^3 Hz-Normaltones verschiedener Schallstärke sagt noch nichts Definitives über „phon"-Anzeigen bei Tönen und Geräuschen beliebiger Frequenz und Schallstärke aus. Eine Kalibrierung des DIN-Lautstärkemessers mit Geräuschen aller nur denkbaren oder vorkommenden frequenz- und schallstärkemäßigen Zusammensetzungen in der Bewertung, wie sie das menschliche Ohr nun einmal vornimmt, scheint aber praktisch bislang nicht realisierbar zu sein.

So haben offensichtlich meßtechnische Erfordernisse der Praxis die Entwicklung der Sachlage bedingt, daß für den phonometrischen Begriff der Lautstärke nebeneinander zwei ihrer Definition nach verschiedene Größen L und L_{DIN} festgelegt und in Benutzung sind. Die Definitionen sind durch die beiden Normblätter DIN 1318 und DIN 5045 gegeneinander abgegrenzt. Zur Vermeidung von Mißverständnissen wird eine eindeutige Kennzeichnung der Definitionsart L oder L_{DIN} empfohlen, auf die sich die jeweils angegebenen oder betrachteten Lautstärkezahlen beziehen sollen. Als nicht sehr glücklich wird die Tatsache empfunden, daß die Zahlenwerte der *verschieden* definierten dimensionslosen Lautstärkegrößen L und L_{DIN} durch den *gleichen* Zusatz „phon" hervorgehoben werden sollen — man sollte L_{DIN}-Werte ohne zusätzliches Hinweiswort angeben, allenfalls einen Zusatz „phon$_{DIN}$" anfügen.

Entsprechend den Richtlinien des CCIF aus dem Jahre 1938 sind auch in anderen Ländern Geräuschmesser entwickelt worden, die in den eingebauten Bewertungsgliedern und ihren Toleranzen mit den deutschen Geräten praktisch übereinstimmen. Allerdings dienen die Geräte in den übrigen Ländern lediglich dem Bedürfnis nach geeigneten objektiv anzeigenden Instrumenten zur Geräuschmessung und nicht zur Definition einer besonderen Größe der „objektiven Lautstärke". In den Vereinigten Staaten von Amerika wird daher nur für die Zahlenwerte der 1937 international vereinbarten Größe der subjektiven Lautstärke L als hervorhebender Zusatz die Bezeichnung phon benutzt. Die amerikanischen Normen über Schallmeßtechnik nach der subjektiven Lautstärke und mit Lautstärkemessern sind in den ASA-Standards Z 24.2—1942, Z 24.3—1944, Z 24.7—1950 und Z 24.10—1953 zusammengefaßt worden *[A 8; A 8a; A 8b; A 8c].*

c) Die physiologische Größe Lautheit. Zur Charakterisierung der Lautheitsempfindung hat man ein subjektives Meßverfahren vorgeschlagen, durch das eine Größe „Lautheit" N eingeführt wird. Als Bewertungsgrundlage dient der auch bei der subjektiven Lautstärke L benutzte Normalschall mit der Lautstärke 40 phon, d. h. eine ebene Schallwelle der Frequenz $f_n = 10^3$ Hz mit einem Effektivwert des Schalldruckes $p_{eff} = 2 \cdot 10^{-2}$ µbar. Den Normalschall von $L = 40$ phon läßt man von vorn auf einen beidohrig hörenden Standard-Beobachter wirken; die von ihm wahrgenommene Lautheitsempfindung definiert die Lautheit $N = 1$ sone. Die Sone-Skala wird so gestuft, daß der Standard-Beobachter einen Schall der Lautheit $N = 2$ sone doppelt so laut empfindet wie den Normalschall von $L = 40$ phon und $N = 1$ sone. Schall der Lautstärke $L = 0$ phon wird die Lautheit $N = 10^{-3}$ sone zugeordnet. Die beiden die Sone-Skala definierenden Festlegungen lauten also:

$$\begin{aligned}
&\text{Normalschall von } L = 40 \text{ phon} \\
&\text{bewirkt} \qquad\qquad N = 1 \text{ sone,} \\
&\text{Normalschall von } L = \;\; 0 \text{ phon} \\
&\text{bewirkt} \qquad\qquad N = 10^{-3} \text{ sone.}
\end{aligned} \qquad (21)$$

„sone" ist genau wie phon nur ein Hinweiswort für Zahlenwerte der Lautheit N.

Der funktionale Zusammenhang zwischen der physiologischen Größe Lautheit N und der subjektiven Lautstärke L kann nur empirisch gefunden werden. Die erforderlichen Messungen sind noch nicht abgeschlossen *[siehe z. B. B 30; G 2; Q 1; R 14].*

Die American Standards Association hatte schon 1942 eine Norm Z 24.2—1942 „American Standard for Noise Measurements" *[A 8]* herausgegeben, in der in Tafelform Werte der Funktion $N(L)$ festgelegt worden sind. Abbildung 3 gibt den Zusammenhang graphisch wieder. Damals wurde die Einheit der Lautheit, „loudness unit" (L. U.) genannt. Sie war so bestimmt, daß der Normalschall von $L = 0$ phon gerade eine Lautheit von 1 L. U. bewirkt, entsprechend 10^{-3} sone n der heutigen Definition; die genormte Kurve $N(L)$

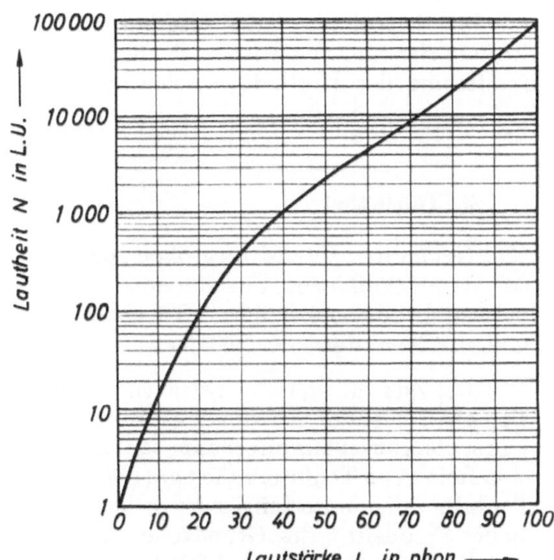

Abbildung 3. Zusammenhang zwischen Lautheit N und Lautstärke L. [Nach J. Acoust. Soc. Amer. Bd. 14, (1942), S. 105]

war so ausgeglichen worden, daß 1000 L.U. bei einem Normalschall von 40,3 phon erreicht werden. Der doppelte Wert von 2000 L.U. wird von einem Normalschall von $L = 48{,}5$ phon hervorgerufen; in diesem Lautstärkebereich verdoppelt sich also die Lautheitsempfindung durch Erhöhung der Lautstärke um 8,2 phon. Die Proportion ist jedoch stark vom Betrag der Lautstärke selbst abhängig: Der Verdoppelung der Lautheitsempfindung von 100 L.U. auf 200 L.U. entspricht eine Erhöhung der Lautstärke von 20,2 phon auf 25,1 phon, also um 4,9 phon, der Verdoppelung der Lautheitsempfindung von 4000 L.U. auf 8000 L.U. eine Erhöhung der Lautstärke von 58,7 phon auf 70,1 phon, also um 11,4 phon.

Für die praktische Anwendung der Lautheitsmessungen ist die Tatsache wichtig, daß das Ohr N-Werte weitgehend unabhängig von der Frequenz addiert — man kann also die Lautheit eines Frequenzgemisches dadurch ermitteln, daß man die N_i-Werte für die das Gemisch aufbauenden (hinreichend weit auseinanderliegenden) Frequenzbereiche bestimmt und aus den N_i die Lautheit $N = \sum N_i$ des Frequenzgemisches errechnet. Allerdings gilt der Summensatz nicht in voller Strenge, da über zwei oder mehrere Frequenzbereiche Verdeckungen auftreten können. Ihr Einfluß auf die einzelnen N_i-Werte ist experimentell zu ermitteln und als Korrektur bei der Summenbildung zu berücksichtigen.

d) Mel-Skala der Tonhöhenempfindung. Als Maß der subjektiven Empfindung für die Tonhöhe dient die sogenannte Mel[1])-Skala, die schon vor etwa 25 Jahren in den USA vorgeschlagen wurde *[S 43]*. Sie ist durch folgende Festsetzungen bestimmt: Der Normalschall der Frequenz $f_n = 10^3$ Hz mit einem Effektivwert des Schalldruckes $p_{eff} = 2 \cdot 10^{-2}$ µbar, der von vorn auf einen beidohrig hörenden Standard-Beobachter wirkt, ruft bei ihm per definitionem die Tonhöhenempfindung 1000 mel hervor; bei einem Ton der Frequenz $f = f_n/50 = 20$ Hz mit der Lautstärke $L = 40$ phon hat der Standard-Beobachter unter sonst gleichen Bedingungen per definitionem die Tonhöhenempfindung 0 mel. Der Nullpunkt der Mel-Skala ist also an die untere Frequenzgrenze der Tonhöhenempfindung des Menschen gelegt worden. Bei einer Lautstärke $L = 40$ phon empfindet der Standard-Beobachter einen Ton der Frequenz f_2 doppelt so hoch wie einen Ton der Frequenz f_1, wenn die Werte der zugehörigen Tonhöhen in der Mel-Skala sich wie 2 : 1 verhalten; damit ist durchaus nicht gesagt, daß auch die Frequenzen f_2 und f_1 im Verhältnis 2 : 1 stehen.

Der Zusammenhang zwischen Tonhöhenempfindung und Frequenz ist nur empirisch zu ermitteln; er weicht von einer linearen Funktion stark ab. Zahlenmäßige Ergebnisse haben beispielsweise *Stevens* und *Volkmann [S 44]* veröffentlicht. Danach beträgt die Tonhöhenempfindung bei 10000 Hz etwa 3000 mel.

Die Bezeichnung „mel" ist nur ein Hinweiswort auf Zahlenwerte der Tonhöhenempfindung. Die Stufung der Mel-Skala ist auch für die Festlegung und Untersuchung von Geräuschbändern bei der Ermittlung der Lautheit N wichtig.

3. Tonskalen

Neben den Intensitätsgrößen spielen in der physikalischen Akustik und in der Phonometrie noch die frequenzmäßigen Zusammenhänge und Festsetzungen für die Töne eine besondere Rolle. Wir behandeln hier musikalische Tonskalen, soweit sie zahlenmäßige Angaben für die Frequenz der Töne und die Tonintervalle gestatten.

Der Zusammenklang zwischen einem bestimmten als Grundton gewählten Ton und einem zweiten Ton abweichender Schwingungszahl wird vom Menschen physiologisch-psychologisch beurteilt und entweder als Konsonanz angenehm oder als Dissonanz unangenehm empfunden. In der Tabelle 20 geben wir eine Reihe von Tonintervallen an, die für die Musik wichtig sind und, nach konsonanten und dissonanten Tonintervallen unterteilt, entsprechend den Verhältnissen der Frequenzen f_ν für die oberen Intervalltöne zu der Frequenz f_0 des Grundtones geordnet sind *[K 2]*. Die Aufteilung unter die Rubriken Konsonanz und Dissonanz ist etwas willkürlich, da sie allein nach physikalischen Gesichtspunkten nicht eindeutig zu treffen ist. Hier gehen physiologische und psychologische Faktoren der Sinneswahrnehmung ein, die

---

[1]) Von griech. µελοσ, Ton, davon auch Melodie (= Tonwanderung).

sich bislang einer strengen, zahlenmäßig faßbaren Behandlung entziehen. Die musikalischen Empfindungen der Konsonanz und Dissonanz sind individuell verschieden; die Grenze zwischen beiden ist fließend.

Die musikalische Bewertung eines Tonintervalls ist nicht von der Frequenzdifferenz, sondern von dem Frequenzverhältnis der beiden Töne des Intervalls abhängig; bei einer für das musikalische Empfinden gleichwertigen arithmetischen Progression der Tonintervalle steigen daher die zugehörigen Frequenzen nach einer geometrischen Reihe an.

Tabelle 20. Schwingungszahlverhältnis und Intervallmaß von Tonintervallen

Tonintervall	Schwingungszahlverhältnis f_ν/f_0	Intervallmaß	
		i' in mO	i in cent
a) Konsonanz			
Duodezime	3 : 1	1585,0	1902,0
Oktave	2 : 1	1000,0	1200,0
Große Sechste	5 : 3	737,0	884,4
Quinte	3 : 2	585,0	702,0
Quarte	4 : 3	415,0	498,0
Große Terz	5 : 4	321,9	386,3
Kleine Terz	6 : 5	263,0	315,6
Unisono	1 : 1	0	0
b) Dissonanz			
Große Septime	15 : 8	906,9	1088,3
Kleine Septime	9 : 5	848,0	1017,6
Kleine Sechste	8 : 5	678,1	813,7
Großer Ganzton	9 : 8	169,9	203,9
Kleiner Halbton	25 : 24	58,9	70,7
Pythagoräisches Komma	$\sim$ 74 : 73[1])	19,6	23,5
Syntonisches Komma	81 : 80	17,9	21,5

[1]) Genauer: 531 441 : 524 288.

Die Logarithmen einer geometrischen Reihe befolgen selbst wieder eine arithmetische Reihe; infolgedessen verhalten sich die musikalischen Werte der Tonhöhen wie die Logarithmen der Schwingungszahlen. Auf diesem musikalischen Tongesetz sind besondere Intervallstufungen für die Frequenzverhältnisse aufgebaut worden: die sogenannten *Intervallmaße*. Als Bezugsintervall dient die Oktave oder ein bestimmter Teil der Oktave; die Tonintervalle werden durch die verschiedenen Intervallmaßgrößen als Vielfache der Oktave oder einer passend gewählten Untereinheit der Oktave ausgedrückt.

Nimmt man das Schwingungszahlverhältnis der Oktave

$$\frac{f_{Okt}}{f_0} = 2 \tag{22}$$

direkt als Basis einer logarithmischen Intervallstufung, so erhält man das Intervallmaß i'' entsprechend der Definition

$$\frac{f_\nu}{f_0} = 2^{i''} \qquad \text{oder} \qquad i'' = \frac{\lg \dfrac{f_\nu}{f_0}}{\lg 2} = 3,3219 \cdot \lg \frac{f_\nu}{f_0}. \tag{23}$$

Das Intervallmaß i'' ist eine dimensionslose Größe, die in der Zählungseinheit Eins „gemessen" wird. Zur besonderen Kennzeichnung der Intervallmaßzahlen i'' fügt man die Bezeichnung Oktave (O) an und schreibt z. B.

$$i'' = 10,$$

falls
$$\frac{f_\nu}{f_0} = 2 \qquad \text{oder} \qquad i'' = 3,3219 \cdot \lg \frac{f_\nu}{f_0} = 1 \tag{23a}$$

ist, mit der Identität

$$\text{Oktave} = 1. \tag{23a'}$$

Zur Vermeidung von Dezimalstellen hinter dem Komma ist eine feinere Intervalleinteilung erforderlich. Hierfür sind der 1000. Teil und der 1200. Teil einer Oktave als Basis der logarithmischen Intervallstufung gebräuchlich. Die Gleichungen

$$\frac{f_\nu}{f_0} = (\sqrt[1000]{2})^{i'} \qquad \text{oder} \qquad i' = 10^3 \cdot \frac{\lg \frac{f_\nu}{f_0}}{\lg 2} = 3\,321{,}9 \cdot \lg \frac{f_\nu}{f_0} \tag{24}$$

definieren ein Intervallmaß i', dessen Zahlenwerte, wieder „gemessen" in der Zählungseinheit Eins, durch den Zusatz Millioktave (mO) hervorgehoben werden

$$i' = 1 \text{ mO},$$

falls
$$\frac{f_\nu}{f_0} = \sqrt[1000]{2} \qquad \text{oder} \qquad i' = 3\,321{,}9 \cdot \lg \frac{f_\nu}{f_0} = 1 \tag{24a}$$

ist, entsprechend der Identität

$$\text{Millioktave} \equiv 1. \tag{24a'}$$

Die Unterteilung des Oktavenintervalls in 1200 Teile führt zu dem weiteren Intervallmaß i, das durch die Festsetzung

$$\frac{f_\nu}{f_0} = (\sqrt[1200]{2})^{i} \qquad \text{oder} \qquad i = 1200 \cdot \frac{\lg \frac{f_\nu}{f_0}}{\lg 2} = 3\,986{,}3 \cdot \lg \frac{f_\nu}{f_0} \tag{25}$$

definiert ist. An die Zahlenwerte i, gleichfalls in der Zählungseinheit Eins „gemessen", wird gewöhnlich das Symbol cent angefügt und beispielsweise für dieses Intervallmaß geschrieben

$$i = 1 \text{ cent},$$

falls
$$\frac{f_\nu}{f_0} = \sqrt[1200]{2} \qquad \text{oder} \qquad i = 3\,986{,}3 \cdot \lg \frac{f_\nu}{f_0} = 1 \tag{25a}$$

ist, gemäß der hier bestehenden Identität
$$\text{Cent} \equiv 1. \tag{25a'}$$

Zwischen den drei Intervallmaßgrößen i'', i' und i besteht die Relation

$$i = 1{,}2\, i' = 1200\, i''. \tag{26}$$

Die drei Symbole O, mO und cent sind lediglich Umschreibungen der für alle drei Definitionen des Intervallmaßes gleichen arithmetischen Zählungseinheit Eins. Hinsichtlich einer etwaigen Auffassung als selbständiger und verschiedener Einheiten für eine einzige Größe Intervallmaß gilt wieder das zu diesem Punkt schon bei der Behandlung der Schallpegeldifferenz (Abschnitt 1) Gesagte.

Zu den Tonintervallen in den Tonskalen mit reiner Stimmung haben die verschiedenen Intervallmaßgrößen keine unmittelbare Beziehung. Dagegen steht das zuletzt genannte Intervallmaß i mit der Tonskala in temperierter Stimmung in einem direkten zahlenmäßigen Zusammenhang.

Hinsichtlich ihres relativen Aufbaues unterscheiden wir zwei grundsätzlich verschiedene Arten von Tonskalen: die diatonischen Tonskalen mit reiner Stimmung und die chromatische Tonskala mit temperierter Stimmung. In den diatonischen Tonskalen sind sieben Töne mit ungleichmäßigen Differenzen im Intervallmaß über eine Oktave verteilt, die chromatische Tonskala unterteilt die Oktave in zwölf Halbtonschritte gleichen Intervallabstandes.

Das ursprüngliche pythagoräische System baute sich lediglich aus direkten und inversen Quintenschritten auf und war in seiner Anwendbarkeit im wesentlichen auf die melodische Musik beschränkt. In seiner ursprünglichen Form enthielt es daher auch nicht die Oktave, sondern einen ihr sehr benachbarten Ton, dessen Intervallabstand von der Oktave durch das pythagoräische Komma (Tabelle 20) gegeben wird. Das pythagoräische System bildete bis ins 16. Jahrhundert die Basis für das Musikschaffen. Es läßt sich unter Einbeziehung der reinen Oktave dem Prinzip der diatonischen Tonskalen mit sieben Tönen im Oktavenbereich angleichen. Wenn jetzt von einer diatonischen pythagoräischen

Tonskala gesprochen wird, ist im allgemeinen eine in solcher Art abgewandelte Skala gemeint (siehe Spalten 1 bis 4 der Tabelle 21).

Unsere heutige harmonische Musik beruht auf den vor etwa zwei Jahrhunderten entwickelten Tonsystemen der diatonischen Dur-Skala und der diatonischen Moll-Skala, die untereinander und von der pythagoräischen Skala in drei Tönen abweichen. Eine zahlenmäßige Ableitung der Schwingungszahlverhältnisse für die einzelnen Töne der diatonischen Dur- und Moll-Skala hat *Chladni [C 138]* nachträglich über die Beziehungen zwischen den dreistimmigen Akkorden gegeben. In der Tabelle 21

Tabelle 21. Diatonische Tonskalen in reiner Stimmung

Abgewandelte pythagoräische Skala				Dur-Skala				Moll-Skala			
Tonintervall	Tonsymbol	$\dfrac{f_\nu}{f_c}$	Intervallmaß i in cent	Tonintervall	Tonsymbol	$\dfrac{f_\nu}{f_c}$	Intervallmaß i in cent	Tonintervall	Tonsymbol	$\dfrac{f_\nu}{f_c}$	Intervallmaß i in cent
Prim	c	1	0	Prim	c	1	0	Prim	c	1	0
Sekunde	d	9/8	203,9	Sekunde	d [1])	9/8	203,9	Sekunde	d [1])	9/8	203,9
Terz	e	81/64	407,8	große Terz	e	5/4	386,3	kleine Terz	es	6/5	315,6
Quarte	f	4/3	498,0	Quarte	f	4/3	498,0	Quarte	f	4/3	498,0
Quinte	g	3/2	702,0	Quinte	g	3/2	702,0	Quinte	g	3/2	702,0
Sexte	a	27/16	905,9	große Sexte	a	5/3	884,4	kleine Sexte	as	8/5	813,7
Septime	h	243/128	1 109,8	große Septime	h	15/8	1 088,3	kleine Septime	b	9/5	1 017,5
Oktave	c′	2	1 200,0	Oktave	c′	2	1 200,0	Oktave	c′	2	1 200,0

stellen wir die drei diatonischen Tonskalen über einen Oktavenbereich zusammen; es enthält jeweils die 1. Spalte die Intervallbezeichnung, die 2. das Tonsymbol, die 3. das Frequenzverhältnis f_ν/f_c, bezogen auf die Frequenz f_c des Grundtones c, und die 4. das Intervallmaß i.

Die Dur- und Moll-Skala erforderten später eine erhebliche Erweiterung in der Anzahl der Töne innerhalb eines Oktavenbereiches. Erst unter Hinzunahme dieser sogenannten enharmonisch erhöhten und vertieften Töne wurde es möglich, jeden der sieben ursprünglichen Töne der beiden diatonischen Tonskalen zum Grundton für eine eigene Tonleiter oder Melodieführung zu machen. Die Frequenzverhältnisse f_ν/f_c der enharmonischen Töne sind als Produkte einzelner Faktoren darstellbar; die Produkte enthalten neben den bereits in der Tabelle 21 für die siebenteilige Dur- und Moll-Skala aufgeführten Frequenzverhältnissen f_ν/f_c nur noch die Faktoren 25/24 und 81/80 oder ihre reziproken Werte, d. h. die Frequenzverhältnisse für die in Tabelle 20 schon genannten Tonintervalle des kleinen Halbtons und des syntonischen Kommas.

In der Tabelle 22 geben wir eine Zusammenfassung der Töne innerhalb eines Oktavenbereiches, wie sie aus der ursprünglichen Dur- und Moll-Skala unter Einbeziehung der enharmonischen Töne resultiert. Spalte 1 enthält das Tonsymbol, Spalte 2 die Frequenzverhältnisse f_ν/f_c, bezogen auf die Frequenz f_c des Grundtones c, Spalte 3 das Intervallmaß i. Dabei wurden die nur um das syntonische Komma von ihrem Nachbarton unterschiedenen enharmonischen Töne fortgelassen, da dieses kleine Tonintervall von der überwiegenden Mehrzahl der Menschen überhaupt nicht als solches wahrgenommen wird. Dazu ist für jeden der sieben Töne der Dur-Skala der jeweils um einen kleinen Halbton erhöhte und vertiefte Nachbarton aufgenommen worden. Die so erweiterte diatonische Tonskala enthält also noch einundzwanzig Töne im Oktavenbereich. Die menschliche Stimme und die Streichinstrumente füllen den Frequenzbereich innerhalb ihres Tonumfanges kontinuierlich aus. Andere Musikinstrumente, wie z. B. Orgel, Klavier, Blasinstrumente, können aus technischen Gründen nur mit einer beschränkten Zahl von verschiedenen Tönen in einem Oktavenintervall ausgerüstet werden. Diese Tatsache macht noch eine Reduktion der erweiterten diatonischen Tonleiter erforderlich.

Unter Zusammenfassung der jeweils benachbarten vertieften oder erhöhten Tonpaare zu je einem Ton gelangt man zu einem Oktavenbereich mit zwölf Tönen. An neun Stellen des Oktavenbereichs wird an die Stelle eines Tonpaares ein einziger Ton mittlerer Höhe — arithmetische Intervallmaßmittel sind in der Spalte 3 der Tabelle 22 eingeklammert beigefügt — gesetzt und werden die dadurch ent-

---

[1]) Vielfach wird das d als reine Quinte zum a mit dem Schwingungszahlverhältnis $f_d/f_c = 10/9$ und dem Intervallabstand $\Delta i = 182,4$ cent vom Grundton c definiert.

Tabelle 22. Erweiterte diatonische Tonleiter

Bei reiner Stimmung			Bei gleichbleibend temperierter Stimmung		
Tonsymbol	$\dfrac{f_v}{f_c}$	Intervallmaß i in cent	Tonsymbol	$\dfrac{f_v}{f_c}$	Intervallmaß i in cent
c	1	0	c	1	0
cis	25/24	70,7			
des	16/15	111,7 (91,2)	cis = des	$2^{\frac{1}{12}}$	100
d	9/8	203,9	d	$2^{\frac{2}{12}}$	200
dis	75/64	274,6			
es	6/5	315,6 (295,1)	dis = es	$2^{\frac{3}{12}}$	300
e	5/4	386,3			
fes	32/25	427,4 (406,8)	e = fes	$2^{\frac{4}{12}}$	400
eis	125/96	457,0			
f	4/3	498,0 (477,5)	f = eis	$2^{\frac{5}{12}}$	500
fis	25/18	568,7			
ges	36/25	631,3 (600,0)	fis = ges	$2^{\frac{6}{12}}$	600
g	3/2	702,0	g	$2^{\frac{7}{12}}$	700
gis	25/16	772,6			
as	8/5	813,7 (793,4)	gis = as	$2^{\frac{8}{12}}$	800
a	5/3	884,4	a	$2^{\frac{9}{12}}$	900
ais	125/72	955,0			
b (= hes)	9/5	1 017,6 (986,3)	ais = b	$2^{\frac{10}{12}}$	1 000
h	15/8	1 088,3			
ces′	48/25	1 129,3 (1 108,8)	h = ces′	$2^{\frac{11}{12}}$	1 100
his	125/64	1 158,9			
c′	2	1 200,0 (1 174,5)	his = c′	$2^{\frac{12}{12}}$	1 200

stehenden Unreinheiten in der Stimmung durch geeignete Festlegung dieser Mittelwerte abgeschwächt oder ,,temperiert".

In der heute meist gebräuchlichen *temperierten Stimmung* ist das Oktavenintervall in zwölf gleich große Halbtonschritte eingeteilt, deren Differenzen, ausgedrückt im Intervallmaß x_2,

$$i = 1\,200 \cdot \frac{\lg \sqrt[12]{2}}{\lg 2} \text{ cent} = 100 \text{ cent} \tag{27}$$

betragen. Die temperierte Stimmung geht auf den Organisten *Werckmeister* (um 1700) in Halberstadt zurück und setzte sich wesentlich über die Bachschen Kompositionen für das ,,wohltemperierte Klavier" durch. Wir haben die Halbtonschritte mit in die Tabelle 22 eingetragen. Die Spalte 4 enthält die Tonsymbole in der temperierten Stimmung, Spalte 5 die Frequenzverhältnisse f_v/f_c, bezogen auf die Frequenz f_c des Grundtones c, und Spalte 6 ihr Intervallmaß i. Die aus zwölf Halbtonschritten zusammengesetzte Tonskala wird auch chromatische Tonleiter genannt.

Wir wollen noch die Werte für die Frequenzen der musikalischen Töne angeben. Man zählt die Oktaven stets von einem c-Ton bis zum nächsten höheren c-Ton. Die Musikinstrumente umfassen bis zu acht Oktaven (Spalte 1 der Tabelle 23); die Festlegung der Frequenzen für diese neun verschiedenen c-Töne (Spalte 2 der Tabelle 23) ist in unterschiedlicher Weise erfolgt.

Die Grundfrequenz des tiefsten Orgeltones, des Subkontra-c, wurde aus den Maßen der entsprechenden gedackten Orgelpfeife und der Schallgeschwindigkeit in Luft zu 16 Hz bestimmt. Auf dieser Basis haben *Sauveur* und *Chladni [siehe K 3]* über die Frequenzverhältnisse der diatonischen Dur-

Tonskala die Zahlenwerte für die Frequenzen ihrer Töne berechnet. Die Stimmung der Töne, die auf der Festsetzung der Frequenz des einfach gestrichenen c

$$f_{c'} = 2^4 \cdot 16 \text{ Hz} = 256 \text{ Hz} \tag{28}$$

beruht, nennt man die *physikalische Stimmung*. In ihr ergibt sich für die Frequenz des einfach gestrichenen a

$$f_{a'} = \tfrac{5}{3} \cdot 256 \text{ Hz} = 426\tfrac{2}{3} \text{ Hz}. \tag{29}$$

Die c-Frequenzen nach der physikalischen Stimmung sind in die Spalte 3 der Tabelle 23 eingetragen worden.

Die Frequenzskala für die temperierte Stimmung wird stets von dem einfach gestrichenen a aus bestimmt. Als Normwert für die Frequenz des a′ wurde in Frankreich im Februar 1859

$$f_{a'} = 435 \text{ Hz} \tag{30a}$$

gesetzlich festgelegt. Diese *französische Stimmung* wurde von der internationalen Stimmtonkonferenz in Wien im November 1885 als international verbindlich angenommen *[siehe K 4]*. Die Angabe von 435 Hz bezieht sich dabei auf eine Lufttemperatur von 15 °C; dementsprechend sind die Musikinstrumente zu bauen. Seither heißt das a′ der *internationale Kammerton*. Die zugehörigen Frequenzen der c-Töne in dieser internationalen Kammertonstimmung enthält die Spalte 4 der Tabelle 23.

Im Mai 1939 wurde die Frequenz des internationalen Kammertons auf einer Tagung des zwischenstaatlichen Akustischen Ausschusses (Komitee 43,3b der ISA) in London abgeändert *[D 18]*. Die Neufestsetzung lautet

$$f_{a'} = 440 \text{ Hz}. \tag{30b}$$

Damit ist man in der Festlegung der temperierten Stimmung nunmehr durch internationale Regelung zu der von *Scheibler* vorgeschlagenen und auf der deutschen Naturforschertagung in Stuttgart 1834 angenommenen *deutschen Stimmung* mit $f_{a'} = 440$ Hz ($f_{c'} = 264$ Hz in physikalischer Stimmung) zurückgekehrt *[K 4]*. Die nach dieser Definition des internationalen Kammertons sich ergebenden Frequenzen für die c-Töne stehen in der Spalte 5 der Tabelle 23.

In der Tafel 29 fassen wir die Schwingungszahlen der musikalischen Töne nach den verschiedenen Stimmungen zusammen. Die Tabelle a gibt die Frequenzen der reinen diatomischen Dur-Skala nach der physikalischen Stimmung für die ursprünglichen sieben Töne jeder Oktave wieder. Die beiden anderen Tabellen enthalten Frequenzen der chromatischen Tonskala nach der temperierten Stimmung für die

Tabelle 23. Frequenzen der c-Töne als Oktavbegrenzungen

Bezeichnung des c-Tones	Tonsymbol	physikalischen Stimmung ($f_{c'} = 256$ Hz) in Hz	temperierten Stimmung ($f_{a'} = 435$ Hz) in Hz	temperierten Stimmung ($f_{a'} = 440$ Hz) in Hz
		Frequenz f_ν in der		
Subkontra	$C_2 = c^{-3}$	16	16,17	16,35
Kontra	$C_1 = c^{-2}$	32	32,33	32,70
Großes	$C \;\;\, = c^{-1}$	64	64,66	65,41
Kleines	$c \;\;\, = c^{0}$	128	129,33	130,81
Einfach gestrichenes	$c' \;\; = c^{1}$	256	258,65	261,63
Zweifach gestrichenes	$c'' \; = c^{2}$	512	517,31	523,25
Dreifach gestrichenes	$c''' = c^{3}$	1 024	1 034,6	1 046,5
Vierfach gestrichenes	$c'''' = c^{4}$	2 048	2 069,2	2 093,0
Fünfach gestrichenes	$c''''' = c^{5}$	4 096	4 138,4	4 186,0

zwölf Halbtonschritte jeder Oktave, und zwar die Tabelle b unter Zugrundelegung des alten internationalen Kammertons ($f_{a'} = 435$ Hz nach der französischen Stimmung), die Tabelle c, bezogen auf den neuen internationalen Kammerton ($f_{a'} = 440$ Hz nach der deutschen Stimmung). In der letzten Spalte sind in allen drei Tabellen die für alle Oktaven gleichbleibenden Intervallmaße i eingetragen worden.

Kapitel II

Größenarten der optischen Strahlung und Photometrie

1. Physikalische Strahlungsgrößenarten; photometrische Größenarten und ihre allgemeinen Einheiten

In der Lichttechnik spielen die physiologisch bewerteten Strahlungsgrößenarten eine entscheidende Rolle. Einige photometrische Größenarten sind in der Tafel **30** zusammengestellt worden.

Die ersten zehn Größenarten Zeit, Frequenz, Wellenlänge, Ausbreitungsgeschwindigkeit, Flächen, Winkel, Raumwinkel) dienen unmittelbar zur räumlichen und zeitlichen Kennzeichnung der strahlungsoptischen und photometrischen Begriffe. Sie sind uns schon häufiger in anderen Teilgebieten der Physik begegnet und bedürfen daher keiner besonderen Definition mehr.

Die folgenden Größenarten schließen an die von einer strahlenden Oberfläche ausgestrahlte Leistung, beispielsweise an die Gesamtstrahlung E eines schwarzen Körpers (Abschnitte **3**, 2 und 3; Tafel **13**) an. Als Strahlungsleistung oder Strahlungsfluß eines Strahlers definiert man die gesamte, von ihm in Form von Strahlung abgegebene Leistung, also das Flächenintegral des Poynting-Vektors S (Abschnitt 4, II, 2) über die Oberfläche des Strahlers im Wellenlängenbereich $0 \leqq \lambda \leqq \infty$.

Strahlungsfluß Φ_e, Strahlstärke I_e, Strahldichte B_e, die zugehörigen spektralen Größenarten $\Phi_{e\lambda}$, $I_{e\lambda}$ und $B_{e\lambda}$, die aufgenommene Leistung P_{aufg} und die Wirkungsgrade η_{phys} und η_λ beschreiben rein physikalische Eigenschaften einer Lichtquelle und sind frei von jeder physiologischen Bewertung. Dabei bedeutet $B_{e\lambda} \cos \varepsilon \Delta \omega \Delta a \Delta \lambda$ ganz allgemein die von der Fläche Δa der Lichtquelle in einer Richtung ε gegen die Flächennormale in den Raumwinkel $\Delta \omega$ im Wellenlängenbereich $\lambda \ldots \lambda + \Delta \lambda$ ausgestrahlte Leistung, ganz gleichgültig, welchem energetischen Mechanismus die Lichtquelle ihre Ausstrahlung verdankt, also auch unter Einschluß beispielsweise der nichtselbstleuchtenden Lichtquellen (Reflexionsstrahler usw.). Ebenso ist die Definition von $B_{e\lambda}$ unabhängig von der spektralen Zusammensetzung der von der Lichtquelle abgestrahlten Energie; sie gilt in gleicher Weise für Strahler mit kontinuierlichen, diskreten, monochromatischen oder gemischten Spektren. Die Funktion $B_{e\lambda}$ wird daher im allgemeinen experimentell zu bestimmen sein. Für den einfachen Spezialfall, daß die Lichtquelle durch einen schwarzen Körper der Temperatur T repräsentiert wird, haben wir das Plancksche Strahlungsgesetz als Definitionsbeziehung für $S_{T,\lambda}$ angegeben. $B_{e\lambda}$, $\Phi_{e\lambda}$ und η_λ sind als für viele Fälle bequeme Rechengrößen zu betrachten. Da nur in einem endlichen Spektralbereich eine endliche, von null verschiedene Strahlungsleistung abgegeben werden kann, sind die Produkte $B_{e\lambda} \Delta \omega \Delta a \Delta \lambda$, $\Phi_{e\lambda} \Delta \lambda$ und $\eta_\lambda \Delta \lambda$ die experimentell wichtigen physikalischen Größen.

Die Fragen der monochromatischen Definition spielen bei den physiologisch bewerteten photometrischen Größenarten zunächst keine Rolle. Die photometrischen Größenarten beziehen sich stets auf den vom menschlichen Auge als Licht empfundenen Teil des gesamten von der Lichtquelle ausgestrahlten Spektrums. Die spektrale Augenempfindlichkeit ist eine Funktion einmal der Beleuchtungsstärke und zum anderen des einzelnen Beobachters.

Bei höheren Leuchtdichten spricht das menschliche Auge nur mit den farbtüchtigen Zapfen (Hellempfindlichkeit des menschlichen Auges), bei kleinen Leuchtdichten nur mit den farbunempfindlichen Stäbchen (Dämmerungs- oder Dunkelempfindlichkeit des menschlichen Auges) an. In dem dazwischenliegenden Leuchtdichtebereich wirken beide Arten lichtempfindlicher Elemente im Auge zusammen. Die nähere Untersuchung der unter der Bezeichnung Purkinjesches Phänomen *[P 71]* zusammengefaßten Erscheinungen ergab unter anderem, daß die spektrale Empfindlichkeit der Stäbchen von der der Zapfen erheblich abweicht. Beim Übergang vom Zapfen- zum Stäbchensehen verschiebt sich die spektrale Augenempfindlichkeitskurve nach kürzeren Wellenlängen. Nach oben und unten wird der gesamte Sehbereich durch das Auftreten von Blendungserscheinungen bei zu hohen Leuchtdichten und durch die absolute Wahrnehmungsschwelle bei zu kleinen Leuchtdichten begrenzt.

Die Zahlenangaben über die Abgrenzung der drei Sehbereiche des reinen Zapfen- oder Stäbchensehens und des gemeinsamen Übergangsgebietes zeigen einen gewissen Spielraum und hängen von einer Reihe von allgemeinen und individuell bedingten Faktoren ab. Wir stellen in den Tabellen 24 und 25 einige Grenzwerte zusammen, die den Angaben von *Kohlrausch [K 38]* und *Richter [R 8; R 10]* entnommen sind.

In der Lichttechnik war es bislang üblich, Lichtwellenlängen in der Einheit Millimikron oder Millimy (mμ) anzugeben. Das Mikron oder My (μ) ist eine sehr verbreitete Abkürzung für Mikrometer (μm) [Abschnitt 2, 3a]. Jetzt tritt die Bezeichnung „Millimy" zugunsten des Namens „Nanometer" (nm) in den Hintergrund.

Tabelle 24. Grenzwerte der mittleren Gesichtsfeldleuchtdichte B für physiologisch verschieden wirksame Sehbereiche

B in asb	Physiologischer Sehbereich	Wirksamer Lichtempfänger im Auge	Rel. spektrale Empfindlichkeitsfunktion	Farbwahrnehmung	
				Farbempfindung	Farbhelligkeit
$> 10^6$	Blendung	—			
$\sim 10^6$	Beginn störender Blendung	Zapfen			
$10^6 \ldots 10^2$	Tagessehen	Zapfen	V_λ	bunt	konstant
$10^2 \ldots 10^{-2}$	Übergangsgebiet (Gebiet des Purkinjeschen Phänomens)	Zapfen u. Stäbchen	$V_\lambda \ldots V'_\lambda$	bunt	inkonstant
$10^{-2} \ldots 10^{-6}$	Dunkelanpassung	Stäbchen	V'_λ	unbunt	konstant
$\sim 10^{-6}$	Wahrnehmungsschwelle	Stäbchen			
$< 10^{-6}$	Keine physiologische Wahrnehmung	—			

Tabelle 25. Spezielle Grenzwerte für den Bereich des Purkinjeschen Phänomens

B in asb	Grenze	Beobachtungsdaten	
		Exzentrizität	Gesichtsfeldgröße
$50 \ldots 60$	Obere Grenze	$35°$	$1{,}5°$
~ 45	Obere Grenze	$25°$	$1{,}4°$
~ 11	Obere Grenze	$3°$	$1{,}4°$
$\sim 1{,}5$	Obere Grenze	$0°$	$1{,}4°$
$\sim 10^{-3}$	Untere Grenze	$0°$	$1{,}4°$

Die individuellen Unterschiede in der Augenempfindlichkeit hat man durch Einigung auf die Mittelwerte eines „internationalen Standard-Beobachters" ausgeglichen. Für das helladaptierte Auge ist die Funktion V_λ der relativen spektralen Hellempfindlichkeit nach *Gibson* und *Tyndall [G 7]* auf Grund eingehender Untersuchungen des photometrischen Vergleichs mit dem Flimmerphotometer und der Kleinstufenmethode *[B 24; C 19; G 7; G 8; H 72; I 46; I 47; N 20; N 21]* von der Internationalen Beleuchtungskommission (IBK) oder Commission Internationale de l'Eclairage (CIE) 1924 in Genf mit einem Maximum bei $\lambda_m = 555$ nm festgelegt worden. Auf Vorschlag des Comité Consultatif d'Electricité et de Photométrie (CCE) *[C 39]* wurde die spektrale Empfindlichkeitsfunktion V_λ von dem Comité International des Poids et Mesures (CIPM) im Jahre 1933 als verbindlich bestätigt *[C 37]*. Die spektrale Strahlungsleistung, die bei verschiedenen Wellenlängen λ nötig ist, um unter bestimmten Bedingungen im Auge stets den gleichen Helligkeitseindruck hervorzurufen, wollen wir mit $s(\lambda)$ bezeichnen. $s(\lambda_m)$ ist also die erforderliche spektrale Strahlungsleistung bei $\lambda_m = 555$ nm. Dann ist die Funktion V_λ der relativen spektralen Hellempfindlichkeit oder der „spektrale Hellempfindlichkeitsgrad" gegeben durch

$$V_\lambda = \frac{s(\lambda_m)}{s(\lambda)}. \tag{31}$$

Für $\lambda = \lambda_m$ erreicht der Quotient (31) seinen maximalen Wert 1.

Die international von 10 nm zu 10 nm vereinbarten Zahlenwerte für V_λ sind in der Tafel **31** in die Tabelle a aufgenommen worden. Zu ihnen hat *Judd [J 15]* durch Anpassung der dritten Differenzen Zwischenwerte von nm zu nm interpoliert und in einer ausführlichen Tabelle zusammengestellt. Eine andere formelmäßige Näherungsdarstellung der V_λ-Kurve lautet

$$V_\lambda = 0{,}989\,6\,(R_1 e^{1-R_1})^{200} + 0{,}082\,0\,(R_2 e^{1-R_2})^{550} + 0{,}065\,0\,(R_3 e^{1-R_3})^{2000} + 0{,}037\,5\,(R_4 e^{1-R_4})^{620}, \tag{32}$$

wobei die Zahlen R_i durch die Beziehung

$$\lambda = \frac{555\ \text{nm}}{R_1} = \frac{607\ \text{nm}}{R_2} = \frac{523\ \text{nm}}{R_3} = \frac{467\ \text{nm}}{R_4} \tag{32a}$$

gegeben werden [I 14].

Die aus umfangreichen amerikanischen Untersuchungen an etwa 200 Versuchspersonen resultierenden individuellen Abweichungen von der international festgelegten V_λ-Kurve des Standard-Beobachters hat *Rieck [R 12]* graphisch als Streubereich der relativen spektralen Hellempfindlichkeit dargestellt.

Es sei noch darauf hingewiesen, daß durch eine Reihe von Untersuchungen über die Photometrie farbiger Lichtquellen [z. B. *A 13; D 52; F 3; K 37; K 39*] die auf Grund der Ivesschen Ergebnisse [I 46] für die heterochrome Photometrie nach dem Flimmerverfahren und dem Groß- und Kleinstufenvergleich aufgestellten Behauptungen und Arbeitsbedingungen in Frage gestellt werden. Gleichzeitig wurde die Richtigkeit der von der CIE festgelegten V_λ-Werte in Zweifel gezogen und für das stäbchenfreie Tagessehen (*reines* Zapfensehen) die Aufstellung einer neuen Hellempfindlichkeitskurve vorgeschlagen, deren Maximum wahrscheinlich nach längeren Wellen verschoben würde. 1951 kam man in der CIE zu der Auffassung, daß die gerade genannten und weiteren Argumente einer Änderung der V_λ-Werte von 1924 noch nicht rechtfertigen. *Hoffmann* hat kleinere Unregelmäßigkeiten in der V_λ-Kurve ausgeglichen und die in der Tabelle b der Tafel **31** zusammengestellten Werte ermittelt, die vom Technischen Komitee 5 (Photométrie) der CIE veröffentlicht worden sind [C 97].

Für das dunkeladaptierte Auge ist inzwischen eine der V_λ-Kurve entsprechende Funktion V'_λ der relativen spektralen Dunkelempfindlichkeit oder der „spektrale Hellempfindlichkeitsgrad bei Dunkelanpassung" ermittelt worden. Für das Maximum der Dunkelempfindlichkeit wurden Wellenlängen zwischen $\lambda' = 500$ nm und $\lambda' = 520$ nm beobachtet. Eine Reihe der allerdings unter nicht einheitlichen Bedingungen gewonnenen Ergebnisse stellen wir in der Tabelle 26 zusammen. In der CIE wurden 1951 neuere Resultate aus Untersuchungen über die Dunkelempfindlichkeit diskutiert [C 94]. Sie führten zur Aufstellung einer mittleren V'_λ-Kurve, die wesentlich auf Arbeiten von *Wald [W 4]* und *Crawford [C 143]* basiert. Das Technische Komitee 4 (Lumière et Vision) der CIE hat die Benutzung einer V'_λ-Kurve empfohlen, die zwischen 365 nm und 780 nm durch von 20 nm zu 20 nm angegebene Werte für log V'_λ charakterisiert wird [C 95]; die Tabelle c der Tafel **31** enthält die entsprechenden V'_λ-Werte, die der zweiten Auflage des Wörterbuchs der CIE [I 40; 45—10—065] entnommen worden sind. log V'_λ läßt sich näherungsweise durch die Formel

$$\log V'_\lambda = -25{,}263 + \frac{14\,400}{\lambda/\text{nm}} \tag{33}$$

darstellen. Abweichungen, die sich für einige von *Wald* gemessene Daten ergeben, wurden mit Korrekturvorschlägen für die Beziehung (33) von *Le Grand [C 96]* diskutiert; er hat eine Tafel für log V'_λ von nm zu nm mit sechs Dezimalen aufgestellt.

Tabelle 26. Lage des Maximums des spektralen Hellempfindlichkeitsgrades bei Dunkelanpassung V'_λ

Autor	Jahr der Veröffentlichung	λ'_m in nm	Autor	Jahr der Veröffentlichung	λ'_m in nm
Schaternikoff [S 4]	1902	508	*Laurens [L 12]*	1924	507
König [K 26]	1903	503	*Sloan [S 30]*	1928	500
ausgewertet von *Nutting [N 19]*	1911		*Weaver [W 35]*	1937	513
Bender [B 23]	1914	515	*Weigel* u. *Knoll [W 38]*..	1942	505
Hecht u. *Williams [H 30]*	1922/23	510			

Das Maximum der V'_λ-Kurve liegt bei $\lambda'_m = 507$ nm. Es ist vorgeschlagen worden, als Werte des „internationalen Standard-Beobachters" zwischen 360 nm und 780 nm von mm zu nm log V'_λ mit fünf Dezimalen festzulegen.

In der Abbildung 4 stellen wir die beiden relativen Empfindlichkeitskurven V_λ und V'_λ als Funktion der Wellenlänge dar. Die beiden Kurven V_λ und V'_λ schneiden sich bei $\lambda = 528$ nm; für diese Wellenlänge besitzt also das Auge des internationalen Standard-Beobachters im Gebiet des reinen Zapfensehens und im Bereich des reinen Stäbchensehens die gleiche relative Empfindlichkeit

$$V_{528} = V'_{528} = 0{,}837. \tag{34}$$

Im Übergangsgebiet vom Zapfen- zum Stäbchensehen kann allerdings die relative Empfindlichkeit bei $\lambda = 528$ nm andere Werte annehmen, entsprechend der in diesem Bereich allmählich stattfindenden Verschiebung der relativen Augenempfindlichkeitskurve von V_λ nach V'_λ.

Die Abhängigkeit der relativen Augenempfindlichkeit von der auf das Auge wirkenden Leuchtdichte ($V_\lambda \div V'_\lambda$) ist eine typisch physiologische Erscheinung. Dabei handelt es sich in der physiologischen Optik um den schon von der physiologischen Akustik her bekannten Sachverhalt, daß die Höhe des Reizes noch als Parameter in die Funktion zwischen Empfindung und Frequenz eingeht.

Von der von einer Lichtquelle abgestrahlten physikalischen Leistung Φ_e kann das menschliche Auge entsprechend seiner spektralen Empfindlichkeitskurve nur den Teil ausnutzen, der sich als Wellenlängenintegral über die mit dem spektralen Hellempfindlichkeitsgrad V_λ multiplizierte spektrale (physikalische) Strahlungsleistung $\Phi_{e\lambda}$ ergibt. Diese als Lichtstrom Φ bezeichnete Größenart stellt also gerade die vom internationalen Standard-Beobachter physiologisch bewertete Strahlungsleistung einer Lichtquelle dar. Entsprechend verhält sich die physiologisch bewertete Lichtausbeute η zu dem

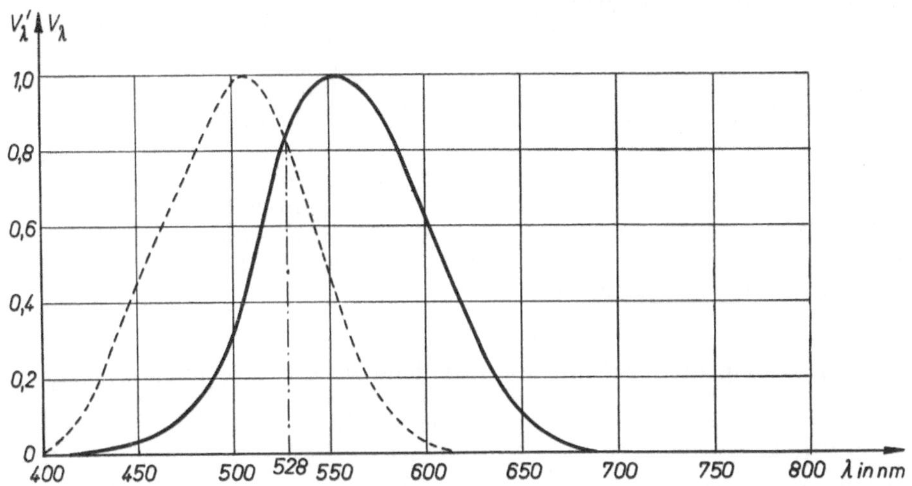

Abbildung 4. Spektraler Hellempfindlichkeitsgrad V_λ und V'_λ des Standard-Beobachters für Tagessehen und bei Dunkelanpassung als Funktion der Wellenlänge λ (Augenempfindlichkeitsfunktion).

physikalischen Wirkungsgrad η_{phys} einer Lichtquelle wie ihr Lichtstrom Φ zu ihrer (physikalischen) Strahlungsleistung Φ_e. Die übrigen physiologisch bewerteten Größenarten der Photometrie, die sich teilweise auf die Lichtquelle, teilweise auf den Lichtempfänger beziehen, stehen in einfachem Zusammenhang mit dem Lichtstrom. Unter ihnen sind in Hinblick auf die photometrischen Meßmethoden und die Lichteinheiten die Leuchtdichte und die Lichtstärke besonders wichtig.

Zunächst betrachten wir die Lichteinheiten ganz allgemein und unabhängig von der speziellen Art der im Laufe der Zeit für sie getroffenen Vereinbarungen. Die Leuchtdichte ist als lichttechnische Grundgrößenart anzusprechen, da sie hauptsächlich für den im Auge hervorgerufenen Helligkeitseindruck maßgebend ist; dementsprechend wurde die neue Lichteinheit über die Leuchtdichte des schwarzen Körpers festgelegt. Wir gehen hier daher auch von der Leuchtdichte aus.

Die in der Tafel 30 gegebene Definitionsbeziehung und damit die Festlegung einer Einheit für die Leuchtdichte basieren wesentlich auf der experimentell geprüften und weitgehend bestätigten Gültigkeit des Summengesetzes oder Additionstheorems für Helligkeitseindrücke. Dieses läßt sich für den einfachsten Fall zweier monochromatischer Strahlungen bei den Wellenlängen λ_1 und λ_2 folgendermaßen formulieren: Rufen die monochromatischen Strahlungsleistungen $s(\lambda_1)$ und $s(\lambda_2)$ im Auge des Beobachters den gleichen Helligkeitseindruck hervor, so wird auch jede Mischung $a_1 \cdot s(\lambda_1) + a_2 \cdot s(\lambda_2)$ vom Beobachter ebenso hell wie $s(\lambda_1)$ oder $s(\lambda_2)$ empfunden, falls $a_1 + a_2 = 1$ ist. Dehnt man diesen Satz zunächst auf mehrere spektrale Komponenten und schließlich in einem Grenzübergang auf das kontinuierliche Spektrum aus, so gewinnt das Additionstheorem für zwei Flächen, welche die (Gesamt-)Strahldichten $\int (B_{e\lambda})_1 \, d\lambda$ und $\int (B_{e\lambda})_2 \, d\lambda$ der unterschiedlichen spektralen Verteilungen $(B_{e\lambda})_1$ und $(B_{e\lambda})_2$ aussenden, beim Zapfensehen die Formulierung: die beiden Flächen erscheinen dem Auge gleichhell, falls

$$\int (B_{e\lambda})_1 \, V_\lambda \, d\lambda = \int (B_{e\lambda})_2 \, V_\lambda \, d\lambda \tag{35}$$

gilt. Jede Funktion des Integrals (35) kann also bei Gültigkeit des Additionstheorems als Definition des Leuchtdichtebegriffes dienen. Die einfachste ist die lineare Beziehung

$$B = C \cdot \int B_{e\lambda} \, V_\lambda \, d\lambda. \tag{36}$$

V_λ wird, analog der phonometrischen Größe Lautstärke, durch die Definitionsbeziehung (31) als Verhältnis zweier Größen gleicher Art, also als eine dimensionslose Größe eingeführt. Somit kann die artmäßige Verschiedenheit zwischen physikalischer Strahldichte B_e und physiologisch bewerteter Leuchtdichte B in Gleichung (36) nur durch den Proportionalitätsfaktor C zum Ausdruck kommen. Oder mit anderen Worten: Wenn man die Leuchtdichte als photometrische Grundgrößenart einführt, stellt die Beziehung (36) einen Erfahrungsansatz mit Proportionalitätsfaktor (Abschnitt **1**, 3) dar, für den sie als Definitionsgleichung angesehen werden kann. Die dimensionsbehaftete Konstante C heißt *photometrisches Strahlungsäquivalent* und wird mit K_m bezeichnet. Man pflegt auch den Kehrwert $M = 1/C = 1/K_m$, den man *mechanisches* (oder elektrisches) *Lichtäquivalent* nennt, in die Beziehung (36) einzuführen und schreibt

$$B = K_m \int B_{e\lambda} \, V_\lambda \, d\lambda \; = \; \frac{1}{M} \int B_{e\lambda} \, V_\lambda \, d\lambda. \tag{36'}$$

Auf das photometrische Strahlungsäquivalent und das Lichtäquivalent kommen wir in den Abschnitten 2e und 3 zurück.

In der Physik führt man an Stelle der beiden Faktoren K_m und V_λ, von denen V_λ eine *relative* Größe $(0 \leq V_\lambda \leq 1)$ darstellt, von vornherein ihr Produkt unter dem Namen „Empfindlichkeit des Auges für eine Wellenlänge λ" oder „Lichtausbeute für eine Wellenlänge λ" *[P 65]* ein; sie ist identisch mit der im Abschnitt 3 behandelten spektralen Lichtausbeute einer Strahlung oder dem spektralen photometrischen Strahlungsäquivalent

$$K_\lambda = K_m \, V_\lambda. \tag{91a}$$

Die Definitionsgleichung der Leuchtdichte geht dann in die Gleichung

$$B = \int B_{e\lambda} \, K_\lambda \, d\lambda \tag{36''}$$

über.

In der Photometrie hat man sich allerdings daran gewöhnt, die Größe K_λ in die beiden Faktoren K_m und V_λ aufzuspalten, von denen der erste *vor das Integral* (36) gezogen werden kann. Der Zahlenwert von K_m hängt von den benutzten Einheiten und dem zwischen ihnen bestehenden und experimentell zu ermittelnden Zusammenhang ab (Abschnitt 3). Das ist der Hauptgrund, weshalb die Lichttechnik für die Leuchtdichte und die aus ihr abgeleiteten photometrischen Größenarten die Darstellung (36') der Größeneinführung (36'') vorzieht.

Als photometrische Grundeinheit wurde in früheren Definitionen eine Einheit der Lichtstärke I gewählt. Der Zusammenhang zwischen B und I wird durch die Beziehung

$$B = \frac{dI}{da \cdot \cos \varepsilon} \tag{37}$$

gegeben.

Als Einheit für die Lichtstärke dient die Kerze (K), für die Leuchtdichte das Stilb (sb). Eine Lichtquelle besitzt die Leuchtdichte $B = 1$ sb, wenn die Lichtstärke $I = 1$ K von einer ebenen Fläche $a = 1$ cm² in senkrechter Richtung $(\varepsilon = 0)$ ausgestrahlt wird. Die Festlegung des Betrages der Einheit sb wird also mit der Lichtstärke in normaler Ausstrahlungsrichtung gekoppelt, entsprechend der Einheitengleichung

$$[B] = \left(\frac{[\Delta I]}{[\Delta a] \cdot \cos \varepsilon} \right)_{\varepsilon = 0} = \frac{[\Delta I_n]}{[\Delta a]}. \tag{37a}$$

Die beiden Einheiten sb und K stehen zueinander in der Beziehung

$$1 \text{ sb} = 1 \frac{\text{K}}{\text{cm}^2}. \tag{38}$$

Als Untereinheit des sb wird das Apostilb (asb) benutzt

$$1 \text{ asb} = \frac{10^{-4}}{\pi} \text{ sb}. \tag{39}$$

In den USA sind weiter als Einheiten für die Leuchtdichte das lambert (la) oder millilambert (mla) und das footlambert (ft la) gebräuchlich

$$1 \text{ la} = \frac{1}{\pi} \text{ sb}, \tag{40}$$

$$1 \text{ mla} = \frac{10^{-3}}{\pi} \text{ sb} = 10 \text{ asb}, \tag{40a}$$

$$1 \text{ ft la} = \frac{1}{\pi} \frac{\text{K}}{\text{sq. ft.}} = 0{,}001\,076\,391 \text{ la}. \tag{41}$$

Aus der K leitet sich als Einheit für den Lichtstrom das Lumen (lm) über die Beziehung

$$\Phi = \int I \, d\omega, \tag{42}$$

oder, falls $I = \text{const}_\omega$ ist,

$$\Phi = I \int d\omega = 4\,\pi I \tag{42'}$$

ab: Eine Lichtquelle, die nach allen Seiten gleichmäßig ($I = \text{const}_\omega$) mit der Lichtstärke $I = 1$ K strahlt, sendet in den Raumwinkel 1 sr einen Lichtstrom von $\Phi = 1$ lm und in den gesamten Raum einen Lichtstrom von $\Phi = 4\,\pi$ lm aus; der Faktor $4\,\pi$ in (42') ist also nicht etwa mit in die Definition für den Betrag der Einheit Lumen einbezogen, sondern als geometrisch bedingter Faktor in der definierenden Größengleichung zu betrachten. Für den in einen beliebigen Raumwinkel ω von einer mit der Lichtstärke I strahlenden Lichtquelle ausgesandten Lichtstrom Φ gilt die der Größengleichung (42) entsprechende Zahlenwertgleichung (siehe auch Abschnitt 2e)

$$\{\Phi\}_{\text{lm}} = \int \{I\}_{\text{K}} \, d\omega. \tag{42a}$$

Als Einheit der spezifischen Lichtausstrahlung R dient das Phot (ph)[1]. Das ph ist entsprechend der Definitionsbeziehung (Tafel **30**)

$$R = \frac{d\Phi}{da} \tag{43}$$

festgelegt zu

$$1 \text{ ph} = 1 \frac{\text{lm}}{\text{cm}^2}. \tag{44}$$

Die für die Betrachtung des eingestrahlten Lichtes charakteristische Größenart ist die Beleuchtungsstärke (Tafel **30**)

$$E = \frac{d\Phi}{dA}. \tag{45}$$

Als Einheit für beleuchtete Flächenelemente ΔA eines Lichtempfängers dient in der Photometrie grundsätzlich das m², im Gegensatz zu den in cm² gemessenen leuchtenden Flächenstücken Δa eines Strahlers.

Die Einheit der Beleuchtungsstärke heißt Lux (lx) und wird erhalten, wenn der Lichtstrom $\Phi = 1$ lm auf die Fläche $A = 1$ m² eingestrahlt wird

$$1 \text{ lx} = \frac{1 \text{ lm}}{\text{m}^2} \; {}^{2)}. \tag{46}$$

---

[1] Von dem ph muß die von *Troland [T 19]* eingeführte Einheit „Photon" für die sogenannte Empfindungsleuchtdichte B_E unterschieden werden. Diese Größe besitzt eine besondere Bedeutung bei der Beurteilung der photometrischen Einstellgenauigkeit, die über die Helligkeitsempfindung des Beobachters von der Leuchtdichte der beobachteten Fläche *und* von der Größe der Pupille abhängig ist *[H 10]*. Das Photon wurde definiert als die Empfindungsleuchtdichte B_E, die der Beobachter feststellt, wenn er durch eine Pupillenöffnung A von 1 mm² eine Fläche beobachtet, deren Leuchtdichte B gerade $1 \text{ IK/m}^2 = 10^{-4}$ Isb beträgt. Es besteht also zwischen der Leuchtdichte B eines Photometerfeldes und der Empfindungsleuchtdichte B_E beim Beobachter die Zahlenwertgleichung

$$\{B_E\}_{\text{Photon}} = 10^4 \{F\}_{\text{mm}^2} \cdot \{B\}_{\text{Isb}} = \frac{1}{\pi} \{F\}_{\text{mm}^2} \cdot \{B\}_{\text{Iasb}}.$$

Wir weisen ausdrücklich darauf hin, daß die Einheit Photon für die Empfindungsleuchtdichte nicht wie die übrigen Einheiten der Lichttechnik als eine allgemeine photometrische Einheit festgelegt ist, sondern sich speziell und ausschließlich auf die *Internationalen* photometrischen Einheiten (das Isb) bezieht (Abschnitt 2c).

[2] Früher auch mit Meter-Kerze oder metercandle bezeichnet.

In den englisch sprechenden Ländern ist als Einheit der Beleuchtungsstärke das footcandle weit verbreitet

$$1 \text{ footcandle} = \frac{1 \text{ lm}}{\text{sq. ft.}} = 10{,}76391 \text{ lx.} \tag{47}$$

Die Lumenstunde (lmh) und Luxsekunde (lxs) dienen als Einheiten für Lichtmenge Q und Belichtung L, d. h. für die physiologisch bewerteten Strahlungsenergien der Aus- und Einstrahlung.

Für praktische Berechnungen ist der Zusammenhang zwischen der auf einer Fläche — beispielsweise der Vergleichsfläche eines Photometerfeldes — durch eine beleuchtende Lichtquelle hervorgerufene Beleuchtungsstärke E und dem von dieser Fläche zurückgeworfenen oder auch durchgelassenen Licht von Bedeutung. Wir betrachten den Fall einer diffus remittierenden Fläche A des Reflexionsgrades ϱ, auf der die beleuchtende Lichtquelle der spektralen Strahldichte $B_{e\lambda}$ durch den von ihr auf A gesandten Lichtstrom Φ die Beleuchtungsstärke E hervorruft, entsprechend der Beziehung

$$\Phi = \int_A E \, dA. \tag{48}$$

Der von A diffus reflektierte Lichtstrom Φ_ϱ

$$\Phi_\varrho = \varrho \, \Phi = \varrho \int_A E \, dA \tag{49a}$$

hängt mit der Leuchtdichte B_ϱ der diffus (d. h. gleichmäßig in den Halbraum) reflektierenden Fläche A über die Beziehung

$$\Phi_\varrho = \iint_{A\,\Omega} B_\varrho \cos \varepsilon \, d\omega \, dA = \int_A \int_0^{2\pi} \int_0^{\pi/2} B_\varrho \cos \varepsilon \sin \varepsilon \, d\varepsilon \, d\omega \, dA = \pi \int_A B_\varrho \, dA \tag{49b}$$

zusammen, woraus als Größengleichung

$$B_\varrho = \frac{\varrho}{\pi} \, E \tag{50}$$

folgt. Der Reflexionsgrad ϱ ergibt sich aus der Funktion ϱ_λ des spektralen Reflexionsgrades bei der Wellenlänge λ zu

$$\varrho = \frac{\int B_{e\lambda} \, V_\lambda \, \varrho_\lambda \, d\lambda}{\int B_{e\lambda} V_\lambda \, d\lambda} \tag{51}$$

Wird die Fläche A nicht im reflektierten, sondern im durchgehenden Licht der beleuchtenden Lichtquelle betrachtet, so tritt an die Stelle des Reflexionsgrades ϱ der Transmissionsgrad τ, so daß für die Leuchtdichte B_τ

$$B_\tau = \frac{\tau}{\pi} E \tag{52}$$

zu schreiben ist. τ wird durch die Funktion τ_λ des spektralen Transmissionsgrades zu

$$\tau = \frac{\int B_{e\lambda} \, V_\lambda \, \tau_\lambda \, d\lambda}{\int B_{e\lambda} V_\lambda \, d\lambda} \tag{53}$$

bestimmt.

Zur rechnerischen Auswertung der Größengleichungen (50) und (52) sind die zugehörigen Zahlenwertgleichungen, bezogen auf die verschiedenen photometrischen Einheiten, in der Lichttechnik wichtig. Für die Leuchtdichte B und die Beleuchtungsstärke E sind entsprechend ihren Definitionsbeziehungen (37) und (45) und den hier interessierenden Einheitenbeziehungen

$$1 \text{ sb} = \pi \, 10^4 \text{ asb} = 1 \frac{\text{K}}{\text{cm}^2} \tag{38, 39}$$

$$1 \text{ lx} = 1 \frac{\text{lm}}{\text{m}^2} = 10^{-4} \frac{\text{lm}}{\text{cm}^2} \tag{46}$$

das sb und 10^4 lx auf die Größengleichungen (50) und (52) abgestimmte Einheiten. Wir erhalten also die Zahlenwertgleichungen

$$\{B_\varrho\}_{\mathrm{sb}} = \frac{\varrho}{\pi} \cdot \{E\}_{10^4\,\mathrm{lx}} \qquad (50\,\mathrm{a}) \qquad\qquad \{B_\tau\}_{\mathrm{sb}} = \frac{\tau}{\pi} \cdot \{E\}_{10^4\,\mathrm{lx}} \qquad (52\,\mathrm{a})$$

$$\{B_\varrho\}_{\mathrm{sb}} = \frac{\varrho}{\pi \cdot 10^4} \cdot \{E\}_{\mathrm{lx}} \qquad (50\,\mathrm{b}) \qquad\qquad \{B_\tau\}_{\mathrm{sb}} = \frac{\tau}{\pi \cdot 10^4} \cdot \{E\}_{\mathrm{lx}} \qquad (52\,\mathrm{b})$$

$$\{B_\varrho\}_{\mathrm{asb}} = \varrho \cdot \{E\}_{\mathrm{lx}} \qquad (50\,\mathrm{c}) \qquad\qquad \{B_\tau\}_{\mathrm{asb}} = \tau \cdot \{E\}_{\mathrm{lx}}, \qquad (52\,\mathrm{c})$$

von denen die beiden letzten fast durchweg den Berechnungen zugrunde gelegt werden.

Neben den bislang genannten photometrischen Einheiten, die sich auf die physiologische Bewertung der Strahlung durch das Zapfensehen beziehen, wurden noch besondere Einheiten für die Größenarten der Dunkelleuchtdichte und Dunkelbeleuchtungsstärke, die für den Bereich des Stäbchensehens definiert sind, festgelegt.

Für kleine Leuchtdichten ($B < 10$ asb) kommen die Stäbchen bei der Vermittlung des Lichteindruckes im Auge zur Mitwirkung und sind etwa für Leuchtdichten $B < 10^{-2}$ asb bereits im überwiegenden Maße als die wirksamen lichtempfindlichen Elemente des Auges anzusehen. In dem Leuchtdichtebereich 10 asb $> B > 10^{-2}$ asb verschiebt sich also die relative spektrale Augenempfindlichkeit kontinuierlich von der Hellempfindlichkeitskurve V_λ zur Dunkelempfindlichkeitskurve V_λ', und die Leuchtdichte

$$B = K_m \int B_{e\lambda} V_\lambda \, d\lambda \qquad\qquad (54)$$

geht in die Dunkelleuchtdichte

$$B' = K_m \int B_{e\lambda} V_\lambda' \, d\lambda \qquad\qquad (55)$$

über. In jedem dieser beiden Bereiche ist der durch (54) oder (55) ausgedrückte Zusammenhang zwischen (physikalischer) Strahldichte und physiologisch bewerteter Leuchtdichte als gültig zu betrachten. Bleibt speziell bei einer Veränderung der physikalischen Strahlungsintensität einer Lichtquelle ihre relative spektrale Strahlungsverteilung erhalten, so ist auch in jedem der beiden Gebiete des Zapfen- und Stäbchensehens für sich die Leuchtdichte proportional der Intensität. Nur der Anschluß der beiden Werte B und B' für die Leuchtdichte eines Strahlers vor und hinter dem Übergangsgebiet vom Zapfen- zum Stäbchensehen ist nicht ohne weiteres eindeutig gegeben und hängt wesentlich von der spektralen Zusammensetzung der Strahlung ab. Wir betrachten das einfachste Beispiel einer monochromatischen Lichtquelle, deren physikalische Ausstrahlung (Wellenlänge λ) wir so verändern können, daß ihre Leuchtdichte Werte annimmt, die einmal im Bereich der Hellempfindlichkeit und zum anderen im Gebiet der Dunkelanpassung liegen. Dann erhalten wir

$$\text{bei Hellempfindlichkeit:} \qquad B_\lambda \, \varDelta \lambda = K_m \, B_{e\lambda} V_\lambda \, \varDelta \lambda, \qquad\qquad (54\,\mathrm{a})$$

$$\text{bei Dunkelanpassung:} \qquad B_\lambda' \, \varDelta \lambda = K_m \, B_{e\lambda}^* V_\lambda' \, \varDelta \lambda. \qquad\qquad (55\,\mathrm{a})$$

Wir haben hier zur besonderen Hervorhebung an das Formelzeichen $B_{e\lambda}$ für die spektrale Strahldichte im Gebiet des Stäbchensehens einen $*$ gesetzt. Das Verhältnis zwischen Leuchtdichte und Dunkelleuchtdichte eines monochromatischen Strahlers (mit Ausstrahlungsintensitäten oberhalb und unterhalb des Übergangsgebietes) setzt sich also aus zwei Faktoren zusammen:

$$\frac{B_\lambda}{B_\lambda'} = \frac{B_{e\lambda}}{B_{e\lambda}^*} \cdot \frac{V_\lambda}{V_\lambda'}. \qquad\qquad (56\,\mathrm{a})$$

Der erste Faktor ist das Verhältnis der Strahldichten in den beiden Leuchtzuständen des Strahlers und wird durch die Anregungs- oder Betriebsbedingungen gegeben, der zweite durch die relativen Augenempfindlichkeiten bei der Wellenlänge λ der monochromatischen Lichtquelle bestimmt. Das Leuchtdichteverhältnis (56a) wird somit außer durch das physikalische Intensitätsverhältnis in der Ausstrahlung der Lichtquelle noch durch die physiologisch bedingte Veränderung in der relativen Augenempfindlichkeitskurve beim Übergang vom Zapfen- zum Stäbchensehen beeinflußt. Für monochromatische Lichtquellen ist das Verhältnis V_λ/V_λ' aus den Funktionen V_λ und V_λ' abzulesen und zahlenmäßig direkt anzugeben.

Wesentlich komplizierter liegen die Verhältnisse bei nicht-monochromatischen Lichtquellen. Beispielsweise ändert sich bei Emission diskreter Linienspektren mit einer Variation der Ausstrahlungsintensität infolge der hiermit verknüpften Veränderung in den Anregungsbedingungen im allgemeinen auch das relative Intensitätsverhältnis der einzelnen Linien zueinander. Strahlt eine Lichtquelle — z. B. als Temperaturstrahler — ein kontinuierliches Spektrum aus, so verschiebt sich bei einer Veränderung der Ausstrahlungsintensität mit der hierzu erforderlichen Temperaturänderung gleichzeitig die relative spektrale Intensitätsverteilung. Es ändert sich also mit der Intensität auch die „Farbe" des Strahlers. Solange die Intensitätsänderung innerhalb des Zapfen- oder des Stäbchenleuchtdichtebereiches bleibt, sollte eine wechselnde Farbzusammensetzung photometrisch keine Rolle spielen, da die heterochrome Photometrie in ihrer Anwendungsmöglichkeit experimentell begründet wird und mit denselben Methoden erlaubt sein sollte, die zur Festlegung der relativen Augenempfindlichkeitskurve führten.

Für das Verhältnis von Leuchtdichte und Dunkelleuchtdichte einer beliebigen Lichtquelle

$$\frac{B}{B'} = \frac{\int B_{e\lambda}\, V_{\lambda}\, d\lambda}{\int B_{e\lambda}^{*}\, V_{\lambda}'\, d\lambda} \tag{56}$$

läßt sich allerdings keine so eindeutige Zuordnung zu einem physikalisch und einem physiologisch bedingten Anteil mehr geben, wie im Falle des monochromatischen Strahlers; die in (56) stehenden Integrale sind nicht mehr in Produkte aus zwei Faktoren aufspaltbar, von denen der eine nur eine Funktion der physikalischen (Gesamt-) Strahldichte ist und der andere nur von der relativen Augenempfindlichkeit abhängt. Einen direkten Anschluß der Dunkelleuchtdichte an die Leuchtdichte kann man nur für solche Strahlungen eindeutig ermitteln, die den gleichen und durch Konvention zu bestimmenden Farbeindruck im Auge hervorrufen. In Deutschland wurde zum zahlenmäßigen Anschluß einer Einheit für die Dunkelleuchtdichte B' an die Einheit sb für die Leuchtdichte B hinsichtlich der Farbzusammensetzung die Strahlung des schwarzen Körpers bei $T = 2330\,°\text{K}$ oder, kürzer ausgedrückt, die Strahlung der Farbtemperatur $T_f = 2360\,°\text{K}$ festgesetzt; diese Strahlung liefert die Wolfram-Vakuum-Lampe.

Die Einheit der Dunkelleuchtdichte ist das Skot (sk). Bei der Farbtemperatur $T_f = 2360\,°\text{K}$ gilt

$$1\ \text{sk} = 10^{-3}\,\text{asb} = \frac{10^{-7}}{\pi}\,\text{sb}. \tag{57}$$

Für alle Strahlungen anderer Farbtemperaturen, d. h. Strahlungen, die einen von der schwarzen Strahlung bei $T = 2360\,°\text{K}$ abweichenden Farbeindruck im Auge hervorrufen, wird der Umrechnungsfaktor zwischen den Einheiten sk und sb nicht mehr durch (57) gegeben.

Eine graphische Umrechnungsmethode von Zahlenwertangaben in 10^{-3} asb auf solche in sk bei bekannter oder gemessener Energieverteilung $B_{e\lambda}^{*}$ der Lichtquelle, unabhängig von ihrer Farbtemperatur, ist von *Lohse* und *Stille* [L 21] angegeben worden.

Analog wurde für die Beleuchtungsstärke als die bei der Betrachtung der Lichteinstrahlung auf einen Lichtempfänger wichtige photometrische Größenart im Bereich des Stäbchensehens eine eigene Definition und Einheit festgelegt. Die Dunkelbeleuchtungsstärke

$$E' = \int B_{\varepsilon}'\, \cos i\, d\,\Omega \tag{58}$$

wird in Nox (nx) gemessen. Der Umrechnungsfaktor zwischen dem nx und der Einheit lx für die Beleuchtungsstärke E bei Zapfensehen

$$E = \int B_{\varepsilon}\, \cos i\, d\,\Omega \tag{59}$$

ist genau so wie der entsprechende Umrechnungsfaktor zwischen sk und sb von der Farbzusammensetzung der Strahlung abhängig. Für eine Strahlung der Farbtemperatur $T_f = 2360\,°\text{K}$ gilt

$$1\ \text{nx} = 10^{-3}\,\text{lx}. \tag{60}$$

Für sehr kleine Lichtquellen ist die Punkthelle P die für den im Auge hervorgerufenen Helligkeitseindruck charakteristische photometrische Größe. Als Maß der Punkthelle dient, bei Konstanthaltung der Pupillengröße im photometrischen Vergleich, die von der kleinen Lichtquelle in der Pupillenebene des Beobachters hervorgerufene, senkrecht zur Strahlungsrichtung gemessene Beleuchtungsstärke. Eine Übertragung des Begriffes der Dunkelbeleuchtungsstärke auf die Punkthelle und ein entsprechender Übergang zu einer „Dunkelpunkthelle" P' scheint allerdings nicht ohne weiteres möglich zu sein. Es liegt eine Reihe von Messungen vor, nach denen der Schwellenwert des Auges für sehr kleine Lichtquellen nicht mehr unabhängig von der Wellenlänge und somit der Farbe der kleinen Lichtquelle ist oder nach denen für die Schwellenwerte sehr kleiner Lichtquellen das Summengesetz (35) nicht mehr gilt /siehe z. B. *B 74*]. Damit würde allerdings eine wesentliche Voraussetzung für die Anwendung des hier geschilderten Verfahrens zur Bestimmung von Helligkeitswerten im Bereich des Zapfen- und Stäbchensehens entfallen.

Im Übergangsgebiet zwischen den beiden Funktionsarten des Sehvorganges im Auge gehen die photometrischen Größenarten entsprechend der kontinuierlichen Verschiebung der relativen spektralen Augenempfindlichkeitskurve von V_λ zu V'_λ allmählich von der Helldefinition zur Dunkeldefinition über. Die Einzelheiten des Überganges sind für die Ziele des Buches ohne Belang. Erwähnt muß allerdings werden, daß die Einheiten der Dunkelleuchtdichte und Dunkelbeleuchtungsstärke nur bis zu 10 sk und 10 nx definiert sind.

Der CIE wurde 1951 vorgeschlagen, die Einheiten Skot und Nox für den Dunkelbereich anstatt bei der Farbtemperatur von 2360 °K in Zukunft bei der Farbtemperatur $T_f = T_{Pt} = 2042{,}5$ °K (**6**, 54) an die im Hellbereich verwendeten photometrischen Einheiten Stilb und Lux anzuschließen. Hierüber ist bislang nicht entschieden worden. Damit bleibt auch noch die Frage offen, ob die für das Sehen bei Dunkelanpassung von der für Tagessehen abweichende physiologische Bewertung bei der Größeneinführung in die spektrale Lichtausbeute einer Strahlung (das spektrale photometrische Strahlungsäquivalent) oder in das photometrische Strahlungsäquivalent einbezogen werden soll, d. h. ob man analog der Gleichung (91) $K'_\lambda = K_m \cdot V'_\lambda$ oder $K_\lambda = K'_m \cdot V'_\lambda$ als grundlegende Beziehung im Bereich des Stäbchensehens wählen will. In der Tafel **30** wurde der Definition

$$K'_\lambda = K_m \cdot V'_\lambda \tag{91 b}$$

der Vorzug gegeben; mit ihr tritt zwischen physikalischer Strahlungsoptik und Photometrie, analog der Darstellung von Elektrizität und Magnetismus im Fünfer-System (Abschnitt 4, II, 3), nur *eine* allgemeine Verknüpfungskonstante, das photometrische Strahlungsäquivalent K_m, auf (Abschnitt 2e).

2. Spezielle Lichteinheiten

Um den Zusammenhang zwischen den Einheiten für die verschiedenen photometrischen Größenarten herauszustellen, hatten wir bislang nur die allgemeinen photometrischen Einheiten K, sb, lm, ph, lx usw. eingeführt, ohne irgendeine spezielle zahlenwertmäßige Festsetzung über ihre Beträge[1]) zu treffen. Nach den Ausführungen des vorigen Abschnitts sind durch Verfügung über den Betrag einer dieser photometrischen Einheiten die Beträge aller übrigen photometrischen Einheiten mit festgelegt. Von größerer Bedeutung sind im Laufe der Zeit drei Sätze von photometrischen Einheiten geworden, die auf der Hefner-Kerze, der Internationalen Kerze und der Candela oder dem heutigen Stilb beruhen. Ehe wir auf sie eingehen, seien einige Bemerkungen über eine Reihe älterer Lichteinheiten vorausgeschickt *[F 18; P 1; P 2]*.

a) Lichtnormale des 19. Jahrhunderts. Hinsichtlich der Definition und Realisierung der Einheit der Lichtstärke, die früher stets als primäre photometrische Einheit benutzt wurde, sind nach ihrer Entwicklung zwei Gruppen zu unterscheiden: Lichteinheiten, die von Flammen-Einheitslichtquellen abgeleitet werden, und solche, die sich von Glühkörper-Einheitslichtquellen herleiten. Die Grundbedingung für die Festlegung einer Lichteinheit ist die, daß sie stets in gleicher Stärke herstellbar oder reproduzierbar ist. Hierzu ist erforderlich, daß sich der Brennstoff oder Glühkörper der Einheitslichtquelle immer in gleicher Zusammensetzung herstellen und auch während des Leuchtens erhalten läßt, daß sich die Abmessungen der wichtigsten Teile der eigentlichen Lampe genau definieren und einhalten lassen, und speziell für Glühkörper-Einheitslichtquellen, daß die Temperatur des Glühkörpers genau reproduzierbar ist. In diesem Sinne sind beispielsweise Glühlampensätze *nicht* als *primäre* Lichtnormale anzusehen. Die Photometrie legt außerdem Wert darauf, daß die Lichtstärke der Einheitslichtquelle möglichst groß ist und ihre Lichtfarbe mit der der gebräuchlichen Beleuchtungslampen möglichst genau übereinstimmt.

---

[1]) Siehe Fußnote [1]) auf S. 11.

Die *Flammen-Einheitslichtquellen*, bei denen ein Stoff unter Flammenbildung verbrennt, haben heute im wesentlichen nur noch historisches Interesse.

In England wurde die Spermazeti-Wallrath-Kerze oder London Standard Spermazeti Candle (sperm candle) durch Metropolitan Gas Act 1860 und Gas Works Clauses Amendment Act 1871 als englische Normalkerze legalisiert. Auf die sperm candle folgte die Pentan-Kerze, die nacheinander durch die von *Harcourt* konstruierte 1-Kerzen-Pentangaslampe *[H 11; H 12]*, 1-Kerzen-Pentandochtlampe *[H 13]* und 10-Kerzen-Pentangaslampe *[H 14]* repräsentiert wurde. Der 10. Teil der Lichtstärke der 10-Kerzen-Pentangaslampe löste unter dem Namen „pentane candle" oder kurz „candle" durch Notification of the Metropolitan Gas Referees for the year 1898 die sperm candle als legale britische Lichteinheit ab.

In Frankreich wurde 1800 von *Carcel* eine mit Colza-Öl betriebene Einheitslichtquelle gebaut, deren Lichtstärke 1842 dort unter dem Namen „carcel" als Lichteinheit eingeführt wurde. Sie ist 1889 von der „Violle-Einheit" (Abschnitt c) abgelöst worden.

In Deutschland wurde die „Vereins-Paraffinkerze" (V. K.) hergestellt und seit 1868 vom Deutschen Verein von Gas- und Wasserfachmännern kontrolliert. Dieser ersetzte gemeinsam mit dem Elektrotechnischen Verein und dem Verband Deutscher Elektrotechniker 1896 die V. K. durch die „Hefner-Kerze (HK) (Abschnitt b).

Als Beziehungen der genannten Lichtstärkeeinheiten zur HK wurden unter Mitwirkung der PTR und der Internationalen Lichtmeßkommission (ILK) festgestellt:

$$1 \text{ sperm candle} \quad = \quad 1{,}14 \text{ HK (PTR } [P\,32;\ P\,33]) \tag{61}$$

$$1 \text{ pentane candle} = \quad 1{,}11 \text{ HK (ILK, 1911 } [I\,42]) \tag{62}$$

$$1 \text{ carcel} \qquad\quad = 10{,}75 \text{ HK (ILK, 1907 } [I\,41]) \tag{63}$$

$$1 \text{ V. K.} \qquad\qquad = \ 1{,}20 \text{ HK (PTR } [D\,26;\ L\,24;\ P\,32;\ P\,33]) \tag{64}$$

In den USA sollte ursprünglich als „standard candle" die Lichtstärke der sperm candle, der damaligen englischen primären Lichteinheit, gelten. Die standard candle wurde im NBS durch einen Satz von Kohlefadenlampen aufrechterhalten, der in der PTR an die HK angeschlossen worden war. Durch den Anschluß wurde die Lichtstärke der sperm candle als $(1/0{,}88)$ HK $= 1{,}14$ HK (61) auf die die standard candle repräsentierenden Kohlefadenlampen des NBS übertragen. In dieser Form ist die standard candle auch zunächst vom American Institute of Electrical Engineers benutzt worden, während die amerikanische Gasindustrie sich der britischen pentane candle (62) bediente, die etwas kleiner als die sperm candle ausgefallen war. Als 1898 in England die pentane candle eingeführt wurde, ergaben sich Differenzen der Lichteinheiten in Großbritannien und den USA, die nach den 1906 und 1908 über gealterte Kohlefadenlampen ausgeführte Vergleichsmessungen sich durch die Relation

$$1 \text{ pentane candle} = 0{,}98_4 \text{ US-standard candle} \tag{65}$$

ausdrücken ließen. 1909 entschloß sich das NBS, sein US-standard candle um $1{,}6\%$ zu verkleinern und dadurch seine Lichtstärkeeinheit den in Frankreich und England üblichen Lichtstärkeeinheiten bougie décimale und pentane candle anzugleichen. Hierdurch wurde der Weg zur Festlegung der International Candle Power (Abschnitt c) frei.

b) Hefner-Kerze. Als photometrische Grundeinheit wurde 1896 in Deutschland und später in Österreich und den skandinavischen Ländern die Hefner-Kerze (HK) gesetzlich eingeführt. Sie beruht auf den Arbeiten und Vorschlägen von *v. Hefner-Alteneck [H 31; H 32; H 33; H 34]*. Bereits seit 1893 stellte die PTR Beglaubigungsscheine für Hefner-Lampen aus *[P 32; P 33; P 34]*. Hier ist die Lichtstärke I als photometrische Grundgrößenart zu betrachten. Ihrer Definition nach ist die HK die Lichtstärke, mit der die unter Normalbedingungen brennende Hefner-Lampe in waagerechter Richtung leuchtet.

Die Normalbedingungen sind für die Hefner-Lampe folgendermaßen festgelegt worden: Dochtrohr aus Neusilber (Innendurchmesser 8,0 mm, Wandstärke 0,15 mm), reines Amylacetat als Brennstoff, 40 mm Flammenhöhe bei gesättigtem Docht in ruhiger, kohlensäurefreier Luft von 760 Torr Druck und einem Feuchtigkeitsgehalt von 8,8 l Wasserdampf in 1 m³ Luft. Bezeichnen wir den tatsächlichen Barometerstand in Torr mit b, den Wasserdampfgehalt der Luft in l/m³ mit f und den Kohlensäuregehalt der Luft in l/m³ mit g, so errechnet sich die Lichtstärke I (H. L.) der in normaler Höhe brennenden Hefner-Lampe zu *[L 18]*

$$I\,(\text{H.\,L.}) = [1{,}000 - 0{,}0055\,(f - 8{,}8) + 0{,}00015\,(b - 760) - 0{,}0072\,(g - 0{,}75)]\ \text{HK.} \qquad (66)$$

Die Farbtemperatur der Hefner-Lampe wird sehr unterschiedlich angegeben *[D 59; H 60; P 29; R 9]*; sie beträgt etwa 1 930 °K.

Die von der Hefner-Kerze abgeleiteten photometrischen Einheiten werden durch ein vorgesetztes „H" gekennzeichnet: Hsb, Hlm, Hlx, Hph usw.

c) International Candle Power. Der Internationale Kongreß für Photographie und die Internationale Kommission zur Bestimmung der elektrischen Einheiten nahmen 1889 in Paris als Einheit der Lichtstärke die Violle-Einheit an. Sie wurde als die Lichtstärke definiert, die ein 1 cm² großes Stück glühender Platinoberfläche bei der Erstarrungstemperatur des Platins besitzt *[V 12; V 13; V 14]*. Die Violle-Einheit gehört ihrer Definition und Darstellung nach bereits zu der Gruppe der Lichteinheiten, die von Glühkörper-Einheitslichtquellen abgeleitet werden. In Frankreich diente sie von 1889 bis 1909 als primäre Lichteinheit. Weiter setzte der 2. Internationale Elektrizitätskongreß 1889 in Paris den 20. Teil der Violle-Einheit als „bougie décimale" fest.

Die Violle-Einheit betrug nach Messungen von *Violle [V 15]* 2,08 carcel, d. h. gemäß Relation (63) etwa 22,4 HK. Hieraus folgte für die bougie décimale, die in dieser Definition nach den Beschlüssen des Internationalen Elektrizitätskongresses in Genf von 1896 bis 1909 als theoretische Lichtstärkeeinheit diente, die Beziehung

$$1\ \text{bougie décimale} = 1{,}12\ \text{HK.} \qquad (67)$$

Spätere Vergleichsmessungen ergaben, daß die französische bougie décimale und die britische pentane candle praktisch übereinstimmten. Nachdem das NBS die US-standard candle in ihrer Lichtstärke um 1,6% herabgesetzt hatte (Abschnitt a), erreichte man nahezu Gleichheit der drei Lichtstärkeeinheiten US-standard candle, bougie décimale und pentane candle. Daraufhin trafen das National Bureau of Standards, das Laboratoire Central d'Electricité und das National Physical Laboratory eine Vereinbarung, die noch bestehenden geringen Abweichungen zwischen den in USA, Frankreich und Großbritannien üblichen Lichteinheiten zu beseitigen und in allen drei Ländern ab 1. 4. 1909 die gleiche Lichtstärkeeinheit anzunehmen *[N 1]*. Die International Candle Power oder Internationale Kerze (IK) wurde durch Lampensätze aufbewahrt, deren Farbtemperaturen weit unter derjenigen bei Normalgebrauch für Beleuchtungszwecke lagen. Die Art der Realisierung der IK blieb den einzelnen Staatsinstituten überlassen. Obgleich die Darstellungsmethoden voneinander abwichen, blieben die Lichtstärken der verschiedenen Lampensätze relativ zueinander in recht guter Übereinstimmung. Ergebnisse von Vergleichsmessungen sind in der Tabelle 27 zusammengestellt *[B 2; W 32]*; sie beziehen sich auf den jeweiligen, gleich 1 IK gesetzten Mittelwert der drei Staatsinstitute.

Tabelle 27.
Relativwerte der IK *in NBS, LCE und NPL*

Staatsinstitut	Mittlerer relativer Wert der IK	
	1912/13	1924/26
NBS	0,9984	0,9977
LCE	0,9999	—
NPL	1,0017	1,0022

Das Verhältnis der beiden Lichtstärkeeinheiten HK und IK wurde bei der Farbtemperatur der Kohlefadenlampe ($\approx$ 2080 °K) experimentell ermittelt und auf der 4. Vollversammlung der ILK als Gründungsversammlung der Commission Internationale d'Eclairage (CIE) im Jahre 1913 zu

$$1\ \text{IK} = 1{,}11\ \text{HK} \qquad (68)$$

festgestellt. Mit diesem Umrechnungsfaktor stimmten die Ergebnisse späterer Vergleichsmessungen der verschiedenen Staatslaboratorien im Jahre 1924 noch innerhalb 0,5 % überein *[D 58]*.

1921 nahm die CIE die International Candle Power von 1909 offiziell als Lichtstärkeeinheit an und gab ihr den Namen „Bougie Internationale" oder „International Candle". Der Einführungsbeschluß lautet *[W 32]*:

«L'unité d'intensité lumineuse est la Bougie Internationale telle qu'elle résulte des accords intervenus entre les trois laboratoires nationaux d'étalonnage de France, de Grande-Bretagne et des Etats-Unis en 1909. Cette unité a été conservée depuis lors au moyen de lampes à incandescence électriques, dans ces laboratoires qui restent chargés de sa conservation.»

Die aus der Internationalen Kerze als Grundeinheit abgeleiteten photometrischen Einheiten sollen durch ein vorgesetztes „I" hervorgehoben werden: Isb, Ilm, Ilx, Iph usw.

In Deutschland wurde 1896 im Anschluß an die Genfer Beschlüsse die HK als theoretische und praktische Einheit der Lichtstärke eingeführt und blieb bis zur Umstellung auf die neuen, von der „Candela" oder dem „Stilb" (Abschnitt d) abgeleiteten Lichteinheiten im Jahre 1941 beibehalten.

Systematische Abweichungen zeigten sich beim photometrischen Vergleich für luftleere und gasgefüllte Metalldrahtlampen, also Lichtquellen wesentlich höherer Farbtemperatur und damit anderer Farbzusammensetzung als der der beiden Normale. Selbstverständlich sind die beiden Lichteinheiten der HK und IK durch die Hefner-Lampe und die Kohlefadenlampen-Normalsätze eindeutig bestimmt. Der Grund für die Beobachtung von Werten für das Verhältnis IK/HK, die von dem ursprünglich ermittelten Resultat (68) abwichen, lag vielmehr auf der meßtechnischen Seite. Die Messung verschiedenfarbiger Lichtquellen, wie sie die beiden Normale für die HK und IK einerseits und die Metalldrahtlampen höherer Farbtemperatur andererseits darstellen, kann bei Anwendung verschiedener Meßmethoden der heterochromen Photometrie zu unterschiedlichen Ergebnissen führen. Da diese Tatsache bei der Einführung der HK und IK noch nicht bekannt war, wurde seinerzeit auch kein Meßverfahren für den photometrischen Vergleich gegenüber den Normalen festgelegt.

Mit steigender Farbtemperatur, d. h. zunehmendem Gehalt an blauer Strahlung der zu photometrierenden Lichtquellen, ergab sich ein scheinbares Absinken der HK gegenüber der IK. Das Resultat beruht wahrscheinlich einmal auf dem Unterschied in den Farbtemperaturen der die beiden Lichtstärkeeinheiten repräsentierenden Normale und zum anderen auf der außerordentlich geringen Leuchtdichte im Photometerfeld beim Photometrieren mit der Hefner-Lampe. Wegen der endlichen Tiefenausdehnung der Hefner-Lampe darf ihre Entfernung vom Photometer einen Mindestabstand von etwa 1 m nicht unterschreiten, wenn das Abstandsgesetz noch mit ausreichender Genauigkeit die Photometrierungsgrundlage bilden soll. Bei der dann erreichten Beleuchtungsstärke von größenordnungsmäßig 1 lx ist einmal die photometrische Ablesung schon beeinträchtigt, und zum anderen macht sich hier bereits der Purkinje-Effekt stark bemerkbar.

Als vorläufige Lösung des Problems, eine Übereinstimmung der Meßwerte und Angaben in den beiden alten Lichteinheiten der HK und IK für die Beleuchtungstechnik zu erreichen, wurden von der CIE 1928 in Saranac Inn für drei verschiedene Farbzusammensetzungen von Lichtstrahlern, $T_f = 2000\ °\mathrm{K}$, $2360\ °\mathrm{K}$ und $2600\ °\mathrm{K}$, die Umrechnungsfaktoren IK/HK vereinbart [C 92]. Die Festlegungen geben wir in der Tabelle 28 wieder; in der ersten Spalte sind die Glühlampen aufgeführt, die ungefähr die von der CIE festgelegten Farbtemperaturen repräsentieren. Eine generelle Bereinigung wurde seinerzeit nicht vorgenommen, da die Einführung einer neuen Kerze bereits vorgesehen war.

Tabelle 28. Umrechnungsfaktoren der CIE von 1928 zwischen IK *und* HK
bei verschiedenen Farbtemperaturen T_f

Repräsentierende Lichtquelle	T_f in °K	$\dfrac{\mathrm{IK}}{\mathrm{HK}}$	$\dfrac{\mathrm{HK}}{\mathrm{IK}}$
Kohlefadenlampe	2 000	1,11	0,901
Wolfram-Vakuum-Lampe	2 360	1,145	0,873
Gasgefüllte Wolframlampe	2 600	1,17	0,855

Die Chambre Centrale des Poids et Mesures de l'Union des Républiques Soviétiques Socialistes bewahrte als Staatsinstitut der Sowjet-Union ein Lichtnormal für die russische Lichteinheit in Gestalt einer Wolfram-Vakuum-Lampe mit einer Farbtemperatur von 2360 . . . 2400 °K auf, deren Lichtstrom auf etwa ± 0,003 lm definiert ist [T 14]. Das primäre Normal wird für Meß- und Anschlußzwecke durch einen aus drei Gruppen bestehenden Satz von gasgefüllten Glühlampen der Farbtemperatur $T_f = 2600\ °\mathrm{K}$ und einem Lichtstrom zwischen 1600 und 3700 lm ergänzt, der als sekundäres Lichtnormal betrachtet wird [D 35]. Als Vergleichsrelation zur Lichtstärke der Hefner-Lampe hatte die CIE für die russische Lichtstärkeeinheit $\mathrm{K_{USSR}}$ mit einer Genauigkeit von 1% die Beziehung

$$1\ \mathrm{HK} = 0,85_5\ \mathrm{K_{USSR}} \qquad (69)$$

festgestellt. Messungen von *Tikhodéev [T 13]* ergaben im Jahre 1932 die mit dieser Gleichung praktisch übereinstimmende Einheitenrelation

$$1 \text{ HK} = 0{,}85_0 \text{ K}_{\text{USSR}}. \tag{69a}$$

d) Candela und Stilb. Die aus Flammen-Einheitslichtquellen abgeleiteten Lichteinheiten des vorigen Jahrhunderts wurden von nationalen oder internationalen Fachorganisationen definiert und verwirklicht. Die Beglaubigung der HK und die Darstellung der IK hatten Staatsinstitute übernommen. Im Jahre 1929 wandten sich Organe der Meterkonvention, also Gremien, die auf Grund eines zwischenstaatlichen Vertragswerkes arbeiten, den photometrischen Einheiten zu. Zunächst wurde die Frage im Comité Consultatif d'Electricité (Abschnitt 2, 3a) diskutiert, bis sie 1935 an das eigens hierfür begründete Comité Consultatif de Photométrie (Abschnitt 2, 3a) zur Bearbeitung abgegeben werden konnte.

Als Normal der neu zu definierenden Lichteinheiten sollte ein schwarzer Körper dienen, der eine seiner Temperatur entsprechende schwarze Strahlung aussendet. Man ging also endgültig von den Flammen-Einheitslichtquellen zum *Glühkörper* über. Der Vorschlag, einen solchen schwarzen Strahler als Einheitslichtquelle zu entwickeln und zu benutzen, wurde von *Waidner* und *Burgess [W 3]*, sowie von *Lummer* [siehe *L 17*] gemacht. Durch langjährige experimentelle Untersuchungen, die in den großen Staatsinstituten durchgeführt worden sind, konnte das Ziel erreicht werden.

1933 autorisierte die 8. Generalkonferenz für Maß und Gewicht *[C 117]* das Internationale Komitee für Maß und Gewicht, neue Lichteinheiten festzusetzen. 1937 faßte das Internationale Komitee *[C 45]* auf Vorschlag des Comité Consultatif de Photométrie (CCPh) *[C 46]* folgenden Beschluß über die Festlegung der neuen Lichteinheiten *[C 47]*:

«1° A partir du 1er janvier 1940, l'unité d'intensité lumineuse sera telle que la brillance du radiateur intégral, à la température de solidification du platine, soit de 60 unités d'intensité par centimètre carré.

Cette unité sera appelée la »bougie nouvelle« (avec traduction appropriée dans les autres langues).

2° a. Les valeurs des grandeurs photométriques des sources lumineuses ayant une couleur autre que celle de l'étalon primaire seront déterminées par un procédé tenant compte de la courbe des facteurs de visibilité (luminosité) adoptée par le Comité international des Poids et Mesures.

b. Pour assurer aux Instituts métrologiques des différents pays l'uniformité dans le procédé de passage du nouvel étalon primaire aux étalons secondaires à filament incandescent présentant un rendement photométrique plus élevé, on adopte présentement la méthode des filtres bleus qui, intercalés entre le photomètre et l'une des sources lumineuses à comparer, rétablissent la sensation de couleur identique sur les deux plages de l'écran photométrique.»

Diese Definition wurde 1939 von der CIE angenommen *[C 93]*. Im gleichen Jahr schlug das Comité Consultatif de Photométrie *[C 49]* vor, wegen einiger noch ausstehender Vergleichsmessungen den Übergang zu den neuen Lichteinheiten erst für den 1. 1. 1941 vorzusehen. Durch den Kriegsausbruch wurde ein endgültiger Einführungsbeschluß verhindert; das Internationale Komitee und die Generalkonferenz konnten 1939 ihre Sitzungen nicht abhalten. In einem Rundschreiben vom 1. 1. 1940 baten Präsident und Sekretär des Internationalen Komitees alle Beteiligten, vorläufig den Einheitenwechsel noch auszusetzen und einen „nouvel avis" für die Durchführung abzuwarten. Lediglich in Deutschland traten die neuen Lichteinheiten am 1. 7. 1942 in Kraft *[P 38]*.

Der „nouvel avis" wurde in Beschlüssen des Internationalen Komitees im Jahre 1946 *[C 52]* niedergelegt. In ihnen heißt es zum primären Normal, sowie zur Definition und praktischen Realisierung der neuen Lichteinheiten:

«2. *L'étalon primaire.* — Cet étalon, adopté en principe par le Comité International des Poids et Mesures en 1930 et en 1933, est un radiateur de Planck (corps noir), à la température de solidification du platine, et la valeur de l'unité d'intensité lumineuse (adoptée en 1937) est telle que la brillance de l'étalon soit de 60 unités par centimètre carré. La forme, sous laquelle cet étalon est réalisé actuellement est, dans ses traits essentiels, celle qui a été conçue par le National Bureau of Standards, à Washington, et qui se trouve décrite dans les Procès-Verbaux du Comité International des Poids et Mesures de 1931 (p. 249). La couleur de la lumière fournie par l'étalon ne diffère pas sensiblement de celle qui est émise par les étalons à flamme et les lampes à filament dont il est question au paragraphe 1.

3. *Mesure des sources lumineuses ayant une température de couleur autre que celle de l'étalon primaire.* — Les sources lumineuses modernes (même si l'on met à part celles qui présentent une coloration marquée) ont une température de couleur beaucoup plus élevée que l'étalon primaire, et il est par conséquent nécessaire de définir le procédé suivant lequel ces sources doivent être évaluées. La méthode approuvée par le Comité International des Poids et Mesures, en 1937, consiste à utiliser un procédé tenant compte de la courbe des facteurs de visibilité (luminosité) adoptée par ce Comité; on emploiera par exemple un filtre coloré, qui, intercalé entre l'étalon primaire et le photomètre, donne une couleur comparable à celle de la lumière à mesurer. Le facteur de transmission de ce filtre

est déterminé à partir de sa courbe de transmission spectrale, au moyen des facteurs de luminosité adoptés en 1933 par le Comité International des Poids et Mesures (Procès-Verbaux, 1933, p. 62).

4. *Définition des unités.* — Les unités photométriques peuvent être définies comme suit:

I. *La bougie nouvelle* (unité d'intensité lumineuse). — La grandeur de la *bougie nouvelle* est telle que la brillance du radiateur intégral à la température de solidification du platine, soit de 60 bougies nouvelles par centimètre carré.

II. *Le lumen nouveau* (unité de flux lumineux). — Le *lumen nouveau* est le flux lumineux émis dans l'angle solide unité (*stéradian*), par une source ponctuelle uniforme ayant une intensité lumineuse de 1 bougie nouvelle.

5. *Réalisation pratique des unités.* — Bien qu'il soit possible de réaliser l'étalon primaire à tout instant et dans tout laboratoire possédant l'appareillage nécessaire, pour la plupart des buts pratiques les étalons de référence seront des lampes étalons secondaires à filament de carbone ou de tungstène, lampes dont les valeurs auront été déterminées par rapport à l'étalon primaire. La précision des comparaisons de ces lampes entre elles est plus élevée que la précision avec laquelle on peut reproduire actuellement l'étalon primaire.

Des lampes étalons secondaires de ce type seront conservées dans les divers Laboratoires nationaux et au Bureau international des Poids et Mesures. Les valeurs attribuées à ces étalons secondaires seront déterminées par rapport à l'étalon primaire, soit par comparaison directe dans un ou plusieurs des principaux Laboratoires nationaux, soit indirectement par intercomparaison avec d'autres lampes similaires dont les valeurs auront été déterminées de cette façon. Ainsi, les valeurs assignées aux étalons secondaires conservés au Bureau international et dans chacun des laboratoires nationaux, seront exprimées au moyen de l'unité moyenne, telle qu'elle aura été déterminée dans tous les Laboratoires où l'étalon primaire aura été réalisé.

On procédera d'une façon analogue dans le cas des lampes fonctionnant à une température de couleur plus élevée que l'étalon primaire, ainsi que pour la réalisation du lumen à partir de la bougie.»

Als Zeitpunkt des Inkrafttretens wurde der 1. 1. 1948 festgesetzt.

Die 9. Generalkonferenz bestätigte 1948 nochmals die Beschlüsse des Internationalen Komitees und nahm die von der CIE vorgeschlagene *[C 120]* und vom Internationalen Komitee gebilligte *[C 59]* Bezeichnung „Candela" mit dem Symbol „cd" als Namen für die neue Einheit der *Lichtstärke* an *[C 120]*. Den übrigen photometrischen Einheiten, insbesondere der vom primären Normal des schwarzen Körpers direkt repräsentierten Einheit Stilb der *Leuchtdichte*, wurden keine neuen Namen gegeben; sie werden einfach mit sb, lm, lx, ph usw. bezeichnet.

1954 nahm die 10. Generalkonferenz für Maß und Gewicht die Candela als photometrische Basiseinheit für ein internationales Einheitensystem an (Abschnitte 2, 3d und 5, II, 2e).

Für den schwarzen Körper sind wahre Temperatur und Farbtemperatur identisch. Die Farbtemperatur des schwarzen Bezugsstrahlers für die neuen Lichteinheiten beträgt also in der thermodynamischen Temperaturskala nach den Ergebnissen der verschiedenen Präzisionsmessungen (Abschnitt 6, I, 1f)

$$T_f = T_{Pt} = 2042{,}5 \,^\circ K. \tag{6, 54}$$

Die Leuchtdichte des schwarzen Körpers, gemessen in einer der alten Einheiten Isb oder Hsb, wurde beim Platinerstarrungspunkt in den verschiedenen Staatsinstituten sehr sorgfältig bestimmt.

Tabelle 29. Leuchtdichte $B_{T_{Pt}}$ des schwarzen Körpers am Platinerstarrungspunkt T_{Pt}

Staatsinstitut	$B_{T_{Pt}}$ in Isb	$B_{T_{Pt}}$ in Hsb	$B_{T_{Pt}}$ in Isb	$B_{T_{Pt}}$ in Hsb
NPL *[B 98; B 99; B 100]*	59,00	—	59,00	$66{,}45_6$
NBS *[W 39; W 40]*	58,86		58,86	$66{,}36_6$
Institut de Strasbourg *[R 6; R 7]*	58,78	—	58,78	$66{,}61_4$
PTR *[H 62]*	—	66,42	$58{,}82_8$	66,42
Mittel	58,88	66,42	$58{,}86_9$	$66{,}46_4$

Die jeweils gemessenen Zahlenwerte sind in der Tabelle 29 in den Spalten 2 und 3 zusammengestellt worden. Die Resultate lassen sich in der Relation

$$B_{T_{Pt}} = 60 \text{ sb} = 58{,}88 \text{ Isb} = 66{,}42 \text{ Hsb} \tag{70}$$

für die Leuchtdichte des schwarzen Körpers beim Platinerstarrungspunkt zusammenfassen, aus der die drei Umrechnungsbeziehungen

$$1 \text{ cd} = 0{,}981_3 \text{ IK} = 1{,}107_0 \text{ HK} \tag{71}$$

$$1 \text{ IK} = 1{,}019_0 \text{ cd} = 1{,}128_1 \text{ HK} \tag{72}$$

$$1 \text{ HK} = 0{,}903_3 \text{ cd} = 0{,}886_5 \text{ IK} \tag{73}$$

zwischen den drei Lichtstärkeeinheiten cd, IK und HK folgen. Den Umrechnungsfaktoren ist eine Fehlergrenze von wenigen Promille zuzuschreiben. *Sir Charles Darwin [C 10]* teilt als Auffassung des NPL für die Genauigkeit, mit der heute ein Vergleich zweier Kerzen-Normale vorgenommen werden kann, $1^0/_{00}$ und für die Genauigkeit der Realisierung der Lichtstärkeeinheit $2^0/_{00}$ mit.

Auf Grund gemeinschaftlicher Messungen der verschiedenen Staatsinstitute in den Jahren 1931 und 1932 wurde als Verhältniswert zwischen der IK (als Mittel aus den im NPL, NBS und LCE aufbewahrten Normalen) und der HK der PTR die Beziehung *[N 2]*

$$1\ \text{HK} = 0{,}885_7\ \text{IK} \tag{74}$$

festgestellt.

Wenn man dieses Meßresultat in die Mittelwertbildung für die Umrechnungsfaktoren zwischen den drei Lichtstärkeeinheiten einbeziehen will, kann man folgendermaßen vorgehen. Mit dem Umrechnungsfaktor (74) rechnen wir die im NPL, NBS und LCE (oder Institut de Strasbourg) in Isb bestimmten Werte für $B_{T_{Pt}}$ auf Hsb und das in Hsb in der PTR gemessene Ergebnis auf Isb um, tragen die resultierenden Werte in die Spalten 4 und 5 der Tabelle 29 ein und bilden den Mittelwert für jede der beiden Spalten. Aus diesen Mittelwerten folgt für die Leuchtdichte des schwarzen Körpers am Platinpunkt

$$B_{T_{Pt}} \equiv 60\ \text{sb} = 58{,}86_7\ \text{Isb} = 66{,}46_4\ \text{Hsb}. \tag{70a}$$

Die Relation (70 a) führt zu den Umrechnungsbeziehungen zwischen den drei Lichtstärkeeinheiten

$$1\ \text{cd} \ = 0{,}981_1\ \text{IK} = 1{,}107_7\ \text{HK} \tag{71a}$$
$$1\ \text{IK} \ = 1{,}019_2\ \text{cd} \ = 1{,}129_1\ \text{HK} \tag{72a}$$
$$1\ \text{HK} = 0{,}902_7\ \text{cd} \ = 0{,}885_7\ \text{IK}, \tag{73a}$$

die mit der Relation (74) in Einklang sind und mit den ohne diese abgeleiteten Beziehungen (71) bis (73) jedenfalls innerhalb der praktisch erreichten Meßgenauigkeit (einige Promille) übereinstimmen.

Für das Verhältnis cd/HK bei verschiedenen Farbtemperaturen T_f hat die Deutsche Lichttechnische Gesellschaft (DLTG) mit dem Vorbehalt einer zwischenstaatlichen Nachprüfung der für 2 360 °K und 2 750 °K angegebenen Daten Werte veröffentlicht, die an die Umrechnungsbeziehung (70) anschließen und in der Tabelle 30 zusammengestellt worden sind *[D 11]*. Sie entspricht äußerlich der bereits erwähnten

Tabelle 30. *Umrechnungsfaktoren der DLTG von 1942 zwischen cd und HK bei verschiedenen Farbtemperaturen T_f*

Repräsentierende Lichtquelle	T_f in °K	$\dfrac{\text{cd}}{\text{HK}}$	$\dfrac{\text{HK}}{\text{cd}}$
Schwarzer Körper.................	2 042	1,107	$0{,}903_3$
Wolfram-Vakuum-Lampe	2 360	1,140	$0{,}877_2$
Gasgefüllte Wolframlampe	2 750	1,162	$0{,}860_6$

Tabelle 28 der CIE-Werte für das Verhältnis IK/HK aus dem Jahre 1928, besitzt jedoch heute nur eine beschränkte Bedeutung insofern, als das Internationale Komitee für Maß und Gewicht 1937 *[C 48]* als Meßmethode zum photometrischen Anschluß von Lichtquellen höherer Farbtemperatur an die Strahlung des schwarzen Körpers beim Platinpunkt ausdrücklich das Filterverfahren unter Benutzung der internationalen Austauschfilter (Abschnitt 5) festgelegt hat. Damit sollte in Zukunft der Unterschied in den Umrechnungsfaktoren von selbst verschwinden.

In der Tafel **32** stellen wir einige Umrechnungsfaktoren für die Zahlenwerte photometrischer Größen zusammen. In der Tabelle a sind die wechselseitigen Umrechnungsfaktoren für die Zahlenwerte $\{B\}$ der Leuchtdichte, gemessen in sb, asb, lambert, mlambert und footlambert, enthalten. Die Tabelle b gibt die wechselseitigen Umrechnungsfaktoren für die Zahlenwerte $\{E\}$ der Beleuchtungsstärke, gemessen in lx, footcandle, ph und mph wieder; ph und mph sind eigentlich Einheiten für die spezifische Lichtausstrahlung R, werden aber in der Literatur auch für die Beleuchtungsstärke benutzt. Die beiden Tabellen sind in ihrer Benutzung völlig unabhängig von der speziellen Wahl des Betrages für die jeweilige photometrische Grundeinheit. Der Zusammenhang zwischen den drei verschiedenen Sätzen photometrischer Einheiten ist der Tabelle c der Tafel **32** zu entnehmen; in ihr sind die wechselseitigen Umrechnungsfaktoren für die Zahlenwerte $\{I\}$ der Lichtstärke, gemessen in HK, IK und cd, eingetragen worden. Die HK wird als Lichtstärkeeinheit von der PTB heute nicht mehr dargestellt.

e) Dimensionssysteme für die optische Strahlung und die Photometrie; Einheiten der Lichttechnik. Wegen der physiologischen Bewertung der photometrischen Größenarten wird eine derselben als Grundgrößenart gemessen; man führt also eine photometrische Grunddimension ein.

In Abschnitt 1 ist schon betont worden, daß sich als photometrische Grundgrößenart die Leuchtdichte B als zweckmäßig erweist. Da sie bereits — in physiologischer Bewertung — die physikalische Qualität der Energie in sich enthält, könnte man in der Photometrie grundsätzlich mit den drei Grundgrößenarten Länge, Leuchtdichte und Zeit, d. h. mit einem Dimensionssystem LBT, auskommen, genau so, wie die physikalische Strahlungslehre auf den drei Grundgrößenarten Länge, Energie und Zeit aufbaut, d. h. dimensionsmäßig in einem Dimensionssystem LWT (Abschnitt 2, 2) dargestellt werden kann, soweit nicht außerdem die Temperatur eingeht (Abschnitt 3, 2).

Bei den Verknüpfungen von physikalischen Strahlungsgrößenarten und photometrischen Größenarten spielt jedoch der räumliche Winkel (Abschnitt 2, 5b), eine im Sinne des von uns benutzten Dimensionsbegriffes als „dimensionslos" betrachtete und sonst auch behandelte Größenart (Abschnitt 2,2), eine besondere Rolle. Somit erscheint es zweckdienlich *[R2; R4]*, bei der *Darstellung der optischen Strahlung und der Photometrie* den räumlichen Winkel Ω *formal* auch in den Dimensionsprodukten sowohl für die physikalischen Strahlungsgrößenarten als auch für die photometrischen Größenarten zum Ausdruck zu bringen. Dementsprechend können die Dimensionsprodukte der physikalischen Strahlungsgrößenarten auf ein Dimensionssystem $\mathsf{LWT\Omega}$ und die der photometrischen Größenarten auf ein Dimensionssystem $\mathsf{LBT\Omega}$ bezogen werden.

Bei Größen, die physikalische Strahlungsgrößenarten und photometrische Größenarten verknüpfen, ist die Situation eine andere: Die Dimensionsprodukte solcher Größen enthalten Potenzen der Grunddimensionen W *und* B. Ein Beispiel ist K_λ, die spektrale Lichtausbeute einer Strahlung (das spektrale photometrische Strahlungsäquivalent), deren Dimensionsprodukt sich aus (36″) zu $\mathsf{L^2TW^{-1}B\Omega}$ ergibt. Wenn man dem räumlichen Winkel eine unabhängige Dimension zuordnet, sind die Dimensionsprodukte von Größenarten der optischen Strahlung *und* der Photometrie nur in einem Dimensionssystem mit fünf Grunddimensionen darzustellen. In die Spalte 4 der Tafel **30** sind die Dimensionsprodukte im Dimensionssystem $\mathsf{LTWB\Omega}$ eingetragen worden.

In einer gemeinsamen Darstellung von physikalischer Strahlungsoptik und Photometrie spielt das photometrische Strahlungsäquivalent K_m eine ähnliche Rolle wie die elektromagnetische Verkettung γ im Fünfer-System der Elektrodynamik (Abschnitt 4, II, 3): K_m oder sein Reziprokwert M treten in allen Beziehungen zwischen physikalischen Strahlungsgrößenarten und photometrischen Größenarten auf (Abschnitt 1).

Setzt man in den Dimensionsprodukten (Spalte 4 der Tafel **30**) der physikalischen Strahlungsgrößenarten formal für die Grunddimensionen von Länge, Energie, Zeit und räumlichen Winkel

$$\begin{aligned}
\mathsf{L} &= \mathrm{m} \\
\mathsf{W} &= \mathrm{J} \\
\mathsf{T} &= \mathrm{s} \\
\Omega &= \mathrm{sr}
\end{aligned} \tag{75}$$

ein, so erhält man die kohärenten Einheiten eines m J s sr-Systems.

In der Photometrie hat sich die Verwendung von System-Einheiten bislang nicht durchsetzen können, da beispielsweise die kohärenten Einheiten eines m sb s sr-Systems für Lichtstärke oder Lichtstrom dezimale Vielfache der üblicherweise zu ihrer Messung benutzten Einheiten Candela und Lumen sind. Nach der Résolution 6 der 10. Generalkonferenz für Maß und Gewicht (Abschnitt 2, 3d) gilt die Candela als photometrische Basiseinheit eines internationalen praktischen Einheitensystems. Wenn wir diesen Beschluß berücksichtigen wollten, gingen wir in der Photometrie anstatt von der Leuchtdichte B besser von der Lichtstärke I aus und ersetzten das Dimensionssystem $\mathsf{LBT\Omega}$ durch ein $\mathsf{LIT\Omega}$-System, das zu einem m cd s sr-Einheitensystem führen würde. Zu ihm wären allerdings die praktisch benutzten Einheiten Stilb und Phot nicht kohärent. In dieser Hinsicht sind also Candela und Stilb gleichwertig.

Da wir aus begrifflichen Erwägungen die Leuchtdichte als photometrische Grundgrößenart gewählt hatten und die Definition der Candela auf der Leuchtdichte des schwarzen Körpers beruht, wäre das Stilb der Candela als Grundeinheit vorzuziehen. Setzt man in den Dimensionsprodukten (Spalte 4 der Tafel **30**) der rein photometrischen Größenarten formal für die Grunddimensionen von Länge, Leuchtdichte, Zeit und räumlichen Winkel

$$\begin{aligned}
\mathsf{L} &= \mathrm{m} \\
\mathsf{B} &= \mathrm{sb} \\
\mathsf{T} &= \mathrm{s} \\
\Omega &= \mathrm{sr}
\end{aligned} \tag{76}$$

ein, so erhält man die kohärenten Einheiten eines m sb s sr-Systems. Seine Lichtstärkeeinheit wäre das m^2 sb und seine Lichtstromeinheit das m^2 sb sr, an deren Stelle jedoch die Lichttechnik fast ausschließlich $10^{-4} \, m^2$ sb = cd und $10^{-4} \, m^2$ sb sr = lm verwendet. *Praktisch benutzt* werden folgende Einheiten für

die Leuchtdichte	das Stilb:	sb	(77)
die Lichtstärke	die Candela:	1 cd $= 10^{-4} \, m^2$ sb	(78)
den Lichtstrom	das Lumen:	1 lm $= 10^{-4} \, m^2$ sb sr	(79)
die spezifische Lichtausstrahlung	das Phot:	1 ph $= 1$ sb sr $= 1$ lm/cm²	(80)
die Lichtmenge	die Lumenstunde:	1 lmh $= 0{,}36 \, m^2$ sb s sr	(81)
die Beleuchtungsstärke	das Lux:	1 lx $= 10^{-4}$ sb sr $= 1$ lm/m²	(82)
die Belichtung	die Luxsekunde:	1 lxs $= 10^{-4}$ sb s sr.	(83)

Die Spalte 5 der Tafel **30** enthält Einheiten, die zur Messung physikalischer Strahlungsgrößenarten, photometrischer Größenarten und Verknüpfungsgrößen zwischen beiden gebräuchlich sind. Zahlenwerte des photometrischen Strahlungsäquivalentes K_m und des mechanischen Lichtäquivalentes M werden gesondert im Abschnitt 3 abgeleitet. Da die Einheiten lm/W oder erg/(lm s) ohne Rücksicht auf die Dimensionsbetrachtungen vereinbart wurden, sind die Zahlenwerte $\{K_m\}$ oder $\{M\}$ nicht gleich 1 oder einer Potenz von 10. Abgesehen von technischen Schwierigkeiten bei der Realisierung ist auch nicht anzunehmen, daß man in der Lichttechnik später einmal neue Einheiten einführt, deren Beträge so zu wählen sind, daß $\{K_m\}$ und $\{M\}$ gleich 1 werden; solche, zur Aufstellung eines Einheitensystems mit fünf Grundeinheiten für die Elektrodynamik (Abschnitt 4, III, 3) analoge Erwägungen würden heute schon an der in der lichttechnischen Praxis gegebenen Situation scheitern.

Der in den Einheitenausdrücken (78), (79), (82) und (83) auftretende und im Sinne „kohärenter" Einheiten von manchen Benutzern als störend empfundene Faktor 10^{-4} entfällt, wenn man an Stelle des Stilb eine 10^4-mal kleinere Leuchtdichteeinheit als photometrische Grundeinheit betrachtet, für die der Name „Nit" und das Symbol „nt" vorgeschlagen worden sind

$$1 \text{ nt} = 10^{-4} \text{ sb.} \tag{84}$$

Abgesehen davon, daß bei Verwendung des Nit der auszumerzende Faktor 10^{-4} beim ph in Gestalt seines Reziprokwertes wieder aufträte, wird bislang von der Lichttechnik die allgemeine Einführung des Nit, die erneut eine Umstellung in den photometrischen Einheiten zur Folge hätte, mit dem Hinweis abgelehnt, daß nunmehr in der Lichttechnik endlich eine Beruhigung eintreten und die Kontinuität gewahrt werden müsse *[R 3]*.

3. Photometrisches Strahlungsäquivalent und (mechanisches) Lichtäquivalent

Im allgemeinen mißt man in den zwischen physiologisch bewerteten photometrischen Größenarten und physikalischen Strahlungsgrößenarten bestehenden Gleichungen

$$\Phi = K_m \int\int\int B_{e\lambda} V_\lambda \cos \varepsilon \, d\omega \, da \, d\lambda \tag{85}$$

oder

$$B = K_m \int B_{e\lambda} V \, d\lambda \tag{54}$$

die photometrischen Größenarten in photometrischen Einheiten und die Strahlungsgrößenarten in elektrischen oder mechanischen Einheiten.

Das photometrische Strahlungsäquivalent K_m ergibt sich aus dem zahlenmäßigen Verhältnis zwischen der physikalischen Strahlungsleistung Φ_e einer Lichtquelle, gemessen in mechanischen oder elektrischen Einheiten, und dieser Strahlungsleistung in physiologischer Bewertung, d. h. dem entsprechenden Lichtstrom Φ, gemessen in lm; dabei ist zu beachten, daß über die physiologische Bewertung die Funktion V_λ eingeht.

Für die weiteren Überlegungen und Folgerungen definieren wir die der spektralen Strahldichte $B_{e\lambda}$ und dem spektralen Strahlungsflusse $\Phi_{e\lambda}$ entsprechenden Größenarten in physiologischer Bewertung (Tafel **30**); es sind das die spektrale Leuchtdichte B_λ (54a), gemäß der Beziehung

$$B = \int B_\lambda \, d\lambda, \tag{86}$$

und der spektrale Lichtstrom Φ_λ, gemäß der Beziehung

$$\Phi = \int \Phi_\lambda \, d\lambda. \tag{87}$$

Die Strahldichte im gesamten von der Lichtquelle ausgestrahlten Spektrum wird gegeben durch

$$B_e = \int B_{e\lambda} \, d\lambda, \tag{88}$$

wobei wir hier unter $B_{e\lambda}$ die normal ($\varepsilon = 0$) zur strahlenden Oberfläche abgegebene spektrale Strahldichte

$$B_{e\lambda} = (B_{e\lambda\varepsilon})_{\varepsilon\,=\,0} \tag{88a}$$

und unter B_λ die spektrale Leuchtdichte des Strahlers in normaler Richtung

$$B_\lambda = (B_{\lambda\varepsilon})_{\varepsilon\,=\,0} \tag{86a}$$

verstehen.

Für die Ausstrahlung einer Lichtquelle in einem Wellenlängenbereich der Breite $\Delta\lambda$ um die Wellenlänge λ gelten dann folgende Beziehungen zwischen den physikalischen und physiologisch bewerteten, photometrischen Größenarten

$$\Phi_\lambda \, \Delta\lambda = K_m \, \Phi_{e\lambda} \, V_\lambda \, \Delta\lambda = K_m \int\int (B_{e\lambda} \, \Delta\lambda) \, V_\lambda \, d\omega \, da \tag{89}$$

$$B_\lambda \, \Delta\lambda = K_m \, (B_{e\lambda} \Delta\lambda) \, V_\lambda. \tag{90}$$

Das Verhältnis der (physikalischen) Strahlungsleistung $\Phi_{e\lambda} \, \Delta\lambda$ im Wellenlängenintervall $\Delta\lambda$ zu dem entsprechenden Lichtstrom $\Phi_\lambda \, \Delta\lambda$ ist für jeden Strahler noch eine Funktion der Wellenlänge λ, die durch das spektrale photometrische Strahlungsäquivalent

$$K_\lambda = \frac{\Phi_\lambda}{\Phi_{e\lambda}} = \frac{B_\lambda}{B_{e\lambda}} = K_m \, V_\lambda \tag{91}$$

beschrieben wird. Die Wellenlängenabhängigkeit wird gerade durch die spektrale Augenempfindlichkeit gegeben. Wenn wir aus einer oder über eine der Beziehungen (89) und (91) die Umrechnungsfaktoren zwischen photometrischen und elektrischen oder mechanischen Einheiten, d. h. also Zahlenwerte für das photometrische Strahlungsäquivalent K_m als Maximalwert des spektralen photometrischen Strahlungsäquivalentes K_λ, bestimmen, müssen wir uns darüber im klaren sein, daß K_m keine rein physikalische Größe darstellt. Das photometrische Strahlungsäquivalent gehört zu den physiologisch bewerteten Größen der Photometrie, weil es die Augenempfindlichkeit für einen vereinbarten Standard-Beobachter enthält, von dessen durch Vereinbarung festgesetzten Augeneigenschaften die tatsächliche Augenfunktion des einzelnen Beobachters mehr oder minder stark abweicht. Da in die photometrischen Beziehungen nur die *relative* spektrale Empfindlichkeitsfunktion V_λ eingeht, gelangt man in einfacher Weise zu zahlenmäßigen Aussagen über die gesuchten Einheitenverhältnisse, wenn man sie aus den physikalischen und photometrischen Strahlungsgrößen beispielsweise an der Stelle $V_\lambda = 1$, d. h. bei der Wellenlänge λ_m maximaler Augenempfindlichkeit, ermittelt. Für $\lambda = \lambda_m = 555$ nm (bei helladaptiertem Auge) lautet die Beziehung (91)

$$K_{555} = \frac{\Phi_{555}}{\Phi_{e\,555}} = \frac{B_{555}}{B_{e\,555}} = K_m. \tag{91a}$$

Der Kehrwert des photometrischen Strahlungsäquivalents, d. h. das Verhältnis zwischen photometrischer Leistungseinheit und ihr äquivalenter (mechanischer oder elektrischer) Strahlungsleistung wird (mechanisches oder elektrisches) Lichtäquivalent M genannt:

$$M = \frac{1}{K_m} = \frac{1}{K_{555}} = \frac{\Phi_{e\,555}}{\Phi_{555}} = \frac{B_{e\,555}}{B_{555}}. \tag{92}$$

Zahlenwerte für das photometrische Strahlungsäquivalent oder das Lichtäquivalent erhält man also über die experimentelle oder rechnerische Bestimmung des Strahlungsflusses $\Phi_{e\,555} \, \Delta\lambda$ eines Strahlers in elektrischen oder mechanischen Einheiten und des zugehörigen Lichtstromes $\Phi_{555} \, \Delta\lambda$ in lm, oder aus der Ermittlung der Strahldichte $B_{e\,555} \, \Delta\lambda$ in elektrischen oder mechanischen Einheiten und der entsprechenden Leuchtdichte $B_{555} \, \Delta\lambda$ in sb.

Die Definition (92) ist für das Lichtäquivalent allgemein üblich, stellt allerdings nicht ihre allgemeinste Formulierung dar. Die Bestimmung der Zahlenwerte $\{M\}$ ist nämlich nicht etwa auf monochromatisches Licht der Wellenlänge $\lambda_m = 555$ nm beschränkt, sondern kann prinzipiell bei jeder Wellenlänge und auch mit nichtmonochromatischer Strahlung durchgeführt werden.

Für eine beliebige Wellenlänge λ ergibt sich aus (89) und (90) oder (91) für das Lichtäquivalent

$$M = \frac{1}{K_m} = V_\lambda \frac{\Phi_{e\lambda}}{\Phi_\lambda} = V_\lambda \frac{B_{e\lambda}}{B_\lambda} = \frac{V_\lambda}{K_\lambda}. \tag{93}$$

Somit erhält man Zahlenwerte für das Lichtäquivalent durch Multiplikation der ermittelten Quotienten $\Phi_{e\lambda} \Delta\lambda/(\Phi_\lambda \Delta\lambda)$ oder $B_{e\lambda} \Delta\lambda/(B_\lambda \Delta\lambda)$ mit der relativen Augenempfindlichkeit V_λ.

Bei nicht-monochromatischer Strahlung, beispielsweise der kontinuierlichen Strahlung eines schwarzen Körpers, müssen wir von den Definitionsbeziehungen (85) oder (54) ausgehen bzw. (89) oder (90) über das gesamte emittierte Spektrum integrieren. Dann lautet die allgemeine Formulierung für die Definition des Lichtäquivalents unter Beachtung der in der Tafel **30** gegebenen Verknüpfungsrelationen

$$M = \frac{1}{K_m} = \frac{\int \Phi_{e\lambda} V_\lambda \, d\lambda}{\Phi} = \frac{\int B_{e\lambda} V_\lambda \, d\lambda}{B}. \tag{94}$$

Die Gleichungen (92) und (93) stellen nur Spezialfälle der allgemeinen Definitionsbeziehung (94) dar, die nach Einführung der neuen, an die Leuchtdichte des schwarzen Körpers beim Platinerstarrungspunkt angeschlossenen Lichteinheiten eine besondere Bedeutung gewonnen hat.

Die Größengleichungen (92) und (94) schreiben wir noch für die gebräuchlichsten Einheiten als Zahlenwertgleichungen, aufgelöst nach den Zahlenwerten des Lichtäquivalents, hin

$$\{M\}_{\text{erg/(s lm)}} = \frac{\{\Phi_{e\,555}\,\Delta\lambda\}_{\text{erg/s}}}{\{\Phi_{555}\,\Delta\lambda\}_{\text{lm}}} = \frac{\{B_{e\,555}\,\Delta\lambda\}_{\text{erg/(s cm}^2\text{ sr)}}}{\{B_{555}\,\Delta\lambda\}_{\text{sb}}} = \{M\}_{\text{erg/(s cm}^2\text{ sb sr)}} \tag{92a}$$

$$\{M\}_{\text{W/lm}} = \frac{\{\Phi_{e\,555}\,\Delta\lambda\}_{\text{W}}}{\{\Phi_{555}\,\Delta\lambda\}_{\text{lm}}} = \frac{\{B_{e\,555}\,\Delta\lambda\}_{\text{W/(cm}^2\text{ sr)}}}{\{B_{555}\,\Delta\lambda\}_{\text{sb}}} = \{M\}_{\text{W/(cm}^2\text{ sb sr)}} \tag{92a'}$$

$$\{M\}_{\text{erg/(s lm)}} = \frac{\{\int \Phi_{e\lambda} V_\lambda \, d\lambda\}_{\text{erg/s}}}{\{\Phi\}_{\text{lm}}} = \frac{\{\int B_{e\lambda} V_\lambda \, d\lambda\}_{\text{erg/(s cm}^2\text{ sr)}}}{\{B\}_{\text{sb}}} = \{M\}_{\text{erg/(s cm}^2\text{ sb sr)}} \tag{94a}$$

$$\{M\}_{\text{W/lm}} = \frac{\{\int \Phi_{e\lambda} V_\lambda \, d\lambda\}_{\text{W}}}{\{\Phi\}_{\text{lm}}} = \frac{\{\int B_{e\lambda} V_\lambda \, d\lambda\}_{\text{W/(cm}^2\text{ sr)}}}{\{B\}_{\text{sb}}} = \{M\}_{\text{W/(cm}^2\text{ sb sr)}}. \tag{94a'}$$

Unter Benutzung der international festgelegten Zahlenwerte für V_λ berechnete *Lax* [L 13] auf Grund verschiedener experimenteller Bestimmungen als Zahlenwert für das Lichtäquivalent

$$\{M\}_{\text{W/Hlm}} = 0{,}001\,44_4. \tag{95}$$

Die relative Genauigkeit des Wertes (95) schätzte *Lax* auf $\pm 2\%$. Auf diese und andere ältere Bestimmungen des Lichtäquivalents wollen wir hier nicht näher eingehen und auch von einer Umrechnung auf die entsprechenden Zahlenwerte, bezogen auf die beiden anderen Lichteinheiten, absehen.

Aus den Gesetzen der schwarzen Strahlung lassen sich Zahlenwerte für das Lichtäquivalent direkt über die allgemeine Definitionsbeziehung (94) ermitteln, wenn man die neuen photometrischen Einheiten zugrunde legt. Sie schließen in ihrer Festlegung an die Strahlung des Schwarzen Strahlers beim Platinerstarrungspunkt T_{Pt} an, dessen unpolarisierte spektrale Strahldichte $S_{T_{\text{Pt}},\,\lambda}$ durch das Plancksche Strahlungsgesetz für die spektrale spezifische Ausstrahlung $R_{e\lambda}(T_{\text{Pt}})$ gegeben ist (siehe Tafel **30**):

$$R_{e\lambda}(T_{\text{Pt}}) = \int_{\Omega} (S_{T_{\text{Pt}},\lambda} \, d\lambda) \, d\omega = (S_{T_{\text{Pt}},\,\lambda} \, d\lambda) \cdot \pi \, \text{sr} = \frac{2\pi c_1}{\lambda^5} \frac{d\lambda}{e^{c_2/(\lambda T_{\text{Pt}})} - 1} \approx \frac{2\pi c_1 \, d\lambda}{\lambda^5 e^{c_2/(\lambda T_{\text{Pt}})}}$$

Da in dem physiologisch wirksamen Spektralbereich stets $e^{c_2/(\lambda T_{\text{Pt}})} \gg 1$ ist, kann man die Plancksche Formel durch die Wiensche ersetzen. Die Leuchtdichte dieser schwarzen Strahlung beträgt per definitionen 60 sb, so daß die Beziehung (94) mit $R = B \cdot \pi \, \text{sr} = \int R_{e\lambda} V_\lambda d\lambda$ hier die Form

$$M = \frac{1}{K_m} = \frac{2\pi c_1 \int \dfrac{V_\lambda d\lambda}{\lambda^5 e^{c_2/(\lambda T_{\text{Pt}})}}}{60\,\pi \, \text{sb sr}} = \frac{2 c_1 G}{60 \, \text{lm/cm}^2}$$

annimmt, wobei wir mit G das Integral

$$G = \int \frac{V_\lambda d\lambda}{\lambda^5 e^{c_2/(\lambda T_{\text{Pt}})}} \tag{98}$$

bezeichnet haben. Den Zähler berechnet man in erg/(s cm²) oder W/cm²; dann ergeben sich die entsprechenden Zahlenwerte für das Lichtäquivalent:

$$\{M\}_{\text{erg}/(\text{lm s})} = \{M\}_{\text{erg}/(\text{s cm}^2\,\text{sb sr})} = \frac{\{c_1\}_{\text{erg cm}^2/\text{s}}}{30} \cdot \{G\}_{\text{cm}^{-4}} \tag{97a}$$

$$\{M\}_{\text{W}/\text{lm}} = \{M\}_{\text{W}/(\text{cm}^2\,\text{sb sr})} = \frac{\{c_1\}_{\text{W cm}^2}}{30} \cdot \{G\}_{\text{cm}^{-4}}. \tag{97a'}$$

Die zahlenmäßige Bestimmung des Lichtäquivalents erfordert außer der international festgelegten Augenempfindlichkeitsfunktion V_λ die Kenntnis der beiden Strahlungskonstanten c_1 und c_2 sowie der Platinerstarrungstemperatur T_{Pt}. Dem Abschnitt 6, II, 4 entnehmen wir für die erste Strahlungskonstante den Wert

$$c_1 = (5{,}9544 \pm 0{,}0007) \cdot 10^{-6} \text{ erg cm}^2/\text{s}$$
$$= (5{,}9544 \pm 0{,}0007) \cdot 10^{-17} \text{ W m}^2. \tag{6, 190}$$

Die Zahlenwerte für T_{Pt} und c_2 sind über das Strahlungsgesetz als Auswertformel für die pyrometrische Temperaturbestimmung oberhalb des Golderstarrungspunktes miteinander verkoppelt (Abschnitte 3, 5c und 6, I, 1f). Beziehen wir, was am nächsten liegt, das Lichtäquivalent auf die Internationale Temperaturskala, so ist der c_2-Wert mit ihr bereits fest und fehlerfrei vorgegeben; in diesem Falle steht zur Berechnung des Integrals G das Wertepaar c_2' und T_{Pt}' zur Verfügung.

Der Einführungsbeschluß für die neuen Lichteinheiten (Abschnitt 2d) enthält keinen Passus, der ausdrücklich zur Anwendung der Internationalen Temperaturskala für die Bestimmung des sb oder der Zahlenwerte für das Lichtäquivalent zwingt. Man kann also auch den Standpunkt vertreten, für die Berechnung dieser Zahlenwerte über das Integral G sich von der Vorgabe eines Wertes für c_2 und der Auswertung der T_{Pt}-Messungen nach der Internationalen Temperaturskala freizumachen und sich nur auf die Ergebnisse experimenteller Untersuchungen unter besonderer Berücksichtigung der Resultate für die Atomkonstanten zu stützen. Dann ist das Wertepaar c_2 und T_{Pt} zu benutzen.

Berechnungen zur Bestimmung des Lichtäquivalents mit aus Atomkonstantenbestimmungen folgenden Werten für c_2 und T_{Pt} haben 1939 *Wensel [W 41]* und 1940 *Heller [H 38]* durchgeführt. *Wensel* gelangte bei Benutzung von

$$c_2 = 1{,}436 \text{ cm }^\circ\text{K}$$
$$T_{\text{Pt}} = 2043{,}8 \,^\circ\text{K}$$
$$2\pi c_1 = 3{,}732 \cdot 10^{-5} \text{ erg cm}^2/\text{s} \tag{99}$$

zu dem Ergebnis

$$M = 1{,}508 \cdot 10^4 \text{ erg}/(\text{lm s}), \tag{99a}$$

während *Heller* aus den Werten

$$c_2 = 1{,}439 \text{ cm }^\circ\text{K}$$
$$T_{\text{Pt}} = 2041{,}3 \,^\circ\text{K}$$
$$2\pi c_1 = 3{,}743 \cdot 10^{-5} \text{ erg cm}^2/\text{s} \tag{100}$$

für das Lichtäquivalent

$$M = \frac{1}{688} \text{ W}/\text{lm} = 1{,}453 \cdot 10^{-3} \text{ W}/\text{lm} \tag{100a}$$

berechnete. Die von *Wensel* benutzten Daten (99) für c_2 und T_{Pt} wurden in den USA zeitweilig als Standardwerte für lichttechnische Berechnungen herangezogen *[M 1]*.

Lohse und *Stille [L 21]* haben 1948 nach graphischen Verfahren das Integral G der Gleichung (98) ausgewertet. Seinerzeit wurde die Internationale Temperaturskala oberhalb des Goldpunktes noch durch die 1927 festgelegten Formeln und Daten — insbesondere $c_2' = 1{,}432$ cm grd — bestimmt. Es ergab sich so für das Integral G bei Zugrundelegen der Internationalen Temperaturskala eine Abweichung von über 8 % gegenüber der Benutzung der damaligen Werte der Atomkonstanten. Das Resultat, das bei Verwendung der damals aus Atomkonstantenbestimmungen abgeleiteten Daten *[S 52]*

$$c_2 = (1{,}438_3 \pm 0{,}002) \text{ cm }^\circ\text{K}$$
$$T_{\text{Pt}} = (2042{,}1 \pm 3{,}4) \,^\circ\text{K} \tag{101}$$
$$c_1 = (5{,}952 \pm 0{,}010) \cdot 10^{-6} \text{ erg cm}^2/\text{s}$$

folgte, lautete

$$M = (1{,}46_7 \pm 0{,}05) \cdot 10^{-3} \text{ W}/\text{lm}. \tag{101a}$$

Für den Bereich des reinen Stäbchensehens haben *Lohse* und *Stille* die Auswertmethode der Bestimmung eines „Lichtäquivalents bei Dunkelanpassung" M angepaßt, das sie zu

$$M = (2{,}16_2 \pm 0{,}08) \cdot 10^{-11} \ \text{W/(cm}^2 \ \text{sk sr)} \tag{101'}$$

ermittelten.

Die obengenannte Differenz von 8 % führte zusammen mit anderen Diskrepanzen *[M 32; M 33]* dazu, daß 1948 von der 9. Generalkonferenz für Maß und Gewicht der c_2'-Wert in der Internationalen Temperaturskala erhöht wurde (Abschnitt 3, 5 c). Bei Zugrundelegen der Internationalen Temparaturskala von 1948 hat man von dem Wertepaar

$$c_2' = 1{,}438 \ \text{cm} \ ^\circ\text{K} \tag{6, 45}$$

$$T_{\text{Pt}}' = (2042{,}2 \pm 1) \ ^\circ\text{K} \tag{6, 50b}$$

auszugehen und erhält nach Auswertung des Integrals G der Gleichung (98) für das photometrische Strahlungsäquivalent

$$K_m = (679 \pm 4) \ \text{lm/W} \tag{102}$$

und für das Lichtäquivalent

$$M = \frac{1}{K_m} = (1{,}473 \pm 0{,}009) \cdot 10^{-3} \ \text{W/lm}. \tag{102a}$$

Bedient man sich dagegen der gleichfalls im Abschnitt 6, I, 1f (siehe S. 297) benutzten Werte für atomare Konstanten, so resultiert das Wertepaar

$$c_2 = (1{,}438\,9 \pm 0{,}000\,9) \ \text{cm} \ ^\circ\text{K} \tag{6, 45*}$$

$$T_{\text{Pt}} = (2042{,}5 \pm 3{,}5) \ ^\circ\text{K}, \tag{6, 54}$$

mit dem über das Integral G für das photometrische Strahlungsäquivalent

$$K_m \ (683 \pm 18) \ \text{lm/W} \tag{103}$$

und für das Lichtäquivalent

$$M = \frac{1}{K_m} = (1{,}46_4 \pm 0{,}04) \cdot 10^{-3} \ \text{W/lm} \tag{103a}$$

folgt; hinsichtlich der Konsequenzen neuerer Goldpunktbestimmungen *[M 31e]* für K_m siehe Abschnitt 7, 10.

4. Strahlungsnormale

a) Normlichtarten A, B, C und (Normal-) Beleuchtung E. Für die Farbbeurteilung und -messung von Körperfarben ist die spektrale Zusammensetzung des den Nichtselbstleuchter beleuchtenden Lichtes von entscheidender Bedeutung. Man hat daher eine Reihe von Normlichtarten geschaffen, auf welche die Farbreize der Körper bezogen werden sollen. Eine Darstellung aller Festlegungen zur Farbmessung — Farbmetrik, Normvalenz-System, Farbmaßzahlen — geht über den Rahmen des Buches hinaus; hierzu sei beispielsweise auf die verschiedenen Normblätter „Farbmessung" *[D 23]* und das ergänzende Normheft „Farbmessung und Farbkennzeichnung" *[D 25]* verwiesen.

Von der CIE wurden schon 1931 in Cambridge drei verschiedene Normalbeleuchtungen festgelegt: als Repräsentant der üblichen künstlichen (Glühlampen-) Beleuchtung die Normlichtart A, für Sonnenlicht oder an Stelle von Beckbogenlicht die Normlichtart B und für künstliches Tageslicht die Normlichtart C. Die 1939 von der CIE in Scheveningen diskutierte (Normal-) Beleuchtung E ist zwar bislang international noch nicht anerkannt worden, dient jedoch allgemein zur Realisierung der „Mittelpunktsvalenz" $\mathfrak{E}$ des internationalen Systems der Primärvalenzen und stellt das „unbunte" Licht im valenzmetrischen Sinne dar.

Die vier Beleuchtungen A, B, C und E sind über die Strahlung einer auf die erforderlichen elektrischen Daten eingestellten, gasgefüllten Wolfram-Glühlampe definiert, deren Farbtemperatur über den Glühlampenstrom auf den Wert $T_f = 2850 \ ^\circ\text{K}$ einzuregeln ist. Normlichtart A wird durch das ungefilterte Licht der Glühlampe dargestellt, die Normlichtarten B und C sowie die Beleuchtung E erhält man unter Vorschaltung von genau definierten Flüssigkeitsblaufiltern nach *Davis* und *Gibson [D 6]*. Die Filter bestehen aus zwei hintereinander geschalteten planparallelen Küvetten von je 10 mm lichtem Plattenabstand aus optisch einwandfreiem, 1 mm starkem Kronglas. Die Zusammensetzung der in die beiden Küvetten jeweils einzufüllenden Lösungen 1 und 2 gibt Tabelle 31 wieder.

Tabelle 31.
Filterlösungen für die Normlichtarten B und C, die Beleuchtung E und die sensitometrische Normallichtquelle

Lösung	Substanz	Beleuchtung			Sensitometrische Normallicht-quelle
		B	C	E	
1	Kupfersulfat ($CuSO_4 \cdot 5\,H_2O$) ...	2,452 g	3,412 g	2,954 g	3,024 g
	Mannit ($C_6H_8(OH)_6$)	2,452 g	3,412 g	2,954 g	3,024 g
	Pyridin (C_5H_5N)	30,0 cm³	30,0 cm³	30,0 cm³	30,0 cm³
	Destilliertes Wasser, luftfrei		auf 1 000 cm³ auffüllen		
2	Kobaltammoniumsulfat ($CoSO_4(NH_4)_2 SO_4 \cdot 6\,H_2O$)	21,71 g	30,58 g	28,44 g	21,400 g
	Kupfersulfat ($CuSO_4 \cdot 5\,H_2O$) ...	16,11 g	22,52 g	17,84 g	23,00 g
	Schwefelsäure (H_2SO_4) Dichte = 1,835 g/cm³	10,0 cm³	10,0 cm³	10,0 cm³	10,0 cm³
	Destilliertes Wasser, luftfrei		auf 1 000 cm³ auffüllen		

Die relativen spektralen Strahldichteverteilungen S_λ sowie die mit den Normspektralwerten $\bar{x}_\lambda\,\bar{y}_\lambda,\bar{z}_\lambda$ (Spektralwerte des „Normalbeobachters" im Normvalenz-System $\mathfrak{X}, \mathfrak{Y}, \mathfrak{Z}$) gebildeten Funktionen $S_\lambda\,\bar{x}_\lambda, S_\lambda\bar{y}_\lambda, S_\lambda\bar{z}_\lambda$ der vier Beleuchtungen A, B, C und E sind für das sichtbare Spektrum beispielsweise im „Handbuch der Lichttechnik" *[S 23]*, im „Grundriß der Farbenlehre" von *Richter [R 11]* und im Normheft „Farbmessung und Farbkennzeichnung" *[D 25]* des Fachnormenausschusses Farbe im Deutschen Normenausschuß (DNA) tabelliert.

Für die Normlichtarten B und C und die Beleuchtung E sind keine genauen Farbtemperaturangaben möglich, da ihre Farborte nicht auf der Kurve der schwarzen Strahlung liegen. In der Literatur werden ihre Farbreizwirkungen im allgemeinen durch die in der Tabelle 32 aufgeführten Farbtemperaturen beschrieben. Die Tabelle 32 enthält gleichzeitig eine kurze Charakterisierung der Farbreizwirkungen und die Normfarbwertanteile x, y, z. Außerdem wurden noch die Normfarbwertanteile der als Beleuchtungslichtquelle viel benutzten Quecksilberhochdrucklampe Hg H 1000 (Osram) bzw. H O 1000 (Philips) aufgenommen; für sie kann man auch nicht mehr annäherungsweise eine Farbtemperatur angeben, da ihr Farbort zu weit von der Kurve der schwarzen Strahlung entfernt liegt.

Tabelle 32. Farbtemperatur, Farbreizwirkung und Normfarbwertanteile der Normlichtarten A, B und C, der Beleuchtung E und der Quecksilberhochdrucklampe Hg H 1000

Beleuchtung	T_f in °K	Farbreiz entspricht	x	y	z
A	2850	Glühlampe	0,4476	0,4075	0,1450
B	~ 4800	Normalweiß (direktes Sonnenlicht) ..	0,3484	0,3516	0,3000
C	~ 6500	bläuliches Tageslicht	0,3101	0,3162	0,3738
E	5270 ... 5670	unbunt (Weißpunkt)	0,3333	0,3333	0,3333
Hg H 1000	—	Quecksilberhochdrucklampe	0,3304	0,4076	0,2620

b) UV-Standard. Für die Zwecke der UV-Dosimetrie wurde 1937 von *Krefft, Rößler* und *Rüttenauer [K 42]* ein UV-Normal konstanter Strahlungsenergie entwickelt, das durch eine Quecksilberhochdrucklampe bestimmter Bauart dargestellt wird. Ursprünglich war das UV-Normal auf eine konstante Leistungsaufnahme von 250 W bei einer Gleichstrombrennspannung von etwa 130 V und einem Quecksilberdampfdruck von 1,5 at eingestellt. Da man sich in der Mehrzahl der Fälle für die Strahldichte B_e interessiert und diese durch die Stromstärke der Gasentladung bestimmt wird, ist man inzwischen dazu übergegangen, anstatt konstante Leistungsaufnahme der Hochdrucklampe zu fordern, sie mit einer *konstanten Stromstärke* von 2 A bei einer Brennspannung zwischen 125 V und 131 V zu betreiben. An Stelle der früher üblichen Bezeichnung „UV-Normal" wird für diese Lichtquelle heute der Name „UV-Standard" benutzt.

Räumliche Lichtverteilung, Strahlstärke I_e, Strahlungsfluß Φ_e sowie die spektrale Energieverteilung des UV-Standards sind wiederholt experimentell bestimmt worden *[z. B. C 138; F 7; R 18; R 19; S 42]*. In der Tabelle 33 stellen wir nach einer zusammenfassenden Diskussion von *Rößler [R 20]*

Tabelle 33. In 1 m *Abstand hervorgerufene Bestrahlungsstärke* E_e *und Strahlungsfluß* Φ_e *des UV-Standard*

Wellenlängenbereich		Bestrahlungsstärke in 1 m Abstand			Strahlungsfluß		
		des Kontinuums	der Linien	insgesamt	des Kontinuums	der Linien	insgesamt
		E_{eK}	E_{eL}	E_e	Φ_{eK}	Φ_{eL}	Φ_e
Kennzeichnung	in nm	in W/m²	in W/m²	in W/m²	in W	in W	in W
UV C	200 ... 280	0,66	0,39	1,05	7,1	4,2	11,3
UV B	280 ... 315	0,10	0,90	1,00	1,1	9,7	10,8
UV A	315 ... 400	0,18	0,75	0,93	2,0	8,2	10,2
sichtbar	400 ... 700	0,12	1,97	2,09	2,6	21,5	24,1
UR	750 ... 2 000	0,40	0,65	1,05	3,7	7,5	11,2
Gesamtbereich	200 ... 2 000	1,46	4,66	6,12	16,5	51,1	67,6

für fünf Wellenlängenbereiche, getrennt nach kontinuierlichem und diskontinuierlichem Anteil, Werte für die in 1 m Abstand hervorgerufene Bestrahlungsstärke $E_e = d\,\Phi_e/dA$ und den Strahlungsfluß Φ_e des UV-Standards zusammen. Weitere Untersuchungen zur Klärung bislang offener Fragen sind noch nicht abgeschlossen. Eine internationale Einführung des UV-Standard ist in Aussicht genommen. Zur Kontrolle der in der Medizin benutzten Bestrahlungslampen auf ihre therapeutische Wirkung hat die CIE den UV-Standard bereits empfohlen *[I 39]*.

c) Sensitometer-Normal und DIN-System der Lichtempfindlichkeit von Negativmaterial. Zur Bestimmung der Empfindlichkeit von photographischem Negativmaterial wurde in Deutschland 1934 die sensitometrische Normallichtquelle eingeführt *[D 21a]*. Sie ist heute als die Strahlung einer mit Gleichstrom konstanter Stärke gespeisten Wolframdraht-Sensitometerlampe mit geraden Leuchtdrähten (z. B. Osram-Lampe Wi 40 oder Wi 40/1) der Verteilungstemperatur von 2600 °K nach Durchgang durch ein Davis-Gibson-Filter (Abschnitt 4a) festgelegt, das die Sensitometernormalstrahlung dem mittleren Sonnenlicht von der Farbtemperatur $T_f \approx 5500$ °K angleicht und einen Transmissionsgrad von 19,3 % besitzt; die Zusammensetzung der Lösungen 1 und 2 in der zweiteiligen Küvette von je 10 mm Schichtdicke ist in der Spalte 6 der Tabelle 31 angegeben *[D 22]*. Die spektrale Zusammensetzung des sensitometrischen Normallichtes stimmt recht befriedigend mit der mittleren Sonnenstrahlung in Washington überein *[D 6; L 14]*.

Zur Empfindlichkeitsbestimmung wird die zu untersuchende photographische Negativschicht im Kontakt mit einem neutralgrauen Stufenkeil (Graukeil) mit einer festgesetzten Lichtmenge der Normalstrahlung bestrahlt. Als Schwärzung S einer geschwärzten Schicht (z. B. belichtete und entwickelte photographische Schicht oder Graukeil) wird der negative dekadische Logarithmus des Transmissionsgrades $\tau = \Phi_e/\Phi_{e0}$, d. h. des Verhältnisses des von der geschwärzten Schicht durchgelassenen Strahlungsflusses Φ_e zu dem auf sie auffallenden Strahlungsfluß Φ_{e0}

$$S = \lg \frac{1}{\tau} = \lg \frac{\Phi_{e0}}{\Phi_e} \tag{104}$$

definiert. Der Graukeil ist in Schwärzungsstufen geteilt, die sich um $\Delta S = 0,1$ unterscheiden. Zur i-ten Stufe gehört also eine Schwärzung

$$S_i = \lg \frac{1}{\tau_i} = i \cdot \Delta S = \frac{i}{10}. \tag{105}$$

Durch die Belichtung im Kontakt mit dem Stufenkeil werden seine Schwärzungsstufen als latentes Bild auf die zu untersuchende Negativschicht übertragen. Nach einem im einzelnen festgelegten Entwicklungs- und Fixierverfahren der Negativschicht wird auf ihr diejenige Stufe n ermittelt, deren Schwärzung am besten angenähert um $\Delta S = 0,1$ höher ist als die Schwärzung einer benachbarten, *un*belichteten Stelle der Schicht; Bruchteile von n können geschätzt werden. Der Stufe n entspricht nach (105) die Schwärzung

$$S_n = n \cdot 0,1 , \tag{105a}$$

die „Empfindlichkeitszahl" genannt wird. Ihr zehnfacher Wert heißt „DIN-Zahl" und wird zur Kennzeichnung von Schichtempfindlichkeiten mit dem Zusatz „Grad DIN" (°DIN) versehen:

$$\text{DIN-Zahl} = 10\,S_n = n \text{ °DIN}. \tag{106}$$

Der Zusatz „°DIN" ist also ein besonderer Name für die Zählungseinheit Eins, der bei Angabe von (sensitometrischen) Empfindlichkeitszahlen als Hinweis dient:

$$°DIN \equiv 1. \tag{107}$$

Alle weiteren Einzelheiten sind in dem Normblatt „Negativmaterial für bildmäßige Aufnahmen, Bestimmung der Lichtempfindlichkeit" [D 22] niedergelegt worden.

In den USA ist das ASA-System üblich, in dem die Schichtempfindlichkeit als „ASA-Exposure Index" angegeben wird [A 9]. Es unterscheidet sich vom DIN-System nur hinsichtlich des Empfindlichkeitskriteriums (Hinzunahme der mittleren Steilheit der Schwärzungskurve) und der Auswertung. Eine internationale Vereinbarung über die Bestimmung der Lichtempfindlichkeit von Negativmaterial steht noch aus.

5. Internationale Austauschfilter

Über den Anschluß von Lampen höherer Farbtemperatur an die Strahlung des schwarzen Körpers beim Platinerstarrungspunkt sind vom Internationalen Komitee für Maß und Gewicht im Jahre 1937 [C 48] Festsetzungen getroffen und von der CIE auf ihrer 10. Tagung in Scheveningen 1939 [I 38] bestätigt worden. Derartige Anschlußmessungen sollen nur nach dem Filterverfahren durchgeführt werden (siehe Abschnitt 2d). Zur Überbrückung des Farbsprunges zwischen der schwarzen Strahlung beim Platinerstarrungspunkt ($T_{Pt} = 2042\,°K$) und der Strahlung der Vakuum-Wolfram-Lampe ($T_f = 2360\,°K$) dienen die vier von der PTR entwickelten internationalen Austauschfilter R 1—28, R 2—28, R 3—28 und R 4—28 [1]), deren spektrale Durchlässigkeitskurven im Austausch zwischen den vier Staatsinstituten Deutschlands (PTR), Frankreichs (LCE), Großbritanniens (NPL) und der USA (NBS) genau gemessen wurden [G 9; N 3; T 2]. Die Tabelle 34 gibt als Beispiel die Zahlenwerte für den spektralen Transmissionsgrad τ_λ der vier Austauschfilter wieder, wie sie als Mittelwerte aus den 1929 und 1932 im NBS durchgeführten Meßreihen hervorgehen [G 9]. Der spektrale Transmissionsgrad τ_λ des Filters R 1—28 ist in der Abb. 5 dargestellt worden.

Die aus den im NBS und NPL angestellten Messungen resultierenden Mittelwerte für den Transmissionsgrad

$$\tau_T = \frac{\int S_{T,\lambda}\,\tau_\lambda\,d\lambda}{\int S_{T,\lambda}\,d\lambda} \tag{108}$$

Tabelle 34. *Spektraler Transmissionsgrad* τ_λ *der internationalen Austauschfilter R 1—28, R 2—28, R 3—28 und R 4—28*

λ in nm	Mittlerer spektraler Transmissionsgrad des Filters			
	R 1—28	R 2—28	R 3—28	R 4—28
380	0,904	0,904	0,904	0,905
390	0,903	0,904	0,904	0,904
400	0,902	0,902	0,902	0,903
410	0,896	0,897	0,896	0,897
420	0,885	0,886	0,886	0,886
430	0,875	0,876	0,876	0,876
440	0,865	0,866	0,866	0,866
450	0,855	0,856	0,856	0,856
460	0,842	0,843	0,842	0,843
470	0,815	0,817	0,816	0,817
480	0,777	0,778	0,778	0,778
490	0,731	0,733	0,732	0,734
500	0,692	0,695	0,694	0,696
510	0,641	0,643	0,643	0,644
520	0,592	0,595	0,594	0,596
530	0,554	0,556	0,556	0,558
540	0,554	0,557	0,557	0,558
550	0,594	0,597	0,596	0,598
560	0,618	0,620	0,619	0,621
570	0,577	0,580	0,579	0,581
580	0,497	0,500	0,499	0,501
590	0,434	0,437	0,437	0,438
600	0,438	0,441	0,441	0,442
610	0,455	0,458	0,457	0,459
620	0,461	0,464	0,463	0,465
630	0,457	0,460	0,459	0,461
640	0,446	0,448	0,448	0,450
650	0,453	0,456	0,455	0,457
660	0,488	0,490	0,490	0,492
670	0,560	0,562	0,561	0,562
680	0,656	0,658	0,657	0,658
690	0,762	0,763	0,762	0,764
700	0,835	0,836	0,835	0,836
710	0,875	0,875	0,875	0,876
720	0,894	0,893	0,893	0,894
730	0,900	0,900	0,900	0,900
740	0,903	0,902	0,902	0,903
750	0,904	0,903	0,903	0,904
760	0,905	0,904	0,904	0,904
770	0,904	0,904	0,904	0,904

---

[1]) Die Filter wurden 1928 von der PTR entwickelt und von der Fa. Schott hergestellt; sie waren ursprünglich als PTR 1—28, PTR 2—28, PTR 3—28 und PTR 4—28 gekennzeichnet.

der Austauschfilter gegenüber der Strahlung einer Kohlefadenlampe von der Farbtemperatur $T_f = 2080\ °K$ enthält die Tabelle 35 *[G 33; N 4]*. In die Spalte 2 sind die relativen Werte $\tau_{2080}/\bar{\tau}_{2080}$ eingetragen worden, aus denen mit dem von NPL und NBS festgestellten Mittelwert

$$\bar{\tau}_{2080} = 0{,}5235 \tag{109}$$

sich für die einzelnen Filter die in der Spalte 3 aufgeführten Werte für die Gesamtdurchlässigkeit τ_{2080} ergeben.

Nach der Untersuchung und Prüfung der Austauschfilter in den verschiedenen Staatsinstituten verblieb das Filter R 1—28 bei der PTR, R 2—28 beim LCE, R 3—28 beim NPL und R 4—28 beim NBS.

Tabelle 35. *Transmissionsgrad* τ_{2080} *der internationalen Austauschfilter bei der Farbtemperatur* $T_f = 2080\ °K$

Filter	$\dfrac{\tau_{2080}}{\bar{\tau}_{2080}}$	τ_{2080}
R 1—28	0,996	0,5214
R 2—28	1,001	0,5240
R 3—28	1,000	0,5235
R 4—28	1,003	0,5251
Mittel	1,000	0,5235

Die Strahlung der Vakuum-Wolfram-Lampe ($T_f = 2360\ °K$) wird nach Durchgang durch ein internationales Austauschfilter in ihrer Farbtemperatur auf den Wert $T_f = 2800\ °K$ (etwa Farbtemperatur von gasgefüllten Wolfram-Wendel-Lampen) hinaufgesetzt, so daß auch die gasgefüllten Wendel-Lampen in zwei Schritten an die schwarze Strahlung beim Platinerstarrungspunkt als Normal der neuen Lichteinheiten angeschlossen werden können *[H 60]*.

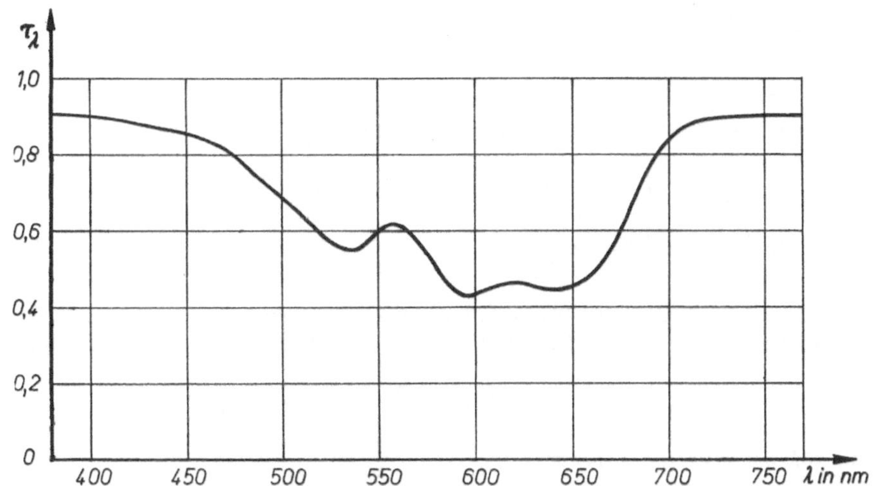

Abbildung 5.   Spektraler Transmissionsgrad τ_λ des internationalen Austauschfilters R 1—28.

6. Photometrische Größenklassen oder Sterngrößen der Astrophysik

Die Einteilung der Sterne nach ihrer uns erscheinenden Helligkeit, d. h. nach der beim Betrachter hervorgerufenen Beleuchtungsstärke E, in verschiedene „Größen" ist in der Astronomie seit zwei Jahrtausenden üblich. *Hipparch* und *Ptolemäus* ordneten die sichtbaren Sterne in 6 Größenklassen ein, wobei die am schwächsten erscheinenden in die 6. Größenklasse aufgenommen wurden.

An der Einteilung der Sterne nach ihrer scheinbaren Helligkeit in solche Größenklassen wurde auch nach der Erfindung des Fernrohres prinzipiell festgehalten, ebenso an dem Ordnungsprinzip, daß die niedrigsten Größenklassen die am hellsten erscheinenden Sterne enthalten. Die von verschiedenen Beobachtern den einzelnen Sternen zugeschriebenen Größenklassen wichen allerdings zu Beginn des vorigen Jahrhunderts noch stark voneinander ab. Die zunehmende Präzision und Meßgenauigkeit der Instrumente erforderte eine dezimale Unterteilung der Größenklassen, die bei den weiteren Fortschritten in den photometrischen Methoden bis zur 2. Ziffer hinter dem Komma, d. h. bis zu $^1/_{100}$ Größe, ausgedehnt wurde.

Sehr weitgehende und genaue Beobachtungen von Sternhelligkeiten und Untersuchungen über ihre Zuordnung in die astronomischen Größenklassen stellte *Herschel [H 51]* im ersten Drittel des vorigen Jahrhunderts an. Er fand dabei, daß ein Stern aus der 1. Größenklasse etwa 100 mal heller erscheint, als ein Vertreter der 6. Größenklasse, und stellte weiter fest, daß für die mit unbewaffnetem Auge sichtbaren Sterne ein entsprechendes Verhältnis durchschnittlich auch von früheren Beobachtern durch den ganzen Bereich der Größenklassen angegeben war; es folgte also, daß ein Stern einer Größenklasse n rund $\sqrt[5]{100} \approx 2{,}5$ mal heller erscheint als ein Stern der Größenklasse $n + 1$.

Diese rohe Gesetzmäßigkeit entspricht dem in grober Näherung für Sinnesempfindungen gültigen Weber-Fechnerschen Gesetz, wonach die Zunahme der Empfindungsstärke stets der relativen Zunahme der objektiven physikalischen Intensität proportional sein soll, also Intensitätsunterschiede, die demselben Bruchteil einer beliebigen Intensität entsprechen, als gleich empfunden werden. Unter günstigen Bedingungen kann ein geübter Beobachter noch Helligkeitsunterschiede in der Größenordnung von 1% der jeweiligen Helligkeit wahrnehmen.

In der Astronomie wurde zur Angleichung der verschiedenen willkürlichen Skalen früherer Sternkataloge einheitlich eine relative Größenklassenskala angenommen, die auf einen Vorschlag von *Pogson* aus dem Jahre 1856 zurückgeht *[P 49; P 50]*. Die Pogsonsche Skala der Sterngrößen legte das Helligkeitsverhältnis von zwei Sternen aus zwei benachbarten Größenklassen n und $n + 1$ zu $\sqrt[5]{100}$ = 2,511 886 fest, wobei der Nullpunkt der Skala dadurch bestimmt wurde, daß in der 6. Größenklasse eine möglichst gute Übereinstimmung mit der Bonner Durchmusterung *[A 12]* gewährleistet sein sollte. Einer Helligkeitszunahme um den Faktor 100 entspricht demnach eine Abnahme um 5 Größenklassen. Bezeichnen wir allgemein die auf der Erde beobachtete Helligkeit eines Sternes mit I und die Sterngröße mit m, so wird die Skala der astronomischen Größenklassen hinsichtlich der „scheinbaren Helligkeiten" definiert durch die Bedingung, daß, in der Ausdrucksweise der Astronomie, für das Verhältnis der scheinbaren Helligkeiten I_1 und I_2 zweier Sterne 1 und 2

$$\frac{I_1}{I_2} = \sqrt[5]{100}, \qquad \text{d. h.} \qquad \lg \frac{I_1}{I_2} = \frac{1}{5} \cdot \lg 100 = 0,400000 \tag{110a'}$$

oder, in der Sprache der Lichttechnik ausgedrückt, für das Verhältnis der von den Sternen 1 und 2 am Ort des Beobachters hervorgerufenen Beleuchtungsstärken E_1 und E_2

$$\frac{E_1}{E_2} = \sqrt[5]{100}, \qquad \text{d. h.} \qquad \lg \frac{E_1}{E_2} = \frac{1}{5} \cdot \lg 100 = 0,400000 \tag{110a''}$$

die Differenz der zugehörigen Größen

$$m_1 - m_2 = -1 \tag{110b}$$

wird. Die gegenseitige Zuordnung der astronomischen Sterngrößen zu den scheinbaren Sternhelligkeiten oder Beleuchtungsstärken am Beobachtungsort erfolgt also über die Definitionsgleichung

$$m_1 - m_2 = -2{,}5 \cdot \lg \frac{I_1}{I_2} = -2{,}5 \cdot \lg \frac{E_1}{E_2}, \tag{111}$$

aus der für die *scheinbare* (oder *relative*) *Größe*

$$m = 2{,}5 \cdot \lg \frac{I_0}{I} = 2{,}5 \cdot \lg \frac{E_0}{E} \tag{111'}$$

folgt, wenn wir mit I_0 die scheinbare Helligkeit der scheinbaren Größe $m = 0$ und mit E_0 die von ihr beim Beobachter auf der Erde hervorgerufene Beleuchtungsstärke bezeichnen.

Die beobachteten scheinbaren Sterngrößen hängen einmal von der Lichtstärke der Sterne und der Extinktion ihrer Strahlung ab, zum anderen von ihrer Entfernung von der Erde als Beobachtungsort, da die scheinbare Helligkeit wie die Beleuchtungsstärke proportional dem Quadrat des Abstandes zwischen Lichtquelle und Beobachter abnimmt. Ein Maß für die Lichtstärke der Sterne würde man also erhalten, wenn man alle Sterne in eine Standard-Entfernung D_0 bringen könnte. Die unter solchen Verhältnissen über die hervorgerufenen Beleuchtungsstärken zu beobachtenden Größen nennt man *absolute Größen M*. Die Beziehung zwischen den scheinbaren Größen m und den absoluten Größen M wird durch die Sternentfernungen D vermittelt, die in der Astronomie meist durch die zugehörigen Sternparallaxen p (Abschnitt 2, 8) beschrieben werden. Das quadratische Abstandsgesetz können wir mit der scheinbaren Sternhelligkeit I_{st} oder der Beleuchtungsstärke E_{st} in der Standard-Entfernung D_0, d. h. für die Standard-Sternparallaxe

$$p_0 = \frac{a}{D_0} \tag{112}$$

(a: astronomische Einheit, ungefähr dem Erdbahnradius entsprechende Entfernung; Abschnitt 2, 8), in der Form

$$\frac{I}{I_{st}} = \frac{E}{E_{st}} = \frac{D_0^2}{D^2} = \frac{p^2}{p_0^2} \tag{113}$$

und die Definitionsbeziehung für die gegenseitige Zuordnung zweier absoluter Größen M entsprechend (111) als

$$M_1 - M_2 = -2{,}5 \cdot \lg \frac{(I_1)_{st}}{(I_2)_{st}} = -2{,}5 \cdot \lg \frac{(E_1)_{st}}{(E_2)_{st}} \tag{114}$$

schreiben, so daß die absolute Größe selbst durch die Gleichung

$$M = 2{,}5 \cdot \lg \frac{I_0}{I_{st}} = 2{,}5 \cdot \lg \frac{E_0}{E_{st}} \tag{114'}$$

eingeführt wird. Hieraus ergibt sich als allgemeine Verknüpfung zwischen m und M

$$M - m = 2{,}5 \cdot \lg \frac{I}{I_{st}} = 2{,}5 \cdot \lg \frac{E}{E_{st}} = 5 \cdot \lg \frac{D_0}{D} = 5 \cdot \lg \frac{p}{p_0} . \tag{115}$$

Als Standard-Entfernung D_0 wurden im Laufe der Zeit für die Bestimmung der absoluten Sterngrößen nach- und nebeneinander 1 Siriometer, 1 pc und 10 pc benutzt (Abschnitt 2, 8). Im Jahre 1922 legte die Internationale Astronomische Union auf ihrer Konferenz in Rom *[14]* den Wert

$$D_0 = 10 \text{ pc} \tag{115a}$$

d. h. gemäß Beziehung (2, 133)

$$p_0 = 0{,}1'' \tag{115b}$$

fest. Den Zahlenwert der Entfernung D, gemessen in pc, der zum Zahlenwert der Sternparallaxe p, gemessen in $''$, reziprok ist, bezeichnet man mit r:

$$r = \frac{D}{\text{pc}} = \{D\}_{\text{pc}} = \frac{1}{\{p\}_{''}} . \tag{116}$$

Die absoluten Sterngrößen sind mit den scheinbaren Größen durch die Gleichung

$$M = m + 5 - 5 \cdot \lg r \tag{115'}$$

verbunden. Die nur vom Abstand Stern—Erde abhängige Differenz zwischen scheinbarer oder relativer Größe und absoluter Größe

$$m - M = 5 \cdot \lg r - 5 \tag{115''}$$

heißt Entfernungsmodul des Sternes.

Zur besonderen Kennzeichnung von Zahlen als Werte für scheinbare Sterngrößen m und absolute Sterngrößen M werden im allgemeinen die Symbole $^\mathrm{m}$ und $^\mathrm{M}$ benutzt: Beispielsweise $- 26^\mathrm{m}{,}84$ als (photovisuelle) scheinbare Größe der Sonne oder $4^\mathrm{M}{,}73$ als (photovisuelle) absolute Größe der Sonne.

Im Hinblick auf die verschiedenen praktisch realisierten Möglichkeiten der experimentellen Helligkeitsbestimmung unterscheidet man eine Reihe verschieden definierter Sterngrößen. Die mit I bezeichnete scheinbare Helligkeit eines Sternes wäre als ein Integral

$$I = \int I_\lambda \, d\lambda \tag{117}$$

über die spektrale (scheinbare) Strahlungsintensität I_λ, die noch eine Funktion $I(\lambda, T)$ der Sterntemperatur T ist, aufzufassen. Das Integral (117) ist praktisch nur eine Rechengröße, die für die bolometrischen Sterngrößen m_{bol}, die der Gesamtstrahlung der Sterne zugeordnet sind, Bedeutung besitzt [siehe z. B. Gleichung (127)].

Bei jedem experimentellen Helligkeitsvergleich geht stets eine Spektralempfindlichkeitsfunktion (Gewichtsfunktion) v_λ der benutzten Photometeranordnung ein, die sich aus den spektralen Transmissionsgraden der Atmosphäre, der Optik und der Filter, sowie der spektralen Empfindlichkeit des Strahlungsempfängers im Photometer (Auge, nichtsensibilisierte Photoplatte, Photozelle mit Filter usw.) zusammensetzt. Es wird also an Stelle des Integrals I eine Größe

$$J = \int I_\lambda v_\lambda \, d\lambda \tag{118}$$

bestimmt, wobei die Funktion v_λ ihrem Betrage und ihrer Wellenlängenabhängigkeit nach von Methode zu Methode variiert. Die wesentlichen Meßprinzipien sind die der visuellen Beobachtung (v), der photographischen Aufnahme (pg), der „photovisuellen" Bestimmung mit Photozelle und geeignetem Filter (pv) und der Messung mit einem Thermoelement, einem Bolometer oder einem ähnlichen, die von der Erdatmosphäre durchgelassene Gesamtstrahlung registrierenden Instrument (r). Dementsprechend hat man als verschiedene scheinbare Sterngrößen und absolute Sterngrößen die visuellen

Größen m_v und M_v, die photographischen Größen m_{pg} und M_{pg}, die photovisuellen Größen m_{pv} und M_{pv} sowie die radiometrischen Größen m_r und M_r eingeführt. Allen Sterngrößen liegt analog der allgemeinen Beziehung (111') als Definition eine Relation der Form

$$m_n = 2{,}5 \cdot \lg \frac{a_n}{J_n} \tag{119}$$

zugrunde, wobei die Konstanten a_n jeweils den Nullpunkt für die Systeme der scheinbaren Sterngrößen m_n festlegen. Die einzelnen Größenklassen-Systeme können sich also einmal infolge der verschiedenen Spektralempfindlichkeitsfunktionen v_{λ_n} in den gemessenen Integralwerten J_n, zum anderen durch die Konstanten a_n in der Nullpunktsfestlegung unterscheiden.

Durch die nach den Beziehungen (119) und (118) eingeführten Sterngrößen werden Integralhelligkeiten über größere Wellenlängenbereiche gemessen, für die nur mit einiger Vorsicht eine isophote Wellenlänge λ_i oder eine effektive Wellenlänge λ_e zu bestimmen ist. Wenn man $I(\lambda, T)$ durch eine Plancksche Strahlungsfunktion bei der Stern-Farbtemperatur annähern will, kennzeichnet $\lambda_i(T)$, das aus der Gleichung

$$I(\lambda_i, T) = \frac{\int\limits_0^\infty I(\lambda, T)\, v(\lambda)\, d\lambda}{\int\limits_0^\infty v(\lambda)\, d\lambda} \tag{120}$$

zu ermitteln ist, den energetischen Schwerpunkt der wirksamen Strahlung, während die für das Meßverfahren jeweils charakteristische effektive Wellenlänge durch die Relation

$$\lambda_e(T) = \frac{\int\limits_0^\infty \lambda\, I(\lambda, T)\, v(\lambda)\, d\lambda}{\int\limits_0^\infty I(\lambda, T)\, v(\lambda)\, d\lambda} \tag{121}$$

definiert wird. Besser als die Integralhelligkeiten geben die spektrophotometrischen Helligkeiten [G 49] den Zustand der Sternstrahlung wieder.

Besonders bei visueller Beobachtung kann das Purkinjesche Phänomen zu nicht unerheblichen Fälschungen führen, da mit abnehmender Helligkeit der betrachteten Objekte sich der Schwerpunkt der visuellen Spektralempfindlichkeitsfunktion v_{λ_v} mit der spektralen Augenempfindlichkeit nach kürzeren Wellenlängen verschiebt (Abschnitt 1). Für das unbewaffnete Auge liegt die Grenze für das Auftreten des Purkinje-Effektes bei einer Objekthelligkeit entsprechend einer scheinbaren Sterngröße von etwa $2^m{,}5$. Für Fernrohrbeobachtung gibt die entsprechenden Grenzgrößen als Funktion des Objektivdurchmessers die Tabelle 36 wieder, die einem Artikel von *Strömgren* [S 75] entnommen ist.

Abgesehen von den Einflüssen des Purkinjeschen Phänomens werden die visuellen Sterngrößen infolge der Schwankungen in der individuellen Augenempfindlichkeit je nach dem Beobachter und den Anschlußobjekten streuen. Die wichtigsten katalogmäßig zusammengefaßten älteren, im allgemeinen visuell durchgeführten Helligkeitsbeobachtungen enthalten die Bonner Durchmusterung [BD; A 12; S 15] mit der Cordoba-Durchmusterung [CoD; T11] als Fortsetzung ihres

Tabelle 36.

Grenzgrößen für das Auftreten des Purkinjeschen Phänomens bei visueller Fernrohrbeobachtung von Sterngrößen

Objektivöffnung in cm	Grenzgrößen	Objektivöffnung in cm	Grenzgrößen
2	$4^m{,}8$	15	$9^m{,}1$
4	$6^m{,}2$	20	$9^m{,}6$
6	$7^m{,}1$	40	$11^m{,}1$
8	$7^m{,}7$	60	$12^m{,}0$
10	$8^m{,}2$		

südlichen Teiles, die Potsdamer Durchmusterung [PD; M 36] und die Revised Harvard Photometry [RHP; P 40]. Das Größenklassen-System der PD beruht auf den Helligkeiten von 144 Hauptsternen zwischen den Größen $4^m{,}5$ und $7^m{,}5$ und ist an das System der BD durch die Nullpunktsfestsetzung angeschlossen; sie wurde für das System der PD so getroffen, daß sich für die 144 Fundamentalsterne im Mittel dieselbe Sterngröße errechnete wie aus den geschätzten Sterngrößen der BD. Das Größenklassen-

System der RHP bezog sich anfänglich auf die in diesem System zur Größe $2^{\mathrm{m}}{,}15$ festgelegte scheinbare Helligkeit des Polarsternes, wodurch der Nullpunkt der Größenskala bestimmt war. Später dienten λ Ursae Minoris (λ UMi) und ein Netz von 100 Zirkumpolarsternen, deren Größen im RHP-System wieder mit den entsprechenden Werten im System der BD in Einklang gebracht wurden, als Vergleichs- und Bezugsobjekte. Der mittlere Fehler einer Kataloghelligkeit wird für die PD mit $\pm\, 0^{\mathrm{m}}{,}04$ und für die RHP mit $\pm\, 0^{\mathrm{m}}{,}11$ angegeben.

Die verschiedenen Systeme der visuellen, photographischen und radiometrischen Sterngrößen wurden durch eine allgemeine Nullpunktsfestsetzung aufeinander bezogen, und zwar durch Anschluß des photographischen und radiometrischen Nullpunktes an den visuellen. Bei dieser Festlegung hatte man nicht einen bestimmten Stern, sondern eine größere Gruppe von Sternen als Bezugsobjekt ausgewählt, die mit Rücksicht auf das in die Integrale J_n eingehende Produkt $I_\lambda\, v_{\lambda_n}$ möglichst die gleiche spektrale Funktionsabhängigkeit I_λ zeigen sollten. Hinsichtlich ihrer relativen spektralen Intensitätsverteilung erfüllten diese Bedingung in weitgehendem Maße die Sterne der Spektralklasse A o. Um weiter eine etwa bestehende Unsicherheit über die Gleichförmigkeit der Intensitätsverteilung für den Spektraltyp A o über größere Helligkeitsbereiche auszuschalten und von etwaigen Skalierungsfehlern (Abweichungen von der Pogsonschen Skala) innerhalb der verschiedenen photometrischen Systeme unabhängig zu werden, wurde folgendes vereinbart: Für die photographischen und radiometrischen Systeme sollte der Nullpunkt dadurch bestimmt sein, daß für Sterne der Spektralklasse A o der Harvardklassifikation zwischen den Größen $5^{\mathrm{m}}{,}5$ und $6^{\mathrm{m}}{,}5$ die photographischen und die radiometrischen Größen mit den entsprechenden visuellen übereinstimmen, oder, formelmäßig ausgedrückt:

$$\left.\begin{aligned} m_{pg}\,(\mathrm{A\,o}) - m_v(\mathrm{A\,o}) &= 0 \\ m_r\,(\mathrm{A\,o}) - m_v(\mathrm{A\,o}) &= 0 \end{aligned}\right\} \text{ für } 5^{\mathrm{m}}{,}5 \leqq m \leqq 6^{\mathrm{m}}{,}5. \tag{122}$$

Die Skalen der absoluten Sterngrößen lassen sich durch die Ergebnisse der für die Sonne ($\odot$) besonders sorgfältig durchgeführten Beobachtungen festlegen.

In dem durch die Definitionen (122) festgelegten Größenklassen-System leitete *Russell* [R 41] in einer eingehenden Diskussion der von *Zöllner* [Z 2], *Fabry* [F 1], *Pickering* [P 41] und *Ceranski* [C 9] durchgeführten Messungen als mittleren Wert für die scheinbare visuelle Größe der Sonne

$$m_{v\odot} = -\, 26^{\mathrm{m}}{,}72 \tag{123}$$

ab.

1938 nahm die Internationale Astronomische Union für die photovisuellen und photographischen Sterngrößen m_{pv} und m_{pg} eine neue Festlegung des Nullpunktes an [I 10a]. Sie löst sich ganz von den älteren Katalogsystemen der BD, CoD, PD und RHP und stützt sich auf das heute am besten bestimmte System der Internationalen Polsequenz (IPS), die 329 Sterne mit photographischen Sterngrößen $\leqq 20^{\mathrm{m}}{,}5$ und photovisuellen Sterngrößen $\leqq 17^{\mathrm{m}}{,}5$ enthält [G 45]. Durch die IPS werden die internationalen photographischen Größen IPg und die internationalen photovisuellen Größen IPv definiert. Die früheren Nullpunktsdefinitionen (122), die sich auf Sterne der Spektralklasse A o bezogen, gelten im System der IPS nur noch in einer gewissen Näherung. In ihm ergeben sich als internationale scheinbare Größen der Sonne im Zenit im Mittel [G 47; K 47]

$$IPv_\odot = -\, 26^{\mathrm{m}}{,}84 \pm 0^{\mathrm{m}}{,}06 \tag{124}$$

$$IPg_\odot = -\, 26^{\mathrm{m}}{,}31, \tag{125}$$

für die Sonne außerhalb der Atmosphäre, d. h. nach Korrektur der Extinktion in der Erdatmosphäre,

$$IPv_{\odot\,korr} = -\, 27^{\mathrm{m}}{,}13 \tag{126}$$

$$m_{bol\,\odot} = -\, 26^{\mathrm{m}}{,}95. \tag{127}$$

Die jährliche Parallaxe der Sonne beträgt definitionsgemäß (Abschnitt 2, 8)

$$p_\odot = 1\ \mathrm{rad} = 206\,264{,}8'' ; \tag{128}$$

mit der Entfernung Sonne—Erde

$$a = \frac{1}{206\,264{,}8}\ \mathrm{pc} \triangleq 1\ \mathrm{astr.\ Einh.} \tag{2, 133'}$$

ergibt sich analog Gleichung (116) der Zahlenwert

$$r_\odot = \{a\}_{pc} = \frac{1}{206\,264{,}8}. \tag{129}$$

Hieraus folgt mit (115″) für den Entfernungsmodul der Sonne

$$m_\odot - M_\odot = - 31^{\mathrm{m}}{,}57 \tag{130}$$

und für die absolute photometrische, photographische und bolometrische Größe der Sonne

$$M_{pv\,\odot} = 4^{\mathrm{M}}{,}73 \tag{124a}$$

$$M_{pg\,\odot} = 5^{\mathrm{M}}{,}25 \tag{125a}$$

$$M_{bol\,\odot} = 4^{\mathrm{M}}{,}62. \tag{127a}$$

Als *Leuchtkraft* L eines Sternes wird sein Gesamtstrahlungsfluß, d. h. die von ihm insgesamt ausgestrahlte Leistung, bezeichnet. L wird über die absolute bolometrische Größe M_{bol} des Sternes durch die Gleichung

$$M_{bol} = - 2{,}5 \cdot \lg \frac{L}{L_0} \tag{131}$$

definiert; L_0 bedeutet die Leuchtkraft eines Sternes der absoluten bolometrischen Größe $M_{bol} = 0$ oder, gemäß Gleichung (115″), der scheinbaren bolometrischen Größe $m_{bol} = 5 \cdot \lg r - 5$. Die bolometrische Größe eines Sternes kennzeichnet die von ihm emittierte, nicht durch Extinktion auf dem Wege zum Beobachter geschwächte Gesamtstrahlung. Der Unterschied zwischen bolometrischer und visueller (oder photovisueller) Sterngröße wird durch die bolometrische Korrektion $\Delta m_b = m_v - m_{bol}$ (oder $= m_{pv} - m_{bol}$) gegeben, die eine Funktion der spektralen Intensitätsverteilung des strahlenden Sternes und somit seiner Spektralklasse ist *[G 46]*. Den zuverlässigsten Wert für L_0 erhält man über die absolute bolometrische Größe $M_{bol\odot}$ der Sonne und ihre Leuchtkraft $L_\odot$ nach der Relation

$$\lg L_0 = 0{,}4\, M_{bol\odot} + \lg L_\odot \;. \tag{132}$$

Mit (127a) und dem Wert *[G 48]*

$$L_\odot = 3{,}73 \cdot 10^{26}\,\mathrm{W} \tag{133}$$

ergibt sich

$$L_0 = 2{,}63 \cdot 10^{28}\,\mathrm{W}. \tag{134}$$

Unter Benutzung von (134) läßt sich der Zusammenhang zwischen Leuchtkraft und absoluter bolometrischer Größe eines Sternes in der Form

$$M_{bol} = - 2{,}5 \cdot \lg \{L\}_{\mathrm{erg/s}} + 88{,}55 \tag{135}$$

oder

$$L = 10^{0{,}4\,(88{,}55 - M_{bol})}\,\mathrm{erg/s} \tag{135'}$$

schreiben.

SECHSTER TEIL: WERTE FÜR KONSTANTEN

Bei der Behandlung von Größenarten und Einheiten haben wir vielfach von Zahlenwerten für physikalische Konstanten Gebrauch machen müssen, die in die Definition von Einheiten oder in Umrechnungsbeziehungen zwischen ihnen eingehen.

Diese Konstanten sind nicht nur für den jeweiligen Einzelfall einer Einheitenfestlegung von Wichtigkeit, sondern besitzen im Rahmen der Gesamtheit der allgemeinen physikalischen Konstanten für die rechnerische Behandlung physikalischer Probleme eine besondere Bedeutung. Sie bilden zusammen mit den Definitionen der Einheiten und den Festlegungen der zugehörigen Normale das Fundament der experimentellen Methodik und der zahlenmäßigen Auswertung experimenteller Ergebnisse wie theoretischer Entwicklungen. Aus diesem Grunde fassen wir die für den vorliegenden Zweck wichtigsten Grundkonstanten und eine weitere Anzahl der aus ihnen direkt abzuleitenden Konstanten in einer gemeinsamen Darstellung zusammen und fügen sie als eigenen Buchteil an.

Die allgemeinen Konstanten, die wir im Kapitel II behandeln, unterteilen wir nach Herkunft oder Anwendung in Konstanten der Mechanik, der Wärmelehre, der Elektrodynamik und der Atomphysik. Die Präzisionsbestimmung der atomaren Konstanten hat sich zu einem eigenen, großen Zweig der physikalischen Forschung entwickelt, der sich immer mehr ausweitet und sich noch in vollem Fluß experimenteller und theoretischer Untersuchungen befindet. Daher müssen wir im Rahmen unserer Darstellung auf eine vollständige Behandlung dieses Themas verzichten und uns auf die Aufzählung der für unsere Zwecke wichtigen, bislang erzielten Resultate beschränken. Die Auffindung neuer Untersuchungsmethoden und die Verfeinerung der Meßtechnik führen gemeinsam mit der Fortentwicklung der theoretischen Behandlung von Atom- und Kernphysik zu sich laufend ändernden und verbessernden Ergebnissen. Wenn man auch auf diesem Gebiet nach den gemachten Erfahrungen vor Überraschungen nicht sicher ist, darf man doch hoffen, daß die gegenwärtige Kenntnis der Werte für die atomaren Konstanten sich schon einem „endgültigen" Stand nähert (Abschnitt II, 4).

Vorauf schicken wir das Kapitel I, das sich mit Standard-Größen beschäftigt. Unter ihnen verstehen wir im wesentlichen Stoffeigenschaften einiger Standard-Substanzen, sowie Skalenäquivalente oder Umrechnungsbeziehungen zwischen verschiedenen Skalen und Einheiten.

Auf die Art der zahlenwertmäßigen Angabe von mit Unsicherheiten behafteten Werten der Konstanten und Umrechnungsfaktoren sind wir schon im ersten Buchteil (Abschnitt 1, 10) eingegangen. Wir kennzeichnen die Genauigkeit oder die Unsicherheit, die ein experimentell ermittelter Wert aufweist, durch Zufügen der entsprechenden Unsicherheitsgrenze. Ist von den einzelnen Autoren in der Angabe ihrer Resultate eine andere Fehlerart gewählt worden, so werden die zugehörigen Unsicherheitsgrenzen den experimentellen Bedingungen und rechnerischen Auswertungsmethoden entnommen oder abgeschätzt, soweit das auf Grund einer Fehlerdiskussion oder der hierüber veröffentlichten Daten möglich ist.

Wenn für eine Konstante mehrere Ergebnisse aus verschiedenen Untersuchungen vorliegen, ist aus den einzelnen Werten in jeweils geeigneter Weise ein Mittelwert zu bilden. Falls die bei den einzelnen Bestimmungen einer Größe erzielten Meßgenauigkeiten merklich voneinander abweichen, werden den verschiedenen Werten vor der Mittelung Gewichte zugeteilt, die umgekehrt proportional den entsprechenden Unsicherheitsgrenzen gewählt sind. In vielen Fällen wird die Bestimmung des direkten arithmetischen Mittelwertes den experimentellen Gegebenheiten am ehesten gerecht; denn im Hinblick auf die durchschnittliche Präzision, die dem Zahlenwert einer Fehlerangabe grundsätzlich nur zukommt, rechtfertigen relativ kleine Unterschiede in den Unsicherheitsgrenzen oft noch keine besondere Gewichtszuteilung für die zugehörigen Meßwerte.

Kapitel I

Standard-Größen

1. Physikalische Daten von Standard-Substanzen

Im Sinne der Einheitenfestlegungen und der Meßverfahren sind in der Physik einige Stoffe als Standard-Substanzen zu bezeichnen: so das Wasser als Bezugssubstanz für die Dichtezahl sowie als Normsubstanz für die eigentlichen kalorischen Energieeinheiten (cal_{15°, $\overline{cal}$, CTU, BTU usw.) und die Darstellung des l, das Quecksilber als Normflüssigkeit für die Realisierung der Druckeinheit atm, der Sauerstoff, der Stickstoff und das Silber als Bezugselemente der chemischen Atomgewichte, das Platin zur Darstellung der neuen Lichteinheiten.

a) Maximale Wasserdichte ϱ_m (H$_2$O) *und Quecksilbernormdichte* ϱ_n (Hg). Die Zahlenwerte der relativen Dichte oder Dichtezahl δ werden auf Wasser im Zustand maximaler Dichte, den das Wasser unter normalem Atmosphärendruck $p_0 = 1$ atm bei 3,98 °C (praktisch $\approx$ 4 °C) erreicht, bezogen; d. h. die Dichtezahl des Wassers im Zustand seiner maximalen Dichte wird gleich eins gesetzt

$$\delta_m(\mathrm{H_2O}) = \delta_{p_0}^{4\,^\circ\mathrm{C}}(\mathrm{H_2O}) \equiv 1. \tag{1}$$

Dichte-Präzisionsmessungen werden an Flüssigkeiten vielfach durch Vergleich der gesuchten Flüssigkeitsdichte mit der des Wassers bei maximaler Dichte durchgeführt; es wird also zunächst die Dichtezahl der Substanz bestimmt. Um von solchen relativen Dichtewerten zu den Dichteangaben selbst zu gelangen, muß noch die Dichte des Wassers im Zustand maximaler Dichte ϱ_m (H$_2$O) $= \varrho_{p_0}^{4\,^\circ\mathrm{C}}$ (H$_2$O), gemessen in einem der üblichen Einheitensysteme, ermittelt oder vorgegeben werden.

Da die Volumeneinheit l als das Volumen von 1 kg luftfreiem Wasser bei maximaler Dichte definiert wird, ist die Wasserdichte $\varrho_{p_0}^{4\,^\circ\mathrm{C}}$ (H$_2$O), ausgedrückt in kg/l oder g/ml, definitionsgemäß gleich eins

$$\varrho_m(\mathrm{H_2O}) = \varrho_{p_0}^{4\,^\circ\mathrm{C}}(\mathrm{H_2O}) \equiv 1\,\mathrm{kg/l} = 1\,\mathrm{g/ml}, \tag{2}$$

wobei das kg durch das Internationale Kilogrammprototyp dargestellt wird (Abschnitt 3 b).

Die Präzisionsbestimmungen der Wasserdichte führen im physikalischen Einheitensystem der Mechanik zu dem Resultat

$$\varrho_m(\mathrm{H_2O}) = \varrho_{p_0}^{4\,^\circ\mathrm{C}}(\mathrm{H_2O}) = (0{,}999\,972 \pm 0{,}000\,003)\,\mathrm{g/cm^3}. \tag{2'}$$

Dieser Wert, den *Guilleaume* in seinem Bericht bei der 4. Generalkonferenz für Maß und Gewicht *[G 50]* und in seinem Tätigkeitsbericht aus dem Internationalen Bureau für Maß und Gewicht *[G 52]* angibt und der auch von *Scheel* in seiner praktischen Metronomie *[S 5]* erwähnt wird und in den Veröffentlichungen des Internationalen Komitees für Maß und Gewicht *[C 36]* enthalten ist, wird als der heute zuverlässigste angesehen und wurde 1950 vom Internationalen Komitee erneut bestätigt *[C 79]*. Das Auftreten verschiedener Wasserstoff- und Sauerstoffisotopen in der Natur bedingt das Vorkommen von Wasser verschiedener isotopischer Zusammensetzung. *Swartout* und *Dole [S 76]* stellten für Wasser aus dem Michigan-See und dem Atlantischen Ozean einen relativen Dichteunterschied von etwa $2 \cdot 10^{-7}$ fest. Nach Angaben von *Riesenfeld* und *Chang [R 13]* ergab eine Untersuchung von Land- und Ozeanwasser einen relativen Dichteunterschied von $1{,}5 \cdot 10^{-6}$. *Emeléus* und Mitarbeiter *[E 9]* haben bei ihren umfangreichen Untersuchungen an Wasserproben verschiedenster Herkunft (aus Tierkörpern, Pflanzen, Mineralen, Industrieprodukten oder -abfällen usw.) relative Abweichungen in der Dichte in Sonderfällen bis zu $\pm 3 \cdot 10^{-5}$ gefunden. Mit Rücksicht auf diese Verhältnisse haben wir in Gleichung (2') die relative Unsicherheitsgrenze für ϱ_m (H$_2$O) zu $\pm 3 \cdot 10^{-6}$ angesetzt.

Die Quecksilbernormdichte ist definiert als die Dichte des Quecksilbers im physikalischen Normzustand, d. h. bei $p_0 = 1$ atm und $\theta_0 = 0$ °C (3, 94). Sie ergibt sich aus der Messung der Normdichtezahl δ_n (Hg) $= \delta_{p_0}^{0^\circ}$ (Hg) des Quecksilbers, d. h. aus dem experimentellen Vergleich der Normdichte des Quecksilbers mit der maximalen Dichte des Wassers und dem gerade angegebenen Wert (2') für die maximale Wasserdichte ϱ_m (H$_2$O) nach der Beziehung (siehe auch *[K 5a]* und Abschnitt 7, 8)

$$\varrho_n(\mathrm{Hg}) = \delta_n(\mathrm{Hg}) \cdot \varrho_m(\mathrm{H_2O}). \tag{3}$$

Birge [B 47] weist darauf hin, daß nach der Diskussion der älteren δ_n (Hg)-Bestimmungen durch *Henning* und *Jaeger [H 50]* heute nur noch die Ergebnisse von *Scheel* und *Blankenstein [S 6]* zu einer Mittelwertsbildung heranzuziehen sind. Diese Autoren haben an zwei Quecksilberproben der

PTR — HgE und Hg III — Dichtezahlmessungen nach der hydrostatischen Methode durchgeführt, welche die Werte

$$\delta_n \text{ (HgE)} = 13{,}595\,40 \tag{4a}$$

$$\delta_n \text{ (Hg III)} = 13{,}595\,58 \tag{4b}$$

gaben. Eine Rückführung des relativen Unterschiedes von $1{,}3 \cdot 10^{-5}$ auf verschiedene Isotopenzusammensetzung der beiden Quecksilberproben wurde durch spätere Messungen von *Jaeger* und *v. Steinwehr [J 3]* ausgeschlossen, die an den gleichen Proben eine Übereinstimmung der Dichtezahlen relativ zueinander innerhalb weniger 10^{-6} feststellten. Als Gesamtergebnis der Arbeit von *Scheel* und *Blankenstein* muß daher der direkte arithmetische Mittelwert

$$\delta_n \text{ (Hg)} = 13{,}595\,49 \tag{4}$$

betrachtet werden. *Henning* und *Jaeger [H 50]* schätzen den relativen Fehler dieser Messungen zu $1 \cdot 10^{-5}$.

Eine weitere Präzisionsbestimmung der Normdichtezahl des Quecksilbers von *Batuecas* und *Casado [B 8]* nach der pyknometrischen Methode ergab

$$\delta_n \text{ (Hg)} = 13{,}595\,39. \tag{5}$$

Birge [B 47] ordnet dem Mittel (4) von *Scheel* und *Blankenstein* die halbe Differenz zwischen den Einzelergebnissen an den beiden Quecksilberproben als wahrscheinlichen Fehler $\pm\,0{,}00009$ und dem Wert (5) von *Batuecas* und *Casado* nach kritischer Durchsicht und Abschätzung ihrer Meßgenauigkeit als wahrscheinlichen Fehler $\pm\,0{,}00006$ zu. Wir schließen uns dieser Fehlerabschätzung nur als einer relativen Bewertung der beiden Ergebnisse an, legen also dem Resultat (4) das Gewicht 2 und dem Resultat (5) das Gewicht 3 bei. Als Gesamtmittelwert folgt dann

$$\delta_n \text{ (Hg)} = 13{,}595\,43 \pm 0{,}00010. \tag{6}$$

Die zu $\pm\,7 \cdot 10^{-6}$ abgeschätzte relative Unsicherheitsgrenze wurde auch von *Gould [G 22]* angegeben.

Entsprechend ergibt sich für die Quecksilber-Normdichte mit (2′) und (3)

$$\varrho_n \text{ (Hg)} = \varrho_{p_\bullet}^{\theta_\bullet} \text{ (Hg)} = (13{,}595\,05 \pm 0{,}000\,14) \text{ g/cm}^3. \tag{7}$$

Die Werte (6) und (7) können allerdings nur als vorläufige Mittelwerte angesehen werden, da neue Präzisionsbestimmungen der Quecksilbernormdichte in Angriff genommen worden sind, von denen aber erst das Ergebnis nach einer der vorgesehenen Meßmethoden vorliegt *[C 137 d]*.

b) Spezifische Wärmekapazität des Wassers. Für die Aufstellung von Umrechnungsbeziehungen zwischen den verschiedenen „kalorischen" Energieeinheiten (Abschnitt 3, 6) und dem Joule ist die Kenntnis von Werten für die spezifische Wärmekapazität c des Wassers erforderlich. $c \text{ (H}_2\text{O)}$ wird im allgemeinen, zwar nicht ganz korrekt, kurz als „spezifische Wärme" des Wassers bezeichnet.

Es liegen drei Präzisionsuntersuchungen vor, die von *Jaeger* und *v. Steinwehr [J 2; J 3]* in der PTR, von *Laby* und *Hercus [L 1]* im NPL und von *Osborne, Stimson* und *Ginnings [O 8]* im NBS durchgeführt worden sind. Die Autoren haben $c \text{ (H}_2\text{O)}$ in verschiedenen Temperaturbereichen gemessen; die Ergebnisse wurden auf den Normdruck $p_0 = 1$ atm reduziert und als Einzelwerte $c_{p_\bullet}^{\theta} \text{ (H}_2\text{O)}$ oder in Gestalt von Gleichungen als Funktion der Temperatur θ angegeben.

Jaeger und *v. Steinwehr* ermitteln aus ihren zwischen 5 °C und 50 °C durchgeführten Messungen als analytische Darstellung für die spezifische Wasserwärme in diesem Temperaturbereich die Gleichung

$$c_{p_\bullet}^{\theta} \text{ (H}_2\text{O)} = [4{,}2047_7 - 0{,}001\,768\,\{\theta\}_{°\mathrm{C}} + 0{,}00002644_7\,\{\theta\}_{°\mathrm{C}}^2]\, \mathrm{J}_{\mathrm{int}}\, \mathrm{g}^{-1}\mathrm{grd}^{-1}, \tag{8}$$

woraus sich die spezifische Wärme des Wassers bei 15 °C mit der von den Autoren angegebenen Unsicherheitsgrenze zu

$$c_{p_\bullet}^{15\,°\mathrm{C}} \text{ (H}_2\text{O)} = [4{,}1842_0 \pm 0{,}0008]\, \mathrm{J}_{\mathrm{int}}\text{(PTR)}\, \mathrm{g}^{-1}\mathrm{grd}^{-1} \tag{8a}$$

ergibt[1].

---

[1] Es handelt sich um die jeweils zur Zeit der Messung in der PTR und im NBS aufbewahrten und realisierten internationalen elektrischen Einheiten, die weder unter sich, noch mit den sogenannten „mittleren" internationalen Einheiten übereinstimmen (Abschnitt 4, III, 2a).

Laby und *Hercus* haben ihre 23 Meßpunkte in 6 Gruppen um jeweils eine mittlere Meßtemperatur zusammengefaßt und geben als gewichteten Mittelwert aus diesen Gruppen einen Zahlenwert für die spezifische Wärme des Wassers bei 62 °F $\triangleq$ 16,67 °C

$$c_{p_\bullet}^{16,67\,°\mathrm{C}}(\mathrm{H_2O}) = 4,1841 \ \mathrm{J\ g^{-1}grd^{-1}} \tag{9}$$

an. Später wurde von den Autoren auf eine kritische Betrachtung von *Birge [B 36]* hin der aus ihren Messungen von ihm abgeleitete Wert

$$c_{p_\bullet}^{15\,°\mathrm{C}}(\mathrm{H_2O}) = 4,1852_6 \ \mathrm{J\ g^{-1}grd^{-1}} \tag{9a}$$

anerkannt *[L 2]*.

Osborne, Stimson und *Ginnings* stellen ihre zwischen Eis- und Dampfpunkt für die spezifische Wasserwärme gewonnenen Resultate durch die Gleichung

$$c_{p_\bullet}^{\theta}(\mathrm{H_2O}) = [4{,}169\,036 + 3{,}639 \cdot 10^{-14}(\{\theta\}_{°C} + 100)^{5,26} + 0{,}046\,7 \cdot 10^{-0,036\,\{\theta\}_{°C}}]\mathrm{J_{int}(NBS)\ g^{-1}grd^{-1}} \tag{10}$$

dar, woraus für die spezifische Wärme des Wassers bei 15 °C

$$c_{p_\bullet}^{15\,°\mathrm{C}}(\mathrm{H_2O}) = 4,1850_2 \ \mathrm{J_{int}(NBS)\ g^{-1}grd^{-1}} \tag{10a}$$

folgt.

Die in den drei Staatsinstituten erzielten Resultate sind mehrfach kritisch diskutiert und zur Festlegung des mit Rücksicht auf die 15°-Kalorie besonders interessanten Wertes $c_p^{15\,°\mathrm{C}}(\mathrm{H_2O})$ herangezogen worden. Die Mittelwertbildung wurde in verschiedener Art ausgeführt — teilweise unter nachträglicher und von den Experimentatoren nicht sanktionierter Änderung der Darstellung oder Interpretation der ursprünglich publizierten Meßwerte[1]). Die resultierenden Mittelwerte sind in der Tabelle 37

Tabelle 37.
Mittelwert der spezifischen Wasserwärme bei 15 °C

Autor	Jahr	$c_{p_\bullet}^{15\,°\mathrm{C}}(\mathrm{H_2O})$ in $\mathrm{J\ g^{-1}grd^{-1}}$
Birge [B 47; B 48]	1941	4,1855 $\pm$ 0,0005
Stille [S 51]	1948	4,1855 $\pm$ 0,0008
de Haas [H 1]	1950	4,1855 $\pm$ 0,0003

zusammengestellt worden, wobei die Fehlerangaben bei *Birge* und *de Haas* einen wahrscheinlichen oder mittleren Fehler, bei *Stille* eine Unsicherheitsgrenze bedeuten. Das Internationale Komitee für Maß und Gewicht *[C 81]* stimmte 1950 dem von *de Haas* ermittelten Wert

$$c_{p_\bullet}^{15\,°\mathrm{C}}(\mathrm{H_2O}) = 4,1855 \ \mathrm{J\ g^{-1}grd^{-1}} \tag{11}$$

der mit den von *Birge* und *Stille* erhaltenen Resultaten übereinstimmt, zu. Weiter wurde von *de Haas [H 1]* unter Benutzung des von *Osborne, Stimson* und *Ginnings* ermittelten *relativen* Verlaufs (10) von $c_{p_\bullet}^{\theta}(\mathrm{H_2O})$ und dem Wert (11) für $c_{p_\bullet}^{15\,°\mathrm{C}}(\mathrm{H_2O})$ eine Tafel für $c_{p_\bullet}^{\theta}(\mathrm{H_2O})$ als Funktion von θ im Bereich von 0 °C bis 100 °C aufgestellt, die in der Tabelle 38 wiedergegeben ist. Die auf vier Dezimalstellen hinter dem Komma gerundeten Werte erhielten gleichfalls die Zustimmung des Internationalen Komitees *[C 82]* und sind somit als derzeit international anerkannte Werte für $c_{p_\bullet}^{\theta}(\mathrm{H_2O})$ anzusehen.

Für energetische Umrechnungsfaktoren interessieren insbesondere die Quotienten der spezifischen Wasserwärmen $c_{p_\bullet}^{\theta}(\mathrm{H_2O})$ bei $\theta = 4$ °C, 60,5 °F $\triangleq$ 15,83 °C und 20 °C zu $c_{p_\bullet}^{15\,°\mathrm{C}}(\mathrm{H_2O})$. Diese Verhältnisse bilden wir einmal unter Benutzung der von *Osborne, Stimson* und *Ginnings* aufgestellten Formel (10), zum anderen aus den von *de Haas* angegebenen, gerundeten Werten der Tabelle 38 und stellen die Resultate in der Tabelle 39 zusammen. Die relative Unsicherheitsgrenze der nach (10) berechneten Werte der 3. Spalte dürfte bei etwa $\pm 2 \cdot 10^{-5}$ liegen.

---

[1]) **Hinsichtlich** aller Einzelheiten kann hier nur auf die Veröffentlichungen *[B 36; B 47; H 1; L 2; S 51]* verwiesen werden.

Tabelle 38. Vom Internationalen Komitee für Maß und Gewicht 1950 angenommene Werte für die spezifische Wasserwärme zwischen 0 °C und 100 °C

θ in °C	$c_{p_0}^{\theta}$ (H$_2$O) in J g^{-1}grd^{-1}									
	0	1	2	3	4	5	6	7	8	9
0	4,2174	4,2138	4,2104	4,2074	4,2045	4,2019	4,1996	4,1974	4,1954	4,1936
10	4,1919	4,1904	4,1890	4,1877	4,1866	4,1855	4,1846	4,1837	4,1829	4,1822
20	4,1816	4,1810	4,1805	4,1801	4,1797	4,1793	4,1790	4,1787	4,1785	4,1783
30	4,1782	4,1781	4,1780	4,1780	4,1779	4,1779	4,1780	4,1780	4,1781	4,1782
40	4,1783	4,1784	4,1786	4,1788	4,1789	4,1792	4,1794	4,1796	4,1799	4,1801
50	4,1804	4,1807	4,1811	4,1814	4,1817	4,1821	4,1825	4,1829	4,1833	4,1837
60	4,1841	4,1846	4,1850	4,1855	4,1860	4,1865	4,1871	4,1876	4,1882	4,1887
70	4,1893	4,1899	4,1905	4,1912	4,1918	4,1925	4,1932	4,1939	4,1946	4,1954
80	4,1961	4,1969	4,1977	4,1985	4,1994	4,2002	4,2011	4,2020	4,2029	4,2039
90	4,2048	4,2058	4,2068	4,2078	4,2089	4,2100	4,2111	4,2122	4,2133	4,2145
100	4,2156									

Die Unterschiede zwischen Spalte 3 und 4 sind auf die bei den Werten der Tabelle 38 vorgenommene Rundung zurückzuführen. Als Beispiele werden die (für die in der Tabelle 39 angegebenen Tempe-

Tabelle 39.
Verhältniswerte von spezifischen Wasserwärmen
zwischen 4 °C und 20 °C

θ		$c_{p_0}^{\theta}$ (H$_2$O)/$c_{p_0}^{15\,°C}$ (H$_2$O)	
in °C	in °F	nach *Osborne, Stimson, Ginnings*	nach *de Haas*
4,0	39,2	1,004 54$_5$	1,004 53$_9$
15,8	60,5	0,999 80$_8$	0,999 82$_1$
20,0	68,0	0,999 05$_9$	0,999 06$_8$

raturen θ) aus $c_{p_0}^{15\,°C}$ (H$_2$O) (11) nach der Formel (10) von *Osborne, Stimson* und *Ginnings* berechneten und aus der Tabelle 38 von d_e *Haas* folgenden Werte $c_{p_0}^{\theta}$ (H$_2$O) in der Tabelle 40 gegenübergestellt.

Tabelle 40.
$c_{p_0}^{\theta}$ *(H$_2$O) nach der Formel von Osborne, Stimson und*
Ginnings und nach der Tabelle von de Haas

θ in °C	$c_{p_0}^{\theta}$ (H$_2$O) in J g^{-1}grd^{-1}	
	aus (11) nach (10)	nach Tab. 38
4,0	4,2045$_{22}$	4,2045
15,8	4,1846$_{98}$	4,1847$_5$
20,0	4,1815$_{60}$	4,1816

Zum Anschluß der „mittleren" kalorischen Energieeinheiten an das Joule wird die Auswertung des Integrals

$$I(\theta) = \int\limits_{\theta_0}^{\theta_D} c_{p_0}^{\theta} (H_2O)\,d\theta = \int\limits_{0\,°C}^{100\,°C} c_{p_0}^{\theta} (H_2O)\,d\theta = \int\limits_{32\,°F}^{212\,°F} c_{p_0}^{\theta} (H_2O)\,d\theta \tag{12}$$

erforderlich. Eine Integration der Formel (10) liefert

$$I(\theta) = \left[4{,}169\,036\,\{\theta\}_{°C} + 5{,}813_1 \cdot 10^{\,15}\,(\{\theta\}_{°C} + 100)^{6{,}26} - 0{,}5633_8 \cdot 10^{-0{,}036\,\{\theta\}_{°C}}\right]\Bigg|_{\{\theta_0\}_{°C}}^{\{\theta_D\}_{°C}} \; J_{\text{int}}(\text{NBS})/g \tag{12'}$$

19　Stille, Messen und Rechnen

oder zahlenmäßig

$$I(\theta) = 418{,}922_8 \; J_{\text{int}}(\text{NBS})/g. \tag{12''}$$

Hieraus resultiert mit dem nach (10) für $c_{p_0}^{15\,°C}(H_2O)$ zu berechnenden Wert der hier interessierende Quotient

$$\frac{I(\theta)}{(\theta_D - \theta_0)\cdot c_{p_0}^{15\,°C}(H_2O)} = 1{,}001\,00_6, \tag{13a}$$

dem auch wieder eine relative Unsicherheitsgrenze von etwa $\pm\, 2\cdot 10^{-6}$ zuzuordnen ist.

c) Sauerstoffnormdichte $\varrho_n(O_2)$, Stickstoffnormdichte $\varrho_n(N_2)$ und ihre Reduktionsfaktoren $\varkappa_0$ auf idealen Gaszustand. Die Normdichten der realen Gase sind definiert als ihre Dichten, gemessen im physikalischen Normzustand, d. h. bei $p_0 = 1$ atm und $\theta_0 = 0\,°C$ (3, 94). Da die Normdichten der Standardgase im Fall des Sauerstoffs zur Bestimmung des spezifischen Normvolumens v_{m_n} (Abschnitt 3, 9) und im Fall des Stickstoffs zur Festlegung des Atomgewichts (A_N) des Stickstoffs als eines der wichtigsten Bestimmungsstücke für die Ermittlung der gesamten chemischen Atomgewichte dienen, müssen die Normdichten $\varrho_n(O_2)$ und $\varrho_n(N_2)$ jeweils auf idealen Gaszustand, d. h. den Druck $p = 0$ atm reduziert werden, um das ideale Gasgesetz zur Auswertung benutzen zu können. Die so reduzierten Normdichten kennzeichnen wir durch den Index $_0$: $\varrho_0(O_2)$ und $\varrho_0(N_2)$.

Wenn wir als Bezugsgröße die Masse m eines idealen Gases wählen, lautet das mit spezifischen Größen geschriebene ideale Gasgesetz

$$p v_m = R_m T. \tag{3, 129}$$

R_m ist dabei die (spezifische) Gaskonstante des idealen Gases, bezogen auf die Masse. Für R_m erhält man bei Benutzung der individuellen chemischen Massen-„Einheit" mol oder kmol (Abschnitt 3, 8) einen universellen Zahlenwert [siehe (3, 147) und (6, 156b)].

Das Produkt $p v_m$ ist nach Gleichung (3, 129) lediglich eine Funktion der Temperatur. In einem ($p v_m$, p)-Diagramm verlaufen also die Isothermen der idealen Gase als Parallele zur Abszissenachse p.

Der Kürze halber bezeichnen wir das spezifische Normvolumen v_m (ideales Gas)$_n$ mit v_{m_n} oder v_0 (Abschnitte II, 2b und 3, 9). Im physikalischen Normzustand ($p = p_0$, $T = T_0$) ist demnach für alle idealen Gase das hier interessierende Produkt

$$p_0 v_{m_n} = p_0 v_0 = R_m T_0 \tag{3, 147}$$

unabhängig von dem speziellen Druck p, bei dem auf der Isotherme $T = T_0$ das zusammengehörige Wertepaar der Zustandsgrößen Druck und spezifisches Volumen gemessen wurde. Das Produkt $p_0 v_0$ eines idealen Gases im Normzustand charakterisieren wir durch den Index $_{id}$ oder $_0$

$$p_0 v_0 = (p_0 v_{m_n})_{id} = (p_0 v_{m_n})_0. \tag{14}$$

Die zugehörige Isotherme $T_{0_{id}}$ des idealen Gases ist in der Abbildung 6 als ausgezogene Gerade eingezeichnet worden.

Die Energie der realen Gase hängt wegen der auftretenden Kohäsionskräfte außer von der Temperatur auch noch vom Druck ab; die spezifische Gaskonstante R_m realer Gase (Abschnitt 3, 9) nimmt mit zunehmendem Druck ab. Daher verlaufen die Isothermen der realen Gase im ($p v_m$, p)-Diagramm zur Abszissenachse hin geneigt. Die Neigung der Isothermen der realen Gase wird durch den Differentialquotienten

$$\varphi = \frac{d(p v_m)}{dp} \tag{15}$$

gegeben und ist im allgemeinen eine Funktion von Druck und Temperatur.

Für permanente Gase (O_2, N_2, H_2) ist φ im Bereich kleiner Drucke ($p < 2$ atm) praktisch vom Druck unabhängig und nur eine Funktion

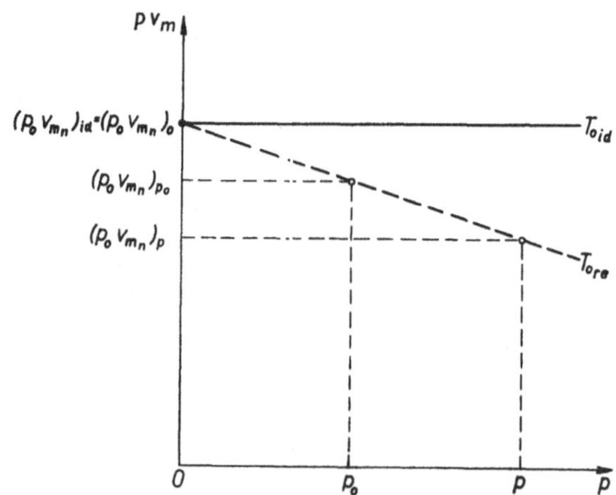

Abbildung 6. Isothermen idealer und realer Gase im ($p\,v_m$, p)-Diagramm.

――――― Eispunktsisotherme des idealen Gases
――――― Eispunktsisotherme eines realen Gases

der Temperatur. Hier werden also die Isothermen der realen Gase im $(p v_m, p)$-Diagramm durch Gerade wiedergegeben, welche die entsprechenden Isothermen des idealen Gases im Punkt $p = 0$ atm schneiden, da ein reales Gas definitionsgemäß beim Druck null mit dem idealen Gas identisch wird.

Wir haben in der Abbildung 6 eine solche Eispunktsisotherme $T_{0_{re}}$ eines realen permanenten Gases als gestrichelte Gerade eingetragen. Für die uns interessierenden Fälle des Sauerstoffs und Stickstoffs können wir demnach schreiben

$$\varphi(T_0) = \varphi_0 = \frac{d(p_0 v_{m_n})}{dp} = \lim_{p \to p_0} \frac{(p_0 v_{m_n})_p - (p_0 v_{m_n})_{p_0}}{p - p_0}. \tag{16}$$

Somit ist φ_0 aus der Druckabhängigkeit der Größe $p_0 v_{m_n}$ in der Nähe des Normdrucks p_0 experimentell zu ermitteln. Die Kenntnis von φ_0 ermöglicht die Reduktion der für ein reales Gas beim Normdruck p_0 gemessenen Größe $(p_0 v_{m_n})_{p_0}$ auf den idealen Gaszustand, d.h. die Ermittlung des Wertes (14) nach der Beziehung (16) mit $p = 0$ atm

$$p_0 v_0 = (p_0 v_{m_n})_{id} = (p_0 v_{m_n})_0 = (p_0 v_{m_n})_{p_0} - \varphi_0 p_0. \tag{17}$$

Im allgemeinen werden an Stelle des Differentialquotienten φ_0 die Korrektionsfaktoren

$$\varkappa_0 = \frac{\varphi_0}{(p_0 v_{m_n})_{p_0}} \tag{18a}$$

oder

$$\alpha = \varkappa_0 p_0 = \frac{\varphi_0 p_0}{(p_0 v_{m_n})_{p_0}} \tag{18b}$$

angegeben. Mit ihnen lautet die Reduktionsformel (17)

$$p_0 v_0 = (p_0 v_{m_n})_0 = (p_0 v_{m_n})_{p_0}[1 - \varkappa_0 p_0] \tag{19a}$$

$$= (p_0 v_{m_n})_{p_0}[1 - \alpha]. \tag{19b}$$

Da die Dichte ϱ umgekehrt proportional zum spezifischen Volumen v_m ist, folgt als Zusammenhang zwischen der Normdichte ϱ_n eines realen Gases und ihrem auf idealen Gaszustand reduzierten Wert ϱ_0

$$\varrho_0 = \frac{\varrho_n}{1 - \varkappa_0 p_0} = \frac{\varrho_n}{1 - \alpha}. \tag{20}$$

Zu den experimentellen Ergebnissen der Messungen von ϱ_n und α für Sauerstoff liegen zahlreiche zusammenfassende Berichte und kritische Diskussionen vor [B 36; B 39; B 47; D 10; H 49; M 21; M 22]. Aus diesen Betrachtungen geht hervor, daß von den älteren Bestimmungen lediglich das Resultat der neueren Untersuchungen von *Baxter* und *Starkweather [B 9]*

$$\varrho_n(O_2)_{45°} = 1{,}42897 \text{ g/l} \tag{21}$$

mit einem zu $\pm\, 0{,}00003$ angegebenen wahrscheinlichen Fehler (etwa $\pm\, 2 \cdot 10^{-5}$ in relativem Maß) als Präzisionswert anzugeben ist. Der Index 45° soll darauf hinweisen, daß sich der Wert (21) zahlenwertmäßig auf die Fallbeschleunigung g_{45} unter 45° geogr. Breite bezieht (Abschnitt 3a), d. h. für einen Druck von $p_0' = 1$ atm$_{45}$ (2, 105a) bestimmt wurde.

Der Reduktionsfaktor $1 - \alpha$ kann bei der Dichtebestimmung unter verschiedenen Drucken $(p < 2 \text{ atm})$ durch Ausgleichsrechnung gleich mitgewonnen werden. In einer neueren eingehenden Untersuchung hat *Cragoe [C 155]* die Isothermen des Sauerstoffs auch bis zu hohen Drucken hinauf verfolgt, wo sie allerdings dann vom geradlinigen Verlauf abweichen. Als analytische Darstellung seiner Messungen gewinnt er für die Eispunktsisotherme durch Ausgleichsrechnung die Beziehung

$$\frac{(p_0 v_{m_n})_p}{(p_0 v_{m_n})_{p_0}} = 1 - (93{,}13 \pm 0{,}94) \cdot 10^{-5} \left[\frac{(V)_{p_0}}{(V)_p} - 1\right] + 2{,}246 \cdot 10^{-6} \left[\frac{(V)_{p_0}}{(V)_p} - 1\right]^2, \tag{22}$$

wobei $(V)_p$ und $(V)_{p_0}$ das bei T_0 unter dem Druck p und unter dem Normdruck p_0 gemessene Volumen des von ihm untersuchten Sauerstoffs bedeuten. Der Reduktionsfaktor $1 - \alpha$ ergibt sich nach (19b), wenn man in (15) $p = 0$ atm oder $(V)_p = \infty$ m³ setzt, zu

$$1 - \alpha_{O_2} = \frac{(p_0 v_{m_n})_0}{(p_0 v_{m_n})_{p_0}} = 1{,}000953_5 \pm 0{,}000009, \tag{22a}$$

also mit einer relativen Unsicherheitsgrenze von etwa $\pm\ 10^{-5}$. Entsprechend folgt für den Reduktionsfaktor $\varkappa_0\ (O_2)$

$$\varkappa_0\ (O_2) = -\ (1{,}231 \pm 0{,}011) \cdot 10^{-6}\ \text{Torr}^{-1}. \tag{22b}$$

Eine Zusammenfassung von (21) und (22a) führt gemäß Beziehung (20) zu dem Dichtewert

$$\varrho_0\ (O_2)_{45^\circ} = 1{,}42760_9\ \text{g/l} \tag{23}$$

mit einem relativen Fehler von etwa $\pm\ 3 \cdot 10^{-5}$.

Auf Grund rechnerisch-theoretischer Betrachtungen von *Birge* und *Jenkins [B 39]* hat *Batuecas [B 7]* sein gesamtes experimentelles Material neu ausgewertet und gibt als Endresultat

$$\varrho_0\ (O_2)_{45^\circ} = 1{,}42762\ \text{g/l} \tag{24}$$

mit einem wahrscheinlichen Fehler von $\pm\ 0{,}00005$ (etwa $\pm\ 3{,}5 \cdot 10^{-5}$ in relativem Maß) an. Als ein neueres Ergebnis von *Moles* und seinen Mitarbeitern *[M 24]* wird noch der Wert

$$\varrho_0\ (O_2)_{45^\circ} = 1{,}42761_9\ \text{g/l} \tag{25}$$

zitiert. Die Resultate (23), (24) und (25) stimmen innerhalb der angegebenen wahrscheinlichen Fehler überein. Da sich diese kaum unterscheiden, erachten wir das direkte arithmetische Mittel aus den drei Ergebnissen als derzeit vertretbaren Wert

$$\varrho_0\ (O_2)_{45^\circ} = (1{,}42761_6 \pm 0{,}00007)\ \text{g/l}, \tag{26}$$

wobei die relative Unsicherheitsgrenze dieses Mittelwertes zu $\pm\ 5 \cdot 10^{-5}$ abgeschätzt wird.

Der Wert (26) muß noch auf die physikalische Normal-Atmosphäre $p_0 = 1\ \text{atm}_n$ und metrische Volumeneinheiten umgerechnet werden; entsprechend (2, 105a)

$$\varrho_0\ (O_2)_n = \frac{g_n}{g_{45}}\ \varrho_0\ (O_2)_{45^\circ} = \frac{980{,}665}{980{,}616}\ \varrho_0\ (O_2)_{45^\circ} \tag{27}$$

erhalten wir dann

$$\varrho_0\ (O_2) = \varrho_0\ (O_2)_n = (1{,}42768_7 \pm 0{,}00007)\ \text{g/l}, \tag{28a}$$

und mit Benutzung von (2′) oder (74a)

$$\varrho_0\ (O_2) = (1{,}42764_7 \pm 0{,}00008) \cdot 10^{-3}\ \text{g/cm}^3\ {}^1). \tag{28b}$$

Die Ergebnisse der Gasdichtebestimmungen an Stickstoff sind verschiedentlich zusammenfassend diskutiert worden *[B 12; B 36; M 22]*. Wir schließen uns hier der Mittelwertbildung von *Moles [M 22]* an und schreiben

$$\varrho_n\ (N_2)_{45^\circ} = (1{,}25046 \pm 0{,}00005)\ \text{g/l}. \tag{29}$$

Zu den Meßresultaten für den Reduktionsfaktor $1 - \alpha_{N_2}$ liegt ebenfalls eine Reihe kritischer Diskussionen vor *[B 10; B 11; B 36; M 22; M 23]*. Hier benutzen wir die Ergebnisse der Untersuchungen von *Michels, Wouters* und *de Boer [M 13]*, die *Cragoe [C 142]* nach Ausgleichrechnung bei gleichem Gewicht durch die Formel

$$\frac{(p_0\, v_{m_n})_p}{(p_0\, v_{m_n})_{p_0}} = 1 - (45{,}3236 \pm 0{,}352) \cdot 10^{-5} \left|\frac{(V)_{p_0}}{(V)_p} - 1\right| + 2{,}9885 \cdot 10^{-6} \left|\frac{(V)_{p_0}}{(V)_p} - 1\right|^2 \tag{30}$$

dargestellt hat. Wenn man wieder $p = 0\ \text{atm}$ oder $(V)_p = \infty\ \text{m}^3$ setzt, ergibt sich

$$1 - \alpha_{N_2} = 1{,}000456_2 \pm 0{,}000003. \tag{30a}$$

Dann folgt für die auf idealen Gaszustand reduzierte Dichte des Stickstoffs

$$\varrho_0\ (N_2)_{45^\circ} = (1{,}249890 \pm 0{,}00006)\ \text{g/l}, \tag{31}$$

oder nach Umrechnung auf die physikalische Normalatmosphäre und metrische Volumeneinheiten

$$\varrho_0\ (N_2) = (1{,}42995_2 \pm 0{,}00006)\ \text{g/l} \tag{32a}$$

$$= (1{,}24991_7 \pm 0{,}00006) \cdot 10^{-3}\ \text{g/cm}^3. \tag{32b}$$

---

[1]) Weitere Meßreihen, die zu ähnlichen Resultaten führen, hat *Casado [C 5]* veröffentlicht.

d) „Mittleres" Sauerstoff-, Stickstoff- und Silber-Atomgewicht in der physikalischen Atomgewichtsskala. Als Isotopengewicht I eines beliebigen Isotops wollen wir das Verhältnis seiner Masse zu der eines (willkürlich wählbaren) vereinbarten Standard-Isotops, beispielsweise des ^{16}O, bezeichnen. Enthält ein Element X n stabile Isotope der Isotopengewichte I_n (Abschnitt 3, 8), so erhält man das Atomgewicht $(A_{\overline{X}})$ der in der Natur vorkommenden Isotopenmischung, also des „mittleren" Elementes $\overline{X}$, aus der Beziehung

$$(A_{\overline{X}}) = \sum I_n c_n \tag{33}$$

mit

$$\sum c_n = 1. \tag{34}$$

Dabei bedeutet c_n die relativen Häufigkeiten oder Konzentrationen der n Isotope des Elements X. $(A_{\overline{X}})$ bezieht sich als *relative* Masse des „mittleren" Elementes $\overline{X}$ selbstverständlich auf das gleiche Standard-Isotop wie die Isotopengewichte I_n.

Für das Verhältnis zwischen chemischer und physikalischer Atomgewichtsskala (Abschnitt 3 d) interessiert das „mittlere" Sauerstoff-Isotopengemisch $(A_{\overline{O}})_{Ph}$ in der physikalischen Skala, deren Standard-Isotop das hypothetische Isotop von $^1/_{16}$-stel der Masse des häufigsten Sauerstoffisotops ^{16}O ist. Oder anders ausgedrückt: die physikalische Atomgewichtsskala wird durch die Festsetzung

$$(A_{^{16}O})_{Ph} = 16 \tag{3, 79}$$

definiert. Als seltenere stabile Isotope sind noch ^{17}O und ^{18}O bekannt.

Massenspektrographisch werden im allgemeinen die beim Arbeiten mit Sauerstoffmolekülen resultierenden Konzentrationsverhältnisse $c\,(^{16}O\,^{17}O)/c\,(^{16}O\,^{16}O)$ und $c\,(^{16}O\,^{18}O)/c\,(^{16}O\,^{16}O)$ gemessen. Die zuverlässigsten heute vorliegenden Bestimmungen sind von *Thode [B 76; T 7]* und *Nier [N 16]* durchgeführt worden. Die Ergebnisse ihrer Untersuchungen haben wir in den Spalten 3 und 4 der Tabelle 41 zusammengestellt. Die aus diesen berechneten relativen Häufigkeiten c_n und die Isotopengewichte I_n für die Sauerstoffisotope der Massenzahlen M_n nach *Ewald [E 15]* enthält die Tabelle 42. Einsetzen der Daten in die Gleichung (33) liefert die in die 5. Spalte der Tabelle 41 eingetragenen

Tabelle 41. *Massenspektrographisch bestimmte Konzentrationsverhältnisse für die stabilen Sauerstoffisotope und „mittleres" Sauerstoff-Atomgewicht*

Autor	Jahr	$\dfrac{c\,(^{16}O\,^{17}O)}{c\,(^{16}O\,^{16}O)}$	$\dfrac{c\,(^{16}O\,^{18}O)}{c\,(^{16}O\,^{16}O)}$	$(A_{\overline{O}})_{Ph}$	p_m
Thode	1944/47	$0{,}000\,786 \pm 0{,}000\,015$	$0{,}004\,077 \pm 0{,}000\,015$	$16{,}004\,47_1 \pm 0{,}000\,09$	1
Nier	1950	$0{,}000\,749 \pm 0{,}000\,005$	$0{,}004\,088 \pm 0{,}000\,005$	$16{,}004\,46_4 \pm 0{,}000\,03$	3
			Mittelwert:	$16{,}004\,46_5 \pm 0{,}000\,05$	

Tabelle 42. *Relative Häufigkeiten c_n und Isotopengewichte I_n der stabilen Sauerstoffisotope*

M_n	Relative Häufigkeit c_n in %		Isotopengewicht I_n
	nach *Thode*	nach *Nier*	
16	$99{,}757\,5 \pm 0{,}000\,3$	$99{,}758\,7 \pm 0{,}000\,3$	$16{,}000\,000 \pm 0{,}000\,000$
17	$0{,}039\,2 \pm 0{,}000\,8$	$0{,}037\,4 \pm 0{,}000\,3$	$17{,}004\,507 \pm 0{,}000\,015$
18	$0{,}203\,3 \pm 0{,}000\,6$	$0{,}203\,9 \pm 0{,}000\,2$	$18{,}004\,875 \pm 0{,}000\,013$

Werte. Ihnen teilen wir reziprok zu den angegebenen Meßunsicherheiten die in der Spalte 6 stehenden Gewichte p_m zu und erhalten den in der letzten Zeile der Tabelle 41 aufgeführten Mittelwert. Der mittlere Fehler des gewichteten Mittelwertes berechnet sich formal zu

$$\overline{\Delta (A_{\overline{O}})_{Ph}} = 10^{-5} \sqrt{\frac{1 \cdot 6^2 + 3 \cdot 1^2}{1 \cdot 4}} \approx \pm 0{,}00003,$$

während sich nach dem in der Tabelle 42 zusammengestellten Material für $(A_{\overline{O}})_{Ph}$ eine Unsicherheitsgrenze von etwa $0{,}003^0/_{00}$, d. h.

$$\Delta (A_{\overline{O}})_{Ph} = \pm 0{,}00005$$

ergibt, so daß das „mittlere" Sauerstoff-Atomgewicht in der physikalischen Atomgewichtsskala als

$$(A_{\bar{O}})_{Ph} = 16{,}004\,46_5 \pm 0{,}000\,05 \tag{35}$$

zu schreiben ist [S 62; S 69e].

Zur Festlegung des in der analytischen Chemie als Grundlage dienenden Atomgewichtes des Silbers ist auch das „mittlere" Stickstoff-Atomgewicht $(A_{\bar{N}})_{Ph}$ in der physikalischen Skala von Bedeutung. Die relativen Häufigkeiten der beiden stabilen Stickstoffisotope ^{14}N und ^{15}N ergeben sich aus dem von *Nier [N 16]* an den Molekülionen gemessenen Verhältnis

$$\frac{c\,(^{14}\mathrm{N}\,^{15}\mathrm{N})}{c\,(^{14}\mathrm{N}\,^{14}\mathrm{N})} = 0{,}007\,33_5 \pm 0{,}000\,02$$

zu

$$\frac{c\,(^{14}\mathrm{N})}{c\,(^{15}\mathrm{N})} = 273 \pm 1. \tag{36}$$

Mit den von *Ewald [E 15]* in der physikalischen Skala ermittelten Isotopengewichten

$$I_{14\,\mathrm{N}} = 14{,}007\,525 \pm 0{,}000\,015 \tag{37a}$$

$$I_{15\,\mathrm{N}} = 15{,}004\,928 \pm 0{,}000\,020 \tag{37b}$$

folgt nach (33) für das „mittlere" Stickstoff-Atomgewicht in der physikalischen Atomgewichtsskala

$$(A_{\bar{N}})_{Ph} = 14{,}011\,1_7 \pm 0{,}0003. \tag{37}$$

Weiterhin werden wir das „mittlere" Silber-Atomgewicht $(A_{\overline{Ag}})_{Ph}$ in der physikalischen Skala in unsere Betrachtungen einbeziehen. Die Ergebnisse der massenspektrographischen Häufigkeitsbestimmungen für die beiden stabilen Silberisotope ^{107}Ag und ^{109}Ag von *Paul [P 3; P 4]* und von *White* und *Cameron [W 46]* sind, auf relative Häufigkeiten c_n umgerechnet in den Spalten 2 und 3 der Tabelle 43 zusammengestellt worden (Fehlerangaben als mittlere Abweichungen). Die 4. Spalte enthält

Tabelle 43. *Relative Häufigkeiten c_n und Isotopengewichte I_n der stabilen Silberisotope*

M_n	Relative Häufigkeit c_n in %		Isotopengewicht I_n
	nach *Paul*	nach *White* und *Cameron*	
107	$51{,}92 \pm 0{,}03$	$51{,}35 \pm 0{,}07$	$106{,}947 \pm 0{,}005$
109	$48{,}08 \pm 0{,}03$	$48{,}65 \pm 0{,}07$	$108{,}946 \pm 0{,}005$

die zugehörigen Isotopengewichte I_n, die aus dem von *Dempster [D 8]* bestimmten (mittleren)Packungsanteil für die Silberisotope

$$f = (-\,4{,}93 \pm 0{,}5) \cdot 10^{-4} \tag{38}$$

berechnet wurden. Hieraus ergeben sich die in der Tabelle 44 aufgeführten „mittleren" Silber-Atomgewichte, als deren gewichteter Mittelwert

$$(A_{\overline{Ag}})_{Ph} = 107{,}91_2 \pm 0{,}15 \tag{39}$$

zu schreiben ist. Das „mittlere" Silber-Atomgewicht in der physikalischen Atomgewichtsskala konnte also bislang nur mit mäßiger Genauigkeit bestimmt werden.

Tabelle 44. *„Mittleres" Silber-Atomgewicht*

Autor	Jahr	$(A_{\overline{Ag}})_{Ph}$	p_m
Paul	1943/48	$107{,}90_8 \pm 0{,}1$	2
White u. Cameron	1948	$107{,}92_0 \pm 0{,}2$	1

e) Atomgewichte in der chemischen Atomgewichtsskala. Die chemischen Atomgewichte, die auf der Festsetzung (3, 79) für das in der Natur vorkommende „mittlere" Sauerstoff-Isotopengemisch O basieren, sind in der Tafel 33 nach dem Stande der Internationalen Atomgewichte für 1957 der Internationalen Atomgewichtskommission [I 33b u. c] zusammengestellt worden.

Auf eine Diskrepanz bei dem für die gesamte analytische Chemie so wichtigen Silber-Atomgewicht wurde von *Birge [B 47]* mit besonderem Nachdruck hingewiesen. Das Silber-Atomgewicht wird aus dem mit sehr großer Präzision chemisch ermittelten Verhältnis *[D 10]*

$$(M_{AgNO_3})/(A_{Ag}) = 1{,}574790 \pm 0{,}000005 \tag{40}$$

$[(M_X)$ Molekulargewicht der molekularen Substanz X] und den Atomgewichten $(A_N)_{Ch}$ und $(A_O)_{Ch}$ nach der Beziehung

$$(A_{Ag})_{Ch} = \frac{(A_N)_{Ch} + 3\,(A_O)_{Ch}}{\dfrac{(M_{AgNO_3})}{(A_{Ag})} - 1} \tag{41}$$

berechnet. Dabei liegt das Atomgewicht des Sauerstoffs in der chemischen Atomgewichtsskala mit

$$(A_O)_{Ch} = 16 \tag{3, 80}$$

per definitionem fest. Für das Atomgewicht des Stickstoffs stehen zwei Werte zur Verfügung: einmal der aus der Bestimmung des Gasdichteverhältnisses $\varrho_0\,(N_2)/\varrho_0\,(O_2)$ von Stickstoff und Sauerstoff, reduziert auf den idealen Gaszustand (Abschnitt 1c), folgende Wert

$$(A_N)_{Ch} = (A_O)_{Ch}\,\frac{\varrho_0\,(N_2)}{\varrho_0\,(O_2)} = 14{,}0081 \pm 0{,}0007, \tag{42a}$$

zum anderen der durch Umrechnung mit dem Smytheschen Faktor k_A (Abschnitt 3d) aus dem massenspektrographisch in der physikalischen Atomgewichtsskala bestimmten „mittleren" Stickstoff-Atomgewicht (37) hervorgegangene Wert

$$(A_N)_{Ch} = 14{,}0072_6 \pm 0{,}0003. \tag{42b}$$

Einsetzen von (40) und (42a) oder (42b) in die Gleichung (41) liefert die beiden Zahlenwerte .

mit (A_N) aus Gasdichte: $\qquad (A_{Ag})_{Ch} = 107{,}8796 \pm 0{,}0022$ (43a)

mit massenspektrogr. (A_N): $\qquad (A_{Ag})_{Ch} = 107{,}8781 \pm 0{,}0016,$ (43b)

zu denen als dritter noch der durch Umrechnung mit dem Smytheschen Faktor k_A aus dem massenspektrographisch in der physikalischen Atomgewichtsskala bestimmten „mittleren" Silber-Atomgewicht (39) hervorgegangene Wert

$$(A_{Ag})_{Ch} = 107{,}88_2 \pm 0{,}15 \tag{43c}$$

tritt.

Die Differenz $0{,}001_5$ zwischen dem „chemischen" Wert $107{,}879_6$[1]) und dem aus dem massenspektrographischen (A_N) gewonnenen Wert $107{,}878_1$ fällt dabei in die für beide Werte angegebenen Unsicherheiten hinein. Der nur aus massenspektrographischen oder kernphysikalischen Daten ermittelte dritte Wert $107{,}88_2$ liegt etwas über den beiden zuerst genannten Werten; seine Unsicherheit ist allerdings heute noch so groß, daß er nicht wesentlich zur Festlegung des Silber-Atomgewichts in der chemischen Skala beitragen kann. Wir können also in Anbetracht der derzeitigen Gegebenheiten dem Vorschlag von *Birge* folgen und für das Atomgewicht des Silbers in der chemischen Atomgewichtsskala den Wert

$$(A_{Ag})_{Ch} = 107{,}880 \pm 0{,}002 \tag{43}$$

annehmen.

f) Platinerstarrungspunkt T_{Pt}. Die Temperatur T_{Pt} des beim Druck $p_0 = 1$ atm erstarrenden Platins ist für die Festlegung der vom Stilb oder von der Candela abgeleiteten photometrischen Einheiten (Abschnitt 5, II, 2e) und die Ableitung von Zahlenwerten für das photometrische Strahlungsäquivalent K_m oder das (mechanische) Lichtäquivalent M (Abschnitte 5, II, 3 und 7, 10) von Bedeutung.

Oberhalb des Goldpunktes T_{Au} erfolgen Temperaturmessungen über den Intensitätsvergleich einer monochromatischen schwarzen Strahlung der spektralen Strahldichte $S_{T,\,\lambda}$ (siehe S. 273 und Taf. 30) bei der gesuchten Temperatur T mit der monochromatischen schwarzen Strahlung der spektralen Strahldichte $S_{T_{Au},\,\lambda}$ bei der Temperatur T_{Au} (Abschnitt 3, 5c).

---

1) Die von *Hönigschmid* und *Thilo* einerseits und von *Hönigschmid, Zintel* und *Goubeau* andererseits durchgeführten beiden Kontrollbestimmungen, die *Hönigschmid [H 58]* gemeinsam diskutiert, führen mit dem Gasdichtewert (42a) für (A_N) zu dem Atomgewicht $(A_{Ag}) = 107{,}879_2$ für Silber.

Die Strahlungsmessungen wurden in der Internationalen Temperaturskala von 1927 über die Wiensche Strahlungsformel (3, 17a) mit[1]

$$T'_0 = 273 \,^\circ\text{K} \qquad (44\text{a}) \qquad \text{und} \qquad c'_2 = 1{,}432 \,\text{cm} \,^\circ\text{K} \qquad (45\text{a})$$

ausgewertet, in der Internationalen Temperaturskala von 1948 nach der Planckschen Strahlungsformel (3, 17) mit[1]

$$T'_0 = 273{,}15 \,^\circ\text{K} \qquad (44) \qquad \text{und} \qquad c'_2 = 1{,}438 \,\text{cm} \,^\circ\text{K} \qquad (45)$$

Präzisionsbestimmungen von t_Pt sind über Strahlungsmessungen in verschiedenen Staatsinstituten in den Jahren 1931 bis 1934 durchgeführt worden. Damals wurden die Meßergebnisse in der Internationalen Temperaturskala von 1927 nach der Zahlenwertgleichung (λ_e: effektive Wellenlänge der benutzten Filter)

$$\{t_\text{Pt}\}_{^\circ\text{C (Int. 1927)}} = \left[\frac{1}{1336} - \frac{\{\lambda_e\}_\text{cm} \cdot \ln \dfrac{S_{T_\text{Pt}, \lambda_e}}{S_{T_\text{Au}, \lambda_e}}}{1{,}432} \right]^{-1} - 273 \qquad (46\text{a})$$

ausgewertet und angegeben. Die Resultate sind in der Tabelle 45 zusammengestellt worden.

Tabelle 45.

*Experimentelle Bestimmungen der Temperatur T_Pt des Platinerstarrungspunktes
in der Internationalen Temperaturskala von 1927*

Autor	Staatsinstitut	Jahr	t_Pt in $^\circ$C(Int. 1927)
Roeser, Caldwell u. Wensel [R 17]	NBS	1931	1 773,5
Schofield [S 16]	NPL	1934	1 773,3 ± 1
Hoffmann u. Tingwaldt [H 59]	PTR	1934	1 773,8 ± 1
		Mittelwert:	1 773,5 ± 1

Heute bezieht man Temperaturangaben auf die Internationale Temperaturskala von 1948 und benutzt zur Auswertung von Strahlungsmessungen am Platinerstarrungspunkt die Zahlenwertgleichung

$$\{t_\text{Pt}\}_{^\circ\text{C (Int. 1948)}} = \frac{1{,}438}{\{\lambda_e\}_\text{cm} \cdot \ln \left\{ 1 + \dfrac{e^{1{,}438/(1\,336{,}15\,\{\lambda_e\}_\text{cm})} - 1}{S_{T_\text{Pt}, \lambda_e}/S_{T_\text{Au}, \lambda_e}} \right\}} - 273{,}15. \qquad (46)$$

Die experimentellen Ergebnisse für effektive Wellenlänge und spektrales Strahldichteverhältnis bei den 1934 in der PTR ausgeführten Strahlungsmessungen waren *[T 16]*

$$\lambda_e = (0{,}65663 \pm 0{,}00005_5) \,\mu\text{m} \qquad (47)$$

$$S_{T_\text{Au}, \lambda_e}/S_{T_\text{PT}, \lambda_e} = 0{,}003\,451_2 \pm 0{,}000005. \qquad (48)$$

Einsetzen von (47) und (48) in die Formel (46) ergibt als Resultat der Messungen von *Hoffmann* und *Tingwaldt*

$$t_\text{Pt} (\text{PTR}) = (1\,769{,}5 \pm 1) \,^\circ\text{C}(\text{Int. 1948}), \qquad (49)$$

also einen Zahlenwert, der um 4,3 kleiner ist als die in $^\circ$C(Int. 1927) in der Tabelle 45 angegebene Zahl; von der Unsicherheitsgrenze entfallen etwa $\pm$ 0,2 $^\circ$C auf die geometrischen Ablesefehler.

Als sekundären Fixpunkt der Internationalen Temperaturskala von 1948 (Abschnitt 3, 5c) hat die 9. Generalkonferenz für Maß und Gewicht den Platinerstarrungspunkt mit dem (gerundeten) Wert

$$t_\text{Pt} = 1\,769 \,^\circ\text{C}(\text{Int. 1948}) \qquad (50\text{a})$$

empfohlen. Mit t_Pt ist die zugehörige internationale Kelvin-Temperatur Θ_Pt (Abschnitt 3, 5c) des Platinerstarrungspunktes durch die Relation

$$t_\text{Pt} = \Theta_\text{Pt} - \Theta_0 \qquad (51)$$

---

[1] Die in der Internationalen Temperaturskala für Eisschmelzpunkt und zweite Strahlungskonstante ohne Unsicherheitsgrenzen festgelegten oder empfohlenen Werte heben wir durch einen ' hervor: T' und c'_2.

verknüpft, in der Θ_0 die internationale Kelvin-Temperatur des phxsikalischen Eispunktes bedeutet und per definitionem 273,15 °K (Int. 1948) beträgt. Aus (50a) berechnet sich Θ_{Pt} über Gleichung (51) oder (3, 19) formal zu 2042,15 °K(Int. 1948). Um der Unsicherheit in der Kenntnis der Temperaturen der sekundären Fixpunkte Rechnung zu tragen, schreiben wir

$$\Theta_{Pt} = (2042,2 \pm 1) \,°K(\text{Int. 1948}). \tag{50b}$$

Für die zweite Strahlungskonstante c_2 des Planckschen Strahlungsgesetzes läßt sich aus Atomkonstantenbestimmungen ein Wert ableiten (Abschnitt II, 4). Wir können also unabhängig von der Internationalen Temperaturskala die Strahlungsmessungen nach dem Planckschen Strahlungsgesetz (3, 17) auswerten, wenn wir für Golderstarrungspunkt[1]), Eisschmelzpunkt und zweite Strahlungskonstante die Werte

$$T_{Au} = (1336,1_5 \pm 0,5) \,°K \tag{52}$$

$$T_0 = (273,15 \pm 0,01) \,°K \tag{151a}$$

$$c_2 = (1,4389 \pm 0,0009) \text{ cm } °K \tag{45*}$$

benutzen. Es folgt mit den von *Hoffmann* und *Tingwaldt* gemessenen Daten (47) und (48)

$$T_{Pt} (\text{PTR}) = (2042,8 \pm 3,5) \,°K. \tag{53}$$

In der Auswertung der Internationalen Temperaturskala von 1927 (Tabelle 45) lag der Mittelwert für t_{Pt} aus den Bestimmungen der drei Staatsinstitute um 0,3 °C(Int. 1927) unter dem PTR-Resultat. Somit können wir für den zugehörigen Mittelwert

$$T_{Pt} = (2042,5 \pm 3,5) \,°K \tag{54}$$

schreiben; hinsichtlich der Konsequenzen neuerer Goldpunktbestimmungen *[M 31e]* für T_{Pt} siehe Abschnitt 7, 10.

2. Wellenlängen-Normale

Zur Angabe von Wellenlängenwerten sind in der Spektroskopie der Atom- und Molekülstrahlungen und in der Röntgenspektroskopie eigene Skalen üblich: die internationale Ångström-Skala und die Siegbahnsche X-Einheiten-Skala. Sie beruhen auf vereinbarten Zahlenwerten für eine Normalwellenlänge und eine Normalgitterkonstante. Außerdem gewinnen heute die Wellenlängen einiger Isotopenlinien für die Wellenlängendefinition des Meters (siehe Abschnitt 2, 3a) besondere Bedeutung.

a) Cadmium-, Krypton und Quecksilber-Linien. In der Spektroskopie dient die rote Cadmiumlinie 6 $^1D_2$—6 $^1P_1$ als Normalwellenlänge. Die 7. Generalkonferenz für Maß und Gewicht *[C 112]* hat im Jahre 1927 die rote Cadmiumlinie, die in der astrophysikalischen Spektroskopie seit 1907 die Internationale Ångström-Einheit (I. A) oder das Ångström (Å) definiert (Abschnitt 3c), als Subnormal des internationalen Meters empfohlen. Die Generalkonferenz legte dabei eine Reihe von Daten für Cadmiumdampflampen fest, die zur Realisierung einer geeigneten Emission der Spektrallinie eingehalten werden sollen, wie Verwendung von Innenelektroden, Benutzung eines Lampenvolumens von $V > 25$ cm³ und einer Kapillarröhre von einem Innendurchmesser $d > 2$ mm, Betrieb mit Gleich- oder technischem Wechselstrom bei einer Temperatur von etwa 320 °C und einer Stromstärke $I < 0,02$ A usw. *[C 33; C 35]*. Die von der 7. Generalkonferenz für die Realisierung der roten Cadmiumlinie festgesetzten Bau- und Betriebsbedingungen der Cadmiumlampe wurden 1935 auf Empfehlung der IAU *[I 8a]* vom Internationalen Komitee für Maß und Gewicht geändert *[C 40a; C 44a; I 10b]*.

Die Ergebnisse der interferometrischen Präzisionsbestimmungen für die Wellenlänge der roten Cadmiumlinie, gemessen in der Einheit des Internationalen Meterprototyps, gibt die Tabelle 46 wieder[2]), die einer zusammenfassenden Diskussion von *Barrell [B5]* entnommen ist. Die 2. und 3. Spalte enthalten Institut und Jahr der einzelnen Messungen. Die in den Originalarbeiten veröffentlichten Meßergebnisse erfuhren teilweise später noch Korrekturen — einmal wegen des nachträglich kontrollierten

---

[1]) Da die laufenden Neubestimmungen des Golderstarrungspunktes noch nicht abgeschlossen sind, gehen wir hier von dem Wert $t_{Au} = 1063,0$ °C(Int.1948) aus, der für den Golderstarrungspunkt als primärer Fixpunkt der Internationalen Temperaturskala von 1948 auf Grund der seinerzeit vorliegenden Ergebnisse festgesetzt worden ist (Abschnitt 3, 5c); mit (151a) gelangt man dann zu (52).

[2]) Die früheren *Michelsonschen* Messungen *[M 14; M 15; M 16]* wurden nicht mit aufgenommen, da ihre zahlenwertmäßigen Ergebnisse hinsichtlich der Korrektur auf spektroskopische Normalluft sehr unsicher sind und die späteren Messungen *[B 29]* durch die Unterstützung des Bureau International des Poids et Mesures mit wesentlich verbesserter Apparatur durchgeführt wurden; siehe auch *[I 10b]*.

Tabelle 46. *Bestimmungen der Wellenlänge der roten Cadmiumlinie in spektroskopischer Normalluft*

Autor	Institut[1]	Jahr	$\lambda_{n\,\mathrm{Cd}}$ in μm	Δ in $10^{-8}\,\mu$m	Δ^2 in $10^{-16}\,\mu$m^2
Michelson u. Benoît [M 17]	BIPM	1892/93	0,643 846 91[2]	− 5	25
Benoît, Fabry u. Perot [B 27; B 29].	BIPM u. CAM	1905/06	0,643 847 03[2]	+ 7	49
Watanabe u. Imaizumi [W 33; W 34].	CII	1927	0,643 846 82[3]	− 14	196
Sears u. Barrell [S 21; S 22]	NPL	1933	0,643 847 13	+ 17	289
Kösters u. Lampe [K 29; K 30; K 32]	PTR	1933	0,643 846 89	− 7	49
Sears u. Barrell [K 31; B 5]	NPL	1934/35	0,643 847 09	+ 13	169
Kösters u. Lampe [K 33]	PTR	1934/35	0,643 846 90	− 6	36
Kösters, Lampe u. Engelhard [K 35] ..	PTR	1937	0,643 847 00	+ 4	16
Romanová, Varlich, Kartashev u. Batarchukowa [R 21; B 1]	IM	1940	0,643 846 87	− 9	81
Mittelwert:			0,643 846 96		$\sqrt{\dfrac{\overline{\Sigma \Delta^2}}{8}} = 11 \cdot 10^{-8}\,\mu$m

Verhältnisses der benutzten Längennormale zum Internationalen Meterprototyp, zum anderen hinsichtlich Dichte und Zusammensetzung der Luft, in der die Messungen vorgenommen wurden. Die in der 4. Spalte angegebenen Wellenlängen beziehen sich auf „normale" Luft, die in der Spektroskopie als wasserdampffreie Luft mit 0,03 % Volumengehalt Kohlensäure unter normalem Atmosphärendruck $p_0 = 1$ atm bei $\theta = 15$ °C definiert ist. Dabei wurden zur Reduktion auf spektroskopische Normalluft von verschiedenen Autoren teilweise etwas voneinander abweichende Formeln benutzt. Der Kohlensäuregehalt, der nach *Barrell* und *Sears [B 3]* bei λ_{Cd} in der Brechzahl $4{,}4 \cdot 10^{-8}$ ausmacht, wurde bei den älteren Bestimmungen nachträglich (teilweise zusammen mit anderen noch erforderlichen Korrekturen) berücksichtigt. Wir bilden aus den Werten der Tabelle 46 den direkten arithmetischen Mittelwert und erhalten für die Wellenlänge der roten Cadmiumlinie in spektroskopischer Normalluft

$$\lambda_{n\,\mathrm{Cd}} = 0{,}643\,846\,96 \ \mu\mathrm{m}.$$

Um eine Anschauung von der gegenseitigen Übereinstimmung der neun in der Tabelle 46 aufgeführten Werte zu gewinnen, haben wir in die Spalten 5 und 6 ihre Abweichungen Δ vom Mittelwert und deren Quadrate Δ^2, sowie die mittlere Abweichung der Einzelbestimmungen vom Mittelwert eingetragen.

Briggs [B 82] gibt als mittlere Abweichung vom Mittelwert für die Festlegung der roten Cadmiumlinie in der internatonalen Meterskala in einem zusammenfassenden Bericht $\pm 0{,}0012 \cdot 10^{-8}$ cm (etwa $\pm 1{,}9 \cdot 10^{-7}$ in relativem Maß) an; *Barrell [B 4]* erhält für diesen Wert $\pm 0{,}0010 \cdot 10^{-8}$ cm (etwa $\pm 1{,}6 \cdot 10^{-7}$ in relativem Maß), während sich aus der Tabelle 46 $\pm 0{,}0011 \cdot 10^{-8}$ cm (etwa $\pm 1{,}7 \cdot 10^{-7}$ in relativem Maß) ergibt. *Birge [B 49]* gelangt bei einer Diskussion der Wellenlänge für die rote Cadmiumlinie zu einer Fehlerabschätzung von $\pm 0{,}0020 \cdot 10^{-8}$ cm (etwa $\pm 3 \cdot 10^{-7}$ in relativem Maß). Der Fehler von $\lambda_{n\,\mathrm{Cd}}$ setzt sich im wesentlichen aus den Unsicherheiten in der Definition oder im Vergleich der Strichmarken auf dem Meterprototyp, in der interferometrischen Messung und in der Reduktion der gemessenen Werte auf spektroskopische Normalluft zusammen.

Nach Untersuchungen von *Williams [W 48]* am Meterprototyp Nr. 26 haben dessen eingeritzte Strichmarken eine Furchenbreite von etwa 0,006 mm, d. h. in relativem Maß von $6 \cdot 10^{-6}$ der Gesamtlänge des Meters. Nimmt man 1/20 bis 1/10 dieser Furchenbreite als mittlere Meßunsicherheit im Strichmarkenvergleich an, so trägt die Ungenauigkeit in der Festlegung der Strichmarken mit etwa $\pm 4 \cdot 10^{-7}$ zur relativen Unsicherheitsgrenze für $\lambda_{n\,\mathrm{Cd}}$ bei. Nach Ansicht von *Barrell [B 4]* wird bei Strichmaß-Stäben unter Ausnutzung aller zur Verfügung stehenden Möglichkeiten der Herstellung und Beobachtung eine relative Unsicherheit von $\pm 1 \cdot 10^{-7}$ kaum unterschritten werden können. *Sir Charles Darwin [C 10]* gibt als relative Vergleichsgenauigkeit von Meterstäben $\pm 2 \cdot 10^{-7}$ an.

[1]) BIPM: Bureau International des Poids et Mesures, Sèvres bei Paris;
     CAM: Conservatoire National des Arts et Métiers, Paris, Frankreich
     CII: Central Inspection Institute, Tokio, Japan;
     IM: Institut de Métrologie, Leningrad, UdSSR;
     NPL: National Physical Laboratory, Teddington, England;
     PTR: Physikalisch-Technische Reichsanstalt, Berlin, Deutschland.
[2]) Auf Normalluft korrigiert nach *Guilleaume [G 51]*.
[3]) Bezüglich CO_2-Gehalt der Normalluft korrigiert.

Inzwischen ist die Technik des Einritzens der Distanzstriche so vervollkommnet worden, daß man heute auf Meterstäbe wesentlich besser definierte Strichmarken aufbringen kann. Weiter hat die Société Génévoise des Instruments de Physique ein Verfahren zur photoelektrischen Abtastung der Strichmarken entwickelt, durch das in Zukunft bei neuen, gut geteilten Stäben eine relative Vergleichsunsicherheit von nur wenigen 10^{-8} ermöglicht werden soll. Auf Grund der vorliegenden Kenntnisse und Erfahrungen über die präzise Aufbringung von Strichmarken empfiehlt die 10. Generalkonferenz für Maß und Gewicht in der Résolution 2 den Mitgliedstaaten der Meterkonvention eine Neutracierung der Meterprototype *[C 136]*:

«Résolution 2

La Dixième Conférence Générale des Poids et Mesures, considérant les récents progrès réalisés dans la connaissance de la structure des traits gravés sur les Prototypes délivrés par la Première Conférence Générale des Poids et Mesures et dans l'exécution de traits d'une haute qualité,

attire l'attention des Pays adhérants à la Convention du Mètre sur la possibilité qu'ils ont actuellement d'améliorer leurs étalons nationaux en les faisant munir d'un nouveau tracé.»

Die Durchführung einer solchen Neutracierung würde übrigens, solange die internationale Längeneinheit Meter durch das Internationale Prototyp definiert ist, zu einer interessanten Konsequenz führen: die neu mit Strichmarken versehenen Meterprototype der einzelnen Mitgliedstaaten wären wesentlich besser definiert und genauer vergleichbar als das Internationale Meterprototyp; oder, anders ausgedrückt, die Subnormale wären präziser ausgeführt und besser meßbar als das Urnormal — ein weiteres Argument für die Ablösung der bisherigen Meterdefinition durch eine Wellenlängendefinition (Abschnitte 2, 3a und 7, 4).

Nach *Kösters* und *Lampe [K 32; K 36]* ist die Interferenzmessung selbst etwa 10 mal so genau möglich wie der Strichvergleich mit dem Meterprototyp. Die mittlere Unsicherheit wird von *Kösters* mit $\pm$ 20 nm auf 1 m ($\pm$ 2 $\cdot$ 10^{-8} in relativem Maß) für die gelbgrüne Kryptonlinie angegeben, die wegen ihrer größeren Schärfe vielleicht mit etwas höherer Genauigkeit festzulegen ist als die rote Cadmiumlinie. Mit Rücksicht auf die bei der roten Cadmiumlinie auftretende, strukturbedingte Unschärfe und Asymmetrie in der Linienform ist der Unsicherheit in der Interferenzmessung eine relative Unsicherheitsgrenze von etwa $\pm$ 5 $\cdot$ 10^{-8} zuzuordnen. Als erreichbare relative Genauigkeit für die Realisierung des Wellenlängennormals nennt *Sir Charles Darwin [C10]* $\pm$ 2 $\cdot$ 10^{-8} und für den interferometrischen Vergleich $\pm$ 1 $\cdot$ 10^{-8}.

Die Unsicherheit in der Reduktion der gemessenen Wellenlängen auf spektroskopische Normalluft wird durch den Fehler im Brechzahlverhältnis n_n/n_{gem} (Brechzahl der Normalluft/Brechzahl der Luft unter den Meßbedingungen) bestimmt. Die relative Unsicherheitsgrenze in dem entsprechenden Verhältnis $(n_n - 1)/(n_{gem} - 1)$ ist bei einer Unsicherheit von $\pm$ 0,1 Torr im Luftdruck und $\pm$ 0,01 °C in der Lufttemperatur mit etwa $\pm$ 1,6 $\cdot$ 10^{-4} anzusetzen; dem entspricht eine relative Unsicherheitsgrenze im Brechzahlverhältnis n_n/n_{gem} von $\pm$ 5 $\cdot$ 10^{-8}.

Im ganzen resultiert also für die früheren, in der Tabelle 46 zusammengestellten Bestimmungen eine relative Unsicherheitsgrenze von etwa $\pm$ 5 $\cdot$ 10^{-7} — die relative mittlere Abweichung der Einzelbestimmung vom Mittelwert betrug $\pm$ 1,7 $\cdot$ 10^{-7}; bei zukünftigen Messungen wäre die relative Unsicherheitsgrenze vielleicht auf etwa $\pm$ 1 $\cdot$ 10^{-7} herabzudrücken. Derzeit hätten wir somit als mittleres Ergebnis der Wellenlängenbestimmungen für die rote Cadmiumlinie in spektroskopischer Normalluft, bezogen auf das Internationale Meterprototyp,

$$\lambda_{n_{Cd}} = (0,643\,8469_6 \pm 0,0000003) \cdot 10^{-6}\,\text{m} \tag{55}$$

zu schreiben. Die reziproke Beziehung als Ausdruck des Meteranschlusses an die rote Cadmiumlinie lautet

$$1\,\text{m} = (1\,553\,164,1_2 \pm 0,7)\,\lambda_{n_{Cd}}. \tag{55'}$$

Die Frage der Reduktion der Luftwellenlänge $\lambda_{n_{Cd}}$ auf ihren Vakuumwert $\lambda_{0_{Cd}}$ ist vor einiger Zeit ausführlich von *Birge [B 49]* erörtert worden. Die Bestimmungen der Luftbrechzahl als Funktion der Wellenlänge, die in der PTR *[K 32]*, im BIPM *[P 8]* und im NPL *[B 3]* durchgeführt wurden, ergaben unter sich sehr gut übereinstimmende Werte, von denen allerdings die älteren Meßergebnisse aus dem NBS *[M 11]* erheblich nach unten und die neueren Resultate von *Bender [B 22]* noch stärker nach oben abweichen.

1951 hat sich *Barrell [B 6]* eingehend mit dem Thema der Luftdispersion beschäftigt und aus den in der PTR, dem BIPM und dem NPL bestimmten Funktionen eine neue Cauchy-Formel für die

Differenz der Brechzahl gegenüber eins aufgestellt (n_n und λ_n Brechzahl und Wellenlänge in spektro-skopischer Normalluft, λ_0 Vakuumwellenlänge; λ_n, λ_0: Zahlenwerte in μm):

$$(n_n - 1) \cdot 10^6 = 272{,}729 + \frac{1{,}4814}{\lambda_n^2} + \frac{0{,}02039}{\lambda_n^4} \tag{56}$$

oder

$$(n_n - 1) \cdot 10^6 = 172{,}729 + \frac{1{,}4823}{\lambda_0^2} + \frac{0{,}02041}{\lambda_0^4}, \tag{56a}$$

der die PTR-Formel aus dem Jahre 1934 am nächsten liegt. *Barrell* prüfte die Gleichung dadurch, daß er die in Luft gemessenen Wellenlängen von 21 Linien des ^{198}Hg zwischen 2536 Å und 5791 Å über die Formel (56) in (Vakuum-)Wellenzahlen umrechnete und diese auf gegenseitige Konsistenz der nach dem Ritzschen Kombinationsprinzip abzuleitenden Termdifferenzen untersuchte. Es ergab sich, daß die neue Gleichung (56a) die Dispersion der Luft im obengenannten Spektralbereich mindestens mit der Genauigkeit wiedergibt, die bei den Wellenlängenbestimmungen erreicht worden war. Hieraus schloß *Barrell*, daß die nach (56a) berechneten n_n-Werte innerhalb $\pm 5 \cdot 10^{-8}$ verläßlich sind.

Edlén [E 2] wies darauf hin, daß eine richtige Dispersionsformel selbstverständlich jeder Prüfung der gegenseitigen Konsistenz von Termen nach dem Ritzschen Kombinationsprinzip standhalten muß, daß jedoch der Schluß nicht umkehrbar sei; d. h. eine Dispersionsformel, die dem Ritzschen Kombinationsprinzip genügt, muß nicht unter allen Umständen richtig sein. *Edléns* Absicht war, eine Dispersionsformel aufzustellen, die nicht nur für das sichtbare Spektralgebiet, sondern für die den Spektroskopiker interessierenden Wellenlängen bis ins Ultraviolett die Brechzahl n_n der spektroskopischen Normalluft als Funktion der Wellenzahl σ wiedergibt. Dieser Bereich läßt sich nicht mehr durch eine Cauchy-Formel, sondern nur durch eine auf den Resonanz-Wellenzahlen σ_i des Mediums basierende Dispersionsfunktion der Art

$$n - 1 = \sum \frac{A_i}{\sigma_i^2 - \sigma^2} \tag{57}$$

überdecken. *Edlén* ging bei der Aufstellung einer solchen Formel so vor, daß er den *relativen Verlauf* der Funktion den Ergebnissen der von *Koch [K 25]* im Bereich von 5460 Å bis 2378 Å und von *Traub [T 18]* im Bereich von 5160 Å bis 1854 Å durchgeführten interferometrischen Messungen entnahm und ihn in seinen *absoluten Beträgen* der für das sichtbare Spektralgebiet von *Barrell* und *Sears [B 3]* abgeleiteten Cauchy-Formel anpaßte. Das von *Edlén* durch Ausgleichsrechnung gefundene und an den Termen des ^{198}Hg geprüfte Resultat lautet (σ: Zahlenwert in μm^{-1})

$$(n_n - 1) \cdot 10^8 = 6432{,}8 + \frac{2949810}{146 - \sigma^2} + \frac{25540}{41 - \sigma^2}. \tag{58}$$

Entwickelt man diese Funktion in eine Reihe nach dem Zahlenwert σ^2 und bricht beim dritten Glied ab, so erhält man die Beziehung

$$(n_n - 1) \cdot 10^8 = 27259{,}9 + 153{,}58\,\sigma^2 + 1{,}318\,\sigma^4, \tag{58a}$$

die wieder eine Cauchy-Formel darstellt und für $\lambda > 5000$ Å innerhalb $\pm 1 \cdot 10^{-8}$ mit der Gleichung (58) übereinstimmt. Die zahlenmäßige Auswertung der Formel (58) hat *Edlén* in einigen 3-, 4- oder 5-stelligen Korrektionstafeln für den Bereich von 2000 Å bis 13900 Å zusammengefaßt.

Die von *Edlén* aufgestellten Tafeln und damit die ihnen zugrunde liegende Dispersionsformel (58) wurden von der Joint Commission for Spectroscopy (JCS) des International Council of Scientific Unions (ICSU) auf ihrer Sitzung vom 10. 9. 1952 in Rom *[J 9]* gutgeheißen und den diese Kommission tragenden internationalen Organisationen, d. h. der International Union of Pure and Applied Physics (IUPAP) und der International Astronomical Union (IAU) zur endgültigen Annahme empfohlen. Am Tage zuvor hatte die JCS in einer weiteren an die IUPAP und IAU gerichteten Empfehlung σ als Formelzeichen für die Wellenzahl

$$\sigma = \frac{1}{\lambda} \tag{59}$$

zur internationalen Annahme vorgeschlagen (siehe auch *I 36a*).

Die für die rote Cadmiumlinie aus der PTR-Formel von 1934, sowie den 1951 von *Barrell* und 1952 von *Edlén* aufgestellten Gleichungen (56) und (58) folgenden n_n-Werte und Vakuumwellenlängen $\lambda_{0_{Cd}}$ (relative Unsicherheitsgrenze etwa $\pm 5 \cdot 10^{-7}$) haben wir in der Tabelle 47 zusammengefaßt.

Tabelle 47. Vakuumwellenlänge der roten Cadmiumlinie $\lambda_{0_{Cd}}$

Autor	Jahr	$(n_n - 1) \cdot 10^6$	$\lambda_0 Cd$ in µm
Kösters u. Lampe	1934	276,47	0,644 024 96
Barrell	1951	276,42	0,644 024 93
Edlén	1952	276,38	0,644 024 91

Seitdem in den großen Staatsinstituten intensiv an der Realisierung der Wellenlängen-Definition des Meters (Abschnitt 2, 3 a) gearbeitet wird, treten neben der roten Cadmiumlinie Linien der Krypton-Isotope ^{84}Kr und ^{86}Kr, sowie des Quecksilber-Isotops ^{198}Hg immer mehr in den Vordergrund. Die Tabelle 48 enthält die Resultate der interferometrischen Wellenlängenbestimmungen für die wichtigsten Isotopenlinien des Krypton und des Quecksilbers. Die in µm angegebenen Werte für die in spektroskopischer Normalluft ermittelten Wellenlängen λ_n sind durch Anschluß an die rote Cadmiumlinie gewonnen und beziehen sich somit auf Relation (55) oder (55'). Die zugehörigen Vakuumwellenlängen λ_0 wurden mit den Brechzahlen der PTR-Formel von 1934 (Spalten 3 und 4), der 1951 von *Barrell* aufgestellten Beziehung (56) (Spalten 5 und 6) und der 1952 von *Edlén* vorgeschlagenen und von der JCS angenommenen Gleichung (58) (Spalten 7 und 8) berechnet.

Die Krypton-Wellenlängen λ_n wurden in der PTB an den Engelhardschen *[K 36]* Krypton-Lampen (Druck < 0,1 Torr, Glimmentladung mit Glühkathode) gemessen *[E10]*, allerdings nicht im Vergleich mit der Cadmiumlinie einer Original-Michelsonlampe, so daß diesen λ_n-Werten möglicherweise eine Unsicherheit von etwa $\pm 2 \cdot 10^{-8}$ µm anhaftet; bei den über die PTR-Formel von 1934 (Spalte 3 der Tabelle 48) berechneten Vakuumwellenlängen λ_0 (Spalte 4 der Tabelle 48) kann unter Einbeziehung des möglichen Fehlers der Brechzahl die Unsicherheit den 2,5 fachen Betrag annehmen. Im Rahmen einer internationalen Gemeinschaftsarbeit zwischen den großen Staatsinstituten werden derzeit in der PTB die in der Tabelle 48 aufgeführten Wellenlängen unter Berücksichtigung aller neueren Erkenntnisse nochmals bestimmt; es ist anzunehmen, daß die Meßunsicherheit unter $\pm 1 \cdot 10^{-8}$ µm herabgedrückt werden kann.

Die Quecksilber-Wellenlängen λ_n sind die vom NBS gemessenen und in den Zertifikaten zu seinen ^{198}Hg-Lampen, die bei etwa 3 Torr Argon-Zusatz und elektrodenloser Hochfrequenzanregung von rund 100 MHz brennen, mitgeteilten Werte. Eine Fehlerangabe ist hier schlecht möglich, da die durch den relativ hohen Fremdgasdruck und die hochfrequent angeregte Entladung bedingten Unsicherheiten noch nicht hinreichend geklärt sind.

Tabelle 48. Wellenlängen von Isotopenlinien des ^{84}Kr, ^{86}Kr *und* ^{198}Hg

Isotop	λ_n in µm	nach PTR-Formel (1934)		nach *Barrell* (1951)		nach *Edlén* (1952)	
		$(n_n-1) \cdot 10^6$	λ_0 in µm	$(n_n-1) \cdot 10^6$	λ_0 in µm	$(n_n-1) \cdot 10^6$	λ_0 in µm
^{84}Kr	0,564 956 06	277,63	0,565 112 91	277,57	0,565 112 88	277,54	0,565 112 86
^{86}Kr	0,564 955 96		0,565 112 81		0,565 112 78		0,565 112 76
^{84}Kr	0,601 215 45	277,04	0,601 382 01	276,98	0,601 381 98	276,95	0,601 381 96
^{86}Kr	0,601 215 36		0,601 381 92		0,601 381 89		0,601 381 87
^{84}Kr	0,605 612 51	276,98	0,605 780 25	276,92	0,605 780 22	276,89	0,605 780 19
^{86}Kr	0,605 612 42		0,605 780 16		0,605 780 13		0,605 780 10
^{84}Kr	0,645 628 75	276,45	0,645 807 24	276,40	0,645 807 21	276,36	0,645 807 18
^{86}Kr	0,645 628 66		0,645 807 15		0,645 807 12		0,645 807 09
^{198}Hg	0,404 657 14	282,60	0,404 771 49	282,54	0,404 771 47	282,50	0,404 771 46
^{198}Hg	0,435 833 76	281,15	0,435 956 29	281,09	0,435 956 27	281,07	0,435 956 26
^{198}Hg	0,546 075 32	277,99	0,546 227 12	277,93	0,546 227 09	277,90	0,546 227 07
^{198}Hg	0,576 959 84	277,42	0,577 119 90	277,36	0,577 119 87	277,33	0,577 119 85
^{198}Hg	0,579 066 26	277,39	0,579 226 89	277,33	0,579 226 85	277,30	0,579 226 83

b) Gitterkonstanten des Steinsalz- und Kalkspatkristalls. Röntgenwellenlängen werden in der Röntgenspektroskopie in ihrem Skalenmaß auf die Gitterkonstante eines Standardkristalls bezogen. Man mißt also zur Bestimmung von Röntgenwellenlängen den Reflexionswinkel in einer vereinbarten Ordnung an dem Standardkristall, d. h. das Verhältnis von Wellenlänge zur Normalgitterkonstanten.

Ursprünglich wurde der Steinsalzkristall als Normalkristall der Röntgenspektroskopie benutzt, dessen physikalische, in der 1. Ordnung wirksame Gitterkonstante $d_1^{18\,°C}(\text{NaCl})$ von *Moseley* aus anderen Daten zu $2{,}814 \cdot 10^{-8}$ cm berechnet worden war. Die X-Einheit (X.E.) als Skala der Röntgenwellenlängen legte man durch die Definitionsbeziehung

$$d_1^{18\,°C}(\text{NaCl}) = 2814{,}00 \text{ X.E.} \tag{60}$$

fest.

Mit der Reflexion am Kristall tritt gleichzeitig eine Brechung der Röntgenstrahlen auf, deren Einfluß von der Brechzahl $\mu = 1 - \delta$ des Kristalls und dem Reflexionswinkel in n-ter Ordnung Θ_n abhängt. Die ursprüngliche Braggsche Beziehung

$$n\,\lambda = 2\,d_n \sin \Theta_n \tag{61a}$$

verknüpft die meßbaren Größen λ, n und Θ_n mit der „Gitterkonstanten n-ter Ordnung" d_n. Diese unterscheidet sich infolge des Brechungseffektes von der wahren physikalischen Gitterkonstanten d_∞ des Kristalls, die aus der erweiterten Braggschen Beziehung *[S 27]*

$$n\,\lambda = 2\,d_\infty \sin \Theta_n \left(1 - \frac{\delta}{\sin^2 \Theta_n}\right) \tag{61b}$$

abzuleiten ist. Als Korrektionsgleichung für die gemessenen Gitterkonstanten d_n erhält man aus (61a) und (61b) [λ_0 : Vakuumwellenlänge]

$$d_\infty = \frac{d_n}{1 - \dfrac{\delta}{\sin^2 \Theta_n}} = \frac{d_n}{1 - \dfrac{4\,\delta\,d_n^2}{n^2\,\lambda_0^2}}. \tag{62}$$

Mit dem für die 1. Ordnung des Steinsalzes gültigen Wert

$$\frac{\delta}{\sin^2 \Theta_1} = 0{,}891 \cdot 10^{-4} \tag{63}$$

folgt für die bezüglich der Brechung korrigierte physikalische Gitterkonstante $d_\infty^{18\,°C}(\text{NaCl})$ bei 18 °C aus der unter den gleichen Bedingungen für Reflexion in 1. Ordnung wirksamen Gitterkonstanten $d_1^{18\,°C}(\text{NaCl})$ und der bei der Messung von $d_1^{18\,°C}(\text{NaCl})$ benutzten Wellenlänge λ entsprechend (62)

$$d_\infty^{18\,°C}(\text{NaCl}) = 2814{,}25 \text{ X.E.} \tag{64}$$

und für die kristallographische Identitätsperiode $a^{18\,°C}(\text{NaCl})$ des Steinsalzkristalles

$$a^{18\,°C}(\text{NaCl}) = 2\,d_\infty^{18\,°C}(\text{NaCl}) = 5628{,}50 \text{ X.E.} \tag{65}$$

Der Steinsalzkristall zeigt durch Mosaikeffekt hervorgerufene Störungen und erwies sich nicht sehr geeignet als Normalkristall für die Röntgenspektroskopie. *Siegbahn [S 26; S 28]* ging daher schon im Jahre 1918 zum Kalkspat als Standardkristall über. Unter Benutzung der Verknüpfungsrelation (60) zwischen $d_1^{18\,°C}(\text{NaCl})$ und der X.E. bestimmte er die in der 1. Ordnung wirksame Gitterkonstante $d_1^{18\,°C}(\text{CaCO}_3)$ des Kalkspats bei 18 °C zu

$$d_1^{18\,°C}(\text{CaCO}_3) = 3029{,}04 \text{ X.E.} \tag{66}$$

Mit dem für die 1. Ordnung des Kalkspates gültigen Wert

$$\frac{\delta}{\sin^2 \Theta_1} = 1{,}355 \cdot 10^{-4} \tag{67}$$

ergibt sich nach (62) aus den gemessenen Daten als physikalische Gitterkonstante $d_\infty^{18\,°C}(\text{CaCO}_3)$ des Kalkspats bei 18 °C

$$d_\infty^{18\,°C}(\text{CaCO}_3) = 3029{,}45 \text{ X.E.} \tag{68}$$

Auf diesen Gitterkonstantenwert des Kalkspats werden seitdem sämtliche Wellenlängen- und Gitterkonstantenmessungen in der Röntgenspektroskopie bezogen; $d_\infty^{18\,°\mathrm{C}}(\mathrm{CaCO_3})$ stellt somit die Fundamentalkonstante der Röntgenspektroskopie dar. Das heute allgemein benutzte röntgenspektroskopische Längenmaß, die Siegbahnsche X-Einheit (Siegb. X.E.), wird somit durch die Identität

$$d_\infty^{18\,°\mathrm{C}}(\mathrm{CaCO_3}) = 3029{,}45 \ \text{Siegb. X.E.} \tag{68'}$$

definiert.

Die Werte (60) und (66) wurden in der Zwischenzeit mit verfeinerten Methoden der Pulver- und Drehdiagramme — unter anderem auch nach der „asymmetrischen Methode" — nachkontrolliert. Dabei maß man den Reflexionswinkel an Steinsalz- und Kalkspatkristallen für monochromatische Röntgenstrahlungen, deren Wellenlängen in der an den Kalkspat angeschlossenen Siegb. X.E.-Skala sehr genau bestimmt waren. Nach Korrektion der bei der Reflexion jeweils auftretenden Brechung und nach Reduktion auf 18 °C ergaben sich so Werte für $a^{18\,°\mathrm{C}}(\mathrm{NaCl})$ und $d_\infty^{18\,°\mathrm{C}}(\mathrm{CaCO_3})$, die von *Ieviņš* und *Straumanis [I 1]* und von *van Bergen [B 31]* zusammengestellt und diskutiert wurden. Es zeigte sich, daß die so bestimmten $a^{18\,°\mathrm{C}}(\mathrm{NaCl})$-Werte für Steinsalz weit außerhalb der Fehlergrenzen unter dem ursprünglich festgelegten und als Bezugsgröße für Röntgenwellenlängen dienenden Wert (65) liegen, während mit Ausnahme des Resultates von *Ieviņš* und *Straumanis* bei allen $d_\infty^{18\,°\mathrm{C}}(\mathrm{CaCO_3})$-Bestimmungen der zur Definition der Siegb. X.E. festgelegte Wert (68') praktisch zurückgewonnen wurde. Demnach ist in dem von *Siegbahn* festgelegten Wertepaar (65) und (68) für $a^{18\,°\mathrm{C}}(\mathrm{NaCl})$ und $d_\infty^{18\,°\mathrm{C}}(\mathrm{CaCO_3})$ der Steinsalzwert (65) zu groß ausgefallen, eine Tatsache, die auch nachträglich noch den Übergang vom Steinsalz zum Kalkspat als Standardkristall der Röntgenspektroskopie weitgehend rechtfertigt.

3. Skalenäquivalente in Mechanik, Thermodynamik und Elektrodynamik

In diesem Abschnitt fassen wir die gegenseitige Zuordnung einiger wichtiger Skalenmaße zusammen und geben die im allgemeinen experimentell zu ermittelnden Umrechnungsfaktoren zwischen den zugehörigen Einheiten an.

a) Physikalische und technische Kraftskala (Normwert der Fallbeschleunigung): g_n. Zuerst behandeln wir den Zusammenhang zwischen den Krafteinheiten in entsprechenden physikalischen und technischen Einheitensystemen der Mechanik (Abschnitt 2, 3).

Die Krafteinheit als Grundeinheit eines technischen Einheitensystems wird stets durch das Gewicht der Masseneinheit im zugehörigen physikalischen Einheitensystem dargestellt, also allgemein durch die Einheitenrelation

$$[F]_{\text{techn. Syst.}} = g \cdot [m]_{\text{phys. Syst.}} \tag{69}$$

formuliert. Da die Fallbeschleunigung g noch eine Funktion des Beobachtungsortes ist, mußte für sie zur eindeutigen Festlegung der Krafteinheiten ein Normwert vereinbart werden. Die 3. Generalkonferenz für Maß und Gewicht *[C 106]* hat im Jahre 1901 als Normfallbeschleunigung g_n den Wert

$$g_n = 980{,}665 \ \text{cm s}^{-2} = 9{,}806\,65 \ \text{m s}^{-2} \tag{70}$$

festgesetzt. Die Generalkonferenz sah den Wert der Fallbeschleunigung im normalen Meeresniveau und bei 45° geogr. Breite als einen geeigneten Normwert an, der sich seinerzeit auf Grund der vorliegenden Messungen zahlenmäßig zu dem durch (70) definierten Betrag ergab. In der Zwischenzeit hat sich herausgestellt, daß die Fallbeschleunigung g_{45} bei 45° geogr. Breite in normalem Meeresniveau etwas geringer ist.

Die an das Potsdamer Schweresystem anschließende Formel von *Helmert* (125) ergibt für die Fallbeschleunigung in Meeresniveau unter 45° geogr. Breite

$$\gamma_0 \ (45°) = 980{,}616 \ \text{Gal.} \tag{125a}$$

Dieser von der geogr. Länge unabhängige Wert wird heute im allgemeinen in Physik und Technik, beispielsweise bei Druckangaben, die sich auf Druckeinheiten unter der Fallbeschleunigung g_{45} beziehen, zugrunde gelegt

$$g_{45} = \gamma_0 \ (45°) = 980{,}616 \ \text{Gal.} \tag{71}$$

In der Definition für die atm_{45} (2, 105a) kann er genau wie der Normwert g_n (70) für die atm_{1927} (2, 105) als fehlerfrei betrachtet werden.

Einen hiervon abweichenden Standard-Wert benutzte die Meteorologie für die Fallbeschleunigung. Dort hielt man als geophysikalischen Basiswert bislang an der Fallbeschleunigung im Meeresniveau unter 45° geogr. Breite fest, für die der abgerundete Wert

$$g_{45\,met} = 980{,}62 \text{ Gal} \tag{72}$$

von der World Meteorological Organization (WMO) 1939 festgelegt worden war *[O 7]*. 1947 lag der WMO bei ihrer Tagung in Washington eine Entschließung vor, als Standard-Wert für g einen Wert anzunehmen, der nicht wieder geändert zu werden brauche. Man entschied sich, hierzu die International Union of Geodesy and Geophysics (IUGG) zu konsultieren, deren Präsident 980,616 Gal (in zweiter Linie 980,62 Gal) vorschlug. 1949 drückte der Präsident der WMO nach einem Briefwechsel mit dem Präsidenten des Internationalen Komitees für Maß und Gewicht (CIPM) den Wunsch aus, Meteorologen und Geophysiker möchten mit den Physikern über die beiden Normwerte (70) und (72) zu einer Einigung kommen. 1950 fanden in Paris gemeinsame Sitzungen zwischen dem CIPM und Vertretern der WMO und der IUGG statt, die zwar nur informatorischen Charakter trugen, jedoch zu einer weitgehenden Annäherung der Standpunkte führten — vor allem darüber, daß kein Grund dafür vorliegt, den von der 3. Generalkonferenz vereinbarten Normwert g_n zu ändern *[C 68]*.

Durch eine neue Vereinbarung der WMO wird eine Vereinheitlichung der Barometerskalen angestrebt. Das Exekutivkomitee der WMO hat inzwischen die von der Commission for Instruments and Methods of Observation (CIMO) 1953 in Toronto angenommene Recommendation II-2 „International Barometric Conventions" gebilligt. Als Bezugstemperatur und Bezugsfallbeschleunigung werden die Werte $\theta_0 = 0$ °C und $g_n = 980{,}665$ Gal benutzt; d. h. Barometer mit Druckskalen sollen bei θ_0 und g_n „richtig" anzeigen. Für die Quecksilberdichte soll als Standardwert $13,5951$ g/cm^3 gelten; bei der Druckberechnung soll das Quecksilber als inkompressible Flüssigkeit angesehen werden. Als Druckeinheiten werden zugelassen *[siehe auch B 90a]*

　　a) das Millibar (2, 102b) mit dem Symbol „mb."; dieser Einheit soll der Vorzug gegeben werden;
　　b) die im CIMO-Dokument als „millimetre of mercury under standard conditions" bezeichnete Einheit (2, 106) mit dem Symbol „(mm.Hg.)$_n$";
　　c) die im CIMO-Dokument als „inch of mercury under standard conditions" bezeichnete Einheit, deren 30facher Betrag die br. atm$_n$ (2, 107) ist, mit dem Symbol „(in. Hg.)$_n$".

Für die Meteorologie sollte die Recommendation II-2 der CIMO am 1. 1. 1955 international wirksam werden *[siehe auch N 13a]*.

Der heute vereinbarte oder benutzte Wert für g_{45} bleibt selbstverständlich ohne Einfluß auf die 1901 getroffene und 1913 von der 5. Generalkonferenz für Maß und Gewicht *[C 109]* bestätigte Festsetzung (70) über g_n und damit über den Zusammenhang zwischen p und kp mit g und kg[1])

$$1\,\mathrm{p} = g_n\,\mathrm{g} = 980{,}665 \text{ cm g s}^{-2} \tag{2, 73$'$}$$

$$1\,\mathrm{kp} = g_n\,\mathrm{kg} = 9{,}80665 \text{ m kg s}^{-2}. \tag{2, 74$'$}$$

　　b) Liter und Kubikzentimeter: k_l. Die von der 3. Generalkonferenz für Maß und Gewicht 1901 angenommene Liter-Definition lautet *[C 105]:*

«La Conférence déclare:
1⁰ L'unité de volume, pour les déterminations de haute précision, est le volume occupé par la masse de 1 kilogramme d'eau pure, à son maximum de densité et sous la pression atmosphérique normale, ce volume est dénommé *litre*;
2⁰ Dans les déterminations de volume qui ne comportent pas un haut degré de précision, le décimètre cube peut être envisagé comme équivalent au litre; et, dans ces déterminations, les expressions des volumes basées sur le cube de l'unité linéaire peuvent être substituées à celles qui sont rapportées au litre tel qu'il vient d'être défini.
　　La conférence charge le Comité international de faire poursuivre au Bureau les mesures destinées à faire encore mieux connaître le rapport de ces deux grandeurs, et de publier le plus tôt possible les résultats des recherches déjà effectuées au Bureau, afin de permettre d'utiliser à l'avenir, dans les travaux scientifiques ou techniques de haute précision, la valeur la plus probable de ce rapport.»

Die Volumeneinheit Liter ist definiert als das Volumen von 1 kg reinem, luftfreiem Wasser bei seiner maximalen Dichte unter dem Druck der physikalischen Normal-Atmosphäre ($p_0 = 1$ atm, $\theta = 3{,}98$ °C), formelmäßig also gegeben durch die Relation

$$1\,\mathrm{l} = \frac{1 \text{ kg}}{\varrho_m(\mathrm{H_2O})}. \tag{73}$$

---

[1]) Es sei hier angemerkt, daß in Frankreich bislang das „kilogramme-poids" oder „kilogramme-force" gesetzlich *[F 25]* und in Normvorschriften *[A 15]* als auf den *örtlichen* Wert der Fallbeschleunigung bezogen definiert ist (siehe hierzu Abschnitt 2, 3d).

Unter Einsetzen des Wertes (2') für die maximale Wasserdichte in die Gleichung (73)

$$1\,l = k_l\,\mathrm{cm}^3 = \frac{10^8}{0{,}999\,972 \pm 0{,}000\,003}\,\mathrm{cm}^3 \tag{74}$$

ergibt sich der Umrechnungsfaktor k_l zwischen l und cm³ zu

$$k_l = \frac{1\,l}{1\,\mathrm{cm}^3} = 1000{,}028 \pm 0{,}003. \tag{74'}$$

Sir Charles Darwin [C 10] teilt als relative Unsicherheit für die Realisierung des l nach Auffassung des NPL $\pm\,1\cdot10^{-6}$ mit.

In Durchführung des von der 3. Generalkonferenz für Maß und Gewicht erteilten Auftrages, den jeweils besten Wert für das Verhältnis von Liter zu Kubikzentimeter bekanntzugeben, nahm das Internationale Komitee 1950 auf Grund eines vom Direktor des Internationalen Bureaus vorgelegten Berichtes *[P 18]* folgende Resolution an *[C 79]*:

«Le Comité International conseille d'admettre actuellement, comme résultat des meilleures expériences, que le volume du kilogramme d'eau, courante, pure, privée d'air, à 4⁰, sous la pression atmosphérique normale, est de 1,000028 décimètre cube.»

Durch diesen Beschluß hat der Zahlenwert 1,000 028 einen offiziellen Charakter erhalten. Man interpretiert ihn heute als *genauen*, d. h. als fehlerfrei zu betrachtenden Wert für die Umrechnung zwischen den Volumeneinheiten Liter und Kubikzentimeter und benutzt an Stelle der Beziehung (74') die Umrechnungsgleichung *[siehe z. B. I 25]*

$$1\,l = 1{,}000\,028\,\mathrm{dm}^3. \tag{74a}$$

Es sei noch angemerkt, daß manche Kreise in Physik und Technik anstreben, das Liter als unabhängige Volumeneinheit aufzugeben und die Bezeichnung Liter als Sondernamen für Kubikdezimeter zu betrachten. Solchen Absichten wird entgegengehalten, daß für Präzisionsmessungen das Liter in seiner jetzigen Definition häufig eine weit geeignetere Einheit oder Vergleichsgröße als das Kubikdezimeter sei, da beispielsweise Dichtebestimmungen mit höchster Genauigkeit im allgemeinen nur nach direkt an das Liter anschließenden Flotations-, hydrostatischen oder pyknometrischen Methoden, dagegen nicht über die geometrische Ausmessung eines Volumens durchführbar sind.

c) Meter und internationale (Ångström-) Lichtwellenlängen- sowie Siegbahnsche Röntgenwellenlängenskala: $k_\text{Å}^\circ$, k_λ. Die Wellenlängeneinheit „Ångstrøm" hat eine Entwicklung genommen, über die mancherlei Mißverständnisse entstanden sind; sie soll daher hier wegen ihrer besonderen Bedeutung für die Spektroskopie etwas eingehender behandelt werden.

Die ursprünglich von *Ångstrøm* im Jahre 1868 aufgestellte Wellenlängenskala — Wellenlängen gemessen in Ångstrøm-Einheiten (A.E.) — nahm eine Reihe von Lichtwellenlängen des Sonnenspektrums in Luft für einen Druck von 760 Torr und 20 °C als Standardwerte an *[A 10; A 11]*; die Wellenlängen wurden in Form einer graphischen Darstellung gedruckt, wobei der Maßstab für den Linienzug der Wellenlängen so gewählt worden war, daß einem Millimeter auf dem Papier eine Wellenlängendifferenz von 10^{-10} m entsprach, d. h. daß 1 A.E. gleich 10^{-8} cm sein sollte. *Ångstrøm* hatte seine Gittermessungen auf das Normalmeter in Uppsala bezogen, dessen Anschluß an das Pariser Urmeter leider nicht einwandfrei erfolgt war. In den Jahren nach 1880 erreichten sowohl am Sonnenspektrum als auch an Spektren irdischer Metalldampf-Lichtquellen durchgeführte Untersuchungen einen zuvor nicht geahnten Genauigkeitsgrad. Daher führte *Thalén [T 3; T 4; T 5]* nach Erweiterung der Relativmessungen umfangreiche Umrechnungen und Korrekturen an den Ångstrømschen Tafeln durch.

Aus späteren Untersuchungen folgte, daß die von *Ångstrøm* bestimmten Werte für das Normalsonnenspektrum, bezogen auf die Einheit Meter, um etwa 1 A.E. zu klein waren. Infolgedessen wurde um die Jahrhundertwende die Ångstrømsche Wellenlängenskala von dem Rowlandschen Wellenlängensystem *[R 31; R 32; R 33; R 34; R 35; R 36; R 37]* abgelöst, das auf einer Reihe von Normallinien aus dem Frauenhoferschen Sonnenspektrum beruhte. Als primäres Normal seiner Konkavgitterskala benutzte *Rowland* den Wert

$$\lambda_{D_1} = 589{,}615\,6\,\mathrm{nm} \tag{75}$$

für die D_1-Linie des Natriums in Luft normaler Zusammensetzung bei 760 Torr und 20 °C. Den Wellenlängenwert bestimmte *Rowland* durch eine von ihm durchgeführte gewichtete Mittelung der für die D_1-Linie von *Ångstrøm [A 11]*, *Pierce [P 42; P 43]*, *Müller* und *Kempf [M 35]*, *Kurlbaum [K 48]* und *Bell [B 18; B 19; B 20; B 21]* gemessenen Daten. Seine ausgedehnten Meßergebnisse faßte *Rowland* in der 1893 veröffentlichten „New Table of Standard Wave-Lengths", die von der Sonne und von irdischen Metalldampf-Lichtquellen emittierte Linien umfaßte, und in dem Standardwerk „Preliminary Table of Solar Spectrum Wave-Lengths" *[R 38]* zusammen.

Die interferometrischen Bestimmungen von *Michelson* ergaben, bezogen auf die Meterskala, für die Cadmiumlinien Wellenlängen, die zahlenmäßig nicht mit den entsprechenden Werten in der Rowlandschen Wellenlängenskala übereinstimmten.

Zu diesem Resultat, das die Richtigkeit der *Absolut*-Werte der Rowlandschen „Preliminary Table" in Frage stellte, kamen Untersuchungen von *Jewell [J 8]* über den Vergleich von Linien des Sonnenspektrums mit den entsprechenden, von angeregten Metalldämpfen emittierten Linien. Es ergab sich, daß die Linien *solaren* Ursprungs gegenüber den *irdischen* Metalldampflinien im allgemeinen nach Rot verschoben sind, und dazu noch, daß verschiedene Linien eines Elementes unterschiedliche Verschiebungen erleiden. *Jewell* sah selbst als Konsequenz dieser Resultate die Notwendigkeit voraus „to make the lines of the solar spectrum step down from the commanding position which they have occupied as standards of reference"

Weiter entdeckte um 1900 *Kayser [K 8]* Unregelmäßigkeiten in *Rowlands* „New Table" von 1893, beispielsweise im Verlauf der Wellenlängenzahlen für Eisen-Linien im Spektralbereich um 3400 A.E. Abweichungen von etwa 0,02 A.E., die nun auch die *relative* Zuverlässigkeit der Rowlandschen Wellenlängenwerte zweifelhaft erscheinen ließen.

Durch die drei gerade genannten experimentellen Ergebnisse fielen schwere Schatten auf die Rowlandsche Wellenlängenskala *[C 144]*, die sich durch weitere mit dem Interferometer durchgeführte Untersuchungen an „Sonnen"- und Eisen-Linien verdichteten. *Perot* und *Fabry* bestimmten interferometrisch nach ihrer Koinzidenzmethode *[P 19; P 20; P 21; P 22; P 23; P 24; P 25]*, bezogen auf ein und dieselbe Normalwellenlänge, die Wellenlängen verschiedener Frauenhofer-Linien zwischen 465 nm und 650 nm; der Vergleich ihrer Etalon-Werte mit den Rowlandschen Konkavgitter-Werten deckte periodische Schwankungen im Rowlandschen Wellenlängensystem in diesem Spektralbereich auf bis zu 0,002 nm, etwa dem 10fachen Wert der Ungenauigkeit von guten Beugungsgittern.

Zur Bereinigung und Revision der Wellenlängenmessung und zur Erzielung international einheitlicher Vereinbarungen konstituierte sich 1904 in St. Louis die Internationale Vereinigung für Sonnenforschung (International Union for Co-operation in Solar Research). Nachdem die Vereingung in einer zweiten Konferenz in Oxford *[I 26]* 1905 auf Grund der experimentellen Ergebnisse von *Michelson, Fabry, Perot* und *Benoît* (Abschnitt 2a) die Annahme eines auf *einer* Normalwellenlänge aufgebauten Wellenlängensystems unter interferometrischem Anschluß der Normalwellenlänge an das internationale Meter beschlossen hatte, wurde entsprechend einem Bericht von *Benoît, Fabry* und *Perot [B 28]* von der 3. Konferenz in Meudon im Jahre 1907 ein Zahlenwert für die rote Cadmiumlinie als Definition der neuen Wellenlängeneinheit festgelegt *[I 28]*. Diese Einheit erhielt von der 4. Konferenz *[I 29]* auf dem Mount Wilson bei Pasadena 1910 die Bezeichnung: Internationale Ångström-Einheit (I.A.). Aus der Internationalen Vereinigung für Sonnenforschung entwickelte sich später die Internationale Astronomische Union (International Astronomical Union, IAU), die 1938 auf ihrer Generalversammlung in Stockholm die Frage nach Namen und Symbol für die Internationale Wellenlängeneinheit nochmals behandelte und folgendermaßen entschied *[J 10]*:

$$A = \text{angstrom, unité internationale de longueur d'onde.}$$

Die Originaltexte der vier genannten Resolutionen lauten:

1905: „1. Die Wellenlänge einer geeigneten Spektrallinie soll als Hauptnormale der Wellenlänge angenommen werden. Die Wellenlänge dieser Linie soll ein für alle Mal festgesetzt werden und damit die Einheit angeben, nach welcher alle übrigen Wellenlängen zu messen sind. Diese Einheit soll möglichst wenig von 10^{-10} m abweichen, und sie soll Ångström heissen.

2. Normalen zweiter Klasse sollen gewählt werden, welche nicht mehr als je 50 Ångström von einander entfernt liegen. Sie sollen mit der Hauptnormale durch Interferenzmethoden verknüpft werden. Als Lichtquelle soll der Bogen dienen, der mit einer Stromstärke von 5 bis 10 Amp. brennt.

3. Es soll ein Ausschuss ernannt werden, welcher die Aufgabe hat, die Normalen zu wählen und die Messung ihrer Wellenlängen in mindestens zwei unabhängigen Laboratorien in die Wege zu leiten.

4. Dieser Ausschuss wird weiter beauftragt, Normalen dritter Klasse festzusetzen, welche in Abständen von je 5 bis 10 Ångström liegen sollen. Ihre Wellenlängen werden durch Interpolation in Gitterspectren ermittelt."

1907: „La longueur d'onde de la raie rouge de la lumière du Cadmium produite par un tube à électrodes est 6438,4696 Ångström, dans l'air sec à 15° du thermomètre à hydrogène, à la pression de 760 mm. de mercure, la valeur de g. étant 980,67 (45°). Ce nombre sert de définition à l'unité de longueur d'onde."

1910: „.....

7. The above system of standards shall be called the international system, the unit on which it is based being called the International Ångström (I. A.) as defined by the Conference of 1907.

......"

1938: „. . . . . .

    4. On recommande l'adoption des notations de la table 7 pour la description qualitative des raies spectrales . . . . avec le changement suivant dans la table 7:

    A = angstrom, unité internationale de longueur d'onde."

Gegen das Zeichen A wurden von verschiedenen Seiten wegen seiner Übereinstimmung mit dem Symbol für die Stromstärkeeinheit Ampere Bedenken erhoben. 1954 beschäftigte sich daher die Joint Commission for Spectroscopy (JCS), ein von der IAU und der International Union of Pure and Applied Physics (IUPAP) gemeinsam eingesetztes Gremium, erneut mit der internationalen Wellenlängeneinheit. Zur Vermeidung aller Mißverständnisse empfahl die JCS, in Zukunft als Namen und Symbol

$$1 \text{ ångström} = 1 \text{ Å}$$

zu benutzen. Die Empfehlung, die zwar noch der offiziellen Zustimmung der IAU bedarf, wurde im gleichen Jahre von der SUN-Commission (Symbols, Units, Nomenclature) der IUPAP übernommen. Damit dürften die Meinungsverschiedenheiten über die Schreibweise der internationalen Wellenlängeneinheit beseitigt sein.

1952 hatte die JCS für die Einheit cm^{-1}, in der Wellenzahlen in der Spektroskopie gemessen werden, die Bezeichnung „Kayser" mit dem Symbol „K" angenommen und sie der IAU und der IUPAP zur allgemeinen Einführung vorgeschlagen *[J 9]*. Solange Å und cm verschiedene Definitionsgrundlagen haben, wäre für die Erfordernisse der Spektroskopie wahrscheinlich die Definition

$$1 \text{ K} = (10^8 \text{ Å})^{-1}$$

geeigneter. 1954 hat die JCS ihre Empfehlung von 1952 nicht wiederholt; sie will zunächst die endgültige Entscheidung von dem Ergebnis einer Umfrage bei allen interessierten Spektroskopikern über die Notwendigkeit und Zweckmäßigkeit der Einführung eines besonderen Namens für die Wellenzahleinheit abhängig machen. Infolgedessen hat auch die SUN-Commission bislang das Kayser noch nicht angenommen.

Die für das Ångström als Normalmedium festgelegte trockene Luft ist bis auf eine zahlenmäßige Angabe ihres Kohlensäuregehalts identisch mit der heute in der Spektroskopie allgemein üblichen „normalen" Luft. Praktisch werden heute alle in Å angegebenen Wellenlängenwerte, sofern sie nicht im Vakuum-Ultraviolett gemessen sind, auf Normalluft mit einem CO_2-Volumengehalt von 0,03 % bezogen, der den in der Luft im Mittel vorhandenen Kohlesäuregehalt wiedergibt. Wir können also die Definition des Å formelmäßig durch die Gleichung

$$\lambda_{n_{\text{Cd}}} = 6438{,}469\,6 \text{ Å} \tag{76}$$

oder

$$1 \text{ Å} = 0{,}000\,155\,316\,41_2 \; \lambda_{n_{\text{Cd}}} \tag{76'}$$

darstellen.

Die von der IAU im Jahre 1925 angenommenen *[I 5]* Einzelheiten für die Erzeugung der roten Cadmiumlinie als Hauptnormal weichen allerdings von den Bedingungen für die Cadmiumlampe, wie sie die 7. Generalkonferenz für Maß und Gewicht im Jahre 1927 (Abschnitt 2a) empfohlen hat, ab. Die IAU legte 200000 Wellenlängen als interferometrisch ausnutzbaren Mindestgangunterschied fest; diese spektroskopisch klar definierte Mindestforderung wurde von der Generalkonferenz durch die Angabe eines Mindestvolumens für die empfohlene Normallampe ersetzt.

Die rote Cadmiumlinie ist im Ångström-Wellenlängensystem „Hauptnormallinie" oder *die* „Normallinie erster Ordnung", an die nach den Beschlüssen der 2. Konferenz der Internationalen Vereinigung für Sonnenforschung vom Jahre 1905 durch Interferenzmessungen eine Reihe von Emissionslinien des Eisens, des Neons und des Kryptons als „Normallinien zweiter Ordnung" und eine weitere Anzahl von Eisenlinien über Beugungsgitter als „Normallinien dritter Ordnung" angeschlossen wurden. Die Wellenlängen der Normallinien zweiter und dritter Ordnung im internationalen Ångström-System sowie die Brenndaten des zu ihrer Reproduktion zu benutzenden Eisenbogens (Pfund-Bogen) wurden im einzelnen auf den Konferenzen auf dem Mount Wilson 1910, in Bonn 1913, in Rom 1922, in Cambridge 1925, in Leyden 1928 und in Cambridge, Mass., 1932 durch die heutige Kommission 14 (Commission des étalons de longueur d'onde et des tables de spectres solaires) der IAU festgelegt *[I 4; I 5; I 6; I 8; I 30; I 31]*. Tabellen der Eisen- Neon- und Kryptonnormale zweiter Ordnung sowie der Eisennormale dritter Ordnung findet man beispielsweise bei *Runge* und *Meißner [R 39]*.

Das zunächst für den Bereich der Astrophysik aufgestellte Wellenlängensystem hat auch in die allgemeine physikalische Spektroskopie Eingang gefunden, da bei spektroskopischen Untersuchungen die Kalibrierung der Apparate und der Wellenlängenanschluß praktisch stets über die Wellenlängen von Normallinien der IAU in Å erfolgen. Von der 7. Generalkonferenz für Maß und Gewicht wurde 1927 der Bezug von Längenmessungen auf die rote Cadmiumlinie neben dem Internationalen Meterprototyp als Längeneinheit zugelassen (Abschnitt 2 a). Zahlenmäßig enthält diese Empfehlung den Wert von *Benoît*, *Fabry* und *Perot [B 28]*, der auch zur Definition *[I 28]* des Å seitens der Internationalen Vereinigung für Sonnenforschung aus dem Jahre 1907 diente.

Der Zusammenhang zwischen Meter und Ångström wird durch eine Zusammenfassung der beiden Beziehungen für die rote Cadmiumlinie in normaler Luft hergestellt, einmal gemessen in internationalen Metern (55) und zum anderen definiert in Ångström (76):

$$1 \text{ Å} = (1{,}0000000 \pm 0{,}0000005) \cdot 10^{-10} \text{ m}. \tag{77}$$

Somit schreiben wir für das Skalenäquivalent

$$k_{\text{I. A.}} = k_{\text{Å}}^{\circ} = \frac{1 \text{ Å}}{1 \text{ m}} = (1{,}0000000 \pm 0{,}0000005) \cdot 10^{-10}. \tag{77'}$$

Die Tatsache, daß die Wellenlängeneinheit Ångström *unabhängig* vom Meter definiert wurde, ist nicht nur eine formale Angelegenheit; sie hat vielmehr für Astrophysiker und Physiker, insbesondere die Spektroskopiker unter ihnen, solange Bedeutung, als das Meter noch durch das in Sèvres aufbewahrte Internationale Prototyp festgelegt ist. In der Spektroskopie werden nämlich auch heute noch bei Präzisionsmessungen Wellenlängen nicht an das Meterprototyp angeschlossen, sondern auf Normalwellenlängen bezogen, deren Zahlenwerte in der Einheit Ångström der IAU vereinbart worden sind. Bei der vorgesehenen Neudefinition des Meters über eine Wellenlänge einer Isotop-Linie (Abschnitt 2, 3 a) wird man die Wellenlängeneinheit Ångström in die Diskussion und die zu fassenden Beschlüsse mit einbeziehen müssen; man erhofft einen solchen Ausfall dieser Beschlüsse, daß das „Ångström" dann nur noch als eine besondere Bezeichnung des 10^{10}. Teils des neuen Wellenlängen-Meters erscheint, ohne daß bereits von der IAU für die Spektroskopie festgesetzte Zahlenwerte geändert werden müssen.

Im Auftrage der IAU wurde ein Normalliniensystem im Sonnenspektrum geschaffen, das an das Ångström-Wellenlängensystem angeschlossen ist. Die Ergebnisse dieser Arbeiten sind in dem von *Adams*, *Babcock*, *St. John*, *Moore* und *Ware* bearbeiteten Tafelwerk „Revision of Rowland's Preliminary Table of Solar Spectrum Wave-Lengths" zusammengefaßt worden *[A 2]*. Die Korrektion $\{\Delta\lambda\}$ $= \{\lambda\}_{\text{Rowl.}} - \{\lambda\}_{\text{Å}}^{\circ}$ wurde ursprünglich als Funktion der Wellenlänge in einem 4,5 m langen Linienzug mit einem Ordinatenmaßstab von 0,001 Å $\triangleq$ 2,5 mm aufgetragen. Die dort angegebenen Absolutwerte der Wellenlängen basieren noch auf den 1922 in Rom von der IAU angenommenen Normallinien zweiter Ordnung, die 1928 in Leyden nicht unerheblich abgeändert wurden. Eine Tabelle international angenommener Sonnennormale, die diesem Umstand bereits Rechnung trägt, enthält der Beitrag von *Runge* und *Meißner [R 40]*.

Weiter ist allgemein die Umrechnung von im Rowlandschen Wellenlängensystem angegebenen beliebigen Wellenlängen unter Einschluß solcher irdischer Lichtquellen in das Ångström-System von Bedeutung. Tabellen für den Anschluß des Rowlandschen an das Internationale Ångströmsche Wellenlängensystem hat *Hartmann [H 21; H 22]* auf Grund des seinerzeit vorliegenden experimentellen Materials aufgestellt. Die Kurve zwischen den Zahlenwerten in den beiden Systemen weist einen stark schwankenden Verlauf auf, da das Rowlandsche System an Linien des Sonnenspektrums und das Internationale Ångströmsche System an irdische Bogenlinien angeschlossen ist. Eine neuere Zusammenstellung von Wellenlängenwerten im Ångström-Wellenlängensystem enthält das Tabellenwerk von *Kayser-Ritschl [K 9]*.

Röntgenwellenlängen werden in der Spektroskopie fast durchweg in der Siegbahnschen X-Einheit (Siegb. X.E.) gemessen und angegeben, d. h. auf die physikalische Gitterkonstante des Kalkspates bezogen. Die Siegb. X.E. wird definiert (Abschnitt 2 b) durch die Identität

$$d_{\infty}^{18\,°\text{C}} (\text{CaCO}_3) = 3029{,}45 \text{ Siegb. X.E.} \tag{68'}$$

Das Skalenäquivalent k_{λ} für die Röntgenwellenlängeneinheit, d. h. der Umrechnungsfaktor zwischen der Siegb. X.E. und dem m oder cm muß experimentell ermittelt werden. Das geschieht unter Benutzung von Strichgittern durch „Absolutmessungen" von Röntgenwellenlängen, deren Zahlenwerte in Siegb. X.E. hinreichend genau bestimmt sind. *Bearden [B 14]* hat seine eigenen Meßresultate mit den Ergebnissen aus Präzisionsbestimmungen anderer Autoren ausführlich diskutiert.

Als Umrechnungsfaktor legte die X-Ray Analysis Group des American Institute of Physics in Übereinstimmung mit der American Society for X-Ray and Electron Diffraction unter Zustimmung von *Bragg* und *Siegbahn* 1947 die Relation

$$k_\lambda = \frac{1 \text{ Siegb. X.E.}}{1 \text{ m}} = (1{,}00202 \pm 0{,}00003) \cdot 10^{-13} \tag{78}$$

fest *[B 75; W 50]*, die wir hier für das Skalenäquivalent k_λ übernehmen.

d) Physikalische und chemische Atomgewichtsskala: k_A. Die physikalische Atomgewichtsskala wird durch die Festsetzung eines Zahlenwertes für das Isotopengewicht des häufigsten stabilen Sauerstoff-Isotops ^{16}O definiert

$$(A_{^{16}O})_{Ph} = 16, \tag{3, 79}$$

während in der chemischen Atomgewichtsskala das Atomgewicht des in der Natur vorkommenden „mittleren" Sauerstoff-Isotopengemischs, also das Atomgewicht des Sauerstoffatoms $\bar{O}$ in chemischer Auffassung, festgelegt ist zu

$$(A_{\bar{O}})_{Ch} = 16. \tag{3, 80}$$

Das Skalenäquivalent k_A, auch Smythescher Faktor genannt, verbindet als Umrechnungsfaktor zwischen dem Atomgewicht (A) oder Molekulargewicht (M) eines Stoffes in der physikalischen und chemischen Atomgewichtsskala beide Skalen

$$k_A = \frac{(A)_{Ph}}{(A)_{Ch}} = \frac{(M)_{Ph}}{(M)_{Ch}} \, . \tag{79}$$

Einen Zahlenwert für k_A gewinnen wir, wenn wir das Atomgewicht der „mittleren" Isotopen-Mischung $\bar{O}$ in der physikalischen Atomgewichtsskala ausdrücken. Das „mittlere" Sauerstoff-Atomgewicht in der physikalischen Skala haben wir bereits im Abschnitt 1d abgeleitet zu

$$A(_{\bar{O}})_{Ph} = 16{,}00446_5 \pm 0{,}00005. \tag{35}$$

Somit folgt für den Smytheschen Faktor aus (**3, 80**), (**35**) und (**79**)

$$k_A = \frac{16{,}00446_5 \pm 0{,}00005}{16{,}000000} = 1{,}000279 \pm 0{,}000003. \tag{80}$$

Zur Genauigkeit der chemischen Atomgewichtsskala ist heute folgendes zu sagen *[S 62]*. Zunächst muß zu den in den Abschnitten 1d und 3d angegebenen Werten für die relativen Häufigkeiten der Sauerstoffisotope, das „mittlere" Sauerstoff-Atomgewicht und den Smytheschen Faktor k_A eine Bemerkung nachgeholt werden, die den Sinn des sogenannten „mittleren Sauerstoffatoms" $\bar{O}$ etwas näher beleuchtet. Die von *Nier* ermittelten und in den Tabellen 41 und 42 aufgeführten relativen Häufigkeiten treffen für aus der Atmosphäre oder aus Kalkstein gewonnenen Sauerstoff zu. Eingehende Untersuchungen, die experimentell auf Dichtebestimmungen oder massenspektrographischen Messungen beruhen, haben u. a. ergeben, daß das Häufigkeitsverhältnis $c\,(^{18}O)/c\,(^{16}O)$ mit der Herkunft des Sauerstoffs um mehrere Prozent schwanken kann *[T 7a]*, wobei $c\,(^{18}O)/c\,(^{16}O)$ für Kalkstein-Sauerstoff um etwa 4% größer ist als für Sauerstoff aus Frischwasser oder Eisenerzen. Diesem Unterschied von 4% entspricht eine Verminderung des Smytheschen Faktors von 1,000279 auf 1,000269, d. h. eine relative Abnahme von k_A um $1 \cdot 10^{-5}$. Oder anders ausgedrückt: Das Atomgewicht des „mittleren Sauerstoffatoms" und damit nach (**3, 80**) die Basis der chemischen Atomgewichtsskala ist mindestens um $\pm 1 \cdot 10^{-5}$ unsicher, wobei hier lediglich die in der Natur vorhandene Variation des Häufigkeitsverhältnisses der Isotope ^{18}O und ^{16}O berücksichtigt wurde. Da derartige Schwankungen der relativen Isotopenhäufigkeiten nicht nur für Sauerstoff, auch nicht nur für die leichteren Elemente, sondern ebenso für Elemente höherer Ordnungszahl experimentell bekannt sind, kann die prinzipielle Unsicherheit, die in die Atomgewichte der chemischen Skala durch unterschiedliche Herkunft der einzelnen Elemente hineingetragen wird, bei einigen 10^{-5} liegen. D. h., es wird grundsätzlich fragwürdig, für Präzisionsmessungen, in die Atomgewichte der chemischen Skala eingehen, relative Meßunsicherheiten kleiner als $\pm 10^{-5}$ zu fordern oder anzustreben.

e) „Absolute" und „internationale" elektrische Einheiten: p, q. 1948 wurde das System der „internationalen" elektrischen Einheiten durch das der „absoluten" elektrischen Einheiten ersetzt (Abschnitte 4, III, 2a und b). In den Staatsinstituten wurden und werden die elektrischen Einheiten durch Sätze von Normalwiderständen und Normalelementen realisiert und aufbewahrt. Die internationalen Mittelwerte der „internationalen" [$(\Omega_M)_{int}$ und $(V_M)_{int}$] und „absoluten" [Ω_M und V_M] Widerstands- und Spannungseinheiten sind durch die Relationen

$$1 \, (\Omega_M)_{int} = p \, \Omega_M \tag{4, 338}$$

$$1 \, (V_M)_{int} = pq \, V_M \tag{4, 339}$$

verknüpft.

Die Zahlenfaktoren p und q sind in den großen Staatsinstituten in jahrzehntelanger Arbeit durch „absolute Ohmbestimmungen" und „absolute Amperebestimmungen" ermittelt worden. Hinsichtlich aller Einzelheiten muß hier auf zusammenfassende Darstellungen [siehe z. B. *S 46; S 52; S 53*] und die dort zitierte Originalliteratur verwiesen werden.

Auf Grund dieser Ergebnisse setzte 1946 das Internationale Komitee für Maß und Gewicht die Werte

$$p = 1{,}00049 \tag{81}$$

$$pq = 1{,}00034 \tag{82}$$

fest (Abschnitt 4, III, 2b). Nach Auffassung des Internationalen Komitees bleibt die relative Unsicherheit, mit der die Zahlenwerte (81) und (82) behaftet sein können, unter $\pm \, 2 \cdot 10^{-5}$.

Somit lauten die Beziehungen zwischen „internationalen" und „absoluten" elektrischen Einheiten

$1 \; \Omega_{int} = 1{,}00049 \; \Omega$ (83)	$1 \; A_{int} = 0{,}99985 \; A$ (84)	$1 \; V_{int} = 1{,}00034 \; V$ (85)
$1 \; C_{int} = 0{,}99985 \; C$ (86)	$1 \; F_{int} = 0{,}99951 \; F$ (87)	$1 \; H_{int} = 1{,}00049 \; H$ (88)
$1 \; S_{int} = 0{,}99951 \; S$ (89)	$1 \; Wb_{int} = 1{,}00034 \; Wb$ (90)	$1 \; J_{int} = 1{,}00019 \; J$ (91)
$1 \; W_{int} = 1{,}00019 \; W$. (92)		

4. Energetische Skalenäquivalente in Atom- und Kernphysik

Bei der Behandlung atom- und kernphysikalischer Probleme bedient man sich gern einer Reihe von „Energie"-Einheiten, die aus dem energetischen Verhalten atomarer Partikel abgeleitet werden und ihrem Betrage nach mit den Energiewerten solcher Partikel in bestimmten und im einzelnen vereinbarten Zuständen oder mit Energiedifferenzen zwischen solchen übereinstimmen. Den in der Atom- und Kernphysik gebräuchlichen Energiemaßen sind zwei charakteristische Merkmale gemeinsam.

Einmal enthalten sie in sich als Faktor stets eine oder mehrere Konstanten, die für das atomare oder relativistische Verhalten der Materie im allgemeinen oder speziell für die dem betreffenden Energiemaß zugrunde liegende Partikel spezifisch sind: die Elektronenladung e, das Plancksche Wirkungsquantum h, die Boltzmannsche Entropiekonstante k, die Rydbergwellenzahl R_H des Wasserstoffs, die spezifische Molekülzahl N_L, die Vakuumlichtgeschwindigkeit c_0. Die Werte dieser Konstanten sind nicht per definitionem vorgegeben, sondern müssen durch experimentelle Präzisionsmessungen ermittelt und kontrolliert werden. Daher können die atom- und kernphysikalischen „Energie"-Einheiten nicht durch international vereinbarte Normale festgelegt und dargestellt werden; sie werden vielmehr durch die Natur selbst in dem physikalischen Verhalten der einzelnen zur Definition herangezogenen Partikel „aufbewahrt".

Das zweite Kennzeichen ist mehr formaler Art. Mit Ausnahme der Energieeinheiten Elektronenvolt und Rydberg hat man diesen Energiemaßen keine eigenen Namen gegeben. Man bezeichnet sie vielmehr mit Einheitennamen, die schon für Einheiten anderer Größenarten in Gebrauch sind, welche mit der Energie nicht dimensionsgleich sind, wie Frequenz, Wellenzahl, Temperatur, Masse. Dabei wird das Dimensionsprodukt dieser zur Bezeichnung der atomphysikalischen Energiemaße benutzten Einheiten durch das Dimensionsprodukt der in ihnen enthaltenen Konstanten gerade zum Dimensionsprodukt der Energie ergänzt.

In Umrechnungsbeziehungen zwischen den Energiemaßen der Atom- und Kernphysik untereinander und mit Energieeinheiten der Makrophysik und Technik können auf verschiedenen Seiten Einheitenbezeichnungen verschiedenen Dimensionsproduktes auftreten. Wir müssen daher korrekterweise in solchen Beziehungen das Gleichheitszeichen vermeiden. Derartige Umrechnungsbeziehungen geben nur an, in welchen Verhältnissen die Energiemaße einander entsprechen; infolgedessen wählen wir für ihre formelmäßige Verknüpfung das für solche Fälle festgelegte „entspricht"-Zeichen $\triangleq$ (Abschnitte 1, 8 und 9).

a) Elektronenvolt. Das Elektronenvolt (eV) wird aus der Beschleunigung von Elektronen in elektrischen Feldern hergeleitet. Es ist definiert als die kinetische Energie, die ein Elektron nach Durchlaufen einer Potentialdifferenz von 1 V gewonnen hat.

Die kinetische Energie, die ein Teilchen der Ladung e dem Energieinhalt des elektrischen Feldes beim Durchlaufen einer Potentialdifferenz U entzieht, ist gegeben als

$$W = e\,U. \tag{93}$$

Durch die Beziehung (93) wird die Energieeinheit eV mit dem Joule der Makrophysik verknüpft

$$1\ \text{eV} = e \cdot 1\ \text{V} = \frac{e}{\text{C}}\ \text{J} = \{e\}_\text{C}\ \text{J}. \tag{93a}$$

Das eV wird in der gesamten Atomphysik bei Angabe von Teilchenenergien, Termwerten, Zustandsänderungen durch Anregung, Ionisation, Dissoziation usw. weitgehend benutzt. Der 10^6fache Betrag des eV, das MeV, ist unter der Bezeichnung Millionen-Elektronenvolt oder Megaelektronenvolt eine in der Kernphysik für Partikelenergien sehr gebräuchliche Einheit

$$1\ \text{MeV} = 10^6\ \text{eV} = e \cdot 10^6\ \text{V} = 10^6\ \{e\}_\text{C}\ \text{J}, \tag{93b}$$

ebenso, insbesondere für die mit den großen Teilchenbeschleunigern erreichten Energien, das Milliarden-Elektronenvolt oder Gigaelektronenvolt

$$1\ \text{GeV} = 10^9\ \text{eV} = e \cdot 10^9\ \text{V} = 10^9\ \{e\}_\text{C}\ \text{J}. \tag{93c}$$

b) Sekunde^{-1} und Zentimeter^{-1}. Diese Größen leiten sich als Energiemaße von der Energie der Lichtquanten her und sind vor allem in der Spektroskopie üblich. Die Sekunde^{-1} (s^{-1}) entspricht der Energie eines Lichtquantes der Frequenz $\nu = 1\ \text{s}^{-1}$, das Zentimeter^{-1} (cm^{-1}) der Energie eines Lichtquants der Wellenzahl $\sigma = 1\ \text{cm}^{-1}$.

Die Energie eines Lichtquants der Frequenz ν oder der entsprechenden Wellenzahl σ (59) wird durch die Gleichungen

$$W = h\,\nu \tag{94}$$

$$W = h c_0\,\sigma \tag{95}$$

bestimmt. Diese Beziehungen geben den Zusammenhang der s^{-1} und des cm^{-1} zum Joule

$$1\ \text{s}^{-1} \triangleq h \cdot 1\ \text{s}^{-1} = \frac{h}{\text{J s}}\ \text{J} = \{h\}_\text{J s}\,\text{J} \tag{94a}$$

$$1\ \text{cm}^{-1} \triangleq h c_0 \cdot 1\ \text{cm}^{-1} = \frac{h c_0}{\text{J cm}}\ \text{J} = \{h c_0\}_\text{J cm}\,\text{J}. \tag{95a}$$

Als hundertster Teil des cm^{-1} wird gelegentlich auch das Meter^{-1} (m^{-1}) benutzt

$$1\ \text{m}^{-1} = 10^{-2}\ \text{cm}^{-1} \triangleq h c_0 \cdot 1\ \text{m}^{-1} = \{h c_0\}_\text{J m}\,\text{J}. \tag{95b}$$

c) Temperaturgrad. Der Temperaturgrad (°K) als Energiemaß entstammt der translatorischen Energie frei beweglicher Gasmoleküle, die sich auf Grund statistisch verteilter Zusammenstöße in einem mittleren Temperaturgleichgewicht befinden. Der °K entspricht der translatorischen kinetischen Energie eines Moleküls, das gerade die wahrscheinlichste Geschwindigkeit in der einem idealen Gase bei der Temperatur $T = 1\ °\text{K}$ zukommenden Geschwindigkeitsverteilung besitzt.

Die kinetische Energie eines Moleküls der wahrscheinlichsten Geschwindigkeit bei der Temperatur T ergibt sich formelmäßig zu

$$W = k\,T. \tag{96}$$

Somit folgt als Verknüpfungsbeziehung zwischen dem °K und dem Joule

$$1\ °\text{K} \triangleq k \cdot 1\ °\text{K} = \frac{k}{\text{J}/°\text{K}}\ \text{J} = \{k\}_{\text{J}/°\text{K}}\,\text{J}. \tag{96a}$$

Der °K hat sich als Energiemaß vor allem in der Gasentladungs- und Astrophysik eingebürgert.

d) Rydberg. Diese in der Atomphysik gebräuchliche Energieeinheit hängt mit der Ionisierungsarbeit des leichten Wasserstoffatoms zusammen. Sie wird, als Gesamtenergie des Atoms betrachtet, über den negativen Termwert für den Grundzustand des Wasserstoffatoms H gegeben, ist also als

$$W = h\,R'_{\mathrm{H}} = hc_0\,R_{\mathrm{H}} = 1\,\mathrm{Ry} \tag{97}$$

zu schreiben, wobei R'_{H} die Rydbergfrequenz und R_{H} die Rydbergwellenzahl des leichten Wasserstoffatoms bedeuten.

Der Zusammenhang des Rydberg (Ry) mit dem Joule wird durch die Einheitengleichung hergestellt.

$$1\,\mathrm{Ry} = h\,R'_{\mathrm{H}} = \{h\,R'_{\mathrm{H}}\}_{\mathrm{J}}\,\mathrm{J} = \{hc_0\,R_{\mathrm{H}}\}_{\mathrm{J}}\,\mathrm{J} \tag{97a}$$

e) Tausendstel-Masseneinheit. Die Tausendstel-Masseneinheit (TME) leitet sich aus der Einsteinschen Äquivalenzbeziehung zwischen Energie und Masse her. 1 TME entspricht dem 1000. Teil der Ruhenergie eines Atoms einer hypothetischen Substanz vom Atomgewicht $(A_1)_{Ph} = 1$ in der physikalischen Atomgewichtsskala (Abschnitt 3, 8).

Die Ruhenergie einer Masse m beträgt in der Formulierung der Relativitätstheorie

$$W = m\,c_0^2. \tag{98}$$

Wenn wir mit m_1 die Masse eines Atoms der hypothetischen Substanz vom Atomgewicht $(A_1)_{Ph} = 1$ bezeichnen [siehe (3, 67) in Abschnitt 3, 8]

$$m_1 = \frac{1}{N_L} = \frac{(A_1)_{Ph}}{\{N_L\}_{\mathrm{kmol}_{\mathrm{Ph}}^{-1}}}\,\mathrm{kg}, \tag{99}$$

so ergibt sich für die TME die Relation

$$1\,\mathrm{TME} \triangleq c_0^2 \cdot \frac{10^{-3}}{\{N_L\}_{\mathrm{kmol}_{\mathrm{Ph}}^{-1}}}\,\mathrm{kg} = 10^{-3}\,\left\{\frac{c_0^2}{N_L}\right\}_{\mathrm{m^2 kmol_{Ph}/s^2}}\,\mathrm{J}. \tag{98a}$$

In der Darstellung mit der 1957 von der IUPAP empfohlenen Grundgröße Teilchenmenge n und ihrer Grundeinheit mol (Abschnitt 7, 11) tritt mit der Avogadroschen Konstanten N_{A} (178b) an die Stelle der Beziehung (98a) die Relation

$$1\,\mathrm{TME} \triangleq 10^{-6}\,\left\{\frac{c_0^2}{N_{\mathrm{A}}}\right\}_{\mathrm{mol}\,\cdot\,\mathrm{m^2/s^2}}\,\mathrm{J}. \tag{98b}$$

Wir stellen die Skalenäquivalente, d. h. die Umrechnungs- oder entspricht-Beziehungen zwischen eV, s^{-1}, cm^{-1}, °K, Ry und TME zu der in der Makrophysik meist benutzten Energieeinheit J zusammen. Hierzu bedienen wir uns der im Abschnitt II, 4 angegebenen Werte für die Konstanten e (180), h (181), c_0 (177), k (172), R_{H} (189a) und N_{A} (178b). Es folgen die Relationen

$1\,\mathrm{eV} = (1{,}60203 \pm 0{,}00006) \cdot 10^{-19}\,\mathrm{J}$ (100)	$1\,\mathrm{s}^{-1} \triangleq (6{,}6252 \pm 0{,}0007) \cdot 10^{-34}\,\mathrm{J}$ (101)
$1\,\mathrm{cm}^{-1} \triangleq (1{,}9861_8 \pm 0{,}0002) \cdot 10^{-23}\,\mathrm{J}$ (102)	$1\,°\mathrm{K} \triangleq (1{,}38041 \pm 0{,}00007) \cdot 10^{-23}\,\mathrm{J}$ (103)
$1\,\mathrm{Ry} = (2{,}1783_9 \pm 0{,}0002) \cdot 10^{-18}\,\mathrm{J}$ (104)	$1\,\mathrm{TME} \triangleq (1{,}49171_5 \pm 0{,}00004) \cdot 10^{-13}\,\mathrm{J}.$ (105)

Als entspricht-Beziehung zwischen den Energiemaßen cm^{-1} und eV ergibt sich mit den hier benutzten Werten für Atomkonstanten

$$1\,\mathrm{cm}^{-1} \triangleq (1{,}2397_9 \pm 0{,}0001) \cdot 10^{-4}\,\mathrm{eV}. \tag{102a}$$

Es sei darauf hingewiesen, daß die Joint Commission for Spectroscopy für ihren Bereich 1952 einen festen Zahlenwert zur Umrechnung von Wellenzahlen in Termenergien angenommen hat, um alle zahlenmäßigen Angaben für Terme mit den in „Atomic Energy Levels" *[N 7]* enthaltenen vergleichbar zu machen. Die Empfehlung der JCS lautet *[J 9]*:

"The Joint Commission for Spectroscopy recommends that the conversion factor for computing the energy in electron volts from wave number units (kayser) shall be 0.00012395 to conform to the standard book 'Atomic Energy Levels'."

Die Tafel 34 enthält die Umrechnungsfaktoren zwischen Zahlenwerten $\{W\}$, angegeben in den Einheiten eV, cm^{-1}, s^{-1} = Hz, °K, Ry, TME, J, m kp, $\mathrm{cal}_{\mathrm{IT}\,(1956)}$ (Abschnitt 7, 9) und kWh.

5. Radiologische Einheiten und ihre Verknüpfungen

Im folgenden stellen wir einige Maße zur Charakterisierung von radioaktiven Strahlungen sowie Röntgen- und γ-Strahlen zusammen.

a) Curie und Rutherford. Zur Kennzeichnung von radioaktiven Strahlungen und als Einheit ihrer Aktivität diente das Curie (C). Vom Radiologischen Kongreß in Brüssel wurde 1910 das Curie definiert als diejenige „Menge" Radon, die in einem abgeschlossenen Raum mit 1 g Radium im radioaktiven Gleichgewicht steht. Die Internationale Radium-Standard-Kommission dehnte 1930 die Definition der Aktivitätseinheit auf alle Zerfallsprodukte des Radiums aus *[I 43]*; danach bedeutete das Curie diejenige „Menge" einer radioaktiven Substanz der Radiumreihe, die während einer bestimmten Zeit die gleiche Anzahl von radioaktiven Zerfallsakten liefert wie 1 g Radium in der gleichen Zeit.

Die für diese radiologische Einheit charakteristische Größe ist also die Anzahl der während einer bestimmten Zeit stattfindenden radioaktiven Zerfallsakte, die je nach Zerfallskonstante λ_X oder Halbwertszeit T_X und Atomgewicht (A_X) der einzelnen radioaktiven Substanz X der Radiumreihe verschiedene Werte annimmt. Für die radioaktive Bezugs- oder Standardsubstanz des Radiums liegen zahlreiche Messungen für die Zahl Z_{Ra} der je s und g Radium auftretenden Zerfallsakte vor. Die Ergebnisse wurden 1930 von der Radium-Standard-Kommission eingehend diskutiert, die den Wert

$$Z_{Ra} = 3{,}7 \cdot 10^{10}\,\alpha\text{-Teilchen/(s} \cdot \text{g Ra)} \tag{106}$$

empfahl *[I 43]*; dem Wert ist eine relative Unsicherheitsgrenze von etwa 2% zuzuordnen.

Aus den Gesetzen des radioaktiven Zerfalls folgt für die Größe Z_{Ra}

$$Z_{Ra} = \frac{N_L \cdot \ln 2}{T_{Ra}} \tag{107}$$

und für das Verhältnis der je s und g beim Radium und einer anderen radioaktiven Substanz X der Radiumreihe auftretenden Zerfallsakte Z_{Ra} und Z_X

$$Z_{Ra} = \frac{(A_X)\,T_X}{(A_{Ra})\,T_{Ra}} \cdot Z_X = \frac{(A_X)\,T_X Z_{Ra} Z_X}{(A_{Ra})\,N_L \cdot \ln 2}\,, \tag{108}$$

wobei N_L die spezifische Molekülzahl (Abschnitt 3, 8)

$$N_L = (6{,}0237 \pm 0{,}0015) \cdot 10^{23}\,\mathrm{mol}_{Ch}^{1} \tag{178a}$$

$$= \frac{(6{,}0237 + 0{,}0015) \cdot 10^{23}}{(A_{Ra})_{Ch}}\,(\mathrm{g\ Ra})^{-1} \tag{178a'}$$

bedeutet.

Damit ergibt sich zwischen der allgemeinen physikalischen Masseneinheit g und der radiologischen Aktivitätseinheit C für eine radioaktive Substanz X der Radiumreihe formelmäßig die Relation

$$1\,C \triangleq \frac{(A_X)\,T_X}{(A_{Ra})\,T_{Ra}}\,\text{g der Substanz X} = \frac{(A_X)\,T_X Z_{Ra}}{(A_{Ra})\,N_L \cdot \ln 2}\,\text{g der Substanz X}$$

$$= \frac{T_X Z_{Ra}}{(A_{Ra})\,N_L \cdot \ln 2}\,\text{mol der Substanz X.} \tag{109}$$

Zahlenmäßig folgt mit (178a') und (106) als Umrechnungsbeziehung

$$1\,C \triangleq \frac{(A_X)_{Ch}\{T_X\}_s}{(1{,}12_8 \pm 0{,}02) \cdot 10^{13}}\,\text{g einer radioaktiven Substanz X der Radiumreihe.} \tag{109'}$$

Seit 1921 ist die Bezeichnung „Eman" als radiologische Konzentrationseinheit für Quellwässer, Quellgase, Bäder, Emanatorien, den Radon-Gehalt in der Atmosphäre und ähnliche Zwecke der Balneologie eingeführt. Die Definition des Eman lautet

$$1\,\text{Eman} = 10^{-10}\,\text{C/l.} \tag{110}$$

Eine weitere Konzentrationseinheit ist die „Mache-Einheit" (M.E.), die auf den Radon-Gehalt in 1 l Wasser oder Gas bezogen wird. Sie entspricht derjenigen Menge Radon, die allein, ohne ihre Zerfallsprodukte, bei vollständiger Ausnutzung ihrer α-Strahlung durch Ionisation einen Sättigungsstrom von 10^{-3} esE $\triangleq 3{,}336 \cdot 10^{-13}$A (Abschnitt 4, III, 1a) zu unterhalten vermag. Der Sättigungsstrom, den 1 C Radon allein, ohne seine Zerfallsprodukte, bei voller Ausnutzung seiner α-Strahlung zu unterhalten vermag, ist von *Flamm* und *Mache [F 8; F 9]* zu $2{,}75 \cdot 10^6$ esE $\triangleq 0{,}92$ mA bestimmt worden. Hieraus ergibt sich die Relation

$$1\,\text{M.E.} = 3{,}64\,\text{Eman} = 3{,}64 \cdot 10^{-10}\,\text{C/l.} \tag{111}$$

Die Aktivitätseinheit „Mache-Einheit mal Liter" wird nach einem Vorschlag von *Meyer [M 12]* auch „Millistat" (mSt) genannt:

$$1\,\text{mSt/l} = 1\,\text{M.E.} \tag{112}$$

Eman, Mache-Einheit und Millistat sind heute praktisch nur noch in der Balneologie in Gebrauch.

Die radiologische Aktivitätseinheit C wurde für die Radiumreihe festgelegt und konnte für andere radioaktive Elemente nur in sinnvoller Erweiterung ihrer ursprünglichen Definition durch Verknüpfung der Beziehungen (106) und (108) auf andere radioaktive Substanzen übertragen werden. Dieser Tatsache und dem Umstand, daß die zahlenmäßigen Festlegungen (106) und (109) für das C mit einer relativ hohen Unsicherheitsgrenze belastet sind, entsprang der Wunsch, eine neue allgemeine und über einen festen Zahlenwert definierte Einheit zu vereinbaren. Das NBS *[C 93]* brachte 1946 die Aktivität „10^6 je s zerfallende Atome" in Vorschlag, der die Bezeichnung „Rutherford" (rd) gegeben werden sollte. 1 rd wäre demnach diejenige „Menge" einer beliebigen radioaktiven Substanz, die in der s 10^6 Zerfallsakte liefert. Der Zusammenhang zwischen der allgemeinen radiologischen Aktivitätseinheit rd und der radiologischen Aktivitätseinheit C der Radiumreihe würde zahlenwertmäßig durch die einfache Relation

$$1 \text{ rd} \triangleq \frac{10^6}{\{Z_{\text{Ra}}\}_{\alpha\text{-Teilchen}/(\text{s}\cdot\text{g Ra})}} \text{ C} = (2{,}70_3 \pm 0{,}05) \cdot 10^{-5} \text{ C} \tag{113}$$

wiedergegeben werden.

Die Joint Commission on Radioactivity (Units, Constants, Standards, Nomenclature) der IUPAP und IUPAC, die Nachfolgerin früherer Kommissionen der IUPAC und der Radium-Standard-Kommission, tagte 1949 in Amsterdam, 1950 in Paris und 1951 in New York. Sie entschied sich gegen eine internationale Annahme des „Rutherford" und für die Beibehaltung des „Curie" — allerdings in einer neuen und auf alle radioaktiven Zerfallsprozesse anwendbaren Definition. Das „neue Curie" mit dem Symbol c wurde von der Joint Commission on Radioactivity folgendermaßen festgelegt *[I 36]*:

„**The curie is the unit of radioactivity defined as the quantity of any radioactive nuclide in which the number of desintegrations per second is 3,700 · 10^{10}.**"

Das in der Definition auftretende Wort „nuclide" wurde 1951 von der SUN-Commission und der IUPAP in Kopenhagen *[I 34]* sowie der Joint-Commission on Radio-activity in New York *[I 33]* angenommen; als „Nuklide" werden Atome gleicher Kernladungszahl *und* gleicher Massenzahl bezeichnet, im Unterschied zu den „Isotopen", unter denen man nach wie vor Atome mit gleicher Kernladungszahl, aber verschiedener Massenzahl verstehen soll.

Es gelten also die Beziehungen

$$1 \text{ c} = 3{,}700 \cdot 10^4 \text{ rd}, \tag{114}$$

und speziell für die Radiumreihe

$$1 \text{ C} \triangleq \frac{3{,}700 \cdot 10^{10}}{\{Z_{\text{Ra}}\}_{\alpha\text{-Teilchen }/(\text{s}\cdot\text{g Ra})}} \text{ c} = (1{,}00 \pm 0{,}02) \text{ c}. \tag{115}$$

Nach diesen Festsetzungen werden die Aktivitätseinheiten C und rd überflüssig — bei Zahlenangaben in „Curie" ist allerdings darauf zu achten, welches Curie das C oder das c, gemeint ist.

Das „alte Curie" (C) war auf die Radiumreihe beschränkt und eine geeignete Aktivitätseinheit für alle Messungen, in die Massenbestimmungen eingehen. Das „neue Curie" (c) ist dagegen die für Zählrohrmessungen zweckmäßige Aktivitätseinheit und bei allen natürlich oder künstlich radioaktiven Substanzen anwendbar.

b) Röntgen und Rad. Die in den Richtlinien der Internationalen Röntgenstrahleinheits-Kommission 1928 in Stockholm festgelegte Definition des Röntgen lautet *[G 5a]*:

„Die internationale Einheit der Röntgenstrahlung wird dargestellt durch die Röntgenstrahlenmenge, die bei voller Ausnutzung der sekundären Elektronen und unter Vermeidung der Wandwirkungen in der Ionisationskammer in einem Kubikzentimeter atmosphärischer Luft bei 0 °C und 76 cm Quecksilberdruck eine solche Leitfähigkeit bewirkt, daß eine Ladung von einer elektrostatischen Einheit bei Sättigungsstrom gemessen wird. Die internationale Einheit der Röntgenstrahlung wird das „Röntgen" genannt und durch den Buchstaben ‚r' bezeichnet."

Die Festsetzung enthält gleichzeitig die Meßvorschrift für das Röntgen, die in der Bestimmung des Sättigungsstromes in einer geeigneten Ionisationskammer besteht; im allgemeinen wird sie durch das Faßkammer-Verfahren realisiert. Das in der Definition des r genannte Volumen Luft, in dem eine Ionenmenge beiderlei Vorzeichens von je 1 esE $\triangleq$ 3,3356 · 10^{-10} C (Abschnitt 4, III, 1a) erzeugt werden soll, hat eine Masse von 1,293 mg. Das r wird auf Röntgen- und γ-Strahlung angewandt.

In die Definition des Röntgen gehen Wellenlänge und Intensität der Röntgenstrahlung sowie die Zeitdauer ihrer Einwirkung nicht ein. In der praktischen Anwendung auf die Wirkung von Röntgen- und γ-Strahlen im Gewebe wird das r unterschiedlich ausgelegt. Im allgemeinen benutzt man es als „Dosiseinheit" für medizinische und biologische Zwecke. Die Bezeichnung „Dosis" in diesem Zusammenhang ist sehr umstritten und sollte nach *Pohl [P 57; P 59]* durch „spezifische Dosis" ersetzt werden. Eine Messung nach der Röntgen-Festlegung ergibt sicher nicht eine „Dosis" im landläufigen Sinne des Wortes. Wir vermeiden es daher und sprechen im folgenden nur von einer „Bestimmung der Zahl der Röntgen".

1953 wurde von der International Commission on Radiological Units (ICRU) bei ihrer Tagung in Kopenhagen die Definition für das Röntgen folgendermaßen formuliert *[I 13]*:

"The *roentgen* shall be the quantity of X- or γ-radiation such that the associated corpuscular emission per 0.001293 gram of air produces, in air, ions carrying 1 electrostatic unit of quantity of electricity of either sign."

Als Umrechnungsbeziehung zwischen dem r und der je Masse absorbierender Luftschicht erzeugten Ionengesamtladung eines Vorzeichens ergibt sich die Relation

$$1 \text{ r} \triangleq \frac{3,3356 \cdot 10^{-10} \text{ C}}{1,293 \cdot 10^{-6} \text{ kg Luft}} = 2,580 \cdot 10^{-4} \text{ C/kg Luft}. \tag{116}$$

$3,3356 \cdot 10^{-10}$ C sind äquivalent mit $2,0822 \cdot 10^9$ Elementarladungen (180). Zur Erzeugung eines Ionenpaares in Luft, d. h. zur Abspaltung eines Elektrons von einem Luftmolekül durch Röntgenstrahlung, ist im Mittel eine Energie von etwa 32 eV *[E 5]* erforderlich. Aus diesen Daten errechnet sich der Quotient: zur Bildung der Ionengesamtladung in einem Luftvolumen aufgewendete Energie/Masse des betrachteten Luftvolumens zu $32 \cdot 3,3356 \cdot 10^{-10}$ J$/1,293 \cdot 10^{-6}$ kg, und es folgt für das Röntgen als weitere „entspricht"-Relation

$$1 \text{ r} \triangleq \frac{1,067 \cdot 10^{-8} \text{ J}}{1,293 \cdot 10^{-6} \text{ kg Luft}} = 8,26 \cdot 10^{-3} \text{ J/kg in Luft}$$

$$= 82,6 \text{ erg/g in Luft}. \tag{117}$$

Die Messung der Zahl der Röntgen wird für harte Röntgen- und γ-Strahlen, für welche die Energie der Quanten große Werte annimmt, sehr schwierig; der Anwendungsbereich der Faßkammern endet bei einer Strahlenhärte entsprechend 300 keV bis 400 keV. Auch bei Benutzung von Luftwände-Kammern wird die Bestimmung der Zahl der Röntgen bei Quantenenergien von 3 MeV fraglich; d. h. oberhalb 3 MeV ist das r meßtechnisch nicht mehr mit einiger Sicherheit realisierbar.

Die in Luft wirksame Intensität der Strahlung kann in r/h, r/min oder r/s ausgedrückt werden.

Das Rad wurde 1953 von der International Commission on Radiological Units als die Einheit der „absorbierten Dosis (absorbed dose)" definiert *[I 13]*. 1950 hatte die ICRU an Stelle von „absorbed dose" noch den treffenderen Ausdruck „dose" = „Dosis" gebraucht *[I 12]*.

Unter „absorbierter Dosis" w_m einer ionisierenden Strahlung versteht die ICRU *[I 13]* den Quotienten: einem Volumen der bestrahlten Materie von den ionisierenden Partikeln mitgeteilte Energie W/Masse M des betrachteten Volumens

$$w_m = \frac{W}{M}. \tag{118}$$

Eine zur Messung der „absorbierten Dosis" w_m geeignete Einheit wäre also beispielsweise das erg/g. Den 100fachen Betrag hat die ICRU *[I 13]* ein „Rad" („**r**adiation **a**bsorbed **d**osis") genannt:

$$1 \text{ rad}^{1}) = 10^2 \frac{\text{erg}}{\text{g}}. \tag{119}$$

Zur Bestimmung von w sind kalorimetrische Methoden im allgemeinen ungeeignet; statt ihrer werden, ähnlich wie bei der Messung der Zahl der Röntgen, Ionisationsmessungen durchgeführt. Man läßt die Strahlung, deren „absorbierte Dosis" w_m in einem beliebigen Material ermittelt werden soll, in einem Gas, beispielsweise in Luft, absorbieren und mißt die in einem Gasvolumen erzeugte Ionisierung; den Quotienten: Ionisierung/Masse des betrachteten Gasvolumens bezeichnen wir mit i_m. Aus ihm erhält man w_m nach der Beziehung

$$w_m = E S i_m, \tag{120}$$

in der E die je im Gas erzeugtes Ionenpaar im Mittel erforderliche Energie (in Luft etwa 32 eV) und S das Verhältnis des Massenbremsvermögens des zu untersuchenden Materials zu dem des Gases bedeuten. Die in die Relation (120) eingehenden Größen E und S hängen von verschiedenen Parametern der Strahlung und des bestrahlten Materials ab und können nur empirisch ermittelt werden. Zusammenstellungen solcher Daten in Tafelform sind von der ICRU vorgesehen.

Das Integral der absorbierten Energie in einem bestimmten Bereich des bestrahlten Materials oder die „integral absorbed dose" wird in „gram-rad" gemessen:

$$1 \text{ gram-rad} = 10^2 \text{ erg}. \tag{121}$$

---

[1]) Die radiologische Einheit rad darf nicht mit der Winkeleinheit rad [(**2**, 87) in Abschnitt **2**, 5 a] verwechselt werden.

Die durch Messung der Zahl der Röntgen per definitionem in Luft gewonnene Größe ist offensichtlich keine „Dosis". Zwar ist die Meßmethode der r-Bestimmung in Luft übersichtlich und bei nicht zu hohen Quantenenergien eindeutig; jedoch wird ein Rückschluß von der Zahl der Röntgen in Luft auf die Wirkung in einem anderen Material, beispielsweise in Gewebe, nicht ohne weiteres möglich. Somit haben die in Röntgen ermittelten Zahlenwerte für den Mediziner und Biologen nur sehr bedingte Bedeutung. Dagegen interessiert ihn außerordentlich die „absorbierte Dosis" w_m für biologisches Material — leider wird dieses Interesse durch die Schwierigkeit der Bestimmung der Größe w_m sehr beeinträchtigt.

Kapitel II

Konstanten der allgemeinen Physik

1. Konstanten der Mechanik

In der Mechanik treten drei wichtige Gruppen von Konstanten auf, die wir der Reihe nach behandeln wollen: Die Gravitationskonstante G, die Absolutwerte g der Fallbeschleunigung an der Erdoberfläche und die geometrischen und Massenkonstanten des Erdkörpers.

a) Die Gravitationskonstante G. Zusammenfassende Diskussionen der Meßergebnisse aus den Untersuchungen zur Gravitationskonstanten sind in neuerer Zeit unter anderem von *Henning* und *Jaeger [H 48]*, *Birge [B 36; B 47]* und *Küssner [K 45]* erschienen. Wir benutzen als zur Zeit zuverlässigsten Wert das Gesamtresultat der ausgedehnten Untersuchungen von *Heyl [H 55; H 56]*, der Platin-, Gold- und Glaskörper als schwingende Pendelmassen benutzte, und schreiben

$$G = (6,670 \pm 0,007) \cdot 10^{-11} \, \mathrm{m^3 \, kg^{-1} \, s^{-2}}. \tag{122}$$

Den Wert (122) legt auch *Berroth [B 34]* bei seiner neuen Berechnung der Massenkonstanten der Erde als Ausgangswert zugrunde (Abschnitt 1c). Der gleiche Zahlenwert wurde bereits 1910 von *Helmert [H 41]* als mittlerer Wert für die Gravitationskonstante angenommen.

Auf die von *Dirac* vermutete zeitliche Veränderlichkeit der Gravitationskonstanten, die dann als skalare Feldfunktion in einem System verallgemeinerter Feldgleichungen der projektiven Relativitätstheorie darzustellen wäre und in dieser Form für die Kosmologie Bedeutung hat, wird hier nicht eingegangen.

b) Absolutwerte der Fallbeschleunigung g. Im Jahre 1906 veröffentlichten *Kühnen* und *Furtwängler* das Ergebnis ihrer Absolutbestimmung für die Fallbeschleunigung, die sie im Pendelsaal des geodätischen Instituts in Potsdam durchgeführt hatten *[K 43]*,

$$g \, (\text{Potsdam}) = (981{,}274 \pm 0{,}003) \, \text{Gal}, \tag{123}$$

woraus sich unter Reduktion auf Meeresniveau und nach Anbringen der Bouguerschen Reduktion

$$g_0'' \, (\text{Potsdam}) = 981{,}294 \, \text{Gal} \tag{124}$$

ergab.

Die an diesen Absolutwert durch relative Schwereverbindungen angeschlossenen g-Werte für andere Orte auf der Erde bilden das Potsdamer-Schweresystem, das auch heute im allgemeinen noch für die Ermittlung der Fallbeschleunigung zugrunde gelegt wird. Die Werte der Fallbeschleunigung (Schwerewerte) im Potsdamer System sind in den Schwereberichten der 1909 in London und 1912 in Hamburg abgehaltenen Konferenzen der Internationalen Erdmessung enthalten *[B 70; B 71]*.

Zur Darstellung der nach *Bouguer* reduzierten Fallbeschleunigung g_0'' in Meeresniveau als Funktion der geographischen Breite B hat *Helmert [H 40]* für die „theoretische Schwere" γ_0 die Formel

$$\gamma_0 = 978{,}030 \, (1 + 0{,}005302 \sin^2 B - 0{,}000007 \sin^2 2B) \, \text{Gal} \tag{125}$$

aufgestellt, die er *[H 43]* aus zahlreichen Beobachtungen an verschiedenen Stellen der Erde berechnete. Für eine geographische Breite von $B = 45°$ ergibt sich aus der Helmertschen Formel

$$\gamma_0 \, (45°) = 980{,}616 \, \text{Gal}, \tag{125a}$$

während für Potsdam als Normalwert

$$\gamma_0 \, (\text{Potsdam}) = 981{,}277_0 \, \text{Gal} \tag{125b}$$

folgt. γ_0 ist die Fallbeschleunigung, die man an der homogenen Oberfläche eines Sphäroides oder Ellipsoides, das den in seiner Oberfläche hinsichtlich Gestalt und Massenverteilung inhomogenen Erdkörper ersetzt, beobachten würde, und wird heute als normale Schwere in Meeresniveau bezeichnet.

Die eventuellen Abweichungen in der Form des Erdkörpers von einem Rotationsellipsoid (Elliptizität des Äquators) berücksichtigt eine weitere Formel von *Helmert [B 32; H 44]*

$$\gamma_0 = 978{,}052 \left[1 + 0{,}005\,285 \sin^2 B - 0{,}000\,007 \sin^2 2B + 0{,}000\,018 \cos 2\,(L + 17°) \cos^2 B\right] \text{ Gal.} \tag{126}$$

Dabei bedeuten B und L die geozentrische Breite und Länge (von Greenwich aus gezählt). Diese Darstellung von γ_0 führt also beispielsweise zu Werten der Fallbeschleunigung γ_0 (45°), die selbst noch wieder Funktionen der Länge L sind. Für die Längen $L = 28°$ und 118° verschwindet das von L abhängige Korrektionsglied; unter diesen Längen folgt aus der letzten Helmertschen Formel

$$\gamma_0 \,(45°) = 980{,}630 \text{ Gal,} \tag{126a}$$

während sich für Potsdam als Normalwert

$$\gamma_0 \,(\text{Potsdam}) = 981{,}288_6 \text{ Gal} \tag{126b}$$

errechnet.

In der Folgezeit ist noch eine ganze Reihe von Schwereformeln von verschiedenen Autoren aufgestellt worden. Die International Union of Geodesy and Geophysics (IUGG) legte auf ihrer Tagung in Stockholm 1930 eine Formel zur Berechnung der theoretischen Schwere fest *[I 45]*. Als Äquatorwert wurde dabei ein Zahlenwert von *Heiskanen [H 36]* benutzt und die übrigen Koeffizienten der längenunabhängigen Formel aus den Abmessungen des Internationalen Ellipsoids (Abschnitt 1 c) bestimmt *[C 6; C 7; C 8]*. Diese auch heute noch gültige Internationale Schwereformel lautet

$$\gamma_0 = 978{,}049\,000 \,(1 + 0{,}005\,288\,384 \cdot \sin^2 B - 0{,}000\,005\,869 \cdot \sin^2 2B$$
$$- 0{,}000\,000\,032 \cdot \sin^2 B \cdot \sin^2 2B)\text{ Gal}$$
$$= (980{,}632\,272 - 2{,}586\,145 \cdot \cos 2B + 0{,}002\,878 \cdot \cos 4B$$
$$- 0{,}000\,004 \cdot \cos 6B)\text{ Gal.} \tag{127}$$

Aus der Internationalen Schwereformel folgen für die normale Schwere am Äquator (γ_a), unter 45° Breite (γ_{45}) und am Pol (γ_p) die internationalen Werte

$$\gamma_a = 978{,}049\,000 \text{ Gal} \tag{127'}$$
$$\gamma_{45} = 980{,}629\,394 \text{ Gal} \tag{127''}$$
$$\gamma_p = 983{,}221\,299 \text{ Gal.} \tag{127'''}$$

1943 hat *Berroth [B 33]* im Rahmen einer Diskussion der grundlegenden Massenkonstanten der Erde auch die Konstanten der allgemeinen Schwereformel behandelt. Die Figur der Erde wird mit außerordentlich guter Näherung durch ein Rotationsellipsoid beschrieben. *Berroth* mittelte die Daten für dieses Ellipsoid, wie sie von *Helmert [H 44]*, *Hayford [C 6; H 26]* und *Heiskanen [H 35; H 37]* bestimmt worden waren, und gab als Schwereformel die Beziehung

$$\gamma_0 = 978{,}0507 \cdot \left[1 + 0{,}005\,2920 \cdot \sin^2 B + 0{,}000\,023 \cdot \cos 2\,(L + 21°) \cos^2 B\right] \text{ Gal} \tag{127a}$$

an (L: geographische Länge, von Greenwich aus gezählt). Die Beziehung führt für die normale Schwere am Äquator, unter 45° Breite und am Pol unter Vernachlässigung der Längenabhängigkeit (z. B. für $L = 24°$) zu den Werten

$$\gamma_a = (978{,}050_7 \pm 0{,}006) \text{ Gal} \tag{127a'}$$
$$\gamma_{45} = (980{,}638_6 \pm 0{,}006) \text{ Gal} \tag{127a''}$$
$$\gamma_p = (983{,}226_5 \pm 0{,}006) \text{ Gal.} \tag{127a'''}$$

Jeffreys [J 5] leitete aus seinen Betrachtungen folgende Schwereformel ab

$$\gamma_0 = (978{,}0373 \pm 0{,}0023) \left[1 + (0{,}005\,2891 \pm 0{,}000\,0041) \sin^2 B - 0{,}000\,0059 \sin^2 2B\right] \text{ Gal,} \tag{127b}$$

aus der sich am Äquator, unter 45° Breite und am Pol die Werte

$$\gamma_a = (978{,}0373 \pm 0{,}0023) \text{ Gal} \tag{127b'}$$
$$\gamma_{45} = (980{,}6180 \pm 0{,}0031) \text{ Gal} \tag{127b''}$$
$$\gamma_p = (983{,}2102 \pm 0{,}0047) \text{ Gal} \tag{127b'''}$$

ergeben. Nach *Jeffreys* Auffassung *[J 7]* wird allerdings die IUGG nicht eher einer Änderung der 1930 angenommenen Internationalen Schwereformel (127) zustimmen, als weltweite Vergleichsmessungen der Fallbeschleunigung innerhalb von ± 1 mGal miteinander konsistent sind.

Tabelle 49. *Absolutbestimmungen der Fallbeschleunigung und relative Schweremessungen*

Beobachtungsort	Autor	Jahr	g in Gal	Abweichung vom Potsdamer Schweresystem Δg in Gal	Abweichung vom korr. Potsdamer Wert (*Dryden*) Δg in Gal	Werte der Fallbeschleunigung nach der Ausgleichung			
						g' in Gal	Residuen in Gal	g'' in Gal	Residuen in Gal
a) Absolutbestimmungen									
Potsdam (A)	*Kühnen* u. *Furtwängler* [K 43] .	1906	981,274 $\pm$ 0,003	$\pm$ 0,000 per def.	+ 0,012	981,265$_5$	− 0,008$_5$	—	—
Potsdam (A)	Korrigiert von *Dryden* [D 53] .	1942	981,262	− 0,012	$\pm$ 0,000 per def.	—	—	981,259$_5$	− 0,002$_5$
Washington (B)	*Heyl* u. *Cook* [H 57]	1936	980,080 $\pm$ 0,003	− 0,020	− 0,008	980,086	+ 0,006	980,083	+ 0,003
Teddington (C)	*Clark* [C 14]...............	1939	981,181$_5$ $\pm$ 0,001$_5$	− 0,013$_8$	− 0,001$_8$	981,184	+ 0,002$_5$	981,181	− 0,000$_5$
b) Relative Schweremessungen									
g (A) − g (B)	*Brown* [B 92]...............	1936	+ 1,174			+ 1,179$_5$	+ 0,005$_5$	+ 1,176$_5$	+ 0,002$_5$
g (B) − g (C)	*Browne* u. *Bullard* [B 93].....	1940	−1,096$_9$\} − 1,175$_6$			−1,098$_0$	− 0,001$_1$	−1,098$_0$	− 0,001$_1$
g (C) − g (A)	*Bullard* u. *Jolly* [B 102]......	1937	−0,078$_7$/			−0,081$_5$	− 0,002$_8$	−0,078$_5$	+ 0,000$_2$

Außer der Potsdamer Absolutbestimmung liegen noch die Ergebnisse neuerer vom NBS und NPL durchgeführter Absolutmessungen sowie relativer Schwereverbindungen zwischen Potsdam, Washington und Teddington vor, die in der Tabelle 49 zusammengestellt worden sind.

Dryden [D 53] hat die von *Kühnen* und *Furtwängler* an ihren Potsdamer Messungen angebrachten Korrektionen erneut analysiert und kam dabei zu einer anderen Auffassung über die Ursache und Verteilung der Fehler bei der ursprünglichen Potsdamer Absolutbestimmung. *Dryden* glaubt, mangels näherer Kenntnis über den tatsächlichen Anlaß der von *Kühnen* und *Furtwängler* als systematisch angesehenen Fehler diese Fehler als zufällig betrachten zu dürfen, und leitet aus seinen Überlegungen einen um $1,2 \cdot 10^{-5}$ tiefer liegenden Wert als Endergebnis der Potsdamer Schwerebestimmung ab.

Clark [C 15] gibt Lösungen der Ausgleichsrechnung nach der Methode der kleinsten Quadrate für die drei Absolutbestimmungen in Potsdam, Washington und Teddington und die drei zugehörigen relativen Schwereverbindungen an, die mit den zugehörigen Residuen in den Spalten 7 bis 10 der Tabelle 49 aufgeführt sind. Dabei liegt dem Lösungssystem der Spalte 7 das 1906 ursprünglich von *Kühnen* und *Furtwängler* ermittelte Ergebnis für die Potsdamer Absolutbestimmung zugrunde, dem Lösungssystem der Spalte 9 der von *Dryden* 1942 modifizierte Wert.

Das Sub-Committee on Gravity of the National Research Council Committee on Fundamental Physical Constants empfiehlt auf Vorschlag von *Dryden*, die Werte des Potsdamer Schweresystems um $1,7 \cdot 10^{-5}$ ihrer ursprünglichen Beträge herabzusetzen, während *Clark* das Ausgleichslösungssystem der Spalte 9 vorzieht und eine Verminderung der Werte des Potsdamer Schweresystems um 0,014$_5$ Gal anregt.

Jeffreys [J 6] hält auf Grund der von ihm durchgeführten Überlegungen zur Frage der Korrektionen für Pendelbeobachtungen eine Erhöhung der von *Clark* für Teddington und von *Heyl* und *Cook* für Washington bestimmten Absolutwerte der Fallbeschleunigung um 1,7 mGal bzw. 1,5 mGal für erforderlich und gibt an

$$g \text{ (Teddington, korr.)} = (981{,}1832 \pm 0{,}0006) \text{ Gal} \quad (128)$$

$$g \text{ (Washington, korr.)} = (980{,}0816 \pm 0{,}0012) \text{ Gal.} \quad (129)$$

Hieraus folgt

$$g\text{(Tedd. korr.)} \quad g\text{(Wash, korr.)} = (1{,}1016 \, {}^{+}0{,}0013) \text{ Gal,} \quad (130)$$

d. h. ein Wert, der immer noch um 4,7 mGal größer als die von *Browne* und *Bullard* 1940 experimentell bestimmte Differenz g (Tedd.) − g (Wash.) ist. Der Ursprung dieser Diskrepanz, die für die in der Tabelle 49 aufgeführten Daten 4,6 mGal beträgt, ist bisher nicht eindeutig aufgeklärt worden.

Bei einer ausführlichen Diskussion der Erd- und Mondfigur bestimmenden Daten kommt *Jeffreys* [J 5] zu dem Schluß, daß eine Verminderung des von *Kühnen* und *Furtwängler* angegebenen Wertes um 13,4 mGal den Beobachtungswerten am besten gerecht wird:

$$g \text{ (Potsdam, korr.)} = (981,2606 \pm 0,0010) \text{ Gal.} \tag{131b}$$

Berroth [B33] hält auf Grund der Ergebnisse, zu denen ihn eine eingehende Behandlung der Pendel-Korrekturen führt, die Herabsetzung des Potsdamer Absolutwertes um 12,7 mGal für erforderlich

$$g \text{ (Potsdam, korr.)} = (981,2613 \pm 0,0010) \text{ Gal.} \tag{131a}$$

Dabei betont er die Notwendigkeit, die Schweredifferenzen zwischen Teddington und Washington gegenüber Potsdam mit Gravimetern zu kontrollieren, bevor man ein neues absolutes Schweresystem einführen könne.

Eine in Potsdam begonnene Neubestimmung der absoluten Fallbeschleunigung unter gleichzeitiger Aufnahme einer relativen Schwereverbindung nach Washington, die einer weiteren Aufklärung der beobachteten Abweichungen dienen sollte, blieb aus äußeren Gründen liegen *[siehe S 46]*.

Inzwischen wurden im Internationalen Bureau für Maß und Gewicht von *Volet* Messungen des Absolutwertes der Fallbeschleunigung nach der Methode des frei fallenden Körpers durchgeführt; als vorläufiges Ergebnis ist der Wert

$$g \text{ (Sèvres)} = 980,916 \text{ Gal} \tag{132}$$

veröffentlicht worden *[V 16; V 17]*, der um 24 mGal kleiner als der im Potsdamer System für Sèvres folgende Wert 980,940 Gal ist *[C 136]*. Nach ähnlichen Methoden laufen in Toronto, Leningrad und Braunschweig Untersuchungen zur Neubestimmung der Fallbeschleunigung.

Über eine Änderung des Potsdamer Schweresystems, d. h. eine Senkung der derzeit anerkannten Werte um einen bestimmten Betrag, der vielleicht zwischen 10 und 20 mGal liegen könnte, hätte wohl die IUGG zu entscheiden. Man sollte jedoch die endgültigen Ergebnisse der in Sèvres, Toronto, Leningrad, Braunschweig und vielleicht noch anderwärts in Angriff genommenen Messungen abwarten, bevor man den Verminderungsbetrag für die g-Werte des Potsdamer Systems festlegt.

Bis dahin ist es sicher zweckmäßig, wie zur Zeit auch noch allgemein üblich, sich weiter auf die ursprünglichen Potsdamer Werte zu beziehen, um nach Möglichkeit Mißverständnisse zu vermeiden. Dabei kann man die relative Unsicherheit für Absolutwerte der Fallbeschleunigung mit $\pm\, 2 \cdot 10^{-5}$ ansetzen, wenn man den größten zwischen Washington und Potsdam festgelegten Differenzen Rechnung tragen will. *Sir Charles Darwin [C 10]* beziffert nach Auffassung des NPL die untere Grenze der relativen Unsicherheit für Relativmessungen zwischen zwei Stationen mit $\pm\, 1 \cdot 10^{-6}$ und für die Realisierung des Absolutwertes der Fallbeschleunigung an einer Station mit $\pm\, 2 \cdot 10^{-6}$. *Berroth* gibt als relativen mittleren Fehler eines g-Wertes $\pm\, 6 \cdot 10^{-6}$ an.

c) Geometrische und Massen-Konstanten des Erdkörpers. Das Rotationsellipsoid, welches zur Darstellung der Erdfigur dient, wird durch seine große Halbachse a_δ, die mit dem mittleren Äquatorhalbmesser identisch ist, und seine Abplattung α_δ bestimmt. Hieraus lassen sich folgende weitere Daten des Erdrotationsellipsoides ableiten:

der mittlere halbe Polabstand oder die kleine Halbachse b_δ

$$b_\delta = a_\delta \,(1 - \alpha_\delta), \tag{133}$$

die numerische Exzentrizität

$$\varepsilon_\delta = \sqrt{\frac{a_\delta^2 - b_\delta^2}{a_\delta^2}} = \sqrt{1 - (1 - \alpha_\delta)^2}\,, \tag{134}$$

der mittlere Erdradius

$$R_\delta = \frac{2a_\delta + b_\delta}{3} = a_\delta \left(1 - \frac{\alpha_\delta}{3}\right), \tag{135}$$

der Radius R_δ^V der volumengleichen Kugel aus der Definitionsgleichung

$$\frac{2\pi}{3}\,(R_\delta^V)^3 = (1 - \alpha_\delta) \cdot \int_0^{2\pi}\!\!\int_0^{a_\delta} \sqrt{a_\delta^2 - r^2}\, r\, dr\, d\varphi = \frac{2\pi}{3}\,(1 - \alpha_\delta)\, a_\delta^3 \tag{136}$$

zu

$$R_\delta^V = \sqrt[3]{a_\delta^2 b_\delta} = a_\delta \sqrt[3]{1 - \alpha_\delta}\,, \tag{136'}$$

der Radius $R_\oplus^S$ der oberflächengleichen Kugel aus der Definitionsbeziehung

$$4\pi\,(R_\oplus^S)^2 = 4\pi a_\oplus^2 \left[\int_0^{\pi/2} \sqrt{1 - \varepsilon_\oplus^2 \sin^2\varphi}\,\sin\varphi\, d\varphi\right]^{1/2} \tag{137}$$

zu

$$R_\oplus^S = a_\oplus \left[1 + \sum_{n=1}^{\infty} (-1)^{2n-1} \frac{[1-(1-\alpha_\oplus)^2]^n}{(2n-1)(2n+1)}\right]^{1/2}, \tag{137'}$$

der Äquatorquadrant $Q_\oplus^{Ae}$

$$Q_\oplus^{Ae} = a_\oplus \cdot \frac{\pi}{2} \tag{138}$$

und der Meridianquadrant $Q_\oplus^{Me}$ aus der Definitionsgleichung

$$4 Q_\oplus^{Me} = a_\oplus \int_0^{2\pi} \sqrt{1 - \varepsilon_\oplus^2 \sin^2\varphi}\, d\varphi = a_\oplus \cdot 4 E\left(\arcsin \varepsilon_\oplus,\ \frac{\pi}{2}\right) \tag{139}$$

zu

$$Q_\oplus^{Me} = a_\oplus \cdot \frac{\pi}{2}\left[1 + \sum_{n=1}^{\infty}\left\{(-1^{2n-1}\,\frac{[1-(1-\alpha_\oplus)^2]^n}{2n-1}\left(\prod_{\nu=1}^{n}\frac{2\nu-1}{2\nu}\right)^2\right\}\right]. \tag{139'}$$

Für das Erdrotationsellipsoid stehen heute mehrere Sätze von Werten zur Auswahl. Von der IUGG wurde als Bezugsfläche für die Figur der Erde das Hayfordsche Rotationsellipsoid *[H 26]* auf der Madrider Tagung im Jahre 1924 *[I 44; L 3; P 26; S 13]* international vereinbart und 1930 in Stockholm bestätigt *[C 6]*. Das Hayfordsche Rotationsellipsoid ist demnach als Berechnungs-Norm für die Erdfigur zu betrachten; es wird durch das Wertepaar

$$a_\oplus = 6378{,}388 \text{ km} \tag{140a}$$

$$\alpha_\oplus = \frac{1}{297} \tag{141a}$$

gegeben.

Das für die Daten des Erdkörpers vorliegende Zahlenmaterial hat *Berroth [B 34]* eingehend diskutiert; er leitet als mittlere Bestimmungsstücke für das die Erdfigur repräsentierende Rotationsellipsoid die Werte

$$a_\oplus = (6378{,}378 \pm 0{,}050) \text{ km} \tag{140b}$$

$$\alpha_\oplus = \frac{1}{297{,}3 \pm 0{,}4} \tag{141b}$$

ab; dieses Rotationsellipsoid und die Schwereformel (127a) stellen nach *Berroths* Ansicht das für absehbare Zeit erreichbare Optimum dar. In der Tabelle 50 fassen wir die geometrischen Erddaten für die beiden Rotationsellipsoide zusammen. Die Fehlerangaben für das Berrothsche Rotationsellipsoid, das durch ausgleichende Mittelung aus dem vorliegenden Zahlenmaterial berechnet wurde, sind als mittlere Fehler der einzelnen Werte gemacht worden.

Tabelle 50. Geometrische Konstanten der Erdfigur als Rotationsellipsoid

Größe	Normbezugsfläche der IUGG nach *Hayford* (1909/1930)	Geometrisches Rotationsellipsoid nach *Berroth* (1943)
Große Halbachse $a_\oplus$	6378,388 km	(6378,378 $\pm$ 0,050) km
Abplattung $\alpha_\oplus$	$\dfrac{1}{297}$ $= 0{,}003\,367\,00$	$\dfrac{1}{297{,}3 \pm 0{,}4}$ $= 0{,}003\,363\,6_1 \pm 0{,}000\,004\,5$
Kleine Halbachse $b_\oplus$	6356,912 km	(6356,923$_7$ $\pm$ 0,058) km
Numerische Exzentrizität $\varepsilon_\oplus$	0,081\,991\,89	0,081\,950$_6$ $\pm$ 0,000055
Mittlerer Erdradius $R_\oplus$	6371,229 km	(6371,226$_6$ $\pm$ 0,051) km
Radius der volumengleichen Kugel $R_\oplus^V$	6371,221 km	(6371,218$_5$ $\pm$ 0,051) km
Raduis der oberflächengleichen Kugel $R_\oplus^S$ ..	6371,228 km	(6371,224$_9$ $\pm$ 0,051) km
Äquatorquadrant $Q_\oplus^{Ae}$	10019,148 km	(10019,132$_8$ $\pm$ 0,079) km
Meridianquadrant $Q_\oplus^{Me}$	10002,288 km	(10002,289$_6$ $\pm$ 0,079) km

Von *Jeffreys [J 5; J 7]* wurde das experimentelle Material aus geodätischen und Schwere-Messungen, soweit es Radius und Elliptizität der Erde, Mondparallaxe und Mondfigur betrifft, erneut gesichtet und zu einem Satz in sich konsistenter Daten verarbeitet, zu dem die Werte

$$a_\delta = (6378{,}099 \pm 0{,}116)\ \text{km} \tag{140 c}$$

$$\alpha_\delta = \frac{1}{297{,}10 \pm 0{,}36} \tag{141 c}$$

gehören. Nach Auffassung von *Sir Harold Spencer Jones [H 17]* weisen die Resultate von *Jeffreys* auf die Notwendigkeit einer Revision des Internationalen Erdellipsoides hin, die von der IUGG durchgeführt werden müßte.

Als Massenkonstanten des Erdkörpers sind folgende Größen von Bedeutung: Die Gesamtmasse der Erde M_δ, die Oberflächendichte der Erde ϱ_δ^g, die zentrale Erddichte ϱ_δ^c und die mittlere Erddichte $\bar\varrho_\delta$; ferner die drei Hauptträgheitsmomente A_δ, B_δ und C_δ entsprechend den Definitionsgleichungen

$$A_\delta = \int (y^2 + z^2)\, dm \tag{142}$$

$$B_\delta = \int (z^2 + x^2)\, dm \tag{143}$$

$$C_\delta = \int (x^2 + y^2)\, dm, \tag{144}$$

wobei x, y, z die Koordinaten im Erdkörper in Richtung des Erdpols und der beiden Halbachsen in der Äquatorebene für ein dreiachsiges Ellipsoid mit dem Schwerpunkt als Koordinatenanfangspunkt sind, und schließlich die statische Abplattung G_δ sowie die dynamische Abplattung H_δ, definiert durch die Gleichungen

$$G_\delta = \frac{C_\delta - \dfrac{A_\delta + B_\delta}{2}}{a_\delta^2 M_\delta} \tag{145}$$

$$H_\delta = \frac{C_\delta - \dfrac{A_\delta + B_\delta}{2}}{C_\delta}. \tag{146}$$

Berroth benutzte zur Ermittlung der Zahlenwerte für die Massenkonstanten des Erdkörpers als Ausgangswerte die große Halbachse a_δ (140 b) und die geometrische Abplattung α_δ (141 b) seines Rotationsellipsoides, die Fallbeschleunigung $g_a = \gamma_0\,(0°)$ (127 a') und $g_p = \gamma_0\,(90°)$ (127 a''') am Äquator und am Pol, die Gravitationskonstante G (122) und die Winkelgeschwindigkeit ω_δ der Erdrotation, bezogen auf den Umlauf während eines Sterntages (Abschnitt 2, 8),

$$\omega_\delta = \frac{2\pi}{86400\ \text{s}_*} = \frac{2\pi}{86164{,}09\ \text{s}} = 7{,}292116 \cdot 10^{-5}\ \text{s}^{-1}. \tag{147}$$

Die von *Berroth* berechneten mittleren Daten und ihre mittleren Fehler stellen wir in der Tabelle 51 zusammen.

Tabelle 51. Massenkonstanten des Erdkörpers nach Berroth

Massenkonstante der Erde	Mittlerer Wert nach *Berroth*
Gesamtmasse	$M_\delta = (5{,}976\,5_6 \pm 0{,}005\,0) \cdot 10^{27}\ \text{g}$
Oberflächendichte	$\varrho_\delta^g = (2{,}60 \pm 0{,}05)\ \text{g/cm}^3$
Zentrale Dichte	$\varrho_\delta^c = (11{,}26 \pm 0{,}25)\ \text{g/cm}^3$
Mittlere Dichte	$\bar\varrho_\delta = (5{,}517 \pm 0{,}006)\ \text{g/cm}^3$
Hauptträgheitsmomente	$A_\delta = (8{,}049_9 \pm 0{,}020) \cdot 10^{44}\ \text{g cm}^2$
	$B_\delta = (8{,}050_6 \pm 0{,}020) \cdot 10^{44}\ \text{g cm}^2$
	$C_\delta = (8{,}076_8 \pm 0{,}020) \cdot 10^{44}\ \text{g cm}^2$
Statische Abplattung	$G_\delta = 0{,}001\,089\,3_5 \pm 0{,}000\,002\,0$
Dynamische Abplattung	$H_\delta = 0{,}003\,279\,4_2 \pm 0{,}000\,001\,1$

Nach einer von *Helmert [H 42]* aufgestellten Beziehung ist die mittlere Erddichte $\bar{\varrho}_\delta$ über den Radius R_δ^V der volumengleichen Kugel und die Fallbeschleunigung g_{45} unter 45° geogr. Breite mit der Gravitationskonstanten G verknüpft

$$\bar{\varrho}_\delta = \frac{3}{4\pi} \frac{g_{45}}{R_\delta^V} \frac{1,0014}{G} . \tag{148}$$

Bei Benutzung des Wertes γ_0 (45°) (125a) für g_{45} und des Berrothschen R_δ^V-Wertes (Tabelle 50) erhält man für das Produkt aus mittlerer Erddichte und Gravitationskonstante

$$\bar{\varrho}_\delta G = (36,7955_6 \pm 0,0007) \cdot 10^{-8}\ \mathrm{s}^{-2} \tag{149}$$

und für die mittlere Erddichte mit dem Wert (122) der Gravitationskonstanten

$$\bar{\varrho}_\delta = (5,516_6 \pm 0,006)\ \mathrm{g/cm^3}, \tag{148a}$$

während aus dem Berrothschen Rotationsellipsoid direkt

folgt. $$\bar{\varrho}_\delta = \frac{3}{4\pi} \frac{M_\delta}{(R_\delta^V)^3} = \frac{3}{4\pi} \frac{M_\delta}{a_\delta^2 b_\delta} = \frac{3}{4\pi} \frac{M_\delta}{a_\delta^3 (1-\alpha_\delta)} = (5,516_9 \pm 0,006)\ \mathrm{g/cm^3} \tag{150}$$

2. Konstanten der Thermodynamik

Die wichtigsten Konstanten der Wärmelehre sind der Eispunkt T_0, das spezifische Normvolumen der idealen Gase v_0, die universelle Gaskonstante R_0 und die Boltzmannsche Entropiekonstante k.

a) Eispunkt T_0. In der Tabelle 52 haben wir die Ergebnisse zusammengestellt, zu denen die letzten Präzisionsbestimmungen der thermodynamischen Temperatur T_0 des unter physikalischem Normdruck $p_0 = 1$ atm schmelzenden Eises aus Messungen mit dem Gasthermometer führten. Die T_0-Werte wurden den Originalveröffentlichungen über die gewonnenen Meßreihen oder späteren kritischen Zusammenfassungen der einzelnen Experimentatoren entnommen, in denen sie ihnen erforderlich scheinende Korrektionen angebracht haben. Die Unsicherheitsgrenze der einzelnen gasthermometrischen T_0-Bestimmungen dürfte bei etwa $\pm 0,02$ °K liegen. Die aus Untersuchungen des Joule-Thomson-Effekts beispielsweise von *Jaeger [J 5]* und *Roebuck [R 15]* abgeleiteten T_0-Werte reichen in ihrer Zuverlässigkeit an die gasthermometrisch bestimmten nicht heran und können daher hier außer Betracht bleiben.

Tabelle 52. Gasthermometrische Bestimmungen der Temperatur T_0 des Eispunktes

Autor	Jahr	T_0 in °K
Heuse u. *Otto [H 53; H 54]*	1929/30	273,16_0
Keesom u. Mitarbeiter *[K 10; K 11; K 12]*	1927/36	273,14_4
Kinoshita u. *Oishi [K 16; O 4; O 6]*	1937/49	273,16_7
Oishi [O 5; O 6]	1942/49	273,15
Beattie [B 16]	1939	273,16_6
Beattie [B 70]	1942/52	273,18_2

Als beste Mittelwerte für den Eispunkt aus den verschiedenen expemmentellen Untersuchungen wurden in den letzten 20 Jahren verschiedene Werte vorgeschlagen; einige solche Vorschläge enthält die Tabelle 53.

Tabelle 53. Als Mittelwert für die Temperatur des Eispunktes vorgeschlagene Werte T_0

Vorschlag	Jahr	T_0 in °K
Keesom u. *Tuyn [K 13]* für das Institut International du Froid ..	1937	$273,15 \pm 0,02$
Comité Consultatif de Thermométri *[C 27]*	1939	$273,15 \pm 0,02$
Roebuck u. *Murrill [R 16]* auf dem Symposium on Temperature des American Institute of Physics	1941	$273,17 \pm 0,02$
Beattie [B 16] auf dem Symposium on Temperature des American Institute of Physics	1941	273,165
Comité Consultatif de Thermométrie *[C 28]*.....................	1948	273,15

Die endgültige Festlegung des im Rahmen der Meterkonvention für T_0 zu benutzenden Wertes erforderte viele Jahre Zeit. 1948 schlug das Comité Consultatif de Thermométrie et Calorimétrie den in der Tabelle genannten Wert vor. Das Internationale Komitee für Maß und Gewicht stellte jedoch die Entscheidung zurück *[C 62]*, um zunächst die Resultate der in den USA noch laufenden Experimente abzuwarten. Diese wurden 1952 abgeschlossen, während sich ihre Auswertung bis in das Jahr 1953 hinzog. So blieb die Frage auch während der Sitzungsperioden 1950 und 1952 des Internationalen Komitees offen.

Daraufhin überprüften die an den experimentellen Untersuchungen beteiligten Institute nochmals die Auswertung ihrer Meßreihen. *Otto [O 9]* gelangte bei einer Neuberechnung der Drucke aus den von ihm und *Heuse* in der PTR gemessenen Druckverhältnissen für den Eispunkt zu $273{,}14_9$ °K; ähnliche Berechnungen stellte *van Dijk [D 44]* an. Bei der Umrechnung vom realen auf den idealen Zustand der benutzten Gase gehen deren zweite Virialkoeffizienten ein, für die in verschiedenen Laboratorien unterschiedliche Werte benutzt wurden. Um ihren Einfluß auf die T_0-Werte zu prüfen, nahm *van Dijk [D 44]* erneut eine Auswertung der gemessenen Daten vor, und zwar einmal mit den im jeweiligen Institut üblichen Werten und zum anderen mit einem Mittelwert für die zweiten Virialkoeffizienten; den Rechnungen legte er den neueren T_0-Wert von *Oishi* und das Mittel der beiden von *Beattie* mitgeteilten T_0-Werte zugrunde (Tabelle 52). Das Ergebnis ist in die Spalten 2 und 3 der Tabelle 54 eingetragen worden.

1954 entschied sich dann das Comité Consultatif de Thermométrie für den abgerundeten Wert

$$T_0^* = 273{,}15 \text{ °K,} \tag{151}$$

Tabelle 54. Mit verschiedenen Werten für die zweiten Virialkoeffizienten berechnete T_0-Werte (nach van Dijk)

Laboratorium	T_0 in °K	T_0 in °K
	Individuelle Virialkoeffizienten:	*Mittlere Virialkoeffizienten:*
Physikalisch-Technische Bundesanstalt	273,149	273,149
Kamerlingh Onnes Laboratory	273,144	273,147
Scientific Research Institute Tokyo	273,148	273,148
Massachusetts Institute of Technology	273,174	273,171
Mittelwert	273,154	273,154

aus dem mit der 1948 von der 9. Generalkonferenz für Maß und Gewicht angenommenen Relation (3, 10) für den Tripelpunkt des Wassers die Festsetzung

$$T_{tr} = 273{,}16 \text{ °K} \tag{151'}$$

resultierte, die 1954 die 10. Generalkonferenz für Maß und Gewicht der Definition der thermodynamischen Temperaturskala und der Festlegung der Einheit Grad Kelvin für die thermodynamische Temperatur zugrunde legte. Wie im Abschnitt 3, 5a im einzelnen ausgeführt wurde, definiert die Gleichung (151) einen „fiktiven" Eispunkt T_0^*, der jedoch höchstens wenige zehntausendstel Grad vom physikalischen Eispunkt T_0 entfernt liegt.

Demnach ist heute als Mittel aus den gasthermometrischen Bestimmungen der thermodynamischen Temperatur T_0 des physikalischen Eispunktes in der 1954 definierten Kelvin-Skala

$$T_0 = (273{,}15 \pm 0{,}01) \text{ °K} \tag{151a}$$

oder, ausgedrückt in Grad Rankine (Abschnitt 3, 5a),

$$T_0 = (491{,}67 \pm 0{,}02) \text{ °R} \tag{151b}$$

zu schreiben. Man darf annehmen, daß zur Aufklärung der noch bestehenden kleinen Differenzen zwischen den verschiedenen Meßergebnissen weitere experimentelle Untersuchungen angestellt werden.

b) Spezifisches Normvolumen idealer Gase v_0 und Molnormvolumen idealer Gase v_0'. Das spezifische Normvolumen der idealen Gase ist definiert als der Quotient aus dem Volumen V_n, das ein ideales Gas im physikalischen Normzustand, d. h. bei der Temperatur T_0 des Eispunktes (Abschnitt 2a) und unter dem Druck einer physikalischen Normal-Atmosphäre p_0 (Abschnitt 2,6) einnimmt, und der Masse m des idealen Gases

$$v_m(\text{ideales Gas})_n = v_0 = \frac{V_n}{m}. \tag{3, 144}$$

Für v_0 erhält man einen universellen, für das ideale Gas charakteristischen Zahlenwert (Abschnitt 3, 9), falls die Masse m in der individuellen chemischen Massen-„Einheit" mol oder kmol (Abschnitt 3, 8) gemessen wird.

Bezogen auf die chemische Atomgewichtsskala, die durch die Festsetzung für das Atomgewicht des atomaren Sauerstoffs im chemischen Sinn

$$(A_{\ddot{\mathrm{O}}})_{Ch} = 16 \tag{3, 80}$$

definiert wurde, ist v_0 aus der auf idealen Gaszustand reduzierten Normdichte $\varrho_0\,(\mathrm{O_2})$ des molekularen Sauerstoffs [(28a) in Abschnitt I, 1c] abzuleiten:

$$v_0 = \frac{1}{\varrho_0(\mathrm{O_2})} = \frac{1}{1{,}427\,68_7}\,\mathrm{l}\,(\mathrm{g\,O_2})^{-1} = \frac{(M_{\mathrm{O_2}})_{Ch}}{1{,}427\,68_7}\,\mathrm{l/mol_{Ch}}$$

$$= (22{,}4139 \pm 0{,}0011)\,\mathrm{l/mol_{Ch}} \tag{152a}$$

$$= \frac{(M_{\mathrm{O_2}})_{Ch}}{1{,}427\,64_7}\,10^3\,\mathrm{cm^3/mol_{Ch}}$$

$$= (2{,}24145 \pm 0{,}00012) \cdot 10^4\,\mathrm{cm^3/mol_{Ch}}. \tag{152b}$$

Bezogen auf die physikalische Atomgewichtsskala, erhalten wir mit dem Skalenäquivalent k_A (80)

$$v_0 = (22{,}4201 \pm 0{,}0012)\,\mathrm{l/mol_{Ph}} \tag{153a}$$

$$= (2{,}24208 \pm 0{,}00013) \cdot 10^4\,\mathrm{cm^3/mol_{Ph}}. \tag{153b}$$

Gelegentlich wird auch noch mit dem spezifischen Normvolumen, bezogen auf die Fallbeschleunigung g_{45} (71) bei 45° geogr. Breite, d. h. bezogen auf den Druck $p_0' = 1\,\mathrm{atm_{45}}$ (2, 105a) gerechnet. Das entsprechende Molnormvolumen v_{45} der idealen Gase ergibt sich ganz analog v_0 über die reduzierte Sauerstoffdichte $\varrho_0\,(\mathrm{O_2})_{45°}$ (26) zu

$$v_{45} = (22{,}415\underline{0} \pm 0{,}0011)\,\mathrm{l/mol_{Ch}} \tag{152'a}$$

$$= (2{,}24156 \pm 0{,}00012) \cdot 10^4\,\mathrm{cm^3/mol_{Ch}} \tag{152'b}$$

$$= (22{,}4212 \pm 0{,}0012)\,\mathrm{l/mol_{Ph}} \tag{153'a}$$

$$= (2{,}24219 \pm 0{,}00013) \cdot 10^4\,\mathrm{cm^3/mol_{Ph}}. \tag{153'b}$$

Die bisherige Darstellung mit v_0 entsprach im wesentlichen der kontinuumstheoretischen Behandlung der Gasgesetze. In der atomistischen Beschreibung, d. h. in der zweiten Auffassung vom Mol-Begriff (Abschnitt 3, 8) tritt an die Stelle des spezifischen Normvolumens als charakteristische Größe das Molnormvolumen v_0' (Abschnitt 3, 9). Es ist definiert als das Volumen, das L ideale Gasmoleküle im physikalischen Normzustand einnehmen, d. h. als der Quotient aus dem Normvolumen V_n eines idealen Gases und der Molzahl l des idealen Gases

$$v_l(\text{ideales Gas})_n = v_0' = \frac{V_n}{l} = \frac{L}{N_L}\,v_0. \tag{3, 152}$$

Für das Molnormvolumen der idealen Gase ergibt sich somit, bezogen auf die chemische Atomgewichtsskala ($L = L_{Ch}$),

$$v_{0\,Ch}' = (22{,}4139 \pm 0{,}0011)\,\mathrm{l} \tag{154a}$$

$$= (2{,}24145 \pm 0{,}00012) \cdot 10^4\,\mathrm{cm^3}, \tag{154b}$$

und, bezogen auf die physikalische Atomgewichtsskala ($L = L_{Ph}$),

$$v_{0\,Ph}' = (22{,}4201 \pm 0{,}0012)\,\mathrm{l} \tag{155a}$$

$$= (2{,}24208 \pm 0{,}00013) \cdot 10^4\,\mathrm{cm^3}. \tag{155b}$$

c) Universelle Gaskonstante R_0, Molgaskonstante R_0' und Boltzmannsche Entropiekonstante k. Werte für die universelle Gaskonstante erhält man aus der Beziehung

$$R_0 = R_m(\text{ideales Gas}) = \frac{p_0\,v_0}{T_0} = \frac{p_0'\,v_{45}}{T_0}, \tag{3, 147}$$

wenn man als Masseneinheit die individuelle chemische Massen-„Einheit" mol oder kmol (Abschnitt 3, 8) benutzt. Mit den Definitionsgleichungen für die physikalische Normal-Atmosphäre

$$p_0 = 1\,\text{atm}_n = 1{,}013\,250 \cdot 10^6\,\text{dyn/cm}^2 \tag{2, 105'}$$

$$\text{und} \quad p_0' = 1\,\text{atm}_{45} = 1{,}013\,200 \cdot 10^6\,\text{dyn/cm}^2 \tag{2, 105a}$$

und den in den vorangegangenen Abschnitten für T_0 und v_0 angegebenen Werten (151a) und (152a) bis (153b) sowie der deutlicheren Abkürzung „g-mol" für das „Massen"-Mol (3, 81; siehe auch S. 370) ergibt sich

$$R_0 = (8{,}205\,7_0 \pm 0{,}0007) \cdot 10^{-2}\,\text{latm/(°K g-mol}_{\text{ch}}) \tag{156a}$$

$$= (8{,}314\,6_6 \pm 0{,}0007)\,\text{J/(°K g-mol}_{\text{ch}}) \tag{156b}$$

$$= (8{,}207\,9_9 \pm 0{,}0007) \cdot 10^{-2}\,\text{latm/(°K g-mol}_{\text{ph}}) \tag{157a}$$

$$= (8{,}316\,9_8 \pm 0{,}0008)\,\text{J/(°K g-mol}_{\text{ph}}). \tag{157b}$$

Bezogen auf die chemische Atomgewichtsskala, folgt mit (3, 22), (3, 26'), (3, 38), (3, 39) und (3, 11)

$$R_0 = (1{,}986\,5_4 \pm 0{,}0004)\,\text{cal}_{15°}/(°K\,\text{g-mol}_{\text{ch}}) \tag{158}$$

$$= (1{,}985\,9_0 \pm 0{,}0002)\,\text{cal}_{\text{IT}}/(°K\,\text{g-mol}_{\text{ch}}) \tag{159}$$

$$= (1{,}103\,2_9 \pm 0{,}0001)\,\text{calorie/(°R\,g-mol}_{\text{ch}}) \tag{160}$$

$$= (4{,}378\,2_1 \pm 0{,}0004)\,\text{Btu/(°R\,g-mol}_{\text{ch}})\ ^{1)} \tag{161}$$

Für die Molgaskonstante

$$R_l = R_l(\text{ideales Gas}) = \frac{p_0\,v_0'}{T_0} = \frac{L}{N_L}\,R_0, \tag{3, 155}$$

d. h. die für die zweite Auffassung des Mol-Begriffs (Abschnitt 3, 8) charakteristische universelle Gaskonstante, erhält man mit den Werten (154a) bis (155b) für das Molnormvolumen v_0', und zwar bezogen auf die chemische Atomgewichtsskala ($L = L_{Ch}$) und auf die physikalische Atomgewichtsskala ($L = L_{Ph}$),

$$R_{0\,Ch}' = (8{,}205\,7_0 \pm 0{,}0007)\,10^{-2}\,\text{latm/°K} \tag{162a}$$

$$= (8{,}314\,6_6 \pm 0{,}0007)\,\text{J/°K} \tag{162b}$$

$$= (1{,}986\,5_4 \pm 0{,}0004)\,\text{cal}_{15°}/°K \tag{163}$$

$$= (1{,}985\,9_0 \pm 0{,}0002)\,\text{cal}_{\text{IT}}/°K \tag{164}$$

$$= (1{,}103\,2_9 \pm 0{,}0001)\,\text{calorie/°R} \tag{165}$$

$$= (4{,}378\,2_1 \pm 0{,}0004)\,\text{Btu/°R}\ ^{1)} \tag{166}$$

$$R_{0\,Ph}' = (8{,}207\,9_9 \pm 0{,}0007) \cdot 10^{-2}\,\text{latm/°K} \tag{167a}$$

$$= (8{,}316\,9_8 \pm 0{,}0008)\,\text{J/°K}. \tag{167b}$$

In der Darstellung mit der 1957 von der IUPAP empfohlenen Grundgröße Teilchenmenge n und ihrer Grundeinheit mol (Abschnitt 7, 11) folgt mit der Avogadroschen Konstanten N_A (178b) für das teilchenmengenbezogene (molare) Normvolumen idealer Gase V_0 (7, 82), die universelle Gaskonstante R_0 (7, 61), die Boltzmannsche Entropiekonstante k (7, 61a) und die Loschmidtsche Konstante idealer Gase V_0/N_A (siehe S. 370).

$$V_0 = v\,(p_0, T_0)_{\text{id}}/n = (2{,}24208 \pm 0{,}00009) \cdot 10^4\,\text{cm}^3/\text{mol} \tag{168}$$

$$= (22{,}4201 \pm 0{,}0009)\ \text{l/mol} \tag{169}$$

$$R_0 = p_0 V_0/T_0 = (8{,}316\,9_8 \pm 0{,}0004)\ \text{J/(°K mol)} \tag{170}$$

$$= (8{,}207\,9_9 \pm 0{,}0004) \cdot 10^{-2}\,\text{latm/(°K mol)} \tag{171}$$

$$k = R_0/N_A = (1{,}38041 \pm 0{,}00007) \cdot 10^{-23}\,\text{J/°K} \tag{172}$$

$$V_0/N_A = (2{,}687\,2_4 \pm 0{,}0001) \cdot 10^{19}\,\text{cm}^3. \tag{173}$$

$^{1)}$ Btu: siehe Abschnitt 7, 9; S. 357.

3. Konstanten des elektromagnetischen Feldes

Bei der Darstellung der Elektrodynamik im Vierer-System (Abschnitt 4, II, 2) treten drei Konstanten auf: die elektrische Feldkonstante ε_0, die magnetische Feldkonstante μ_0 und die Ausbreitungsgeschwindigkeit elektromagnetischer Wellen im Vakuum oder Vakuumlichtgeschwindigkeit c_0. Sie sind durch die Gleichung

$$\varepsilon_0 \mu_0 c_0^2 = 1 \tag{4, 195}$$

verknüpft.

Die *magnetische Feldkonstante* wird durch die Relation

$$\mu_0 = 4\pi \cdot 10^{-7} \frac{\mathrm{N}}{\mathrm{A}^2} \tag{4, 337}$$

$$= 4\pi \cdot 10^{-7}\,\mathrm{H/m} = 1{,}256\,637 \cdot 10^{-6}\,\mathrm{H/m} \tag{4, 337'}$$

gegeben, die als Definition der vierten (elektrischen) Grundeinheit Ampere (A) des MKSA-Systems (Abschnitt 4, III, 2b) angesehen werden kann.

Die *Vakuumlichtgeschwindigkeit* ist im Abschnitt 4 aufgeführt

$$c_0 = (2{,}99793 \pm 0{,}00001) \cdot 10^8\,\mathrm{m/s}. \tag{177}$$

Mit (4, 337′) und (177) folgt aus der Gleichung (4, 195) für die *elektrische Feldkonstante*

$$\varepsilon_0 = \frac{1}{\mu_0 c_0^2} = (8{,}584\,16 \pm 0{,}00005) \cdot 10^{-12}\,\mathrm{F/m}. \tag{174}$$

Als *Wellenwiderstand des Vakuums* Γ_0 wird die Konstante

$$\Gamma_0 = \sqrt{\frac{\mu_0}{\varepsilon_0}} = \mu_0 c_0 \tag{175}$$

bezeichnet und benutzt. Sie ergibt sich aus (4, 337′) und (177) zu

$$\Gamma_0 = (376{,}731_0 \pm 0{,}001)\,\Omega. \tag{176}$$

Für die *elektromagnetische Verkettung* $\gamma = c_0 \sqrt{\varepsilon_0 \mu_{*0}}$ [Abschnitt 4, H, 3; Gleichung (252)] erübrigt sich die Angabe eines Zahlenwertes, da elektrische Einheitensysteme mit fünf Grundeinheiten bisher nicht vereinbart worden sind (Abschnitt 4, III, 3).

4. Werte für atomare Konstanten

Wie schon eingangs betont wurde, sollen hier nur Werte für Atomkonstanten zusammengestellt werden, soweit sie für andere Abschnitte dieses Buches von Interesse sind. Hinsichtlich aller Einzelheiten der Messung atomarer Konstanten sowie der Auswertung und Mittelung der experimentellen Resultate sei auf die zahlreichen zusammenfassenden Darstellungen [siehe z. B. *B 14a*; *B 14b*; *B 15*; *B 36*; *B 47*; *B 51*; *B 51a*; *C 19a*; *C 19b*; *C 19c*; *C 19d*; *C 19e*; *C 19f*; *D 53a*; *D 53b*; *D 53c*; *D 53d*; *D 54*; *D 55*; *D 57*; *H 71a*; *K 18*; *K 19*; *K 20*; *S 45*; *S 47*; *S 50*; *S 52*; *S 62*; *S 64*; *S 69*; *S 69e*]. und die dort zitierten Originalveröffentlichungen verwiesen. In der von *Du Mond* und Mitarbeitern zuletzt 1955 *[C 19f]* nach Methoden der Ausgleichsrechnung unter Berücksichtigung der vorhandenen Korrelationen durchgeführten Gesamtauswertung der Ergebnisse von Präzisionsmessungen für Atomkonstanten haben sich inzwischen einige „schwache Punkte" herausgestellt. In Hinblick auf noch laufende Kontrollmessungen und neue Untersuchungen dürfte es sich jedoch empfehlen, bis zum Abschluß dieser Arbeiten mit einer erneuten Generaldiskussion zu warten *[C 19e; D 53b u. c]*. Wir werden daher im folgenden weitgehend auf die 1955 ermittelten Werte *[C 19f]* zurückgreifen, denen hier an Stelle des aus der Ausgleichsrechnung folgenden „standard error" eine Unsicherheitsgrenze (Abschnitt 1, 10) zugeordnet wird.

Die Bestimmungen der *Vakuumlichtgeschwindigkeit* c_0 erstrecken sich über lange Jahrzehnte. In den letzten Jahren sind zahlreiche neue Untersuchungen nach verschiedenen Methoden und mit ständig steigender Genauigkeit durchgeführt worden [siehe z. B. *A 13a*; *A 13b*; *A 13c*; *A 13d*; *A 13e*; *B 31a*; *B 31b*; *B 31c*; *B 31d*; *B 31e*; *B 31f*; *B 65a*; *B 65b*; *C 18c*; *C 18d*; *E 2a*; *E 13a*; *E 13b*; *E 13c*; *E 13d*; *E 14a*; *E 14d*; *E 14e*; *E 14f*; *F 19a*; *F 19b*; *F 26a*; *F 26b*; *F 26c*; *F 26d*; *F 26e*; *H 65a*; *H 65b*; *L 23c*; *M 2a*; *M 9b*; *P 46a*; *R 1c*; *R 1d*; *R 1e*; *R 1f*]. Die Ergebnisse können hier nicht im einzelnen diskutiert werden und müssen allgemeinen Berichten [siehe z. B. *B 14a*; *B 15*; *B 31f*; *B 47*; *B 51a*; *C 19d*; *D 49*; *D 53b*; *D 57a*; *E 14*; *J 4a*; *K 6a*; *K 20a*; *M 37*; *M 37a*; *S 47*; *S 60*; *S 63*; *S 69d*] oder den Originalarbeiten entnommen werden. Aus der Gesamtheit des vorliegenden experimentellen Materials ist für die Vakuumlichtgeschwindigkeit ein Wert zwischen 299792,5 und 299793,0 km/s am wahrscheinlichsten. Wir verwenden als derzeit vertretbaren Mittelwert

$$c_0 = (2{,}99793 \pm 0{,}00001) \cdot 10^8 \text{ m/s}. \tag{177}$$

Für die auf die Massen-Größen Mol und Val der früheren Darstellung (Abschnitt 3, 8) in der chemischen Atomgewichtsskala bezogenen Größen *spezifische Molekülzahl* N_L und *spezifische Ionenladung* F' benutzen wir die Werte [*S 62*; *S 64*]

$$N_L = (6{,}0237 \pm 0{,}0015) \cdot 10^{23} \text{ g-mol}_{\text{ch}}^{-1} \quad {}^1) \tag{178a}$$

$$F' = (9{,}6497 \pm 0{,}0007) \cdot 10^4 \text{ C/g-val}_{\text{ch}} \quad {}^1). \tag{179a}$$

Den universellen Konstanten, die in der 1957 von der IUPAP empfohlenen Darstellung des Molbegriffes (Abschnitt 7, 11) als Proportionalitätsfaktoren zwischen Teilchenanzahl N und Teilchenmenge n sowie zwischen transportierter Ladung Q und Äquivalentenmenge n_E auftreten, d. h. der *Avogadroschen Konstanten* N_A und der *Faradayschen Konstanten* F, ordnen wir die Werte [*C 19f*; *S 69e*] zu:

$$N_A = (6{,}0250_0 \pm 0{,}0002) \cdot 10^{23} \text{ mol}^{-1} \tag{178b}$$

$$F = (9{,}6522_3 \pm 0{,}0002) \cdot 10^4 \text{ C/mol}. \tag{179b}$$

Aus F und N_A folgt nach Gleichung (7, 64) für die Elementarladung

$$e = (1{,}60203 \pm 0{,}00006) \cdot 10^{-19} \text{ C}. \tag{180}$$

Aus der im Abschnitt 2c behandelten universellen Gaskonstanten R_0 (170) ergibt sich mit N_A (178b) für die *Boltzmannsche Entropiekonstante*

$$k = (1{,}38041 \pm 0{,}00007) \cdot 10^{-23} \text{ J/°K}. \tag{172}$$

Das *Planksche Wirkungsquantum* h läßt sich experimentell nicht unmittelbar bestimmen, ist vielmehr aus den Ergebnissen für atomare Größen abzuleiten, die h in verschiedenen Potenzen enthalten. Wir übernehmen hier einen Wert, den *Du Mond* und Mitarbeiter bei ihrer Behandlung der für atomare Konstanten gewonnenen Resultate nach Methoden der Ausgleichsrechnung ermittelt haben

$$h = (6{,}6252 \pm 0{,}0007) \cdot 10^{-34} \text{ Js}, \tag{181}$$

und für die *quantenmechanische Einheit des Drehimpulses*

$$\hbar = \frac{h}{2\pi} = (1{,}0544_3 \pm 0{,}0001) \cdot 10^{-34} \text{ Js}. \tag{181a}$$

Für die *spezifische Elektronenladung* e/m_e folgt analog

$$e/m_e = (1{,}75890 \pm 0{,}00007) \cdot 10^{11} \text{ C/kg} \tag{182}$$

und für das Verhältnis *Protonenmasse/Elektronenmasse*

$$\frac{m_p}{m_e} = 1\,836{,}12 \pm 0{,}07; \tag{183}$$

${}^1)$ Hinsichtlich der hier benutzten Symbole g-mol$_{\text{ch}}$ und g-val$_{\text{ch}}$ siehe S. 370.

die *spezifische Protonenladung* e/m_p berechnet sich aus (182) und (183) zu

$$e/m_\mathrm{p} = (9{,}5794_4 \pm 0{,}0004) \cdot 10^7 \text{ C/kg}. \tag{184}$$

In der Atom- und Kernphysik geben wir magnetische Momente in ihrer Definition (4, 275 b) als „elektromagnetische Momente" oder „Ampèresche magnetische Momente" (Abschnitt 4, II, 4), d. h. als Quotienten Drehmoment/Leerinduktion an. Nach *Du Mond* und Mitarbeitern ergibt sich für das *Bohrsche Magneton*

$$\bar\mu_\mathrm{B} = \frac{1}{2}\,\frac{e}{m_\mathrm{e}}\,\hbar = (9{,}273_2 \pm 0{,}001) \cdot 10^{-24} \text{ A m}^2 \tag{185}$$

und für das *Kernmagneton*

$$\bar\mu_\mathrm{N} = \frac{1}{2}\,\frac{e}{m_\mathrm{p}}\,\hbar = (5{,}0504 \pm 0{,}0006) \cdot 10^{-27} \text{ A m}^2. \tag{186}$$

Im Gegensatz zu Abschnitt 4, III, 3, wo bei der Diskussion denkbarer Einheitensysteme mit 5 Grundeinheiten für die Elektrodynamik das gyromagnetische Verhältnis des Protons γ_p in der Definition (4, 350) eingeführt worden war, wollen wir hier auch diese atomare Konstante auf das magnetische Protonenmoment $\bar\mu_\mathrm{p}$ als „elektromagnetisches Moment" beziehen; d. h. $\bar\mu_\mathrm{p}$ ergibt sich aus dem Moment μ_p der Gleichung (4, 352) nach Division durch die magnetische Feldkonstante μ_0. Mit der Korrektur für den diamagnetischen Effekt der Elektronen im Wasserstoffmolekül *[S 64]* folgt aus den Messungen von *Thomas, Driscoll* und *Hipple [T 8; T 9; T 10]* sowie *Bender* und *Driscoll [B 24 b]* für das *gyromagnetische Verhältnis des Protons*

$$\bar\gamma_\mathrm{p} = \frac{e}{m_\mathrm{p}}\,\frac{\nu_\mathrm{np}}{\nu_\mathrm{cp}} = (2{,}67520 \pm 0{,}00006) \cdot 10^8 \text{ A m}^2/(\text{J s}) \quad {}^{1}). \tag{4, 351'}$$

Nach *Du Mond* und Mitarbeitern ergibt sich für die *Sommerfeldsche Feinstrukturkonstante*

$$\alpha = \frac{\mu_0\,c_0}{2}\,\frac{e^2}{h} = 7{,}2972_9 \pm 0{,}0002 = \frac{1}{137{,}037_3 \pm 0{,}003}. \tag{187}$$

Für die *Rydberg-Konstante* R_∞, d. h. die Rydbergwellenzahl für unendlich große Kernmasse, hat *Cohen [C 22]* unter Berücksichtigung des Lamb-shift, d. h. der quantenelektrodynamisch bedingten Aufspaltung der Wasserstoff-Terme $2\,{}^2\mathrm{S}_{1/2}$ und $2\,{}^2\mathrm{P}_{1/2}$, den Wert

$$R_\infty = \frac{\mu_0^2\,c_0^3\,m_\mathrm{e}^4}{8\,h^3} = (109\,737{,}30_9 \pm 0{,}04) \text{ cm}^{-1} \tag{188}$$

abgeleitet; aus R_∞ berechnen sich mit dem Massenverhältnis (183) die *Rydbergwellenzahl des leichten Wasserstoffatoms* zu

$$R_\mathrm{H} = \frac{R_\infty}{1 + \dfrac{m_\mathrm{e}}{m_\mathrm{p}}} = (109\,677{,}57_6 \pm 0{,}04) \text{ cm}^{-1} \tag{189 a}$$

und die *Rydbergfrequenz des leichten Wasserstoffatoms* zu

$$R'_\mathrm{H} = c_0\,R_\mathrm{H} = (3{,}288057 \pm 0{,}000009) \cdot 10^{15} \text{ Hz}. \tag{189 b}$$

Aus (172), (177) und (181) ergeben sich die beiden *Konstanten des Planckschen Strahlungsgesetzes* zu

$$c_1 = c_0^2\,h = (5{,}9544 \pm 0{,}0007) \cdot 10^{-17} \text{ W m}^2 \tag{190}$$

$$c_2 = \frac{c_0\,h}{k} = (1{,}4388_3 \pm 0{,}0002) \text{ cm } {}^\circ\mathrm{K}; \tag{191}$$

für die *Stefan-Boltzmannsche Strahlungskonstante* σ folgt

$$\sigma = \frac{2\,\pi^5}{15}\,\frac{k^4}{c_0^2\,h^3} = \frac{2\,\pi^5}{15}\,\frac{c_1}{c_2^4} = (5{,}668_8 \pm 0{,}001) \cdot 10^{-8}\,\frac{\text{W}}{\text{m}^2\,({}^\circ\mathrm{K})^4}. \tag{192}$$

---

^{1}) Der Grund für die Diskrepanz zwischen diesem Wert und dem Ergebnis der Messungen von *Kirchner* und *Wilhelmy [K 20 b; K 20 c]*

$$\bar\gamma_\mathrm{p} = (2{,}67556 \pm 0{,}00008) \cdot 10^8 \text{ A m}^2/(\text{J s})$$

konnte noch nicht aufgeklärt werden.

Im Rahmen der Internationalen Temperaturskala von 1948 wurde für c_2 der Wert (7, 45) festgesetzt (Abschnitte 3, 5c und 6, I, 1f sowie 7, 10).

Eine Reihe allgemeiner und atomarer Konstanten ist in der Tafel 34 zusammengestellt worden.

In der Atom- und Kernphysik werden Wirkungsquerschnitte meist in der für ihre Beträge passenden Einheit 10^{-24} cm² angegeben, für die sich die Bezeichnung Barn („Scheune") mit dem Symbol b eingeführt hat und 1960 von der 10. General Assembly der IUPAP empfohlen wurde [*I 36c*].

$$1 \text{ b} = 10^{-24} \text{ cm}^2. \tag{193}$$

Da für in der Kernphysik häufig vorkommende kleine Flächen und Längen oder deren Reziprokwerte bereits mehrere Namen (Fermi, Rutherford, Yukawa) vorgeschlagen wurden und teilweise in verschiedenem Sinne gebraucht werden, wird neuerdings eine Ausdehnung des Systems der dezimalen Vorsätze (siehe Tab. 2[1]) auf S. 36) bis zu den Potenzen 10^{-15} und 10^{-18} erörtert, um auf diese Weise durch eine einheitliche Nomenklatur die vorhandenen Bezeichnungsschwierigkeiten zu beheben. Analoges gilt für die Zehnerpotenzen 10^{15} und 10^{18} , die beispielsweise für die Angabe astronomischer Entfernungen nützlich sind. 1960 hat die 10. General Assembly der IUPAP als Vorsätze für die dezimalen Teile 10^{-15} und 10^{-18} „femto" mit dem Kurzzeichen f und „atto" mit dem Kurzzeichen a angenommen und als Vorschläge an das Internationale Komitee für Maß und Gewicht weitergeleitet [*I 36c*].

Als „natürliche Maßeinheiten" stellte *Planck [P 45]* Einheiten für Länge, Masse, Zeit und Temperatur auf, die er ausschließlich aus seinem Wirkungsquantum h, der Gravitationskonstanten G, der Vakuumlichtgeschwindigkeit c_0 und der Boltzmannschen Entropiekonstanten k, d. h. lediglich aus universellen und als unveränderlich angesehenen Konstanten, ableitete. Die zunehmende Meßgenauigkeit in der Bestimmung der allgemeinen und atomaren Konstanten der Physik legt den Gedanken nahe, das Fundament von Präzisionsmessungen und die Definition von Einheiten auf physikalische Eigenschaften bestimmter ungestörter Atome und Moleküle oder sogar allein auf universelle Konstanten abzustellen [z. B. *D 56; S 58*]. Beispielen begegnet man in der Mechanik (Abschnitte 7, 4 und 5), der Thermodynamik (Abschnitt 3, 8), der Elektrodynamik (Abschnitte 4, III, 2b und 3) und der Atomphysik (Abschnitte 6, I, 4 sowie 7, 11 und 12). Bedeutung und Wert einer Einheit für den jeweils erreichten Stand der Präzisionsmeßtechnik werden danach beurteilt, mit welchem Grade an Eindeutigkeit die Einheit definiert ist und mit welcher Genauigkeit sie experimentell realisiert und mit Größen von gleicher Art verglichen werden kann. Die Werte allgemeiner und atomarer Konstanten (e, m_e, h, c_0 usw.), ausgedrückt in den derzeit üblichen physikalischen Einheiten (m, s, kg usw.), weisen heute noch relative Unsicherheiten von 10^{-5} bis 10^{-4} auf, während die physikalischen Einheiten um mehrere Zehnerpotenzen genauer realisierbar sind [z. B. *D 53b; S 69f; S 69k*]. Wenn auch die Anstrengungen nach weiterer Vervollkommnung der experimentellen Methoden zur Messung universeller Konstanten sicher zu beachtlichen Erfolgen führen werden, darf man wohl nicht damit rechnen, daß in absehbarer Zeit die willkürlich festgesetzten Grundeinheiten des Internationalen Einheitensystems (Abschnitt 7, 2) zugunsten eines Systems „natürlicher Einheiten" in Gestalt einer Reihe universeller Konstanten aufgegeben werden können.

---

[1]) Die in die Tab. 2 aufgenommenen und seit langem gebräuchlichen Vorsätze für dezimale Vielfache und Teile wurden 1958 vom Internationalen Komitee für Maß und Gewicht [*C 91k*] nochmals bestätigt (Abschnitt 7, 2).

SIEBENTER TEIL: ERGÄNZUNGEN

1. Größen und Größenarten; Größen gleicher Art und Größen gleicher Dimension; Verhältnisgrößen und Verhältniseinheiten

Die Einstellung gegenüber dem Größenkalkül und seiner konsequenten Anwendung in Größengleichungen der Naturwissenschaft und Technik ist noch geteilt. Bei der Meinungsbildung zu diesem Thema scheint die Frage nach der „Anschaulichkeit" einer Darstellung eine wichtige Rolle zu spielen. Die physikalische Größe als symbolische Abstraktion von Beschaffenheiten oder Eigenschaften physikalischer Objekte, Zustände oder Vorgänge (siehe S. 8), auf die nach dem Größenkalkül genau wie auf mathematische Zahlen mathematische Operationen angewandt werden, stößt vielfach — ausgesprochen oder nicht ausgesprochen — auf Widerstand oder sogar Ablehnung. Das gilt in verstärktem Maße für die speziellen physikalischen Größen von vereinbarter Größenausdehnung (oder festgesetztem Betrage), die wir Einheiten nennen. Man wendet sich dagegen, daß beispielsweise die elektrische Ladung Q_s (4, 96), die im „elektrostatischen (Länge-Zeit-Masse-)Dreier-System" als abgeleitete Größe auftritt, eine Größe anderer Art ist als die im „(Länge-Zeit-Masse-Ladung-)Vierer-System" als Grundgröße eingeführte elektrische Ladung Q (4, 187), trotzdem Q_s und Q den gleichen physikalischen Tatbestand, z. B. die an ein Proton gebundene Elektrizitätsmenge, beschreiben sollen, und daß folglich die sogenannte elektrostatische CGS-Einheit der elektrischen Ladung, d. h. nach dem Größenkalkül die abgeleitete Einheit $1 \text{ cm}^{3/2} \text{ g}^{1/2} \text{ s}^{-1}$, mit der MKSA-Einheit Coulomb nicht über einen unbenannten Zahlenfaktor durch eine Gleichung verknüpft werden darf [siehe z. B. S. 229 u. *F 6b*]. Hier kollidiert die konsequente Anwendung von Prinzipien des Größenkalküls bei der Ableitung von Größen und Einheiten in vorgegebenen Begriffssystemen offensichtlich mit Denkgewohnheiten der praktischen Anschauung. In ihr möchte man die physikalischen Erscheinungen über eine Anzahl physikalischer Eigenschaften — im Beispiel die elektrische Ladung — in einer Form beschreiben, die aus sich selbst heraus unabhängig ist von der speziellen Darstellung, d. h. einem speziell gewählten Bezugssystem von Grundgrößenarten oder Grunddimensionen [*S 29b*]. Diese Tendenz führt von den aus einer vorgegebenen Anzahl von Grundeinheiten kohärent oder nicht-kohärent abgeleiteten „abstrakten" Einheiten im Sinne des Größenkalküls fort zu den „konkreten" Einheiten, die als Spezialfall der zu beschreibenden physikalischen Eigenschaft unter festgelegten Bedingungen definiert werden. Oder anders ausgedrückt: man bevorzugt die „anschaulichere" Beschreibung über „Etalon-Einheiten" (siehe S. 10, 155 u. 231ff.), die unter Vorgabe der Bedingung „Zahlenwert = 1" Symbole für verschiedene „Einheits-Zustände" sind, die durch Etalons dargestellt oder aufbewahrt werden können — in unserem Beispiel durch einen elektrisch geladenen Probekörper, der einen zweiten der gleichen Ladung in einem bestimmten Abstand r mit einer bestimmten Kraft F abstößt; je nach den Festsetzungen für r und F repräsentiert dann die Abstoßung zweier gleicher Ladungen die „Etalon-Einheit" 1 esE oder 1 C.

Die beiden Beschreibungsarten, von denen die eine sich der Größengleichungen mit „abstrakten" Größen und Einheiten bedient, die andere dagegen „konkrete" Größen und Einheiten benutzt sowie die Gleichungen in einer Form schreibt, die in der Sprache des Größenkalküls als Zahlenwertgleichungen interpretiert wird, erschweren in Diskussionen oft die gegenseitige Verständigung und Einigung der Gesprächspartner [siehe hierzu auch z. B. *C 9a*; *S 29a*].

Ein Beispiel hierfür ist das Rationalisierungsproblem in der Elektrodynamik (Abschnitte 4, I, 4 und 5 sowie III, 4), das in der Internationalen Elektrotechnischen Kommission (IEC) seit dem Jahre 1950 erörtert wird. Da dort eine Einigung auf eine der verschiedenen Rationalisierungsmethoden nicht möglich erscheint, wird der Abschluß der Diskussionen der sein, daß man zwar die Tatsache verschiedener bestehender Möglichkeiten zur Kenntnis nimmt, aber keine bestimmte Methode zur Anwendung im Bereiche der IEC empfiehlt. Umrechnungen zwischen der „klassischen" nicht-rationalen Beschreibung mit CGS-Einheiten und der von der IEC für die Zukunft empfohlenen rationalen Darstellung mit MKSA-Einheiten können dann nur zwischen Zahlenwerten erfolgen [siehe z. B. *S 69c, g, i* u. *j*].

Bei den Debatten spielten die Einheiten Oersted, Gauß, Maxwell und Gilbert (Abschnitt 4, III, 1a) eine wichtige Rolle. Die Meinungsverschiedenheiten wurden besonders bei der Feststellung der Relation zwischen der elektromagnetischen CGS-Einheit Oersted und der MKSA-Einheit Ampere/Meter für die

„magnetische Feldstärke" deutlich (siehe S. 233). In der Auffassung des Größenkalküls sind Oe als „Dreier"-Einheit und A/m als „Vierer"-Einheit abstrakte Einheiten verschiedener Dimension (siehe S. 228) und können daher nicht durch eine Gleichung mit einem unbenannten Zahlenfaktor verknüpft werden; dagegen wird in ihrer Einführung als konkrete „Etalon-Einheiten" ein solcher Dimensionsunterschied überhaupt nicht merkbar. Bei der Erörterung des Vorschlages, die dimensionsmäßigen Schwierigkeiten durch eine Neudefinition des Oersted als „Vierer"-Einheit, d. h. als eine aus den vier Grundeinheiten cm, g, s und Bi = 10 A (Abschnitt 4, III, 2c) abgeleitete Einheit, zu beheben, stellte sich heraus, daß keine Einigung darüber zu erzielen ist, ob bei einer solchen Neudefinition der Faktor 10^8 oder $10^8/4\,\pi$ in der Relation zum A/m stehen soll, d. h. ob man als neu zu definierendes Oersted das $(Oe_4)_r$ der Gleichung (4, 376) oder das $(Oe_4)_n$ der Gleichung (4, 384) wählen will. Der Versuch, die Diskrepanz in den Dimensionsprodukten von Oe und A/m zu beseitigen, scheiterte also praktisch an den Meinungsverschiedenheiten über das Rationalisierungsproblem, nämlich ob der Rationalisierung der Größen oder der Rationalisierung der Einheiten der Vorzug zu geben ist. Nachdem die IEC im Jahre 1954 ohnehin schon empfohlen hatte, in ihrem Bereiche zukünftig CGS-Einheiten zu vermeiden, lehnte sie nunmehr auch eine Neudefinition der Einheiten Oersted, Gauß, Maxwell und Gilbert ab [siehe z. B. *S 69i* u. *j*]. Sie sollen also als elektromagnetische CGS-Einheiten als welche sie 1930 von der IEC eingeführt wurden (siehe S. 212), aussterben. Ihre Definitionen enthält das Vocabulaire Electrotechnique International [*I 22a*; siehe auch S. 229]:

05-35-020 Système CGS:
Système dans lequel le centimètre, le gramme et la seconde sont les unités fondamentales de longueur, de masse et de temps.

05-35-035 Système électromagnétique:
Un certain système d'unités pour les grandeurs électriques et magnétiques dans lequel la perméabilité du vide est prise sans dimension et égale à un.

05-35-040 Unité de masse magnétique dans le système électromagnétique:
Masse magnétique qui, concentrée dans le vide en un point situé à un centimètre d'une masse identique la repousse avec une force de une dyne.

05-35-090 Unités électromagnétique CGS adoptées par la C. E. I. (réunion d'Oslo, 1930):

Grandeurs	Noms
intensité de champ magnétique	oersted
induction	gauss
flux d'induction magnétique	maxwell
force magnétomotrice	gilbert.

Die in der Ausgabe April 1958 des deutschen Normblattes DIN 1339 [*D 20a*] als „Vierer"-Einheiten aufgeführten „Gauß", „Maxwell", „Oersted" und „Gilbert" entsprechen also leider nicht den derzeit bestehenden Definitionen der IEC; sie sind somit als bisher international nicht anerkannte Einheiten des Deutschen Normenausschusses zu betrachten. Die Situation ist unbefriedigend — und das um so mehr, als beispielsweise in der Literatur über elektrische Maschinen zumindest das Gauß im Sinne von 10^{-4} Tesla (siehe S. 338) seit langem praktisch benutzt wird [siehe z. B. *F 6a*]. Hier wäre eine erneute Diskussion mit dem Ziel einer internationalen Klärung und Bereinigung des Fragenkomplexes sehr wünschenswert. Im speziellen Beispiel der Induktionseinheiten könnte man daran denken, den Namen „Gauß" als Kurzbezeichnung für Dyn/(Biot × Zentimeter), d. h. die kohärente Einheit des cm-g-s-Bi-Systems (Abschnitt 4, III, 2c) zu verwenden.

Trotz der eingangs genannten Gegenargumente werden zur formelmäßigen Beschreibung physikalischer Gesetzmäßigkeiten in zunehmendem Maße Größengleichungen benutzt. Diese Tatsache ist allerdings nicht ohne Rückwirkungen auf die begriffliche Untermauerung des Größenkalküls und die für seine praktische Anwendung notwendige Nomenklatur geblieben.

Auch wenn man den „Richtungscharakter" physikalischer Größen, d. h. ihren Vektor- oder Tensorcharakter, zunächst einmal ausklammert, scheint es erforderlich, zwischen „Größenarten" und „Größen" zu unterscheiden (Abschnitt 1, 3). Die physikalische Größenart soll als Abstraktion nur den qualitativen Wesensinhalt des durch sie repräsentierten physikalischen Begriffes erfassen, die physikalische Größe darüber hinaus noch eine quantitative Größenausdehnung enthalten.

Als Beispiel greifen wir die magnetische Feldstärke heraus. Sowohl „rationalisierte" magnetische Feldstärke $_rH$ als auch „nicht-rationalisierte" magnetische Feldstärke $_nH = 4\,\pi_r H$ (4, 373) gehören zur Größenart magnetische Feldstärke, da sie sich in ihrer Definition nur um den Zahlenfaktor $4\,\pi$

unterscheiden, sind aber als verschiedene Größen einzuordnen. Wir geben die Werte der Größen $_rH$ und $_nH$ für zwei verschiedene physikalische Situationen an, und zwar einmal für das magnetische Feld im Zentrum eines zu einem Kreisring vom Radius $r = 0,5$ m gebogenen und vom Strom der Stärke $I = 1$ A durchflossenen Leiters vernachlässigbaren Querschnittes („großer Etalon"), zum anderen für das magnetische Feld im Abstand $l = 2$ m um einen geraden, unendlich langen und vom Strom der Stärke $I = 1$ A durchflossenen Leiter vernachlässigbaren Querschnittes („kleiner Etalon"). Man erhält (siehe S. 232) für die Tangentenbussole die beiden Werte

$$_rH_{\text{Tangbuss.}} = 1 \text{ A/m} \qquad (1r) \qquad\qquad _nH_{\text{Tangbuss.}} = 4\,\pi \text{ A/m} \qquad\qquad (1n)$$

und für den geraden Leiter

$$_rH_{\text{ger.Leit.}} = \frac{1}{4\,\pi} \text{ A/m} \qquad (2r) \qquad\qquad _nH_{\text{ger.Leit.}} = 1 \text{ A/m}. \qquad\qquad (2n)$$

Die vier Größen (1r), (1n), (2r) und (2n) sind nach unserer Nomenklatur Größen der gleichen Größenart „magnetische Feldstärke". Die „Verschiedenheit" der vier Größen läßt sich nach zwei voneinander unabhängigen Unterscheidungsmerkmalen feststellen:

a) (1r) unterscheidet sich von (2r) und ebenso (1n) von (2n) um einen Zahlenfaktor $4\,\pi$, weil (1r) und (1n) das Magnetfeld einer anderen stromdurchflossenen Leiteranordnung beschreiben als (2r) und (2n).

b) Trotzdem (1r) und (1n) ein und denselben physikalischen Zustand in der Tangentenbussole sowie (2r) und (2n) ein und denselben physikalischen Zustand um den geraden Leiter beschreiben, unterscheidet sich (1n) von (1r) und ebenso (2n) von (2r) um einen Zahlenfaktor $4\,\pi$, weil zur Beschreibung desselben Zustandes einmal die Größe $_nH$ und zum anderen die von ihr definitionsgemäß verschiedene Größe $_rH$ benutzt wird.

Analoge Fälle treten z. B. bei Angaben von Blind- und Wirkleistungen oder von Scheitel- und Effektivspannungen in verschiedenen Wechselstromnetzen auf.

Aus derartigen Beispielen könnte man den Schluß ziehen, daß für eine eindeutige Nomenklatur im Rahmen des Größenkalküls noch eine systematische Unterteilung der Größen einer bestimmten Größenart nach verschiedenen Unterscheidungsmerkmalen notwendig ist. Die formale Frage, ob man dann den vorhandenen Bezeichnungen „Größenart" und „Größe" nur weitere zufügen oder diese selbst mit ändern will, brauchen wir hier nicht zu erörtern. Man muß sich jedoch vom Standpunkt einer optimalen Ökonomie in der Begriffsbildung die grundsätzliche Frage vorlegen, ob eine solche Vervielfachung der termini technici durch einen überzeugenden Gewinn an Eindeutigkeit und praktischem Nutzen aufgewogen wird. Die Antwort hängt von den Ergebnissen der laufenden Diskussionen um dieses und verwandte Probleme, beispielsweise eine einfache und eindeutige Symbolik zur Kennzeichnung des „Richtungscharakters" (siehe S. 7) einer Größe, ab *[siehe z. B. F 17c]*.

Mit Sicherheit muß man in unserem Begriffssystem zwischen „Größen gleicher Art" und „Größen gleicher Dimension" unterscheiden.

Die „Gleichartigkeit" physikalischer Größen läßt sich durch die Feststellung kennzeichnen, daß nur von Größen gleicher Art physikalisch sinnvoll Summen oder Differenzen gebildet werden können oder daß sich die Differenz zweier gleichartiger Größen in gleiche Teile teilen läßt. Das „Dimensionsprodukt" einer Größe oder Größenart ist der Ausdruck ihrer Verknüpfung mit den für die Beschreibung der physikalischen Gesetzmäßigkeiten gewählten Grunddimensionen, d. h. die Darstellung der betrachteten Größe oder Größenart als Potenzprodukt aus den gewählten Grundgrößenarten (Abschnitt 1, 7). Das Dimensionsprodukt einer Größe B, bezogen auf ein Dimensionssystem mit n Grunddimensionen A_i für die gewählten n Grundgrößenarten A_i, lautet

$$\text{Dim}\,[B] = \prod_{i=1}^{n} \mathsf{A}_i^{\alpha_i}. \qquad\qquad (1{,}2')$$

Wenn man das Begriffssystem, d. h. Zahl und Art der Grundgrößenarten A_i so wählt, daß in dem zugehörigen Dimensionssystem A_1, A_2, ... A_n zwei Größen B_1 und B_2, für die das gerade genannte Kriterium der „Gleichartigkeit" nicht erfüllt ist, auch stets verschiedene Dimensionsprodukte besitzen, werden die beiden Aussagen „Größen gleicher Art" und „Größen gleicher Dimension" vollkommen äquivalent.

Das ist aber gerade in dem heute meist benutzten Begriffssystem nicht der Fall. Einmal wird der Richtungscharakter der Größen in ihren Dimensionsprodukten nicht berücksichtigt. Beispielsweise haben Arbeit als skalares Produkt aus Kraft und Weg sowie Drehmoment als vektorielles Produkt aus Hebelarm und Kraft im LMT-Dimensionssystem das gleiche Dimensionsprodukt $L^2 MT^{-2}$, sind aber als Skalar und schiefsymmetrischer Tensor zweiter Stufe (siehe S. 40) artverschieden und daher nicht physikalisch sinnvoll addierbar. Zum anderen werden in den heute zur Darstellung der Elektrodynamik einschließlich Mechanik meist benutzten Dimensionssystemen LMTQ, LMTI oder LTUI (Abschnitt 4, II, 2), zu denen auch das Internationale Einheitensystem der Meterkonvention (Abschnitt 2) paßt, artverschiedene elektrische und magnetische Größen dimensionsgleich. So erhalten elektrische Stromstärke und magnetische Spannung das gleiche Dimensionsprodukt I, sind jedoch als Größen verschiedener Art zu betrachten, da magnetische Spannungen nicht physikalisch sinnvoll zu elektrischen Stromstärken addiert oder von ihnen subtrahiert werden können. Erst im „Fünfer"-System (Abschnitt 4, II, 3) sind magnetische Spannung und elektrische Stromstärke auch dimensionsverschieden [siehe z. B. S. 192 u. *F 17a*].

Bei der wechselseitigen begrifflichen Zuordnung physikalischer Größen bleibt also zwischen den beiden Merkmalen „von gleicher Art" und „von gleicher Dimension" zu unterscheiden [*S 69t*].

Einen speziellen, aber für die allgemeinen Erörterungen besonders wichtigen Fall stellen die Größen Y vom Dimensionsprodukt

$$\text{Dim}\,[Y] = \prod_{i=1}^{n} A_i^0 = 1 \tag{1,2''}$$

dar, deren sämtliche Dimensionsexponenten α_i verschwinden. Sie werden, nicht sehr glücklich, weitgehend als „dimensionslose" Größen bezeichnet. Ihrer physikalischer Einführung nach sind solche Größen im allgemeinen zu definieren als das Verhältnis zweier gleichartiger Größen und sollen daher im folgenden *Verhältnisgrößen* genannt werden [siehe auch *H 57c*]. In zusammengesetzten Dimensionsprodukten werden die Verhältnisgrößen bisher einfach durch eine „1" berücksichtigt und als Größen „von der Dimension 1" bezeichnet. Die 1 steht also im Dimensionsprodukt als Symbol für ein Dimensionsverhältnis A_i/A_i. Beispiele sind ebener Winkel φ und Raumwinkel Ω (Abschnitt 3) sowie Teilchenanzahl N (Abschnitt 11), denen die Dimensionsprodukte L/L, L^2/L^2 sowie M/M zuzuordnen sind. Diese Verhältnisgrößen erfüllen jedoch nicht etwa das Merkmal „von gleicher Art" — so können von ebenen und räumlichen Winkeln physikalisch sinnvoll Summen oder Differenzen nicht gebildet werden. Man sollte daher die Dimensionsprodukte der Verhältnisgrößen auch nicht durchkürzen sondern allenfalls $L/L = L^0$, $L^2/L^2 = (L^2)^0$ — und nicht L^0! — oder $M/M = M^0$ schreiben.

Kehren wir von den Dimensionsprodukten der Verhältnisgrößen zu ihnen selbst zurück. Sie wären allgemein als Verhältnis $Y = X'/X''$ zweier Größen X' und X'' gleicher Art aber verschiedener quantitativer Größenausdehnung oder unterschiedlichen „Betrages" zu schreiben. Insbesondere interessiert der Spezialfall, daß $X' = X'' = X$ ist. In der übertragenen Darstellung[1] der Größenarten als Gruppe (Abschnitt 1, 3), d. h. mit einer Verknüpfung ihrer Elemente, daß aus zwei Größenarten stets wieder eine Größenart entsteht, stellen die Verhältnisgrößen $Y = X/X$ gerade das neutrale Element e der Gruppe dar. Es hat die Eigenschaft, bei beliebig häufiger Multiplikation mit sich selbst seinen Wert nicht zu ändern, weshalb es auch „idempotentes" Element der Gruppe heißt [siehe z. B. *B 74a*; *V 16*]:

$$e^n = e. \tag{3}$$

Diese Tatsache ist für die Behandlung der Einheiten, in denen Verhältnisgrößen zu messen sind und die folgerichtig *Verhältniseinheiten* genannt werden können, von besonderer Bedeutung. Da Einheiten stets ihrem Betrage nach vorgegebene oder vereinbarte Größen gleicher Art wie die in ihnen zu messenden Größen sein sollen (Abschnitt 1, 2), ist die allgemeine Definition einer Verhältniseinheit $[Y]$ in der Form

$$[Y] = [X]_1/[X]_2 \tag{4}$$

zu schreiben. Beispielsweise wäre ein ebener Winkel in m/m, cm/m, mm/m usw. zu messen. Unter allen ableitbaren Verhältniseinheiten nehmen diejenigen, die als Verhältnis zweier *gleicher* Einheiten — $[X]_1 = [X]_2 = [X]$ — gebildet werden und daher den „Betrag 1" haben, eine Sonderstellung ein. Sie

---

[1] Dem Größenkalkül liegt offensichtlich eine besondere algebraische Struktur zugrunde, über die bisher noch nicht abschließende Untersuchungen vorliegen. Von den *Dimensionen* der Größen ist bekannt, daß sie eine Gruppe bilden [z. B. *F 17c*; *Q 2*], deren neutrales Element ein Dimensionsausdruck von der Form L^0, M^0 usw. ist.

ändern, genau wie das idempotente Element der Gruppe, bei beliebig häufiger Multiplikation mit sich selbst ihren Wert nicht

$$[Y] = \frac{[X]}{[X]} = \left(\frac{[X]}{[X]}\right)^n \tag{5}$$

und können als „*idempotente Verhältniseinheiten*" mit dem allgemeinen Symbol e bezeichnet werden, für das jeweils das benutzte Einheitenverhältnis einzusetzen ist — bei den oben genannten Beispielen des ebenen und räumlichen Winkels sowie der Teilchenanzahl m/m, m²/m² sowie kg/kg. Vielgebrauchte Verhältniseinheiten führen besondere Namen, so die idempotenten Verhältniseinheiten für ebenen und räumlichen Winkel (m/m und m²/m²) die Sonderbezeichnungen Radiant und Steradiant (Abschnitt 3). Die Frage, für welche Verhältniseinheiten und insbesondere idempotente Verhältniseinheiten solche Sonderbezeichnungen notwendig werden, steht noch offen — auch zu ihrer Beantwortung wird man einen Kompromiß zwischen vollständiger Systematik und praktischer Ökonomie suchen müssen, zumal die überwiegende Mehrheit der bisher als „Zählungseinheiten" (Abschnitt 1, 8) gekennzeichneten Einheiten in die Kategorie der Verhältniseinheiten gehört. Daher wäre es im Interesse einer eindeutigen Schreibweise zweckmäßig, insbesondere die „Zählungseinheit Eins", d. h. in der hier benutzten Ausdrucksweise die idempotenten Verhältniseinheiten, nicht mehr durch die Zahl 1 zu ersetzen.

Zu den Verhältnisgrößen gehören auch die *logarithmierten Verhältnisgrößen* oder *logarithmischen Maße*, d. h. logarithmische Funktionen von Verhältnisgrößen, deren einfachster Vertreter die Größe

$$Z = \ln Y = \ln \frac{X'}{X''} \tag{6}$$

ist. Bei Benutzung der allgemeinen idempotenten Verhältniseinheit

$$[Y] = \frac{[X]}{[X]} = e = \frac{Y}{\{Y\}} \tag{5'}$$

läßt sich die Größe $Z = \{Z\} [Z]$ nach der Reihe

$$\ln x = 2 \sum_{n=0}^{\infty} \frac{1}{2n+1} \left(\frac{x-1}{x+1}\right)^{2n+1} \tag{7}$$

entwickeln und unter Beachtung der Gleichung (3) für das idempotente Element in die Form

$$Z = \{Z\} [Z] = \ln(\{Y\} \cdot e) = 2 \sum_{n=0}^{\infty} \frac{1}{2n+1} \left(\frac{\{Y\}-1}{\{Y\}+1}\right)^{2n+1} \left(\frac{e}{e}\right)^{2n+1} \tag{8a}$$

$$= 2 e \sum_{n=0}^{\infty} \frac{1}{2n+1} \left(\frac{\{Y\}-1}{\{Y\}+1}\right)^{2n+1} = (\ln\{Y\}) \cdot e \tag{8b}$$

bringen. D. h. die idempotente Einheit e der Verhältnisgröße Y tritt bei Bildung der logarithm*ierten* Verhältnisgröße Z als selbständiger Faktor aus dem Logarithmus heraus. Oder mit anderen Worten: Die idempotente Verhältniseinheit einer logarithm*ierten* Verhältnisgröße Z ist identisch mit der idempotenten Verhältniseinheit der Verhältnisgröße Y, aus der Z durch eine Logarithmus-Operation hervorgegangen ist

$$[Z] = e. \tag{9}$$

In einer solchen oder ähnlichen Darstellung dürften auch Möglichkeiten liegen, die immer wieder auftretenden Meinungsverschiedenheiten über die zweckmäßigste Einordnung von Einheiten logarithm*ierter* Verhältnisgrößen, wie beispielsweise Neper, Dezibel, Phon, Oktave oder Cent (Abschnitte 5, I, 1 sowie 2a u. 3), aus dem Wege zu räumen. Die Einführung idempotenter Verhältniseinheiten für logarithm*ierte* Verhältnisgrößen erläutern wir am Beispiel des Neper und des Bel.

Man hat auch hier von den Größendefinitionen auszugehen und führt, um der bisher üblichen Darstellung möglichst nahe zu kommen, zwei Größen ein: Amplitudenmaß D_A als natürlich logarithmisches Amplitudenverhältnis

$$D_A = \ln \frac{A_1}{A_2} \quad (10) \qquad\qquad \text{mit} \qquad\qquad [D_A]_{\text{idp}} = \frac{[A]}{[A]} \tag{11}$$

22*

und Leistungsmaß D_P als dekadisch logarithm*iertes* Leistungsverhältnis

$$D_P = \lg \frac{P_1}{P_2} \qquad (12) \qquad\qquad \text{mit} \qquad\qquad [D_P]_{\mathrm{idp}} = \frac{[P]}{[P]} \,. \qquad (13)$$

Beispiele sind: für D_A der Spannungspegel $a = \ln (U_1/U_2)$ der Fernmeldetechnik, wobei U_1/U_2 das Verhältnis der Effektivwerte zweier Wechselspannungen bedeutet, und für D_P der Schalleistungspegel $L_P = \lg (P_1/P_2)$ der Akustik, wobei P_1/P_2 das Verhältnis zweier Schalleistungen bedeutet.

Die idempotenten Verhältniseinheiten für D_A und D_P erhalten Sonderbezeichnungen; $[D_A]_{\mathrm{idp}}$, im Beispiel V/V, heißt Neper (Np) und $[D_P]_{\mathrm{idp}}$, im Beispiel W/W, heißt Bel (B):

$$[D_A]_{\mathrm{idp}} = \mathrm{Np} \qquad\qquad (11') \qquad\qquad [D_P]_{\mathrm{idp}} = \mathrm{B}. \qquad (13')$$

Für D_P ist außer dem Bel noch das Dezibel (dB) als *nicht* idempotente Verhältniseinheit üblich

$$1\ \mathrm{dB} = 10^{-1}\ \mathrm{B}, \qquad (14)$$

so daß das Leistungsmaß, gemessen in B und dB, als

$$D_P = \lg \left\{\frac{P_1}{P_2}\right\}_{\mathrm{W/W}} \mathrm{B} = 10 \cdot \lg \left\{\frac{P_1}{P_2}\right\}_{\mathrm{W/W}} \mathrm{d\,B} \qquad (12')$$

geschrieben werden kann.

Sofern bei dem betrachteten physikalischen Vorgang die Leistung dem Quadrat der Amplitude streng proportional ist ($P \sim A^2$), kann das Leistungsmaß auch in die Form

$$D_P = \lg \frac{A_1^2}{A_2^2} = 2 \cdot \lg \frac{A_1}{A_2} \qquad (15)$$

gebracht werden, die eine Verknüpfung des Leistungsmaßes mit dem Amplitudenmaß über die Gleichung

$$D_P = 2 \lg e \cdot D_A \qquad (16)$$

gestattet. Ferner können sich in Spezialfall $P \sim A^2$ auch die Verhältniseinheiten $[P]/[P]$ und $[A^2]/[A^2]$ physikalisch sinnvoll gegenseitig vertreten. Ein Beispiel aus der Akustik: Falls in einem Schallfeld zwischen Schalleistung P und Schalldruck p die Proportionalität $P \sim p^2$ streng gilt cder wenigstens im untersuchten Meßbereich mit hinreichender Näherung realisiert ist, können Amplitudenmaß und Leistungsmaß (Schalleistungsmaß L_P) geschrieben werden als

$$D_A = \ln \frac{p_1}{p_2} = \ln \left\{\frac{p_1}{p_2}\right\}_{\mu\mathrm{bar}/\mu\mathrm{bar}} \mathrm{Np} \qquad (17)$$

und

$$D_P = L_P \quad = \lg \frac{P_1}{P_2} = \lg \left\{\frac{P_1}{P_2}\right\}_{\mathrm{W/W}} \mathrm{B} \qquad (18\mathrm{a})$$

$$= \lg \frac{p_1^2}{p_2^2} = \lg \left\{\frac{p_1^2}{p_2^2}\right\}_{\mu\mathrm{bar}^2/\mu\mathrm{bar}^2} \mathrm{B}. \qquad (18\mathrm{b})$$

Die aus der Proportionalität $P \sim p^2$ resultierende Größe $\lg (p_1^2/p_2^2)$ der Gleichung (18b) wird dann meist Schallpegel L_p genannt und, da die Zahlenwerte $\{p_1^2/p_2^2\}$ und $\{p_1/p_2\}^2$, gemessen in den idempotenten Verhältniseinheiten $\mu\mathrm{bar}^2/\mu\mathrm{bar}^2$ und $\mu\mathrm{bar}/\mu\mathrm{bar}$, einander gleich sind, vielfach in der Form

$$L_p = \lg \frac{p_1^2}{p_2^2} = 2 \cdot \lg \frac{p_1}{p_2} = 20 \cdot \lg \left\{\frac{p_1}{p_2}\right\}_{\mu\mathrm{bar}/\mu\mathrm{bar}} \mathrm{dB} \qquad (18')$$

angegeben.

2. Internationales Einheitensystem; „Metrisches System"; vereinheitlichtes yard und pound

1948 hatte die 9. Generalkonferenz für Maß und Gewicht in ihrer Resolution 6 *[C 127]* dem Internationalen Komitee für Maß und Gewicht den Auftrag erteilt, Empfehlungen für ein System international verbindlicher Einheiten auszuarbeiten (siehe S. 68). Als Grundeinheiten wurden 1954 von der 10. Generalkonferenz in ihrer Resolution 6 *[C 136]* Meter, Kilogramm, Sekunde, Ampere, Grad Kelvin und Candela festgelegt (siehe S. 70). Im gleichen Jahre setzte das Internationale Komitee eine Kommission zur weiteren Bearbeitung ein *[C 91e]*. Unter Berücksichtigung der Antworten, die von 21 Staaten auf die vom Internationalen Komitee veranstaltete Enquete *[C 132]* (siehe S. 68) eingegangen waren, machte die Kommission 1956 in einem Bericht *[C 91f]* dem Internationalen Komitee detaillierte Vorschläge über Namen und Einheitenzusammenstellung des auf den 6 Grundeinheiten der 10. Generalkonferenz basierenden Systems. Daraufhin nahm das Internationale Komitee in Fortführung seines Auftrages die Bezeichnung „Système International d'Unités“[1]) als Namen für dieses System an und veröffentlichte in einer ersten Liste für eine Reihe physikalischer Größen die (kohärenten) Einheiten des Internationalen Einheitensystems *[C 91g]*.

1958 hat das Internationale Komitee für Maß und Gewicht *[C 91j]* zur Kennzeichnung der Einheiten des Système International d'Unités die Abkürzung „SI“ angenommen: "Unités-SI", "SI-Einheiten", "SI-Units".

Ferner stimmte das Internationale Komitee der vom Präsidenten seiner Commission du Système d'Unités bereits 1956 vorgelegten *[B 74b]* Liste[2]) über Vorsatzsilben zur Bildung dezimaler Vielfache und Teile von Einheiten (siehe auch Tabelle 2 auf S. 36) im Jahre 1958 zu *[C 91k]*.

1960 wurden diese Beschlüsse des Internationalen Komitees von der 11. Generalkonferenz für Maß und Gewicht durch ihre Resolution 12 sanktioniert *[C 136c]*:

«*Résolution 12*

La Onzième Conférence Générale des Poids et Mesures

considérant la résolution 6 de la Dixième Conférence Générale des Poids et Mesures par laquelle elle a adopté les six unités devant servir de base à l'établissement d'un système pratique de mesure pour les relations internationales

longueur . . . . mètre	m	intensité de courant électrique ampère	A
masse . . . . kilogramme	kg	température thermodynamique degré Kelvin	°K
temps . . . . seconde	s	intensité lumineuse . . . . candela	cd,

considérant la résultation 3 adoptée par le Comité International des Poids et Mesures en 1956,

considérant les recommandations adoptées par le Comité International des Poids et Mesures en 1958 concernant l'abréviation du nom de ce système et les préfixes pour la formation des multiples et sous-multiples des unités,

décide

1° le système fondé sur les six unités de base ci-dessus est désigné sous le nom de 'Système International d'Unités';

2° l'abréviation internationale du nom de ce Système est 'SI';

3° les noms des multiples et sous-multiples des unités sont formés au moyen des préfixes suivants:

Facteur par lequel l'unité est multipliée	Préfixe	Symbole	Facteur par lequel l'unité est multipliée	Préfixe	Symbole
$1\,000\,000\,000\,000 = 10^{12}$	téra	T	$0,1 = 10^{-1}$	déci	d
$1\,000\,000\,000 = 10^{9}$	giga	G	$0,01 = 10^{-2}$	centi	c
$1\,000\,000 = 10^{6}$	méga	M	$0,001 = 10^{-3}$	milli	m
$1\,000 = 10^{3}$	kilo	k	$0,000001 = 10^{-6}$	micro	μ
$100 = 10^{2}$	hecto	h	$0,000000001 = 10^{-9}$	nano	n
$10 = 10^{1}$	déca	da	$0,000000000001 = 10^{-12}$	pico	p;

---

[1]) Deutsche Übersetzung: Internationales Einheitensystem. — Gelegentlich wird gegen den Namen des Einheitensystems der Meterkonvention eingewendet, daß beispielsweise die Stromstärkeeinheit Ampere des „Internationalen“ Einheitensystems mit dem früher benutzten sogenannten „internationalen“ Ampere (siehe S. 216) nicht identisch und somit die Kennzeichnung „International“ mehrdeutig sei. Dieser Einwand wird jedoch durch die Tatsachen entkräftet, daß einmal die „internationalen“ elektrischen Einheiten 1948 durch Generalkonferenzbeschluß *[C 119]* von den aus Meter, Kilogramm, Sekunde und Ampere abzuleitenden abgelöst wurden und zum anderen eine für die Übergangszeit notwendige eindeutige Kennzeichnung der beiden Einheitenarten bereits 1946 vom Internationalen Komitee *[C 57a]* empfohlen worden war.

[2]) Hinsichtlich der Vorsätze femto (f) für 10^{-15} und atto (a) für 10^{-18} siehe S. 329.

4° sont employées dans ce Système les unités ci-dessous, sans préjudice d'autres unités qu'on pourrait ajouter à l'avenir:

Unités supplémentaires

Angle plan	radian	rad		Angle solide ...	stéradian	sr	

Unités dérivées

Superficie	mètre carré	m²		Tension électrique, différence de potentiel, force électromotrice	volt	V	W/A
Volume	mètre cube	m³					
Fréquence	hertz	Hz	1/s				
Masse volumique (densité)	kilogramme par mètre cube	kg/m³		Intensité de champ électrique	volt par mètre	V/m	
Vitesse	mètre par seconde	m/s		Résistance électrique	ohm	Ω	V/A
Vitesse angulaire	radian par seconde	rad/s		Capacité électrique	farad	F	A·s/V
Accélération ...	mètre par seconde carrée	m/s²		Flux d'induction magnétique	weber	Wb	V·s
Accélération angulaire	radian par seconde carrée	rad/s²		Inductance	henry	H	V·s/A
Force......... ...	newton	N	kg·m/s²	Induction magnétique	tesla	T	Wb/m²
Pression (tension mécanique)	newton par mètre carré	N/m²		Intensité de champ magnétique	ampère par mètre	A/m	
Viscosité dynamique	newton-seconde par mètre carré	N·s/m²		Force magnétomotrice	ampère	A	
Viscosité cinématique ...	mètre carré par seconde	m²/s		Flux lumineux .	lumen	lm	cd·sr
Travail, énergie, quantité de chaleur	joule	J	N·m	Luminance	candela par mètre carré	cd/m²	
Puissance	watt	W	J/s	Éclairement ...	lux	lx	lm/m².»
Quantité d'électricité	coulomb	C	A·s				

Der vom Präsidenten der Commission du Système d'Unités 1956 vorgelegte Bericht *[B 74 b]* enthält noch folgende spezielle Anweisung zur Bildung dezimaler Vorsatzsilben:

"Si le nom de l'unité fondamentale ou dérivée comporte déjà un préfixe («kilogramme» par exemple), les préfixes multiples et sous-multiples sont ajoutés à la dénomination simple (c'est-à-dire à la racine de la dénomination), prise sans le préfixe; par exemple: «milligramme», «mégagramme», pour la dénomination «gramme»".

Der Name Système International d'Unités ist inzwischen in Empfehlungen der ISO und der IUPAP aufgenommen und von den zuständigen Gremien der IEC einstimmig angenommen worden, wobei die IEC zusätzlich für das aus den 4 Grundeinheiten Meter, Kilogramm, Sekunde und Ampere abgeleitete Teilsystem die Bezeichnungen Giorgi-System und MKSA-System beibehalten will (siehe S. 221).

Eine Frage, die in Zusammenhang mit dem Internationalen Einheitensystem noch der Klärung und Entscheidung bedarf, ist, was heute unter der Bezeichnung „Metrisches System", deren Bedeutung auch früher nicht von den Organen der Meterkonvention eindeutig festgelegt worden war, verstanden werden soll *[siehe z. B. P 18a u. b; V 19]*.

Als Synonym für das Internationale Einheitensystem wäre diese Bezeichnung überflüssig. Andererseits würde sie als Kennzeichnung sämtlicher Einheiten, die im Rahmen der Meterkonvention bisher festgesetzt worden sind und zukünftig noch werden, einem wesentlichen Prinzip widersprechen, das ursprünglich der Ableitung von Einheiten aus Meter und Kilogramm zugrunde lag, nämlich dem der nur *dezimalen* Unterteilung und Vervielfachung von Einheiten — das Wort „metrisch" schließt die dezimale Stufung nach Zehnerpotenzen in sich ein.

Der adäquate Bedeutungsinhalt der Bezeichnung „Metrisches System" wird also zwischen den beiden gerade genannten Extremen liegen. Eine der historischen Entwicklung, den Zielen der Meterkonvention und den heutigen praktischen Bedürfnissen in gleicher Weise gerecht werdende Definition ließe sich finden, wenn man unter „Metrischem System" als terminus technicus die Grundeinheiten des Internationalen Einheitensystems und alle Einheiten zusammenfaßt, die sich aus diesen Grundeinheiten unter Benutzung lediglich von Zehnerpotenzen als Zahlenfaktoren ableiten lassen[1]). Eine solche Definition könnte auch dann noch bestehen bleiben, wenn sich eines Tages die Generalkonferenz

---

[1]) In diesem Sinne sind selbstverständlich die *nicht-dezimalen* Vielfachen der metrischen Zeiteinheit Sekunde, wie Minute, Stunde und Tag, keine metrischen Einheiten.

für Maß und Gewicht auf Grund neuer Erkenntnisse entschließt, die 1954 von ihr festgesetzten Grundeinheiten des Internationalen Einheitensystems zu ändern oder zu ergänzen.

Zu den SI-Einheiten gehören die Grundeinheiten und die kohärent aus ihnen abgeleiteten Einheiten. Somit würde das Internationale Einheitensystem eine spezielle Auswahl aus der Gesamtheit der Einheiten des „Metrischen Systems" darstellen, die bei Beschränkung auf den Zahlenfaktor $10^0 = 1$ in der Ableitung aus den Grundeinheiten entsteht.

Um die Schwierigkeiten zu verringern, die sich aus der Tatsache ergeben, daß in den englisch sprechenden Ländern die Einheiten yard, pound, gallon usw. unterschiedlich definiert worden sind (Abschnitt 2, 3b), haben als ersten Schritt die Staatsinstitute des Australischen Bundes, Kanadas, Neuseelands, der Union von Südafrika, des Vereinigten Königreichs von Großbritannien und Nordirland und der Vereinigten Staaten von Amerika eine Vereinbarung getroffen, die am 1. 7. 1959 wirksam geworden ist. Danach sollen im Geschäftsbereich der sechs angelsächsischen Staatsinstitute bei allen Präzisionsmessungen für Wissenschaft und Technik folgende Definitionen für ein *vereinheitlichtes yard* und ein *vereinheitlichtes pound* zugrunde gelegt werden *[*siehe z. B. *A 16b; G 1a; H 65c; J 1c; J 15a; M 30b; N 11a; N 11b; N 13b]*:

$$1 \text{ yard } = 0{,}9144 \text{ Meter} \tag{19}$$

$$1 \text{ pound } = 0{,}45359237 \text{ Kilogramm.} \tag{20}$$

Für das gallon konnte eine ähnliche Regelung nicht getroffen werden, da das standard US-gallon um ungefähr 20 % seines Betrages kleiner ist als das imperial standard gallon (siehe S. 57 u. 63; Taf. 6 u. 7).

Aus der Benennung „international", die von den 6 angelsächsischen Staatsinstituten dem zwischen ihnen vereinbarten neuen yard und pound gegeben wurde, darf allerdings nicht geschlossen werden, daß hinter dieser Vereinbarung ein Beschluß eines hierfür zuständigen internationalen Gremiums steht. Die Vereinbarung hat sogar auf nationaler Ebene in den Ländern der 6 Staatsinstitute noch keine allgemeine Gültigkeit. So stellte das Board of Trade fest, daß im Vereinigten Königreich für Handel und Wirtschaft nach wie vor das durch Weights and Measures Act 1878 festgesetzte imperial standard yard und imperial standard pound zu benutzen sind und das neue yard und pound noch keine Gesetzeskraft haben *[N 13b]*; ebenso wird beispielsweise im Bereich des U. S. Coast and Geodetic Survey weiterhin das in den Vereinigten Staaten gesetzliche U. S. foot der Mendenhall-Order (siehe S. 52), definiert als 1200/3937 Meter, für das geodätische Netz 1. Ordnung der USA benutzt *[J 15a; N 11a]*.

Neues vereinheitlichtes yard und pound (Taf. 8) sind gegenüber Meter und Kilogramm über genau festgelegte Zahlenfaktoren, die jedoch keine Potenzen von 10 sind, definiert; d. h., yard und pound werden zwar aus Meter und Kilogramm abgeleitet, aber nicht nach dem Dezimalprinzip. Somit gehören diese Einheiten weder zum Internationalen Einheitensystem noch zum Metrischen System.

3. Ebener und räumlicher Winkel als Verhältnisgrößen

Über die für Physik und Technik zweckmäßige Definition der Winkelgrößen gehen die Meinungen nach wie vor auseinander. Daher seien hier einige grundsätzliche Bemerkungen zu Bedeutung und Anwendungsbereich des sogenannten „geometrischen" ebenen und räumlichen Winkels (Abschnitt I, 2, 2) nachgetragen *[*siehe z. B. *J 1a* u. *b]*.

Der „geometrische" ebene Winkel wird nach einer ISO-Empfehlung *[I 25a]* definiert als das Gebiet, das aus einer Ebene durch zwei sich in einem Punkt treffende Halbgeraden ausgeschnitten wird. Diese Definition kann allerdings keine (im physikalischen Sinne) meßbare physikalische Größe kennzeichnen.

Beim axiomatischen Aufbau der Geometrie geht man im allgemeinen von drei verschiedenen Systemen von *Dingen* aus: von Punkten, Geraden und Ebenen. Die Punkte sind die Elemente der linearen Geometrie; die Punkte und Geraden bilden die Elemente der ebenen Geometrie, während die Punkte, Geraden und Ebenen die Elemente der räumlichen Geometrie darstellen *[H 57a]*. Der ebene Winkel gehört der ebenen Geometrie an, die von der Verknüpfung, Anordnung, Kongruenz, Stetigkeit usw. der geometrischen Dinge „Punkt" und „Gerade" in einer Ebene handelt. Das System zweier von einem Punkt ausgehenden Halbstrahlen oder Halbgeraden wird als Winkel bezeichnet. Die Halbgeraden und der Scheitel des Winkels teilen die übrigen Punkte der Ebene in zwei Teilmengen ein: die im Innern und die außerhalb des Winkels gelegenen Punkte; eine Strecke, die einen Punkt der einen Halbgeraden mit einem Punkt der anderen Halbgeraden verbindet, verläuft ganz im Innern des

Winkels. Das den Winkel bildende, unendlich ausgedehnte Gebiet der Ebene ist eine konvexe Punktmenge. Die von der ISO empfohlene Definition des ebenen Winkels macht leider über seine Gleichsetzung mit einer solchen konvexen Punktmenge in der Ebene hinaus keine Aussagen — insbesondere ordnet sie dem Winkel keine Metrik zu. Eine Punktmenge, d. h. eine Anhäufung unendlich vieler geometrischer Dinge, ohne Metrik ist aber ein für die Definition einer physikalischen Größe, die *meßbar* sein soll, ungeeignetes Objekt.

Auch in der Geometrie erfordert Metrik eine eindeutige Zuordnung der Anordnungen von geometrischen Dingen zu *Zahlenwerten*. Für die Ebene gelangt man zu einer Metrik durch eine umkehrbar eindeutige Abbildung ihrer Ding-Punkte auf die im Endlichen gelegenen Punkte der Zahlenebene oder auf ein geeignetes Teilgebiet derselben *[H 57b]*, insbesondere bei Einbeziehung der „wahren" Kreise der Ebene und ihrer Bildpunkte in der Zahlenebene, die dort doppelpunktlose stetige geschlossene Jordansche Kurven, und zwar „gewöhnliche" Kreise oder „Zahlenkreise" bilden. Die Gruppe aller Bewegungen eines wahren Kreises in sich, die Drehungen um seinen Mittelpunkt sind, ist isomorph mit der Gruppe der gewöhnlichen Drehungen eines Zahlenkreises in sich um den Bildpunkt des Mittelpunktes in der Zahlenebene. Damit ist die Gruppe der Transformationen, die den Bewegungen des wahren Kreises in sich entsprechen, festgelegt; die Drehung läßt sich als stetige Funktion des Bogens von einem festen Anfangspunkt an auf dem Zahlenkreis darstellen, wobei die Koordinaten der Kreispunkte in der Zahlenebene wieder stetige Funktionen des Parameters Bogenlänge sind. So gelangt man zur Darstellung des ebenen Winkels in der abbildenden Zahlenebene als Verhältnis des 2πfachen Flächeninhaltes des von den Bild-Halbgeraden aus einem Zahlenkreis um den Scheitel ausgeschnittenen gewöhnlichen Kreissektors zum Flächeninhalt des Zahlenkreises oder als Verhältnis der Länge des von den Bild-Halbgeraden aus der gewöhnlichen Peripherie eines Zahlenkreises um den Scheitel ausgeschnittenen Bogens zur Länge des Zahlenkreisradius. Solche, eine Metrik enthaltende Begriffsbestimmungen sind dann auch als Definitionen der physikalischen Größe ebener Winkel geeignet[1]). Die letztere, durch die der ebene Winkel als Quotient Bogenlänge durch Radius zu definieren ist, wird vielfach als „analytische" bezeichnet und ist von den beiden in der ISO-Empfehlung genannten die für die messende Physik sinnvolle Definition der *physikalischen* Größe „ebener Winkel" *[Q 3]*.

Analoges gilt für den räumlichen Winkel. Die sogenannte „geometrische' Definition, die als räumlichen Winkel das Gebiet, das im Raum durch einen Halbkegel ausgeschnitten wird *[I 25b]*, bezeichnet, setzt den räumlichen Winkel einer konvexen Punktmenge im Raum ohne Metrik gleich. Dagegen wird durch die sogenannte „analytische" Definition, die den räumlichen Winkel als das Verhältnis des Inhaltes des Flächenstückes, das im abbildenden Zahlenraum der Bild-Halbkegel aus der gewöhnlichen Oberfläche einer Zahlenkugel um den Kegelscheitel ausschneidet, zum Flächeninhalt des Quadrates von der Seitenlänge des Zahlenkugelradius festlegt, eine für die messende Physik sinnvolle physikalische Größe eingeführt.

„Geometrischer" ebener und räumlicher Winkel sind also Konzeptionen, die aus dem Rahmen der Raum und Zeit beschreibenden physikalischen Größen herausfallen, aber nicht etwa, weil sie Größen anderer Art als Länge und Zeit sind oder sich aus diesen nicht ableiten lassen und somit als neue Grundgrößenarten einzuführen wären, sondern weil sie ihrer Definition zufolge keine Metrik enthalten und damit für die messende Physik unbrauchbar sind. Die Frage, ob die „geometrischen" oder die „analytischen" Definitionen den physikalischen Größen ebener und räumlicher Winkel zugrunde zu legen sind, ist offensichtlich nicht mehr nach Gesichtspunkten der Ökonomie oder Zweckmäßigkeit zu diskutieren, sondern für die Physik, die *meßbare* Größen in ihrem Begriffssystem braucht, bereits durch den Mangel an Metrik in den „geometrischen" Definitionen zugunsten der „analytischen" entschieden. Hierin liegt auch der tiefere Grund dafür, daß in diesem Buch ebener und räumlicher Winkel sowie deren Einheiten (Radiant, Rechter, Grad, Gon, Steradiant usw.) nur in der „analytischen" Definition benutzt werden, die allein auch der Deutsche Normenausschuß empfiehlt *[D 17a; D 25a]*.

Ebener Winkel φ und räumlicher Winkel Ω sind Verhältnisgrößen (Abschnitt 1), d. h. definiert als Verhältnis zweier gleichartiger Größen, mit den Dimensionsprodukten Dim $[\varphi] = L/L = L^0$ und Dim $[\Omega] = L^2/L^2 = (L^2)^0$. Sie sind in geeigneten Verhältniseinheiten zu messen *[Q 3; S 69t]*, beispielsweise φ in m/m und Ω in m²/m², für die in Anwendung auf ebenen und räumlichen Winkel die Bezeichnungen Radiant (rad) und Steradiant (sr) vereinbart sind (Abschnitt 2, 5): rad = 1 m/m und 1 sr = 1 m²/m².

---

[1]) Vom Standpunkt der Mathematik sind solche Festsetzungen als Definitionen des „Maßes" für den mathematischen Begriff „ebener Winkel" anzusehen, vom Standpunkt der Physik als abstrakte Abbilder des geometrischen Ding-Begriffes im physikalischen Größenkalkül *[Q 3]*.

Beispielsweise wäre ein ebener Winkel φ als Produkt aus Zahlenwert $\{\varphi\} = \varphi/e = \varphi/\mathrm{rad}$ und idempotenter Verhältniseinheit (Abschnitt 1) $e = m/m = \mathrm{rad}$ in der Form

$$\varphi = \{\varphi\} \cdot e \tag{21}$$

zu schreiben. Sein Sinus ergibt sich durch Reihenentwicklung zu

$$\sin\varphi = \sin\left(\{\varphi\} \cdot e\right) = \sum_{n=0}^{\infty} (-1)^n \frac{(\{\varphi\} \cdot e)^{2n+1}}{(2n+1)!} \tag{22a}$$

oder mit Rücksicht auf (3) zu

$$\sin\varphi = e \cdot \sum_{n=0}^{\infty} (-1)^n \frac{\{\varphi\}^{2n+1}}{(2n+1)!} = (\sin\{\varphi\}) \cdot e = (\sin\{\varphi\})\, m/m. \tag{22b}$$

In Gleichung (22b) kommt durch das explizite Auftreten der idempotenten Verhältniseinheit $e = m/m$ klar zum Ausdruck, daß der Sinus eines ebenen Winkels das Verhältnis zweier Längen ist: Gegenkathete/Hypotenuse in einem rechtwinkligen Dreieck.

Die übrigen Einheiten für den ebenen Winkel wie

$$\text{Rechter}\ \left(1^{\llcorner} = \frac{\pi}{2}\,\mathrm{rad}\right), \qquad \text{Grad}\ \left(1^\circ = \frac{\pi}{180}\,\mathrm{rad}\right), \qquad \text{Gon}\ \left(1^{\mathrm{g}} = \frac{\pi}{200}\,\mathrm{rad}\right)$$

und deren Untereinheiten sind zwar auch Verhältniseinheiten vom Dimensionsprodukt L/L, jedoch nicht idempotent. Analoges gilt für die Raumwinkeleinheiten, unter denen der Steradiant die idempotente Verhältniseinheit vom Dimensionsprodukt L^2/L^2 ist.

4. Vom Prototypmeter zum Wellenlängenmeter

Der von der 10. Generalkonferenz für Maß und Gewicht 1954 in der Resolution 1 *[C 136]* ausgesprochenen Aufforderung, die experimentellen Untersuchungen zur Definition eines Wellenlängen-Meters intensiv fortzusetzen (siehe S. 48), sind inzwischen zahlreiche Staatsinstitute und andere Speziallaboratorien erfolgreich nachgekommen.

Vergleichsmessungen mit Strichmaßen haben erneut bestätigt, daß bei dem heutigen Stand der Metrologie und den Anforderungen der Präzisionsmeßtechnik für die Längeneinheit ein Strich-Prototyp als definierender Etalon nicht mehr ausreichend ist *[L 15a; V 18]*.

Zahlreiche Spektrallinien verschiedener Atome (^{20}Ne, ^{84}Kr, ^{86}Kr, ^{114}Cd, ^{136}X, ^{198}Hg, ^{260}Pb, ^{236}Th) sind in die Diskussion einbezogen und experimentell eingehend untersucht worden *[siehe z. B. B 1c; B 1d; B 1e; B 1f; B 1g; B 6a; B 6c; B 6j; B 6k; B 90b; C 8b; C 13a; E 10a; E 10b; E 10d; G 1c; K 6b; M 4a; N 13c; R 20a; T 2a; T 2b; T 2c; T 2d; V 1a]*. Dabei wurden die Einflüsse unterschiedlicher Anregung, verschiedener Temperatur sowie variierenden Druckes von Träger- und Fremdgas (Zusatzgas oder Verunreinigungen), des Doppler-Effektes, des interatomaren Stark-Effektes und anderer Störeffekte auf Linienform und -schwerpunkt untersucht, weiter die Intensität der Emissionslinien, die Herstellung und Isolierung der Isotope, die Handhabung der Lichtquellen sowie die geeignetsten optischen Meßmethoden überprüft und verbessert.

1957 trat das Comité Consultatif pour la Définition du Mètre (siehe S. 46) zu seiner zweiten Sitzungsperiode zusammen, um das vorliegende umfangreiche experimentelle Material zu diskutieren und hieraus Schlußfolgerungen zu ziehen. Die Ergebnisse der zahlreichen Untersuchungen ermöglichten dem Comité Consultatif eine klare Entscheidung, die seiner Meinung nach auch durch Resultate einiger noch laufender Arbeiten nicht mehr beeinflußt oder geändert werden könnte. Als definierende Spektrallinie fiel die Wahl auf die orange Linie des ^{86}Kr bei 6056 Å, d. h. den Übergang $5\,\mathrm{d}_5 \to 2\,\mathrm{p}_{10}$ dieses Krypton-Isotopes.

Der dem Internationalen Komitee für Maß und Gewicht vorgelegte Bericht seines Comité Consultatif enthält folgende einstimmig angenommene Empfehlung *[C 24c]*:

«Recommandation

Le Comité Consultatif pour la Définition du Mètre, après avoir entendu le rapport du Directeur du Bureau International des Poids et Mesures confirmant que le Prototype international du mètre en platine iridié ne répond plus aux exigences de la haute métrologie, et ayant examiné soigneusement les rapports des grands Laboratoires et du Bureau International concernant les qualités métrologiques des radiations que l'on sait produire actuellement, déclare être suffisamment informé pour formuler une recommandation ferme conforme à la Proposition II qu'il a adoptée en 1953.

En conséquence, le Comité Consultatif pour la Définition du Mètre recommande que le mètre soit défini au moyen de la radiation correspondant à la transition entre les niveaux $2\,p_{10}$ et $5\,d_5$ de l'atome de krypton 86.

Il estime, d'après les résultats concordants obtenus selon les règles de la Proposition III qu'il a adoptée en 1953, que le mètre devrait être défini comme égal, par convention, à 1 650 763,73 fois la longueur d'onde dans le vide de cette radiation.»

Das Internationale Komitee hat sich 1958 diesem Vorschlag angeschlossen und die Entwürfe für zwei Resolutionen angenommen, die der 11. Generalkonferenz für Maß und Gewicht zur Beschlußfassung vorgelegt wurden *[C 91i]* und von ihr am 14. 10. 1960 als Resolutionen 6 und 7 einstimmig angenommen worden sind *[C 136c]*:

«Résolution 6

La Onzième Conférence Générale des Poids et Mesures,
considérant

que le Prototype international ne définit pas le mètre avec une précision suffisante pour les besoins actuels de la métrologie,

qu'il est d'autre part désirable d'adopter un étalon naturel et indestructible,

décide

1° Le mètre est la longueur égale à 1 650 763,73 longueurs d'onde dans le vide de la radiation correspondant à la transition entre les niveaux $2\,p_{10}$ et $5\,d_5$ de l'atome de krypton 86.

2° La définition du mètre en vigueur depuis 1889, fondée sur le Prototype international en platine iridié, est abrogée.

3° Le Prototype international du mètre sanctionné par la Première Conférence Générale des Poids et Mesures de 1889 sera conservé au Bureau International des Poids et Mesures dans les mêmes conditions que celles qui ont été fixées en 1889.

Résolution 7

La Onzième Conférence Générale des Poids et Mesures invite le Comité International

1° à établir des instructions pour la mise en pratique de la nouvelle définition du mètre;

2° à choisir des étalons secondaires de longueur d'onde pour la mesure interférentielle des longueurs et à établir des instructions pour leur emploi;

3° à poursuivre les études entreprises en vue d'améliorer les étalons de longueur.

Note. — Le Comité International des Poids et Mesures a établi en octobre 1960 une Recommandation sur les premières instructions pour la mise en pratique de la nouvelle définition du mètre.»

Damit ist die Entwicklung, die 1829 mit einem Vorschlag von *Babinet [B 1a]*, eine Lichtwellenlänge als natürlichen Etalon der Länge zu verwenden, begonnen hat und an deren erfolgreicher Weiterentwicklung weitgehend die großen Staatsinstitute, insbesondere die frühere PTR und die PTB beteiligt waren, zum Abschluß gekommen *[siehe z. B. B 6b; B 6d; B 6e; S 69f; S 69k]*: Das Meter, die Grundeinheit der Länge im Internationalen Einheitensystem, ist als Vielfaches einer Vakuumwellenlänge, d. h. als durch die Energiedifferenz zweier Elektronenterme eines ungestörten Atoms gegebenes Naturmaß neu definiert worden.

Das Wellenlängen-Meter wird über geeignete Isotopenlampen mit einer relativen Unsicherheit von $\pm\,10^{-9}$ zu realisieren sein. Für die Bedingungen, welche die Kryptonisotop-Lampen hinsichtlich Konstruktion, Gasfüllung und Betriebsart erfüllen müssen und deren Einhaltung international empfohlen werden soll, sind durch langjährige Untersuchungen die Grundlagen geschaffen worden *[z. B. E 10c; I 11l]*. Die ersten Anweisungen zur praktischen Realisierung der Wellenlängen-Definition des Meters hat das Internationale Komitee für Maß und Gewicht 1960 bekannt gegeben *[C 91l]*:

«Recommandation

Conformément au paragraphe 1 de la Résolution 2 adoptée par la Onzième Conférence Générale des Poids et Mesures (octobre 1960), le Comité International des Poids et Mesures recommande que la radiation du krypton 86 adoptée comme étalon fondamental de longueur soit réalisée au moyen d'une lampe à décharge à cathode chaude contenant du krypton 86 d'une pureté non inférieure à 99 pour cent, en quantité suffisante pour assurer la présence de krypton solide à la température de 64 °K, cette lampe étant munie d'un capillaire ayant les caractéristiques suivantes: diamètre intérieur 2 à 4 millimètres, épaisseur des parois 1 millimètre environ.

On estime que la longueur d'onde de la radiation émise par la colonne positive est égale, à 1 cent-millionième (10^{-8}) près, à la longueur d'onde correspondant à la transition entre les niveaux non perturbés, lorsque les conditions suivantes sont satisfaites:

1° le capillaire est observé en bout de façon que les rayons lumineux utilisés cheminent du côté cathodique vers le côté anodique;

2° la partie inférieure de la lampe, y compris le capillaire, est immergée dans un bain réfrigérant maintenu à la température du point triple de l'azote, à 1 degré près;

3° la densité du courant dans le capillaire est 0,3 $\pm$ 0,1 ampère par centimètre carré.»

Ob Anwendung von Atomstrahl-Lampen oder Anregung in einem „optischen Maser“ [siehe z. B. *J 4b*, *S 4a*] bei der Realisierung des Wellenlängen-Meters grundsätzlich weiter führen werden, bleibt abzuwarten.

Schließlich hat die 11. Generalkonferenz für Maß und Gewicht das Internationale Bureau beauftragt, auch zukünftig die nationalen Meterprototype nachzumessen [C 136c], was nunmehr selbstverständlich durch Vergleich mit dem Wellenlängenmeter der Resolution 6 erfolgen wird:

«Résolution 8

La Onzième Conférence Générale des Poids et Mesures,

considérant les premières instructions préparées par le Comité International des Poids et Mesures sur la mise en pratique de la nouvelle définition du mètre,

charge le Bureau International des Poids et Mesures de déterminer comme par le passé les Prototypes nationaux.»

Vor allem in Industrie, Geodäsie und Spektroskopie werden präzise Längenmessungen auch zukünftig in Luft ausgeführt werden müssen. Hierfür ist die genaue Kenntnis der Brechzahl der Luft als Funktion der Wellenlänge unerläßlich. 1955 empfahl auch die Kommission 14 (Standard wave-lengths) der Internationalen Astronomischen Union [I 11f] in ihrer Resolution 2 die Edlénsche Dispersionsformel (6, 58).

Bei späteren Untersuchungen im Institut de Métrologie D. I. Mendéléev, Leningrad, wurden jedoch Abweichungen gefunden. Beispielsweise ergab sich die Brechzahl spektroskopischer Normalluft für die rote Cadmiumlinie aus einem Meter-Wellenlängen-Vergleich zu 1,000 276 47 und aus direkten Messungen der Luftdispersion zu $1,000\,276\,45_6$, während sich n_n ($\lambda_{\text{Cd-rot}}$) aus der Edlénschen Formel zu 1,000 276 38 berechnet [I 2a; K 39d]. Bei einer erneuten Diskussion des Fragenkomplexes im Comité Consultatif pour la Définition du Mètre setzte sich *Edlén* 1957 dafür ein, daß Messungen der Luftdispersion wiederholt werden — allerdings nicht, um den seiner Formel zugrunde gelegten relativen Verlauf von n_n als Funktion der Wellenlänge, der nach den Untersuchungen von *Kösters* und *Lampe* [K 32] sowie *Barrell* und *Sears* [B 3] hinreichend gesichert erscheint, nachzuprüfen, sondern um die „Absolutwerte“ der Brechzahl durch Nachmessung bei einer bestimmten Wellenlänge zu bestätigen oder zu verbessern [C 24b].

Nach den letzten Messungen von *Engelhard* [E 10b] beträgt die Vakuum-Wellenlänge der orange Linie des ^{86}Kr, korrigiert hinsichtlich Doppler- und Starkeffekt-Verschiebung,

$$\lambda_0\,(^{86}\text{Kr-6056}) = (6057{,}802\,33 \pm 0{,}000\,05) \cdot 10^{-10}\ \text{m}. \tag{23}$$

Die Messungen wurden mit dem von *Kösters* und *Engelhard* entwickelten Vakuumwellenlängeninterferometer der PTB durch Vergleich der Anzahl von Wellenlängen, die im Vakuum von der orange Kryptonlinie und der roten Cadmiumlinie auf die Länge eines Endmaßes gehen, durchgeführt. Dabei ist für die Cadmiumlinie ihr in spektroskopischer Normalluft von der Internationalen Vereinigung für Sonnenforschung 1907 festgelegter Wert 6438,4696 Å (siehe S. 306) und zur Umrechnung auf Vakuum die von der Joint Commission of Spectroscopy 1952 angenommene und auch vom Comité Consultatif pour la Définition du Mètre 1953 empfohlene [C 24a] Edlénsche [E 2] Dispersionsformel (6, 58) benutzt worden (siehe S. 300 und Tab. 47). Setzt man dann 1 Å gleich 10^{-10} m — eine Bedingung, die der neuen Meterdefinition zur Erhaltung der Zahlenwerte der Normal-Wellenlängen der Internationalen Astronomischen Union (siehe S. 307) auferlegt werden konnte —, so lautet der Vakuum-Wellenlängenwert der roten Cadmiumlinie, auf den sich das für die orange ^{86}Kr-Linie gemessene λ_0 bezieht,

$$\lambda_0\,(\text{Cd-rot}) = 6440{,}249\,064 \cdot 10^{-10}\ \text{m}. \tag{24}$$

5. Entwicklung der Zeitintervalleinheit Sekunde; Weltzeit — Ephemeridenzeit — „Atomzeit“

1954 hatte die 10. Generalkonferenz für Maß und Gewicht (CGPM) durch ihre Resolution 5 dem Internationalen Komitee für Maß und Gewicht (CIPM) Auftrag und Vollmacht erteilt, die Grundeinheit Sekunde zu definieren [C 136]. Damals lagen bereits Empfehlungen der Internationalen Astronomischen

Union (IAU) zur Festlegung der Ephemeridenzeit und der Sekunde vor (siehe S. 44). Die Resolutionen 3, 4 und 7 der Kommission 4 (Ephemerides) vom Jahre 1952 lauten im endgültigen Text *[I 11*; ersetzt teilweise den vorläufigen Text der Resolution 6 auf Seite 44*]*:

«3. En vue d'établir l'accord entre les éphémérides de la Lune et du Soleil, il est recommandé de modifier les *Tables of the motion of the Moon* de *Brown* en éliminant le terme empirique et en appliquant à la longitude moyenne la correction suivante:

$$- 8{''}72 - 26{''}74\, T - 11{''}22\, T^2,$$

T étant compté en siècles juliens à partir de 1900 Janvier 0 à midi moyen de Greenwich.

4. Il est recommandé de n'apporter aucun changement aux tables du Soleil, de Mercure et de Vénus, ni aux éphémérides nationales de ces astres.

7. Il est recommandé que, dans tous les cas où l'on juge que la variabilité de la seconde de temps solaire moyen s'oppose à son emploi comme unité de temps, l'année sidérale pour 1900,0 soit adoptée comme unité de temps; que le temps mesuré à l'aide de cette unité soit désigné sous le nom de 'Temps des Ephémérides'; que la conversion du temps solaire moyen en temps des éphémérides soit obtenue par la correction suivante:

$$\Delta T = + 24{,}^{s}349 + 72{,}^{s}318\, T + 29{,}^{s}950\, T^2 + 1{,}82144\, B,$$

où T est compté en siècles juliens à partir de 1900 Janvier 0 à midi moyen de Greenwich, B ayant la signification donnée par *Spencer Jones* dans *Monthly Notices R. A. S.* (99, 1939, p. 541) et que la même formule définisse également la seconde.

Aucun changement n'est envisagé ni recommandé soit à la définition soit au mode de détermination du Temps Universel.»

Der Resolution 3 stimmten auch die Kommissionen 7 (Celestial mechanics), 17 (Motion and figure of the Moon) und 20 (Minor planets, comets, and satellites) zu, der Resolution 7 die Kommission 31 (Bureau de l'Heure).

Die Erdrotation hatte sich als ein für heutige Anforderungen zu ungenaues Zeitnormal erwiesen (siehe S. 44 sowie z. B. *[C 18b; H 18b]*).

Einmal liegt die Rotationsachse innerhalb der Erde nicht fest; ihre Pole wandern auf spiraligen Bahnen um eine mittlere Lage, was eine Schwankung des Meridians durch den Beobachtungsort und damit seiner geographischen Länge, gemessen gegen den durch Greenwich gehenden Meridian, zur Folge hat. Die Berücksichtigung der Polhöhenschwankung führte von der Weltzeit UT_0 (siehe S. 89) zur korrigierten Weltzeit UT_1, in der an verschiedenen Orten angestellte Beobachtungen miteinander vergleichbar werden.

Weiter bewirkt die Flutreibung im System Erde-Mond-Sonne eine säkulare Abnahme der Erdrotationsfrequenz; in den Jahren 1955 bis 1958 betrug die relative Abnahme der Rotationsfrequenz während eines Jahres etwa $5 \cdot 10^{-9}$ *[I 11j]*. Ferner unterliegt sie unregelmäßigen Schwankungen, die weitgehend Kontraktionen und Expansionen des gesamten Erdkörpers sowie globalen oder lokalen Schichtenverlagerungen zugeschrieben werden. Schließlich sind regelmäßige Schwankungen in der Umdrehungsperiode bekannt geworden, denen Periodendauern von 1 a, 0,5 a, 27,6 d. und 13,6 d zugeordnet werden; die letzten beiden werden Deformationen der Erdkruste als Folge der Gezeitenwirkung des Mondes zugeschrieben *[z. B. I 11j; M 2c]*. Hier ist die 1936 von *Scheibe* und *Adelsberger* über die Quarzuhren der PTR entdeckte jahreszeitliche Variation der Erdrotationsfrequenz (siehe S. 67) zu nennen, die Periodendauern von einem und einem halben Jahr aufweist *[S 9; S 10; S 11]*. Diesem Effekt wird seit 1956 in der Weltzeitskala durch ein weiteres Korrekturglied Rechnung getragen, um das sich die so *zweifach korrigierte Weltzeit* UT_2 von UT_1 unterscheidet *[B 102a; I 11b]*.

Wegen der Unvollkommenheit ihrer Gleichförmigkeit wurde die Erdrotation als das die Zeiteinheit definierende Normal von der Internationalen Astronomischen Union 1952 im Prinzip aufgegeben, und zwar zugunsten der Erdrevolution, d. h. des jährlichen Umlaufes der Erde um die Sonne *[I 11]*. Der neuen Zeitskala gab die Internationale Astronomische Union den Namen *Ephemeridenzeit* *[I 11]*, abgekürzt ET, da sie die unabhängige Variable in den Sonnen-, Mond- und Planetentheorien darstellt *[B 85a]*. Die Ephemeridenzeit ist die derzeit beste Realisierung der Newtonschen Inertialzeit.

In die Weltzeit gehen die Erdrotation und die scheinbare Bewegung der Sonne um die Erde ein; die als Funktion der Weltzeit aufgestellten Sonnen-, Mond- und Planetentafeln stimmen nicht mit den Beobachtungen überein. Dagegen zeigte sich, daß sich die aus der Himmelsmechanik berechneten Ephemeriden der verschiedenen Himmelskörper mit den Beobachtungen in Einklang bringen lassen, wenn man aus ihnen die Erdrotation, d. h. den ungleichförmigen Zeitwinkel der mittleren Sonne eliminiert. Allerdings blieb dabei noch das empirische Reibungsglied der Brownschen Mondtafeln *[B 92a bis c; H 14a]* übrig, das aber durch eine Korrektion in die mittlere Mondlänge einbezogen werden kann *[B 85a; I 11]*.

Um eine einheitliche Zeitskala für die Ephemeriden der verschiedenen Himmelskörper zu gewinnen, änderte man *[N 13d]* die Brownschen Mondtafeln. Dagegen wurden nach der oben im Originaltext wiedergegebenen Resolution 4 der Kommission 4 der IAU vom Jahre 1952 die Newcombschen Sonnentafeln *[N 15a]* als unveränderlich erklärt. Hierdurch ist unter anderem in die Formel für die mittlere Sonnenlänge, bezogen auf den momentanen mittleren Frühlingspunkt,

$$L_{\odot}(T) = a + bT + cT^2 = 279° \, 41' \, 48{,}''04 + 129\,602\,768{,}''13 \, T + 1{,}''089 \, T^2 \quad {}^1) \tag{25}$$

(T: Anzahl der julianischen Jahrhunderte zu je 36525 Tagen, gezählt vom Beginn der Newcombschen Tafeln $T = 0$) der Koeffizient b als nicht mehr revidierbare Konstante festgesetzt worden (siehe S. 45) *[D 1c]*. Die Zeit, die von einem Durchgang der Sonne durch den (mittleren) Frühlingspunkt bis zu seiner nächsten Passage — d. h. während der Zunahme von $L_{\odot}$ (ohne periodische Störungen) um 360° — verstreicht, definiert das tropische Jahr a_{tr} (siehe S. 87). Diese Zeitspanne ist jedoch nicht konstant und auch nicht — etwa durch Wahl geeignet definierter „mittlerer" Sonne und Frühlingspunktes als Bezugsgrößen — zu einer Konstanten zu machen. Somit kann a_{tr} nur als Augenblickswert über eine Differentialgleichung definiert werden. Aus der Newcombschen Formel für $L_{\odot}$ ergibt sich dann für das tropische Jahr die Definitionsgleichung

$$a_{tr}(T) = \frac{360°}{dL_{\odot}/dT} \text{ jul. Jahrh.} = \frac{1\,296\,000''}{b + 2\,c\,T} \cdot 36525 \cdot 86400 \text{ s}$$
$$= \frac{4\,089\,864\,960\,000\,000}{129\,602\,768{,}13 + 2{,}178 \, T} \text{ s.} \tag{26}$$

a_{tr} nimmt also in etwa 69 d um 1 ms ab. Als Anfang der Zeitzählung T hatte *Newcomb* für seine Sonnentafeln die Epoche 1900 Jan. 0,0[2]) mittlerer Greenwicher Zeit gewählt; in bürgerlicher Zeitrechnung entspricht dieser Epoche praktisch der 31. Dezember 1899, 12 Uhr mittags nach mittlerer Sonnenzeit in Greenwich. Für den Beginn der Newcomb-Tafeln $T = 0$ folgt speziell

$$a_{tr}(0) = \frac{4{,}089\,864\,96}{1{,}296\,027\,681\,3} \cdot 10^7 \text{ s} = 3{,}155\,692\,597\,474\ldots \cdot 10^7 \text{ s,} \tag{27}$$

wobei im zweiten Glied der Gleichung Zähler und Nenner per definitionem *genaue Zahlen* sind. Beispielsweise war a_{tr} im Zeitmoment 1960 Jan. 0,0 mittlerer Greenwicher Zeit um etwa 318 ms, d. h.

relativ um $\dfrac{\varDelta a_{tr}}{a_{tr}(0)} \approx 10^{-8}$ kleiner als im Zeitpunkt $T = 0$ des Beginns der Newcomb-Tafeln.

Die Resolution 7 der IAU vom Jahre 1952 enthält als definierende Jahresgröße für Ephemeridenzeit und Sekunde nicht das tropische sondern das siderische Jahr. In die Berechnung der Dauer des Sternjahres aus der Newcombschen Fundamentalbeziehung für die Sonnenlänge $L_{\odot}$ gehen aber die Daten der allgemeinen Präzession (siehe S. 87) ein, die der Beobachtung entnommen werden müssen und der ständigen Revision unterliegen. Außerdem würde eine Bezugnahme auf das Sternjahr eine definitionsmäßige Kopplung der Sekunde an die Newcombschen Sonnentafeln, wie sie der Resolution 4 entspricht, behindern.

Die Resolution 3 legt korrigierte Mondtafeln in einer Form fest, die Sonnen- und Mondephemeriden in Übereinstimmung bringen soll und die in Resolution 7 genannte Formel für die Abweichung $\varDelta T$ zwischen Ephemeridenzeit und mittlerer Sonnenzeit als Einführung einer „Mondzeit" deuten läßt.

Gewisse Schwierigkeiten bereitete auch die Feststellung: „. . . et que la même formule *définisse* également la seconde" in der Resolution 7 vom Jahre 1952. Die gleiche Sekunde soll auf zweierlei Weise definiert werden: einmal über das siderische Jahr für 1900,0, und zum anderen durch eine Formel für den Unterschied zwischen mittlerer Sonnenzeit und Ephemeridenzeit. Da in Zukunft die Beobachtungen

---

[1]) *Kopff* und *Gondolatsch* benutzen in den „Grundbegriffen der Sphärischen Astronomie" anstatt der Newcombschen mittleren Sonnenlänge $L_{\odot}$ die Größe $L = L_{\odot} - k$, wobei mit k die Aberrationskonstante bezeichnet wird, für die *Newcomb* in den Sonnentafeln den Wert $20{,}''50$ verwendete *[K 39b]*.

[2]) Bis zum Jahre 1925 begann die Tageszählung in der astronomischen Skala um Mittag (siehe S. 88). Auch nachdem ab 1925 der Beginn des astronomischen Tages auf Mitternacht verlegt worden war, hat man sich übrigens geeinigt, den julianischen Tag jeweils im mittleren Greenwicher Mittag beginnen zu lassen.

an der Sonne durch die entsprechenden Beobachtungen am Monde ersetzt werden sollen, sind die beiden Definitionen nicht voll äquivalent.

1954 wurde die Definition der Sekunde im CIPM *[C 91b]* und von der 10. CGPM *[C 136a]* diskutiert. Als Ergebnis erhielt das CIPM Vollmacht, die Entscheidung zu treffen (siehe S. 45).

1955 beschäftigte sich die Kommission 31 der IAU erneut mit der Definition der Zeiteinheit *[I 11c]* und gelangte zu folgender Resolution 1 [1) *[I 11a]*:

«1. L'Assemblée générale de l'U. A. I. approuve la définition suivante de la seconde proposée par la Conférence Générale Internationale des Poids et Mesures:

La seconde est une fraction de 1 : 31556925,975*) de la longueur de l'année tropique pour l'année 1900,0.»

Ferner nahm die Kommission 31 ein erläuterndes Memorandum über die Definition der Sekunde an, das ein Unterausschuß vorbereitet hatte *[I 11c]* und aus dem die ersten fünf Absätze im Wortlaut wiedergegeben werden sollen:

«Explication

Le Temps solaire, moyen ou Universel, fourni par la rotation de la Terre est déduit en pratique de l'observation des étoiles.

Le Temps des Ephémérides, variable fondamentalement indépendante des équations du mouvement des corps célestes, est l'argument des éphémérides astronomiques.

La seconde de Temps des Ephémérides est l'unité de temps définie par la Résolution 1.

La comparaison des positions tabulaires de corps célestes convenablement choisis, et des positions observées en Temps Universel donne la différence Δt, Temps des Ephémérides *moins* Temps Universel.

En pratique, le Temps des Ephémérides est le temps pour lequel la position observée de la lune coïncide avec la position tirée de l'éphéméride calculée dans la même échelle de temps que l'éphéméride solaire conforme aux décisions internationales. Pour les années 1952—59 cette éphéméride est publiée dans le volume *Improved Lunar Ephemeris*, 1952—59; à partir de 1960 elle sera publiée annuellement dans les Ephémérides nationales.»

Das Memorandum erläutert weiter den Übergang von einem in der Sekundeneinheit der Weltzeit bestimmten Frequenzwert ν_{UT} zu dem Wert ν_{ET} der gleichen Frequenz unter Benutzung der 1952 in der Resolution 7 festgelegten Differenz $\Delta T =$ Ephemeridenzeit minus Weltzeit.

In der Sekunden-Definition der IAU vom Jahre 1955 ist das siderische durch das tropische Jahr als definierende Bezugsgröße ersetzt worden, so daß die Definitionsgleichung (26) für das tropische Jahr, die den ersten zeitlichen Differentialquotienten der mittleren Sonnenlänge enthält, für die Epoche $T = 0$ der Newcombschen Sonnentafeln direkt anwendbar wird.

Weiter hat die Kommission 31 im dritten Absatz ihrer Erläuterungen zum Zusammenhang zwischen Ephemeridenzeit und Sekunde eine etwas vorsichtigere Formulierung gewählt: im wesentlichen wurde das Wort „définisse" durch das Wort „est", das im Sinne von „darf angesehen werden als" interpretiert werden kann, ersetzt.

Es blieben aber zunächst noch zwei formale Unschönheiten in der Sekunden-Definition der IAU von 1955.

Einmal ist der dort angegebene Bruchteil des tropischen Jahres ein auf 11 Ziffern gerundeter Wert des aus den Newcomb-Tafeln für $T = 0$ folgenden Bruches $\dfrac{12{,}960\,276\,813}{408\,986\,496}$ in dem Zähler und Nenner per definitionem Präzisionszahlen darstellen. Mit Rücksicht auf die abnehmende Unsicherheit der astronomischen Beobachtungs- und Auswertmethoden schlug *Danjon [D 1c]* vor, zumindest eine weitere Dezimalstelle an den definierenden Bruchteil des tropischen Janres anzufügen, um seine relative Abweichung gegenüber dem exakten Bruch unter 10^{-11} zu halten.

Sodann kann die Kennzeichnung der Epoche, die der Definition zugrunde liegt, als „1900,0" zu Mißverständnissen führen (siehe S. 45 u. 88). Zumindest in der deutschen Astronomie bezeichnet 1900,0 den Anfang des *Besselschen Jahres* für 1900. Der Beginn des Besselschen Jahres oder annus fictus (siehe S. 87) fällt nach der deutschen Definition mit dem Zeitpunkt zusammer., zu dem die Rektaszension

---

[1)] Die in der Resolution 1 der Kommission 31 vom Jahre 1955 enthaltene Definition ist *nicht* von der CGPM vorgeschlagen worden, sondern entspricht der Formulierung eines von *Danjon* gegebenen Berichtes *[D 1b]*.

*) «La valeur exacte, pour être en concordance avec les tables du Soleil de *Newcomb*, est 1 : 31556925,97474.»

der mittleren Sonne $280° + n \cdot 360°$ $(n = 0, 1, 2, \ldots)$ beträgt *[K 39c]*. Die Rektaszension der mittleren Sonne, wieder bezogen auf den momentanen Frühlingspunkt, wird in der deutschen Astronomie durch die Gleichung

$$A_{\mathrm{m}}(T) = (a - k) + bT + c_{\mathrm{RA}} T^2 = 279° \, 41' \, 27''{,}54 + 129\,602\,768''{,}13 \, T + 1''{,}393 \, T^2 \qquad (28)$$

(T: Anzahl der julianischen Jahrhunderte, gezählt vom Beginn der Newcombschen Sonnentafeln $T = 0$) dargestellt. Setzt man in dieser Formel $A_{\mathrm{m}}(T) = 280°$ und löst nach T auf, so erhält man als Beginn des Besselschen Jahres 1900,0 in deutscher Zählung: $T_{\mathrm{Bess}} = 8{,}583 \ldots \cdot 10^{-6}$, d. h. einen 7 h 31 min 27,82 s auf den Beginn $T = 0$ der Newcomb-Tafeln — 1900 Jan. 0,0 mittlerer Greenwicher Zeit oder praktisch 12^{h} mittags am 31. 12. 1899 in bürgerlicher Zeitzählung — folgenden Zeitpunkt.

In der französischen Astronomie liegt der Beginn des nach *Bessel* année fictive genannten Jahres nicht in dem Zeitmoment, in dem die Rektaszension der mittleren Sonne A_{m} sondern die mittlere Länge der wahren Sonne $L_\odot$, vermindert um die Aberrationskonstante k, gerade $280° + n \cdot 360°$ $(n = 0, 1, 2, \ldots)$ beträgt *[B 105a]*. Auflösung der Gleichung

$$L(T) = L_\odot(T) - k = (a - k) + bT + cT^2 = 280° \qquad (29)$$

nach T unter Benutzung der Newcombschen Konstanten ergibt für den Beginn des Besselschen Jahres 1900 in französischer Zählung einen Zeitpunkt, der von dem der deutschen Zählung um nur etwa $5{,}94 \cdot 10^{-10}$ s abweicht. Der Unterschied zwischen der deutschen und der französischen Zählung im Beginn des Besselschen Jahres besitzt für das Jahr 1900 nur theoretische Bedeutung — hier beträgt der relative Unterschied, bezogen auf die oben genannte Zeitspanne T_{Bess} jul. Jahrhundert, nur etwa $5{,}94 \cdot 10^{-10}/27\,087{,}822 \approx 2{,}19 \cdot 10^{-14}$; in späteren Epochen kann diese Differenz wegen des Unterschiedes der Koeffizienten in den quadratischen Gliedern für A_{m} $(1''{,}393 \, T^2)$ und L $(1''{,}089 \, T^2)$ jedoch durchaus merkbar werden.

Dagegen kommt der Differenz zwischen den beiden Anfangsepochen $T = 0$ (1900 Jan. 0,0 mittlerer Greenwicher Zeit) und $T = T_{\mathrm{Bess}}$ (1900,0) grundsätzliche Bedeutung zu. Die Dauer des tropischen Jahres zu einem Zeitpunkt T wird angenähert durch die Relation

$$a_{\mathrm{tr}}(T) \approx a_{\mathrm{tr}}(0) \left\{ 1 - \frac{2cT}{b} \right\} \qquad (26\,\mathrm{a})$$

mit dem tropischen Jahr $a_{\mathrm{tr}}(0)$ zu Beginn der Newcomb-Tafeln verknüpft. $a_{\mathrm{tr}}(T_{\mathrm{Bess}})$ ist zwar relativ nur um etwa $1{,}442 \cdot 10^{-13}$ kürzer als $a_{\mathrm{tr}}(0)$. Macht man aber $T = T_{\mathrm{Bess}}$ zum Nullpunkt einer Zeitzählung $t = T - T_{\mathrm{Bess}}$, d. h. stellt man die mittlere Länge der wahren Sonne in der Form

$$L_\odot(t) = a' + b' t + c' t^2 \qquad (25')$$

dar, die mit der Newcombschen Darstellung

$$L_\odot(T) = a + bT + cT^2 \qquad (25)$$

übereinstimmende Werte für die mittlere Sonnenlänge liefern müßte, so ergibt sich aus der Bedingung $L_\odot(t) = L_\odot(T)$ für den Koeffizienten b' des linearen Zeitgliedes der von b abweichende Wert $b' = b + 2c(T - t)$. Für die Bestimmung des tropischen Jahres aus der mittleren Sonnenlänge im Zeitmoment des Nullpunktes der jeweiligen Zeitzählung sind die Koeffizienten b und b' entscheidend:

a) Nullpunkt: $T = 0$, d. h. 1900 Jan. 0,0 mittlerer Greenwicher Zeit; aus $L_\odot(T) = L_\odot(0)$ folgt

$$a_{\mathrm{tr}}(T = 0) = \frac{360°}{(d L_\odot / d T)_{T=0}} \text{ jul. Jahrh.} = \frac{4{,}089\,864\,96 \cdot 10^{15} \, ''}{b} \text{ s}$$
$$= \frac{408\,986\,416}{12\,960\,276\,813} \cdot 10^9 \text{ s}; \qquad (27)$$

b) Nullpunkt: $t = 0$, d. h. 1900,0; aus $L_\odot(t) = L_\odot(0)$ folgt

$$a_{\mathrm{tr}}(t = 0) = \frac{360°}{(d L_\odot / d t)_{t=0}} \text{ jul. Jahrh.} = \frac{4{,}089\,864\,16 \cdot 10^{15} \, ''}{b'} \text{ s}$$
$$= \frac{408\,986\,416}{12\,960\,276\,813{,}001\,869 \ldots} \cdot 10^9 \text{ s.} \qquad (27')$$

Der Unterschied zwischen b' und b ist zwar praktisch vernachlässigbar $\left(\dfrac{b' - b}{b} \approx 1{,}442 \cdot 10^{-13} \right)$, grundsätzlich jedoch vorhanden. Oder mit anderen Worten: Definiert man die Sekunde über das tropische

Jahr der Epoche 1900,0, so wird die Sekunde durch einen Wert b' festgelegt, der *prinzipiell* von dem per definitionem genauen Wert b der Funktion $L_\odot(T)$ abweicht, auf der die Newcombschen Sonnentafeln, die theoretische Basis der Sekunde, beruhen.

Die Einwände gegen die Formulierung der IAU wurden vom CIPM berücksichtigt, als es 1956 dem Auftrag der 10. CGPM nachkam und in seiner einstimmig angenommenen Resolution 1 auf Grund der Empfehlungen der IAU die Sekunde, die Basiseinheit der Zeit im Internationalen Einheitensystem, festsetzte *[C 91d]*:

« Résolution 1

En vertu des pouvoirs que lui a conférés la Dixième Conférence Générale des Poids et Mesures par sa Résolution 5,

le Comité International des Poids et Mesures,
considérant

1° que la Neuvième Assemblée Générale de l'Union Astronomique Internationale (Dublin, 1955) a émis un avis favorable au rattachement de la seconde à l'année tropique;

2° que, selon les décisions de la Huitième Assemblée Générale de l'Union Astronomique Internationale (Rome, 1952), la seconde de temps des éphémérides (T. E.) est la fraction

$$\frac{12\,960\,276\,813}{408\,986\,496} \cdot 10^{-9}$$

de l'année tropique pour 1900 janvier 0 à 12^{h} T. E.,
décide:

'La seconde est la fraction

$$1/31\,556\,925{,}9747$$

de l'année tropique pour 1900 janvier 0 à 12 heures de temps des éphémérides'.»

Der verbesserten Fassung der Sekunden-Definition hat sich inzwischen auch die IAU angeschlossen. 1958 nahmen die Kommissionen 4 und 31 gemeinsam folgende Resolution an *[I 11g]*:

«2. Que le Temps des Ephémérides (T.E.) ou Ephemeris Time (E.T.) soit compté depuis l'instant, voisin du début de l'année du calendrier A.D. 1900, où la longitude géométrique moyenne du Soleil était $279° \, 41' \, 48'',04$, à cet instant la mesure du Temps des Ephémérides était exactement: 1900 Janvier 0 à 12^{h}. L'unité fondamentale du Temps des Ephémérides est la seconde telle qu'elle est définie par le Comité International des Poids et Mesures (Procès-Verbaux des Séances, deuxième série, Tome XXV, p. 77), c'est à dire:

'la fraction $1/31\,556\,925{,}9747$ de l'année tropique pour 1900 Janvier 0 à 12 heures de temps des éphémérides'.»

Zur praktischen Bestimmung der Ephemeridenzeit gab 1958 die Kommission 31 Erläuterungen in einem ihren Beschlüssen und Empfehlungen angefügten Anhang *[I 11k]*:

«Annex

The definition of Ephemeris Time is contained in Resolution no. 2. Since it may not be evident how Ephemeris Time is determined in practice, however, the following notes are added:

(1) The independent variable in the theory of the motion of the Sun is Ephemeris Time (E.T.). Hence, E.T. may be obtained by interpolating the ephemeris of the Sun as tabulated in the national ephemerides to the observed position of the Sun.

(2) The theory of the Sun, upon which the ephemeris is based, involves (in particular) two constants, which correspond to the value of E.T. at the fundamental epoch and to the rate at which the mean longitude of the Sun increases in a unit of time. In the past these constants were determined from astronomical observations made in terms of Universal Time (U.T.). In the future, however, these constants will be fixed numbers which define the measure of E.T., and which have no relation to U.T.

(3) If the solar ephemeris should be revised in the future, these constants must not be altered.

(4) The amendments to the lunar ephemeris which have been previously adopted have had the effect of bringing the lunar ephemeris into agreement with the solar ephemeris, and the lunar ephemeris may be used to determine E.T. In practice, E.T. is determined by interpolating the ephemeris of the Moon as tabulated in *Improved Lunar Ephemeris*, 1952—9, and in the national ephemerides from 1960, to the observed position of the Moon.

(5) *Nomenclature*. The fundamental unit of time adopted by the Comité International des Poids et Mesures in 1956 is the second, without any qualifying adjective. In cases where ambiguity is possible the term 'second of Ephemeris Time' may be used when referring to the second adopted in 1956, and the 'second of Universal Time' may be used when referring to the second as defined previous to 1956.»

Die Neudefinition der Sekunde ist also mit der Sakrosankt-Erklärung der Newcomb-Tafeln für die Sonnenephemeriden vollständig äquivalent. Während die Ephemeridenzeit theoretisch über die

Newcombschen Sonnentafeln definiert ist, wird sie praktisch aus Mondbeobachtungen über die verbesserten und mit den Sonnenephemeriden in Übereinstimmung gebrachten Mondtafeln bestimmt *[G 19; H 18a; I 11d]*.

Die Differenz Ephemeridenzeit minus Weltzeit, die aus dem Vergleich der in Ephemeridenzeit tabellierten Positionen von geeigneten Himmelskörpern mit ihren in Weltzeit beobachteten abgeleitet wird, ist selbst wieder eine Funktion der Zeit. Das heißt, eine nach Weltzeit gehende Uhr zeigt gegenüber einer nach Ephemeridenzeit gehenden Uhr nicht nur einen abweichenden Stand sondern auch einen unterschiedlichen Gang. Die zeitlich variierende Intervalleinheit Sekunde der Weltzeit und die als unveränderlich definierte Sekunde der Internationalen Astronomischen Union und der Meterkonvention laufen also auseinander. Das gleiche gilt für die zur Sekunde reziproken Frequenzeinheiten: die Zahlenwerte einer bestimmten Frequenz, einmal gemessen in reziproken Weltzeit-Sekunden und zum anderen bezogen auf reziproke Ephemeridenzeit-Sekunden, weichen voneinander ab.

Weiter wäre die mit astronomischen Mitteln zu erreichende Genauigkeit in der Realisierung der Ephemeridenzeit durch ein Beispiel zu charakterisieren. Wenn die Position des Mondes zu jeder Zeit mit einer zeitlichen Unsicherheit < 100 ms beobachtet werden kann, ist mit den üblichen astronomischen Beobachtungsinstrumenten noch ein Zeitraum von mehreren Jahren erforderlich, um für die Festlegung der Zeitintervalleinheit Sekunde eine relative Unsicherheit $\leq 10^{-9}$ zu erreichen; auch bei Benutzung neu entwickelter Geräte, beispielsweise der *dual-rate moon position camera* von *Markowitz [M 2b]* scheint diese Verzögerung sich nicht um Größenordnungen herabsetzen zu lassen. Ob die Beobachtungen künstlicher Erdsatelliten in geeigneten Bahnen zu einer kurzfristigen Präzisionsbestimmung der Ephemeridenzeit führen wird, bleibt abzuwarten *[I 11i]*. Hinzu kommen Zweifel, die von astronomischer Seite an der Zuverlässigkeit einiger Terme der Brownschen Mondtheorie geäußert werden und die möglicherweise eine Revision der Theorie erforderlich machen *[siehe z. B. C 24d* u. *I 11h]*.

So mußte die Physik nach anderen Wegen suchen, um zu einem ihren Genauigkeitsanforderungen genügenden und praktisch momentan realisierbaren Zeitmaß zu gelangen. Genau wie bei der Festsetzung der metrischen Längeneinheit hat man sich auch für die Frequenz- oder Zeitintervalleinheit nach einem natürlichen Maß umgesehen, das nach unserer heutigen physikalischen Kenntnis und Auffassung von äußeren Einflüssen unabhängig und konstant ist. Als ein solches unveränderliches Naturmaß sind die Eigenfrequenzen ungestörter Atome und Moleküle zu betrachten. Dieser Gedanke wird noch durch die Tatsache unterstützt, daß inzwischen die Experimentiertechnik in der Frequenzherstellung und -messung einen so hohen Stand erreicht hat, daß der Vergleich von atomaren oder molekularen Resonanzfrequenzen untereinander viel genauer und schneller möglich ist als der Anschluß solcher Frequenzen an die Zeitintervalleinheiten der Astronomie; dabei lassen sich die Intervalleinheiten der astronomischen Zeitskalen nicht unmittelbar messen, sondern müssen aus den Beobachtungen von Sternposition und Uhrstand erst durch Differentiation ermittelt werden. Von solchen Überlegungen ausgehend hat eine Entwicklung begonnen, die unter dem Namen „Atomuhr" oder „Moleküluhr" bereits ein von zahlreichen wissenschaftlichen und technischen Institutionen verschiedener Länder getragenes Programm geworden ist.

Im Mittelpunkt des Interesses stehen heute der „Cäsium-Atomstrahl-Resonator", der „Ammoniak-Maser" und der „Gaszellen-Resonator".

Die erste Anregung, zur Realisierung einer Frequenz- und Zeitintervalleinheit Atomstrahl-Resonatoren zu entwickeln, geht wohl auf *Rabi [R 1a]* zurück. Sie arbeiten nach der Rabischen Doppelablenkungsmethode mit zwei inhomogenen Magnetfeldern, zwischen denen das magnetische Resonanzfeld meist in zwei Ramseyschen *[R 1b]* Hohlraumresonatoren angeordnet wird. Beim Cäsium-Resonator *[siehe z. B. S 69l]* dient als Resonanzfrequenz die Frequenz, die der Hyperfeinstrukturaufspaltung, und zwar dem Übergang zwischen den Zeeman-Termen $m_F = 0$ und $m_F = 0$ im Grenzfall verschwindenden Magnetfeldes des Cäsiumatoms mit dem Kernspin $7/2\ \hbar$ entspricht und in der Nähe von 9,2 GHz[1]) liegt.

---

[1]) Bezogen auf reziproke Ephemeridenzeit-Sekunden $= \mathrm{Hz}_{\mathrm{ET}}$, hat die Resonanzfrequenz des Cäsium-Atomstrahl-Resonators im National Physical Laboratory (NPL), Teddington, im Grenzfall verschwindenden Magnetfeldes nach den letzten Angaben *[M 2c]* den Wert $f_{\mathrm{Cs}} = (9\,192\,631\,770 \pm 20)\ \mathrm{Hz}_{\mathrm{ET}}$ ($\pm\ 20\ \mathrm{Hz}_{\mathrm{ET}}$: wahrscheinlicher Fehler für den Anschluß an ET in der Epoche 1957,0). Vom U. S. Naval Observatory, Washington, wird derzeit eine „Atomzeit"-Skala A.1 benutzt, die durch die Resonanzfrequenz eines Cs-Resonators $f_{\mathrm{Cs}} = 9\,192\,631\,770\ \mathrm{Hz}_{\mathrm{A.1}}$ definiert ist *[U 3]*. Ferner legte die Assemblée Générale der Union Radio-Scientifique Internationale 1960 auf Vorschlag ihrer Kommission I (Mesures et Etalons radioélectriques) für Vergleichsmessungen über Normalfrequenz- und Zeitsignalausstrahlungen als Bezugswert einer Arbeits-Skala die Resonanzfrequenz eines Cs-Resonators für das Jahr 1961 zu $f_{\mathrm{Cs}} = 9\,192\,631\,770$ Hz fest *[U 2]*.

Das amerikanische Kunstwort „maser" ist eine Abkürzung für microwave amplification by stimulated emission of radiation. Beim Ammoniak-Maser bedient man sich als Resonanzfrequenz der Frequenz, die der Termdifferenz zweier Inversionszustände des Ammoniakmoleküls entspricht und für den Rotationsterm $J = K = 3$ in der Nähe von 23,9 GHz[1]) liegt. Die 3,3-Inversionslinie des NH_3 wurde schon 1934 von *Clecton* und *Williams* in Absorption gemessen [C 18a] und später genauer untersucht [siehe z. B. B 52a; G 19a; T 16a]. Frequenznormale wurden zunächst nach dem Prinzip der NH_3-Absorptionszelle entwickelt [siehe z. B. S 69m]; jedoch ließ sich die Halbwertsbreite der Resonanzlinie, die hier durch das Zusammenwirken von Doppler-Effekt, Stoßverbreiterung und Sättigungsverbreiterung bedingt wird, nicht auf das für einen physikalischen Frequenzetalon erforderliche Maß herabdrücken. Das Maser-Prinzip wurde von *Basov* und *Prokhorov* [B 6f bis i] vorgeschlagen sowie gleichzeitig und unabhängig von *Townes* und Mitarbeitern entwickelt [siehe z. B. S 69n]. Im inhomogenen elektrischen Feld eines Separators werden die Ammoniakmoleküle im oberen Inversionszustand von den im unteren Inversionszustand befindlichen abgetrennt und in einen auf die Inversionsfrequenz abgestimmten Hohlraumresonator fokussiert. Durch spontane Übergänge in den tieferen Zustand baut sich im Hohlraum ein Strahlungsfeld in der Inversionsfrequenz auf, das bei den nachfolgenden Ammoniakmolekülen eine erzwungene kohärente Emission aus dem oberen Zustand bewirkt und den Hohlraum zu einem Resonanzoszillator macht, dem die für Meß- und Steuerzwecke erforderlichen Leistungen entnommen werden können.

Im Gaszellen-Resonator, der auf Anregungen von *Dicke* [D 37a; W 49a] zurückgeht, wird auch die Hyperfeinstrukturaufspaltung eines Alkaliatoms als Resonanzübergang benutzt, der beispielsweise für ^{87}Rb mit dem Kernspin $3/2\,\hbar$ in der Nähe von 6,8 GHz liegt; die Resonanzfrequenzen der Hyperfeinstrukturaufspaltung von ^{23}Na (Kernspin $3/2\,\hbar$) und ^{133}Cs (Kernspin $7/2\,\hbar$) betragen etwa 1,8 und 9,2 GHz. Um den durch Doppler-Effekt hervorgerufenen Anteil der Linienbreite soweit als möglich herabzusetzen, sind die abgeschmolzenen Gaszellen mit einem nicht-magnetischen Puffergas, beispielsweise Argon, Helium, Neon oder Stickstoff, von größenordnungsmäßig 1 bis 10 Torr Druck gefüllt [D 6a u. b; D 37a; R 14a; W 49a]; sie werden bei Temperaturen betrieben, bei denen der Alkali-Partialdruck sehr gering ist und in der Größenordnung von 10^{-7} bis 10^{-6} Torr liegt. Beim Gaszellen-Resonator werden im Gegensatz zur Rabischen Methode nicht die in den beiden Hyperfeinstruktur-Niveaus des Grundzustandes befindlichen Atome getrennt; vielmehr reichert man nach dem Kastlerschen [siehe z. B. S 69o] Prinzip der „optischen Lichtpumpe" Atome in einem der beiden Niveaus an. Die bisher durchgeführten Versuche lassen eine Stabilität $f/\varDelta f$ der Resonanzfrequenz von Gaszellen-Resonatoren über längere Zeiten erwarten, die der mit Atomstrahl-Resonatoren und Masern erreichten der Größenordnung 10^{10} bis 10^{11} nicht nachstehen dürfte [siehe z. B. S 69p]. Hierfür spielen optische Nachweismethoden der feldunabhängigen Komponente des Hyperfeinstruktur-Überganges, die auch unter der Bezeichnung „hyperfine pumping" zusammengefaßt werden [B 24a], eine wichtige Rolle. Gaszellen-Resonatoren erfordern weder tiefe Temperaturen noch ein Vakuum-System noch Atomoder Molekularstrahlanordnungen und verdienen daher bereits in ihrem heutigen Entwicklungsstadium als ernsthafte Konkurrenten der beiden anderen Resonatortypen besondere Beachtung.

Im Rahmen dieser allgemeinen Übersicht kann auf Unvollkommenheiten oder Schwierigkeiten, die bei solchen Atom- oder Molekül-Resonatoren noch bestehen, sowie die zu ihrer Überwindung laufenden Untersuchungen nicht im einzelnen eingegangen werden [siehe z. B. S 69q sowie A 2b; A 9a; A 11a; B 15a; B 65d; B 91a; C 8a; D 1a; D 37b; E 14c; F 25a; G 1b; H 1a; K 15a; K 20d; L 23b; M 9a; M 20a; R 1g; S 22a; V 20; W 46a; W 46b]. Die Entwicklung befindet sich überall noch in vollem Fluß. Übrigens erscheint es nicht ausgeschlossen, daß experimentelle Prüfungen der allgemeinen Relativitätstheorie über atomare Frequenztalons auch durch Versuche auf der Erde möglich werden [siehe z. B. M 33b].

Gleichzeitig mit seinem Beschluß vom Jahre 1956 zur Definition der Sekunde hatte das Internationale Komitee für Maß und Gewicht [C 91e] ein *Comité Consultatif pour la Définition de la Seconde* ins Leben gerufen; es soll die Forschungsarbeiten, die zur Definition der Zeiteinheit aus physikalischen Phänomenen noch erforderlich sind, intensivieren und koordinieren. An den Untersuchungen beteiligen sich zahlreiche Staatsinstitute.

---

[1]) Bezogen auf reziproke Ephemeridenzeit-Sekunden $= \mathrm{Hz_{ET}}$, hat die Resonanzfrequenz des Ammoniak-Masers ($^{14}NH_3$) im Laboratoire Suisse de Recherches Horlogères (LSRH), Neuchâtel, nach den letzten Angaben [P 70a u. b] den Wert $f_{^{14}NH_3} = (23\,870\,128\,870 \pm 50 \pm 6)\ \mathrm{Hz_{ET}}$ ($\pm 50\ \mathrm{Hz_{ET}}$: Unsicherheit in der ET-Bestimmung; $\pm 6\ \mathrm{Hz_{ET}}$: Unsicherheit im Vergleich zwischen LSRH-Maser und NPL-Cs-Resonator). Vom Observatoire de Neuchâtel wird derzeit eine „Atomzeit"-Skala AT_1 benutzt, die durch die Resonanzfrequenz eines $^{15}NH_3$-Masers $f_{^{15}NH_3} = 22\,789\,421\,730\ \mathrm{Hz_{AT_1}}$ definiert ist [O 1a].

Bei seiner ersten Sitzungsperiode ist das neue Comité Consultatif *[C 24e]* nach eingehender Diskussion der Ergebnisse zu dem Schluß gekommen, daß irgendwelche Festlegungen, ja selbst Empfehlungen provisorischer Werte für Resonanzfrequenzen noch verfrüht sind[1]). Statt dessen hat das Komitee die an dem Gesamtprogramm mitwirkenden Laboratorien zur Beschleunigung und Vertiefung der Arbeit sowie zum weltweiten Vergleich ihrer Atom- und Molekül-Resonatoren aufgerufen. Bei solchen Vergleichsmessungen spielen als Kontroll- und Übertragungsorgan Quarzuhren eine besondere Rolle *[siehe z. B. A 2a; E 14g u. h; O 3a; S 12a]*.

In enger Zusammenarbeit aller Institute müssen sorgfältige Vergleichsmessungen mit möglichst vielen Exemplaren von Resonatoren des gleichen Typs unter sich und gegenüber solchen anderer Wirkungsweise sowie Langlaufversuche durchgeführt werden *[siehe z. B. S 69r]*. Ebenso sind laufende Anschlüsse der Normalfrequenzen der Atom- und Molekülresonatoren an die Weltzeit UT_2 sowie die Ephemeridenzeit ET erforderlich *[siehe z. B. S 69s]*. Nur auf diese Weise können eindeutige Ergebnisse erzielt und heute noch offene Fragen mit der Sicherheit entschieden werden, die eines Tages Auswahl und Festsetzung eines atomaren oder molekularen Resonanzüberganges als Basis für die Definition einer Sekunde, die als Naturmaß im Sinne der heutigen Physik gelten kann, gestattet.

Die Integration von Zeitintervallen, gemessen in einem solchen Naturmaß, führt auch zu einer neuen Zeitskala, die bereits heute nicht sehr glücklich als „*Atomzeit*", abgekürzt AT, bezeichnet wird *[siehe z. B. B 65c; E 14b; M 2d; U 2]*; die zeitliche Integration wird nicht über den Dauerbetrieb eines atomaren oder molekuren Resonators durchgeführt sondern basiert auf dem Gang von Quarzuhren hoher Präzision und Stabilität, deren Frequenz in kleineren oder größeren Zeitabständen vom Resonator kontrolliert wird. Nach internationaler Vereinbarung eines atomaren oder molekularen Frequenzetalons würden dann drei Zeitskalen nebeneinander bestehen: die Weltzeit UT, die Ephemeridenzeit ET und die Atomzeit AT.

Die Weltzeit wird man wahrscheinlich nicht entbehren können, zumindest nicht im bürgerlichen Leben; beispielsweise könnten bei einer Umstellung des Kalenders auf Ephemeridenzeit wegen des Auseinanderlaufens von Weltzeit und Ephemeridenzeit Schwierigkeiten entstehen. Auch werden Vorausberechnungen für die Beobachtung von Sonnen- oder Mondfinsternissen und Sternverdeckungen oder für die Bahnen neuentdeckter Sterne sowie die nautischen Jahrbücher nach wie vor in Weltzeit angegeben *[siehe z. B. B 85a]*, die nun einmal dem direkt an die Erdrotation gebundenen Zeitwinkel proportional und hier das adäquate Zeitmaß ist. Ebenso werden sich Geodäsie und Nautik für ihre praktischen Messungen auch in Zukunft an die Weltzeit anschließen.

Eine Reduzierung der Anzahl der Zeitskalen würde wohl nur möglich, wenn durch eine Vereinbarung zwischen Astronomie und Physik Ephemeridenzeit und Atomzeit in sinnvoller Weise aufeinander bezogen werden. Eine entscheidende Voraussetzung hierfür ist folgende: Für den atomaren oder molekularen Resonanzübergang ist der Zahlenwert der Resonanzfrequenz in reziproken Sekunden oder Hertz so festzusetzen, daß die auf dieser Basis definierte Sekunde mit der Ephemeridenzeit-Sekunde übereinstimmt. Diese Aufgabe wird nur in enger Zusammenarbeit zwischen den Gremien der Meterkonvention und der Internationalen Astronomischen Union zu lösen sein. Im übrigen sollte den astronomischen Observatorien die Sorge für die Ephemeriden- und Weltzeitskala einschließlich des Zeitdienstes überlassen bleiben, während die Staatsinstitute das Hertz und die Sekunde zu realisieren und damit auch die Basis für den Normalfrequenz- und Zeitmeßmarkendienst zu bewahren hätten.

Der derzeitigen Gesamtsituation hat die 11. Generalkonferenz für Maß und Gewicht in zwei einstimmig angenommenen Resolutionen Rechnung getragen *[C 136c]*; durch die Resolution 9 wird die 1956 vom Internationalen Komitee verabschiedete Definition der Ephemeriden-Sekunde *[C 91d]* nochmals bestätigt, während die Resolution 10 das unabweisliche Bedürfnis der Metrologie nach einer „atomaren" Sekunde feststellt und den zu ihrer Schaffung einzuschlagenden Weg umreißt:

---

[1]) Zu vorsichtiger Zurückhaltung mahnen auch die Erfahrungen, die im Analogiefalle des Wellenlängenmeters gemacht wurden. Nachdem 1927 die 7. Generalkonferenz für Maß und Gewicht *[C 112]* die rote Cadmiumlinie mit dem von *Benoît, Fabry* und *Pérot* in m bestimmten Wellenlängenwert (S. 298 und 306) als „*étalon fondamental*" für Lichtwellenlängen angenommen hatte (Abschnitt 6, I, 2a), wurde der in dem zugehörigen Generalkonferenzbeschluß enthaltene Passus

«La valeur du Mètre exprimée d'une façon provisoire en longueur d'onde de la raie rouge du cadmium dans les conditions spécifiées ci-dessus est donc égale à 1 553 164,13 jusqu'à la précision du dernier chiffre inscrit»

weitgehend im Sinne einer *Neudefinition des Meters* als Wellenlängenmeter aufgefaßt, wodurch in der Folgezeit zahlreiche Mißverständnisse und Schwierigkeiten entstanden.

«Résolution 9

La Onzième Conférence Générale des Poids et Mesures,

considérent le pouvoir donné par la Dixième Conférence Générale des Poids et Mesures au Comité International des Poids et Mesures de prendre une décision au sujet de la définition de l'unité fondamentale de temps,

considérent la décision prise par le Comité International des Poids et Mesures dans sa session de 1956, ratifie la définition suivante:

'La seconde est la fraction 1/31 556 925,9747 de l'année tropique pour 1900 janvier 0 à 12 heures de temps des éphémérides'.

Résolution 10

La Onzième Conférence Générale des Poids et Mesures,

appréciant les résultats expérimentaux obtenus par des laboratoires compétents pendant les dernières années, qui prouvent qu'un étalon d'intervalle de temps basé sur une transition entre deux niveaux d'énergie d'un atome ou d'une molécule peut être réalisé et reproduit avec une précision très élevée,

considérant qu'un tel étalon atomique d'intervalle de temps est indispensable pour les exigences de la haute métrologie,

invite les laboratoires nationaux et internationaux experts dans ce domaine à poursuivre aussi activement que possible leurs études,

invite le Comité International des Poids et Mesures à coopérer sans retard avec les organismes internationaux intéressés et à coordonner les travaux en vue de permettre à la Douzième Conférence Générale de prendre une résolution sur ce point.»

6. Träge und schwere Masse

Die Diskussion über die Frage, ob „träge" (oder inerte) Masse m_i und „schwere" (oder gravitierende) Masse m_g zweckmäßig als Größen gleicher oder verschiedener Art einzuführen sind, d. h. ob man begrifflich Beschleunigungsmechanik und Gravitation als unabhängige Teilgebiete der Physik mit je einer selbständigen physikalischen Qualität behandeln soll (siehe Abschnitt 2, 2; S. 39), ist noch nicht abgeschlossen [siehe z. B. W 45b].

In der speziellen Relativitätstheorie gilt der Satz von der Konstanz der Lichtgeschwindigkeit c_0 als oberer Grenzgeschwindigkeit nur für ein homogenes Schwerefeld, d. h. bei konstanter Gravitationsbeschleunigung. Wenn schwere Masse als Ursache des Gravitationsfeldes angesehen wird, würde sie bei beliebiger räumlicher Verteilung auch beliebige Schwerefelder erzeugen, in denen die Lichtgeschwindigkeit nicht mehr konstant zu sein braucht. Weiter hat *Einstein [E 4a]* folgendes gezeigt: Gemäß der Tatsache, daß der Satz von der Erhaltung der Masse der klassischen Physik in der Relativitätstheorie in dem Satz von der Erhaltung der Energie aufgeht, entspricht einem Zuwachs an Energie ΔW ein Zuwachs an träger Masse $\Delta W/c_0^2$; diesem Zuwachs an träger Masse entspricht auch ein analoger Zuwachs an schwerer Masse; der Zuwachs an schwerer Masse muß dem Zuwachs an träger Masse streng proportional sein, da sonst ein Körper in demselben Schwerefeld mit verschiedener Beschleunigung je nach dem Energieinhalt des Körpers fallen würde. Die Unterscheidung zwischen träger und schwerer Masse entbehrt also hier eines tieferen physikalischen Hintergrundes. Offensichtlich passen die Gravitationserscheinungen in den Rahmen der speziellen Relativitätstheorie eigentlich nicht hinein; in ihr werden die Gravitationskräfte nicht berücksichtigt. Vom Standpunkt der speziellen Relativitätstheorie aus gesehen bleibt die Gravitation ein Problem der klassischen Physik.

Die Gravitationskräfte sind wie die Zentrifugalkräfte und andere Trägheitskräfte der trägen Masse proportional. Unter Einführung einer besonderen Metrik (Krümmung des Weltraumes) interpretierte *Einstein* die Gravitationskräfte als Trägheitskräfte oder Scheinkräfte bestimmter Koordinatensysteme. In der allgemeinen Relativitätstheorie treten zur Darstellung der Felderzeugung an die Stelle der Poisson-Gleichung der klassischen Mechanik die Einsteinschen Feldgleichungen, die den Energietensor enthalten. Dieser beschreibt unter Berücksichtigung der Äquivalenz zwischen Energie und Masse die felderzeugende Wirkung. Dabei wirkt die *träge* Masse felderzeugend: das Feld ist durch die Verteilung der trägen Masse bestimmt. In ihm beschreibt ein freier Massenpunkt als Weltlinie eine geodätische Linie. Dies ist auch nicht eine Frage der wirkenden Kraft, sondern des gekrümmten Raumes, also der Geometrie. Der Begriff der schweren Masse tritt demnach in den Grundlagen der allgemeinen Relativitätstheorie nicht auf. In der klassischen Physik ist die Einführung der schweren Masse mit dem Newtonschen Massenanziehungsgesetz $F = G \cdot m_{g_1} \cdot m_{g_2}/r^2$ verknüpft, das aber in dieser Form in der allgemeinen Relativitätstheorie nicht gilt. Wenn man unter gewissen Voraussetzungen in der allgemeinen Relativitätstheorie ein dem Newtonschen analoges Gesetz aufstellen will, erhält man außer dem vom klassischen Fall her bekannten Ausdruck noch weitere Glieder, die r mit höheren negativen Exponenten enthalten. Hier zeigt sich übrigens ein wesentlicher Unterschied zwischen dem statischen Gravitationsfeld und der Elektrostatik: die elektrische Ladung ist, im Gegensatz zur Masse, invariant. Ein anderer Unterschied wäre der, daß für die elektrische Ladung Größe und Antigröße und damit Abstoßung und Anziehung existieren, dagegen nicht für die Masse. Auch vom Standpunkt der allgemeinen Relativitätstheorie aus gesehen erscheint es zweckmäßig, den Begriff der schweren Masse auf die klassische Physik zu beschränken.

Im Bereich der klassischen Physik entnimmt man aus der Erfahrung nur die Proportionalität zwischen schwerer und träger Masse. Man kann also in der Beschleunigungsmechanik Kraft oder träge Masse als Grundgrößenart einführen und über das 2. Newtonsche Axiom träge Masse oder Kraft definieren. Für die Gravitation kann man die schwere Masse als weitere Grundgrößenart einführen, für die dann allerdings auch ein Grundmeßverfahren und eine Grundeinheit festzulegen wären. Das Newtonsche Massenanziehungsgesetz ist mit einem dimensionsbehafteten Proportionalitätsfaktor $\beta = m_\mathrm{g}/m_\mathrm{i}$ in der doppelten Form

$$F = G\,\frac{m_{\mathrm{g}_1} \cdot m_{\mathrm{g}_2}}{r^2} = \beta^2 \cdot G\,\frac{m_{\mathrm{i}_1} \cdot m_{\mathrm{i}_2}}{r^2} \tag{30}$$

(G bedeutet hier die Gravitationskonstante (6, 122) [Abschnitt 6, II, 1a])

zu schreiben. Eine zwingende Notwendigkeit für eine solche Begriffswahl scheint allerdings derzeit weder aus experimentellen Ergebnissen noch aus theoretischen Überlegungen zu folgen. Vielleicht werden sich hierzu neue Gesichtspunkte ergeben, wenn es gelingt, in das System der Heisenbergschen „Weltformel" oder analoger Ansätze mit drei Konstanten (Elementarlänge, Grenzgeschwindigkeit der Relativitätstheorie, Wirkungsquantum) die Gravitation einzuarbeiten oder aus ihnen abzuleiten.

Falls man sich eines Tages allgemein entschließt, der Gravitation eine neue Grundgrößenart zuzuordnen, sollte man die neue Grundeinheit oder die Einheit $[m_\mathrm{g}]$ der schweren Masse so wählen, daß sich für den Zahlenwert des Proportionalitätsfaktors

$$\{\beta\} = \frac{\beta}{[m_\mathrm{g}]/[m_\mathrm{i}]} \tag{31}$$

die Zahl 1 ergibt, wenn man für $[m_\mathrm{i}]$ das kg benutzt. Dann würden beim Übergang zu dem bislang üblichen Begriffssystem mit $\beta = 1$ oder $m_\mathrm{g} = m_\mathrm{i} = m$ wenigstens alle *Zahlenwerte* erhalten bleiben.

Die Einführung einer von der trägen Masse dimensionsverschiedenen schweren Masse würde auch die Gleichungsschreibweise komplizieren. Beispielsweise müßte man dann bei Angabe eines Wägungsergebnisses, das mit einer einfachen Balkenwaage gewonnen worden ist, zwischen zwei Anteilen unterscheiden: einem Anteil an schwerer Masse aus der Gravitationswirkung am Beobachtungsort und einem Anteil an träger Masse aus der Zentrifugalwirkung am Beobachtungsort — wir leben und messen nun einmal auf einem Karussel! Die „Gewicht" G genannte Kraft müßte dann wohl geschrieben werden als

$$G = m_\mathrm{g}\,g_{\mathrm{grv,loc}} + m_\mathrm{i}\,a_{\mathrm{ztf,loc}}, \tag{32}$$

wo $g_{\mathrm{grv,loc}}$ die lokale Gravitationsfeldstärke vom Dimensionsprodukt $\mathsf{L T^{-2}\,M_i\,M_g^{-1}}$ und $a_{\mathrm{ztf,loc}}$ die lokale Zentrifugalbeschleunigung vom Dimensionsprodukt $\mathsf{L T^{-2}}$ bezeichnen sollen. Für die Definition einer den beobachteten Effekt zusammenfassenden Größe blieben dann zwei Möglichkeiten: entweder die „lokale Fallbeschleunigung" $\beta g_{\mathrm{grv,loc}} + a_{\mathrm{ztf,loc}}$ vom Dimensionsprodukt $\mathsf{L T^{-2}}$ oder die „lokale Fallfeldstärke" $g_{\mathrm{grv,loc}} + \beta^{-1} a_{\mathrm{ztf,loc}}$ vom Dimensionsprodukt $\mathsf{L T^{-2}\,M_i\,M_g^{-1}}$; analoges gilt für die 1901 von der 3. Generalkonferenz für Maß und Gewicht angenommene Normfallbeschleunigung g_n (siehe S. 303).

Wahrscheinlich würde eine solche Darstellung weder die Schreibweise mechanischer Gleichungen vereinfachen noch die Diskussion um das Wort „Gewicht" erleichtern. Welche *physikalische Größe* im Rahmen der Meterkonvention mit dem Namen „poids" (deutsch „Gewicht") gekennzeichnet werden soll, hat 1901 die 3. Generalkonferenz für Maß und Gewicht in ihrer „Déclaration relative à l'unité de masse et à la définition du poids" klar zum Ausdruck gebracht *[C 107]*:

«Vu la décision du Comité international des Poids et Mesures du 15 octobre 1887, par laquelle le kilogramme a été défini comme unité de masse;

Vu la décision contenue dans la formule de sanction des prototypes du Système métrique, acceptée à l'unanimité par la Conférence générale des Poids et Mesures dans sa réunion du 26 septembre 1889;

Considérent la nécessité de faire cesser l'ambiguïté qui existe encore dans l'usage courant sur la signification du terme *poids*, employé tantôt dans le sens du terme *masse*, tantôt dans le sens du terme *effort mécanique*;

La Conférence déclare:

1° Le *kilogramme* est l'unité de masse; il est égal à la masse du prototype international du kilogramme;

2° Le terme *poids* désigne une grandeur de la même nature qu'une *force*; le pcids d'un corps est le produit de la masse de ce corps par l'accélération de la pesanteur; en particulier, le poids normal d'un corps est le produit de la masse de ce corps par l'accélération normale de la pesanteur;

3° Le nombre adopté dans le Service international des Poids et Mesures pour la valeur de l'accélération normale de la pesanteur est $980{,}665 \frac{\text{cm}}{\text{sec}^2}$, nombre sanctionné déjà par quelques législations.»

Im Sprachgebrauch des täglichen Lebens, insbesondere auch im Handel, wird bei *quantitativen Angaben der „Menge" eines Gutes* das Wort „Gewicht" weitgehend im Sinne des Ergebnisses einer Wägung, d. h. als Synonym der Masse gebraucht. Auf die hieraus folgende Doppeldeutigkeit der Bezeichnung „Gewicht" und die Mißverständnisse oder Schwierigkeiten, die bei Überschneidungen des Bereiches von Naturwissenschaft, Ingenieurwissenschaft und Industrie mit dem von Wirtschaft und Handel entstehen, brauchen wir im Rahmen dieses Buches, das sich auf Physik und Technik beschränkt, nicht einzugehen [siehe z. B. *B 1b; D 12a; L 7a; L 18a*].

7. Technische Krafteinheit

Über die Bezeichnung der technischen Krafteinheit (Abschnitt 2, 3d), definiert als 9,80665 Newton, und ihr Symbol sind die Debatten inzwischen zu einem vorläufigen Abschluß gekommen.

Der bisher weitgehend gebrauchte „neutrale" Name „*metrische* technische Krafteinheit" sollte zukünftig vermieden werden. Die technische Krafteinheit wird zwar aus den drei Grundeinheiten Meter, Kilogramm und Sekunde abgeleitet, jedoch über einen Zahlenfaktor, der keine (ganzzahlige) Potenz von 10 ist. Sie gehört somit weder zum Internationalen Einheitensystem der Meterkonvention noch zu einem umfassenderen „Metrischen System" mit Dezimalprinzip für die Unterteilung und Vervielfachung von Einheiten (Abschnitt 2).

Da sich die Organe der Meterkonvention[1]) an einer Diskussion neuer Einheitenzeichen nicht interessiert erklärten und hierzu Vorschläge oder Empfehlungen seitens der im Einzelfalle betroffenen internationalen Fachorganisationen abwarten wollen [*C 91a; C 136b*], hat sich das Technische Komitee 12 (Größen, Einheiten, Symbole, Umrechnungsfaktoren und -tafeln) der ISO [*S 69a, b,* u. *h*] mit der Frage beschäftigt. Dabei gelang es 1955 einmal, die Vielzahl der in den einzelnen Ländern üblichen Zeichen (siehe S. 66 und 68ff.) auf *zwei* zu reduzieren: kp und kgf. Zum anderen zeigte sich, daß eine internationale Einigung auf *eines* der beiden Zeichen nicht möglich ist, da sowohl die Gruppe der kp-Länder als auch die Gruppe der kgf-Länder über ebenso starke wie diametrale Argumente verfügten, deren Überbrückung aussichtslos erschien: Die kp-Anhänger wünschen in Übereinstimmung mit dem französischen Entwurf zu einem internationalen Einheitensystem (siehe S. 68) eine Bezeichnung, die keinesfalls das Wort „Gramm" oder dessen Zeichen g enthält; dagegen streben die kgf-Verfechter eine Bezeichnung an, die dem „Kilogramm" oder seinem Zeichen kg so nahe wie nur irgend möglich kommt. Auch ein damals von deutscher Seite persönlich ad hoc gemachter Vorschlag [*S 69h*], kf mit dem Namen "Kilofors" als Kompromißlösung mit in die Diskussion einzubeziehen, wurde mit Stimmenmehrheit abgelehnt. So gelangte man zu folgendem Gesamtergebnis: Für die technische Krafteinheit existiert kein international einheitliches Symbol; sie wird je nach dem Sprachgebrauch des einzelnen Landes *entweder* als „Kilopond" (oder in ähnlicher Wortbildung und -schreibung) mit der Abkürzung kp *oder* als „kilogramme-force" (oder in ähnlicher Wortbildung und -schreibung) mit der Abkürzung kgf bezeichnet. Beide Formen sind gleichberechtigt; welche von ihnen in einem Dokument erscheint, hängt von dessen Sprache ab — beispielsweise steht in einem französisch abgefaßten Dokument „kilogramme-force (kgf)" und in dessen deutscher Übersetzung „Kilopond (kp)" [*S 69h*].

In der Folgezeit wurde hie und da versucht, dieses Gleichgewicht in die eine oder andere Richtung zu verschieben oder die „dritte Lösung" kf nochmals vorzuschlagen. Solche Bemühungen blieben jedoch erfolglos, sowohl bei ISO/TC 12 als auch bei anderen internationalen Gremien. Das entspricht

---

[1]) Bereits 1901 hatte das Internationale Komitee für Maß und Gewicht [*C 32a; C 105a*] der 3. Generalkonferenz vorgeschlagen, als Einheit für das „Gewicht", definiert als das Produkt aus Masse und Fallbeschleunigung, das Normgewicht g_n kg des Kilogrammprototyps, also das heutige Kilopond festzusetzen. Der Vorschlag wurde jedoch von der Generalkonferenz nicht übernommen sondern durch die „Déclaration relative à l'unité de masse et à la définition du poids" (siehe S. 353) ersetzt.

auch der weitgehend vertretenen Auffassung, daß das in Elektrotechnik, Metrologie und Physik bereits benutzte Internationale Einheitensystem ebenso in weiteren Teilen der Technik an die erste Stelle rücken, d. h. daß auch hier die „technische" Krafteinheit Kilopond gegenüber der kohärenten Krafteinheit Newton des Internationalen Einheitensystems der Meterkonvention immer mehr in den Hintergrund treten würde.

Eine solche Entwicklung könnte übrigens wesentlich beschleunigt werden, wenn man sich auch in der Technik entschließt, bezogene Größen der Mechanik und der technischen Wärmelehre nicht mehr auf das Gewicht (streng genommen das Normgewicht!) sondern auf die Masse zu beziehen; dabei würde man u. a. noch den jetzigen unbefriedigenden Zustand beseitigen, bei dem die Normfallbeschleunigung g_n (geschrieben wird meist die örtliche Fallbeschleunigung g!) in Gleichungen auftritt, in die sie dem physikalischen Vorgang nach nicht hineingehört, oder daß g in Gleichungen fehlt, die ein Schwerkraftproblem beschreiben [siehe z. B. *G 23a* u. *b; G 25a; R 40a; S 14b; S69h*].

Inzwischen hat auch der Deutsche Normenausschuß das Kilopond in seine Normen aufgenommen [siehe z. B. *E 1a; Z 1b*]. Weiter nahm der Wissenschaftliche Beirat des Vereins Deutscher Ingenieure seine Entschließung vom 5. 9. 1949 *[V 3]* (siehe S. 66) zurück und veröffentlichte folgende neue Empfehlungen *[F 10a]*:

„1. Die in [1]*) veröffentlichten Stellungnahmen des Wissenschaftlichen Beirates sind aufzugeben.

2. Unter Kilogramm (kg) ist in Zukunft nur noch das Massenkilogramm zu verstehen. Der Krafteinheit im Technischen Maßsystem ist eine andere Bezeichnung als Kilogramm, z. B. die Bezeichnung Kilopond (kp), zu geben.

3. Das Internationale Einheitensystem mit den sechs Grundeinheiten Meter, Kilogramm, Sekunde, Ampere, Grad Kelvin, Candela, ist zu bevorzugen. Für dieses Einheitensystem gilt:

3.1 Die Einheit der Kraft ist das Newton (N), $1\,\text{N} = 1\,\text{kg m s}^{-2}$.

Das Kilopond ist damit definiert durch die Gleichung $1\,\text{kp} = 9{,}80665\,\text{N}$.

3.2 Die Einheit der Energie (Arbeit, Wärmemenge usw.) ist das Joule (J), $1\,\text{J} = 1\,\text{N m}$.

Als weitere Energie-Einheiten können verwendet werden: die Kilowattstunde (kWh), $1\,\text{kWh} = 3{,}6 \cdot 10^6\,\text{J}$; das Elektronenvolt, $1\,\text{eV} = 1{,}602 \cdot 10^{-19}\,\text{J}$; die Kilokalorie (Internationale Tafel-Kilokalorie vom Jahre 1956), definiert als $1\,\text{kcal} = 4186{,}8\,\text{J}$.

3.3 Die Einheit der Leistung ist das Watt (W), $1\,\text{W} = 1\,\text{J/s}$.

3.4 Die Einheit des Druckes ist das Newton je Quadratmeter, $1\,\text{N/m}^2 = 1\,\text{kg m}^{-1}\text{s}^{-2}$. Als weitere Druckeinheiten können verwendet werden: das Bar, $1\,\text{bar} = 10^5\,\text{N/m}^2$; die Technische Atmosphäre (at), $1\,\text{at} = 1\,\text{kp/cm}^2 = 98066{,}5\,\text{N/m}^2$; die Physikalische Atmosphäre (atm), definiert als $1\,\text{atm} = 101\,325\,\text{N/m}^2$; das Torr, definiert als

$$1\,\text{Torr} = \frac{1}{760}\,\text{atm}\ \left(= \frac{101\,325}{760}\,\text{N/m}^2 \approx 133{,}32\,\text{N/m}^2\right).$$

4. Es sind Größengleichungen zu bevorzugen. Bei der Auswahl der in diese Gleichungen einzuführenden Größen ist zu beachten:

4.1 Als Maß der Menge ist ihre Masse, nicht ihr Gewicht (Masse mal Fallbeschleunigung) zu benutzen. Dies bedeutet insbesondere:

4.11 Die spezifischen Größen der Wärmelehre sind auf die Masse, nicht auf das Gewicht zu beziehen.

4.12 Die Wichte (auch spezifisches Gewicht genannt) ist zu vermeiden und die Dichte zu benutzen.

4.2 Elektrische und magnetische Größen sind so zu definieren, daß die Größengleichungen in rationaler Schreibweise erscheinen.

4.3 Energie, Arbeit und Wärmemenge sind Größen gleicher Art. Das Wärmeäquivalent tritt demnach in Größengleichungen nicht mehr auf."

Vor allem die unter 4.1 genannten Empfehlungen dürften wesentlich dazu beitragen, den Streit um die Einheitenfrage Kilogramm ÷ Kilopond erheblich einzudämmen; bei ihrer Befolgung würde nämlich den nutzlosen Diskussionen in weiten Gebieten der Boden entzogen, da dann nur die physikalisch sinnvollere Bezugsgröße Masse in Erscheinung tritt und eine Gewichts- oder Krafteinheit nicht mehr ins Spiel kommt. Der Deutsche Normenausschuß hat beispielsweise bei der neuen Ausgabe

---

*) [1]: Entschließung des Wissenschaftlichen Beirats des Vereins Deutscher Ingenieure vom 5. 9. 1949 *[V 3]*

des Normblattes DIN 1345 (Größen, Formelzeichen und Einheiten in der technischen Thermodynamik; April 1959) bereits Rücksicht auf die internationale Situation und die aus ihr folgenden Empfehlungen des Vereins Deutscher Ingenieure genommen [D 20b].

Weiter würde es die Entwicklung sicher günstig beeinflussen, wenn man das Kilopond lediglich als eine in der Praxis heute noch viel gebrauchte und zum MKS-System inkohärente Krafteinheit, nicht jedoch als Grundeinheit eines besonderen „technischen Maßsystems" (Abschnitt 2, 3c) ansehen und behandeln würde. Dann wären auch die immer wieder auftretenden Diskussionen über eine Kombination von „physikalischem" und „technischem" System, d. h. über ein sogenanntes „Vierer-System der Mechanik" mit Meter, Sekunde, Kilogramm *und* Kilopond als Grundeinheiten, das in unserer Darstellung der Mechanik eines physikalischen Sinnes entbehrt und nur zu Widersprüchen und Verwirrungen führt, von vornherein gegenstandslos [H 5a; P 29a u. b; S 3a; V 3a].

8. Die Druckeinheiten Bar und Torr

Wegen leider immer wieder vorkommender Verwechslungen seien hier einige historische Bemerkungen zum Bar und zum Torr (siehe S. 76 ff.) zusammengestellt.

Ursprünglich gab die Kommission, die beim Internationalen Physik-Kongreß 1900 mit der Prüfung von Vorschlägen zu physikalischen Einheiten beauftragt worden war [C 137a], der CGS-Einheit des Druckes, d. h. dem dyn/cm^2, den Namen „Barye". Der von der Kommission angenommene [C 137c] und in der Schlußsitzung des Kongresses bekanntgegebene Beschluß lautet [C 137b]:

«A la majorité la Commission des unités, où étaient représentées les differentes sections du Congrès, a estimé que:

1° Il est désirable, particulièrement pour l'étude des phénomènes de l'élasticité, qu'il soit fait d'usage d'une unité mécanique de pression: l'unité C. G. S. que l'on appelera *barye*; la mégabarye valant 10^6 unités C. G. S. est suffisamment représentée, pour les besoins de la pratique, par la pression exercée par une colonne de mercure de 75^{cm}, à 0°, dans les conditions normales de la pesanteur.»

Die Megabarye wurde wenige Jahre später kurz „Megabar" genannt [R 7a] wofür dann *Bjerknes* die Abkürzung „Bar" vorschlug [siehe E 5a]. Da die Megabarye (= 10^6 dyn/cm^2) für verschiedene Gebiete, insbesondere die Meteorologie, als Druckeinheit wesentlich geeigneter als die Barye selbst war, wurde offensichtlich der im Interesse der Barye nicht sehr glückliche Vorschlag von *Bjerknes* bereitwillig aufgegriffen, so daß nunmehr Bar mit dem Zeichen bar als selbständiger Name einer vielgebrauchten Druckeinheit existiert und auf Vorschlag der IUPAP von der 9. Generalkonferenz für Maß und Gewicht 1948 sanktioniert worden ist [C 128] (siehe S. 24). Das dyn/cm^2 wird heute fast durchweg als Mikrobar und nur noch in französisch sprechenden Ländern als barye bezeichnet.

Auch die Bezeichnung Torr ist in verschiedenem Sinne gebraucht worden. Eine Kommission der Association Internationale du Froid [A 16a] hatte 1911 einen durch eine Quecksilbersäule im Internationalen Bureau für Maß und Gewicht zu realisierenden Druck, der ungefähr gleich der MKS-Druckeinheit N/m^2 ist, als „internationales Zentitorricelli", abgekürzt Zentitor, benannt. *Kamerlingh Onnes* und *Keesom* gaben für diese Einheit einige Werte an [K 5a]: Beispielsweise entspricht bei der lokalen Fallbeschleunigung im Internationalen Bureau, die nach *Guilleaume* [G 49a] 980,951 Gal betrug, der Druckhöhe 74,984 cm einer Quecksilbersäule ein Druck von 1 Kilotor — d. h. mit dem früher vom Internationalen Komitee für Maß und Gewicht angenommenen Normwert 13,595 93 g/cm^3[1]) für die Dichte des Quecksilbers [C 29a] war 1 Tor gleich $10^{-3} \cdot 980{,}951 \cdot 13{,}595\,93 \cdot 74{,}984\ dyn/cm^2$ $= 1{,}000057 \cdot 10^{-2}\ N/m^2$. *Kamerlingh Onnes* und *Keesom* bemerken weiter: „Nach dem jetzigen Stande der Wissenschaft wäre 1 Tor = 1 Kilobar" (Kilobar im Sinne von Kilobarye, also gleich dem heutigen Millibar!) — d. h. 1 Tor = $10^{-2}\ N/m^2$.

Dieses „Tor" ist inzwischen mehr oder minder in Vergessenheit geraten. Stattdessen wird heute unter der Bezeichnung „Torr" eine um etwa 33 % größere Druckeinheit benutzt, die in ihrer Definition ganz von Fallbeschleunigung und Quecksilberdichte gelöst worden ist und aus der Normalatmosphäre (in der Festlegung von 1954) der Generalkonferenz für Maß und Gewicht abgeleitet wird:

$$1\ \text{Torr} = \frac{1}{760}\ \text{atm} = 1{,}333\,224 \cdot 10^{-2}\ N/m^2. \tag{2, 106'}$$

---

[1]) Dieser Wert diente auch als Bezugswert für ältere Festlegungen der physikalischen Atmosphäre (siehe Fußnote[2]) auf S. 78).

9. Neudefinition der Internationalen Tafel-Kalorie und der British thermal unit; Bezugszustand der Internationalen Dampftafeln

1929 hatte die 1. Internationale Dampftafel-Konferenz die Internationale Tafel-Kilokalorie

$$1 \text{ kcal}_{IT} = \frac{1}{860} \text{ kW}_{int}\text{h} \tag{3, 26}$$

durch einen Zahlenfaktor gegenüber der „internationalen" Kilowattstunde definiert. Die 1948 durchgeführte Umstellung der elektrischen Einheiten (Abschnitt 4, III, 2b) ließ eine Revision der definierenden Gleichung (3, 26) wünschenswert erscheinen (Abschnitt 3, 6). Bis zum Abschluß einer internationalen Vereinbarung wurde für die Internationale Tafel-Kalorie zunächst die Relation

$$1 \text{ cal}_{IT} = (4{,}18684 \pm 0{,}00004) \text{ J} \tag{3, 26'}$$

benutzt [siehe z. B. *P 30a*].

1956 hat die 5. Internationale Dampftafel-Konferenz in London die Internationale Tafel-Kalorie neu definiert und eine international table British thermal unit angenommen. Der Einführungsbeschluß lautet [siehe z. B. *S 14a*]:

«*Resolution I*

THE HEAT UNIT

It is resolved

1. *To note that*, in accordance with the decision of the 9th Conférence Générale des Poids et Mesures, 1948, the joule (i. e. the absolute joule of exactly ten million ergs) is the basic unit of heat.

$$1 \text{ J} = 1 \text{ Ws} = 10000000 \text{ erg}$$

2. *To confirm that*, in accordance with the resolution of the Steam Table Conference held in Philadelphia in 1954, the unit adopted for the international comparison of data relating to the thermodynamic properties of steam is, for specific enthalpy, the joule per gramme, or, what is the same thing, the kilojoule per kilogramme.

$$1 \text{ J/g} = 1 \text{ kJ/kg}$$

3. *To recommend that* the joule and decimally related units be given the widest use.

4. *To record that* in addition to the erg and the joule, other recognised heat units are: —
   (a) decimal multiples and submultiples of the erg and of the joule;
   (b) the international table calorie (cal$_{IT}$) as defined below;
   (c) the international table British thermal unit (B. t. u.$_{IT}$) as defined below.

5. *To redefine* the international table calorie by: —

$$1 \text{ international table calorie} = 4.1868 \text{ joule,}$$
$$\text{i. e.} \qquad 1 \text{ cal}_{IT} = 4.1868 \text{ J, exactly}$$

6. *To define* the international table British thermal unit by: —

$$1 \text{ international table British thermal unit per pound} = 2.326 \text{ joule per gramme,}$$
$$\text{i. e.} \qquad 1 \text{ B. t. u.}_{IT}\text{/lb} = 2.326 \text{ J/g, exactly.}$$

7. *To note that* the international table calorie having the revised definition given above, differs from the earlier international table calorie of 1929 by an amount which is insignificant: that the original name has, therefore, been retained: and that if it should ever be necessary to distinguish the two units this can be achieved by affixing the year of definition in brackets.

$$\text{e. g.} \qquad 1 \text{ cal}_{IT\,(1929)} = (4.18684 \pm 0.00019) \text{ J}$$
$$\text{but } 1 \text{ cal}_{IT\,(1956)} = 4.1868 \text{ J, exactly.}$$

8. *To communicate* this resolution to the Secretariat of Technical Committee No. 12 of the International Organization for Standardization.»

Die cal$_{IT\,(1956)}$ wird über einen festgesetzten Zahlenfaktor von der Energieeinheit Joule des Internationalen Einheitensystems der Meterkonvention (Abschnitt 2) abgeleitet:

$$1 \text{ cal}_{IT} = 1 \text{ cal}_{IT\,(1956)} = 4{,}1868 \text{ J.} \tag{33}$$

Außer dem Zahlenfaktor 4,1868 enthält die Definitionsgleichung für die B. t. u.$_{IT}$[1] noch das Verhältnis grd/degF = 1,8 zwischen den Skalenmaßen der metrischen und der angelsächsischen Temperaturskala (Abschnitt 3, 5) sowie das Einheitenverhältnis lb/g:

$$1 \text{ B. t. u.}_{IT} = 1 \text{ Btu} = 4{,}1868 \, \frac{\text{degF}}{\text{grd}} \cdot \frac{\text{lb}}{\text{g}} \, \text{J} = 2{,}326 \, \frac{\text{lb}}{\text{g}} \, \text{J.} \tag{34}$$

---

[1] Inzwischen hat die British Standards Institution für die international table British thermal unit das Einheitenzeichen „Btu" genormt [*B 89a*].

Das Einheitenverhältnis lb/g entnimmt man heute zweckmäßigerweise der von den 6 angelsächsischen Staatsinstituten vereinbarten Relation (20) für das vereinheitlichte pound (Abschnitt 2). Somit ergeben sich für die B. t. u.$_{IT}$ zahlenmäßig folgende Umrechnungsbeziehungen zum J und zur cal$_{IT\,(1956)}$

$$1 \text{ B. t. u.}_{IT} = 1 \text{ Btu} = 1\,055{,}055\,85 \ldots \text{ J} \tag{34a}$$

$$= 251{,}997\,611 \ldots \text{ cal}_{IT\,(1956)}. \tag{34b}$$

Die neue cal$_{IT\,(1956)}$ und B. t. u.$_{IT}$ sind identisch mit den 1952 von der British Standards Institution *[B 89]* zum Gebrauch als spezielle Wärmemengeneinheiten allein empfohlenen calorie (3, 38) und British thermal unit (3, 39); für letztere wird seit 1959 das Kurzzeichen Btu benutzt *[B 89a]*. Sie sind zum Internationalen Einheitensystem der Meterkonvention inkohärente und wegen der definierenden Zahlenfaktoren, die keine ganzzahligen Potenzen von 10 sind, auch nicht-metrische Einheiten (Abschnitt 2).

Da die ursprüngliche cal$_{IT\,(1929)}$ in der durch Gleichung (3, 26′) gegebenen Form zwischenzeitlich benutzt worden ist und möglicherweise auch weiter auftreten wird, kann sie während einer angemessenen Übergangszeit in Umrechnungstafeln noch nicht gestrichen werden. Daher wird sie in den Tafeln **16, 17** und **20** unter ihrer ursprünglichen Bezeichnung „cal$_{IT}$" verwendet. Die Internationale Tafel-Kalorie von 1956 der Gleichung (33) wurde in die Tafeln **20** und **34** aufgenommen, und zwar in die Tafel **20**, die auch die intermediäre cal$_{IT}$ der Gleichung (3, 26′) und die British thermal unit enthält, unter dem ihr von der British Standards Institution 1952 provisorisch gegebenen Namen „calorie", in die Tafel **34** mit der Kennzeichnung „cal$_{IT\,(1956)}$".

In Neuauflagen von Tafelwerken werden die bisher üblichen Kalorien einschließlich der Internationalen Tafel-Kalorie bereits durch das Joule ersetzt. Daher verstärkt sich die Hoffnung, daß in nicht allzu ferner Zukunft Ausführungen über die Internationale Tafel-Kalorie nur noch historisches Interesse beanspruchen können.

Mit dem Beschluß über die Wärmemengeneinheit hat die 5. Internationale Dampftafel-Konferenz in einer weiteren Resolution noch den Bezugszustand für die Internationalen Dampftafeln neu festgesetzt:

«Resolution II

REFERENCE STATE AND BASE VALUES IN STEAM TABLES

It is resolved that

  1. The reference state (which was sometimes previously at a nonstable point) should be changed to a stable point.

  2. The new reference state for water shall be that of the liquid phase at the triple point of pure water.

  3. At this new reference state the entropy and the internal energy shall each conventionally be made exactly zero.»

10. Temperatur und Temperaturskalen; Gold- und Platinpunkt; photometrisches Strahlungsäquivalent

Aus den Festsetzungen der 9. und 10. Generalkonferenz für Maß und Gewicht und den Erläuterungen des Comité Consultatif de Thermométrie resultierten vier verschiedene Temperaturgrößen: thermodynamische (oder absolute) Temperatur (siehe S. 93 und 95), internationale Temperatur (siehe S. 93 und 100), thermodynamische Celsius-Temperatur (siehe S. 94 und 98), internationale Kelvin-Temperatur (siehe S. 106). Die seinerzeit vorgesehenen Bezeichnungen der Temperaturgrade in den zugehörigen Temperaturskalen sind in einer Tabelle des Comité Consultatif zusammengefaßt worden (siehe S. 106). Dabei werden jeweils zwei Temperaturgrößen — T und ϑ sowie t und Θ — durch eine definierende Gleichung miteinander verknüpft, während zwischen den beiden Größenpaaren kein funktioneller Zusammenhang besteht. Analog sind jeweils thermodynamische Kelvin- und Celsius-Skala sowie internationale Celsius- und Kelvin-Skala per definitionem um den konstanten Betrag von **273,15 grd** gegeneinander verschoben, während zwischen dem thermodynamischen und dem internationalen Skalenpaar keine festen Bindungen bestehen. Dieser Sachverhalt hat in der Zwischenzeit ebensoviel Verwirrung wie Unbehagen hervorgerufen.

Die Situation wird sich auch erst auf ein einfaches und durchsichtiges Schema bringen lassen, wenn man sich entschließt, zwischen den beiden Größenpaaren und den beiden Skalenpaaren eine geeignete Verbindung so herzustellen, daß in der Gesamtdarstellung zumindest zwei der vier Temperaturgrößen entbehrlich werden.

Der völlige Mangel einer Verbindung zwischen den Skalenpaaren in ihrer derzeitigen Definition rührt im wesentlichen daher, daß die definierenden Fundamentalpunkte für die thermodynamischen Temperaturskalen der absolute Nullpunkt der Thermodynamik und der Tripelpunkt des Wassers, für die internationalen Temperaturskalen dagegen Eisschmelzpunkt und Wassersiedepunkt sind, d. h. daß die beiden Skalenpaare keinen Fudamentalpunkt gemeinsam haben[1]). Zum wechselseitigen Bezug oder Anschluß der Skalenpaare ist aber gerade *ein* in allen Skalen zahlenmäßig festgelegter Temperaturpunkt notwendig und hinreichend.

Die einfachste Lösung wäre sicher, in den internationalen Skalen den Eisschmelzpunkt als Fundamentalpunkt durch den Wassertripelpunkt zu ersetzen. Hierzu ist weiter nichts nötig, als im Text der Internationalen Temperaturskala von 1948 *[C 129]* die in der Tafel I des ersten Teiles stehende Definition des Eisschmelzpunktes durch die unter Ziffer 4 im dritten Teil enthaltene Empfehlung zu seiner Realisierung als Neudefinition zu ersetzen oder, mit anderen Worten, als unteren Fundamentalpunkt der Internationalen (Celsius-)Temperaturskala den Wassertripelpunkt mit der Temperatur $0{,}01\ °\mathrm{C(Int.)}$ anstatt des bisher mit der Temperatur $0\ °\mathrm{C(Int.)}$ festgelegten Eisschmelzpunktes zu vereinbaren. Für die zugehörigen Größen würden dann außer den die Paare verknüpfenden Gleichungen $\vartheta = T - T_0$ und $t = \Theta - \Theta_0$ noch definitionsgemäß die beiden Gleichsetzungen $t_\mathrm{tr} = \vartheta_\mathrm{tr}$ und $T_\mathrm{tr} = \Theta_\mathrm{tr}$ erfüllt sein, wenn $T_0 = 273{,}15\ °\mathrm{K}$ und $\Theta_0 = 273{,}15\ °\mathrm{K(Int.)}$ thermodynamische und internationale Kelvin-Temperatur des per definitionem um 0,01 grd unter dem Wassertripelpunkt $(T_\mathrm{tr} = \Theta_\mathrm{tr})$ liegenden „fiktiven" Eispunktes (siehe S. 98) bedeuten.

Wenn man den gerade skizzierten Weg zur Beseitigung der derzeit bestehenden Schwierigkeiten einschlägt, könnte man zur Vereinfachung der Darstellung sogar noch einen Schritt weitergehen und sich bei Angabe von Temperatur*punkten* auf nur *zwei* Größen beschränken: (thermodynamische) *Kelvin-Temperatur* T und (thermodynamische) *Celsius-Temperatur* $t = T - T_0$. T wäre in dem von der 10. Generalkonferenz für Maß und Gewicht definierten Grad Kelvin ($°\mathrm{K}$) und t in Grad Celsius ($°\mathrm{C}$) zu messen; die Temperatur T_0 des „Nullpunktes der thermodynamischen Celsius-Skala" beträgt $273{,}15\ °\mathrm{K}$, so daß die Kelvin-Temperatur T eines thermodynamischen Systems in die zugehörige Celsius-Temperatur t über die Zahlenwertgleichung

$$\{t\}_{°\mathrm{C}} = \{T\}_{°\mathrm{K}} - 273{,}15 \tag{35}$$

umzurechnen ist.

Dabei würde auch die übergeordnete Bedeutung des Grad (grd) als Einheit des Temperatur*intervalls* besser zum Ausdruck kommen. Der Grad wäre hier zu definieren als die Temperaturdifferenz zweier Temperaturpunkte, deren Kelvin- *und* Celsius-Temperaturen, gemessen in $°\mathrm{K}$ und $°\mathrm{C}$, sich im Zahlenwert um 1 unterscheiden:

$$T_2 - T_1 = t_2 - t_1 = 1\ \mathrm{grd} \tag{36a}$$

oder speziell über die Differenz der Temperaturen T_tr und $T_{\mathrm{abs.}\,0}$ des Wassertripelpunktes und des absoluten Nullpunktes der Thermodynamik:

$$1\ \mathrm{grd} = \frac{T_\mathrm{tr} - T_{\mathrm{abs}\,0}}{273{,}16}. \tag{36b}$$

Der Grad repräsentiert also die Einheit des für die „thermodynamische Kelvin-Skala" und die „thermodynamische Celsius-Skala" *gleichen* Skalenmaßes.

Zwischen $°\mathrm{K}$ und grd sollte man auch bei Wertangaben für thermodynamische Größen unterscheiden. Entropieänderungen $\Delta S = \Delta Q/T$ sind beispielsweise in $\mathrm{J}/°\mathrm{K}$, dagegen Wärmekapazitäten bei konstantem Volumen $C_v = (\partial U/\partial T)_v$ oder bei konstantem Druck $C_p = (\partial H/\partial T)_p$ in J/grd anzugeben.

Die thermodynamischen Temperaturskalen können experimentell durch das Volumen- oder Druckverhalten idealer Gase verifiziert werden. Mit hinreichender Näherung werden sie praktisch derzeit über die Temperaturmeßverfahren der „Internationalen Temperaturskala von 1948" (Abschnitt 3, 5c) realisiert. In diesem Sinne sollte man die „internationale Celsius-Skala" und die „internationale Kelvin-Skala" nicht als selbständige Temperaturskalen behandeln sondern als jeweils bestmögliche praktische Realisierung ihrer thermodynamischen Idealdefinitionen, wofür sie ja auch ursprünglich gedacht und eingeführt worden sind. Sollen Temperaturwerte, die in der internationalen

---

[1]) Daß die 9. Generalkonferenz durch Festsetzung des Nullpunktes der Internationalen (Celsius-)Temperaturskala als 0,01 grd unter dem Wassertripelpunkt *[C 69; C 121]* noch eine Überbestimmung in das Gesamtsystem der Temperaturgrößen und -skalen hineingebracht hat (siehe S. 97), ist eine weitere Komplikation, die für die folgenden Betrachtungen aber nur von sekundärer Bedeutung ist oder sich durch sie sogar beheben läßt.

Skala gemessen sind, ausdrücklich als solche gekennzeichnet werden, kann an die Temperatureinheit „Int. 19.." in Klammern angefügt werden; beispielsweise wäre das Meßergebnis dann in Form zweier *Relationen mit Näherung* zu schreiben:

$$T = T_{\mathrm{K}} \,°\mathrm{K} \approx T'_{\mathrm{int}} \,°\mathrm{K}(\mathrm{Int.} \ 19..) \tag{37}$$

$$t = T - T_0 = t_{\mathrm{C}} \,°\mathrm{C} \approx t_{\mathrm{int}} \,°\mathrm{C}(\mathrm{Int.} \ 19..), \tag{38}$$

wobei T_{K} und t_{C} die in der thermodynamischen Skala gemessenen Zahlenwerte, T_{int} und t_{int} die in der internationalen Skala gemessenen Zahlenwerte der ermittelten Kelvin- und Celsius-Temperatur bezeichnen sollen. Wenn in der internationalen Skala der Eisschmelzpunkt als unterer Fundamentalpunkt durch den Wassertripelpunkt ersetzt ist, gelten für dessen und *nur* für dessen Kelvin- und Celsius-Temperatur anstelle von Relationen mit Näherung die *Gleichungen*

$$T_{\mathrm{tr}} = 273{,}16 \,°\mathrm{K}(\mathrm{Int.} \ 19..) = 273{,}16 \,°\mathrm{K} \tag{37a}$$

$$t_{\mathrm{tr}} = T_{\mathrm{tr}} - T_0 = 0{,}01 \,°\mathrm{C}(\mathrm{Int.} \ 19..) = 0{,}01 \,°\mathrm{C}. \tag{38a}$$

In Hinblick darauf, daß der Grad Kelvin eine der 6 Grundeinheiten des Internationalen Einheitensystems ist, würde es sich empfehlen, die praktische Näherungsskala und deren Temperaturgrade nicht durch das Adjektiv „international" sondern z. B. als „praktische Temperaturskala" mit dem Einheitenzusatz „prat. 19.." und dem Zahlenwertindex „prat" zu kennzeichnen.

Das Comité Consultatif de Thermométrie hat 1958 über eine Revision des Textes der Internationalen Temperaturskala von 1948 beraten und in seinem Bericht an das Internationale Komitee für Maß und Gewicht als vorläufiges Ergebnis folgende Punkte zusammengestellt [C 28b]:

«*Révision du texte de l'Échelle Internationale de Température de 1948.*

Un projet de révision du texte de l'Échelle Internationale de Température a été examiné. A part des points de détail, les décisions les plus importantes ont été les suivantes:

1° Abréger le chapitre 'Introduction' par l'élimination des parties d'intérêt purement historique, qui ne sont plus nécessaires.

2° Remplacer le point de fusion de la glace par le point triple de l'eau en lui attribuant la température + 0,01 °C(Int. 1948).

3° Supprimer la distinction entre 'points fixes fondamentaux' et 'points fixes primaires', en adoptant la désignation unique 'point fixes de définition'.

4° Unifier les équations qui figurent dans le texte, afin qu'elles soient toutes des équations aux grandeurs et non pas aux valeurs numériques.

5° Utiliser les symboles T et t pour désigner les températures thermodynamiques Kelvin et Celsius, et les symboles T_{int} et t_{int} pour désigner les températures internationales Kelvin et Celsius.

6° Maintenir le point d'ébullition du soufre comme point fixe de définition de l'Échelle, mais recommander l'emploi du point de congélation du zinc, avec la valeur 419,505 °C(Int. 1948), ce point permettant de réaliser la même Échelle d'une façon mieux reproductible.»

Der Punkt 2 würde eine eindeutige Verknüpfung der internationalen mit der thermodynamischen Skala im oben geschilderten Sinne ermöglichen. Der Vorschlag unter Punkt 3, die die internationale Skala definierenden Fixpunkte einheitlich als solche zu kennzeichnen, kommt der Auffassung entgegen, daß die internationale Skala als eine praktische Näherung der thermodynamischen Skala innerhalb der Meßgenauigkeit zu betrachten ist. Punkt 4 soll der sich immer mehr durchsetzenden Gleichungenschreibweise als Größengleichungen Rechnung tragen; in Zusammenhang mit diesem Vorschlag ist allerdings der Punkt 5 leider nur so zu interpretieren, daß das Comité Consultatif an den vier verschiedenen Temperatur*größen* T, t, T_{int} und t_{int} zunächst festhalten will.

Weiter hat 1958 das Comité Consultatif in einer Resolution dem Internationalen Komitee vorgeschlagen [C 28a], die Internationale Temperaturskala durch eine Skala für tiefere Temperaturen zu ergänzen, die auf einer zahlenmäßigen Festlegung des Zusammenhanges zwischen Temperatur und Dampfdruck von ^{4}He basiert:

«*Recommandation.*

Le Comité Consultatif de Thermométrie,

ayant reconnu la nécessité d'établir dans le domaine des très basses températures une échelle de température unique,

ayant constaté l'accord général des specialistes dans ce domaine de la physique,

recommande pour l'usage général l' 'Échelle ^{4}He 1958', basée sur la tension de vapeur de l'hélium, comme définie par la table annexée (voir p. T 192).

Les valeurs des températures dans cette échelle sont désignées par le symbole T_{58}.»

Die die Temperatur T_{58} in der „Échelle ^{4}He 1958" definierenden Werte *[C 28c]* enthält die Tabelle 55.

Noch in demselben Jahr stimmte das Internationale Komitee der „Échelle ^{4}He 1958", die bereits im Juni auf dem Internationalen Kongreß für tiefe Temperaturen in Leiden angenommen worden war *[siehe B 78b]*, zu und billigte den Bericht seines Comité Consultatif *[C 91h]*. Dabei gab das Internationale Komitee die Anregung, bei der Formulierung des Revisionstextes für die Internationale Temperaturskala von 1948 diese als „Échelle Pratique" zu bezeichnen.

Tabelle 55. Dampfdruck von ^{4}He in 10^{-3} Torr als Funktion der Temperatur T_{58} in der „Échelle ^{4}He 1958"

T_{58}	,00	,01	,02	,03	,04	,05	,06	,07	,08	,09
0,5	0,016342	0,022745	0,031287	0,042561	0,057292	0,076356	0,10081	0,13190	0,17112	0,22021
	0,28121	0,35649	0,44877	0,56118	0,69729	0,86116	1,0574	1,2911	1,5682	1,8949
	2,2787	2,7272	3,2494	3,8549	4,5543	5,3591	6,2820	7,3365	8,5376	9,9013
	11,445	13,187	15,147	17,348	19,811	22,561	25,624	29,027	32,800	36,974
	41,581	46,656	52,234	58,355	65,059	72,386	80,382	89,093	98,567	108,853
1,0	120,000	132,070	145,116	159,198	174,375	190,711	208,274	227,132	247,350	269,006
	292,169	316,923	343,341	371,512	401,514	433,437	467,365	503,396	541,617	582,129
	625,025	670,411	718,386	769,057	822,527	878,916	938,330	1000,87	1066,67	1135,85
	1208,51	1284,81	1364,83	1448,73	1536,61	1628,62	1724,91	1825,58	1930,79	2040,67
	2155,35	2274,99	2399,73	2529,72	2665,09	2805,99	2952,60	3105,04	3263,48	3428,07
1,5	3598,97	3776,32	3960,32	4151,07	4348,79	4553,58	4765,68	4985,18	5212,26	5447,11
	5689,88	5940,76	6199,90	6467,42	6743,57	7028,47	7322,31	7625,21	7937,40	8259,02
	8590,22	8931,18	9282,06	9643,02	10014,3	10395,9	10788,2	11191,2	11605,1	12030,1
	12466,1	12913,7	13372,8	13843,6	14326,1	14820,7	15327,3	15846,3	16377,7	16921,7
	17478,2	18047,7	18630,1	19225,5	19834,1	20455,9	21091,1	21739,7	22402,0	23077,9
2,0	23767,4	24470,9	25188,1	25919,2	26664,2	27423,3	28196,3	28983,2	29784,2	30599,1
	31428,1	32271,1	33128,0	33998,6	34882,8	35780,3	36690,9	37614,3	38550,2	39500,3
	40465,6	41446,6	42443,5	43456,5	44485,7	45531,3	46593,5	47672,5	48768,6	49881,8
	51012,3	52160,2	53325,8	54509,2	55710,5	56930,0	58167,8	59423,8	60698,8	61992,0
	63304,3	64635,2	65985,4	67354,8	68743,5	70152,0	71580,2	73028,1	74496,0	75984,2
2,5	77493,1	79022,2	80572,2	82142,9	83734,6	85347,2	86981,2	88636,7	90313,8	92012,6
	93733,4	95476,0	97240,8	99028,2	100838	102669	104525	106403	108304	110228
	112175	114145	116139	118156	120198	122263	124353	126465	128603	130765
	132952	135164	137401	139663	141949	144260	146597	148961	151349	153763
	156204	158671	161164	163684	166230	168802	171402	174028	176682	179364
3,0	182073	184810	187574	190366	193187	196037	198914	201820	204755	207719
	210711	213732	216783	219864	222975	226115	229285	232484	235714	238974
	242266	245587	248939	252322	255736	259182	262658	266166	269706	273278
	276880	280516	284183	287883	291615	295380	299178	303008	306871	310768
	314697	318659	322654	326684	330747	334845	338976	343141	347341	351575
3,5	355844	360147	364485	368860	373269	377714	382194	386710	391262	395849
	400471	405130	409825	414556	419324	424128	428968	433846	438760	443713
	448702	453729	458794	463897	469038	474218	479435	484691	489985	495317
	500688	506098	511574	517036	522564	528132	533739	539387	545075	550805
	556574	562383	568234	574126	580059	586034	592051	598110	604210	610352
4,0	616537	622764	629033	635345	641700	648099	654541	661026	667554	674125
	680740	687399	694103	700851	707643	714479	721360	728285	735255	742269
	749328	756431	763579	770772	778010	785294	792623	799999	807422	814893
	822411	829978	837592	845255	852966	860725	868533	876390	884296	892252
	900258	908313	916418	924573	932778	941033	949338	957693	966099	974556
4,5	983066	991628	1000239	1008905	1017621	1026390	1035213	1044078	1053014	1061995
	1071029	1080114	1089254	1098449	1107699	1117002	1126359	1135772	1145239	1154761
	1164339	1173972	1183662	1193407	1203209	1213066	1222981	1232955	1242983	1253069
	1263212	1273414	1283673	1293991	1304367	1314802	1325297	1335850	1346462	1357136
	1367870	1378662	1389516	1400429	1411404	1422438	1433533	1444690	1455911	1467191
5,0	1478535	1489940	1501409	1512940	1524535	1536192	1547912	1559698	1571546	1583458
	1595437	1607481	1619589	1631761	1644000	1656305	1668673	1681108	1693612	1706180
	1718817	1731521	1744290							

Die 11. Generalkonferenz für Maß und Gewicht hat dann 1960 mit dem Bericht des Präsidenten des Comité Consultatif de Thermométrie auch die neue Helium-Skala sowie eine Neuformulierung des Textes über die Internationale Temperaturskala von 1948 gebilligt *[C 136c]*, der nach den 1958 vom Comité Consultatif aufgestellten Richtlinien überarbeitet worden war. Die Skala, die als Kompromiß den Namen „Échelle Internationale Pratique de Température de 1948" erhielt, beruht nach wie vor auf 6 (nunmehr gleichwertigen) definierenden Fixpunkten, von denen lediglich der Eisschmelzpunkt durch den Wassertripelpunkt mit dem Wert $t_{tr} = 0,01\ °C(\text{Int. } 1948)$ ersetzt wurde; weiter wird empfohlen, bei der praktischen Realisierung der Skala anstelle des definierenden Schwefelsiedepunktes $t_S = 444,6\ °C(\text{Int. } 1948)$ den Zinkschmelzpunkt mit dem Wert $t_{Zn} = 419,505\ °C(\text{Int. } 1948)$ zu benutzen. Bedauerlicherweise ist in der Tafel III des neuen Textes die Unterscheidung zwischen 4 verschiedenen Temperaturgrößen beibehalten worden.

Auch im Temperaturbereich der Internationalen Temperaturskala von 1948 zeichnet sich die Notwendigkeit von Korrekturen, beispielsweise der den definierenden Fixpunkten zugeordneten Zahlenwerte ab.

Einmal liegen zwei neue gasthermometrische Untersuchungen über die Temperatur des Goldpunktes vor. *Oishi, Awano* und *Mochizuki [O 6b]* haben im Tokyo Institute of Technology nach der Methode konstanten Volumens als Ergebnis

$$T_{Au} = (1\,336,84 \pm 0,05)\ °K \tag{39}$$

erhalten. *Moser, Otto* und *Thomas* entwickelten in der Physikalisch-Technischen Bundesanstalt ein neues gasthermometrisches Verfahren, die Methode der „konstanten Gefäßtemperatur" *[M 31a; M31d]*, die die störenden Sorptionseffekte im Gasthermometergefäß vermeidet, und kamen zu dem Resultat *[M 31e u. 31f]*

$$T_{Au} = (1\,337,9_1 \pm 0,1)\ °K\ ^{1)}. \tag{40}$$

Dabei tauchte das Gasthermometergefäß direkt in das flüssige Metall ein, während es bei den japanischen Messungen sich in einem Ofen mit Thermoelementen befand, die gegenüber dem Golderstarrungspunkt kalibriert waren. Wegen der Differenz von mehr als 1 grd zwischen den beiden Goldpunktbestimmungen sollen im Tokyo Institute of Technology die Messungen nach der in der PTB angewandten Methode wiederholt werden *[O 6a]*.

Da auch noch in anderen Staatsinstituten ähnliche Untersuchungen beabsichtigt sind, nahm das Comité Consultatif zunächst davon Abstand, eine Revision des Temperaturwertes des Goldpunktes, der in der Internationalen Temperaturskala von 1948 (siehe S. 102) zu

$$t_{Au} = 1\,063,0\ °C(\text{Int. } 1948) \tag{41'}$$

oder

$$T_{Au} = 1\,336,15\ °K(\text{Int. } 1948), \tag{41}$$

d. h. um 1,76 grd niedriger als das Meßergebnis in der thermodynamischen Skala von *Moser, Otto* und *Thomas* festgesetzt worden war, zu diskutieren.

Eine gasthermometrische Neubestimmung der Temperatur des Schwefelpunktes, des Antimonpunktes und des Silberpunktes in der thermodynamischen Skala, die *Moser, Otto* und *Thomas* nach ihrer Methode der konstanten Gefäßtemperatur unternommen haben, führte zu folgenden vorläufigen Meßergebnissen *[M 31f]*:

$$T_S = (717,81 \pm 0,03)\ °K \quad \text{oder} \quad t_S = T_S - T_0 = (444,66 \pm 0,03)\ °C \tag{42}$$

$$T_{Sb} = (903,85 \pm 0,05)\ °K \quad \text{oder} \quad t_{Sb} = T_{Sb} - T_0 = (630,70 \pm 0,05)\ °C \tag{43}$$

$$T_{Ag} = (1\,235,3_1 \pm 0,1)\ °K \quad \text{oder} \quad t_{Ag} = T_{Ag} - T_0 = (962,1_6 \pm 0,1)\ °C\ ^{2)}, \tag{44}$$

die um 0,06 grd, 0,22 grd und 1,36 grd über den für t_S, t_{Sb} und t_{Ag} in °C(Int. 1948) der Internationalen Temperaturskala von 1948 festgesetzten Werten (siehe S. 102) liegen.

---

[1] Auf Grund von neuen in der PTB durchgeführten Untersuchungen über die Ausdehnung des Quarzglases bei höherer Temperatur wird sich möglicherweise das endgültige Meßergebnis von *Moser, Otto* und *Thomas* für den Goldpunkt um 0,2 bis 0,3 grd erniedrigen. Analoges gilt für den weiter unten genannten, von denselben Autoren gemessenen Wert (44) der Temperatur des Silberpunktes *[M 31c]*. Nach den letzten Messungen beträgt die Korrektur für den Goldpunkt $-\ 0,2_8$ grd, womit sich als korrigierter Wert für die Temperatur des Goldpunktes $t_{Au} = 1\,064,4_8\ °C$ oder $T_{Au} = 1\,337,6_3\ °K$ ergibt.

[2] Siehe Fußnote [1]. Nach den letzten Messungen beträgt die Korrektur für den Silberpunkt $-\ 0,2_3$ grd, womit sich als korrigierter Wert für die Temperatur des Silberpunktes $t_{Ag} = 961,9_3\ °C$ oder $T_{Ag} = 1\,235,0_8\ °K$ ergibt.

Neuere gasthermometrische Bestimmungen der Temperatur T_{Zn} oder $t_{Zn} = T_{Zn} - T_0$ des Zinkpunktes in der thermodynamischen Skala sind bisher nicht veröffentlicht worden. Nach den Messungen von *Moser*, *Otto* und *Thomas* wird analog zur Schwefelpunktstemperatur t_S möglicherweise auch t_{Zn} in der thermodynamischen Skala um einige 10^{-2} grd höher liegen als der oben unter Punkt 6 der Revisionsvorschläge des Comité Consultatif zur Internationalen Temperaturskala von 1948 genannte Wert in °C(Int. 1948).

Nach Aufklärung der Differenzen, die derzeit noch zwischen verschiedenen Beobachtern hinsichtlich der Größe der Abweichungen zwischen thermodynamischer und internationaler Skala bestehen, wird eine bessere Angleichung der letzteren an ihr thermodynamisches Ideal möglich werden. Die Unsicherheiten, mit denen man heute bei der Bestimmung thermodynamischer Temperaturen über praktische Meßverfahren der Internationalen Temperaturskala von 1948 rechnen muß, hat kürzlich *Moser [M 31b]* diskutiert und für den Bereich von -200 bis $+1\,800$ °C(Int. 1948) graphisch zusammengestellt.

Bei einer künftigen Revision der Internationalen Temperaturskala von 1948 wäre auch ihr sogenannter optischer oder pyrometrischer Teil, der über Strahlungsmessungen realisiert wird, zu berücksichtigen. Dieser Bereich der Skala wird über das Plancksche Strahlungsgesetz (5, 96) durch dessen zweite Strahlungskonstante c_2 und die Temperatur T_{Au} des Goldpunktes bestimmt (siehe S. 102), die für die Internationale Temperaturskala von 1948 zu

$$T_{Au} = 1\,336{,}15 \text{ °K(Int. 1948)} \tag{41}$$

$$c_2 = 1{,}438 \text{ cm °K(Int. 1948)} \tag{45}$$

d. h.

$$\frac{c_2}{T_{Au}} = \frac{1{,}438}{1\,336{,}15} \text{ cm} = 1{,}076\,226\ldots \cdot 10^4 \text{ nm} \tag{46}$$

festgesetzt worden sind, während sich nach der gasthermometrischen Goldpunktbestimmung von *Moser*, *Otto* und *Thomas [M 31e]* und aus Atomkonstantenbestimmungen (Abschnitt 6, 4) über die Vakuumlichtgeschwindigkeit

$$c_0 = (2{,}997\,93 \pm 0{,}000\,01) \cdot 10^8 \text{ m/s,} \tag{6, 177}$$

das Plancksche Wirkungsquantum

$$h = (6{,}625\,2 \pm 0{,}000\,7) \cdot 10^{-34} \text{ Js} \tag{6, 181}$$

und die Boltzmannsche Entropiekonstante

$$k = (1{,}380\,41 \pm 0{,}000\,07) \cdot 10^{-23} \text{ J/°K} \tag{6, 172}$$

$$T_{Au} = (1\,337{,}9_1 \pm 0{,}1) \text{ °K } [1]) \tag{40}$$

$$c_2 = c_0 h/k = (1{,}438\,8_3 \pm 0{,}000\,2) \text{ cm °K} \tag{6, 191}$$

d. h.
$$\frac{c_2}{T_{Au}} = (1{,}075\,4_1 \pm 0{,}000\,2) \cdot 10^4 \text{ nm} \tag{47}$$

ergibt.

Auf einige Konsequenzen dieser Diskrepanzen auch im Bereich der Photometrie wurde 1957 von *Moser*, *Stille* und *Tingwaldt [M 33a]* hingewiesen.

So folgt für die Temperatur des Platinerstarrungspunktes, der in die Definition der photometrischen Grundeinheit Candela des Internationalen Einheitensystems eingeht, aus den für die Internationale Temperaturskala von 1948 festgesetzten Werten (41) und (45)

$$T_{Pt} = (2\,042{,}3_5 \pm 0{,}4) \text{ °K(Int. 1948) } [1]) \tag{48}$$

oder
$$\frac{c_2}{T_{Pt}} = (7{,}0409 \pm 0{,}0014) \cdot 10^3 \text{ nm,} \tag{49}$$

---

[1]) Nach Tab. 45 (siehe S. 296) lag der Mittelwert für t_{Pt} aus den Bestimmungen dreier Staatsinstitute (NBS, NPL, PTR) um 0,3 grd unter dem PTR-Ergebnis; der in Abschnitt 6, I, 1f für t_{Pt} (PTR) ermittelte Wert (6, 49) führt also genau zu dem hier angegebenen Wert (48) für T_{Pt}.

während man mit den Meßergebnissen (40) und (6, 191) an Stelle von (6, 54)

$$T_{\mathrm{Pt}} = (2\,045{,}8_8 \pm 0{,}7)\ {}^\circ\mathrm{K} \tag{50}$$

oder

$$\frac{c_2}{T_{\mathrm{Pt}}} = (7{,}0326_7 \pm 0{,}0025) \cdot 10^3\ \mathrm{nm} \tag{51}$$

erhält.

Am Platinpunkt leuchtet ein Schwarzer Strahler per definitionem mit der Leuchtdichte (Abschnitt 5, II, 2 d; siehe Tafel 30)

$$L(T_{\mathrm{Pt}}) = 6 \cdot 10^5\ \mathrm{cd/m^2}. \tag{52}$$

Mit der spezifischen Lichtausstrahlung (siehe Tafel 30)

$$M(T_{\mathrm{Pt}}) = \int_\Omega L(T_{\mathrm{Pt}}) \cos \varepsilon\, d\omega = 6\,\pi \cdot 10^5\ \mathrm{lm/m^2} \tag{53}$$

des Schwarzen Strahlers, seiner unpolarisierten spektralen spezifischen Ausstrahlung $M_{e\lambda}$ (Abschnitt 5, II, 3) bei der Temperatur T_{Pt} und dem spektralen Hellempfindlichkeitsgrad für Tagessehen V_λ (Abschnitt 5, II, 1) gelangt man über das Plancksche Strahlungsgesetz [1]) zu Werten für das photometrische Strahlungsäquivalent K_m (Abschnitt 5, II, 3), das dann in der Form

$$K_m = \frac{M(T_{\mathrm{Pt}})}{2\,\pi\,c_1 \displaystyle\int_0^\infty V_\lambda\,\lambda^{-5}\,(e^{c_2/\lambda\,T_{\mathrm{Pt}}} - 1)^{-1}\,d\lambda} \tag{54}$$

geschrieben werden kann. Aus Atomkonstantenbestimmungen (Abschnitt 6, 4) ergibt sich die erste Konstante[1]) des Planckschen Strahlungsgesetzes zu

$$c_1 = c_0^2 h = (5{,}9544 \pm 0{,}0007) \cdot 10^{-17}\ \mathrm{W\ m^2}. \tag{6, 190}$$

Durch Auswertung des Nennerintegrals der Gleichung (54) nach einem graphischen Verfahren von *Lohse* und *Stille* [L 21] folgt für das photometrische Strahlungsäquivalent bei Benutzung des über die Internationale Temperaturskala von 1948 abgeleiteten Quotienten (49)

$$K_m = (679 \pm 2)\ \mathrm{lm/W} \tag{55}$$

und bei Einsetzen des aus gasthermometrischer Goldpunktbestimmung und Atomkonstantenbestimmung ermittelten Quotienten (51) an Stelle von (5, 103)

$$K_m = (669 \pm 3)\ \mathrm{lm/W}. \tag{56}$$

11. Wandlungen des Molbegriffes: „Teilchenmenge" als Grundgrößenart und als Verhältnisgröße

In der Diskussion um den Molbegriff (Abschnitt 3, 8) zeichnen sich heute einige Ergebnisse klarer ab [siehe z. B. *F 17b; K 20e; L 10a; L 11a; L 11b; L 11c; L 11d; L 11e; L 20a; P 65a; S 69e; W 45c; Z 1a]*.

Zunächst ist man sich weitgehend darüber einig, daß Größengleichungen Beziehungen zwischen physikalischen Größen als Abstraktionen von Beschaffenheiten oder Eigenschaften physikalischer Objekte, Zustände oder Vorgänge sind, daher in den Größengleichungen der Physik und Technik nicht Symbole für dinghafte physikalische Objekte selbst auftreten können (siehe S. 8) und somit „Mol" nicht eine Abkürzung für rund $6 \cdot 10^{23}$ „Moleküle" sein kann.

Weiter möchte man die durch Jahrzehnte übliche Einführung des Mol als Größe von der Art einer Masse aufgeben, da das Mol der Definitionsgleichung (3, 63 a) *keine* Massen*einheit* sondern Massen-

---

[1]) Hier wird das Plancksche Strahlungsgesetz (5, 96) für die *unpolarisierte spektrale spezifische Ausstrahlung* $M_{e\lambda}$ eines Schwarzen Strahlers in der Form $M_{e\lambda}(T) = 2\,\pi\,c_1\,\lambda^{-5}\,(e^{c_2\lambda/T} - 1)^{-1}$ benutzt und dessen $(1/2\,\pi)$fache „Mengenkonstante", d. h. die Größe $c_1 = (2\,\pi)^{-1}\,M_{e\lambda}(T)\,\lambda^5\,(e^{c_2/\lambda\,T} - 1) = c_0^2 h$, als erste Plancksche Strahlungskonstante eingeführt (siehe S. 273 u. 328 sowie Tafel 35). Stattdessen ist es auch üblich, beispielsweise die „Mengenkonstante" der unpolarisierten spektralen spezifischen Ausstrahlung $M_{e\lambda}(T)$ selbst, d. h. die Größe $M_{e\lambda}(T)\,\lambda^5\,(e^{c_2/\lambda\,T} - 1) = 2\,\pi\,c_0^2 h$, oder die „Mengenkonstante" der *unpolarisierten spektralen Energiedichte* $u_\lambda(T) = (4/c_0) \cdot M_{e\lambda}(T)$, d. h. die Größe $u_\lambda(T)\,\lambda^5\,(e^{c_2/\lambda\,T} - 1) = 8\,\pi\,c_0\,h$, als erste Strahlungskonstante zu bezeichnen. Im Internationalen Wörterbuch der Lichttechnik *[I 39a]* wird auch die hier benutzte Definition für c_1 zugrunde gelegt.

Größen unterschiedlichen *Betrages* darstellt, der jeweils für die verschiedenen chemischen Substanzen charakteristisch und für jede atomare oder molekulare Substanz so gewählt ist, daß eine Substanzmenge von 1 mol stets die gleiche Anzahl von Atomen oder Molekülen enthält.

Um in der formelmäßigen Darstellung der Naturgesetze der Abzählbarkeit der Atome und Moleküle Ausdruck verleihen zu können, will man allerdings auch nicht allgemein vom Massen-Mol zu der ebenfalls seit langem benutzten und durch Gleichung (3, 65a bzw. 82a) definierten *Molzahl* übergehen, da in dieser Art der Gleichungenschreibung das Mol gerade herausfällt und bei Wertangaben von auf die Molzahl bezogenen Größen in den zugehörigen Einheiten nicht auftritt.

Dann bleiben für die zukünftige Behandlung des Molbegriffes im wesentlichen zwei Möglichkeiten:

a) Man ordnet ihn der *allgemeinen Größenart „Anzahl"* unter und definiert als Mol eine bestimmte Anzahl von Atomen oder Molekülen, wobei die Anzahl als Verhältnisgröße, beispielsweise als das Verhältnis der Gesamtmasse einer molekularen, d. h. aus gleichen Molekülen bestehenden Substanz zur Masse eines einzelnen Moleküls, festgelegt und gemessen werden kann.

b) Man führt als Eigenschaft einer chemisch homogenen Substanz eine *neue Größenart „Teilchenmenge"* [1] ein, die der in der betrachteten Substanzmenge enthaltenen Anzahl gleicher Teilchen proportional ist, und definiert das Mol als Grundeinheit der Teilchenmenge.

Die IUPAP hat 1957 den zweiten Weg beschritten und für ihren Bereich auf Vorschlag der SUN-Commission einstimmig folgende Empfehlung beschlossen *[C 97a; I 36b]*:

«1. *Definition of the unit 'mole';*

(1a) It is recommended that the unit 'mole' should be considered in physics as a unit for *quantity of substance* (indicated by the symbol Q [2]).

Its definition should be: 1 mole (symbol: mole) is the quantity of substance which contains the same number of molecules (or ions, or atoms, or electrons, as the case may be) as there are atoms in exactly 16 gram of pure oxygen isotope ^{16}O [3].

This quantity and the corresponding unit should be considered in the field where they are used as a fundamental (or basic) quantity and unit respectively.

(1b) *Related quantities*, defined in terms of this quantity are: The molar [4] mass (Definition: $M = m/Q$, m = mass of quantity of substance Q) with CGS unit: g/mole. The molar volume (Definition: v/Q, v = volume of quantity of substance Q) with the CGS unit: cm³/mole. The molecular weight with the definition:

$$\text{physical molecular weight} = \frac{16 \times \text{molar mass of substance}}{\text{molar mass of (atomic) } ^{16}O}$$

which quantity thus should be considered as a pure number.

Avogadro's constant [2], (Definition: N/Q, N is number of molecules in a quantity of substance Q) with the unit: mole⁻¹. Its present value should thus be expressed as:

$$N_0 = N/Q = 6.025 \times 10^{23} \text{ mole}^{-1}.$$

(1c) *Remark:* The unit 'grammole' (symbol: g-mole) [5] should be considered as a non-coherent unit of mass characteristic for any particular substance.»

Mit Rücksicht auf die schon seinerzeit über eine Vereinheitlichung der chemischen und physikalischen Atomgewichtsskala (Abschnitte 3, 8; 6, I, 1d u. 3d sowie 7, 12) laufenden Diskussionen hatte die SUN-Commission als ersten Schritt die Definition des Mol auf das Nuklid ^{16}O als Standardatom beschränkt; nach Annahme einer für Chemie und Physik gemeinsamen Skala kann die Mol-Definition ohne weiteres auf das Bezugsnuklid der neuen Skala umgestellt werden (Abschnitt 12; S. 372).

---

[1]) Zunächst wurde für diese *physikalische Größe* das Wort „Stoffmenge" geprägt (Abschnitte 3, 1 u. 8), mit dem aber neuerdings die betrachtete Substanzmenge selbst, d. h. das *dinghafte Objekt*, das die physikalische Eigenschaft „Teilchenmenge" hat, bezeichnet werden soll.

[2]) In der ursprünglichen Fassung war für die Größe quantity of substance als provisorisches Symbol Q vorgesehen, das aber 1960 von der 10. General Assembly der IUPAP unter gleichzeitiger Änderung des Namens in „amount of substance" durch die beiden Formelzeichen n und v ersetzt worden ist. — Analog zur Faradayschen Konstanten F wäre auch für die Avogadrosche Konstante ein eigenes Formelzeichen zu vereinbaren; in Betracht kommen A und L. Im folgenden wird zunächst anstatt N_0 das Symbol N_A benutzt: $N_A = N/n$.

[3]) Zur weiteren Entwicklung und Neudefinition des mol durch die 10. General Assembly der IUPAP siehe S. 373.

[4]) Gegen die im englischen (und französischen) Sprachraum seit langem übliche Kennzeichnung „molar" (französisch „molaire") von Größen, die mit der quantity of substance als Bezugsgröße gebildet werden, wird mit Recht der Einwand erhoben, daß hierdurch eine besondere Klasse bezogener *Größen* über den Namen einer *Einheit* der Bezugsgröße benannt wird. In der deutschen Sprache kann „molar" vermieden und beispielsweise als „teilchenmengenbezogen" übersetzt werden.

[5]) Hierzu siehe auch S. 117, 123 u. 370.

Nach der IUPAP-Definition wird die *Teilchenmenge n* als eine *Grundgrößenart* der Atomistik und des Diskontinuums mit eigener Grunddimension N betrachtet; sie trägt der Abzählbarkeit gleicher Individuen, deren Anzahl sie proportional ist, Rechnung. Als gleiche Individuen im Sinne dieser Größeneinführung können z. B. auftreten: Moleküle, Radikale, Atome (isobare Atome, Isotope eines Elementes, Nuklide), Ionen, Elementarteilchen (Leptonen, Nukleonen, Mesonen, Hyperonen), Photonen. Es ist daher im Einzelfall anzugeben, auf welche bestimmte *Art „gleicher" Individuen* sich eine Teilchenmengenangabe beziehen soll.

Grundeinheit der Teilchenmenge ist das Mol[1] (mol), dessen Definition auf Sauerstoffisotop ^{16}O als Etalon basiert: 1 mol ist die Teilchenmenge eines Individuen-Kollektivs, das aus ebenso vielen unter sich gleichen (oder für den einzelnen Fall als gleich betrachteten) Individuen besteht, wie Atome in genau 16 g reinen atomaren Sauerstoffs des Nuklids ^{16}O enthalten sind.

Der *Proportionalitätsfaktor* zwischen der Anzahl gleicher Individuen N und ihrer Teilchenmenge n ist die *Avogadrosche Konstante*[2] N_A; sie hat das Dimensionsprodukt einer reziproken Teilchenmenge

$$\mathrm{Dim}\,[N_\mathrm{A}] = \mathsf{N}^{-1} \tag{57}$$

und ist die für das Diskontinuum charakteristische Naturkonstante *[S 69e]*:

$$N_\mathrm{A} = N/n = (6{,}0250 \pm 0{,}0002) \cdot 10^{23}\,\mathrm{mol}^{-1}. \tag{6, 178b}$$

Der Zahlenwert $\{N_\mathrm{A}\} = N_\mathrm{A}/\mathrm{mol}^{-1} = (6{,}0250 \pm 0{,}0002) \cdot 10^{23}$ heißt *Avogadrosche Zahl*.

Die mit der Teilchenmenge als Bezugsgröße gebildeten Größen heißen *teilchenmengenbezogene* (oder *molare*) *Größen*; sie bewähren sich insbesondere bei der Darstellung von Thermodynamik und Statistik. Beispiele sind:

$$\text{teilchenmengenbezogene Masse} \quad m_\mathrm{m} = \frac{\text{Masse } m}{\text{Teilchenmenge } n}, \tag{58}$$

$$\text{teilchenmengenbezogenes Volumen} \quad v_\mathrm{m} = \frac{\text{Volumen } v}{\text{Teilchenmenge } n}. \tag{59}$$

Auch die Avogadrosche Konstante ist eine teilchenmengenbezogene Größe, und zwar die teilchenmengenbezogene Teilchenanzahl.

Der Zahlenwert $\{m_\mathrm{m}\} = \dfrac{m_\mathrm{m}}{\mathrm{g/mol}}$ der teilchenmengenbezogenen Masse einer chemisch homogenen Substanz ist gleich ihrem *Molekulargewicht* oder ihrer *relativen Molekülmasse* (Abschnitt 12) M_r, definiert durch die Gleichung

$$M_\mathrm{r} = \frac{16 \times \text{teilchenmengenbezogene Masse der Substanz}}{\text{teilchenmengenbezogene Masse von } {}^{16}\mathrm{O}}. \tag{60}$$

Als einfaches Anwendungsbeispiel der IUPAP-Empfehlung sei die Zustandsgleichung idealer Gase genannt; sie ist für ein Gas der Teilchenmenge n, das bei der Temperatur T unter dem Druck p ein Volumen v ausfüllt, in der Form

$$pv = nR_0T \tag{61}$$

zu schreiben. Hierin bedeutet R_0 die universelle Gaskonstante (siehe S. 134) vom Dimensionsprodukt $\mathsf{L}^2\,\mathsf{M}\mathsf{T}^{-2}\,\Theta^{-1}\,\mathsf{N}^{-1}$

$$R_0 = (8{,}3169_8 \pm 0{,}0004) \cdot 10^7\,\mathrm{erg}/(^\circ\mathrm{K\ mol}), \tag{6, 170'}$$

wobei im Nenner der für R_0 benutzten Einheit die Grundeinheit mol von der Grunddimension N auftritt. R_0 hängt über die Avogadrosche Konstante N_0 mit der Boltzmannschen Entropiekonstanten k (siehe S. 134)

$$k = R_0/N_\mathrm{A} = (1{,}38041 \pm 0{,}00007) \cdot 10^{-16}\,\mathrm{erg}/^\circ\mathrm{K} \tag{6, 172'}$$

---

[1] In der englischen und französchen Sprache: mole; bis 1960 diente in diesen Sprachen der volle Name gleichzeitig als Einheitensymbol, siehe S. 373.

[2] Die universelle Konstante N_A wurde im deutschen Sprachraum bisher als „Loschmidtsche Konstante" bezeichnet, während die für ideale Gase charakteristische Konstante V_0/N_A (V_0 teilchenmengenbezogenes Volumen des idealen Gases im physikalischen Normzustand; siehe S. 365) „Avogadrosche Konstante" hieß (siehe S. 118). Eine Durchsicht der Originalarbeiten von *Avogadro [A 17a]* und *Loschmidt [L 23a]* zeigt jedoch, daß die im englischen und französischen Sprachraum übliche inverse Bezeichnungsweise der beiden Konstanten den historischen Tatsachen besser gerecht wird *[S 69e]*.

zusammen, so daß in Gleichung (61) die Teilchenmenge n des Gases durch seine Teilchenzahl N ersetzt werden kann:

$$pv = \frac{N}{N_\mathrm{A}} R_0 T = NkT. \tag{61a}$$

Bei geeigneter Erweiterung lassen sich in den Teilchenmengenbegriff der IUPAP auch die Faradayschen Äquivalentgesetze mit einbeziehen: überschüssige Elementarladungen e von (positiven oder negativen) Ionen können auch als gleiche Individuen betrachtet werden. Hierzu wird die mit der Teilchenmenge n dimensionsgleiche Größe *Äquivalentenmenge* n_E eingeführt, die als Produkt aus der Teilchenmenge n von gleichen Ionen der Teilchenanzahl N und ihrer Wertigkeit z zu definieren ist

$$n_\mathrm{E} = n \cdot z = Nz/N_\mathrm{A}. \tag{62}$$

Die Größe Äquivalentenmenge läßt sich weiter auf die (heteropolaren oder homöopolaren) Bindungen elektrisch neutraler Teilchen anwenden, wobei z auch als „Wirkungswert" bezeichnet wird und gleich der Anzahl der Wasserstoffionen oder -atome ist, die in einer Reaktion dem Reaktionspartner äquivalent sind. Auch bei Äquivalentenmengenangaben sind die „*Gleichheits*"-*Merkmale* für den Träger der überschüssigen Ladungen oder der Bindungen und für die Wertigkeit der Ionen oder den Wirkungswert der Bindungen anzugeben.

Einheit der Äquivalentenmenge ist die Teilchenmengeneinheit *Mol* (mol), die für Äquivalentenmengenangaben noch die Sonderbezeichnung *Val* (val) erhalten kann. Beispielsweise haben 2-wertige Eisenionen der Teilchenmenge $n = 1$ mol (hinsichtlich der Reduktion zu Eisenatomen) eine Äquivalentenmenge $n_\mathrm{E} = 2$ val.

Der *Proportionalitätsfaktor* zwischen der Gesamtladung Q von N gleichen Ionen (gleichen elektrisch geladenen Teilchen der Ladung $Q/N = ze$) und ihrer Äquivalentenmenge n_E ist die *Faradaysche Konstante F*; sie hat das Dimensionsprodukt Ladung/Teilchenmenge

$$\mathrm{Dim}\,[F] = \mathrm{QN}^{-1} \tag{63}$$

und ist die speziell für den diskontinuierlichen Ladungstransport in Elektrolyten charakteristische Naturkonstante:

$$F = Q/n_\mathrm{E} = (9{,}6522_3 \pm 0{,}0002) \cdot 10^4 \ \mathrm{C/mol} = (9{,}6522_3 \pm 0{,}0002) \cdot 10^4 \ \mathrm{C/val}\ ^1). \tag{6, 179b}$$

Die von Ionen der Äquivalentenmenge $n_\mathrm{E} = 1$ mol transportierte Ladung $F \cdot 1$ mol $= (9{,}6522_3 \pm 0{,}0002) \cdot 10^4$ C heißt *Faradaysche Ladung*; sie ist das $\{N_\mathrm{A}\}$fache der Elementarladung e, die sich über die Gleichung

$$e = \frac{Q}{zN} = \frac{n_\mathrm{E} F}{zN} = n\frac{F}{N} = \frac{F}{N_\mathrm{A}} \tag{64}$$

zu

$$e = (1{,}60203 \pm 0{,}00006) \cdot 10^{-19} \ \mathrm{C} \tag{6, 180}$$

ergibt.

Analog den teilchenmengenbezogenen lassen sich auch *äquivalentenmengenbezogene* Größen einführen, beispielsweise

$$\text{äquivalentenmengenbezogene Masse von Ionen } m_\mathrm{E} = \frac{\text{Masse } m}{\text{Äquivalentenmenge } n_\mathrm{E}} = \frac{m_\mathrm{m}}{z}, \tag{65}$$

äquivalentenmengenbezogenes Volumen eines Elektrolyten v_E

$$= \frac{\text{Volumen des Elektrolyten } v}{\text{Äquivalentenmenge der Ionen } n_\mathrm{E}} = \frac{v_\mathrm{m}}{z}. \tag{66}$$

Auch die Faradaysche Konstante ist eine äquivalentenmengenbezogene Größe, und zwar die äquivalentenmengenbezogene Ladung von Ionen.

---

1) Um Verwechslungen mit dem früheren Massen-Val, das als Quotient Massen-Mol/Wertigkeit definiert war (Abschnitt **3,** 8) zu vermeiden, wird im folgenden von dem Sondereinheitenzeichen val für die Teilchenmengeneinheit mol kein Gebrauch gemacht.

Der Zahlenwert $\{m_E\} = \dfrac{m_E}{\text{g/mol}}$ der äquivalentenmengenbezogenen Masse einer homogenen Ionensorte ist gleich ihrem *Äquivalentgewicht* oder ihrer *relativen Äquivalentmasse* E_r, definiert durch die Gleichung

$$E_r = \frac{16 \times \text{äquivalentenmengenbezogene Masse der Ionensorte}}{\text{teilchenmengenbezogene Masse von } ^{16}O}$$

$$= \frac{\text{Molekulargewicht der Ionensorte } M_r}{\text{Wertigkeit der Ionensorte } z} \tag{67}$$

Die andere Möglichkeit, den Molbegriff in die Verhältnis-Größenart „Anzahl" einzubeziehen, wird in verschiedenen Versionen diskutiert.

Einmal läßt sich die Teilchenanzahl N als Verhältnisgröße in der Form

$$N = \frac{\text{Masse einer molekularen Substanz } m}{\text{Masse eines Moleküls } \mu} \tag{68}$$

definieren. N ist dann beispielsweise in der idempotenten Verhältniseinheit (Abschnitt 1) $\text{kg/kg} = \text{g/g}$ zu messen, der man zweckmäßigerweise einen eigenen Namen geben würde — wir benutzen hier ad hoc „Quot" (quot) als Sonderbezeichnung für diese Einheit:

$$1 \text{ quot} = 1 \frac{\text{kg}}{\text{kg}} = 1 \frac{\text{g}}{\text{g}} \tag{69}$$

Als „Mol" führt man dann folgerichtig ein Vielfaches der idempotenten Verhältniseinheit quot über die Relation

$$\frac{1 \text{ Mol}}{1 \text{ quot}} = \frac{16 \text{ g}}{\mu_{^{16}O}} = (6{,}0250 \pm 0{,}0002) \cdot 10^{23} \tag{70}$$

ein. In dieser Darstellung wird die Avogadrosche Konstante zu einer Standard-Teilchenanzahl N_{st}, die als Teilchenanzahl-Einheit dient und betragsmäßig so gewählt ist, daß die bei Bezug auf das frühere Massen-Mol (in der physikalischen Atomgewichtsskala) der Gleichung (3, 81a) sich ergebenden Zahlenwerte erhalten bleiben:

$$N_{st} = 1 \text{ Mol} = (6{,}0250 \pm 0{,}0002) \cdot 10^{23} \text{ quot.} \tag{71}$$

Mit der Teilchenanzahl N als Bezugsgröße lassen sich die den teilchenmengenbezogenen Größen der IUPAP-Empfehlung entsprechenden „teilchenanzahlbezogenen" Größen definieren. Um bei quantitativen Angaben für solche Größen Mol explizit schreiben zu können und die vom Molbegriff her gewohnten Zahlenwerte zu erhalten, *muß* N in der Einheit Mol eingesetzt werden. Dabei sollte man vermeiden, die Verhältniseinheiten quot und Mol gleich 1 und $6{,}025 \cdot 10^{23}$ zu setzen, da sonst in allen Gleichungen, die Wertangaben nach Zahlenwert und Einheit enthalten, Mol gegen die Zahl $6{,}025 \cdot 10^{23}$ herausgekürzt werden kann.

Da in dieser ersten Version nur die Verhältnisgröße Teilchenanzahl N erscheint, ist das ideale Gasgesetz in der Form

$$pv = Nk^* T \tag{72}$$

zu schreiben. Je nachdem N in quot oder Mol eingesetzt wird, erhält man für die „Boltzmannsche Entropiekonstante"

$$k^* = (1{,}38041 \pm 0{,}00007) \cdot 10^{-16} \text{ erg/(°K quot)} \tag{73a}$$

oder

$$= (8{,}3169_8 \pm 0{,}0004) \cdot 10^7 \text{ erg/(°K Mol),} \tag{73b}$$

wobei quot und Mol verschiedene Einheiten für die *gleiche* Verhältnisgröße $N = m/\mu$ sind. D. h., die universelle Gaskonstante tritt als *Größe* gar nicht auf und ihr gewohnter Zahlenwert $8{,}317 \cdot 10^7$ erscheint nur als Zahlenwert der „Boltzmannschen Entropiekonstante", wenn man für die Teilchenanzahl eine bestimmte *Einheit* vorschreibt. Das ist, vom Standpunkt allgemeiner physikalischer Begriffsbildungen aus gesehen, eine nicht erfreuliche Konsequenz.

Man kann in dieser Darstellung allenfalls eine „Gaskonstante" R_l vom Dimensionsprodukt $L^2 MT^{-2} \Theta^{-1}$ durch die Gleichung

$$R_l = N_{st} k^* = (8{,}3169_8 \pm 0{,}0004) \cdot 10^7 \text{ erg/°K} \tag{74}$$

einführen, womit das ideale Gasgesetz die Form

$$pv = \frac{N}{N_{\mathrm{st}}}\, R_l\, T \tag{75}$$

annimmt und N/N_{st} gleich der Molzahl l der Gleichung (3, 65a bzw. 82a) gesetzt werden kann. D. h., man gelangt wieder zu der der Gleichung (3, 138a) analogen Darstellung des idealen Gasgesetzes mit der Molzahl l

$$pv = l R_l T, \tag{75a}$$

in der bei Wertangaben der auftretenden Größen in den zugehörigen Einheiten gerade das Mol nicht auftritt.

Bei einer anderen Version geht man von der allgemeinen Größe Teilchenanzahl N und dem Standard-Wert N_{st} aus, die als Verhältnisgrößen

$$N = \frac{m}{\mu} \qquad (68) \qquad\qquad N_{\mathrm{st}} = \frac{16\,\mathrm{g}}{\mu_{^{16}\mathrm{O}}} \qquad (71\,\mathrm{a})$$

mit der idempotenten Verhältniseinheit quot (69) definiert werden, und führt eine weitere, von der Teilchenanzahl artverschiedene Verhältnisgröße „Teilchenmenge" n^* als Verhältnis der Teilchenanzahl zu ihrem Standard-Wert

$$n^* = \frac{N}{N_{\mathrm{st}}} \tag{76}$$

ein, deren idempotente Verhältniseinheit $\frac{\mathrm{g/g}}{\mathrm{g/g}} = \frac{\mathrm{quot}}{\mathrm{quot}}$ hier als "Mol*" bezeichnet werden soll:

$$1\ \mathrm{Mol}^* = 1\,\frac{\mathrm{g/g}}{\mathrm{g/g}} = 1\,\frac{\mathrm{quot}}{\mathrm{quot}}. \tag{77}$$

In dieser Darstellung wird die Avogadrosche Konstante zum Proportionalitätsfaktor zwischen Teilchenanzahl N und „Teilchenmenge" n^*:

$$N_A^* = N/n^* = (6{,}0250 \pm 0{,}0002) \cdot 10^{23}\ \mathrm{quot/Mol}^*. \tag{78}$$

Mit der „Teilchenmenge" n^* als Bezugsgröße lassen sich den teilchenmengenbezogenen Größen der IUPAP-Empfehlung analoge Größen definieren.

In dieser zweiten Version läßt sich das ideale Gasgesetz mit Rücksicht auf Gleichung (78) wieder in der Doppelform

$$pv = n^* R_0^* T = N k^* T \tag{79}$$

mit einer „universellen Gaskonstanten"

$$R_0^* = (8{,}3169_8 \pm 0{,}0004) \cdot 10^7\ \mathrm{erg/(°K\ Mol}^*) \tag{80}$$

und der „Boltzmannschen Entropiekonstanten" (73a)

$$k^* = R_0^*/N_A^* = (1{,}38041 \pm 0{,}00007) \cdot 10^{-16}\ \mathrm{erg/(°K\ quot)} \tag{81}$$

schreiben, wobei quot und Mol* die idempotenten Einheiten für zwei Verhältnisgrößen *verschiedener* Art — $N = m/\mu$ und $n^* = N/N_{\mathrm{st}}$ — sind.

Die Schreibweise der zweiten Version stimmt mit der aus der IUPAP-Empfehlung resultierenden *formal* überein, da beide Darstellungsarten Teilchenanzahl und Teilchenmenge als Größen verschiedener Art enthalten. In der IUPAP-Empfehlung wird n als Grundgrößenart mit eigener Grunddimension eingeführt und in der Grundeinheit mol gemessen; in der zweiten Version ist n^* als Verhältnisgröße mit der idempotenten Verhältniseinheit Mol* definiert. Über die Definition der Größe Teilchenanzahl sagt die IUPAP-Empfehlung explizit nichts aus; sie kann aber offensichtlich auch dort im Sinne der Definitionsgleichung (68) als Verhältnisgröße mit idempotenter Verhältniseinheit interpretiert werden.

Somit ist festzustellen, daß die Größeneinführungen der IUPAP-Empfehlung und die Definitionen der zweiten Version über Verhältnisgrößen äquivalent sind.

Welche der verschiedenen empfohlenen oder vorgeschlagenen Darstellungsarten der Größen des Molbegriffs sich endgültig durchsetzen wird, ist heute noch nicht mit Sicherheit zu übersehen. In jedem Falle wird man sich während einer längeren Übergangszeit einer sehr präzisen Ausdrucksweise bedienen müssen. So sollten die auf die Massen-Größen „Mol“ und „Val“ des Abschnitts **3,** 8 bezogenen spezifischen Größen N_L und F' lediglich als *spezifische Molekülzahl* und *spezifische Ionenladung* bezeichnet werden und die Namen *Avogadrosche Konstante* und *Faradaysche Konstante* den universellen Konstanten einer neuen Darstellung, beispielsweise den Größen $N_\mathrm{A} = N/n$ und $F = Q/n_\mathrm{E}$ vorbehalten bleiben. Zur Abhebung von der von der IUPAP empfohlenen neuen *Einheit* mol und ihrer Sonderbezeichnung val könnte man den Massen-*Größen* „Mol“ und „Val“ (3, 81 b) der alten Darstellung z. B. die Symbole g-mol$_\mathrm{ch}$ und g-val$_\mathrm{ch}$ (= g-mol$_\mathrm{ch}$/z) zuordnen.

Der Quotient aus dem teilchenmengenbezogenen Volumen eines idealen Gases im physikalischen Normzustand

$$V_0 = v(p_0,\ T_0)_\mathrm{id}/n \tag{82}$$

und der Avogadroschen Konstanten N_A wäre jetzt folgerichtig (siehe Fußnote [2]) auf S. 366) als *Loschmidtsche Konstante* (Abschnitt 6, II, 2c u. Tafel 35) zu bezeichnen, der allerdings noch ein international vereinbartes Symbol mangelt.

12. Zusammenführung der chemischen und der physikalischen Atomgewichtsskala zu einer vereinheitlichten relativen Atommassenskala

Als *Aston* 1927 in seiner Bakerian Lecture *[A 16c]* für die massenspektroskopische Skala der relativen Massen oder Atomgewichte als definierenden Bezugswert die relative Masse von ^{16}O genau gleich 16 vorschlug, war über die Isotopie des Sauerstoffs noch nichts bekannt und daher anzunehmen, daß die von *Aston* eingeführte „physikalische“ Skala mit der Atomgewichtsskala der Chemiker in Übereinstimmung sei. Zwei Jahre später entdeckten *Giauque* und *Johnston [G 6a bis c]* die beiden Sauerstoffisotope ^{17}O und ^{18}O. Damit wurde klar, daß Physiker und Chemiker verschiedene Atomgewichtsskalen benutzten, deren Unterschied von der relativen Häufigkeit der drei in der Natur stabil vorkommenden Sauerstoffisotope abhängt (Abschnitte 6, I, 1 d u. 3d). Systematische Untersuchungen zeigten, daß das Häufigkeitsverhältnis $c_{16\mathrm{O}} : c_{17\mathrm{O}} : c_{18\mathrm{O}}$ je nach der Herkunft der Sauerstoffproben starken Schwankungen unterliegt, die durch chemische oder physikalische Austauschprozesse in der Natur, in der Technik oder im Laboratorium bedingt werden und prinzipiell am Beispiel einiger Austauschreaktionen bereits 1935 von *Urey* und *Greiff [U 4]* vorausgesagt worden waren. Allein die Variation des Häufigkeitsverhältnisses $c_{16\mathrm{O}} : c_{18\mathrm{O}}$ hat eine Streubreite des Umrechnungsfaktors k_A (6, 79) zwischen physikalischer und chemischer Atomgewichtsskala und der Grundlage der chemischen Skala selbst um mindestens 0,015 $^0/_{00}$ zur Folge. Da aber auch bei zahlreichen anderen Elementen erhebliche Schwankungen ihrer Isotopenhäufigkeitsverhältnisse festgestellt worden sind, beträgt die relative Unsicherheit in der Definition der chemischen Atomgewichtsskala sicher einige 10^{-5}.

Als Unterschied zwischen den beiden Skalen ergaben sich beispielsweise für atmosphärischen Sauerstoff 0,279 $^0/_{00}$ (6, 80) und für Sauerstoff aus Frischwasser 0,269 $^0/_{00}$ *[S 69e]*; als mittleren konventionellen Wert hat die Atomgewichtskommission der Internationalen Union für reine und angewandte Chemie (IUPAC) 0,275 $^0/_{00}$ empfohlen *[I 33a]*. Diese Diskrepanz wirkt sich in Chemie und Physik äußerst störend aus und führt ständig zu Mißverständnissen — so bei quantitativen Angaben für Größen, die auf das Mol bezogen sind (Abschnitte 3, 8 u. 7, 11), insbesondere in der Thermodynamik über die universelle Gaskonstante, in der Elektrochemie über die Faradaysche Konstante und in der Kernchemie über die Avogadrosche Konstante.

Die für Chemie und Physik in gleicher Weise unerfreuliche Situation ließ eine baldige Bereinigung der Schwierigkeiten immer dringlicher erscheinen. Die entscheidenden Diskussionen der letzten Jahre wurden durch einen Bericht ausgelöst, den *Wichers* als Präsident der Internationalen Atomgewichtskommission vorlegte *[W 45]* und in dem alle am Problem der relativen Massenskalen interessierten Wissenschaftler zu Stellungnahme und Vorschlägen aufgefordert wurden. Hinsichtlich weiterer Details über die verschiedenen Aspekte, unter denen sich das Thema dem Chemiker und dem Physiker insbesondere in Hinblick auf die verschiedenen Bestimmungsmethoden von Nuklidenmassen und ihre Anwendungen darbietet, sei auf einen weiteren ausführlichen Bericht von *Mattauch [M 4c]* verwiesen.

Hauptziel einer solchen Neuordnung bleibt es, eine Einigung von Chemie und Physik auf, wenn irgend möglich, *eine einzige Skala* zur Angabe von Atomgewichten und relativen Nuklidenmassen zu erreichen. Hierzu meldeten Chemiker und Physiker eine Reihe von Randbedingungen an, denen eine gemeinsame Skala genügen sollte und deren wichtigste die folgenden sind.

Die Chemie will verständlicherweise nur eine neue Skala akzeptieren, die sich von der derzeitigen chemischen Atomgewichtsskala mit dem Bezugswert genau 16 für ein „mittleres" Sauerstoffatom $\overline{\mathrm{O}}$ als Standardatom nur so wenig unterscheidet, daß das in kaum übersehbarem Umfange vorliegende und tabulierte Zahlenmaterial über Atom- und Molekulargewichte sowie über physikochemische Daten und Stoffeigenschaften, in deren Angaben das Mol eingeht, auch bei hohen Genauigkeitsansprüchen ungeändert übernommen werden kann. In Hinblick auf die oben genannte prinzipielle Unsicherheit der derzeitigen chemischen Skala sollten jedoch relative Änderungen bis zu wenigen 10^{-5} tragbar sein. Für die Physik ist dieser Punkt trotz der auch dort bereits vorhandenen Fülle von Daten über Nuklidenmassen nicht so entscheidend: Einmal müssen die Werte der Nuklidenmassen wegen laufend anfallender neuer oder genauerer Meßergebnisse sowieso regelmäßig nachkorrigiert werden; zum anderen läßt sich bei der mit physikalischen Meßmethoden heute erreichbaren Genauigkeit die relative Unsicherheit in der Bestimmung von relativen Nuklidenmassen unter $1 \cdot 10^{-7}$ halten, so daß eine relative Änderung der physikalischen Skala um nur ein Milliontel schon eine Neuberechnung der relativen Nuklidenmassen erforderlich machen würde.

Eine weitere wichtige Voraussetzung, die bei einer Änderung der relativen Massenskala erfüllt sein muß, ist die Erhaltung der Astonschen Ganzzahligkeitsregel, nach der die Atomgewichte möglichst nicht außerhalb ihrer Fehlergrenze von einer ganzen Zahl abweichen sollen. Ein Nuklid der Protonenzahl Z, der Neutronenzahl N, d. h. der Nukleonenzahl (oder Massenzahl) $A = Z + N$ und der relativen Masse (oder des Atomgewichtes) A_r, bezogen auf eine bestimmte relative Massenskala (oder Atomgewichtsskala), hat in dieser Skala die Massenüberschußzahl

$$\varDelta = A_\mathrm{r} - A \gtrless 0, \tag{83}$$

den Packungsanteil

$$f = \frac{\varDelta}{A}, \tag{84}$$

die Massendefektzahl

$$B_\mathrm{r} = Z\, A_\mathrm{r}(^1\mathrm{H}) + N\, A_\mathrm{r}(^1\mathrm{n}) - A_\mathrm{r} \tag{85}$$

und den Bindungsanteil

$$b = \frac{B_\mathrm{r}}{A} = \frac{Z}{A}\, A_\mathrm{r}(^1\mathrm{H}) + \frac{N}{A}\, A_\mathrm{r}(^1\mathrm{n}) - f - 1, \tag{86}$$

wobei $A_\mathrm{r}(^1\mathrm{H})$ und $A_\mathrm{r}(^1\mathrm{n})$ die relative Masse (oder das Atomgewicht) des leichten Wasserstoffatoms und des Neutrons bedeuten. Die Minimalforderung für die Einhaltung der Astonschen Ganzzahligkeitsregel in einer relativen Massenskala kann also folgendermaßen formuliert werden: in ihr sollen sämtliche Nuklide die Bedingung

$$|\varDelta| < \frac{1}{2} \qquad (87\,\mathrm{a}) \qquad\qquad \text{oder} \qquad\qquad f < \frac{1}{2A} \qquad (87\,\mathrm{b})$$

erfüllen.

Neben der massenspektroskopischen wurde eine weitere physikalische Methode zur Bestimmung von Nuklidenmassen entwickelt, die auf der Messung der bei Kernreaktionen frei werdenden Energien beruht; dabei ist die Gesamtenergie, die bis zum Erreichen des Grundzustandes des bei der Reaktion entstehenden Atoms frei wird, in Rechnung zu setzen. Die „Methode der Q-Werte" kann heute mit der massenspektroskopischen hinsichtlich der erreichbaren Genauigkeit durchaus konkurrieren. Der Vergleich von nach beiden Methoden gewonnenen Resultaten und insbesondere die Feststellung außerhalb der Meßunsicherheiten liegender Diskrepanzen haben einmal zur Auffindung und Ausmerzung systematischer und anderer Fehlerquellen geführt, zum anderen wertvolle Aufschlüsse oder Hinweise für den Kernaufbau gegeben, so daß die Kernphysik keinesfalls eine Einengung in den Vergleichsmöglichkeiten zwischen den Ergebnissen beider Methoden durch Übergang auf eine neue relative Massenskala in Kauf nehmen kann. *Mattauch* und Mitarbeiter *[M 4 c; M 4 f]* konnten zeigen, daß relative Massen allein aus kernphysikalischen Q-Werten, ohne zusätzliche Annahme über eine exakte Theorie des β-Zerfalls, mit ausreichender Genauigkeit nur für solche Nuklide berechnet werden können, die das gleiche Verhältnis A/Z aufweisen wie das die relative Massenskala definierende Bezugsnuklid (oder Standardatom) — mit anderen Worten: nur für solche Nuklide, die in einem (A, Z)-Diagramm auf der Geraden liegen, die durch den Punkt $(A = 0, Z = 0)$ und den Punkt (A, Z) für das Bezugsnuklid geht. Da in diesem Diagramm die Gerade $A = 2\,Z$ wesentlich mehr bekannte Nuklide als irgendeine andere Gerade verbindet, ist Nukliden, die der Bedingung

$$\frac{A}{Z} = 2 \qquad (88\,\text{a}) \qquad \text{oder} \qquad N = Z \qquad (88\,\text{b})$$

genügen, als Bezugsnuklid (oder Standardatom) einer relativen Massenskala der Vorzug zu geben.

Die IUPAC übermittelte 1956 der Internationalen Union für reine und angewandte Physik (IUPAP) folgenden Vorschlag ihrer Atomgewichtskommission:

"The Commission on Atomic Weights of the International Union of Pure and Applied Chemistry has been concerned for some time with the undesirable situation arising from the existence of two scales for expressing the relative masses of atomic particles. The scale commonly used by chemists is based on the exact number 16 as the atomic weight of natural oxygen, which is a mixture of three isotopes. The scale used by mass spectroscopists and nuclear physicists uses the same number for the relative mass of the predominant isotope of oxygen, ^{16}O. In consequence all values on the physicist's scale are larger by the approximate factor 1,000275 than the corresponding ones on the chemical scale. This situation tends to cause confusion, especially in deal ng with such constants as *Avogadro's* number and the *Faraday*.

The members of the Commission on Atomic Weights consider that the problem concerns physicists as well as chemists and the President of the Commission has asked that the Union of Physics be invited to bring the matter to the attention either of an existing Commission of IUPAP or to a Commission especially appointed for this purpose."

1958 setzte das Exekutiv-Komitee der IUPAP ein Study Committee on Atomic Masses ein, dem u. a. die Aufgabe übertragen wurde, in Zusammenarbeit mit der Internationalen Atomgewichtskommission der IUPAC und der Commission on Symbols, Units and Nomenclature (SUN) der IUPAP einen Vorschlag zur Behebung des Zwei-Skalen-Problems für relative Nuklidenmassen auszuarbeiten, der möglichst schon 1960 der 10. General Assembly der IUPAP vorgelegt werden sollte.

Von den bisher diskutierten neuen Skalenvorschlägen *[siehe z. B. M 4c]* scheint der zuerst unabhängig von *Nier* und von *Ölander* gemachte die meisten Vorteile zu bieten und damit die beste Chance auf internationale Annahme zu haben *[K 39a]*. Er sieht eine Vereinigung der beiden bestehenden Atomgewichtsskalen zu einer neuen relativen Massenskala mit ^{12}C als Bezugsnuklid (oder Standardatom) der relativen Nuklidenmasse genau gleich 12 vor. Der relative Unterschied der ^{12}C-Skala gegenüber der bisherigen physikalischen und der bisherigen chemischen Atomgewichtsskala beträgt nach massenspektroskopischen Daten *[Q 4]* $- 317,87 \cdot 10^{-6}$ und $- 42,95 \cdot 10^{-6}$, nach kernphysikalischen Daten *[M 4b u. c; M 4d; M 4e u. f]* $- 317,11 \cdot 10^{-6}$ und $- 42,20 \cdot 10^{-6}$; mit anderen Worten: bei Einigung auf die ^{12}C-Skala müßten die Atomgewichte in der bisherigen chemischen Skala $(\overline{O} = 16)$ um rund $0,043\,^0/_{00}$ und die relativen Nuklidenmassen in der bisherigen physikalischen Skala $(^{16}O = 16)$ um rund $0,318\,^0/_{00}$ erniedrigt werden. Um diese Bruchteile würden auch das frühere Massen-Mol (Abschnitt 3, 8), bezogen auf die bisherige chemische Atomgewichtsskala, und das 1957 von der IUPAP empfohlene „physikalische" mol (Abschnitt 11) kleiner werden.

Eine relative Skalen-Änderung um etwa $4 \cdot 10^{-5}$ dürfte der Chemie zumutbar sein.

Die Astonsche Ganzzahligkeitsregel wäre in einer ^{12}C-Skala mindestens ebenso gut erfüllt wie in der ^{16}O-Skala. Im Bereich $1 \leq A \leq 260$ der Nukleonenzahl A bleibt die Massenüberschußzahl aller bekannten Nuklide in der ^{12}C-Skala unter 0,1 *[M 4c]*:

$$|\varDelta_{^{12}\text{C}}| < 0,1. \qquad (87\,\text{a}')$$

Das Nuklid ^{12}C mit

$$N_{^{12}\text{C}} = Z_{^{12}\text{C}} = 6 \qquad (88\,\text{b}')$$

genügt auch der Bedingung (88b), die eine eindeutige und optimale Auswertung von kernphysikalischen Q-Werten zur Massenbestimmung garantiert. Außerdem ist ^{12}C relativ einfach von dem seltenen stabilen Isotop ^{13}C $(c_{^{13}\text{C}} : c_{^{12}\text{C}} \approx 10^{-2})$ zu trennen.

Weiter würde ^{12}C als Bezugsnuklid einer relativen Massenskala dem Chemiker gestatten, praktisch alle anisotopen Elemente oder „Reinelemente", deren relative Nuklidenmassen massenspektroskopisch mit sehr großer Genauigkeit $(\varDelta A_\text{r}/A_\text{r} < 10^{-7})$ bestimmt werden können, als Sekundärstandards für Atomgewichtsbestimmungen zu benutzen.

Für die massenspektroskopische Methode ist ^{12}C bereits der wichtigste Substandard. Einmal können 2-, 3- und 4fach ionisiertes ^{12}C als Dublettpartner für Nuklide der Nukleonenzahlen 6, 4 und 3 dienen. Zum anderen ist Kohlenstoff dasjenige Element, von dem Molekülionen mit der höchsten Anzahl Atome gleicher Art (bis zu 10 und mehr Kohlenstoffatome je Molekül) erzeugt werden können. Schließlich bildet Kohlenstoff weit mehr ionisierbare Hydride oder Molekülbruchstücke $^{12}C_nH_m$ als irgend ein anderes Element. Somit kann über ^{12}C der Gesamtbereich der bekannten Nuklide am dichtesten durch Dublettlinien zur Bestimmung ihrer relativen Massen überdeckt werden. Die relativen Massen der nach der massenspektroskopischen Methode nicht mehr erreichbaren Nuklide lassen sich dann über kernphysikalische Daten ermitteln.

Die gerade skizzierten Vorteile, aus denen Chemie und Physik gemeinsam Nutzen ziehen können, ließen erwarten, daß IUPAC und IUPAP der Festsetzung von ^{12}C als Bezugsnuklid (oder Standardatom) zustimmen werden. Eine solche Entscheidung wird noch wesentlich durch die Tatsache erleichtert, daß *Everling, König, Mattauch* und *Wrapsta* eine neue Tafel vorbereitet haben, der die relativen Nuklidenmassen sowohl in der ^{12}C-Skala als auch in der ^{16}O-Skala zu entnehmen sind *[E 14i]*.

1959 hatte sich mit Zustimmung des Sektionskomitees der Sektion „Anorganische Chemie" der IUPAC die Internationale Atomgewichtskommission dem Vorschlag der ^{12}C-Skala angeschlossen und ihre Annahme dem Council der IUPAC grundsätzlich empfohlen — allerdings mit dem Vorbehalt, daß die neue gemeinsame relative Atommassenskala zuerst von der IUPAP angenommen und für den Bereich der Physik empfohlen werden müsse *[I 33c]*. Diesen Schritt hat die IUPAP 1960 während ihrer 10. General Assembly getan und folgende Resolution einstimmig angenommen *[I 36c]*:

«Following the report (Doc. S. G. 59—5) of the study committee on nuclidic masses, presided by Prof. J. Mattauch, and in agreement with the recommendation of the S. U. N. Commission and that of the International Union of Pure and Applied Chemistry,

the 10th General Assembly of the I.U.P.A.P. recommends the adoption of the exact number 12 as the relative nuclidic mass of the carbon isotope of mass number 12.

This action will effect a unification of the physical scale of relative nuclidic masses and the chemical scale of atomic weights.»

Gleichzeitig wurde von der 10. General Assembly der IUPAP auf Vorschlag der SUN-Commission die 1957 empfohlene Definition des Mol (siehe S. 365) der vereinheitlichten relativen Atommassenskala angeglichen und „mol" als internationales Einheitensymbol empfohlen *[I 36c]*:

«In the field of chemical and molecular physics, in addition to the basic quantities having units defined by the General Conference on Weights and Measures, *amount of substance* is also treated as a basic quantity. The recommended basic unit is the mole, with the symbol mol, defined as the amount of substance which contains the same number of molecules (or ions, or atoms, or electrons, as the case may be), as there are atoms in exactly 12 gramme of the pure carbon nuclide ^{12}C.» [1]

Bei einer solchen Neuregelung sollte man auch die oft und mit Recht kritisierte Nomenklatur auf diesem Gebiet in Ordnung bringen. Zweckmäßigerweise wären die Worte „Atom*gewicht*" und „Atom*gewichts*skala" zukünftig zu vermeiden und durch Bezeichnungen wie „relative Atom- oder Nuklidenmasse" und „relative (Atom-)Massenskala" zu ersetzen.

Weiter nahm die 10. General Assembly der IUPAP noch zwei Vorschläge der SUN-Commission zu der für die Angabe der Masse μ eines Nuklids adäquaten „atomaren Masseneinheit" („amu") an, für die noch kein international vereinbartes Symbol existierte *[I 36c]*:

«a) One twelfth of the mass of a neutral atom ^{12}C should be called the *atomic mass constant* and denoted by m_u (with symbol m printed in italic (sloping) type and subscript u in roman (upright) type).

b) If this quantity is considered to be a non-coherent mass unit it should be called the *unified mass unit* with symbol u (printed in roman (upright) type).»

D. h. es wird die Einführung und Benutzung einer neuen atomaren Konstanten mit dem Namen „Atommassenkonstante", dem Symbol m_u und der Definition

$$m_u = \frac{\mu_{^{12}C}}{12} \tag{89}$$

---

[1] Analog zu der auf das Nuklid ^{16}O als Etalon bezogenen Formulierung (siehe S. 366) lautet die Definition der Grundeinheit der Teilchenmenge: 1 mol ist die Teilchenmenge eines Individuen-Kollektivs, das aus ebenso vielen unter sich gleichen (oder für den einzelnen Fall als gleich betrachteten) Individuen besteht, wie Atome in genau 12 g reinen atomaren Kohlenstoffs des Nuklids ^{12}C enthalten sind.

empfohlen, die auch die größengleichungenmäßige Darstellung vieler Zusammenhänge, beispielsweise zwischen Massendefektzahl B_r (85) und Massendefekt $B = B_r \cdot m_u$, wesentlich erleichtert. Wenn diese Konstante m_u als Masseneinheit benutzt wird, was insbesondere in der Massenspektroskopie und bei Kernreaktionen häufig der Fall ist, erhält sie den Namen „vereinheitlichte (atomare) Masseneinheit" mit dem Einheitensymbol u:

$$m_u = 1 \text{ u} = \frac{1}{\{N_A\}_{\text{mol}^{-1}}} \text{ g} \tag{90}$$

(N_A Avogadrosche Konstante; mol bezogen auf ^{12}C).

Die Einheit u unterscheidet sich von der im Abschnitt 3, 8 genannten Masseneinheit ME (3, 83a) um die gleichen $0{,}318^0/_{00}$, um die auch die ^{12}C-Skala von der ^{16}O-Skala abweicht. Der Zahlenwert der Masse μ eines neutralen Atoms, gemessen in u, ist gleich seiner relativen Atommasse, die bisher meist Atomgewicht genannt wurde und die andererseits mit dem Zahlenwert der teilchenmengenbezogenen Masse m_m der Atomart, gemessen in g/mol (bezogen auf ^{12}C!), übereinstimmt (Abschnitt 11):

$$\{\mu\}_u = \frac{\mu}{u} = A_r = \frac{m_m}{\text{g/mol}} = \{m_m\}_{\text{g/mol}} . \tag{91}$$

Mit anderen Worten: Atommasse μ und teilchenmengenbezogene Masse m_m eines Nuklids haben, gemessen in u und g/mol, denselben Zahlenwert, der gleich der relativen Atommasse A_r des Nuklids ist:

$$\mu = A_r \text{ u} \tag{92} \qquad\qquad\qquad m_m = A_r \text{ g/mol}. \tag{93}$$

Als Umrechnungsfaktor zwischen der bisherigen physikalischen Atomgewichtsskala mit ^{16}O als Bezugsnuklid und der neuen vereinheitlichten relativen (Atom-)Massenskala mit ^{12}C als Bezugsnuklid folgt aus der Tafel von *Everling, König, Mattauch* und *Wrapsta [E 14 i]*:

$$\frac{A_r(^{16}\text{O}=16)}{A_r(^{12}\text{C}=12)} = \frac{\text{u}(^{12}\text{C}=12)}{\text{amu}(^{16}\text{O}=16)} = \frac{\text{mol}(^{16}\text{O}=16)}{\text{mol}(^{12}\text{C}=12)} = 1{,}000\,317\,91_7 \pm 0{,}000\,000\,02. \tag{94}$$

Die in der Tafel **35** zusammengestellten Konstanten sind, soweit die Teilchenmenge eingeht, noch einheitlich in der Einheit mol der bisherigen physikalischen Atomgewichtsskala mit dem Bezugsnuklid ^{16}O (siehe Abschnitt 11) angegeben. Bezieht man statt dessen diese Konstanten auf das neue vereinheitlichte mol(^{12}C = 12), so ergeben sich für das molare Normvolumen idealer Gase V_0, die universelle Gaskonstante R_0, die Avogadrosche Konstante N_A und die Faradaysche Konstante F über die Umrechnungsbeziehung (94) anstelle der in der Tafel **35** aufgeführten die folgenden Werte:

$$V_0 = (2{,}241\,3_6 \pm 0{,}000\,09) \cdot 10^4 \text{ cm}^3/\text{mol}(^{12}\text{C} = 12) \tag{6, 168'}$$
$$R_0 = (8{,}314\,3_4 \pm 0{,}000\,4) \text{ J } (^{\circ}\text{K})^{-1} \text{ mol}(^{12}\text{C} = 12)^{-1} \tag{6, 170'}$$
$$N_A = (6{,}023\,0_9 \pm 0{,}000\,2) \cdot 10^{23} \text{ mol}(^{12}\text{C} = 12)^{-1} \tag{6, 179b'}$$
$$F = (9{,}649\,1_6 \pm 0{,}000\,2) \cdot 10^4 \text{ C/mol}(^{12}\text{C} = 12). \tag{6, 179b'}$$

ACHTER TEIL:
TAFELN 1 BIS 35 (S. 375 BIS 428)

Tafel 1. Dimensionssysteme der Mechanik (siehe Abschnitt 2, 1; S. 42)

Größenart	Formelzeichen	Definitionsbeziehung	Dimensionsprodukt im Dimensionssystem			
			LMT	LFT	LWT	LHT
1	2	3	4	5	6	7
Länge, Weg, Abstand	l, s, r	—	L	L	L	L
Winkel	φ	$\varphi = \dfrac{\text{Kreisbogen}}{\text{Kreisradius}}$	1	1	1	1
Fläche	A, S	$A = l^2$	L^2	L^2	L^2	L^2
Volumen	V, τ	$V = l^3$	L^3	L^3	L^3	L^3
Zeit (Schwingungsdauer)	$t\,(T)$	—	T	T	T	T
Frequenz	f, ν	$f = \dfrac{1}{T}$	T^{-1}	T^{-1}	T^{-1}	T^{-1}
Geschwindigkeit	v	$v = \dfrac{ds}{dt}$	LT^{-1}	LT^{-1}	LT^{-1}	LT^{-1}
Winkelgeschwindigkeit	$\vec{\omega}$	$\vec{\omega} = \dfrac{r \times v}{r^2}$	T^{-1}	T^{-1}	T^{-1}	T^{-1}
Beschleunigung (Fallbeschleunigung)	$a\,(g)$	$a = \dfrac{dv}{dt}$	LT^{-2}	LT^{-2}	LT^{-2}	LT^{-2}
Winkelbeschleunigung	$\dot{\vec{\omega}}$	$\dot{\vec{\omega}} = \dfrac{r \times a}{r^2}$	T^{-2}	T^{-2}	T^{-2}	T^{-2}
Masse	m	$F = ma$	M	$L^{-1}FT^2$	$L^{-2}WT^2$	$L^{-2}HT$
Dichte	ϱ	$\varrho = \dfrac{dm}{dV}$	$L^{-3}M$	$L^{-4}FT^2$	$L^{-5}WT^2$	$L^{-5}HT$
Spezifisches Volumen	v_m	$v_m = \dfrac{dV}{dm} = \dfrac{1}{\varrho}$	L^3M^{-1}	$L^4F^{-1}T^{-2}$	$L^5W^{-1}T^{-2}$	$L^5H^{-1}T^{-1}$
Kraft (Gewicht)	$F\,(G)$	$F = ma\ (G = mg)$	LMT^{-2}		$L^{-1}W$	$L^{-1}HT^{-1}$
Wichte	γ	$\gamma = \dfrac{dG}{dV}$	$L^{-2}MT^{-2}$	$L^{-3}F$	$L^{-4}W$	$L^{-4}HT^{-1}$
Impuls	G	$\dfrac{dG}{dt} = F$	LMT^{-1}	FT	$L^{-1}WT$	$L^{-1}H$
Druck (Spannung)	$p\,(\sigma)$	$\int p\,dA = F$	$L^{-1}MT^{-2}$	$L^{-2}F$	$L^{-3}W$	$L^{-3}HT^{-1}$
Moment	T	$T = r \times F$	L^2MT^{-2}	LF	W	HT^{-1}
Trägheitsmoment	J	$J = \sum m_r r_r^2$	L^2M	LFT^2	WT^2	HT

Drehimpuls	P	$\dfrac{dP}{dt} = T$	L^2MT^{-1}	LFT	WT	H
Arbeit	A, W	$A = \int F \cdot ds$	L^2MT^{-2}	LF	W	HT^{-1}
Energie	W, E	$W = T + U$	L^2MT^{-2}	LF	W	HT^{-1}
Kinetische Energie	T	$T = \dfrac{1}{2}\,mv^2 + \dfrac{1}{2}\,J\,\dot\varphi^2$	L^2MT^{-2}	LF	W	HT^{-1}
Potentielle Energie	U, V	$F = -\,\mathrm{grad}\,U$	L^2MT^{-2}	LF	W	HT^{-1}
Energiedichte	w	$w = \dfrac{dW}{dV}$	$L^{-1}MT^{-2}$	$L^{-2}F$	$L^{-3}W$	$L^{-3}HT^{-1}$
Leistung	P	$P = \dfrac{dW}{dt}$	L^2MT^{-3}	LFT^{-1}	WT^{-1}	HT^{-2}
Wirkung	H	$H = \int W\,dt$	L^2MT^{-1}	LFT	WT	H
Richtgröße	D	$F_r = -\,Ds$	MT^{-2}	$L^{-1}F$	$L^{-2}W$	$L^{-2}HT^{-1}$
Winkelrichtgröße	D^*	$T_r = -\,D^*\,\vec\varphi$	L^2MT^{-2}	LF	W	HT^{-1}
Elastizitätsmodul	E	$\sigma = E\dfrac{dl}{l}$	$L^{-1}MT^{-2}$	$L^{-2}F$	$L^{-3}W$	$L^{-3}HT^{-1}$
Dehnungskoeffizient	α	$\alpha = \dfrac{1}{E}$	$LM^{-1}T^2$	L^2F^{-1}	L^3W^{-1}	$L^3H^{-1}T$
Schubmodul	G	$G = \dfrac{E}{2\,(1+\mu)}$	$L^{-1}MT^{-2}$	$L^{-2}F$	$L^{-3}W$	$L^{-3}HT^{-1}$
Schubkoeffizient	β	$\beta = \dfrac{1}{G}$	$LM^{-1}T^2$	L^2F^{-1}	L^3W^{-1}	$L^3H^{-1}T$
Poisson-Zahl	μ	$\mu = -\dfrac{(dl/l)_\perp}{(dl/l)_{||}}$	1	1	1	1
Kompressibilität	$\varkappa$	$\varkappa = -\dfrac{1}{V}\dfrac{dV}{dp}$	$LM^{-1}T^2$	L^2F^{-1}	L^3W^{-1}	$L^3H^{-1}T$
Oberflächenspannung	σ	$\sigma = \dfrac{U_0}{S} = -\dfrac{\Delta A_0}{\Delta S} = \left(\dfrac{dF}{dA}\right)_T$	MT^{-2}	$L^{-1}F$	$L^{-2}W$	$L^{-2}HT^{-1}$
Dynamische Viskosität	η	$p_{yx} = -\eta\dfrac{dv}{dy}$	$L^{-1}MT^{-1}$	$L^{-2}FT$	$L^{-3}WT$	$L^{-3}H$
Kinematische Viskosität	ν	$\nu = \dfrac{\eta}{\varrho}$	L^2T^{-1}	L^2T^{-1}	L^2T^{-1}	L^2T^{-1}
Diffusionskonstante	D	$D = \dfrac{\overline{\Delta x^2}}{2\,t_{beob}}$	L^2T^{-1}	L^2T^{-1}	L^2T^{-1}	L^2T^{-1}

Tafel 2. Umrechnungsfaktoren der Zahlenwerte mechanischer Größen auf das CGS-System (siehe Abschnitt 2, 4; S. 73)

| Der Zahlenwert der Größe | Formelzeichen | im MKS-System | | im cm p s-System | | im m kp s-System | | um im CGS-System seinen Wert zu erhalten in |
| | | gemessen in | ist zu multiplizieren mit | gemessen in | ist zu multiplizieren mit | gemessen in | ist zu multiplizieren mit | |
1	2	3	4	5	6	7	8	9
Länge, Weg, Abstand	l, s, r	m	10^2	cm	1	m	10^2	cm
Fläche	A, S	m^2	10^4	cm^2	1	m^2	10^4	cm^2
Volumen	V	m^3	10^6	cm^3	1	m^3	10^6	cm^3
Zeit (Schwingungsdauer)	$t\ (T)$	s	1	s	1	s	1	s
Frequenz	f, v	$s^{-1} = Hz$	1	$s^{-1} = Hz$	1	$s^{-1} = Hz$	1	$s^{-1} = Hz$
Geschwindigkeit	v	$m\ s^{-1}$	10^2	$cm\ s^{-1}$	1	$m\ s^{-1}$	10^2	$cm\ s^{-1}$
Beschleunigung (Fallbeschleunigung)	$a\ (g)$	$m\ s^{-2}$	10^2	$cm\ s^{-2}$	1	$m\ s^{-2}$	10^2	$cm\ s^{-2}\ (= Gal)$
Masse	m	kg	10^3	$cm^{-1}\ p\ s^2$	$0{,}980665 \cdot 10^3$	$m^{-1}\ kp\ s^2$	$0{,}980665 \cdot 10^4$	g
Dichte	ϱ	$m^{-3}\ kg$	10^{-3}	$cm^{-4}\ p\ s^2$	$0{,}980665 \cdot 10^3$	$m^{-4}\ kp\ s^2$	$0{,}980665 \cdot 10^{-2}$	$cm^{-3}\ g$
Spezifisches Volumen	v_m	$m^3\ kg^{-1}$	10^3	$cm^4\ p^{-1}\ s^{-2}$	$1{,}019716 \cdot 10^{-3}$	$m^4\ kp^{-1}\ s^{-2}$	$1{,}019716 \cdot 10^2$	$cm^3\ g^{-1}$
Kraft, Gewicht	F, G	$m\ kg\ s^{-2} = N$	10^5	p	$0{,}980665 \cdot 10^3$	kp	$0{,}980665 \cdot 10^6$	$cm\ g\ s^{-2} = dyn$
Wichte	γ	$m^{-2}\ kg\ s^{-2}$	10^{-1}	$cm^{-3}\ p$	$0{,}980665 \cdot 10^3$	$m^{-3}\ kp$	$0{,}980665$	$cm^{-2}\ g\ s^{-2}$
Impuls	G	$m\ kg\ s^{-1}$	10^5	$p\ s$	$0{,}980665 \cdot 10^3$	$kp\ s$	$0{,}980665 \cdot 10^6$	$cm\ g\ s^{-1}$
Druck	p	$m^{-1}\ kg\ s^{-2}$	10	$cm^{-2}\ p$	$0{,}980665 \cdot 10^3$	$m^{-2}\ kp$	$0{,}980665 \cdot 10^2$	$cm^{-1}\ g\ s^{-2}$
Moment	T	$m^2\ kg\ s^{-2}$	10^7	$cm\ p$	$0{,}980665 \cdot 10^3$	$m\ kp$	$0{,}980665 \cdot 10^8$	$cm^2\ g\ s^{-2}$
Trägheitsmoment	J	$m^2\ kg$	10^7	$cm\ p\ s^2$	$0{,}980665 \cdot 10^3$	$m\ kp\ s^2$	$0{,}980665 \cdot 10^8$	$cm^2\ g$
Drehimpuls	P	$m^2\ kg\ s^{-1}$	10^7	$cm\ p\ s$	$0{,}980665 \cdot 10^3$	$m\ kp\ s$	$0{,}980665 \cdot 10^8$	$cm^2\ g\ s^{-1}$
Arbeit, Energie	A, W	$m^2\ kg\ s^{-2} = J$	10^7	$cm\ p$	$0{,}980665 \cdot 10^3$	$m\ kp$	$0{,}980665 \cdot 10^8$	$cm^2\ g\ s^{-2} = erg$
Energiedichte	w	$m^{-1}\ kg\ s^{-2}$	10	$cm^{-2}\ p$	$0{,}980665 \cdot 10^3$	$m^{-2}\ kp$	$0{,}980665 \cdot 10^2$	$cm^{-1}\ g\ s^{-2}$
Leistung	P	$m^2\ kg\ s^{-3} = W$	10^7	$cm\ p\ s^{-1}$	$0{,}980665 \cdot 10^3$	$m\ kp\ s^{-1}$	$0{,}980665 \cdot 10^8$	$cm^2\ g\ s^{-3}$
Wirkung	H	$m^2\ kg\ s^{-1}$	10^7	$cm\ p\ s$	$0{,}980665 \cdot 10^3$	$m\ kp\ s$	$0{,}980665 \cdot 10^8$	$cm^2\ g\ s^{-1}$
Richtgröße	D	$kg\ s^{-2}$	10^3	$cm^{-1}\ p$	$0{,}980665 \cdot 10^3$	$m^{-1}\ kp$	$0{,}980665 \cdot 10^4$	$g\ s^{-2}$
Winkelrichtgröße	D^*	$m^2\ kg\ s^{-2}$	10^7	$cm\ p$	$0{,}980665 \cdot 10^3$	$m\ kp$	$0{,}980665 \cdot 10^8$	$cm^2\ g\ s^{-2}$
Elastizitätsmodul	E	$m^{-1}\ kg\ s^{-2}$	10	$cm^{-2}\ p$	$0{,}980665 \cdot 10^3$	$m^{-2}\ kp$	$0{,}980665 \cdot 10^2$	$cm^{-1}\ g\ s^{-2}$
Dehnungskoeffizient	α	$m\ kg^{-1}\ s^2$	10^{-1}	$cm^2\ p^{-1}$	$1{,}019716 \cdot 10^{-3}$	$m^2\ kp^{-1}$	$1{,}019716 \cdot 10^{-2}$	$cm\ g^{-1}\ s^2$
Schubmodul	G	$m^{-1}\ kg\ s^{-2}$	10	$cm^{-2}\ p$	$0{,}980665 \cdot 10^3$	$m^{-2}\ kp$	$0{,}980665 \cdot 10^2$	$cm^{-1}\ g\ s^{-2}$
Schubkoeffizient	β	$m\ kg^{-1}\ s^2$	10^{-1}	$cm^2\ p^{-1}$	$1{,}019716 \cdot 10^{-3}$	$m^2\ kp^{-1}$	$1{,}019716 \cdot 10^{-2}$	$cm\ g^{-1}\ s^2$
Kompressibilität	$\varkappa$	$m\ kg\ s^{-2}$	10^{-1}	$cm^2\ p^{-1}$	$1{,}019716 \cdot 10^{-3}$	$m^2\ kp^{-1}$	$1{,}019716 \cdot 10^{-2}$	$cm\ g^{-1}\ s^2$
Oberflächenspannung	σ	$kg\ s^{-2}$	10^3	$cm^{-1}\ p$	$0{,}980665 \cdot 10^3$	$m^{-1}\ kp$	$0{,}980665 \cdot 10^4$	$g\ s^{-2}$
Dynamische Viskosität	η	$m^{-1}\ kg\ s^{-1}$	10	$cm^{-2}\ p\ s$	$0{,}980665 \cdot 10^3$	$m^{-2}\ kp\ s$	$0{,}980665 \cdot 10^2$	$cm^{-1}\ g\ s^{-1} = P$
Kinematische Viskosität	v	$m^2\ s^{-1}$	10^4	$cm^2\ s^{-1}$	1	$m^2\ s^{-1}$	10^4	$cm^2\ s^{-1} = St$
Diffusionskonstante	D	$m^2\ s^{-1}$	10^4	$cm^2\ s^{-1}$	1	$m^2\ s^{-1}$	10^4	$cm^2\ s^{-1}$

Tafel 3. Umrechnungsfaktoren der Zahlenwerte mechanischer Größen auf das MKS-System (siehe Abschnitt 2, 4; S. 73)

Der Zahlenwert der		im CGS-System		im cm p s-System		im m kp s-System		um im MKS-System seinen Wert zu erhalten in
Größe	Formelzeichen	gemessen in	ist zu multiplizieren mit	gemessen in	ist zu multiplizieren mit	gemessen in	ist zu multiplizieren mit	
1	2	3	4	5	6	7	8	9
Länge, Weg, Abstand	l, s, r	cm	10^{-2}	cm	10^{-2}	m	1	**m**
Fläche	A, S	cm^2	10^{-4}	cm^2	10^{-4}	m^2	1	m^2
Volumen	V	cm^3	10^{-6}	cm^3	10^{-6}	m^3	1	m^3
Zeit (Schwingungsdauer)	$t\,(T)$	s	1	s	1	s	1	**s**
Frequenz	f, v	$s^{-1} = $ Hz	1	$s^{-1} = $ Hz	1	$s^{-1} = $ Hz	1	$s^{-1} = $ Hz
Geschwindigkeit	v	$cm\ s^{-1}$	10^{-2}	$cm\ s^{-1}$	10^{-2}	$m\ s^{-1}$	1	$m\ s^{-1}$
Beschleunigung (Fallbeschleunigung)	$a\,(g)$	$cm\ s^{-2}\ (= \text{Gal})$	10^{-2}	$cm\ s^{-2}$	10^{-2}	$m\ s^{-2}$	1	$m\ s^{-2}$
Masse	m	g	10^{-3}	$cm^{-1}\ p\ s^2$	$0,980665$	$m^{-1}\ kp\ s^2$	$0,980665 \cdot 10$	**kg**
Dichte	ϱ	$cm^{-3}\ g$	10^3	$cm^{-4}\ p\ s^2$	$0,980665 \cdot 10^6$	$m^{-4}\ kp\ s^2$	$0,980665 \cdot 10$	$m^{-3}\ kg$
Spezifisches Volumen	v_m	$cm^3\ g^{-1}$	10^{-3}	$cm^4\ p^{-1}\ s^{-2}$	$1,019716 \cdot 10^{-6}$	$m^4\ kp^{-1}\ s^{-2}$	$1,019716 \cdot 10^{-1}$	$m^3\ kg^{-1}$
Kraft, Gewicht	F, G	$cm\ g\ s^{-2} = $ dyn	10^{-5}	p	$0,980665 \cdot 10^{-2}$	kp	$0,980665 \cdot 10$	$m\ kg\ s^{-2} = $ N
Wichte	γ	$cm^{-2}\ g\ s^{-2}$	10	$cm^{-3}\ p$	$0,980665 \cdot 10^4$	$m^{-3}\ kp$	$0,980665 \cdot 10$	$m^{-2}\ kg\ s^{-2}$
Impuls	G	$cm\ g\ s^{-1}$	10^{-5}	p s	$0,980665 \cdot 10^{-2}$	kp s	$0,980665 \cdot 10$	$m\ kg\ s^{-1}$
Druck	p	$cm^{-1}\ g\ s^{-2}$	10^{-1}	$cm^{-2}\ p$	$0,980665 \cdot 10^2$	$m^{-2}\ kp$	$0,980665 \cdot 10$	$m^{-1}\ kg\ s^{-2}$
Moment	T	$cm^2\ g\ s^{-2}$	10^{-7}	cm p	$0,980665 \cdot 10^{-4}$	m kp	$0,980665 \cdot 10$	$m^2\ kg\ s^{-2}$
Trägheitsmoment	J	$cm^2\ g$	10^{-7}	$cm\ p\ s^2$	$0,980665 \cdot 10^{-4}$	$m\ kp\ s^2$	$0,980665 \cdot 10$	$m^2\ kg$
Drehimpuls	P	$cm^2\ g\ s^{-1}$	10^{-7}	cm p s	$0,980965 \cdot 10^{-4}$	m kp s	$0,980665 \cdot 10$	$m^2\ kg\ s^{-1}$
Arbeit, Energie	A, W	$cm^2\ g\ s^{-2} = $ erg	10^{-7}	cm p	$0,980665 \cdot 10^{-4}$	m kp	$0,980665 \cdot 10$	$m^2\ kg\ s^{-2} = $ J
Energiedichte	w	$cm^{-1}\ g\ s^{-2}$	10^{-1}	$cm^{-2}\ p$	$0,980665 \cdot 10^2$	$m^{-2}\ kp$	$0,980665 \cdot 10$	$m^{-1}\ kg\ s^{-2}$
Leistung	P	$cm^2\ g\ s^{-3}$	10^{-7}	$cm\ p\ s^{-1}$	$0,980665 \cdot 10^{-4}$	$m\ kp\ s^{-1}$	$0,980665 \cdot 10$	$m^2\ kg\ s^{-3} = $ W
Wirkung	H	$cm^2\ g\ s^{-1}$	10^{-7}	cm p s	$0,980665 \cdot 10^{-4}$	m kp s	$0,980665 \cdot 10$	$m^2\ kg\ s^{-1}$
Richtgröße	D	$g\ s^{-2}$	10^{-3}	$cm^{-1}\ p$	$0,980665$	$m^{-1}\ kp$	$0,980665 \cdot 10$	$kg\ s^{-2}$
Winkelrichtgröße	D^*	$cm^2\ g\ s^{-2}$	10^{-7}	cm p	$0,980665 \cdot 10^{-4}$	m kp	$0,980665 \cdot 10$	$m^2\ kg\ s^{-2}$
Elastizitätsmodul	E	$cm^{-1}\ g\ s^{-2}$	10^{-1}	$cm^{-2}\ p$	$0,980665 \cdot 10^2$	$m^{-2}\ kp$	$0,980665 \cdot 10$	$m^{-1}\ kg\ s^{-2}$
Dehnungskoeffizient	α	$cm\ g^{-1}\ s^2$	10	$cm^2\ p^{-1}$	$1,019716 \cdot 10^{-2}$	$m^2\ kp^{-1}$	$1,019716 \cdot 10^{-1}$	$m\ kg^{-1}\ s^2$
Schubmodul	G	$cm^{-1}\ g\ s^{-2}$	10^{-1}	$cm^{-2}\ p$	$0,980665 \cdot 10^2$	$m^{-2}\ kp$	$0,980665 \cdot 10$	$m^{-1}\ kg\ s^{-2}$
Schubkoeffizient	β	$cm\ g^{-1}\ s^2$	10	$cm^2\ p^{-1}$	$1,019716 \cdot 10^{-2}$	$m^2\ kp^{-1}$	$1,019716 \cdot 10^{-1}$	$m\ kg^{-1}\ s^2$
Kompressibilität	$\varkappa$	$cm\ g^{-1}\ s^2$	10	$cm^2\ p^{-1}$	$1,019716 \cdot 10^{-2}$	$m^2\ kp^{-1}$	$1,019716 \cdot 10^{-1}$	$m\ kg^{-1}\ s^2$
Oberflächenspannung	σ	$g\ s^{-2}$	10^{-3}	$cm^{-1}\ p$	$0,980665$	$m^{-1}\ kp$	$0,980665 \cdot 10$	$kg\ s^{-2}$
Dynamische Viskosität	η	$cm^{-1}\ g\ s^{-1} = $ P	10^{-1}	$cm^{-2}\ p\ s$	$0,980665 \cdot 10^2$	$m^{-2}\ kp\ s$	$0,980665 \cdot 10$	$m^{-1}\ kg\ s^{-1}$
Kinematische Viskosität	v	$cm^2\ s^{-1} = $ St	10^{-4}	$cm^2\ s^{-1}$	10^{-4}	$m^2\ s^{-1}$	1	$m^2\ s^{-1}$
Diffusionskonstante	D	$cm^2\ s^{-1}$	10^{-4}	$cm^2\ s^{-1}$	10^{-4}	$m^2\ s^{-1}$	1	$m^2\ s^{-1}$

Tafel 4. Umrechnungsfaktoren der Zahlenwerte mechanischer Größen auf das cmps-*System* (siehe Abschnitt 2, 4; S. 73)

Der Zahlenwert der Größe	Formel-zeichen	im CGS-System		im MKS-System		im m kp s-System		um im cm · p s-System seinen Wert zu erhalten in
		gemessen in	ist zu multiplizieren mit	gemessen in	ist zu multiplizieren mit	gemessen in	ist zu multiplizieren mit	
1	2	3	4	5	6	7	8	9
Länge, Weg, Abstand	$l, s. r$	cm	1	m	10^2	m	10^2	cm
Fläche	A, S	cm^2	1	m^2	10^4	m^2	10^4	cm^2
Volumen	V	cm^3	1	m^3	10^6	m^3	10^6	cm^3
Zeit (Schwingungsdauer)	$t\,(T)$	s	1	s	1	s	1	s
Frequenz	f, v	$s^{-1} = Hz$	1	$s^{-1} = Hz$	1	$s^{-1} = Hz$	1	$s^{-1} = Hz$
Geschwindigkeit	v	$cm\,s^{-1}$	1	$m\,s^{-1}$	10^2	$m\,s^{-1}$	10^2	$cm\,s^{-1}$
Beschleunigung (Fallbeschleunigung)	$a\,(g)$	$cm\,s^{-2}\,(= Gal)$	1	$m\,s^{-2}$	10^2	$m\,s^{-2}$	10^2	$cm\,s^{-2}$
Masse	m	g	$1{,}019716 \cdot 10^{-3}$	kg	$1{,}019716$	$m^{-1}\,kp\,s^2$	10	$cm^{-1}\,p\,s^2$
Dichte	ϱ	$cm^{-3}\,g$	$1{,}019716 \cdot 10^{-3}$	$m^{-3}\,kg$	$1{,}019716 \cdot 10^{-6}$	$m^{-4}\,kp\,s^2$	10^{-5}	$cm^{-4}\,p\,s^2$
Spezifisches Volumen	v_m	$cm^3\,g^{-1}$	$0{,}980665 \cdot 10^3$	$m^3\,kg^{-1}$	$0{,}980665 \cdot 10^6$	$m^4\,kp^{-1}\,s^{-2}$	10^5	$cm^4\,p^{-1}\,s^{-2}$
Kraft, Gewicht	F, G	$cm\,g\,s^{-2} = dyn$	$1{,}019716 \cdot 10^{-3}$	$m\,kg\,s^{-2} = N$	$1{,}019716 \cdot 10^2$	kp	10^3	p
Wichte	γ	$cm^{-2}\,g\,s^{-2}$	$1{,}019716 \cdot 10^{-3}$	$m^{-2}\,kg\,s^{-2}$	$1{,}019716 \cdot 10^{-4}$	$m^{-3}\,kp$	10^{-3}	$cm^{-3}\,p$
Impuls	G	$cm\,g\,s^{-1}$	$1{,}019716 \cdot 10^{-3}$	$m\,kg\,s^{-1}$	$1{,}019716 \cdot 10^2$	kp s	10^3	p s
Druck	p	$cm^{-1}\,g\,s^{-2}$	$1{,}019716 \cdot 10^{-3}$	$m^{-1}\,kg\,s^{-2}$	$1{,}019716 \cdot 10^{-2}$	$m^{-2}\,kp$	10^{-1}	$cm^{-2}\,p$
Moment	T	$cm^2\,g\,s^{-2}$	$1{,}019716 \cdot 10^{-3}$	$m^2\,kg\,s^{-2}$	$1{,}019716 \cdot 10^4$	m kp	10^5	cm p
Trägheitsmoment	J	$cm^2\,g$	$1{,}019716 \cdot 10^{-3}$	$m^2\,kg$	$1{,}019716 \cdot 10^4$	$m\,kp\,s^2$	10^5	$cm\,p\,s^2$
Drehimpuls	P	$cm^2\,g\,s^{-1}$	$1{,}019716 \cdot 10^{-3}$	$m^2\,kg\,s^{-1}$	$1{,}019716 \cdot 10^4$	m kp s	10^5	cm p s
Arbeit, Energie	A, W	$cm^2\,g\,s^{-2} = erg$	$1{,}019716 \cdot 10^{-3}$	$m^2\,kg\,s^{-2} = J$	$1{,}019716 \cdot 10^4$	m kp	10^5	cm p
Energiedichte	w	$cm^{-1}\,g\,s^{-2}$	$1{,}019716 \cdot 10^{-3}$	$m^{-1}\,kg\,s^{-2}$	$1{,}019716 \cdot 10^{-2}$	$m^{-2}\,kp$	10^{-1}	$cm^{-2}\,p$
Leistung	P	$cm^2\,g\,s^{-3}$	$1{,}019716 \cdot 10^{-3}$	$m^2\,kg\,s^{-3} = W$	$1{,}019716 \cdot 10^4$	$m\,kp\,s^{-1}$	10^5	$cm\,p\,s^{-1}$
Wirkung	H	$cm^2\,g\,s^{-1}$	$1{,}019716 \cdot 10^{-3}$	$m^2\,kg\,s^{-1}$	$1{,}019716 \cdot 10^4$	m kp s	10^5	cm p s
Richtgröße	D	$g\,s^{-2}$	$1{,}019716 \cdot 10^{-3}$	$kg\,s^{-2}$	$1{,}019716$	$m^{-1}\,kp$	10	$cm^{-1}\,p$
Winkelrichtgröße	D^*	$cm^2\,g\,s^{-2}$	$1{,}019716 \cdot 10^{-3}$	$m^2\,kg\,s^{-2}$	$1{,}019716 \cdot 10^4$	m kp	10^5	cm p
Elastizitätsmodul	E	$cm^{-1}\,g\,s^{-2}$	$1{,}019716 \cdot 10^{-3}$	$m^{-1}\,kg\,s^{-2}$	$1{,}019716 \cdot 10^{-2}$	$m^{-2}\,kp$	10^{-1}	$cm^{-2}\,p$
Dehnungskoeffizient	α	$cm\,g^{-1}\,s^2$	$0{,}980665 \cdot 10^3$	$m\,kg^{-1}\,s^2$	$0{,}980665 \cdot 10^2$	$m^2\,kp^{-1}$	10	$cm^2\,p^{-1}$
Schubmodul	G	$cm^{-1}\,g\,s^{-2}$	$1{,}019716 \cdot 10^{-3}$	$m^{-1}\,kg\,s^{-2}$	$1{,}019716 \cdot 10^{-2}$	$m^{-2}\,kp$	10^{-1}	$cm^{-2}\,p$
Schubkoeffizient	β	$cm\,g^{-1}\,s^2$	$0{,}980665 \cdot 10^3$	$m\,kg^{-1}\,s^2$	$0{,}980665 \cdot 10^2$	$m^2\,kp^{-1}$	10	$cm^2\,p^{-1}$
Kompressibilität	$\varkappa$	$cm\,g^{-1}\,s^2$	$0{,}980665 \cdot 10^3$	$m\,kg^{-1}\,s^2$	$0{,}980665 \cdot 10^2$	$m^2\,kp^{-1}$	10	$cm^2\,p^{-1}$
Oberflächenspannung	σ	$g\,s^{-2}$	$1{,}019716 \cdot 10^{-3}$	$kg\,s^{-2}$	$1{,}019716$	$m^{-1}\,kp$	10	$cm^{-1}\,p$
Dynamische Viskosität	η	$cm^{-1}\,g\,s^{-1} = P$	$1{,}019716 \cdot 10^{-3}$	$m^{-1}\,kg\,s^{-1}$	$1{,}019716 \cdot 10^{-2}$	$m^{-2}\,kp\,s$	10^{-1}	$cm^{-2}\,p\,s$
Kinematische Viskosität	v	$cm^2\,s^{-1} = St$	1	$m^2\,s^{-1}$	10^4	$m^2\,s^{-1}$	10^4	$cm^2\,s^{-1}$
Diffusionskonstante	D	$cm^2\,s^{-1}$	1	$m^2\,s^{-1}$	10^4	$m^2\,s^{-1}$	10^4	$cm^2\,s^{-1}$

Tafel 5. Umrechnungsfaktoren der Zahlenwerte mechanischer Größen auf das m kp s-*System* (siehe Abschnitt 2, 4; S. 73)

Der Zahlenwert der		im CGS-System		im MKS-System		im cm p s-System		um im m kp s-System seinen Wert zu erhalten in
Größe	Formel-zeichen	gemessen in	ist zu multiplizieren mit	gemessen in	ist zu multiplizieren mit	gemessen in	ist zu multiplizieren mit	
1	2	3	4	5	6	7	8	9
Länge, Weg, Abstand	l, s, r	cm	10^{-2}	m	1	cm	10^{-2}	m
Fläche	A, S	cm^2	10^{-4}	m^2	1	cm^2	10^{-4}	m^2
Volumen	V	cm^3	10^{-6}	m^3	1	cm^3	10^{-6}	m^3
Zeit (Schwingungsdauer)	$t\,(T)$	s	1	s	1	s	1	s
Frequenz	f, ν	s^{-1} = Hz	1	s^{-1} = Hz	1	s^{-1} = Hz	1	s^{-1} = Hz
Geschwindigkeit	v	cm s^{-1}	10^{-2}	m s^{-1}	1	cm s^{-1}	10^{-2}	m s^{-1}
Beschleunigung (Fallbeschleunigung)	$a\,(g)$	cm s^{-2} (= Gal)	10^{-2}	m s^{-2}	1	cm s^{-2}	10^{-2}	m s^{-2}
Masse	m	g	$1{,}019716 \cdot 10^{-4}$	kg	$1{,}019716 \cdot 10^{-1}$	cm^{-1} p s^2	10^{-1}	m^{-1} kp s^2
Dichte	ϱ	cm^{-3} g	$1{,}019716 \cdot 10^{4}$	m^{-3} kg	$1{,}019716 \cdot 10^{-1}$	cm^{-4} p s^2	10^{5}	m^{-4} kp s^2
Spezifisches Volumen	v_m	cm^3 g^{-1}	$0{,}980665 \cdot 10^{-4}$	m^3 kg^{-1}	$0{,}980665 \cdot 10$	cm^4 p^{-1} s^{-2}	10^{-5}	m^4 kp^{-1} s^{-2}
Kraft, Gewicht	F, G	cm g s^{-2} = dyn	$1{,}019716 \cdot 10^{-6}$	m kg s^{-2} = N	$1{,}019716 \cdot 10^{-1}$	p	10^{-3}	kp
Wichte	γ	cm^{-2} g s^{-2}	$1{,}019716$	m^{-2} kg s^{-2}	$1{,}019716 \cdot 10^{-1}$	cm^{-3} p	10^{3}	m^{-3} kp
Impuls	G	cm g s^{-1}	$1{,}019713 \cdot 10^{-6}$	m kg s^{-1}	$1{,}019716 \cdot 10^{-1}$	p s	10^{-3}	kp s
Druck	p	cm^{-1} g s^{-2}	$1{,}019713 \cdot 10^{-2}$	m^{-1} kg s^{-2}	$1{,}019716 \cdot 10^{-1}$	cm^{-2} p	10	m^{-2} kp
Moment	T	cm^2 g s^{-2}	$1{,}019716 \cdot 10^{-8}$	m^2 kg s^{-2}	$1{,}019716 \cdot 10^{-1}$	cm p	10^{-5}	m kp
Trägheitsmoment	J	cm^2 g	$1{,}019716 \cdot 10^{-8}$	m^2 kg	$1{,}019716 \cdot 10^{-1}$	cm p s^2	10^{-5}	m kp s^2
Drehimpuls	P	cm^2 g s^{-1}	$1{,}019716 \cdot 10^{-8}$	m^2 kg s^{-1}	$1{,}019716 \cdot 10^{-1}$	cm p s	10^{-5}	m kp s
Arbeit, Energie	A, W	cm^2 g s^{-2} = erg	$1{,}019716 \cdot 10^{-8}$	m^2 kg s^{-2} = J	$1{,}019716 \cdot 10^{-1}$	cm p	10^{-5}	m kp
Energiedichte	w	cm^{-1} g s^{-2}	$1{,}019716 \cdot 10^{-2}$	m^{-1} kg s^{-2}	$1{,}019716 \cdot 10^{-1}$	cm^{-2} p	10	m^{-2} kp
Leistung	P	cm^2 g s^{-3}	$1{,}019716 \cdot 10^{-8}$	m^2 kg s^{-3} = W	$1{,}019716 \cdot 10^{-1}$	cm p s^{-1}	10^{-5}	m kp s^{-1}
Wirkung	H	cm^2 g s^{-1}	$1{,}019716 \cdot 10^{-8}$	m^2 kg s^{-1}	$1{,}019716 \cdot 10^{-1}$	cm p s	10^{-5}	m kp s
Richtgröße	D	g s^{-2}	$1{,}019716 \cdot 10^{-4}$	kg s^{-2}	$1{,}019716 \cdot 10^{-1}$	cm^{-1} p	10^{-1}	m^{-1} kp
Winkelrichtgröße	D^*	cm^2 g s^{-2}	$1{,}019716 \cdot 10^{-8}$	m^2 kg s^{-2}	$1{,}019716 \cdot 10^{-1}$	cm p	10^{-5}	m kp
Elastizitätsmodul	E	cm^{-1} g s^{-2}	$1{,}019716 \cdot 10^{-2}$	m^{-1} kg s^{-2}	$1{,}019716 \cdot 10^{-1}$	cm^{-2} p	10	m^{-2} kp
Dehnungskoeffizient	α	cm g^{-1} s^2	$0{,}980665 \cdot 10^{2}$	m kg^{-1} s^2	$0{,}980665 \cdot 10$	cm^2 p^{-1}	10^{-1}	m^2 kp^{-1}
Schubmodul	G	cm^{-1} g s^{-2}	$1{,}019716 \cdot 10^{-2}$	m^{-1} kg s^{-2}	$1{,}019716 \cdot 10^{-1}$	cm^{-2} p	10	m^{-2} kp
Schubkoeffizient	β	cm g^{-1} s^2	$0{,}980665 \cdot 10^{2}$	m kg^{-1} s^2	$0{,}980665 \cdot 10$	cm^2 p^{-1}	10^{-1}	m^2 kp^{-1}
Kompressibilität	$\varkappa$	cm g^{-1} s^2	$0{,}980665 \cdot 10^{2}$	m kg^{-1} s^2	$0{,}980665 \cdot 10$	cm^2 p^{-1}	10^{-1}	m^2 kp^{-1}
Oberflächenspannung	σ	g s^{-2}	$1{,}019716 \cdot 10^{-4}$	kg s^{-2}	$1{,}019716 \cdot 10^{-1}$	cm^{-1} p	10^{-1}	m^{-1} kp
Dynamische Viskosität	η	cm^{-1} g s^{-1} = P	$1{,}019716 \cdot 10^{-2}$	m^{-1} kg s^{-1}	$1{,}019716 \cdot 10^{-1}$	cm^{-2} p s	10	m^{-2} kp s
Kinematische Viskosität	ν	cm^2 s^{-1} = St	10^{-4}	m^2 s^{-1}	1	cm^2 s^{-1}	10^{-4}	m^2 s^{-1}
Diffusionskonstante	D	cm^2 s^{-1}	10^{-4}	m^2 s^{-1}	1	cm^2 s^{-1}	10^{-4}	m^2 s^{-1}

Tafel 6. Umrechnungstafel für Einheiten des Vereinigten Königreichs in ihre metrischen Äquivalente (siehe Abschnitte 2, 3b und 7,2; S. 64 und 339)

a) Längen-, Flächen- und Raumeinheiten

Einheit	„Gesetzliche" Umrechnung nach Order in Council of May 19, 1898	Umrechnung für wissenschaftliche Zwecke nach Meteranschluß von 1922
x) Längeneinheiten:		
1 inch	= **25,399978** mm	= **25,399956** mm
1 foot	= 3,0479974 dm	= 3,0479947 dm
1 yard	= 0,91439842 m	= 0,91439841 m
1 fathom	= 1,8287984 m	= 1,8287968 m
1 pole	= 5,0291956 m	= 5,0291913 m
1 chain	= 20,116783 m	= 20,116765 m
1 furlong	= 201,16783 m	= 201,16765 m
1 mile	= 1,6093426 km	= 1,6093412 km
β) Flächeneinheiten:		
1 square inch	= 6,4515888 cm²	= 6,4515776 cm²
1 square foot	= 9,2902879 dm²	= 9,2902718 dm²
1 square yard	= 0,83612591 m²	= 0,83612446 m²
1 square perch	= 25,292809 m²	= 25,292765 m²
1 rood	= 1011,7124 m²	= 1011,7106 m²
1 acre	= 4046,8494 m²	= 4046,8424 m²
1 square mile	= 2,5899836 km²	= 2,5899791 km²
γ) Raumeinheiten:		
1 cubic inch	= 16,387021 cm³	= 16,386979 cm³
1 cubic foot	= 28,316773 dm³	= 28,316699 dm³
1 cubic yard	= 0,76455287 m³	= 0,76455088 m³

Basiswerte in Fettdruck

1 l = 1,000028 dm³

b) Massenheiten

Einheit	„Gesetzliche" Umrechnung nach Order in Council of May 19, 1898	Umrechnung für wissenschaftliche Zwecke nach Kilogrammanschluß von 1933
α) avoirdupois-system:		
1 grain	= 64,798919 mg	= 64,798905 mg
1 dram	= 1,7718454 g	= 1,7718451 g
1 ounce	= 28,349527 g	= 28,349521 g
1 pound	= **0,45359243** kg	= **0,45359238** kg
1 stone	= 6,3502940 kg	= 6,3502927 kg
1 quarter	= 12,700588 kg	= 12,7005855 kg
1 cental	= 45,359243 kg	= 45,359234 kg
1 hundredweight	= 50,802352 kg	= 50,802342 kg
1 ton	= 1016,0470 kg	= 1016,0468 kg
β) troy-system:		
1 pennyweight	= 1,5551740 g	= 1,5551737 g
1 troy ounce	= 31,103481 g	= 31,103475 g
γ) apothecaries-system:		
1 scruple	= 1,2959784 g	= 1,2959781 g
1 drachm	= 3,8879351 g	= 3,8879343 g
1 apothecaries' ounce	= 31,103481 g	= 31,103475 g

c) Hohlmaße

Einheit	„Gesetzliche" Umrechnung nach Order in Council of May 19, 1898	Umrechnung für wissenschaftliche Zwecke nach National Physical Laboratory
1 minim	= 59,1939 mm³	= 59,1938 mm³
1 fluid scruple	= 1,18388 cm³	= 1,18388 cm³
1 fluid drachm	= 3,55163 cm³	= 3,55163 cm³
1 fluid ounce	= 28,4131 cm³	= 28,4130 cm³
1 gill	= 142,065 cm³	= 142,065 cm³
1 pint	= 0,568261 dm³	= 568,261 cm³
1 quart	= 1,13652 dm³	= 1,13652 dm³
1 gallon	= **4,5459631** l	= **4,54596** l
	= 4,54609 dm³	= 4,54609 dm³
1 peck	= 9,09218 dm³	= 9,09217 dm³
1 bushel	= 36,3687 dm³	= 36,3687 dm³
1 quarter	= 290,950 dm³	= 290,950 dm³
1 chaldron	= 1,30927 m³	= 1,30927 m³

Tafel 7. Umrechnungstafel für Einheiten der Vereinigten Staaten von Nordamerika in ihre metrischen Äquivalente
(siehe Abschnitte 2, 3b und 7,2; S. 64 und 339)

a) Längen-, Flächen- und Raumeinheiten

Einheit	„Gesetzliche" Umrechnung nach Mendenhall Order, 1893	Einheit	„Gesetzliche" Umrechnung nach Mendenhall Order, 1893
α) Längeneinheiten:		*β) Flächeneinheiten:*	
1 mil	= 25,400051 μm	1 circular mil	= 0,050670951 mm²
1 point[1]	= 0,35277848 mm	1 circular inch	= 5,0670951 cm²
1 line	= 0,63500127 mm	1 square inch	= 6,4516258 cm²
1 inch	= **25,40005080 mm**	1 square link	= 0,40468726 dm²
1 hand	= 10,160020 cm	1 square foot	= 9,2903412 dm²
1 link	= 20,116840 cm	1 square yard	= 0,83613070 m²
1 span	= 22,860046 cm	1 square rod	= 25,292954 m²
1 foot	= 3,0480061 dm	1 square chain	= 404,68726 m²
1 yard	= 0,91440183 m	1 acre	= 4046,8726 m²
1 fathom	= 1,8288037 m	1 square mile	= 2,5899985 km²
1 rod	= 5,0292101 m		
1 chain	= 20,116840 m	*γ) Raumeinheiten:*	
1 furlong	= 201,16840 m	1 cubic inch	= 16,387162 cm³
1 statute mile	= 1,6093472 km	1 board foot	= 2,3597514 dm³
		1 cubic fóot	= 28,317016 dm³
		1 cubic yard	= 0,76455945 m³
		1 cord	= 3,6245781⁻ m³

[1] 1 point = 0,013837 in

b) Masseneinheiten

Einheit	„Gesetzliche" Umrechnung nach Mendenhall Order, 1893	Einheit	„Gesetzliche" Umrechnung nach Mendenhall Order, 1893
α) avoirdupois-system:		*β) troy-system:*	
1 grain	= 64,798918 mg	1 pennyweight	= 1,5551740 g
1 dram	= 1,7718454 g	1 troy ounce	= 31,103481 g
1 ounce	= 28,349527 g	1 troy pound	= 373,24177 g
1 pound	= **0,4535924277 kg**		
1 short hundredweight	= 45,359243 kg	*γ) apothecaries-system:*	
1 long hundredweight	= 50,802352 kg	1 apothecaries' scruple	= 1,2959784 g
1 short ton	= 907,18486 kg	1 apothecaries' dram	= 3,8879351 g
1 long ton	= 1016,0470 kg	1 apothecaries' ounce	= 31,103481 g
		1 apothecaries' pound	= 373,24177 g

c) Hohlmaße

Einheit	Metrisches Äquivalent	Einheit	Metrisches Äquivalent
α) für Flüssigkeiten und Apothekengebrauch:		*β) für Trockensubstanzen:*	
1 minim	= 61,611890 mm³	1 dry pint	= 0,55061377 dm³
1 fluid dram	= 3,6967134 cm³	1 dry quart	= 1,1012275 dm³
1 fluid ounce	= 29,573707 cm³	1 peck	= 8,8098204 dm³
1 gill	= 118,29483 cm³	1 bushel	= **2150,42 U. S. cubic inches**
1 liquid pint	= 0,47317931 dm³		= 35,239282 dm³
1 liquid quart	= 0,94635862 dm³	1 dry barrel	= **7056 U. S. cubic inches**
1 gallon	= **231 U. S. cubic inches**		= 115,62782 dm³
	= 3,7854345 dm³		

Basiswerte in Fettdruck
1 l = 1,000028 dm³

Tafel 8. Umrechnungstafel für die vom Board of Trade 1950 für das Vereinigte Königreich vorgeschlagenen Einheiten in ihre metrischen Äquivalente (siehe Abschnitte 2, 3 b und 7,2; S. 64 und 339)

Einheit	Metrisches Äquivalent	Einheit	Metrisches Äquivalent
α) *Längeneinheiten:*		**γ)** *Raumeinheiten:*	
1 mile	$=$ 1,609 344 km	1 cubic yard	$=$ 0,764 555 86 m³
1 furlong	$=$ 201,168 m	1 cubic foot	$=$ 28,316 847 dm³
1 chain	$=$ 20,116 8 m	1 cubic inch	$=$ 16,387 064 cm³
1 yard	$=$ **0,9144** m	**δ)** *Masseneinheiten:*	
1 foot	$=$ **3,048** dm	1 ton	$=$ 1 016,046 9 kg
1 inch	$=$ **25,4** mm	1 hundredweight	$=$ 50,802 345 kg
β) *Flächeneinheiten:*		1 cental	$=$ 45,359 237 kg
1 square mile	$=$ 2,589 988 1 km²	1 quarter	$=$ 12,700 586 kg
1 acre	$=$ 4 046,856 4 m²	1 stone	$=$ 6,350 293 kg
1 rood	$=$ 1 011,714 1 m²	1 pound	$=$ **0,453 592** 37 kg
1 square yard	$=$ 0,836 127 36 m²	1 ounce	$=$ 28,349 523 g
1 square foot	$=$ 9,290 304 dm²	1 dram	$=$ 1,771 845 g
1 square inch	$=$ 6,4516 cm²	1 grain	$=$ 64,798 91 mg

Basiswerte in Fettdruck

Tafel 9. Umrechnungsfaktoren der Zahlenwerte für den ebenen Winkel φ und den Raumwinkel Ω.

a) Umrechnungsfaktoren für die Zahlenwerte eines ebenen Winkels φ (siehe Abschnitt 2, 5a; S. 74)

Benutzungsbeispiel. Gegeben: $\varphi = 2$ rad; Tafelbenutzung: $x = \{\varphi\}_\circ = 90 \cdot \dfrac{2}{\pi} \cdot \{\varphi\}_{\mathrm{rad}} = 0,572958 \cdot 10^2 \cdot 2$

$$= 1,145916 \cdot 10^2$$

Gesucht: $\varphi = x^\circ$;   Ergebnis: $\varphi = 114,5916°$

Gegebener Zahlenwert \ Gesuchter Zahlenwert	$\{\varphi\}_\circ$	$\{\varphi\}_{\mathrm{g}}$	$\{\varphi\}_{\mathrm{rad}}$	$\{\varphi\}_{\llcorner}$
$\{\varphi\}_\circ$	1	$\dfrac{1}{90} \cdot 10^2$ $= 1,111111$	$\dfrac{1}{90} \cdot \dfrac{\pi}{2} \cdot 10^{-2}$ $= 1,745329 \cdot 10^{-2}$	$\dfrac{1}{90}$ $= 1,111111 \cdot 10^{-2}$
$\{\varphi\}_{\mathrm{g}}$	0,9	1	$\dfrac{\pi}{2} \cdot 10^{-2}$ $= 1,570796 \cdot 10^{-2}$	10^{-2}
$\{\varphi\}_{\mathrm{rad}}$	$90 \cdot \dfrac{2}{\pi}$ $= 0,572958 \cdot 10^2$	$\dfrac{2}{\pi} \cdot 10^2$ $= 0,636620 \cdot 10^2$	1	$\dfrac{2}{\pi}$ $= 0,636620$
$\{\varphi\}_{\llcorner}$	90	10^2	$\dfrac{\pi}{2}$ $= 1,570796$	1

b) Umrechnungsfaktoren für die Zahlenwerte eines räumlichen Winkels Ω (siehe Abschnitt 2, 5b; S. 76)

Benutzungsbeispiel. Gegeben: $\Omega = 500^{(\mathrm{g})2}$;   Tafelbenutzung: $x = \{\Omega\}_{\mathrm{sr}}$

$$= 2,467401 \cdot 10^{-4} \cdot \{\Omega\}_{(\mathrm{g})2}$$
$$= 2,467401 \cdot 10^{-4} \cdot 500 = 0,123 370 1$$

Gesucht: $\Omega = x$ sr;   Ergebnis: $\Omega = 0,123 370 1$ sr

Gegebener Zahlenwert \ Gesuchter Zahlenwert	$\{\Omega\}_{(\circ)2}$	$\{\Omega\}_{(\mathrm{g})2}$	$\{\Omega\}_{\mathrm{sr}}$
$\{\Omega\}_{(\circ)2}$	1	1,234 568	3,046 174 $\cdot 10^{-4}$
$\{\Omega\}_{(\mathrm{g})2}$	0,81	1	2,467 401 $\cdot 10^{-4}$
$\{\Omega\}_{\mathrm{sr}}$	3,282 806 $\cdot 10^3$	4,052 847 $\cdot 10^3$	1

Tafel 10. Umrechnungsfaktoren der Zahlenwerte für den Druck p (siehe Abschnitt 2, 6; S. 79 und Tafel 17, S. 394/395)

Benutzungsbeispiel. Gegeben: $p = 7$ Torr; Tafelbenutzung: $x = \{p\}_{kp/m^2} = 1{,}35951 \cdot 10 \cdot \{p\}_{Torr} = 13{,}5951 \cdot 7 = 95{,}1657$

Gesucht: $p = x$ kp/m²; Ergebnis: $p = 95{,}1657$ kp/m²

Gegebener Zahlenwert \ Gesuchter Zahlenwert	$\{p\}_{\mu bar}$	$\{p\}_{mbar}$	$\{p\}_{bar}$	$\{p\}_{Torr}$	$\{p\}_{atm}$
$\{p\}_{\mu bar}$	1	10^{-3}	10^{-6}	$0{,}750062 \cdot 10^{-3}$	$0{,}986923 \cdot 10^{-6}$
$\{p\}_{mbar}$	10^3	1	10^{-3}	$0{,}750062$	$0{,}986923 \cdot 10^{-3}$
$\{p\}_{bar}$	10^6	10^3	1	$0{,}750062 \cdot 10^3$	$0{,}986923$
$\{p\}_{Torr}$	$1{,}333224 \cdot 10^3$	$1{,}333224$	$1{,}333224 \cdot 10^{-3}$	1	$1{,}315789 \cdot 10^{-3}$
$\{p\}_{atm}$	$1{,}013250 \cdot 10^6$	$1{,}013250 \cdot 10^3$	$1{,}013250$	$0{,}760000 \cdot 10^3$	1
$\{p\}_{at}$	$0{,}980665 \cdot 10^6$	$0{,}980665 \cdot 10^3$	$0{,}980665$	$0{,}735559 \cdot 10^3$	$0{,}967841$
$\{p\}_{mmW.S.}$	$0{,}980638 \cdot 10^2$	$0{,}980638 \cdot 10^{-1}$	$0{,}980638 \cdot 10^{-4}$	$0{,}735539 \cdot 10^{-1}$	$0{,}967814 \cdot 10^{-4}$
$\{p\}_{kp/m^2}$	$0{,}980665 \cdot 10^2$	$0{,}980665 \cdot 10^{-1}$	$0{,}980665 \cdot 10^{-4}$	$0{,}735559 \cdot 10^{-1}$	$0{,}967841 \cdot 10^{-4}$
$\{p\}_{Ton/sq.ft.}$	$1{,}072518 \cdot 10^6$	$1{,}072518 \cdot 10^3$	$1{,}072518$	$0{,}804454 \cdot 10^3$	$1{,}058493$
$\{p\}_{Lb/sq.in.}$	$0{,}689476 \cdot 10^5$	$0{,}689476 \cdot 10^2$	$0{,}689476 \cdot 10^{-1}$	$0{,}517149 \cdot 10^2$	$0{,}680460 \cdot 10^{-1}$

Gegebener Zahlenwert \ Gesuchter Zahlenwert	$\{p\}_{at}$	$\{p\}_{mmW.S.}$	$\{p\}_{kp/m^2}$	$\{p\}_{Ton/sq.ft.}$	$\{p\}_{Lb/sq.in.}$
$\{p\}_{\mu bar}$	$1{,}019716 \cdot 10^{-6}$	$1{,}019745 \cdot 10^{-2}$	$1{,}019716 \cdot 10^{-2}$	$0{,}932386 \cdot 10^{-6}$	$1{,}450378 \cdot 10^{-5}$
$\{p\}_{mbar}$	$1{,}019716 \cdot 10^{-3}$	$1{,}019745 \cdot 10$	$1{,}019716 \cdot 10$	$0{,}932386 \cdot 10^{-3}$	$1{,}450378 \cdot 10^{-2}$
$\{p\}_{bar}$	$1{,}019716$	$1{,}019745 \cdot 10^4$	$1{,}019716 \cdot 10^4$	$0{,}932386$	$1{,}450378 \cdot 10$
$\{p\}_{Torr}$	$1{,}359510 \cdot 10^{-3}$	$1{,}359548 \cdot 10$	$1{,}359510 \cdot 10$	$1{,}243079 \cdot 10^{-3}$	$1{,}933678 \cdot 10^{-2}$
$\{p\}_{atm}$	$1{,}033227$	$1{,}033257 \cdot 10^4$	$1{,}033227 \cdot 10^4$	$0{,}944740$	$1{,}469595 \cdot 10$
$\{p\}_{at}$	1	$1{,}000028 \cdot 10^4$	10^4	$0{,}914358$	$1{,}422335 \cdot 10$
$\{p\}_{mmW.S.}$	$0{,}999972 \cdot 10^{-4}$	1	$0{,}999972$	$0{,}914332 \cdot 10^{-4}$	$1{,}422295 \cdot 10^{-3}$
$\{p\}_{kp/m^2}$	10^{-4}	$1{,}000028$	1	$0{,}914358 \cdot 10^{-4}$	$1{,}422335 \cdot 10^{-3}$
$\{p\}_{Ton/sq.ft.}$	$1{,}093664$	$1{,}093694 \cdot 10^4$	$1{,}093664 \cdot 10^4$	1	$1{,}555556 \cdot 10$
$\{p\}_{Lb/sq.in.}$	$0{,}703069 \cdot 10^{-1}$	$0{,}703089 \cdot 10^3$	$0{,}703069 \cdot 10^3$	$0{,}642857 \cdot 10^{-1}$	1

Tafel 11. Dimensionssysteme der Wärmelehre (einschließlich Mechanik) (siehe Abschnitte 3, 1 und 2; S. 90 u. 92)

Größenart	Formelzeichen	Definitionsbeziehung	Dimensionsprodukt im Dimensionssystem	
			$LMT\Theta$	$LFT\Theta$
1	2	3	4	5
Länge	l, s, r	—	L	L
Fläche	A, S	$A = l^2$	L^2	L^2
Volumen	V, τ	$V = l^3$	L^3	L^3
Zeit	t	—	T	T
Geschwindigkeit	v	$v = \dfrac{ds}{dt}$	LT^{-1}	LT^{-1}
Beschleunigung	a	$a = \dfrac{dv}{dt}$	LT^{-2}	LT^{-2}
Masse	m	$F = ma$	M	$L^{-1}FT^2$
Dichte	ϱ	$\varrho = \dfrac{dm}{dV}$	$L^{-3}M$	$L^{-4}FT^2$
Spezifisches Volumen, bezogen auf die Masse m	v_m	$v_m = \dfrac{dV}{dm} = \dfrac{1}{\varrho}$	L^3M^{-1}	$L^4F^{-1}T^{-2}$
Kraft (Gewicht)	$F(G)$	$F = ma$	LMT^{-2}	F
(Norm-) Wichte	γ_n	$\gamma_n = \dfrac{dG_n}{dV}$	$L^{-2}MT^{-2}$	$L^{-3}F$
Druck	p	$F = \int p\,dA$	$L^{-1}MT^{-2}$	$L^{-2}F$
Arbeit	A	$A = -\int p\,dV$	L^2MT^{-2}	LF
Spezifische Arbeit	a	$a = -\int p\,dv$		
Spezifische Arbeit, bezogen auf die Masse m	a_m	$a_m = \dfrac{A}{m} = -\dfrac{1}{m}\int p\,dV$	L^2T^{-2}	L^2T^{-2}
bezogen auf das Normgewicht G_n	a_{G_n}	$a_{G_n} = \dfrac{A}{G_n} = -\dfrac{1}{G_n}\int p\,dV$	L	L
bezogen auf das Normvolumen V_n	a_{V_n}	$a_{V_n} = \dfrac{A}{V_n} = -\dfrac{1}{V_n}\int p\,dV$	$L^{-1}MT^{-2}$	$L^{-2}F$
bezogen auf die Molzahl l	a_l	$a_l = \dfrac{A}{l} = -\dfrac{1}{l}\int p\,dV$	L^2MT^{-2}	LF
Leistung	P	$P = \dfrac{dA}{dt}$	L^2MT^{-3}	LFT^{-1}
Temperatur	$T, \Theta, \vartheta, t, \theta$	—	Θ	Θ
Innere Energie	U	$dU = d'Q + d'A$	L^2MT^{-2}	LF
Spezifische innere Energie	u	$du = d'q + d'a$		
Wärmemenge	Q	$dU = d'Q + d'A$	L^2MT^{-2}	LF
Spezifische Wärmemenge	q	$du = d'q + d'a$		
Wärmekapazität	C	$\Delta Q = C\Delta T$	$L^2MT^{-2}\Theta^{-1}$	$LF\Theta^{-1}$
Spezifische Wärmekapazität (spezifische Wärme)	c	$\Delta q = c\Delta T$	$L^2T^{-2}\Theta^{-1}$	$L^2T^{-2}\Theta^{-1}$

Bezeichnung	Symbol	Gleichung		
Wärmekapazität bei konstantem Volumen	C_v	$C_v = \left(\dfrac{d'Q}{dT}\right)_v = \left(\dfrac{\partial U}{\partial T}\right)_v$	$L^2MT^{-2}\Theta^{-1}$	$LF\Theta^{-1}$
Spezifische Wärme(-kapazität) bei konstantem Volumen	c_v	$c_v = \left(\dfrac{d'q}{dT}\right)_v = \left(\dfrac{\partial u}{\partial T}\right)_v$	$L^2T^{-2}\Theta^{-1}$	$L^2T^{-2}\Theta^{-1}$
Wärmekapazität bei konstantem Druck	C_p	$C_p = \left(\dfrac{d'Q}{dT}\right)_p = \left(\dfrac{\partial I}{\partial T}\right)_p$	$L^2MT^{-2}\Theta^{-1}$	$LF\Theta^{-1}$
Spezifische Wärme (-kapazität) bei konstantem Druck	c_p	$c_p = \left(\dfrac{d'q}{dT}\right)_p = \left(\dfrac{\partial i}{\partial T}\right)_p$	$L^2T^{-2}\Theta^{-1}$	$L^2T^{-2}\Theta^{-1}$
Verhältnis der (spezifischen) Wärmekapazitäten	$\varkappa$	$\varkappa = C_p/C_v = c_p/c_v$	1	1
Latente Wärmemenge	L	$T\dfrac{dp}{dT} = \dfrac{L_d}{V_{gas}-V_{fl}} = \dfrac{L_s}{V_{gas}-V_f} = \dfrac{L_f}{V_{fl}-V_f}$	L^2MT^{-2}	LF
Spezifische latente Wärmemenge	l	$T\dfrac{dp}{dT} = \dfrac{l_d}{v_{gas}-v_{fl}} = \dfrac{l_s}{v_{gas}-v_f} = \dfrac{l_f}{v_{fl}-v_f}$		
Entropie	S	$dS = \dfrac{dU + pdV}{T}$	$L^2MT^{-2}\Theta^{-1}$	$LF\Theta^{-1}$
Spezifische Entropie	s	$ds = \dfrac{du + pdv}{T}$		
Freie Energie	F	$F = U - TS$	L^2MT^{-2}	LF
Spezifische freie Energie	f	$f = u - TS$		
Freie Enthalpie	G	$G = U + pV - TS = F + pV$	L^2MT^{-2}	LF
Spezifische freie Enthalpie	g	$g = u + pv - Ts = f + pv$		
Enthalpie	I	$I = U + pV = G + TS$	L^2MT^{-2}	LF
Spezifische Enthalpie	i	$i = u + pv = g + Ts$		
Wärmestromdichte	q	$\operatorname{div} q = -\dfrac{C}{V}\dot{T}$	MT^{-3}	$L^{-1}FT^{-1}$
Wärmeleitfähigkeit	λ	$q = -\lambda\operatorname{grad}T$	$LMT^{-3}\Theta^{-1}$	$FT^{-1}\Theta^{-1}$
Temperaturleitfähigkeit	a	$\dot{T} = a\nabla^2 T = V\dfrac{\lambda}{C_p}\nabla^2 T = \dfrac{\lambda}{\varrho c_p}\nabla^2 T$	L^2T^{-1}	L^2T^{-1}
Wärmeübergangskoeffizient (-zahl)	α	$|q| = \alpha(T_f - T_0)$ $\quad\dfrac{1}{k} = \dfrac{1}{\alpha_1} + \dfrac{\Delta x}{\lambda} + \dfrac{1}{\alpha_2}$	$MT^{-3}\Theta^{-1}$	$L^{-1}FT^{-1}\Theta^{-1}$
Wärmedurchgangskoeffizient (-zahl)	k	$|q| = k(T_1 - T_2)$	$MT^{-3}\Theta^{-1}$	$L^{-1}FT^{-1}\Theta^{-1}$
Gaskonstante	R	$R = \dfrac{pV}{T}$	$L^2MT^{-2}\Theta^{-1}$	$LF\Theta^{-1}$
Universelle (spezifische) Gaskonstante, bezogen auf die Masse m (die chemische Massen-Größe mol)	R_0	$R_0 = \dfrac{pv_m}{T} = \dfrac{p_0 v_0}{T_0}$	$L^2T^{-2}\Theta^{-1}$	$L^2T^{-2}\Theta^{-1}$
die Molzahl l	R_0'	$R_0' = \dfrac{pv_l}{T} = \dfrac{p_0 v_0'}{T_0}$	$L^2MT^{-2}\Theta^{-1}$	$LF\Theta^{-1}$
das physikalische Normvolumen V_n	R_0''	$R_0'' = \dfrac{pV}{TV_n} = \dfrac{p_0}{T_0}$	$L^{-1}MT^{-2}\Theta^{-1}$	$L^{-2}F\Theta^{-1}$

Für die allgemeinen spezifischen Größen a, q, l, s, f, i, g lassen sich ohne Festlegung der Bezugsgröße Dimensionsprodukte nicht eindeutig angeben.

Tafel 12. *Umrechnungsfaktoren der Zahlenwerte für die Entfernung d, gemessen in Entfernungseinheiten der Astronomie und Astrophysik*
(siehe Abschnitt 2, 8; S. 86)

a) Bezogen auf die Normwerte der Sonnenparallaxe $\pi_{\odot}$ und des äquatorialen Erdradius a_{δ}

Benutzungsbeispiel. Gegeben: $d = 4$ astr. Einh.; Tafelbenutzung: $x = \{d\}_{pc} = 4{,}848137 \cdot 10^{-6} \cdot \{d\}_{astr.\,Einh.}$
$$= 4{,}848137 \cdot 10^{-6} \cdot 4 = 1{,}939255 \cdot 10^{-5}$$

Gesucht: $d = x$ pc; Ergebnis: $d = 1{,}939255 \cdot 10^{-5}$ pc

Gegebener Zahlenwert \ Gesuchter Zahlenwert	$\{d\}_{astr.\,Einh.}$	$\{d\}_{Siriometer}$	$\{d\}_{pc}$	$\{d\}_{Siriusweite}$	$\{d\}_{Lichtjahr}$	$\{d\}_{km}$
$\{d\}_{astr.\,Einh.}$	1	10^{-6}	$4{,}848137 \cdot 10^{-6}$	$0{,}969627 \cdot 10^{-6}$	$1{,}5803 \cdot 10^{-5}$	$1{,}495042 \cdot 10^{8}$
$\{d\}_{Siriometer}$	10^{6}	1	$4{,}848137$	$0{,}969627$	$1{,}5803 \cdot 10$	$1{,}495042 \cdot 10^{14}$
$\{d\}_{pc}$	$2{,}062648 \cdot 10^{5}$	$2{,}062648 \cdot 10^{-1}$	1	$0{,}2$	$3{,}2596$	$3{,}083745 \cdot 10^{13}$
$\{d\}_{Siriusweite}$	$1{,}031324 \cdot 10^{6}$	$1{,}031324$	5	1	$1{,}6298 \cdot 10$	$1{,}541873 \cdot 10^{14}$
$\{d\}_{Lichtjahr}$	$0{,}6327_9 \cdot 10^{5}$	$0{,}6327_9 \cdot 10^{-1}$	$3{,}0679 \cdot 10^{-1}$	$0{,}6135_7 \cdot 10^{-1}$	1	$0{,}9460_5 \cdot 10^{13}$
$\{d\}_{km}$	$0{,}668878 \cdot 10^{-8}$	$0{,}668878 \cdot 10^{-14}$	$3{,}242810 \cdot 10^{-14}$	$0{,}648562 \cdot 10^{-14}$	$1{,}0570 \cdot 10^{-13}$	1

Sonnenparallaxe: $\pi_{\odot} = 8{,}80''$

Äquatorialer Erdradius: $a_{\delta} = 6378{,}388$ km

b) Bezogen auf die Meßwerte der Sonnenparallaxe $\pi_{\odot}$ und des äquatorialen Erdradius a_{δ}

Benutzungsbeispiel. Gegeben: $d = 5$ Siriometer; Tafelbenutzung: $x = \{d\}_{Lichtjahr} = 1{,}582 \cdot 10 \cdot \{d\}_{Siriometer}$
$$= 1{,}582 \cdot 10 \cdot 5 = 0{,}791 \cdot 10^{2}$$

Gesucht: $d = x$ Lichtjahr; Ergebnis: $d = 79{,}1$ Lichtjahr

Gegebener Zahlenwert \ Gesuchter Zahlenwert	$\{d\}_{astr.\,Einh.}$	$\{d\}_{Siriometer}$	$\{d\}_{pc}$	$\{d\}_{Siriusweite}$	$\{d\}_{Lichtjahr}$	$\{d\}_{km}$
$\{d\}_{astr.\,Einh.}$	1	10^{-6}	$4{,}848137 \cdot 10^{-6}$	$0{,}969627 \cdot 10^{-6}$	$1{,}582 \cdot 10^{-5}$	$1{,}497 \cdot 10^{8}$
$\{d\}_{Siriometer}$	10^{6}	1	$4{,}848137$	$0{,}969627$	$1{,}582 \cdot 10$	$1{,}497 \cdot 10^{14}$
$\{d\}_{pc}$	$2{,}062648 \cdot 10^{5}$	$2{,}062648 \cdot 10^{-1}$	1	$0{,}2$	$3{,}263$	$3{,}087 \cdot 10^{13}$
$\{d\}_{Siriusweite}$	$1{,}031324 \cdot 10^{6}$	$1{,}031324$	5	1	$1{,}632 \cdot 10$	$1{,}544 \cdot 10^{14}$
$\{d\}_{Lichtjahr}$	$0{,}632_1 \cdot 10^{5}$	$0{,}632_1 \cdot 10^{-1}$	$3{,}064 \cdot 10^{-1}$	$0{,}612_9 \cdot 10^{-1}$	1	$0{,}9460_5 \cdot 10^{13}$
$\{d\}_{km}$	$0{,}668_1 \cdot 10^{-8}$	$0{,}668_1 \cdot 10^{-14}$	$3{,}239 \cdot 10^{-14}$	$0{,}647_8 \cdot 10^{-14}$	$1{,}0570 \cdot 10^{-13}$	1

Sonnenparallaxe: $\pi_{\odot} = (8{,}790 \pm 0{,}001)''$

Äquatorialer Erdradius: $a_{\delta} = (6378{,}378 \pm 0{,}050)$ km

Tafel 13. Dimensionssysteme der Strahlungslehre (siehe Abschnitte 8, 1 und 2; S. 91 u. 92)

Größenart	Formelzeichen	Definitionsbeziehungen	Dimensionsprodukt im Dimensionssystem	
			LMTΘ	LFTΘ
1	2	3	4	5
Wellenlänge (Vakuumwellenlänge)	$\lambda\ (\lambda_0)$	—	L	L
Ausbreitungsgeschwindigkeit (im Vakuum)	$c\ (c_0)$	—	LT^{-1}	LT^{-1}
Wellenzahl	$\sigma,\ \tilde{\nu}$	$\sigma = \dfrac{1}{\lambda_0}$	L^{-1}	L^{-1}
Frequenz	ν	$\nu = \dfrac{c}{\lambda} = \dfrac{c_0}{\lambda_0}$	T^{-1}	T^{-1}
Temperatur	T	—	Θ	Θ
Plancksches Wirkungsquantum	h	$U = h\nu$	L^{2}MT^{-1}	LFT
Loschmidtsche Zahl	L	L = Zahl der Moleküle in der Molzahl $l = 1$	1	1
Spezifische Molekülzahl	N_L	$N_L = \dfrac{\text{Zahl der Moleküle einer homogenen Substanz}}{\text{Masse der Substanz}}$ (im allgemeinen auf das mol$_\text{Ch}$ bezogen)	M^{-1}	LF^{-1}T^2
Boltzmannsche Entropiekonstante	k	$k = \dfrac{R_0}{N_L} = \dfrac{R'_0}{L}$	L^{2}MT$^{-2}\Theta^{-1}$	LFΘ^{-1}
Räumliche Strahlungsdichte	u	$u = \dfrac{dU}{dV}$	L^{-1}MT^{-2}	L^{-2}F
Spektrale räumliche Strahlungsdichte	u_λ	$u = u_\lambda\, d\lambda$	L^{-2}MT^{-2}	L^{-3}F
	u_ν	$u = u_\nu\, d\nu$	L^{-1}MT^{-1}	L^{-2}FT
Linear polarisierte spektrale Strahlungsflußdichte	K_λ	$K_\lambda = \dfrac{c}{8\pi}\, u_\lambda$	L^{-1}MT^{-3}	L^{-2}FT^{-1}
	K_ν	$K_\nu = \dfrac{c}{8\pi}\, u_\nu$	MT^{-2}	L^{-1}F
Spektrales Emissionsvermögen eines Strahlers	E_λ	$E_\lambda = A_\lambda\, e_\lambda$	L^{-1}MT^{-3}	L^{-2}FT^{-1}
	E_ν	$E_\nu = A_\nu\, e_\nu$	MT^{-2}	L^{-1}F
Spektrales Absorptionsvermögen eines Strahlers	$A_\lambda,\ A_\nu$	$0 \leqq A_\lambda,\ A_\nu \leqq 1$	1	1
des Schwarzen Strahlers	$(A)_{schw}$	$(A_\lambda)_{schw} = (A_\nu)_{schw} = 1$		
Spektrales Emmissionsvermögen des Schwarzen Strahlers $\left(e_\lambda = \int\limits_{0}^{1\,\text{sr}} S_{T,\lambda}\, d\lambda;\ \text{siehe Taf. 80}\right)$	e_λ	$e_\lambda = \dfrac{c_0^2}{\lambda^5}\, \dfrac{h}{e^{c_0 h/\lambda kT} - 1} = \dfrac{c_1}{\lambda^5}\, (e^{c_2/\lambda T} - 1)^{-1}$	L^{-1}MT^{-3}	L^{-2}FT^{-1}
	e_ν	$e_\nu = \dfrac{\nu^3}{c_0^2}\, \dfrac{h}{e^{h\nu/kT} - 1}$	MT^{-2}	L^{-1}F
Unpolarisierte spektrale Strahlungsintensität des Schwarzen Strahlers (spektrale spezifische Ausstrahlung; siehe S. 273 und 364 sowie Taf. 80)	J_λ	$J_\lambda = 2 \int\limits_{0}^{2\pi} \int\limits_{0}^{\pi/2} e_\lambda \cos\vartheta \sin\vartheta\, d\vartheta\, d\lambda = 2\pi e_\lambda$	L^{-1}MT^{-3}	L^{-2}FT^{-1}
	J_ν	$J_\nu = 2\pi e_\nu$	MT^{-2}	L^{-1}F
Unpolarisierte Gesamtstrahlung des Schwarzen Strahlers	E	$E = \int\limits_{0}^{\infty} J_\lambda\, d\lambda = \int\limits_{0}^{\infty} J_\nu\, d\nu = \sigma T^4$	MT^{-3}	L^{-1}FT^{-1}
Stefan-Boltzmannsche Strahlungskonstante	σ	$\sigma = \dfrac{2\pi^5 k^4}{15\, c_0^2\, h^3}$	MT$^{-3}\Theta^{-4}$	L^{-1}FT$^{-1}\Theta^{-4}$
Erste Konstante des Planckschen Strahlungsgesetzes	c_1	$c_1 = c_0^2\, h$	L^{4}MT^{-3}	L^{3}FT^{-1}
Zweite Konstante des Planckschen Strahlungsgesetzes	c_2	$c_2 = c_0\, \dfrac{h}{k}$	LΘ	LΘ

Tafel 14. Einheitensysteme der Wärmelehre (einschließlich Mechanik) (siehe Abschnitt 8, 3; S. 93)

Größenart	Formel-zeichen	Einheit im Einheitensystem			
		cm g s grd ·	m kg s grd	cm p s grd	m kp s grd
1	2	3	4	5	6
Länge	l, s, r	cm	m	cm	m
Fläche	A	cm^2	m^2	cm^2	m^2
Volumen	V	cm^3	m^3	cm^3	m^3
Zeit	t	s	s	s	s
Geschwindigkeit	v	cm s^{-1}	m s^{-1}	cm s^{-1}	m s^{-1}
Beschleunigung	a	cm s^{-2}	m s^{-2}	cm s^{-2}	m s^{-2}
Masse	m	g	kg	cm^{-1} p s^2	m^{-1} kp s^2
Dichte	ϱ	cm^{-3} g	m^{-3} kg	cm^{-4} p s^2	m^{-4} kp s^2
Spezifisches Volumen, bezogen auf die Masse m	v_m	cm^3 g^{-1}	m^3 kg^{-1}	cm^4 p^{-1} s^{-2}	m^4 kp^{-1} s^{-2}
Kraft (Gewicht)	$F\,(G)$	cm g s^{-2}	m kg s^{-2}	p	kp
(Norm-) Wichte	γ_n	cm^{-2} g s^{-2}	m^{-2} kg s^{-2}	cm^{-3} p	m^{-3} kp
Druck	p	cm^{-1} g s^{-2}	m^{-1} kg s^{-2}	cm^{-2} p	m^{-2} kp
Arbeit	A	cm^2 g s^{-2}	m^2 kg s^{-2}	cm p	m kp
Spezifische Arbeit, bezogen auf die Masse m	a_m	cm^2 s^{-2}	m^2 s^{-2}	cm^2 s^{-2}	m^2 s^{-2}
bezogen auf das Normgewicht G_n	a_{G_n}	cm	m	cm	m
bezogen auf das Normvolumen $V_n^{\cdot}$	a_{V_n}	cm^{-1} g s^{-2}	m^{-1} kg s^{-2}	cm^{-2} p	m^{-2} kp
bezogen auf die Molzahl l	a_l	cm^2 g s^{-2}	m^2 kg s^{-2}	cm p	m kp
Leistung	P	cm^2 g s^{-3}	m^2 kg s^{-3}	cm p s^{-1}	m kp s^{-1}
Temperatur	$T, \Theta, \vartheta, t, \theta$	grd	grd	grd	grd
Wärmekapazität	C	cm^2 g s^{-2} grd^{-1}	m^2 kg s^{-2} grd^{-1}	cm p grd^{-1}	m kp grd^{-1}
Wärmemenge	Q	cm^2 g s^{-2}	m^2 kg s^{-2}	cm p	m kp
Innere Energie	U	cm^2 g s^{-2}	m^2 kg s^{-2}	cm p	m kp
Latente Wärmemenge	L	cm^2 g s^{-2}	m^2 kg s^{-2}	cm p	m kp
Entropie	S	cm^2 g s^{-2} grd^{-1}	m^2 kg s^{-2} grd^{-1}	cm p grd^{-1}	m kp grd^{-1}
Freie Energie	F	cm^2 g s^{-2}	m^2 kg s^{-2}	cm p	m kp
Enthalpie	I	cm^2 g s^{-2}	m^2 kg s^{-2}	cm p	m kp
Freie Enthalpie	G	cm^2 g s^{-2}	m^2 kg s^{-2}	cm p	m kp
Wärmestromdichte	q	g s^{-3}	kg s^{-3}	cm^{-1} p s^{-1}	m^{-1} kp s^{-1}
Wärmeleitfähigkeit	λ	cm g s^{-3} grd^{-1}	m kg s^{-3} grd^{-1}	p s^{-1} grd^{-1}	kp s^{-1} grd^{-1}
Temperaturleitfähigkeit	a	cm^2 s^{-1}	m^2 s^{-1}	cm^2 s^{-1}	m^2 s^{-1}
Wärmeübergangskoeffizient (-zahl)	α	g s^{-3} grd^{-1}	kg s^{-3} grd^{-1}	cm^{-1} p s^{-1} grd^{-1}	m^{-1} kp s^{-1} grd^{-1}
Wärmedurchgangskoeffizient (-zahl)	k	g s^{-3} grd^{-1}	kg s^{-3} grd^{-1}	cm^{-1} p s^{-1} grd^{-1}	m^{-1} kp s^{-1} grd^{-1}
Gaskonstante	R	cm^2 g s^{-2} grd^{-1}	m^2 kg s^{-2} grd^{-1}	cm p grd^{-1}	m kp grd^{-1}
Universelle spezifische Gaskonstante, bezogen auf die Molzahl l	R_0'	cm^2 g s^{-2} grd^{-1}	m^2 kg s^{-2} grd^{-1}	cm p grd^{-1}	m kp grd^{-1}
das physikalische Normvolumen V_n	R_0''	cm^{-1} g s^{-2} grd^{-1}	m^{-1} kg s^{-2} grd^{-1}	cm^{-2} p grd^{-1}	m^{-2} kp grd^{-1}

26*

Tafel 15. Einheitensysteme der Strahlungslehre (siehe Abschnitt 8, 3; S. 93)

Größenart	Formelzeichen	Einheit im Einheitensystem			
		cm g s grd	m kg s grd	cm p s grd	m kp s grd
1	2	3	4	5	6
Wellenlänge (Vakuumwellenlänge)	$\lambda \ (\lambda_0)$	cm	m	cm	m
Ausbreitungsgeschwindigkeit (im Vakuum)	$c \ (c_0)$	cm s^{-1}	m s^{-1}	cm s^{-1}	m s^{-1}
Wellenzahl	$\sigma, \ \tilde{\nu}$	cm^{-1}	m^{-1}	cm^{-1}	m^{-1}
Frequenz	ν	s^{-1}	s^{-1}	s^{-1}	s^{-1}
Temperatur	T	grd	grd	grd	grd
Planoksches Wirkungsquantum	h	cm^2 g s^{-1}	m^2 kg s^{-1}	cm p s	m kp s
Spezifische Molekülzahl	N_L	g^{-1}	kg^{-1}	cm p^{-1} s^{-2}	m kp^{-1} s^{-2}
Boltzmannsche Entropiekonstante	k	cm^2 g s^{-2} grd^{-1}	m^2 kg s^{-2} grd^{-1}	cm p grd^{-1}	m kp grd^{-1}
Räumliche Strahlungsdichte	u	cm^{-1} g s^{-2}	m^{-1} kg s^{-2}	cm^{-2} p	m^{-2} kp
Spektrale räumliche Strahlungsdichte	u_λ	cm^{-2} g s^{-2}	m^{-2} kg s^{-2}	cm^{-3} p	m^{-3} kp
	u_ν	cm^{-1} g s^{-1}	m^{-1} kg s^{-1}	cm^{-2} p s	m^{-2} kp s
Linear polarisierte spektrale Strahlungsflußdichte	K_λ	cm^{-1} g s^{-3}	m^{-1} kg s^{-3}	cm^{-2} p s^{-1}	m^{-2} kp s^{-1}
	K_ν	g s^{-2}	kg s^{-2}	cm^{-1} p	m^{-1} kp
Spektrales Emissionsvermögen eines Strahlers	E_λ	cm^{-1} g s^{-3}	m^{-1} kg s^{-3}	cm^{-2} p s^{-1}	m^{-2} kp s^{-1}
	E_ν	g s^{-2}	kg s^{-2}	cm^{-1} p	m^{-1} kp
Spektrales Emissionsvermögen des Schwarzen Strahlers	e_λ	cm^{-1} g s^{-3}	m^{-1} kg s^{-3}	cm^{-2} p s^{-1}	m^{-2} kp s^{-1}
	e_ν	g s^{-2}	kg s^{-2}	cm^{-1} p	m^{-1} kp
Unpolarisierte spektrale Strahlungsintensität des Schwarzen Strahlers (spektrale spezifische Ausstrahlung)	J_λ	cm^{-1} g s^{-3}	m^{-1} kg s^{-3}	cm^{-2} p s^{-1}	m^{-2} kp s^{-1}
	J_ν	g s^{-2}	kg s^{-2}	cm^{-1} p	m^{-1} kp
Unpolarisierte Gesamtstrahlung des Schwarzen Strahlers	E	g s^{-3}	kg s^{-3}	cm^{-1} p s^{-1}	m^{-1} kp s^{-1}
Stefan-Boltzmannsche Strahlungskonstante	σ	g s^{-3} grd^{-4}	kg s^{-3} grd^{-4}	cm^{-1} p s^{-1} grd^{-1}	m^{-1} kp s^{-1} grd^{-1}
Erste Konstante des Planckschen Strahlungsgesetzes	c_1	cm^4 g s^{-3}	m^4 kg s^{-3}	cm^3 p s^{-1}	m^3 kp s^{-1}
Zweite Konstante des Planckschen Strahlungsgesetzes	c_2	cm grd	m grd	cm grd	m grd

Tafel 16.   Umrechnungsfaktoren der Zahlenwerte für energetische Größen A in der Wärmelehre (siehe Ab-

Benutzungsbeispiel. Gegeben: $A = 6\ \mathrm{latm}$;   Tafelbenutzung: $x = \{A\}_{\mathrm{kcal_{IT}}} = 2{,}420\,15 \cdot 10^{-2} \cdot \{A\}_{\mathrm{latm}}$

$$= 2{,}420\,15 \cdot 10^{-2} \cdot 6 = 0{,}145\,21$$

Gesucht: $A = x\ \mathrm{kcal_{IT}}$;   Ergebnis: $A = 0{,}145\,21\ \mathrm{kcal_{IT}}$

Gegebener Zahlenwert \ Gesuchter Zahlenwert	$\{A\}_{\mathrm{erg}}$	$\{A\}_{\mathrm{J}}$	$\{A\}_{\mathrm{m\,kp}}$
$\{A\}_{\mathrm{erg}}$	1	10^{-7}	$1{,}019\,716 \cdot 10^{-8}$
$\{A\}_{\mathrm{J}}$	10^{7}	1	$1{,}019\,716 \cdot 10^{-1}$
$\{A\}_{\mathrm{m\,kp}}$	$0{,}980\,665 \cdot 10^{8}$	$0{,}980\,665 \cdot 10$	1
$\{A\}_{\mathrm{PSh}}$	$2{,}647\,796 \cdot 10^{13}$	$2{,}647\,796 \cdot 10^{6}$	$2{,}700\,000 \cdot 10^{5}$
$\{A\}_{\mathrm{latm}}$	$1{,}013\,278 \cdot 10^{9}$	$1{,}013\,278 \cdot 10^{2}$	$1{,}033\,256 \cdot 10$
$\{A\}_{\mathrm{kcal_{IT}}}$	$4{,}186\,84\ \cdot 10^{10}$ **	$4{,}186\,84\ \cdot 10^{3}$ **	$4{,}269\,39\ \cdot 10^{2}$ **
$\{A\}_{\mathrm{B.th.u.}}$	$1{,}055\,056 \cdot 10^{10}$	$1{,}055\,056 \cdot 10^{3}$	$1{,}075\,857 \cdot 10^{2}$
$\{A\}_{\mathrm{cal_{thermochem}}}$	$4{,}184\,000 \cdot 10^{7}$	$4{,}184\,000$	$4{,}266\,493 \cdot 10^{-1}$
$\{A\}_{\mathrm{cal_{15°}}}$	$4{,}185\,5\ \cdot 10^{7}$ *	$4{,}185\,5$ *	$4{,}268\,0\ \cdot 10^{-1}$ *
$\{A\}_{\mathrm{BTU_{mean}}}$	$1{,}055\,79\ \cdot 10^{10}$ *	$1{,}055\,79\ \cdot 10^{3}$ *	$1{,}076\,61\ \cdot 10^{2}$ *
$\{A\}_{\mathrm{kWh}}$	$3{,}600\,000 \cdot 10^{13}$	$3{,}600\,000 \cdot 10^{6}$	$3{,}670\,978 \cdot 10^{5}$
$\{A\}_{\mathrm{J_{int}}}$	$1{,}000\,19\ \cdot 10^{7}$ **	$1{,}000\,19$ **	$1{,}019\,91\ \cdot 10^{-1}$ **

Gegebener Zahlenwert \ Gesuchter Zahlenwert	$\{A\}_{\mathrm{B.th.u.}}$	$\{A\}_{\mathrm{cal_{thermochem}}}$	$\{A\}_{\mathrm{cal_{15°}}}$
$\{A\}_{\mathrm{erg}}$	$0{,}947\,817 \cdot 10^{-10}$	$2{,}390\,057 \cdot 10^{-8}$	$2{,}389\,20\ \cdot 10^{-8}$ *
$\{A\}_{\mathrm{J}}$	$0{,}947\,817 \cdot 10^{-3}$	$2{,}390\,057 \cdot 10^{-1}$	$2{,}389\,20\ \cdot 10^{-1}$ *
$\{A\}_{\mathrm{m\,kp}}$	$0{,}929\,491 \cdot 10^{-2}$	$2{,}343\,846$	$2{,}343\,01$ *
$\{A\}_{\mathrm{PSh}}$	$2{,}509\,626 \cdot 10^{3}$	$0{,}632\,838 \cdot 10^{6}$	$0{,}632\,61\ \cdot 10^{6}$ *
$\{A\}_{\mathrm{latm}}$	$0{,}960\,403 \cdot 10^{-1}$	$2{,}421\,793 \cdot 10$	$2{,}420\,93\ \cdot 10$ *
$\{A\}_{\mathrm{kcal_{IT}}}$	$3{,}986\,36$ **	$1{,}000\,68\ \cdot 10^{3}$ **	$1{,}000\,32\ \cdot 10^{3}$ *
$\{A\}_{\mathrm{B.th.u.}}$	1	$2{,}521\,644 \cdot 10^{2}$	$2{,}520\,74\ \cdot 10^{2}$ *
$\{A\}_{\mathrm{cal_{thermochem}}}$	$3{,}965\,667 \cdot 10^{-3}$	1	$0{,}999\,64$ *
$\{A\}_{\mathrm{cal_{15°}}}$	$3{,}967\,09\ \cdot 10^{-3}$ *	$1{,}000\,36$ *	1
$\{A\}_{\mathrm{BTU_{mean}}}$	$1{,}000\,70$ *	$2{,}523\,40\ \cdot 10^{2}$ *	$2{,}522\,49\ \cdot 10^{2}$ **
$\{A\}_{\mathrm{kWh}}$	$3{,}412\,142 \cdot 10^{3}$	$0{,}860\,421 \cdot 10^{6}$	$0{,}860\,11\ \cdot 10^{6}$ *
$\{A\}_{\mathrm{J_{int}}}$	$0{,}948\,00\ \cdot 10^{-3}$ **	$2{,}390\,51\ \cdot 10^{-1}$ **	$2{,}389\,65\ \cdot 10^{-1}$ *

$1\ \mathrm{kcal_{IT}} = 1\ \mathrm{kcal_{IT\,(1929)}} = (4{,}186\,84 \pm 0{,}000\,04)\ \mathrm{kJ}$ (8, 26′)

Bei den Umrechnungsfaktoren mit Stern entspricht die angegebene Ziffernzahl nicht der Unsicherheit des

* relative Unsicherheit liegt zwischen $\pm 1 \cdot 10^{-4}$ und $2 \cdot 10^{-4}$ ** relative Unsicherheit liegt zwischen

schnitte 3, 6 und 7,9; S. 114 und 358)

$\{A\}_{\text{PSh}}$	$\{A\}_{\text{latm}}$	$\{A\}_{\text{kcal}_{\text{IT}}}$
$3{,}776727 \cdot 10^{-14}$	$0{,}986896 \cdot 10^{-9}$	$2{,}38844 \cdot 10^{-11}$ **
$3{,}776727 \cdot 10^{-7}$	$0{,}986896 \cdot 10^{-2}$	$2{,}38844 \cdot 10^{-4}$ **
$3{,}703704 \cdot 10^{-6}$	$0{,}967814 \cdot 10^{-1}$	$2{,}34225 \cdot 10^{-3}$ **
1	$2{,}613098 \cdot 10^{4}$	$0{,}63241 \cdot 10^{3}$ **
$3{,}826875 \cdot 10^{-5}$	1	$2{,}42015 \cdot 10^{-2}$ **
$1{,}58126 \cdot 10^{-3}$ **	$4{,}13198 \cdot 10$ **	1
$3{,}984657 \cdot 10^{-4}$	$1{,}041230 \cdot 10$	$2{,}51993 \cdot 10^{-1}$ **
$1{,}580182 \cdot 10^{-6}$	$4{,}129171 \cdot 10^{-2}$	$0{,}99932 \cdot 10^{-3}$ **
$1{,}58075 \cdot 10^{-6}$ *	$4{,}1307 \cdot 10^{-2}$ *	$0{,}99968 \cdot 10^{-3}$ *
$3{,}98743 \cdot 10^{-4}$ *	$1{,}04195 \cdot 10$ *	$2{,}52168 \cdot 10^{-1}$ *
$1{,}359622$	$3{,}552824 \cdot 10^{4}$	$0{,}85984 \cdot 10^{3}$ **
$3{,}77744 \cdot 10^{-7}$ **	$0{,}98708 \cdot 10^{-2}$ **	$2{,}388889 \cdot 10^{-4}$

$\{A\}_{\text{BTU}_{\text{mean}}}$	$\{A\}_{\text{kWh}}$	$\{A\}_{\text{J}_{\text{int}}}$
$0{,}94716 \cdot 10^{-10}$ *	$2{,}777778 \cdot 10^{-14}$	$0{,}99981 \cdot 10^{-7}$ **
$0{,}94716 \cdot 10^{-3}$ *	$2{,}777778 \cdot 10^{-7}$	$0{,}99981$ **
$0{,}92885 \cdot 10^{-2}$ *	$2{,}724069 \cdot 10^{-6}$	$0{,}98048 \cdot 10$ **
$2{,}50788 \cdot 10^{3}$ *	$0{,}735499$	$2{,}64729 \cdot 10^{6}$ **
$0{,}95974 \cdot 10^{-1}$ *	$2{,}814662 \cdot 10^{-5}$	$1{,}01309 \cdot 10^{2}$ **
$3{,}96560$ *	$1{,}16301 \cdot 10^{-3}$ **	$4{,}186047 \cdot 10^{3}$
$0{,}99931$ *	$2{,}930710 \cdot 10^{-4}$	$1{,}05486 \cdot 10^{3}$ **
$3{,}96291 \cdot 10^{-3}$ *	$1{,}162222 \cdot 10^{-6}$	$4{,}18321$ **
$3{,}96433 \cdot 10^{-3}$ **	$1{,}16264 \cdot 10^{-6}$ *	$4{,}1847$ *
1	$2{,}93275 \cdot 10^{-4}$ *	$1{,}05559 \cdot 10^{3}$ *
$3{,}40977 \cdot 10^{3}$ *	1	$3{,}59932 \cdot 10^{6}$ **
$0{,}94734 \cdot 10^{-3}$ **	$2{,}77831 \cdot 10^{-7}$ **	1

Wertes (siehe Abschnitt 1, 10; S. 32):

$\pm\, 1 \cdot 10^{-5}$ und $\pm\, 2 \cdot 10^{-5}$

Tafel 17. Umrechnungsfaktoren der Zahlenwerte für den Druck p in der Wärmelehre (siehe Abschnitte 8, 7 und 7,9; S. 115 und 358 sowie Tafel 10, S. 385).

Benutzungsbeispiel. Gegeben: $p = 760$ Torr;   Tafelbenutzung: $x = \{p\}_{\mathrm{kcal_{IT}/m^2}} = 3{,}18432 \cdot 10^{-2}\,\{p\}_{\mathrm{Torr}}$

$$= 3{,}18432 \cdot 10^{-2} \cdot 760 = 24{,}201$$

Gesucht: $p = x\,\mathrm{kcal_{IT}/m^2}$;   Ergebnis: $p = 24{,}201\ \mathrm{kcal_{IT}/m^2}$

Gegebener Zahlenwert \ Gesuchter Zahlenwert	$\{p\}_{\mathrm{dyn/cm^2}}$	$\{p\}_{\mathrm{N/m^2}}$	$\{p\}_{\mathrm{p/cm^2}}$	$\{p\}_{\mathrm{kp/m^2}}$	$\{p\}_{\mathrm{at}}$	$\{p\}_{\mathrm{atm}}$
$\{p\}_{\mathrm{dyn/cm^2}}$	1	10^{-1}	$1{,}019716 \cdot 10^{-3}$	$1{,}019716 \cdot 10^{-2}$	$1{,}019716 \cdot 10^{-6}$	$0{,}986923 \cdot 10^{-6}$
$\{p\}_{\mathrm{N/m^2}}$	10	1	$1{,}019716 \cdot 10^{-2}$	$1{,}019716 \cdot 10^{-1}$	$1{,}019716 \cdot 10^{-5}$	$0{,}986923 \cdot 10^{-5}$
$\{p\}_{\mathrm{p/cm^2}}$	$0{,}980665 \cdot 10^{3}$	$0{,}980665 \cdot 10^{2}$	1	10	10^{-3}	$0{,}967841 \cdot 10^{-3}$
$\{p\}_{\mathrm{kp/cm^2}}$	$0{,}980665 \cdot 10^{2}$	$0{,}980665 \cdot 10$	10^{-1}	1	10^{-4}	$0{,}967841 \cdot 10^{-4}$
$\{p\}_{\mathrm{at}}$	$0{,}980665 \cdot 10^{6}$	$0{,}980665 \cdot 10^{5}$	10^{3}	10^{4}	1	$0{,}967841$
$\{p\}_{\mathrm{atm}}$	$1{,}013250 \cdot 10^{6}$	$1{,}013250 \cdot 10^{5}$	$1{,}033227 \cdot 10^{3}$	$1{,}033227 \cdot 10^{4}$	$1{,}033227$	1
$\{p\}_{\mathrm{Torr}}$	$1{,}333224 \cdot 10^{3}$	$1{,}333224 \cdot 10^{2}$	$1{,}359510$	$1{,}359510 \cdot 10$	$1{,}359510 \cdot 10^{-3}$	$1{,}315789 \cdot 10^{-3}$
$\{p\}_{\mathrm{kcal_{IT}/m^2}}$	$4{,}18684 \cdot 10^{4}$ **	$4{,}18684 \cdot 10^{3}$ **	$4{,}26939 \cdot 10$ **	$4{,}26939 \cdot 10^{2}$ **	$4{,}26939 \cdot 10^{-2}$ **	$4{,}13209 \cdot 10^{-2}$ **
$\{p\}_{\mathrm{BTU_{ST}/cu.in.}}$	$0{,}64384 \cdot 10^{9}$ **	$0{,}64384 \cdot 10^{8}$ **	$0{,}65654 \cdot 10^{6}$ **	$0{,}65654 \cdot 10^{7}$ **	$0{,}65654 \cdot 10^{3}$ **	$0{,}63542 \cdot 10^{3}$ **
$\{p\}_{\mathrm{CHU_{mean}/cu.ft.}}$	$0{,}67113 \cdot 10^{6}$ *	$0{,}67113 \cdot 10^{5}$ *	$0{,}68436 \cdot 10^{3}$ *	$0{,}68436 \cdot 10^{4}$ *	$0{,}68436$ *	$0{,}66235$ *
$\{p\}_{\mathrm{cal_{15^\circ}/cm^2}}$	$4{,}1855 \cdot 10^{7}$ *	$4{,}1855 \cdot 10^{6}$ *	$4{,}2680 \cdot 10^{4}$ *	$4{,}2680 \cdot 10^{5}$ *	$4{,}2680 \cdot 10$ *	$4{,}1308 \cdot 10$ *
$\{p\}_{\mathrm{J_{int}/cm^2}}$	$1{,}00019 \cdot 10^{7}$ **	$1{,}00019 \cdot 10^{6}$ **	$1{,}01991 \cdot 10^{4}$ **	$1{,}01991 \cdot 10^{5}$ **	$1{,}01991 \cdot 10$ **	$0{,}98711 \cdot 10$ **

Tafel 17 (Fortsetzung)

Gegebener Zahlenwert \ Gesuchter Zahlenwert	$\{p\}_{\text{Torr}}$	$\{p\}_{\text{kcal}_{\text{IT}}/\text{m}^3}$	$\{p\}_{\text{BTU}_{\text{ST}}/\text{cu. in.}}$	$\{p\}_{\text{CHU}_{\text{mean}}/\text{cu. ft.}}$	$\{p\}_{\text{cal}_{15^\circ}/\text{cm}^3}$	$\{p\}_{\text{J}_{\text{int}}/\text{cm}^3}$
$\{p\}_{\text{dyn}/\text{cm}^3}$	$0{,}750062 \cdot 10^{-3}$	$2{,}38844 \cdot 10^{-5}$ **	$1{,}55318 \cdot 10^{-9}$ **	$1{,}49003 \cdot 10^{-6}$ *	$2{,}38920 \cdot 10^{-8}$ *	$0{,}99981 \cdot 10^{-7}$ **
$\{p\}_{\text{N}/\text{m}^3}$	$0{,}750062 \cdot 10^{-2}$	$2{,}38844 \cdot 10^{-4}$ **	$1{,}55318 \cdot 10^{-8}$ **	$1{,}49003 \cdot 10^{-5}$ *	$2{,}38920 \cdot 10^{-7}$ *	$0{,}99981 \cdot 10^{-6}$ **
$\{p\}_{\text{p}/\text{cm}^3}$	$0{,}735559$	$2{,}34225 \cdot 10^{-2}$ **	$1{,}52315 \cdot 10^{-6}$ **	$1{,}46122 \cdot 10^{-3}$ *	$2{,}34301 \cdot 10^{-5}$ *	$0{,}98048 \cdot 10^{-4}$ **
$\{p\}_{\text{kp}/\text{m}^3}$	$0{,}735559 \cdot 10^{-1}$	$2{,}34225 \cdot 10^{-3}$ **	$1{,}52315 \cdot 10^{-7}$ **	$1{,}46122 \cdot 10^{-4}$ *	$2{,}34301 \cdot 10^{-6}$ *	$0{,}98048 \cdot 10^{-5}$ **
$\{p\}_{\text{at}}$	$0{,}735559 \cdot 10^{3}$	$2{,}34225 \cdot 10$ **	$1{,}52315 \cdot 10^{-3}$ **	$1{,}46122$ *	$2{,}34301 \cdot 10^{-2}$ *	$0{,}98048 \cdot 10^{-1}$ **
$\{p\}_{\text{atm}}$	$0{,}760000 \cdot 10^{3}$	$2{,}42008 \cdot 10$ **	$1{,}57376 \cdot 10^{-3}$ **	$1{,}50977$ *	$2{,}42086 \cdot 10^{-2}$ *	$1{,}01306 \cdot 10^{-1}$ **
$\{p\}_{\text{Torr}}$	1	$3{,}18432 \cdot 10^{-2}$ **	$2{,}07073 \cdot 10^{-6}$ **	$1{,}98654 \cdot 10^{-3}$ *	$3{,}18539 \cdot 10^{-5}$ *	$1{,}33297 \cdot 10^{-4}$ **
$\{p\}_{\text{kcal}_{\text{IT}}\text{m}^3}$	$3{,}14039 \cdot 10$ **	1	$0{,}650291 \cdot 10^{-4}$	$0{,}62385 \cdot 10^{-1}$ *	$1{,}00032 \cdot 10^{-3}$ *	$4{,}186047 \cdot 10^{-3}$
$\{p\}_{\text{BTU}_{\text{ST}}/\text{cu. in.}}$	$4{,}82920 \cdot 10^{5}$ **	$1{,}537772 \cdot 10^{4}$	1	$0{,}95934 \cdot 10^{3}$ *	$1{,}53827 \cdot 10$ *	$0{,}643719 \cdot 10^{2}$
$\{p\}_{\text{CHU}_{\text{mean}}/\text{cu. ft.}}$	$0{,}50339 \cdot 10^{3}$ *	$1{,}60294 \cdot 10$ *	$1{,}04238 \cdot 10^{-3}$ *	1	$1{,}60346 \cdot 10^{-2}$ **	$0{,}67100 \cdot 10^{-1}$ *
$\{p\}_{\text{cal}_{15^\circ}/\text{cm}^3}$	$3{,}13933 \cdot 10^{4}$ *	$0{,}99968 \cdot 10^{3}$ *	$0{,}65008 \cdot 10^{-1}$ *	$0{,}62365 \cdot 10^{2}$ **	1	$4{,}1847$ *
$\{p\}_{\text{J}_{\text{int}}/\text{cm}^3}$	$0{,}75020 \cdot 10^{4}$ **	$2{,}388889 \cdot 10^{2}$	$1{,}553474 \cdot 10^{-2}$	$1{,}49031 \cdot 10$ *	$2{,}38965 \cdot 10^{-1}$ *	1

$1 \text{ kcal}_{\text{IT}} = 1 \text{ kcal}_{\text{IT (1929)}} = (4{,}18684 \pm 0{,}00004) \text{ kJ} \qquad (8, 26')$

Bei den Umrechnungsfaktoren mit Stern entspricht die angegebene Ziffernzahl nicht der Unsicherheit des Wertes (siehe Abschnitt 1, 10; S. 32):

* Relative Unsicherheit liegt zwischen $\pm 1 \cdot 10^{-4}$ und $\pm 2 \cdot 10^{-4}$ ** Relative Unsicherheit liegt zwischen $\pm 1 \cdot 10^{-5}$ und $\pm 2 \cdot 10^{-5}$

Tafel 18. Loschmidtsche Zahl, spezifische Molekülzahl, Faradaysche Ladung, spezifische Ionenladung
(siehe Abschnitte 3, 8 und 6, II, 4; S. 124 und 327)

Für den Mol- und Äquivalentbegriff charakteristische Konstante	Wert der Konstanten, bezogen auf die Anzahl-Größen $l(l_k)$ oder ae (ae_k) und die Massen-Größen mol (kmol) oder val (kval)	
	in der physikalischen Atomgewichtsskala	
	Anzahl-Größe: $l = 1$, $ae = 1$ Massen-Größe: mol_{Ph}, val_{Ph}	Anzahl-Größe: $l_k = 1$, $ae_k = 1$ Massen-Größe: $kmol_{Ph}$, $kval_{Ph}$
1	2	3
Loschmidtsche Zahl L und L_k	$L_{Ph} = 6{,}03 \cdot 10^{23}$	$L_{kPh} = 6{,}03 \cdot 10^{26}$
Spezifische Molekülzahl N_L	$N_L = 6{,}03 \cdot 10^{23}\ mol^{-1}_{Ph}$ $= \dfrac{6{,}03 \cdot 10^{23}}{(M)_{Ph}}\ g^{-1}$	$N_L = 6{,}03 \cdot 10^{26}\ kmol^{-1}_{Ph}$ $= \dfrac{6{,}03 \cdot 10^{26}}{(M)_{Ph}}\ kg^{-1}$
Faradaysche Ladung F und F_k	$F_{Ph} = 9{,}65_2 \cdot 10^4\ C$	$F_{kPh} = 9{,}65_2 \cdot 10^7\ C$
Spezifische Ionenladung F'	$F' = 9{,}65_2 \cdot 10^4\ C/val_{Ph}$ $= z \cdot 9{,}65_2 \cdot 10^4\ C/mol_{Ph}$ $= \dfrac{z \cdot 9{,}65_2 \cdot 10^4}{(M)_{Ph}}\ C/g$	$F' = 9{,}65_2 \cdot 10^7\ C/kval_{Ph}$ $= z \cdot 9{,}65_2 \cdot 10^7\ C/kmol_{Ph}$ $= \dfrac{z \cdot 9{,}65_2 \cdot 10^7}{(M)_{Ph}}\ C/kg$

(M): Molekulargewicht z: Wertigkeit

Tafel 18 (Fortsetzung)

Für den Mol- und Äquivalentbegriff charakteristische Konstante	Wert der Konstanten, bezogen auf die Anzahl-Größen $l(l_k)$ oder ae (ae_k) und die Massen-Größen mol (kmol) oder val (kval)			
	in der chemischen Atomgewichtsskala			
	Anzahl-Größe: $l = 1$ $ae = 1$	Massen-Größe: mol_{Ch} val_{Ch}	Anzahl-Größe: $l_k = l$ $ae_k = 1$	Massen-Größe: kmol_{Ch} kval_{Ch}
1	4		5	
Loschmidtsche Zahl L und L_k	$L_{Ch} = 6{,}02 \cdot 10^{23}$		$L_{kCh} = 6{,}02 \cdot 10^{26}$	
Spezifische Molekülzahl N_L	$N_L = 6{,}02 \cdot 10^{23}\ \text{mol}_{Ch}^{-1}$ $= \dfrac{6{,}02 \cdot 10^{23}}{(M)_{Ch}}\ \text{g}^{-1}$		$N_L = 6{,}02 \cdot 10^{26}\ \text{kmol}_{Ch}^{-1}$ $= \dfrac{6{,}02 \cdot 10^{26}}{(M)_{Ch}}\ \text{kg}^{-1}$	
Faradaysche Ladung F und F_k	$F_{Ch} = 9{,}65_{0} \cdot 10^{4}\ \text{C}$		$F_{kCh} = 9{,}65_{0} \cdot 10^{7}\ \text{C}$	
Spezifische Ionenladung F'	$F' = 9{,}65_{0} \cdot 10^{4}\ \text{C/val}_{Ch}$ $= z \cdot 9{,}65_{0} \cdot 10^{4}\ \text{C/mol}_{Ch}$ $= \dfrac{z \cdot 9{,}65_{0} \cdot 10^{4}}{(M)_{Ch}}\ \text{C/g}$		$F' = 9{,}65_{0} \cdot 10^{7}\ \text{C/kval}_{Ch}$ $= z \cdot 9{,}65_{0} \cdot 10^{7}\ \text{C/kmol}_{Ch}$ $= \dfrac{z \cdot 9{,}65_{0} \cdot 10^{7}}{(M)_{Ch}}\ \text{C/kg}$	

(M): Molekulargewicht z: Wertigkeit

Tafel 19. Umrechnungsfaktoren der Zahlenwerte für spezifische Größen in der Wärmelehre (siehe Abschnitt 8, 9; S. 129)

Benutzungsbeispiel. Gegeben: $x_m = 3\,[X]/\mathrm{kg}$;

Gesucht: $x_{V_n} = y\,[X]/\mathrm{l}$;

Gegebener Zahlenwert \ Gesuchter Zahlenwert	$\{x_m\}_\mathrm{g}$	$\{x_m\}_\mathrm{kg}$	$\{x_m\}_\mathrm{mol}$ [1]	$\{x_m\}_\mathrm{kmol}$ [1]	$\{x_{G_n}\}_\mathrm{p}$
$\{x_m\}_\mathrm{g}$	1	10^3	(M)	$(M)\cdot 10^3$	1
$\{x_m\}_\mathrm{kg}$	10^{-3}	1	$(M)\cdot 10^{-3}$	(M)	10^{-3}
$\{x_m\}_\mathrm{mol}$ [1]	$\dfrac{1}{(M)}$	$\dfrac{10^3}{(M)}$	1	10^3	$\dfrac{1}{(M)}$
$\{x_m\}_\mathrm{kmol}$ [1]	$\dfrac{10^{-3}}{(M)}$	$\dfrac{1}{(M)}$	10^{-3}	1	$\dfrac{10^{-3}}{(M)}$
$\{x_{G_n}\}_\mathrm{p}$	1	10^3	(M)	$(M)\cdot 10^3$	1
$\{x_{G_n}\}_\mathrm{kp}$	10^{-3}	1	$(M)\cdot 10^{-3}$	(M)	10^{-3}
$\{x_{V_n}\}_\mathrm{cm^3}$	$\dfrac{1}{\{\varrho_n\}}$	$\dfrac{10^3}{\{\varrho_n\}}$	$\dfrac{(M)}{\{\varrho_n\}} = \dfrac{1}{\{\varrho_n\}_\mathrm{mol/cm^3}}$	$\dfrac{(M)\cdot 10^3}{\{\varrho_n\}} = \dfrac{1}{\{\varrho_n\}_\mathrm{kmol/cm^3}}$	$\dfrac{1}{\{\varrho_n\}}$
$\{x_{V_n}\}_\mathrm{m^3}$	$\dfrac{10^{-6}}{\{\varrho_n\}}$	$\dfrac{10^{-3}}{\{\varrho_n\}}$	$\dfrac{(M)}{\{\varrho_n\}}\cdot 10^{-6} = \dfrac{1}{\{\varrho_n\}_\mathrm{mol/m^3}}$	$\dfrac{(M)}{\{\varrho_n\}}\cdot 10^{-3} = \dfrac{1}{\{\varrho_n\}_\mathrm{kmol/m^3}}$	$\dfrac{10^{-6}}{\{\varrho_n\}}$
$\{x_{V_n}\}_\mathrm{l}$	$\dfrac{0{,}999\,972\cdot 10^{-3}}{\{\varrho_n\}}$	$\dfrac{0{,}999\,972}{\{\varrho_n\}}$	$0{,}999\,972\,\dfrac{(M)}{\{\varrho_n\}}\cdot 10^{-3} = \dfrac{1}{\{\varrho_n\}_\mathrm{mol/l}}$	$0{,}999\,972\cdot\dfrac{(M)}{\{\varrho_n\}} = \dfrac{1}{\{\varrho_n\}_\mathrm{kmol/l}}$	$\dfrac{0{,}999\,972\cdot 10^{-3}}{\{\varrho_n\}}$
$\{x_l\}$	$\dfrac{1}{(M)}$	$\dfrac{10^3}{(M)}$	1	10^3	$\dfrac{1}{(M)}$
$\{x_{l_k}\}$	$\dfrac{10^{-3}}{(M)}$	$\dfrac{1}{(M)}$	10^{-3}	1	$\dfrac{10^{-3}}{(M)}$

[1] $1\ \mathrm{mol} = (M)\ \mathrm{g}$; $1\ \mathrm{kmol} = (M)\ \mathrm{kg}$ (siehe S. 117).

Es bedeuten: (M) = Molekulargewicht; ϱ_n = Normdichte (Dichte im physikalischen Normzustand).

Wenn das Zahlenwertsymbol $\{\varrho_n\}$ nicht indiziert ist, bedeutet es stets den Zahlenwert der Normdichte, gemessen in $\mathrm{g/cm^3}$: $\{\varrho_n\} = \{\varrho_n\}_\mathrm{g/cm^3}$.

Die spezifische Größe x_i stellt den Quotienten aus einer allgemeinen thermodynamischen Größenart X und der Bezugsgröße i dar: $x_i = \dfrac{X}{i}$.

Die spezielle Einheit $[i]$, die jeweils für die Bezugsgröße i gewählt wird, ist an die Zahlenwertklammer der spezifischen Größe x_i angefügt worden: $\{x_i\}_{[i]}$.

Tafelbenutzung: $y = \{x_{V_n}\}_l = 1,000028 \cdot \{\varrho_n\} \cdot \{x_m\}_{kg} = 1,000028 \cdot \{\varrho_n\} \cdot 3 = 3,000084 \cdot \{\varrho_n\}_{g/cm^3}$

Ergebnis: $\quad x_{V_n} = 3,000084 \cdot \{\varrho_n\}_{g/cm^3} \, [X]/l$

$\{x_{G_n}\}_{kp}$	$\{x_{V_n}\}_{cm^3}$	$\{x_{V_n}\}_{m^3}$	$\{x_{V_n}\}_l$	$\{x_l\}$	$\{x_{l_k}\}$
10^3	$\{\varrho_n\}$	$\{\varrho_n\} \cdot 10^6$	$1,000028 \cdot \{\varrho_n\} \cdot 10^3$	(M)	$(M) \cdot 10^3$
1	$\{\varrho_n\} \cdot 10^{-3}$	$\{\varrho_n\} \cdot 10^3$	$1,000028 \cdot \{\varrho_n\}$	$(M) \cdot 10^{-3}$	(M)
$\dfrac{10^3}{(M)}$	$\dfrac{\{\varrho_n\}}{(M)} = \{\varrho_n\}_{mol/cm^3}$	$\dfrac{\{\varrho_n\}}{(M)} \cdot 10^6 = \{\varrho_n\}_{mol/m^3}$	$1,000028 \cdot \dfrac{\{\varrho_n\}}{(M)} \cdot 10^3 = \{\varrho_n\}_{mol/l}$	1	10^3
$\dfrac{1}{(M)}$	$\dfrac{\{\varrho_n\}}{(M)} \cdot 10^{-3} = \{\varrho_n\}_{mol/cm^3}$	$\dfrac{\{\varrho_n\}}{(M)} \cdot 10^3 = \{\varrho_n\}_{kmol/m^3}$	$1,000028 \cdot \dfrac{\{\varrho_n\}}{(M)} = \{\varrho_n\}_{kmol/l}$	10^{-3}	1
10^3	$\{\varrho_n\}$	$\{\varrho_n\} \cdot 10^6$	$1,000028 \cdot \{\varrho_n\} \cdot 10^3$	(M)	$(M) \cdot 10^3$
1	$\{\varrho_n\} \cdot 10^{-3}$	$\{\varrho_n\} \cdot 10^3$	$1,000028 \cdot \{\varrho_n\}$	$(M) \cdot 10^{-3}$	(M)
$\dfrac{10^3}{\{\varrho_n\}}$	1	10^6	$1,000028 \cdot 10^3$	$\dfrac{(M)}{(\varrho_n)} = \dfrac{1}{\{\varrho_n\}_{mol/cm^3}}$	$\dfrac{(M)}{(\varrho_n)} \cdot 10^3 = \dfrac{1}{\{\varrho_n\}_{kmol/cm^3}}$
$\dfrac{10^{-3}}{\{\varrho_n\}}$	10^{-6}	1	$1,000028 \cdot 10^{-3}$	$\dfrac{(M)}{\{\varrho_n\}} \cdot 10^{-6} = \dfrac{1}{\{\varrho_n\}_{mol/m^3}}$	$\dfrac{(M)}{\{\varrho_n\}} \cdot 10^{-3} = \dfrac{1}{\{\varrho_n\}_{kmol/m^3}}$
$\dfrac{0,999972}{\{\varrho_n\}}$	$0,999972 \cdot 10^{-3}$	$0,999972 \cdot 10^3$	1	$0,999972 \dfrac{(M)}{\{\varrho_n\}} \cdot 10^{-3} = \dfrac{1}{\{\varrho_n\}_{mol/l}}$	$0,999972 \dfrac{(M)}{(\varrho_n)} = \dfrac{1}{\{\varrho_n\}_{kmol/l}}$
$\dfrac{10^3}{(M)}$	$\dfrac{\{\varrho_n\}}{(M)} = \{\varrho_n\}_{mol/cm^3}$	$\dfrac{\{\varrho_n\}}{(M)} \cdot 10^6 = \{\varrho_n\}_{mol/m^3}$	$1,000028 \dfrac{\{\varrho_n\}}{(M)} \cdot 10^3 = \{\varrho_n\}_{mol/l}$	1	10^3
$\dfrac{1}{(M)}$	$\dfrac{\{\varrho_n\}}{(M)} \cdot 10^{-3} = \{\varrho_n\}_{kmol/cm^3}$	$\dfrac{\{\varrho_n\}}{(M)} \cdot 10^3 = \{\varrho_n\}_{kmol/m^3}$	$1,000028 \dfrac{\{\varrho_n\}}{(M)} = \{\varrho_n\}_{kmol/l}$	10^{-3}	1

Beispiel: x_{V_n} bedeutet die spezifische Größe zur Größenart X, bezogen auf das Normvolumen V_n: $x_{V_n} = X/V_n$; $\{x_{V_n}\}_{m^3}$ bedeutet den Zahlenwert der spezifischen Größe x_{V_n}, falls die Bezugsgröße V_n in m³ gemessen wird. Die für alle spezifischen Größen x_i zur gleichen Größenart X zu benutzende Einheit $[X]$ bleibt dabei frei wählbar und ohne Bedeutung für die Umrechnungsfaktoren der Tafel.

Tafel 20. Universelle Gaskonstante der idealen Gase (siehe Abschnitte 8, 9 und 7,9; S. 134 und 358

Energieeinheit	R_0 bezogen auf die chemische Massen-Größe		$R'_{0\,Ph}$ bezogen physikalische
	$\mathrm{mol_{Ch}}$	$\mathrm{kmol_{Ch}}$	Molzahl $l_{Ph} = 1$
1	2	3	4
erg	$0{,}831_5 \cdot 10^8 \; \dfrac{\mathrm{erg}}{\mathrm{grd\ mol_{Ch}}}$	$0{,}831_5 \cdot 10^{11} \; \dfrac{\mathrm{erg}}{\mathrm{grd\ kmol_{Ch}}}$	$0{,}831_7 \cdot 10^8 \; \dfrac{\mathrm{erg}}{\mathrm{grd}}$
J	$0{,}831_5 \cdot 10 \; \dfrac{\mathrm{J}}{\mathrm{grd\ mol_{Ch}}}$	$0{,}831_5 \cdot 10^4 \; \dfrac{\mathrm{J}}{\mathrm{grd\ kmol_{Ch}}}$	$0{,}831_7 \cdot 10 \; \dfrac{\mathrm{J}}{\mathrm{grd}}$
m kp	$0{,}847_9 \; \dfrac{\mathrm{m\ kp}}{\mathrm{grd\ mol_{Ch}}}$	$0{,}847_9 \cdot 10^3 \; \dfrac{\mathrm{m\ kp}}{\mathrm{grd\ kmol_{Ch}}}$	$0{,}848_1 \; \dfrac{\mathrm{m\ kp}}{\mathrm{grd}}$
m³ at	$0{,}847_9 \cdot 10^{-4} \; \dfrac{\mathrm{m^3\ at}}{\mathrm{grd\ mol_{Ch}}}$	$0{,}847_9 \cdot 10^{-1} \; \dfrac{\mathrm{m^3\ at}}{\mathrm{grd\ kmol_{Ch}}}$	$0{,}848_1 \cdot 10^{-4} \; \dfrac{\mathrm{m^3\ at}}{\mathrm{grd}}$
latm	$0{,}820_6 \cdot 10^{-1} \; \dfrac{\mathrm{latm}}{\mathrm{grd\ mol_{Ch}}}$	$0{,}820_6 \cdot 10^2 \; \dfrac{\mathrm{latm}}{\mathrm{grd\ kmol_{Ch}}}$	$0{,}820_8 \cdot 10^{-1} \; \dfrac{\mathrm{latm}}{\mathrm{grd}}$
$\mathrm{kcal_{IT}}$	$1{,}986 \cdot 10^{-3} \; \dfrac{\mathrm{kcal_{IT}}}{\mathrm{grd\ mol_{Ch}}}$	$1{,}986 \; \dfrac{\mathrm{kcal_{IT}}}{\mathrm{grd\ kmol_{Ch}}}$	$1{,}986 \cdot 10^{-3} \; \dfrac{\mathrm{kcal_{IT}}}{\mathrm{grd}}$
$\mathrm{cal_{thermochem}}$	$1{,}987 \; \dfrac{\mathrm{cal_{thermochem}}}{\mathrm{grd\ mol_{Ch}}}$	$1{,}987 \cdot 10^3 \; \dfrac{\mathrm{cal_{thermochem}}}{\mathrm{grd\ kmol_{Ch}}}$	$1{,}988 \; \dfrac{\mathrm{cal_{thermochem}}}{\mathrm{grd}}$
B. th. u.	$4{,}378 \cdot 10^{-3} \; \dfrac{\mathrm{B.\ th.\ u.}}{\mathrm{degR\ mol_{Ch}}}$	$4{,}378 \; \dfrac{\mathrm{B.\ th.\ u.}}{\mathrm{degR\ kmol_{Ch}}}$	$4{,}379 \cdot 10^{-3} \; \dfrac{\mathrm{B.\ th.\ u.}}{\mathrm{degR}}$
calorie	$1{,}103 \; \dfrac{\mathrm{calorie}}{\mathrm{degR\ mol_{Ch}}}$	$1{,}103 \cdot 10^3 \; \dfrac{\mathrm{calorie}}{\mathrm{degR\ kmol_{Ch}}}$	$1{,}104 \; \dfrac{\mathrm{calorie}}{\mathrm{degR}}$
$\mathrm{cal_{15^\circ}}$	$1{,}987 \; \dfrac{\mathrm{cal_{15^\circ}}}{\mathrm{grd\ mol_{Ch}}}$	$1{,}987 \cdot 10^3 \; \dfrac{\mathrm{cal_{15^\circ}}}{\mathrm{grd\ kmol_{Ch}}}$	$1{,}987 \; \dfrac{\mathrm{cal_{15^\circ}}}{\mathrm{grd}}$
kWh	$2{,}310 \cdot 10^{-6} \; \dfrac{\mathrm{kWh}}{\mathrm{grd\ mol_{Ch}}}$	$2{,}310 \cdot 10^{-3} \; \dfrac{\mathrm{kWh}}{\mathrm{grd\ kmol_{Ch}}}$	$2{,}310 \cdot 10^{-6} \; \dfrac{\mathrm{kWh}}{\mathrm{grd}}$
$\mathrm{J_{int}}$	$0{,}831_3 \cdot 10 \; \dfrac{\mathrm{J_{int}}}{\mathrm{grd\ mol_{Ch}}}$	$0{,}831_3 \cdot 10^4 \; \dfrac{\mathrm{J_{int}}}{\mathrm{grd\ kmol_{Ch}}}$	$0{,}831_5 \cdot 10 \; \dfrac{\mathrm{J_{int}}}{\mathrm{grd}}$

$1\ \mathrm{kcal_{IT}} = 1\ \mathrm{kcal_{IT\,(1929)}} = (4{,}18684 \pm 0{,}00004)\ \mathrm{kJ}\ \ (8,\,26');$　　　$1\ \mathrm{calorie} = 1\ \mathrm{cal_{IT\,(1956)}} = 4{,}186\,8\ \mathrm{J}\ \ (8,\,38;\ 7,\,33);$

$R'_{0\,kPh}$ auf die Anzahl-Größe, Kilomolzahl $l_{kPh}=1$	R''_0 bezogen auf das Normvolumen, gemessen in der Einheit		
	cm³ oder cu. in.	m³ oder cu. yd.	l oder cu. ft.
5	6	7	8
$0{,}831_7 \cdot 10^{11}\ \dfrac{erg}{grd}$	$3{,}710 \cdot 10^3\ \dfrac{erg}{grd\,cm^3}$	$3{,}710 \cdot 10^9\ \dfrac{erg}{grd\,m^3}$	$3{,}710 \cdot 10^6\ \dfrac{erg}{grd\,l}$
$0{,}831_7 \cdot 10^4\ \dfrac{J}{grd}$	$3{,}710 \cdot 10^{-4}\ \dfrac{J}{grd\,cm^3}$	$3{,}710 \cdot 10^2\ \dfrac{J}{grd\,m^3}$	$3{,}710 \cdot 10^{-1}\ \dfrac{J}{grd\,l}$
$0{,}848_1 \cdot 10^3\ \dfrac{m\,kp}{grd}$	$3{,}783 \cdot 10^{-5}\ \dfrac{m\,kp}{grd\,cm^3}$	$3{,}783 \cdot 10\ \dfrac{m\,kp}{grd\,m^3}$	$3{,}783 \cdot 10^{-2}\ \dfrac{m\,kp}{grd\,l}$
$0{,}848_1 \cdot 10^{-1}\ \dfrac{m^3\,at}{grd}$	$3{,}783 \cdot 10^{-9}\ \dfrac{m^3\,at}{grd\,cm^3}$	$3{,}783 \cdot 10^{-3}\ \dfrac{at}{grd}$	$3{,}783 \cdot 10^{-6}\ \dfrac{m^3\,at}{grd\,l}$
$0{,}820_8 \cdot 10^2\ \dfrac{latm}{grd}$	$3{,}661 \cdot 10^{-6}\ \dfrac{latm}{grd\,cm^3}$	$3{,}661\ \dfrac{latm}{grd\,m^3}$	$3{,}661 \cdot 10^{-3}\ \dfrac{atm}{grd}$
$1{,}986\ \dfrac{kcal_{IT}}{grd}$	$0{,}8860 \cdot 10^{-7}\ \dfrac{kcal_{IT}}{grd\,cm^3}$	$0{,}8860 \cdot 10^{-1}\ \dfrac{kcal_{IT}}{grd\,m^3}$	$0{,}8860 \cdot 10^{-4}\ \dfrac{kcal_{IT}}{grd\,l}$
$1{,}988 \cdot 10^3\ \dfrac{cal_{thermochem}}{grd}$	$0{,}8866 \cdot 10^{-4}\ \dfrac{cal_{thermochem}}{grd\,cm^3}$	$0{,}8866 \cdot 10^2\ \dfrac{cal_{thermochem}}{grd\,m^3}$	$0{,}8866 \cdot 10^{-1}\ \dfrac{cal_{thermochem}}{grd\,l}$
$4{,}379\ \dfrac{B.th.u.}{degR}$	$3{,}201 \cdot 10^{-6}\ \dfrac{B.th.u.}{degR\,cu.in.}$	$1{,}493_4 \cdot 10^{-1}\ \dfrac{B.th.u.}{degR\,cu.yd.}$	$5{,}531 \cdot 10^{-3}\ \dfrac{B.th.u.}{degR\,cu.ft.}$
$1{,}104 \cdot 10^3\ \dfrac{calorie}{degR}$	$0{,}8066 \cdot 10^{-3}\ \dfrac{calorie}{degR\,cu.in.}$	$3{,}763 \cdot 10\ \dfrac{calorie}{degR\,cu.yd.}$	$1{,}393_8\ \dfrac{calorie}{degR\,cu.ft.}$
$1{,}987 \cdot 10^3\ \dfrac{cal_{15°}}{grd}$	$0{,}886 \cdot 10^{-4}\ \dfrac{cal_{15°}}{grd\,cm^3}$	$0{,}886 \cdot 10^2\ \dfrac{cal_{15°}}{grd\,m^3}$	$0{,}886 \cdot 10^{-1}\ \dfrac{cal_{15°}}{grd\,l}$
$2{,}310 \cdot 10^{-3}\ \dfrac{kWh}{grd}$	$1{,}0304 \cdot 10^{-10}\ \dfrac{kWh}{grd\,cm^3}$	$1{,}0304 \cdot 10^{-4}\ \dfrac{kWh}{grd\,m^3}$	$1{,}0304 \cdot 10^{-7}\ \dfrac{kWh}{grd\,l}$
$0{,}831_5 \cdot 10^4\ \dfrac{J_{int}}{grd}$	$3{,}709 \cdot 10^{-4}\ \dfrac{J_{int}}{grd\,cm^3}$	$3{,}709 \cdot 10^2\ \dfrac{J_{int}}{grd\,m^3}$	$3{,}709 \cdot 10^{-1}\ \dfrac{J_{int}}{grd\,l}$

1 B.th.u. = 1 B.t.u.$_{IT}$ = 1 Btu = 1,05505585... kJ (3, 39; 7, 34)

Tafel 21. Dimensionsprodukte elektrostatischer, elektromagnetischer und symmetrischer Dreier-Größen[1]) im Dimensionssystem LMT (siehe Abschnitt 4, II, 1; S. 170, 174, 176)

Bezeichnung der Größenart	Definition der Dreier-Größe					
	elektrostatisch		elektromagnetisch		symmetrisch	
	Formelzeichen	Dimensionsprodukt	Formelzeichen	Dimensionsprodukt	Formelzeichen	Dimensionsprodukt
1	2	3	4	5	6	7
Elektrische Spannung	U_s	$\mathsf{L}^{1/2}\mathsf{M}^{1/2}\mathsf{T}^{-1}$	U_m	$\mathsf{L}^{3/2}\mathsf{M}^{1/2}\mathsf{T}^{-2}$	U_g	$\mathsf{L}^{1/2}\mathsf{M}^{1/2}\mathsf{T}^{-1}$
Elektrische Stromstärke	I_s	$\mathsf{L}^{3/2}\mathsf{M}^{1/2}\mathsf{T}^{-2}$	I_m	$\mathsf{L}^{1/2}\mathsf{M}^{1/2}\mathsf{T}^{-1}$	I_g	$\mathsf{L}^{3/2}\mathsf{M}^{1/2}\mathsf{T}^{-2}$
Elektrische Stromdichte	G_s	$\mathsf{L}^{-1/2}\mathsf{M}^{1/2}\mathsf{T}^{-2}$	G_m	$\mathsf{L}^{-3/2}\mathsf{M}^{1/2}\mathsf{T}^{-1}$	G_g	$\mathsf{L}^{-1/2}\mathsf{M}^{1/2}\mathsf{T}^{-2}$
Elektrische Feldstärke	E_s	$\mathsf{L}^{-1/2}\mathsf{M}^{1/2}\mathsf{T}^{-1}$	E_m	$\mathsf{L}^{1/2}\mathsf{M}^{1/2}\mathsf{T}^{-2}$	E_g	$\mathsf{L}^{-1/2}\mathsf{M}^{1/2}\mathsf{T}^{-1}$
Elektrische Verschiebung	D_s	$\mathsf{L}^{-1/2}\mathsf{M}^{1/2}\mathsf{T}^{-1}$	D_m	$\mathsf{L}^{-3/2}\mathsf{M}^{1/2}$	D_g	$\mathsf{L}^{-1/2}\mathsf{M}^{1/2}\mathsf{T}^{-1}$
Elektrischer Verschiebungsfluß	Ψ_s	$\mathsf{L}^{3/2}\mathsf{M}^{1/2}\mathsf{T}^{-1}$	Ψ_m	$\mathsf{L}^{1/2}\mathsf{M}^{1/2}$	Ψ_g	$\mathsf{L}^{3/2}\mathsf{M}^{1/2}\mathsf{T}^{-1}$
Elektrische Polarisation	P_s	$\mathsf{L}^{-1/2}\mathsf{M}^{1/2}\mathsf{T}^{-1}$	P_m	$\mathsf{L}^{-3/2}\mathsf{M}^{1/2}$	P_g	$\mathsf{L}^{-1/2}\mathsf{M}^{1/2}\mathsf{T}^{-1}$
Elektrisches Moment	P_s	$\mathsf{L}^{5/2}\mathsf{M}^{1/2}\mathsf{T}^{-1}$	P_m	$\mathsf{L}^{3/2}\mathsf{M}^{1/2}$	P_g	$\mathsf{L}^{5/2}\mathsf{M}^{1/2}\mathsf{T}^{-1}$
Elektrische Ladung	Q_s	$\mathsf{L}^{3/2}\mathsf{M}^{1/2}\mathsf{T}^{-1}$	Q_m	$\mathsf{L}^{1/2}\mathsf{M}^{1/2}$	Q_g	$\mathsf{L}^{3/2}\mathsf{M}^{1/2}\mathsf{T}^{-1}$
Elektrische Raumladungsdichte	η_s	$\mathsf{L}^{-3/2}\mathsf{M}^{1/2}\mathsf{T}^{-1}$	η_m	$\mathsf{L}^{-5/2}\mathsf{M}^{1/2}$	η_g	$\mathsf{L}^{-3/2}\mathsf{M}^{1/2}\mathsf{T}^{-1}$
Kapazität	C_s	L	C_m	$\mathsf{L}^{-1}\mathsf{T}^{2}$	C_g	L
Elektrischer Widerstand	R_s	$\mathsf{L}^{-1}\mathsf{T}$	R_m	$\mathsf{L}\mathsf{T}^{-1}$	R_g	$\mathsf{L}^{-1}\mathsf{T}$
Spezifischer elektrischer Widerstand	ϱ_s	T	ϱ_m	$\mathsf{L}^{2}\mathsf{T}^{-1}$	ϱ_g	T

Elektrische Leitfähigkeit	σ_s	T^{-1}	σ_m	$\mathsf{L}^{-2}\mathsf{T}$	σ_g	T^{-1}
(Elektrische) Induktivität	${}^e L_s$	$\mathsf{L}^{-1}\mathsf{T}^2$	${}^e L_m$	L	${}^e L_g$	$\mathsf{L}^{-1}\mathsf{T}^2$
Magnetische Spannung	V_s	$\mathsf{L}^{3/2}\mathsf{M}^{1/2}\mathsf{T}^{-2}$	V_m	$\mathsf{L}^{1/2}\mathsf{M}^{1/2}\mathsf{T}^{-1}$	V_g	$\mathsf{L}^{1/2}\mathsf{M}^{1/2}\mathsf{T}^{-1}$
Magnetische Feldstärke	H_s	$\mathsf{L}^{1/2}\mathsf{M}^{1/2}\mathsf{T}^{-2}$	H_m	$\mathsf{L}^{-1/2}\mathsf{M}^{1/2}\mathsf{T}^{-1}$	H_g	$\mathsf{L}^{-1/2}\mathsf{M}^{1/2}\mathsf{T}^{-1}$
Magnetisches Vektorpotential	A_s	$\mathsf{L}^{-1/2}\mathsf{M}^{1/2}$	A_m	$\mathsf{L}^{1/2}\mathsf{M}^{1/2}\mathsf{T}^{-1}$	A_g	$\mathsf{L}^{1/2}\mathsf{M}^{1/2}\mathsf{T}^{-1}$
Magnetische Induktion	B_s	$\mathsf{L}^{-3/2}\mathsf{M}^{1/2}$	B_m	$\mathsf{L}^{-1/2}\mathsf{M}^{1/2}\mathsf{T}^{-1}$	B_g	$\mathsf{L}^{-1/2}\mathsf{M}^{1/2}\mathsf{T}^{-1}$
Magnetischer Induktionsfluß	Φ_s	$\mathsf{L}^{1/2}\mathsf{M}^{1/2}$	Φ_m	$\mathsf{L}^{3/2}\mathsf{M}^{1/2}\mathsf{T}^{-1}$	Φ_g	$\mathsf{L}^{3/2}\mathsf{M}^{1/2}\mathsf{T}^{-1}$
Magnetische Polarisation	J_s	$\mathsf{L}^{-3/2}\mathsf{M}^{1/2}$	J_m	$\mathsf{L}^{-1/2}\mathsf{M}^{1/2}\mathsf{T}^{-1}$	J_g	$\mathsf{L}^{-1/2}\mathsf{M}^{1/2}\mathsf{T}^{-1}$
(Coulombsches) magnetisches Moment	${}^m H_s$	$\mathsf{L}^{3/2}\mathsf{M}^{1/2}$	${}^m H_m$	$\mathsf{L}^{5/2}\mathsf{M}^{1/2}\mathsf{T}^{-1}$	${}^m H_g$	$\mathsf{L}^{5/2}\mathsf{M}^{1/2}\mathsf{T}^{-1}$
(Coulombsche) magnetische Polstärke	p_s	$\mathsf{L}^{1/2}\mathsf{M}^{1/2}$	p_m	$\mathsf{L}^{3/2}\mathsf{M}^{1/2}\mathsf{T}^{-1}$	p_g	$\mathsf{L}^{3/2}\mathsf{M}^{1/2}\mathsf{T}^{-1}$
Magnetisierung	M_s	$\mathsf{L}^{1/2}\mathsf{M}^{1/2}\mathsf{T}^{-2}$	M_m	$\mathsf{L}^{-1/2}\mathsf{M}^{1/2}\mathsf{T}^{-1}$	M_g	$\mathsf{L}^{-1/2}\mathsf{M}^{1/2}\mathsf{T}^{-1}$
(Ampèresches) magnetisches Moment	${}^m B_s$	$\mathsf{L}^{7/2}\mathsf{M}^{1/2}\mathsf{T}^{-2}$	${}^m B_m$	$\mathsf{L}^{5/2}\mathsf{M}^{1/2}\mathsf{T}^{-1}$	${}^m B_g$	$\mathsf{L}^{5/2}\mathsf{M}^{1/2}\mathsf{T}^{-1}$
(Ampèresche) magnetische Polstärke	m_s	$\mathsf{L}^{5/2}\mathsf{M}^{1/2}\mathsf{T}^{-2}$	m_m	$\mathsf{L}^{3/2}\mathsf{M}^{1/2}\mathsf{T}^{-1}$	m_g	$\mathsf{L}^{3/2}\mathsf{M}^{1/2}\mathsf{T}^{-1}$
Magnetischer Leitwert	Λ_s	$\mathsf{L}^{-1}\mathsf{T}^2$	Λ_m	L	Λ_g	L
(Elektromagnetische) Induktivität	${}^m L_s$	$\mathsf{L}^{-1}\mathsf{T}^2$	${}^m L_m$	L	${}^m L_g$	L
Poynting-Vektor	S	$\mathsf{M}\mathsf{T}^{-3}$	S	$\mathsf{M}\mathsf{T}^{-3}$	S	$\mathsf{M}\mathsf{T}^{-3}$

[1]) Relative Dielektrizitätskonstante und elektrische Suszeptibilität, relative Permeabilität und magnetische Suszeptibilität sind im Dimensionssystem LMT dimensionslos.

Tafel 22. **Dimensionsprodukte elektrischer und magnetischer Vierer-Größen[1]) in den Dimensionssystemen LMTQ, LMTΦ,**

Bezeichnung der Größenart	Formelzeichen	Dimensionsprodukt der	
		LMTQ	LMTΦ
1	2	3	4
Absolute Dielektrizitätskonstante	ε	$L^{-3}M^{-1}T^2Q^2$	$LM\Phi^{-2}$
Elektrische Spannung	U	$L^2MT^{-2}Q^{-1}$	$T^{-1}\Phi$
Elektrische Stromstärke	I	$T^{-1}Q$	$L^2MT^{-2}\Phi^{-1}$
Elektrische Stromdichte	G	$L^{-2}T^{-1}Q$	$MT^{-2}\Phi^{-1}$
Elektrische Feldstärke	E	$LMT^{-2}Q^{-1}$	$L^{-1}T^{-1}\Phi$
Elektrische Verschiebung	D	$L^{-2}Q$	$MT^{-1}\Phi^{-1}$
Elektrischer Verschiebungsfluß	Ψ	Q	$L^2MT^{-1}\Phi^{-1}$
Elektrische Polarisation	P	$L^{-2}Q$	$MT^{-1}\Phi$
Elektrisches Moment	p	LQ	$L^3MT^{-1}\Phi$
Elektrische Ladung	Q	Q	$L^2MT^{-1}\Phi^{-1}$
Elektrische Raumladungsdichte	η	$L^{-3}Q$	$L^{-1}MT^{-1}\Phi^{-1}$
Kapazität	C	$L^{-2}M^{-1}T^2Q^2$	$L^2M\Phi^{-2}$
Elektrischer Widerstand	R	$L^2MT^{-1}Q^{-2}$	$L^{-2}M^{-1}T\Phi^2$
Spezifischer elektrischer Widerstand	ϱ	$L^3MT^{-1}Q^{-2}$	$L^{-1}M^{-1}T\Phi^2$
Elektrische Leitfähigkeit	σ	$L^{-3}M^{-1}TQ^2$	$LMT^{-1}\Phi^{-2}$
(Elektrische) Induktivität	^eL	L^2MQ^{-2}	$L^{-2}M^{-1}T^2\Phi^2$
Absolute Permeabilität	μ	LMQ^{-2}	$L^{-3}M^{-1}T^2\Phi^2$
Magnetische Spannung	V	$T^{-1}Q$	$L^2MT^{-2}\Phi^{-1}$
Magnetische Feldstärke	H	$L^{-1}T^{-1}Q$	$LMT^{-2}\Phi^{-1}$
Magnetisches Vektorpotential	A	$LMT^{-1}Q^{-1}$	$L^{-1}\Phi$
Magnetische Induktion	B	$MT^{-1}Q^{-1}$	$L^{-2}\Phi$
Magnetischer Induktionsfluß	Φ	$L^2MT^{-1}Q^{-1}$	Φ
Magnetische Polarisation	J	$MT^{-1}Q^{-1}$	$L^{-2}\Phi$
(Coulombsches) magnetisches Moment	^mH	$L^3MT^{-1}Q^{-1}$	$L\Phi$
(Coulombsche) magnetische Polstärke	p	$L^2MT^{-1}Q^{-1}$	Φ
Magnetisierung	M	$L^{-1}T^{-1}Q$	$LMT^{-2}\Phi^{-1}$
(Ampèresches) magnetisches Moment	m_B	$L^2T^{-1}Q$	$L^4MT^{-2}\Phi^{-1}$
(Ampèresche) magnetische Polstärke	m	$LT^{-1}Q$	$L^3MT^{-2}\Phi^{-1}$
Magnetischer Leitwert	Λ	L^2MQ^{-2}	$L^{-2}M^{-1}T^2\Phi^2$
(Elektromagnetische) Induktivität	^mL	L^2MQ^{-2}	$L^{-2}M^{-1}T^2\Phi^2$
Poynting-Vektor	S	MT^{-3}	MT^{-3}

[1]) Relative Dielektrizitätskonstante und elektrische Suszeptibilität, relative Permeabilität und magnetische Suszepti

LTQΦ, LMTε, LMTμ, LMTI *und* LTUI (siehe Abschnitt 4, II, 2; S. 186)

Vierer-Größe im Dimensionssystem

LTQΦ	LMTε	LMTμ	LMTI	LTUI
5	6	7	8	9
$L^{-1}TQΦ^{-1}$	$ε$	$L^{-2}T^2μ^{-1}$	$L^{-3}M^{-1}T^4I^2$	$L^{-1}TU^{-1}I$
$T^{-1}Φ$	$L^{1/2}M^{1/2}T^{-1}ε^{-1/2}$	$L^{3/2}M^{1/2}T^{-2}μ^{1/2}$	$L^2MT^{-3}I^{-1}$	U
$T^{-1}Q$	$L^{3/2}M^{1/2}T^{-2}ε^{1/2}$	$L^{1/2}M^{1/2}T^{-1}μ^{-1/2}$	I	I
$L^{-2}T^{-1}Q$	$L^{-1/2}M^{1/2}T^{-2}ε^{1/2}$	$L^{-3/2}M^{1/2}T^{-1}μ^{-1/2}$	$L^{-2}I$	$L^{-2}I$
$L^{-1}T^{-1}Φ$	$L^{-1/2}M^{1/2}T^{-1}ε^{-1/2}$	$L^{1/2}M^{1/2}T^{-2}μ^{1/2}$	$LMT^{-3}I^{-1}$	$L^{-1}U$
$L^{-2}Q$	$L^{-1/2}M^{1/2}T^{-1}ε^{1/2}$	$L^{-3/2}M^{1/2}μ^{-1/2}$	$L^{-2}TI$	$L^{-2}TI$
Q	$L^{3/2}M^{1/2}T^{-1}ε^{1/2}$	$L^{1/2}M^{1/2}μ^{-1/2}$	TI	TI
$L^{-2}Q$	$L^{-1/2}M^{1/2}T^{-1}ε^{1/2}$	$L^{-3/2}M^{1/2}μ^{-1/2}$	$L^{-2}TI$	$L^{-2}TI$
LQ	$L^{5/2}M^{1/2}T^{-1}ε^{1/2}$	$L^{3/2}M^{1/2}μ^{-1/2}$	LTI	LTI
Q	$L^{3/2}M^{1/2}T^{-1}ε^{1/2}$	$L^{1/2}M^{1/2}μ^{-1/2}$	TI	TI
$L^{-3}Q$	$L^{-3/2}M^{1/2}T^{-1}ε^{1/2}$	$L^{-5/2}M^{1/2}μ^{-1/2}$	$L^{-3}TI$	$L^{-3}TI$
$TQΦ^{-1}$	$Lε$	$L^{-1}T^2μ^{-1}$	$L^{-2}M^{-1}T^4I^2$	$TU^{-1}I$
$Q^{-1}Φ$	$L^{-1}Tε^{-1}$	$LT^{-1}μ$	$L^2MT^{-3}I^{-2}$	UI^{-1}
$LQ^{-1}Φ$	$Tε^{-1}$	$L^2T^{-1}μ$	$L^3MT^{-3}I^{-2}$	LUI^{-1}
$L^{-1}QΦ^{-1}$	$T^{-1}ε$	$L^{-2}Tμ^{-1}$	$L^{-3}M^{-1}T^3I^2$	$L^{-1}U^{-1}I$
$TQ^{-1}Φ$	$L^{-1}T^2ε^{-1}$	$Lμ$	$L^2MT^{-2}I^{-2}$	TUI^{-1}
$L^{-1}TQ^{-1}Φ$	$L^{-2}T^2ε^{-1}$	$μ$	$LMT^{-2}I^{-2}$	$L^{-1}TUI^{-1}$
$T^{-1}Q$	$L^{3/2}M^{1/2}T^{-2}ε^{1/2}$	$L^{1/2}M^{1/2}T^{-1}μ^{-1/2}$	I	I
$L^{-1}T^{-1}Q$	$L^{1/2}M^{1/2}T^{-2}ε^{1/2}$	$L^{-1/2}M^{1/2}T^{-1}μ^{-1/2}$	$L^{-1}I$	$L^{-1}I$
$L^{-1}Φ$	$L^{-1/2}M^{1/2}ε^{-1/2}$	$L^{1/2}M^{1/2}T^{-1}μ^{1/2}$	$LMT^{-2}I^{-1}$	$L^{-1}TU$
$L^{-2}Φ$	$L^{-3/2}M^{1/2}ε^{-1/2}$	$L^{-1/2}M^{1/2}T^{-1}μ^{1/2}$	$MT^{-2}I^{-1}$	$L^{-2}TU$
$Φ$	$L^{1/2}M^{1/2}ε^{-1/2}$	$L^{3/2}M^{1/2}T^{-1}μ^{1/2}$	$L^2MT^{-2}I^{-1}$	TU
$L^{-2}Φ$	$L^{-3/2}M^{1/2}ε^{-1/2}$	$L^{-1/2}M^{1/2}T^{-1}μ^{1/2}$	$MT^{-2}I^{-1}$	$L^{-2}TU$
$LΦ$	$L^{3/2}M^{1/2}ε^{-1/2}$	$L^{5/2}M^{1/2}T^{-1}μ^{1/2}$	$L^3MT^{-2}I^{-1}$	LTU
$Φ$	$L^{1/2}M^{1/2}ε^{-1/2}$	$L^{3/2}M^{1/2}T^{-1}μ^{1/2}$	$L^2MT^{-2}I^{-1}$	TU
$L^{-1}T^{-1}Q$	$L^{1/2}M^{1/2}T^{-2}ε^{1/2}$	$L^{-1/2}M^{1/2}T^{-1}μ^{-1/2}$	$L^{-1}I$	$L^{-1}I$
$L^2T^{-1}Q$	$L^{7/2}M^{1/2}T^{-2}ε^{1/2}$	$L^{5/2}M^{1/2}T^{-1}μ^{-1/2}$	L^2I	L^2I
$LT^{-1}Q$	$L^{5/2}M^{1/2}T^{-2}ε^{1/2}$	$L^{3/2}M^{1/2}T^{-1}μ^{-1/2}$	LI	LI
$TQ^{-1}Φ$	$L^{-1}T^2ε^{-1}$	$Lμ$	$L^2MT^{-2}I^{-2}$	TUI^{-1}
$TQ^{-1}Φ$	$L^{-1}T^2ε^{-1}$	$Lμ$	$L^2MT^{-2}I^{-2}$	TUI^{-1}
$L^{-2}T^{-2}QΦ$	MT^{-3}	MT^{-3}	MT^{-3}	$L^{-2}UI$

bilität sind in sämtlichen Dimensionssystemen dimensionslos.

Tafel 23. Dimensionsprodukte elektrischer und magnetischer Fünfer-Größen [1]) *in den Dimensionssystemen LMTQP, LMT$\varepsilon\gamma$,*

Bezeichnung der Größenart	Formel-zeichen	Dimensionsprodukt der LMTQP
1	2	3
Absolute Dielektrizitätskonstante	ε	$L^{-3}M^{-1}T^2Q^2$
Elektrische Spannung	U	$L^2MT^{-2}Q^{-1}$
Elektrische Stromstärke	I	$T^{-1}Q$
Elektrische Stromdichte	G	$L^{-2}T^{-1}Q$
Elektrische Feldstärke	E	$LMT^{-2}Q^{-1}$
Elektrische Verschiebung	D	$L^{-2}Q$
Elektrischer Verschiebungsfluß	Ψ	Q
Elektrische Polarisation	P	$L^{-2}Q$
Elektrisches Moment	p	LQ
Elektrische Ladung	Q	Q
Elektrische Raumladungsdichte	η	$L^{-3}Q$
Kapazität	C	$L^{-2}M^{-1}T^2Q^2$
Elektrischer Widerstand	R	$L^2MT^{-1}Q^{-2}$
Spezifischer elektrischer Widerstand	ϱ	$L^3MT^{-1}Q^{-2}$
Elektrische Leitfähigkeit	σ	$L^{-3}M^{-1}TQ^2$
(Elektrische) Induktivität	^eL	L^2MQ^{-2}
Absolute Permeabilität	μ_*	$L^{-3}M^{-1}T^2P^2$
Magnetische Spannung	V_*	$L^2MT^{-2}P^{-1}$
Magnetische Feldstärke	H_*	$LMT^{-2}P^{-1}$
Magnetisches Vektorpotential	A_*	$L^{-1}P$
Magnetische Induktion	B_*	$L^{-2}P$
Magnetischer Induktionsfluß	Φ_*	P
Magnetische Polarisation	J_*	$L^{-2}P$
(Coulombsches) magnetisches Moment	m_{H*}	LP
(Coulombsche) magnetische Polstärke	p_*	P
Magnetisierung	M_*	$LMT^{-2}P^{-1}$
Magnetischer Leitwert	Λ_*	$L^{-2}M^{-1}T^2P^2$
Elektromagnetische Verkettung	γ	$L^{-2}M^{-1}TQP$
(Elektromagnetische) Induktivität	$^mL_*$	$TQ^{-1}P$
Poynting-Vektor	S	MT^{-3}

[1]) Relative Dielektrizitätskonstante und elektrische Suszeptibilität, relative Permeabilität und magnetische Suszep

$LMT\mu_*\gamma$, $LMT\epsilon\mu_*$ *und* $LMTQ\gamma$ (siehe Abschnitt 4, II, 3; S. 195)

Vierer-Größe im Dimensionssystem

$LMT\epsilon\gamma$	$LMT\mu_*\gamma$	$LMT\epsilon\mu_*$	$LMTQ\gamma$
4	5	6	7
ϵ	$L^{-2}T^2\mu_*^{-1}\gamma^2$	ϵ	$L^{-3}M^{-1}T^2Q^2$
$L^{1/2}M^{1/2}T^{-1}\epsilon^{-1/2}$	$L^{3/2}M^{1/2}T^{-2}\mu_*^{1/2}\gamma^{-1}$	$L^{1/2}M^{1/2}T^{-1}\epsilon^{-1/2}$	$L^2MT^{-2}Q^{-1}$
$L^{3/2}M^{1/2}T^{-2}\epsilon^{1/2}$	$L^{1/2}M^{1/2}T^{-1}\mu_*^{-1/2}\gamma$	$L^{3/2}M^{1/2}T^{-2}\epsilon^{1/2}$	$T^{-1}Q$
$L^{-1/2}M^{1/2}T^{-2}\epsilon^{1/2}$	$L^{-3/2}M^{1/2}T^{-1}\mu_*^{-1/2}\gamma$	$L^{-1/2}M^{1/2}T^{-2}\epsilon^{1/2}$	$L^{-2}T^{-1}Q$
$L^{-1/2}M^{1/2}T^{-1}\epsilon^{-1/2}$	$L^{1/2}M^{1/2}T^{-2}\mu_*^{1/2}\gamma^{-1}$	$L^{-1/2}M^{1/2}T^{-1}\epsilon^{-1/2}$	$LMT^{-2}Q^{-1}$
$L^{-1/2}M^{1/2}T^{-1}\epsilon^{1/2}$	$L^{-3/2}M^{1/2}\mu_*^{-1/2}\gamma$	$L^{-1/2}M^{1/2}T^{-1}\epsilon^{1/2}$	$L^{-2}Q$
$L^{3/2}M^{1/2}T^{-1}\epsilon^{1/2}$	$L^{1/2}M^{1/2}\mu_*^{-1/2}\gamma$	$L^{3/2}M^{1/2}T^{-1}\epsilon^{1/2}$	Q
$L^{-1/2}M^{1/2}T^{-1}\epsilon^{1/2}$	$L^{-3/2}M^{1/2}\mu_*^{-1/2}\gamma$	$L^{-1/2}M^{1/2}T^{-1}\epsilon^{1/2}$	$L^{-2}Q$
$L^{5/2}M^{1/2}T^{-1/2}\epsilon^{1/2}$	$L^{3/2}M^{1/2}\mu_*^{-1/2}\gamma$	$L^{5/2}M^{1/2}T^{-1}\epsilon^{1/2}$	LQ
$L^{3/2}M^{1/2}T^{-1}\epsilon^{1/2}$	$L^{1/2}M^{1/2}\mu_*^{-1/2}\gamma$	$L^{3/2}M^{1/2}T^{-1}\epsilon^{1/2}$	Q
$L^{-3/2}M^{1/2}T^{-1}\epsilon^{1/2}$	$L^{-5/2}M^{1/2}\mu_*^{-1/2}\gamma$	$L^{-3/2}M^{1/2}T^{-1}\epsilon^{1/2}$	$L^{-3}Q$
$L\epsilon$	$L^{-1}T^2\mu_*^{-1}\gamma^2$	$L\epsilon$	$L^{-2}M^{-1}T^2Q^2$
$L^{-1}T\epsilon^{-1}$	$LT^{-1}\mu_*\gamma^{-2}$	$L^{-1}T\epsilon^{-1}$	$L^2MT^{-1}Q^{-2}$
$T\epsilon^{-1}$	$L^2T^{-1}\mu_*\gamma^{-2}$	$T\epsilon^{-1}$	$L^3MT^{-1}Q^{-2}$
$T^{-1}\epsilon$	$L^{-2}T\mu_*^{-1}\gamma^2$	$T^{-1}\epsilon$	$L^{-3}M^{-1}TQ^2$
$L^{-1}T^2\epsilon^{-1}$	$L\mu_*\gamma^{-2}$	$L^{-1}T^2\epsilon^{-1}$	L^2MQ^{-2}
$L^{-2}T^2\epsilon^{-1}\gamma^2$	μ_*	μ_*	$LMQ^{-2}\gamma^2$
$L^{3/2}M^{1/2}T^{-2}\epsilon^{1/2}\gamma^{-1}$	$L^{1/2}M^{1/2}T^{-1}\mu_*^{-1/2}$	$L^{1/2}M^{1/2}T^{-1}\mu_*^{-1/2}$	$T^{-1}Q\gamma^{-1}$
$L^{1/2}M^{1/2}T^{-2}\epsilon^{1/2}\gamma^{-1}$	$L^{-1/2}M^{1/2}T^{-1}\mu_*^{-1/2}$	$L^{-1/2}M^{1/2}T^{-1}\mu_*^{-1/2}$	$L^{-1}T^{-1}Q\gamma^{-1}$
$L^{-1/2}M^{1/2}\epsilon^{-1/2}\gamma$	$L^{1/2}M^{1/2}T^{-1}\mu_*^{1/2}$	$L^{1/2}M^{1/2}T^{-1}\mu_*^{1/2}$	$LMT^{-1}Q^{-1}\gamma$
$L^{-3/2}M^{1/2}\epsilon^{-1/2}\gamma$	$L^{-1/2}M^{1/2}T^{-1}\mu_*^{1/2}$	$L^{-1/2}M^{1/2}T^{-1}\mu_*^{1/2}$	$MT^{-1}Q^{-1}\gamma$
$L^{1/2}M^{1/2}\epsilon^{-1/2}\gamma$	$L^{3/2}M^{1/2}T^{-1}\mu_*^{1/2}$	$L^{3/2}M^{1/2}T^{-1}\mu_*^{1/2}$	$L^2MT^{-1}Q^{-1}\gamma$
$L^{-3/2}M^{1/2}\epsilon^{-1/2}\gamma$	$L^{-1/2}M^{1/2}T^{-1}\mu_*^{1/2}$	$L^{-1/2}M^{1/2}T^{-1}\mu_*^{1/2}$	$MT^{-1}Q^{-1}\gamma$
$L^{3/2}M^{1/2}\epsilon^{-1/2}\gamma$	$L^{5/2}M^{1/2}T^{-1}\mu_*^{1/2}$	$L^{5/2}M^{1/2}T^{-1}\mu_*^{1/2}$	$L^3MT^{-1}Q^{-1}\gamma$
$L^{1/2}M^{1/2}\epsilon^{-1/2}\gamma$	$L^{3/2}M^{1/2}T^{-1}\mu_*^{1/2}$	$L^{3/2}M^{1/2}T^{-1}\mu_*^{1/2}$	$L^2MT^{-1}Q^{-1}\gamma$
$L^{1/2}M^{1/2}T^{-2}\epsilon^{1/2}\gamma^{-1}$	$L^{-1/2}M^{1/2}T^{-1}\mu_*^{-1/2}$	$L^{-1/2}M^{1/2}T^{-1}\mu_*^{-1/2}$	$L^{-1}T^{-1}Q\gamma^{-1}$
$L^{-1}T^2\epsilon^{-1}\gamma^2$	$L\mu_*$	$L\mu_*$	$L^2MQ^{-2}\gamma^2$
γ	γ	$LT^{-1}\epsilon^{1/2}\mu_*^{1/2}$	γ
$L^{-1}T^2\epsilon^{-1}\gamma$	$L\mu_*\gamma^{-1}$	$T\epsilon^{-1/2}\mu_*^{1/2}$	$L^2MQ^{-2}\gamma$
MT^{-3}	MT^{-3}	MT^{-3}	MT^{-3}

…tibilität sind in sämtlichen Dimensionssystemen dimensionslos.

Tafel 24. Verknüpfungsrelationen zwischen Dreier-, Vierer- und Fünfer-Größen (siehe Abschnitt 4, II, 5a; S. 201, 203)

Größenart	Rationale oder nicht-rationale Dreier-Größen [1)			Vierer-Größen		Rationale oder nicht-rationale Fünfer-Größen [2)
	elektrostatische	elektromagnetische	symmetrische	rationale	nicht-rationale	
1	2	3	4	5	6	7
Absolute Dielektrizitätskonstante	—	—	—	$_r\varepsilon$ =	$_n\varepsilon/4\pi$ =	ε_*/ψ
Elektrische Spannung	$U_e/\sqrt{\chi_r\varepsilon_0}$ =	$U_m/\sqrt{\chi/_r\mu_0}$ =	$U_g/\sqrt{\chi_r\varepsilon_0}$ =	$_rU$ =	$_nU$ =	U_*
Elektrische Stromstärke	$I_e \cdot \sqrt{\chi_r\varepsilon_0}$ =	$I_m \cdot \sqrt{\chi/_r\mu_0}$ =	$I_g \cdot \sqrt{\chi_r\varepsilon_0}$ =	$_rI$ =	$_nI$ =	I_*
Elektrische Stromdichte	$G_e \cdot \sqrt{\chi_r\varepsilon_0}$ =	$G_m \cdot \sqrt{\chi/_r\mu_0}$ =	$G_g \cdot \sqrt{\chi_r\varepsilon_0}$ =	$_rG$ =	$_nG$ =	G_*
Elektrische Feldstärke	$E_e/\sqrt{\chi_r\varepsilon_0}$ =	$E_m/\sqrt{\chi/_r\mu_0}$ =	$E_g/\sqrt{\chi_r\varepsilon_0}$ =	$_rE$ =	$_nE$ =	E_*
Elektrische Verschiebung	$D_e \cdot \sqrt{\chi_r\varepsilon_0}/v_e$ =	$D_m \cdot \sqrt{\chi/_r\mu_0}/v_e$ =	$D_g \cdot \sqrt{\chi_r\varepsilon_0}/v_e$ =	$_rD$ =	$_nD/4\pi$ =	D_*/ψ
Elektrischer Verschiebungsfluß	$\Psi_e \cdot \sqrt{\chi_r\varepsilon_0}/v_e$ =	$\Psi_m \cdot \sqrt{\chi/_r\mu_0}/v_e$ =	$\Psi_g \cdot \sqrt{\chi_r\varepsilon_0}/v_e$ =	$_r\Psi$ =	$_n\Psi/4\pi$ =	Ψ_*/ψ
Elektrische Polarisation	$P_e \cdot \sqrt{\chi_r\varepsilon_0}/\lambda$ =	$P_m \cdot \sqrt{\chi/_r\mu_0}/\lambda$ =	$P_g \cdot \sqrt{\chi_r\varepsilon_0}/\lambda$ =	$_rP$ =	$_nP$ =	P_*
Elektrisches Moment	$P_e \cdot \sqrt{\chi_r\varepsilon_0}$ =	$P_m \cdot \sqrt{\chi/_r\mu_0}$ =	$P_g \cdot \sqrt{\chi_r\varepsilon_0}$ =	$_nP$ =	$_nP$ =	P_*
Elektrische Suszeptibilität	$_n\chi \cdot \chi/\lambda$ =	$_n\chi \cdot \chi/\lambda$ =	$_n\chi \cdot \chi/\lambda$ =	$_r\chi$ =	$4\pi_n\chi$ =	$\chi_* \cdot \psi$
Elektrische Ladung	$Q_e \cdot \sqrt{\chi_r\varepsilon_0}$ =	$Q_m \cdot \sqrt{\chi/_r\mu_0}$ =	$Q_g \cdot \sqrt{\chi_r\varepsilon_0}$ =	$_rQ$ =	$_nQ$ =	Q_*
Elektrische Raumladungsdichte	$\eta_e \cdot \sqrt{\chi_r\varepsilon_0}$ =	$\eta_m \cdot \sqrt{\chi/_r\mu_0}$ =	$\eta_g \cdot \sqrt{\chi_r\varepsilon_0}$ =	$_r\eta$ =	$_n\eta$ =	η_*
Kapazität	$C_e \cdot \chi_r\varepsilon_0$ =	$C_m \cdot \chi/_r\mu_0$ =	$C_g \cdot \chi_r\varepsilon_0$ =	$_rC$ =	$_nC$ =	C_*
Elektrischer Widerstand	$R_e/(\chi_r\varepsilon_0)$ =	$R_m \cdot {}_r\mu_0/\chi$ =	$R_g/(\chi_r\varepsilon_0)$ =	$_rR$ =	$_nR$ =	R_*
Spezifischer elektrischer Widerstand	$\varrho_e/(\chi_r\varepsilon_0)$ =	$\varrho_m \cdot {}_r\mu_0/\chi$ =	$\varrho_g/(\chi_r\varepsilon_0)$ =	$_r\varrho$ =	$_n\varrho$ =	ϱ_*
Elektrische Leitfähigkeit	$\sigma_e \cdot \chi_r\varepsilon_0$ =	$\sigma_m \cdot \chi/_r\mu_0$ =	$\sigma_g \cdot \chi_r\varepsilon_0$ =	$_r\sigma$ =	$_n\sigma$ =	σ_*
(Elektrische) Induktivität	$^eL_e/(\chi_r\varepsilon_0)$ =	$^eL_m \cdot {}_r\mu_0/\chi$ =	$^eL_g/(\chi_r\varepsilon_0)$ =	^e_rL =	^e_nL =	$^eL_*$

Absolute Permeabilität	$-$	$-$	$-$	$_r\mu$	$4\pi{}_n\mu$	$\mu_* \cdot \dot\psi/\gamma^2$
Magnetische Spannung	$V_s/\sqrt{\chi/_r\varepsilon_0}$	$V_m/\sqrt{\chi_r\mu_0}$	$V_g/\sqrt{\chi_r\mu_0}$	$_rV$	$_nV/4\pi$	$V_* \cdot \gamma/\psi$
Magnetische Feldstärke	$H_s/\sqrt{\chi/_r\varepsilon_0}$	$H_m/\sqrt{\chi_r\mu_0}$	$H_g/\sqrt{\chi_r\mu_0}$	$_rH$	$_nH/4\pi$	$H_* \cdot \gamma/\psi$
Magnetisches Vektorpotential	$A_s \cdot \sqrt{\chi/_r\varepsilon_0}/v_m$	$A_m \cdot \sqrt{\chi_r\mu_0}/v_m$	$A_g \cdot \sqrt{\chi_r\mu_0}/v_m$	$_rA$	$_nA$	A_*/γ
Magnetische Induktion	$B_s \cdot \sqrt{\chi/_r\varepsilon_0}/v_m$	$B_m \cdot \sqrt{\chi_r\mu_0}/v_m$	$B_g \cdot \sqrt{\chi_r\mu_0}/v_m$	$_rB$	$_nB$	B_*/γ
Magnetischer Induktionsfluß	$\Phi_s \cdot \sqrt{\chi/_r\varepsilon_0}/v_m$	$\Phi_m \cdot \sqrt{\chi_r\mu_0}/v_m$	$\Phi_g \cdot \sqrt{\chi_r\mu_0}/v_m$	$_r\Phi$	$_n\Phi$	Φ_*/γ
Magnetische Polarisation	$J_s \cdot \sqrt{\chi/_r\varepsilon_0}/\lambda$	$J_m \cdot \sqrt{\chi_r\mu_0}/\lambda$	$J_g \cdot \sqrt{\chi_r\mu_0}/\lambda$	$_rJ$	$4\pi{}_nJ$	$J_* \cdot \psi/\gamma$
(Coulombsches) magnetisches Moment	$m_{Hs} \cdot \sqrt{\chi/_r\varepsilon_0}$	$m_{Hm} \cdot \sqrt{\chi_r\mu_0}$	$m_{Hg} \cdot \sqrt{\chi_r\mu_0}$	$_rm_H$	$4\pi{}_nm_H$	$m_* \cdot \psi/\gamma$
(Coulombsche) magnetische Polstärke	$p_s \cdot \sqrt{\chi/_r\varepsilon_0}$	$p_m \cdot \sqrt{\chi_r\mu_0}$	$p_g \cdot \sqrt{\chi_r\mu_0}$	$_rp$	$4\pi{}_np$	$p_* \cdot \psi/\gamma$
Magnetisierung	$M_s \cdot \sqrt{\chi_r\varepsilon_0}/\lambda$	$M_m \cdot \sqrt{\chi/_r\mu_0}/\lambda$	$M_g \cdot \sqrt{\chi/_r\mu_0}/\lambda$	$_rM$	$_nM$	$M_* \cdot \gamma$
(Ampèresches) magnetisches Moment	$m_{Bs} \cdot \sqrt{\chi_r\varepsilon_0}$	$m_{Bm} \cdot \sqrt{\chi/_r\mu_0}$	$m_{Bg} \cdot \sqrt{\chi/_r\mu_0}$	$_rm_B$	$_nm_B$	$-$
(Ampèresche) magnetische Polstärke	$m_s \cdot \sqrt{\chi_r\varepsilon_0}$	$m_m \cdot \sqrt{\chi/_r\mu_0}$	$m_g \cdot \sqrt{\chi/_r\mu_0}$	$_rm$	$_nm$	$-$
Magnetische Suszeptibilität	$_n\varkappa \cdot \chi/\lambda$	$_n\varkappa \cdot \chi/\lambda$	$_n\varkappa \cdot \chi/\lambda$	$_r\varkappa$	$4\pi{}_n\varkappa$	$\varkappa_* \cdot \psi$
Magnetischer Leitwert	$\Lambda_s \cdot \chi/(v_m{}_r\varepsilon_0)$	$\Lambda_m \cdot \chi_r\mu_0/v_m$	$\Lambda_g \cdot \chi_r\mu_0/v_m$	$_r\Lambda$	$4\pi{}_n\Lambda$	$\Lambda_* \cdot \psi/\gamma^2$
Elektromagnetische Verkettung	$-$	$-$	$-$	$-$	$-$	γ
(Elektromagnetische) Induktivität	$^mL_s/(v_m{}_r\varepsilon_0)$	$^mL_m \cdot _r\mu_0/v_m$	$^mL_g \cdot _r\mu_0/v_m$	^m_rL	^m_nL	$^mL_*/\gamma$
Poynting-Vektor	S	S	S	S	S	S
Entelektrisierungs- und Entmagnetisierungsfaktor [S 49a]	$_nN \cdot \lambda/\chi$	$_nN \cdot \lambda/\chi$	$_nN \cdot \lambda/\chi$	$_rN$	$_nN/4\pi$	N_*/ψ

[1] Werte der Zuordnungskoeffizienten χ, v_e, v_m, λ für rationale $(X_{s,m,g} \to {}_rX_{s,m,g})$, teil- oder nicht-rationale $(X_{s,m,g} \to {}_nX_{s,m,g})$ Größeneinführung in Tabelle 14.

[2] Für nicht-rationale Größeneinführung $(X_* \to {}_nX_*)$ ist der Rationalisierungskoeffizient ψ gleich 4π, für rationale Größeneinführung $(X_* \to {}_rX_*)$ gleich 1 zu setzen.

Tafel 25. *Einheitensysteme für elektrostatische* (X_s), *elektromagnetische* (X_m) *und symmetrische* (X_g) *Dreier-Größen* [1]): esE, emE, Q.E., utE, Gaußsche Einheiten, Lorentz-Einheiten (siehe Abschnitt 4, III, 1; S. 212, 213, 214, 215)

Elektrostatische Dreier-Größen		Elektromagnetische Dreier-Größen				Symmetrische Dreier-Größen		
Formel-zeichen	kohärente CGS-Einheit = esE	Formel-zeichen	kohärente CGS-Einheit = emE	kohärente Quadrant-Einheit = Q.E.	nicht-kohärente ursprünglich technische Einheit = utE	Formel-zeichen	kohärente CGS-Einheit = Gaußsche Einheit	nicht-kohärente rationale Lorentz-Einheit [2])
1	2	3	4	5	6	7	8	9
U_s	$cm^{1/2}g^{1/2}s^{-1}$	U_m	$cm^{3/2}g^{1/2}s^{-2}$	10^8 emE $=$ Volt	1 Q.E. $= 10^8$ emE $=$ Volt	U_g	$cm^{1/2}g^{1/2}s^{-1}$	$(4\pi)^{1/2}cm^{1/2}g^{1/2}s^{-1}$
I_s	$cm^{3/2}g^{1/2}s^{-2}$	I_m	$cm^{1/2}g^{1/2}s^{-1}$	10^{-1} emE $=$ Ampère	1 Q.E. $= 10^{-1}$ emE $=$ Ampère	I_g	$cm^{3/2}g^{1/2}s^{-2}$	$(4\pi)^{-1/2}cm^{3/2}g^{1/2}s^{-2}$
G_s	$cm^{-1/2}g^{1/2}s^{-2}$	G_m	$cm^{-3/2}g^{1/2}s^{-1}$	10^{-19} emE	10^{18} Q.E. $= 10^{-1}$ emE $=$ Ampère/cm²	G_g	$cm^{-1/2}g^{1/2}s^{-2}$	$(4\pi)^{-1/2}cm^{-1/2}g^{1/2}s^{-2}$
E_s	$cm^{-1/2}g^{1/2}s^{-1}$	E_m	$cm^{1/2}g^{1/2}s^{-2}$	10^{-1} emE	10^9 Q.E. $= 10^8$ emE $=$ Volt/cm	E_g	$cm^{-1/2}g^{1/2}s^{-1}$	$(4\pi)^{1/2}cm^{-1/2}g^{1/2}s^{-1}$
D_s	$cm^{-1/2}g^{1/2}s^{-1}$	D_m	$cm^{-3/2}g^{1/2}$	10^{-19} emE	10^{18} Q.E. $= 10^{-1}$ emE $=$ Coulomb/cm²	D_g	$cm^{-1/2}g^{1/2}s^{-1}$	$(4\pi)^{1/2}cm^{-1/2}g^{1/2}s^{-1}$
Ψ_s	$cm^{3/2}g^{1/2}s^{-1}$	Ψ_m	$cm^{1/2}g^{1/2}$	10^{-1} emE	1 Q.E. $= 10^{-1}$ emE $=$ Coulomb	Ψ_g	$cm^{3/2}g^{1/2}s^{-1}$	$(4\pi)^{1/2}cm^{3/2}g^{1/2}s^{-1}$
P_s	$cm^{-1/2}g^{1/2}s^{-1}$	P_m	$cm^{-3/2}g^{1/2}$	10^{-19} emE	10^{18} Q.E. $= 10^{-1}$ emE $=$ Coulomb/cm²	P_g	$cm^{-1/2}g^{1/2}s^{-1}$	$(4\pi)^{-1/2}cm^{-1/2}g^{1/2}s^{-1}$
p_s	$cm^{5/2}g^{1/2}s^{-1}$	p_m	$cm^{3/2}g^{1/2}$	10^8 emE	10^{-9} Q.E. $= 10^{-1}$ emE $=$ Coulomb·cm	p_g	$cm^{5/2}g^{1/2}s^{-1}$	$(4\pi)^{-1/2}cm^{5/2}g^{1/2}s^{-1}$
Q_s	$cm^{3/2}g^{1/2}s^{-1}$	Q_m	$cm^{1/2}g^{1/2}$	10^{-1} emE $=$ Coulomb	1 Q.E. $= 10^{-1}$ emE $=$ Coulomb	Q_g	$cm^{3/2}g^{1/2}s^{-1}$	$(4\pi)^{-1/2}cm^{3/2}g^{1/2}s^{-1}$
η_s	$cm^{-3/2}g^{1/2}s^{-1}$	η_m	$cm^{-5/2}g^{1/2}$	10^{-28} emE	10^{27} Q.E. $= 10^{-1}$ emE $=$ Coulomb/cm³	η_g	$cm^{-3/2}g^{1/2}s^{-1}$	$(4\pi)^{-1/2}cm^{-3/2}g^{1/2}s^{-1}$
C_s	cm	C_m	$cm^{-1}s^2$	10^{-9} emE $=$ Farad	1 Q.E. $= 10^{-9}$ emE $=$ Farad	C_g	cm	$(4\pi)^{-1}cm$
R_s	$cm^{-1}s$	R_m	$cm\,s^{-1}$	10^9 emE $=$ Ohm	1 Q.E. $= 10^9$ emE $=$ Ohm	R_g	$cm^{-1}s$	$4\pi\,cm^{-1}s$
ϱ_s	s	ϱ_m	cm^2s^{-1}	10^{18} emE	10^{-9} Q.E. $= 10^9$ emE $=$ Ohm · cm	ϱ_g	s	$4\pi\,s$
σ_s	s^{-1}	σ_m	$cm^{-2}s$	10^{-18} emE	10^9 Q.E. $= 10^{-9}$ emE $=$ Ohm^{-1} · cm^{-1}	σ_g	s^{-1}	$(4\pi)^{-1}s^{-1}$
^eL_s	$cm^{-1}s^2$	^eL_m	cm	10^9 emE $=$ Henry	1 Q.E. $= 10^9$ emE $=$ Henry	—	—	—

V_s	$cm^{3/2}g^{1/2}s^{-2}$	V_m	$cm^{1/2}g^{1/2}s^{-1} = Gb$	10^{-1} emE	1 emE = Gilbert	V_g	$cm^{1/2}g^{1/2}s^{-1}$	$(4\pi)^{1/2}cm^{1/2}g^{1/2}s^{-1}$
H_s	$cm^{1/2}g^{1/2}s^{-2}$	H_m	$cm^{-1/2}g^{1/2}s^{-1} = Oe$	10^{-10} emE	1 emE = Oersted	H_g	$cm^{-1/2}g^{1/2}s^{-1}$	$(4\pi)^{1/2}cm^{-1/2}g^{1/2}s^{-1}$
A_s	$cm^{-1/2}g^{1/2}$	A_m	$cm^{1/2}g^{1/2}s^{-1}$	10^{-1} emE	1 emE = Gauß · cm	A_g	$cm^{1/2}g^{1/2}s^{-1}$	$(4\pi)^{1/2}cm^{1/2}g^{1/2}s^{-1}$
B_s	$cm^{-3/2}g^{1/2}$	B_m	$cm^{-1/2}g^{1/2}s^{-1} = Gs$	10^{-10} emE	1 emE = Gauß	B_g	$cm^{-1/2}g^{1/2}s^{-1}$	$(4\pi)^{1/2}cm^{-1/2}g^{1/2}s^{-1}$
Φ_s	$cm^{1/2}g^{1/2}$	Φ_m	$cm^{3/2}g^{1/2}s^{-1} = Mx$	10^8 emE	1 emE = Maxwell	Φ_g	$cm^{3/2}g^{1/2}s^{-1}$	$(4\pi)^{1/2}cm^{3/2}g^{1/2}s^{-1}$
J_s	$cm^{-3/2}g^{1/2}$	J_m	$cm^{-1/2}g^{1/2}s^{-1}$	10^{-10} emE	1 emE = Gauß	J_g	$cm^{-1/2}g^{1/2}s^{-1}$	$(4\pi)^{-1/2}cm^{-1/2}g^{1/2}s^{-1}$
m_{Hs}	$cm^{3/2}g^{1/2}$	m_{Hm}	$cm^{5/2}g^{1/2}s^{-1}$	10^{17} emE	1 emE = Gauß · cm³	m_{Hg}	$cm^{5/2}g^{1/2}s^{-1}$	$(4\pi)^{-1/2}cm^{5/2}g^{1/2}s^{-1}$
p_s	$cm^{1/2}g^{1/2}$	p_m	$cm^{3/2}g^{1/2}s^{-1}$	10^8 emE	1 emE = Gauß · cm²	p_g	$cm^{3/2}g^{1/2}s^{-1}$	$(4\pi)^{-1/2}cm^{3/2}g^{1/2}s^{-1}$
M_s	$cm^{1/2}g^{1/2}s^{-2}$	M_m	$cm^{-1/2}g^{1/2}s^{-1}$	10^{-10} emE	1 emE = Oersted	M_g	$cm^{-1/2}g^{1/2}s^{-1}$	$(4\pi)^{-1/2}cm^{-1/2}g^{1/2}s^{-1}$
m_{Bs}	$cm^{7/2}g^{1/2}s^{-2}$	m_{Bm}	$cm^{5/2}g^{1/2}s^{-1}$	10^{17} emE	1 emE = Oersted · cm³	m_{Bg}	$cm^{5/2}g^{1/2}s^{-1}$	$(4\pi)^{-1/2}cm^{5/2}g^{1/2}s^{-1}$
m_s	$cm^{5/2}g^{1/2}s^{-2}$	m_m	$cm^{3/2}g^{1/2}s^{-1}$	10^8 emE	1 emE = Oersted · cm²	m_g	$cm^{3/2}g^{1/2}s^{-1}$	$(4\pi)^{-1/2}cm^{3/2}g^{1/2}s^{-1}$
Λ_s	$cm^{-1}s^2$	Λ_m	cm	10^9 emE	1 emE = Maxwell/Gilbert	Λ_g	cm	4π cm
^mL_s	$cm^{-1}s^2$	^mL_m	cm	—	—	^mL_g	cm	4π cm
S	gs^{-3}	S	gs^{-3}	10^{-11} emE	10^7 emE = Watt/cm²	S	$g\,s^{-3}$	$g\,s^{-3}$
P	cm^2gs^{-3}	P	cm^2gs^{-3}	10^7 erg/s = Watt	10^7 erg/s = Watt	P	$cm^2g\,s^{-3}$	$cm^2g\,s^{-2}$
W	$cm^2gs^{-2} = erg$	W	$cm^2gs^{-2} = erg$	10^7 erg = Joule	10^7 erg = Joule	W	$cm^2g\,s^{-2} = erg$	$cm^2\,g\,s^{-2} = erg$
F	$cmgs^{-2} = dyn$	F	$cmgs^{-2} = dyn$	10^{-2} dyn	10^7 dyn = Joule/cm	F	$cm\,g\,s^{-2} = dyn$	$cm\,g\,s^{-2} = dyn$

¹) **Relative Dielektrizitätskonstante** und elektrische Suszeptibilität, relative Permeabilität und magnetische Suszeptibilität werden als dimensionslose Größen in der Zählungseinheit 1 gemessen [*Ausnahme*: siehe Fußnote ²) zu den rationalen Lorentz-Einheiten].

²) **„Rationalisiert"** gegenüber der „nach Gauß teil-rationalen" Gleichungenschreibweise mit den Werten $\chi = \nu_e = \nu_m = 4\pi$ und $\lambda = 1$ für die Zuordnungskoeffizienten (Reihe 2 der Tabelle 14; S. 147); elektrische und magnetische Suszeptibilität werden in der Zählungseinheit $(4\pi)^{-1}$ gemessen.

Tafel 26. Umrechnungsfaktoren der Zahlenwerte elektrischer und magnetischer Größenarten, definiert als Dreier- und Vierer-
(siehe Abschnitt 4, III, 4; S. 235)

Der Zahlenwert der Größenart, bezeichnet als	definiert als nicht-rational eingeführte elektrostatische Dreier-Größe [1),	
	Formelzeichen	gemessen in esE [2)], ist zu multiplizieren mit
1	2	3
Absolute Dielektrizitätskonstante	—	—
Elektrische Spannung	U_s	$10^{-8} \cdot \{c_0\} = 2{,}9979 \cdot 10^2$
Elektrische Stromstärke	I_s	$10/\{c_0\} = 3{,}3356 \cdot 10^{-10}$
Elektrische Stromdichte	G_s	$10^5/\{c_0\} = 3{,}3356 \cdot 10^{-6}$
Elektrische Feldstärke	E_s	$10^{-6} \cdot \{c_0\} = 2{,}9979 \cdot 10^4$
Elektrische Verschiebung	D_s	$10^5/4\pi\{c_0\} = 2{,}6544 \cdot 10^{-7}$
Elektrischer Verschiebungsfluß	Ψ_s	$10/4\pi\{c_0\} = 2{,}6544 \cdot 10^{-11}$
Elektrische Polarisation	P_s	$10^5/\{c_0\} = 3{,}3356 \cdot 10^{-6}$
Elektrisches Moment	p_s	$10^{-1}/\{c_0\} = 3{,}3356 \cdot 10^{-12}$
Elektrische Suszeptibilität	$_n\chi$ [5)]	$4\pi = 1{,}256637 \cdot 10$
Elektrische Ladung	Q_s	$10/\{c_0\} = 3{,}3356 \cdot 10^{-10}$
Elektrische Raumladungsdichte	η_s	$10^7/\{c_0\} = 3{,}3356 \cdot 10^{-4}$
Kapazität	C_s	$10^9/\{c_0\}^2 = 1{,}1127 \cdot 10^{-12}$
Elektrischer Widerstand	R_s	$10^{-9} \cdot \{c_0\}^2 = 0{,}8988 \cdot 10^{12}$
Spezifischer elektrischer Widerstand	ϱ_s	$10^{-11} \cdot \{c_0\}^2 = 0{,}8988 \cdot 10^{10}$
Elektrische Leitfähigkeit	σ_s	$10^{11}/\{c_0\}^2 = 1{,}1127 \cdot 10^{-10}$
(Elektrische) Induktivität	$^e L_s$	$10^{-9} \cdot \{c_0\}^2 = 0{,}8988 \cdot 10^{12}$
Absolute Permeabilität	—	—
Magnetische Spannung	V_s	$10/4\pi\{c_0\} = 2{,}6544 \cdot 10^{-11}$
Magnetische Feldstärke	H_s	$10^3/4\pi\{c_0\} = 2{,}6544 \cdot 10^{-9}$
Magnetisches Vektorpotential	A_s	$10^{-6} \cdot \{c_0\} = 2{,}9979 \cdot 10^4$
Magnetische Induktion	B_s	$10^{-4} \cdot \{c_0\} = 2{,}9979 \cdot 10^6$
Magnetischer Induktionsfluß	Φ_s	$10^{-8} \cdot \{c_0\} = 2{,}9979 \cdot 10^2$
Magnetische Polarisation	J_s	$4\pi \cdot 10^{-4} \cdot \{c_0\} = 3{,}7673 \cdot 10^7$
(Coulombsches) magnetisches Moment	m_{Hs}	$4\pi \cdot 10^{-10} \{c_0\} = 3{,}7673 \cdot 10$
(Coulombsche) magnetische Polstärke	p_s	$4\pi \cdot 10^{-8} \cdot \{c_0\} = 3{,}7673 \cdot 10^3$
Magnetisierung	M_s	$10^3/\{c_0\} = 3{,}3356 \cdot 10^{-8}$
(Ampèresches) magnetisches Moment	m_{Bs}	$10^{-3}/\{c_0\} = 3{,}3356 \cdot 10^{-14}$
(Ampèresche) magnetische Polstärke	m_s	$10^{-1}/\{c_0\} = 3{,}3356 \cdot 10^{-12}$
Magnetische Suszeptibilität	$_n\chi$ [5)]	$4\pi = 1{,}256637 \cdot 10$
Magnetischer Leitwert	Λ_s	$4\pi \cdot 10^{-9} \cdot \{c_0\}^2 = 1{,}1294 \cdot 10^{12}$
(Elektromagnetische) Induktivität	$^m L_s$	$10^{-9} \cdot \{c_0\}^2 = 0{,}8988 \cdot 10^{12}$
Poynting-Vektor	S	10^{-3}
Entelektrisierungs- und Entmagnetisierungsfaktor *[S 49a]*	$_n N$ [5)]	$1/4\pi = 0{,}795775 \cdot 10^{-1}$

[1)] Teil-rational nach *Gauß* mit den Werten $\chi = \nu_e = \nu_m = 4\pi$ und $\lambda = 1$ für die Zuordnungskoeffizienten (Reihe 2

[2)] Siehe Spalte 2 der Tafel 25.   [3)] Siehe Spalte 4 der Tafel 25.   [4)] Siehe Spalte 6 der Tafel 25.

[5)] Wegen der nicht-rational eingeführten Suszeptibilitäten und Entpolarisierungsfaktoren siehe Spalten 2 bis 4 der
Die zur gesamten Tafel 26 gehörenden Spalten 7 bis 11 sind auf S. 414 und 415 abgedruckt.

Größen und gemessen in verschiedenen Einheitensystemen: esE, emE, utE, m-s-V_{int}-A_{int}-*System*, MKSA-*System*

Formelzeichen	gemessen in emE [2]), ist zu multiplizieren mit	gemessen in utE [4]), ist zu multiplizieren mit
	definiert als nicht-rational eingeführte elektromagnetische Dreier-Größe [1]),	
4	5	6
—	—	—
U_m	10^{-8}	1
I_m	10	1
G_m	10^5	10^4
E_m	10^{-6}	10^2
D_m	$10^5/4\,\pi = 0{,}795\,77\underline{5} \cdot 10^4$	$10^4/4\,\pi = 0{,}795\,77\underline{5} \cdot 10^3$
Ψ_m	$10/4\,\pi = 0{,}795\,77\underline{5}$	$1/4\,\pi = 0{,}795\,77\underline{5} \cdot 10^{-1}$
P_m	10^5	10^4
P_m	10^{-1}	10^{-2}
$_n\chi$ [5])	$4\,\pi = 1{,}256\,637 \cdot 10$	$4\,\pi = 1{,}256\,637 \cdot 10$
Q_m	10	1
η_m	10^7	10^6
C_m	10^9	1
R_m	10^{-9}	1
ϱ_m	10^{-11}	10^{-2}
σ_m	10^{11}	10^2
^eL_m	10^{-9}	1
—	—	—
V_m	$10/4\,\pi = 0{,}795\,77\underline{5}$	$10/4\,\pi = 0{,}795\,77\underline{5}$
H_m	$10^3/4\,\pi = 0{,}795\,77\underline{5} \cdot 10^2$	$10^3/4\,\pi = 0{,}795\,77\underline{5} \cdot 10^2$
A_m	10^{-6}	10^{-6}
B_m	10^{-4}	10^{-4}
Φ_m	10^{-8}	10^{-8}
J_m	$4\,\pi \cdot 10^{-4} = 1{,}256\,637 \cdot 10^{-3}$	$4\,\pi \cdot 10^{-4} = 1{,}256\,637 \cdot 10^{-3}$
^mH_m	$4\,\pi \cdot 10^{-10} = 1{,}256\,637 \cdot 10^{-9}$	$4\,\pi \cdot 10^{-10} = 1{,}256\,637 \cdot 10^{-9}$
p_m	$4\,\pi \cdot 10^{-8} = 1{,}256\,637 \cdot 10^{-7}$	$4\,\pi \cdot 10^{-8} = 1{,}256\,637 \cdot 10^{-7}$
M_m	10^3	10^3
^mB_m	10^{-3}	10^{-3}
m_m	10^{-1}	10^{-1}
$_n\varkappa$ [5])	$4\,\pi = 1{,}256\,637 \cdot 10$	$4\,\pi = 1{,}256\,637 \cdot 10$
Λ_m	$4\,\pi \cdot 10^{-9} = 1{,}256\,637 \cdot 10^{-8}$	$4\,\pi \cdot 10^{-9} = 1{,}256\,637 \cdot 10^{-8}$
^mL_m	10^{-9}	—
S	10^{-3}	10^{-3}
$_nN$ [5])	$1/4\,\pi = 0{,}795\,77\underline{5} \cdot 10^{-1}$	$1/4\,\pi = 0{,}795\,77\underline{5} \cdot 10^{-1}$

der Tabelle 14; S. 147) eingeführt.

Tafel 24 und Fußnote [1]) zu Tafel 25.

Tafel 26 (Fortsetzung)

Der Zahlenwert der Größenart, bezeichnet als	Formelzeichen	definiert als rational ein- gemessen in der Einheit des $m\text{-}s\text{-}V_{int}\text{-}A_{int}$-Systems
1	7	8
Absolute Dielektrizitätskonstante	ε	$m^{-1}\,s\,V_{int}^{-1}\,A_{int} = F_{int}/m$
Elektrische Spannung	U	V_{int}
Elektrische Stromstärke	I	A_{int}
Elektrische Stromdichte	G	A_{int}/m^2
Elektrische Feldstärke	E	V_{int}/m
Elektrische Verschiebung	D	$m^{-2}\,s\,A_{int} = C_{int}/m^2$
Elektrischer Verschiebungsfluß	Ψ	$s\,A_{int} = C_{int}$
Elektrische Polarisation	P	$m^{-2}\,s\,A_{int} = C_{int}/m^2$
Elektrisches Moment	P	$m\,s\,A_{int} = C_{int}\,m$
Elektrische Suszeptibilität	χ	1
Elektrische Ladung	Q	$s\,A_{int} = C_{int}$
Elektrische Raumladungsdichte	η	$m^{-3}\,s\,A_{int} = C_{int}/m^3$
Kapazität	C	$s\,V_{int}^{-1}\,A_{int} = F_{int}$
Elektrischer Widerstand	R	$V_{int}\,A_{int}^{-1} = \Omega_{int}$
Spezifischer elektrischer Widerstand	ϱ	$m\,V_{int}\,A_{int}^{-1} = \Omega_{int}\,m$
Elektrische Leitfähigkeit	σ	$m^{-1}\,V_{int}^{-1}\,A_{int} = S_{int}/m$
(Elektrische) Induktivität	^{e}L	$s\,V_{int}\,A_{int}^{-1} = H_{int}$
Absolute Permeabilität	μ	$m^{-1}\,s\,V_{int}\,A_{int}^{-1} = H_{int}/m$
Magnetische Spannung	V	A_{int}
Magnetische Feldstärke	H	A_{int}/m
Magnetisches Vektorpotential	A	$m^{-1}\,s\,V_{int} = Wb_{int}/m$
Magnetische Induktion	B	$m^{-2}\,s\,V_{int} = Wb_{int}/m^2$
Magnetischer Induktionsfluß	Φ	$s\,V_{int} = Wb_{int}$
Magnetische Polarisation	J	$m^{-2}\,s\,V_{int} = Wb_{int}/m^2$
(Coulombsches) magnetisches Moment	m_H	$m\,s\,V_{int} = Wb_{int}\,m$
(Coulombsche) magnetische Polstärke	p	$s\,V_{int} = Wb_{int}$
Magnetisierung	M	A_{int}/m
(Ampèresches) magnetisches Moment	m_B	$A_{int}\,m^2$
(Ampèresche) magnetische Polstärke	m	$A_{int}\,m$
Magnetische Suszeptibilität	$\varkappa$	1
Magnetischer Leitwert	Λ	$s\,V_{int}\,A_{int}^{-1} = H_{int}$
(Elektromagnetische) Induktivität	^{m}L	$s\,V_{int}\,A_{int}^{-1} = H_{int}$
Poynting-Vektor	S	$m^{-2}\,V_{int}\,A_{int} = W_{int}/m^2$
Entelektrisierungs- und Entmagnetisierungsfaktor *[S 49a]*	N	1

geführte Vierer-Größe,	um den entsprechenden Zahlenwert der rational eingeführten Vierer-Größe zu erhalten,	
ist zu multiplizieren mit	Formelzeichen	gemessen in der Einheit des MKSA-Systems
9	10	11
$1/p = 0,99951$	ε	$\mathrm{m}^{-3}\,\mathrm{kg}^{-1}\,\mathrm{s}^4\,\mathrm{A}^2 = \mathrm{F/m}$
$pq = 1,00034$	U	$\mathrm{m}^2\,\mathrm{kg}\,\mathrm{s}^{-3}\,\mathrm{A}^{-1} = \mathrm{V}$
$q = 0,99985$	I	A
$q = 0,99985$	G	$\mathrm{A/m}^2$
$pq = 1,00034$	E	$\mathrm{m}\,\mathrm{kg}\,\mathrm{s}^{-3}\,\mathrm{A}^{-1} = \mathrm{V/m}$
$q = 0,99985$	D	$\mathrm{m}^{-2}\,\mathrm{s}\,\mathrm{A} = \mathrm{C/m}^2$
$q = 0,99985$	Ψ	$\mathrm{s}\,\mathrm{A} = \mathrm{C}$
$q = 0,99985$	P	$\mathrm{m}^{-2}\,\mathrm{s}\,\mathrm{A} = \mathrm{C/m}^2$
$q = 0,99985$	p	$\mathrm{m}\,\mathrm{s}\,\mathrm{A} = \mathrm{C\,m}$
1	χ	1
$q = 0,99985$	Q	$\mathrm{s}\,\mathrm{A} = \mathrm{C}$
$q = 0,99985$	η	$\mathrm{m}^{-3}\,\mathrm{s}\,\mathrm{A} = \mathrm{C/m}^3$
$1/p = 0,99951$	C	$\mathrm{m}^{-2}\,\mathrm{kg}^{-1}\,\mathrm{s}^4\,\mathrm{A}^2 = \mathrm{F}$
$p = 1,00049$	R	$\mathrm{m}^2\,\mathrm{kg}\,\mathrm{s}^{-3}\,\mathrm{A}^{-2} = \Omega$
$p = 1,00049$	ϱ	$\mathrm{m}^3\,\mathrm{kg}\,\mathrm{s}^{-3}\,\mathrm{A}^{-2} = \Omega\,\mathrm{m}$
$1/p = 0,99951$	σ	$\mathrm{m}^{-3}\,\mathrm{kg}^{-1}\,\mathrm{s}^3\,\mathrm{A}^2 = \mathrm{S/m}$
$p = 1,00049$	^{e}L	$\mathrm{m}^2\,\mathrm{kg}\,\mathrm{s}^{-2}\,\mathrm{A}^{-2} = \mathrm{H}$
$p = 1,00049$	μ	$\mathrm{m}\,\mathrm{kg}\,\mathrm{s}^{-2}\,\mathrm{A}^{-2} = \mathrm{H/m}$
$q = 0,99985$	V	A
$q = 0,99985$	H	$\mathrm{A/m}$
$pq = 1,00034$	A	$\mathrm{m}\,\mathrm{kg}\,\mathrm{s}^{-2}\,\mathrm{A}^{-1} = \mathrm{Wb/m}$
$pq = 1,00034$	B	$\mathrm{kg}\,\mathrm{s}^{-2}\,\mathrm{A}^{-1} = \mathrm{Wb/m}^2$
$pq = 1,00034$	Φ	$\mathrm{m}^2\,\mathrm{kg}\,\mathrm{s}^{-2}\,\mathrm{A}^{-1} = \mathrm{Wb}$
$pq = 1,00034$	J	$\mathrm{kg}\,\mathrm{s}^{-2}\,\mathrm{A}^{-1} = \mathrm{Wb/m}^2$
$pq = 1,00034$	m_H	$\mathrm{m}^3\,\mathrm{kg}\,\mathrm{s}^{-2}\,\mathrm{A}^{-1} = \mathrm{Wb\,m}$
$pq = 1,00034$	p	$\mathrm{m}^2\,\mathrm{kg}\,\mathrm{s}^{-2}\,\mathrm{A}^{-1} = \mathrm{Wb}$
$q = 0,99985$	M	$\mathrm{A/m}$
$q = 0,99985$	m_B	$\mathrm{A\,m}^2$
$q = 0,99985$	m	$\mathrm{A\,m}$
1	$\varkappa$	1
$p = 1,00049$	Λ	$\mathrm{m}^2\,\mathrm{kg}\,\mathrm{s}^{-2}\,\mathrm{A}^{-2} = \mathrm{H}$
$p = 1,00049$	^{m}L	$\mathrm{m}^2\,\mathrm{kg}\,\mathrm{s}^{-2}\,\mathrm{A}^{-2} = \mathrm{H}$
$pq^2 = 1,00019$	S	$\mathrm{kg}\,\mathrm{s}^{-3} = \mathrm{W/m}^2$
1	N	1

Tafel 27. *Akustische und phonometrische Größenarten* (siehe Abschnitte 5, I, 1 und 2; S. 239 und 241)

Bezeichnung der Größenart oder Größe	Formelzeichen	Definitionsbeziehung	Gebräuchliche Einheit
1	2	3	4
Physikalisch-akustische Größenarten			
Zeit	t	—	s
Frequenz	f	—	$\mathrm{Hz} = \mathrm{s}^{-1}$
Kreisfrequenz	ω	$\omega = 2\pi f$	s^{-1}
Wellenlänge	λ	$\lambda = \dfrac{c}{f}$	m
Schallgeschwindigkeit	c	$c = \sqrt{\dfrac{d\,\lvert p\rvert}{d\varrho}}$	m/s
Radius einer Kugelwelle	r	—	m
Volumen	τ, V	—	cm³
Masse	m	—	g
Statische Dichte des Schallmediums	ϱ	$\varrho = \dfrac{dm}{d\tau}$	g/cm³
Schallausschlag	a	$a = \lvert a\rvert\, e^{j\omega t}$	cm
Schallschnelle	v	$v = \dfrac{da}{dt} = \lvert v\rvert e^{j\omega t}; \quad \lvert v\rvert = \omega\,\lvert a\rvert$	cm/s
Schalldruck	p	$p = \lvert p\rvert\, e^{j(\omega t + \varphi)}; \quad \lvert p\rvert = \varrho c\,\lvert v\rvert$	$\mu\mathrm{bar} = \mathrm{dyn/cm}^2$
Phasenwinkel zwischen Schnelle und Druck	φ	$\operatorname{tg}\varphi = \dfrac{\lambda}{2\pi r}$	rad
Spezifische Schallimpedanz	Z_s, W	$Z_s = \dfrac{p}{v}$	$\left.\dfrac{\mu\mathrm{bar}}{\mathrm{cm/s}}\ (= \mathrm{Rayl})\right.$
Schallkennwiderstand	Z_0, W_0	$Z_0 = \varrho c$	
Strömungsquerschnitt	S	—	cm²
Schallfluß	q	$q = vS$	cm³/s
Akustische Impedanz	Z	$Z = \dfrac{p}{q}$	$\dfrac{\mu\mathrm{bar}}{\mathrm{cm}^3/\mathrm{s}}\ (= \mathrm{ak.\ Ohm})$
Antreibende Kraft	F	$F = \displaystyle\int p\,dS$	dyn
Mechanische Impedanz	Z_m, w	$Z_m = \dfrac{F}{v}$	$\dfrac{\mathrm{dyn}}{\mathrm{cm/s}}\ (= \mathrm{mech.\ Ohm})$
Schallenergie	W	—	erg
Schalldichte	E	$E = \dfrac{\omega}{2\pi}\displaystyle\int_0^{2\pi/\omega}\dfrac{dW}{d\tau}\,dt = \dfrac{J}{c}$	erg/cm³

Schalleistung	P	$P = \int J\,dS$	μW
Schallstärke (Schallintensität)	J	$J = \dfrac{\omega}{2\pi} \displaystyle\int_0^{2\pi/\omega} Re\{p\}\,Re\{v\}\,dt = \dfrac{\lvert p\rvert\,\lvert v\rvert}{2}\cos\varphi$	
		$= p_{eff}\,v_{eff}\cos\varphi = \dfrac{p_{eff}^2}{\varrho c}$	μW/cm^2

Raumakustische Größen

Raumvolumen	V	—	m^3
Wandfläche	S	—	m^2
Schallreflexionsgrad	ϱ	$\varrho = \dfrac{\text{zurückgeworfene Schalleistung}}{\text{auftreffende Schalleistung}}$	1
Schallabsorptionsgrad	α	$\alpha = 1 - \varrho$	1
Schallabsorptionsvermögen	A	$A = \sum \alpha_\nu\,S_\nu$	m^2
Schalltransmissionsgrad	τ	$\alpha = \tau + \delta$	1
Schalldissipationsgrad	δ		
Schallabsorptionskoeffizient (Dämpfungskonstante)	α'	$J = J_0\,e^{-2\alpha' x}$	m^{-1}
Nachhallzeit	T	$T = K\,\dfrac{V}{A}$	s
Nachhallkonstante für Luft bei 20 °C und 760 Torr	K	$K = 0{,}162\ \text{s/m}$	s/m
Schallpegeldifferenz	$D\,(\varDelta L)$	$D = \varDelta L = 10\lg\dfrac{E_1}{E_2} = 20\lg\left\lvert\dfrac{p_1}{p_2}\right\rvert$	dB = 1
Schallisolationsmaß	R	$R = -10\lg\tau = 10\lg\dfrac{E_1}{E_2} + 10\lg\dfrac{S}{A}$	dB = 1

Phonometrische Größen

Lautstärke (Schalldruckpegel)	L	$L = 20\lg\dfrac{p'_{eff}}{p_{0\,eff}} = 10\lg\dfrac{J'}{J_0}$	phon = 1
Effektiver Schalldruck des als gleichlaut festgestellten Normalschalles	p'_{eff}	Normalschall = ebene fortschreitende Schallwelle von $f_n = 10^3$ Hz	μbar
Effektivwert des Bezugsschalldruckes (Hörschwelle für den Normalton $f_n = 10^3$ Hz)	$p_{0\,eff}$	$p_{0\,eff} = 2 \cdot 10^{-4}\ \mu\text{bar}$	
Schallstärke des als gleichlaut festgestellten Normalschalles für $\varrho c = 40$ Rayl	J'	$J' = \dfrac{p'^2_{eff}}{\varrho c}$	μW/cm^2
Bezugsschallstärke für $\varrho c = 40$ Rayl (Luft von 20 °C und 735 Torr)	J_0	$J_0 = \dfrac{p_{0\,eff}^2}{\varrho c} = 1 \cdot 10^{-10}\ \mu\text{W/cm}^2$	
DIN-Lautstärke	L_{DIN}	gemessen mit dem DIN-Lautstärkemesser	phon$_{DIN}$ = 1
Lautheit	N	subjektiv bewertet gegenüber Normalschall der Lautstärke L	sone = 1

Tafel 28. Zahlenmäßige Beziehungen zwischen Werten der Lautstärke L und den zugehörigen Werten des als gleichlaut empfundenen Normalschalles (Abschnitt 5, I, 2a; S. 245)

L: gemessene Lautstärke des zu untersuchenden Schalles

J':   Schallstärke des als gleichlaut empfundenen Normalschalles

p'_{eff}: effektiver Druck des als gleichlaut empfundenen Normalschalles

v'_{eff}: effektive Schallschnelle des als gleichlaut empfundenen Normalschalles

a'_{eff}: effektiver Schallausschlag des als gleichlaut empfundenen Normalschalles

L in phon	J' in W/cm²	p'_{eff} in μbar	v'_{eff} in cm/s	a'_{eff} in cm
0	10^{-16}	$2 \cdot 10^{-4}$	$5 \cdot 10^{-6}$	$0{,}8 \cdot 10^{-9}$
10	10^{-15}	$0{,}63 \cdot 10^{-3}$	$1{,}6 \cdot 10^{-5}$	$2{,}5 \cdot 10^{-9}$
20	10^{-14}	$2 \cdot 10^{-3}$	$5 \cdot 10^{-5}$	$0{,}8 \cdot 10^{-8}$
30	10^{-13}	$0{,}63 \cdot 10^{-2}$	$1{,}6 \cdot 10^{-4}$	$2{,}5 \cdot 10^{-8}$
40	10^{-12}	$2 \cdot 10^{-2}$	$5 \cdot 10^{-4}$	$0{,}8 \cdot 10^{-7}$
50	10^{-11}	$0{,}63 \cdot 10^{-1}$	$1{,}6 \cdot 10^{-3}$	$2{,}5 \cdot 10^{-7}$
60	10^{-10}	$2 \cdot 10^{-1}$	$5 \cdot 10^{-3}$	$0{,}8 \cdot 10^{-6}$
70	10^{-9}	$0{,}63$	$1{,}6 \cdot 10^{-2}$	$2{,}5 \cdot 10^{-6}$
80	10^{-8}	2	$5 \cdot 10^{-2}$	$0{,}8 \cdot 10^{-5}$
90	10^{-7}	$0{,}63 \cdot 10$	$1{,}6 \cdot 10^{-1}$	$2{,}5 \cdot 10^{-5}$
100	10^{-6}	$2 \cdot 10$	$5 \cdot 10^{-1}$	$0{,}8 \cdot 10^{-4}$
120	10^{-5}	$0{,}63 \cdot 10^2$	$1{,}6$	$2{,}5 \cdot 10^{-4}$
130	10^{-4}	$2 \cdot 10^2$	5	$0{,}8 \cdot 10^{-3}$

Zur Interpolation der zugehörigen J'-, p'_{eff}-, v'_{eff}- und a'_{eff}-Werte für L-Werte von phon zu phon dient die folgende Interpolationstabelle:

L in phon	J' in 10^{-10} W/cm²	p'_{eff} in μbar	v'_{eff} in 10^{-3} cm/s	a'_{eff} in 10^{-6} cm
60	1,00	0,200	0,500	0,796
61	1,26	0,224	0,561	0,893
62	1,58	0,252	0,629	1,002
63	2,00	0,283	0,706	1,124
64	2,51	0,317	0,792	1,261
65	3,16	0,356	0,889	1,415
66	3,98	0,399	0,998	1,588
67	5,01	0,448	1,119	1,782
68	6,31	0,502	1,256	1,999
69	7,94	0,564	1,409	2,243
70	10,0	0,632	1,581	2,516
71	12,6	0,710	1,774	2,824
72	15,8	0,796	1,991	3,186
73	20,0	0,893	2,233	3,555
74	25,1	1,002	2,506	3,988
75	31,6	1,125	2,812	4,475
76	39,8	1,262	3,155	5,02
77	50,1	1,416	3,540	5,63
78	63,1	1,589	3,972	6,32
79	79,4	1,783	4,456	7,09
80	100,0	2,000	5,000	7,96

Tafel 29. Schwingungszahlen der musikalischen Töne in verschiedenen Stimmungen (Abschnitt 5, I, 3; S. 253)

Ton	Frequenz f in Hz im Oktavenbereich										Frequenzverhältnis $\frac{f}{f_c}$
	C_2-C_1	C_1-C	$C-c$	$c-c^1$	c^1-c^2	c^2-c^3	c^3-c^4	c^4-c^5	c^5-c^6	c^6-c^7	
a) Schwingungszahlen der reinen Durskala in physikalischer Stimmung; Basiswert $f_{c^1} = 2^8$ Hz $= 256$ Hz											
c	16	32	64	128	256	512	1024	2048	4096	8192	1
d	18	36	92	144	288	576	1152	2304	4608	9216	9/8 $=$ 1,125000
e	20	40	80	160	320	640	1280	2560	5120	10240	5/4 $=$ 1,250000
f	$21^1/_3$	$42^2/_3$	$85^1/_3$	$170^2/_3$	$341^1/_3$	$682^2/_3$	$1365^1/_3$	$2730^2/_3$	$5461^1/_3$	$10922^2/_3$	4/3 $=$ 1,333333
g	24	48	96	192	384	768	1536	3072	6144	12288	3/2 $=$ 1,500000
a	$26^2/_3$	$53^1/_3$	$106^2/_3$	$213^1/_3$	$426^2/_3$	$853^1/_3$	$1706^2/_3$	$3413^1/_3$	$6826^2/_3$	$13653^1/_3$	5/3 $=$ 1,666667
h	30	60	120	240	480	960	1920	3840	7680	15360	15/8 $=$ 1,875000
c'	32	64	128	256	512	1024	2048	4096	8192	16384	2
b) Schwingungszahlen in gleichbleibend temperierter Stimmung; Basiswert: $f_{a^1} = 435$ Hz											
c	16,1658	32,3316	64,6631	129,3263	258,6525	517,3051	1034,6102	2069,2204	4138,4408	8276,8815	$2^{0/12} = 1,000000$
cis	17,1270	34,2541	68,5082	137,0164	274,0328	553,0657	1096,1313	2192,2626	4384,5253	8769,0505	$2^{1/12} = 1,059463$
d	18,1455	36,2910	72,5819	145,1638	290,3277	580,6553	1161,3107	2322,6213	4645,2427	9290,4854	$2^{2/12} = 1,122462$
dis	19,2245	38,4489	76,8979	153,7957	307,5915	615,1829	1230,3658	2460,7316	4921,4632	9842,9264	$2^{3/12} = 1,189207$
e	20,3676	40,7352	81,4704	162,9409	325,8818	651,7636	1303,5272	2607,0543	5214,1086	10428,2173	$2^{4/12} = 1,259921$
f	21,5787	43,1575	86,3149	172,6299	345,2597	690,5195	1381,0389	2762,0778	5524,1557	11048,3113	$2^{5/12} = 1,334840$
fis	22,8619	45,7237	91,4475	182,8950	365,7899	731,5799	1463,1598	2926,3195	5852,6390	11705,2781	$2^{6/12} = 1,414214$
g	24,2213	48,4426	96,8852	193,7705	387,5409	775,0819	1550,1638	3100,3275	6200,6551	12401,3102	$2^{7/12} = 1,498307$
gis	25,6616	51,3232	102,6463	205,2927	410,5853	821,1707	1642,3413	3284,6826	6569,3652	13138,7304	$2^{8/12} = 1,587401$
a	27,1875	54,3750	108,7500	217,5000	435,0000	870,0000	1740,0000	3480,0000	6960,0000	13920,0000	$2^{9/12} = 1,681793$
ais	28,8042	57,6083	115,2166	230,4332	460,8664	921,7329	1843,4658	3686,9316	7373,8631	14747,7263	$2^{10/12} = 1,781797$
h	30,5169	61,0339	122,0677	244,1355	488,2710	976,5420	1953,0840	3906,1679	7812,3359	15624,6717	$2^{11/12} = 1,887749$
c'	32,3316	64,6631	129,3263	258,6525	517,3051	1034,6102	2069,2204	4138,4408	8276,8815	16553,7630	$2^{12/12} = 2,000000$
c) Schwingungszahlen in gleichbleibend temperierter Stimmung; Basiswert: $f_{a^1} = 440$ Hz											
c	16,3516	32,7032	65,4064	130,8128	261,6256	523,2511	1046,5023	2093,0045	4186,0090	8372,0181	$2^{0/12} = 1,000000$
cis	17,3239	34,6478	69,2957	138,5913	277,1826	554,3653	1108,7305	2217,4610	4434,9221	8869,8442	$2^{1/12} = 1,059463$
d	18,3540	36,7081	73,4162	146,8324	293,6648	587,3295	1174,6591	2349,3181	4698,6363	9397,2726	$2^{2/12} = 1,122462$
dis	19,4454	38,8909	77,7817	155,5635	311,1270	622,2540	1244,5079	2489,0159	4978,0317	9956,0635	$2^{3/12} = 1,189207$
e	20,6017	41,2034	82,4069	164,8138	329,6276	659,2551	1318,5102	2637,0205	5274,0409	10548,0818	$2^{4/12} = 1,259921$
f	21,8268	43,6535	87,3071	174,6141	349,2282	698,4565	1396,9129	2793,8259	5587,6517	11175,3034	$2^{5/12} = 1,334840$
fis	23,1247	46,2493	92,4986	184,9972	369,9947	739,9888	1479,9777	2959,9554	5919,9108	11839,8215	$2^{6/12} = 1,414214$
g	24,4997	48,9994	97,9989	195,9977	391,9954	783,9909	1567,9817	3135,9635	6271,9270	12543,8540	$2^{7/12} = 1,498307$
gis	25,9565	51,9131	103,8262	207,6523	415,3047	830,6094	1661,2188	3322,4376	6644,8752	13289,7503	$2^{8/12} = 1,587401$
a	27,5000	55,0000	110,0000	220,0000	440,0000	880,0000	1760,0000	3520,0000	7040,0000	14080,0000	$2^{9/12} = 1,681793$
ais	29,1352	58,2705	116,5409	233,0819	466,1638	932,3275	1864,6550	3729,3101	7458,6202	14917,2404	$2^{10/12} = 1,781797$
h	30,8677	61,7354	123,4708	246,9417	493,8833	987,7666	1975,5332	3951,0664	7902,1328	15804,2656	$2^{11/12} = 1,887749$
c'	32,7032	65,4064	130,8128	261,6256	523,2511	1046,5023	2093,0045	4186,0090	8372,0181	16744,0362	$2^{12/12} = 2,000000$

Tafel 30. *Physikalische Strahlungsgrößenarten und photometrische Größenarten* (siehe Abschnitte 5, II, 1, 2e u. 3 und 7, 10; S. 254, 263, 270, 271, 364)

Bezeichnung der Größenart	Formel-zeichen	Definitionsbeziehung	Dimensionsprodukt im Dimensionssystem LTWBQ	Gebräuchliche Einheiten
1	2	3	4	5
Physikalische Strahlungsgrößenarten				
Zeit	t	—	T	s oder h
Frequenz	ν	—	T^{-1}	Hz
Wellenlänge (im Vakuum)	$\lambda\ (\lambda_0)$	—	L	nm oder Å
Lichtgeschwindigkeit (im Vakuum)	$c\ (c_0)$	$c = \nu\lambda$	LT^{-1}	cm/s oder m/s
Leuchtendes Flächenelement (Ausstrahlung)	$da,\ dA_1$	—	L^2	cm²
Beleuchtetes Flächenelement (Einstrahlung)	$dA,\ dA_2$	—	L^2	m²
Ausstrahlungswinkel gegen Flächennormale	ε	—	1	rad
Einstrahlungswinkel gegen Flächennormale	ι	—	1	rad
Raumwinkelelement der Ausstrahlung	$d\omega,\ d\omega_1$	—	Ω	sr
Raumwinkelelement der Einstrahlung	$d\Omega,\ d\omega_2$	—	Ω	sr
Strahlungsfluß (Strahlungsleistung) [1]	Φ_e	—	$T^{-1}W$	erg/s oder W
Spektraler Strahlungsfluß	$\Phi_{e\lambda}$	$\Phi_{e\lambda} = \dfrac{d\Phi_e}{d\lambda}$	$L^{-1}T^{-1}W$	$\dfrac{\text{erg}}{\text{s nm}}$ oder $\dfrac{\text{W}}{\text{Å}}$
Strahlstärke	I_e	$I_e = \dfrac{d\Phi_e}{d\omega}$	$T^{-1}W\Omega^{-1}$	$\dfrac{\text{erg}}{\text{s sr}}$ oder $\dfrac{\text{W}}{\text{sr}}$
Spektrale Strahlstärke	$I_{e\lambda}$	$I_{e\lambda} = \dfrac{dI_e}{d\lambda}$	$L^{-1}T^{-1}W\Omega^{-1}$	$\dfrac{\text{erg}}{\text{s nm sr}}$ oder $\dfrac{\text{W}}{\text{Å sr}}$
Strahldichte	$B_e,\ L_e$	$B_e = \dfrac{d^2\Phi_e}{da\cos\varepsilon\,d\omega} = \dfrac{dI_e}{da\cos\varepsilon}$	$L^{-2}T^{-1}W\Omega^{-1}$	$\dfrac{\text{erg}}{\text{s cm}^2\,\text{sr}}$ oder $\dfrac{\text{W}}{\text{m}^2\,\text{sr}}$
Spektrale Strahldichte	$B_{e\lambda},\ L_{e\lambda}$	$B_{e\lambda} = \dfrac{dB_e}{d\lambda}$	$L^{-3}T^{-1}W\Omega^{-1}$	$\dfrac{\text{erg}}{\text{s cm}^2\,\text{sr nm}}$ oder $\dfrac{\text{W}}{\text{m}^2\,\text{sr Å}}$
eines Schwarzen Strahlers der Temperatur T bei $\varepsilon = 0$ für unpolarisierte Strahlung [2]	$S_{T,\lambda}$	$\displaystyle\int (S_{T,\lambda}\,d\lambda)\,d\omega = \dfrac{2\pi c_1}{\lambda^5}\ \dfrac{d\lambda}{e^{c_2/\lambda T} - 1}$		
Spezifische Ausstrahlung	$R_e,\ M_e$	$R_e = \dfrac{d\Phi_e}{da}$	$L^{-2}T^{-1}W$	$\dfrac{\text{erg}}{\text{s cm}^2}$ oder $\dfrac{\text{W}}{\text{m}^2}$
Bestrahlungsstärke	E_e	$E_e = \dfrac{d\Phi_e}{dA}$	$L^{-2}T^{-1}W$	$\dfrac{\text{erg}}{\text{s cm}^2}$ oder $\dfrac{\text{W}}{\text{m}^2}$
Physikalischer Wirkungsgrad einer Lichtquelle (Strahlungsausbeute)	η_e	$\eta_e = \dfrac{\Phi_e}{P_{aufg}}$	1	Zählungseinheit 1
Spektraler physikalischer Wirkungsgrad (spektrale Strahlungsausbeute)	$\eta_{e\lambda}$	$\eta_{e\lambda} = \dfrac{d\eta_e}{d\lambda} = \dfrac{\Phi_{e\lambda}}{P_{aufg}}$	L^{-1}	nm⁻¹ oder Å⁻¹

Photometrische Größenarten

Photometrische Größenarten				
Lichtstrom	Φ	$\Phi = K_m \int\int\int B_{e\lambda}\,V_\lambda \cos\varepsilon\,d\omega\,da\,d\lambda = K_m \int\int I_{e\lambda}\,V_\lambda\,d\omega\,d\lambda$	$L^2 B\Omega$	lm
Lichtmenge	Q	$Q = \int \Phi\,dt$	$L^2 TB\Omega$	lm h
Lichtstärke	I	$I = \dfrac{d\Phi}{d\omega}$	$L^2 B$	cd
Leuchtdichte	B, L	$B = \dfrac{d^2\Phi}{da\cos\varepsilon\,d\omega} = K_m \int B_{e\lambda}\,V_\lambda\,d\lambda$	B	sb
Dunkelleuchtdichte	B'	$B' = \dfrac{d^2\Phi'}{da\cos\varepsilon\,d\omega} = K_m \int B_{e\lambda}\,V'_\lambda\,d\lambda$	B	sk
Spezifische Lichtausstrahlung	R, M	$R = \dfrac{d\Phi}{da} = \int B_\varepsilon \cos\varepsilon\,d\omega$	$B\Omega$	ph
Beleuchtungsstärke	E	$E = \dfrac{d\Phi}{dA} = \int B_\varepsilon \cos\iota\,d\Omega$	$B\Omega$	lx
Dunkelbeleuchtungsstärke	E'	$E' = \dfrac{d\Phi'}{dA} = \int B'_\varepsilon \cos\iota\,d\Omega$	$B\Omega$	nx
Belichtung	Q_E	$Q_E = \int E\,dt = \dfrac{dQ}{dA}$	$TB\Omega$	lx s
Lichtausbeute einer Lichtquelle	η	$\eta = \dfrac{\Phi}{P_\text{aufg}} = K_m \int \eta_{e\lambda}\,V_\lambda\,d\lambda$	$L^2 TW^{-1} B\Omega$	$\dfrac{\text{lm s}}{\text{erg}}$ oder $\dfrac{\text{lm}}{\text{W}}$
Spektraler Hellempfindlichkeitsgrad .... bei Dunkelanpassung	V_λ V'_λ	$\big\}$ international festgelegt für den Standard-Beobachter $\big\}$ 1		Zählungseinheit 1
Spektrale Lichtausbeute einer Strahlung (spektrales photometrisches Strahlungsäquivalent .	K_λ	$K_\lambda = \dfrac{\Phi_\lambda}{\Phi_{e\lambda}} = K_m \cdot V_\lambda$	$L^2 TW^{-1} B\Omega$	$\dfrac{\text{lm s}}{\text{erg}}$ oder $\dfrac{\text{lm}}{\text{W}}$
bei Dunkelanpassung	K'_λ	$K'_\lambda = \dfrac{\Phi'_\lambda}{\Phi_{e\lambda}} = K_m \cdot V'_\lambda$	$L^2 TW^{-1} B\Omega$	$\dfrac{\text{cm}^2 \text{ sk sr s}}{\text{erg}}$ oder $\dfrac{\text{m}^2 \text{ sk sr}}{\text{W}}$

1) Definition siehe S. 254.   2) Siehe auch Tafel 18, S. 389.

Bezeichnung der Größenart	Formel-zeichen	Definitionsbeziehung	Dimensionsprodukt im Dimensionssystem LTWBΩ	Gebräuchliche Einheiten
1	2	3	4	5
Photometrisches Strahlungsäquivalent	K_m	$K_m = \dfrac{K_\lambda}{V_\lambda} = (K_\lambda)_{max} = K_{555\,nm}$	$L^2TW^{-1}B\Omega$	$\dfrac{lm\,s}{erg}$ oder $\dfrac{lm}{W}$
bei Dunkelanpassung	K_m	$K_m = \dfrac{K'_\lambda}{V'_\lambda} = (K'_\lambda)_{max} = K'_{507\,nm}$	$L^2TW^{-1}B\Omega$	$\dfrac{cm^2\,sk\,sr\,s}{erg}$ oder $\dfrac{cm^2\,sk\,sr}{W}$
(Mechanisches) Lichtäquivalent	M	$M = 1/K_m$	$L^{-2}T^{-1}WB^{-1}\Omega^{-1}$	$\dfrac{erg}{s\,lm}$ oder $\dfrac{W}{lm}$
bei Dunkelanpassung	M	$M = 1/K_m$	$L^{-2}T^{-1}WB^{-1}\Omega^{-2}$	$\dfrac{erg}{cm^2\,sk\,sr\,s}$ oder $\dfrac{W}{cm^2\,sk\,sr}$
Reflexionsgrad (-zahl)	ϱ	$\varrho = \dfrac{\Phi_\varrho}{\Phi}$	1	Zählungseinheit 1
Absorptionsgrad (-zahl)	α	$\alpha = \dfrac{\Phi_\alpha}{\Phi}$; $\Phi_\varrho + \Phi_\alpha + \Phi_\tau = \Phi$	1	Zählungseinheit 1
Transmissionsgrad (Durchlaßzahl)	τ	$\tau = \dfrac{\Phi_\tau}{\Phi}$; $\varrho + \alpha + \tau = 1$	1	Zählungseinheit 1
Visueller Nutzeffekt	W	$W = \dfrac{\Phi}{\Phi_e} = \dfrac{\int \Phi_{e\lambda}K_\lambda\,d\lambda}{\int \Phi_{e\lambda}\,d\lambda}$	$L^2TW^{-1}B\Omega$	$\dfrac{lm\,s}{erg}$ oder $\dfrac{lm}{W}$
der sichtbaren Strahlung	W_s	$W_s = \dfrac{\int_{380\,nm}^{780\,nm} \Phi_{e\lambda}K_\lambda\,d\lambda}{\int_{380\,nm}^{780\,nm} \Phi_{e\lambda}\,d\lambda}$	$L^2TW^{-1}B\Omega$	$\dfrac{lm\,s}{erg}$ oder $\dfrac{lm}{W}$

Tafel 31. Relative spektrale Augenempfindlichkeit (siehe Abschnitt 5, II, 1; S. 255, 256)

a) Spektraler Hellempfindlichkeitsgrad V_λ

λ in nm	V_λ	λ in nm	V_λ
		600	0,631
		610	0,503
		620	0,381
380	0	630	0,265
390	$1 \cdot 10^{-4}$	640	0,175
400	$4 \cdot 10^{-4}$	650	0,107
410	$1,2 \cdot 10^{-3}$	660	$6,1 \cdot 10^{-2}$
420	$4,0 \cdot 10^{-3}$	670	$3,2 \cdot 10^{-2}$
430	$1,16 \cdot 10^{-2}$	680	$1,7 \cdot 10^{-2}$
440	$2,3 \cdot 10^{-2}$	690	$8,2 \cdot 10^{-3}$
450	$3,8 \cdot 10^{-2}$	700	$4,1 \cdot 10^{-3}$
460	$6,0 \cdot 10^{-2}$	710	$2,1 \cdot 10^{-3}$
470	$9,1 \cdot 10^{-2}$	720	$1,05 \cdot 10^{-3}$
480	0,139	730	$5,2 \cdot 10^{-4}$
490	0,208	740	$2,5 \cdot 10^{-4}$
500	0,323	750	$1,2 \cdot 10^{-4}$
510	0,503	760	$6 \cdot 10^{-5}$
520	0,710	770	$3 \cdot 10^{-5}$
530	0,862	780	$1,5 \cdot 10^{-5}$
540	0,954		
550	0,995		
555	1,000		
560	0,995		
570	0,952		
580	0,870		
590	0,757		

b) Von Hoffmann ausgeglichene V_λ-Werte

λ in nm	V_λ	λ in nm	V_λ
		650	0,1065
		660	$6,02 \cdot 10^{-2}$
		670	$3,22 \cdot 10^{-2}$
380	$4,1 \cdot 10^{-5}$	680	$1,66 \cdot 10^{-2}$
390	$1,22 \cdot 10^{-4}$	690	$8,35 \cdot 10^{-3}$
400	$3,9 \cdot 10^{-4}$	700	$4,17 \cdot 10^{-3}$
410	$1,30 \cdot 10^{-3}$	710	$2,07 \cdot 10^{-3}$
420	$4,12 \cdot 10^{-3}$	720	$1,028 \cdot 10^{-3}$
430	$1,13 \cdot 10^{-2}$	730	$5,07 \cdot 10^{-4}$
440	$2,38 \cdot 10^{-2}$	740	$2,49 \cdot 10^{-4}$
450	$3,93 \cdot 10^{-2}$	750	$1,22 \cdot 10^{-4}$
460	$6,02 \cdot 10^{-2}$	760	$6,0 \cdot 10^{-5}$
470	$9,04 \cdot 10^{-2}$	770	$2,97 \cdot 10^{-5}$
480	0,1361	780	$1,49 \cdot 10^{-5}$
490	0,2074	790	$7,61 \cdot 10^{-6}$
500	0,3226	800	$3,92 \cdot 10^{-6}$
510	0,5018	810	$2,04 \cdot 10^{-6}$
520	0,7083	820	$1,06 \cdot 10^{-6}$
530	0,8628	830	$5,48 \cdot 10^{-7}$
540	0,9538	840	$2,82 \cdot 10^{-7}$
550	0,9950	850	$1,46 \cdot 10^{-7}$
560	0,9949	860	$7,72 \cdot 10^{-8}$
570	0,9523	870	$4,17 \cdot 10^{-8}$
580	0,8690	880	$2,33 \cdot 10^{-8}$
590	0,7570	890	$1,33 \cdot 10^{-8}$
600	0,6309	900	$7,73 \cdot 10^{-9}$
610	0,5030	910	$4,50 \cdot 10^{-9}$
620	0,3802	920	$2,63 \cdot 10^{-9}$
630	0,2685	930	$1,55 \cdot 10^{-9}$
640	0,1754	940	$9,27 \cdot 10^{-10}$
		950	$5,65 \cdot 10^{-10}$

c) Spektraler Hellempfindlichkeitsgrad bei Dunkelanpassung V'_λ

λ in nm	V'_λ	λ in um	V'_λ
		600	$3,315 \cdot 10^{-2}$
		610	$1,593 \cdot 10^{-2}$
		620	$7,37 \cdot 10^{-3}$
380	$5,89 \cdot 10^{-4}$	630	$3,335 \cdot 10^{-3}$
390	$2,209 \cdot 10^{-3}$	640	$1,497 \cdot 10^{-3}$
400	$9,29 \cdot 10^{-3}$	650	$6,77 \cdot 10^{-4}$
410	$3,484 \cdot 10^{-2}$	660	$3,129 \cdot 10^{-4}$
420	$9,66 \cdot 10^{-2}$	670	$1,480 \cdot 10^{-4}$
430	0,1998	680	$7,15 \cdot 10^{-5}$
440	0,3281	690	$3,533 \cdot 10^{-5}$
450	0,455	700	$1,780 \cdot 10^{-5}$
460	0,567	710	$9,14 \cdot 10^{-6}$
470	0,676	720	$4,78 \cdot 10^{-6}$
480	0,793	730	$2,546 \cdot 10^{-6}$
490	0,904	740	$1,379 \cdot 10^{-6}$
500	0,982	750	$7,60 \cdot 10^{-7}$
507	1,000	760	$4,25 \cdot 10^{-7}$
510	0,997	770	$2,41 \cdot 10^{-7}$
520	0,935	780	$1,39 \cdot 10^{-7}$
530	0,811		
540	0,650		
550	0,481		
560	0,3288		
570	0,2076		
580	0,1212		
590	$6,55 \cdot 10^{-2}$		

Tafel 32. *Umrechnungsfaktoren der Zahlenwerte für photometrische Größen* (siehe Abschnitt **5**, II, 2 d; S. 269)

a) Umrechnungsfaktoren der Zahlenwerte für die Leuchtdichte B.

Benutzungsbeispiel. Gegeben: $B = 6$ mla;   Tafelbenutzung: $x = \{B\}_{asb} = 10 \cdot \{B\}_{mla} = 10 \cdot 6 = 60$

Gesucht: $B = x$ asb;   Ergebnis: $B = 60$ asb

Gegebener Zahlenwert \\ Gesuchter Zahlenwert	$\{B\}_{sb}$	$\{B\}_{asb}$	$\{B\}_{la}$	$\{B\}_{mla}$	$\{B\}_{ftla}$
$\{B\}_{sb}$	1	$3{,}141593 \cdot 10^4$	$3{,}141593$	$3{,}141593 \cdot 10^3$	$2{,}918635 \cdot 10^3$
$\{B\}_{asb}$	$3{,}183099 \cdot 10^{-5}$	1	10^{-4}	10^{-1}	$0{,}929030 \cdot 10^{-1}$
$\{B\}_{la}$	$3{,}183099 \cdot 10^{-1}$	10^4	1	10^3	$0{,}929030 \cdot 10^3$
$\{B\}_{mla}$	$3{,}183099 \cdot 10^{-4}$	10	10^{-3}	1	$0{,}929030$
$\{B\}_{ftla}$	$3{,}426259 \cdot 10^{-4}$	$1{,}076391 \cdot 10$	$1{,}076391 \cdot 10^{-3}$	$1{,}076391$	1

b) Umrechnungsfaktoren der Zahlenwerte für die Beleuchtungsstärke E.

Benutzungsbeispiel.   Gegeben: $E = 10$ footcandle;   Tafelbenutzung: $x = \{E\}_{lx} = 1{,}076391 \cdot 10 \cdot \{E\}_{footcandle}$
$$= 10{,}76391 \cdot 10 = 107{,}6391$$

Gesucht: $E = x$ lx;   Ergebnis: $E = 107{,}6391$ lx

Gegebener Zahlenwert \\ Gesuchter Zahlenwert	$\{E\}_{lx}$	$\{E\}_{footcandle}$	$\{E\}_{ph}$	$\{E\}_{mph}$
$\{E\}_{lx}$	1	$0{,}929030 \cdot 10^{-1}$	10^{-4}	10^{-1}
$\{E\}_{footcandle}$	$1{,}076391 \cdot 10$	1	$1{,}076391 \cdot 10^{-3}$	$1{,}076391$
$\{E\}_{ph}$	10^4	$0{,}929030 \cdot 10^3$	1	10^3
$\{E\}_{mph}$	10	$0{,}929030$	10^{-3}	1

c) Umrechnungsfaktoren [1]) der Zahlenwerte für die Lichtstärke I bei der Farbtemperatur $T_f = 2042{,}5\ °$K

Benutzungsbeispiel.   Gegeben: $I = 2$ HK;   Tafelbenutzung: $x = \{I\}_{cd} = 0{,}903\ \{I\}_{HK}$
$$= 0{,}903 \cdot 2 = 1{,}806$$

Gesucht: $I = x$ cd;   Ergebnis: $I = 1{,}806$ cd

Gegebener Zahlenwert \\ Gesuchter Zahlenwert	$\{I\}_{HK}$	$\{I\}_{IK}$	$\{I\}_{cd}$
$\{I\}_{HK}$	1	$0{,}886$	$0{,}903$
$\{I\}_{IK}$	$1{,}128$	1	$1{,}019$
$\{I\}_{cd}$	$1{,}107$	$0{,}981$	1

[1]) Ihre relative Unsicherheit liegt bei einigen Promille.

Tafel 33. Chemische Atomgewichte der chemischen Elemente (siehe Abschnitt 6, 1, 1e; S. 294)
Internationale Tabelle für 1957

Element	Symbol	Kern-ladungszahl Z	$(A)_{Ch}$[1]	Element	Symbol	Kern-ladungszahl Z	$(A)_{Ch}$[1]
Aktinium	Ac	89	[227]	Natrium	Na	11	22,991
Aluminium	Al	13	26,98	Neodym	Nd	60	144,27
Americium	Am	95	[243]	Neon	Ne	10	20,183
Antimon	Sb	51	121,76	Neptunium	Np	93	[237]
Argon	Ar	18	39,944	Nickel	Ni	28	58,71
Arsen	As	33	74,91	Niob	Nb	41	92,91
Astatine	At	85	[210]	Nobelium	No	102	...
Barium	Ba	56	137,36	Osmium	Os	76	190,2
Berkelium	Bk	97	[249*]	Palladium	Pd	46	106,4
Beryllium	Be	4	9,013	Phosphor	P	15	30,975
Blei	Pb	82	207,21	Platin	Pt	78	195,09
Bor	B	5	10,82	Plutonium	Pu	94	[242]
Brom	Br	35	79,916	Polonium	Po	84	[210*]
Cadmium	Cd	48	112,41	Praseodym	Pr	59	140,92
Caesium	Cs	55	132,91	Promethium	Pm	61	[147*]
Calcium	Ca	20	40,08	Protaktinium	Pa	91	[231]
Californium	Cf	98	[251*]	Quecksilber	Hg	80	200,61
Cer	Ce	58	140,13	Radium	Ra	88	[226]
Chlor	Cl	17	35,457	Radon	Rn	86	[222]
Chrom	Cr	24	52,01	Rhenium	Re	75	186,22
Curium	Cm	96	[247]	Rhodium	Rh	45	102,91
Dysprosium	Dy	66	162,51	Rubidium	Rb	37	85,48
Einsteinium	Es	99	[254]	Ruthenium	Ru	44	101,1
Eisen	Fe	26	55,85	Samarium	Sm	62	150,35
Erbium	Er	68	167,27	Sauerstoff	O	8	16
Europium	Eu	63	152,0	Scandium	Sc	21	44,96
Fermium	Fm	100	[253]	Schwefel	S	16	32,066[2]
Fluor	F	9	19,00	Selen	Se	34	78,96
Francium	Fr	87	[223]	Silber	Ag	47	107,880
Gadolinium	Gd	64	157,26	Silicium	Si	14	28,09
Gallium	Ga	31	69,72	Stickstoff	N	7	14,008
Germanium	Ge	32	72,60	Strontium	Sr	38	87,63
Gold	Au	79	197,0	Tantal	Ta	73	180,95
Hafnium	Hf	72	178,50	Technetium	Tc	43	[99*]
Helium	He	2	4,003	Tellur	Te	52	127,61
Holmium	Ho	67	164,94	Terbium	Tb	65	158,93
Indium	In	49	114,82	Thallium	Tl	81	204,39
Iridium	Ir	77	192,2	Thorium	Th	90	232,05
Jod	J	53	126,91	Thulium	Tm	69	168,94
Kalium	K	19	39,100	Titan	Ti	22	47,90
Kobalt	Co	27	58,94	Uran	U	92	238,07
Kohlenstoff	C	6	12,011	Vanadium	V	23	50,95
Krypton	Kr	36	83,80	Wasserstoff	H	1	1,0080
Kupfer	Cu	29	63,54	Wismut	Bi	83	209,00
Lanthan	La	57	138,92	Wolfram	W	74	183,86
Lithium	Li	3	6,940	Xenon	Xe	54	131,30
Lutetium	Lu	71	174,99	Ytterbium	Yb	70	173,04
Magnesium	Mg	12	24,32	Yttrium	Y	39	88,92
Mangan	Mn	25	54,94	Zink	Zn	30	65,38
Mendelevium	Md	101	[256]	Zinn	Sn	50	118,70
Molybdän	Mo	42	95,95	Zirkonium	Zr	40	91,22

[1] In [] gesetzte Werte bedeuten die Nukleonenzahl des langlebigsten Isotops oder eines besser bekannten Isotops (mit Stern).

[2] Wegen der in der Natur auftretenden Schwankung der relativen Häufigkeit der Schwefelisotope hat $(A_S)_{Ch}$ einen Schwankungsbereich von $\pm\, 0,003$ (siehe Abschnitt 6, I, 3d).

Tafel 34. *Umrechnungsfaktoren der Zahlenwerte für energetische Größen W in der Atom- und Kernphysik* (siehe Abschnitt 6,
Benutzungsbeispiel. Gegeben: $W \triangleq 20\,000\ \mathrm{cm}^{-1}$; Tafelbenutzung: $x = \{W\}_{\mathrm{Ry}} = 0{,}911\,763_4 \cdot 10^{-5} \cdot \{W\}_{\mathrm{cm}^{-1}}$
$$= 0{,}911\,763_4 \cdot 10^{-5} \cdot 2 \cdot 10^4$$
$$= 1{,}823\,526_8 \cdot 10^{-1}$$

Gesucht: $W = x\,\mathrm{Ry}$;   Ergebnis: $W = 0{,}182\,352\,6_8\ \mathrm{Ry}$

Gegebener Zahlenwert \ Gesuchter Zahlenwert	$\{W\}_{\mathrm{eV}}$	$\{W\}_{\mathrm{s}^{-1}}$
$\{W\}_{\mathrm{eV}}$	1	$(2{,}4181_0 \pm 0{,}0003) \cdot 10^{14}$
$\{W\}_{\mathrm{s}^{-1}}$	$(4{,}1354_8 \pm 0{,}0004) \cdot 10^{-15}$	1
$\{W\}_{\mathrm{cm}^{-1}}$	$(1{,}2397_9 \pm 0{,}0001) \cdot 10^{-4}$	$(2{,}99793_0 \pm 0{,}00001) \cdot 10^{10}$
$\{W\}_{\mathrm{^\circ K}}$	$(0{,}86166_4 \pm 0{,}00004) \cdot 10^{-4}$	$(2{,}0835_9 \pm 0{,}0002) \cdot 10^{10}$
$\{W\}_{\mathrm{Ry}}$	$(1{,}3597_7 \pm 0{,}0001) \cdot 10$	$(3{,}288057_0 \pm 0{,}000001) \cdot 10^{15}$
$\{W\}_{\mathrm{TME}}$	$(0{,}93114_1 \pm 0{,}00002) \cdot 10^6$	$(2{,}2515_9 \pm 0{,}0002) \cdot 10^{20}$
$\{W\}_{\mathrm{J}}$	$(0{,}62420_8 \pm 0{,}00002) \cdot 10^{19}$	$(1{,}5094_0 \pm 0{,}0002) \cdot 10^{33}$
$\{W\}_{\mathrm{mkp}}$	$(0{,}61213_9 \pm 0{,}00002) \cdot 10^{20}$	$(1{,}4802_1 \pm 0{,}0001) \cdot 10^{34}$
$\{W\}_{\mathrm{cal_{IT(1956)}}}$	$(2{,}61343 \pm 0{,}00009) \cdot 10^{19}$	$(0{,}63195 \pm 0{,}00006) \cdot 10^{34}$
$\{W\}_{\mathrm{kWh}}$	$(2{,}24715 \pm 0{,}00008) \cdot 10^{25}$	$(0{,}54338 \pm 0{,}00005) \cdot 10^{40}$

Gegebener Zahlenwert \ Gesuchter Zahlenwert	$\{W\}_{\mathrm{TME}}$	$\{W\}_{\mathrm{J}}$
$\{W\}_{\mathrm{eV}}$	$(1{,}07395_1 \pm 0{,}00002) \cdot 10^{-6}$	$(1{,}60203 \pm 0{,}00006) \cdot 10^{-19}$
$\{W\}_{\mathrm{s}^{-1}}$	$(4{,}4413 \pm 0{,}0005) \cdot 10^{-21}$	$(0{,}66252 \pm 0{,}00007) \cdot 10^{-33}$
$\{W\}_{\mathrm{cm}^{-1}}$	$(1{,}3314_7 \pm 0{,}0001) \cdot 10^{-10}$	$(1{,}9861_8 \pm 0{,}0002) \cdot 10^{-23}$
$\{W\}_{\mathrm{^\circ K}}$	$(0{,}92538_6 \pm 0{,}00004) \cdot 10^{-10}$	$(1{,}38041 \pm 0{,}00007) \cdot 10^{-23}$
$\{W\}_{\mathrm{Ry}}$	$(1{,}4603_3 \pm 0{,}0002) \cdot 10^{-5}$	$(2{,}1783_9 \pm 0{,}0002) \cdot 10^{-18}$
$\{W\}_{\mathrm{TME}}$	1	$(1{,}4917_2 \pm 0{,}0004) \cdot 10^{-13}$
$\{W\}_{\mathrm{J}}$	$(0{,}67036_9 \pm 0{,}00002) \cdot 10^{13}$	1
$\{W\}_{\mathrm{mkp}}$	$(0{,}65740_8 \pm 0{,}00002) \cdot 10^{14}$	$0{,}980665 \cdot 10$
$\{W\}_{\mathrm{cal_{IT(1956)}}}$	$(2{,}80670 \pm 0{,}00009) \cdot 10^{13}$	$4{,}186800$
$\{W\}_{\mathrm{kWh}}$	$(2{,}41333 \pm 0{,}00007) \cdot 10^{19}$	$3{,}600000 \cdot 10^6$

Umrechnungsfaktoren ohne Unsicherheitsangabe sind entweder genaue Zahlen (letzte Ziffer **halbfett** gedruckt) oder
6 Stellen hinter dem Komma gerundet worden sind (siehe Abschnitt 1,10; S. 32).

1, 4; S. 312)

${W}_{\mathrm{cm}^{-1}}$	${W}_{°\mathrm{K}}$	${W}_{\mathrm{Ry}}$
$(0{,}80659 \pm 0{,}00009) \cdot 10^4$	$(1{,}16054 \pm 0{,}00006) \cdot 10^4$	$(0{,}73542 \pm 0{,}00008) \cdot 10^{-1}$
$(3{,}33563_5 \pm 0{,}00001) \cdot 10^{-11}$	$(4{,}7994 \pm 0{,}0005) \cdot 10^{-11}$	$(3{,}041309_8 \pm 0{,}000001) \cdot 10^{-16}$
1	$(1{,}4388_3 \pm 0{,}0002)$	$(0{,}911763_4 \pm 0{,}000003) \cdot 10^{-5}$
$(0{,}69501 \pm 0{,}00008)$	1	$(0{,}63368 \pm 0{,}00007) \cdot 10^{-5}$
$(1{,}096775_8 \pm 0{,}000003) \cdot 10^5$	$(1{,}5780_8 \pm 0{,}0002) \cdot 10^5$	1
$(0{,}75105 \pm 0{,}00008) \cdot 10^{10}$	$(1{,}08063 \pm 0{,}00005) \cdot 10^{10}$	$(0{,}68478 \pm 0{,}00007) \cdot 10^5$
$(0{,}50348 \pm 0{,}00005) \cdot 10^{23}$	$(0{,}72442_2 \pm 0{,}00004) \cdot 10^{23}$	$(4{,}5905 \pm 0{,}0005) \cdot 10^{17}$
$(4{,}9374 \pm 0{,}0005) \cdot 10^{23}$	$(0{,}71041_5 \pm 0{,}00004) \cdot 10^{24}$	$(4{,}5018 \pm 0{,}0005) \cdot 10^{18}$
$(2{,}1079_7 \pm 0{,}0002) \cdot 10^{23}$	$(3{,}0330_1 \pm 0{,}0002) \cdot 10^{23}$	$(1{,}9219_7 \pm 0{,}0002) \cdot 10^{18}$
$(1{,}8125_2 \pm 0{,}0002) \cdot 10^{29}$	$(2{,}6079_2 \pm 0{,}0001) \cdot 10^{29}$	$(1{,}6525_9 \pm 0{,}0002) \cdot 10^{24}$

${W}_{\mathrm{mkp}}$	${W}_{\mathrm{cal}_{\mathrm{IT(1956)}}}$	${W}_{\mathrm{kWh}}$
$(1{,}63362 \pm 0{,}00006) \cdot 10^{-20}$	$(3{,}8263_8 \pm 0{,}0001) \cdot 10^{-20}$	$(4{,}4500_8 \pm 0{,}0002) \cdot 10^{-26}$
$(0{,}67558 \pm 0{,}00007) \cdot 10^{-34}$	$(1{,}5823_9 \pm 0{,}0002) \cdot 10^{-34}$	$(1{,}8403_3 \pm 0{,}0002) \cdot 10^{-40}$
$(2{,}0253_4 \pm 0{,}0002) \cdot 10^{-24}$	$(4{,}7439 \pm 0{,}0005) \cdot 10^{-24}$	$(0{,}55172 \pm 0{,}00006) \cdot 10^{-29}$
$(1{,}40763 \pm 0{,}00008) \cdot 10^{-24}$	$(3{,}2970_6 \pm 0{,}0002) \cdot 10^{-24}$	$(3{,}8344_8 \pm 0{,}0002) \cdot 10^{-30}$
$(2{,}2213_4 \pm 0{,}0002) \cdot 10^{-19}$	$(0{,}52030 \pm 0{,}00005) \cdot 10^{-18}$	$(0{,}60511 \pm 0{,}00006) \cdot 10^{-24}$
$(1{,}52113 \pm 0{,}00005) \cdot 10^{-14}$	$(3{,}5629_0 \pm 0{,}0001) \cdot 10^{-14}$	$(4{,}1436_5 \pm 0{,}0001) \cdot 10^{-20}$
$1{,}019716 \cdot 10^{-1}$	$2{,}388459 \cdot 10^{-1}$	$2{,}777778 \cdot 10^{-7}$
1	$2{,}342278$	$2{,}724069 \cdot 10^{-6}$
$4{,}269348 \cdot 10^{-1}$	1	$1{,}163000 \cdot 10^{-6}$
$3{,}670978 \cdot 10^5$	$0{,}859845 \cdot 10^6$	1

durch Multiplikation von genauen Zahlen oder deren Reziprokwerten entstandene Zahlen ohne Unsicherheit, die auf

Tafel 35. Werte von Konstanten

a) Physikalische Eigenschaften von Standard-Substanzen und Skalenäquivalente

Cadmium

Wellenlänge der roten Cadmiumlinie in spektroskopischer Normalluft (IAU 1907)

$$\lambda_{n\,\mathrm{Cd}} = 6438{,}4696 \text{ Å} \tag{6, 76}$$

$$= (0{,}6438469_6 \pm 0{,}0000003)\,\mu\mathrm{m} \tag{6, 55}$$

$$1 \text{ Å} = (1{,}0000000 \pm 0{,}0000005) \cdot 10^{-10} \text{ m} \tag{6, 77}$$

Erde

bisheriger Basiswert des Potsdamer Schweresystems

$$g\,(\text{Potsdam}) = (981{,}274 \pm 0{,}003)\text{ Gal} \tag{6, 123}$$

bisheriger meteorologischer Standardwert der Fallbeschleunigung

$$g_{45\,\mathrm{met}} = 980{,}62 \text{ Gal} \tag{6, 72}$$

Normfallbeschleunigung

$$g_n = 9{,}80665 \text{ m s}^{-2} \tag{6, 70}$$

$$1 \text{ kp} = 9{,}80665 \text{ N} \tag{2, 74'}$$

große Halbachse und Abplattung der Normbezugsfläche der IUGG

$$a_\delta = 6378{,}388 \text{ km} \quad (6, 140\,\mathrm{a}) \qquad\qquad \alpha_\delta = \frac{1}{297} \tag{6, 141 a}$$

mit Sonnenparallaxe

$$\pi_\odot = 8{,}80'' \tag{2, 129a}$$

$$1 \text{ astr. Einh.} \triangleq 1{,}4950 \cdot 10^8 \text{ km} \tag{2, 130a}$$

Dauer des tropischen Jahres in der Epoche 1900 Jan. 0,0 12^h Ephemeridenzeit

$$a_\mathrm{tr}(0) = 3{,}155692597474\ldots \cdot 10^7 \text{ s} \tag{7, 27}$$

$$1 \text{ s}_* \doteq 0{,}99726957 \text{ s} \tag{2, 141a}$$

Kalkspat

physikalische Gitterkonstante bei 18 °C

$$d_\infty^{18\,°\mathrm{C}}(\mathrm{CaCO_3}) = 3029{,}45 \text{ Siegb. X.E.} \tag{6, 68'}$$

$$1 \text{ Siegb. X.E.} = (1{,}00202 \pm 0{,}00003) \cdot 10^{-13} \text{ m} \tag{6, 78}$$

Platin

Erstarrungspunkt,

bezogen auf die thermodynamische Temperaturskala und Atomkonstanten:

$$T_\mathrm{Pt} = (2045{,}8_8 \pm 0{,}7)\,°\mathrm{K} \tag{7,50}$$

$$\text{mit} \quad c_2 = (1{,}4388_3 \pm 0{,}0002)\text{ cm }°\mathrm{K} \tag{6,191}$$

$$K_m = (669 \pm 3)\text{ lm/W} \tag{7,56}$$

bezogen auf die Internationale Temperaturskala von 1948:

$$T_\mathrm{Pt} = (2042{,}3_5 \pm 0{,}4)\,°\mathrm{K}(\text{Int. 1948}) \tag{7,48}$$

$$\text{mit} \quad c_2 = 1{,}438 \text{ cm }°\mathrm{K}(\text{Int. 1948}) \tag{7,45}$$

$$K_m = (679 \pm 2)\text{ lm/W} \tag{7,55}$$

Sauerstoff

Atomgewicht der mittleren Isotopenmischung in der physikalischen Skala $[(A_{16O})_{Ph} = 16]$

$$(A_{\overline{O}})_{Ph} = 16{,}00446_5 + 0{,}00005 \tag{6, 35}$$

$$(A)_{Ph} = (1{,}000279 \pm 0{,}000003)\,(A)_{Ch} \tag{6, 80}$$

Normdichte und Reduktionsfaktor auf idealen Gaszustand

$$\varrho_n(\mathrm{O_2}) = (1{,}42901 \pm 0{,}00007) \cdot 10^{-3}\text{ cm}^{-3}\text{ g} \tag{3, 145/6, 28b}$$

$$\varkappa_0(\mathrm{O_2}) = -(9{,}53_5 \pm 0{,}09) \cdot 10^{-4}\text{ atm}^{-1} \tag{3, 123/6, 22a}$$

$$\text{mit} \quad (M_{\mathrm{O_2}})_{Ch} = 32 \tag{3, 80'}$$

$$v'_{0Ch} = (2{,}2414_5 \pm 0{,}0001) \cdot 10^4\text{ cm}^3 \tag{6, 154b}$$

Wasser

maximale Dichte

$$\varrho_m(\mathrm{H_2O}) = (0{,}999972 \pm 0{,}000003)\text{ cm}^{-3}\text{ g} \tag{6, 2'}$$

$$1\,\mathrm{l} = 1{,}000028 \text{ dm}^3 \tag{6, 74a}$$

spezifische Wärmekapazität bei 15 °C

$$c_p^{15°}(\mathrm{H_2O}) = (4{,}1855 \pm 0{,}0006)\text{ J g}^{-1}\text{ grd}^{-1} \tag{6, 11}$$

$$1 \text{ cal}_{15°} = (4{,}1855 \pm 0{,}0006)\text{ J} \tag{3, 22}$$

Tripelpunkt

$$T_{tr} = 273{,}16\,°\mathrm{K} \tag{6,151'}$$

Eisschmelzpunkt

$$T_0 = (273{,}15 \pm 0{,}01)\,°\mathrm{K} = T_\mathrm{tr} - 0{,}01 \text{ grd} \tag{6, 151 a}$$

$$T_\mathrm{K} - t_\mathrm{C} = T_\mathrm{int} - t_\mathrm{int} = 273{,}15 \tag{7,35,37 u. 38}$$

b) Allgemeine Konstanten

Gravitationskonstante
$$G = (6{,}670 \pm 0{,}007) \cdot 10^{-11} \text{ m}^3 \text{ kg}^{-1} \text{ s}^{-2}$$ (6, 122)

Molares Normvolumen idealer Gase
$$V_0 = (2{,}24208 \pm 0{,}00009) \cdot 10^4 \text{ cm}^3/\text{mol }^{1)}$$ (6, 168)

Universelle Gaskonstante
$$R_0 = (8{,}3169_8 \pm 0{,}0004) \text{ J } (°\text{K})^{-1} \text{ mol}^{-1} \text{ }^{1)}$$ (6, 170)

Spezifische Molekülzahl
$$N_L = (6{,}0237 \pm 0{,}0015) \cdot 10^{23} \text{ g-mol}_{\text{ch}}^{-1} \text{ }^{2)}$$ (6, 178a)

Avogadrosche Konstante
$$N_A = (6{,}0250_0 \pm 0{,}0002) \cdot 10^{23} \text{ mol}^{-1} \text{ }^{1)}$$ (6, 178b)

Spezifische Ionenladung
$$F' = (9{,}6497 \pm 0{,}0007) \cdot 10^4 \text{ C/g-val}_{\text{ch}} \text{ }^{2)}$$ (6, 179a)

Faradaysche Konstante
$$F = (9{,}6522_3 \pm 0{,}0002) \cdot 10^4 \text{ C/mol }^{1)}$$ (6, 179b)

Vakuumlichtgeschwindigkeit
$$c_0 = (2{,}99793 \pm 0{,}00001) \cdot 10^8 \text{ m s}^{-1}$$ (6, 177)

Elektrische Feldkonstante
$$\varepsilon_0 = (8{,}85416 \pm 0{,}00005) \cdot 10^{-12} \text{ F/m}$$ (6, 174)

Magnetische Feldkonstante
$$\mu_0 = 4\,\pi \cdot 10^{-7} \text{ H/m} = 1{,}256637 \cdot 10^{-6} \text{ H/m}$$ (4, 337′)

Wellenwiderstand des Vakuums
$$\Gamma_0 = (376{,}731_0 \pm 0{,}001) \text{ } \Omega$$ (6, 176)

c) Atomare Konstanten

Boltzmannsche Entropiekonstante
$$k = (1{,}38041 \pm 0{,}00007) \cdot 10^{-23} \text{ J/°K}$$ (6, 172)

Elektrische Elementarladung
$$e = (1{,}60203 \pm 0{,}00006) \cdot 10^{-19} \text{ C}$$ (6, 180)

Plancksches Wirkungsquantum
$$h = (6{,}6252 \pm 0{,}0007) \cdot 10^{-34} \text{ J s}$$ (6, 181)

Quantenmechanische Einheit des Drehimpulses
$$\hbar = h/2\,\pi = (1{,}0544_3 \pm 0{,}0001) \cdot 10^{-34} \text{ J s}$$ (6, 181a)

Spezifische Elektronenladung
$$e/m_e = (1{,}75890 \pm 0{,}00007) \cdot 10^{11} \text{ C/kg}$$ (6, 182)

Spezifische Protonenladung
$$e/m_p = (9{,}5794_4 \pm 0{,}0004) \cdot 10^7 \text{ C/kg}$$ (6, 184)

Protonenmasse/Elektronenmasse
$$m_p/m_e = 1836{,}12 \pm 0{,}07$$ (6, 183)

Gyromagnetisches Verhältnis des Protons
$$\bar{\gamma}_p = (2{,}67520 \pm 0{,}00006) \cdot 10^8 \text{ A m}^2 \text{ J}^{-1} \text{ s}^{-1}$$ (4, 351′)

Sommerfeldsche Feinstrukturkonstante
$$1/\alpha = 137{,}037_3 \pm 0{,}002$$ (6, 187)

Rydberg-Konstante
$$R_\infty = (1{,}0973730_9 \pm 0{,}0000004) \cdot 10^5 \text{ cm}^{-1}$$ (6, 188)

Rydbergwellenzahl für das leichte Wasserstoffatom
$$R_H = (1{,}0967757_6 \pm 0{,}0000004) \cdot 10^5 \text{ cm}^{-1}$$ (6, 189a)

Rydbergfrequenz für das leichte Wasserstoffatom
$$R'_H = (3{,}288057 \pm 0{,}000009) \cdot 10^{15} \text{ Hz}$$ (6, 189b)

Bohrsches Magneton
$$\ddot{\mu}_B = (9{,}273_2 \pm 0{,}001) \cdot 10^{-24} \text{ A m}^2$$ (6, 185)

Kernmagneton
$$\bar{\mu}_N = (5{,}0504 \pm 0{,}0006) \cdot 10^{-27} \text{ A m}^2$$ (6, 186)

Erste Konstante des Planckschen Strahlungsgesetzes
$$c_1 = (5{,}9544 \pm 0{,}0007) \cdot 10^{-17} \text{ W m}^2$$ (6, 190)

Zweite Konstante des Planckschen Strahlungsgesetzes
$$c_2 = (1{,}4388_3 \pm 0{,}0002) \text{ cm °K}$$ (6, 191)

Stefan-Boltzmannsche Strahlungskonstante
$$\sigma = (5{,}668_8 \pm 0{,}001) \cdot 10^{-8} \text{ W m}^{-2} \text{ (°K)}^{-4}$$ (6, 192)

[1]) mol: siehe Abschnitte 7, 11 und 12; S. 365 und 374.   [2]) g-mol$_{\text{ch}}$ u. g-val$_{\text{ch}}$: siehe Seite 370

Verzeichnis der benutzten Einheitenzeichen

a = Jahr
a = Atto-
a_{anom} = anomalistisches Jahr
a_{greg} = mittleres gregorianisches Jahr
a_{jul} = julianisches Jahr
a_{sid} = siderisches Jahr
a_{tr} = tropisches Jahr
A = (absolutes) Ampere
A_{int} = internationales Ampere
A = internationales Ångström der IAU [1938 bis 1954]
Å = internationales Ångström der IAU [seit 1954]
°A = absoluter Grad der Meteorologie
A.E. = (alte) Ångstrøm-Einheit
a.l. = année de lumière
Amp_s = 10^{-1} emE der elektrischen Stromstärke
asb = Apostilb
astr. Einh. = astronomische Einheit
at = technische Atmosphäre
ata = „Atmosphäre Unterdruck"
atm = physikalische Atmosphäre
atm_{1927} = physikalische Normal-Atmosphäre von 1927
atm_{45} = physikalische Atmosphäre unter 45° geogr. Breite
atü = „Atmosphäre Überdruck"
A.U. = astronomical unit

b [in der Meteorologie] = Bar
b = Barn
b = bes
B = Bel
bar = Bar
B.A.U. = British Association Unit
bbl = dry barrel (U.S.)
Bi = Biot
br. atm = British atmosphere
B.th.u. = British Thermal Unit (B.S.)
B.Th.U. = British Thermal Unit
BTU = British Thermal Unit
$B.T.U._{IT}$ = international table British thermal unit
Btu = international table British thermal unit (B. S.)
BTU_{ST} = Steam Table British Thermal Unit
$BTU_{39°}$ = 39,2 °F. British Thermal Unit
$BTU_{60°}$ = 60,5 °F. British Thermal Unit
BTU_{mean} = Mean 32 to 212 °F. British Thermal Unit
bu = bushel (U.S.)
bW = Blindwatt

c = Zenti-
c = (neues) Curie
C = (altes) Curie
C = (absolutes) Coulomb
C_{int} = internationales Coulomb
°C = (empirischer) Grad Celsius
°C(Int. 1948) = Internationaler Grad Celsius von 1948
°C(therm.) = thermodynamischer Grad Celsius
c = (dezimale) Neuminute
cc = (dezimale) Neusekunde
cal = Kalorie
cal = calorie (B.S.)
cal_{IT} = Internationale Tafelkalorie
$cal_{IT\,(1929)}$ = Internationale Tafelkalorie von 1929
$cal_{IT\,(1956)}$ = Internationale Tafelkalorie von 1956

$cal_{thermochem}$ = thermochemische Kalorie (NBS)
$cal_{15°}$ = 15°-Kalorie
$\overline{cal}$ = mittlere Kalorie
cal* = Gaskonstante-Kalorie
Cal = große Kalorie
cd = Candela
cd = cord
cent = Cent
ch = chain
ch = cheval vapeur
$ch_{él}$ = cheval vapeur électrique
ch h = cheval-heure
$ch_{él}$ h = cheval-heure électrique
CHU_{mean} = Mean Centigrade Heat Unit
Cl = Clausius
cm = Zentimeter
cm^{-1} = Zentimeter^{-1}
c/s = cycle per second
ctl. = cental (U.K.)
$CTU_{15°}$ = 15° Centigrade Thermal Unit
cu ft = cubic foot (U.S.)
cu. ft. = cubic foot (U.K.)
cu. in. = cubic inch
cu yd = cubic yard (U.S.)
cu. yd. = cubic yard (U.K.)
cv = cheval vapeur
cwt. = hundredweight (U.K.)

d = Dezi-
d = degré
d = Tag
$d_{m\odot}$ = mittlerer Sonnentag
d_* = Sterntag
D [bisher in Deutschland] = Deka-
da = Deka-
db [bisher in U.K. und U.S.] = Dezibel
dB = Dezibel
deg = degré oder degree (Temperaturdifferenz)
degF = degree Fahrenheit (Temperaturdifferenz)
degR = degree Rankine (Temperaturdifferenz)
dg = Dezilog
°DIN = Grad DIN
dk [in Österreich] = Deka-
dm = dimi-
dr. = dram (U.K.)
dr ap = apothecaries' dram (U.S.)
dr avdp = avoirdupois dram (U.S.)
dry pt = dry pint (U.S.)
dry qt = dry quart (U.S.)
dwt = pennyweight (U.S.)
dyn = Dyn

electr. h.p. = electrical horsepower
electr. h.p. hr = electrical horsepower-hour
EMCGS = elektromagnetische CGS-Einheit
emE = elektromagnetische CGS-Einheit
e.m.u. = elektromagnetische CGS-Einheit
erg = Erg
ESCGS = elektrostatische CGS-Einheit
esE = elektrostatische CGS-Einheit
e.s.u. = elektrostatische CGS-Einheit
eV = Elektronenvolt

f $\quad$ = Femto-
F $\quad$ = (absolutes) Farad
F_{Int} = internationales Farad
°F $\quad$ = Grad Fahrenheit
fath = fathom (U.S.)
fbm = board foot (U.S.)
fl dr = fluid dram (U.S.)
fl. dr. = fluid dram (U.K.)
fl oz $\quad$ = fluid ounce (U.S.)
fl. oz. = fluid ounce (U.K.)
fr $\quad$ = frigorie
Fr $\quad$ = Franklin
ft $\quad$ = foot (U.S.)
ft. $\quad$ = foot (U.K.)
ftla = footlambert
fur. = furlong (U.S.)

g $\quad$ = Gramm
g_f $\quad$ = Gramm-„force" $\quad$ = Pond
g_i $\quad$ = Gramm-„inert" $\quad$ = Gramm
g_m = Gramm-Masse $\quad$ = Gramm
g_p $\quad$ = Gramm-„pond" $\quad$ = Pond
$g^\dagger$ = Gramm-Masse $\quad$ = Gramm
g^* = Gramm-Kraft $\quad$ = Pond
G $\quad$ = Giga-
G [in Deutschland] = Gauß
^{g} $\quad$ = Gon oder Neugrad
$(^g)^2$ = Quadrat-Gon oder Quadrat-Neugrad
g-atom = Gramm-Atomgewicht
g-mol (g-mole) = Grammol, Gramm-Molekulargewicht
$g\text{-mol}_{ch}$ = Grammol, bezogen auf die chemische Atom-
$\quad\quad\quad$ gewichtsskala
g-mol $\quad$ = Gramm-Molekulargewicht
gal $\quad$ = gallon (U.S.)
gal. $\quad$ = gallon (U.K.)
Gal $\quad$ = Gal (oder Gallilei)
Gb $\quad$ = Gilbert
gi $\quad$ = gill (U.S.)
gn. [für U.K. vorgeschlagen] = grain
gr $\quad$ = grade
gr. $\quad$ = grain (U.K.)
Gr $\quad$ = grain-force (U.K.)
gram-rad = gram-rad = 10^2 erg
grd = Grad Celsius oder Kelvin (Temperaturdifferenz)
Gs $\quad$ = Gauß
$g\text{-val}_{ch}$ = Grammäquivalent, bezogen auf die chemische
$\quad\quad\quad$ Atomgewichtsskala

h $\quad$ = Hekto-
h $\quad$ = Stunde
H $\quad$ = (absolutes) Henry
H_{Int} = internationales Henry
^{h} $\quad$ = Uhr (Zeitpunkt)
HK = Hefner-Kerze
Hlm = Hefner-Lumen
Hlx = Hefner-Lux
h.p. $\quad$ = horsepower
HP [früher in U.K.] = horsepower
h.p.hr = horsepower-hour
Hph = Hefner-Phot
Hsb = Hefner-Stilb
Hz $\quad$ = Hertz
Hz_{ET} = Ephemeridenzeit-Hertz

I.A. = Internationales Ångström [1910 bis 1938]
Ilm = Internationales Lumen
Ilx = Internationales Lux
IK = Internationale Kerze
imp. lb. = imperial pound
imp. yd. = imperial yard

in. = inch
$(in.Hg.)_n$ = inch of mercury under standard conditions
Iph = Internationales Phot
Isb = Internationales Stilb

J $\quad$ = (absolutes) Joule
J_{Int} = internationales Joule

k $\quad$ = Kilo-
k [in Deutschland] = metrisches Karat
K = Kayser
K = Kerze
K_{USSR} = russische Kerze
°K = Grad Kelvin
°K (Int. 1948) = internationaler Grad Kelvin
$\quad\quad\quad$ von 1948
kf $\quad$ = Kilofors = Kilopond
kg $\quad$ = Kilogramm
kg_f = Kilogramm-„force" $\quad$ = Kilopond
kg_i = Kilogramm-„inert" $\quad$ = Kilogramm
kg_m = Kilogramm-Masse $\quad$ = Kilogramm
kg_p = Kilogramm-„pond" $\quad$ = Kilopond
$kg^\dagger$ = Kilogramm-Masse $\quad$ = Kilogramm
kg^* = Kilogramm-Kraft $\quad$ = Kilopond
kg′ = kilogramme-force [in Belgien] = Kilopond
Kg = kilogramme-force [früher in U.K.] = Kilopond
kgf = kilogramme-force = Kilopond
khyl = Kilohyl
kp $\quad$ = Kilopond

l $\quad$ = Liter
la $\quad$ = lambert
lat = technische Literatmosphäre
latm = physikalische Literatmosphäre
lb $\quad$ = pound (U.S.)
lb. $\quad$ = pound (U.K.)
Lb = pound-force (U.K.)
lb ap = apothecaries' pound (U.S.)
lb avdp = avoirdupois pound (U.S.)
lb t $\quad$ = troy pound (U.S.)
l cwt = long hundredweight (U.S.)
li $\quad$ = link (U.S.)
liq pt = liquid pint (U.S.)
liq qt = liquid quart (U.S.)
lj $\quad$ = Lichtjahr
Lj. $\quad$ = Lichtjahr
lm $\quad$ = Lumen
lmh = Lumenstunde
l tn = long ton (U.S.)
L.U. = loudness unit
lx $\quad$ = Lux
lxs = Luxsekunde
l.y. = light year

m = Milli-
m = Meter
m^{-1} = Meter^{-1}
M = Mega-
M [in Deutschland] = Maxwell
^{m} = Minuten (Zeitpunkt)
^{m} = scheinbare (relative) Sterngröße
M = absolute Sterngröße
ma $\quad$ = myria-
mb. [in der Meteorologie] = Millibar
mbar = Millibar
ME $\quad$ = Masseneinheit
M.E. = Mache-Einheit
mel $\quad$ = Mel
mho = Ohm^{-1}
mi $\quad$ = statute mile (U.S.)
min $\quad$ = Minute

min = minim (U.S.)
min. = minim (U.K.)
mmHg = Millimeter Quecksilbersäule = conventional barometric millimetre of mercury
$(mm.Hg.)_n$ = millimetre of mercury under standard conditions
mmH_2O = (neues) Millimeter Wassersäule = 1 kp/m²
mm W.S. = (altes) Millimeter Wassersäule
mO = Millioktave
mol = Mol
mol_{Ch} = Mol, bezogen auf die chem. Atomgewichtsskala
mol_{Ph} = Mol, bezogen auf die physikal. Atomgewichtsskala
mol = Teilchenmengen-Mol der IUPAP von 1957 (S.365), zukünftig zu beziehen auf die ^{12}C-Skala von 1960 (S. 373).
Mol = Verhältniseinheit Mol als Vielfaches des Quot
Mol* = Mol als Verhältniseinheit quot/quot
mSt = Millistat
Mx = Maxwell

n = Nano-
N = Newton
N [bisher in U.K. und U.S.] = Neper
Nl = Normliter
Nm³ = Normkubikmeter
n mile = nautical mile
np [früher in Europa] = Neper
Np = Neper
nt = Nit
nx = Nox

O = Oktave
Oe = Oersted
$(Oe_4)_r$ = Bi/cm
$(Oe_4)_n = \frac{1}{4\pi}$ Bi/cm
oz. = ounce (U.K.)
oz ap = apothecaries' ounce (U.S.)
oz. Apoth. = apothecaries' ounce (U.K.)
oz avdp = avoirdupois ounce (U.S.)
oz t = troy ounce (U.S.)
oz. tr. = troy ounce (U.K.)

p = Piko-
p = Pond
p = poncelet
P = Poise
pc = Parsec
pdl = poundal
ph = Phot
phon = Phon
$phon_{DIN}$ = DIN-Phon
pk = peck (U.S.)
PS = Pferdestärke
PSh = Pferdestärkenstunde
pt. = pint (U.K.)
pz = pièze

Q.E. = Quadrant-Einheit
qr. = quarter (U.K.)
qt. = quart (U.K.)
quot = Quot

r = Röntgen
°R = Grad Rankine
°R = Grad Réaumur

rad = Radiant
rad = Rad = 10² erg/g
rd = rod (U.S.)
rd = Rutherford
rev. = revolution
Ry = Rydberg

s = Sekunde
$s_{m\odot}$ = mittlere Sonnensekunde
s_* = Sternsekunde
s^{-1} = Sekunde^{-1}
S = (absolutes) Siemens
S_{int} = internationales Siemens

s = Sekunden (Zeitpunkt)
s ap = apothecaries' scruple (U.S.)
sb = Stilb
sh cwt = short hundredweight (U.S.)
sh tn = short ton (U.S.)
sk = Skot
Siegb. X.E. = Siegbahnsche X-Einheit
sn = sthène
sone = Sone
sp = spat
sq ch = square chain (U.S.)
sq ft = square foot (U.S.)
sq. ft. = square foot (U.K.)
sq in. = square inch (U.S.)
sq li = square link (U.S.)
sq mi = square mile (U.S.)
sq rd = square rod (U.S.)
sq yd = square yard (U.S.)
sr = Steradiant
st = stère
St = Stokes
str [bisher in Deutschland und Italien] = Steradiant

t = Tonne
T = Tera-
T = Tesla
th = thermie
TME = Tausendstel-Masseneinheit
Ton = (long) ton-force (U.K.)
Tor = Tor
Torr = Torr
tr. = tour

u = unified mass unit [„vereinheitlichte (atomare) Masseneinheit"]
U = Umdrehung
u.a. = unité astronomique
utE = ursprünglich technische Einheit

V = (absolutes) Volt
V_{eff} = Volt-effektiv
V_{int} = internationales Volt
V_M = mittleres (absolutes) Volt
$(V_M)_{int}$ = mittleres internationales Volt
val = Val oder Äquivalent
val_{Ch} = Val, bezogen auf chem. Atomgewichte
val_{Ph} = Val, bezogen auf physikal. Atomgewichte
var = Var oder voltampère-réactif
V.K. = Vereins-Paraffinkerze

W = (absolutes) Watt
W_{int} = internationales Watt
Wb = (absolutes) Weber
Wb_{int} = internationales Weber

X.E. = (alte) X-Einheit

yd $\,$ = yard (U.S.)
yd. = yard (U.K.)

$\gamma\,$ = Gamma = Mikrogramm
$\mu\,$ = Mikro-
$\mu\,$ = Mikron oder My = Mikrometer
$\Omega\,$ = (absolutes) Ohm
Ω_{int} = internationales Ohm

$\Omega_{\text{M}}\,$ = mittleres (absolutes) Ohm
$(\,\Omega_{\text{M}})_{\text{int}}$ = mittleres internationales Ohm

$°\,$ = Altgrad
$'\,$ = (sexagesimale) Winkelminute
$''\,$ = (sexagesimale) Winkelsekunde
$(°)^2\,$ = Quadrat-Altgrad
$\square°\,$ = Quadrat-Altgrad
$\llcorner\,$ = Rechter

Verzeichnis der Abbildungen, Tabellen und Tafeln

Abbildungen

Tabellen

Tafeln

Verzeichnis der Abkürzungen
für die Namen von internationalen Organisationen und Staatsinstituten

BIPM:	Bureau International des Poids et Mesures, Sèvres.
CAM:	Conservatoire National des Arts et Métiers, Paris.
CCE:	CIPM-Comité Consultatif d'Electricité.
CCIF:	ITU-Comité Consultatif International Téléphonique.
CCM:	CIPM-Comité Consultatif pour la Définition du Mètre.
CCPh:	CIPM-Comité Consultatif de Photométrie.
CCTh:	CIPM-Comité Consultatif de Thermométrie et Calorimétrie.
CGPM:	Conférence Générale des Poids et Mesures.
CIE:	Commission Internationale de l'Eclairage.
CII:	Central Inspection Institute of Weights and Measures, Tokio.
CIMO:	WMO-Commission for Instruments and Methods of Observation.
CIPM:	Comité International des Poids et Mesures.
DAMG:	Deutsches Amt für Maß und Gewicht, Berlin.
IAU:	International Astronomical Union.
ICAO:	International Civil Aviation Organization.
ICR:	International Congress of Radiology.
ICRU:	ICR-International Commission on Radiological Units.
ICSU:	International Council of Scientific Unions.
IEC:	International Electrotechnical Commission.
IEC/TC 24:	IEC-Technical Committee No. 24 (Electric and Magnetic Magnitudes and Units).
IEC/TC 25:	IEC-Technical Committee No. 25 (Letter Symbols and Signs).
ILK:	Internationale Lichtmeßkommission.
IM:	Institut de Métrologie D. E. Mendéléev, Leningrad.
ISO:	International Organization for Standardization.
ISO/TC 12:	ISO-Technical Committee No. 12 (Quantities, Units, Symbols, Conversion Factors and Conversion Tables).
ITU:	International Telecommunication Union.
IUCSR:	(frühere) International Union for Co-operation in Solar Research.
IUGG:	International Union of Geodesy and Geophysics.
IUPAC:	International Union of Pure and Applied Chemistry.
IUPAP:	International Union of Pure and Applied Physics.
JCS:	(ICSU) IAU/IUPAP-Joint Commission for Spectroscopy.
LCE:	(früheres) Laboratoire Central d'Electricité, Paris.
LSRH:	Laboratoire Suisse de Recherches Horlogères, Neuchâtel.
LTE:	(früheres) Laboratoire d'Electricité, Tokio.
NBS:	National Bureau of Standards, Washington.
NPL:	National Physical Laboratory, Teddington.
NRC:	National Research Council, Ottawa.
PTB:	Physikalisch-Technische Bundesanstalt, Braunschweig und Berlin.
PTR:	(frühere) Physikalisch-Technische Reichsanstalt, Berlin.
SUN:	IUPAP-Commission on Symbols, Units and Nomenclature.
WMO:	World Meteorological Organization.

Literaturverzeichnis

(Die einzelnen Literaturstellen werden im Text in *[ ]* zitiert)

A 1 *Abraham, H.;* Bull. nat. Res. Council, Ottawa, **93** (1933) S. 8.
A 2 *Adams, E. F., H. D. Babcock, C. E. St. John, C. E. Moore* und *L. M. Ware;* Carnegie Institution of Washington, Publ. No. 396, Washington 1928.
A 2a *Adelsberger, U., G. Becker, G. Ohl u. R. Süß;* Berichtsbuch VI. Internationaler Kongreß für Chronometrie, München, Juni 1959, S. 227.
A 2b *Alley, C.;* Proc. 13th ann. Frequency Control Sympos., Asbury Park, N. J., 12—14 May, 1959, S. 632.
A 3 *American Petroleum Institute;* API Specification for Casing, Tubing, and Drill Pipe, API Std 5A, 19. Ed. New York, March, 1954. — API Specification for Line Pipe, API Std 5L, 13. Ed. New York, March, 1954. — API Specification for Sucker Rods, API Std 11B, 11. Ed. New York, December, 1951. — API Specification for Rotary Drilling Equipment, API Std 7, 11. Ed. New York, April, 1953.
A 4 *American Standards Association;* ASA B 48.1—1933 „Conversion Tables".
A 5 *American Standards Association;* ASA C 42—1941 „Definition of Electrical Terms".
A 6 *American Standards Association;* ebenda, S. 48 (No. 05.25.090).
A 7 *American Standards Association;* ASA Z 24.1—1951 „Acoustical Terminology".
A 8 *American Standards Association;* ASA Z 24.2—1942 „Noise Measurement" [= J. acoust. Soc. Amer. **14** (1942) S. 102].
A 8a *American Standards Association;* ASA Z 24.3—1944 „Sound Level Meters for Measurement of Noise and Other Sounds".
A 8b *American Standards Association;* ASA Z 24.7—1950 „Test Code for Apparatus Noise Measurement".
A 8c *American Standards Association;* ASA Z 24.10—1953 „Specification for an Octave-Band Filter Set for the Analysis of Noise and Other Sounds".
A 9 *American Standards Association;* ASA Z 38.2.1—1947 „Photographic Speed and Exposure, Method for Determining".
A 9a *Andres, J. M., D. J. Farmer u. G. T. Inouye;* Proc. 13th ann. Frequency Control Sympos., Asbury Park, N. J., 12—14 May, 1959, S. 676.
A 10 *Ångstrøm, A. J.;* Pogg. Ann. **123** (1864) S. 489.
A 11 *Ångstrøm, A. J.;* Recherches sur le spectre solaire. Upsala 1868, Berlin 1869.
A 11a *Arditi, M.;* Proc. 13th ann. Frequency Control. Sympos., Asbury Park, N. J. 12—14 May, 1959, S. 655.
A 12 *Argelander, F.;* Bonner Beob. **3—5**, 2. berichtigte Aufl. Bonn 1903.
A 13 *Arndt, W.;* Licht **6** (1936) S. 75.
A 13a *Aslakson, C. I.;* Nature **164** (1949), S. 711.
A 13b *Aslakson, C. I.;* Trans. amer. geophys. Un. **30** (1949) S. 475.
A 13c *Aslakson, C. I.;* Trans. amer. geophys. Un. **31** (1950) S. 282 u. 816.
A 13d *Aslakson, C. I.;* Nature **168** (1951) S. 505.
A 13e *Aslakson, C. I.;* Trans. amer. geophys. Un. **32** (1951) S. 813.
A 14 *Association Française de Normalisation;* AFNOR FD X N° 02—002, Février 1952 „Unités de Mesure, Définitions".
A 15 *Association Française de Normalisation;* ebenda: Annexe I.
A 16 *Association Géodésique Internationale;* C. R. Conf. Ass. géod. internat. Florence, 1891, S. 81, 110.
A 16a *Association Internationale du Froid;* Bull. Assoc. internat. du Froid **2** (1911) S. 38.
A 16b *Astin, A. V., H. A. Karo u. F. H. Mueller;* Federal Register, U. S. Department of Commerce, July 1, 1959, Doc. 59—5442.
A 16c *Aston, F. W.;* Proc. roy. Soc. London **A 115** (1927) S. 487.
A 17 *Astronomisches Recheninstitut Heidelberg;* Astronomisches Jahrbuch für 1951. Karlsruhe 1950. S. 19.
A 17a *Avogadro, A.;* J. Phys. Chim. **73** (1811) S. 58.

B 1 *Barievo;* The present state of standards of length and methods of accurate measurement of length. Leningrad 1941.
B 1a *Babinet, J.;* Ann. Chim. phys. **40** (1829) S. 177.
B 1b *Baehr, H. D.;* Konstruktion **12** (1960) S. 203.
B 1c *Baird, K. M.;* J. Phys. Radium (8) **19** (1958) S. 348.
B 1d *Baird, K. M.;* Proc. Verb. Com. internat. Poids Mes. (2) **26B** (1958) S. M124.
B 1e *Baird, K. M. u. D. S. Smith;* Canad. J. Phys. **35** (1957) S. 455.
B 1f *Baird, K. M. u. D. S. Smith;* Proc. Verb. Com. internat. Poids Mes. (2) **26B** (1958) S. M111, M121 u. M129.
B 1g *Barger, R. L. u. K. W. Meissner;* J. opt. Soc. Amer. **48** (1958) S. 22.
B 2 *Barnett, W.;* Proc. Optical Convention 1926, Part I, S. 277.
B 3 *Barrell, H. und J. E. Sears;* Philos. Trans. roy. Soc. London **A238** (1939) S. 1.
B 4 *Barrell, H.;* Proc. roy. Soc. London **A186** (1946) S. 164.
B 5 *Barrell, H.;* Research **1** (1948) S. 533.
B 6 *Barrell, H.;* J. opt. Soc. Amer. **41** (1951) S. 295.
B 6a *Barrell, H.;* Research **10** (1957) S. 298.
B 6b *Barrell, H.;* Nature **180** (1957) S. 1387.
B 6c *Barrell, H.;* Proc. Verb. Com. internat. Poids Mes. (2) **26B** (1958)·S. M76 u. M80.
B 6d *Barrell, H.;* J. Inst. Prod. Eng. **37** (1958) S. 3.
B 6e *Barrell, H. u. L. Essen;* Sci. Progr. **47** (1959) S. 209.

B 6f Basov, N. G. u. A. M. Prokhorov; Shurn. exp. teor. Fis. **27** (1954) S. 431.
B 6g Basov, N. G. u. A. M. Prokhorov; Uspekhi Fis. Nauk **40** (1955) S. 485.
B 6h Basov, N. G. u. A. M. Prokhorov; Bull. Acad. Sci. USSR **101** (1955) S. 1.
B 6i Basov, N. G. u. A. M. Prokhorov; Soviet Phys. **3** (1956) S. 426.
B 6j Batarchoukova, N. R.; Optika i Spektroskopia **4** (1958) S. 112; Proc. Verb. Com. internat. Poids Mes. (2)
      26B (1958) S. M90.
B 6k Batarchoukova, N. R. u. C. B. Doubrowski; Optika i Spektroskopia **1** (1956) S. 330.
B 7 Batuecas, T.; Boletin de la Universidad de Santiago, Oct.-Dec. 1935.
B 8 Batuecas, T. und F. L. Casado; J. Chim. phys. Physicochim. biol. **33** (1936) S. 41.
B 8a Bauer, E.; Proc. Cambridge philos. Soc. **47** (1951) S. 777.
B 9 Baxter, G. P. und H. W. Starkweather; Proc. nat. Acad. Sci. **12** Washington (1926) S. 699.
B 10 Baxter, G. P. und H. W. Starkweather; Proc. nat. Acad. Sci. **12** Washington (1926) S. 703.
B 11 Baxter, G. P. und H. W. Starkweather; Proc. nat. Acad. Sci. **14** Washington (1928) S. 57.
B 12 Baxter, G. P.; J. Amer. chem. Soc. **50** (1928) S. 603.
B 13 Bearden, J. A.; Phys. Rev. (2) **55** (1939) S. 584.
B 14 Bearden, J. A.; J. appl. Phys. **12** (1941) S. 395.
B 14a Bearden, J. A. u. J. S. Thomsen; A Survey of Atomic Constants. The John Hopkins University, Baltimore,
      Maryland, 1955.
B 14b Bearden, J. A. u. J. S. Thomsen; Nuov. Cim. (10) **6**, Suppl. 1 (1957) S. 141.
B 15 Bearden, J. A. und H. M. Watts; Phys. Rev. (2) **81** (1951) S. 73.
B 15a Beaty, E. C., P. L. Bender u. A. R. Chi; Proc. 13th ann. Frequency Control Sympos., Asbury Park, N. J.,
      12—14 May, 1959, S. 668.
B 16 Beattie, J. A.; Temperature, its measurement and control in science and industry. New York 1941. S. 74.
B 17 Becker, R.; Theorie der Elektrizität. Bd. I (Einführung in die Maxwellsche Theorie der Elektrizität),
      12. u. 13. Aufl. Leipzig und Berlin 1944. S. IV.
B 18 Bell, L.; Amer. J. Sci. (3) **33** (1887) S. 167.
B 19 Bell, L.; Philos. Mag. (5) **23** (1887) S. 265.
B 20 Bell, L.; Amer. J. Sci. (3) **35** (1888) S. 265, 347.
B 21 Bell, L.; Philos. Mag. (5) **25** (1888) S. 350.
B 22 Bender, D.; Phys. Rev. (2) **54** (1938) S. 179.
B 23 Bender, H.; Ann. Phys. (4) **45** (1914) S. 105.
B 24 Bender, H.; ebenda, S. 114.
B 24a Bender, P. L., E. C. Beaty u. A. R. Chi; Proc. 12th ann. Frequency Control Sympos., Asbury Park, N. J.,
      12—14 May, (1958) S. 593.
B 24b Bender, P. L. u. R. L. Driscoll; Inst. Radio Eng., Trans. Instrum., I-7 (1958) S. 176.
B 25 Benford, F.; Phys. Rev. (2) **63** (1943) S. 212.
B 26 Benoît, J. R.; Trav. Mém. Bur. internat. Poids Mes. **12** (1902) „Détermination du Rapport du Yard au
      Mètre".
B 27 Benoît, J. R., Ch. Fabry und A. Perot; C. R. hebd. Séances Acad. Sci. Paris **144** (1907) S. 1082.
B 28 Benoît, J. R., Ch. Fabry und A. Perot; Trans. internat. Un. Coop. Solar Res. **2** (1908) S. 18.
B 29 Benoît, J. R., Ch. Fabry und A. Perot; Trav. Mém. Bur. internat. Poids Mes. **15** (1913) S. 3.
B 30 Beranek, L. L., J. L. Marshall, A. L. Cudworth und A. P. G. Peterson; J. acoust. Soc. Amer. **23** (1951) S. 261.
B 31 Bergen, H. van; Ann. Phys. (5) **39** (1941) S. 553.
B 31a Bergstrand, E.; Nature **163** (1949) S. 338.
B 31b Bergstrand, E.; Nature **165** (1950) S. 405.
B 31c Bergstrand, E.; Ark. Fis. **2** (1950) S. 119.
B 31d Bergstrand, E.; Ark. Fis. **3** (1951) S. 479.
B 31e Bergstrand, E.; in „National Physical Laboratory, Recent Developments and Techniques in the Maintenance
      of Standards", Her Majesty's Stationary Office, London 1952, S. 75.
B 31f Bergstrand, E.; Ann. franç. Chronométrie **11** (1957) S. 97.
B 32 Berroth, A.; Gerlands Beitr. zur Geophysik **14** (1916) S. 3.
B 33 Berroth, A.; Bull. géod. internat. **12** (1949) S. 183.
B 34 Berroth, A.; Z. Geophys. **18** (1943) S. 42.
B 35 Bessel, F. W.; Astron. Nachr. **19** (1842) S. 97.
B 36 Birge, R. T.; Rev. mod. Phys. **1** (1929) S. 1.
B 37 Birge, R. T.; Phys. Rev. (2) **40** (1932) S. 207.
B 38 Birge, R. T.; Amer. J. Phys. **2** (1934) S. 41.
B 39 Birge, R. T. und F. A. Jenkins; J. chem. Phys. **2** (1934) S. 167.
B 40 Birge, R. T.; Nature **133** (1934) S. 648.
B 41 Birge, R. T.; Amer. J. Phys. **3** (1935) S. 102.
B 42 Birge, R. T.; ebenda, S. 171.
B 43 Birge, R. T.; Phys. Rev. (2) **49** (1936) S. 204.
B 44 Birge, R. T.; Phys. Rev. (2) **52** (1937) S. 241.
B 45 Birge, R. T.; Nature **137** (1936) S. 187.
B 46 Birge, R. T.; Phys. Rev. (2) **54** (1938) S. 972.
B 47 Birge, R. T.; Rep. Progr. Phys. **8** (1941) S. 90.
B 48 Birge, R. T.; Rev. mod. Phys. **13** (1941) S. 233.
B 49 Birge, R. T.; Phys. Rev. (2) **60** (1941) S. 766.
B 50 Birge, R. T.; Phys. Rev. (2) **63** (1943) S. 213.
B 51 Birge, R. T.; Amer. J. Phys. **13** (1945) S. 63.
B 51a Birge, R. T.; Nuov. Cim. (10) **6**, Suppl. 1 (1957) S. 39.
B 52 Blackett, P. M. S.; Nature **159** (1947) S. 659.

B 52a *Bleary, B.* u. *R. P. Penroe;* Nature **157** (1946) S. 339.

B 53 *Board of Trade;* 1873 Report of the Warden of the Standards on the Proceedings of the Standards Department of the Board of Trade.

B 54 *Board of Trade;* Report of the Standards Department for 1883. Dated August 5th, 1884.

B 55 *Board of Trade;* Report of the Board of Trade on the Proceedings and Business under the Weigths and Measures Act 1878. London 1895. Appendix No. 11.

B 56 *Board of Trade;* Report of the Board of Trade on the Comparisons of the Parliamentary Copies of the Imperial Standards. London 1930. H. M. St. O. Cmd. 3507.

B 57 *Board of Trade;* Report of the Board of Trade on the Comparisons of the Parliamentary Copies of the Imperial Standards. London 1936.

B 58 *Board of Trade;* Report on the Comparisons of the Parliamentary Copies of the Imperial Standards with the Imperial Standard Yard and the Imperial Standard Pound and with each other during the Years 1947 to 1948. London 1950. S. O. Code No. 51—211—0—48.

B 59 *Board of Trade;* ebenda, S. 24.

B 60 *Board of Trade;* Report of the Committee on Weigths and Measures Legislation. London, May 1951. H. M. St. O. Cmd. 8219.

B 61 *Board of Trade;* ebenda, S. 6.

B 62 *Bodea, E.;* Giorgis rationales MKS-System mit Dimensionskohärenz für Mechanik, Elektromagnetik, Thermik und Atomistik, fundiert auf Kalantaroffs LTQ-System. Basel 1949.

B 63 *Bodea, E.;* Schweiz. Arch. angew. Wiss. Techn. **13** (1947) S. 33.

B 64 *Boer, J. de;* Ned. T. Natuurkde. **16** (1950) S. 293.

B 65 *Boer, J. de;* Ned. T. Natuurkde. **17** (1951) S. 5.

B 65a *Bol, K.;* Phys. Rev. (2) **80** (1950) S. 298.

B 65b *Bol, K.;* Master's thesis. Stanford University, Stanford, California, 1950.

B 65c *Bonanomi, J., J. de Prins, J. Herrmann* u. *P. Kartaschoff;* Helv. phys. Act. **31** (1958) S. 278.

B 65d *Bonanomi, J.;* Techn. Mitt. PTT **37** (1959) S. 6.

B 66 *Bond, W. N.;* Nature **133** (1934) S. 327.

B 67 *Bond, W. N.;* Nature **135** (1935) S. 825.

B 68 *Bopp, F.;* Ann. Phys. (5) **38** (1940) S. 345.

B 69 *Born, M.* und *L. Infeld;* Proc. roy. Soc. London **A144** (1934) S. 425.

B 70 *Borreas, E.;* Verh. internat. Erdmessung London und Cambridge, Teil III, 1911.

B 71 *Borreas, E.;* Verh. internat. Erdmessung Hamburg, Teil II, 1914.

B 72 *Bouguer, P.;* Nouveau Traité de Navigation. Paris 1753. S. 73.

B 73 *Bouguer, P.;* Nouveau Traité de Navigation. Paris 1781. S. 46.

B 74 *Bouma, P. J.;* Philips techn. Rundsch. **6** (1941) S. 161.

B 74a *Bourbaki, N.;* Fasc. IV „Eléments de Mathématique", P. I „Les Structures Fondamentales de l'Analyse", Livre II „Algèbre", Chap. 1 „Structures Algébriques", Paris 1958, S. 11 (= Actualités Scientifiques et Industrielles, n° 1144, nouv. Ed.).

B 74b *Bourdoun, G.;* Proc. Verb. Com. internat. Poids Mes. (2) **25** (1957) S. 115.

B 75 *Bragg, W. L.;* J. sci. Instrum. **24** (1947) S. 27.

B 76 *Brainbridge, K. T.;* Abstr. Proc. 7. Solvay Congr., Brussels, Sept. 22—27, 1947.

B 77 *Brandmüller, J.;* Z. Naturforsch. **3a** (1948) S. 260.

B 78 *Brezinsčak, M.;* Physica **19** (1953) S. 599.

B 78a *Brickwedde, F. G.;* briefliche Mitteilung.

B 78b *Brickwedde, F. G.;* Physica, Suppl. „Proc. of the Kamerlingh Onnes Conf. on Low Temperature Physics", Sept. 1958, S. S128.

B 79 *Bridgman, P. W.;* Theorie der physikalischen Dimensionen (übersetzt von H. Holl), Leipzig und Berlin 1932. S. 25ff.

B 80 *Bridgman, P. W.;* ebenda, S. 45.

B 81 *Bridgman, P. W.;* Dimensional Analysis. London and New Haven. Rev. ed. 6th Printing, 1949.

B 82 *Briggs, L. J.;* Rev. mod. Phys. **11** (1939) S. 111.

B 83 *British Association for the Advancement of Science;* Rep. 31th Meet., Manchester 1861 (London 1862) S. XXXIX.

B 84 *British Association for the Advancement of Science;* Rep. 33th. Meet., Newcastle 1863 (London 1864) S. 111 bis 176.

B 85 *British Association for the Advancement of Science;* Rep. 43th Meet., Bradford 1873 (London 1874) S. 222 bis 225.

B 85a *(British) Nautical Almanac Office and Office of the „American Ephemeris";* Joint Supplementary Report of the (British) Nautical Almanac Office and the Office of the „American Ephemeris". Trans. internat. astron. Un. **8** (1954) S. 89.

B 86 *British Standards Institution;* Glossary of Acoustical Terms and Definitions. London 1936.

B 87 *British Standards Institution;* B. S. 205 : 1926 und 1. Rev. 1936 und 2. Rev. 1943 „Glossary of Terms used in electrical Engineering".

B 88 *British Standards Institution;* B. S. 350 : 1944 „Conversion Factors and Tables".

B 89 *British Standards Institution;* ebenda, Amendment No. 3, publ. 9 June, 1952.

B 89a *British Standards Institution;* B. S. 350: Part I: 1959 „Conversion Factors and Tables. Part I, Basis of Tables. Conversion Factors", S. 25.

B 90 *British Standards Institution;* B. S. 1991 : Part 1 : 1954 „Letter Symbols, Signs and Abbreviations. Part I, General".

B 90a *British Standards Institution;* B. S. 2520 : 1954 „Barometer Conventions and Tables".

B 90b *Brjezinski, M. L.* u. *N. Trofimova;* Proc. Verb. Com. internat. Poids Mes. (2) **26B** (1958) S. M95.

B 91   *Broch, O. J.;* Trav. Mém. Bur. internat. Poids Mes. **4** (1885) „Vérification de quelques Etalons anglais du Kilogramme, de l'Once Troy et de la Livre Avoirdupois".

B 91a *Brossel, J.;* Techn. Mitt. PTT **37** (1959) S. 2.

B 92   *Brown;* Spec. Publ. U. S. Coast geod. Surv., No. 204, Washington 1936.

B 92a *Brown, E. W.;* Monthly Notices roy. astron. Soc. London **75** (1915) S. 510.

B 92b *Brown, E. W.;* E. W. Brown's Tables of the Motion of the Moon. New Haven 1919.

B 92c *Brown, E. W.;* in „Enzyklopädie der mathematischen Wissenschaften", Bd. VI/2, Leipzig 1905—1923, S. 667.

B 93   *Browne, B. C.* und *E. C. Bullard;* Proc. roy. Soc. London **A175** (1940) S. 110.

B 94   *Brylinski, E.;* Bull. Soc. franç. Electr. (5) **7** (1937) S. 817.

B 95   *Brylinski, E.;* Bull. Soc. franç. Electr. (5) **8** (1938) S. 259.

B 96   *Brylinski, E.;* Rev. gén. Electr. **63** (1954) S. 334.

B 97   *Buckingham, E.;* Phys. Rev. (2) **4** (1914) S. 345.

B 98   *Buckley, H.* und *W. Barnett;* Nat. Phys. Lab. Teddington Rep. 1935, 80.

B 99   *Buckley, H.* und *W. Barnett;* Proc. Verb. Com. internat. Poids Mes. (2) **16** (1933) S. 256.

B 100 *Buckley, H.* und *W. Barnett;* Proc. Verb. Com. internat. Poids Mes. (2) **18** (1937) S. 247.

B 101 *Budeanu, C.;* Bull. Soc. franç. Electr. (6) **7** (1947) S. 563.

B 102 *Bullard, E. C.* und *H. P. L. Jolly;* Monthly Notices roy. astron. Soc. London, geophys. Suppl. **4**, No. 1, 1937. S. 132.

B 102a *Bureau International de l'Heure;* Bull. horaire Bur. internat. Heure, n° 4 (Série 4) Juillet-Août 1955, S. 77.

B 103 *Bureau des Longitudes;* Annuaire pour l'an 1954, publié par le Bureau des Longitudes, Paris 1954. S. 189.

B 104 *Bureau des Longitudes;* ebenda, S. 199.

B 105 *Bureau des Longitudes;* ebenda, S. 220.

B 105a *Bureau des Longitudes;* ebenda, S. 221.

B 106 *Busemann, A.;* Z. techn. Phys. **14** (1933) S. 131.

C 1   *Campbell, N.;* Bull. nat. Res. Council Washington, No. 93, 1933. S. 48.

C 2   *Campbell, N.;* Proc. Verb. Com. internat. Poids Mes. (2) **17** (1935) S. 338.

C 3   *Carnap, R.;* Physikalische Begriffsbildung. Karlsruhe 1926.

C 4   *Carnap, R.;* ebenda, S. 42.

C 5   *Casado, I. L.;* Boletin de la Universidad de Santiago, 1943.

C 6   *Cassinis, G.;* Bull. géod. internat., No. 26, 1930. S. 40.

C 7   *Cassinis, G.;* Bull. géod. internat., No. 32, 1931. S. 313.

C 8   *Cassinis, G., G. P. Dore* und *S. Ballarin;* R. Comm. geod. Italiana (Nuovo Serie) No. 13, 1937.

C 8a *Cedarholm, J. P.;* Proc. 13th ann. Frequency Control Sympos., Asbury Park, N. J., 12—14 May, 1959, S. 543.

C 8b *Central Inspection Institute of Weights and Measures, Japan;* Proc. Verb. Com. internat. Poids Mes. (2) **26B** (1958) S. M102.

C 9   *Ceransky, W.;* Ann. Obs. Moscou **2** (1911) S. 5.

C 9a *Chambers, C. C.;* in „Systems of Units", hrsg. von C. F. Kayan, Publ. No. 57 of the American Association for the Advancement of Science, Washington 1959, S. 259.

C 10 *Charles Darwin, Sir;* Proc. roy. Soc. London **A186** (1946) S. 149.

C 11 *Charles Darwin, Sir;* Nature **164** (1949) S. 262.

C 12 *Charles Darwin, Sir;* The Unit of Heat. Issued by The Royal Society of London, October, 1950

C 13 *Chladnie, E. F. F.;* Die Akustik. Leipzig 1802.

C 13a *Chochina, O.* u. *E. Alexeeva;* Proc. Verb. Com. internat. Poids Mes. (2) **26B** (1958) S. M100.

C 14 *Clark, J. S.;* Philos. Trans. roy. Soc. London **A238** (1939) S. 65.

C 15 *Clark, J. S.;* Proc. roy. Soc. London **A186** (1946) S. 192.

C 16 *Clausius, R.;* Wied. Ann. Phys. Chem. (2) **16** (1882) S. 529.

C 17 *Clausius, R.;* Wied. Ann. Phys. Chem. (2) **16** (1882) S. 541.

C 18 *Clausius, R.;* Wied. Ann. Phys. Chem. (2) **17** (1882) S. 713.

C 18a *Clecton, C. E.* u. *N. H. Williams;* Phys. Rev. (2) **45** (1934) S. 234.

C 18b *Clemens, G. M.;* Rev. mod. Phys. **29** (1957) S. 2.

C 18c *Cleland, M. R.* u. *P. S. Jastram;* Phys. Rev. (2) **82** (1951) S. 337.

C 18d *Cleland, M. R.* u. *P. S. Jastram;* Phys. Rev. (2) **84** (1951) S. 271.

C 19 *Coblentz, W. W.* und *W. B. Emerson;* Bull. Bur. Stand. Washington 14 (1918/1919) S.167 (= Sci. Paper No. 303).

C 19a *Cohen, E. R.;* Rev. mod. Phys. **25** (1953) S. 709.

C 19b *Cohen, E. R.;* Nuov. Cim. (10) **6**, Suppl. 1 (1957) S. 110.

C 19c *Cohen, E. R., K. M. Crowe* u. *J. W. M. DuMond;* Fundamental Constants of Physics. New York-London 1957.

C 19d *Cohen, E. R.* u. *J. W. M. DuMond;* in „Handbuch der Physik", Bd. 35, Teil I, Berlin-Göttingen-Heidelberg 1957, S. 1.

C 19e *Cohen, E. R.* u. *J. W. M. DuMond;* Phys. Rev. Lett. **1** (1958) S. 291 u. 382.

C 19f *Cohen, E. R., J. W. M. DuMond, T. W. Layton* u. *J. S. Rollet;* Rev. mod. Phys. **27** (1955) S. 363.

C 20 *Cohn, E.;* Das elektromagnetische Feld. 1. Aufl. Leipzig 1900.

C 21 *Cohn, E.;* ebenda, 1. Aufl. Leipzig 1900, S. 280. 2. Aufl. Berlin 1927, S. 190.

C 22 *Cohen, E. R.;* Phys. Rev. (2) **88** (1952) S. 353.

C 22a *Cole, H. J. D.;* Proc. Cambridge philos. Soc. **47** (1951) S. 196.

C 23 *Colloques Internationaux du Centre National de la Recherche Scientifique,* Tome XXV (Constantes fondamentales de l'Astronomie), Paris 1950. S. 127.

C 24 *Comité Consultatif pour la Définition du Mètre;* Proc. Verb. Com. internat. Poids. Mes. (2) **24** (1955) S. M23.

C 24a *Comité Consultatif pour la Définition du Mètre;* ebenda; S. M46.

C 24b *Comité Consultatif pour la Définition du Mètre;* Proc. Verb. Com. internat. Poids Mes. (2) **26B** (1958) S. M27.

C 24c Comité Consultatif pour la Définition du Mètre; ebenda, S. M30 u. **M39.**
C 24d Comité Consultatif pour la Définition de la Seconde; Proc. Verb. Com. internat. Poids Mes. (2) **26B** (1958)
S. S16 u. S29.
C 24e Comité Consultatif pour la Définition de la Seconde; ebenda, S. S22 u. S24.
C 25 Comité Consultatif d'Electricité; Proc. Verb. Com. internat. Poids Mes. (2) **15** (1933) S. 157.
C 26 Comité Consultatif d'Electricité; Proc. Verb. Com. internat. Poids Mes. (2) **17** (1935) S. 95, 176, 184.
C 27 Comité Consultatif de Thermométrie; Proc. Verb. Com. internat. Poids Mes. (2) **19** (1939), S. T34.
C 28 Comité Consultatif de Thermométrie; Proc. Verb. Com. internat. Poids Mes. (2) **21** (1948) S. T26.
C 28a Comité Consultatif de Thermométrie; Proc. Verb. Com. internat. Poids Mes. (2) **26A** (1959) S. T17.
C 28b Comité Consultatif de Thermométrie; ebenda, S. T33.
C 28c Comité Consultatif de Thermométrie; ebenda, S. T192.
C 29 Comité International des Poids et Mesures; Proc. Verb. Com. internat. Poids Mes. (1) Séances 1880 (Paris
1881) S. 119.
C 29a Comité International des Poids et Mesures; Proc. Verb. Com. internat. Poids Mes. (1) Séances 1887 (1888)
S. 86.
C 30 Comité International des Poids et Mesures; Proc. Verb. Com. internat. Poids Mes. (1) Séances 1888 (Paris
1889) S. 102.
C 31 Comité International des Poids et Mesures; Proc. Verb. Com. internat. Poids Mes. (1) Séances 1891 (Paris
1892) S. 28.
C 32 Comité International des Poids et Mesures; Proc. Verb. Com. internat. Poids Mes. (1) Séances 1894 (Paris
1895) S. 90.
C 32a Comité International des Poids et Mesures; Proc. Verb. Com. internat. Poids Mes. (1) Séances 1901 (1902)
S. 98 u. 100.
C 33 Comité International des Poids et Mesures; Proc. Verb. Com. internat. Poids Mes. (2) **12** (1927) S. 67.
C 34 Comité International des Poids et Mesures; Proc. Verb. Com. internat. Poids Mes. (2) **13** (1929) S. 58, 63.
C 35 Comité International des Poids et Mesures; ebenda, S. 270.
C 36 Comité International des Poids et Mesures; ebenda, S. 272.
C 37 Comité International des Poids et Mesures; Proc. Verb. Com. internat. Poids Mes. (2) **15** (1933) S. 65.
C 38 Comité International des Poids et Mesures; ebenda, S. 81.
C 39 Comité International des Poids et Mesures; ebenda, S. 202, 205.
C 40 Comité International des Poids et Mesures; Proc. Verb. Com. internat. Poids Mes. (2) **17** (1935) S. 73.
C 40a Comité International des Poids et Mesures; ebenda, S. 91.
C 41 Comité International des Poids et Mesures; ebenda, S. 95.
C 42 Comité International des Poids et Mesures; ebenda, S. 204, 325.
C 43 Comité International des Poids et Mesures; ebenda, S. 210.
C 44 Comité International des Poids et Mesures; ebenda, S. 318.
C 44a Comité International des Poids et Mesures; Trans. internat. astron. Un. **5** (1936) S. 302.
C 45 Comité International des Poids et Mesures; Proc. Verb. Com. internat. Poids Mes. (2) **18** (1937) S. 64.
C 46 Comité International des Poids et Mesures; ebenda, S. 223.
C 47 Comité International des Poids et Mesures; ebenda, S. 236.
C 48 Comité International des Poids et Mesures; ebenda, S. 237.
C 49 Comité International des Poids et Mesures; Proc. Verb. Com. internat. Poids Mes. (2) **19** (1939) S. P28,
C 50 Comité International des Poids et Mesures; ebenda, S. T110.
C 51 Comité International des Poids et Mesures; Proc. Verb. Com. internat. Poids Mes.. (2) **20** (1946) S. 100.
C 52 Comité International des Poids et Mesures; ebenda, S. 119.
C 53 Comité International des Poids et Mesures; ebenda, S. 126.
C 54 Comité International des Poids et Mesures; ebenda, S. 129.
C 55 Comité International des Poids et Mesures; ebenda, S. 131.
C 56 Comité International des Poids et Mesures; ebenda, S. 132.
C 57 Comité International des Poids et Mesures; ebenda, S. 134.
C 57a Comité International des Poids et Mesures; ebenda, S. 135.
C 58 Comité International des Poids et Mesures; Proc. Verb. Com. internat. Poids Mes. (2) **21** (1948) S. 56, 71.
C 59 Comité International des Poids et Mesures; ebenda, S. 67.
C 60 Comité International des Poids et Mesures; ebenda, S. 69.
C 61 Comité International des Poids et Mesures; ebenda, S. 69, T30.
C 62 Comité International des Poids et Mesures; ebenda, S. 70.
C 63 Comité International des Poids et Mesures; ebenda, S. 71.
C 64 Comité International des Poids et Mesures; ebenda, S. 71, T33.
C 65 Comité International des Poids et Mesures; ebenda, S. 77.
C 66 Comité International des Poids et Mesures; ebenda, S. 79.
C 67 Comité International des Poids et Mesures; ebenda, S. 88.
C 68 Comité International des Poids et Mesures; ebenda, S. 96.
C 69 Comité International des Poids et Mesures; ebenda, S. 101.
C 70 Comité International des Poids et Mesures; ebenda, S. T13, T125.
C 71 Comité International des Poids et Mesures; ebenda, S. T13, T131.
C 72 Comité International des Poids et Mesures; ebenda, S. T16, T26.
C 73 Comité International des Poids et Mesures; ebenda, S. T18, T30.
C 74 Comité International des Poids et Mesures; ebenda, S. T19.
C 75 Comité International des Poids et Mesures; ebenda, S. T21.
C 76 Comité International des Poids et Mesures; ebenda, S. T30.
C 77 Comité International des Poids et Mesures; ebenda, S. T37.

C 78   *Comité International des Poids et Mesures;* Proc. Verb. Com. internat. Poids Mes. (2) **22** (1950) S. 36.
C 79   *Comité International des Poids et Mesures;* ebenda, S. 77.
C 80   *Comité International des Poids et Mesures;* ebenda, S. 77/78.
C 81   *Comité International des Poids et Mesures;* ebenda, S. 79.
C 82   *Comité International des Poids et Mesures;* ebenda, S. 80.
C 83   *Comité International des Poids et Mesures;* ebenda, S. 92.
C 84   *Comité International des Poids et Mesures;* ebenda, S. 123.
C 85   *Comité International des Poids et Mesures;* Proc. Verb. Com. internat. Poids Mes. (2) **23A** (1953) S. 52.
C 86   *Comité International des Poids et Mesures;* ebenda, S. 94, 108, 111.
C 87   *Comité International des Poids et Mesures;* ebenda, S. 95/96.
C 88   *Comité International des Poids et Mesures;* ebenda, S. 112.
C 89   *Comité International des Poids et Mesures;* Proc. Verb. Com. internat. Poids Mes. (2) **23B** (1953) S. E15.
C 90   *Comité International des Poids et Mesures;* ebenda, S. E18, E87 bis E111.
C 91   *Comité International des Poids et Mesures;* Proc. Verb. Com. internat. Poids Mes. (2) **24** (1955) S. 81, T21
         u. **T44.**
C 91a *Comité International des Poids et Mesures;* ebenda, S. 88.
C 91b *Comité International des Poids et Mesures;* ebenda, S. 97, 100 u. 119.
C 91c *Comité International des Poids et Mesures;* ebenda, S. 113.
C 91d *Comité International des Poids et Mesures;* Proc. Verb. Com. internat. Poids Mes. (2) **25** (1957) S. 77.
C 91e *Comité International des Poids et Mesures;* ebenda, S. 78.
C 91f *Comité International des Poids et Mesures;* ebenda, S. 80.
C 91g *Comité International des Poids et Mesures;* ebenda, S. 83.
C 91h *Comité International des Poids et Mesures;* Proc. Verb. Com. internat. Poids Mes. (2) **26A** (1959) S.73.
C 91i *Comité International des Poids et Mesures;* ebenda, S. 75.
C 91j *Comité International des Poids et Mesures;* ebenda, S. 88.
C 91k *Comité International des Poids et Mesures;* ebenda, S. 89.
C 91 l *Comité International des Poids et Mesures;* Proc. Verb. Com. internat. Pods Mes. (2) **27** (1961) im Druck.
C 92   *Commission Internationale de l'Eclairage;* 7$\underline{^e}$ Session, New York 1927. Rec. Trav. et C. R. Séances, S. 18,
         1168.
C 93   *Commission Internationale de l'Eclairage;* 10$\underline{^e}$ Session, Scheveningen 1939. Rec. Trav. et C. R. Séances.
C 94   *Commission Internationale de l'Eclairage;* 12$\underline{^e}$ Session, Stockholm 1951. Rec. Trav. et C. R. Séances. Vol. 1.
         (Rapports des Comités Sécretariats) New York 1951. Comité d'études 4.
C 95   *Commission Internationale de l'Eclairage;* ebenda, Comité d'études 4, S. 9.
C 96   *Commission Internationale de l'Eclairage;* ebenda, Comité d'études 4, S. 9/10.
C 97   *Commission Internationale de l'Eclairage;* ebenda, Comité d'études 5, S. 5/6.
C 97a *Commission on Symbols, Units and Nomenclature;* Document S.U.N. 57—9, veröff. in Ned. T. Natuurkde. **23**
         (1957) S. 327; Nucl. Phys. 7 (1958) S. 299; Phys. Bl. 14 (1958) S. 259.
C 98   *Condon, E. U.* und *L. F. Curliss;* Science **103** (1946) S. 173.
C 99   *Conférence Générale des Poids et Mesures;* C. R. 1$\underline{^{ère}}$ Conf. gén. Poids Mes., Paris 1889 (1890) S. 35.
C 100 *Conférence Générale des Poids et Mesures;* ebenda, S. 38.
C 101 *Conférence Générale des Poids et Mesures;* ebenda, S. 48.
C 102 *Conférence Générale des Poids et Mesures;* C. R. 2$\underline{^e}$ Conf. gén. Poids Mes., Paris 1895 (1896) S. 112.
C 103 *Conférence Générale des Poids et Mesures;* ebenda, S. 112 bis 114.
C 104 *Conférence Générale des Poids et Mesures;* ebenda, S. 113.
C 105 *Conférence Générale des Poids et Mesures;* C. R. 3$\underline{^e}$ Conf. gén. Poids Mes., Paris 1901 (1901) S. 37.
C 105a *Conférence Générale des Poids et Mesures;* ebenda, S. 61.
C 106 *Conférence Générale des Poids et Mesures;* ebenda, S. 68.
C 107 *Conférence Générale des Poids et Mesures;* ebenda, S. 70.
C 108 *Conférence Générale des Poids et Mesures;* C. R. 4$\underline{^e}$ Conf. gén. Poids Mes., Paris 1907 (1907) S. 89.
C 109 *Conférence Générale des Poids et Mesures;* C. R. 5$\underline{^e}$ Conf. gén. Poids Mes., Paris 1913 (1913) S. 42.
C 110 *Conférence Générale des Poids et Mesures;* ebenda, S. 44.
C 111 *Conférence Générale des Poids et Mesures;* C. R. 7$\underline{^e}$ Conf. gén. Poids Mes., Paris 1927 (1927) S. 49.
C 112 *Conférence Générale des Poids et Mesures;* ebenda, S. 52.
C 113 *Conférence Générale des Poids et Mesures;* ebenda, S. 53, 94.
C 114 *Conférence Générale des Poids et Mesures;* ebenda, S. 58, 94.
C 115 *Conférence Générale des Poids et Mesures;* ebenda, S. 94.
C 116 *Conférence Générale des Poids et Mesures;* C. R. 8$\underline{^e}$ Conf. gén. Poids Mes., Paris 1933 (1934) S. 53.
C 117 *Conférence Générale des Poids et Mesures;* ebenda, S. 55.
C 118 *Conférence Générale des Poids et Mesures;* C. R. 9$\underline{^e}$ Conf. gén. Poids Mes., Paris 1948 (1949) S. 44.
C 119 *Conférence Générale des Poids et Mesures;* ebenda, S. 49.
C 120 *Conférence Générale des Poids et Mesures;* ebenda, S. 54.
C 121 *Conférence Générale des Poids et Mesures;* ebenda, S. 55.
C 122 *Conférence Générale des Poids et Mesures;* ebenda, S. 56.
C 123 *Conférence Générale des Poids et Mesures;* ebenda, S. 57.
C 124 *Conférence Générale des Poids et Mesures;* ebenda, S. 57, 89.
C 125 *Conférence Générale des Poids et Mesures;* ebenda, S. 60.
C 126 *Conférence Générale des Poids et Mesures;* ebenda, S. 63.
C 127 *Conférence Générale des Poids et Mesures;* ebenda, S. 64.

C 128 Conférence Générale des Poids et Mesures; ebenda, S. 70.
C 129 Conférence Générale des Poids et Mesures; ebenda, S. 89.
C 130 Conférence Générale des Poids et Mesures; ebenda, S. 93.
C 131 Conférence Générale des Poids et Mesures; ebenda, S. 97.
C 132 Conférence Générale des Poids et Mesures; ebenda, S. 104.
C 133 Conférence Générale des Poids et Mesures; ebenda, S. 107.
C 134 Conférence Générale des Poids et Mesures; ebenda, S. 108.
C 135 Conférence Générale des Poids et Mesures; ebenda, S. 110.
C 136 Conférence Générale des Poids et Mesures; C.R. $10^{\underline{e}}$ Conf. gén. Poids. Mes., Paris 1954 (1955) S. 53 u. 78ff.
C 136a Conférence Générale des Poids et Mesures; ebenda, S. 62.
C 136b Conférence Générale des Poids et Mesures; ebenda, S. 83.
C 136c Conférence Générale des Poids et Mesures; C. R. $11^{\underline{e}}$ Conf. gén. Poids Mes., Paris 1960 (1961) im Druck.
C 137 Congrès International des Electriciens; Paris 1881. C. R. des Travaux, Paris 1882.
C 137a Congrès International de Physique; Proc. Verb. Trav. Congr. internat. Phys. 1900, Bd. IV, Paris 1901, S. 15.
C 137b Congrès International de Physique; ebenda, S. 55.
C 137c Congrès International de Physique; ebenda, S. 63.
C 137d Cook, A. H. u. N. W. B. Stone; Phil. Trans. roy. Soc. London **A250** (1957) S. 279.
C 138 Coolidge, A. S.; J. opt. Soc. Amer. **34** (1944) S. 291.
C 139 Cornelius, P.; Philips Res. Rep. **1** (1949) S. 232.
C 140 Cornelius, P.; Philips Res. Rep. **5** (1950) S. 395.
C 141 Cornelius, P.; Philips Res. Rep. **9** (1954) S. 444.
C 142 Cragoe, C. S.; Nat. Bur. Stand. J. Res. Washington **26** (1941) S. 495.
C 143 Crawford, B. H.; Proc. phys. Soc. London **B62** (1949) S. 321.
C 144 Crew, H.; Trans. internat. Un. Coop. Solar Res. **1** (1906) S. 19.

D 1   Dalton; Mem. of the Lit. Soc. Manchester, 1802, S. 601.
D 1a Daly, R. T.; Proc. 13th ann. Frequency Control Sympos., Asbury Park, N. J., 12—14 May, 1959, S. 297.
D 1b Danjon, A.; C. R. 10e Conf. gén. Poids Mes., Paris 1954 (1955) S. 91.
D 1c Danjon, A.; Proc. Verb. Com. internat. Poids Mes. (2) **25** (1957) S. 89.
D 2   Darboux, G.; Oeuvres de Fourier. Bd. 1, Paris 1888. Art. 157 bis 162.
D 3   Darrieus, G.; Rev. gén. Electr. **60** (1951) S. 253.
D 4   Darrieus, G.; Rev. gén. Electr. **63** (1954) S. 263.
D 5   Davis, M. N.; Mech. Engng. **51** (1929) S. 791.
D 6   Davis, R. und K. S. Gibson; Nat. Bur. Stand. miscell. Publ. M114, Washington 1931.
D 6a Dehmelt, H. G.; Phys. Rev. (2) **99** (1955) S. 527.
D 6b Dehmelt, H. G.; Phys. Rev. (2) **105** (1957) S. 1487 u. 1924.
D 7   Deming, W. E. und R. T. Birge; Rev. mod. Phys. **6** (1934) S. 119.
D 8   Dempster, A. J.; Phys. Rev. (2) **53** (1938) S. 64.
D 9   Derrécagaix; C. R. hebd. Séances Acad. Sci. Paris **112** (1891) S. 770.
D 10 Deutsche Atomgewichtskommission; Ber. Dtsch. chem. Ges. **61B** (1928) S. 1.
D 11 Deutsche Lichttechnische Gesellschaft; Licht **12** (1942) S. 35.
D 12 Deutscher Normenausschuß; DIN 1301 „Einheiten, Kurzzeichen". 3. Ausg. Berlin, März 1933.
D 12a Deutscher Normenausschuß; DIN 1305 „Gewicht, Masse, Menge". 2. Ausg., Berlin, Sept. 1958.
D 13 Deutscher Normenausschuß; DIN 1306 „Dichte. Begriffe". Berlin, Aug. 1958.
D 14 Deutscher Normenausschuß; DIN 1313 „Schreibweise physikalischer Gleichungen". Berlin, Nov. 1931.
D 15 Deutscher Normenausschuß; DIN 1314 „Druck. Begriffe, Einheiten". Berlin, Juli 1942.
D 16 Deutscher Normenausschuß; dasselbe, Ausgabe Mai 1956.
D 17 Deutscher Normenausschuß; DIN 1315 „Winkeleinheiten, Winkelteilungen". Berlin, Aug. 1959.
D 17a Deutscher Normenausschuß; dasselbe, Ausg. Aug. 1959.
D 18 Deutscher Normenausschuß; DIN 1317 Blatt 1 „Norm-Stimmton, Norm-Stimmtonhöhe". Berlin, März 1957.
D 19 Deutscher Normenausschuß; DIN 1318 „Lautstärke. Begriffsbestimmung". Berlin, Juli 1959.
D 20 Deutscher Normenausschuß; DIN 1333 „Runden von Zahlen. Regeln, Kennzeichnung". Berlin, Mai 1958.
D 20a Deutscher Normenausschuß; DIN 1339 „Einheiten magnetischer Größen". Berlin, April 1958.
D 20b Deutscher Normenausschuß; DIN 1354 „Größen, Formelzeichen und Einheiten in der technischen Thermodynamik". Berlin, April 1959.
D 21 Deutscher Normenausschuß; DIN 1348 „Allgemeine physikalische Konstanten und damit zusammenhängende Umrechnungsgrößen und Einheiten". Berlin, Febr. 1941.
D 21a Deutscher Normenausschuß; DIN 4512 „Negativmaterial für bildmäßige Aufnahmen. Bestimmung der Lichtempfindlichkeit". Berlin, Jan. 1934.
D 22 Deutscher Normenausschuß; DIN 4512 Blatt 1 „Negativmaterial für bildmäßige Schwarz-weiß-Aufnahmen. Bestimmung der Lichtempfindlichkeit". Berlin, Nov. 1957.
D 23 Deutscher Normenausschuß; DIN 5033 „Farbmessung. Begriffe der Farbmetrik". Berlin, April 1954. Blatt 1 bis 8 und Beiblatt.
D 24 Deutscher Normenausschuß; DIN 5045 „Meßgerät für DIN-Lautstärken. Richtlinien". Berlin, April 1942.
D 25 Deutscher Normenausschuß; DIN-Normenheft „Farbmessung und Farbkennzeichnung". Berlin, im Erscheinen.
D 25a Deutscher Normenausschuß; ISO-Empfehlung R 31 Teil I „Grundgrößen und -einheiten des MKSA-Systems und Größen und Einheiten für Raum und Zeit". 1. Ausg. 1956. Berlin 1959. Nrn. 1–1.1, 1–2.1, 1–1.a bis f u. 1–2.a.
D 26 Deutscher Verein für Gas- und Wasserfachleute; J. Gasbel. u. Wasserversorg. **33** (1890) S. 395, 591.

D 27   *Deutsches Amt für Maß und Gewicht;* Bekanntmachung über die gesetzliche Temperaturskale. Vom 1. März 1950. Amtsbl. DAMG 1950, Nr. 1, S. 13.

D 28   *Deutsches Amt für Maß und Gewicht;* Bekanntmachung über die Bezeichnung der auf der Leuchtdichte des Schwarzen Körpers beruhenden Einheit der Lichtstärke. Vom 1. März 1950. Amtsbl. DAMG 1950, Nr. 1, S. 15.

D 29   *Deutsches Reich;* Gesetz, betreffend die Verfassung des Deutschen Reiches. Vom 16. April 1871. RGBl. 1871, S. 63. (Art. 4, Ziff. 3).

D 30   *Deutsches Reich;* Gesetz, betreffend die Einführung der Maaß- und Gewichtsordnung für den Norddeutschen Bund vom 17. August 1868 in Bayern. Vom 26. November 1871. RGBl. 1871, S. 397.

D 31   *Deutsches Reich;* Gesetz, betreffend die elektrischen Maßeinheiten. Vom 1. Juni 1898. RGBl. 1898, S. 905.

D 32   *Deutsches Reich;* Bekanntmachung, betreffend die Ausführung des Gesetzes über die elektrischen Maßeinheiten. Vom 6. Mai 1901. RGBl. 1901, I, S. 127.

D 33   *Deutsches Reich;* Gesetz über die Temperaturskale und die Wärmeeinheit. Vom 7. August 1924. RGBl. 1924, I, S. 679.

D 34   *Deutsches Reich;* Reichsministerialblatt 1928, Nr. 28, S. 253.

D 35   *Devjatkowa, E. D.;* Proc. Verb. Com. internat. Poids Mes. (2) **16** (1933) S. 333.

D 36   *Dick, J.;* Wiss. Ann. **1** (1952) S. 219.

D 37   *Dick, J.;* Phys. Ber. **32** (1953) S. 1288.

D 37a *Dicke, R. H.;* Phys. Rev. (2) **89** (1953) S. 472; 1955 IRE National Convention Record, Pt. I.

D 37b *Dicke, R. H.;* Proc. 13th ann. Frequency Control. Sympos., Asbury Park, N. J., 12—14 May, 1959, S. 629.

D 38   *Dießelhorst, H.;* Elektrotechn. Z. **48** (1927) S. 426.

D 39   *Dießelhorst, H.;* ebenda, S. 1836.

D 40   *Dießelhorst, H.;* in „Müller-Pouillets Lehrbuch der Physik", Bd. I/1 (Mechanik punktförmiger Massen und starrer Körper), 11. Aufl. Braunschweig 1929. S. 186.

D 41   *Dießelhorst, H.;* in „Starkstromtechnik, Taschenbuch für Elektrotechniker", Bd. I, 7. Aufl. Berlin 1930. S. 59.

D 42   *Dießelhorst, H.;* Ann. Phys. (6) **3** (1948) S. 11.

D 43   *Dießelhorst, H.;* Ann. Phys. (6) **9** (1951) S. 316.

D 44   *Dijk, H. van;* Proc. Verb. Com. internat. Poids Mes. (2) **24** (1955) S. T12.

D 45   *Dirac, P. A. M.;* Phys. Rev. (2) **74** (1948) S. 817.

D 46   *Döring, W.;* Ann. Phys. (6) **6** (1949) S. 69.

D 47   *Döring, W.;* Ann. Phys. (6) **9** (1951) S. 363.

D 48   *Döring, W.;* Z. Phys. **138** (1954) S. 290.

D 49   *Dorsey, N. E.;* Trans. Amer. philos. Soc. **34**, Part I, Oct. 1944.

D 50   *Dorsey, N. E.;* J. Washington Acad. Sci. **36** (1946) S. 361.

D 51   *Dorsey, N. E. und Ch. Eisenhart;* Sci. Monthly **77** (1953) S. 103.

D 52   *Dresler, A.;* Licht **7** (1937) S. 107, 203.

D 53   *Dryden, H. L.;* Nat. Bur. Stand. J. Res. Washington **29** (1942) S. 303.

D 53a *DuMond, J. W. M.;* Nuov. Cim. (10) **6**, Suppl. 1 (1957) S. 68.

D 53b *DuMond, J. W. M.;* Inst. Radio Eng., Trans. Instrum., I-7 (1958) S. 136.

D 53c *DuMond, J. W. M.;* Ann. Phys. New York **7** (1959) S. 365.

D 53d *DuMond, J. W. M.;* Proc. nat. Acad. Sci. U.S.A. **45** (1959) S. 1052.

D 54   *DuMond, J. W. M. und E. R. Cohen;* Rev. mod. Phys. **20** (1948) S. 82.

D 55   *DuMond, J. W. M. und E. R. Cohen;* Rev. mod. Phys. **25** (1953) S. 691.

D 56   *DuMond, J. W. M. und E. R. Cohen;* Phys. Rev. (2) **94** (1954) S. 1790.

D 57   *Dunnington, F. G.;* Rev. mod. Phys. **11** (1939) S. 65.

D 57a *Dupeyrat, R.;* Cah. Phys. 1958, No. 98, S. 383.

D 58   *Dziobek, W.;* Licht und Lampe 1928, S. 77.

D 59   *Dziobek, W.;* Licht **7** (1937), S. 176.

E 1   *Ebert, H.;* Phys. Bl. **3** (1947), S. 414.

E 1a   *Ebert, H.;* DIN-Mitt. **34** (1955) S. 221.

E 2   *Edlén, B.;* J. opt. Soc. Amer. **43** (1953) S. 339.

E 2a   *Edge, R. C. A.;* Nature **177** (1956) S. 618.

E 3   *Ehrenfest-Afanassjewa, T.;* Math. Ann. **77** (1916) S. 259.

E 4   *Eidgen. Amt für Maß und Gewicht;* Bull. schweiz. elektrotechn. Ver. **41** (1950) S. 1.

E 4a   *Einstein, A.;* Ann. Phys. (4) **35** (1911) S. 898.

E 5   *Eisl, A.;* Ann. Phys. (5) **3** (1929) S. 277.

E 5a   *Ekman, V. W.;* Publ. de circonst. du Conseil perman. internat. pour l'explor. de la mer, n° 43 (1908) S. 7.

E 6   *Emde, F.;* Z. phys. chem. Unterr. **48** (1935) S. 145.

E 7   *Emde, F.;* Proc. Verb. Com. internat. Poids Mes. (2) **17** (1935) S. 344.

E 8   *Emde, F.;* Z. phys. chem. Unterr. **53** (1940) S. 65.

E 9   *Emeléus, H. J., F. W. James, A. King, T. G. Pearson, R. H. Purcell und H. V. A. Briscoe;* J. chem. Soc. London, 1934, S. 1207.

E 10   *Engelhard, E.;* private Mitteilung.

E 10a *Engelhard, E.;* Proc. Verb. Com. internat. Poids Mes. (2) **26B** (1958) S. M51, M58, M62 u. M70.

E 10b *Engelhard, E.;* ebenda, S. M54.

E 10c *Engelhard, E.;* Proc. Sympos. on Interferometry, London 1959, im Druck.

E 10d *Engelhard, E. u. F. Bayer-Helms;* Proc. Verb. Com. internat. Poids Mes. (2) **26B** (1958) S. M66.

E 11   *Eötvös, R. von;* Mathem. naturwiss. Ber. aus Ungarn **8** (1890) „Über die Anziehung der Erde auf verschiedene Substanzen."

E 12   *Eötvös, R. von;* Verh. 16. allgem. Konf. internat. Erdmessung in London und Cambridge 1909, Teil I, S. 319 ff.

E 13   *Eötvös, R. von, D. Pekàr* und *E. Fekete;* Ann. Phys. (4) **68** (1922) S. 11.
E 13a   *Essen, L.;* Nature **159** (1947) S. 611.
E 13b   *Essen, L.;* Nature **165** (1950) S. 582.
E 13c   *Essen, L.;* Proc. roy. Soc. London **A204** (1950) S. 260.
E 13d   *Essen, L.;* Nature **167** (1951) S. 258.
E 14   *Essen, L.;* Sci. Progr. **40** (1952) S. 54.
E 14a   *Essen, L.;* Proc. phys. Soc. **B66** (1953) S. 189.
E 14b   *Essen, L.;* Nature **178** (1956) S. 34.
E 14c   *Essen, L.;* Proc. 13th ann. Frequency Control Sympos., Asbury Park, N. J., 12—14 May, 1959, S. 266.
E 14d   *Essen, L. u. K. D. Froome;* Nature **167** (1951) S. 512.
E 14e   *Essen, L. u. K. D. Froome;* Proc. phys. Soc. **B64** (1951) S. 862.
E 14f   *Essen, L. u. A. C. Gordon-Smith;* Proc. roy. Soc. London **A194** (1948) S. 348.
E 14g   *Essen, L.;* Berichtsbuch VI. Internationaler Kongreß für Chronometrie, München, Juni 1959, S. 227.
E 14h   *Essen, L., J. V. L. Parry* u. *J. McA. Steele;* Proc. Inst. electr. Eng. **107B** (1960) S. 229.
E 14i   *Everling, F., L. A. König, J. H. E. Mattauch* u. *A. H. Wapstra;* Nuclear Phys. **18** (1960) S. 529.
E 15   *Ewald, H.;* Z. Naturforsch. **6a** (1951) S. 293.

F 1   *Fabry, Ch.;* C. R. hebd. Séances Acad. Sci. Paris **137** (1903) S. 973, 1242.
F 2   *Favre, P. A.* und *J. T. Silbermann;* Ann. Chim. (Phys.) (3) **34** (1852) S. 357.
F 3   *Federov, N. T.* und *V. I. Federova;* C. R. Acad. Sci. U.R.S.S. **2** (1936) S. 377.
F 4   *Finch, H. F.;* Monthly Notices roy. astron. Soc. London **110** (1950) S. 3.
F 5   *Fischer, J.;* Phys. Z. **37** (1936) S. 120.
F 6   *Fischer, J.;* Ann. Phys. (6) 8 (1951) S. 55.
F 6a   *Fischer, J.;* Arch. Elektrotechn. **45** (1960) S. 4.
F 6b   *Fischer, J.;* ebenda, S. 77.
F 7   *Fischer, E.;* Z. techn. Phys. **18** (1937) S. 336.
F 8   *Flamm, L.* und *H. Mache;* Wiener Akad. Ber. **121** (1912) S. 227.
F 9   *Flamm, L.* und *H. Mache;* Wiener Akad. Ber. **122** (1913) S. 535.
F 10   *Flaschner, L.;* Philosophia Naturalis **2** (1952/53) H. 2, S. 137.
F 10a   *Flegler, E.;* Z. Ver. Dtsch. Ing. **100** (1958) S. 1100 u. 1744.
F 11   *Fleischmann, R.;* Z. Naturforsch. **3a** (1948) S. 492.
F 12   *Fleischmann, R.;* Z. Phys. **129** (1951) S. 377.
F 13   *Fleischmann, R.;* Math. naturwiss. Unterr. **5** (1952) S. 130.
F 14   *Fleischmann, R.;* Phys. Bl. **9** (1953) S. 301.
F 15   *Fleischmann, R.;* ebenda, Abb. 2.
F 16   *Fleischmann, R.;* Naturwiss. **41** (1954) S. 131.
F 17   *Fleischmann, R.;* Z. Phys. **138** (1954) S. 301.
F 17a   *Fleischmann, R.;* Arch. Elektrotechn. **43** (1958) S. 480.
F 17b   *Fleischmann, R.;* Phys. Bl. **14** (1958) S. 74.
F 17c   *Fleischmann, R.;* Mathem. naturwiss. Unterricht **12** (1959/60) S. 385 u. 443.
F 18   *Fleming, J. A.;* J. Inst. electr. Engrs. **32** (1902/1903) S. 119.
F 19   *Fletcher, H.* und *W. A. Munson;* J. acoust. Soc. Amer. **5** (1933) S. 82.
F 19a   *Florman, E. F.;* Nat. Bur. Stand. J. Res. Washington **54** (1954) S. 335.
F 19b   *Florman, E. F.;* Techn. News Bull. U. S. Bur. Stand. **39** (1955) S. 1.
F 20   *Frankreich;* Lois de la République Française. An IIIe de la République une et indivisible. Loi relative aux poids et mesures. Bull. des Lois de la République Française, Série I, IVe Trimestre (IIIe de l'an 3), Tome 4, Paris An IIIe. Bull. No. 135 (No. 749) S. 1.
F 21   *Frankreich;* Loi qui fixe définitivement la valeur du mètre et du kilogramme. Bull. des Lois de la République Française, Série II, Tome 9, An VIIIe. Bull. No. 334 (No. 3456) S. 13.
F 22   *Frankreich;* Loi relative aux Poids et Mesures. Bull. des Lois du Royaume de France, Série IX, Sémestre 2, Paris An 1837 (Tome 15, 1838). Bull. No. 513, S. 1.
F 23   *Frankreich;* 2 avril 1919. — Loi sur les unités de mesure. — J. off. du 4 avril 1919.
F 24   *Frankreich;* Loi No. 48—89 du 14 janvier 1948 modifiant la du loi 2 avril 1919 sur les unités de mesure en ce qui concerne les unités électriques et optiques; Décret No. 48—389 du 28 février 1948 portant règlement d'administration publique pour l'exécution de la loi du 14 janvier 1948 modifiant la loi du 2 avril 1919 sur les unités de mesure.
F 25   *Frankreich;* Décret No. 48—389 du 28 février 1948 portant reglement d'administration publique pour l'exécution de la loi du 14 janvier 1948 modifiant la loi du 2 avril 1919 sur les unités de mesure. Annexe I: »Tableau général des unités commerciales et industrielles dressé en exécution de la loi du 14 janvier 1948 modifiant la loi du 2 avril 1919 sur les unités de mesure«. S. 10.
F 25a   *Franzen, W.;* Proc. 13th ann. Frequency Control Sympos., Asbury Park, N. J., 12—14 May, 1959, S. 683.
F 26   *Frick, J.;* Physikalische Technik. 7. Aufl. (bearbeitet von O. Lehmann) Bd. II/1, Braunschweig 1907. S. VI.
F 26a   *Froome, K. D.;* Nature **169** (1952) S. 107.
F 26b   *Froome, K. D.;* Proc. roy. Soc. London **A213** (1952) S. 123.
F 26c   *Froome, K. D.;* Proc. roy. Soc. London **A223** (1954) S. 195.
F 26d   *Froome, K. D.;* Nature **181** (1958) S. 258.
F 26e   *Froome, K. D.;* Proc. roy. Soc. London **A247** (1958) S. 109.
F 27   *Fues, E.;* Z. Phys. **107** (1937) S. 662.

G 1   *Gans, R.;* Ann. Phys. (6) **10** (1952) S. 167.
G 1a   *Gaillard, J.;* Stand. Engng. **11** (1959) S. 6.

G 1b *Gallagher, J. J.;* Proc. 13th ann. Frequency Control Sympos., Asbury Park, N. J., 12—14 May, 1959, S. 604.
G 1c *Gardner, I. C.;* Proc. Verb. Com. internat. Poids Mes. (2) **26B** (1958) S. M73.
G 2 *Garner, W. R.;* J. acoust. Soc. Amer. **26** (1954) S. 73.
G 3 *Gauß, C. F.;* Gött. gelehrte Anz., Stck. 205—7, S. 2041, 1832 Dez. 24 (= Werke, Bd. V, 2. Abdr. Göttingen 1877. S. 293 bis 304).
G 4 *Gauß, C. F.;* Werke, Bd. V, 2. Abdr. Göttingen 1877. S. 79 bis 118.
G 5 *Gauß, C. F.;* Die Intensität der erdmagnetischen Kraft, auf absolutes Maass zurückgeführt. Hrsg. von E. Dorn, Leipzig 1894 (= Ostwald's Klassiker der exakt. Wiss., Bd. 53).
G 5a *Gerthsen, Chr.* und *W. Kossel;* in „Müller-Pouillets Lehrbuch der Physik", Bd. IV/3 (Elektrische Eigenschaften und Wirkungen der Elementarteilchen der Materie), 11. Aufl. Braunschweig 1933. S. 238.
G 6 *Giauque, W. F.;* Nature **143** (1939) S. 623.
G 6a *Giauque, W. F.* u. *H. L. Johnston;* Nature **123** (1929) S. 318 u. 831.
G 6b *Giauque, W. F.* u. *H. L. Johnston;* J. amer. chem. Soc. **51** (1929) S. 1436 u. 3528.
G 6c *Giauque, W. F.* u. *H. L. Johnston;* Phys. Rev. (2) **34** (1929) S. 540.
G 7 *Gibson, K. S.* und *E. P. T. Tyndall;* Nat. Bur. Stand. sci. Pap. No. 475, Washington 1923 [= Nat. Bur. Stand. sci. Pap. **19** (1923) S. 131].
G 8 *Gibson, K. S.* und *E. P. T. Tyndall;* Trans. illum. Engng. Soc. **19** (1924) S. 176.
G 9 *Gibson, K. S.;* Proc. Verb. Com. internat. Poids Mes. (2) **16** (1933) S. 307.
G 10 *Giorgi, G.;* Atti Ass. elettrotec. Ital. **5** (1901) S. 402.
G 11 *Giorgi, G.;* Nuovo Cim. (5) **4** (1902) S. 11.
G 12 *Giorgi, G.;* Atti Ass. elettrotec. Ital. **6** (1902) S. 453.
G 13 *Giorgi, G.;* Atti Ass. elettrotec. Ital. **7** (1903) S. 7.
G 14 *Giorgi, G.;* Trans. internat. electr. Congr., St. Louis 1904, Part I (1905) S. 130.
G 15 *Giorgi, G.;* Memorandum on the M.K.S. system of units. Publ. by Central Office of the I.E.C., London, June 1934.
G 16 *Giorgi, G.;* Proc. Verb. Com. internat. Poids Mes. (2) **17** (1935) S. 331.
G 17 *Glazebrook, R.;* Proc. Verb. Com. internat. Poids Mes. (2) **17** (1935) S. 307.
G 18 *Görtler, H.;* Mathem. phys. Semesterber. Göttingen **1** (1949) S. 109.
G 19 *Gondolatsch, F.;* „Erdrotation, Mondbewegung und das Zeitproblem der Astronomie". Veröff. astron. Recheninst. Heidelberg, Nr. 5, Karlsruhe 1953.
G 19a *Good, W. E.;* Phys. Rev. (2) **69** (1946) S. 539.
G 20 *Gordon, J. P., H. J. Zeiger* und *C. H. Townes;* Phys. Rev. (2) **95** (1954) S. 282.
G 21 *Gould, F. A.;* Proc. roy. Soc. London A**186** (1946) S. 171.
G 22 *Gould, F. A.;* Proc. roy. Soc. London A**186** (1946) S. 195.
G 23 *Grabau, M.;* J. acoust. Soc. Amer. **5** (1933) S. 1.
G 23a *Graßmann, P.;* Z. Ver. Dtsch. Ing. **98** (1956) S. 1829.
G 23b *Graßmann, P.;* in „Systems of Units", hrsg. von C. F. Kayan, Publ. No. 57 of the American Association for the Advancement of Science, Washington 1959, S. 283.
G 24 *Green, E. I.;* Monograph 2254 Bell Telephone System, Techn. Publ. [= Electr. Engng. **73** (1954) S. 597].
G 25 *Griffiths, E.;* The Heat Unit. Publ. by The Inst. mech. Engrs., London 1951 [= Advancement Sci. **7** (1950/51) S. 431].
G 25a *Grigull, U.;* Brennstoff-Wärme-Kraft **9** (1957) S. 219.
G 26 *Großbritannien;* House of Commons, 1738—65, Reports from Committees of the House of Commons, Misc. Subj. **2**, 434.
G 27 *Großbritannien;* Act for ascertaining and establishing Uniformity of Weigths and Measures (Weigths and Measures Act) 1824. (5 Geo. 4, Chap. 74) S. 6.
G 28 *Großbritannien;* ebenda, Section I.
G 29 *Großbritannien;* ebenda, Section III.
G 30 *Großbritannien;* ebenda, Section IV.
G 31 *Großbritannien;* Weigths and Measures Standards Act for Legalizing and Preserving the restored Standards of Weigths and Measures, dated July 30th, 1855. (Vic. 18 and 19, Chap. 72).
G 32 *Großbritannien;* ebenda, Section V.
G 33 *Großbritannien;* Weigths and Measures Act, 1878. (Vic. 41 and 42, Chap. 49).
G 34 *Großbritannien;* Weigths and Measures (Metric System) Act, 1897. (Vic. 60 and 61, Chap. 46).
G 35 *Großbritannien;* Order in Council substituting a Table of Metric Equivalents for that in Schedule 3, Part I, of the Weigths and Measures Act, 1878 (1898) No. 411. At the Court of Windsor, the 19th day of May, 1898.
G 36 *Großbritannien;* The Weigths and Measures Regulations, dated August 27, 1907, made by the Board of Trade under the Weigths and Measures Act, 1904. Statutory Rules and Orders, 1907, No. 698.
G 37 *Großbritannien;* British Commonwealth Scientific Official Conference, London 1946. Report of Proceedings H.M.S.O., Cmd. 6970. S. 24 u. 62.
G 38 *Großbritannien;* ebenda, S. 62.
G 39 *Großbritannien;* ebenda, S. 63.
G 40 *Großbritannien;* The Weights and Measures (Electrical Standards) Order, 1949. Statutory Instruments 1949, No. 1431.
G 41 *Großbritannien;* Parliamentary Debates (Hansard), House of Commons, Official Report, Vol. 507, No. 6 (11. 11. 1952) S. 28.
G 42 *Grotrian, W.;* Naturwiss. **37** (1950) S. 163.
G 43 *Grotrian, W.;* Z. angew. Phys. **2** (1950) S. 376.
G 44 *Grützmacher, M.;* Akust. Z. **3** (1938) S. 240.
G 45 *Günther, S.;* in „Landolt-Börnstein. Zahlenwerte und Funktionen aus Physik, Chemie, Astronomie, Geophysik und Technik". 6. Aufl. Bd. III (Astronomie und Geophysik), Berlin-Göttingen-Heidelberg 1952. S. 128.

G 46 *Günther, S.;* ebenda, S. 136.
G 47 *Günther, S.;* ebenda, S. 137.
G 48 *Günther, S.;* ebenda, S. 138.
G 49 *Günther, S.;* ebenda, S. 139.
G 49a *Guilleaume, Ch. Ed.;* C. R. 4e Conf. gén. Poids Mes., Paris 1907 (1907) S. 29.
G 50 *Guillaume, Ch. E.;* C. R. 4e Conf. gén. Poids Mes., Paris 1907 (1907) S. 50.
G 51 *Guillaume, Ch. E.;* La création du bureau international des poids et mesures et son oeuvres. Paris 1927.
G 52 *Guillaume, Ch. E.;* ebenda, S. 258.

H 1 *Haas, W. J. de;* Proc. Verb. Com. internat. Poids Mes. (2) **22** (1950) S 85.
H 1a *Hadley, G. F.;* Phys. Rev. (2) **108** (1957) S. 291.
H 2 *Häberli, F.;* Schweiz. Arch. angew. Wiss. Techn. **13** (1947) S. 113.
H 3 *Häberli, F.;* Schweiz. Arch. angew. Wiss. Techn. **13** (1947) S. 65, 113, 136.
H 4 *Häberli, F.;* Schweiz. Arch. angew. Wiss. Techn. **14** (1948) S. 97.
H 5 *Häberli, F.;* Schweiz. Arch. angew. Wiss. Techn. **15** (1949) S. 343.
H 5a *Hahnemann, H. W.;* Die Umstellung auf das Internationale Einheitensystem in Mechanik und Wärme-technik. Düsseldorf 1959.
H 6 *Hall, J. A.;* Proc. roy. Soc. London **A186** (1946) S. 179.
H 7 *Hall, W. M.;* J. acoust. Soc. Amer. **26** (1954) S. 449.
H 8 *Hallén, E.;* Trans. roy. Inst. Techn. Stockholm, No. 6, 1947.
H 9 *Hamel, G.;* Phys. Bl. **5** (1949) S. 193.
H 10 *Hansen, G.;* Zeiss-Nachr. **5** (1944) S. 118.
H 11 *Harcourt, A. V.;* Rep. Brit. Assoc. Adv. Sci., Plymouth 1877 (London 1878) S. 51.
H 12 *Harcourt, A. V.;* Chem. News **36** (1877) S. 103.
H 13 *Harcourt, A. V.;* Rep. Brit. Assoc. Adv. Sci., Manchester 1887 (London 1888) S. 617.
H 14 *Harcourt, A. V.;* Rep. Brit. Assoc. Adv. Sci., Bristol 1898 (London 1899) S. 845.
H 14a *Harold S. Jones, Sir;* Monthly Notices roy. astron. Soc. London **99** (1939) S. 541.
H 15 *Harold S. Jones, Sir;* Monthly Notices roy. astron. Soc. London **101** (1942) S. 356.
H 16 *Harold S. Jones, Sir;* Nature **153** (1944) S. 181.
H 17 *Harold S. Jones, Sir;* Bull. astron. **15** (1949) S. 247.
H 18 *Harold S. Jones, Sir;* Colloques Internationaux du Centre National de la Recherche Scientifique, Tome XXV (Constantes fondamentales de l'Astronomie), Paris 1950. S 85.
H 18a *Harold S. Jones, Sir;* Nature **176** (1955) S. 669.
H 18b *Harold S. Jones, Sir;* in „Handbuch der Physik", Bd. 47, Berlin-Göttingen-Heidelberg 1956, S. 1.
H 19 *Hartley, R. V. L.;* Electr. Commun., July 1924, S. 34.
H 20 *Hartley, R. V. L.;* Proc. Inst. Radio Engrs. **43** (1955) S. 97.
H 21 *Hartmann, J.;* Abh. Königl. Ges. Wiss. Göttingen, Math.-phys. Kl. **10** (1916) Nr. 2.
H 22 *Hartmann, J.;* Astron. Mitt. Sternwarte Göttingen **XIX** (1916).
H 23 *Hartshorn, L.;* Engineering **166** (1948) S. 307.
H 24 *Hawkins, L. A.* und *S. A. Moss;* Amer. J. Phys. **13** (1945) S. 409.
H 25 *Hayford, J. F.;* Supplementary investigation in 1909 of the figure of the earth and isostasy. U.S. Coast geod. Surv., Washington 1910.
H 26 *Hayford, J. F.;* ebenda, S. 77.
H 27 *Heaviside, O.;* Electrician **10** (1882/1883) S. 510, 558, 582.
H 28 *Heaviside, O.;* Electromagnetic Theory. Vol. I, London 1893, S. 41.
H 29 *Heaviside, O.;* ebenda, S. 123.
H 30 *Hecht, S.* und *R. E. Williams;* J. gen. Physiol. **5** (1922/1923) S. 1.
H 31 *Hefner-Alteneck, F. von;* Elektrotechn. Z. **5** (1884) S. 20.
H 32 *Hefner-Alteneck, F. von;* J. Gasbel. Wasserversorg. **27** (1884) S. 73.
H 33 *Hefner-Alteneck, F. von;* J. Gasbel. Wasserversorg. **29** (1886) S. 3.
H 34 *Hefner-Alteneck, F. von;* J. Gasbel. Wasserversorg. **30** (1887) S. 489.
H 35 *Heiskanen, W.;* Veröff. Finnl. geod. Inst. Nr. 6, Helsinki 1926.
H 36 *Heiskanen, W.;* Gerlands Beitr. Geophys. **19** (1928) S. 356.
H 37 *Heiskanen, W.;* Verh. 10. Tagung Balt. geod. Kommiss., Helsinki 1938, S. 94.
H 38 *Heller, G.;* Philips techn. Rundsch. **5** (1940) S. 1.
H 39 *Helmert, F. R.;* Veröff. Königl. Preuß. geod. Inst.: „Die europäische Längengradmessung in 52 Grad Breite von Greenwich bis Warschau." I. Heft (Hauptdreiecke und Grundlinienanschlüsse von England bis Polen), Berlin 1893. S. 225 bis 231.
H 40 *Helmert, F. R.;* Berliner Ber. 1901, S. 336.
H 41 *Helmert, F. R.;* in „Encyklopädie der mathematischen Wissenschaften", Bd. .VI/1B (Geophysik), Berlin 1906--1925. S. 91.
H 42 *Helmert, F. R.;* ebenda, S. 94.
H 43 *Helmert, F. R.;* ebenda, S. 96.
H 44 *Helmert, F. R.;* Berliner Ber. 1915, S. 676.
H 45 *Helmholtz, H. von;* Über die Erhaltung der Kraft. Berlin 1847.
H 46 *Helmholtz, H. von;* Philosophische Aufsätze, Leipzig 1887; Schriften zur Erkenntnistheorie, Berlin 1912.
H 47 *Helmholtz, H. von;* Wied. Ann. Phys. Chem. (2) **17** (1882) S. 42.
H 48 *Henning, F.* und *W. Jaeger;* in „Handbuch der Physik", hrsg. von H. Geiger und K. Scheel, Bd. 2 (Elementare Einheiten und ihre Messung), Berlin 1926. S. 492.
H 49 *Henning, F.* und *W. Jaeger;* ebenda, S. 493.
H 50 *Henning, F.* und *W. Jaeger;* ebenda, S. 494.

H 51   *Herschel, W.;* The scientific papers of Sir William Herschel. Ed. by I. L. E. Dreyer, London 1912.
H 52   *Hertz, H.;* Gesammelte Werke. Bd. III (Prinzipien der Mechanik), 2. Aufl. Leipzig 1910. S. 157, 162, 207, 224.
H 53   *Heuse, W.* und *J. Otto;* Ann. Phys. (5) **2** (1929) S. 1012.
H 54   *Heuse, W.* und *J. Otto;* Ann. Phys. (5) **4** (1930) S. 778.
H 55   *Heyl, P. R.;* Proc. nat. Acad. Sci. Washington **13** (1927) S. 601.
H 56   *Heyl, P. R.;* Nat. Bur. Stand. J. Res. Washington **5** (1930) S. 1243.
H 57   *Heyl, P. R.* und *G. S. Cook;* Nat. Bur. Stand. J. Res. Washington **17** (1936) S. 805.
H 57a *Hilbert, D.;* Grundlagen der Geometrie. 8. Aufl., Stuttgart 1956, Kapitel I.
H 57b *Hilbert, D.;* ebenda, Anhang IV.
H 57c *Hochrainer, A.;* Elektrotechn. Z. **A81** (1960) S. 305.
H 58   *Höngschmid, O.;* Naturwiss. **16** (1928) S. 343.
H 59   *Hoffmann, F.* und *C. Tingwaldt;* Phys. Z. **35** (1934) S. 434.
H 60   *Hoffmann, F.;* Licht **11** (1941) S. 257.
H 61   *Hoffmann, F.;* Math. naturwiss. Unterr. **3** (1950/1951). S. 138.
H 62   *Hoffmann, F.;* briefliche Mitteilung.
H 63   *Hopkinson, J.;* Proc. roy. Soc. London **A45** (1889) S. 318.
H 64   *Horton, J. W.;* Proc. Inst. Radio Engrs. **40** (1952) S. 440.
H 65   *Horton, J. W.;* Electr. Engng. **73** (1954) S. 550.
H 65a *Houstoun, R. A.;* Nature **164** (1949) S. 1004.
H 65b *Houstoun, R. A.;* Proc. roy. Soc. Edinburgh **A63** (1949) S. 95.
H 65c *Howlett, L. E.;* Canad. J. Phys. **37** (1959) S. 84.
H 66   *Hund, F.;* Phys. Z. **39** (1938) S. 376.
H 67   *Hund, F.;* Einführung in die theoretische Physik. Bd. II, Leipzig 1947. S. 6 (Vorwort).
H 68   *Hund, F.;* ebenda, S. 178 ff.
H 69   *Hund, F.;* Einführung in die theoretische Physik. Bd. II, 2. Aufl. Leipzig 1951. S. 5 (Vorwort).
H 70   *Hund, F.;* ebenda, S. 181ff.
H 71   *Hunsacker, J. C.;* Dimensional analysis and similitude in mechanics. Theodore v. Kármán anniversary volume, Pasadena 1941.
H 71a *Huntoon, R. D.* u. *A. G. McNish;* Nuov. Cim. (10) **6**, Suppl. 1 (1957) S. 146.
H 72   *Hyde, E. P., W. E. Forsythe* und *F. E. Cady;* Astrophys. J. **48** (1918) S. 87.

I 1   *Ieviņš, A.* und *M. Straumanis;* Z. Phys. **116** (1940) S. 194.
I 2   *Iliovici, A.;* Bull. Soc. franç. Electr. (7) **5** (1955) S. 27.
I 2a   *Institut de Métrologie D. I. Mendéléev, U. R. S. S.;* Proc. Verb. Com. internat. Poids Mes. (2) **25** (1957) S. 104.
I 3   *Institute of Radio Engineers;* Proc. Inst. Radio Engrs. **36** (1948) S. 827.
I 4   *International Astronomical Union;* Trans. internat. astron. Un. **1** (1922).
I 5   *International Astronomical Union;* Trans. internat. astron. Un. **2** (1925).
I 6   *International Astronomical Union;* Trans. internat. astron. Un. **3** (1928).
I 7   *International Astronomical Union;* ebenda, S. 300.
I 8   *International Astronomical Union;* Trans. internat. astron. Un. **4** (1932).
I 8a   *International Astronomical Union;* Proc. Verb. Com. internat. Poids Mes. (2) **17** (1935) S. 111.
I 9   *International Astronomical Union;* Trans. internat. astron. Un. **5** (1936) S. 319.
I 10   *International Astronomical Union;* Trans. internat. astron. Un. **6** (1938) S. 338.
I 10a *International Astronomical Union;* ebenda, S. 215.
I 10b *International Astronomical Union;* ebenda, S. 79.
I 11   *International Astronomical Union;* Trans. internat. astron. Un. **8** (1954) S. 66, 68, 88 [1]).
I 11a *International Astronomical Union;* Trans. internat. astron. Un. **9** (1957) S. 72.
I 11b *International Astronomical Union;* ebenda, S. 73.
I 11c *International Astronomical Union;* ebenda, S. 451 u. 454.
I 11d *International Astronomical Union;* ebenda, S. 454, 456 u. 460.
I 11e *International Astronomical Union;* ebenda, S. 456 u. 460.
I 11f *International Astronomical Union;* ebenda, S. 69 u. 202.
I 11g *International Astronomical Union;* Trans. internat. astron. Un. **10** (1960) S. 72.
I 11h *International Astronomical Union;* ebenda, S. 86.
I 11i *International Astronomical Union;* ebenda, S. 94 u. 491.
I 11j *International Astronomical Union;* ebenda, S. 489.
I 11k *International Astronomical Union;* ebenda, S. 501.
I 11l *International Astronomical Union;* ebenda, S 226.
I 12   *International Commission on Radiological Units;* Amer. J. Roentgenol. Radium Therap. **65** (1951) S. 65.
I 13   *International Commission on Radiological Units;* Amer. J. Roentgenol. Radium Therap. **71** (1954) S. 139.
I 14   *International Critical Tables;* Vol. V, New York 1929. S. 436.
I 15   *International Electrotechnical Commission;* Doc. R. M. 77 (Meet. Stockholm 1930) S. 3.
I 16   *International Electrotechnical Commission;* Doc. R. M. 105 (Meet. Paris 1933) S. 4.
I 17   *International Electrotechnical Commission;* Doc. R. M. 118 (Meet. Scheveningen 1935).
I 18   *International Electrotechnical Commission;* Doc. R. M. 138 (Meet. Scheveningen and Brussels 1935).
I 19   *International Electrotechnical Commission;* Doc. R. M. 173 (Meet. Torquay 1938) S. 3.
I 20   *International Electrotechnical Commission;* Doc. R. M. 229 (Meet. Paris 1950) S. 4.

[1]) Während der Drucklegung des Bandes 8 (1954) der Trans. internat. astron. Un. wurden Resolutionen der Kommission 4 der IAU aus dem Jahre 1952 redaktionell überarbeitet und umnumeriert sowie Korrektionsformeln verbessert (siehe S. 44 u. 344).

I 21   *International Electrotechnical Commission;* Doc. R. M. 315 (Meet. Opatija 1953) S. 4.
I 22   *International Electrotechnical Commission;* International Electrotechnical Vocabulary, Group 05 (Fundamental Definitions), 2nd Edition. Genf 1954.
I 22a *International Electrotechnical Commission;* ebenda, S. 43 u. 45.
I 23   *International Electrotechnical Commission;* Doc. R. M. 355 (Meet. Philadelphia 1954) S. 5.
I 24   *International Hydrographic Bureau;* Abridged manual of the symbols and abbreviations used on charts. Special Publ. 22, Monaco 1928 [= The Hydrographic Rev. 5 (1928), No. 1, S. 227].
I 25   *International Organization for Standardization;* ISO Recommendation R 31, Part I „Fundamental Quantities and Units of the MKSA System and Quantities and Units of Space and Time", 1th Ed., Nov. 1956.
I 25a *International Organization for Standardization;* ebenda, Item No. 1-1.1.
I 25b *International Organization for Standardization;* ebenda, Item No. 1-2.1.
I 26   *International Union for Co-operation in Solar Research;* Trans. internat. Un. Coop. Solar Res. 1 (1906) S. 238.
I 27   *International Union for Co-operation in Solar Research;* Trans. internat. Un. Coop. Solar Res. 2 (1908) S. 17ff.
I 28   *International Union for Co-operation in Solar Research;* ebenda, S. 20.
I 29   *International Union for Co-operation in Solar Research;* Trans. internat. Un. Coop. Solar Res. 3 (1911) S. 135.
I 30   *International Union for Co-operation in Solar Research;* ebenda, S. 139.
I 31   *International Union for Co-operation in Solar Research;* Trans. internat. Un. Coop. Solar Res. 4 (1914) S. 169.
I 32   *International Union of Chemistry;* C. R. 14^e Conf. Un. internat. Chim., Londres 1947. S. 72.
I 33   *International Union of Pure and Applied Chemistry;* Rep. 16th Ass. I.U.P.A.C., New York and Washington 1951. S. 86.
I 33a *International Union of Pure and Applied Chemistry;* Rep. 17th Ass. I. U. P. A. C., Stockholm 1953, S. 39; Rep. 18th Ass. I. U. P. A. C., Zürich 1955, S. 115.
I 33b *International Union of Pure and Applied Chemistry;* Rep. 19th Ass. I. U. P. A. C., Paris 1957, S. 139.
I 33c *International Union of Pure and Applied Chemistry;* Information Bull. No. 10, London, Dez. 1959, S. 17; Rep. 20th Ass. I. U. P. A. C., München 1959, im Druck.
I 33a *International Union of Pure and Applied Physics;* Rep. 6th Gen. Ass. I.U.P.A.P., Amsterdam 1948.
I 34   *International Union of Pure and Applied Physics;* Rep. 7th Gen. Ass. I.U.P.A.P., Copenhagen 1951. S. 7.
I 35   *International Union of Pure and Applied Physics;* ebenda, S. 8.
I 36   *International Union of Pure and Applied Physics;* ebenda, S. 12.
I 36a *International Union of Pure and Applied Physics;* Doc. U.I.P. 6 (1955).
I 36b *International Union of Pure and Applied Physics;* Rep. 9th Gen. Ass. I. U. P. A. P., Rom 1957, S. 7.
I 36c *International Union of Pure and Applied Physics;* Rep. 10th Gen. Ass. I. U. P. A. P., Ottawa 1960. Im Druck.
I 37   *Internationale Akustische Konferenz;* Akust. Z. 2 (1937) S. 215.
I 38   *Internationale Beleuchtungskommission;* 10. Tagung Scheveningen 1939, Bd. 1 (Sekretariatsberichte), Berlin 1942. S. 20.
I 39   *Internationale Beleuchtungskommission;* ebenda, S. 561.
I 39a *Internationale Beleuchtungskommission;* Internationales Wörterbuch der Lichttechnik. 2. Aufl., Paris 1957 Nr. 05—220.
I 40   *Internationale Beleuchtungskommission;* ebenda, Nr. 10—015.
I 41   *Internationale Lichtmeßkommission;* J. Gasbel. Wasserversorg. 50 (1907) S. 752.
I 42   *Internationale Lichtmeßkommission;* J. Gasbel. Wasserversorg. 54 (1911) S. 1001.
I 43   *Internationale Radium-Standard-Kommission;* Phys. Z. 32 (1931) S. 569.
I 44   *International Union of Geodesy and Geophysics;* Bull. géod. internat., No. 7, Juli bis Sept. 1925, S. 552.
I 45   *International Union of Geodesy and Geophysics;* Bull. géod. internat., No. 27, 1930, S. 239.
I 46   *Ives, H. E.;* Philos. Mag. (6) 24 (1912) S. 149, 352, 744, 845, 853.
I 47   *Ives, H. E. und E. F. Kingsbury;* Phys. Rev. (2) 6 (1915) S. 319.

J 1   *Jacob, M.:* Bull. Métrol. No. 160, Jan. 1954. S. 15.
J 1a *Jacob, M.;* Mesures 15 (1950) S. 405.
J 1b *Jacob, M.;* Bull. belge Métrologie, n° 189 (1956) S. 152; n° 193 (1956) S. 231; n° 218 (1958) S. 229.
J 1c *Jacob, M.;* Bull. belge Métrologie, n° 226 (1959) S. 154.
J 2   *Jaeger, W. und H. von Steinwehr;* Ann. Phys. (4) 64 (1921) S. 305.
J 3   *Jaeger, W. und H. von Steinwehr;* Z. Instrumkde. 46 (1926) S. 105.
J 4   *Jaeger, W.;* Z. Phys. 97 (1935) S. 107.
J 4a *Janney, H. D.;* Phys. Rev. (2) 105 (1957) S. 1138.
J 4b *Javan, A., W. R. Bennett Jr. u. D. R. Herriott;* Phys. Rev. Letters 6 (1961) S. 106.
J 5   *Jeffreys, H.;* Monthly Notices roy. astron. Soc. London, geophys. Suppl. 5, 1948. S. 219.
J 6   *Jeffreys, H.;* ebenda, S. 398.
J 7   *Jeffreys, H.;* Colloques internationaux du Centre National de la Recherche Scientifique, Tome XXV (Constantes fondamentales de l'Astronomie), Paris 1950. S. 29.
J 8   *Jewell, L. E.;* Astrophys. J. 3 (1896) S. 89.
J 9   *Joint Commission for Spectroscopy;* J. opt. Soc. Amer. 43 (1953) S. 410.
J 10 *Jones, S. A.;* Weights and Measures in Congress. Washington 1936 (= Nat. Bur. Stand. Washington, Misc. Publ. M 122, 1936).
J 11 *Jordan, P.;* Die Herkunft der Sterne. Stuttgart 1947.
J 12 *Jordan, W. und O. Eggert;* Handbuch der Vermessungskunde. Bd. 3/I, 9. Aufl. Stuttgart 1948. S. 76.
J 13 *Jordan, W. und O. Eggert;* ebenda, S. 81.
J 14 *Joule, J. P.;* Philos. Mag. (3) 23 (1843) S. 263, 343, 435.
J 15 *Judd, D. B.;* J. opt. Soc. Amer. 21 (1931) S. 267.

J 15a Judson, L. V.; Calibration of Line Standards of Length and Measuring Tapes at the National Bureau of Standards. NBS Circular 572, Addendum to Section 2, page 1, Washington 1959.
J 16 Jung, K.; in „Landolt-Börnstein. Zahlenwerte und Funktionen aus Physik, Chemie, Astronomie, Geophysik und Technik." 6. Aufl. Bd. III (Astronomie und Geophysik), Berlin-Göttingen-Heidelberg 1952. S. 257.

K 1 Kämmerer, C.; Österr. Ing. Arch. 1 (1947) S. 54.
K 2 Kalähne, A.; in „Müller-Pouillets Lehrbuch der Physik", Bd. I/3, 11. Aufl. Braunschweig 1929. S. 118.
K 3 Kalähne, A.; ebenda, S. 137.
K 4 Kalähne, A.; ebenda, S. 140.
K 5 Kalantaroff, P.; Rev. gén. Electr. 25 (1929) S. 235.
K 5a Kamerlingh Onnes, H. u. *W. H. Keesom;* in „Encyklopädie der mathematischen Wissenschaften". Bd. V/1, Leipzig 1903—1921, S. 628.
K 6 Kao, Pan Tscheng; Ann. Physique (10) 17 (1932) S. 315.
K 6a Karolus, A.; Z. Naturforsch. 6a (1951) S. 411.
K 6b Kartachev, A. I.; Proc. Verb. Com. internat. Poids Mes. (2) 26B (1958) S. M92.
K 7 Kaye, G. W. C. und *G. G. Sherratt;* Proc. roy. Soc. London A141 (1933) S. 123.
K 8 Kayser, H.; Astrophys. J. 13 (1901) S. 331.
K 9 Kayser, H. und *R. Ritschl;* Tabelle der Hauptlinien der Linienspektren aller Elemente nach Wellenlängen geordnet. 2. Aufl. Berlin 1939.
K 10 Keesom, W. M. und *M. van der Horst;* Commun. Leyden, No. 188a, 1927.
K 11 Keesom, W. M., M. van der Horst und *K. W. Taconis;* Commun. Leyden, No. 230d, 1933/1934.
K 12 Keesom, W. M. und *W. Tuyn;* Commun. Leyden, Suppl. 78 (1936) S. 1.
K 13 Keesom, W. M. und *W. Tuyn;* Nature 145 (1940) S. 597.
K 14 Kellog, J. M. B. und *S. Millmann;* Rev. mod. Phys. 18 (1946) S. 323.
K 15 Kiepenheuer, K. O.; Z. Naturforsch. 8a (1953) S. 225.
K 15a King, J. G.; Proc. 13th ann. Frequency Control Sympos., Asbury Park, N. J., 12—14 May, 1959, S. 603.
K 16 Kinoshita, M. und *J. Oishi;* Philos. Mag. (7) 24 (1937) S. 52.
K 17 Kirchhoff, G.; Vorlesungen über mathematische Physik. Bd. 1, Leipzig 1876. S. 22.
K 18 Kirchner, F.; Erg. exakt. Naturwiss. 18 (1939) S. 26.
K 19 Kirchner, F.; Phys. Bl. 5 (1949) S. 308.
K 20 Kirchner, F.; in „Landolt-Börnstein. Zahlenwerte und Funktionen aus Physik, Chemie, Astronomie, Geophysik und Technik". 6. Aufl. Bd. I/1 (Atome und Ionen), Berlin-Göttingen-Heidelberg 1950. S. 30.
K 20a Kirchner, F.; Naturwiss. 43 (1956) S. 529.
K 20b Kirchner, F. u. *W. Wilhelmy;* Z. Naturforsch. 10a (1955) S. 657.
K 20c Kirchner, F. u. *W. Wilhelmy;* Nuov. Cim. (10) 6, Suppl. 1 (1957) S. 246.
K 20d Kleppner, D.; Proc. 13th ann. Frequency Control Sympos., Asbury Park, N. J., 12—14 May, 1959, S. 309.
K 20e Klinkenberg, A.; Chem. Engng. Sci. 4 (1955) S. 130 u. 167.
K 21 Kneissler-Meixdorf, L.; Arch. Elektrotechn. 34 (1940) S. 713.
K 22 Kneissler-Meixdorf, L.; Arch. Elektrotechn. 35 (1941) S. 307.
K 23 Kneissler-Meixdorf, L.; Arch. Elektrotechn. 36 (1942) S. 471.
K 24 Kneissler, L.; Die Maxwellsche Theorie in veränderter Formulierung. Wien 1949.
K 25 Koch, J.; Ark. Mat. Astron. Fys. 8 (1912) No. 20.
K 26 König, A.; Gesammelte Abhandlungen zur physiologischen Optik. Leipzig 1903. S. 144.
K 27 König, H.; Bull. schweiz. elektrotechn. Ver. 41 (1950) S. 625.
K 28 König, H. und *U. Stille;* Confrontation des systèmes de mesure électriques à trois et à quatre dimensions (1953). Doc. CEI—24 (Secrétariat) 104, Febr. 1955.
K 29 Kösters, W. und *P. Lampe;* C. R. 8e Conf. gén. Poids Mes., Paris 1933 (1934) S. 79.
K 30 Kösters, W. und *P. Lampe;* Trav. Mém. Bur. internat. Poids Mes. 19 (1934) S. 79.
K 31 Kösters, W. und *J. E. Sears;* Proc. Verb. Com. internat. Poids Mes. (2) 17 (1935) S. 113.
K 32 Kösters, W. und *P. Lampe;* Phys. Z. 35 (1934) S. 223.
K 33 Kösters, W. und *P. Lampe;* Phys. Z. 37 (1936) S. 285.
K 34 Kösters, W.; Werkstattstechn. 32 (1938) S. 527.
K 35 Kösters, W., P. Lampe und *E. Engelhard;* Phys. Z. 39 (1938) S. 245.
K 36 Kösters, W. und *E. Engelhard;* Phys. Z. 40 (1939) S. 248.
K 37 Kohlrausch, A.; Pflügers Arch. 200 (1923) S. 210.
K 38 Kohlrausch, A.; in „Handbuch der normalen und pathologischen Physiologie mit Berücksichtigung der experimentellen Pharmakologie", Bd. 12, 2 (Receptionsorgane), Berlin 1931. S. 1528.
K 39 Kohlrausch, A.; Licht 5 (1935) S. 259, 275.
K 39a Kohman, T. P., J. Mattauch u. *A. H. Wapstra;* J. Chim. phys. 55 (1958) S. 393; Naturwiss. 45 (1958) S. 174; Phys. To-day 12 (1959) S. 30; Science 127 (1958) S. 1431.
K 39b Kopff, A. u. *F. Gondolatsch;* Astronomisch-Geodätisches Jahrbuch für 1951. Hrsg. v. Astron. Recheninst. Heidelberg, Karlsruhe 1950, S. [15] u. [26].
K 39c Kopff, A. u. *F. Gondolatsch;* ebenda, S. [16] u. [19].
K 39d Koronkevitsch, V. P.; Optika i Spektroskopia 1 (1956) S. 85.
K 40 Kossel, W.; Zur Darstellung der Elektrizitätslehre. Mosbach 1949.
K 41 Kossel, W.; Studium generale 3 (1950) S. 664.
K 42 Krefft, H., F. Rößler und *A. Rüttenauer;* Z. techn. Phys. 18 (1937) S. 20.
K 43 Kühnen, F. und *Ph. Furtwängler;* Bestimmung der absoluten Größe der Schwerkraft in Potsdam. Geod. Inst. Potsdam, 1906.
K 44 Küssner, H. G.; Principia Physica. Göttingen 1946. S. 66.
K 45 Küssner, H. G.; ebenda, S. 197.
K 46 Küssner, H. G.; ebenda, S. 220.

K 47   *Kuiper, G. K.;* Astrophys. J. **88** (1938) S. 429.
K 48   *Kurlbaum, F.;* Wied. Ann. Phys. Chem. (2) **33** (1888) S. 159, 381.

L 1   *Laby, T. M.* und *E. O. Hercus;* Philos. Trans. roy. Soc. London **A227** (1927) S. 63.
L 2   *Laby, T. M.* und *E. O. Hercus;* Proc. phys. Soc. London **47** (1935) S. 1003.
L 3   *Lambert, W. D.;* Science **63** (1926) S. 242.
L 4   *Landolt, M.;* Größe, Maßzahl und Einheit. 2. Aufl. Zürich 1952.
L 5   *Landolt, M.;* ebenda, S. 39, 68.
L 6   *Landolt, M.;* Elemente der Mathematik. Bd. V/5, Basel 1950. S. 104.
L 7   *Landolt, M.;* Bull. schweiz. elektrotechn. Ver. **41** (1950) S. 473.
L 7a   *Landolt, M. K.;* Schweiz. Bauzeitung, Jg. 1958, S. 3 u. 17.
L 8   *Landolt, M.* und *J. de Boer;* Rev. gén. Electr. **60** (1951) S. 499.
L 8a   *Landolt, M.* und *J. de Boer;* What is the Meaning of Total Rationalisation? Doc. IEC—24 (Secretariat)
      101, Jan. 1952.
L 9   *Landolt, M.;* Bull. schweiz. elektrotechn. Ver. **44** (1953) S. 458.
L 10   *Lange, E.;* Phys. Bl. **10** (1953) S. 259.
L 10a   *Lange, E.;* Z. Elektrochem. **57** (1953) S. 250 u. 263.
L 11   *Lange, E.;* Phys. Bl. **11** (1954) S. 504.
L 11a   *Lange, E.;* Proc. 6th Meet. internat. Committee of electrochem. Thermodynamics and Kinetics, Poitiers1954
      (London 1955) S. 52.
L 11b   *Lange, E.;* Z. phys. Chem. **204** (1955) S. 245.
L 11c   *Lange, E.;* Z. phys. Chem. **206** (1956) S. 139.
L 11d   *Lange, E.;* Z. phys. Chem. **210** (1959) S. 284.
L 11e   *Lange, E., G. M. Schwab* u. *P. Günther;* Z. Elektrochem. **61** (1957) S. 1272; DIN-Mitt. **36** (1957) S. 424.
L 12   *Laurens, H.;* Amer. J. Physiol. **67** (1924) S. 348.
L 13   *Lax, E.;* Licht **5** (1935) S. 76.
L 14   *Lax, E.;* in „Handbuch der Lichttechnik", hrsg. von R. Sewig, Bd. 1 (Grundlagen, Lichtquellen, Licht-
      messung, Baustoffe), Berlin 1938. S. 57.
L 15   *Leclerc, G.* und *M. Gautier;* Proc. Verb. Com. internat. Poids Mes. (2) **23B** (1953) S. E62, E74.
L 15a   *Lederc, G.;* Proc. Verb. Com. internat. Poids Mes. (2) **26B** (1958) S. M41.
L 16   *Lenzen, V. F.;* Amer. J. Phys. **9** (1941) S. 245.
L 17   *Liebenthal, E.;* Praktische Photometrie. S. 139. Braunschweig 1907.
L 18   *Liebenthal, E.;* Z. Instrumkde. **43** (1923) S. 209.
L 18a   *Lode, W.;* VDI-Nachrichten **13** (1959) Nr. 25 v. 5. Dez., S. 6.
L 19   *Lodge, A.;* Nature **38** (1881) S. 281.
L 20   *Löbl, O.;* Elektrotechn. Z. **72** (1951) S. 455.
L 20a   *Löbl, O.;* Elektrotechn. Z. **A79** (1958) S. 289.
L 21   *Lohse, B.* und *U. Stille;* Z. Phys. **125** (1948) S. 133.
L 22   *Lorentz, H. A.;* in „Encyklopädie der mathematischen Wissenschaften", Bd. V/2, Leipzig 1904—1922. S. 67.
L 23   *Lorentz, H. A.;* ebenda, S. 87.
L 23a   *Loschmidt, J.;* Sitzungsber. kaiserl. Akad. Wiss. Wien **52** (1865), Abt. II, S. 395.
L 23b   *Lotspeich, J. F.* u. *M. L. Stitch;* Proc. 13th ann. Frequency Control Sympos., Asbury Park, N. J., 12—14May,
      1959, S. 575.
L 23c   *Luckey, D.* u. *J. W. Weil;* Phys. Rev. (2) **85** (1952) S. 1060.
L 24   *Lummer, O.* und *E. Brodhun;* Z. Instrumkde. **10** (1890) S. 119.
L 25   *Lyons, H.;* Horological Inst. Amer. J. **4** (1949) S. 11.
L 26   *Lyons, H.;* Proc. Un. Radio Sci. internat., **8/II** (1950) S. 49.
L 27   *Lyons, H.;* Nat. Bur. Stand. Washington techn. Rep. 1320.

M 1   *MacAdam, D. L.;* J. opt. Soc. Amer. **35** (1945) S. 615.
M 2   *Mach, E.;* Die Mechanik in ihrer Entwicklung, 8. Aufl. Leipzig 1921. S. 241.
M 2a   *Mackenzie, I. C. C.;* Ordnance Survey Professional Papers, No. 19. Her Majesty's Stationary Office,
      London 1954.
M 2b   *Markowitz, W.;* Astronom. J. U. S. A. **59** (1954) S. 69.
M 2c   *Markowitz, W.;* Astronom. J. U. S. A. **60** (1955) S. 171.
M 2d   *Markowitz, Wm.;* Proc. 13th ann. Frequency Control Sympos., Asbury Park, N. J., 12—14 May, 1959, S.316.
M 2e   *Markowitz, W., R. G. Hall, L. Essen* u. *J. V. L. Parry;* Phys. Rev. Lett. **1** (1958) S. 105.
M 3   *Martin, W. H.;* Trans. Amer. Inst. electr. Engrs. **42** (1924) S. 797.
M 4   *Martin, W. H.;* Bell System techn. J. **8** (1929) S. 1.
M 4a   *Masai, T., T. Terrien* u. *J. Hamon;* C. R. hebd. Séances Acad. Sci. Paris **245** (1957) S. 926 u. 960; Proc.
      Verb. Com. internat. Poids Mes. (2) **26B** (1958) S. M157.
M 4b   *Mattauch, J.;* Nuov. Cim. (10) **6**, Suppl. 1 (1957) S. 254.
M 4c   *Mattauch, J.;* Z. Naturforsch. **13a** (1958) S. 572.
M 4d   *Mattauch, J.* u. *F. Everling;* Progr. nucl. Phys. **6** (1957) S. 233.
M 4e   *Mattauch, J., L. Waldmann, R. Bieri* u. *F. Everling;* Z. Naturforsch. **11a** (1956) S. 525.
M 4f   *Mattauch, J., L. Waldmann, R. Bieri* u. *F. Everling;* Ann. Rev. nucl. Sci. **6** (1956) S. 179.
M 5   *Maxwell, J. Cl.;* A treatise on electricity and magnetism. Oxford 1873.
M 6   *Maxwell, J. Cl.;* ebenda, Vol. I. Art. 1.
M 7   *Maxwell, J. Cl.;* ebenda, Vol. II, Art. 629.
M 8   *Maxwell, J. Cl.;* ebenda, Vol. II, 3. Ed. London 1892. Art. 578 und 627.
M 9   *Mayer, J. R.;* Liebigs Ann. Chem. **42** (1842) S. 233.

M 9a *McCoubrey, A. O.;* Inst. Radio Eng., Trans. Instrum., **I-7** (1958) S. 203; Proc. 13th ann. Frequency Control Sympos., Asbury Park, N. J., 12—14 May, 1959, S. 276.
M 9b *McKinley, D. W. R.;* J. roy. astron. Soc. Canada **44** (1950) S. 89.
M 10 *Méchain* und *Delambre;* Base du Système Métrique Décimal, ou Mesure de l'Arc Méridian. Tome III, Paris 1810. S. 622.
M 11 *Meggers, W. F.* und *C. G. Peters;* Bull. Bur. Stand. Washington **14** (1918) S. 697.
M 12 *Meyer, St.;* Wiener Akad. Ber. (II A) **138** (1929) S. 557.
M 13 *Michels, A., H. Wouters* und *J. de Boer;* Physica **1** (1934) S. 587.
M 14 *Michelson, A. A.;* Philos. Mag. (5) **31** (1891) S. 338.
M 15 *Michelson, A. A.;* Philos. Mag. (5) **34** (1892) S. 280.
M 16 *Michelson, A. A.;* J. Phys. Radium (7) **3** (1894) S. 5.
M 17 *Michelson, A. A.* und *R. Benoît;* Trav. Mém. Bur. internat. Poids Mes. **11** (1895) S. 3.
M 18 *Mie, G.;* Lehrbuch der Elektrizität und des Magnetismus, 3. Aufl. Stuttgart 1948. S. 4, 107.
M 19 *Miller, W. H.;* Philos. Trans. roy. Soc. London **A146** (1856) S. 753.
M 20 *Millikan, R. A.;* Ann. Phys. (5) **32** (1938) S. 34.
M 20a *Mockler, R.C.* u. *J. A. Barnes;* Proc. 13th ann. Frequency Control Sympos., Asbury Park, N. J., 12—14 May, 1959, S. 583.
M 20b *Mockler, R. C., J. Barnes, R. Beehler, H. Salazar* u. *L. Fey;* Inst. Radio Eng., Trans. Instrum., **I-7** (1958) S. 201.
M 21 *Moles, E.;* J. Chim. phys. Physicochim. biol. **19** (1921) S. 100.
M 22 *Moles, E.;* Z. anorg. allgem. Chem. **167** (1927) S. 40.
M 23 *Moles, E.* und *J. M. Clavera;* Z. anorg. allgem. Chem. **167** (1927) S. 49.
M 24 *Moles, E., T. Tocal* und *A. Eseritano;* Trans. Faraday Soc. **35** (1939) S. 1439.
M 25 *Moon, P.* und *D. E. Spencer;* Amer. J. Phys. **14** (1946) S. 285.
M 26 *Moon, P.* und *D. E. Spencer;* Amer. J. Phys. **16** (1948) S. 25.
M 27 *Moon, P.* und *D. E. Spencer;* Amer. J. Phys. **16** (1948) S. 100.
M 28 *Moon, P.* und *D. E. Spencer;* Amer. J. Phys. **17** (1949) S. 171.
M 29 *Moon, P.* und *D. E. Spencer;* J. Franklin Inst. **248** (1949) S. 495.
M 30 *Moreau, H.;* La Nature 1949, S. 396.
M 30a *Moreau, H.;* Les récents progrès du Système Métrique (1948—1954). Rapport présenté à la Dixième Conférence Générale des Poids et Mesures, réunie à Paris en 1954. Paris 1955.
M 30b *Moreau, H.;* Phys. Bl. **16** (1960) S. 84.
M 31 *Moser, H.;* Ann. Phys. (5) **1** (1929) S. 341.
M 31a *Moser, H.;* in „H. C. Wolfe: Temperature, its Measurement and Control in Science and Industry", Vol. 2, New York u. London 1955, S. 103.
M 31b *Moser, H.;* Symposium on Chemical Thermodynamics, Commission on Chemical Thermodynamics of IUPAC (Sub-Commission on Experimental Thermochemistry and Thermodynamics), Warren/Austria, 1959, 20—25 August.
M 31c *Moser, H.;* persönliche Mitteilung.
M 31d *Moser, H., J. Otto* u. *W. Thomas;* Z. Phys. **147** (1957) S. 59.
M 31e *Moser, H., J. Otto* u. *W. Thomas;* ebenda, S. 76.
M 31f *Moser, H., J. Otto* u. *W. Thomas;* Proc. Verb. Com. internat. Poids Mes. (2) **26A** (1959) S. T67.
M 32 *Moser, H., U. Stille* und *C. P. Tingwaldt;* Naturwiss. **35** (1948) S. 60.
M 33 *Moser, H., U. Stille* und *C. P. Tingwaldt;* Optik **4** (1949) S. 463.
M 33a *Moser, H., U. Stille* u. *C. Tingwaldt;* Optik **14** (1957) S. 291.
M 33b *Møller, C.;* Nuov. Cim. (10) **6**, Suppl. 1 (1957) S. 382.
M 34 *Mueller, E. F.* und *F. D. Rossini;* Amer. J. Phys. **12** (1944) S. 1.
M 35 *Müller, G.* und *P. Kempf;* Publ. astrophys. Obs. Potsdam **5** (1886).
M 36 *Müller, G.* und *P. Kempf;* Publ. astrophys. Obs. Potsdam **9, 13, 14, 16, 17** (1894—1907).
M 37 *Mulligan, J. F.;* Amer. J. Phys. **20** (1952) S. 165.
M 37a *Mulligan, J. F.* u. *D. F. McDonald;* Amer. J. Phys. **25** (1957) S. 180.

N 1 *National Bureau of Standards;* Illum. Engng. **2** (1909) S. 393.
N 2 *National Bureau of Standards;* Proc. Verb. Com. internat. Poids Mes. (2) **16** (1933) S. 293.
N 3 *National Bureau of Standards;* ebenda, S. 296, 323.
N 4 *National Bureau of Standards;* ebenda, S. 323.
N 5 *National Bureau of Standards;* Miscell. Publ. M 121, Washington, 1946.
N 6 *National Bureau of Standards;* Circular 459, Washington 1947.
N 7 *National Bureau of Standards;* Circular 467, Washington 1949.
N 8 *National Bureau of Standards;* Circular 475, Washington 1949. S. 33.
N 9 *National Bureau of Standards;* Circular 479, Washington 1949.
N 10 *National Bureau of Standards;* Techn. News Bull. U.S. Bur. Stand. **33** (1949) S. 17.
N 11 *National Bureau of Standards;* Techn. News Bull. U.S. Bur. Stand. **38** (1954) S. 122.
N 11a *National Bureau of Standards;* Techn. News Bull. U. S. Bur. Stand. **42** (1958) S. 41; **43** (1959) S. 1.
N 11b *National Bureau of Standards;* Mag. Stand. **30** (1959) S. 76; Electr. Engng. **78** (1959) S. 400; Instrum.Autom. **32** (1959) S. 106; Amer. J. Phys. **27** (1959) S. 171.
N 12 *National Physical Laboratory;* The inclusion of equivalent metric values in scientific papers. H.M.S.O. Code No. 48—116, London 1948. S. 4.
N 13 *National Physical Laboratory;* Units and Standards of Measurement employed at the National Physical Laboratory. I. Length, Mass, Time, Volume, Density and Specific Gravity, Gravity, Force and Pressure. H.M.S.O. Code No. 48—122, London 1951, S. 8.

N 13a *National Physical Laboratory;* Notes on Applied Science, No. 9 „Measurement of Pressure with the Mercury Barometer". London, H.M.S.O. 1955.
N 13b *National Physical Laboratory;* Nature **183** (1959) S. 80.
N 13c *National Standards Laboratory, Australia;* Proc. Verb. Com. internat. Poids Mes. (2) **26B** (1958) S. M173.
N 13d *Nautical Almanac Offices of the United States of America and the United Kingdom;* Improved Lunar Ephemeris 1952—1959. Joint Supplement to the American Ephemeris and the (British) Nautical Almanac. Washington 1954.
N 14 *Neumann, H.;* Arch. Elektrotechn. **39** (1950) S. 535.
N 15 *Newcomb, S.;* The elements of the four inner planets and the fundamental constants of Astronomy. Washington 1895. S. 175.
N 15a *Newcomb, S.;* Astronomical Papers prepared for the use of the American Ephemeris and Nautical Almanac. Vol. VI (I: Tables of the Sun), Washington 1895.
N 16 *Nier, A. O.;* Phys. Rev. (2) **77** (1950) S. 789.
N 17 *Niers, H.;* Nachr. Göttinger Akad. Wiss., math. phys. Klasse, math. phys. chem. Abt., Philosophia Naturalis, Bd. I, Heft 4, 1952. S. 493.
N 18 *Norddeutscher Bund;* Maaß- und Gewichtsordnung für den Norddeutschen Bund. Vom 17. August 1868. BGBl. 1868, S. 473.
N 19 *Nutting, P. G.;* Bull. Bur. Stand. Washington **7** (1911) S. 235.
N 20 *Nutting, P. G.;* Trans. illum. Engng. Soc. **9** (1914) S. 633.
N 21 *Nutting, P. G.;* Trans. illum. Engng. Soc. **13** (1918) S. 108.

O 1 *Oberdorfer, G.;* Das natürliche Maßsystem. Kritische Untersuchung der Grundlagen zur Aufstellung eines universellen Maßsystems für Physik und Technik. Wien 1949. S. 19.
O 1a *Observatoire de Neuchâtel;* Circulaire n° 2 (Mai 1959) u. n° 5 (Mai 1960)
O 2 *Österreich;* Bundesgesetz vom 5. Juli 1950 über das Maß- und Eichwesen (Maß- und Eichgesetz — MEG). BGBl 1950, S. 667.
O 3 *Österreich;* ebenda, § 1 (2).
O 3a *Ohl, G.;* Berichtsbuch VI. Internationaler Kongreß für Chronometrie, München, Juni 1959, S. 209.
O 4 *Oishi, J.;* Bull. Inst. phys. chem. Res. Japan **16** (1937) S. 241.
O 5 *Oishi, J.;* Bull. Inst. phys. chem. Res. Japan **21** (1942) S. 1119.
O 6 *Oishi, J.;* J. sci. Res. Inst. Tokyo **43** (1949) S. 199.
O 6a *Oishi, J. u. M. Awano;* Proc. Verb. Com. internat. Poids Mes. (2) **26A** (1959) S. T75.
O 6b *Oishi, J., M. Awano u. T. Mochizuki;* J. phys. Soc. Japan **11** (1956) S. 311.
O 7 *Organisation Météorologique Internationale;* Commun. météorol. internat. No. 45, Proc. Verb. Séances Berlin 1939 (Lausanne 1941) S. 75.
O 8 *Osborne, N. S., H. F. Stimson* und *D. C. Ginnings;* Nat. Bur. Stand. J. Res. Washington **23** (1939) S. 197.
O 9 *Otto, J.;* Proc. Verb. Com. internat. Poids Mes. (2) **24** (1955) S. T78.

P 1 *Paterson, C. C.;* J. Inst. electr. Engrs. **38** (1900) S. 271.
P 2 *Paterson, C. C.;* Philos. Mag. (6) **18** (1909) S. 263.
P 3 *Paul, W.;* Naturwiss. **31** (1943) S. 419.
P 4 *Paul, W.;* Z. Phys. **124** (1948) S. 244.
P 5 *Pekàr, D.;* Naturwiss. **7** (1919) S. 327.
P 6 *Pérard, A.* und *M. Romanowski;* Proc. Verb. Com. internat. Poids Mes. (2) **16** (1933) S. 70.
P 7 *Pérard, A.* und *M. Romanowski;* C. R. hebd. Séances Acad. Sci. Paris **196** (1933) S. 1288.
P 8 *Pérard, A.;* Trav. Mém. Bur. internat. Poids Mes. **19** (1934).
P 9 *Pérard, A.* und *M. Romanowski;* C. R. hebd. Séances Acad. Sci. Paris **199** (1934) S. 523.
P 10 *Pérard, A.* und *M. Romanowski;* Proc. Verb. Com. internat. Poids Mes. (2) **17** (1935) S. 279.
P 11 *Pérard, A.* und *M. Romanowski;* Proc. Verb. Com. internat. Poids Mes. (2) **18** (1937) S. 193.
P 12 *Pérard, A.* und *M. Romanowski;* Proc. Verb. Com. internat. Poids Mes. (2) **19** (1939) S. E62.
P 13 *Pérard, A., M. Romanowski* und *M. Roux;* C. R. hebd. Séances Acad. Sci. Paris **209** (1939) S. 23.
P 14 *Pérard, A.;* Les récents progrès du Système Métrique 1948. Rapport présenté à la Neuvième Conférence Générale des Poids et Mesures, réunie à Paris en Octobre 1948. Paris 1949.
P 15 *Pérard, A.;* ebenda, S. 25, 30.
P 16 *Pérard, A.;* ebenda, S. 27.
P 17 *Pérard, A.;* ebenda, S. 38.
P 18 *Pérard, A.;* Proc. Verb. Com. internat. Poids Mes. (2) **22** (1950) S. 94.
P 18a *Pérard, A.;* Mesures **21** (1956) S. 859.
P 18b *Pérard, A.;* Mesures **23** (1958) S. 349.
P 19 *Perot, A.* und *Ch. Fabry;* Ann. Chim. (Phys.) (8) **12** (1897) S. 459.
P 20 *Perot, A.* und *Ch. Fabry;* C. R. hebd. Séances Acad. Sci. Paris **126** (1898) S. 1624.
P 21 *Perot, A.* und *Ch. Fabry;* Ann. chim. (Phys.) (8) **16** (1899) S. 289.
P 22 *Perot, A.* und *Ch. Fabry;* Ann. Phys. (4) **3** (1900) S. 195.
P 23 *Perot, A.* und *Ch. Fabry;* C. R. hebd. Séances Acad. Sci. Paris **130** (1900) S. 406, 492.
P 24 *Perot, A.* und *Ch. Fabry;* J. Phys. Radium (3) **9** (1900) S. 369.
P 25 *Perot, A.* und *Ch. Fabry;* Ann. Chim. (Phys.) (8) **25** (1901) S. 98.
P 26 *Perrier, G.;* C. R. hebd. Séances Acad. Sci. Paris **189** (1929) S. 506.
P 27 *Perucca, E.;* Ric. sci. Mem. Roma **21** (1951) S. 13.
P 28 *Perucca, E.* und *F. Demichelis;* Helv. phys. Acta **26** (1953) S. 329.
P 29 *Pettit, E.* und *S. B. Nicholson;* Astrophys. J. **68** (1928) S. 279.
P 29a *Pfleiderer, C.;* Konstruktion **11** (1959) Beilage zu Heft 11.
P 29b *Pfleiderer, C. u. H. Möhle;* Konstruktion **11** (1959) Beilage zu Heft 7.

P 30 Physikalisch-Technische Anstalt; Amtsbl. Phys.-Techn. Anst. 1950, Nr. 1, S. 3.
P 30a Physikalisch-Technische Anstalt; ebenda, S. 5.
P 31 Physikalisch-Technische Anstalt; ebenda, S. 6.
P 32 Physikalisch-Technische Reichsanstalt; J. Gasbel. Wasserversorg. **36** (1893) S. 341.
P 33 Physikalisch-Technische Reichsanstalt; Z. Instrumkde. **13** (1893) S. 257.
P 34 Physikalisch-Technische Reichsanstalt; Zentral-Bl. f. d. Deutsche Reich 1893, S. 124.
P 35 Physikalisch-Technische Reichsanstalt; Elektrotechn. Z. **31** (1910) S. 1303.
P 36 Physikalisch-Technische Reichsanstalt; Z. Instrumkde. **31** (1911) S. 20.
P 37 Physikalisch-Technische Reichsanstalt; Amtsbl. Phys.-Techn. Reichsanst. 15. Reihe, Nr. 2, 1939, S. 40.
P 38 Physikalisch-Technische Reichsanstalt; Amtsbl. Phys.-Techn. Reichsanst. 16. Reihe, Nr. 2, 1944, S. 48.
P 39 Physikalisch-Technische Reichsanstalt-Berlin; Amtsbl. Phys.-Techn. Reichsanst.-Berlin 1951, Nr. 1, S. 5.
P 40 Pickering, E. C.; Ann. Harvard Coll. Obs. **50, 54, 70** (1908—1909).
P 41 Pickering, W. H.; Ann. Harvard Coll. Obs. **61** (1908) S. 56.
P 42 Pierce; Amer. J. Sci. (3) **18** (1879) S. 51.
P 43 Pierce; Nature **24** (1881) S. 262.
P 44 Planck, M.; Grundriß der Thermochemie. Mit einem Anhang: Der Kern des zweiten Hauptsatzes der Wärme-
       theorie. Breslau 1893. S. 58.
P 45 Planck, M.; Theorie der Wärmestrahlung. Leipzig 1913. S. 167.
P 46 Planck, M.; Einführung in die theorstische Physik. Bd. I (Einführung in die allgemeine Mechanik),
       5. Aufl. Leipzig 1937. S. 10.
P 46a Plyler, E. K., L. R. Blain u. *W. S. Connor;* J. opt. Soc. Amer. **45** (1955) S. 102.
P 47 Podolsky, B.; Phys. Rev. (2) **62** (1942) S. 68.
P 48 Podolsky, B. und *P. Schwed;* Rev. mod. Phys. **20** (1948) S. 40.
P 49 Pogson, N. E.; Radcliffe Obs. Publ. **15** (1856) S. 297.
P 50 Pogson, N. E.; Monthly Notices roy. astron. Soc. London **17** (1857) S. 13.
P 51 Pohl, R. W.; Phys. Z. **43** (1942) S. 125.
P 52 Pohl, R. W.; Phys. Z. **43** (1942) S. 531.
P 53 Pohl, R. W.; Z. Phys. **121** (1943) S. 543.
P 54 Pohl, R. W. und *F. Stöckmann;* Z. Phys. **122** (1944) S. 534.
P 55 Pohl, R. W. und *F. Stöckmann;* Z. Phys. **122** (1944) S. 680.
P 56 Pohl, R. W.; Zur Darstellung der Elektrizitätslehre. Eine Erwiderung. Göttingen 1950. S. 3, 5.
P 57 Pohl, R. W.; Naturwiss. **38** (1951) S. 147.
P 58 Pohl, R. W.; Z. phys. Chem. **202** (1953) S. 117.
P 59 Pohl, R. W.; Röntgenstrahlen, Geschichte u. Gegenwart (C. H. F. Müller AG, Hamburg Röntgenwerk)
       3 (1953) S. 12.
P 60 Pohl, R. W.; Mechanik, Akustik und Wärmelehre, 12. Aufl. Berlin-Göttingen-Heidelberg 1953. S. 17.
P 61 Pohl, R. W.; ebenda, S. 18.
P 62 Pohl, R. W.; ebenda, S. 225.
P 63 Pohl, R. W.; ebenda, S. 226.
P 64 Pohl, R. W.; Optik und Atomphysik, 9. Aufl. Berlin-Göttingen-Heidelberg 1954. S. 332.
P 65 Pohl, R. W.; ebenda, S. 336.
P 65a Pohl, R. W.; Phys. Bl. **14** (1958) S. 72.
P 66 Polvani, G.; Nuovo Cimento 8 (1951) Suppl. S. 180.
P 67 Pomerantz, M. A.; Phys. Rev. (2) **77** (1950) S. 830.
P 68 Powell, R. W.; Nature **149** (1942) S. 525.
P 69 Preußen; Gesetz über das Urmaß des Preußischen Staates im Verfolg des Gesetzes vom 16. Mai 1816.
       D. d. den 10. März 1839. Gesetz-Sammlung f. d. Preußischen Staaten 1839, S. 94.
P 70 Preußen; Bekanntmachung, betreffend die Verhältnißzahlen für die Umrechnung der bisherigen Landes-
       maaße und Gewichte in die durch die Maaß- und Gewichtsordnung für den Norddeutschen Bund festge-
       stellten neuen Maaße und Gewichte. Vom 13. Mai 1869. Gesetz-Sammlung f. d. Königlichen Preußischen
       Staaten 1869, S. 746.
P 70a Prins, J. de u. *J. P. Blaser;* Berichtsbuch VI. Internationaler Kongreß für Chronometrie, München, Juni 1959,
       S. 87.
P 70b Prins, J. de u. *P. Kartaschoff;* Techn. Mitt. PTT **37** (1959) S. 10.
P 71 Purkinje, J. E.; Zur Physiologie der Sinne. Bd. II, Breslau 1823. S. 109.

Q 1 Quietzsch, G.; Techn. Hausmitt. Nordwestdtsch. Rdfunk 5 (1953) S. 169.
Q 2 Quade, W.; persönliche Mitteilung.
Q 3 Quade, W. u. *U. Stille;* Phys. Bl. **16** (1960) S. 285.
Q 4 Quisenbery, K. S. u. *W. H. Johnson;* Atomic Mass Table. University of Minnesota, Juni 1957.

R 1 Rabi, I. I., S. Millmann, P. Kusch und *J. R. Zacharias;* Phys. Rev. (2) **55** (1939) S. 526.
R 1a Rabi, I. I.; Richtmeyer Lecture to the Amer. Phys. Soc. New York, 1945.
R 1b Ramsey, N. F.; Phys. Rev. (2) **78** (1950) S. 695.
R 1c Rank, D. H.; Bull. amer. phys. Soc. (2) **2** (1957) S. 213.
R 1d Rank, D. H., R. P. Ruth u. *K. L. Van der Sluis;* Phys. Rev. (2) **86** (1952) S. 799.
R 1e Rank, D. H., R. P. Ruth u. *K. L. Van der Sluis;* J. opt. Soc. Amer. **42** (1952) S. 693.
R 1f Rank, D. H., J. N. Shearer u. *T. A. Wiggins;* Phys. Rev. (2) **94** (1954) S. 575.
R 1g Reder, F. H. u. *C. Bickart;* Proc. 13th ann. Frequency Control. Sympos., Asbury Park, N. J., 12—14 May,
       1959, S. 546.
R 2 Reeb, O.; Lichttechn. **2** (1950) S. 136.
R 3 Reeb, O.; Lichttechn. **4** (1952) S. 67.

R 4   Reeb, O.; Optik **11** (1954) S. 75 u. **12** (1955) S. 196.
R 5   Riabouchinsky, D.; L'Aérophile **19** (1911) S. 407.
R 6   Ribaud, G.; Proc. Verb. Com. internat. Poids Mes. (2) **16** (1933) S. 261.
R 7   Ribaud, G.; Rev. d'Opt. (théor. instrum.) **12** (1933) S. 289.
R 7a   Richards, Th. W. u. W. N. Stull; Z. phys. Chem. **69** (1904) S. 9.
R 8   Richter, M.; Licht **7** (1937) S. 81.
R 9   Richter, M.; Grundriß der Farbenlehre der Gegenwart. Dresden-Leipzig 1940. S. 36.
R 10   Richter, M.; ebenda, S. 69.
R 11   Richter, M.; ebenda, S. 214.
R 12   Rieck, J.; Licht **5** (1935) S. 131.
R 13   Riesenfeld, E. H. und T. L. Chang; Phys. Z. **37** (1936) S. 690.
R 14   Robinson, D. W.; Acoustica **3** (1953) S. 344.
R 14a Robinson, H. G., E. S. Ensberg u. H. G. Dehmelt; Bull. amer. phys. Soc. **3** (1958) S. 9.
R 15   Roebuck, J. R.; Phys. Rev. (2) **50** (1936) S. 370.
R 16   Roebuck, J. R. und T. A. Murrill; Temperature, its measurement and control in science and industry. New York 1941. S. 60.
R 17   Roeser, W. F., F. R. Caldwell und M. T. Wensel; Nat. Bur. Stand. J. Res. Washington **6** (1931) S. 1119.
R 18   Rößler, F.; Ann. Phys. (5) **34** (1939) S. 1.
R 19   Rößler, F.; Z. Naturforsch. **6a** (1951) S. 263.
R 20   Rößler, F.; Ann. Phys. (6) **10** (1952) S. 177.
R 20a Romanova, M. F.; Proc. Verb. Com. internat. Poids Mes. (2) **26B** (1958) S. M87.
R 21   Romanova, M. F., G. V. Varlich, A. I. Kartashew und N. R. Batarchukova; C. R. (Doklady) Acad. Sci. U.R.S.S. **37** (1942) S. 46.
R 22   Romanowski, M. und M. Roux; Proc. Verb. Com. internat. Poids Mes. (2) **16** (1933) S. 141.
R 23   Romanowski, M. und M. Roux; Proc. Verb. Com. internat. Poids Mes. (2) **17** (1935) S. 291.
R 24   Romanowski, M. und M. Roux; Proc. Verb. Com. internat. Poids Mes. (2) **18** (1937) S. 200.
R 25   Romanowski, M. umd M. Roux; Proc. Verb. Com. internat. Poids Mes. (2) **19** (1939) S. E69.
R 26   Romanowski, M.; Proc. Verb. Com. internat. Poids Mes. (2) **20** (1946) S. 179.
R 27   Rossini, F. D.; Nat. Bur. Stand. J. Res. Washington **6** (1931) S. 1.
R 28   Rossini, F. D.; Chem. Rev. **18** (1936) S. 233.
R 29   Rossini, F. D.; Chem. Rev. **27** (1940) S. 1.
R 30   Rothmund, V.; in „Landolt-Börnstein. Physikalisch-Chemische Tabellen." 5. Aufl. Bd. I, Berlin 1923. S. 44.
R 31   Rowland, H. A.; Amer. J. Sci. (3) **23** (1887) S. 182.
R 32   Rowland, H. A.; Philos. Mag. (5) **23** (1887) S. 257.
R 33   Rowland, H. A.; Philos. Mag. (5) **27** (1889) S. 479.
R 34   Rowland, H. A.; Philos. Mag. (5) **31** (1891) S. 49.
R 35   Rowland, H. A.; Astron. and Astrophys. **12** (1893) S. 321.
R 36   Rowland, H. A.; Philos. Mag. (5) **36** (1893) S. 49.
R 37   Rowland, H. A.; Astrophys. J. **1—5** (1895—1898).
R 38   Rowland, H. A.; Preliminary Table of Solar Spectrum Wave-Lengths. Chicago 1898.
R 39   Runge, C. und K. W. Meißner; in „Handbuch der Astrophysik", hrsg. von G. Eberhard, A. Kohlschütter und H. Ludendorff, Bd. I (Grundlagen der Astrophysik), Berlin 1933. S. 85.
R 40   Runge, C. und K. W. Meißner; ebenda, S. 289.
R 40a Ruppel, G.; in „Systems of Units", hrsg. von C. F. Kayan, Publ. No. 57 of the American Association for the Advancement of Science, Washington 1959, S. 235.
R 41   Russell, H. N.; Astrophys. J. **43** (1916) S. 103.
R 42   Russell, H. N., R. S. Dugan und J. R. Stewart; Astronomy. Vol. I, Boston 1926. S. 187.

S 1   Schaefer, Cl.; Einführung in die theoretische Physik, Bd. I (Mechanik materieller Punkte. Mechanik starrer Körper und Mechanik der Kontinua – Elastizität und Hydrodynamik) 5. Aufl. Berlin 1950. S. 77.
S 2   Schaefer, Cl.; ebenda, Bd. III/1 (Elektrodynamik und Optik), 2. Aufl. Berlin 1950. S. 231.
S 3   Schaefer, Cl.; Phys. Bl. **3** (1951) S. 134.
S 3a   Sass, F.; Konstruktion **11** (1959) S. 165.
S 4   Schaternikoff, M.; bei J. v. Knies: Abh. Physiol. Gesichtsempf. **2** (1902) S. 189.
S 4a   Schawlow, A. L. u. C. H. Townes; Phys. Rev. (2) **112** (1958) S. 1940.
S 5   Scheel, K.; Grundlagen der praktischen Metronomie. Braunschweig 1911. S. 155.
S 6   Scheel, K. und F. Blankenstein; Z. Phys. **31** (1925) S. 202.
S 7   Scheel, K.; in „Landolt-Börnstein. Physikalisch-Chemische Tabellen." 5. Aufl. Egb. II/2, Berlin 1931. S. 1219.
S 8   Scheel, K.; ebenda, 5. Aufl. Egb. III/3, Berlin 1936. S. 2318.
S 9   Scheibe, A. u. U. Adelsberger; Phys. Z. **37** (1936) S. 38, 185 u. 415.
S 10   Scheibe, A. und U. Adelsberger; Z. Phys. **127** (1950) S. 416.
S 11   Scheibe, A. und U. Adelsberger; Z. Phys. **129** (1951) S. 233.
S 12   Scheibe, A.; Z. angew. Phys. **5** (1953) S. 307·
S 12a Scheibe, A.†, U. Adelsberger, G. Becker, G. Ohl u. R. Süß; Z. angew. Phys. **11** (1959) S. 352.
S 13   Schmehl, M. und K. Jung; in „Handbuch der Experimentalphysik", hrsg. von W. Wien und F. Harms, Bd. 25/2 (Geophysik: Physik des festen Erdkörpers und des Meeres), Leipzig 1931. S. 183.
S 14   Schmidt, E.; Naturwiss. **34** (1947) S. 62 u. 93.
S 14a Schmidt, E.; Brennstoff-Wärme-Kraft **9** (1957) S. 432.
S 14b Schmidt, E.; in „Systems of Units", hrsg. von C. F. Kayan, Publ. No. 57 of the American Association for the Advancement of Science, Washington 1959, S. 273.
S 15   Schönfeld, E.; Bonner Beob. **8** (1886).
S 16   Schofield, F. H.; Proc. roy. Soc. London **A146** (1934) S. 792.

S 17   *Schuller, A.* und *V. Wartha;* Wied. Ann. Phys. Chem. (2) **2** (1877) S. 359.

S 18   *Schweiz;* Bundesgesetz betreffend die Abänderung des Bundesgesetzes über Mass und Gewicht. Vom 1.April 1949. BBl. 1949, I, 71.

S 19   *Schweizerischer Elektrotechnischer Verein;* Bull. schw. elektrotechn. Ver. **40** (1949) S. **462**.

S 20   *Sears, J. E., W. H. Johnson* und *H. L. P. Jolly;* Philos. Trans. roy. Soc. London A **227** (1928) S. 281.

S 21   *Sears, J. E.* und *H. Barrell;* Philos. Trans. roy. Soc. London A **231** (1932) S. 75.

S 22   *Sears, J. E.* und *H. Barrell;* Philos. Trans. roy. Soc. London A **233** (1934) S. 143.

S 22a *Senitzky, I. R.;* Proc. 13th ann. Frequency Control Sympos., Asbury Park, N. J., 12—14 May, 1959, S. 542.

S 23   *Sewig, R.;* Handbuch der Lichttechnik. Berlin 1938. S. 1017.

S 24   *Shanmugadhasan, S.;* Canad. J. Phys. **30** (1952) S. 218.

S 25   *Sherratt, G. G.* und *J. H. Awbery;* Proc. phys. Soc. London **43** (1931) S. 242.

S 26   *Siegbahn, M.;* Ann. Phys. (4) **59** (1919) S. 56.

S 27   *Siegbahn, M.;* Spektroskopie der Röntgenstrahlen. 2. Aufl. Berlin 1932. S. 20.

S 28   *Siegbahn, M.;* ebenda, S. 42.

S 29   *Silsbee, F. B.;* Nat. Bur. Stand. Circular 475, Washington 1949.

S 29a *Silsbee, F. B.;* in „Systems of Units" hrsg. von C. F. Kayan, Publ. No. 57 of the American Association for the Advancement of Science, Washington 1959, S. 7.

S 29b *Silsbee, H.* u. *U. Stille;* Document IEC 24 (Secretariat) 110 und 110A, 1959.

S 30   *Sloan, L. L.;* Psychol. Monogr. **38** (1928) S. 1.

S 31   *Sommerfeld, A.* und *H. Bethe;* in „Handbuch der Physik", hrsg. von H. Geiger und K. Scheel, Bd. 24/2 (Aufbau der zusammenhängenden Materie), 2. Aufl. Berlin 1933. S. 517.

S 32   *Sommerfeld, A.;* Proc. Verb. Com. internat. Poids Mes. (2) **17** (1935) S. 360.

S 33   *Sommerfeld, A.;* Phys. Z. **36** (1935) S. 814.

S 34   *Sommerfeld, A.;* Ann. Phys. (5) **36** (1939) S. 335.

S 35   *Sommerfeld, A.;* Vorlesungen über theoretische Physik. Bd. 1 (Mechanik), 3. Aufl. Wiesbaden 1947. S. 5.

S 36   *Sommerfeld, A.;* ebenda, Bd. 3 (Elektrodynamik), Wiesbaden 1948. S. 12.

S 37   *Sommerfeld, A.;* ebenda, Bd. 3, S. 48.

S 38   *Sommerfeld, A.;* ebenda, Bd. 3, S. 50.

S 39   *Sommerfeld, A.* und *F. Bopp;* Ann. Phys. (6) **8** (1950) S. 41.

S 40   *Sommerfeld, A.* und *E. Ramberg;* Ann. Phys. (6) 8 (1950) S. 46.

S 41   *Steinwehr, H. von* und *A. Schulze;* Z. Instrumkde. **52** (1931) S. 249.

S 42   *Stekelenburg, L. H. M.;* Gezondheidstechniek, T. N. O. Rapport No. 5, 1951.

S 43   *Stevens, G. G.* und *H. Davis;* Hearing, its Psychology and Physiology. New York 1938.

S 44   *Stevens, G. G.* und *J. Volkmann;* Amer. J. Psychol. **53** (1940) S. 329.

S 45   *Stille, U.;* Z. Phys. **120** (1943) S. 703.

S 46   *Stille, U.;* Z. Phys. **121** (1943) S. 34.

S 47   *Stille, U.;* Z. Phys. **121** (1943) S. 133.

S 48   *Stille, U.;* Umrechnungstafel für die Zahlenwerte mechanischer Größen. 5. Aufl. Braunschweig 1944.

S 49   *Stille, U.;* Umrechnungstafel für die Zahlenwerte elektrischer und magnetischer Größen. 5. Aufl. Braunschweig 1944.

S 49a *Stille, U.;* Arch. Elektrotech. **38** (1944) S. 91.

S 50   *Stille, U.;* Atomphysikalische Zahlenwerte. Braunschweig 1944.

S 51   *Stille, U.;* Z. Phys. **125** (1948) S. 159.

S 52   *Stille, U.;* Z. Phys. **125** (1948) S. 174.

S 53   *Stille, U.;* Arch. Elektrotech. **39** (1948/1949) S. 130.

S 54   *Stille, U.;* Phys. Bl. **4** (1948) S. 425.

S 55   *Stille, U.;* Abh. Braunschw. wiss. Ges. **1** (1949) S. 38.

S 56   *Stille, U.;* Abh. Braunschw. wiss. Ges. **1** (1949) S. 56.

S 57   *Stille, U.;* Z. Ver. Dtsch. Ing. **91** (1949) S. 617.

S 58   *Stille, U.;* Ann. Phys. (6) **5** (1949) S. 208.

S 59   *Stille, U.;* Abh. Braunschw. wiss. Ges. **3** (1951) S. 122.

S 60   *Stille, U.;* Phys. Bl. **7** (1951) S. 260.

S 61   *Stille, U.;* Arch. Elektrotech. **40** (1952) S. 249.

S 62   *Stille, U.;* Phys. Bl. **8** (1952) S. 397.

S 63   *Stille, U.;* Phys. Bl. **8** (1952) S. 507.

S 64   *Stille, U.;* Phys. Bl. **9** (1953) S. 56.

S 65   *Stille, U.;* Proc. Verb. Com. internat. Poids Mes. (2) **23A** (1953) S. 170.

S 66   *Stille, U.;* in „Landolt-Börnstein. Zahlenwerte und Funktionen aus Physik, Chemie, Astronomie, Geophysik und Technik." 6. Aufl. Bd. I/1 (Atome und Ionen), Berlin-Göttingen-Heidelberg 1950, S. 12 ff.

S 67   *Stille, U.;* in „Physikalisches Taschenbuch", hrsg. von H. Ebert, Braunschweig 1951. S. 5.

S 68   *Stille, U.;* ebenda, S. 10.

S 69   *Stille, U.;* in „Lincke's Meteorologisches Taschenbuch. Neue Ausgabe", Bd. II, Leipzig 1953. S. 406.

S 69a *Stille, U.;* DIN-Mitt. **32** (1953) S. 40.

S 69b *Stille, U.;* DIN-Mitt. **33** (1954) S. 225.

S 69c *Stille, U.;* Elektrotechn. Z. A**76** (1955) S. 96.

S 69d *Stille, U.;* Phys. Bl. **13** (1957) S. 14.

S 69e *Stille, U.;* Nuov. Cim. (10) **6**, Suppl. 1 (1957) S. 185.

S 69f *Stille, U.;* Elektrotechn. u. Maschinenb. **74** (1957) S. 25 u. 57.

S 69g *Stille, U.;* Elektrotechn. Z. A**78** (1957) S. 292.

S 69h *Stille, U.;* DIN-Mitt. **37** (1958) S. 58.

S 69i *Stille, U.;* Elektronorm **13** (1959) S. 56; DIN-Mitt. **38** (1959) S. 248.

S 69j *Stille, U.;* Elektronorm **13** (1959) S. 267.

S 69 k Stille, U.; Z. angew. Phys. **11** (1959) S. 316.
S 69 l Stille, U.; ebenda, Literatur Nr. 49.
S 69 m Stille, U.; ebenda, Literatur Nr. 54.
S 69 n Stille, U.; ebenda, Literatur Nr. 56.
S 69 o Stille, U.; ebenda, Literatur Nr. 59.
S 69 p Stille, U.; ebenda, Literatur Nr. 60.
S 69 q Stille, U.; ebenda, Literatur Nr. 62.
S 69 r Stille, U.; ebenda, Literatur Nr. 68.
S 69 s Stille, U.; ebenda, Literatur Nr. 69.
S 69 t Stille, U.; in „Kohlrausch. Praktische Physik", Bd. 1, 21. Aufl., Abschnitte 1.111 u. 1.12, Stuttgart 1960.
S 70 Stimson, H. F. u. J. A. Beattie; Proc. Verb. Com. internat. Poids Mes. (2) **24** (1955) S. T53.
S 71 Stoyko, N.; C. R. hebd. Séances Acad. Sci. Paris **205** (1937) S. 79.
S 72 Stoyko, N.; Bull. astron. **15** (1950) S. 229.
S 73 Stoyko, N.; Colloques Internationaux du Centre National de la Recherche Scientifique, Tome XXV (Constantes fondamentales de l'Astronomie), Paris 1950. S. 67.
S 74 Stoyko, N.; Bull. Acad. roy. Belge, Cl. Sci., **37** (1951) S. 378.
S 75 Strömgren, B.; in „Handbuch der Experimentalphysik", hrsg. von W. Wien und F. Harms, Bd. 26 (Astrophysik), Leipzig 1937. S. 321.
S 76 Swartout, J. A. und M. Dole; J. Amer. chem. Soc. **61** (1939) S. 2025.

T 1 Taton, R.; La Nature 1949, Suppl. au No. 3176, Dez. 1949, S. 387.
T 2 Teele, R. P.; Proc. Verb. Com. internat. Poids Mes. (2) **16** (1933) S. 304.
T 2a Terrien, J.; Nuov. Cim. (10) **6**, Suppl. 1 (1957) S. 419.
T 2b Terrien, J.; C. R. hebd. Séances Acad. Sci. Paris **246** (1958) S. 2362.
T 2c Terrien, J.; Proc. Verb. Com. internat. Poids Mes. (2) **26B** (1958) S. M130 u. M135.
T 2d Terrien, J. u. J. Hamon; C. R. hebd. Séances Acad. Sci. Paris **243** (1956) S. 740.
T 3 Thalén, R.; Nova Acta Soc. Sci. upsal. (3) **6** (1868) S. 1.
T 4 Thalén, R.; Nova Acta Soc. Sci. upsal. (3) **9** (1875) S. 1.
T 5 Thalén, R.; Nova Acta Soc. Sci. upsal. (3) **12** (1884) S. 1.
T 6 Thiesen, M., K. Scheel und H. Dießelhorst; Wiss. Abh. Phys.-Techn. Reichsanst. **3** (1900) S. 1 [= Z. Instrumkde. **20** (1900) S. 345].
T 7 Thode, H. G.; Nat. Res. Council, McMaster Univ. Hamilton, Ontario, Report No. MC–57, April 29, 1944.
T 7a Thode, H. G.; Research **2** (1949) S. 154.
T 8 Thomas, H. A., R. L. Driscoll und J. A. Hipple; Phys. Rev. (2) **75** (1949) S. 902.
T 9 Thomas, H. A., R. L. Driscoll und J. A. Hipple; Phys. Rev. (2) **78** (1950) S. 787.
T 10 Thomas, H. A., R. L. Driscoll und J. A. Hipple; Nat. Bur. Stand. J. Res. Washington **44** (1950) S. 569.
T 11 Thome, J. M.; Result. Obs. nac. Argent. **16** (1892); **17** (1894); **18** (1900); **21** (1914).
T 12 Thun, R.; Z. Instrumkde. **61** (1941) S. 398.
T 13 Tikhodéev, P. M.; Proc. Verb. Com. internat. Poids Mes. (2) **16** (1933) S. 326.
T 14 Tikhodéev, P. M.; Vestnik Standardizatiin, No. 10.
T 15 Tilton, L. W. und J. K. Taylor; Nat. Bur. Stand. J. Res. Washington **18** (1937) S. 205.
T 16 Tingwaldt, C. P.; Wiss. Abh. Phys.-Techn. Bundesanst. **6** (1954) Teil I, S. 49.
T 16a Townes, C. H.; Phys. Rev. (2) **70** (1946) S. 665.
T 17 Townes, C. H.; J. appl. Phys. **22** (1951) S. 1365.
T 18 Traub, W.; Ann. Phys. (4) **61** (1920) S. 533.
T 19 Troland, L. Th.; Trans. illum. Engng. Soc. **11** (1916) S. 950.

U 1 Uhink, W.; Astron. Nachr. **278** (1949) S. 97.
U 2 Union Radio-Scientifique Internationale; Proc. 13th Gen. Ass. U. R. S. I., London 1960. Im Druck.
U 3 United States Naval Observatory; Time Service Notice No. 6, 1. Jan. 1959. Washington 1959.
U 4 Urey, H. C. u. L. J. Greiff; J. amer. chem. Soc. **57** (1935) S. 321.

V 1 Vaschy, A.; Théorie d'Electricité. Paris 1896. S. 13.
V 1a Väisälä, Y.; Proc. Verb. Com. internat. Poids Mes. (2) **26B** (1958) S. M177.
V 1b Van der Waerden, B. L.; Algebra, II. Teil, 3. Aufl., Berlin-Göttingen-Heidelberg 1955, S. 145.
V 2 Verein Deutscher Ingenieure; Z. Ver. Dtsch. Ing. **73** (1929) S. 1856.
V 3 Verein Deutscher Ingenieure; Z. Ver. Dtsch. Ing. **92** (1950) S. 161.
V 3a Verein Deutscher Ingenieure; Konstruktion **11** (1959) Beilage zu Heft 11.
V 4 Vereinigte Staaten von Amerika; U.S. Code, 1946 Ed., Title 15, Ch. 6 — Metric System. Sec. 204 — Metric System authorized (1866); Sec. 205 — Authorized tables (1866). Revised Statutes, sec. 3570.
V 5 Vereinigte Staaten von Amerika; U.S. Code, 1946 Ed., Title 31, Ch. 8, Sec. 364 — Standard troy pound for regulation of coinage (1873; last amended 1911; Folgegesetz des Mint Act of 1828).
V 6 Vereinigte Staaten von Amerika; Bulletin No. 26, „Fundamental Standards of Length and Mass.", U.S. Coast and Geodetic Survey, Treasury Department, April 5, 1893. (Mendenhall Order.)
V 7 Vereinigte Staaten von Amerika; U.S. Law of 1894 — 53d Congress, 28 Stat., Ch. 131, p. 102, Public-No. 105.
V 8 Vereinigte Staaten von Amerika; U.S. Code, 1946 Ed., Title 15, Ch. 7 — National Bureau of Standards. Sec. 272 — Functions and activities (1901; last amended 1950) (= Act of March 3, 1901 — 31 Stat. 1449; Public Law 619 — 81st Congress, Ch. 482 — 2nd Session, appr. July 22, 1950).
V 9 Vereinigte Staaten von Amerika; U.S. Code, 1946 Ed., Title 15, Ch. 6 — Standard Barrel Act. Sec. 234—236 — Standard barrel for fruits, vegetables and other dry commodities ... (1915). Sec. 237—242 — Standard Lime Barrel Act (1915).

V 10 *Vereinigte Staaten von Amerika;* Public Law, July 21, 1950 — 81st Congress, 1st Session, p. 441.
V 11 *Vermeulen, R.;* Philips Res. Rep. **7** (1952) S. 432.
V 12 *Violle, J.;* C. R. hebd. Séances Acad. Sci. Paris **88** (1879) S. 171.
V 13 *Violle, J.;* C. R. hebd. Séances Acad. Sci. Paris **92** (1881) S. 866.
V 14 *Violle, J.;* Ann. Chim. phys. (6) **3** (1884) S. 373.
V 15 *Violle, J.;* Congrès International de Photographie 1889, Rapport et Documents, S. 56.
V 16 *Volet, Ch.;* C. R. hebd. Séances Acad. Sci. Paris **235** (1952) S. 443.
V 17 *Volet, Ch.;* C. R. 10e Conf. gén. Poids Mes., Paris 1954 (1955) S. 53.
V 18 *Volet, Ch.;* Proc. Verb. Com. internat. Poids Mes. (2) **26B** (1958) S. M10.
V 19 *Volet, Ch.;* Mesures **28** (1958) S. 179.
V 20 *Vonbun, F. O.;* Proc. 13th ann. Frequency Control Sympos., Asbury Park, N. J., 12—14 May, 1959. S. 618.

W 1 *Wagman, D. D., J. E. Kilpatrick, W. J. Taylor, K. S. Pitzer* und *F. D. Rossini;* Nat. Bur. Stand. J. Res. Washington **34** (1945) S. 143.
W 2 *Wagner, H.;* Ann. Hydrogr. Berl. **41** (1913) S. 393 u. 441.
W 3 *Waidner, C. W.* und *G. K. Burgess;* Electr. World **52** (1908) S. 625.
W 4 *Wald, G.;* J. opt. Soc. Amer. **35** (1945) S. 187.
W 5 *Wallot, J.;* Elektrotechn. Z. **43** (1922) S. 1329 u. 1381.
W 6 *Wallot, J.;* Z. Phys. **10** (1922) S. 329.
W 7 *Wallot, J.;* in „Handbuch der Physik", hrsg. von H. Geiger und K. Scheel, Bd. 2 (Elementare Einheiten und ihre Messung), Berlin 1926. S. 1.
W 8 *Wallot, J.;* ebenda, S. 6, 11.
W 9 *Wallot, J.;* ebenda, S. 8.
W 10 *Wallot, J.;* ebenda, S. 28.
W 11 *Wallot, J.;* Elektrotechn. Z. **48** (1927) S. 1882.
W 12 *Wallot, J.;* Phys. Z. **43** (1942) S. 530.
W 13 *Wallot, J.;* Elektrotechn. Z. **64** (1943) S. 13.
W 14 *Wallot, J.;* ebenda, S. 13 u. 299.
W 15 *Wallot, J.;* Phys. Z. **44** (1943) S. 17.
W 16 *Wallot, J.;* Z. Ver. Dtsch. Ing. **90** (1948) S. 213.
W 17 *Wallot, J.;* Phys. Bl. **5** (1949) S. 194.
W 18 *Wallot, J.;* Größengleichungen, Einheiten und Dimensionen. Leipzig 1953.
W 19 *Wallot, J.;* ebenda, S. 1.
W 20 *Wallot, J.;* ebenda, S. 9.
W 21 *Wallot, J.;* ebenda, S. 26.
W 22 *Wallot, J.;* ebenda, S. 26ff., 42ff., 126ff.
W 23 *Wallot, J.;* ebenda, S. 31.
W 24 *Wallot, J.;* ebenda, S 35ff., 75ff.
W 25 *Wallot, J.;* ebenda, S. 37ff., 65ff.
W 26 *Wallot, J.;* ebenda, S. 39.
W 27 *Wallot, J.;* ebenda, S. 42ff., 122ff.
W 28 *Wallot, J.;* ebenda, S. 47.
W 29 *Wallot, J.;* ebenda, S. 50.
W 30 *Wallot, J.;* ebenda, S. 56.
W 31 *Wallot, J.;* ebenda, S. 103.
W 32 *Walsh, J. W. T.;* Trans. illum. Engng. Soc. **5** (1940) S. 89.
W 33 *Watanabe, W.* und *M. Imaizumi;* Proc. imp. Acad. Tokyo **3** (1927) S. 492.
W 34 *Watanabe, W.* und *M. Imaizumi;* Proc. imp. Acad. Tokyo **4** (1928) S. 350.
W 35 *Weaver, K. S.;* J. opt. Soc. Amer. **27** (1937) S. 36.
W 36 *Weber, W.;* Abh. Begründ. königl. Sächs. Ges. Wiss. Leipzig 1846, S. 209 bis 378.
W 37 *Weber, W.;* Abh. königl. Ges. Wiss. Göttingen **10** (1862), Abh. math. Classe, S. 1 bis 96.
W 38 *Weigel, R. G.* und *O. M. Knoll;* Licht **12** (1942) S. 160 u. 192.
W 39 *Wensel, H. T., W. F. Roeser, L. E. Barbrow* und *F. R. Caldwell;* Nat. Bur. Stand. J. Res. Washington **6** (1931) S. 1103.
W 40 *Wensel, H. T., W. F. Roeser, L. E. Barbrow* und *F. R. Caldwell;* Proc. Verb. Com. internat. Poids Mes. (2) **16** (1933) S. 254.
W 41 *Wensel, H. T.;* Nat. Bur. Stand. J. Res. Washington **22** (1939) S. 375.
W 42 *Westphal, W. H.;* Phys. Z. **43** (1942) S. 329.
W 43 *Westphal, W. H.;* Physik. Ein Lehrbuch, 14./15. Aufl. Berlin 1950. S. 120.
W 44 *Westphal, W. H.;* ebenda, S. 122.
W 45 *Westphal, W. H.;* Phys. Bl. **10** (1954) S. 404.
W 45a *Westphal, W. H.;* Phys. Bl. **10** (1954) S. 593.
W 45b *Westphal, W. H.;* Phys. Bl. **15** (1959) S. 169 u. 400.
W 45c *Westphal, W.* u. *W. Lode;* Phys. Bl. **13** (1957) S. 501.
W 46 *White, J. R.* und *A. E. Cameron;* Phys. Rev. (2) **74** (1948) S. 991.
W 46a *White, L. D.;* Proc. 13th ann. Frequency Control Sympos., Asbury Park, N. J., 12—14 May, 1959, S. 596.
W 46b *Whitehorn, R. M.;* Proc. 13th ann. Frequency Control Sympos., Asbury Park, N. J., 12—14 May, 1959, S. 648.
W 47 *Wichers, J.;* J. amer. chem. Soc. **78** (1956) S. 3235.
W 48 *Williams, W. E.;* Nature **135** (1935) S. 496.
W 49 *Wilson, H.;* Navigation New Modell'd: or, a Treatise of Geometrical, Trigonometrical, Arithmetrical, Instrumental and Practical Navigation. London 1715. S. 188.

W 49a Wittke, P. u. *R. H. Dicke;* Phys. Rev. (2) **96** (1954) S. 530.
W 50   Wood, E. A.; Phys. Rev. (2) **72** (1947) S. 436.

Z   1   Zickner, G.; Phys. Bl. **10** (1954) S. 27.
Z 1a Zinzen, A.; Phys. Bl. **15** (1959) S. 20.
Z 1b Zinzen, A.; DIN-Mitt. **88** (1959) S. 238.
Z   2   Zöllner, F.; Photometrische Untersuchungen. Leipzig 1865.

Sachregister